H. Rietschels Lehrbuch der Heiz- und Lüftungstechnik

Vierzehnte verbesserte Auflage

Von

Dr.-Ing. Wilhelm Raiß

o. Professor an der Technischen Universität Berlin
Direktor des Institutes für Heizung und Lüftung

Mit einem Abschnitt

Wärmephysiologische und hygienische Grundlagen

von

Dr.-Ing. F. Roedler

Wissenschaftlicher Rat und
Professor beim Bundesgesundheitsamt

Mit 547 Abbildungen, 43 Zahlen- und 2 Bildtafeln
sowie den Arbeitsblättern 1—15

2. Neudruck

Unter Berücksichtigung der 1961 eingetretenen
Änderungen der Maße und Wärmeleistungen von Normradiatoren

Springer-Verlag Berlin Heidelberg GmbH

1963

Additional material to this book can be downloaded from http://extras.springer.com.

ISBN 978-3-662-37405-4   ISBN 978-3-662-38155-7 (eBook)
DOI 10.1007/978-3-662-38155-7

Vorwort zur vierzehnten Auflage

In der neuzeitlichen Heiz- und Lüftungstechnik gewinnen physiologisch-hygienische Gesichtspunkte für die Wahl und Gestaltung der Anlagen immer mehr an Bedeutung. Es erschien mir daher notwendig, auf diese Fragen in der 14. Auflage ausführlicher als bisher einzugehen und dem Leser einen geschlossenen Überblick über den derzeitigen Erkenntnisstand zu geben, obwohl manche der einschlägigen Forschungsergebnisse heute noch nicht unmittelbar für die Technik verwertbar sind. Prof. ROEDLER hat diese Aufgabe in der Nachfolge des verstorbenen Dr. BRADTKE übernommen.

Wesentlich ergänzt wurden die Unterlagen für die Berechnung lüftungs- und klimatechnischer Anlagen. Im 10. Abschnitt wird auf die Strömungsvorgänge im freien Strahl eingegangen, deren Gesetze für die Berechnung der Zuluftdurchlässe wichtig sind. Eingehender als seither wird auch die Bestimmung der Heiz-, Kühl- und Luftleistungen von Klimaanlagen behandelt.

Änderungen geringeren Umfangs findet man in fast allen Abschnitten. Der 5. Abschnitt ist teilweise neu gegliedert und auf die lüftungstechnischen Grundforderungen der VDI-Lüftungsregeln 1959 abgestellt worden. Der Bestimmung der äußeren Wärmeübergangszahl an Heizrohren in Wassererwärmern dient ein zusätzliches Diagramm im Unterabschnitt „Wärmeaustauscher". Einer Anregung von Prof. MISSENARD, St. Quentin, folgend, wird bei der Dimensionierung von Schwerkraftwarmwasserheizungen das Kriterium für das Wiederanspringen erkalteter Heizkörperstränge mit erörtert. Für diese und andere Anregungen aus dem Leserkreis möchte ich auch hier danken. Einige der vorgeschlagenen Ergänzungen mußten wegen der Kürze der Bearbeitungszeit bis zur nächsten Auflage zurückgestellt werden. Andere Vorschläge verkennen die Grenzen, die einem Lehrbuch bei der Behandlung technischer Neuerungen gesetzt sind. Der frühere langjährige Herausgeber dieses Buches, Prof. Dr. GRÖBER, schreibt hierzu im Vorwort zur 10. Auflage: „Es darf keine Neuerungen aufnehmen, die nicht ein Mindestmaß von Bewährung aufzuweisen haben, und es darf nicht Fragen entscheiden wollen, die heute noch im Kampf der Meinungen stehen. Die Erörterung solcher Fragen ist Sache der Zeitschriften."

Vermerkt sei noch im Hinblick auf die Bestrebungen zur Einführung eines einheitlichen, international anerkannten Maßsystems, daß das „Technische Maßsystem" vorerst beibehalten wurde. Als Maß für die Stoffmenge wird sonach ihr Gewicht angesehen. Das Kilogramm ist die Einheit der Kraft und zugleich die Einheit des Gewichtes. Die spezifischen Angaben beziehen sich dementsprechend auf 1 kg Gewicht.

Meinen Mitarbeitern Oberingenieur Dipl.-Ing. LENZ, Dipl.-Ing. NEHRING und Dipl.-Ing. USEMANN danke ich wiederum für ihre Unterstützung bei den Beispielrechnungen und beim Korrekturenlesen.

Berlin, im Oktober 1959   **W. Raiß**

Zum Neudruck der vierzehnten Auflage

Zu Beginn des Jahres 1961 traten in Deutschland neue Normen für Gliederheizkörper (Radiatoren) in Kraft. Die Änderungen in den Hauptmaßen und zum Teil auch in der Bauform sind so einschneidend, daß die betreffenden Abschnitte überarbeitet werden mußten. Es sind im 1. Teil dieses Buches die Seiten 45—47, im 2. Teil die Seiten 393—398 sowie die dazugehörigen Zahlentafeln auf den Seiten 586 und 587. Auch die Angaben über die für das Fach wichtigsten Regeln, Richtlinien und Normen im Anhang wurden auf den neuesten Stand gebracht, einige diesbezügliche Hinweise geändert und, soweit erforderlich, Tabellenwerte und Zahlenunstimmigkeiten berichtigt.

Berlin, im September 1961   **W. Raiß**

Aus dem Vorwort zur dreizehnten Auflage

Die Jahre seit dem Erscheinen der 12. Auflage dieses Lehrbuches haben mit ihrer umfangreichen Bautätigkeit der Heiz- und Lüftungstechnik große und zum Teil neuartige Aufgaben gestellt. In diese Zeitspanne fällt aber auch für Deutschland die Wiederaufnahme der lange unterbrochenen Verbindungen mit dem Ausland auf technischem und wissenschaftlichem Gebiet. Beide Umstände haben die Entwicklung des Fachgebietes bei uns stark beeinflußt, so daß schon vom Stoff her eine völlige Überarbeitung des Lehrbuches notwendig wurde.

Im 1. Teil des Buches galt es vor allem, den Fortschritten im Aufbau der Anlagen und in der konstruktiven Entwicklung ihrer Einzelteile Rechnung zu tragen. Die Flächenheizung mit ihren vielfältigen heiztechnischen und physiologischen Problemen wird eingehender als seither behandelt. Stark erweitert wurde auch der Abschnitt „Fernheizung", zumal z. Z. eine Gesamtdarstellung dieses immer wichtiger werdenden Zweiges der öffentlichen Energieversorgung fehlt. Dabei wurde versucht, die Zusammenhänge zwischen Stromerzeugung und Heizwärmelieferung dem Heizungsingenieur nahezubringen. In dem Abschnitt „Lüftungs- und Klimatechnik" wird u. a. auf die Entwicklung zu Einzelgeräten und Sonderbauformen der zentralen Klimaanlage eingegangen.

Neu aufgenommen wurde ein Abschnitt „Wärmeübertragung", der die physikalischen Grundlagen der stationären Wärmeströmung und die für die Praxis wichtigsten Formeln enthält. Zur Vereinfachung von Wärmeaustauschrechnungen sind zwei graphische Arbeitsblätter über den konvektiven und Strahlungswärmeübergang beigegeben.

Der Wärmebedarfsrechnung liegt die gerade fertiggestellte Neufassung der Norm 4701 zugrunde. In Abweichung von der früheren Rechnungsweise werden dabei die Lüftungsverluste getrennt ermittelt. Auch für Sonderfälle, wie kurzzeitigen Heizbetrieb, Hallen usw., werden vereinfachte Berechnungsverfahren angegeben. Die Tabellen der k-Werte sind ergänzt und an die Werte der DIN 4108 „Wärmeschutz im Hochbau" angeglichen worden.

Neuere Messungen ermöglichten es, die Angaben über die k-Werte von Raumheizkörpern und deren Temperaturabhängigkeit zu vervollständigen. Für die Berechnung von Betonheizdecken wird ein Verfahren angegeben, das auf einer Näherungslösung für die zweidimensionale Wärmeströmung fußt. Die Lamellenheizdecke wird nach der Rippentheorie berechnet, wobei auch der Einfluß von Ausführungsungenauigkeiten sowie von Randzonen auf die Leistung berücksichtigt ist.

Bei der Rohrnetzberechnung verdient zunächst als wichtigste Neuerung die Überarbeitung der Tafeln für das Druckgefälle in Stahlrohrleitungen Erwähnung. Die Reibungsbeiwerte wurden an Hand neuerer Untersuchungen über die Rohrrauhigkeit nach der COLEBROOKschen Gleichung berechnet; die Zahlenwerte beziehen sich im Bereich der Gewinderohre jetzt auf die Lichtweiten der meist verwendeten Rohre nach DIN 2440. Einem häufig geäußerten Wunsch der Praxis folgend wurden für Warmwasserheizungen neben den 20°- auch 1°-Tabellen mit aufgenommen. Sie sind ebenso wie eine beigegebene Netztafel auch für Wassernetze mit höheren bzw. niedrigeren Temperaturen als 80° C verwendbar, bei größeren Anforderungen an die Genauigkeit unter Benutzung zusätzlicher Hilfstafeln. Zur einfachen Berechnung von Hochdruckdampfleitungen wurden zwei besondere Arbeitsblätter entwickelt.

Das Berechnungsverfahren von Schwerkraftheizungen mit oberer Verteilung wurde dem derzeitigen Erkenntnisstand angepaßt. Für Stockwerksheizungen wird ein vereinfachter Rechnungsgang vorgeschlagen.

Berlin, im März 1958

W. Raiß

Inhaltsverzeichnis

Erster Teil

Einrichtungen zur Heizung und Lüftung

Fünfter Abschnitt. Lüftungs- und Klimatechnik

Zweiter Teil

Berechnung von Heiz- und Lüftungsanlagen

Sechster Abschnitt. Wärmephysiologische und hygienische Grundlagen

Siebenter Abschnitt. Meteorologisch-klimatische Grundlagen

Dritter Teil

Zahlen- und Bildtafeln

Zahlentafeln

Bildtafeln

In der Tasche am Schluß des Buches
befinden sich die folgenden Arbeitsblätter 1—15

1: Warmwasserheizung (1°-Tafel), Druckgefälle $R = 0,05 \dots 5$ mm WS/m (Schwerkraftheizung)
2: Warmwasserheizung (1°-Tafel), Druckgefälle $R = 3,0 \dots 200$ mm WS/m (Pumpenheizung)
3: Warmwasserheizung (20°-Tafel), Druckgefälle $R = 0,05 \dots 5$ mm WS/m (Schwerkraftheizung)
4: Warmwasserheizung (20°-Tafel), Druckgefälle $R = 2,2 \dots 100$ mm WS/m (Pumpenheizung)
5: Einzelwiderstände für Wasser- und Dampfleitungen
6: Niederdruckdampfheizung
7: Druckverlust und Geschwindigkeit in Warmwasserleitungen
8: Druckverlust in Dampfleitungen
9: Geschwindigkeit in Dampfleitungen
10: Bestimmung der Kanalquerschnitte von lüftungstechnischen Anlagen, lichte Rohrdurch-
    messer $50 \dots 500$ mm ⌀. Einzelwiderstände für Luftleitungen
11: Bestimmung der Kanalquerschnitte von lüftungstechnischen Anlagen, lichte Rohrdurch-
    messer $500 \dots 2500$ mm ⌀
12: Gleichwertiger Durchmesser dg und Querschnitte rechteckiger Kanäle
13: i, x-Diagramm für feuchte Luft
14: Wärmeübergang bei Konvektion und Kondensation
15: Winkelverhältnis (Einstrahlzahl) beim Wärmeaustausch durch Strahlung

Erster Teil

Einrichtungen zur Heizung und Lüftung

Erster Abschnitt

Einzelheizung

Die einfachste Form der Raumheizung ist die Ofenheizung. Das Heizgerät wird in dem zu erwärmenden Raum aufgestellt und gibt die bei der Energieumsetzung frei werdende Wärme über die Oberflächen (Heizflächen) unmittelbar an die Raumluft oder durch Strahlung an die umgebenden Oberflächen ab. Man bezeichnet diese Art der Raumerwärmung auch als Einzelheizung, im Gegensatz zur Zentralheizung, bei der durch Zwischenschaltung eines Wärmeträgers viele Räume von einer Wärmequelle aus beheizt werden.

Öfen werden vorwiegend verwendet in Räumen, die nur zeitweise oder unabhängig von Nachbarräumen geheizt werden sollen. Man unterscheidet die Öfen sowohl nach dem Baustoff (Kachel- und Eisenöfen) als auch nach dem zur Verwendung kommenden Energiemittel (Kohle-, Gas-, Öl- und elektrische Heizöfen).

I. Öfen für feste Brennstoffe

A. Grundsätzliche Anforderungen

Öfen für feste Brennstoffe müssen gewissen technischen und hygienischen Anforderungen genügen, um als vollwertige Heizgeräte zu gelten. Dazu gehören:

1. Hohe Wärmeausnutzung,
2. leichte Regelbarkeit,
3. einfache Bedienung und sauberer Betrieb,
4. möglichst gleichmäßige Raumerwärmung ohne Belästigung durch zu hohe Oberflächentemperaturen.

Die Wärmeausnutzung ist in erster Linie abhängig vom feuerungstechnischen Aufbau des Ofens, einer zweckmäßigen Brennstoffwahl und Bedienung sowie einer pfleglichen Wartung und Behandlung des Gerätes. Vor allem sind *Undichtheiten* oberhalb und unterhalb des Rostes zu *vermeiden*. *Oberhalb* des Rostes erhöhen sie den Luftüberschuß der Verbrennung und damit den Verlust durch freie Abgaswärme. Mit den größeren Abgasmengen wachsen die Strömungswiderstände in den Zügen stark an; auch wird vielfach der Schornstein überlastet. Undichtheiten *unterhalb* des Rostes beeinträchtigen die Regelbarkeit des Ofens, insbesondere seine Kleinstellbarkeit. Da aus klimatischen Gründen die Zeiten mittlerer und geringer Belastung überwiegen, ist bei allen Dauerbrandfeuerungen die Regelfähigkeit im unteren Leistungsbereich für den Brennstoffverbrauch entscheidend. Die Regelorgane müssen dicht schließen und leicht bewegbar sein.

Öfen werden von Laien bedient. Sie sollen daher im Aufbau einfach und in ihrer Wirkungsweise verständlich sein, um Falschbedienung möglichst auszuschalten. Die Aufstellung in bewohnten Räumen macht außerdem Einrichtungen zur leichten Reinigung aller Ofenteile und staubfreien Entaschung notwendig. Füllöffnungen müssen groß genug sein für ein bequemes Beschicken der Feuerung. Der Rost soll sich bei geschlossenen Türen rütteln und die Asche durch Leitbleche in den Sammelkasten abführen lassen.

Je nach dem Aufbau eines Ofens und der Temperatur seiner Oberflächen ist der Anteil der Strahlungs- und Konvektionswärmeabgabe verschieden hoch[1]. Die Konvektionswärmeabgabe verursacht einen Luftkreislauf im Raum, wie er in Abb. 1.01 dargestellt ist. Er begünstigt den Ausgleich der Temperaturen in der Raumtiefe, verursacht aber auch ein deutliches Temperaturgefälle von der Raumdecke zum Fußboden hin. Die Strahlungswärmeabgabe kommt bevorzugt den Raumteilen in der Nähe des Ofens zugute. Bei der üblichen Aufstellung an Innenwänden entsteht daher zusätzlich ein Erwärmungsgefälle nach den Außenwänden hin.

Ungleichmäßigkeiten in der Raumerwärmung sind also bei der Ofenheizung nicht zu vermeiden. Sie wachsen mit der Raumhöhe und der Bauhöhe des Ofens, dem Abstand zwischen Ofen und Außenwand und dem Wärmebedarf. Besonders deutlich zeigt sich dies bei Eckräumen, großen und undichten Fenstern und während des Anheizvorganges.

Hohe Oberflächentemperaturen sind wegen der starken Strahlungswirkung und der Gefahr der Staubverschwelung unerwünscht. Die niedrige, breite Bauform herrscht heute beim Kachelofen wie beim Eisenofen vor. Glatte Oberflächen erleichtern die Sauberhaltung bzw. Reinigung und begünstigen gleichzeitig die für die Wärmeabgabe wichtige Luftbewegung an den Heizflächen. Durch Abrücken von der Schornsteinwand kann auch die Ofenrückseite als Heizfläche ausgenutzt und die Ofenleistung erhöht werden.

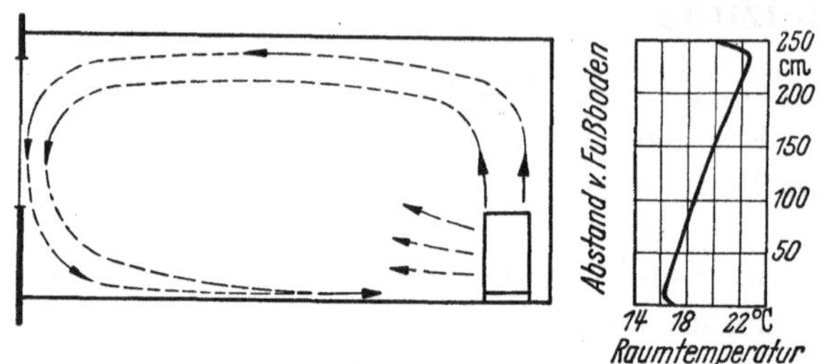

Abb. 1.01. Raumerwärmung beim Ofen

Für fast alle Ofenbauarten sind in einer Gemeinschaftsarbeit von Herstellern, Verbrauchern und Wissenschaftlern Richtlinien für den Bau einwandfreier Geräte aufgestellt worden, die neuerdings als Normen anerkannt sind. Darin werden u. a. auch die Mindestanforderungen an die Leistung und Wärmeausnutzung der Öfen sowie die Prüfbedingungen festgelegt.

B. Kachelöfen

1. Allgemeines

Kachelöfen sind Heizgeräte, die ausschließlich oder vorwiegend aus keramischen Materialien gefertigt sind. In seiner langen Entwicklungsgeschichte hat der Kachelofen vielerlei Wandlungen durchgemacht. Aus dem hohen und schweren Ofen für Holzverfeuerung mit zahlreichen unzugänglichen Zügen ist in den letzten Jahrzehnten eine feuerungs- und heiztechnisch hochwertige, dem neuzeitlichen Raum angepaßte Heizeinrichtung geworden. Der glatten niedrigen Außenform entspricht ein wesentlich vereinfachter innerer Aufbau. Die Verwendung von Braunkohlenbriketts und Steinkohlen erfordert im Gegensatz zur Holzverfeuerung einen Rost als Brennstoffträger und Luftverteiler. Der geräumige Feuerraum schafft die Vorbedingungen für eine vollkommene Verbrennung und verlegt zugleich die Wärmeübertragung an die Ofenwände mehr in das Gebiet der Strahlung, so daß ohne Einbuße an Wirkungsgrad auf einen Teil der früher üblichen langen Rauchgaszüge verzichtet werden kann. Die durch den keramischen Baustoff und die Innenausmauerung bedingte hohe Wärmespeicherung des Ofens geht mit der Verminderung des Ofengewichtes stark zurück; die Dauerbrandfähigkeit gewinnt damit für kleinere Einheiten an Bedeutung und führt zum transportablen keramischen Ofen. Bei Kachelöfen großer Leistung, insbesondere bei Mehrzimmerbeheizung, ermöglichen eiserne Einsatzöfen den notwendigen Dauerbrand und die Verfeuerung der dafür geeigneten gasarmen Brennstoffe.

Die Bemessung der Kachelöfen sollte möglichst auf Grund einer genauen Wärmebedarfsberechnung nach DIN 4701 (vgl. S. 380) erfolgen. Für die spezifische Wärmeabgabe wird da-

---

[1] SCHÜLE, W., u. U. FAUTH: Untersuchungen über die Wärmeabgabe von Zimmeröfen. Gesundh.-Ing. Bd. 75 (1954) S. 290/295.

bei in der Regel mit einheitlichen Werten gerechnet; sie sind für die gebräuchlichsten Bauarten in Normen festgelegt.

Bei transportablen keramischen Öfen wird für die Wärmebedarfsermittlung zumeist ein auf dem Rauminhalt aufgebautes Näherungsverfahren verwendet, s. Abschn. C 4, S. 10.

2. Der Kachelgrundofen

Als Kachelgrundofen wird der ortsfeste, im Verwendungsraum von Handwerkern aus Kacheln und Schamottesteinen erbaute Ofen bezeichnet, s. Abb. 1.02. Er wird nach Größe und Leistung auf die jeweiligen Verhältnisse abgestimmt und stellt die bekannteste Bauform des Kachelofens dar. Kennzeichnend für den Kachelgrundofen ist die zeitliche Trennung von Wärmeerzeugung und Wärmeabgabe. Der Brennstoff wird ein- oder zweimal täglich aufgegeben und verbrennt in verhältnismäßig kurzer Zeit. Die dabei frei werdende Wärme wird von den Ofenwandungen aufgespeichert und langsam an den Raum abgegeben; also muß nach dem Abbrennen des Feuers der Ofen vollständig dicht abgeschlossen werden können, damit nicht kalte Luft einströmt, den Ofen von innen her auskühlt und die Wärme durch den Schornstein entweicht. Kachelwand und alle Anschlußstellen zwischen Eisenteilen und Wand müssen sonach vollständig dicht sein.

Mit zunehmendem Wärmebedarf wird eine häufigere Brennstoffaufgabe bzw. die Verfeuerung jeweils größerer Brennstoffmengen notwendig. Eine rasch wirkende Leistungsregelung und eine kurzfristige Raumerwärmung ist wegen der starken Wärmespeicherung nicht möglich. Der Kachelgrundofen ist sonach eine *typische Heizeinrichtung für Dauererwärmung*. In den eigentlichen Wintermonaten macht sich bei Wohnbauten normaler Ausführung die Trägheit des Heizsystems im allgemeinen nicht störend bemerkbar, da die Wände, Decken und

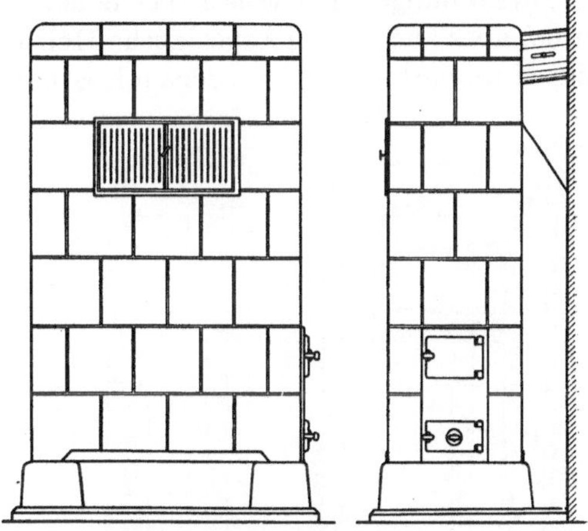

Abb. 1.02. Gesetzter Kachelofen

Einrichtungen eines Gebäudes ebenfalls erhebliche Wärmemengen speichern, das Außenklima also ohnehin nur gedämpft und mit starker Verzögerung im Heizwärmebedarf zur Auswirkung kommt. Es genügt daher, die Tagesbrennstoffmenge den mittleren Witterungsbedingungen richtig anzupassen. Ungünstiger liegen die Verhältnisse in der Übergangszeit mit ihren starken Schwankungen im Heizwärmebedarf der Räume, denen der speichernde Ofen in der Leistung schlecht folgen kann.

Um auch die Unterseite des Ofens als Heizfläche auszunutzen, sind die neuzeitlichen Kachelöfen auf Füße oder Sockelleisten gestellt. Die Maße der Kacheln sind in DIN 409 festgelegt. Ausgehend von der quadratischen Kachel 22×22 cm wurden auch die erforderlichen Eisenteile, wie Roste, Feuertüren, Durchsichte u. dgl., genormt. Dem Handwerker geben weiterhin Mustervorlagen und Baurichtlinien die Handhaben zur Erstellung technisch einwandfreier Öfen[1]. Die vielseitige Gestaltungsmöglichkeit des keramischen Materials erlaubt die Anpassung des Ofenäußern an jeden Stil und Geschmack.

Als Brennstoffe kommen gasreiche, langflammige Brennstoffarten, wie Braunkohlenbriketts, Holz, Torf und gewisse Steinkohlensorten mit nicht zu hohen Verbrennungstemperaturen in Frage. Unter der Temperatur des Feuerraumes dehnen sich die Ausbauteile. Der Rost muß in der Auflage entsprechendes Spiel haben. Die Feuerraumwände sind vom äußeren Kachelmantel unabhängig aufzuführen. Nach oben schließt eine frei aufgelegte Deckenplatte den Feuerraum ab, so daß die Dehnung der hocherhitzten Innenbaustoffe nicht auf die Kacheln übertragen, das „Treiben" des Kachelofens also vermieden wird, s. Abb. 1.03. Die Rostfläche

---

[1] Siehe „Reichsgrundsätze für den Kachelofen- und Kachelherdbau", 6. Aufl. Berlin: A. Lüdtke.
DIN 18899, Aug 55, Kachelgrundöfen; Begriffe, Bau, Güte und Leistung.

beträgt $^1/_{80}$ bis $^1/_{120}$ der Ofenheizfläche. Der muldenförmige Brennstoffraum muß groß genug sein, um die Menge für ein einmaliges Aufheizen des Ofens aufnehmen zu können.

Der Wandstärke nach unterscheidet man: schwere, mittelschwere und leichte Kachelgrundöfen. Die wichtigsten Kennwerte sind nachstehend zusammengefaßt.

Bauart	schwer	mittelschwer	leicht
Mittlere Wanddicke, mm .	110—130	90—110	60—90
Gewicht, kg/m² Heizfl. . .	rd. 250	200	100—150
Heizleistung, kcal/m²h . .	600	800	1000—1500
Speicherfähigkeit, h . . .	8—12	6—8	3—5
Betriebsweise	Zeitheizung 1 × hochheizen	Zeitheizung 1 × hochheizen 1 × nachlegen	Dauerbrand 1 × hochheizen mehrmals nachlegen

Dickwandige Öfen weisen bei hoher Wärmespeicherung nur niedrige Oberflächentemperaturen, aber auch geringe spezifische Heizleistungen auf. Abb. 1.03 zeigt als Beispiel das Schnittbild eines mittelschweren Ofens mit Sturz- und Deckenzügen und Kochkachel. Wichtig ist, daß die Züge durch Reinigungskapseln zugänglich bleiben. Bei leichten Öfen verzichtet man meist auf die senkrechten Züge. Die Wärmespeicherung dieser Öfen reicht für längere Betriebspausen der Feuerung nicht aus; der Brennstoff muß deshalb häufiger nachgelegt werden oder der Ofen wird in regelrechtem Dauerbrand betrieben.

Die schweren, stark speichernden Kachelöfen werden in Gegenden mit lang anhaltendem, hartem Winter bevorzugt (Ost- und Nordeuropa, Gebirgsorte), die leichten bei milderem Klima (Westeuropa, Küstennähe). Die *Wärmeausnutzung* gut gebauter, dichter Kachelöfen liegt zwischen 70 und 80%.

Holz und Torf werden zweckmäßigerweise in Sonderbauarten verheizt. Diese Brennstoffe bedürfen eines besonders geräumigen Feuerraumes und zur Gewährleistung einer vollkommenen Verbrennung der aus der Brennzone abziehenden Schwelgase der Einführung vorgewärmter Oberluft. Da die Oberluft nur während

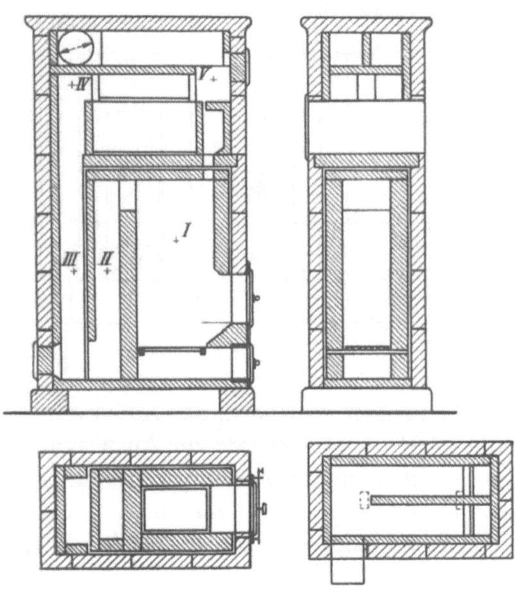

Abb. 1.03. Mittelschwerer Kachelofen

der Entgasungsperiode zu Beginn des Verbrennungsvorganges notwendig ist, später aber als Nebenluft die Leistung und Wärmeausnutzung des Ofens beeinträchtigt, erfordert die richtige Bedienung derartiger Öfen ein gewisses Verständnis.

Häufig werden Kachelgrundöfen in die Trennwand zweier Räume eingebaut, so daß von einer Feuerstelle aus zwei Zimmer geheizt werden können, s. Abb. 1.05. In diesen Fällen empfiehlt sich der Einbau von Warmluftkanälen, durch welche die konvektive Wärmeabgabe der Heizflächen verstärkt wird und zugleich die Wärmelieferung an die einzelnen Räume gesondert geregelt werden kann.

3. Der transportable keramische Dauerbrandofen

Kachelöfen lassen sich für kleine und mittlere Heizleistungen auch transportabel herstellen, s. Abb. 1.04. Die Wärmespeicherung der transportablen Öfen ist geringer als die der gesetzten Öfen, ihre Oberflächentemperaturen sind höher; oft werden diese Öfen mit einem eisernen Dauerbrandeinsatz ausgerüstet. Vorwiegend verwendet werden Durchbrandöfen, deren Türen, Regelvorrichtungen, Roste und sonstigen Feuerungsteile praktisch die gleichen sind wie beim

Eisenofen. Für Bau und Prüfung transportabler Kachelöfen sind in den einschlägigen Normen[1] genaue Anweisungen enthalten, die sowohl für industriell als auch für handwerklich hergestellte Öfen gelten. Danach sind folgende spezifische Heizleistungen zu gewährleisten:

Für Öfen mit mehr als 65 mm Wandstärke 2000 kcal/m²h
Für Öfen mit weniger als 65 mm Wandstärke 2500 kcal/m²h
Für Öfen mit Eiseneinsatz (auf diesen bezogen) 4000 kcal/m²h

Die „Nennheizleistung" oder Regelleistung eines Ofens ergibt sich aus dem Produkt von Heizfläche und spezifischer Heizleistung. Dauerbrandöfen müssen um 50% ihrer Nennleistung überlastbar und auf 25% der Nennlast herabregelbar sein. Die Kleinstellbarkeit wird dabei in einem 12stündigen Dauerversuch mit einmaliger Brennstoffaufgabe überprüft. Nach Versuchsabschluß muß der Ofen mit eigener Glut wieder in Betrieb genommen werden können. Der Wirkungsgrad darf bei Regelleistung 70% nicht unterschreiten.

Weitere Einzelheiten über die Güteanforderungen und ihren Nachweis sind aus DIN 18891 zu entnehmen.

In dieser Norm finden sich auch Anweisungen über die *Durchführung von Ofenversuchen* und die erforderlichen Prüfstandseinrichtungen. Sie sind besonders sorgfältig zu beachten, da die Nutzwärme bei Einzelöfen nur indirekt, d. h. aus den Verlusten, bestimmt werden kann und dabei häufig die Meßfehler die Verluste kleiner, den Wirkungsgrad sonach zu günstig erscheinen lassen, s. auch S. 530.

Auf das oben erwähnte vereinfachte Verfahren zur Ermittlung der im Einzelfall erforderlichen Heizleistung und Ofengröße[2] wird bei Besprechung der Eisenöfen noch eingegangen.

4. Die Kachelofen-Luftheizung

Bereits beim Zweizimmer-Kachelofen war darauf hingewiesen worden, daß zur Erhöhung der Ofenleistung neben den Außenflächen vielfach auch innenliegende Bauteile als

Abb. 1.04. Transportabler keramischer Ofen

Heizflächen herangezogen werden. Von dieser Möglichkeit wird vor allem Gebrauch gemacht, wenn mehrere Räume von einem gemeinsamen Ofen beheizt werden sollen. Genaugenommen handelt es sich hierbei nicht mehr um Einzelheizung. Nur ein oder zwei der zu beheizenden Räume erhalten ihre Wärme unmittelbar von den Ofenflächen, bei den übrigen wird ein Wärmeträger, nämlich Luft, eingeschaltet. Da derartige Heizeinrichtungen sich feuerungstechnisch von Zweizimmer-Kachelöfen nur wenig unterscheiden, werden sie allgemein noch zur Kachelofenheizung gerechnet.

Die zur Beheizung mehrerer Räume erforderliche Wärmeleistung läßt sich nur mit Hilfe von Dauerbrandeinsätzen erzielen. Als Einsätze werden meist schwere, gußeiserne Durchbrandöfen mit großem Füllraum verwendet, an deren Außenseiten die Raumluft vorbeistreicht und erwärmt wird. Nachgeschaltete Heizgaszüge aus Stahlblech oder Kachelmauerwerk dienen der weiteren Abkühlung der Verbrennungsgase; sie übertragen die Wärme an die umgewälzte Luft oder direkt an die Nachbarräume. Rund 80% der Heizleistung entfällt dabei auf den Einsatz und der Rest auf die Züge.

Zur Beheizung von Einzelhäusern setzt man den Ofen in die Mitte des Hauses, so daß die zu erwärmenden Räume in der Nähe des Ofens liegen. Die Bedienungsstelle wird möglichst in den Flur gelegt, um jede Verschmutzung der Wohnräume zu vermeiden. Abb. 1.05 zeigt den Aufbau einer Kachelofen-Luftheizung für ein zweigeschossiges Siedlungshaus. An die Warmluftkammer sind 2 Wohnräume im Erdgeschoß und 2 Schlafräume im Obergeschoß angeschlossen. Während die Wohnräume sowohl direkt als auch indirekt beheizt werden, sind die Schlafräume

---

[1] DIN 18891, Apr 53, Transportable keramische Dauerbrandöfen; Richtlinien für Güte, Leistung und Prüfung.
[2] DIN 18894, Jun 56, Transportable keramische Dauerbrandöfen; Raumheizvermögen.

nur mit Warmluft zu erwärmen. Klappen und Jalousietüren ermöglichen die wahlweise Zufuhr der Warmluft zu den einzelnen Räumen und eine gewisse Regelung der Heizleistung. Die nach den oberen Räumen strömende Warmluft wird über die Türen und das Treppenhaus wieder in die Warmluftkammer zurückgeleitet. Der Luftkreislauf kommt hier allein durch Schwerkraftwirkung zustande. Dementsprechend ist die Luftförderung zu den Räumen in erheblichem Umfang von der Druckverteilung im Haus abhängig. Bei Windanfall strömt die Warmluft vorwiegend in die auf der Leeseite des Hauses gelegenen Räume. Die ohnehin durch die eindringende Außenluft kälteren Räume auf der Luvseite „gehen nicht mit". Das wirkt sich besonders bei der Erwärmung der oberen, auf die Warmluftzufuhr angewiesenen Räume aus. Dichtschließende Fenster bzw. Außentüren und aufmerksame Bedienung sind bei solchen Warmluftheizungen also Voraussetzungen für einwandfreien Betrieb. Scharfwinklige Richtungsänderungen der Warmluftwege sind zu vermeiden. Die Luftkanäle sollen im Innern glatt und im Querschnitt möglichst gleichmäßig sein. Auf ausreichend bemessene Luftein- und -auslässe ist zu achten. Die Luftkanäle müssen für Reinigungszwecke zugänglich bleiben; dasselbe gilt für die Warmluftkammern und die Rauchgasabzüge. Die zuverlässige Abdichtung zwischen den Rauchgas- und Luftwegen ist von Zeit zu Zeit zu überprüfen. Durch das Kanalsystem wird die Geräuschübertragung im Haus begünstigt; mit dem Umluftbetrieb ist weiterhin eine Verschleppung der Gerüche von Raum zu Raum verbunden.

Da bei Einfamilienhäusern die Wohn- und Schlafräume im allgemeinen wechselseitig bzw. zu verschiedenen Zeiten zu beheizen sind, wird für die Bestimmung der Gesamtleistung der Wärmebedarf der Schlaf- und Nebenräume nur zur Hälfte in Ansatz gebracht. Der Wärmebedarf ist im übrigen nach DIN 4701 zu berechnen. Bei der Bemessung der Luftkanäle sollte man die Warmlufttemperatur auch bei Volleistung nicht höher als 50° ansetzen[1]. Unter Berücksichtigung der nachgeschalteten Heizflächen kann die Leistung des Einsatzofens mit rund 5000 kcal/m²h angenommen werden.

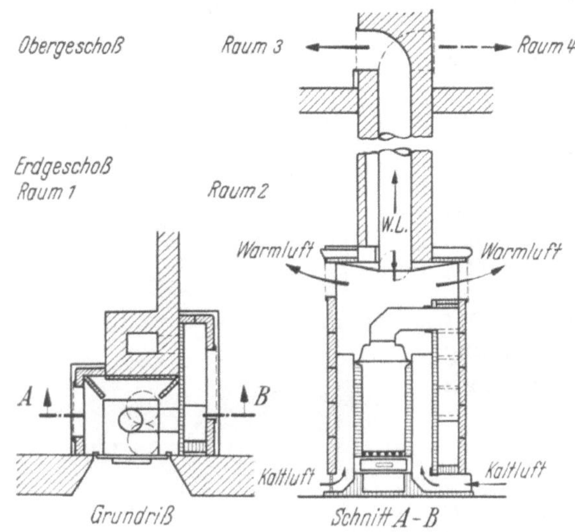

Abb. 1.05. Kachelofenluftheizung

C. Eisenöfen

1. Allgemeines

Beim Eisenofen wird, im Gegensatz zum Kachelofen, auf jede Wärmespeicherung in den Ofenbaustoffen verzichtet. Die Wärmeabgabe an den Raum setzt bald nach der Inbetriebnahme des Ofens ein und endet praktisch mit dem Abschluß des Verbrennungsvorganges. Der Eisenofen wurde zunächst vorwiegend in Räumen verwendet, die nur zeitweise beheizt werden sollten.

Man ging später dazu über, die Öfen mit reichlichem Füllschacht zu versehen. An die Stelle der Wärmespeicherung in den Ofenwänden trat also die Brennstoffspeicherung. Dabei galt es, zugleich die Feuerung so zu verbessern, daß der Abbrand und damit die Heizleistung geregelt werden konnten. Man erreicht dies, indem man die dem Ofen zugeführte Verbrennungsluftmenge ändert. Der technischen Durchbildung der dazu notwendigen Einrichtungen ist daher beim Eisenofen größte Bedeutung beizumessen. Sie sollen eine einfache und zuverlässige Regelung des Abbrandes und damit der Raumerwärmung ermöglichen, ohne daß der Ofen ständig überwacht werden muß. Die Güte eines eisernen Ofens hängt sonach wesentlich von der Beschaffenheit dieser Regelorgane und von seiner Dichtheit ab.

---

[1] Weitere Rechnungsunterlagen s. C. MALMENDIER: Die Kachelofen-Luftheizung. Berlin: A. Lüdtke 1958.

Das Fehlen der Wärmespeicherung hat den Vorteil, daß die Leistung des Ofens kurzfristigen Änderungen im Heizwärmebedarf, wie sie vor allem in Gegenden mit mildem Klima (Westdeutschland) und in der Übergangszeit auftreten, leicht angepaßt werden kann. Auch sind die Abmessungen des Eisenofens, verglichen mit speichernden Kachelöfen gleicher Leistung, kleiner, so daß sich selbst Öfen großer Leistung noch transportabel herstellen lassen. Mit der kleineren Heizfläche muß allerdings eine höhere Oberflächentemperatur in Kauf genommen werden. Es empfiehlt sich daher, den Ofen für einen gegebenen Wärmebedarf eher zu reichlich als zu knapp zu bemessen. Außer hygienischen Gründen sprechen auch technische dafür. Erfahrungsgemäß werden Räume mit Eisenöfen im Winter nicht ständig geheizt. Zum Anheizen eines ausgekühlten Raumes wird aber eine wesentlich höhere Leistung als beim Dauerbetrieb verlangt, da auch den Innenwänden, Decken und Einrichtungsgegenständen erhebliche Wärmemengen zugeführt werden müssen, bevor ein behagliches Raumklima erreicht wird. Es besteht die Gefahr, daß in dieser Zeit der Eisenofen überlastet wird. Mit zunehmender Belastung sinkt aber der Wirkungsgrad der Feuerung, der Ofen arbeitet unwirtschaftlicher, s. Abb. 1.08. Auch werden überlastete Öfen leicht undicht und verlieren damit ihre Regelfähigkeit. Wird die Heizwirkung eines Ofens durch zu hohe Oberflächentemperaturen lästig, so ist dies meistens ein Beweis dafür, daß der Ofen zu klein gewählt wurde oder falsch bedient wird.

Die hygienischen Anforderungen müssen besonders auch bei der Ofengestaltung berücksichtigt werden. Die Heizflächen sollen überall leicht zugänglich und reinigungsfähig sein. Emailglasuren mit ihrer glatten Oberfläche werden sonach nicht nur aus ästhetischen, sondern auch aus hygienischen Gründen bevorzugt.

Die wichtigsten technischen Anforderungen an eiserne Dauerbrandöfen sind in DIN 18890 zusammengestellt[1]. Öfen, die dieser Norm entsprechen, können vom Hersteller mit dem DIN-Zeichen versehen werden. Der Abnehmer hat damit die Gewähr, daß das Erzeugnis sowohl in seinem Material und dessen Verarbeitung als auch in der baulichen Gestaltung und der feuerungstechnischen Durchbildung den Anforderungen der Praxis gerecht wird. Neben eingehenden Werkstoff- und Verarbeitungsvorschriften enthält die Norm u. a. auch Bestimmungen über die Bemessung der Rostflächen, Heizgaszüge und Rauchrohrstutzen sowie des Brennstoff-Füllraumes und des Aschenkastens. Die Heizflächen sind in einer Normreihe, beginnend mit 0,8 und endend mit 3,5 m², festgelegt, so daß bei gleichzeitig vereinbarter Heizflächenbelastung auch die Nennheizleistungen der Öfen genormt sind.

Dem feuerungstechnischen Aufbau nach unterscheidet man Durchbrandöfen und Unterbrandöfen. *Durchbrand* ist eine Verfeuerungsweise fester Brennstoffe, bei der die gesamte Brennstoff-Füllung in Glut gerät (durchbrennt) und bei der im Verlaufe der Verbrennung die Glutschichthöhe abnimmt. Dagegen ist *Unterbrand* eine Verfeuerungsweise, bei der nur der untere Teil der Brennstoff-Füllung in Glut gerät und aus dem Füllschacht eine dem Abbrand entsprechende Brennstoffmenge nachrutscht, so daß die Glutschichthöhe gleichbleibt.

2. Durchbrandöfen

In der einfachsten Bauform, dem sogenannten Irischen Ofen, besteht die Durchbrandfeuerung aus einem geräumigen Füllschacht, der nach unten durch den Rost abgeschlossen ist. Der aus Stahlblech oder Gußeisen hergestellte Ofenmantel ist auf der Innenseite mit Schamotte ausgemauert, die den Eisenmantel vor zu starker Erhitzung schützen und auch die Oberflächentemperatur des Ofens in erträglichen Grenzen halten soll. Der Rost ist meistens zur Erleichterung der Entaschung mit einer Rüttelvorrichtung versehen. Ein Stehrost hinter der Feuertür macht das Feuer zugänglich und verhindert das Herausfallen des Brennstoffes. Im Ofenkopf ist vorn die Fülltür und rückwärts der Rauchgasabzug mit Drosselklappe angeordnet. Zur Regelung des Abbrandes und damit der Leistung dient eine an der Aschefalltür angebrachte verstellbare Verbrennungsluftöffnung.

Ursprünglich für die Verfeuerung von Koks mit hohem Füllschacht gebaut, lassen sich im Durchbrandofen aber auch sämtliche übrigen Hausbrandbrennstoffe verheizen, wenn die Glut-

---

[1] DIN 18890. Mrz 56. Eiserne Dauerbrandöfen; Begriffe, Bau, Güte, Leistung und Prüfung.

schichthöhe entsprechend kleiner gewählt wird. Vor allem bei gasreichen Brennstoffen dürfen
jeweils nur kleinere Mengen aufgegeben werden. Es besteht sonst die Gefahr, daß kurz nach der
Aufgabe die entweichenden Schwelgase infolge Luftmangels und zu niedriger Feuerraumtempe-
ratur unverbrannt abziehen. Bei anfänglich stärkerer Luftzufuhr — auch als Zweitluft —

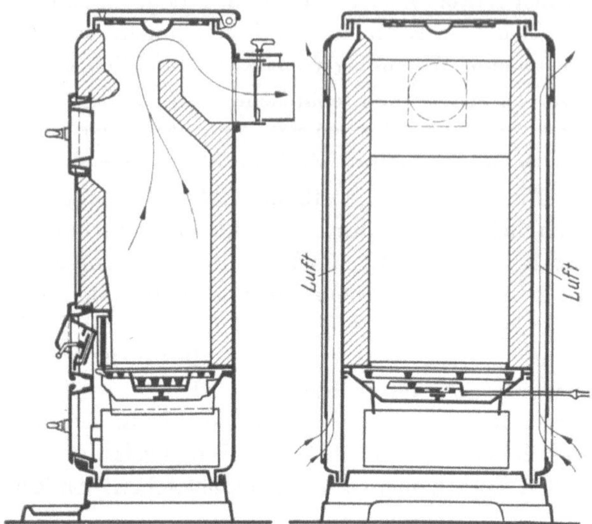

Abb. 1.06. Durchbrandofen neuerer Bauart

läßt sich andererseits ein rasches Ansteigen der Heizleistung mit späterem
Absinken bei fortschreitendem Abbrand
kaum vermeiden. Man muß bei Durchbrandfeuerungen sonach eine gewisse Ungleichmäßigkeit der Wärmeabgabe im
Dauerbetrieb hinnehmen.

Wesentlich verbessert wurde die
Regelfähigkeit des Durchbrandofens, als
der Stehrost hinter der Feuertür durch
eine von der Verbrennungsluft gekühlte
Stehplatte mit unterem Stochschlitz ersetzt wurde, s. Abb. 1.06. Die freien
Spalten des Stehrostes verursachten nämlich einen an der Vorderseite des Ofens
erhöhten Abbrand, der mit abnehmender
Glutschichthöhe zu hohen Luftüberschußzahlen führte. Auch wurde eine saubere
Entfernung der Feuerungsrückstände er-
schwert. Beim neuzeitlichen Durchbrandofen wird die Verbrennungsluft sonach ausschließlich
durch den Planrost zugeführt, so daß sie gleichmäßig an den Brennstoff herangebracht wird.
Diese Öfen mit vorderer Stehplatte werden auch als „Allesbrenner" bezeichnet[1].

Abb. 1.07. Durchbrandofen mit Sturzzug

Der neuzeitliche Durchbrandofen ist als Decken- oder
Sturzzugofen ausgebildet. Der *Deckenzug*ofen, s. Abb. 1.06,
hat nur aufsteigende Züge und kommt daher mit geringem
Schornsteinzug aus. Gelegentlich werden die Öfen mit
äußeren Luftmänteln versehen, um zu hohe Oberflächentemperaturen zu vermeiden und die konvektive Wärmeabgabe der Heizflächen zu erhöhen. Beim *Sturzzug*ofen,
Abb. 1.07, werden die Verbrennungsgase nach Verlassen
des Feuerraumes zur besseren Wärmeausnutzung durch
seitliche Züge geführt. Eine Anheizklappe ermöglicht beim
Anfeuern die Ausschaltung der Vertikalzüge, indem sie den
direkten Weg vom Feuerraum zum Rauchrohrstutzen
freigibt.

Nach DIN 18890 wird für Durchbrandöfen bei Angabe
der Leistung in der Regel eine *Heizflächenbelastung* von
4000 kcal/m²h zugrunde gelegt. Dieser Wert, auch als
spezifische Nennheizleistung bezeichnet, gilt für 1 mm WS
Schornsteinzug. Bei 1,5 mm WS Zug und geschlossenen
Türen soll der Ofen eine um 50% höhere Leistung abgeben.
Die Ofenleistung muß weiterhin, wie beim keramischen
Dauerbrandofen, auf 25% der Nennleistung herabgeregelt
werden können, ohne daß die Dauerbrandfähigkeit darunter leidet. Der *Wirkungsgrad* darf für
die verschiedensten Brennstoffe bei Nennleistung 70% nicht unterschreiten. Als Prüfbrennstoffe
sind bei „Allesbrennern" zu verwenden: Anthrazit, Eier- und Nußbriketts und Braunkohlenbriketts, bei Sonderöfen die vom Hersteller angegebenen Brennstoffe.

---

[1] WIEDEMANN, F.: Steinkohle im Haushalt. Techn. Mitt. 196, Nr. 9.

In Abb. 1.08 sind die Prüfergebnisse einer großen Anzahl von Durchbrandöfen, und zwar mit ihren Mittelwerten, in Abhängigkeit von der Heizflächenbelastung aufgetragen, getrennt für Decken- und Sturzzugöfen[1]. Danach fällt der Wirkungsgrad im normalen Leistungsbereich mit zunehmender Belastung ab. Die Bestwerte mit 75 bis 80% liegen bei spezifischen Heizflächenleistungen zwischen 1000 und 3000 kcal/m²h. Bei der oberen Grenzleistung von 6000 kcal/m²h ergeben sich immerhin noch Wärmeausnutzungszahlen von 65%.

Man erkennt außerdem, daß der Deckenzugofen infolge der höheren Abgastemperaturen dem Sturzzugofen im Wirkungsgrad etwas nachsteht; der Unterschied ist jedoch nur gering und gegenüber den betrieblichen Vorzügen des Deckenzugofens, wie einfachem Aufbau, besserer Reinigungsfähigkeit und geringerem Zugbedarf, praktisch bedeutungslos.

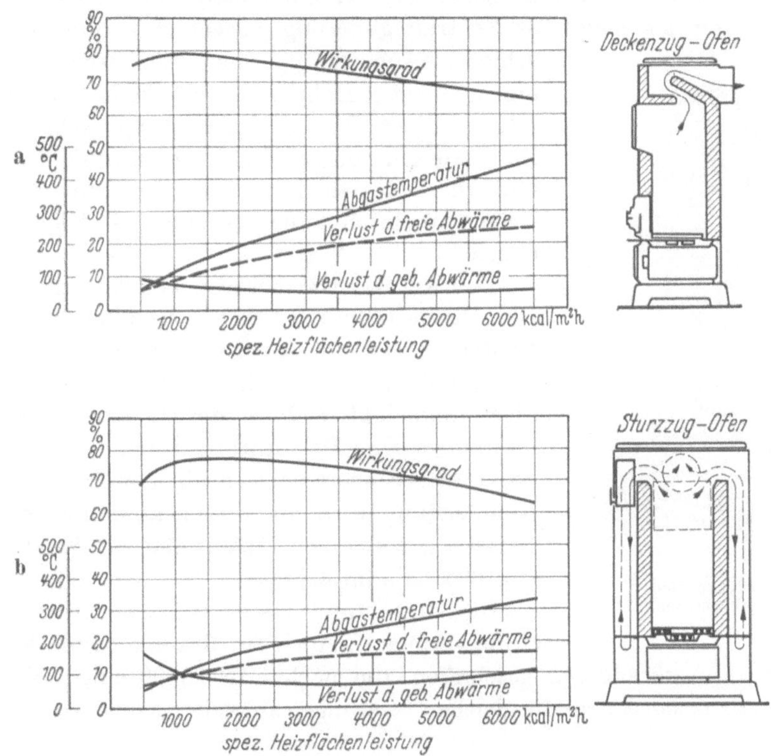

Abb. 1.08. Wirkungsgrad, Verluste und Abgastemperatur bei Dauerbrandöfen.
a) Deckenzugofen; b) Sturzzugofen

Bei den Wirkungsgraden der Abb. 1.08 handelt es sich um Versuchswerte, die mit fabrikneuen Öfen bei sachgemäßer Bedienung erzielt wurden. Im späteren Betrieb werden solche günstigen Werte naturgemäß selten erreicht, zumal die Wartung und Pflege der Öfen oft viel zu wünschen übrigläßt.

Für die Dauerbrandfähigkeit und Regelbarkeit ist vor allem die *Dichtheit* eines Ofens maßgebend[2]. Sie wird nach DIN 18890 ebenfalls geprüft. Danach sollen bei 1 mm WS Unterdruck möglichst keine größeren Luftmengen als 4 Nm³ je m² Heizfläche und Stunde durch einen geschlossenen Ofen durchgesaugt werden, höchstens 1,5 Nm³ davon durch Undichtheiten unterhalb des Rostes. Schwere Öfen mit eingeschliffenen Türen und Verschlüssen bleiben erfahrungsgemäß auch im Betrieb später besser dicht als leichte Öfen. Man hat daher Durchbrandöfen früher in ihrer Güte vorwiegend nach dem Gewicht beurteilt.

---

[1] SCHAEFER, H.: Einzelheizung. Techn. Mitt. Bd. 43 (1950) S. 325ff.
[2] SCHÜLE, W.: Neuere Untersuchungen an Zimmeröfen und Haushaltherden. Gesundh.-Ing. Bd. 74 (1953) S. 36/40.

3. Unterbrandöfen

Die wesentlichen Kennzeichen dieser Ofenbauart sind ein Korbrost über dem gewöhnlichen Rüttelrost und ein vom Ofenkopf bis nahe an den Korbrost heranreichender Füllschacht. Der Verbrennungsvorgang spielt sich im Korbrost ab; der Füllschacht dient hier lediglich als Brennstoffbehälter und nicht gleichzeitig als Feuerraum wie beim Durchbrandofen. In dem Umfang, wie Brennstoff wegbrennt, rutscht neuer Brennstoff aus dem Füllschacht nach. Gefüllt wird der Ofen über eine luftdicht verschließbare Öffnung von oben.

Die bekannteste Ausführung des Unterbrandofens ist der *Anthrazit-Dauerbrenner*, auch Amerikaner-Ofen genannt, s. Abb. 1.09. Er ist, wie sein Name sagt, ein Sonderofen für den hochwertigsten festen Brennstoff, den Anthrazit oder aschearme Magerkohle. Der Brennstoff muß eine geeignete Stückgröße besitzen; grobstückige Steinkohle bleibt im Füllschacht leicht hängen. Die Regelvorrichtung ist meist als Zentralregulierung ausgebildet, d. h. Verbrennungsluftschieber, Anheizklappe und Gegenzugklappe werden von einem einzigen Hebel zwangsläufig in der richtigen Reihenfolge bedient. Die Gegenzugklappe schafft in geöffnetem Zustande eine unmittelbare Verbindung des Raumes unterhalb des Rostes mit dem Zug zum Rohrstutzen und sichert dadurch eine vorzügliche Kleinstellbarkeit des Ofens.

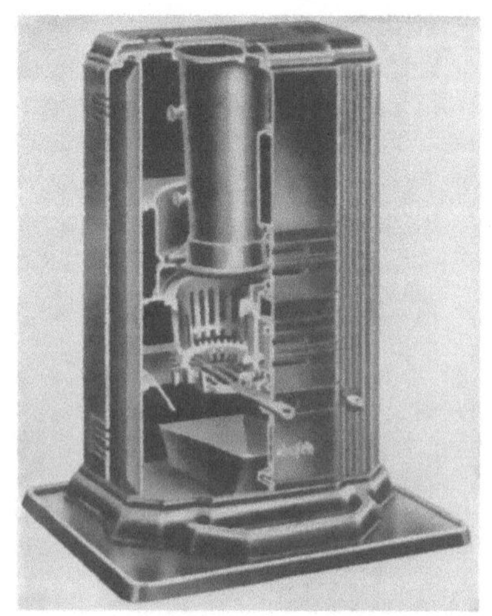
Abb. 1.09. Unterbrandofen
(Anthrazit-Dauerbrandofen)

Der Anthrazit-Dauerbrenner ist in der Regel aus Gußeisen hergestellt und besitzt keine Schamotteausmauerung. Vielfach ist er mit einem äußeren Luftmantel ausgestattet. Er bleibt bei sorgfältiger Ausführung auch im Betrieb dicht und läßt sich in der Leistung fast beliebig weit herunterregeln. Der Anthrazitofen ist damit zum Begriff des Dauerbrenners schlechthin geworden. Seine spezifische Nennleistung wird mit 3000 kcal/m²h angesetzt. Bei dieser Belastung wird nach DIN 18890 ein Mindestwirkungsgrad von 80% gewährleistet.

Im Unterbrand lassen sich nur nichtbackende Brennstoffe verfeuern. Auch für Braunkohlenbrikett, Koks, Holz und Torf wurden Unterbrandöfen geschaffen, die nach DIN 18890 einen Wirkungsgrad von 70% erreichen müssen, sonst aber die gleichen Leistungen aufweisen sollen wie ein Anthrazitofen.

4. Bestimmung der Ofengrößen

Grundsätzlich ist jeder Ofen so zu bemessen, daß er den Wärmebedarf des Raumes bei niedrigster Außentemperatur zu decken vermag und gewisse Reserven für das Anheizen und für besonders ungünstige Lage bzw. Bauausführung des zu beheizenden Raumes enthält. Das Berechnungsverfahren für den Wärmebedarf ist in DIN 4701 festgelegt, und zwar ausgehend von der Dauererwärmung eines ganzen Gebäudes, also den Verhältnissen bei Zentralheizung. Diese Voraussetzungen treffen aber im allgemeinen nicht zu bei Gebäuden mit Ofenheizung. Hier wird zumeist nur ein Teil der Räume beheizt; die Wärmeverluste nach den ungeheizten Nachbarräumen spielen also eine erhebliche Rolle. Auch sollen häufig die Räume nur in den Tagesstunden bzw. während der Benutzungszeit erwärmt werden, so daß ein Beharrungszustand in den Erwärmungsbedingungen, bei dem die von jedem Wandelement eines Raumes aufgenommene und die nach außen abgegebene Wärme gleich sind, gar nicht erreicht wird. Für diesen Fall läßt sich jedoch eine exakte Wärmebedarfsberechnung nicht durchführen.

Man verzichtet daher in der Regel bei Gebäuden mit Ofenheizung — es sei denn, daß sie dauernd und voll beheizt werden — auf die umständliche Wärmebedarfsberechnung nach DIN 4701 und begnügt sich mit einem Näherungsverfahren. Diese Berechnungsweise ist neuerdings vereinheitlicht und in DIN 18893 für eiserne und in DIN 18894 für transportable keramische Dauerbrandöfen festgelegt worden. Ausgegangen wird dabei vom Rauminhalt, und zwar wird für einen „Grundraum" mit günstigen Heizbedingungen der Wärmebedarf mit 40 kcal/h je m³ Rauminhalt angesetzt. Dieser Wert trifft etwa zu bei —15° Außentemperatur für einen Eckraum üblicher Bauweise mit Einfachfenstern, die nicht mehr als $^1/_5$ der Außenwandflächen ausmachen, wenn sämtliche angrenzenden Räume ebenfalls geheizt sind. Unter Berücksichtigung eines Anheizzuschlages von 37,5% erhält man für den „Grundraum" einen spezifischen Wärmebedarf von insgesamt 55 kcal/m³h.

Nach Lage oder Bauweise ungünstigeren Verhältnissen wird durch eine entsprechende Erhöhung des spezifischen Wärmebedarfs Rechnung getragen, jedoch jeweils nur in zwei weiteren Gruppen. Es gelten danach:

Für günstige Bauweise . . . . 55 kcal/m³ h
Für weniger günstige Bauweise . . . . 75 kcal/m³ h
Für ungünstige Bauweise . . . . 100 kcal/m³ h

Die Eingruppierung eines gegebenen Raumes in eine der drei Bauweisen erfolgt an Hand einer Punktbewertung, wobei die Lage des Raumes und des Hauses, der Erwärmungszustand der angrenzenden Räume, die Bauausführung und sonstige heiztechnisch wichtige Faktoren berücksichtigt werden. Aus Rauminhalt und spezifischem Wärmebedarf ergibt sich dann die erforderliche Nennleistung des Ofens. Da für die einzelnen Ofenbauarten bestimmte Heizflächenbelastungen vorgeschrieben sind, liegt damit auch die Ofengröße fest.

Umgekehrt kann jeder Ofengröße bei bekannter Bauart ein bestimmtes „Raumheizvermögen" (m³) zugeordnet werden, das jedoch stets nur für eine der drei vorstehenden Raumbauweisen gilt. Der Begriff „Raumheizvermögen", zuweilen auch „Heizkraft" genannt, hat sich vor allem im Fachhandel eingebürgert, da er anschaulich ist und dem Abnehmer die Auswahl der Ofengröße im Bedarfsfall erleichtert. Es sollten aber möglichst die drei Werte für günstige, weniger günstige und ungünstige Bauweise aufgeführt werden.

Beispiel: Durchbrandofen mit einer Heizfläche von 1,2 m² und einer Heizleistung von 4800 kcal/h. Raumheizvermögen: 90/65/50 m³.

Wird nur ein Wert genannt, so bezieht er sich auf die „günstigste Bauweise". Die Ofenleistung reicht für Räume dieser Größe bei ungünstiger Bauweise oder zeitweiser Heizung nicht aus. Auf die Nachteile zu klein bemessener Öfen ist bereits hingewiesen worden.

II. Der Schornstein

Der Schornstein dient dazu, die in der Feuerung entstehenden Abgase in die Außenluft abzuleiten. Gleichzeitig muß der Schornstein durch seine Zugstärke der Feuerung die nötige Verbrennungsluft zuführen. Da der Rost und das Brennstoffbett dem Luftdurchtritt einen erheblichen Widerstand entgegensetzen, ist eine genügende Zugstärke unter allen Umständen sicherzustellen.

A. Der Schornsteinzug

Der Schornsteinzug entsteht durch den Unterschied zwischen dem spezifischen Gewicht der kalten Außenluft und dem spezifischen Gewicht der heißen Gase. Die Zugstärke errechnet sich aus der Gleichung

$$H = h\,(\gamma_a - \gamma_i) \approx h \cdot c \cdot (t_i - t_a)\,.$$

Es bedeuten:

H den Schornsteinzug in mm WS,
h die lotrechte Schornsteinhöhe in m,
γ_i das spezifische Gewicht der Rauchgase in kg/m³,
γ_a das spezifische Gewicht der Außenluft in kg/m³,
c ein Zahlenfaktor,
t_i die Temperatur der Rauchgase in °C,
t_a die Temperatur der Außenluft in °C.

Der Schornsteinzug ist also um so größer, je höher der Schornstein und je größer der Temperaturunterschied zwischen der heißen Gassäule und der Außenluft ist.

Die Gasmenge, welche eine bestimmte Zugstärke zu fördern vermag, hängt von den Widerständen des gesamten Strömungsweges ab, also von den Widerständen innerhalb des Ofens und innerhalb des Schornsteines. In letzter Hinsicht ist von Einfluß die Höhe des Schornsteines, seine Weite, die Rauhigkeit der Innenseite sowie die Zahl und Art von Richtungsänderungen.

B. Ausführung des Schornsteines

Aus diesen Überlegungen ergeben sich für die Ausführung nachstehende Hinweise:

1. Die Abkühlung der Rauchgase innerhalb des Schornsteines ist einzuschränken. Deshalb sollen Schornsteine möglichst nicht in die Außenwand gelegt werden. Ist dies nicht zu vermeiden, so ist die Außenseite des Schornsteines zu isolieren. (Die neuesten Bauordnungen enthalten noch weitergehende Bestimmungen über den Wärmeschutz derartiger Schornsteine.)

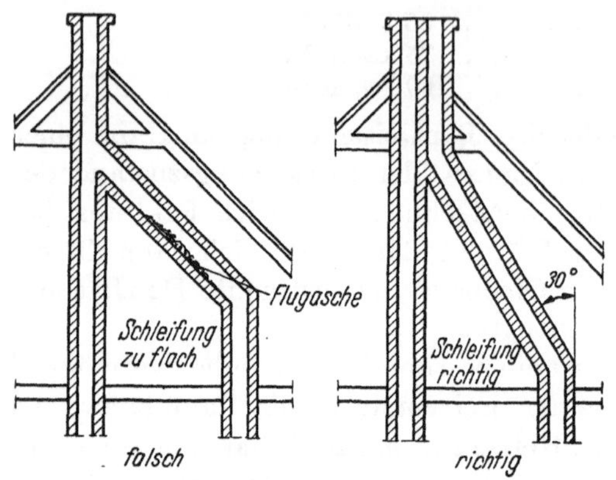

Abb. 1.10. Schornsteinschleifung

2. Zur Verminderung des Strömungswiderstandes sollen die Schornsteine eine möglichst glatte Innenfläche erhalten. Dies wird am sichersten durch sauberes Ausfugen bei Verwendung nur guter Mauersteine erreicht. Innenputz verbessert zwar die Glätte, trägt aber die Gefahr des Abbröckelns in sich. Die Verwendung von fertigen Formsteinen für den Bau der Kamine ist zu empfehlen[1].

Richtungsänderungen (das sog. Ziehen oder Schleifen der Schornsteine) sind möglichst zu vermeiden, weil dadurch die Länge des Schornsteines und sein Zugverlust wächst. Ist ein Schleifen nicht zu umgehen, so darf die Ablenkung nicht mehr als 30° betragen, s. Abb. 1.10.

Der lichte Querschnitt des Schornsteines ist nach Größe und Form überall beizubehalten, also auch im gezogenen Teil. Besonderes Augenmerk ist darauf zu richten, daß nicht durch Träger, durch zu tief eingesetzte Rauchrohre oder durch Schornsteinabdeckungen eine Drosselung der Rauchgase an einzelnen Stellen bewirkt wird.

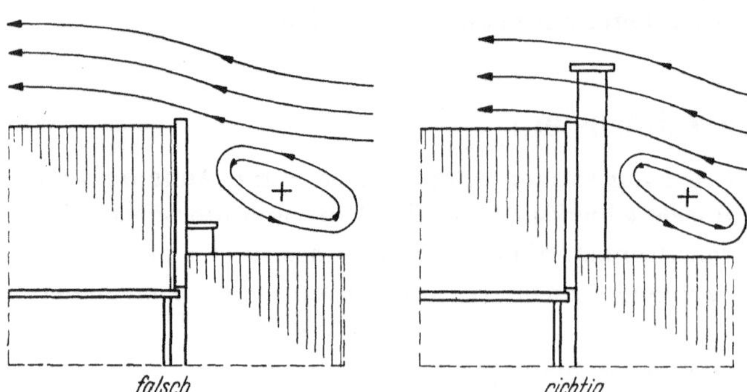

Abb. 1.11. Staudruck durch Nachbargebäude

3. Bei der Hochführung des Schornsteines über Dach ist dem Windanfall Rechnung zu tragen. Alle Arten von Abdeckungen, wie sie zum Zwecke des Regenschutzes oder der Zugverbesserung manchmal verwendet werden, sind zu vermeiden. Sie geben häufig zu Windstörungen Anlaß. Auch strömungstechnisch einwandfreie Schornsteinaufsätze erhöhen die Zugstärke nur bei Windanfall, versagen also gerade unter den ungünstigsten Umständen, nämlich bei Windstille.

Der Schornstein ist so weit über die Dachhaut hinauszuführen, daß er den Dachfirst überragt. Das Maß von $^1/_2$ m, welches manche Bauordnungen dafür vorschreiben, genügt nicht, um bei Windanfall mit Sicherheit Zugstörungen durch die Dachflächen zu vermeiden. Steht der Schornstein weit seitwärts vom Dachfirst, so sind für den Schornsteinfeger Steigeisen oder Laufbretter anzubringen; bei sehr großer freiragender Höhe ist außerdem eine Verankerung des Schornsteines notwendig. Weit vom Dachfirst abstehende Schornsteine zwingen damit zu unschönen und unzweckmäßigen Ausführungen.

Recht unangenehme Zugstörungen treten auf, wenn der Schornstein von benachbarten Gebäudeteilen überragt wird (s. Abb. 1.11). Wind, der gegen diese Gebäudeteile strömt,

---

[1] Hausschornsteine, Formstücke aus Leichtbeton mit Querschnitten bis 700 cm², DIN 18150, Januar 1956.

erzeugt einen Staudruck (erhöhten Luftdruck), der dem Schornsteinzug entgegenwirkt. Starke Windstöße können auf diese Weise zu einem Zurückschlagen der Flamme aus dem Ofen ins Zimmer führen.

Gegen die Wirkung des Staudruckes hilft nur das Hochführen des Schornsteines bis über das Gebiet höheren Druckes hinaus. Auch drehbare Schornsteinaufsätze versagen in diesem Fall.

Betriebsstörungen

Im Betriebe treten häufig Zugstörungen durch Eindringen von Falschluft in den Schornstein auf. Man versteht darunter kalte Luft, die durch Undichtheiten in den Schornstein gelangt, dort die Temperatur der Rauchgassäule herabsetzt und gleichzeitig den Schornstein überlastet. Solche Undichtheiten entstehen:

a) durch Offenlassen oder schlechtes Schließen der am Schornsteinfuß angebrachten Reinigungstüren;

b) durch Offenlassen oder schlechtes Schließen anderer an denselben Schornstein angeschlossener und nicht betriebener Öfen (Füll-, Feuer- und Aschetüren);

c) durch schadhafte Außenwände des Schornsteines;

d) durch schadhafte Schornsteinzungen.

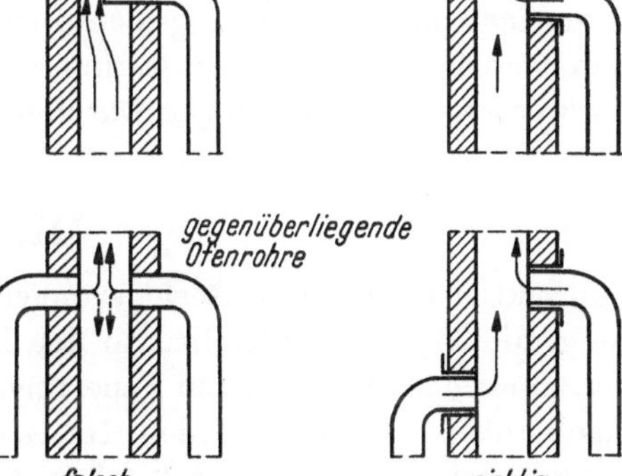

Abb. 1.13. Ofenrohranschlüsse

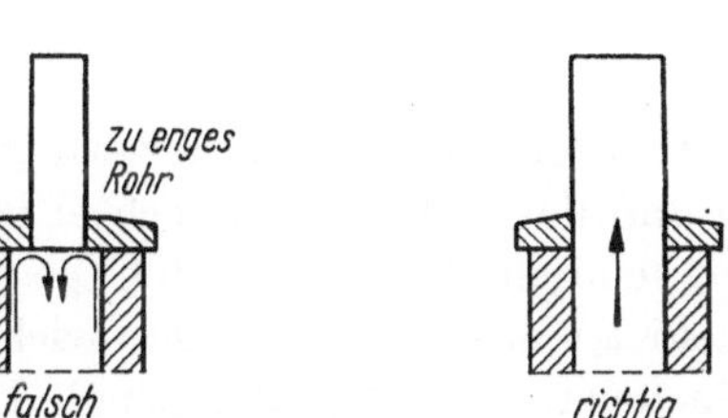

Abb. 1.12. Schornsteinverlängerungen

Da die Zugstärke eines Schornsteines von der Höhe abhängt, in den oberen Stockwerken eines Hauses also nur gering ist, sollten dort Öfen mit hohem Zugbedarf nicht aufgestellt werden. Auch falsche Ausführung von Ofenanschlüssen und Schornsteinerhöhungen kann der Anlaß zu Betriebsstörungen sein, wie die Abb. 1.12 und 1.13 erkennen lassen.

Lichte Weite

Der zu fordernde Schornsteinquerschnitt wächst mit der Zahl der angeschlossenen Feuerstellen und deren Leistung. Bei geringer Zugstärke ist er reichlicher zu wählen als bei hoher Zugstärke. In den Bauordnungen ist festgelegt, wieviel Öfen üblicher Größe für Wohnräume jeweils an einen Schornstein angeschlossen werden dürfen bzw. wie groß die lichte Schornsteinweite sein soll. Die diesbezüglichen Bestimmungen in Deutschland sind nicht einheitlich. Als Anhaltswerte können gelten:

Für Anschluß von 2 Öfen 14×14 cm² l. Schornsteinquerschnitt
Für Anschluß von 3 Öfen 14×20 cm² l. Schornsteinquerschnitt
Für Anschluß von 4 Öfen 20×20 cm² l. Schornsteinquerschnitt.

Für jeden weiteren Anschluß sollte der l. Querschnitt um etwa 80 cm² vergrößert werden.

In vielen Orten sind mehr als vier Anschlüsse nicht zugelassen. Man begründet die Einschränkung damit, daß Schornsteine größerer Querschnitte häufig zu Zugstörungen Anlaß gäben, insbesondere wenn die Abgase aus Öfen mehrerer Stockwerke in den gleichen Schornstein eingeleitet würden.

In anderen Gegenden, vor allem in Süd- und Südwestdeutschland, wird dagegen der weite Schornstein bevorzugt. Man läßt dort auf Grund guter Erfahrungen mit größeren Schornsteinquerschnitten den Anschluß von 6 bis 8 Feuerstellen zu. Offenbar sind die Unterschiede in den behördlichen Bestimmungen mehr durch Baugewohnheiten bestimmt als durch exakte Unterlagen über die Leistungsfähigkeit der Schornsteine[1].

C. Lage des Schornsteines

Häufig ist an dem Versagen eines Schornsteines die falsche Anordnung im Grundriß des Hauses schuld.

Fehler dieser Art sind besonders schwerwiegend, weil sie sich später durch Umbauten kaum noch beheben lassen. Der Architekt muß deshalb, um wirklich einwandfreie Lösungen zu erzielen, schon bei Einteilung der Räume und Anordnung der Öfen auf folgende Punkte achten:

1. Die Lage des Schornsteines ist so zu wählen, daß die Durchdringung der Dachhaut bautechnisch leicht auszuführen ist (regendicht) und daß keine Zugstörungen durch Windstau eintreten können.

2. Am besten ist die Anordnung des Schornsteines in der Hausachse mit Austritt am Dachfirst. Außenwandlage ist möglichst zu vermeiden.

3. Die Reinigungsöffnungen im Dach- und Kellergeschoß sollen leicht zugänglich sein.

4. Nach Möglichkeit sollen die Schornsteine zu Gruppen vereinigt werden (Bündeln). Dadurch erreicht man den heizungstechnischen Vorteil, daß die Schornsteine sich gegenseitig erwärmen, wobei der Zug stärker ist, und den bautechnischen Vorteil, daß die Schornsteinanlagen billiger werden und daß weniger Durchdringungen der Dachhaut auszuführen sind.

III. Gasheizöfen

Während bei kleineren Gasfeuerungen, wie Haushalterden und Wasserheizern geringer Leistung, die Abgase unmittelbar in den Raum strömen und dort durch Luftwechsel beseitigt werden, müssen sie bei größeren Feuerungen (zu letzteren gehören alle Gasheizöfen) gesammelt und nach außen abgeführt werden. Im Gasfach unterscheidet man die Feuerungseinrichtungen dementsprechend in „Gasgeräte" (ohne Abzug) und „Gasfeuerstätten" (mit Abzug). Der Besprechung der Gasheizöfen seien daher einige Bemerkungen über die Abführung der Verbrennungsprodukte von Gasfeuerungen vorausgeschickt.

A. Abführung der Abgase und Strömungssicherung

Bei Gasfeuerungen hat der Schornstein nur die Aufgabe, die entstandenen Verbrennungsgase abzuleiten. Die Verbrennungsluft braucht hier nicht — wie bei Öfen für feste Brennstoffe — durch einen Rost und eine Brennstoffschicht unter Druckverlusten in die Brennzone gefördert zu werden. Das Gas mischt sich vielmehr zum Teil *vor*, zum Teil *nach* dem Ausströmen aus dem Brenner mit der Verbrennungsluft. Herrscht im Verbrennungsraum Unterdruck infolge des Schornsteinzuges, so wird dadurch der Luftüberschuß unnötig hoch und der Wirkungsgrad der Gasfeuerung herabgesetzt.

Man hält daher bei Gasfeuerungen durch Einbau eines *Zugunterbrechers* in der Abgasleitung den Schornsteinzug vom Verbrennungsraum fern. In der einfachsten Form sind es Beiluftöffnungen oder offene Erweiterungen in der Abgasleitung, durch die ein Druckausgleich mit der Atmosphäre herbeigeführt wird. Meist ist der Zugunterbrecher kombiniert mit einer *Stau- und Rückstromsicherung*. Sie soll verhindern, daß Windstöße sich über dem Schornstein in den Verbrennungsraum fortpflanzen und dort zu Störungen der Verbrennung führen oder gar die Flamme auslöschen. In Abb. 1.14 kennzeichnen die ausgezogenen Pfeile den normalen Weg der Abgase, die gestrichelten Pfeile den Weg bei Windstößen. Bei den neuzeitlichen Gasöfen ist diese Strömungssicherung in der Regel in die Öfen eingebaut.

Der Zugunterbrecher hat aber noch eine weitere Aufgabe. 1 m³ normales Stadtgas liefert bei der Verbrennung etwa 700 g Wasserdampf. Der Taupunkt der Abgase hängt stark vom Luft-

---

[1] BELZ, H.: Die Lichtweiten von Hausschornsteinen. Wärme-, Lüftungs- u. Gesundh.-Techn. Bd. 8 (1955) Heft 11, 12; Bd. 9 (1956) Heft 1, 2.

überschuß ab. Bei doppelter theoretischer Luftmenge liegt der Taupunkt bei etwa 50°C. Mit zunehmendem Wirkungsgrad steigt der Taupunkt, wächst also die Gefahr der Abscheidung von Kondenswasser. Dieses nimmt aus den Heizgasen Kohlensäure auf und, soweit das Gas Spuren von Schwefel enthält, auch schweflige Säure. Die entstehende Säurelösung greift viele Werk- und Baustoffe an und kann somit die Geräte, Abgasleitungen und Schornsteinwandungen zerstören. Das Ausscheiden von Wasser führt dabei nicht nur zu einer Durchnässung der Schornsteinwandungen, sondern auch zu einer Minderung des Auftriebes, da das spezifische Gewicht der Abgase mit ihrer „Trocknung" größer wird.

Unter normalen Verhältnissen, nämlich nicht zu niedrigen Abgastemperaturen und entsprechend erwärmten Schornsteinwandungen, verhindert die im Zugunterbrecher eintretende „Nebenluft" das Ausscheiden von Wasser. Die Nebenluft setzt zwar die Temperatur der Abgase herunter, gibt aber auch dem Abgas-Luftgemisch eine geringere relative Feuchtigkeit, so daß die Gefahr der Taupunktunterschreitung vermindert wird. Der Zugunterbrecher übernimmt also gleichzeitig die Aufgabe, den durch Wasserausscheidung evtl. in Frage gestellten *Auftrieb zu sichern*.

Aus dem gleichen Grund soll der Wirkungsgrad von Gasfeuerstätten nicht zu hoch getrieben werden, zumal bei starker Abkühlung der Verbrennungsgase im Gerät selbst einzelne Bauteile durch Korrosionsschäden gefährdet sind.

Abgase von Gasfeuerungen sollen nicht in Schornsteine eingeleitet werden, an die Öfen für feste Brennstoffe angeschlossen sind, um die Durchfeuchtung und Versottung des Mauerwerkes durch die wasserdampfreichen Verbrennungsprodukte des Gases zu vermeiden und jede Zugminderung für die übrigen Feuerungen infolge des Nebenlufteinlasses zu verhindern.

Als *Baustoffe* haben sich für Abgasrohre verbleites Stahlblech und Asbestzement, für Abgasschornsteine Ton und Asbestzement bewährt. Besteht Durchfeuchtungsgefahr, so werden Schornsteine aus Asbestzement zweckmäßigerweise mit einem inneren Schutzüberzug (z. B. Inertol, Antiperol)

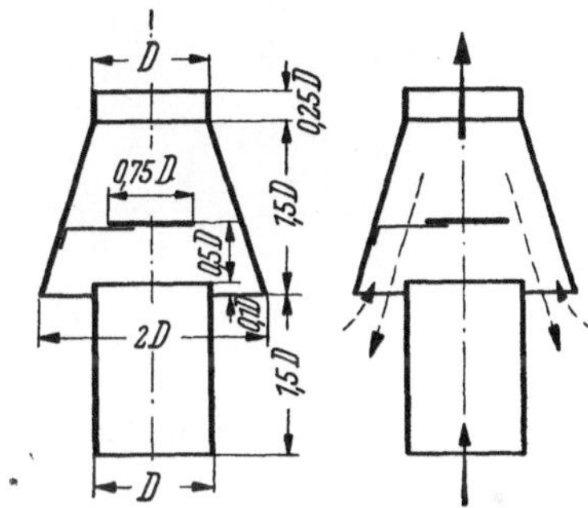

Abb. 1.14. Strömungssicherung von Gasfeuerungen

und einem unteren Wassersack versehen. Die Außenlage des Abgasschornsteines ist wegen der stärkeren Abkühlung möglichst zu vermeiden. Auch empfiehlt es sich, nicht mehr als drei Gasfeuerstätten an einen Schornstein anzuschließen, wobei die unter Abschnitt II aufgeführten Gesichtspunkte für die Einführung der Abgasrohre zu beachten sind. Weitere Hinweise technischer und baulicher Art für die Aufstellung von Gasfeuerstätten enthalten die vom Deutschen Verein von Gas- und Wasserfachmännern herausgegebenen Richtlinien DVGW-TVR Gas ⟨1950⟩[1].

B. Ofenbauarten

Die Übertragung der Wärme an den Raum erfolgt wie bei anderen Heizvorrichtungen auch bei den Gasöfen teils durch Strahlung, teils durch Konvektion.

Beim neuzeitlichen Gasofen[2] werden im allgemeinen Bauformen mit geschütztem Verbrennungsraum bevorzugt, die jede Flammenberührung unmöglich machen. Die Verbrennungsluft wird in der Regel unmittelbar aus dem Raum entnommen. Öfen mit geschlossenem Verbrennungsraum und Zufuhr der Verbrennungsluft von außen sind erforderlich in Räumen mit Feuer- oder Explosionsgefahr, z. B. Garagen, und bei Fehlen eines Schornsteines. Abb. 1.15 zeigt einen *Gliederofen*, dessen Bauart den Radiatoren der Zentralheizung nachgebildet ist. Die einzelnen Teile, aus Stahlblech oder Gußeisen gefertigt, haben die Form flachgedrückter Rohre, die im unteren Teil die Brennkammer, im oberen Teil einen Abgassammelkanal bilden. Die

---

[1] Technische Vorschriften und Richtlinien für die Einrichtung und Unterhaltung von Niederdruckgasanlagen in Gebäuden und Grundstücken DVGW-TVR Gas ⟨1950⟩ [Neufassung demnächst].
[2] GRUDA, G.: Gasheizöfen für Einzelheizung. Heizg.-Lüftg.-Haustechn. Bd. 6 (1955) S. 99/104.

Glieder werden mittels Anker zusammengehalten und durch Ringe mit Asbesteinlage abgedichtet. Obere Verschlußdeckel ermöglichen eine Reinigung der Innenseite.

Eine andere Bauform, der sog. *Kaminofen*, ist in Abb. 1.16 wiedergegeben. Diese Öfen werden sowohl mit den üblichen Brennerrohren und freier Flammenbildung als auch mit eingebautem Strahlheizkörper hergestellt. Die Verbrennungsgase werden im Oberteil des Ofens durch nachgeschaltete Berührungsheizflächen noch weiter ausgenutzt.

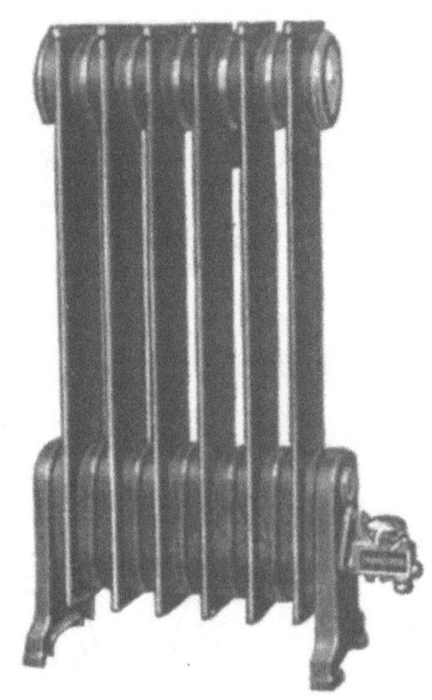

Abb. 1.15. Gliederofen

Abb. 1.16. Kaminofen

Schornsteinfreier Gasofen

Die Forderung, die Verbrennungsgase der Gasheizöfen in besondere Schornsteine abzuleiten, schränkt die Anwendung der Gaseinzelheizung stark ein, vor allem bei Altbauten. Auf Grund günstiger Erfahrungen im Ausland werden daher neuerdings auch in Deutschland Gasöfen mit direktem Abzug der Verbrennungsgase ins Freie zugelassen. Die Öfen werden an der Außenwand aufgestellt und erhalten neben dem Abzugsrohr noch ein Frischluftrohr für die Zufuhr von Verbrennungsluft, s. Abb. 1.17. Verbrennungsraum und Aufstellungsraum sind danach gasdicht voneinander getrennt. In dem Mauergehäuse ist eine Strömungssicherung eingebaut, die Windstöße von dem Gerät abhält. Solche Geräte lassen sich auch in Fensterbrüstungen, also an den Stellen der stärksten Abkühlung eines Raumes, anordnen.

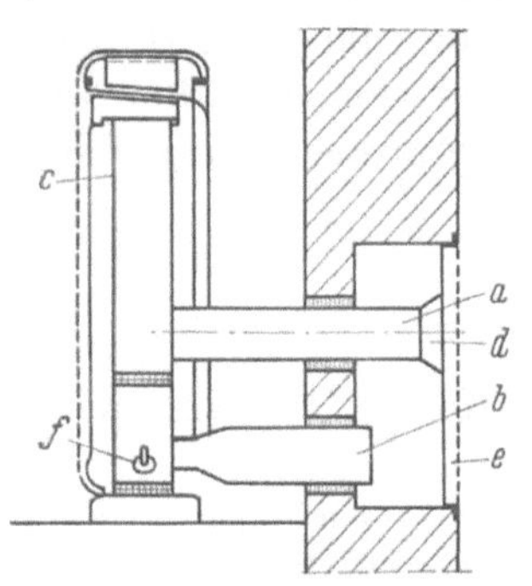

Abb. 1.17. Schornsteinfreier Ofen. *a* Abgasrohr, *b* Zuluftrohr, *c* Heizkörper, *d* Strömungssicherung, *e* Gitter, *f* Brenner

Allgemein ist in der Entwicklung der Gasheizöfen das Bestreben erkennbar, die Oberflächentemperatur aus hygienischen Gründen herabzusetzen. Die Öfen erhalten Zündsicherungen, die den Gasweg erst bei Erwärmung eines Bimetallstreifens durch die Zündflamme freigeben. Die *Leistung* wird im allgemeinen durch Drosselung der Gasmenge *geregelt*, und zwar sollen nach DIN 3364[1] Gasöfen mit einer Nennbelastung bis 4000 kcal/h auf 25% ihrer Nennleistung heruntergeregelt werden können. Eine selbsttätige Regelung der Leistung von der Raumtemperatur aus ist mit einfachen Mitteln möglich. Die *Wärmeausnutzung* bewegt sich beim neuzeitlichen Gasofen zwischen 75 und 80%, wobei durch den Wegfall des Bedienungseinflusses die günstigen Werte des Versuchsstandes auch im praktischen Betrieb im allgemeinen gewährleistet sind.

---

[1] Heizöfen für Stadtgas, Begriffe, Bau, Güte, Leistung und Prüfung. März 1958.

Gasstrahler

Für die Erwärmung hoher und großer Räume lassen sich auch Gasöfen mit sehr hoher Oberflächentemperatur und entsprechend großer Strahlungswärmeabgabe verwenden. Man bezeichnet sie danach als Gasstrahler. Bei der in Abb. 1.18 gezeigten Ausführung[1] erwärmt ein Bunsenbrenner von 0,8 bis 1,2 m³/h Gasverbrauch die mit vielen kleinen Bohrungen versehene Brennerplatte aus keramischem Material auf 800 bis 900°. Das Gasluftgemisch wird auf der Plattenrückseite eingeführt; es verbrennt auf der Vorderseite zunächst mit schwach leuchtender Flamme, die bald nach dem Zünden die keramische Masse zum Glühen bringt. Auf eine besondere Abgasabführung kann verzichtet werden, wenn mit einer gewissen Lufterneuerung zu rechnen ist, so daß keine gesundheitsgefährdende Anreicherung der Raumluft mit Verbrennungsgasen eintritt, und wenn die Verbrennungsgase nicht mit benachbarten kalten Flächen in Berührung kommen.

Je nach der geforderten Leistung werden die Strahlbrenner einzeln oder in Gruppen zusammengefaßt verwendet. Die Wärmeabgabe liegt bei 6 bis 9 kcal/h je cm² Strahlfläche. Die Strahler lassen sich sowohl waagerecht anordnen als auch schräg. Im ersten Fall ist die Strahlung senkrecht nach unten gerichtet. Dementsprechend müssen die Geräte in der ganzen Länge und in der Tiefe des Raumes verteilt werden, um eine möglichst gleichmäßige Erwärmung der Grundfläche zu erzielen, siehe Abb. 1.19. Die horizontalen Abstände der Strahler sollen dabei kleiner sein als das 2fache des Abstandes vom Fußboden. Je höher die

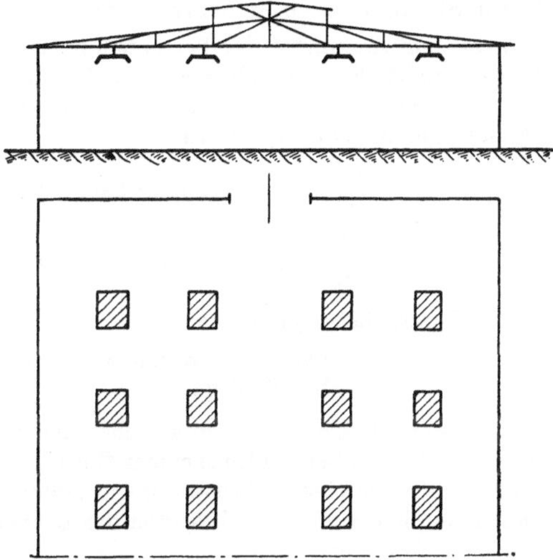

Abb. 1.19. Anordnung von Gasstrahlern in einer Werkhalle

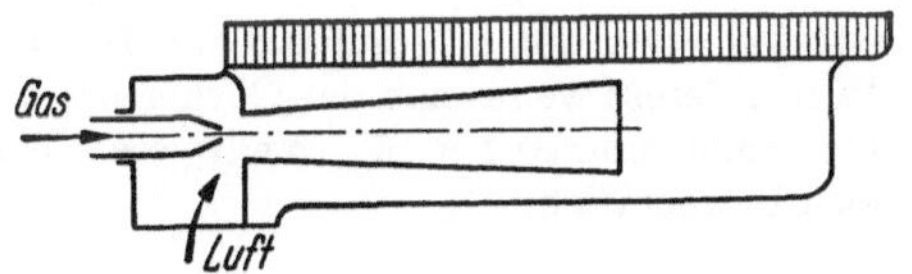

Abb. 1.18. Gasstrahler, Bauart Schwank

Strahler angeordnet werden, um so mehr Brenner können in einem Gerät zusammengefaßt werden, ohne daß Belästigungen der Rauminsassen durch zu intensive Bestrahlung von oben zu befürchten sind. Der Grenzwert der hygienisch zulässigen Wärmezustrahlung ist heute noch umstritten (s. die Ausführungen über die zulässige Oberflächentemperatur von Deckenheizungen S. 83 u. 85); nach Angaben des Herstellers lassen sich Senkrechtstrahler mit Einzelbrennern bei Höhen von 4 m ab verwenden.

Für Räume, die eine Aufhängung der Strahler in Höhen von 4 m und darüber nicht zulassen, bevorzugt man Schrägstrahler. Durch Anordnung an Außenwänden kann man bei Schrägstrahlern die einseitige Abkühlungswirkung kalter Fenster- und Außenwandflächen auf den Menschen z. T. aufheben, jedoch wird die Wärmezustrahlung in Gerätenähe leicht als lästig empfunden. Der Anteil der konvektiven Wärmeabgabe, die zur Erwärmung der Luft in den oberen Raumzonen führt und aus Wirtschaftlichkeitsgründen niedrig gehalten werden soll, ist bei Schrägstrahlern naturgemäß wesentlich höher als bei waagerechter Anordnung der Strahlflächen.

C. Anwendung

Die Hauptvorteile der Gasverwendung zur unmittelbaren Raumheizung liegen in der ständigen Betriebsbereitschaft, der leichten Regelbarkeit und dem Fortfall jeder Bedienungsarbeit sowie der mit dem Brennstofftransport und der Aschebeseitigung sonst verbundenen Raumverschmutzung. Ihnen stehen als Nachteile gegenüber der höhere Wärmepreis des Gases und

---

[1] SCHWANK, G.: Gasheizung und -strahlung. Gas- u. Wasserfach Bd. 90 (1949) S. 169/174.

die zumeist auch höheren Gestehungskosten der Feuerstätten nebst Gas- und Kaminanschlüssen. Die Grenzen im Anwendungsbereich fester und gasförmiger Brennstoffe zur Raumbeheizung verschieben sich also um so mehr zugunsten des Gases, je höher die erwähnten Vorteile wirtschaftlich gewertet werden und je geringer die Benutzungsdauer der Heizgeräte ist bzw. umgekehrt. Es ist daher auch nicht möglich, eine allgemeingültige Faustregel für die Verwendung des Gases zu Raumheizzwecken aufzustellen, wie dies zuweilen versucht wird, etwa in der Art: „Die Gasheizung ist wirtschaftlich, wenn 1 m³ Gas nicht mehr kostet als 1 kg Steinkohle oder Koks."

Für ständig zu erwärmende Räume liegen die Kosten der Gasheizung unter unseren Preisverhältnissen meistens deutlich über denen der Heizung mit festen Brennstoffen, wie das folgende Rechnungsbeispiel zeigt.

Beispiel: Ein Raum mit einem Höchstwärmebedarf von $Q_h = 2000$ kcal/h soll ständig beheizt werden. Wie hoch sind die Jahresbrennstoffkosten

    a) für feste Brennstoffe bei einem Wärmepreis von 17,— DM je 10^6 kcal,

    b) für Stadtgas bei einem Wärmepreis von 32,— DM je 10^6 kcal?

Die Jahresbenutzungsdauer der berechneten Höchstleistung sei mit $b = 1600$ h angenommen (s. S. 524).

Daraus ergibt sich der Jahreswärmeaufwand zu $Q_a = 1600 \cdot 2000 = 3{,}2 \cdot 10^6$ kcal/a.

Für einen mittleren Ofenwirkungsgrad von $\eta = 0{,}68$ bei festen Brennstoffen und $\eta = 0{,}80$ bei Stadtgas erhält man den *Nutzwärmepreis* zu

$$\frac{17}{0{,}68} = 25{,}- \text{ DM}/10^6 \text{ kcal} \quad \text{(Kohleofen)}$$

$$\frac{32}{0{,}80} = 40{,}- \text{ DM}/10^6 \text{ kcal} \quad \text{(Gasofen)}$$

Die Jahreskosten betragen sonach

        bei festen Brennstoffen . . . . $3{,}2 \cdot 25 = 80{,}-$ DM

        bei Stadtgas . . . . $3{,}2 \cdot 40 = 128{,}-$ DM

Die angegebenen Wärmepreise entsprechen bei festen Brennstoffen etwa der Kostenbasis für Hausbrandkohle im Jahre 1958, bei Stadtgas einem Heizgaspreis von 12 Pf/m³. Selbst wenn man der Gasheizung infolge ihrer ständigen Betriebsbereitschaft und besseren Regelfähigkeit einen um 10 bis 15% niedrigeren Wärmeverbrauch zubilligt, sind die Mehrkosten des Betriebs immer noch beträchtlich.

Günstiger für die Gasheizung wird das Kostenverhältnis bei zeitweiser Raumerwärmung und entsprechend verminderter Beanspruchung der Heizgeräte. Der sofortige Einsatz der vollen Leistung ermöglicht kürzere Anheizzeiten und geringeren Wärmeaufwand. Ebenso lassen sich durch die beliebige Regelfähigkeit und völlige Abschaltung der Leistung nach der Raumbenutzung wesentliche Wärmeersparnisse gegenüber dem schwerfälligeren Betrieb bei Öfen mit festen Brennstoffen erzielen. Sie können bei kurzzeitiger Raumbenutzung so groß werden, daß sie den höheren Wärmepreis des Gases voll ausgleichen. Für solche Betriebsbedingungen ist jedoch eine einwandfreie Kostenvergleichsrechnung nicht durchzuführen, da der Heizwärmebedarf nicht zuverlässig angegeben werden kann.

Das Hauptanwendungsgebiet der Gaseinzelheizung ist der gelegentlich und kurzzeitig benutzte Raum, vor allem in Gegenden mit mildem Klima, also z. B. Säle und Versammlungsräume aller Art, seltener benutzte Wohn- und Büroräume, Kirchen, Ausstellungshallen, Schulgebäude mit Halbtagsbetrieb und gewerbliche Räume ohne Anschluß an eine Zentralheizung. Auch als Übergangsheizung in Räumen mit Zentralheizung hat sich die Gaseinzelheizung bewährt. Strahlgeräte finden darüber hinaus zunehmend auch für die Dauererwärmung von Werkräumen Verwendung, sowie für Sonderfälle, wie die Beheizung von Terrassen, Gehwegen vor Schaufenstern u. dgl.

Bemessung der Heizleistung

Für dauernd benutzte Räume ist der Wärmebedarf nach DIN 4701 zu berechnen, insbesondere dann, wenn ein ganzes Gebäude mit Gasöfen versehen werden soll. Da Gasheizöfen nicht überlastbar sind und selten nachts im Betrieb gehalten werden, sind die Anheizzuschläge reichlich anzusetzen.

Bei Gasöfen, die vorwiegend zur kurzzeitigen Raumerwärmung dienen, wird die erforderliche Leistung in der Regel nach einem Näherungsverfahren bestimmt, da eine exakte Wärmebedarfsberechnung für diese Betriebsweise nicht durchführbar ist. Abb. 1.20 gibt in graphischer Darstellung die nach praktischen Erfahrungen für Räume von 15 bis 200 m³ Größe bei 1stündiger Anheizzeit und einer Temperaturdifferenz $(t_i - t_a) = 40°$ benötigte Heizleistung an[1]. Unterschieden ist dabei zwischen 3 Betriebsweisen, einer Heizdauer von täglich 8 h und mehr (als Dauerheizung bezeichnet), weniger als 8 h (Halbtagsheizung) und stundenweisem Heizbetrieb (zeitweise Heizung). Man ersieht aus diesem Diagramm, daß mit einem spezifischen Wärmebedarf von 80 bis 150 kcal/m³h gerechnet wird. Für größere Räume bis 1000 m³ kommt man in erster Annäherung mit 70 kcal/m³h, für Großräume bis 5000 m³ mit 50 kcal/m³h aus. Die Werte der Abb. 1.20 gelten für normale Bau- und Lageverhältnisse. Unter günstigen Bedingungen wird ein Abschlag von 10%, unter ungünstigen ein Zuschlag von 10 bis 20% empfohlen.

Bei der Raumbeheizung durch Hochtemperaturstrahler wird die Luft nur mittelbar erwärmt. Ihre Temperatur liegt niedriger als die der angestrahlten Flächen und ist im Gegensatz zu den Verhältnissen bei vorwiegend konvektiver Wärmeübertragung auch in der Senkrechten weitgehend ausgeglichen. Man kommt dementsprechend mit geringerer Heizleistung aus; der Wärmeverbrauch geht in gleicher Weise zurück. Auch lassen sich in gewissem Umfang einzelne Teile eines großen Raumes unterschiedlich beheizen. Nach Angaben des Herstellers kann mit einem Brenner von rd. 3000 kcal/h Leistung unter ungünstigen Bedingungen eine Bodenfläche von 8 bis 10 m², unter günstigen Bedingungen bis zu 20 m² beheizt werden. Als ungünstig werden dabei hohe Lufttemperaturen, starke Luftbewegung, hohe Wärmeverluste durch Wände und Boden, zusätzliche Oberflächen der Raumausrüstung sowie Teilbeheizung und kurzzeitiger Betrieb angesehen. Nimmt man an, daß die Strahler in einer Höhe von 4 m über dem Fußboden angeordnet sind, so entsprechen diese Angaben einem spezifischen Wärmebedarf des unterhalb der Geräte liegenden Luftraumes von 38 bis 90 kcal/m³h, d. s. Werte, die sich gut an die Grenzwerte bei Gasöfen anschließen.

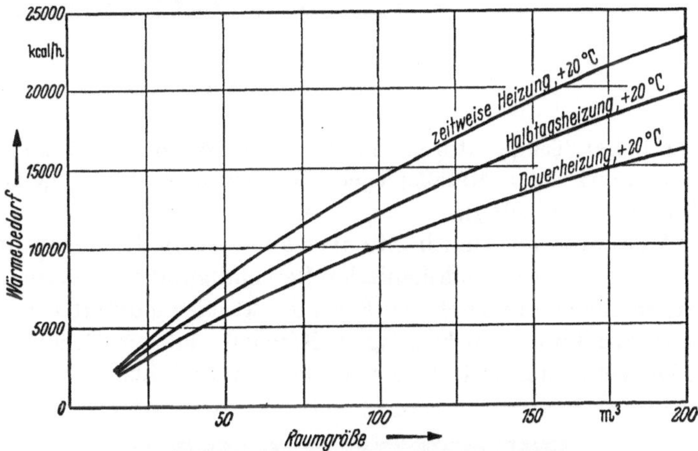

Abb. 1.20. Wärmebedarf in Abhängigkeit von der Raumgröße

IV. Elektrische Raumheizung

Bei den derzeitigen Preisen für feste Brennstoffe, einem Heizgaspreis von 12 bzw. 16 Pf je m³ und einem Heizstrompreis von 6 bzw. 10 Pf je kWh betragen die Bezugskosten für 10^6 kcal etwa

    für feste Brennstoffe . . . . 17 DM
    für Stadtgas . . . . 32 (43) DM
    für elektrischen Strom . . . . . . 70 (116,5) DM

Die Wärmepreise verhalten sich also etwa wie 1:2:5.

Wenn sich auch nach Einbeziehen der Wirkungsgrade bei der Wärmeumsetzung die Verhältniszahlen zugunsten der hochwertigen Energieträger verschieben — der elektrische Heizofen setzt die im Strom zugeführte Energie voll in Wärme um —, so schließen doch die hohen Betriebskosten der elektrischen Heizung ihre Anwendung in größerem Umfange aus. Eine Aus-

---

[1] Siehe Anhang 14 zu DVGW-TVR 1950.

nahme machen Gebiete mit Überschußstrom aus Laufwasserkraftwerken (nördl. Staaten, Schweiz). Hier wird vielfach Nachtstrom so billig abgegeben, daß es sich lohnt, damit keramische Speicheröfen oder auch Heißwasserspeicher aufzuladen, die der Dauererwärmung von Wohn- und Büroräumen dienen. Im allgemeinen wird bei uns die elektrische Energie zur Raumheizung nur in Sonderfällen verwendet, z. B. als Zusatzheizung oder für die Erwärmung vorübergehend benutzter Räume, vor allem in der Übergangszeit. Das über die technischen Vorzüge und die Annehmlichkeiten der Anwendung bei der Gasheizung Gesagte gilt hier noch in verstärktem Maße. Die Energie kann mittels elektrischer Leitungen besonders einfach zugeführt werden. Da keine Verbrennungsprodukte abzuführen sind, lassen sich die elektrischen Heizgeräte transportabel gestalten und beliebig im Raum aufstellen.

Fast ausschließlich findet das Prinzip der Widerstandsheizung Anwendung. Als Heizleiter dienen dünne Drähte, Bänder oder Folien aus Metallegierungen, die sich beim Stromdurchgang erwärmen. Die auf keramischen Stäben offen verlegten Heizspiralen arbeiten in der Regel mit

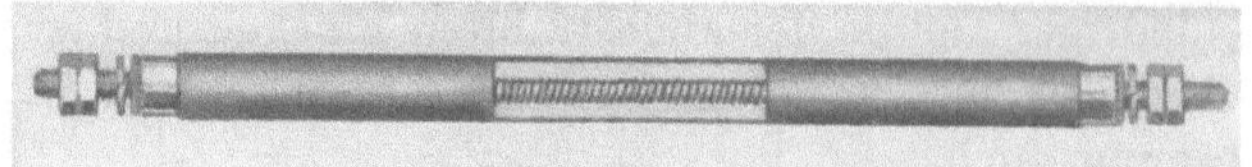

Abb. 1.21. Rohrheizkörper

sehr hohen Temperaturen. Sie geben die Wärme vorwiegend durch Strahlung ab, wobei durch Anordnung eines Metallspiegels die Wärmestrahlung gerichtet werden kann (Heizsonne und ähnliche Strahlöfen).

Man kann die Heizdrähte aber auch wendelförmig in den Isolierstoff einbetten und durch Mantelrohre gegen mechanische Beschädigungen schützen, s. Abb. 1.21. Derartige Rohrheizkörper dienen in mancherlei Form direkt oder indirekt zur Raumheizung[1]. Sie werden beispielsweise zur Fußbankbeheizung in Kirchen und zur Beheizung von Verkehrsmitteln verwendet, in Deckenvouten mit Rückstrahlblechen auch als Direktstrahler, s. Abb. 1.22.

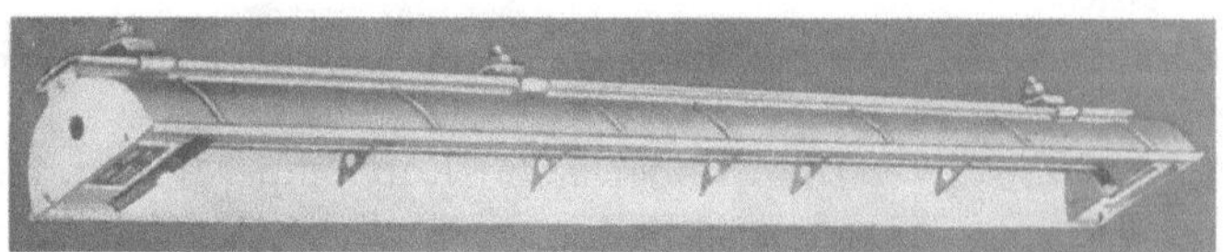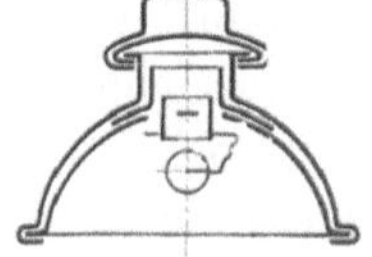

Abb. 1.22. Voutenstrahler

Für Wohn- und Büroräume haben sich fahrbare Stahlgliederheizkörper mit Wasser- oder Ölfüllung eingeführt, die durch ein axial in die unteren Naben eingeführtes Heizrohr erwärmt werden. Mit Hilfe von biegsamen Heizrohren (Heizkabeln), Folien oder Geweben lassen sich weiterhin elektrische Wand-, Fußboden- und Deckenheizungen ausführen[2] sowie transportable Plattenheizkörper herstellen.

Allen diesen Heizverfahren und Einrichtungen gemeinsam ist das leichte Regeln und Schalten der Leistung, der einfache Aufbau, der saubere Betrieb sowie der Fortfall jeder Bedienungsarbeit. In Anbetracht des hohen Wärmepreises muß bei allen elektrisch beheizten Räumen auf gute Wärmedämmung der Außenwände und, soweit die Räume kurzzeitig benutzt werden, auf eine hochwertige Innenisolierung aller Umschließungswände besonders geachtet werden.

---

[1] SCHULZ, W.: Elektro-Raumheizung. 2. Aufl. Frankfurt/M.: Selbstverlag 1953.

[2] JASPERS, B.: Elektrische Raumheizung durch milde Wärmestrahlen. Gesundh.-Ing. Bd. 61 (1938) S. 73/78 und 157/160. Die elektrische Niedertemperatur-Strahlungsheizung und ihre Anwendung im Ausland. Sanitäre Technik Bd. 19 (1954) S. 9/14. — FRÖHR, F.: Die elektrische Strahlungsheizung. Sanitäre Technik Bd. 21 (1956) S. 58/63.

Zweiter Abschnitt

Zentralheizung

I. Allgemeines

Wird die für die Beheizung vieler Räume benötigte Wärme an einem Ort (Zentrale) erzeugt und mittels besonderer Wärmeträger den einzelnen Räumen zugeführt, so spricht man von „Zentralheizung". Je nach der Art des Wärmeträgers unterscheidet man Wasser-, Dampf- und Luftheizungen. Die gebräuchlichsten Systeme für normale Gebäudeheizung sind die Warmwasserheizung (mit Vorlauftemperaturen bis 100°) und die Niederdruck-Dampfheizung (mit Kesseldrücken bis 0,5 atü).

Gegenüber der Ofenheizung weist jede Zentralheizung eine Reihe von Vorteilen auf. Die Wärmeerzeugung in einer einzigen Feuerung ermöglicht es, diese technisch besser durchzubilden. Die Bedienung und Leistungsregelung wird einfacher, die Wärmeausnutzung zumeist günstiger. Die bei kleinen und mittleren Heizungsanlagen übliche Verfeuerung von Koks gewährleistet eine rauch- und rußfreie Verbrennung. In der Regel wird die Kesselanlage auch mit mehr Verständnis gewartet und bedient als viele einzelne Feuerstellen. Weitere Vorzüge der Zentralheizung sind der Fortfall der Raumverschmutzung durch den Brennstoff- und Aschetransport, der geringe Platzbedarf der Heizkörper und die Möglichkeit, Nebenräume, Treppenhäuser, Bäder u. dgl. miterwärmen zu können. Überall da, wo viele Räume eines Gebäudes gleichzeitig geheizt werden sollen, ist sonach die Zentralheizung am Platz.

II. Bauelemente der Warmwasser- und Dampfheizungen

A. Kessel der Heizungsanlagen

1. Gußeiserne Gliederkessel

Diese von STREBEL erstmals gebaute Kesselart hat für normale Zentralheizungen große Verbreitung gefunden. Ihre Vorteile liegen in dem durch die Serienherstellung möglichen niedrigen Preis, der Korrosionsbeständigkeit des Werkstoffes, der Bildung beliebiger Kesselgrößen aus wenigen Gliedertypen, die leicht transportiert und an Ort und Stelle montiert bzw. ausgewechselt werden können, der geringen Bauhöhe und der einfachen Bedienung.

Die Forderung, Heizanlagen ohne ständige Wartung betreiben zu können, zwingt zur Verfeuerung gas- und aschearmer Brennstoffe in Kesseln mit Füllschächten. Die gußeisernen Gliederkessel sind dementsprechend in erster Linie für Koks als Brennstoff entwickelt worden. In Sonderbauarten, den sog. „Kohlenkesseln", lassen sich auch andere Brennstoffe, wie Magerkohle, Briketts, Holzabfälle u. dgl., wirtschaftlich verfeuern. Ebenso ist der Einbau von Gas- und Ölbrennern in Gußkesseln möglich. Für Wasser- und Dampfheizungen finden im allgemeinen die gleichen Modelle Verwendung. Sie sind jedoch nach den behördlichen Vorschriften in Deutschland als Wasserkessel nur bis 110° Vorlauftemperatur und als Dampfkessel bis 0,5 atü Betriebsdruck zugelassen.

a) Feuerungsaufbau

Dem Feuerungsaufbau nach unterscheidet man — wie beim Eisenofen — Feuerungen mit Durchbrand und mit Unterbrand, s. Abb. 2.01. Beim Durchbrand, auch Oberabbrand genannt, durchstreichen Luft und Feuergase die Brennstoffschicht in ihrer vollen Höhe. Der gesamte Brennstoffinhalt gerät in Glut; der Füllschacht dient zugleich als Verbrennungsraum. Beim Unterbrand ziehen die Verbrennungsgase seitlich ab; die Brennzone ist auf den Raum zwischen

Rost und unterem Füllschachtende begrenzt. Je nach dem Abbrand rutscht Brennstoff aus dem
Füllschacht nach. Die Glutschichthöhe bleibt sonach beim Unterbrand im Gegensatz zum
Durchbrand gleich, also auch der Strömungswiderstand für die Verbrennungsgase innerhalb
der Brennstoffschicht. Unterbrandkessel lassen sich daher leichter mit konstanter Leistung

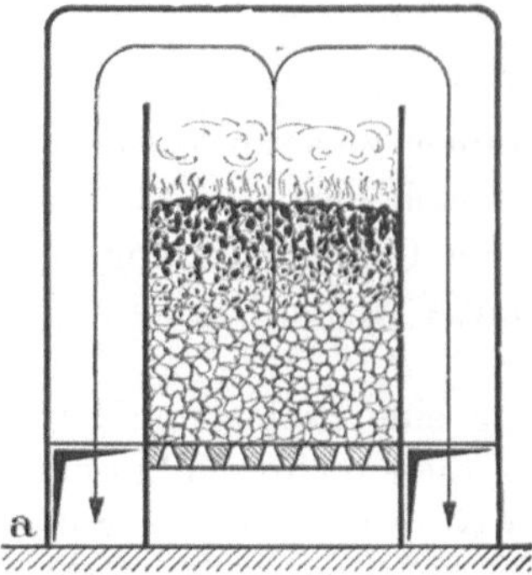 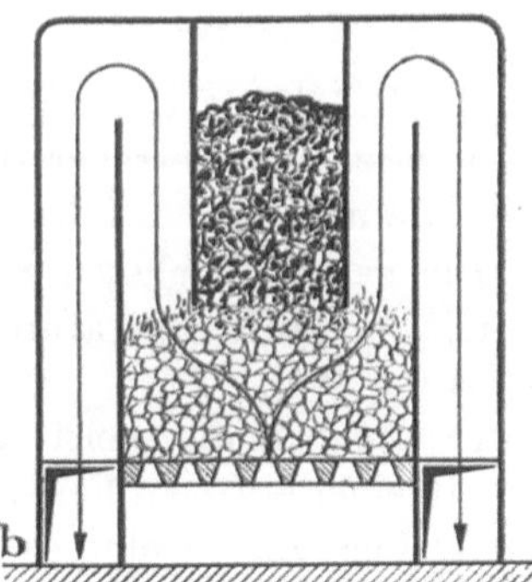

Abb. 2.01. Kesselfeuerung.
a) Durchbrand; b) Unterbrand

während einer Abbrandperiode betreiben und sprechen auf Regelimpulse rascher an als
Durchbrandkessel mit ihrer größeren in Glut befindlichen Brennstoffmenge. Durchbrandkessel können andererseits schneller hochgeheizt und stärker überlastet werden; ihr Zugbedarf ist geringer. Sie neigen, insbesondere bei kleinen Kokskörnungen, zur CO-Bildung,
wodurch erhebliche Abgasverluste entstehen können. Mittlere und größere Gliederkessel
werden heute durchweg mit Unterbrand ausgerüstet, Kleinkessel mit dem im Aufbau einfacheren Durchbrand.

b) Bauarten

Die gußeisernen Gliederkessel werden in Einheiten bis zu 70 m² Heizfläche und Leistungen
bis zu 550000 kcal/h erstellt. Die einzelnen Kesselglieder sind gußeiserne Hohlkörper, die beim

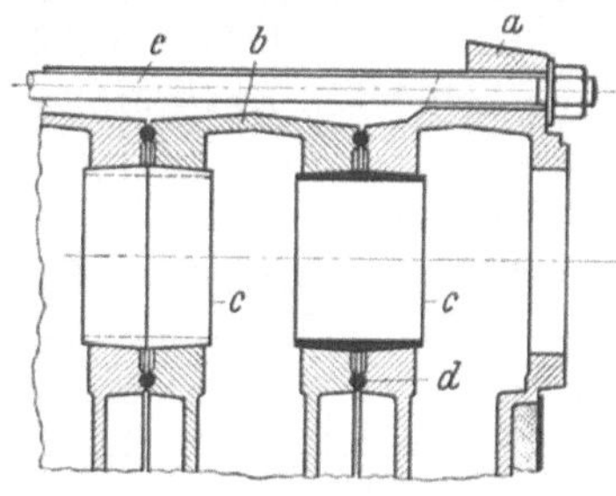

Abb. 2.02. Nippelverbindung von Kessel-
gliedern.
a Stirnglied, *b* Mittelglied, *c* Nippel,
d Dichtleisten, mit Kesselkitt gefüllt,
e Ankerstange

Zusammenbau den Rost, den Füllschacht und die Rauchgaszüge bilden. Oben und unten besitzen die Glieder schwach
konische Bohrungen, über die die Innenräume mittels koni-
scher Nippel verbunden werden, s. Abb. 2.02. Die Nippel
dichten metallisch; sie stellen zugleich auch das mechanische
Bindeglied der einzelnen Kesselteile her. Auf die Glieder außen
aufgegossene Dichtleisten, die beim Zusammenbau mit Kesselkitt gefüllt werden, grenzen die Rauchgasabzüge gegeneinander und nach außen ab. Abb. 2.03 zeigt die Außen- und
Innenansicht eines *Kleinkessels*, wie er z. B. für Stockwerk-
heizungen und Warmwasserbereitungen Verwendung findet.
Das Vorderglied enthält das Feuergeschränk und die Fülltür,
das Endglied die Anschlußflanschen für die Rohrleitungen und
den oberen Rauchgasabzug. Ist die unmittelbare Wärmeabgabe des Kessels an den Raum
unerwünscht, so wird er mit einem Isoliermantel versehen.

Größere Kessel werden aus Halbgliedern zusammengesetzt, s. Abb. 2.04. Am unteren Teil
der hinteren Kesselglieder ist ein Verteilungsstück angebracht, welches das Kondensat oder
das Rücklaufwasser beiden Kesselhälften getrennt zuführt. In gleicher Weise ist im oberen
Teile der Vorderglieder (zuweilen auch der Hinterglieder) ein Sammelstutzen angebracht, der
aus beiden Kesselhälften zu einer gemeinsamen Vorlaufleitung führt. Jedes Kesselglied trägt
die Hälfte des Rostes; er ist bei den meisten Bauarten als wassergekühlter Rost ausgebildet.

Außer der Fülltür in der Vorderwand erhalten größere Gliederkessel noch eine obere Einwurföffnung, um eine Beschickung von einer Kesselbühne aus mittels Brennstoffkarren zu ermöglichen.

Wie Abb. 2.04 erkennen läßt, werden die Verbrennungsgase nach Verlassen der Brennzone über Steig- und Fallzüge zwischen den einzelnen Gliedern seitlichen Sammelkanälen zugeführt. Besondere Rauchgasstutzen verbinden diese Kanäle mit dem Abgasfuchs. Die Stutzen sind mit Rauchgasschiebern versehen, durch die der Schornsteinzug gedrosselt werden kann. Die Kesselzüge sind über obere oder seitliche Verschlußdeckel für die Reinigung zugänglich. Weitere Konstruktionseinzelheiten sowie die wichtigsten Zubehörteile sind aus Abb. 2.05 ersichtlich.

Kohle und Braunkohlenbriketts verbrennen wegen ihres Gasgehaltes unter Flammenbildung. Sie brauchen außer der Erstluft, die durch den

Abb. 2.03. Kleinkessel

Rost von unten her in das Brennstoffbett gelangt, auch noch Zweitluft, die dicht oberhalb des Brennstoffbettes mit ausreichender Temperatur zugeführt werden muß. Eine Ausführungsart des für gashaltige, nicht backende Brennstoffe geeigneten „Kohlenkessels" ist in Abb. 2.05 wiedergegeben. Am Mittelglied erkennt man den besonderen Zweitluftkanal. Die Zweitluftmenge kann durch einen Drehschieber geregelt werden. Im Kanal wird die Luft vorgewärmt,

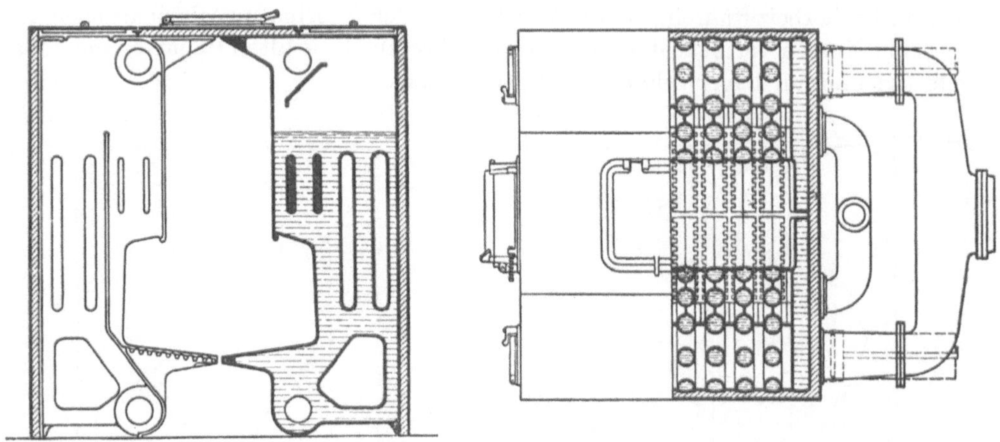

Abb. 2.04. Großer Gußkessel

wobei gleichzeitig die am Feuer unmittelbar anliegenden Kesselteile gekühlt werden. Das durch die Einwirkung der hohen Temperaturen gefährdete untere Füllschachtende ist aus Sondermaterial gefertigt und auswechselbar. Die Rostspalten sind enger, die Glutschicht ist niedriger als beim Kokskessel.

Die Verheizung von *Öl* erfordert einen ausreichend bemessenen, nicht zu stark gekühlten Verbrennungsraum. Durchbrandkessel lassen sich daher mit Ölfeuerungen ausstatten, wobei eine Auskleidung des Feuerraumes mit Schamottesteinen zweckmäßig ist. Für mittlere und große Leistungen wurden besondere Ölkessel entwickelt ohne Rost und mit verbreitertem Feuerraum, s. Abb. 2.06. Die Vorderglieder dieser Kessel erhalten an Stelle des Feuergeschränkes (z. T. auch zwischen Feuer- und Aschfalltür) eine schamotteverkleidete Einsatzplatte, die den Brenner trägt. Auch die Rückwand und der Aschfall werden mit Schamottesteinen ausgemauert, vielfach auch Teile der Seitenwände und die obere Abdeckung.

Für die Verheizung von *Stadtgas* lassen sich Kokskessel durch Einbau von Spezialbrennern verwenden. Abb. 2.07 zeigt ein Beispiel. Man erreicht bei dieser Art der Gasheizung zwar nicht die Wirkungsgrade wie bei Sonderbauarten der Gaskessel, hat aber die Möglichkeit, im Notfall

Abb. 2.05. Kohlenkessel.
a) Kessel mit Zubehör; b) Vorderansicht, teilweise geöffnet

auf feste Brennstoffe übergehen zu können. Die Vorschriften über die Abgasabführung sind dabei zu beachten.

Die Modelle der gußeisernen Gliederkessel bestimmter Größe haben sich im Laufe der Entwicklung stark einander angeglichen. Eine Normung der Hauptmaße wie bei den Radiatoren war jedoch nicht herbeizuführen, da die Umstellung der Fabrikationseinrichtungen hier ungewöhnlich hohe Kosten verursacht und für viele Jahre auch die alten Bauarten für Reparaturzwecke gefertigt und auf Lager gehalten werden müssen.

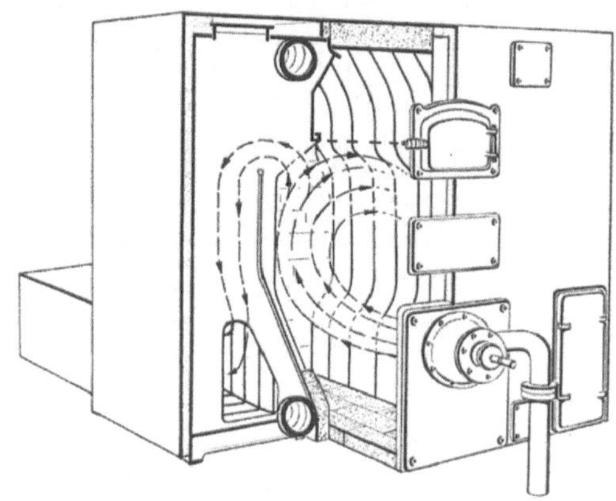

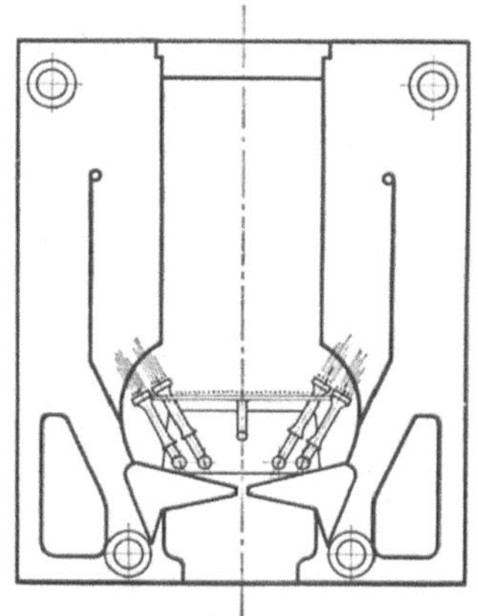

Abb. 2.06. Ölkessel

Abb. 2.07. Gußkessel mit Einbau-Gasbrennern

Für die Planung von Heizzentralen gibt die folgende Tabelle einen ersten Anhalt über die Abmessungen der Gliederkessel verschiedener Größe.

Ungefähre Maße gußeiserner Gliederkessel

Heizleistung 1000 kcal/h	Heizfläche m²	Höhe m	Breite m	Tiefe . m
40—100	5—12	1,2	0,9	0,6—1,1
100—200	12—25	1,5	1,3	0,7—1,5
200—320	25—40	1,7	1,5	1,2—1,8
320—490	40—60	1,8	1,6	1,7—2,3

c) Brennstoffwahl, Zugstärke

Die Entscheidung über den zur Verwendung kommenden Brennstoff und damit über die Kesselbauart hängt im Einzelfall stark von dem Wärmepreis der verfügbaren Brennstoffe ab. Für die Betriebsführung und die Wärmeausnutzung ist bei Steinkohle und Koks die Wahl einer der Feuerung angepaßten Stückgröße wichtig. Je höher die Glutschicht ist, um so größer muß die Brennstoffkörnung sein; auch die Kesselgröße ist von Einfluß. Zu geringe Stückgröße begünstigt selbst bei gasarmen Brennstoffen wie Koks das Auftreten von Unverbranntem in den Abgasen; zu grobe Körnung führt zu hohem Luftüberschuß und damit zu vermehrten Verlusten durch freie Abgaswärme.

Für Koks gilt angenähert[1]

Kesselgröße	*Erforderliche Stückgröße*
Kleinkessel	1/10 Glutschichthöhe
Mittelkessel	1/7 Glutschichthöhe
Großkessel	1/5 Glutschichthöhe

Bei Durchbrandkesseln rechnet man die Glutschichthöhe von Oberkante Rost bis Unterkante Fülltür, bei Unterbrandkesseln von Oberkante Rost bis Unterkante Füllschacht, s. auch Abb. 2.01. Die Bezeichnung der Stückgrößen ist aus nachstehender Tabelle ersichtlich.

Bezeichnung der Korngrößen	*Siebung*
Brechkoks I	über 60 mm
Brechkoks II	von 40 bis 60 mm
Brechkoks III	von 20 bis 40 mm
Perlkoks	von 10 bis 20 mm
Koksgrus	bis 10 mm

Die für den einwandfreien Betrieb erforderliche Zugstärke liegt für Kleinkessel mit Durchbrandfeuerung bei 2 bis 3 mm WS, für Mittel- bzw. Großkessel mit Unterbrand bei 4 bis 6 mm WS.

d) Leistung, Regelfähigkeit, Wärmeausnutzung

Die mit gußeisernen Gliederkesseln erzielbare *spezifische Leistung* (Heizflächenbelastung) schwankt je nach der Bauart, dem Brennstoff und der verfügbaren Zugstärke zwischen 5000 und 15000 kcal/m²h. Um eine einheitliche Berechnung der Kesselgrößen zu gewährleisten, sind in DIN 4702 Normalwerte der Heizflächenbelastung für die wichtigsten Brennstoffe und Kesselarten festgelegt worden, s. auch 9. Abschn. S. 370. Diese Leistungswerte sind bei festen Brennstoffen mit normalem Schornsteinzug bei guter Wärmeausnutzung erzielbar; sie können erforderlichenfalls also im Betrieb auch überschritten werden. Für Kokskessel mit Unterbrandfeuerung gilt allgemein

Normalbelastung bei Warmwasserheizung . . . . . . 8000 kcal/m²h
Normalbelastung bei ND-Dampfheizung . . . . . . 7000 kcal/m²h

Bei sachgemäßer Bedienung läßt sich mit Kokskesseln auch bei $^1/_5$ der Normalbelastung noch ein einwandfreier Dauerbetrieb durchführen. Voraussetzungen dafür sind: Dichter Kessel, richtige Körnung und nicht zu geringe Glutschichthöhe, insbesondere bei Durchbrandfeuerungen, da sonst infolge der Kühlwirkung der kalten Feuerraumwände die Verbrennungstemperatur des Koksos unterschritten wird.

Die *Kleinstellbarkeit* des Feuers, die bei Hausheizungen vor allem für die Übergangzeit und den Nachtbetrieb wichtig ist, läßt sich weiter verbessern, wenn man während dieser Zeiten eine kleinere Kokskörnung als normal wählt. Die häufig anzutreffende Meinung, Koksfeuerungen seien besonders träge in der Regelung, trifft nicht zu. Selbst starken Leistungsänderungen vermag die Koksfeuerung in kurzer Zeit nachzukommen[2]; ein plötzliches Abschalten ist allerdings nicht möglich.

---

[1] BARLACH, H.: Bessere Brennstoffausnutzung bei Zentralheizungen. Wärmewirtsch. im Städtebau u. Siedlungswesen Bd. 10 (1937) S. 111. — Siehe auch RIETSCHEL-GRÖBER, 12. Aufl. S. 42.

[2] BUSSE, A.: Die festen Brennstoffe des Steinkohlenbergbaues und ihre Beziehungen zu den Kesselbauweisen für die Zentralheizung. Bericht vom XV. Kongreß für Heizung u. Lüftung. Berlin u. München: R. Oldenbourg 1939.

Gußeiserne Gliederkessel weisen bei richtigem Brennstoff und sachgemäßer Bedienung eine recht befriedigende *Wärmeausnützung* auf. Für mittlere und größere Kessel kann mit folgenden Werten gerechnet werden:

Wirkungsgrad auf dem Prüfstand . . . . $\eta = 0{,}75 - 0{,}85$
Wirkungsgrad im praktischen Betrieb . . . . . . $\eta = 0{,}65 - 0{,}75$

Wiederholt sind bei Anlagen mit sorgfältiger Überwachung Jahreswirkungsgrade von 72 bis 74% festgestellt worden[1]. Für Kleinkessel ist mit 5 bis 10% niedrigeren Werten zu rechnen, insbesondere wenn die Wärmeabgabe der Außenflächen nicht nutzbar gemacht werden kann. Abb. 2.08 zeigt als Beispiel die Ergebnisse einer Versuchsreihe mit einem Kokskessel mittlerer Größe bei Belastungen zwischen 5000 und 9000 kcal/m²h. Man erkennt, daß der Wirkungsgrad mit steigender Belastung leicht abfällt. Der Bestwert liegt im allgemeinen noch unterhalb der Halblast, d. i. bei Warmwasserkesseln mit unterem Abbrand 4000 kcal/m²h. Erst bei Heizflächenbelastungen kleiner als 2500 kcal/m²h fällt der Wirkungsgrad deutlich ab. Dieser Wirkungsgradverlauf ist typisch für Kokskessel; er erklärt, warum auch im praktischen Betrieb bei stark schwankender Belastung eine relativ gute Brennstoffausnutzung möglich ist. Auch läßt sich daraus ableiten, daß es bei größeren Anlagen richtiger ist, mit schwacher Belastung zu fahren und lieber eine Kesseleinheit mehr im Betrieb zu halten. Der Grund für den günstigen Verlauf der Wirkungsgradkurve liegt in der reichlich gewählten Heizfläche, die auch im oberen Belastungsbereich die Abgastemperatur noch in tragbaren Grenzen hält. Die Wärmeabgabe des Kessels nach außen — sie wird als Restglied der Wärmebilanz ermittelt — liegt bei diesen Typenkesseln zwischen 5 und 8%. Die Kenntnis des Restgliedes ist wichtig für

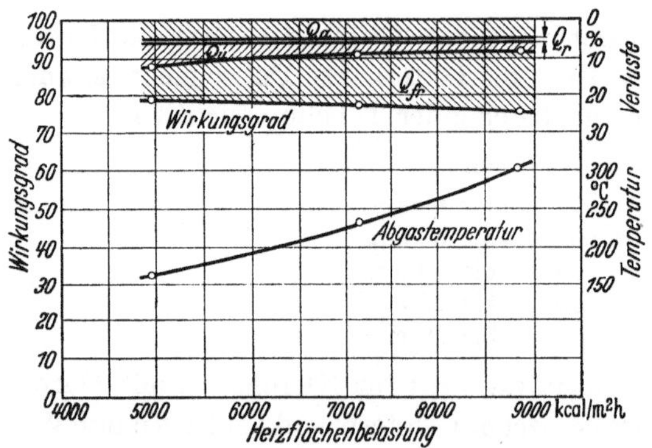

Abb. 2.08. Wärmeausnutzung beim Kokskessel.
Q_a Wärmeverlust an die Umgebung, Q_r Wärmeverlust durch Herdrückstände, Q_{fr} Wärmeverlust durch freie Abgaswärme, Q_u Wärmeverlust durch gebundene Abgaswärme

die im Betrieb oft notwendige Bestimmung des Wirkungsgrades einer Heizkesselanlage auf mittelbarem Weg, d. h. aus der Verlustmessung (s. 12. Abschn. S. 504).

Verluste durch gebundene Abgaswärme, vor allem in Form von CO, treten vorwiegend auf durch zu klein gewählte Stückgröße und ungenügende Oberluftzufuhr bei Durchbrandkesseln. Um die Wärmeausnutzung im praktischen Betrieb den Werten auf dem Versuchsstand anzunähern, ist es weiterhin von Bedeutung, Undichtheiten im Feuergeschränk und in den Zügen zu beseitigen, die Heizflächen durch häufiges Reinigen der Züge frei von Ansätzen zu halten und die Rostverschlackung durch Überlasten (Anheizen) tunlichst zu vermeiden.

e) Zubehör

Heizkessel sind zur einwandfreien Betriebsführung mit den nachstehend bezeichneten Armaturen und Zubehörteilen auszurüsten[2].

Füllung bzw. Entleerung. Am tiefsten Punkt der Kesselanlage ist ein abschließbarer Füll- bzw. Entleerstutzen vorzusehen. Dieser wird mit der Wasserleitung durch einen Schlauch verbunden. Fehlt die Druckwasserleitung, so erfolgt die Füllung unter Benutzung einer Handpumpe. Die Füll- bzw. Entleerleitung soll abnehmbar sein, damit der Heizer die Dichtheit der Abschlußvorrichtungen überprüfen kann und vor falschen Handgriffen bewahrt bleibt.

---

[1] RAISS, W.: Untersuchungen über die Wirtschaftlichkeit zentraler Heizanlagen in Wohnbauten. Gesundh.-Ing. Bd. 58 (1935) S. 389 u. 757. — ACHENBACH, A.: Betriebsüberwachung von Wohnungs-Blockheizungen und ihre Ergebnisse. Heizg. u. Lüftg. Bd. 12 (1938) S. 119/123. — RAISS, W.: Neuzeitliche Zentralheizungsanlagen im Wohnungsbau, Berlin: W. Ernst & Sohn 1956, S. 7.

[2] JACOBI, E.: Wirtschaftliche Anwendung von Meß- und Regelgeräten für Heizungsanlagen mit Kesseln für feste Brennstoffe. Heizg.-Lüftg.-Haustechn. Bd. 5 (1954) S. 160/167. Siehe auch: Ausschuß für Wärme- und Kraftwirtschaft, „Meß- und Regelgeräte-Ausstattung von Warmwasser-Heizkesseln und -Zentralen mit Feuerungen für feste Brennstoffe". Heizg.-Lüftg.-Haustechn. Bd. 6 (1955) Heft 4, S. I bis XII.

Thermometer. Zur Anzeige der Wassertemperatur erhält jeder *Warmwasserkessel* im Vorlauf ein Thermometer. Im allgemeinen werden Flüssigkeitsthermometer in Winkelform mit hinterlegter Skala verwendet, die mit einem Schutzgehäuse versehen sind. Das Thermometerende soll bis in die Mitte des Wasserstromes hineinragen. Da derartige Betriebsthermometer häufig recht ungenau sind, empfiehlt sich bei größeren Kesseln in unmittelbarer Nähe eine Tauchhülse vorzusehen, die eine Kontrolle des Betriebsinstrumentes durch ein geeichtes Quecksilberthermometer ermöglicht, s. Abb. 2.09. Bei der Kontrolle ist in die Eintauchhülse etwas leichtflüssiges Öl einzufüllen.

Manometer und Wasserstand. *Dampfkessel* müssen ein ihrem Druckbereich entsprechendes Manometer sowie ein Wasserstandsglas mit Strichmarke für die Höhe des normalen Wasserspiegels erhalten. Empfehlenswert sind Alarmvorrichtungen, die bei zu hohem Druck bzw. bei zu niedrigem Wasserstand ansprechen (Sicherheitspfeifen).

Zugmesser. Von einer bestimmten Größe der Heizanlage ab (etwa 10 m² Kesselheizfläche) sollten Zugmesser zur Kontrolle des Schornsteinzuges vorgesehen werden. Flüssigkeits-Schrägrohrmesser sind zuverlässig und genau, bedürfen allerdings der Pflege. Die viel verwendeten Membrangeräte sind im unteren Meßbereich sehr ungenau; bei längerer Betriebszeit läßt auch die Zuverlässigkeit der Anzeige

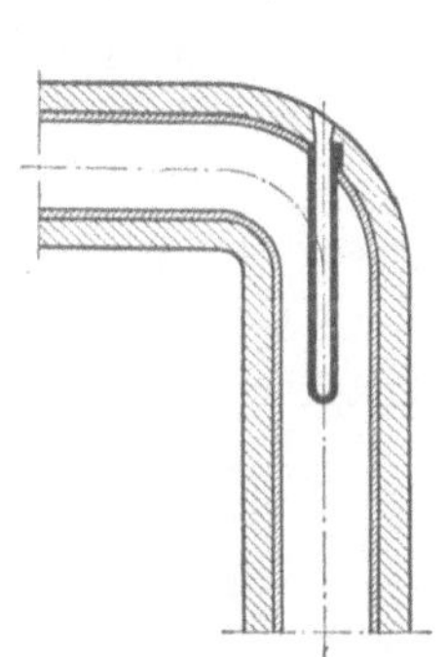

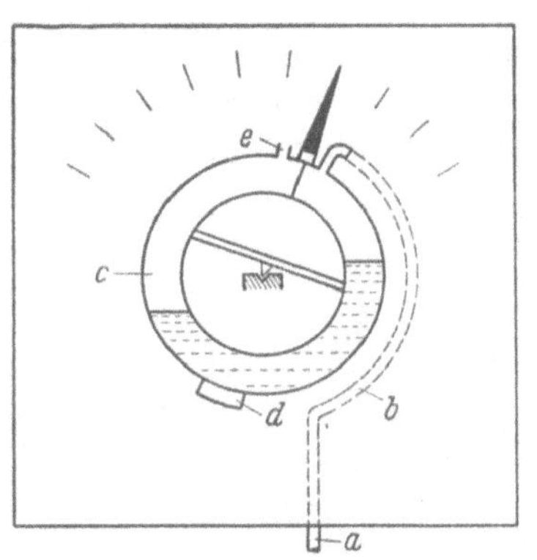

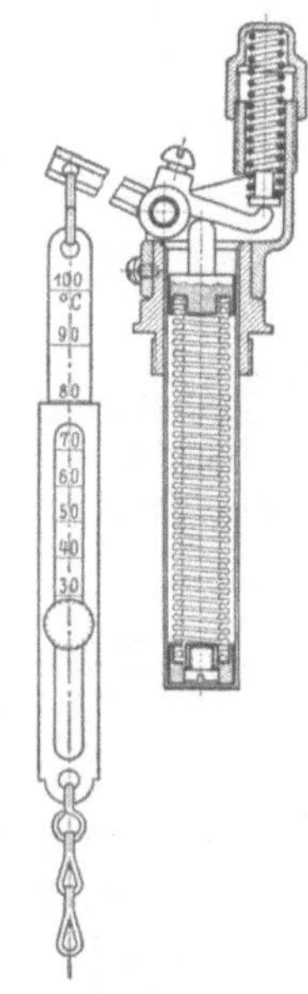

<table>
<tr><td>Abb. 2.09. Tauchhülse für
Prüfthermometer</td><td>Abb. 2.10. Ringwaagenzugmesser.
a Meßstutzen, b bewegliche Meßleitung, c Hohlring
mit Trennwand, d veränderbares Gegengewicht,
e Luftdruckstutzen</td><td>Abb. 2.11. Einfacher Verbrennungsregler</td></tr>
</table>

nach. Am besten geeignet sind Tauchsichelgeräte, s. Abb. 2.10; wegen des hohen Preises kommen sie aber nur für größere Kessel in Frage. Das Meßgerät ist sichtbar an der Kesselbedienungsseite anzubringen; es kann evtl. auch an mehrere Meßstellen über Umschalter angeschlossen werden. Gemessen werden muß die Zugstärke stets zwischen Rauchgasabgang am Kessel und Schieber.

Verbrennungsregler. Jeder mit festen Brennstoffen betriebene Heizkessel erhält zur Anpassung der Kesselleistung an den jeweiligen Wärmebedarf einen Verbrennungsregler. Dieser Regler ändert die Luftzufuhr zur Feuerung und damit die Brennleistung so, daß eine voreingestellte Heizwassertemperatur (bei Wasserkesseln) oder ein bestimmter Dampfdruck (bei Dampfkesseln) selbsttätig eingehalten wird. Bei kleinen Heizanlagen wählt man aus wirtschaftlichen Gründen einfache, billige Geräte; sie genügen erfahrungsgemäß, wenn keine raschen Belastungsänderungen auftreten und keine besonderen Ansprüche an die Genauigkeit der Temperatur- bzw. Druckhaltung gestellt werden.

Abb. 2.11 zeigt das Modell eines einfachen Verbrennungsreglers für Wasserkessel. Ein Federrohr dehnt sich unter dem Einfluß zunehmender Wassertemperatur aus und schließt dabei mittels Hebel und Zugkette die Zulufttür am Aschfall der Feuerung, bzw. es öffnet sie bei zu geringer Kesselleistung. Der Federkörper muß von Zeit zu Zeit ausgewechselt werden.

Die Abb. 2.12 und 2.13 geben zwei bei größeren Kesseln häufig anzutreffende Verbrennungsregler wieder. Bei dem Regler nach Abb. 2.12 wird ein Stahlrohrsystem *A* von *B* her vom Heizwasser durchflossen. Steigt die Wassertemperatur über den eingestellten Sollwert, so dehnt sich das Rohrsystem in lotrechter Richtung; die Zugstange C verhindert eine waagerechte Ausdehnung. Die Druckstangen D gehen auseinander, wobei sich der Hebel F unter der Einwirkung des Gewichtes E mit seinem rechten Ende abwärts bewegt und über die dort eingehängte Kette die Zuluftklappe schließt. Fällt andererseits die Wassertemperatur unter den eingestellten Wert,

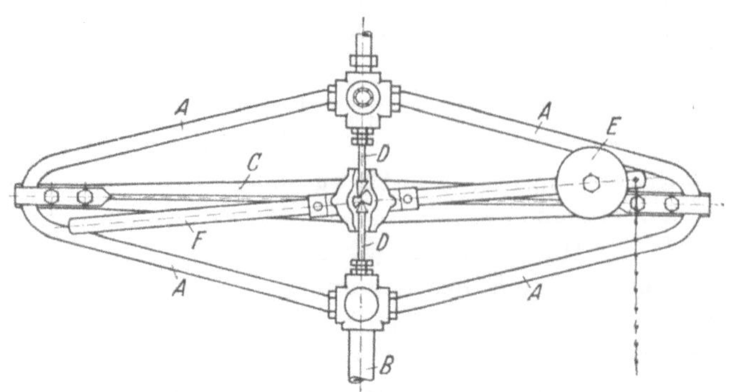

Abb. 2.12. Verbrennungsregler für Warmwasserkessel

so bewirken die Druckstangen DD ein Anheben des Gewichtes E und ein Drehen des Hebels F in entgegengesetzter Richtung. Der Heizer hat es in der Hand, durch Veränderung der Kettenlänge mittels einer Stellvorrichtung den Sollwert der Temperatur beliebig einzustellen.

Bei dem Membranregler nach Abb. 2.13 drückt der von a kommende Dampf mit wachsender Spannung stärker auf die Membran b, wodurch der entlastete Zughebel c, an dem die Kette der Zuluftklappe linksseitig angehängt ist, gesteuert wird. Bei abfallendem Druck hebt ein Gewicht den Hebel an und gibt die Luftzufuhr zum Rost stärker frei. Eine Sperrwasserfüllung zwischen a und b schützt die Membran vor Temperatureinflüssen.

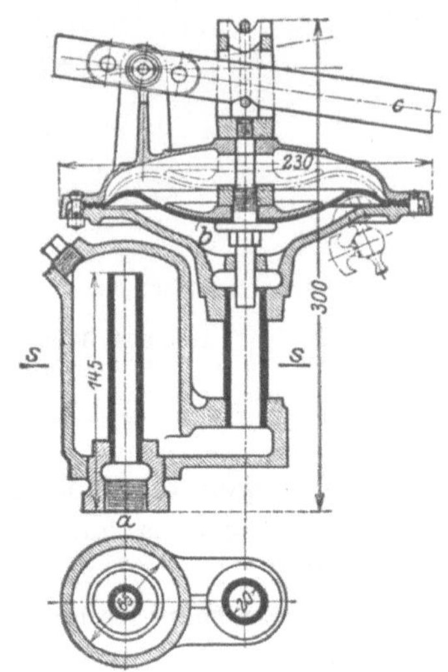

Abb. 2.13. Membranregler für Dampfkessel

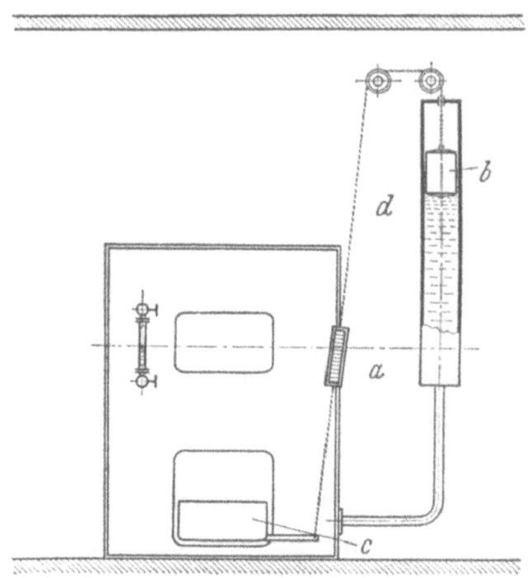

Abb. 2.14. Schwimmerregler für Dampfkessel.
a Stellschloß, *b* Schwimmer, *c* Luftklappe, *d* Kette

Als besonders zuverlässig gelten Schwimmerregler nach Art der Abb. 2.14. Neuerdings gewinnen Regler mit Hilfskraft, die in Verbindung mit Zeitschaltern, Raum- oder Außenthermostaten verwendet werden, zunehmend an Bedeutung.

2. Stahlheizkessel

a) Kleine und mittelgroße Kessel

Neben Gußkesseln werden vielfach auch Stahlkessel, vor allem bei Warmwasserheizungen, verwendet. Soweit sie als Gliederkessel ausgebildet sind, ähneln sie im Aufbau den vorbesprochenen gußeisernen Bauarten. Häufiger findet man jedoch die aus Fertigungsgründen günstigere zylindrische Bauform mit innenliegendem Füllschacht. Beim Ringgliederkessel, s. Abb. 2.15, sind eine Anzahl zylindrischer Glieder mit verschiedenem Durchmesser konzentrisch um die Feuerung angeordnet. Die einzelnen Glieder sind durch radiale Nippel oben und unten verbunden; die Rauchgase werden steigend und fallend zwischen den Gliedern zum unteren Abzug geführt.

Stahlkessel sind weniger durch Unachtsamkeiten der Bedienung gefährdet (Einspeisen kalten Wassers, Wassermangel, Kesselstein) als Gußkessel, lassen höhere Heizflächenbelastungen zu und können auch bei höheren Drücken und Temperaturen Verwendung finden. Sie erreichen im allgemeinen aber nicht die Lebensdauer gußeiserner Kessel, da Stahlrohr und Stahlblech durch wasser- oder rauchgasseitige Korrosionen leichter zerstört werden.

Neuerdings hat der Fachverband der Stahlkessel-Hersteller im Benehmen mit den zuständigen Behörden ein Gütezeichen eingeführt[1], das Stahlkessel bis 200000 kcal/h Leistung erhalten, die bestimmten Qualitätsanforderungen in Aufbau und Ausführung genügen. U. a. muß der Kessel kurzzeitig um 25% überlastbar sein und auch bei 40% (Kleinkessel) bzw. 30% (Mittelkessel) der Nennleistung ohne feuerungstechnische Schwierigkeiten im Dauerbrand betrieben werden können. Bei der Nennleistung soll der Wirkungsgrad mindestens 70% betragen.

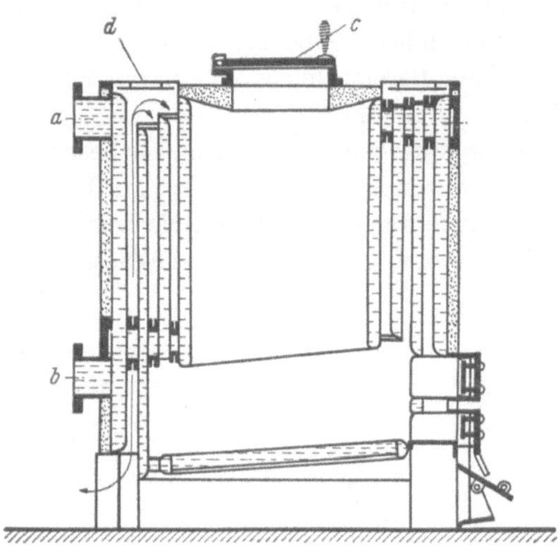

Abb. 2.15. Ringglieder-Stahlkessel.
a Vorlauf, *b* Rücklauf, *c* Rauchgasabzug, *d* Reinigungsdeckel

b) Großkessel

Allgemeines. Bei großen Heizanlagen findet man häufig Zentralen mit 12 und mehr Kesseleinheiten. In solchen Zentralen kommt der Hauptvorzug der üblichen Kokskessel, nämlich der einfache und zuverlässige Betrieb ohne Aufsicht, nicht mehr zur Geltung. Die Beschickung und die Entschlackung vieler großer Kessel sind schwierig und zeitraubend; sie erfordern auch eine gewisse Geschicklichkeit, wenn Minderungen der Leistung beim Feuerreinigen vermieden werden sollen. Da man große Heizzentralen ohnehin nicht im Kellergeschoß bewohnter Gebäude einrichtet, fällt auch der Vorteil der geringen Bauhöhe nicht mehr ins Gewicht.

Mit zunehmender Größe der Heizanlage gewinnt außerdem die Frage der Brennstoffwahl unter wirtschaftlichen Gesichtspunkten an Bedeutung. Die im Wärmepreis günstigeren Brennstoffsorten lassen sich aber zumeist nur in Großkesseln wirtschaftlich verfeuern, wobei durch die Verwendung mechanischer Feuerungen eine hohe Brennstoffausnutzung, vereinfachte Bedienung und die im Stadtinnern oder in Wohnbezirken notwendige rauchschwache Verbrennung ermöglicht werden. Bei Zentralen mit einer Leistung bis zu $2 \cdot 10^6$ kcal/h werden in Deutschland vorwiegend Heizkessel normaler Bauart verwendet. Bei Anlagen größerer Leistung wird man stets auch Großkessel, evtl. für Kohleverfeuerung, in Erwägung ziehen müssen. Da diese Kessel durch den Einbau mechanischer Feuerungen und Bekohlungseinrichtungen wesentlich teurer sind als Kokskessel, kann im Einzelfall nur eine sorgfältige Wirtschaftlichkeitsrechnung nachweisen, wo die Grenze im Anwendungsbereich beider Kesselarten liegt. Der Rechnungsgang und die wesentlichen Einflußfaktoren werden aus dem Beispiel S. 42 deutlich.

Bauarten. Nahezu alle Kessel- und Feuerungssysteme, die für gewerbliche Betriebe oder Kraftwerke heute erstellt werden, lassen sich auch für große Heizzentralen verwenden, vom einfachen Flammrohrkessel mit Planrost bis zum Hochleistungsstrahlungskessel mit Zonenwanderrost oder Staubfeuerung. Es muß hier auf das umfangreiche Sonder-Schrifttum[2] ver-

---

[1] Wärme-, Lüftungs- u. Gesundh.-Techn. 1953 Heft 4 S. 5/6.

[2] Siehe u. a. A. ZINZEN: Dampfkessel und Feuerungen, 2. Aufl. Berlin/Göttingen/Heidelberg: Springer 1957.

wiesen werden, zumal mit zunehmender Leistung der Kesseleinheit Hochdruckbauarten überwiegen.

Kessel mit großem Wasserraum, wie z. B. Flammrohrkessel, sind vermöge ihrer Wärmespeicherung in der Lage, kurzzeitigen Belastungsänderungen auch ohne entsprechende Veränderung der Feuerungsleistung nachzukommen. Bei ihnen genügt oft eine einfache Planrost-
feuerung mit Wurfbeschickern, evtl. auch mit Handbeschickung (für kleinere Anlagen ohne
besondere Anforderungen bezüglich rauchfreier Verbrennung). Wasserrohrkessel mit geringer
Wärmespeicherung bedürfen dagegen bei stark schwankendem Wärmebedarf einer elastischen,
in weitem Bereich leicht regelbaren Feuerung und aufmerksamer Bedienung oder selbsttätiger
Feuerungsregelung.

Flammrohrkessel haben sich als besonders betriebssicher erwiesen, vor allem auch in kleinen
und mittleren Industriebetrieben, in Kranken- und Badeanstalten. Sie sind einfach zu bedienen,
leicht zu reinigen und stellen als Dampfkessel keine hohen Ansprüche an die Aufbereitung des
Speisewassers, im Gegensatz zu Wasserrohrkesseln mit hoher Heizflächenbelastung und höheren

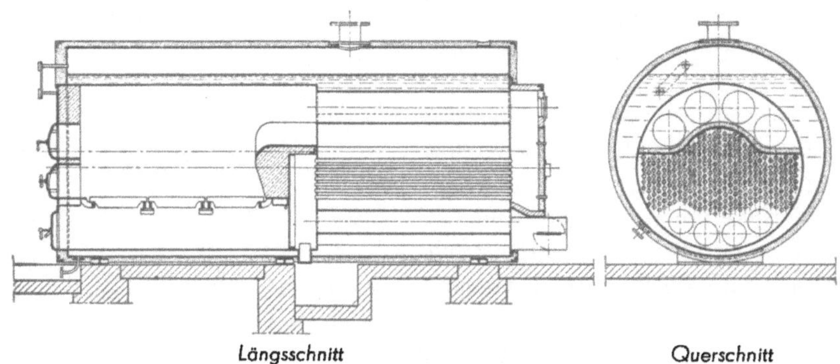

Abb. 2.16. Flammrohr-Rauchröhrenkessel mit Planrost

Drücken. Es empfiehlt sich, bei Heizanlagen Flammrohrkessel nicht einzumauern (Platzbedarf,
Kosten, Wärmeverluste direkt und durch Mauerwerkundichtheiten), sie vielmehr frei aufzu-
stellen und außen mit einer hochwertigen Isolierung zu versehen. Zur besseren Ausnutzung der
Abgaswärme sind Vorwärmer einzubauen.

Flammrohrkessel werden mit Heizflächen zwischen 20 und 150 m² (in der Abstufung der
Normreihe) und für Betriebsdrücke bis 18 atü gebaut; maximale Leistung je Einheit: $1,8 \cdot 10^6$ kcal/h.

Besondere Bedeutung haben für größere Heizanlagen dem Lokomotiv- und Schiffs-Kessel
nachgebildete Bauarten *kombinierter Flammrohr-Rauchröhrenkessel* gewonnen. Sie beanspruchen
eine geringere Grundfläche als Flammrohrkessel und besitzen in den zahlreichen Rauchröhren
eine reichlich bemessene Nachschalt-Heizfläche, die eine weitgehende Ausnutzung der freien
Abgaswärme ermöglicht. Abb. 2.16 zeigt eine bewährte Ausführungsform, die sowohl als Dampf-
wie als Wasserkessel Verwendung findet. Der Planrost kann von Hand oder mit Wurfappa-
raten beschickt werden. Häufiger findet man diesen Kessel mit einem Spezialrost und regel-
barer Stokerfeuerung ausgerüstet.

Bei der in Abb. 2.17 dargestellten Bauart ist in das geräumige Flammrohr ein Unterwind-
Zonenwanderrost eingebaut, der zu Reparaturzwecken nach vorn herausgefahren werden kann.
Die Brennleistung ist durch Änderung der Zuluftmenge und der Brennschichthöhe regelbar, wobei die Rostgeschwindigkeit und die Luftmenge der verschiedenen Zonen jeweils dem Brennstoff anzupassen sind.

Die obere Grenzleistung liegt für diese Kessel bei 1,5 bis $1,8 \cdot 10^6$ kcal/h je Einheit.

c) Sonderbauarten für Koksverfeuerung

Die Forderung, bei Großanlagen die Bedienungsarbeit zu vereinfachen bzw. zu erleichtern
und an Grundfläche zu sparen, läßt sich aber auch mit Koksfeuerungen erfüllen, wenn man von
der traditionellen Bauart des Kokskessels abgeht. Die üblichen Kokskessel werden bis etwa

500000 kcal/h Heizleistung geliefert. Erfahrungsgemäß lassen sich Kessel mit einer Rostlänge von 2 m und darüber im hinteren Teil nicht mehr ordnungsgemäß bedienen, so daß die praktische Grenzleistung je Einheit bei 400000 bis 450000 kcal/h liegt. Größere Leistungen sind also nur mit einer anderen Feuerungsart zu bewältigen und unter Einsatz mechanischer Hilfsmittel

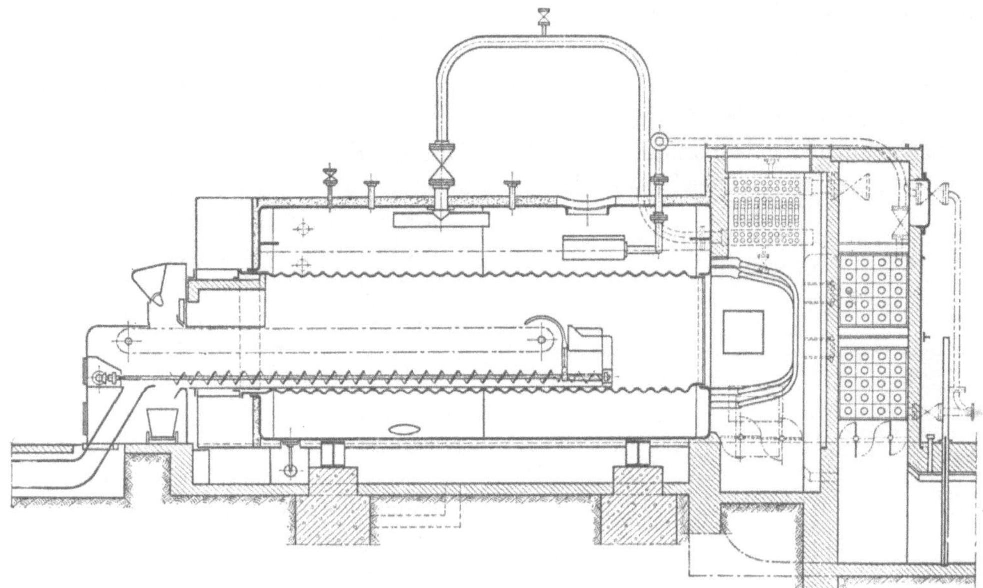

Abb. 2.17. Flammrohr-Rauchröhrenkessel mit Wanderrost

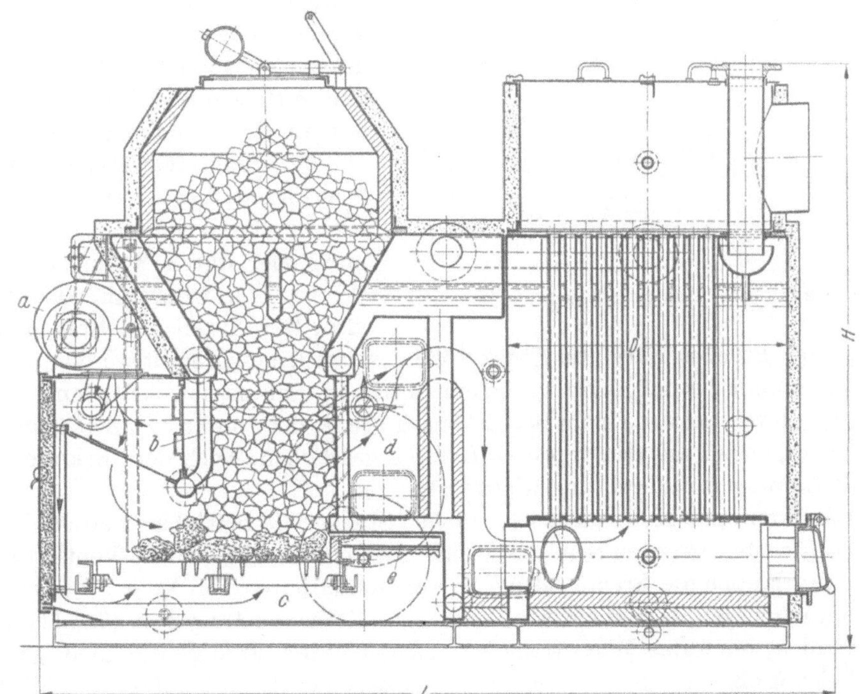

Abb. 2.18. Querbrand-Kokskessel, Bauart „Emma". *a* Ventilator, *b* Kühlrohre, *c* Planrost, *d* Zweitluftrohr, *e* Schlackenschieber

zum Schüren und Beseitigen der Feuerungsrückstände. Eine Verminderung der Zahl der Kesseleinheiten in einer Zentrale macht andererseits eine verbesserte Regelfähigkeit und Kleinstellbarkeit der Feuerung notwendig (Übergangszeit, Nachtbetrieb).

Von den verschiedenen in den Nachkriegsjahren entwickelten Neukonstruktionen solcher Kessel seien zwei bemerkenswerte Ausführungen hier erwähnt. Abb. 2.18 zeigt den sogenannten

„Emmakessel" im Schnitt. Er besteht aus einem vorderen Feuerungsteil mit Brennstoffschacht und der nachgeschalteten Röhrenheizfläche. Feuerraum und Brennstoffschacht sind durch senkrechte Rohr- bzw. Wandheizflächen b gekühlt. Der gesamte, aus Stahl gefertigte Kessel ist mit Isoliermatten verkleidet und durch einen Blechmantel außen geschützt. Ein oberhalb der Feuertür sitzendes Gebläse a liefert die Verbrennungsluft. Die Luftmenge wird von einem Temperatur- bzw. Druckregler gesteuert, der den Lufteintrittsquerschnitt mehr oder weniger drosselt und auch den Lüftermotor schaltet.

Der Kessel wird in drei Typenreihen mit Leistungen von 200000 bis 2000000 kcal/h gebaut, und zwar als Dampf- und als Wasserkessel.

Feuerungstechnisch ist bemerkenswert, daß die Hauptverbrennungsluft horizontal durch die Koksschicht geführt wird (Querbrand). Die den unteren Brennstoffschacht vorn und hinten abschließenden Rohrreihen bilden einen senkrechten Rost, der die gleichmäßige Luftverteilung in der Breite und Höhe der Glutschicht sichert. Durch diese Anordnung bleiben die Luftdurchtrittsquerschnitte auch im Verlauf des Abbrandes einer Füllung frei, so daß — unabhängig von der Ansammlung und Beseitigung der Verbrennungsrückstände — eine praktisch gleichbleibende Kesselleistung möglich ist. Der gußeiserne untere Planrost c trägt die Brennstoffschicht und dient zugleich als Ausbrennrost für die sich dort ansammelnden Rückstände. Ein Teil der Verbrennungsluft wird dementsprechend unter den Planrost geführt, ein weiterer Teil mittels eines Düsenrohres d als Zweitluft in den Flammenraum eingeblasen. Die Feuerung stellt also eine Art Halbgasfeuerung dar, bei der das in der Koksschicht durch unvollkommene Verbrennung oder durch Reduktion entstehende CO im Flammenraum wieder verbrannt wird. Der Anteil von Erst- und Zweitluft

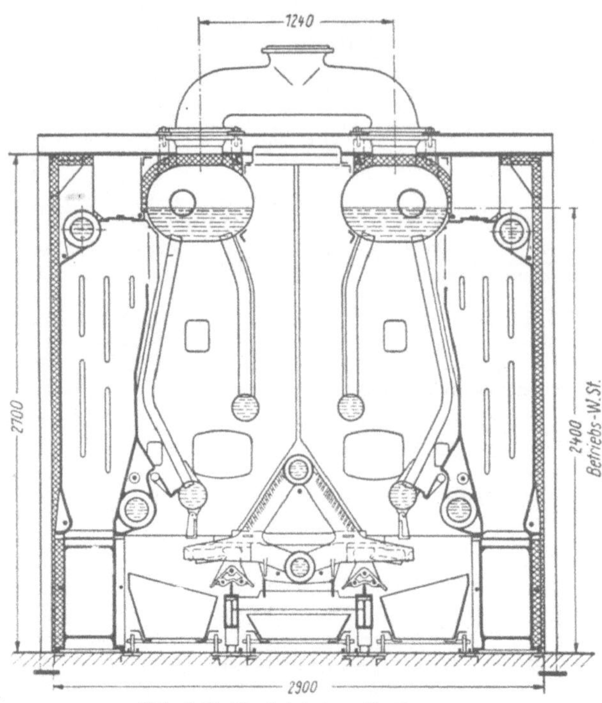

Abb. 2.19. Strebel-Automatic-Kessel

muß dabei je nach Brennstoffart und Stückgröße verschieden eingestellt werden, um eine vollkommene Verbrennung bei möglichst geringem Luftüberschuß zu gewährleisten.

Die Rückstände werden von einem Schlackenschieber e, der von Zeit zu Zeit über ein äußeres Handrad zu betätigen ist, auf den vorderen Rostteil geschoben. Nach dem Erkalten werden sie in einen Schlackenwagen gezogen und abgefahren.

Die Feuerung kann mit Koks unterschiedlicher Stückgröße betrieben werden. Die Leistung des Kessels ist in weiten Grenzen regelbar, wobei mit dem Abschalten des Ventilators und dem Schließen der Luftklappe die Brennleistung in wenigen Minuten von Vollast auf etwa 20% abgesenkt werden kann. Bei dichtem Kessel kann eine Kleinstleistung von 4% über 24 Stunden eingehalten werden, ohne das Wiederanheizen zu gefährden. Infolge des niedrigen Luftüberschusses und der großen Nachschaltheizfläche arbeitet der Kessel mit gutem Wirkungsgrad. Im praktischen Betrieb wurden in einem Leistungsbereich von 1:5 Wirkungsgrade zwischen 80% und 86% festgestellt[1].

Der *Strebel-Automatic-Kessel*[2], s. Abb. 2.19, besteht — wie die größeren Gußkesselbauarten — aus zwei symmetrischen Hälften, die den Brennstoffschacht umschließen. Der innenliegende

[1] RAISS, W.: Heizg.-Lüftg.-Haustechn. Bd. 5 (1954) S. 227/228.
[2] KRÜPE, E.: Konstruktion und Arbeitsweise des Strebel-Automatic-Kessels. Heizg.-Lüftg.-Haustechn. Bd. 5 (1954) S. 168/173.

Strahlungsteil ähnelt einem Steilrohrkessel mit Trommeln und leicht gebogenen Siederohren. An Stirn- und Rückseite des Kessels sind die Trommeln durch wasserführende Kammern verbunden. An die Strahlungsheizfläche schließen sich außen gußeiserne Berührungsheizflächen an in Form der üblichen Kesselglieder, die die Verbrennungsgase den beiden unteren Sammelkanälen zuführen. Berührungs- und Strahlungsheizflächen sind wasserseitig durch Überströmrohre gekuppelt. Da die Strahlungsheizfläche am Kesselgestell aufgehängt und die Berührungsheizfläche jeweils auf den gußeisernen Abgas-Sammelkanälen gelagert sind, können sich beide Teile unabhängig voneinander ausdehnen.

Den unteren Abschluß des Feuerraumes bildet ein wassergekühlter Dreiecksrost mit beidseitigem flachen Ausbrennteil. Der Rost wird durch bewegliche Stößel zwischen den Rostgliedern, die von Schwinghebeln angetrieben werden, mechanisch geschürt. Asche und Schlacke fallen dabei in die darunter befindlichen, nach vorn auszufahrenden Kastenwagen.

Durch Drosselung des Zuges in Abhängigkeit von der Vorlauftemperatur bzw. dem Dampfdruck läßt sich die Kesselleistung dem vorliegenden Bedarf anpassen. Auch der Schürvorgang wird durch ein unterhalb des Rostes angeordnetes Thermoelement selbständig eingeleitet.

Der Kessel zeigt ähnliche Regeleigenschaften und Wirkungsgrade wie der vorbesprochene Querbrand-Kessel. Er arbeitet mit natürlichem Zug (6 mm WS) und sehr niedrigen Luftüberschußzahlen. Wird kleinstückiger Koks verwendet, so muß die Glutschichthöhe verringert werden. Der Kessel wird in Leistungen von 0,8 bis $1,6 \cdot 10^6$ kcal/h gebaut.

Bezüglich weiterer neuer Bauarten von Hochleistungskesseln sei auf das einschlägige Schrifttum verwiesen[1].

3. Gaskessel und Ölfeuerungen

Neben festen Brennstofien werden in zunehmendem Maße auch Gas und Öl bei Zentralheizungen verwendet. Ihre Hauptvorteile liegen in der Minderung oder dem Fortfall der Bedienungsarbeit, der einfacheren Brennstoffzuführung, der Sauberkeit des Betriebes, dem leichten Ein- und Abschalten der Feuerung und der Möglichkeit einer weitgehend selbsttätigen Leistungsregelung mit verhältnismäßig geringem Aufwand auch bei kleinen Kesseleinheiten. Die erforderlichen Feuerungseinrichtungen lassen sich bei fast allen vorbeschriebenen Kesselbauarten einbauen, wenn auch vielfach unter Hinnahme einer gewissen Leistungseinbuße.

Spezialkessel haben sich wegen ihrer besseren Wärmeausnutzung und Regelbarkeit vor allem bei der Gasverwendung durchgesetzt.

a) Gaskessel

Gußeiserne Gaskessel werden in ähnlicher Weise wie bei Koks- und Kohlekesseln aus Einzelgliedern zusammengebaut, s. Abb. 2.20. An Stelle des Rostes sind hier gerade Brennerrohre mit zahlreichen kleinen Bohrungen im unteren Teil des Kessels angeordnet. Zur Leistungserhöhung sind die Heizflächen auf der Gasseite mit Rippen versehen. Die Verbrennungsgase werden in engen steigenden Zügen einem oberen Abgassammler zugeführt. Durch Wahl einer entsprechenden Type und Gliederzahl lassen sich Kessel mit Heizleistungen zwischen 10000 und 400000 kcal/h zusammenstellen.

Abb. 2.21 zeigt einen *gasgefeuerten* stehenden *Stahlheizkessel*. Er ist als Rundkessel mit senkrechten Rauchrohrheizflächen ausgeführt, wobei die Brenner ringförmig im Unterteil angeordnet sind. Da diese Kessel, wie die Gußkessel, mit natürlichem Zug arbeiten, werden sie vielfach auch als „Schornsteinzugkessel" bezeichnet. Ihre Leistung liegt zwischen 20000 und 300000 kcal/h. Zuweilen wird der Feuerraum der Gaskessel auch mit keramischem Material gefüllt, das durch die Gasflamme zum Glühen gebracht wird. Dadurch läßt sich die Leistung

---

[1] KLEBER, F.: Wärmeentwickler und Feuerungen für mittlere und große Heizzentralen. Gesundh.-Ing. Bd. 74 (1953) S. 109/117. — LEPPIN, O.: Hochleistungskessel für Zentralheizungen. Heizg.-Lüftg.-Haustechn. Bd. 5 (1954) S. 226/228. — RATH, K.: Neue Hochleistungskessel für den Zentralheizungsbau. Heizg.-Lüftg. Haustechn. Bd. 5 (1954) S. 173.

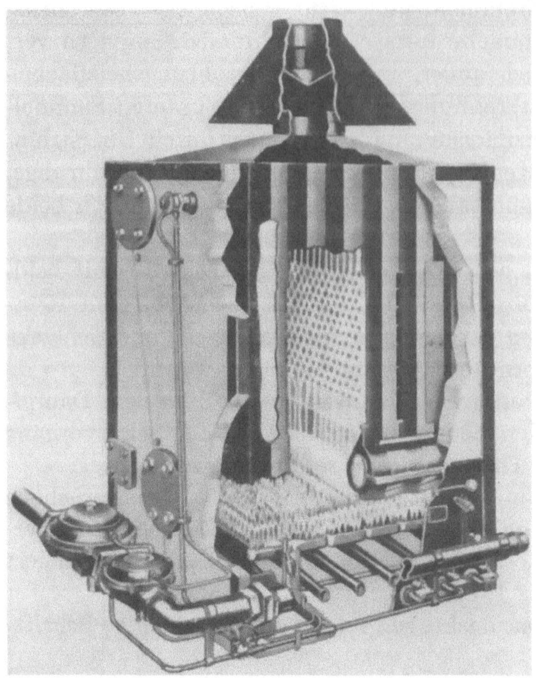

Abb. 2.20. Gußeiserner Gaskessel

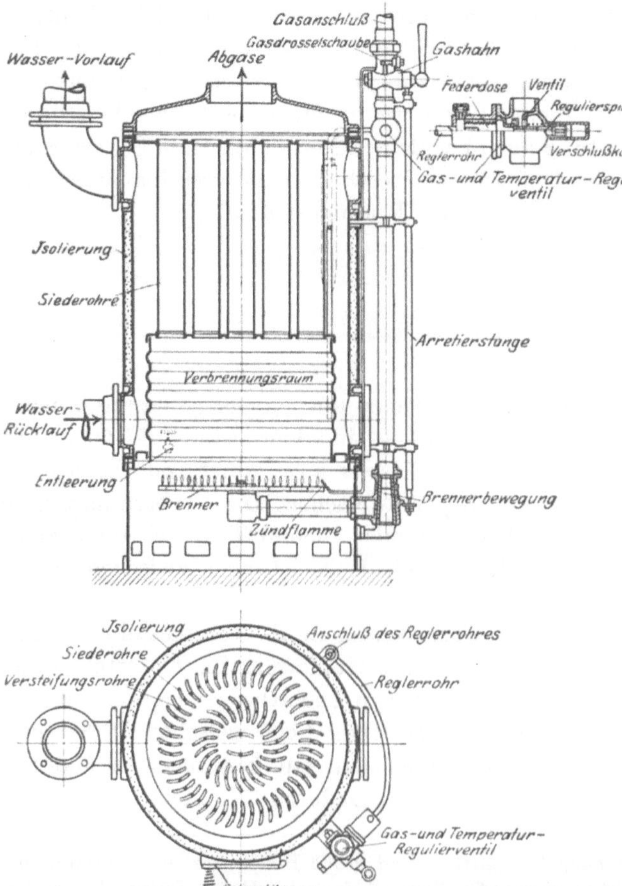

Abb. 2.21. Stehender Stahlkessel mit Gasfeuerung

der feuerberührten Heizfläche erhöhen und die Belastung der einzelnen Teile dieser Heizfläche gleichmäßiger gestalten.

In die Abgasleitung von Gaskesseln ist, wie bei den Gasöfen, eine Strömungssicherung einzubauen, um die Feuerung von den Schwankungen des Schornsteinzuges unabhängig zu machen und nachteilige Rückwirkungen auf die Verbrennung abzufangen. Der Zugbedarf der Kessel ist mit etwa 0,5 mm WS zwar nur gering; er läßt sich infolge der Strömungssicherung aber nur erzielen, wenn die Abgase an den Kesselheizflächen nicht allzusehr abgekühlt werden, eine Forderung, die auch zur Vermeidung von Schwitzwasser im Schornstein beachtet werden muß. Die Prüfstandwirkungsgrade dieser Kessel liegen durchweg zwischen 85 und 90%. Im praktischen Betrieb wird man mit einer Wärmeausnutzung von 80 bis 85% rechnen können.

Für Kessel mit natürlichem Zug wird nach DIN 4702 die Normalbelastung mit 10000 kcal/h bei einem unteren Heizwert des Gases von mindestens 4000 kcal/Nm³ zugrunde gelegt. Da die Kessel nicht überlastbar sind — Nennleistung und Höchstleistung stimmen also überein —, ist ihre Leistung bei Zentralheizungen um 25% größer zu wählen als der Wärmebedarf der angeschlossenen Gebäude.

Höhere spezifische Belastungen lassen sich erzielen beim Übergang auf Saugzug. Derartige *Hochleistungskessel* werden bevorzugt in Großanlagen verwendet. Abb. 2.22 zeigt die Außenansicht eines solchen Gaskessels großer Leistung. Es handelt sich um einen liegenden Rauchrohrkessel, bei dem die Brenner an der Stirnwand vor den Rohrenden angebracht sind. Jedes Rohr besitzt einen eigenen Brenner, der an einer gemeinsamen, um die senkrechte Achse ausschwenkbaren Gasverteilungsleitung befestigt ist. Brenner und Heizrohre bleiben sonach zugänglich.

In die Heizrohre sind feuerfeste Drallsteine eingebracht; sie sollen durch Verwirbelung der Verbrennungsgase und zusätzliche Strahlung den Wärmeübergang auf der Innenseite der Rohrheizflächen verbessern. Am Kesselende werden die Abgase in einer Rauchkammer gesammelt und mittels eines Gebläses dem Schornstein zugeführt. Die Kesselleistung wird durch gemeinsame Drosselung der Gas- und Luftmengen dem Bedarf angepaßt, und zwar ist eine Regelung in einem Leistungsbereich von 1:3 ohne Beeinträchtigung des Wirkungsgrades möglich. Gaskessel dieser Art vermögen auch raschen Belastungsänderungen zu folgen[1].

In Anbetracht des hohen Brennstoff-Wärmepreises sollten gasgefeuerte Kessel gegen Wärmeverluste besonders sorgfältig abgedämmt werden. Auch ist in der Regel eine hochwertige Isolierung der Wärmeverteilungsleitungen der angeschlossenen Heizanlagen am Platz.

Sicherheits- und Regeleinrichtungen. Gaskessel können für Handbedienung, halb- oder vollautomatischen Betrieb eingerichtet werden. Da preiswerte und zuverlässige Regeleinrichtungen für Gasfeuerungen zur Verfügung stehen und die selbsttätige Leistungsregelung neben der Betriebsvereinfachung auch Wärmeersparnisse mit sich bringt, wird man nur ausnahmsweise darauf verzichten. Vielfach sind die Regelgeräte mit zusätzlichen Sicherheitseinrichtungen kombiniert. So soll bei Unterschreitung eines Mindestgasdrucks der Brenner abgeschaltet (Gasmangelsicherung) oder bei Ausbleiben der Zündung der Gasstrom unterbrochen

Abb. 2.22. Hochleistungsgaskessel

werden (Zündsicherung). Auch läßt sich leicht bei Dampfkesseln eine Wassermangelsicherung und bei Wasserkesseln eine obere Vorlauftemperaturbegrenzung damit verbinden.

In Abb. 2.23 ist das Schema einer Regelanlage für die Gasfeuerung einer Warmwasserheizung wiedergegeben. Der Gasstrom zur Feuerung passiert zunächst den Sicherheitsdruckregler a, der die Druckschwankungen des Netzes vom Brenner fernhält, also für eine gleich-

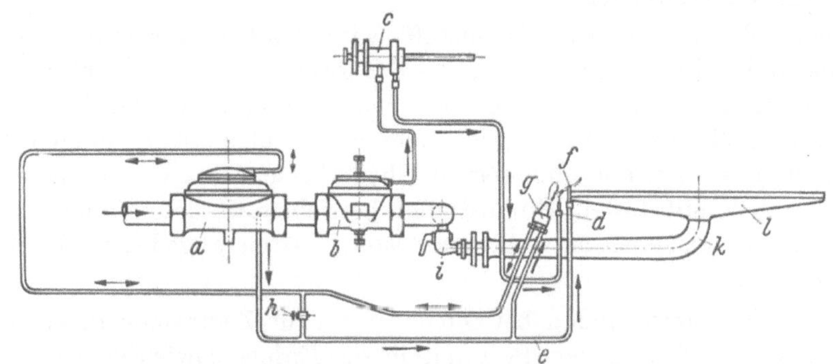

Abb. 2.23. Regelanlage für einen gasgefeuerten Warmwasserkessel.
a Sicherheitsdruckregler, *b* Gasregelventil, *c* Wassertemperaturfühler, *d* Gassteuerstromflamme, *e* Zündflammenleitung, *f* Zündflamme, *g* Zündflammensicherung, *h* Kurzschluß- oder Zündflammensicherungshahn, *i* Brennerhahn, *k* Brennermischrohr, *l* Brennerkopf

mäßige Verbrennung sorgt, gleichzeitig aber bei Druckunterschreitungen die Gaszufuhr unterbricht. In Zusammenarbeit mit der Zündsicherung g schließt der Druckregler auch ab, wenn die Sicherheitsflamme erlischt und gibt den Gasdurchgang erst nach Anzünden dieser Flamme

[1] Siehe K. SEILER: Leistungsversuche an einem gasbeheizten Hochleistungskessel der Bauart Bamag. Gesundh.-Ing. Bd. 55 (1932) Heft 9 u. 10.

wieder frei. Hinter dem Druckregler sitzt das eigentliche Gasregelventil b; es wird von dem im Wasserkreislauf der Heizung angeordneten Temperaturfühler c gesteuert. Die je nach der Außentemperatur einzustellende Heizungsvorlauftemperatur läßt sich sonach unabhängig von der Wärmeentnahme konstant halten (halbautomatischer Betrieb).

Soll die Kesselleistung unmittelbar von der Raumtemperatur geregelt werden (vollautomatischer Betrieb), so wird ein Raumwärmefühler an die Steuerleitungen des Regelventils mit angeschlossen; der Fühler c dient in diesem Fall lediglich der oberen Temperaturbegrenzung bzw. der Vermeidung des Überkochens. Bei Dampfkesseln läßt sich auf diese Weise eine Überschreitung des höchsten Betriebsdruckes und ein Abblasen des Standrohres verhindern.

Die Steuergasleitungen enden in der Steuerstromflamme d des Verbrennungsraumes. Bei größeren Entfernungen zwischen dem Raumwärmefühler und der Kesselanlage wird man zur elektrischen Übertragung der Regelimpulse übergehen, z. B. durch einen elektrischen Thermostaten ein Magnetventil in den Steuergasleitungen schalten.

Die Anpassung der Kesselleistung an Veränderungen des Wärmebedarfs kann sowohl durch Drosselung der Gasmenge als auch durch intermittierenden Betrieb der Feuerung erfolgen. Die erstgenannte Art der Regelung ist stets nur in einem gewissen Belastungsbereich möglich, da ein Mindestwert der Brennerleistung nicht unterschritten werden darf. Bei kleineren Anlagen und Einzelkesseln bevorzugt man daher den intermittierenden Betrieb, auch Auf-Zu- oder Zweipunkt-Regelung genannt. Die Brenner werden dabei stets mit voller Leistung gefahren, also auch mit gutem Wirkungsgrad und den für die Vermeidung von Schwitzwasser erforderlichen höheren Abgastemperaturen. Die Leistungsstöße des Kessels machen sich bei zentralen Heizanlagen infolge der Speicherfähigkeit der Gebäudemassen und z. T. auch der Heizanlagen bei der Raumtemperatur kaum bemerkbar. Die Schaltintervalle sind der Eigenart des Heizsystems und den Anforderungen an die Genauigkeit der Temperaturhaltung anzupassen.

b) Ölfeuerungen[1]

Öl kann nicht in der gleichen einfachen Weise wie Gas in Heizkesseln verbrannt werden. Es muß zunächst verdampft oder in feinste Teilchen zerstäubt und mit der Verbrennungsluft innig gemischt werden, damit eine vollkommene Verbrennung bei geringstem Luftüberschuß erzielt wird. Die besondere technische Aufgabe liegt hier also nicht so sehr in der Schaffung der für den Heizstoff geeigneten Kesselbauarten und Wärmeübertragungsbedingungen, sondern in der Entwicklung hochwertiger und betriebssicherer Brenner[1]. Sie werden für Heizanlagen vor allem als Vorsatzgeräte verwendet.

Bei vorhandenen Kesseln für feste Brennstoffe wird das Feuergeschränk abgenommen und durch eine isolierte Stahlplatte ersetzt, an die der Brenner angeschraubt werden kann. Zunehmend werden bei Neuanlagen und bei der Auswechslung alter Kessel Sonderbauarten für Ölverfeuerung aufgestellt, deren Vorderglied oder Frontplatte schon für den Ausbau des Ölbrenners vorgerichtet ist. Bei den gußeisernen Gliederkesseln überwiegen dabei Bauarten, die erforderlichenfalls auch mit festen Brennstoffen betrieben werden können. Der Rost wird, sofern er nicht herauszunehmen ist, mit feuerfesten Platten abgedeckt, der Feuerraum mit Schamottesteinen ausgekleidet.

Brennstoffe. Als Heizstoffe finden bei Ölfeuerungen für Zentralheizungen die bei höheren Temperaturen (über 250°C) siedenden Bestandteile des Erdöls, sowie die Destillate von Braunkohlen- und Steinkohlenteer Verwendung. Grundsätzlich kommen für Kleinfeuerungen nur Heizöle geringer Zähigkeit, niedriger Erstarrungstemperatur (Stockpunkt) und hoher Reinheit in Frage, die sich u. a. auch leicht zerstäuben und verdampfen lassen. Man bezeichnet sie auch als *leichte Heizöle* im Gegensatz zu den zähflüssigen *schweren Heizölen,* die im wesentlichen als Rückstände bei der Erdöldestillation und als letzte Fraktionen der Steinkohlen- und Braun-

---

[1] Siehe W. HANSEN: Die Gebäudeheizung mit Heizöl. Berlin/Göttingen/Heidelberg: Springer 1956. — LANDFERNMANN, C. A.: Die Ölfeuerung bei Zentralheizungen. Berlin: Haenchen u. Jäh 1957. — Fachgemeinschaft der Hersteller von gußeisernen Heizkesseln und gußeisernen Radiatoren: Die Ölfeuerung in gußeisernen Zentralheizungskesseln. Wetzlar 1957.

kohlenteeröle anfallen. Da sie anderweitig nicht verwendet werden können, ist ihr Preis verhältnismäßig günstig. Diese Öle haben niedrigere Heizwerte. Sie sind z.T. bei normalen Temperaturen so zähflüssig, daß sie zu ihrer Förderung und zur Zerstäubung vorgewärmt werden müssen. Vor allem muß darauf geachtet werden, daß weder in den Leitungen noch im Behälter die Temperatur sich dem Stockpunkt nähert. Weiterhin sind der Flammpunkt, der freie Kohlenstoff, der Wasser- und Aschegehalt für die Bewertung eines Heizöls von Bedeutung[1].

Nach dem Normblatt DIN 51 603 lassen sich die Heizöle nach vier Gruppen unterteilen, die durch folgende Mindestanforderungen gekennzeichnet sind:

Heizöle

	EL	L	M	S
Flammpunkt im geschloss. Tiegel über °C	55	55	65	65
Viskosität höchstens . . . . cSt	8 (20° C)	17 (20° C)	38 (50° C)	450 (50° C)
Wassergehalt, nicht absetzbar, höchst. Gew.-%	0,1	0,3	0,5	0,5
Unterer Heizwert (H_u) mindestens kcal/kg				
bei Mineralölen	10000	9800	9600	9400
bei Brk.- u. Stk.-Teerölen	—	$\approx$ 9000	$\approx$ 9000	$\approx$ 9000

Die Viskosität soll zur vollkommenen Zerstäubung bei etwa 12 cSt (2E) liegen. Die Öle der ersten Gruppe EL und auch die guten Öle der zweiten Gruppe L können im Lieferzustand verwendet werden. Das Heizöl M erfordert in der Regel eine Vorwärmung zur Verbrennung, sein Stockpunkt von höchstens 0° C aber nur in Ausnahmefällen eine Vorwärmung zur Ölförderung, so z. B. beim Heizöl M aus der Braunkohlenschwelung, dessen Stockpunkt bereits bei 40° C liegt.

Das Heizöl S ist stets schon zur Förderung vorzuwärmen. Vor dem Brenner ist eine Anwärmung auf 80 bis 120° C notwendig, je nach der Viskosität des Öles. Der hohe Stockpunkt macht in der Regel auch eine Beheizung der Ölvorratsbehälter notwendig. Auch muß bei Betriebsstillstand das in den Rohrleitungen und im Brenner befindliche Öl in den Behälter zurücklaufen. Die deutschen Teeröle erstarren zwar erst bei Temperaturen zwischen —10 und 0° C. Man sollte sie jedoch nicht unter +8° C abkühlen lassen, da sie bei niedrigen Temperaturen zur Ausscheidung fester Bestandteile (Anthrazen, Paraffin) neigen.

Kleinstbrenner, insbesondere Verdampfungsbrenner, erfordern ein Heizöl der Gruppe EL, empfindliche Druckzerstäuber bei kleineren Kesseln (bis etwa 75000 kcal/h Leistung) mindestens ein hochwertiges Heizöl der Gruppe L. Bei weniger empfindlichen Brennerbauarten wird man bei Mittelkesseln häufig schon ein Heizöl der Gruppe M mit Vorwärmung vor dem Brenner wählen.

Die Verfeuerung der zähflüssigeren Heizöle erfordert relativ robuste Brennerbauarten und einen zusätzlichen Aufwand an Hilfseinrichtungen, die sich erst von einer bestimmten Größe der Heizanlage ab lohnen.

Brennerbauarten[2]. Den einfachsten Aufbau weist der reine *Verdampfungsbrenner* auf. Das Öl wird hier in einem über der Flamme liegenden Rohr oder in einer durch die Flamme erhitzten Brennschale zur Verdampfung gebracht und zündet bei der Mischung mit der Verbrennungsluft. Die Brenner müssen zunächst vorgewärmt und gezündet werden, sind also für automatischen Betrieb nicht geeignet. Verdampfungsbrenner findet man nur ausnahmsweise in ölgefeuerten Zentralheizungen.

Bei den üblichen Ölbrennern wird der Brennstoff auf mechanischem Wege zerstäubt, also in feinste Teilchen zerlegt, bevor er in den Verbrennungsraum gelangt. Man nennt diese Brenner daher *Zerstäubungsbrenner* und unterscheidet nach der Zerstäubungsart zwischen Injektor-, Drucköl- und Drehzerstäubern. Oft werden auch zwei verschiedene Zerstäubungsarten gemeinsam angewendet.

---

[1] FRIEDRICH, H.: Heizöle für Ölfeuerungen in Zentralheizungen. Sanitäre Technik Bd. 20 (1955) S. 187.
[2] Siehe auch „Ölbrenner"; Begriffe, Anforderungen, Bau, Prüfung, DIN 4787, Januar 1959.

Durch die Zerstäubung wird die Oberfläche des Brennstoffes im Verhältnis zu seinem Volumen vergrößert und dadurch die Mischung mit der Verbrennungsluft und die Überführung in die gasförmige Phase erleichtert. Je kleiner die Brennstoffteilchen sind und je besser die Durchmischung mit der Luft erfolgt, um so vollkommener ist die Verbrennung und um so kleiner kann der Luftüberschuß gehalten werden.

Der *Injektorbrenner* läßt sich besonders einfach gestalten, wenn Druckluft oder Hochdruckdampf zur Verfügung stehen; das ist vielfach in gewerblichen Betrieben der Fall. Aus einer Düse strömt das Treibmittel mit hoher Geschwindigkeit aus, reißt dabei an der Mündung das durch ein konzentrisch angeordnetes Rohr über Ringdüsen zufließende Öl mit und zerstäubt es im Strahl. Die Verbrennungsluft wird beim Druckluftbetrieb vorwiegend, beim Dampfbetrieb ausschließlich hinter dem Zerstäuber zugeführt. Beim Dampfzerstäuber muß zum Anfahren Dampf aus einer anderen Kesseleinheit oder Preßluft verfügbar sein.

Größere Bedeutung hat bei Zentralheizungen der **Druckluftzerstäuber** mit eigenem Gebläse gewonnen. Abb. 2.24 zeigt einen derartigen Ölbrenner im Schnitt. Das Öl fließt über ein innenliegendes Rohr der Düse h zu, wo es von dem Luftstrahl des Niederdruckgebläses erfaßt, verwirbelt und zerstäubt wird. Durch entsprechende Düsengestaltung kann das Öl oder der Luftstrom in drehende, die Zerstäubung begünstigende Bewegung versetzt werden. Der Ölzufluß läßt sich durch ein Nadelventil d, die Luftmenge durch die Drosselklappe f verändern. Mit dem Gebläse wird bei dieser Bauart nur ein Teil der Verbrennungsluft zugeführt, der Rest strömt unter dem Einfluß des Schornsteinzuges unmittelbar bei i in die Brennzone ein.

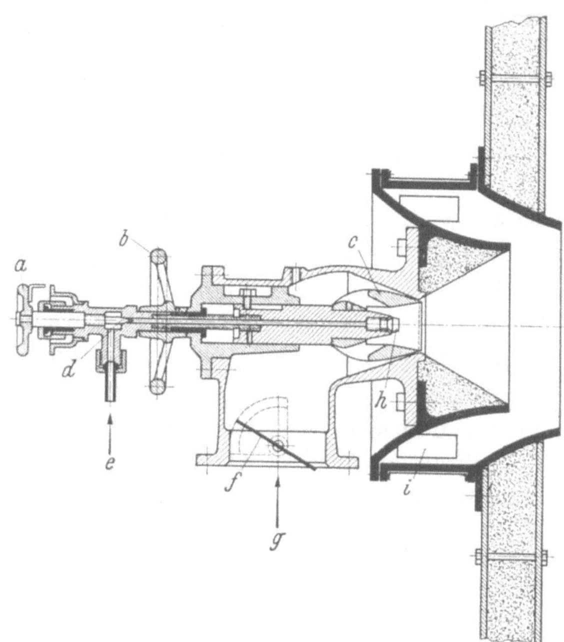

Abb. 2.24. Druckluftzerstäuberbrenner.
a Ölregelventil, *b* Luftregelventil (Primär), *c* Luftdüse, *d* Nadelventil, *e* Ölzufuhr, *f* Drosselklappe, *g* Primärluft, *h* Zerstäuberdüse, *i* Sekundärluftzuführung

Bei anderen Bauarten wird zur Herabsetzung der Lüfter-Antriebsleistung ein Teil der Luft in einem Kompressor höher verdichtet und nur diese Luftmenge zur Ölzerstäubung herangezogen, die Hauptluftmenge dagegen mit geringem Überdruck hinter dem Zerstäuber zugeführt. Auch Mischbrenner, bei denen Öl und Luft in dem Kompressor zu Schaum vermischt und dann erst dem Zerstäuber zugeleitet werden, sind auf dem Markt.

Beim *Druckölbrenner* übernimmt eine Zahnrad- oder Schneckenpumpe die Förderung des Öls und führt es mit hoher Pressung einer Zerstäuberdüse zu. Führungskanäle in der Düse geben dem Öl beim Austritt aus der feinen Öffnung eine rotierende Bewegung, welche die Zerstäubung und die Mischung mit der hinter der Düse eingeleiteten Verbrennungsluft begünstigt. Gebläse und Ölpumpe werden meist von einem Motor angetrieben. Gegen Verschmutzung und Verkokung sind Kleinbrenner dieser Bauart empfindlich; sie sollen daher mit besonders reinem, kohlenstoff- und asphaltfreiem Öl betrieben werden. Dickflüssiges Öl ist sehr stark vorzuwärmen. Die Brennerleistung läßt sich durch ein in die Druckölleitung eingeschaltetes Überdruckventil regeln, das das von der Pumpe zuviel geförderte Öl zum Behälter bzw. zur Saugseite zurückführt. Abb. 2.25 zeigt den Teilschnitt eines solchen, im geschlossenen Block gebauten Brenners mit seinen Zusatzeinrichtungen.

Die Wirkung der Zentrifugalkraft nutzt der *Drehbecherbrenner* zur Ölzerstäubung aus, siehe Abb. 2.26. Das drucklos durch eine Hohlwelle zulaufende Brennöl gelangt in einen kegeligen vorn offenen Becher, der auf gemeinsamer Welle mit dem Lüfterrad sitzt und mit hoher Drehzahl umläuft. Dabei werden die Öltropfen in rotierender Bewegung zum Becherrand hingeführt und dort mit großer Geschwindigkeit nahezu tangential abgeschleudert. Sie treffen auf die aus der Druckkammer des Lüfters abströmende Verbrennungsluft, die den Zerstäubungsvorgang vollendet und sich gleichzeitig mit den Öltröpfchen vermischt. Diese Brenner sind weniger empfindlich gegenüber der Ölzusammensetzung und lassen sich in einem weiten Leistungsbereich stufenlos regeln.

Zünd-, Regel- und Sicherheitseinrichtungen. Ölfeuerungen für Zentralheizungen und Haus-Warmwasserbereitungen werden heute fast ausnahmslos für vollautomatischen Betrieb eingerichtet. Nur bei größeren Anlagen und insbesondere gewerblichen Feuerungen findet man halbautomatische Regelung oder Handbedienung, insbesondere auch wenn billigere Schweröle verheizt werden, die leichter zu Störungen Anlaß geben und eine ständige Erwärmung aller Anlageteile notwendig machen. Beim üblichen Brenner in Heizkesseln wird das Öl-Luftgemisch beim Austritt aus dem Brennerrohr durch Hochspannungsfunken, seltener durch Glühdrähte, gezündet. Nach voller Flammenentwicklung schaltet sich der Zündtransformator automatisch aus. Ein im Kamin oder in Brennerkopf-

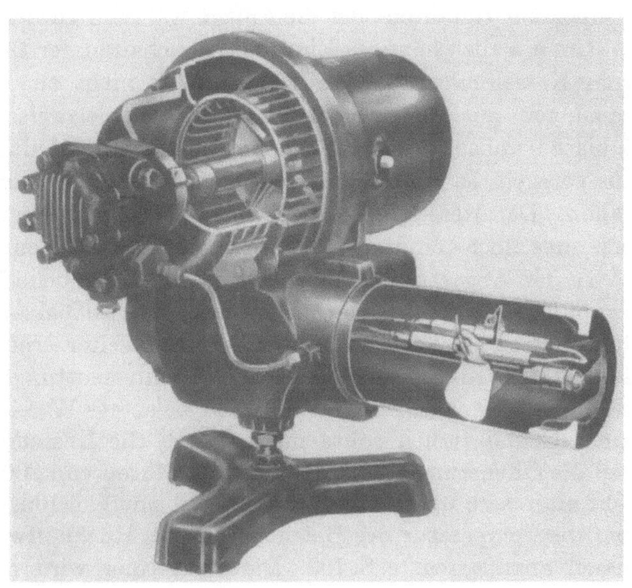

Abb. 2.25. Druckölbrenner

nähe eingebauter Temperaturfühler stellt bei Ausbleiben der Zündung oder Erlöschen der Flamme die Anlage ab. Der Brenner kann dann nur nach Auslösen eines Störknopfes wieder in Gang gesetzt werden, s. S. 40.

Betrieb. Zur Erzielung eines günstigen Feuerungswirkungsgrades müssen Öl und Verbrennungsluft stets in einem bestimmten Verhältnis dem Brenner zugeführt werden. Dieses Mischungsverhältnis läßt sich bei den üblichen Brennerbauarten zwar für eine beliebige Brennölmenge einstellen, aber nicht mit einfachen Mitteln bei verminderter Brennerleistung selbsttätig aufrechterhalten. Auch die Ölzerstäubung und die Zündung machen bei manchen Brennern mit dem Rückgang der Leistung Schwierigkeiten.

Man verzichtet bei vollautomatischen Ölfeuerungen daher durchweg auf eine stetige Anpassung der Leistung an den augenblicklichen Wärmebedarf und regelt durch intermittierenden Betrieb. Der Brenner läßt sich dabei sowohl von der Raumtemperatur als auch von der Vorlauftemperatur des Kessels aus regeln (bei Dampfkesseln vom Kesseldruck).

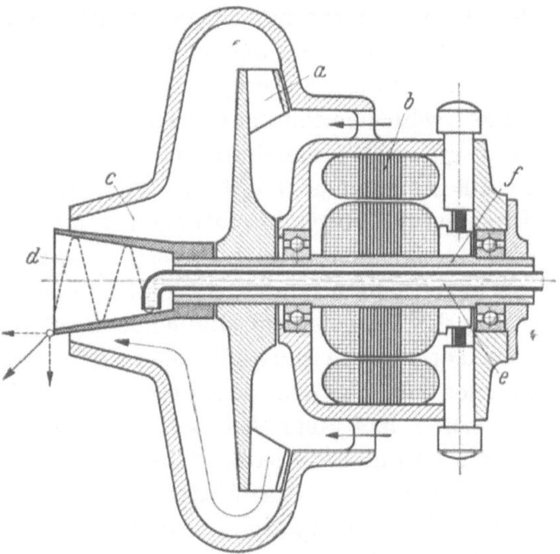

Abb. 2.26. Drehbecherbrenner.
a Luftgebläse, *b* Elektromotor, *c* Luftverwirbler, *d* Drehbecher, *e* Ölzuführungsrohr, *f* Hohlwelle

Da Ölfeuerungen ohnehin mit elektrischen Antriebs- und Zündeinrichtungen ausgestattet sind, erfolgt auch die Regelung elektrisch. In einfacher Weise können dabei die verschiedenen Sicherheits- und Leistungs-Regelelemente kombiniert bzw. aufeinander abgestimmt werden. Meist müssen auch die Einzelvorgänge beim Schalten in einer bestimmten Reihenfolge ablaufen.

So soll z. B. Öl dem Brenner erst zulaufen, nachdem das Gebläse die Kesselzüge gelüftet hat Bei Feuerungen mit Ölvorwärmung sperrt ein Thermostat im Ölbehälter die Inbetriebnahme des Brenners so lange, bis die erforderliche Öltemperatur erreicht ist. Durch den Einbau von Programmreglern ist es leicht möglich, die Vorlauftemperatur einer Warmwasserheizung in Abhängigkeit von der Tageszeit zu ändern, z. B. also nachts mit einer niedrigeren Heizwassertemperatur zu fahren oder die Anlage während gewisser Stunden völlig außer Betrieb zu halten.

Um ein allzu häufiges Ein- und Ausschalten der Brenner zu vermeiden, soll bei der Regelung vom Kesselfühler aus der Schaltbereich nicht zu eng eingestellt werden. Bei Warmwasserheizungen mit Gliederheizkörpern ist beispielsweise eine Vorlauftemperaturschwankung von 5 bis 8° unbedenklich hinzunehmen. Wird die Anlage unmittelbar von der Raumtemperatur aus geregelt, so führt die Wärmespeicherung der Wände, Decken usf. zu größeren Schaltintervallen. Der Kesselthermostat wird hierbei zur Begrenzung der höchsten Vorlauftemperatur bzw. des höchsten Dampfdruckes meist beibehalten.

In den Abgasen von Ölfeuerungen sind erhebliche Mengen von Wasserdampf enthalten. Der Taupunkt liegt dementsprechend hoch; er wird bei Anwesenheit von SO_3 — und damit ist bei den meisten Heizölen zu rechnen — noch weiter erhöht. Die Gefahr von Korrosionsschäden in den letzten Kesselzügen und Schornsteinversottungen ist bei Ölfeuerungen daher besonders groß. Das gilt vor allem für schwach belastete Wasserkessel in Zeiten geringer Wärmeanforderung. Grundsätzlich sollte man sonach die Kesselheizfläche eher knapp als reichlich wählen und die Ölfeuerungen mit Abgastemperaturen von 200°C und höher betreiben. Mehr und mehr geht man dazu über, Warmwasserkessel mit gleichbleibend hoher Vorlauftemperatur zu fahren und die Temperatur des Heiznetzes durch Rücklaufwasserbeimischung den jeweiligen Erfordernissen anzupassen, s. S. 103. Die Ölfeuerung wird dabei vom Vorlaufthermostaten ein- und ausgeschaltet, das Mischventil vom Raumthermostaten beeinflußt.

Diese Schaltung setzt allerdings eine Mehrkesselanlage oder einen weiteren ständigen Wärmeabnehmer, z. B. eine Warmwasserbereitung, voraus, da sonst der Brenner jeweils in unerwünscht kurzen Intervallen ein- und ausschaltet.

Bei Einbau einer besonderen Kesselwasserumwälzpumpe kann man mit Hilfe einer zweiten Mischleitung auch die Temperatur des dem Kessel zufließenden Rücklaufwassers bis nahe an die Kesselvorlauftemperatur heranbringen, so daß eine Taupunktunterschreitung auch an Teilen der Kesselheizfläche vermieden wird.

Schornsteindurchnässungen und Versottungen treten häufig auf in den oberen, durch nicht beheizte Dachböden führenden Schornsteinteilen. Die Schornsteine sollten bei Ölfeuerungen daher mit gutem Wärmeschutz ausgeführt werden. Als Baustoffe eignen sich vor allem Formsteine aus Asbestzement mit Schutzüberzug und glasierte Tonrohre, s. auch S. 15.

Brenner und Regeleinrichtungen von Ölfeuerungen haben heute in vielerlei Ausführungen bereits einen hohen Grad technischer Reife erreicht. Es empfiehlt sich jedoch, automatische Ölfeuerungen laufend durch geeignete Fachkräfte überwachen zu lassen. Nur bei einwandfreier Wartung der teilweise empfindlichen Bauteile ist ein praktisch störungsfreier Betrieb sichergestellt. Die meisten Hersteller oder Lieferer von Ölbrennern übernehmen selbst den Wartungsdienst, der zumeist auch die kostenfreie Behebung von Betriebsstörungen umfaßt.

Ölbehälter und Rohrleitungen. Zur Einlagerung einer größeren Brennstoffmenge wird im allgemeinen in unmittelbarer Nähe der Kesselanlage, aber außerhalb des Gebäudes, ein in das Erdreich eingebetteter zylindrischer Öltank vorgesehen. Bei seiner Anordnung und Ausrüstung sind die örtlichen baupolizeilichen Bestimmungen über die Verwendung und Lagerung flüssiger Brennstoffe zu beachten. Neuerdings wird auch die Aufstellung der Ölbehälter im Keller zugelassen, wenn bestimmte bauliche Anforderungen erfüllt sind[1].

Bei Verheizung von leichtflüssigem Öl in Druckzerstäubern saugen die Ölpumpen den Brennstoff meist unmittelbar aus dem Tank an, s. Abb. 2.27. Ein Teil des Öls läuft in einer zweiten Leitung vom Öldruckregler wieder in den Tank zurück. Der Öltank muß durch eine etwa 2,5 m über den Boden hochgeführte Luftleitung mit Siebschutz gelüftet werden. Er soll bei kleineren und mittelgroßen Heizanlagen einen Jahresbedarf fassen.

---

[1] Siehe „Ölfeuerungen in Heizungsanlagen" Richtlinien DIN 4755, Januar 1959.

Muß das Öl dem Brenner zulaufen, so wird im Kesselraum ein Zwischenbehälter angeordnet. Er faßt etwa einen Tagesverbrauch und wird mittels einer Hand- oder Elektropumpe gefüllt. Vielfach wird dieser Zwischenbehälter durch Einbau eines Heizregisters zum Vorwärmen des Öles benutzt. Bei kleinen Anlagen erfolgt die Vorwärmung elektrisch; bei größerer Leistung lohnt sich der Einbau einer zusätzlichen, an den Kessel angeschlossenen Heizschlange, die es ermöglicht, bei vollem Betrieb den Heizstrom oder wenigstens einen Teil einzusparen. Anlagen für Öle mit hoher Zähigkeit sind in der Regel noch mit einem vor dem Brenner angeordneten elektrischen Nacherhitzer ausgerüstet, der die für eine einwandfreie Zerstäubung des Öles erforderliche niedrige Viskosität sicherstellen soll.

Bei der Verwendung von Heizöl mit hohem Stockpunkt muß auch der Hauptöltank geheizt werden oder wenigstens die Saugstelle. Diese Anlagen erhalten zumeist nur Leistungs- bzw. Temperaturregler und Zündsicherungen; das Anfahren wird von Hand durchgeführt (halbautomatisch). Werden sie außer Betrieb gesetzt, so müssen sämtliche Leitungen sowie der Brenner leerlaufen können.

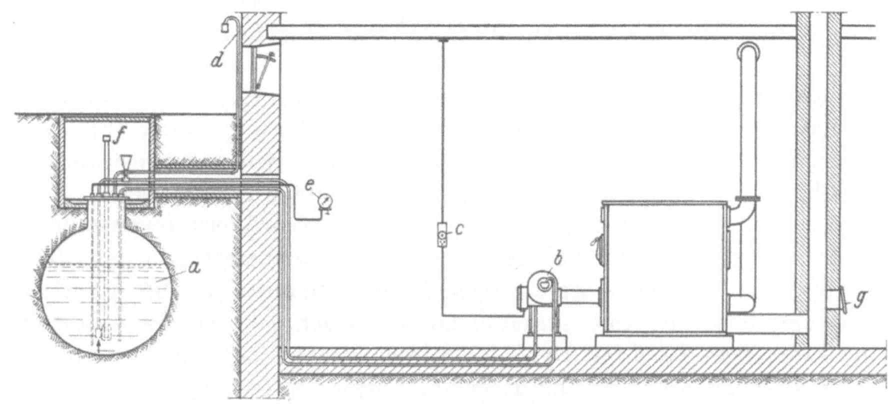

Abb. 2.27. Ölfeuerungsanlage für leichtflüssiges Öl.
a Öllagertank, *b* Ölbrenner, *c* Schalttafel, *d* Entlüftung, *e* Ölstandsanzeiger, *f* Ölfülleitung, *g* Sicherheitsklappe

Ölgefeuerte Heizkessel weisen etwa die gleiche Nennleistung auf, wie sie für koksgefeuerte Kessel in DIN 4702 festgelegt sind. Der Kesselwirkungsgrad liegt im Betrieb zwischen 70% und 80%.

c) Anwendungsbereich und Wirtschaftlichkeit

Die Verwendung von Gas und Öl zu Heizzwecken kommt vor allem dort in Frage, wo diese Brennstoffe mit günstigem Wärmepreis angeboten oder ihre betrieblichen Vorteile hoch gewertet werden. Eine allgemeingültige Abgrenzung im Anwendungsbereich, etwa durch Angabe derjenigen Preisverhältniswerte, bei denen feste, flüssige und gasförmige Brennstoffe zu gleichen Gesamtkosten des Heizbetriebes führen, ist nicht möglich. Man wird vielmehr in jedem Einzelfall vor der Wahl der Brennstoff- bzw. Feuerungsart eine wirtschaftliche Vergleichsrechnung durchführen müssen, und dabei auch auf Schätzungen oder persönliche Wertungen angewiesen sein.

Das beginnt schon bei der Ermittlung des voraussichtlichen Jahresbrennstoffverbrauchs. Der Wirkungsgrad der Wärmeerzeugung hängt nicht nur von der Kessel- und Feuerungsart ab, sondern auch von der Betriebsweise, bei festen Brennstoffen außerdem von der Bedienung, der Wartung und der Art der Regelung. Anhaltswerte sind im 12. Abschnitt S. 521 aufgeführt. Hinzu kommen bei Gas- und Ölfeuerungen Wärmeeinsparungen infolge der besseren Regelfähigkeit, der ständigen Einsatzbereitschaft und sofortigen Abschaltmöglichkeit. Sie lassen sich exakt nicht angeben, können nach Erfahrungen im praktischen Betrieb aber Werte bis zu 15% des Wärmeverbrauches von ungeregelten Heizanlagen erreichen. Die relativen Wärmeersparnisse sind dabei um so größer, je geringer die geforderte Heizleistung (kleine Heizungen, Gegenden mit mildem Klima, Übergangszeit) und je kürzer die Benutzungszeit der Gebäude ist (Schulen

Hotels), um so kleiner, je größer die Heizungsanlage ist und je länger die Heizung täglich betrieben werden muß (Krankenhäuser, Miethäuser).

Zur Ermittlung der durchschnittlichen Jahresausgaben muß der Wärmebedarf einer Heizanlage im mittleren Winter bekannt sein. Man berechnet ihn am einfachsten mit Hilfe der aus Erfahrungen bekannten Benutzungsstundenzahl des Anschlußwertes der Heizanlage; der Anschlußwert ist dabei identisch mit dem nach DIN 4701 sich ergebenden Höchstwärmebedarf (Näheres s. 12. Abschn. S. 521 u. f.).

Zu den Betriebskosten gehören neben den Brennstoffausgaben noch die Aufwendungen für die Bedienung und Wartung der Heizanlage, für die Schornstein- und Kesselreinigung, für Strom und sonstige Betriebsmittel sowie bei festen Brennstoffen für die Abfuhr der Verbrennungsrückstände. Die Bedienungskosten lassen sich für große Heizungen mit hauptamtlich tätigem Personal einigermaßen zuverlässig angeben. Bei mittelgroßen Heizungen mit Kokskesseln kann man je nach den örtlichen Verhältnissen die Bedienungskosten mit 10 bis 20% der Brennstoffausgaben ansetzen. Bei Kleinanlagen lassen sich absolute und auch relative Kostenangaben kaum noch machen, da diese Heizungen in der Regel nebenbei bedient werden und der erforderliche Arbeitsaufwand der persönlichen Wertung des Betreibers oder seines Beauftragten unterliegt.

Das trifft auch zu für die sonstigen Annehmlichkeiten von Gas- und Ölfeuerungen, wie die ständige volle Leistungsbereitschaft, den sauberen Betrieb, die selbsttätige Temperaturregelung, den Fortfall besonderer Kohlenkeller — bei Gas überhaupt jeder Brennstoffeinlagerung und jeder Brennstoffbezahlung vor dem Verbrauch. Als Nachteil wird es andererseits angesehen, auf einen bestimmten Brennstoff bzw. auf die Lieferung von *einem* Werk angewiesen zu sein.

Neben den Betriebsausgaben sind bei der Wirtschaftlichkeitsberechnung noch die Gestehungskosten der Feuerungsanlage und eines etwaigen Brennstofflagers mit ihrem Aufwand für Verzinsung und Abschreibung des Anlagekapitals zu berücksichtigen. Die Lebensdauer der Kessel und Feuerungen wird man dabei mit 15 bis 20 Jahren ansetzen können. Empfindliche Teile der Brenner, der elektrischen Antriebe und Regelung sowie der feuerfesten Ausmauerung haben eine kürzere Lebensdauer. Zumeist werden auch die Unterhaltungskosten mit der Kapitalbelastung zusammen verrechnet — obwohl es sich nicht um feste, sondern um laufende Ausgaben handelt —, da sie sich am besten in Prozentsätzen der Anschaffungskosten angeben lassen. Die Gestehungs- und Unterhaltungskosten sind bei Gas- und Ölfeuerungen in der Regel höher als bei Koksfeuerungen. Auch im Wärmepreis sind in Deutschland die festen Brennstoffe gegenüber gasförmigen, zuweilen auch gegenüber flüssigen Brennstoffen überlegen. Man wird also meistens die Frage entscheiden müssen, ob die spezifischen Vorteile bei der Verwendung dieser Brennstoffe die größeren einmaligen Aufwendungen und etwaige Mehrausgaben für Brennstoffe rechtfertigen. Von Bedeutung können im Einzelfall dabei auch Gesichtspunkte werden, die an anderer Stelle keine Rolle spielen, wie etwa der Platzbedarf, die Brennstoffanfuhr und etwaige Geräusch- und Staubbelästigungen, die Sicherheit der Brennstofflieferung bzw. die Unabhängigkeit von Dritten und ähnliches. Den Gang der Wirtschaftlichkeitsrechnung möge nachstehendes Beispiel verdeutlichen[1].

Beispiel: Für ein Verwaltungsgebäude mit einem Höchstwärmebedarf (nach DIN 4701) von $Q_h =$ 200000 kcal/h soll ein Vergleich der Jahreskosten des Heizbetriebes bei Koks-, Gas- und Ölfeuerung durchgeführt werden. Die Heizanlage sei mit zwei gußeisernen Gliederkesseln üblicher Bauart und neuzeitlichen Regelgeräten ausgestattet.

Nach *Angeboten:* Zusätzliche Kosten
für den Einbau der Gasbrenner nebst Regeleinrichtung und Leitungsanschlüssen . . . . 3 000 DM
der Ölbrenner nebst Zubehör und Tank . . . . 12 000 DM

Weitere Rechnungsannahmen:	Koks	Stadtgas	Leichtes Heizöl
Brennstoffpreis[2] (einschließlich der Lagerverluste) P_b [DM/kg bzw. DM/m³]	0,125	0,15	0,18
Brennstoffheizwert H_u . . . . [kcal/kg bzw. kcal/m³]	6900	3800	10000
Kesselwirkungsgrad η_k	0,74	0,76	0,76

---

[1] Weitergehende Einzelangaben enthält die VDI-Richtlinie 2067, s. S. 525.

[2] Preisbasis: Berlin 1959.

Die Wärmeeinsparung infolge der besseren Regelfähigkeit der Gas- und Ölfeuerungen sei mit 10% angesetzt, die Benutzungsdauer der Heizanlage mit $b = 1400$ h des Höchstwärmebedarfes (s. S. 524).

Danach ergeben sich:
der Jahreswärmebedarf: $Q_a = b \cdot Q_h$ zu $Q_a = 1400 \cdot 200000 = 280 \cdot 10^6$ kcal,
die jährlichen Brennstoffkosten wie folgt:

		Koks	Stadtgas	Heizöl
Brennstoffwärmepreis $W_b = \dfrac{P_b \cdot 10^6}{H_u}$	[DM/10^6 kcal]	18,10	39,50	18,00
Nutzwärmepreis ab Kessel $W_n = \dfrac{W_b}{\eta_k}$	[DM/10^6 kcal]	24,40	52,00	23,70
Nutzwärmepreis einschließl. Regelverlusten W'_n	[DM/10^6 kcal]	27,15	52,00	23,70
Jahresbrennstoffkosten $K_b = Q_a \cdot W'_n$	[DM]	7600,—	14550,—	6650,—

Der Kapitaldienst der zusätzlichen Anlageteile einschließlich eines Betrages zur Instandhaltung möge 14% betragen[1]. Die Bedienungskosten der Kokskessel sollen mit 15% der Brennstoffkosten angenommen werden, die Asche- und Schlackenabfuhr mit 1%. Bei der Ölfeuerung sind noch die Stromkosten der Antriebsmotoren zu berücksichtigen. Ihre Laufzeit ergibt sich aus der Benutzungsdauer b nach Berücksichtigung des Unterschiedes zwischen vorgesehener Kesselleistung und Heizwärmebedarf. Bei einem Zuschlag für Anheizen und Rohrleitungsverluste von 20% beträgt somit die Betriebszeit der Motoren $b' = \dfrac{b}{1,2} = \dfrac{1400}{1,2} = 1167$ h und der Stromverbrauch bei 0,6 kW Motorenleistung $1167 \cdot 0,6 = 700$ kWh.

Es ergeben sich danach folgende Jahreskosten in DM:

	Koks	Stadtgas	Öl
Bedienung	1140,—	—	—
Kundendienst, Reparatur	—	30,—	200,—
Stromverbrauch bei 0,12 DM/kWh	—	—	84,—
Asche- und Schlackeabfuhr	76,—	—	—
Kapitaldienst und Instandhaltung	—	420,—	1680,—
Nebenkosten	1216,—	450,—	1964,—
Brennstoffkosten	7600,—	14550,—	6650,—
Gesamtkosten	8816,—	15000,—	8614,—

Im vorliegenden Fall verhalten sich also die jährlichen Kosten für Koks, Stadtgas und Öl wie 1:1,7:0,98.

B. Heizkörper

1. Rohrheizkörper

Die einfachste Form der örtlichen Heizflächen entsteht, wenn das vom Heizmittel durchflossene Rohr in mehrfachen Windungen in dem zu erwärmenden Raum verlegt wird, s. Abb. 2.28.

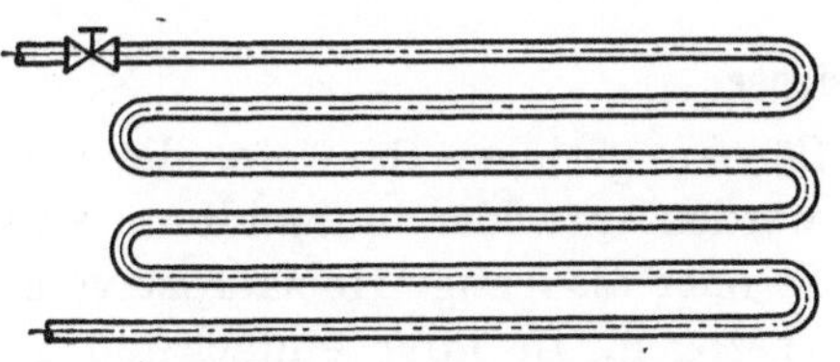
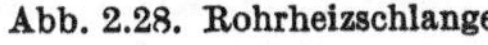

Abb. 2.28. Rohrheizschlange

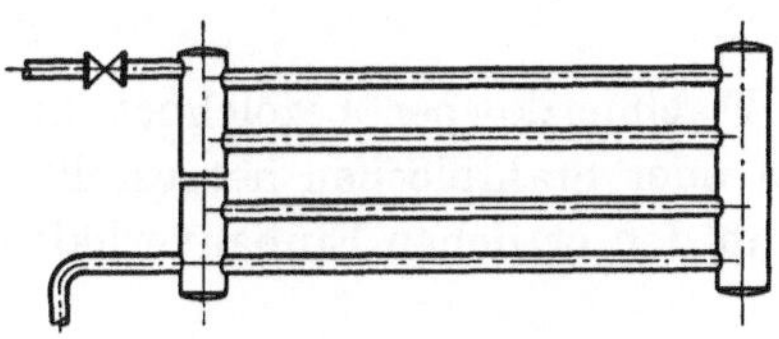

Abb. 2.29. Rohrregister

Für derartige *Heizschlangen* werden Rohre bis zu 100 mm l. Weite verwendet. Rohre mit kleineren Durchmessern werden im allgemeinen an der Baustelle gebogen und den räumlichen Verhältnissen angepaßt; bei Rohren mit größerer Lichtweite werden gerade Rohrstücke in den erforderlichen Längen mit 180°-Rohrbogen verschweißt. Eine Abart der Rohrschlange ist das *Rohrregister*, s. Abb. 2.29, bei dem mehrere übereinanderliegende gerade Rohre durch Endstücke (Rohre größeren Durchmessers) zu einer Einheit verbunden sind. Rohrregister werden sowohl in der Werkstatt vorgefertigt als auch an der Baustelle durch Schweißung hergestellt. Zumeist unterteilt man das Endstück an der Eintrittsseite, um einseitigen Vor- und Rücklauf-

---

[1] Für genauere Kostenermittlungen müssen bei Ölfeuerungen Brenner- und Tankanlage wegen der unterschiedlichen Abschreibungssätze getrennt betrachtet werden. Auch sind bei Neuanlagen die baulichen Mehrkosten für Brennstofflagerräume bei Koksfeuerungen zu berücksichtigen.

anschluß (bzw. Dampf- und Kondensatanschluß) zu ermöglichen. Wegen der verschieden starken Dehnung der oberen und unteren Rohre sind bei langen Registern die Zu- und Ablaufendstücke zu trennen.

Anwendung. Vorwiegend für gewerbliche Räume mit durchlaufenden Fensterbändern oder niedrigen Fensterbrüstungen, insbesondere bei höheren Heizmitteltemperaturen. Wegen der geringen Bautiefe und beliebigen Anpassung an örtliche Verhältnisse auch für Flure und Nebenräume geeignet.

Unter die Gruppe der Rohrheizkörper fallen auch die sog. *Hochdruckradiatoren*, s. Abb. 2.30. Es sind stehende Rohrregister mit Bauhöhen von 600 bis 1000 mm, bei denen an die Rohre zur Erhöhung der Wärmeabgabe Blechlamellen in Längsrichtung des Rohres angeschweißt sind. Die Lamellen sind im dargestellten Beispiel so ausgebildet, daß eine unmittelbare Berührung der Heizrohre nicht möglich ist und auch die Strahlungswirkung bei hohen Heizmitteltemperaturen nicht lästig wird.

Diese Heizkörper finden fast ausschließlich in gewerblichen Betrieben bei Dampf- und Heißwasserheizungen als billige Heizflächen hoher spezifischer Leistung Verwendung. Sie werden für Betriebsdrücke bis 16 atü gebaut.

Die Leistung eines Heizrohres läßt sich noch weiter steigern durch Anbringen von radialen Rippen. Die früher viel verwendeten gußeisernen *Rippenrohre* sind durch die billigeren und leichteren Stahlrippenrohre verdrängt worden. Man unterscheidet Scheiben- und Bandrippenrohre; bei letzteren wird auf ein glattes Rohr ein Stahlband schraubenförmig aufgewickelt. Zur direkten Raumerwärmung werden Rippenrohre wegen der schlechten Reinigungsmöglichkeit heute nur noch in Räumen mit wenig Staubentwicklung und geringen hygienischen Anforderungen an die Heizung verwendet.

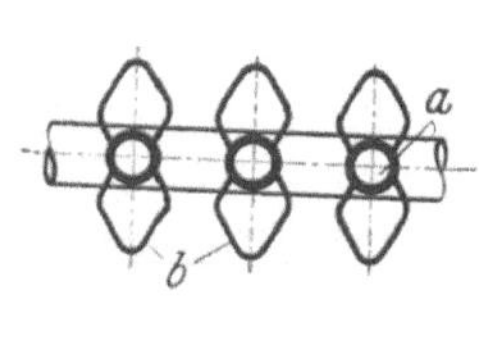

Abb. 2.30. Hochdruckradiator.
a Heizmittel führendes Stahlrohr, *b* indirekte Heizfläche (Blechlamellen)

2. Flachheizkörper

Als Flachheizkörper bezeichnet man Raumheizflächen geringer Bautiefe, die aus Stahlbändern oder Stahlblechen hergestellt werden. Sie werden entweder in Bandform verwendet und dann den örtlichen Einbauverhältnissen angepaßt oder als fertige Heizkörper vom Lieferwerk bezogen. In ihrer einfachsten Bauform ähneln sie flachgedrückten Rohren, siehe Abb. 2.31, die zuweilen auf der Rückseite aus Festigkeitsgründen profiliert sind. Üblich sind Bauhöhen von 100 bis 300 mm mit einer

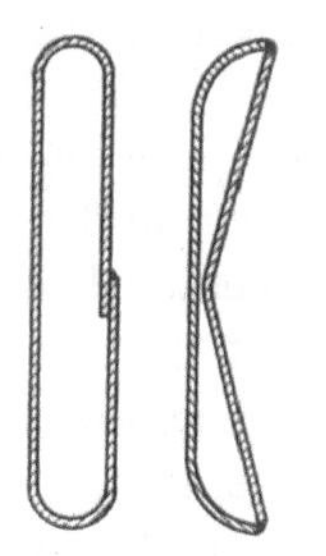

Abb. 2.31. einfache Form						Abb. 2.32. Registerform
Abb. 2.31 und 2.32. Flachheizkörper aus Stahl, glatte Bauart

Materialstärke von 3 mm. Mit wachsender Bauhöhe nimmt der zulässige Betriebsdruck bei diesen Bauformen rasch ab; sie sind daher nur für Warmwasserheizungen in niedrigen

Gebäuden oder für Niederdruck-Dampfheizungen geeignet. Die Einzelbänder werden auch, über- und hintereinander angeordnet, zu Registern zusammengebaut, s. Abb. 2.32. Eine Normung der Hauptmaße und bestimmter Druckstufen ist in Vorbereitung.

Heizkörper höherer Druckfestigkeit erhält man, wenn profilierte Bleche an den Rändern und inneren Kontaktstellen miteinander verschweißt werden, s. Abb. 2.33. Durch die Profilierung ergeben sich waagerechte oder senkrechte Führungskanäle für das Heizwasser, die an den Enden jeweils verbunden sind. Wegen der geringen Blechdicke (meist 1,25 bis 1,5 mm) und der Korrosionsanfälligkeit des Materials verwendet man diese Heizkörper nur in Warmwasserheizungen.

Bei allen Flachheizkörpern wirkt die Rückseite als Konvektionsheizfläche, während die Vorderseite auch durch Strahlung den Raum erwärmt. Aus hygienischen und wärmetechnischen Gründen soll der Abstand des Heizkörpers von der Wand bei Bauhöhen bis 500 mm mindestens 50 mm, darüber hinaus 70 mm betragen. Die gleichen Abstände sind bei hintereinander angeordneten Heizflächen einzuhalten, wobei man aus Gründen der Reinhaltung nur ausnahmsweise und bei niedrigen Bauhöhen über zwei Lagen hinausgehen sollte.

Anwendung. In Räumen mit großen, freien Wandflächen ohne Fensternischen, vor allem in Fluren, und wenn nur geringe Bautiefe der Heizkörper zulässig ist.

Oft sind architektonische Gründe für die Wahl der flachen Heizkörperbauform maßgebend. Der Platzbedarf ist relativ hoch. Andererseits ergeben die niedrigen Bauformen dieser Heizkörper eine gute Erwärmung der unteren Raumzone, vor allem in ihrer Anwendung als Fußleistenheizkörper.

Eine Sonderbauform der Flachheizkörper sind die sog. Plattenheizkörper. Ihre Vorderseite ist völlig glatt und wird in der Regel bündig mit der Wand verlegt. Plattenheizkörper lassen sich auch als Deckenheizflächen verwenden; sie gehören ihrer Wirkung nach

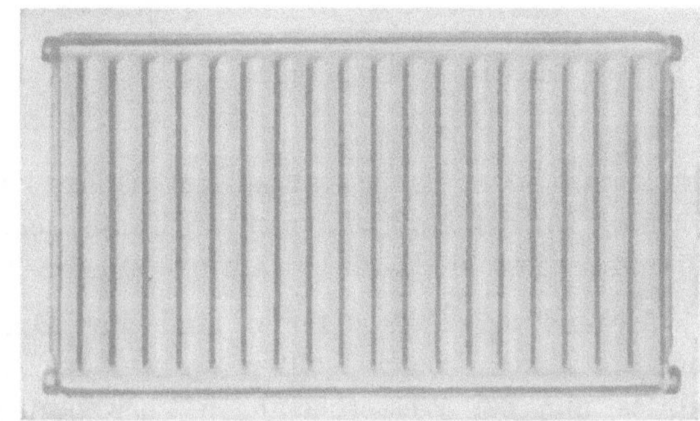

Abb. 2.33. Flachheizkörper, profiliert

zu den „Flächenheizungen", s. S. 82. Bei ihrer Anordnung in Außenwänden ist eine sorgfältige Abdämmung nach außen notwendig.

3. Gliederheizkörper

Die am meisten verbreitete Heizkörperbauart bei Dampf- und Warmwasserheizungen ist der Gliederheizkörper (Radiator), s. Abb. 2.34. Wie beim Gußkessel war auch hier der Leitgedanke, durch Aneinanderreihen gleicher Bauteile (Glieder) die Heizkörpergröße beliebig variieren zu können und bei Beschränkung auf wenige Baumuster eine billige Serienfertigung zu ermöglichen. Die einzelnen Glieder werden durch konische oder Gewindenippel starr miteinander verbunden, bei Stahlheizkörpern evtl. auch verschweißt.

Normheizkörper. Die Vielzahl der ursprünglichen Modelle wurde in Deutschland durch eine Normung der Baumaße stark eingeschränkt. Der Maßnormung folgte zu Beginn des Jahres 1961 eine Vereinheitlichung der Bauformen, so daß jetzt die Erzeugnisse verschiedener Herstellerwerke untereinander austauschbar sind. Zugleich wurden einige Baumaße geändert und die Zahl der Modelle auf je 9 bei Guß und Stahl vermindert. Die Abbildungen 2.35 und 2.36 zeigen die jetzt gültigen Querschnittsformen beim Guß- und Stahlradiator mit 160 mm Bautiefe. Beim Gußradiator ist die seitherige Flossenform des deutschen Normmodells durch eine stärker gegliederte Querschnittsfläche abgelöst worden. Damit ähnelt der Heizkörper wieder mehr den vielsäuligen Modellen, die früher bei uns gebräuchlich waren und im Ausland noch häufig Verwendung finden. Auf glatte Oberflächen und genügenden lichten Gliedabstand ist bei beiden Querschnittsformen zur Erleichterung der Reinigung geachtet.

In der nachstehenden Tabelle sind die Hauptbaumaße nach DIN 4720 (Gußradiatoren) und DIN 4722 (Stahlradiatoren) aufgeführt.

Die Bedeutung der Bezeichnungen ist aus Abb. 2.37 ersichtlich. Lediglich in der Bauhöhe (h_2) und der Baulänge weichen die beiden Radiatorarten voneinander ab. Die Stahlradiatoren sind

Abb. 2.34. Gliederheizkörper (Radiatoren)

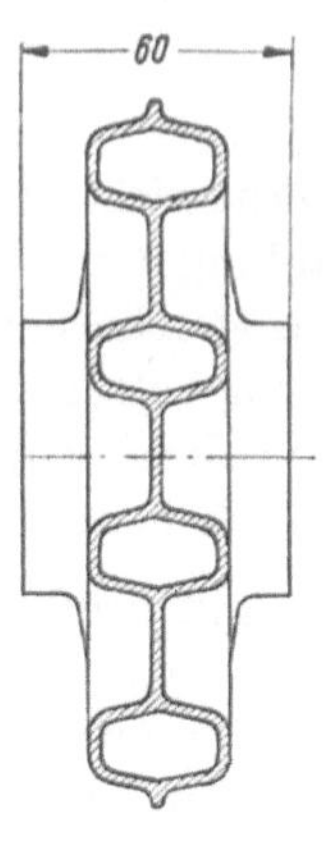

Abb. 2.35. Querschnitt eines Gußradiators neuer Bauform nach DIN 4720

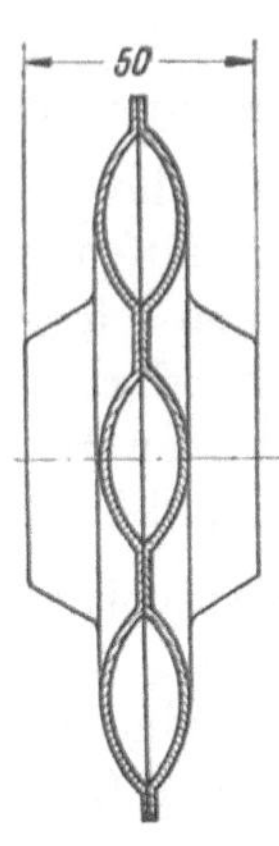

Abb. 2.36. Querschnitt eines Stahlradiators nach DIN 4722

um 20 mm höher als die Gußradiatoren; ihre Baulänge ist einheitlich um 10 mm kleiner (50 statt 60 mm). Bei den Gußradiatoren wird außerdem der hohe Heizkörper auch in einer Bautiefe von 70 mm hergestellt. Dafür entfällt das Muster 900/110.

Anwendung. *Gußradiatoren* sind für Dampf- und Wasserheizungen gleichermaßen geeignet. *Stahlradiatoren* sollten wegen der geringeren Korrosionsbeständigkeit des Werkstoffes nur bei Wasserheizungen Verwendung finden. Die höchstzulässigen Betriebsdrücke und -temperaturen sind der folgenden Tabelle zu entnehmen. Bei der „Sonderausführung" handelt es sich um Heizkörper, die im Herstellerwerk bei einem Wasserdruck von 10 bzw. 12 atü geprüft worden sind.

Normradiatoren nach DIN 4720 und 4722. Baumaße in mm

Baulänge je Glied	Gußradiatoren 60		Stahlradiatoren 50				
Nabenabstand h_1 Zuläss. Abweichung $\pm$ 0,3	Bauhöhe h_2		Bautiefe c Zuläss. Abweichung $\pm$ 2				
	Gußrad.	Stahlrad.					
900	980	1000	(70)[1]	(110)[2]	160	220	—
500	580	600	—	110	160	220	—
350	430	450	—	—	160	220	—
200	280	300	—	—	—	—	250

[1] nur als Gußradiator.　　[2] nur als Stahlradiator.

Stahlradiatoren wiegen nur etwa die Hälfte wie Gußradiatoren gleicher Leistung, ihre Wärmespeicherung ist entsprechend geringer. Sie ermöglichen daher ein schnelleres Anheizen. Stahlradiatoren sind weniger durch Frost gefährdet als Gußradiatoren, erreichen aber andererseits in der Regel nicht deren Lebensdauer, insbesondere wenn die Heizanlage häufiger entleert werden muß.

Anwendungsbereich von Normradiatoren

Ausführung	Heizungsart	Höchster Betriebsdruck		Höchste Betriebstemperatur °C
		atü	m WS	
Normalausführung	Warmwasserheizung	4	40	110
	Dampfheizung (Gußradiat.)	2	—	133
Sonderausführung	Warm- oder Heißwasserheizung	6	60	140
	Dampfheizung (Gußradiat.)	4	—	151

Anstrich. Radiatoren für Warmwasser- und Niederdruck-Dampfheizungen werden im allgemeinen vom Hersteller mit äußerem Rostschutz versehen (grundiert). Der spätere Farbanstrich muß der Grundierung angepaßt sein, wenn ein Abplatzen der Deckfarbe bei Erwärmung des Heizkörpers vermieden werden soll. Bei höheren Heizmitteltemperaturen empfiehlt sich die Verwendung ungrundierter Heizkörper bzw. die Entfernung der Werksgrundierung vor Aufbringung des Anstrichs.

Über den Einfluß der Farbe oder des Lackes auf die Strahlungswärmeabgabe einer Heizfläche herrschen vielfach falsche Vorstellungen. Versuche haben gezeigt, daß die Strahlzahlen der üblichen Heizkörperanstriche praktisch gleich sind, unabhängig von der Farbe, und sogar noch etwas höher liegen als die Strahlzahl der rohen Gußoberfläche.

Häufig werden Heizkörper mit Aluminiumbronze gestrichen. Die Strahlzahl dieses Anstriches ist wesentlich niedriger als diejenige von Heizkörperlacken; die Wärmeabgabe des Heizkörpers kann dadurch um 5 bis 15% vermindert werden.

Aufstellung der Heizkörper. Bei der Aufstellung der Heizkörper ist auf gute Reinigungsfähigkeit, ungehinderte Luftbewegung und freie Abstrahlung zu achten.

Die untere Kante des Heizkörpers soll mindestens 7 cm über dem Boden liegen; von der Rückwand soll der Heizkörper mindestens 4 cm entfernt sein, s. Abb. 2.37.

Radiatoren werden am besten auf entsprechend geformte Stützen gelagert und durch Halter gesichert. Die Aufstellung auf Füßen ist nicht zu empfehlen, da sie die Reinigung des Fußbodens erschwert. Außerdem muß bei Neu-

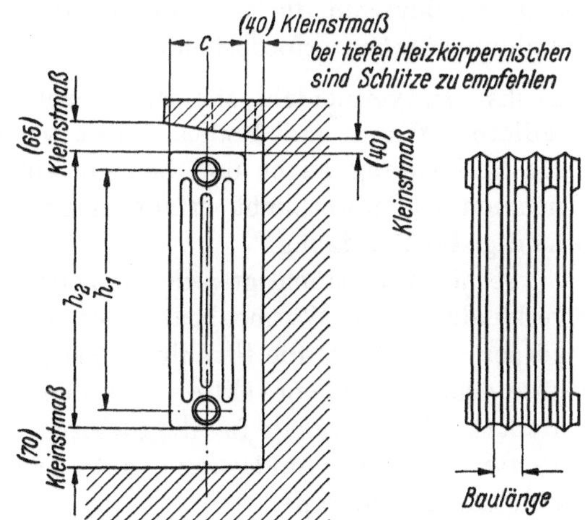

Abb. 2.37. Maßbezeichnungen und Einbauabstände bei Radiatoren

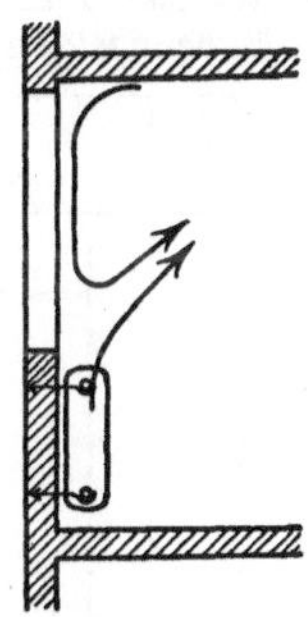

Abb. 2.38. Luftströmung am Fenster

bauten mit dem Aufstellen der Heizkörper gewartet werden, bis der Fußboden fertiggestellt ist. Bei der Abstützung der Heizkörper auf Wandkonsolen kann dagegen die Heizung unabhängig vom Fußboden montiert werden. Für Leichtwände finden Stützen und Halter besonderer Form Verwendung.

Ein wesentlicher Vorzug des Gliederheizkörpers ist der geringe Platzbedarf. Meist lassen sich die Heizflächen vor den Fensterbrüstungen aufstellen, eine Anordnung, die hinsichtlich Raumausnutzung und Raumerwärmung gleichermaßen erwünscht ist. Beim Aufenthalt in Fensternähe schafft die Heizkörperstrahlung einen wirksamen physiologischen Ausgleich für die einseitige Strahlungswärmeabgabe des Menschen an die kalten Fenster- und Außenwandflächen. Des weiteren werden Zugerscheinungen in Fensternähe durch herabfallende oder von außen eindringende Kaltluft weitgehend vermieden, s. Abb. 2.38. Auch ist die Lufttemperatur in den verschiedenen Höhenlagen bei Außenwandaufstellung der Heizkörper ausgeglichener als bei Innenwandaufstellung, s. Abb. 2.106c und d. Je größer die Raum- und Fensterhöhe ist, um so deutlicher tritt dieser Unterschied hervor.

Im neuzeitlichen Wohnungsbau mit seinen kleinen und niedrigen Räumen verliert der Standort des Heizkörpers heiztechnisch an Bedeutung. Für die Aufstellung an Innenwänden spricht hier oft die Verbilligung der Anlage durch das kürzere Rohrnetz und die höheren Heizkörper.

Bei Außenwandaufstellung ist darauf zu achten, daß die der Wärmeeinwirkung direkt ausgesetzte Wandfläche ausreichende Wärmedämmung aufweist; am besten wird eine Isolierplatte

angebracht. Die Bauhöhe des Heizkörpers unterhalb des Fensters liegt durch die Brüstungs-
oder Fensterbretthöhe fest. Für eine bestimmte Heizleistung ergeben sich unterschiedliche
Gesamtlängen des Radiators je nach der Bautiefe. Es ist nicht zweckmäßig, dabei ein zu
tiefes Modell zu wählen, um einen möglichst kleinen Heizkörper zu erhalten. Der Radiator
soll vielmehr die Fensternische in der Breite weitgehend ausfüllen, um durch einen möglichst
hohen Strahlungsanteil eine gute Erwärmung der unteren Raumzone zu erzielen.

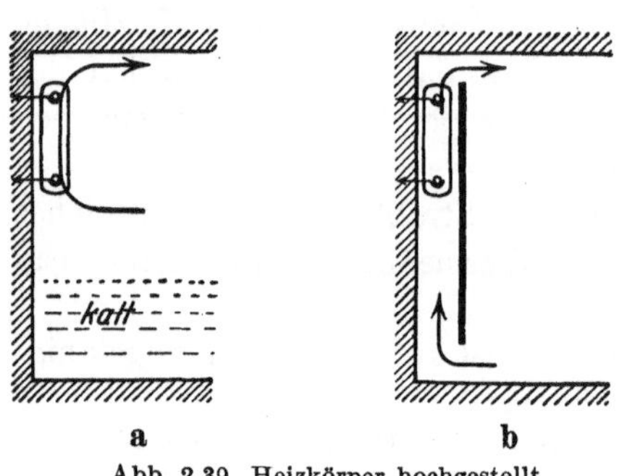

Abb. 2.39. Heizkörper hochgestellt

Man ist manchmal gezwungen, die Heizkörper in
der oberen Hälfte des Raumes anzubringen. Dann besteht die Gefahr, daß der Luftumlauf und damit die
Erwärmung sich hauptsächlich auf die oberen Schichten
des Raumes erstreckt, so daß die unteren Schichten
sich nur ungenügend erwärmen, s. Abb. 2.39a. Ist das
Hochstellen des Heizkörpers in keiner Weise zu umgehen, so kann man sich mit einer zwangsläufigen
Luftführung nach Abb. 2.39b helfen. Bei Räumen mit
außergewöhnlich großen Abkühlungsflächen (Kirchen
mit großen Fenstern, Hallen mit Oberlichten, Glas-
oder Wellblechdächern) ist zur Vermeidung von Zugerscheinungen die Anordnung von gesonderten Heizflächen unmittelbar unter diesen Abkühlungsflächen erforderlich.

Heizkörperverkleidung. Verkleidungen sind möglichst zu vermeiden. Ihr Hauptnachteil
ist die ungenügende Reinigungsfähigkeit von Radiator, Wand und Boden. Selbst wenn

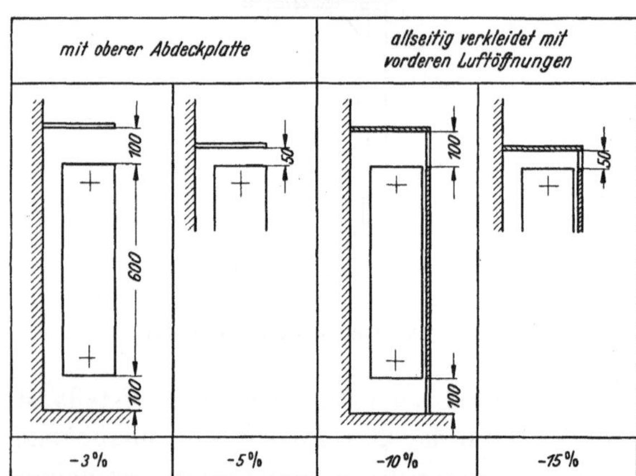

Minderleistung verkleideter Radiatoren von 500 mm Nabenabstand[2]

Bautiefe und Wandabstand haben nur geringen Einfluß auf die Minderleistung.

die Verkleidung leicht und bequem abzu-
nehmen ist, unterbleibt erfahrungsgemäß
häufig die Reinigung.

Ferner beeinträchtigt jede Heizkörperverkleidung die Wärmeabgabe des Heizkörpers, indem sie die Strahlung fast ganz
unterdrückt, die Konvektion zuweilen behindert. Einen Anhalt für die dadurch bedingte Leistungsminderung gibt nachstehende Tabelle an[1].

Um die geforderte Wärmeleistung
sicherzustellen, muß die Heizfläche vergrößert werden. Zu den Kosten der Verkleidung kommen also stets noch die Mehrausgaben für die Heizfläche hinzu. Lassen
sich Heizkörperverkleidungen nicht vermeiden, so muß der Architekt davon dem
Heizungsfachmann rechtzeitig Kenntnis

geben. Bei der Ausführung der Verkleidung ist folgendes zu beachten:

1. Die Verkleidung muß bequem und einfach abgenommen werden können.

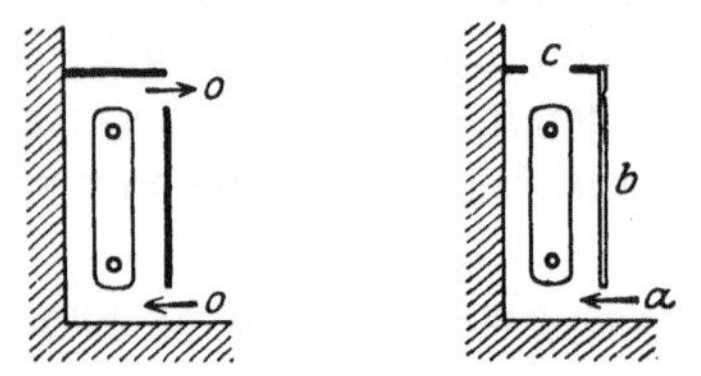

Abb. 2.40. Heizkörper-
verkleidung mit vorde-
rem Luftauslaß

Abb. 2.41. Heizkörper-
verkleidung mit oberem
Luftauslaß

2. Liegen bei der Verkleidung die Luftöffnungen an
der Vorderseite (Abb. 2.40), so soll ihre Länge gleich der
Heizkörperlänge sein, ihre Höhe mindestens gleich zwei
Drittel der Heizkörpertiefe.

3. Liegt die Austrittsöffnung an der Oberseite
(Abb. 2.41) und ist mit einem Gitter abgedeckt, so
muß ihre Tiefe gleich der ganzen Tiefe des Heizkörpers
sein und die Summe der Öffnungen des Gitters soll

nicht weniger als zwei Drittel der   ganzen Gitterfläche betragen.

---

[1] Vgl. auch Fußnote 1 auf S. 395.
[2] Nach neueren Untersuchungen des Institutes für Heizung und Lüftung der TU Berlin.

4. Ob die Stirnfläche b der Verkleidung (Abb. 2.41) als Gitter oder als geschlossene Fläche ausgeführt ist, spielt keine wesentliche Rolle.

4. Konvektoren

Unter Konvektoren versteht man Raumheizkörper aus lamellenbesetzten Heizrohren, die verdeckt in Mauernischen oder besonderen Verkleidungen eingebaut werden, Abb. 2.42. Wie der Name besagt, geben sie praktisch die Wärme nur durch Konvektion ab. Der Heizkörper ist möglichst niedrig in dem durch Wand und Verkleidung gebildeten Schacht anzuordnen. Die unten in der ganzen Breite eintretende Raumluft erwärmt sich an den Heizflächen und verläßt den Schacht wieder durch vordere oder obere Austrittsöffnungen. Durch die Kaminwirkung der Warmluft im Schacht entsteht eine kräftige Luftumwälzung,

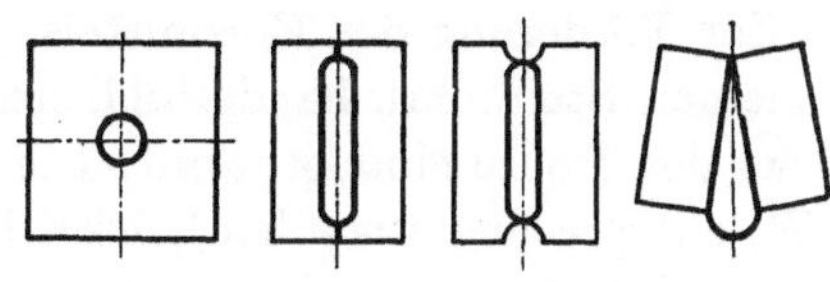

Abb. 2.42. Konvektoren

die den Wärmeübergang an den Heizflächen erhöht und eine rasche und gleichmäßige Erwärmung des Raumes begünstigt.

Die Heizleistung läßt sich regeln durch ein Handventil in der Heizmittelzuleitung oder durch eine Drosselklappe am Luftein- bzw. -austritt; sie hängt im übrigen nicht nur von der Heizfläche und dem Temperaturunterschied „Wärmeträger/Raumluft" ab, sondern auch von den Einbauverhältnissen, insbesondere der Schachthöhe. Die Bauformen sind noch in der Ent-

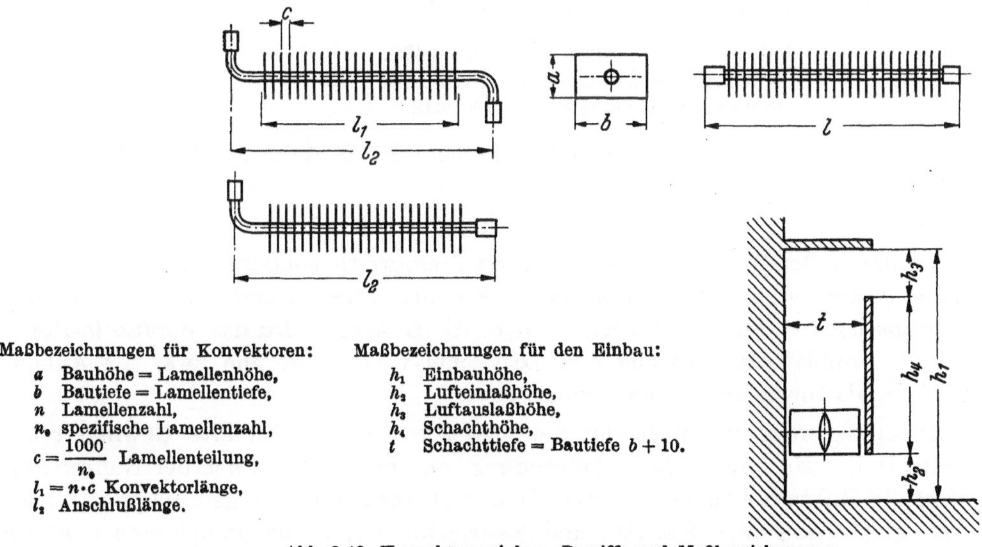

Maßbezeichnungen für Konvektoren:

a Bauhöhe = Lamellenhöhe,
b Bautiefe = Lamellentiefe,
n Lamellenzahl,
n_s spezifische Lamellenzahl,
$c = \dfrac{1000}{n_s}$ Lamellenteilung,
$l_1 = n \cdot c$ Konvektorlänge,
l_2 Anschlußlänge.

Maßbezeichnungen für den Einbau:

h_1 Einbauhöhe,
h_2 Lufteinlaßhöhe,
h_3 Luftauslaßhöhe,
h_4 Schachthöhe,
t Schachttiefe = Bautiefe $b + 10$.

Abb. 2.43. Konvektoreneinbau, Begriffe und Maßbezeichnungen

wicklung, so daß eine Normung zur Zeit nicht möglich erscheint. Die wichtigsten Begriffe und Maßbezeichnungen sind in DIN 4723 E festgelegt, s. Abb. 2.43.

Anwendung. Konvektoren lassen sich sowohl bei Dampf- als auch bei Wasserheizungen verwenden, bei geeigneten Heizrohren auch für hohe Drücke und Temperaturen. Sie sind, auf gleiche Leistung bezogen, leichter und billiger als Radiatoren; allerdings sind beim Kostenvergleich der Gesamtanlage die nicht unerheblichen Kosten der Verkleidung mit zu berücksichtigen. Die auf die Baulänge bezogen hohe spezifische Leistung der Konvektoren erlaubt es, bei niedrigen Fensterbrüstungen zuweilen noch mit Fensterheizkörpern auszukommen, wo bei Radiatoren zusätzliche Heizflächen an den Innenwänden erforderlich sind. Die geringe Wärmespeicherung macht sie besonders geeignet für Räume, die nur kurzzeitig benutzt und beheizt werden.

Von Nachteil ist die schlechte Reinigungsfähigkeit. Wenn auch durch glatte Oberflächen und kräftige Luftbewegung im Schacht die Gefahr der Staubablagerung an den senkrechten

Lamellen verringert ist, so sollte der Konvektor doch nur in Räumen Verwendung finden, die saubergehalten werden können. Auch muß der Heizkörper durch einfaches Abnehmen der Verkleidung leicht zur Reinigung zugänglich sein.

C. Rohrleitungen und Zubehör

1. Rohre

Zur Förderung des Heizmittels (Dampf oder Wasser) werden bei Zentralheizungen im allgemeinen Stahlrohre handelsüblicher Qualität (St 00.29) verwendet. Durchmesser und Wanddicke der Rohre sind genormt. Die durch Normung festgelegten „Nennweiten" (Kurzzeichen NW) entsprechen etwa den lichten Rohrdurchmessern in mm. Da aus Herstellungsgründen für Rohre gleicher Nennweite die Außendurchmesser gleich gehalten werden, ändern sich in Wirklichkeit die lichten Weiten und damit die Rohrquerschnitte mit der Wanddicke.

Zur Kennzeichnung der Betriebsverhältnisse wird bei Rohrleitungen und den mit dem Rohrnetz zusammengeschalteten Armaturen und Apparaten der „Nenndruck" angegeben. Auch die Nenndrücke (Kurzzeichen ND) sind in gesetzmäßiger Folge genormt, wobei für Wasser und andere ungefährliche Flüssigkeiten bis zur Siedetemperatur bei Atmosphärendruck der Nenndruck jeweils mit dem höchstzulässigen Betriebsdruck übereinstimmt. Für Gase und Dämpfe bis 300 °C sowie Flüssigkeiten zwischen Siedetemperatur und 300 °C soll der Betriebsdruck nicht mehr als 80% des Nenndruckes betragen, für überhitzten Wasserdampf zwischen 300 und 400 °C höchstens 64% des Nenndruckes.

Bei Heizanlagen kommen vorwiegend zur Anwendung:

> Leichte Gewinderohre nach DIN 2439.
> Mittelschwere Gewinderohre nach DIN 2440.
> Nahtlose Stahlrohre nach DIN 2448.

Maße, Gewicht und Inhalt dieser Rohre sind in Zahlentafel A 31 im 3. Abschnitt, S. 590, angegeben.

a) Gewinderohre

Diese Rohre werden in der Praxis meist nicht in mm Nennweite, sondern in Zoll angegeben. Ihre Wanddicke ist so bemessen, daß die Rohre mit Gewinde versehen und durch Muffen oder andere Gewindeformstücke verbunden werden können. Als Gewinde wird das *Whitworth*-Rohrgewinde nach den Normblättern DIN 259 und DIN 2999 verwendet, und zwar als Außengewinde das kegelige, als Innengewinde das zylindrische.

Nach der Herstellungsweise unterscheidet man nahtlose und geschweißte Gewinderohre. Beide Arten finden in der Heizungstechnik Anwendung, und zwar im Bereich der Nennweiten $^3/_8$ bis $1^1/_2''$. Sind die Rohre hohen Druck- und Temperaturbeanspruchungen ausgesetzt oder unzugänglich verlegt (Leitungen in Kanälen und Mauerschlitzen), so bevorzugt man nahtlose Rohre.

Bei Verarbeitung der leichten Gewinderohre nach DIN 2439 dürfen die Gewinde nicht allzu scharf ausgeschnitten werden, da sonst die Rohre an diesen Stellen Biegebeanspruchungen nicht gewachsen sind. Man bezeichnet die Rohre z. B. wie folgt:

> „Gewinderohr 1″ DIN 2439 geschweißt".

Die früher vielfach gebräuchlichen Gewinderohre größerer Wanddicke DIN 2441, sog. „Dampfrohre", finden heute bei Heizungsanlagen nur noch in Sonderfällen Verwendung, so z. B., wenn erhöhte Korrosionsgefahr besteht (Kondensatleitungen).

b) Nahtlose Rohre nach DIN 2448

Diese Rohre, im Heizungsfach zumeist als „Siederohre" bezeichnet, werden hauptsächlich im Nennweitenbereich NW 40 bis 300 verwendet. Es ist notwendig, bei der Bestellung Außendurchmesser und Wanddicke anzugeben, da nahtlose Stahlrohre für unterschiedliche Druckstufen hergestellt werden, s. DIN 2448. Die Norm DIN 2449 ist ein Auszug aus DIN 2448 mit den Maßen der im Bereich der niedrigen Nenndrücke verwendeten Rohre. Ein Rohr der Nennweite 50 wird z. B. bezeichnet:

„Nahtloses Rohr 57/2,75 DIN 2448“.

Für die Beanspruchung bei Heizungsanlagen genügt die niedrigste Wanddicke (Normalwand), zumal Rohre dieser Durchmesser ohnehin nicht mit Gewindemuffen, sondern durch Schweißen verbunden werden. Sie sind bei handelsüblicher Stahlqualität (St 00.29) bis ND 25 und 300° zu benutzen.

c) Geschweißte Rohre nach DIN 2458

Bei Fernleitungen mit großen Rohrdurchmessern, etwa ab NW 300, wird häufig an Stelle des nahtlosen Rohres nach DIN 2449 schmelzgeschweißtes Stahlrohr nach DIN 2458 verwendet. Das Rohr wird in verschiedenen Wanddicken hergestellt und muß daher nach den jeweiligen Beanspruchungen ausgewählt werden.

Für untergeordnete Leitungen, z. B. Ausblaseleitungen, genügen Stahlrohre nach DIN 2458 geringster Wanddicke.

2. Rohrverbindungen

Man unterscheidet feste und lösbare Verbindungen; zu den ersteren zählen Gewinde- und Schweißverbindungen, zu den letzteren Verschraubungen und Flansche. Lösbare Verbindungen werden heute im allgemeinen nur beim Anschluß von Kesseln, Heizkörpern, Apparaten, Absperr- bzw. Regulierorganen u. dgl. vorgesehen. Im eigentlichen Rohrnetz verzichtet man auf lösbare Verbindungen, da sie erfahrungsgemäß leicht undicht werden, z. T. auch im Bedarfsfalle nur schwer gelöst werden können.

a) Gewindeverbindungen und Verschraubungen

Zwei gerade Rohrstücke mit Gewindeenden lassen sich in einfacher Weise durch eine übergeschobene Gewindemuffe verbinden, s. Abb. 2.44. Zur Dichtung wird das Rohrgewinde mit Hanf umwickelt und mit

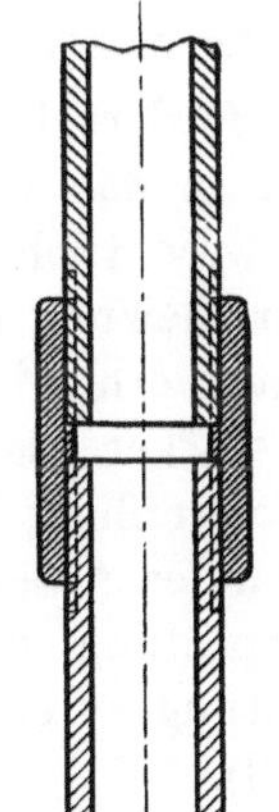

Abb. 2.44. Muffenverbindung

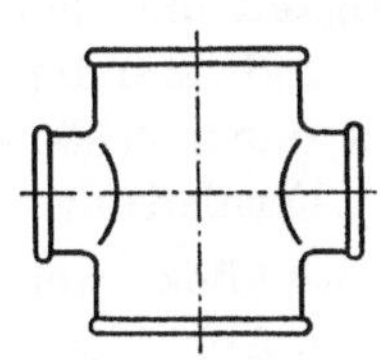

Abb. 2.45. Kreuzstück

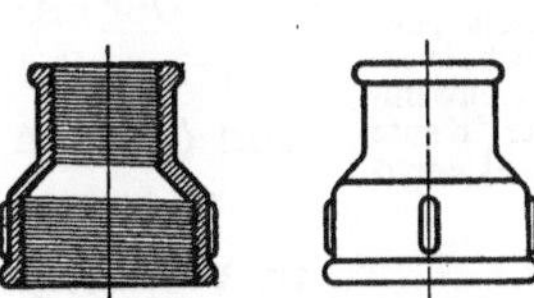

Abb. 2.46. Reduktionsmuffe

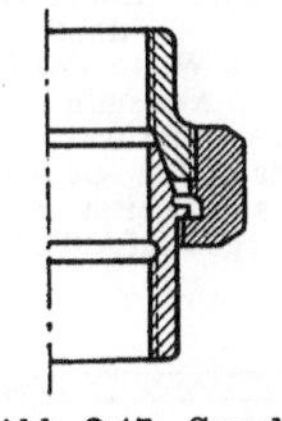

Abb. 2.47. Gerade Verschraubung

Dichtungskitt bestrichen. Auch Querschnittsveränderungen, Abzweige und Richtungsänderungen im Rohrnetz lassen sich mit Gewindeformstücken aus Temperguß oder Stahl, sog. Fittings, ermöglichen, s. Abb. 2.45, 46. Obwohl nur Rohre bis NW $1^1/_2''$ mittels Gewinde verbunden werden, ist die Zahl der dafür erforderlichen Fittingsformen sehr groß.

Als lösbare Verbindungen finden bei Gewinderohren vorwiegend Verschraubungen Verwendung mit ebenen oder konischen Dichtungsflächen. Abb. 2.47 zeigt eine konische Verschraubung mit geradem Durchgang, Abb. 2.48 eine Winkelverschraubung, wie sie beispielsweise bei Heizkörpern gebräuchlich ist.

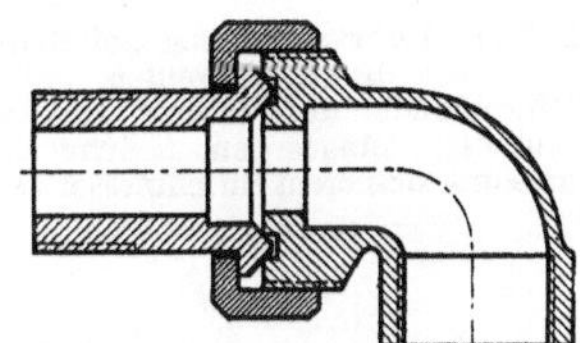

Abb. 2.48. Winkelverschraubung

b) Flanschverbindung

Die Flanschverbindung ist grundsätzlich bei allen Heizungsrohren möglich. Sie wird jedoch nur noch als lösbare Verbindung beim Anschluß besonderer Einbauteile mit Flanschen angewendet. Die Flansche können auf das Rohr mittels Gewinde aufgeschraubt, aufgewalzt oder auch angeschweißt werden. Die Abmessungen der Flansche sind in Übereinstimmung mit den Rohrnennweiten und Druckstufen genormt (s. DIN 2500 bis 2673). Von den verschiedenen Bau-

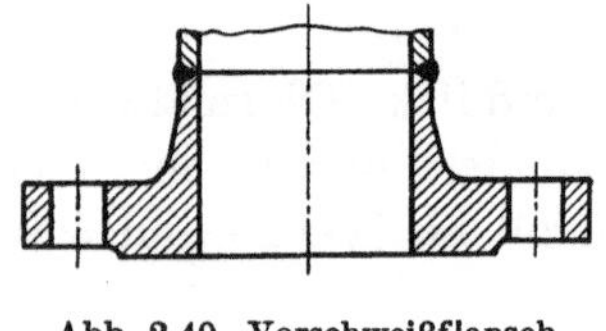
Abb. 2.49. Vorschweißflansch

formen wird in der Praxis der glatte Vorschweißflansch nach DIN 2632 bevorzugt, da er durch eine einfache Rundschweißnaht mit dem Rohr verbunden werden kann, s. Abb. 2.49. Zur Dichtung werden zwischen die Flansche elastische und temperaturbeständige Dichtringe aus faserigen, meist mit Asbest versetzten Materialien nach DIN 2690 eingelegt.

c) Schweißverbindung

Nahtlose Rohre ab NW 40 werden heute in der Regel verschweißt; auch bei Gewinderohren bis herab zu kleinsten Nennweiten setzt sich die Schweißung mehr und mehr durch. Ihre Vorteile liegen in der besseren Dichtheit des Rohrnetzes und der Vermeidung vielfältiger und z. T.

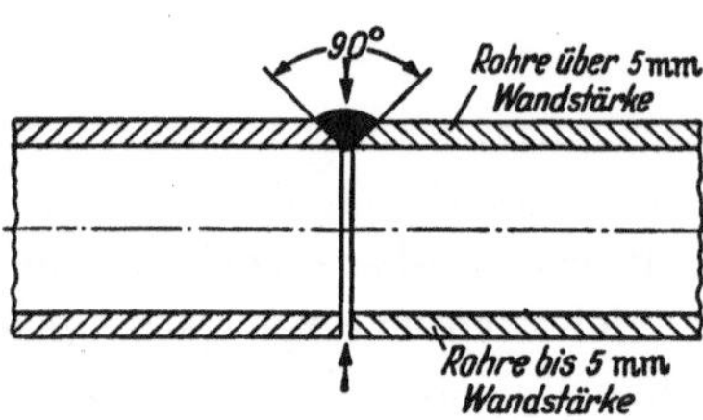

Abb. 2.50. Rundschweißnaht

teuerer Form- und Verbindungsteile. Bei Rohren nach DIN 2449 bedeutet der Wegfall der Flanschen zugleich eine fühlbare Einsparung an Kosten und Material sowie eine Verbilligung der Isolierung und eine Verminderung der Wärmeverluste. Richtungsänderungen lassen sich bei diesen Rohren durch Einschweißen vorgefertigter Rohrbogen in beliebiger Art herbeiführen; auch Abzweige und Querschnittsänderungen erfordern keine Sonderformstücke mehr.

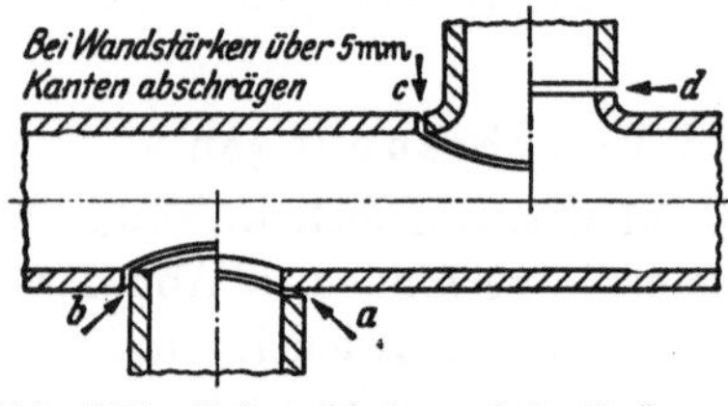

Abb. 2.51. Rohrverbindung bei Abgängen durch Schweißen.
a Lichte Weite des Stutzens und Rohrloches gleich, *b* Außendurchmesser des Stutzens paßt in das Rohrloch hinein, *c* Rohrlochdurchmesser größer als der des Stutzens, Schweißende aufgeweitet, *d* Rohrloch kleiner, Kante eingezogen auf Außendurchmesser des Stutzens

Die Schweißung kleinerer Rohrweiten erfordert besondere Vorsicht, damit das Schweißgut nicht in das Rohrinnere eindringt und den freien Querschnitt wesentlich verengt. Auch können im Hausnetz einer Zentralheizung häufig die letzten Verbindungsstellen nur unter erheblichen Schwierigkeiten geschweißt werden. Weit stärker als bei anderen Rohrverbindungen hängt bei der Schweißung alles von der Gewissenhaftigkeit und dem Können des Arbeiters ab. Der Ausbildung und ständigen Überprüfung hochwertiger Schweißer ist daher erhöhte Beachtung zu schenken (s. auch Abschn. „Fernleitungen" S. 163).

Rohre bis 5 mm Wanddicke werden stumpf, über 5 mm in V-Naht geschweißt, s. Abb. 2.50.

Rundnähte ergeben im allgemeinen die sichersten Schweißverbindungen. Man sollte daher bei schwierigen Schweißarbeiten stets versuchen, möglichst Rundnähte zu verwenden, indem z. B. bei Abzweigen an Rohren großer Durchmesser oder Verteilerstöcken die Abgänge warm aus dem Hauptrohr gezogen werden, s. Abb. 2.51 d. Rohre mit

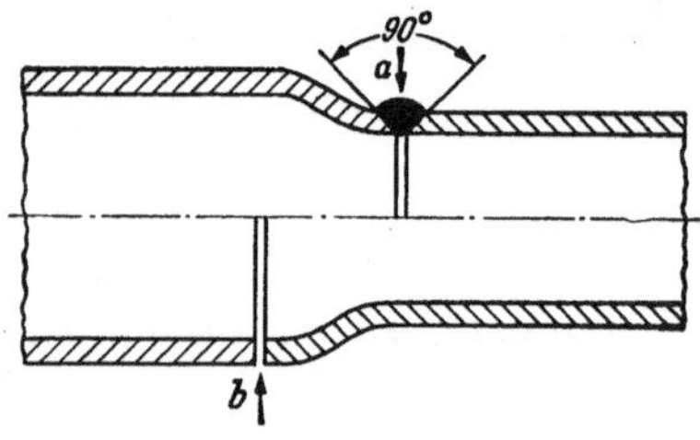

Abb. 2.52. Rohrverbindung bei Reduktionen durch Schweißen.
a Schweißende des Rohres mit größerem Durchmesser eingezogen, *b* Schweißende des Rohres mit kleinerem Durchmesser aufgeweitet

geringen Durchmesserabweichungen werden durch Aufweiten oder Einziehen für die Schweißung vorgerichtet, s. Abb. 2.52.

d) Dichtheitsprobe der fertigen Rohrleitungen

Nach Fertigstellung aller Rohrverbindungen ist die ganze Anlage, einschließlich Kessel und Heizkörper, auf Dichtheit zu prüfen. Zu diesem Zweck sind *Wasserheizungen* einer Kaltwasserdruckprobe zu unterziehen. Der Probedruck soll an jeder Netzstelle den späteren Betriebsdruck um mindestens 1,5 kg/cm² übersteigen, aber nicht geringer sein als 4 kg/cm². Das Manometer der Druckpumpe darf dabei innerhalb 15 Minuten keine Druckabsenkung anzeigen. Anschließend ist die Anlage auf die höchste Vorlauftemperatur aufzuheizen, wobei sämtliche Verschraubungen und Flansche, nicht nur die tropfenden, nachzuziehen sind. Bei Anlagen mit Flachheizkörpern dürfen die Probedrücke dieser Heizkörper nicht überschritten werden. Die Rohrschlangen von Flächenheizungen sind besonders sorgfältig und unter höheren Drücken auf Dichtheit zu prüfen.

Bei *Dampfheizungen* empfiehlt es sich, die Wasserdruckprobe auf das eigentliche Rohrnetz zu beschränken und anschließend die Gesamtanlage einer Dichtheitsprobe bei wiederholtem Anheizen auf höchsten Betriebsdruck und unmittelbar folgendem Abkühlen zu unterziehen.

Mauerschlitze, Kanäle usw. sollten erst nach mehrtägigem Probeheizen geschlossen werden. Lösbare Rohrverbindungen dürfen nicht für unter Putz verlegte Leitungen verwendet werden. Nach Möglichkeit sind Mauerschlitze, Decken- und Wanddurchbrüche schon bei der Ausführung des Gebäudes vorzusehen. Hierdurch lassen sich erhebliche Ersparnisse an Maurerarbeiten erzielen.

3. Halterung, Lagerung, Ausdehnung

a) Rohrhülsen

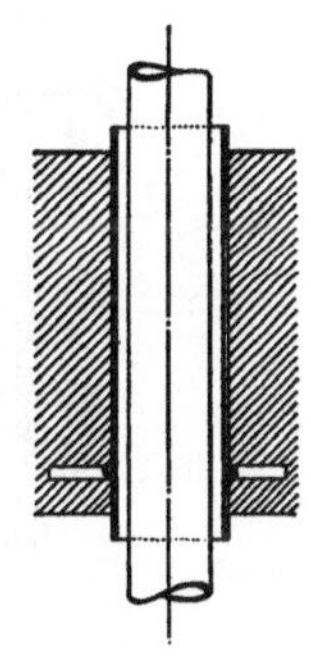

Abb. 2.53. Rohrhülse bei Deckendurchgang

Bei Durchführung der Rohre durch Wände oder Decken sind *Rohrhülsen* einzusetzen, Abb. 2.53, in denen sich die Rohre mit genügendem Spiel frei bewegen können. Die Hülsen sollen bei Deckendurchbrüchen über den fertigen Fußboden um 1 bis 2 cm hinausragen (Scheuerrand). Bei Wanddurchbrüchen wird der Austritt zumeist durch ein- oder zweiteilige Wandverschlüsse verkleidet. Das Rohr darf keinesfalls an den Hülsen oder Verschlüssen anliegen, da sonst bei jeder Rohrbewegung, vor allem beim Anheizen und Abkühlen, lästige Geräusche auftreten; auch platzt bei unsachgemäßem Einsetzen der Wandverschlüsse leicht der anliegende Putz ab.

b) Rohrhalterung und Lagerung

Auf die durch die Erwärmung bewirkten Längenänderungen und Bewegungen im Rohrnetz ist bei der Wahl und Anordnung der Halterungen zu achten. Sie sind so auszubilden, daß die

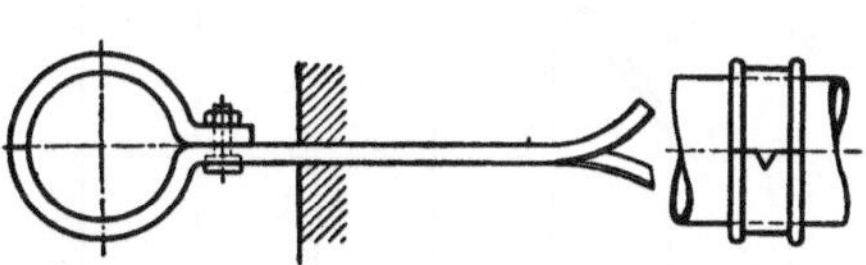

Abb. 2.54a. Rohrschelle für kleine Durchmesser

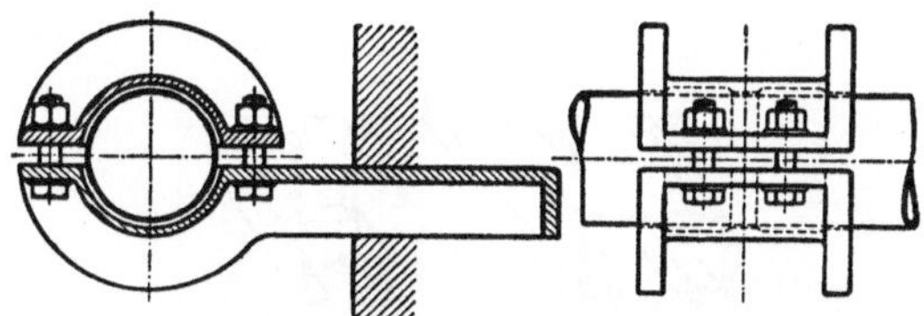

Abb. 2.54b. Festschelle für größere Durchmesser

Rohre sich in der Längsrichtung, evtl. auch quer dazu verschieben können. Rohre kleiner Nennweiten werden vorwiegend durch sog. Schellen befestigt, s. Abb. 2.54. Das Rohr kann dabei entweder fest eingespannt sein (Festschelle) oder durch freies Spiel zwischen Rohrwand und Schelle in der Achsenrichtung beweglich gehaltert werden. Eine Ausführung der Wandbefestigung für mehrere übereinanderliegende Rohre zeigt Abb. 2.55. Die Aufhängung des Rohres an Tragbügeln nach Abb. 2.56 ermöglicht auch ein seitliches Verschieben. Für die Deckenaufhängung sind vor allem Rohrpendel gebräuchlich, s. Abb. 2.57, die bei genügender Länge dem Rohr freie Bewegungsmöglichkeit geben.

Die Anbringung der Rohrhalterungen wird erleichtert, wenn in die Decken und Wände in gewissen Abständen Profileisen eingelassen sind, an denen die Halterungen mittels Schrauben befestigt werden können. Insbesondere in Zentralen, Rohrgängen und Kanälen haben sich Wandschienen in der Art der Abb. 2.58 bewährt, da sie das lästige Einstemmen der Löcher und Durchbrüche für die Halterungen ersparen und dem Konstrukteur bei zahlreichen und großen Leitungen freie Hand für die Rohrführung lassen. Weitere Ausführungen von Rohrhalterungen s. Abschn. „Fernleitungen".

Waagerecht verlaufende Rohrleitungen sind in solchen Abständen zu lagern, daß durch das Eigengewicht der Rohre einschließlich Inhalt und Isolierung keine unzulässigen Biegebeanspruchungen, insbesondere in den Schweißnähten, auftreten und keine Betriebsstörungen

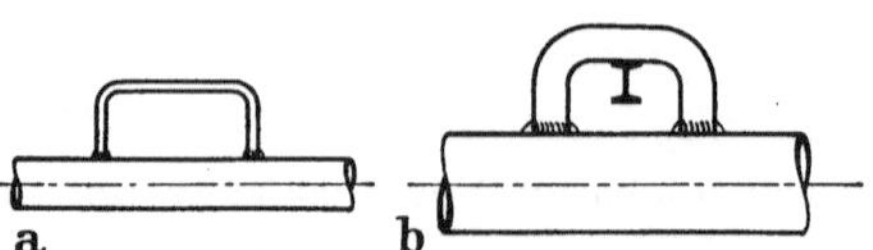
Abb. 2.56. Rohraufhängung mittels Tragbügel.
a) Rundeisenbügel, b) Flacheisenbügel

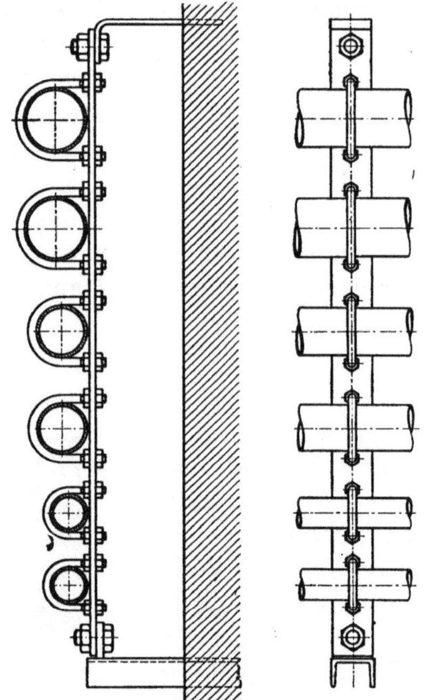

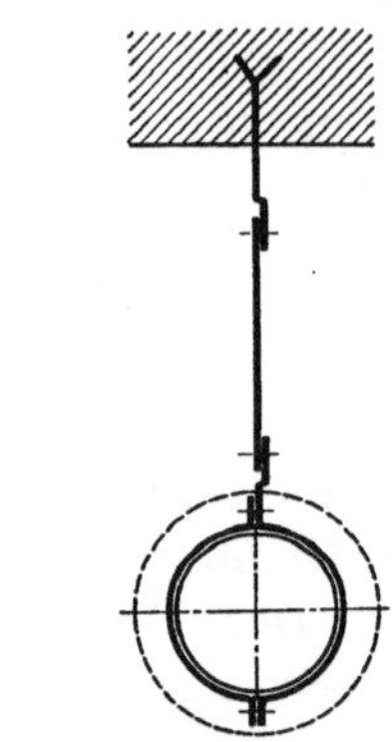

Abb. 2.55. Rohrhalterung für mehrere waagerechte Rohre

Abb. 2.57. Rohraufhängung mittels Pendel

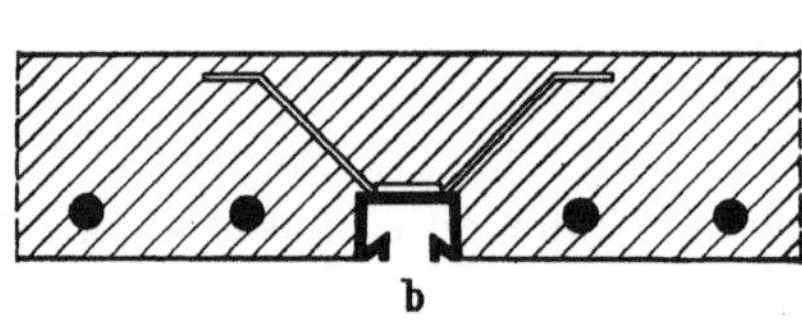

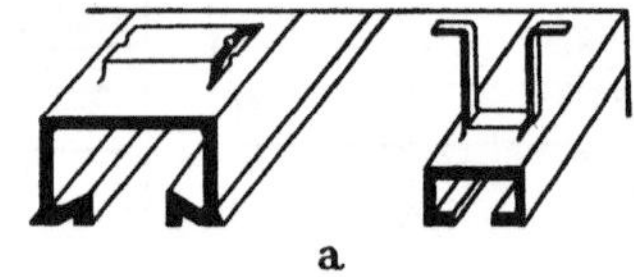

Abb. 2.58. Stahlprofile für Rohrhalterung.
a) Profile, b) Anwendungsbeispiel

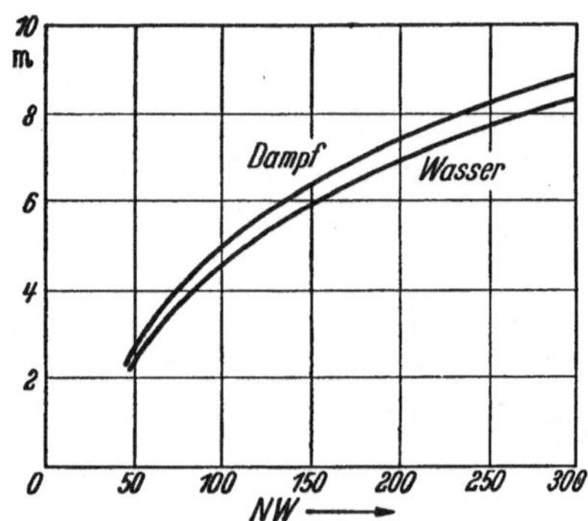
Abb. 2.59. Stützweiten für waagerechte Rohre

infolge der Durchbiegung zu befürchten sind (Luftansammlung in Wasserleitungen an den Unterstützungen, Kondensatansammlung in Dampfleitungen an den tiefsten Stellen). Die in der Praxis bei Rohren nach DIN 2440 und 2449 üblichen Stützweiten sind aus Abb. 2.59 zu entnehmen[1]. Rohre, die isoliert werden, müssen in genügendem Abstand zur Wand bzw. zum Nachbarrohr verlegt werden, um das Aufbringen und etwaige Ausbessern der Isolierung zu ermöglichen.

c) Wärmedehnung

Bei Warmwasserheizungen ist mit einer maximalen Dehnung von 1 mm, bei Dampfheizungen von 1,2 mm für 1 m Rohr zu rechnen. Diese Längenänderungen sind bei der Leitungsführung zu berücksichtigen.

---

[1] Man kann die Lagerungsabstände berechnen, indem man die höchstzulässige Rohrdurchbiegung oder eine Mindeststeigung des Rohres festlegt. Im zweiten Fall geht das normale Rohrgefälle in die Rechnung mit ein. Da meistens auch noch stark vereinfachende Annahmen über die Rohreinspannung an den Lagerstellen gemacht werden, sind die Ergebnisse solcher Rechnungen mit Vorsicht aufzunehmen. — Näheres siehe A.P. WEBER: Über die Berechnung der Stützweiten von Rohrleitungen. Gesundh.-Ing. Bd. 73 (1952) S. 149/151.

Freier Dehnungsausgleich. Vielfach können die Längenänderungen durch die Elastizität des Rohrnetzes selbst aufgenommen werden, da die Rohrführung ohnehin zu Richtungsänderungen zwingt. Unter der Dehnung des geraden Rohrstückes biegt sich der im Winkel anschließende Rohrschenkel aus. Die Dehnungsaufnahme des Rohrschenkels ist um so größer, je länger er ist und je kleiner der Rohrdurchmesser. Mehrfache Abbiegungen erhöhen die Elastizität des Systems, wenn dafür gesorgt wird, daß die Rohre nicht durch Halterungen an der freien Ausdehnung und Verlagerung gehindert werden.

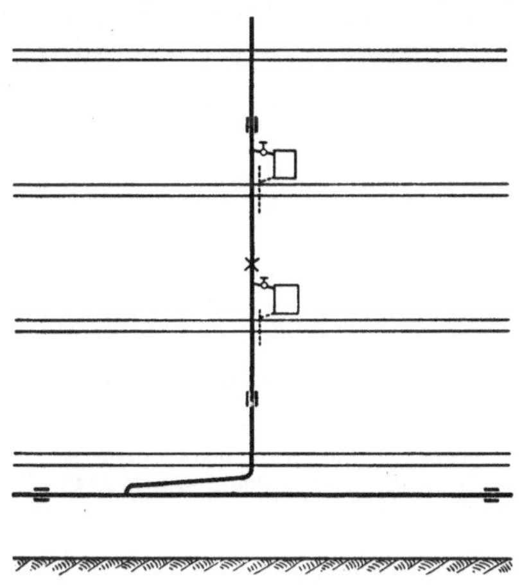

Abb. 2.60. Stranghalterungen

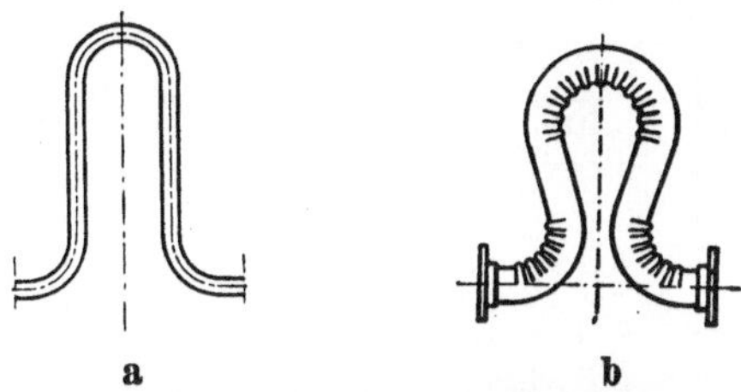

Abb. 2.61. Rohrbogendehnungsausgleicher
a) U-Bogen aus glattem Rohr; b) Lyra-Bogen aus Faltenrohr

Bei den Strangnetzen normaler Zentralheizungen ist es fast immer möglich, die Längenänderungen durch geeignete Rohrführung aufzunehmen. Zuweilen wird man dabei von der geraden Verbindung zweier Punkte abweichen und einige Umwege zur Unterbringung von Dehnungsschenkeln in Kauf nehmen müssen. Besondere Beachtung ist den Abzweigstellen zu schenken. Sie wandern oft mit, so daß also auch die Anschlußleitung auf Biegung beansprucht wird.

Aus diesem Grunde dürfen die Heizkörper bei mehrgeschossigen Bauten nicht zu kurz und starr mit den senkrechten Strängen verbunden werden. Es empfiehlt sich in solchen Fällen, die Stränge in halber Höhe des Hauses festzulegen, s. Abb. 2.60, um die Dehnung nach unten und nach oben wirksam werden zu lassen, ihren Maximalwert also zu halbieren. Auch die Stränge müssen dabei über Ausgleichsschenkel an die Hauptleitungen angeschlossen werden. Für Rohrsysteme mit größe-

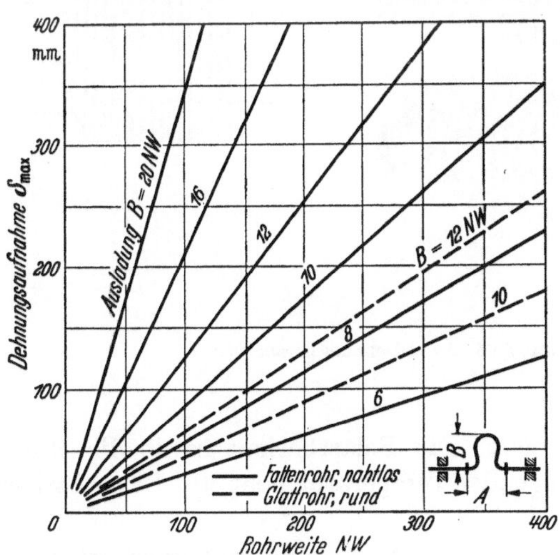

Abb. 2.62. Dehnungsaufnahme von Lyra-Bögen bei $t \leqq 200°\,C$ und 50% Vorspannung

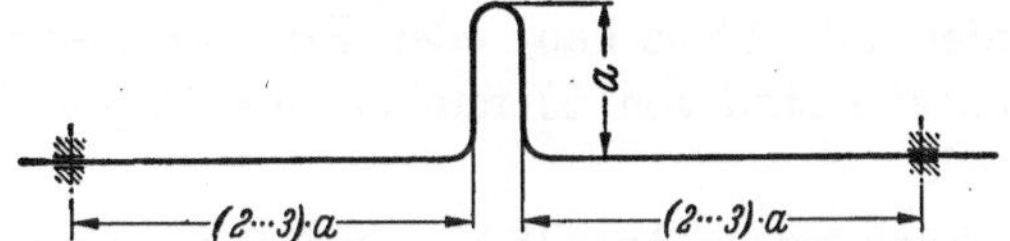

Abb. 2.63. Einbau von Rohrbogen-Dehnungsausgleichern

ren Nennweiten und höheren Temperaturen ist eine genaue Nachrechnung der Biegebeanspruchung und der auftretenden Kräfte (Festpunktbelastung!) notwendig. Sie ist schwierig und zeitraubend, besonders bei mehrfach gekröpften und räumlichen Systemen, und läßt sich durch Hilfstafeln nur für Näherungsrechnungen vereinfachen. Es muß hier auf das einschlägige Fachschrifttum verwiesen werden[1].

---

[1] SCHWEDLER-v. JÜRGENSONN: Handbuch der Rohrleitungen, 5. Aufl. Berlin/Göttingen/Heidelberg: Springer 1953. — v. JÜRGENSONN: Elastizität und Festigkeit im Rohrleitungsbau, 2. Aufl. Berlin/Göttingen/Heidelberg: Springer 1953.

Bauarten von Dehnungsausgleichern. Überall, wo die Dehnungen eines Rohrsystems auf natürliche Weise nicht mehr aufgenommen werden können — das ist vor allem bei längeren geraden Rohrstrecken und größeren Rohrnennweiten der Fall —, müssen besondere Dehnungsausgleicher vorgesehen werden. Die einfachste Bauart ist der Doppelschenkel in U-Form, siehe Abb. 2.61 a. Er läßt sich auch aus Rohrschweißbogen und geraden Rohrstücken am Bau anfertigen. Etwas elastischer wird der *Rohrbogenausgleicher* beim Übergang auf die Lyraform, Abb. 2.61 b, wobei neben glatten Rohren auch Falten- und Wellrohre verwendet werden. Sie

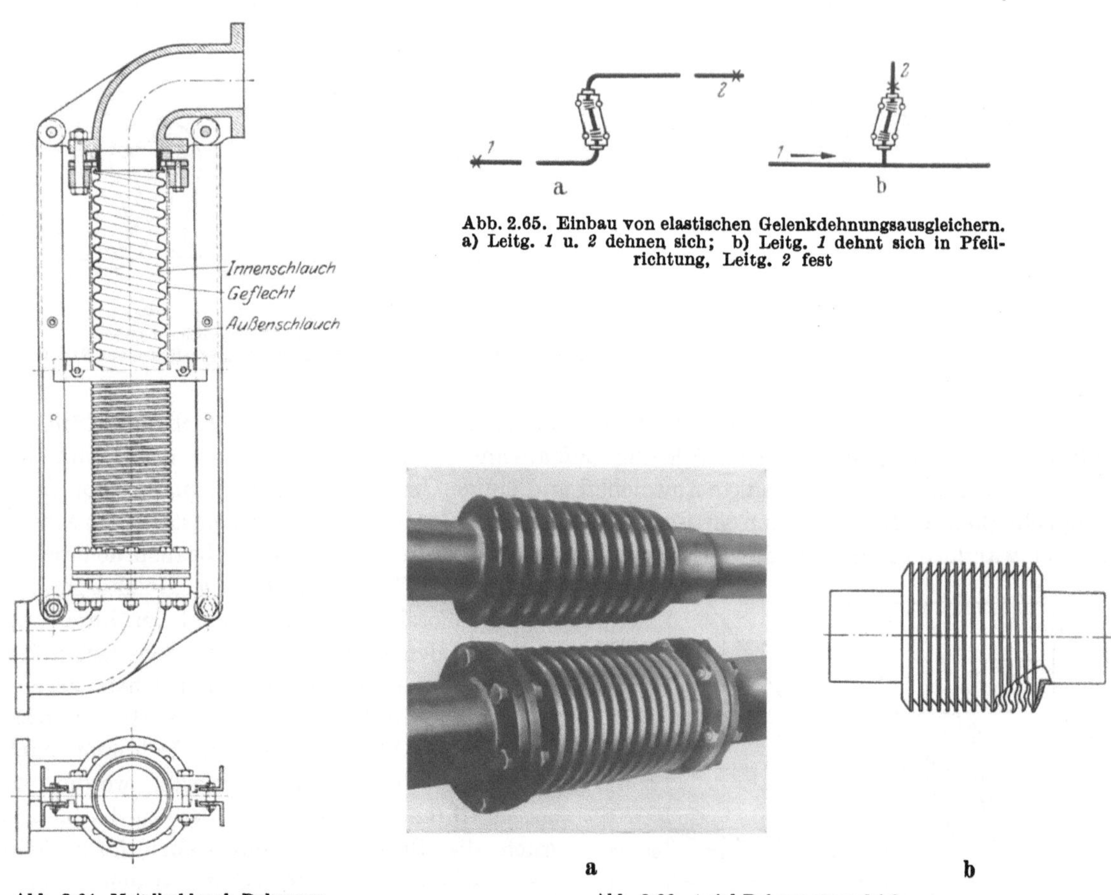

Abb. 2.65. Einbau von elastischen Gelenkdehnungsausgleichern. a) Leitg. *1* u. *2* dehnen sich; b) Leitg. *1* dehnt sich in Pfeilrichtung, Leitg. *2* fest

Abb. 2.64. Metallschlauch-Dehnungsausgleicher

Abb. 2.66. Axial-Dehnungsausgleicher

werden mit Flanschen- oder Einschweißenden geliefert. Die Belastbarkeit sowie die Rückstellkräfte sind vom Hersteller zu erfragen. Mit steigender Temperatur geht die Belastbarkeit zurück.

Einen ersten Anhalt über die Dehnungsaufnahme von Lyrabögen gibt Abb. 2.62. Einfache U-Bögen erreichen etwa 80% der Dehnungsaufnahme glatter Lyrabögen, wenn sie nach Abb. 2.63 eingebaut sind. Bogenausgleicher aus glatten Rohren zeichnen sich durch hohe Betriebssicherheit aus. Von Nachteil ist die weite Ausladung, die bei kanalverlegten Rohrleitungen oft nicht durchführbar ist.

Metallschlauchausgleicher, s. Abb. 2.64, erfordern eine Richtungsänderung in der Leitungsführung. Ihre Dehnungsaufnahme ist hoch im Verhältnis zur Ausladung, die erforderliche Schubkraft relativ gering. Ähnlichen Aufbau weisen die *Federscheiben*-Gelenkausgleicher auf. Bei beiden Bauarten werden die elastischen Zwischenstücke durch seitliche, in Gelenken geführte Anker von den Zug- und Druckbeanspruchungen der Rohrleitung entlastet. Den Einbau solcher Ausgleicher zeigt Abb. 2.65.

Soll die Rohrdehnung ohne Richtungsänderung aufgenommen werden, so muß der Ausgleicher in der Rohrachse elastisch sein. Zu diesen Bauformen gehören u. a. der Linsen- (oder Wellrohr-) Ausgleicher, s. Abb. 2.66a, und der Federscheibenausgleicher, s. Abb. 2.66. *Linsen*ausgleicher eignen sich nur für Leitungen bis 3 atü Innendruck. Auch sollten sie nur für Rohre größerer Nennweite, etwa ab NW 150, Verwendung finden, da Leitungen kleinerer Nennweite mit niedrigen Widerstandsmomenten bei den hohen Schubkräften ausknicken. Gegen Biegebeanspruchung sind Linsenausgleicher empfindlich. Sie werden daher meist nach Abb. 2.67 eingebaut, mit einem Festpunkt auf der einen und einer Geradführung auf der anderen Seite. Federscheibenausgleicher können auch für höhere Drücke verwendet werden. Bezüglich der Schubkräfte gilt das Vorgesagte; die Leitungsfestpunkte sind dementsprechend bei beiden Bauarten besonders kräftig auszuführen und mit Mauern oder Fundamenten zu verbinden. Die Lebensdauer dieser Axialausgleicher ist beschränkt.

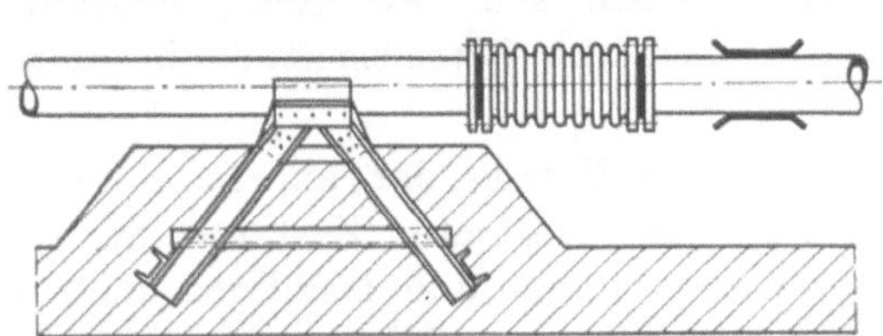

Abb. 2.67. Festpunkt mit Wellrohr-Dehnungsausgleicher

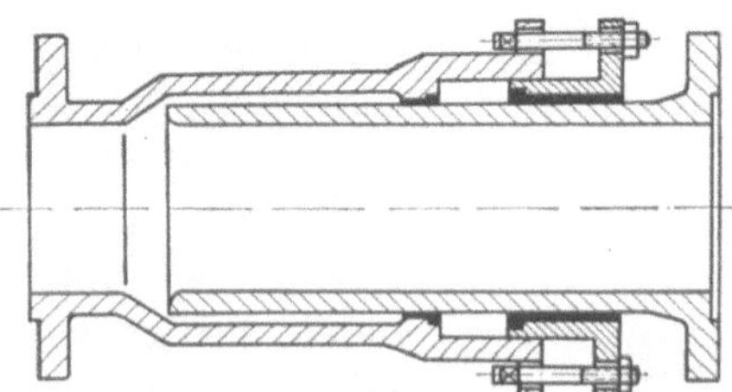

Abb. 2.68. Stopfbuchsendehnungsausgleicher

Axiale Dehnungsaufnahmen bis zu 600 mm lassen die *Stopfbüchsen*-Ausgleicher zu, s. Abb. 2.68. Sie eignen sich nur für Fernleitungen großer Nennweiten. Da durch die Stopfbüchsenpackung zusätzliche Reibungskräfte wirksam werden, arbeiten diese Ausgleicher ruckartig, wobei leicht Fremdkörper mit in die Packung geraten. Eine sorgfältige Überwachung der Ausgleicher auf Dichtheit ist erforderlich; sie müssen daher in leicht zugänglichen Schächten — wie übrigens alle in Kanälen verlegten Axialausgleicher — untergebracht werden. Von Nachteil ist dabei das hohe Gewicht großer Ausgleicher.

In der Fernheiztechnik geht man daher aus betrieblichen Gründen für kanalverlegte Leitungen mehr und mehr zum freien Dehnungsausgleich bzw. zur Anwendung von Bogenausgleichern über, eine Entwicklung, die auch im Hochdruckrohrleitungsbau zu verzeichnen ist.

4. Absperr- und Regelorgane

a) Absperrorgane

Als Absperrorgane in Rohrleitungen werden in erster Linie Ventile und Schieber, seltener Klappen und Hähne verwendet. Die Nennweiten, Nenndrücke und Flanschabmessungen sind

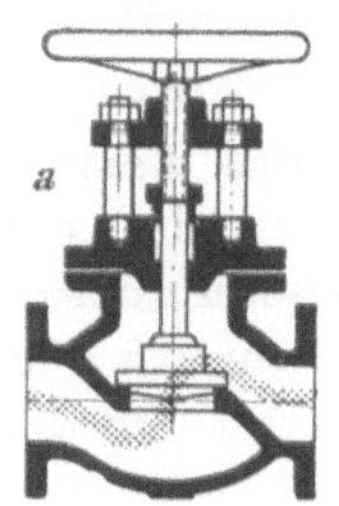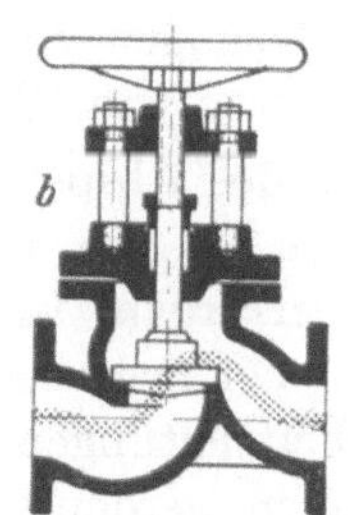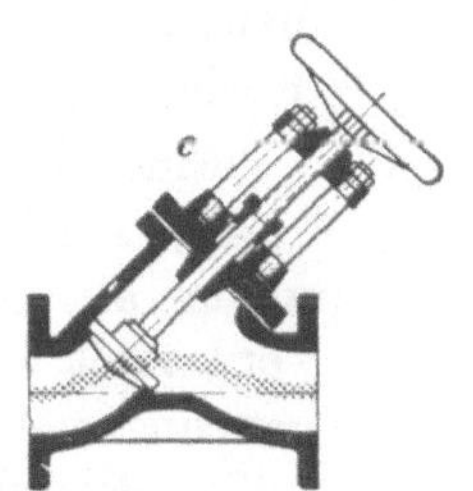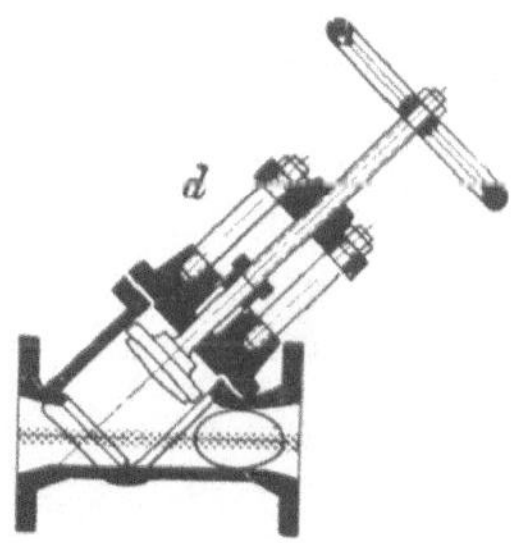

Abb. 2.69. Ventilbauarten.

a) Normventil ($\zeta = 4{,}1$), b) Gehäuse strömungstechnisch günstiger ($\zeta = 3{,}2$), c) Schrägsitzventil ($\zeta = 2{,}6$), d) Freiflußventil ($\zeta = 0{,}6$)

im Anschluß an die Rohrnormung festgelegt. Darüber hinaus sind für bestimmte Bauformen auch die Baulängen und Konstruktionseinzelheiten genormt.

Bei *Ventilen* unterscheidet man nach der Art des Einbaues in die Rohrleitung zwischen Durchgangs- und Eckventilen, nach der Lage der Abschlußfläche zwischen Grad- und Schrägsitzventilen. Als Werkstoff für das Gehäuse wird bei normalen Betriebsbedingungen Rotguß für die kleineren und Gußeisen für die größeren Nennweiten gewählt. Rotgußventile sind vorwiegend mit Gewinde-, Gußeisenventile mit Flanschanschluß ausgestattet. Die Dichtung erfolgt bei *reinen* Betriebsstoffen metallisch. Infolge der Richtungsänderung der Strömung ist der Durchflußwiderstand von Ventilen relativ hoch. Bevorzugt werden heute Bauarten, die durch geeignete Formgebung des Strömungswegs oder durch Schräglegen des Ventilsitzes möglichst geringe Widerstände aufweisen, s. Abb. 2.69. Die Baulänge wird dadurch allerdings größer.

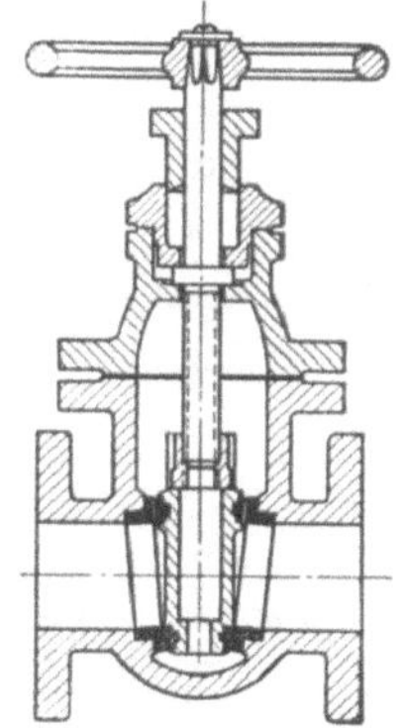

Abb. 2.70. Schieber

Ventile finden als Absperrorgane vor allem bei Rohren kleiner Nennweite Verwendung, bei größeren Nennweiten, etwa ab NW 100, nur, wenn ein unbedingt dichter Abschluß erreicht werden soll. Als *Rückschlag*ventile verhindern sie selbsttätig das Rückströmen des Betriebsmittels in einzelnen Rohrstrecken.

Schieber haben gegenüber Ventilen den Vorzug der kurzen Baulänge und des fast unbehinderten Durchflusses im geöffneten Zustand. Sie sind zudem für größere Nennweiten wesentlich billiger und benötigen auch bei höheren Drücken nur geringe Betätigungskräfte zum Öffnen oder Schließen. Für Heizungsanlagen werden bis ND 4 vorwiegend gußeiserne Keil-Flachschieber nach DIN 3204 verwendet, s. Abb. 2.70, bei Drücken bis ND 10 Keil-Ovalschieber nach DIN 3225 und bis ND 16 Keilschieber mit rundem Gehäuse nach DIN 3226. Die Schieber dichten auf zwei schrägliegenden Ringflächen mit Hilfe eines keilförmigen Schließteils. Auf die Dauer ist ein dichter Abschluß mit Keilschiebern allerdings nicht zu erzielen, zumal die Dichtflächen später schwer nachgearbeitet werden können. Man geht daher bei höherer Beanspruchung oder größeren Anforderungen an die Dichtheit zu Schieberbauarten mit parallelen Dichtflächen und mechanischer Anpressung über.

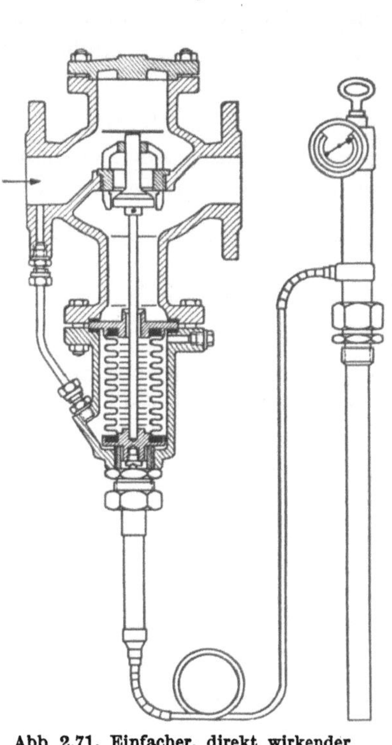

Abb. 2.71. Einfacher, direkt wirkender Temperaturregler

Klappen findet man bei Warmwasserheizungen zuweilen als Drosselorgane oder Rückstromsperren. Ein zuverlässiger Abschluß kann mit beiden nicht erzielt werden. Ihre Vorteile gegenüber Drossel- bzw. Rückschlagventilen liegen in der Ansprechempfindlichkeit und dem geringen Widerstand im geöffneten Zustand. Auch lassen sich Rückschlagklappen in einfacher Weise mit einer Dämpfungseinrichtung versehen.

Hähne aus Messing oder Rotguß mit konischen Küken kommen nur bei kleinen Durchmessern und geringen Druck- bzw. Temperaturanforderungen zur Anwendung, z. B. zur Entlüftung und Entleerung von Warmwasserheizungen.

Eine Sonderbauart des Absperrventils ist das *Wechselventil*, s. Abb. 2.96. Es ist ein Dreiwegeventil, das vor allem als Kesselabsperrorgan in Warmwasserheizungen verwendet wird, wenn bei mehreren Wärmeerzeugern und gemeinsamen Sicherheitsleitungen jeder Kessel einzeln außer Betrieb genommen werden soll.

Werden Absperrorgane gleichzeitig zum Regeln der Dampf- oder Wasserströme benutzt, so halten sie nach kurzer Betriebszeit nicht mehr dicht. Das gilt nicht nur für Schieber, sondern auch für Ventile. Es ist daher zweckmäßig, in solchen Fällen neben dem Absperrorgan noch ein besonderes Drosselventil mit verlängertem Reduzierkegel vorzusehen.

b) Regelorgane

Regler dienen in der Heizungstechnik vor allem der selbsttätigen Einhaltung vorgegebener Temperaturen oder Drücke. Zu diesem Zweck wird im allgemeinen durch ein Regelventil ein Stoffstrom mehr oder weniger gedrosselt. Die Ventile können als Ein- oder Doppelsitzventile ausgebildet sein. Einsitzventile werden gewählt, wenn dichtes Abschließen gefordert ist und hohe Verstellkräfte zur Verfügung stehen. Doppelsitzventile sind bei großen Regelgeschwindigkeiten am Platz. Die Anforderungen an die Regelgenauigkeit und Ansprechempfindlichkeit bestimmen in erster Linie die Auswahl des Reglers. Zumeist kommt man bei Heizungsanlagen mit direkt wirkenden Reglern aus. Abb. 2.71 zeigt einen einfachen Temperaturregler, wie er bei dampfbeheizten Wärmeaustauschern gebräuchlich ist.

Bei Druckreglern unterscheidet man je nach dem Zweck zwischen Überström- und Zuströmventilen, die ersteren halten den Druck *vor* dem Regler, die zweiten den Druck *hinter* dem Regler konstant. Zu den Überströmventilen zählen u. a. die Sicherheitsventile, die in Apparaten oder Leitungsnetzen das Überschreiten eines höchstzulässigen Betriebsdruckes verhindern sollen. Die üblichen Druckminderer (Reduzierventile) sind Zuströmventile, da sie von dem Druck hinter dem Regler gesteuert werden, s. Abb. 2.72 und 73.

Die Druckregler werden entweder mit Gewichts- oder mit Federbelastung ausgeführt. Der Regeldruck bewegt dabei mittels eines

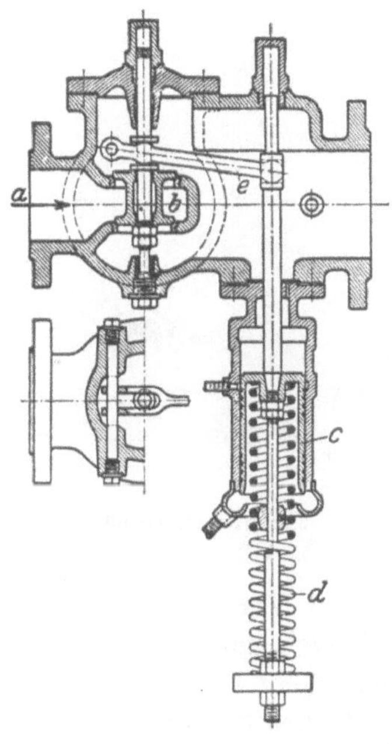

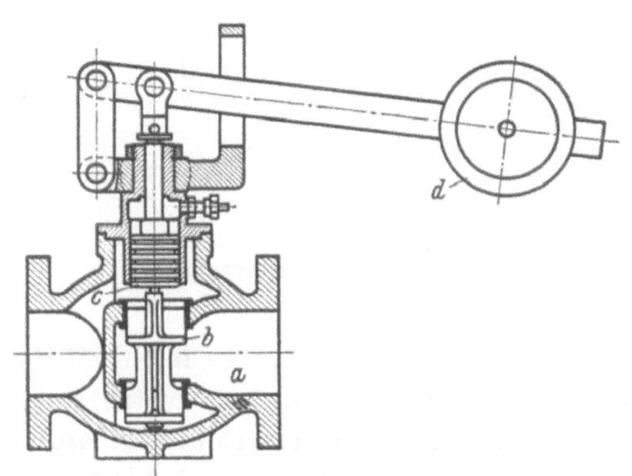

Abb. 2.72. Gewichtsbelasteter Druckminderer.
a Eintritt, *b* Doppelsitzventil, *c* Kolben mit Labyrinthdichtung, *d* Gewichtsbelastung

Abb. 2.73. Federbelasteter Druckminderer.
a, b, c siehe Abb. 2.72, *d* Belastungsfeder, *e* Steuerhebel

Kolbens (evtl. auch einer Membrane oder eines elastischen Balges) Spindel und Ventilkegel gegen den Druck der Feder bzw. des Gewichtes. Durch Änderung der Federvorspannung bzw. der Hebellänge des Gewichtes läßt sich der Regeldruck verstellen. Ein einwandfreies Arbeiten ist bei schwankendem Druck auf der nicht geregelten Seite nur bei entlasteten Ventilen gewährleistet.

Treten große Unterschiede im Dampfdurchsatz auf — bei Heizungsanlagen z. B. unter dem Einfluß der Außenwitterung —, so empfiehlt es sich zuweilen, zwei Regler verschiedener Größe parallel zu schalten und je nach Bedarf nur einen der beiden in Betrieb zu nehmen. Dadurch kann die Genauigkeit der Druckregelung auch bei kleinem Dampfstrom verbessert werden. Die beabsichtigte Drosselung des Dampfdruckes im Regelventil ist nämlich bei großen Ventilquerschnitten und relativ kleinem Durchsatz, also auch kleinen Geschwindigkeiten, nicht mehr wirksam. Man wähle deshalb Druckminderer keinesfalls zu reichlich.

In einfachen Fällen kann man sich helfen, indem man den Druckregler mit einer Umgehung versieht und bei hoher Belastung einen Teil der Dampfmenge durch die Umgehungsleitung schleust. Der Regler kann dabei für eine kleinere, aber häufigere Belastung ausgelegt werden,

arbeitet also bei Heizanlagen auch in den langen Zeiten schwacher Belastung noch zuverlässig.
Allerdings ist jetzt die Druckregelung nicht mehr in vollem Umfang selbsttätig; bei höherem
Dampfverbrauch ist eine zusätzliche Handregelung in der Umgehungsleitung erforderlich. Das
Regelventil soll mit einem besonderen Drosselkegel ausgestattet sein.

c) Heizkörperventile

Heizkörperventile[1] sind sowohl Absperr- als auch Regelorgane. Die heute üblichen Bauarten gestatten die Handregelung, ermöglichen zugleich aber auch die Begrenzung der Durchflußmenge mit Hilfe einer Voreinstellung. Die Handregelung benutzt der Rauminsasse, um die
Heizkörperleistung jeweils seinen Wünschen anzupassen. Mit der Voreinstellung drosselt der
Monteur bei der Probeheizung den Heizmittelstrom auf den der Berechnung entsprechenden
Wert ab. Dies ist erreicht, wenn bei Wasserheizungen der Temperaturunterschied am Eintritt
und Austritt bei allen Heizkörpern gleich ist oder wenn bei Dampfheizungen die gesamte Heizfläche gleichmäßig erwärmt ist, ohne daß Dampf in die Kondensatleitung übertritt.

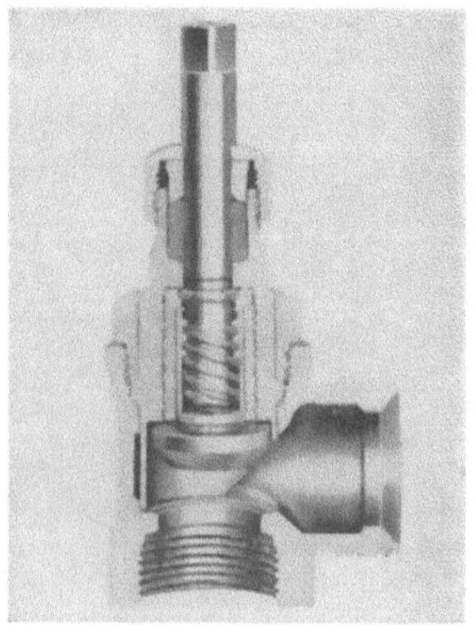

Abb. 2.74. Heizkörperventil

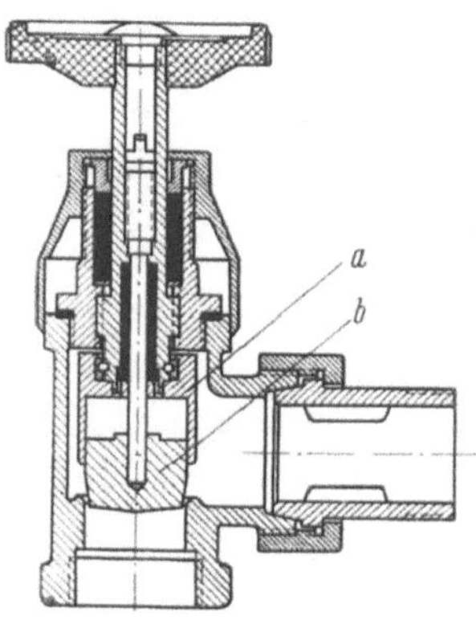

Abb. 2.75. Heizkörperventil

Der Stand der Voreinstellung soll von außen zu erkennen oder wenigstens leicht nachzuprüfen sein. Wegen des leichteren Einbaues und des geringeren Strömungsverlustes werden
Eckventile gegenüber Durchgangsventilen bevorzugt. Zum Anschluß an das Rohrnetz sind die
Ventile auf der einen Seite mit Innengewinde, auf der anderen Seite mit einem Gewindenippel
versehen. Meist ist der Gewindenippel Teil einer Verschraubung, die es ermöglicht, den Heizkörper vom Rohrnetz zu lösen. Am Heizmittelaustritt ist zu diesem Zweck ebenfalls eine Verschraubung[2] eingebaut, s. Abb. 2.47.

Die Abb. 2.74, 75 zeigen den inneren Aufbau zweier Heizkörperventile. Ventilkegel mit
Spindel und Handrad bilden zusammen mit dem Ventilsitz die Teile der Handregelung. Der
Voreinstellung dient bei Abb. 2.74 ein Hohlzylinder mit Öffnungen, die den Durchlaßquerschnitt
des Ventils mehr oder weniger verengen. Bei der Bauart Abb. 2.75 ist der Abschlußkegel a des
Ventils als Hohlkörper ausgebildet, in dem sich ein besonderer Drosselkegel b axial verschieben
läßt. Von seiner Lage zum Abschlußkegel hängt die maximale Durchflußleistung des Ventils
ab; sie wird bei der Voreinstellung fixiert. Bei Drehung des Handrades werden beide Ventilkegel mit Hilfe einer Hohlspindel gemeinsam bewegt. Der innere Drosselkegel ist so ausgebildet,
daß sich bei jeder Voreinstellung die Durchflußleistung etwa proportional dem Verstellwinkel
des Handrades ändert (Proportionalregelung). Allerdings ist bei Wasserheizungen damit noch
keine proportionale Leistungsregelung der Heizkörper verbunden, wie vielfach angenommen
wird, s. S. 102.

---

[1] Regulierventile ND 10 DIN 3841.
[2] Radiatorverschraubungen ND 10 DIN 3842.

Neuerdings gewinnen auch bei uns Heizkörperventile für selbsttätige Leistungsregelung an Bedeutung. Bei ihnen beeinflußt ein Raumtemperaturfühler die Ventilstellung und damit den Heizmittelstrom.

5. Sondereinrichtungen für Dampfleitungen

a) Entwässerung

In Dampfnetzen bildet sich beim Anwärmen sowie durch die Wärmeabgabe nach außen Kondensat, das auf kürzestem Wege aus der Leitung entfernt werden muß. Das Abfließen des Kondensates wird erleichtert, wenn die Dampfleitung mit Gefälle in Richtung der Dampfströmung verlegt wird. Nur Rohre großer Nennweite können ausnahmsweise über kurze Strecken auch mit Steigung verlegt werden. Das sich bildende Kondensat fließt dann der Dampfströmung entgegen. Dabei muß die Steigung allerdings so groß sein, daß auch bei hohen Dampfgeschwindigkeiten das Kondensat vom Dampf nicht mitgerissen wird.

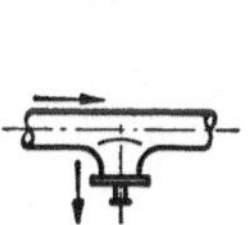

Abb. 2.76. Entwässerung einer Dampfleitung

Abb. 2.77. Wassersack

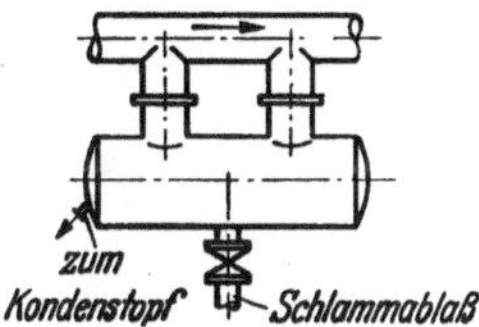

Abb. 2.78. Wasserblase

Senkrechte Dampfleitungen sind am Fuß zu entwässern. Auch müssen die Leitungen vor Reglern und vor den Absperrorganen der einzelnen Verbraucher oder größerer Netzabschnitte entwässert werden, da sich sonst bei Leitungsabschluß an diesen Stellen Kondensat ansammelt, das bei raschem Öffnen vom Dampf mitgerissen wird und die nachgeschalteten Einbauteile gefährdet (Wasserschläge).

Strömender Dampf vermag nur geringe Wassermengen in Form fein verteilter Tropfen zu tragen. Es genügt deshalb zur Entwässerung meistens, wenn man das an der Sohle einer Leitung fließende Wasser entfernt, s. Abb. 2.76. Besser ist der Einbau eines sog. Wassersackes bei einer Richtungsänderung der Strömung, s. Abb. 2.77. Wird die Leitung senkrecht nach oben weitergeführt, so dient der Wassersack zugleich als Schlammfang. Bei ausgedehnten Anlagen mit stark schwankendem Kondensatanfall verwendet man zwecks kurzzeitiger Speicherung des Kondensates Wasserblasen nach Abb. 2.78.

b) Kondensatableiter

Das an den Wasserabscheidern des Rohrnetzes oder in den Dampfverbrauchern anfallende Kondensat muß über eine Schleuse, die das Kondensat übertreten läßt, den Dampf aber zurückhält, in die Kondensatleitung übergeführt werden. In Niederdruckdampfanlagen ist die einfachste Möglichkeit die Anordnung einer Wasserschleife, also eines U-Rohres, dessen zweiter Schenkel mindestens die Höhe der dem maximalen Betriebsdruck entsprechenden Wassersäule aufweisen muß. Steht diese Höhe nicht zur Verfügung oder ist der Betriebsdruck höher als 0,5 atü, so werden selbsttätige Kondensatableiter verwendet.

In Heizungsanlagen bis 0,5 atü werden bei geringem Kondensatanfall vorwiegend thermisch arbeitende Kondensatableiter eingebaut.

Abb. 2.79a und b zeigen zwei als Dampfstauer bzw. Schnellentleerer bezeichnete Bauformen solcher Kondensatableiter. Bei Dampfdurchtritt dehnt sich unter dem Einfluß der Temperatur ein Federkörper oder ein Hohlstab, die mit einer leicht siedenden Flüssigkeit gefüllt sind, aus und schließt den Durchgangsquerschnitt ab. Kälteres Kondensat wird dagegen durchgelassen. Diese Geräte sind billig, müssen aber in gewissen Zeitabständen nachgesehen bzw. ausgewechselt werden. Auch lassen sie stets kleine Dampfmengen durch, bevor sie schließen.

Für Entwässerungsstellen und Heizgeräte mit größerem Kondensatanfall, insbesondere in Hochdruckanlagen, verwendet man sog. Kondenstöpfe. Eine weitverbreitete Bauart ist der Schwimmerkondenstopf, s. Abb. 2.80. Das Kondensat sammelt sich im Innern des Gehäuses. Mit zunehmendem Wasserstand wird ein geschlossener Schwimmer angehoben, der über eine Hebelübersetzung den Ablaßquerschnitt freigibt, so daß der Dampf das Wasser in die Kondensleitung drücken kann. Bei stetigem Kondensatanfall spielt sich der Schwimmer auf eine Mittelstellung ein, wobei gerade so viel Wasser ablaufen kann als anfällt. Als Auslaßorgan kann sowohl ein Schieber als auch ein Ventil dienen, wie in Abb. 2.80.

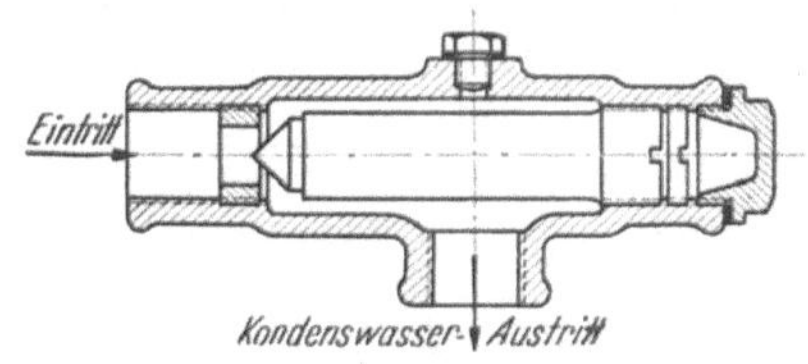

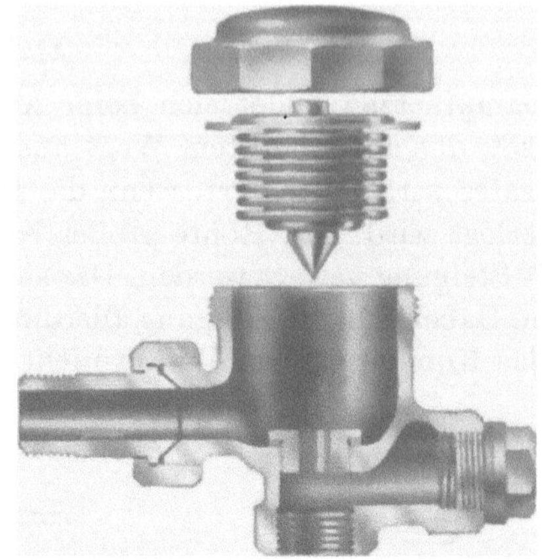

Abb. 2.79. Thermisch arbeitende Kondensatableiter.
a) mit Patrone (Dampfstauer); b) mit Federrohr (Schnellentleerer)

Auf einem anderen Arbeitsprinzip beruhen die sog. Stufendüsenkondensatableiter, s. Abb. 2.81. Bei ihnen muß das Kondensat beim Durchgang mehrere enge Ringquerschnitte passieren. Solche Drosselstellen haben die Eigenschaft — dem Gewicht nach —, viel Wasser, aber wenig Dampf durchzulassen. Der Vorteil dieser Bauart ist das Fehlen beweglicher Teile.

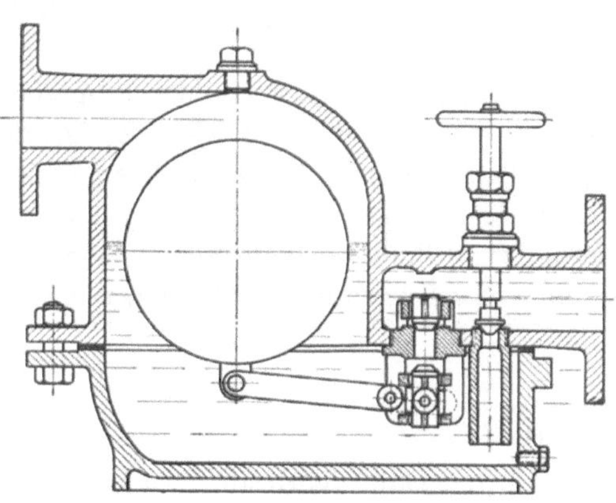

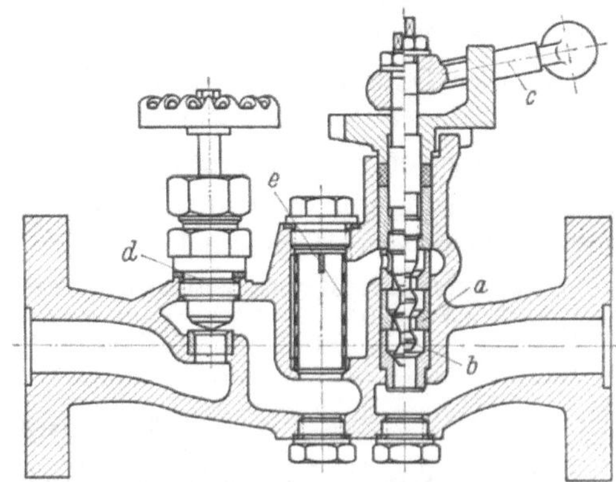

Abb. 2.80. Schwimmerkondenstopf

Abb. 2.81. Düsenkondenstopf.
a Düsenringe, b Düsennadel, c Schalthebel (für Abfluß größerer Kondensatmengen und Reinigung), d Absperrventil, e Sieb

Beide Bauarten von Kondenstöpfen sind für alle Drücke geeignet. Die Leistung des Kondenstopfes muß der im normalen Betrieb anfallenden Kondensatmenge angepaßt sein, da sowohl ein zu groß als ein zu klein gewählter Kondenstopf unwirtschaftlich arbeitet. Beim Anheizen einer kalten Anlage entstehen jedoch außergewöhnlich große Kondensatmengen, die ein für die normale Betriebszeit richtig bemessener Kondenstopf meist nicht zu fördern vermag. Es ist deshalb in jedem Kondenstopf eine Umgehungsleitung oder ähnliche Vorrichtung eingebaut, die nur während der Anwärmung der Anlage eingeschaltet ist, beim Übergang zum normalen Betrieb aber wieder ausgeschaltet wird.

Erfahrungsgemäß neigen Kondenstöpfe leicht zu Störungen, wobei evtl. erhebliche Dampfmengen unbemerkt in die Kondensatleitung entweichen können. Sie bedürfen deshalb in der Praxis einer sorgfältigen Überwachung und häufiger Reparaturen. Zur Erleichterung der Kontrolle und der Instandhaltungsarbeiten sollen Kondenstöpfe übersichtlich angeordnet, einwandfrei bezeichnet und zugänglich aufgestellt werden. Kondenstöpfe an wichtigen Stellen erhalten eine Umgehungsleitung nach Abb. 2.82, damit sie ohne Störung des Betriebes ausgebaut werden können. Die Umgehungsleitung, die 1 bis 2 Nennweiten kleiner gewählt wird als der Kondenstopfanschluß, kann dann vorübergehend die Aufgabe des Kondensatableiters übernehmen, indem das Absperrventil entsprechend gedrosselt wird. Um ein Rückströmen von Kondensat in die Dampfleitung zu verhindern, wenn die Druckdifferenz unter bestimmten betrieblichen Verhältnissen sich umkehrt bzw. die Kondensatleitung ansteigt, wird hinter dem Kondenstopf häufig noch ein Rückschlagventil eingebaut. Soll die Entwässerung eines Leitungsabschnittes auch bei gestörter Kondensatrückleitung möglich sein, so muß noch zusätzlich ein freier Ablauf vorgesehen werden; er erhält ein Drossel- und ein Absperrventil.

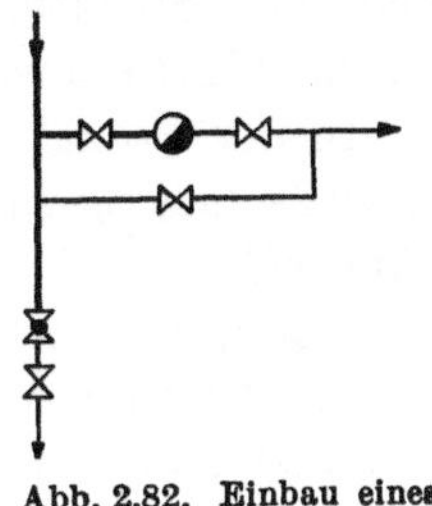

Abb. 2.82. Einbau eines Kondensatableiters

Wird das Kondensat aus einer Hochdruckdampfleitung in einer offenen, also mit der Atmosphäre in Verbindung stehenden Leitung abgeführt, so tritt bei der Druckentlastung ein Nachdampfen aus dem Kondensat ein. Der Wärmeinhalt des so gebildeten Dampfes geht meist für den Betrieb verloren. Auf 1 kg Kondensat bezogen sind dies bei 3 at Dampfdruck 34 kcal, bei 5 at Dampfdruck 54 kcal.

Bei diesem Vorgang geht aber nicht nur die Wärme, sondern auch das Kondensat selbst verloren und muß durch Zusatzspeisewasser ersetzt werden. Bei 3 at sind das 6%, bei 5 at 10% Kondensatverlust. Zur Erhöhung der Wirtschaftlichkeit des Betriebes werden deshalb häufig die im Kondensatsammelgefäß sich bildenden Wrasen in einem Wasservorwärmer noch ausgenutzt, s. Abb. 4.24, 25. Bei Fernleitungen kühlt man vielfach das Kondensat, bevor es in den Kondenstopf eintritt.

c) Be- und Entlüfter

Dampfleitungen und Dampfverbrauchsgeräte müssen beim Inbetriebnehmen entlüftet, beim Abschalten belüftet werden. Dies kann entweder von Hand geschehen — bei großen Leitungen bzw. Verbrauchern und seltenem Schalten — oder selbsttätig. Niederdruckdampfheizungen stehen über die Kondensatleitung in offener Verbindung mit der Atmosphäre, ent- und belüften sich also auf diesem Wege. In absperrbaren Netzteilen, die häufig an- bzw. abgestellt werden, baut man selbsttätige Ent- und Belüfter ein. Sie ähneln bei ND-Anlagen im Aufbau den in Abb. 2.79a dargestellten Dampfstauern. Ein auf Temperaturänderungen ansprechender Ausdehnungskörper schließt ein kleines Luftventil bei Dampfdurchtritt und öffnet es wieder beim Erkalten.

6. Wärmeschutz

Alle temperaturführenden Leitungen einer Heizanlage, die in nicht zu erwärmenden Räumen liegen, sind durch Isolierung gegen Wärmeverluste weitgehend zu schützen. Besondere Beachtung ist der Isolierung zu schenken, wenn die betreffenden Räume kühl gehalten werden sollen, z. B. Vorratskeller für Lebensmittel, oder wenn die Leitung gegen Einfrieren geschützt werden muß, z. B. Wasserleitungen in Dachböden.

Eine gute Isolierung soll folgende Eigenschaften aufweisen:

1. Die Wärmeleitzahl soll niedrig sein,

2. das Material muß temperaturbeständig und gegen Feuchtigkeitseinflüsse möglichst unempfindlich oder gegen Durchfeuchtung gut geschützt sein,

3. die Isolierung soll eine gewisse Festigkeit gegen mechanische Beanspruchung aufweisen,

4. das Aufbringen der Isolierschichten soll einfach sein, ihre Ausbesserung leicht durchführbar.

Als Ausgangsstoffe kommen in Betracht: Kieselgur, Magnesia, Asbest, Gichtstaub, Kork, Glasgespinste, Mineral- und Schlackenwolle.

a) Wärmeleitzahl

Die Dämmwirkung einer Isolierschicht gegebener Stärke hängt in erster Linie von der Wärmeleitzahl λ des verwendeten Materials ab. Für die wichtigsten Isolierstoffe sind in Zahlentafel A 23 (s. 3. Teil!) die Wärmeleitzahlen, z. T. in Abhängigkeit von der Temperatur und dem Raumgewicht, angegeben. Die Werte liegen im Bereich $\lambda = 0{,}03$ bis $0{,}1$ und wachsen im allgemeinen mit zunehmender Temperatur und Dichte.

Für Isolierungen mit mehreren im Wärmestrom hintereinanderliegenden Schichten rechnet man mit der *äquivalenten* Wärmeleitzahl; es ist die Wärmeleitzahl eines gedachten Körpers einheitlicher Struktur, der bei gleicher Dicke der Isolierung die gleiche Dämmwirkung aufweisen würde wie die ausgeführte mehrschichtige Isolierung.

In der Praxis wird die aus Wärmeleitzahl und Isolierdicke zu errechnende Dämmwirkung einer Isolierung zumeist nicht ganz erreicht, da mit gewissen Ungenauigkeiten der Ausführung (Abweichungen in den Dicken der einzelnen Schichten, ungleichmäßig gefüllte Fugen) gerechnet werden muß. Zum Teil treten auch zusätzliche Wärmeverluste durch Stütz- oder Haltevorrichtungen der Isolierung auf. Diese Einflüsse sind berücksichtigt in der *Betriebswärmeleitzahl*. Dieser Wert ist daher Wärmeverlustrechnungen zugrunde zu legen und von der ausführenden Firma zu gewährleisten[1].

Die Betriebswärmeleitzahl bzw. bei Mehrschichtenisolierung die äquivalente Betriebswärmeleitzahl läßt sich bei ausgeführten Wärmeschutzanlagen mit Hilfe des SCHMIDTschen Wärmeflußmessers nachprüfen. Er besteht aus einem 6 cm breiten und etwa 3 mm starken Gummistreifen, in den beiderseitig dicht unterhalb der Oberflächen eine große Anzahl gegeneinandergeschalteter Thermoelemente eingebaut sind. Legt man den Meßstreifen um eine in Betrieb befindliche Leitung, so stellt sich zwischen den Oberflächen eine Temperaturdifferenz ein, die ein Maß für den Wärmefluß je Flächeneinheit ist. Zu dem Wärmeflußmesser gehört daher noch ein empfindliches Millivoltmeter. Der beigegebene Eichschein ermöglicht die Umrechnung der abgelesenen Thermospannung auf den spezifischen Wärmefluß in kcal/m²h. Um Randeinflüsse an der Meßstelle zu vermeiden, werden zu beiden Seiten des Meßstreifens zwei gleichartige Blindstreifen um das Rohr gelegt. Bezüglich weiterer Einzelheiten über derartige Messungen und ihre Fehlermöglichkeiten sei auf das einschlägige Schrifttum verwiesen[2].

Mißt man die Wärmeverluste einer Rohrleitung direkt — z. B. bei Dampfleitungen mit Hilfe des anfallenden Kondensates, bei Wasserleitungen aus Wasserstrom und Temperaturdifferenz —, so werden auch die durch Einbauteile, wie Halterungen, Flansche, Absperrorgane, Dehnungsausgleicher und dgl. abgegebenen Wärmemengen miterfaßt. Sie können einen so erheblichen Anteil an dem Gesamtwärmeverlust ausmachen, daß aus derartigen Messungen nur bedingt auf die Güte der Isolierung geschlossen werden kann. Aus diesem Grunde ist es auch unangebracht, von der Isolierfirma Garantien über den maximalen Wärmeverlust einer größeren Rohrstrecke oder den Temperaturabfall in einer längeren Heißwasserleitung zu fordern.

b) Verschiedene Arten der Wärmedämmung

Nach Art der Verarbeitung unterscheidet man: plastische Abdämmung, biegsame Abdämmung, Formstücke und Stopfisolierung. Für Heizungsanlagen werden vorwiegend die ersten beiden Ausführungen verwendet, Formstücke nur bei hohen Temperatur- oder Festigkeitsanforderungen, Stopfisolierung zuweilen für Fernheizleitungen.

Plastische Wärmeschutzmassen. Der Ausgangsstoff — meist Kieselgur, aber auch Magnesia und Gichtstaub — wird pulverförmig angeliefert, vor der Verarbeitung mit Wasser zu einer Schmiermasse angerührt und in dünnen Schichten auf das Rohr aufgetragen. Das Rohr muß während der Ausführung beheizt werden, um ein fortlaufendes Trocknen der Masse zu ermöglichen. Diese Art der Isolierung wird wegen ihrer einfachen Ausführung, der leichten Anpassung an beliebige Oberflächenformen, z. B. Rohrbogen und Abzweige, und der guten Lagerfähigkeit

---

[1] VDI 2055. Dez 58. Wärme- und Kälteschutz; Berechnungen, Garantien, Meßverfahren und Lieferbedingungen für Wärme- und Kälte-Isolierungen.

[2] CAMMERER, J. S.: Der Wärme- und Kälteschutz in der Industrie. 4. Aufl. Berlin/Göttingen/Heidelberg: Springer 1962. Nach S. 410.

des Materials vielfach verwendet, vor allem bei kleineren Rohrdurchmessern. Sie ist billig und kann bei Beschädigungen ohne Schwierigkeiten ausgebessert werden.

Biegsame Dämmstoffe in Form von Matten und Zöpfen. Faserige Dämmstoffe, wie Glas- und Mineralgespinst, werden auf Pappen aufgesteppt, unmittelbar um die Rohrleitung gelegt und mit Draht gebunden. Im Gegensatz zu den Schmiermassen kann diese Isolierung auf kalte Leitungen aufgebracht werden. Die Matten lassen sich leicht abnehmen und später wieder verwenden. Die Mattenisolierung wird bei mittleren bzw. größeren Rohrdurchmessern und höheren Anforderungen an den Wärmeschutz bevorzugt.

Seidenzöpfe und korkgefüllte Schläuche stellen hochwertige, aber auch teuere Dämmstoffe für Kondensat- und Warmwasserleitungen dar; auch zur Abdämmung von Flanschen und Armaturen werden sie verwendet.

Formstücke. Fertige Isolierschalen aus Kieselgur, Kork und Magnesiumkarbonat ermöglichen eine gleichmäßige und schnelle Ausführung der Isolierung. Sie sind druckfest und besitzen eine hohe Lebensdauer. Von Nachteil ist die Notwendigkeit, für jeden Durchmesser besondere Schalen, evtl. sogar in verschiedenen Materialstärken, vorhalten zu müssen. Auch ist die Isolierung von Bogen, Abzweigen, Absperrungen u. dgl. schwierig. In der Heizungstechnik werden Korkschalen zuweilen angewendet, wenn hohe Anforderungen an den Wärmeschutz und das Aussehen einer Isolierung gestellt werden, z. B. in Zentralen.

Stopfisolierungen. Bei dieser Isolierart wird der Dämmstoff in Hohlräume eingebracht, die um die zu schützenden Rohrleitungen oder Behälterwände mittels Drahtgeflecht- oder Blechmäntel geschaffen werden. Isolierschalen dienen dabei als Abstandshalter zwischen Rohr und Hülle. Bei faserigen Stoffen, wie Glas- und Schlackenwolle, genügt ein Mantel aus Drahtgeflecht, der nach Einbringen des Materials eine äußere Schutzhülle erhält. Bei pulverförmigen Stoffen, wie Kieselgur, Magnesia, Gichtstaub, muß ein Blechmantel mit Füllschlitz vorgesehen werden, der später verschlossen wird. Die Stopfisolierung ist, besonders mit Blechmantel, hochwertig, aber auch teuer. Sie setzt große zu isolierende Flächen voraus und wird wegen ihrer Haltbarkeit und Witterungsbeständigkeit vielfach für Fernleitungen, die im Freien verlegt sind, verwendet.

Auch mehrfach unterteilte Luftschichten wirken isolierend. Davon wird bei der Wellpappenisolierung Gebrauch gemacht. Durch Verwendung gespannter bzw. geknitterter Aluminiumfolien läßt sich auch der Strahlungsaustausch zwischen den Begrenzungsflächen weitgehend verhindern (Alfol-Isolierung). Im Heizungsfach hat diese Isolierung bis jetzt kaum Eingang gefunden.

c) Ausführungsfragen

Soweit die verschiedenen Isolierungen nicht in sich schon eine gewisse mechanische Festigkeit aufweisen, erhalten sie als äußeren Schutz meist einen Hartmantel aus Gips und Kieselgur. In feuchten Räumen sowie bei Kanal- und Freiverlegung wird an Stelle des Hartmantels eine Umhüllung mit teerfreier Pappe gewählt. Die Pappe wird durch Stahlbänder gehalten und mit Bitumen mehrfach gestrichen, evtl. auch verklebt.

Die Isolierung muß stets in solchem Abstand von Flanschen enden, daß die Schrauben nicht nur angezogen, sondern auch ausgewechselt werden können. Bei senkrechten Leitungen muß die Isolierung durch Blechscheiben und Winkeleisen nach unten abgestützt werden, um ein Abreißen der Isolierung zu verhindern.

Die Schaltorgane der Rohrleitungen werden bei Heizungsanlagen im allgemeinen nicht isoliert, es sei denn, daß man eine zu starke Erwärmung der betreffenden Räume vermeiden will, wie z. B. bei Zentralen. In Warmwasserheizungen ist der Verzicht auf die Isolierung in Anbetracht der im Mittel niedrigen Temperaturen berechtigt. Bei Dampfheizungen und Fernleitungen mit Heizmitteltemperaturen über 100° bringt jedoch die Isolierung der Schaltorgane zumeist auch wirtschaftliche Vorteile.

Zu wenig Beachtung wird bei diesen Anlagen im allgemeinen noch den Wärmeverlusten an den Auflagestellen und Halterungen der Rohrleitungen geschenkt. Die Kontaktflächen zwischen Rohrwand und Halterung sollen so knapp wie möglich gehalten werden; evtl. sind Asbeststreifen

zur Verminderung der Wärmeableitung einzulegen. Bewegliche Aufhängungen sind so anzubringen, daß bei Dehnung der Rohrleitung die Isolierung nicht beschädigt wird. Bei höheren
Temperaturen des Heizmittels sind Dehnungsfugen im Hartmantel vorzusehen. Für die Auswahl des Isoliermaterials sollten neben dem Preis vor allem die betrieblichen Anforderungen
(Temperatur, mechanische und Witterungsbeanspruchung) maßgebend sein.

Bei ausgedehnten Heiznetzen und insbesondere bei Fernleitungen muß die Isolierdicke durch
eine wirtschaftliche Vergleichsrechnung bestimmt werden. Näheres darüber und über die Ermittlung der Wärmeverluste von Rohrleitungen s. S. 431. Für normale Hausanlagen können
die Isolierdicken nach untenstehender Zahlentafel gewählt werden, wobei man in Grenzfällen
bei Dampfleitungen die höheren, bei Warmwasserleitungen die niedrigeren Werte zugrunde legt.

Übliche Isolierdicke bei Heizanlagen

Rohrdurchmesser mm l. Weite	Isolierdicke mm
10 bis 30	20
30 bis 70	30
70 bis 100	40
über 100	40 (50)

Da bei Zentralheizungen die Funktion einer Anlage und die geforderte Leistung von der Güte des Wärmeschutzes mit abhängen, empfiehlt es sich, der Heizungsfirma auch die Ausführung der Isolierung zu übertragen, so daß die Gewährleistung in einer Hand bleibt.

D. Pumpen und Apparate

Neben Kesseln, örtlichen Heizflächen und Rohrleitungen mit ihrem Zubehör sind für den
Aufbau größerer Heizanlagen noch einige zusätzliche maschinentechnische Bauteile und Apparate erforderlich.

1. Pumpen

Wasserheizungen von erheblicher waagerechter Ausdehnung werden zur Sicherstellung des
Wasserumlaufs, zuweilen auch nur zu seiner Beschleunigung, mit Umwälzpumpen ausgestattet.

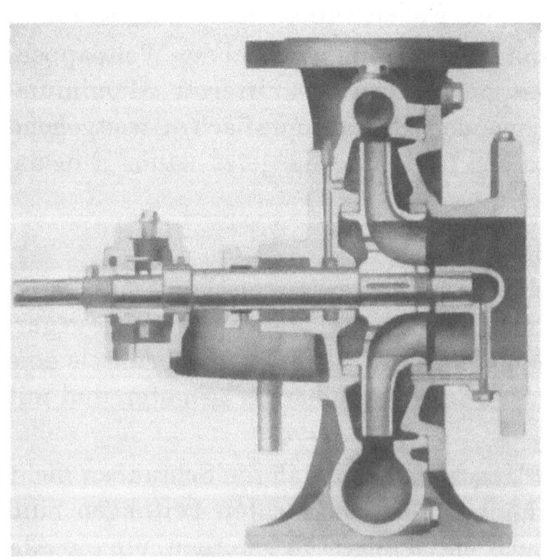

Abb. 2.83. Warmwasser-Umwälzpumpe

Meist handelt es sich um einstufige Schleuder-
radpumpen, bei denen das spiralige Pumpen-
gehäuse entweder an einen kräftigen Lagerstuhl
angeflanscht ist oder ein Anbaulager trägt und
das Laufrad fliegend auf der Welle sitzt, siehe
Abb. 2.83. Der Axialschub kann durch Ent-
lastungsbohrungen im Laufradboden aufgehoben
werden. Die Pumpe wird direkt mit der An-
triebsmaschine — im allgemeinen ein Elektromotor — gekuppelt. Zur Vermeidung von
Geräuschbelästigungen empfiehlt sich die Verwendung von Gleitlagern und besonders geräuscharmen Motorenbauarten mit nicht zu
hohen Drehzahlen (950 oder 750 U/min).

Bei Wassertemperaturen über 100° sollen die
Stopfbuchsen mit Rücksicht auf das Packungs-
material wassergekühlt sein. Bei Temperaturen
über 130° sind Sonderausführungen für Heiß-
wasserbetrieb am Platz, bei denen die Pumpe beidseitig gelagert ist und auch die Lager gekühlt
werden, Abb. 2.84.

Dienen die Pumpen der Kondensatrückförderung, so sollte bei Wassertemperaturen über
65° das Kondensat stets der Pumpe zulaufen; die Widerstände in der Zuflußleitung sind möglichst niedrig zu halten. Für die Speisung von Dampfkesseln höheren Druckes genügen einstufige Kreiselpumpen nicht mehr; man ist auf mehrstufige Ausführungen angewiesen. Beim
Anschluß der Pumpen an das Rohrnetz ist darauf zu achten, daß keine oder nur geringe
Dehnungskräfte an den Zu- und Ablaufstutzen wirksam werden können. Die Anschlußleitungen

sind entsprechend elastisch zu gestalten, evtl. auch in Höhe des Anschlußflansches mit Festpunkten zu versehen.

Als Antriebsmotoren werden vorwiegend Drehstrom-Kurzschlußmotoren mit einfachem Käfigläufer verwendet, die mit konstanter Drehzahl laufen. Schleifringläufer gestatten eine Abwärtsregelung der Drehzahl. Von dieser Möglichkeit wird jedoch nur selten — z. B. bei Umwälzpumpen großer Anlagen — Gebrauch gemacht, zumal die Motoren verhältnismäßig teuer sind und die Regelung den Wirkungsgrad des Motors herabsetzt. Häufiger schon findet man polumschaltbare Motoren für verschiedene Drehzahlen. Die Leistung des Motors wählt man etwa 20% größer als die erforderliche Pumpenleistung, um bei einer etwaigen Erhöhung der Fördermenge eine ständige Überlastung des Motors zu vermeiden.

Abb. 2.84. Heißwasser-Umwälzpumpe

Bei nicht allzu großen Einheiten werden Pumpe und Motor auf gemeinsamer Grundplatte montiert, die schwingungsgedämmt auf das Fundament aufgesetzt wird.

Bei großen Heizzentralen mit Dampfkesseln lassen sich die Umwälzpumpen auch durch *Dampfturbinen* antreiben. Für diesen Zweck sind besondere Bauarten von Kleindampfturbinen für niedrige Frischdampfdrucke entwickelt worden[1], s. Abb. 2.85. Der Abdampf der Turbinen wird in Wärmeaustauschern niedergeschlagen und für die Heiz- oder Gebrauchswassererwärmung nutzbar gemacht, s. auch Abb. 2.162. Bei dem geringen Druckgefälle — oft nur 0,45 atü/0,05 atü — ist der spezifische Dampfverbrauch der Niederdruckturbinen sehr hoch. Es ist daher zu prüfen, ob bzw. unter welchen Betriebsverhältnissen der Abdampf noch untergebracht werden kann.

Die Dampfturbine sichert den Wasserumlauf der Heizanlage auch bei Stromausfall. Als Antriebsaggregat ist sie zudem besonders betriebssicher und in der Drehzahl leicht regelbar. Ihr Hauptvorteil liegt in der Einsparung des Pumpenstrombedarfs, der oft die Jahresbetriebskosten einer Heizanlage empfindlich beeinflußt. Die Kosten der für die mechanische Arbeit aufzuwendenden Wärme (unter Berücksichtigung der Kessel- und Rohrleitungsverluste rd. 1200 kcal/kWh) betragen meist nur einen Bruchteil des Preises für eine Kilowattstunde.

Abb. 2.85. Niederdruckdampfturbine, mit Umwälzpumpe gekuppelt

Die Eignung einer Kreiselpumpe für bestimmte Betriebsverhältnisse läßt sich am besten an Hand der *Kennlinie* beurteilen. Sie gibt den Zusammenhang zwischen Förderstrom und Förderdruck einer Pumpe bei gleichbleibender Drehzahl in Diagrammform wieder und wird durch Versuche ermittelt, s. 10. Abschnitt. Mit zunehmender Fördermenge geht der Förderdruck im allgemeinen zurück. Man

---

[1] JUNGBLUTH, M.: Niederdruck-Kleindampfturbinen für Umwälzpumpen bei Warmwasserheizungen. Heizg. u. Lüftg. Bd. 10 (1936) S. 152. — SCHEINEMANN, W.: Der Antrieb von Umwälzpumpen bei Wasserheizungen. Heizg. u. Lüftg. Bd. 17 (1943) S. 45/55.

trägt in dieses Schaubild zweckmäßigerweise auch noch die Leistungs- und Wirkungsgradkurven ein. Arbeitet die Pumpe im Bereich des Wirkungsgradmaximums, was man stets anstreben sollte, so wächst der Kraftbedarf infolge des abnehmenden Wirkungsgrades bei höherem Förderstrom trotz stark abfallender Druckhöhe noch weiter an. Ein zu reichlich dimensioniertes Heiznetz führt daher leicht zu einem überhöhten Strombedarf für Antriebszwecke. Es bleibt bei ausgeführten Anlagen dann meist nur der Ausweg, die umgewälzte Wassermenge durch Drosselung herabzusetzen.

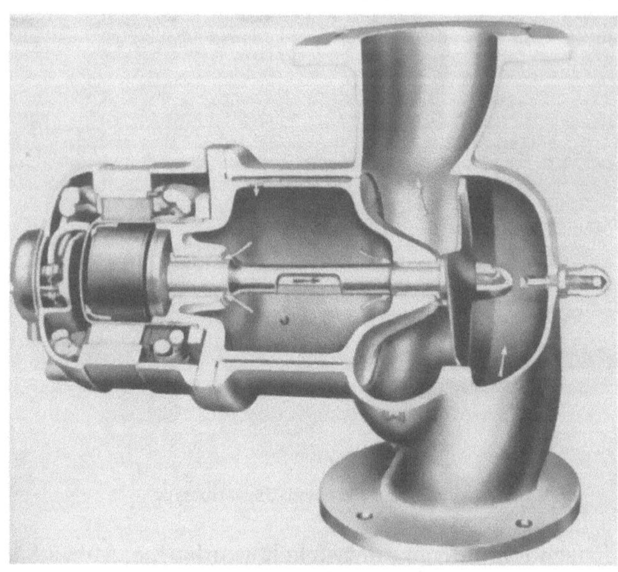

Abb. 2.86. Umlaufbeschleuniger

Im allgemeinen betreibt man Warmwasserheizungen mit gleichbleibender Umlaufwassermenge und regelt die Heizleistung durch Veränderung der Vorlauftemperatur. Bei großen Anlagen wird zuweilen zur Einsparung von Stromkosten der Wasserumlauf in den Nachtstunden oder in sonstigen Zeiten schwacher Belastung (Übergangszeit) herabgesetzt. Die *Wassermengenregelung* läßt sich durchführen durch

Drosselung mittels eines Regelorgans oder
Änderung der Pumpendrehzahl oder
Betrieb einzelner Pumpen einer Gruppe.

Bei Motorenantrieb wählt man meistens die dritte Art. Man teilt die Gesamtfördermenge auf mehrere Aggregate auf, wobei sowohl Pumpen gleicher als auch verschiedener Leistung zusammengeschaltet werden. Häufig findet man die Unterteilung in zwei gleich große Einheiten; eine dritte Pumpe gleicher Leistung wird dann zur Reserve aufgestellt.

Bei der Auswahl der Pumpen sind ihre Kennlinien im Zusammenhang mit der hydraulischen Charakteristik des gesamten Rohrnetzes zu betrachten, s. 10. Abschn., S. 459.

Warmwasserheizungen im Grenzbereich zwischen Schwerkraft- und Pumpenbetrieb werden vielfach mit kleinen, elektrisch angetriebenen Schraubenradpumpen ausgerüstet, s. Abb. 2.86. Diese Pumpen können unmittelbar mit Flanschen in ein gerades Rohrstück — bei anderen Ausführungen an Stelle eines Rohrbogens — eingebaut werden. Da ihr Widerstand gering ist, läßt sich die Anlage bei Stillstand der Pumpe auch im Schwerkraftbetrieb fahren. Häufig werden derartige Pumpen daher nur zur Beschleunigung des Wasserumlaufs beim Anheizen oder bei strenger Kälte vorgesehen. Kennzeichnend für Schraubenradpumpen sind die großen Fördermengen bei relativ niedrigen Förderhöhen.

2. Wärmeaustauscher

In den Zentralen größerer Heizanlagen muß häufig die von den Kesseln oder durch Fernleitungen gelieferte Wärme auf ein anderes Heizmittel, z. B. Warmwasser, übertragen werden. Man bedient sich hierzu besonderer Wärmeaustauscher, auch Umformer genannt[1], die in der Heizungstechnik zumeist in einer Bauart ähnlich Abb. 2.87 Verwendung finden.

U-Rohr-Wärmeaustauscher. In einem liegenden zylindrischen Behälter aus Stahlblech oder Gußeisen ist ein Heizrohrbündel aus U-förmig gebogenen Kupfer- oder Stahlrohren untergebracht. Die Rohre sind in eine starke Stahlplatte eingewalzt, die durch die Flanschen des Gehäuses und eines vorderen geteilten Kopfstückes gehalten wird. Der Heizdampf tritt im oberen Teil des Kopfstückes ein, durchströmt die Heizrohre und verläßt als Kondensat bzw. Dampf-

---

[1] Eine einheitliche Bezeichnung hat sich noch nicht durchgesetzt; neuerdings findet sich im wärmetechnischen Schrifttum dafür auch das Wort „Wärmeübertrager".

Wassergemisch den unteren Teil des Kopfstückes. Das Heizungswasser umströmt, von unten kommend, die Heizrohre, wobei eine Trennwand einen Gegenlauf zwischen Heizdampf und Wasser bewirkt (Gegenstromapparat). Die Dehnung der Rohre kann bei der U-Form in einfacher Weise aufgenommen werden; allerdings ist deren innere Reinigung mechanisch kaum durchführbar. Zur äußeren Reinigung kann das ganze Rohrbündel nach Lösen der Dampf- bzw. Kondensatanschlüsse und Abnahme des Kopfstückes nach vorn herausgezogen werden. Bei der Aufstellung der Wärmeaustauscher ist auf genügenden Abstand von gegenüberliegenden Wänden oder Apparaten zu achten.

Bei Undichtheiten an einzelnen Heizrohren eines großen Rohrbündels können die schadhaften Rohre vorübergehend durch Abpflocken ausgeschaltet werden, ohne daß die Leistung des Apparates dadurch allzusehr beeinträchtigt wird.

Geradrohr-Wärmeaustauscher. Legt man auf gute innere Reinigungsfähigkeit der Rohre und leichte Auswechselbarkeit Wert, so geht man auf Austauscher mit geraden Heizrohren über, s. Abb. 2.88. Diese Apparate sind auch am hinteren Ende durch einen abnehmbaren Deckel

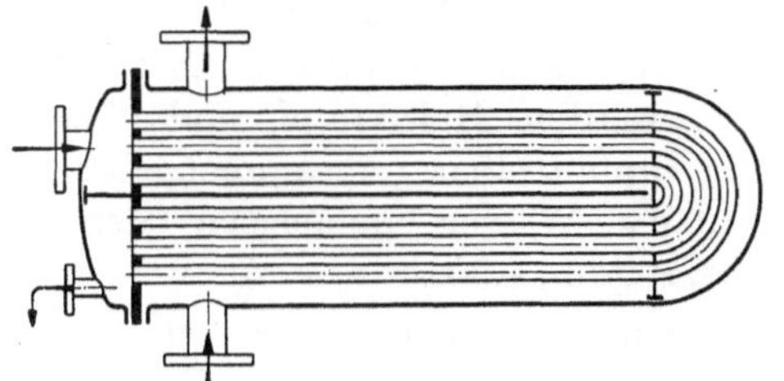

Abb. 2.87. U-Rohr-Wärmeaustauscher, Dampf/Wasser

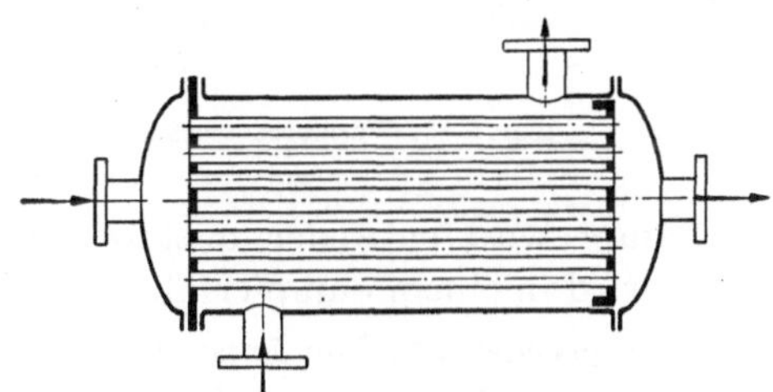

Abb. 2.88. Geradrohr-Wärmeaustauscher

abgeschlossen. Die Heizrohre sind beidseitig in Platten eingewalzt; die vordere Platte ist fest mit dem Gehäuse verbunden, die hintere kann sich mit Dichtung gegen das Gehäuse in Rohrrichtung frei bewegen.

Die gleichen oder ähnliche Bauarten von Wärmeaustauschern werden verwendet, wenn Hochdruckdampf oder Heißwasser als Heizmittel dienen.

Geradrohr-Wärmeaustauscher können sowohl einflutig mit wechselseitigen Heizmittelanschlüssen als auch mehrflutig, dann meist mit gleichseitigen Heizmittelanschlüssen, ausgebildet sein. In diesem Fall sind die Endkammern ein- oder mehrfach unterteilt. Man wählt die letztgenannte Ausführung bei dampfbeheizten Wärmeaustauschern vorwiegend dann, wenn das Heizwasser *durch* die Rohre geführt wird und hohe spezifische Leistungen gefordert werden. Der Druckverlust solcher Apparate ist wasserseitig relativ hoch.

Unterteilung der Heizfläche. Bei größeren Heizanlagen empfiehlt sich eine Unterteilung der erforderlichen Wärmeaustauscherleistung auf zwei oder mehr Apparateeinheiten. Die *Wärmeaustauscher* sind meist *parallel geschaltet.* Bei schwacher Belastung ist nur ein Apparat in Betrieb. Wird die gesamte Heizwassermenge durch diesen Apparat geführt, so wächst der Druckverlust stark an. Die Anschlußweiten des Vor- und Rücklaufes sind daher reichlich zu bemessen.

Man kann bei schwacher Belastung auch einen Teil des Heizwassers an den Wärmeaustauschern in einer Kurzschlußleitung vorbeischleusen. In diesem Falle ergibt sich die Vorlauftemperatur der Heizung als Mischtemperatur der beiden Teilströme. Je nach dem Mengenverhältnis ist sonach die Ablauftemperatur am Wärmeaustauscher um ein bestimmtes Maß höher einzuhalten als die gewünschte Vorlauftemperatur. Die Beipaßschaltung, wie die Umgehung der Apparate durch einen Teilstrom auch genannt wird, hat den Vorteil des geringeren Druckverlustes, erfordert aber auch höhere Heizmitteltemperaturen, die bei heißwasserbeheizten Apparaten oder bei Fremdbezug der Heizwärme durchaus unerwünscht sein können.

Seltener trifft man bei Heizanlagen *hintereinandergeschaltete Wärmeaustauscher.* Sie gewinnen erst Bedeutung bei Wasserheizungen mit großen Temperaturunterschieden zwischen Vor- und Rücklauf oder wenn Heizdampf verschiedener Druckstufen zur Verfügung steht. Bei der Hintereinanderschaltung ergeben sich zumeist umständlichere und teuerere Rohranschlüsse. Werden die Wärmeaustauscher zwecks Platz- und Rohrleitungsersparnis übereinander angeordnet und sekundärseitig direkt verbunden, so sind sie jeweils nur als Gruppe in Betrieb zu nehmen.

Wärmeaustauscher, die der mittelbaren Erzeugung von ND-Dampf durch Heißwasser oder Hochdruckdampf dienen, erhalten einen vergrößerten Wasser- und Dampfraum. Abb. 2.89 gibt eine derartige Ausführung im Schnitt wieder. Ähnliche Bauformen zeigen die in der Praxis als „Boiler" bezeichneten Wärmeaustauscher zur Erwärmung von Brauchwasser, s. Abb. 3.01; sie dienen zugleich als Wärmespeicher, wobei die Heizrohre im unteren Teil des liegend oder auch stehend angeordneten zylindrischen Speichergefäßes untergebracht sind.

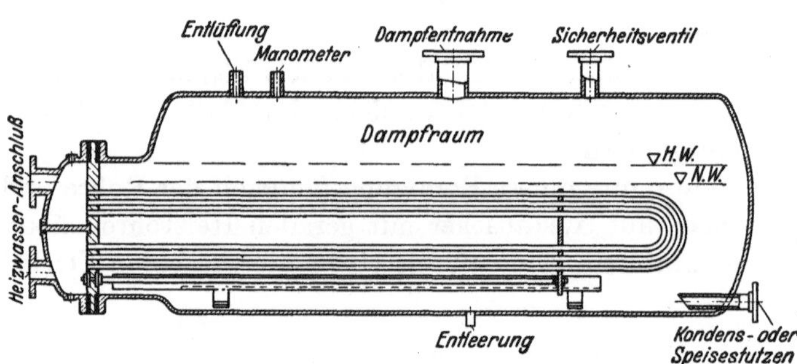

Abb. 2.89. Wärmeaustauscher als Dampferzeuger

Mischvorwärmer. Eine Sonderbauart der Wärmeaustauscher ohne eigentliche Heizflächen sind die Mischvorwärmer. Bei ihnen werden Heizdampf und Wasser unmittelbar zusammengebracht. Der Dampf wird entweder mittels zahlreicher Düsen in das Wasser eingeblasen oder das Wasser wird in einem dampferfüllten Raum fein versprüht, s. Abb. 4.30.

Leistungsregelung. Die Leistung der Wärmeaustauscher wird bei Warmwasserheizungen im allgemeinen nach der Vorlauftemperatur geregelt. Das Regelventil sitzt in der Heizmittelzuleitung zwischen Wärmeaustauscher und Absperrorgan und gibt je nach den Impulsen eines Thermostaten den Durchflußquerschnitt mehr oder weniger frei. Dampfbeheizte Wärmeaustauscher müssen beim Anfahren entlüftet werden. Bei Niederdruckdampf geschieht dies entweder über die mit der Atmosphäre in Verbindung stehende Kondensatleitung oder, wenn Kondensatableiter eingebaut sind, mittels einer selbsttätigen Entlüftung unmittelbar hinter dem Heizregister. Sie ist zugleich als Belüftung ausgebildet, damit beim Drosseln oder völligen Abschalten des Heizdampfes auch wieder Luft in die Heizrohre eintreten kann. Je nach der Belastung ändert sich dabei der Anteil der von Dampf bzw. Luft bespülten Rohrheizfläche. Die Heizrohre müssen zur sicheren und geräuschlosen Abführung des Kondensates mit Gefälle zum Kondensatabfluß hin angeordnet sein.

Mit Hochdruckdampf beheizte Wärmeaustauscher werden in der Regel nur entlüftet, aber nicht belüftet, zumal häufig das Kondensat unter Druck in den Sammler zurückgeführt werden muß. Meist ist auf dem Kondenstopf selbst eine von Hand zu bedienende oder auch selbsttätige Entlüftung vorgesehen. Mit der Drosselung der Dampfmenge geht bei Teillast im Heizregister auch der Druck zurück. Das sich anstauende Kondensat schaltet dabei einen mehr oder weniger großen Teil der Rohrlängen als dampfberührte Heizfläche aus, kühlt sich andererseits aber auch bis nahe an die Wassereintrittstemperatur ab. Das Regelventil wird bei derartigen Apparaten zuweilen im Kondensatabfluß eingebaut, so daß das Kondensat stets unter dem vollen Heizdampfdruck abgeführt werden kann.

Die Heizfläche der Wärmeaustauscher von Wasserheizungen wird nach der bei maximalen Heizwassertemperaturen geforderten Leistung ausgelegt. Das bedeutet, daß die gleichen Apparate bei niedrigen Wassertemperaturen und insbesondere beim Anheizen ein Vielfaches ihrer theoretischen Höchstleistung abgeben können. Dadurch wird notwendig die Regelung bei Teillast erschwert. Auch ist bei der Bemessung der Anschlüsse und Einrichtungen auf der Dampf- bzw. Kondensatseite auf diesen Umstand Rücksicht zu nehmen.

3. Schaltpläne und Strangzeichnungen, Sinnbilder

Aufbau und Wirkungsweise wärmetechnischer Anlagen lassen sich am leichtesten an vereinfachten Schaltplänen und Rohrzeichnungen deutlich machen. In die Schaltpläne (auch Wärmeschaltbilder genannt) werden nur die funktionsmäßig wichtigsten Teile der Anlage ein-

Tafel A. Sinnbilder der Heiztechnik

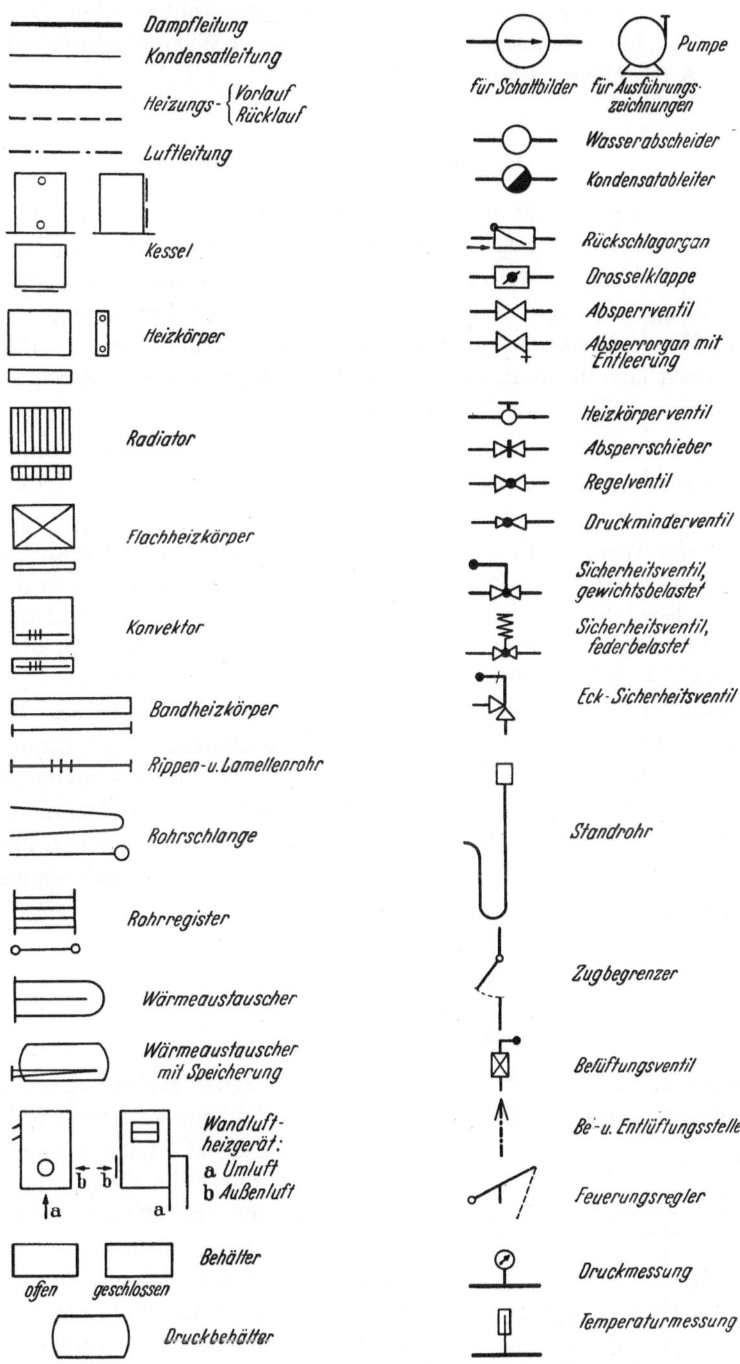

gezeichnet, also Kessel, Wärmeerzeuger, Pumpen, Wärmeverbraucher u. dgl., und zwar in der Regel einfach, auch wenn mehrere Aggregate vorhanden sind. Man ersieht aus diesen Darstellungen die grundsätzliche Arbeitsweise einer Anlage sowie Aufgabe und gegenseitige Zuordnung der Hauptteile.

Soll der Aufbau einer Heizungsanlage im einzelnen erkennbar sein, so sind Wärmeerzeuger, Heizflächen und Sicherheitseinrichtungen höhengerecht in eine Zeichnung einzutragen und schaltungsrichtig zu verbinden. Man nennt diese Zeichnung das „Strangschema" der Anlage; vervollständigt durch Angaben über die Leitungsdurchmesser, die Heizkörper-Bauarten und -Größen sowie sämtliche Rohrleitungen und Zubehörteile, dient sie als Montagezeichnung. Anfertigung und Verständlichkeit dieser Zeichnungen werden erleichtert, wenn dabei die wichtigsten Einbauteile von Zentralheizungen durch Symbole dargestellt werden. Die in diesem Buch verwendeten Sinnbilder lehnen sich an die in der allgemeinen Wärmetechnik gebräuchlichen an; sie sind in der Tafel A (S. 71) wiedergegeben.

III. Warmwasserheizungen

Wasserheizungen können sowohl in offener als auch in geschlossener Bauart ausgeführt werden. Bei der offenen Ausführung steht die Heizanlage in ihrem höchsten Teil, d. i. das Ausdehnungsgefäß, in Verbindung mit der Atmosphäre. Die Heizwassertemperaturen müssen also an jeder Stelle der Anlage niedriger sein als die dem jeweiligen Druck zugeordnete Verdampfungstemperatur des Wassers. Nur unter bestimmten Vorsichtsmaßnahmen sind Temperaturen über 100° möglich; meist begnügt man sich mit höchsten Wassertemperaturen von 90 bis 95° C. Man bezeichnet derartige Anlagen als *Warm*wasserheizungen.

Sollen höhere Wassertemperaturen erreicht werden (Heißwasserheizungen), so muß die geschlossene Bauart gewählt und das ganze Netz unter entsprechendem Überdruck gehalten werden.

Nach der Art, wie der Wasserumlauf zustande kommt, unterscheidet man Schwerkraft- und Pumpenheizungen. Bei der Schwerkraftheizung wird der Wasserumlauf allein durch den Unterschied im spezifischen Gewicht zwischen dem erwärmten Wasser im Vorlauf und dem kälteren Wasser im Rücklauf hervorgerufen und aufrechterhalten. Die wirksame Druckdifferenz ist dabei relativ klein, je nach Gebäudehöhe 50 bis 500 mm WS. Sie reicht jedoch aus, um bei Gebäuden nicht allzu großer Ausdehnung einen genügenden Wasserumlauf herbeizuführen. Mit zunehmender waagerechter Ausdehnung des Gebäudes wachsen die Strömungswiderstände stark an. Die Rohrweiten werden dabei unwirtschaftlich groß; auch wird es immer schwieriger, die Gesamtanlage gleichmäßig zu betreiben. In solchen Fällen schaltet man eine Pumpe in das Rohrnetz ein und wählt dabei den Pumpendruck zu etwa 1 bis 4 m WS. Nach Aufbau und Rohrführung stimmen beide Systeme weitgehend überein. Die grundsätzlichen Ausführungen im folgenden Abschnitt gelten daher auch für Pumpenheizungen.

A. Schwerkraftheizung

1. Aufbau und Rohrführung

Der Wärmeerzeuger *a* befindet sich an der tiefsten Stelle der Heizanlage, s. Abb. 2.90. Das erwärmte Heizwasser wird durch senkrechte Rohre (Stränge) und waagerechte Rohre (Verteilleitungen) den Heizkörpern *b* zugeführt und nach Abkühlung durch Fallstränge und eine Sammelleitung *S* wieder zum Kessel zurückgeleitet. Am höchsten Punkt des Rohrnetzes ist das Ausdehnungsgefäß *c* angeschlossen, das beim Anheizen das vergrößerte Wasservolumen der Anlage aufnimmt und gleichzeitig die offene Verbindung mit der Atmosphäre herstellt.

Obere Verteilung. Wird das erwärmte Wasser zunächst in einem Hauptstrang nach oben geführt, wie in Abb. 2.90, und in einer über den höchsten Heizkörpern liegenden waagerechten Leitung *OV* auf die einzelnen Vorlaufstränge verteilt, so spricht man von oberer Verteilung. Damit beim

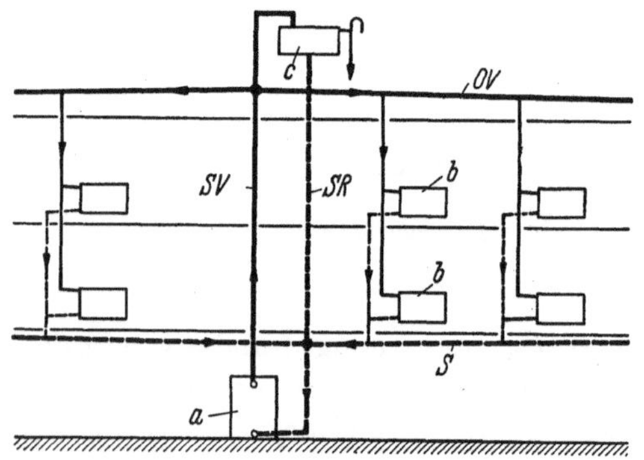

Abb. 2.90. Warmwasserheizung mit oberer Verteilung, Zweirohrsystem

Füllen des Systems die Luft aus Kessel, Rohrleitung und Heizkörper entweichen und auch die beim Erwärmen des Wassers sich ausscheidende Luft abgeführt werden kann, sind alle Leitungen, vom Kessel beginnend bis zum Ausdehnungsgefäß, mit Steigung zu verlegen.

Bei Abb. 2.90 wird das abgekühlte Heizwasser der übereinanderliegenden Heizkörper in einem besonderen Rücklaufstrang gesammelt. Diese Rohranordnung nennt man *Zweirohrsystem*. Man kann auch den Vorlauf-Fallstrang jeweils bis zur Rücklaufsammelleitung durchführen und die Heizkörper im Zu- und Ablauf mit diesem Strang verbinden (*Einrohr*system), s. Abb. 2.91. Der Fallstrang dient hier also gleichzeitig als Vor- und Rücklauf.

Untere Verteilung. Bei der unteren Verteilung wird die Hauptvorlaufleitung *UV* im Keller verlegt, s. Abb. 2.92. Von ihr zweigen die jetzt steigenden Vorlaufstränge ab. Die Rücklaufleitungen sind in gleicher Weise geführt wie beim Zweirohrsystem mit oberer Verteilung. Da die Steigestränge jeweils im obersten Geschoß enden, müssen zu ihrer Entlüftung besondere Luftleitungen vorgesehen werden. Sie verbinden das Ende der Vorlaufstränge mit dem Luftraum des Ausdehnungsgefäßes. Bei ungeheizten Dachräumen besteht dann aber die Gefahr, daß die in den Dachraum hineinragenden ruhenden Wassersäulen (*e* in Abb. 2.92) einfrieren. Man muß deshalb häufig die Entlüftungsleitungen in das oberste, noch beheizte Stockwerk verlegen, s. Abb. 2.93. Ohne die Kröpfungen an der Stelle *Kr* würden sich die Entlüftungsleitungen mit Wasser füllen und es könnten Zirkulationen zwischen Teilen des Systems eintreten, die man vermeiden muß. Durch die Kröpfungen erzielt man Luftsäcke in den Entlüftungsleitungen, die eine Zirkulation verhindern.

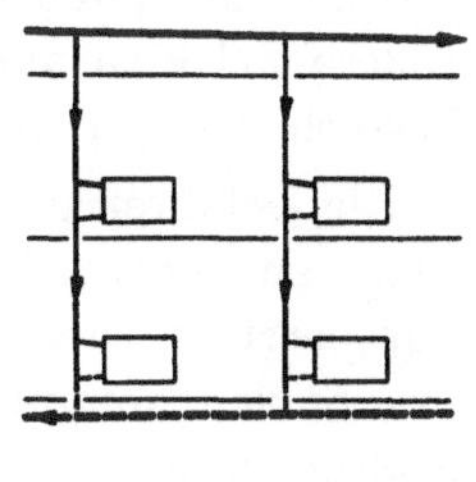

Abb. 2.91. Warmwasserheizung mit oberer Verteilung, Einrohrsystem

Vor- und Nachteile der einzelnen Systeme. Anlagen mit oberer Verteilung ergeben höhere Umlaufkräfte; sie kommen auch schneller in Gang als solche mit unterer Verteilung. Die Keller sind leichter kühl zu halten. Von Nachteil sind die höheren Wärmeverluste, wenn auch die Erwärmung des Dachbodens durch die oberen Verteilleitungen in manchen Fällen erwünscht ist.

Bei unterer Verteilung wird das Rohrnetz etwas billiger. Auch können diese Anlagen erforderlichenfalls von oben her stockwerksweise außer Betrieb genommen werden, ohne daß die ganze Anlage stillgesetzt werden muß (Instandsetzungsarbeiten, Notbetrieb).

Sollen die Anlagekosten möglichst niedrig gehalten werden, so wird im allgemeinen die untere

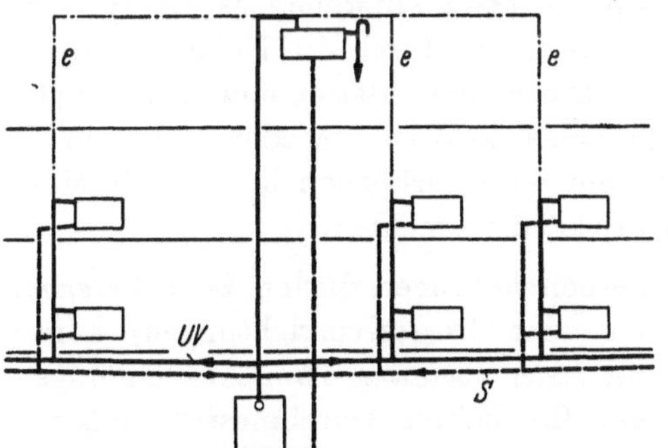

Abb. 2.92. Warmwasserheizung mit unterer Verteilung

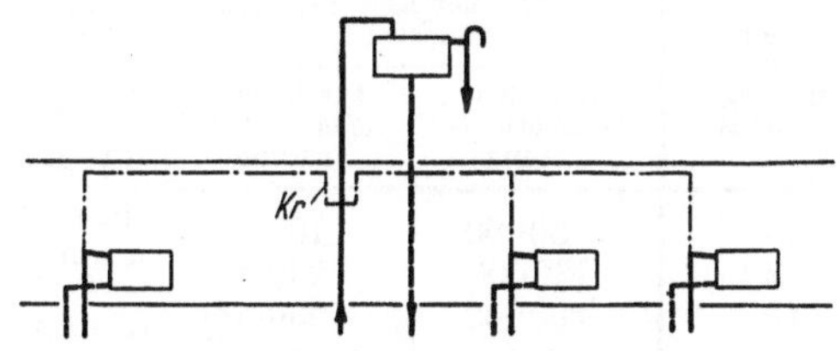

Abb. 2.93. Entlüftungsleitungen, frostsicher verlegt

Verteilung bevorzugt. Man geht jedoch zur oberen Verteilung über, wenn bei Schwerkraftbetrieb Umlaufschwierigkeiten befürchtet werden oder wenn auf Kühlhaltung der Keller großer Wert gelegt wird bzw. die Unterbringung zweier Hauptleitungen im Keller unmöglich ist. Die obere Verteilung ist notwendig bei der Einrohrausführung. Dieses System ermöglicht eine einfache und bei frei vor der Wand verlegten Leitungen auch schönere Rohrmontage (keine Kreuzungen und Kröpfungen!). Bei großen und hohen Gebäuden macht das Einregeln der Heizkörper auf die geforderte Leistung erfahrungsgemäß bei der Einrohrausführung weniger Schwierigkeiten als bei der Zweirohrausführung. Andererseits beeinflussen sich die Heizkörper eines Stranges beim Einrohrsystem stärker durch Regulierungseingriffe im Betrieb, ein Nachteil, der jedoch bei vielgeschossigen Bauten gleicher Benutzungsweise selten in Erscheinung tritt (Bürogebäude, Schulen, Krankenhäuser).

Infolge der von oben nach unten abnehmenden Wassereintrittstemperaturen sind bei Einrohrheizungen die Heizkörper in den unteren Geschossen größer als in den oberen. Etwaige

Ersparnisse am Rohrnetz werden dadurch zumeist wieder aufgehoben. In gewissem Umfang lassen sich die Heizkörpergrößen in den einzelnen Stockwerken durch Änderung der durchfließenden Wassermengen einander angleichen.

2. Sicherheitseinrichtungen

Heizungsanlagen werden in der Mehrzahl der Fälle von Laien oder technisch nicht geschulten Personen bedient. Die Kessel sind oft über viele Stunden ohne Aufsicht. Die Anlagen sind daher so auszubilden, daß weder durch Bedienungsfehler noch durch Betriebsstörungen Gefahren oder größere Schäden auftreten können. Die diesbezüglichen behördlichen Vorschriften für offene Wasserheizungen sind in DIN 4751 zusammengefaßt.

Die Gefahren gehen stets vom Wärmeerzeuger aus; es ist sonach in erster Linie die Kesselanlage zu sichern. Wird beispielsweise ein Kessel angeheizt, der im Vor- und Rücklauf völlig abgesperrt ist, so wird er durch die Ausdehnung des Wassers schon gesprengt, bevor das Wasser zum Sieden kommt. Bei einem in Betrieb befindlichen Kessel kann durch plötzliches Abschalten großer Wärmeverbraucher oder durch Versagen des Verbrennungsreglers das Kesselwasser verdampfen. Der Dampf muß dann gefahrlos abgeführt werden, wobei durch Nachströmen von Rücklaufwasser ein Leerkochen des Kessels nach Möglichkeit verhindert werden soll. Die folgenden Ausführungen befassen sich nur mit den wichtigsten Sicherheitsvorschriften für Anlagen mit direkt gefeuerten Kesseln. Sie sind als Einführung in Sinn und Zweck dieser Bestimmungen gedacht, bedürfen in vielen Fällen sonach noch der Ergänzung durch ein sorgfältiges Studium der Vorschriften.

Die wichtigste Bestimmung besagt, daß alle mit Brennstoffen, Abgasen oder elektrisch geheizten Kessel offener Wasserheizungen durch zwei *unabsperrbare Sicherheitsleitungen* mit dem Ausdehnungsgefäß der Anlage verbunden sein müssen.

Nach dem Anschluß an den Kessel werden sie unterschieden in Sicherheitsvorlaufleitung und Sicherheitsrücklaufleitung. Die Sicherheitsvorlaufleitung kann sowohl von oben als von unten in das Ausdehnungsgefäß einmünden. Sie soll ein etwa entstehendes Dampf-Wassergemisch zuverlässig abführen, so daß der Druck im Kessel den durch die Höhenlage des Ausdehnungsgefäßes gegebenen Wert nicht überschreitet. Die Sicherheitsrücklaufleitung endet im unteren Teil des Ausdehnungsgefäßes; sie soll das ausgeblasene Wasser wieder nach dem Kessel zurückführen, um ein Leerkochen und damit ein Ausglühen des Kessels zu vermeiden.

Beide Sicherheitsleitungen dürfen *keine Verengungen* (z. B. Pumpen oder Drosselvorrichtungen) aufweisen und müssen in *steter Steigung* zum Ausdehnungsgefäß verlegt werden. Ihr lichter Durchmesser muß mindestens 25 mm betragen, ist im übrigen aber nach folgenden Gleichungen zu bestimmen:

Für Sicherheitsvorlaufleitungen

$$d_V = 15 + 1,5 \sqrt{\frac{Q}{1000}} \quad [\text{mm}], \qquad (2.01)$$

für Sicherheitsrücklaufleitungen

$$d_R = 15 + \sqrt{\frac{Q}{1000}} \quad [\text{mm}]. \qquad (2.02)$$

Sicherheits-leitungen d_V und d_R Nennweite	Bis zu einer Kesselleistung von kcal/h	
	für Sicher-heitsvorlauf-leitung	für Sicher-heitsrücklauf-leitung
25	50000	100000
32	130000	290000
40	280000	630000
50	550000	1230000
60	900000	2000000
70	1400000	3000000
80	1900000	4200000
90	2500000	5600000
100	3200000	7200000
110	4000000	9000000
125	5400000	12100000
140	6900000	15600000
150	8100000	18200000

Hierbei bedeuten:

d_V bzw. d_R die lichten Durchmesser der Leitungen,

Q die Kesselleistung in kcal/h (Regelleistung).

Die obenstehende Zahlentafel zeigt, bis zu welcher Kesselleistung Rohre der Nennweiten 25 bis 150 nach diesen Formeln als Vorlauf- bzw. Rücklauf-Sicherheitsleitungen verwendet werden können.

Anlagen mit einem Kessel. Erhält ein Kessel weder im Vorlauf noch im Rücklauf ein Absperrorgan, so ergeben sich besonders einfache Verhältnisse. Es wird nämlich nicht verlangt, daß die Sicherheitsleitungen in ihrer ganzen Länge als eigene Leitungen neben den schon bestehenden Strängen ausgeführt werden, vielmehr können Vorlauf und Steigstrang bzw. Rücklauf und Fallstrang zur Herstellung dieser Verbindungen mit benutzt werden, vorausgesetzt nur, daß in dem betreffenden Zug der Rohrführung keine Absperrung möglich ist, die Leitung überall mit Steigung verlegt ist und der lichte Durchmesser der Vorschrift entspricht.

Für die Sicherheitsvorlaufleitung SV verwendet man bei oberer Verteilung meist die Hauptsteigleitung (Abb. 2.90) oder bei kleineren Anlagen einen der Steigstränge (Abb. 2.94). Man

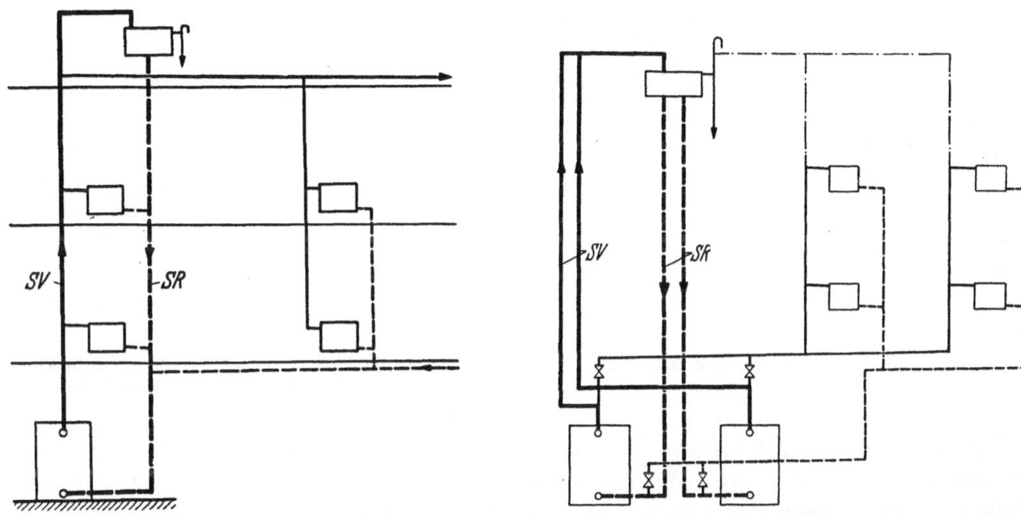

Abb. 2.94. Sicherheitsleitungen bei einem nicht absperrbaren Kessel

Abb. 2.95. Getrennte Sicherheitsleitungen bei zwei absperrbaren Kesseln

schließt sie in der Regel oberhalb des höchsten Wasserstandes an das Ausdehnungsgefäß an, um eine ständige Zirkulation des Wassers über die beiden Sicherheitsleitungen zu unterbinden.

Als Sicherheitsrücklaufleitung SR kann ein Rücklaufstrang genügender Lichtweite Verwendung finden. Es ist auch zulässig, bei oberer Verteilung einen Heizkörperstrang als Rücklaufsicherung zu wählen, wenn die Querschnitte den Vorschriften entsprechen und die Heizkörper dieses Stranges keine Absperrorgane erhalten. Diese Ausführung findet man häufig bei Stockwerksheizungen.

Anlagen mit mehreren Kesseln. Werden mehrere Kessel ohne Absperrorgane in den Vor- und Rücklaufleitungen zu einer Gruppe zusammengefaßt, so können diese Kessel mit dem Ausdehnungsgefäß gemeinsam durch *eine* Sicherheitsvorlauf- und *eine* Sicherheitsrücklaufleitung verbunden werden. Die lichten Weiten dieser Leitungen sind nach den obigen Gleichungen zu berechnen, wobei für Q die Regelleistung der ganzen Gruppe einzusetzen ist. Erhalten die Kessel im Vorlauf und Rücklauf Absperrorgane, um sie vorübergehend vom Wasserumlauf ausschalten und bei Schäden ausbauen zu können, so muß jeder Kessel einzeln den Vorschriften entsprechend abgesichert werden, s. Abb. 2.95. Gerade beim Wiederinbetriebnehmen nach Reparaturen wird leicht das Öffnen der Absperrorgane vergessen, so daß Kesselzerknalle möglich sind.

Die Verlegung der vielen einzelnen Sicherheitsleitungen läßt sich bei absperrbaren Kesseln vermeiden durch *Einbau von Sicherheitswechselventilen* an Stelle normaler Absperrorgane, s. Abb. 2.96. Das Wechselventil gibt bei Abschluß des Hauptdurchgangs $A-B$ zwangsläufig einen zweiten Weg $A-C$ für den Wasserstrom frei. Schließt man an den Nebenflansch ein offenes Ausblasrohr an, so ist der Kessel bei abgesperrtem Vor- bzw. Rücklauf über den Nebenweg unmittelbar mit der Atmosphäre verbunden. Der zweite Abgang des Wechselventils und die Ausblasleitung müssen in ihrer Lichtweite den Werten der Formeln (2.01) bzw. (2.02) entsprechen. Auch können die Ausblasleitungen der Wechselventile im Vor- und Rücklauf sowie für mehrere Kessel zusammengefaßt werden, s. Abb. 2.97. Damit zeitweise abgeschaltete Kessel mit Wasser gefüllt bleiben, wird die Ausblassammelleitung mindestens 500 mm über Kesseloberkante verlegt. Der Wasserverlust beim Umschalten eines Wechselventils oder durch Undichtheiten im Betrieb — Wechselventile schließen selten auf die Dauer dicht ab — läßt sich vermeiden, wenn man die Ausblasleitung in das Ausdehnungsgefäß hochführt.

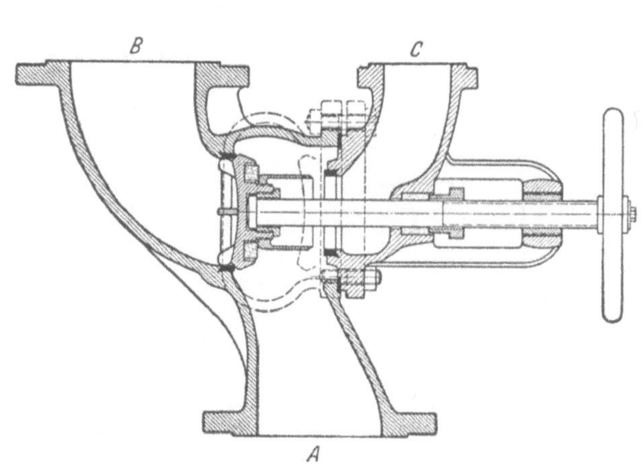

Abb. 2.96. Sicherheitswechselventil

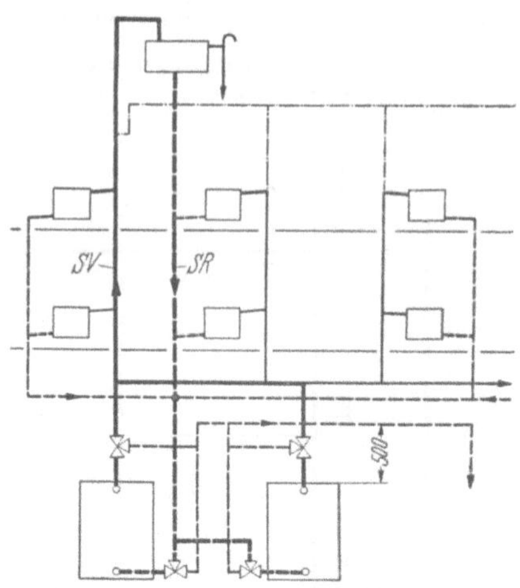

Abb. 2.97. Gemeinsame Sicherheitsleitungen bei zwei mit Wechselventilen absperrbaren Kesseln

Bei großen Kesseln mit starken Vor- und Rücklaufanschlüssen werden die unmittelbar in die Hauptleitungen eingebauten Wechselventile sehr teuer und unhandlich. Es empfiehlt sich, in solchen Fällen ein normales Absperrorgan im Vor- bzw. Rücklauf vorzusehen und das Sicherheitswechselventil in eine Umgehungsleitung kleineren Durchmessers einzusetzen, s. Abb. 2.98. Der in den Sicherheitsvorschriften vorgeschriebene lichte Durchmesser muß jedoch eingehalten

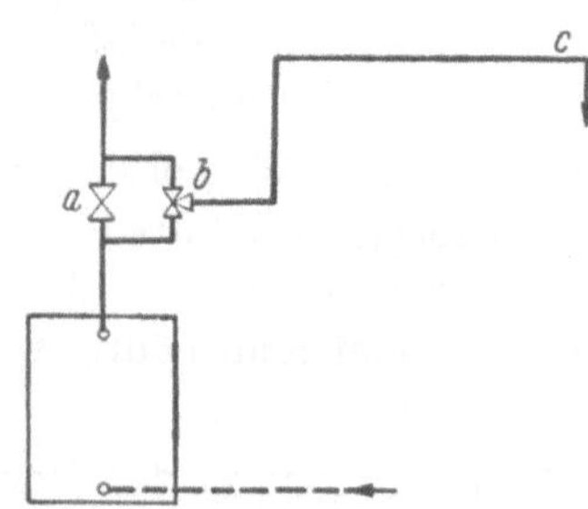

Abb. 2.98. Sicherheitswechselventil in einer Umgehung des Hauptabsperrorgans
a Hauptabsperrung, *b* Sicherheitswechselventil, *c* Ausblasleitung

werden. Um die Zahl der Wechselventile einzuschränken, wählt man zuweilen auch für die Absicherung absperrbarer Kessel oder Kesselgruppen eine Kombination beider Ausführungsmöglichkeiten. Man gibt jedem Kessel eine gesonderte Sicherheitsvorlaufleitung, baut in die Rückläufe aber Wechselventile ein, so daß man mit *einer* Sicherheitsrücklaufleitung auskommt, die am gemeinsamen Rücklauf abgeht.

3. Ausdehnungsgefäß

Als Ausdehnungsgefäße verwendet man allseitig geschlossene Stahlblechbehälter in Zylinder- oder auch Kastenform. Ihr Inhalt muß so groß sein, daß sie etwa die 2fache Wasserausdehnung der Heizanlage aufnehmen können. Zylindrische Ausdehnungsgefäße von 30 bis 1000 l Inhalt sind in ihren Hauptmaßen und Anschlußstutzen genormt, s. DIN 4806. Sie lassen sich sowohl stehend als auch liegend anordnen. Die Blechdicke soll mindestens 3 mm betragen.

Abb. 2.99 zeigt ein liegendes zylindrisches Gefäß mit den erforderlichen Anschlußleitungen. Die Sicherheitsvorlaufleitung *a* wird im allgemeinen oben in das Gefäß eingeführt, die Sicherheitsrücklaufleitung *c* unten. Um bei Frostgefahr ein Einfrieren des Wasserinhaltes zu vermeiden, wird vielfach eine kurze Zirkulationsleitung *b* zwischen Sicherheitsvorlauf und Ausdehnungsgefäß vorgesehen. Es genügt hierfür eine $^1/_2$''- bzw. $^3/_4$''-Leitung, die zur Einschränkung des Wasserumlaufes zumeist noch mit einem Drosselorgan versehen wird.

Diese Schaltung begünstigt allerdings Korrosionsschäden im Ausdehnungsgefäß. Es empfiehlt sich daher, die Zirkulationsverbindung zwischen Vor- und Rücklaufleitung dicht unter dem

Gefäß vorzusehen. Die Erwärmung des Wassers im Sicherheitsrücklauf teilt sich dabei auch dem Wasserinhalt des Ausdehnungsgefäßes mit. In jedem Fall müssen aber das Gefäß und seine Zuleitungen gut isoliert und nach Möglichkeit an frostgeschützter Stelle eingebaut werden, z. B. dicht am Schornstein.

Jedes Ausdehnungsgefäß erhält eine nach Formel (2.01) zu bemessende Überlaufleitung d. Zumeist wird durch den Überlauf auch die vorgeschriebene Verbindung des Ausdehnungsgefäßes mit der Atmosphäre hergestellt. Die Überlaufleitung erhält zu diesem Zweck eine über das Gefäß hinausführende Luftleitung, die in einem Umkehrbogen offen endet. Es ist zweckmäßig, die Überlaufleitung bis in den Heizkeller zu verlängern und sie dort sichtbar über einem Abfluß ausmünden zu lassen. Das Bedienungspersonal kann dadurch die Füllung der Heizanlage kontrollieren. Zur Beobachtung des Betriebswasserstandes ist im Kesselraum noch ein in m WS eingeteiltes Manometer angebracht. Die Wasserstandsprüfung wird erleichtert, wenn ein Ausdehnungsgefäß mit kleiner Grundfläche und großer Höhe, bei zylindrischen Gefäßen also die stehende Anordnung gewählt wird.

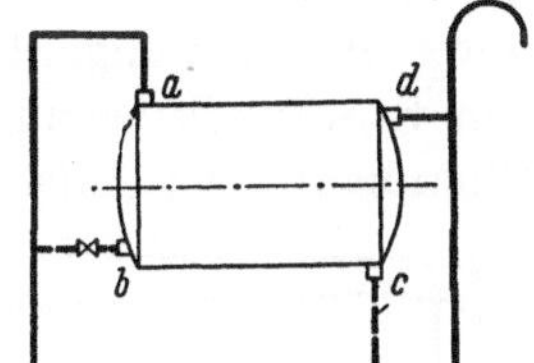

Abb. 2.99. Ausdehnungsgefäß mit Anschlüssen

Bei größeren Heizanlagen findet man aus Gründen der Platzersparnis vielfach auch kastenförmige Ausdehnungsgefäße. Sie sind mit aufgeschraubtem Deckel versehen, so daß sie zur Reinigung bzw. für die Anbringung eines Schutzanstriches innen zugänglich bleiben. Wird der erforderliche Ausdehnungsraum auf mehrere Gefäße aufgeteilt, so sind diese durch reichlich bemessene, nicht absperrbare Wasserausgleichsleitungen zu verbinden. Jedes Gefäß ist dabei mit einer im Querschnitt seinem Anteil am Gesamtinhalt entsprechenden Überlauf- und Entlüftungsleitung zu versehen, die zu einer gemeinsamen Ablaufleitung geführt werden.

4. Strangabsperrung

Es ist wichtig, das Rohrnetz so auszubilden, daß bei etwaiger Beschädigung oder Undichtheit eines Heizkörpers der größte Teil der übrigen Heizflächen in Betrieb bleiben kann und nur ein Teil der Anlage entleert werden muß.

Die früher zu diesem Zweck gebräuchliche Doppelabsperrung der Heizkörper im Vor- und Rücklauf wird heute kaum noch angewendet. Man begnügt sich damit, bestimmte Gruppen oder bei ausgedehnten Anlagen und hohen Anforderungen an die Sicherheit des Betriebes die einzelnen Stränge absperrbar einzurichten. Zu diesem Zweck erhält jeder Strang, s. Abb. 2.100, zwei Absperrvorrichtungen a und b, wobei die oberen Absperrvorrichtungen mit Lufteinlaß, die unteren mit Wasserabflußstutzen versehen sind. Bei Beschädigung eines Heizkörpers wird der betreffende Strang entleert, während die ganze übrige Anlage ungestört in Betrieb bleibt. Als Strangabsperrungen werden statt gewöhnlicher Ventile, die einen großen Strömungswiderstand aufweisen, mit Vorteil Schrägsitzventile oder Strangschieber benutzt.

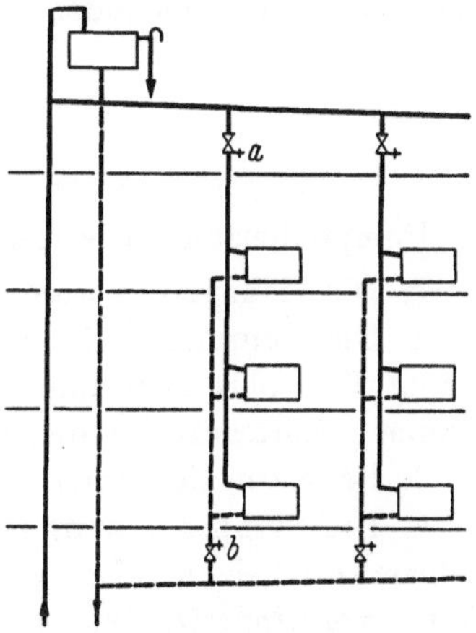

Abb. 2.100. Anordnung von Strangabsperrvorrichtungen

B. Stockwerksheizung

Für die getrennte Heizung von Geschoßwohnungen ist eine besondere Ausführungsform der Schwerkraftwarmwasserheizung mit oberer Verteilung entwickelt worden, bei der Wärmeerzeuger und Heizkörper im gleichen Stockwerk aufgestellt sind, s. Abb. 2.101a. Die den Wasserumlauf bewirkenden Kräfte sind bei dem geringen oder ganz fehlenden Höhenunterschied zwischen Wärmeerzeuger und Heizflächen nur gering; sie resultieren im wesentlichen aus der Abkühlung des Wassers im Vorlauf. Dementsprechend sind die Leitungsdurchmesser groß. Die an der Wohnungsdecke verlegten Vorlaufleitungen werden nicht isoliert.

In den meisten Fällen sieht man davon ab, die Heizkörper an den Fenstern aufzustellen, sondern wählt die Anordnung an der Innenwand, s. Abb. 2.101b. Dies hat zur Folge, daß die Rohrlängen kürzer, die Rohrweiten kleiner und damit die Rohrnetze billiger werden. Auch läßt sich bei der größeren Bauhöhe der Innenwand-Heizkörper ein den Wasserumlauf hemmender, negativer Höhenunterschied zwischen Kessel und Heizflächen vermeiden.

Man stellt im allgemeinen den Kessel in einem der zu erwärmenden Räume selbst auf, z.B. in der Diele oder in der Küche. Der Kessel ist dadurch unter ständiger Überwachung. Der Einbau von Stockwerksheizungen in mehrgeschossigen Wohnbauten ist meist teuerer als die Erstellung

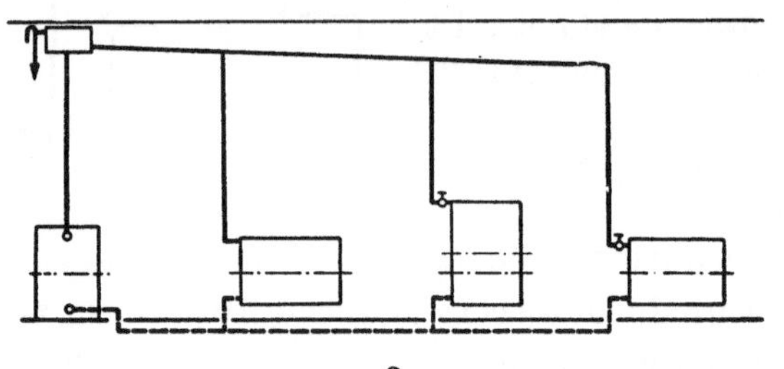
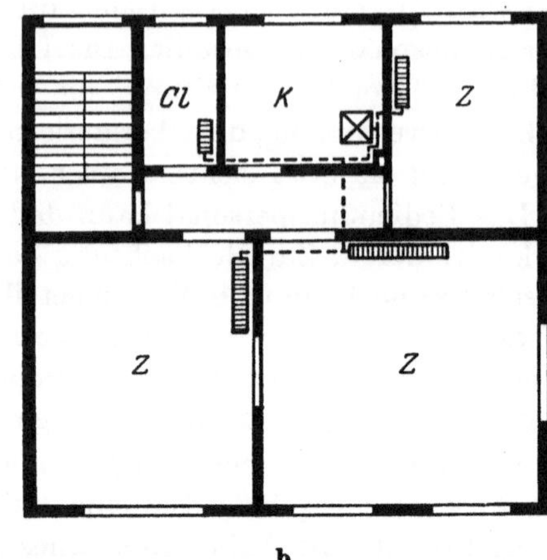

Abb. 2.101. Stockwerks-Warmwasserheizung.
a) Strangschema; b) Heizkörperaufstellung

einer Zentralheizung für das Gesamtgebäude. Als weitere Nachteile kommen hinzu, daß für jede Einzelanlage Brennstoffeinlagerung, Brennstofftransport und Aschebeseitigung wie bei der Ofenheizung erforderlich sind. Sie werden aber häufig in Kauf genommen in Anbetracht der völligen Unabhängigkeit des Heizbetriebes, die es ermöglicht, die Heizleistung fast beliebig einzuschränken und dadurch auch die Brennstoffkosten wirksam herabzusetzen. Ein weiteres Anwendungsgebiet der Stockwerksheizung sind eingeschossige, nicht allzu ausgedehnte Büro- und Werkstättengebäude.

C. Pumpenheizung

1. Allgemeines

Pumpenheizungen weisen gegenüber Schwerkraftheizungen folgende Vorteile auf:

1. Die Rohrweiten werden kleiner, die Rohrnetze also billiger.

2. Die Führung und Unterbringung der Rohrleitungen bereitet geringere Schwierigkeiten, zumal die Rohre auch ohne ständige Steigung zum Ausdehnungsgefäß verlegt werden können. Kleinere Luftsäcke werden durchgedrückt, Zirkulationsstörungen treten seltener auf.

3. Es lassen sich auch Heizkörper anschließen, die niedriger als der Wärmeerzeuger liegen.

4. Die Pumpenheizung ist weniger träge und daher in der Leistung besser regelfähig als die Schwerkraftheizung. Das Anheizen geht rascher vor sich, so daß die Betriebspausen bzw. die Zeiten verminderter Wärmelieferung evtl. verlängert werden können — ein Umstand, der u. a. zu Brennstoffeinsparungen führt.

Als Nachteile gegenüber dem Schwerkraftbetrieb sind anzuführen:

1. Der Betrieb der Heizanlage ist von der Stromlieferung bzw. einer mechanischen Antriebskraft abhängig, also störanfälliger.

2. Der Antrieb der Umwälzpumpe erhöht die Betriebskosten der Anlage.

3. Es sind besondere Maßnahmen zu treffen, um Geräuschbelästigungen im Gebäude durch Motor und Pumpe zu vermeiden.

Alle größeren Heizanlagen werden heute mit Umwälzpumpen ausgestattet. Zunehmend findet der Pumpenbetrieb auch Anwendung bei kleineren Anlagen bis herab zu Stockwerksheizungen.

2. Ausführung

Kesselanlage, Heizkörper und Ausführung der Rohrleitungen sind dieselben wie bei der Schwerkraftheizung. Auch die Rohrführung in ihren beiden Hauptformen der oberen und unteren Verteilung ist im wesentlichen dieselbe. Besondere Beachtung ist der Entlüftung zuzuwenden, da durch die hohen Strömungsgeschwindigkeiten das Ausscheiden der Luft aus dem Wasserstrom bedeutend erschwert wird. Man bringt deshalb im oberen Verteilpunkt eine Erweiterung an, s. Abb. 2.102a, in der das Wasser zur Ruhe kommt und die Luft sich ausscheiden kann.

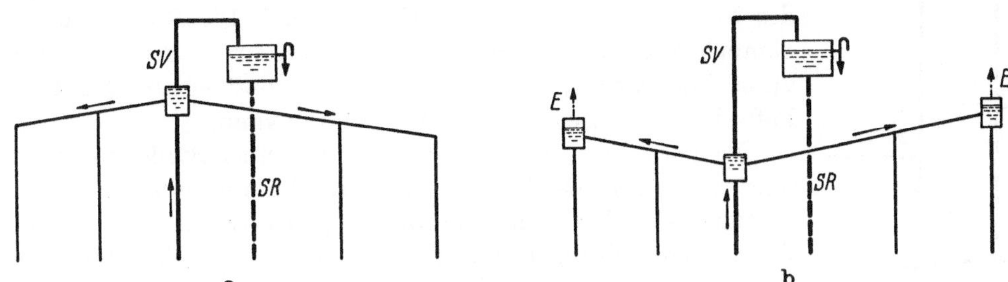

Abb. 2.102. Entlüftung bei oberer Verteilung

Eine andere Ausführungsform gibt Abb. 2.102b. Vom Kessel strömt das Wasser durch eine Steigleitung zu einer Rohrerweiterung, die ihrerseits wieder an das Ausdehnungsgefäß oben angeschlossen ist. Die Vorlaufleitungen führen *steigend* bis zum letzten Strang, wo jeweils ein Luftsammelgefäß (*E*) angebracht ist. Diese Gefäße sind von Zeit zu Zeit von Hand zu entlüften.

Der Betrieb der Pumpe ist unter allen Umständen sicherzustellen. Bei ihrem Ausfall würde der Wasserumlauf aussetzen und den Kesseln die entwickelte Wärme nicht mehr abgenommen werden. Die Folge wäre ein Überkochen der Kessel und die Notwendigkeit, das Feuer herauszureißen — eine schwierige und nicht ungefährliche Arbeit. Wird eine Umführung der Pumpe mit eingebauter Rückschlagklappe vorgesehen, so kann die Anlage bei Stillstand der Pumpe evtl. im Schwerkraftbetrieb weiterlaufen. Nur in manchen Fällen genügt der so erzielte Wasserumlauf, um ein Überkochen der Kessel zu verhindern. Es ist daher empfehlenswert, mindestens zwei Pumpenaggregate aufzustellen und notfalls zwei voneinander unabhängige Antriebsarten zu wählen, z. B. neben einer Elektropumpe noch eine Pumpe mit Verbrennungsmotor oder mit Abdampfturbine vorzusehen. Zur Vermeidung von Geräuschbelästigungen durch Motor und Pumpe sollten grundsätzlich bei Gebäudeheizungen nur geräuscharme Sonderbauarten verwendet und der Schwingungsdämpfung bzw. Schallisolierung besondere Beachtung geschenkt werden. Auch durch zu hohe Wassergeschwindigkeiten können störende Geräusche verursacht werden; man geht deshalb im allgemeinen nicht über 2 m/s.

3. Anschluß von Pumpe und Ausdehnungsgefäß

Für die Anordnung der Umwälzpumpe im Heizsystem sind sowohl betriebliche als auch Sicherheitsanforderungen maßgebend. Die Sicherheitsvorschriften nach DIN 4751 gelten in gleicher Weise für Pumpen- und Schwerkraftheizungen. Dabei ist zu beachten, daß — in Abweichung von früheren Vorschriften — jetzt Sicherheitsvorlauf- *und* Sicherheitsrücklaufleitungen erforderlich sind[1].

Für die Pumpenheizung ist eine Bestimmung der Vorschriften von besonderer Bedeutung, welche besagt, daß beide Leitungen keine Verengungen enthalten dürfen und daß zu den

---

[1] Die Schaltbilder für Warmwasserheizungen aus älteren Fachveröffentlichungen, u. a. auch aus den früheren Auflagen dieses Buches, entsprechen daher z. T. nicht den jetzt gültigen Vorschriften.

Verengungen auch alle Arten von Pumpen (Kreisel-, Drehkolben- und Strahlpumpen) gehören. Die Pumpe darf also nicht zwischen Kessel und Anschlußstellen der Sicherheitsleitungen eingeschaltet werden, sondern nur an den Stellen m oder n (Abb. 2.103). Wird die Sicherheitsvorlaufleitung wie üblich von oben her in das Ausdehnungsgefäß eingeführt, so steht das Wasser in ihr etwas niedriger als in der Rücklaufleitung, und zwar um das Maß Δp des Strömungswiderstandes im Kessel und seinen Anschlüssen.

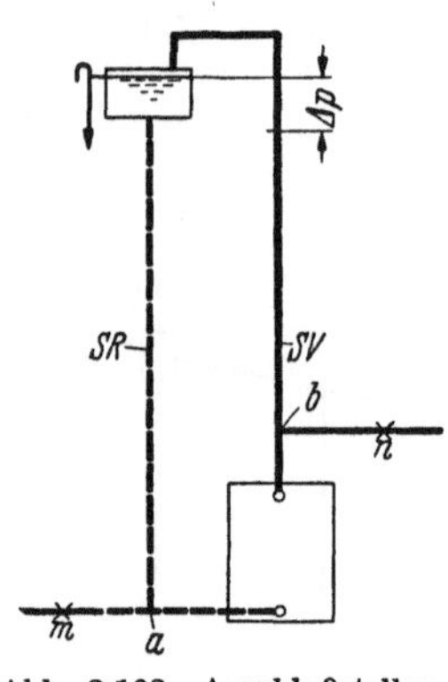

Abb. 2.103. Anschlußstellen von Sicherheitsleitungen und Pumpe

Die Frage, ob man die Pumpe in den Vorlauf oder in den Rücklauf setzen soll, wird von den Sicherheitsvorschriften offengelassen. Sie ist im Hinblick auf die Forderung zu entscheiden, daß an keiner Stelle des Netzes ein Unterdruck auftreten darf. Die Rohrnetze lassen sich nämlich nicht vollkommen luftdicht ausführen. Steht ein Heizkörper unter Unterdruck, so tritt über die Stopfbüchsen des Regelventils Luft ein, die zu Betriebsstörungen führen kann.

Die Forderung, daß der Druck an keiner Stelle des Netzes niedriger sein darf als der der höchsten Vorlauftemperatur zugeordnete Sättigungsdruck — um Dampfbildung zu vermeiden —, ist bei offenen Warmwasserheizungen mit Vorlauftemperaturen bis 100° dann ebenfalls erfüllt. So entspricht beispielsweise eine Wassertemperatur von 90°C einem absoluten Druck von 0,73 at. Selbst bei einem Vakuum von 2,5 m WS wäre also noch keine Ausdampfgefahr gegeben. Der Schutz gegen das Eindringen von Luft ist demnach die schärfere Forderung.

Zur Nachprüfung des Druckes an den kritischen Netzstellen zeichnet man bei Pumpenheizungen zweckmäßigerweise ein Druckdiagramm in Verbindung mit dem Strangschema der Anlage auf. Die Abb. 2.104, 105 geben für eine Anlage mit unterer Verteilung Strangschema und Druckverlauf wieder, und zwar bei Anordnung der Pumpe im Vorlauf (Abb. 2.104) bzw. im Rücklauf (Abb. 2.105).

a) Pumpe im Vorlauf

An der Anschlußstelle a des Ausdehnungsgefäßes herrscht der Druck H_A entsprechend der Höhenlage dieses Gefäßes. In der Pumpe steigt der Druck um den Pumpendruck H_P an und sinkt dann im Netz nach Maßgabe der Widerstände wieder auf den Druck am Saugstutzen ab.

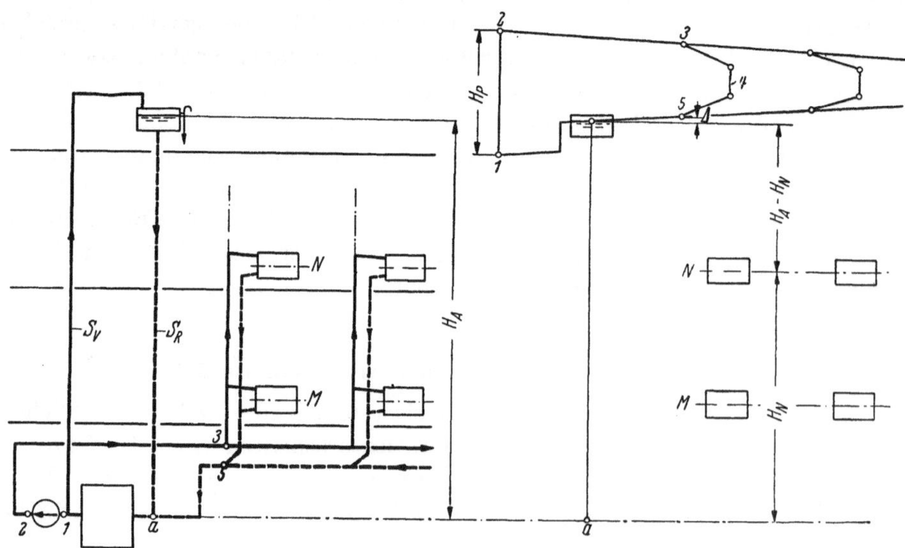

Abb. 2.104. Strangschema und Druckschaubild. Pumpe im Vorlauf

Die Linie $1, 2, 3, 4, 5, 1$ zeigt den Druckverlauf längs des Wasserkreislaufes, wobei die Höhenlage über dem Punkt a noch berücksichtigt werden muß. Die Lage des Punktes 4 im Schaubild gibt den Druck im Heizkörper M. Die größte Gefahr des Lufteintrittes besteht aber nicht, wenn

Wasser durch den Heizkörper fließt, sondern wenn das Heizkörperventil geschlossen ist, weil sich dann der Heizkörper auf den Druck in seinem Rücklaufanschluß einstellt. Maßgebend für den Heizkörper M ist also nicht der Punkt *4*, sondern der Punkt *5*, der um einen kleinen Betrag Δ höher liegt, als der Höhenlage H_A des Ausdehnungsgefäßes entspricht. Dem Punkt *5* entspricht also der Druck $H_A + \Delta$. Eine weitere Überlegung zeigt, daß nicht der tiefstgelegene, sondern der

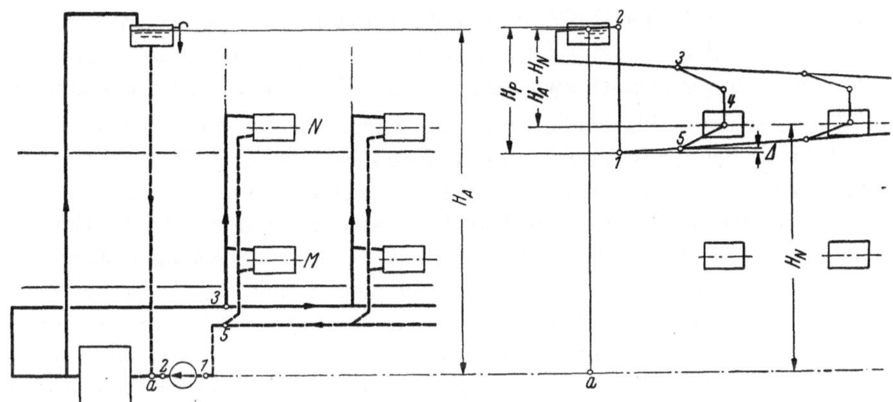

Abb. 2.105. Strangschema und Druckschaubild. Pumpe im Rücklauf

höchstgelegene Heizkörper des Stranges der meistgefährdete ist, denn der Druck ist hier noch um die Höhenlage H_N dieses Heizkörpers kleiner. Der zugehörige Druck ist

$$H_A + \Delta - H_N = (H_A - H_N) + \Delta.$$

Der Ausdruck $(H_A - H_N)$ ist der Höhenunterschied zwischen dem Ausdehnungsgefäß und dem höchstgelegenen Heizkörper. Selbst im meistgefährdeten Heizkörper ist also der Druck stets positiv.

b) Pumpe im Rücklauf

Der Linienzug *1* bis *5* ist von gleicher Gestalt wie in Abb. 2.104, nur liegt er um den Betrag des Pumpendruckes tiefer. Der Druck im Punkt *5* ist gleich $H_A - H_P + \Delta$. Der Druck im gefährdetsten, also höchsten Heizkörper ist auch hier wieder um seine Höhenlage H_N kleiner und beträgt:

$$H_A - H_p + \Delta - H_N = (H_A - H_N) - H_P + \Delta.$$

Soll dieser Wert nicht negativ werden und betrachtet man den Druckverlust Δ als einen Sicherheitszuschlag, den man außer Betracht läßt, so darf der Pumpendruck nicht größer als $H_A - H_N$ gewählt werden, also nicht größer als der Höhenunterschied zwischen dem Ausdehnungsgefäß und dem höchsten Heizkörper[1]. Bei den meisten Gebäuden wird dieser Unterschied etwa 3 bis 5 m betragen, und ein Pumpendruck dieser Höhe reicht bei Heizungen für ein einzelnes Gebäude in der Regel aus, s. S. 80.

Die Frage, ob man die Pumpe in den Vorlauf oder den Rücklauf setzen soll, läßt sich nun wie folgt beantworten:

> Die Pumpe kann nur dann in den Rücklauf gesetzt werden, wenn es möglich ist, das Ausdehnungsgefäß mindestens um den Betriebsdruck der Pumpe über dem höchsten Heizkörper aufzustellen. Ist dies nicht möglich, so muß die Pumpe in den Vorlauf gesetzt werden. Der Vorteil ist, daß man an keiner Stelle des Netzes Unterdruck zu befürchten hat. Als Nachteile sind zu werten: die etwas höheren Drücke im Rohrnetz und die höheren Betriebstemperaturen, denen die im Vorlauf angeordnete Pumpe ausgesetzt ist.

---

[1] Im Beispiel der Abb. 2.105 ist der Pumpendruck der besseren Anschaulichkeit wegen größer gewählt.

D. Deckenheizung

1. Allgemeines

Bei der üblichen Bauform der Zentralheizung werden in den zu erwärmenden Räumen Heizkörper aufgestellt, denen die Aufgabe zufällt, die von dem Heizmittel (Dampf oder Warmwasser) gelieferte Wärme an den Raum zu übertragen. Man kann auf besondere Heizkörper verzichten, wenn man Teile der Raumumschließungsflächen selbst erwärmt, z. B. durch Einbau von Heizrohren in Wänden oder Decken. Solche Anlagen werden als *Flächenheizungen* bezeichnet, wobei man unterscheidet zwischen Wand-, Fußboden- und Deckenheizungen.

Da bei allen Arten der Flächenheizung die Wärmeabgabe durch Strahlung anteilmäßig stärker hervortritt als bei der Raumerwärmung durch örtliche Heizkörper, spricht man vielfach in diesem Zusammenhang auch von „Strahlungsheizungen". Es ist jedoch darauf hinzuweisen, daß die beiden Begriffe sich nicht decken. Ein Heizsystem kann nur dann der Gruppe der Strahlungsheizungen zugerechnet werden, wenn mehr als 50% seiner Wärmeleistung auf Strahlung entfällt. Das trifft aber nicht generell für die Flächenheizungen zu. So ist bei Wandheizungen der Anteil der Konvektionswärmeabgabe erheblich, bei Fußbodenheizungen überwiegt er zuweilen. Bei hohen Oberflächentemperaturen kann andererseits auch bei Heizsystemen mit örtlichen Heizkörpern die Wärmeabgabe durch Strahlung höher sein als die durch Konvektion.

Der Begriff „Strahlungsheizung" ist also technisch so wenig eindeutig, daß man ihn zweckmäßigerweise zur Kennzeichnung einer Heizungsanlage nicht ohne weiteren Hinweis auf deren Bauart verwenden sollte, z. B. *Deckenstrahlungsheizung*. In den meisten Fällen ist dann auch das Beiwort „Strahlungs-" überflüssig. Als Heizmittel kommt bei zentralen Flächenheizungen lediglich Warmwasser in Frage, weil bei der langsamen Aufwärmung des Wassers Wärmespannungen, die zu Rissebildungen in Wänden und Decken führen können, vermieden werden. Ferner ermöglicht die Warmwasserheizung in einfacher Weise die Einhaltung der aus physiologischen Gründen notwendigen niedrigen Oberflächentemperatur sowie deren Anpassung an die Außentemperatur (zentrale Regelung). Schließlich ist bei Warmwasser die Haltbarkeit der Rohrschlangen in hohem Grade gewährleistet. Wird der Wasserinhalt der Anlage nicht öfters erneuert, so brauchen Korrosionen auf der Rohrinnenseite nicht befürchtet zu werden.

Von den Flächenheizungen hat die Deckenheizung[1] die größte Bedeutung gewonnen.

2. Der Vorgang der Raumerwärmung

Die Raumerwärmung bei der Deckenheizung läßt sich am besten durch einen Vergleich mit der Radiatorenheizung veranschaulichen. Bei dieser erwärmt sich die Raumluft an Heizkörpern, steigt zur Decke auf und läßt kühlere Luft aus den unteren Raumzonen nachströmen. Es entsteht so eine Luftbewegung im Raum, die je nach dem Standort des Heizkörpers mehr oder weniger ausgeprägt ist. Stets wird bei vorwiegend konvektiver Wärmeabgabe einer Heizfläche aber die Luft in den oberen Zonen des Raumes wärmer sein als in Fußbodennähe. Da der Strahlungsanteil der Gliederheizkörper gering ist, werden die Raumumfassungen hauptsächlich durch Konvektion von der vorbeistreichenden Luft und nur wenig durch Strahlung erwärmt.

Bei der Deckenheizung findet die Raumerwärmung in grundsätzlich anderer Weise statt. Aus physiologischen Gründen darf die Raumdecke nur mäßig erwärmt werden. Die Deckenheizfläche muß daher wesentlich größer sein als die für den gleichen Raum erforderliche Fläche eines Gliederheizkörpers. Meist nimmt sie den größeren Teil der Decke in Anspruch.

Die ausgedehnte Deckenheizfläche gibt nun Wärme teils durch Konvektion, teils durch Strahlung an den Raum ab. Durch Konvektion erwärmt sich aber nur die anliegende Luft, die infolge ihres Auftriebes unter der Decke hängenbleibt. Wegen der mangelnden Luftbewegung in dieser Schicht und wegen des kleinen Temperaturgefälles ist die Konvektionswärmeabgabe der Deckenfläche nur gering.

---

[1] Kollmar, A., u. W. Liese: Die Strahlungsheizung, 4. Aufl. München: R. Oldenbourg 1957.

Um so größer aber ist ihre Wärmeabgabe durch Strahlung. Sie strahlt jeder der übrigen Raumbegrenzungsflächen eine bestimmte Wärmemenge zu, die von den Temperaturen der im Strahlungsaustausch befindlichen beiden Flächen, ihren Strahlzahlen und ihrer Lage zueinander abhängig ist. Die bestrahlten Flächen werden daher nicht gleich hoch und auch nicht ganz gleichmäßig erwärmt. Fußboden und Innenwände erreichen dabei eine Temperatur, die etwas über der Lufttemperatur liegt. Nur Außenwand und Fenster bleiben infolge der Wärmeableitung nach außen kühler als die übrigen Flächen, denen sie daher Wärme durch Strahlung entziehen. Der Gesamtstrahlungsaustausch im Raum ist mithin ziemlich verwickelt.

Gleichzeitig übertragen die über Lufttemperatur erwärmten Flächen auch Wärme durch Konvektion an die Raumluft, während die kühleren Außenwand- und Fensterflächen Konvektionswärme von der Luft empfangen. Da nirgends stärkere Temperaturunterschiede als treibende Kräfte vorhanden sind, so sind die an verschiedenen Stellen des Raumes auftretenden konvektiven Luftbewegungen auch nur schwach.

3. Raumklima

Unter den Begriff „Raumklima" fallen nach den grundsätzlichen Ausführungen im 6. Abschnitt, S. 288, alle physikalischen Bedingungen eines Raumes, von denen das Wohlbefinden der Insassen abhängig ist. Die für die wärmephysiologische Beurteilung der Deckenheizung wichtigsten Faktoren sind die Luft- und die Wandtemperaturen sowie deren Verteilung im Raum. Sie bestimmen die „empfundene Temperatur", die als Maß für die Behaglichkeit eines erwärmten Raumes ohne größere Temperaturunterschiede in den verschiedenen Raumteilen angesehen werden kann. Bei bewohnten Gebäuden und geringer Luftbewegung im Raum ist die empfundene Temperatur gleich dem arithmetischen Mittel aus der Lufttemperatur t_L und der mittleren Umgebungstemperatur t_U, s. S. 294.

Schon die Art der Raumerwärmung, insbesondere der Wärmeaustausch zwischen der Luft und den Umgebungsflächen, läßt darauf schließen, daß in der Regel

$$\text{bei der Deckenheizung } t_U > t_L,$$
$$\text{bei der Heizkörperheizung } t_U < t_L$$

sein wird. Findet keine Lufterneuerung statt, so nimmt die Luft in einem Raum mit Deckenheizung die mittlere Temperatur der Umfassungswände an. Bei Kaltlufteinfall (undichte Fenster) stellt sich ein mit zunehmendem Luftwechsel immer deutlicher wahrnehmbarer Temperaturunterschied $t_U - t_L$ ein. In Räumen mit Heizkörpern sind auch bei kräftiger Luftbewegung im allgemeinen die Verhältnisse umgekehrt.

Man hat daraus gefolgert, daß bei Deckenheizungen die gemeinhin als Raumtemperatur bezeichnete Lufttemperatur in Raummitte zur Erzielung gleicher Behaglichkeit um 1 bis 2° niedriger sein darf als bei Heizkörperheizungen. Das trifft nach neueren Erfahrungen mit deckenbeheizten Räumen nicht zu! Die Angabe mittlerer Luft- und Umgebungstemperaturen genügt offenbar nicht, um ein Raumklima zuverlässig zu kennzeichnen, insbesondere dann nicht, wenn Heizsysteme verschiedener Art verglichen werden; es müssen vielmehr auch die Abweichungen vom Durchschnittswert sowie die Temperaturverteilung im Gesamtraum berücksichtigt werden[1].

a) Die räumliche Verteilung der Lufttemperatur

Grundsätzlich sind für die Behaglichkeitswertung die Temperaturen im sog. Aufenthaltsbereich, also zwischen Fußboden und Kopfhöhe, wichtiger als die der oberen Zone, wobei auf etwaige in Fensternähe vorgesehene Arbeitsplätze besonders zu achten ist. Der geringe Anteil der Konvektionswärme bei der Deckenheizung läßt schon vermuten, daß die Lufttemperatur sowohl in waagerechter als auch in lotrechter Richtung ziemlich gleichmäßig ist. Das bestätigen auch zahlreiche vorliegende Messungen in Räumen der verschiedensten Art. Allerdings können in der Nähe großer und undichter Fensterflächen die Lufttemperaturen in Fuß-

---

[1] RAISS, W.: Strahlungs- oder Konvektionsheizung. Untersuchungen über das Raumklima. VDI-Berichte Bd. 21 (1957) S. 15/24.

bodennähe niedriger liegen als in den übrigen Raumteilen. Auch bei Räumen ohne unmittelbare Fußbodenerwärmung, also im Erdgeschoß oder über Tordurchfahrten, zeigt sich ein deutlicher Abfall der Lufttemperatur in den Schichten unmittelbar über dem Boden.

In der Abb. 2.106 sind einige charakteristische Temperaturprofile für Räume mit Deckenheizung und Radiatorenheizung eingetragen. Das ungünstigste Temperaturprofil weist die Warmwasserheizung bei Aufstellung der Heizkörper an der Innenwand auf, das günstigste die Deckenheizung bei Messung in Raummitte. In Außenwandnähe bedingt der Einfluß des Fensters eine deutliche Störung des Temperaturfeldes beim deckenbeheizten Raum, die in dieser Größenordnung beim Vorhandensein von Heizkörpern unter den Fenstern nicht auftritt. *Man sollte daher bei Gebäuden mit Deckenheizung stets Fenster mit geringer Wärme- und Luftdurchlässigkeit vorsehen, vor allem, wenn die Hauptfront des Hauses starkem Windanfall ausgesetzt ist.*

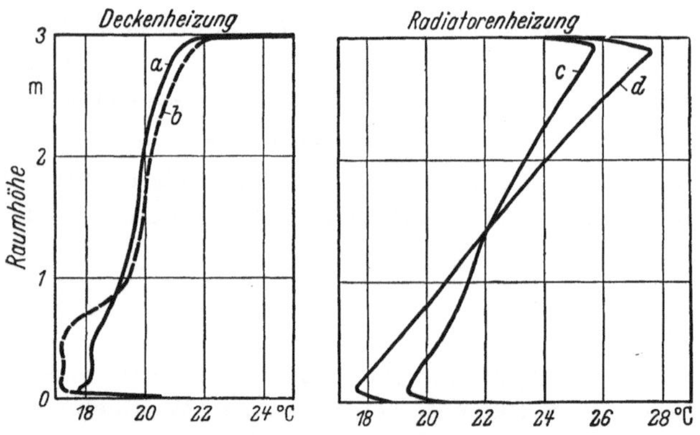

Abb. 2.106. Lufttemperaturen in geheizten Räumen. *a* Raummitte, *b* Fensternähe, *c* Heizkörper an der Außenwand; Messung in Raummitte, *d* Heizkörper an der Innenwand. *a*, *b* und *c* im Beharrungszustand, *d* nachts unterbrochener Heizbetrieb

b) Wand- und Fußbodentemperaturen

Nach den Gesetzen des Strahlungsaustausches werden die Wände des deckenbeheizten Raumes oben stärker erwärmt als unten. Abb. 2.107 zeigt als Beispiel die rechnerisch ermittelte Strahlungswärmeaufnahme der Wände und des Fußbodens für einen würfelförmigen Raum, dessen Decke in ihrer ganzen Ausdehnung beheizt wird. In diesem Falle trifft auf jede der Umschließungsflächen des Raumes $^1/_5$ der Strahlungswärmeabgabe der Decke. Mit der Abweichung von der Würfelform und der in der Praxis meist gewählten Teilerwärmung der Heizdecke ändern sich naturgemäß auch die auf die einzelnen Wände und Fußboden eingestrahlten Wärmemengen und damit auch die Oberflächentemperaturen.

Ein Bild über das Temperaturfeld auf den Umschließungsflächen eines deckenbeheizten Raumes vermitteln die in den Abb. 2.108 enthaltenen Meßwerte aus Versuchen des Institutes für Heizung und Lüftung der Technischen Universität Berlin. Die Temperaturen sind verhältnismäßig ausgeglichen, an den Wandflächen steigen sie mit der Höhe leicht an. Zum Vergleich ist in Abb. 2.109

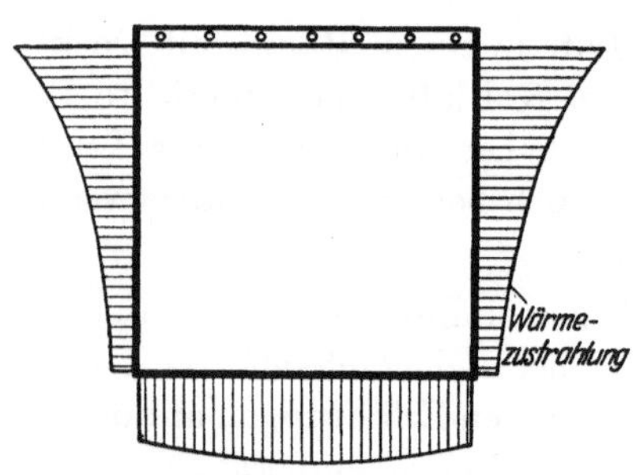

Abb. 2.107. Wärmezustrahlung nach Wänden und Fußboden

das Temperaturfeld desselben Raumes bei Beheizung mit Heizkörpern gegenübergestellt. Man erkennt daraus, daß die Oberflächentemperaturen in der Aufenthaltszone, also vom Fußboden bis zu 1,5 m Höhe, im deckenbeheizten Raum etwa die gleichen sind wie bei Konvektionsheizungen, abgesehen vom Umkreis der örtlichen Heizflächen[1].

---

[1] Man kann durch langwierige Strahlungsaustauschrechnungen für einen gegebenen Raum und eine bestimmte Heizflächenanordnung die im stationären Zustand bei Höchstlast der Anlage sich einstellenden Oberflächentemperaturen berechnen. Die Genauigkeit des Endergebnisses rechtfertigt im allgemeinen diesen Aufwand nicht, zumal durch die möglichen Unterschiede der Wandbauarten und der Betriebsweise der Heizung, die notwendigen Annahmen über die Temperatur der Nachbarräume, die Vernachlässigung seitlicher Wärmeableitungen und die nicht einwandfrei zu berücksichtigende Konvektionswärmeübertragung ohnehin große Unsicherheiten in eine derartige Rechnung hineingetragen werden und eine Verallgemeinerung des Ergebnisses nicht möglich ist. Für gewisse vereinfachte Modellfälle geben sie jedoch ein qualitatives Bild über die charakteristische Temperaturverteilung auf der Innenseite der Raumumschließungselemente.

c) Luftbewegung, Luftfeuchtigkeit, Luftreinheit

Die relative Luftfeuchtigkeit in einem Raum, der durch Heizflächen erwärmt wird, ist von der Außenluftfeuchtigkeit, der Raumtemperatur, dem Luftwechsel und von etwaigen Feuchtequellen im Raum abhängig. Da sich die Lufttemperaturen im decken- und radiatorenbeheizten Raum kaum unterscheiden, sind auch nur geringe Unterschiede in der Luftfeuchte zu erwarten, die für die Behaglichkeit bedeutungslos sind.

Ähnlich verhält es sich mit der Luftbewegung. Die Luftgeschwindigkeiten sind zwar in Räumen mit örtlichen Heizkörpern, insbesondere in deren unmittelbarer Nähe, höher als in Räumen mit Deckenheizung. Wärmephysiologisch und damit in der Behaglichkeit treten diese Unterschiede kaum in Erscheinung. Sie sind jedoch in anderer Hinsicht bemerkenswert.

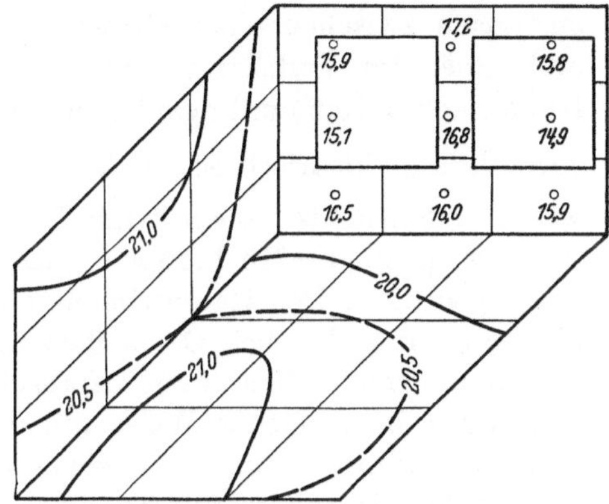

Abb. 2.108. Wandtemperatur im geheizten Raum; Deckenheizung

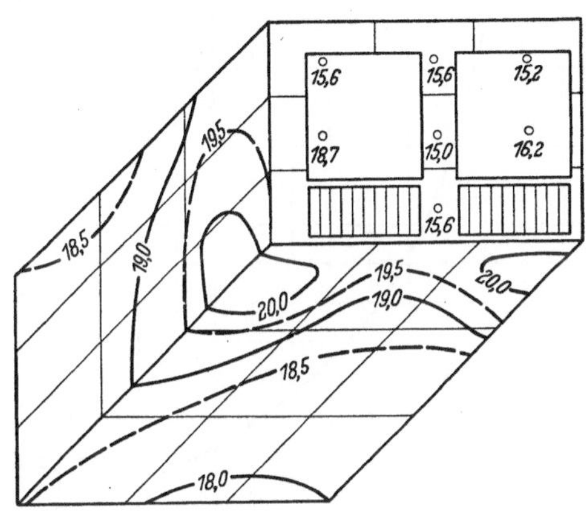

Abb. 2.109. Wandtemperatur im geheizten Raum; Radiatorenheizung

Der am Heizkörper aufsteigende Warmluftstrom ist kräftig genug, um die während der nächtlichen Betriebseinschränkung auf der Heizfläche und in der nächsten Umgebung abgelagerten Staubteilchen wieder in Bewegung zu bringen und mit sich fortzuführen. Die langsame Verschmutzung der Flächen oberhalb des Heizkörpers bis zur Decke hinauf liefert den Beweis dafür.

Bei der Deckenheizung tritt diese Verschmutzung nicht ein; in dieser Hinsicht übertrifft sie sicher alle Heizverfahren mit mehr konvektiver Wärmeabgabe[1]. Auch ist die Gefahr der Keimübertragung im Raum infolge der schwächeren Luftbewegung geringer, s. S. 310.

d) Die zulässigen Deckentemperaturen

Um eine Belästigung der Rauminsassen durch einseitige Wärmezustrahlung zu vermeiden, sollen bei jedem Heizsystem die Temperaturen der Heizflächen nicht zu hohe Werte annehmen. Die Warmwasserheizung ist in dieser Beziehung der Dampfheizung und der große Kachelofen dem Eisenofen ohne Luftmantel überlegen. Obwohl die Deckenheizungen mit erheblich niedrigeren Heizflächentemperaturen arbeiten als die vorerwähnten Heizsysteme, muß wegen der Lage dieser Heizflächen dem Strahlungswärmeaustausch zwischen Rauminsassen und Deckenfläche hier besondere Beachtung geschenkt werden. Um die physiologisch notwendige Kopfentwärmung nicht zu behindern, dürfen keine zu hohen Deckentemperaturen gewählt werden. Das gilt vor allem für große beheizte Deckenflächen in relativ niedrigen Räumen. Die praktischen Erfahrungen gehen dahin, daß bei Räumen üblicher Größe und bei lichten Raumhöhen über 2,7 m mittlere Deckentemperaturen bis zu 35° im allgemeinen noch nicht zu Beanstandungen führen, auch wenn große Teile der Decke erwärmt sind. Wird nur ein kleiner Teil der Deckenfläche beheizt, so sind höhere Temperaturen möglich.

Es geht nämlich beim Strahlungswärmeaustausch das „Winkelverhältnis" der beiden betrachteten Flächen, hier Decken- und Kopffläche, in die Rechnung mit ein, s. S. 292, so daß in der Gesamtwirkung höhere Deckentemperaturen bei kleinen Winkelverhältniszahlen und niedrigere

---

[1] v. Gonzenbach, W.: Physiologische und hygienische Betrachtungen zur Strahlungsheizung. Gesundh. Ing. Bd. 61 (1938) S. 557/560.

Deckentemperaturen bei großen Winkelverhältniszahlen einander gleichkommen können. Einzelheiten über die wärmephysiologischen Zusammenhänge sind dem 6. Abschnitt zu entnehmen, s. S. 290. Es wird dort auch darauf hingewiesen, daß die Meinungen über die wärmephysiologisch zulässigen Deckentemperaturen heute noch auseinandergehen. CHRENKO hat aus umfangreichen Beobachtungen die Forderung abgeleitet, durch die Übertemperatur der Decke dürfe die auf Kopfhöhe bezogene mittlere Umgebungstemperatur um nicht mehr als 2,2°C (4°F) erhöht werden[1].

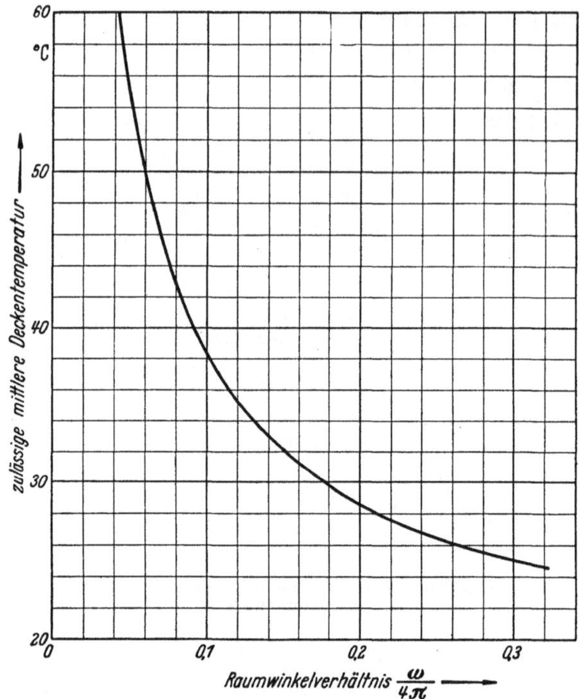

b b . 2.110. Zulässige Deckentemperatur in Abhängigkeit vom Raumwinkelverhältnis (nach Messungen von CHRENKO); $\varphi = \dfrac{\omega}{4\pi}$

Die Ergebnisse der CHRENKOschen Untersuchungen lassen sich in einfacher Weise graphisch darstellen, s. Abb. 2.110. Als Abszisse ist dabei das Winkelverhältnis φ gewählt, das beim Strahlungsaustausch zwischen einer ebenen Fläche und einer im Verhältnis dazu kleinen Kugelfläche (Kopf) mit dem Raumwinkelverhältnis $\dfrac{\omega}{4\pi}$ identisch ist. Jedem Raumwinkelverhältnis ist eine mittlere Deckentemperatur, die als Höchstwert anzusehen ist, zugeordnet. Das Raumwinkelverhältnis kann für die bei Deckenheizungen vorkommenden Strahlungsaustauschbedingungen in einfacher Weise mit Hilfe von Netztafeln bestimmt werden, siehe Arbeitsblatt 15 in der Buchtasche.

Für den Bereich $\varphi = 0{,}14$ bis $0{,}20$, der bei niedrigen Räumen mit voll beheizten Deckenflächen in Frage kommt, sind nach CHRENKO sonach nur mittlere Deckentemperaturen von 29 bis 33° tragbar. Die dabei von der Heizdecke abgegebenen Leistungen vermögen nur bei sehr gutem Wärmeschutz der Außenwände den Heizwärmebedarf eines Raumes unter ungünstigsten Witterungsbedingungen zu decken, auch wenn die durch den Fußboden in allen Zwischengeschossen eingebrachten Wärmemengen berücksichtigt werden.

In der Praxis wird vielfach mit höheren Deckentemperaturen gerechnet unter Hinweis auf gute Erfahrungen mit derart ausgeführten Heizanlagen. Dabei ist zu berücksichtigen, daß die der Leistungsbemessung von Zentralheizungen zugrunde liegenden tiefsten Außentemperaturen als Tagesmittel nur sehr selten erreicht werden und daß die Wärmebedarfsrechnung nach DIN 4701 reichliche Werte ergibt, s. S. 520. Nur in Ausnahmefällen ist es also möglich, im praktischen Betrieb die physiologische Wirkung hochbelasteter Deckenheizungen nachzuprüfen.

Geht man davon aus, daß bei der sehr selten erforderlichen Höchstleistung einer Heizungsanlage eine gewisse Minderung der Behaglichkeit tragbar ist — auch bei Warmwasserheizkörpern mit 80° mittlerer Heizwassertemperatur macht man stillschweigend davon Gebrauch —, so kann man bei der Auslegung von Deckenheizungen mit höheren Oberflächentemperaturen und dementsprechend auch höheren Leistungen rechnen. Es empfiehlt sich jedoch, in jedem Fall nachzuprüfen, ob das CHRENKOsche Entwärmungskriterium bei der häufigsten Belastung eingehalten wird; andernfalls sind zusätzliche Heizflächen, möglichst unterhalb der Fenster, vorzusehen. In Anbetracht der erheblichen Sicherheiten unserer Wärmebedarfsberechnung sollte es genügen, wenn die von CHRENKO angegebenen Grenztemperaturen bei 50 bis 60% der Höchstleistung einer Deckenheizung noch nicht überschritten werden, s. auch S. 399.

[1] CHRENKO, F. A.: J. Instn. Heating and Ventilating Engrs. Bd. 20 (1953) Nr. 209 S. 375/396. — KOLLMAR, A.: Welche Deckentemperatur ist bei der Strahlungsheizung zulässig? Gesundh.-Ing. Bd. 75 (1954) S. 22/29. — WENZEL, H.-G., u. E. A. MÜLLER: Untersuchungen der Behaglichkeit des Raumklimas bei Deckenheizung. Int. Z. Physiol. einschl. Arbeitsphysiol. Bd. 16 (1957) S. 335/355.

e) Deckenkühlung

Deckenheizungen lassen sich auch zur Raumkühlung verwenden. An Stelle der Kesselanlage wird ein mit Sole oder Kühlwasser beaufschlagter Wärmeaustauscher in den Wasserkreislauf eingeschaltet, s. Abb. 2.112. Die Heizdecke nimmt jetzt Wärme durch Zustrahlung von den Wänden und dem Fußboden eines Raumes und durch Konvektion von der Raumluft auf. Die Wärmeübertragung durch Konvektion ist stärker als beim Heizen, da die an der Decke abgekühlten Luftteilchen vermöge ihrer höheren Dichte absinken.

Umgekehrt wie beim Heizbetrieb begünstigt die kalte Decke die Entwärmung des Kopfes und steigert damit den erwünschten Kühleffekt. Die Grenzen, die einer Deckenkühlung gesetzt sind, ergeben sich aus folgenden Überlegungen:

Zunächst ist der wirksame Temperaturunterschied zwischen Wärmeträger und Raum beim Kühlen wesentlich kleiner als beim Heizen; etwa in gleichem Verhältnis stehen die übertragenen Leistungen. Verwendet man Brunnen- oder gar Leitungswasser als Kühlmittel, so läßt sich das im System umlaufende Wasser kaum tiefer herunterkühlen als auf 16 bis 18°. Man erzielt damit bei höchsten Außentemperaturen eine Senkung der Raumtemperatur um etwa 2 bis 3°.

Eine stärkere Kühlung würde den Einsatz einer Kältemaschine notwendig machen. Mit sinkender Kühlwassertemperatur wird jedoch an einzelnen Stellen der Decke leicht die Taupunkttemperatur der Raumluft unterschritten, so daß Schwitzwasser auftritt und der Putz feucht wird. Bei Deckenheizungen mit freiliegenden Heizrohren, wie z. B. Lamellendecken, sind vor allem diese Rohre durch äußere Korrosion gefährdet; man wird also bei derartigen Systemen besonders vorsichtig in der Anwendung niedriger Wassertemperaturen sein müssen. Auch ist zu berücksichtigen, daß jede Kühlung der Raumluft ohne gleichzeitige Entfeuchtung oder Lufterneuerung zu einer Erhöhung der relativen Luftfeuchtigkeit führt, also unter Umständen wärmephysiologisch sogar von Nachteil ist, s. S. 270.

Für die klimatischen Verhältnisse in Mitteleuropa, bei denen hohe Außentemperaturen nur selten mit hohen Feuchtigkeitswerten gemeinsam auftreten, ist aber ohne Zweifel schon die Möglichkeit einer begrenzten Raumkühlung im Sommer ein wichtiger Vorzug der Deckenheizung.

f) Bewertung

Für die Beurteilung der Behaglichkeit im deckenbeheizten Raum sind alle vorbesprochenen Faktoren heranzuziehen. Die größere Ausgeglichenheit der Lufttemperatur und die gegenüber Heizverfahren mit vorwiegend konvektiver Wärmeabgabe teilweise niedrigeren Werte sind hygienisch als Vorteile zu werten. Indirekt gilt dies auch für die geringere Luftbewegung, da hierdurch die Gefahr der Staub- und Keimverschleppung vermindert wird. Die geringe Verschiebung im Anteil der Strahlungs- und Konvektionswärmeabgabe des Menschen hat auf das Behaglichkeitsempfinden wohl keinen merklichen Einfluß.

Keinesfalls kann die Wärmezufuhr von oben an sich schon als Vorteil dieses Heizsystems gewertet werden, wie es zuweilen beim Vergleich mit der Sonneneinstrahlung im Freien geschieht. Ganz abgesehen von der unterschiedlichen biologischen Wirksamkeit der Energiestrahlungen in Bereichen verschiedener Wellenlängen ist jede bevorzugte Erwärmung der oberen Körperpartien unerwünscht. Es ist auch nicht möglich, durch die Deckenwärmeabgabe allein den Einfluß niedriger Oberflächentemperaturen von Außenwand- und Fensterflächen auf die in der Nähe befindlichen Rauminsassen auszuschalten. In dieser Hinsicht sind Heizsysteme mit Heizkörpern unter den Fenstern überlegen. In kritischen Fällen (große Fensterflächen und außenwandnahe Arbeitsplätze) wird man zusätzlich Brüstungsheizflächen anordnen. Stets ist für Räume mit Deckenheizung ein guter Wärmeschutz der Außenwände und dichte Ausführung der Fenster, möglichst mit doppelter Verglasung, zu fordern.

Man wird aus allen diesen Gründen der Deckenheizung zwar gewisse hygienische Vorzüge, aber keine grundsätzliche Überlegenheit in physiologischer Hinsicht gegenüber anderen Heizverfahren zubilligen können. Überlegen ist die Deckenheizung allen Heizsystemen mit freistehenden Heizflächen in ihrer Verwendbarkeit zur Raumkühlung im Sommer. Untergehängte Heizdecken lassen sich außerdem in einfacher Weise für Schalldämpfung und Schallschluckung heranziehen.

4. Aufbau des Heizsystems

a) Rohrführung

Deckenheizungen werden in der Regel mit unterer Verteilung ausgeführt. Da die Primärheizfläche ausschließlich aus horizontal liegenden Rohrschlangen besteht, muß zur Erzielung eines ungestörten Wasserumlaufes und zur Vermeidung von Korrosionen das System sorgfältig entlüftet werden. Man führt zu diesem Zweck vielfach den Rücklauf zunächst nach oben und dann über eine obere Sammelleitung wieder ins Kesselhaus zurück, s. Abb. 2.111. An den höchsten Stellen sind ausreichend bemessene Luftgefäße oder bei genügender Höhe des Dachbodens Entlüftungsleitungen zum Ausdehnungsgefäß vorzusehen. In diesem Fall ist jedoch darauf zu achten, daß durch die Luftleitungen keine wasserseitigen Kurzschlüsse entstehen oder — bei Anordnung der Umwälzpumpe im Vorlauf — ein Teil des Heizwassers ins Ausdehnungsgefäß gepumpt wird.

Ohne Umwälzpumpe kommt man nur bei Kleinstanlagen aus, wenn eine gewisse Trägheit im Wasserumlauf und relativ starke Rohrdurchmesser der Heizschlangen in Kauf genommen werden können. Bei Einbau der Pumpe im Rücklauf besteht die Gefahr, daß die höchste Stelle des Rohrnetzes nicht mehr genügend Abstand vom Wasserspiegel im Ausdehnungsgefäß aufweist und damit über die Luftleitung Luft angesaugt statt abgeführt wird. Man sollte sich deshalb bei Deckenheizungen stets durch ein Druckdiagramm ein Bild über die Drücke an den empfindlichen Netzstellen verschaffen, zumal häufig das Ausdehnungsgefäß dicht über der Heizdecke des obersten Geschosses aufgestellt werden muß. Das Ausdehnungsgefäß sollte nicht mit Zirkulation angeschlossen werden, um die Aufnahme von Luftsauerstoff und damit die Gefahr von inneren Korrosionen möglichst zu vermeiden.

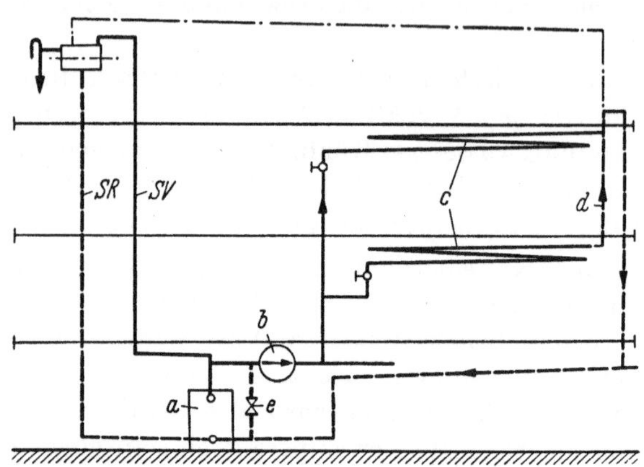

Abb. 2.111. Strangzeichnung einer Deckenheizung.
a Kessel, *b* Umwälzpumpe, *c* Heizschlange, *d* Rücklauf, *e* Mischleitung

b) Wärmeerzeugung und Wärmeabführung

Zur Wärmeerzeugung werden die bei Warmwasserheizungen üblichen Kessel verwendet. Die niedrigeren Heizwassertemperaturen machen es notwendig, einen besonders empfindlichen Verbrennungsregler zu wählen. Auch empfiehlt sich der Einbau einer Signalhupe, die dem Heizer das Erreichen der oberen Grenztemperatur im Vorlauf anzeigt, sowie einer Mischleitung, um die Vorlauftemperatur im Gefahrenfall rasch absenken und sie auch sonst unabhängig von der Kesseltemperatur halten zu können. Bei Anschluß an eine Fernwärmeversorgung sollte man in jedem Fall, auch bei Fernwarmwasserheizung, die mittelbare Beheizung des Umlaufwassers vorsehen, also einen Oberflächenwärmeaustauscher aufstellen. Das gleiche gilt, wenn die Deckenheizung zur Raumkühlung herangezogen werden soll, s. Abb. 2.112, da zur Vermeidung innerer Korrosion und Verkrustung unter keinen Umständen Kühlwasser unmittelbar durch die Heizschlangen geleitet werden darf.

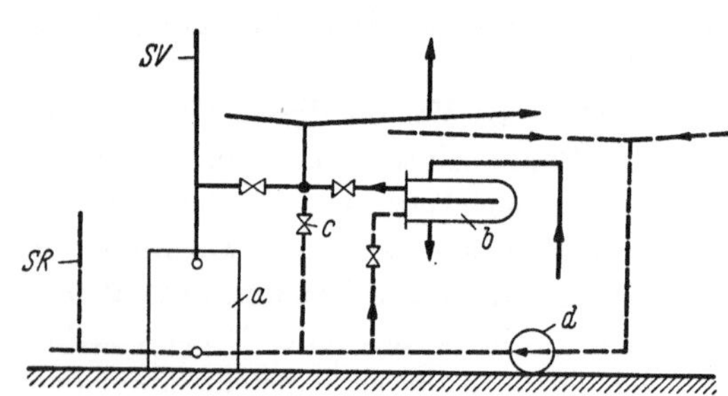

Abb. 2.112. Kessel mit parallelgeschaltetem Kühler.
a Kessel, *b* Kühler, *c* Mischventil, *d* Umwälzpumpe

Häufig ist die Aufgabe gestellt, nur einen Teil eines Gebäudes mit Heizdecken, den Rest mit Raumheizkörpern auszustatten. Von der Hintereinanderschaltung der beiden Systeme, zu der das unterschiedliche Temperaturniveau anregt, ist abzuraten. Die Deckenheizung ist dabei sowohl hinsichtlich der Vorlauftemperaturen als auch der Umlaufwassermenge mehr oder weniger starr mit der Heizkörperheizung gekuppelt. Auch wenn unter günstigen Voraussetzungen die Heizwassermengen, Temperaturen und Temperaturdifferenzen bei der Auslegung der einzelnen Anlageteile aufeinander abgestimmt werden können, ergeben sich im praktischen Betrieb doch Unzuträglichkeiten. So kann beispielsweise bei dieser Schaltung die Vorlauftemperatur der Deckenheizung niemals niedriger als die Mischtemperatur im gemeinsamen Rücklauf eingestellt werden, eine Notwendigkeit, die heiztechnisch durchaus gegeben sein mag.

Man trennt deshalb zweckmäßigerweise die beiden Heizsysteme, wobei gegebenenfalls nur die Deckenheizung eine Umwälzpumpe erhält, während die Heizkörperheizung im Schwerkraftbetrieb läuft, s. Abb. 2.113. Die Kesselleistung wird bei derartigen kombinierten Anlagen von der Vorlauf- oder der Raumtemperatur des Heizkörpersystems geregelt, während im Deckenheizsystem eine Verstellung des Mischventils die Anpassung der Leistung an den vorliegenden Wärmebedarf ermöglicht.

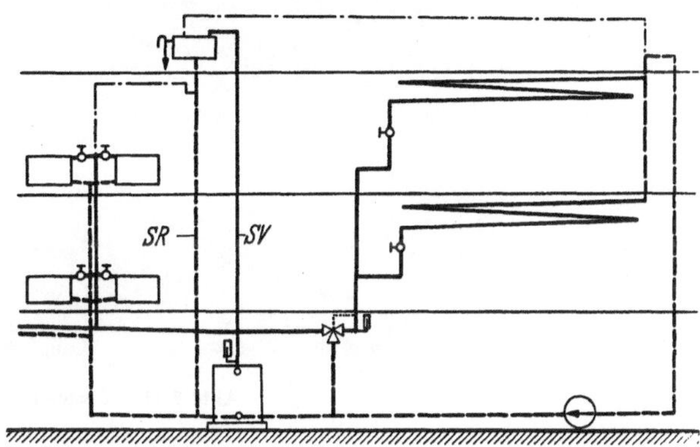

Abb. 2.113. Deckenheizung mit Radiatorenheizung gekuppelt

c) Die Heizschlangen

Die in die geheizten Deckenteile einzubauenden Heizrohre werden im allgemeinen in Schlangenform mit den am Bau erforderlichen Abmessungen von den Röhrenwerken bezogen. Überwiegend werden Rohre NW 15 ($^1/_2''$) der Norm 2440 in nahtloser oder geschweißter Spezialausführung (sog. Fretz-Moon-Rohre) verwendet. Die Schlangen sind in der Decke waagerecht oder mit leichter Steigung in Strömungsrichtung zu verlegen und durch Schweißung mit den Strangleitungen zu verbinden. Auf sorgfältige Schweißung ist bei der späteren Unzugänglichkeit der Rohre besonderer Wert zu legen. Es ist der Vorteil der von den Röhrenwerken angefertigten Heizschlangen, daß die Zahl der Schweißnähte in der Decke auf ein Minimum herabgedrückt wird. Bei zu großen Baulängen werden die vorgefertigten Heizschlangen allerdings leicht auf dem Transport beschädigt bzw. verbogen; sie sind deshalb stets in fester Einspannung zu verschicken. Die Rohrschlangen werden im Werk einer Druck- und Dichtigkeitsprüfung unter Wasser mit Luft von 40 atü unterworfen. Nach Einbau der Schlangen werden sie am Bau nochmals mit dem Rohrnetz auf 25 atü abgedrückt.

Der Rohrabstand richtet sich nach der Bauart der Heizdecke und der geforderten spezifischen Wärmeabgabe. Bei glatten Heizrohren ohne Lamellen sind Abstandsmaße von 15, 20 und 25 cm üblich. Zur Erzielung einer möglichst gleichmäßigen Raumerwärmung und zum Ausgleich der einseitigen Strahlungsabkühlung durch Wandoberflächen niedriger Temperatur werden die Heizflächen bevorzugt in die außenwandnahen Zonen der Decke eingebaut. Um den seitlichen Abfluß der Wärme gering zu halten, soll der Abstand der Heizrohre von der Außenwand mindestens 0,5 m, an Innenwänden etwa 0,3 m betragen. Es empfiehlt sich, die Heizrohre parallel zur Außenwand anzuordnen und das äußere Rohr an den Vorlauf anzuschließen, so daß durch die Abkühlung des Heizwassers die Oberflächentemperatur der Decke von außen nach innen leicht abfällt. In der Regel werden bei uns Deckenheizungen für einen Temperaturunterschied zwischen Vor- und Rücklauf von 10° ausgelegt. Abb. 2.114 zeigt als Beispiel die Anordnung der Heizschlangen bei einer Decke mit einbetonierten Rohren.

Wie bei der Radiatorenheizung sind auch hier die Heizflächen der einzelnen Räume gesondert an das Rohrnetz anzuschließen, so daß durch Absperrung oder Drosselung des Wasserumlaufes jeder Raum für sich in seiner Temperatur geregelt werden kann. Bei größeren Räumen ist die Anordnung mehrerer getrennter Rohrschlangen zweckmäßig. Liegt während der Bauausführung die spätere Raumeinteilung noch nicht fest, so sollte man die Heizfläche möglichst weitgehend in Anlehnung an die Fenstergliederung unterteilen. Die Beheizung mehrerer benachbarter Räume durch *eine* durchlaufende, also nur gemeinsam zu regelnde Heizschlange führt zu Unzuträglichkeiten, selbst wenn es sich um Räume gleicher Art und Benutzung handelt.

Die Regelventile — in der üblichen Bauweise mit Voreinstellung — werden in handlicher Höhe in Nischen der Innenwände untergebracht, s. Abb. 2.115. Die Nischen müssen groß genug

Abb. 2.114. Betonheizdecke im Bau

sein, um eine Auswechslung der Stopfbuchspackung der Ventile zu ermöglichen. Oft faßt man die Vorlaufanschlüsse der Heizschlangen mehrerer Räume eines Stockwerkes gruppenweise zusammen, so daß die Ventile gemeinsam in einem Wandkasten untergebracht und vom Flur aus bedient werden können. Grundsätzlich ist bei der Berechnung und Ausführung von Deckenheizungen, wie bei allen Flächenheizungen, mit äußerster Sorgfalt vorzugehen, da Fehler später nicht mehr oder nur unter großem Kostenaufwand zu beheben sind. Ein örtlicher Heizkörper läßt sich vergrößern, wenn er sich als zu klein erweist, eine Deckenheizfläche kaum.

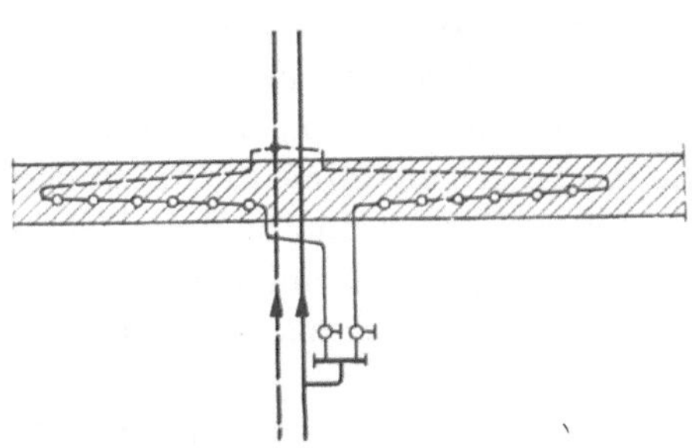

Abb. 2.115. Anschluß einer Rohrheizschlange mit Absperrventil

5. Ausführung der Heizdecke

Durch den Einbau der Rohrschlangen in die Raumdecke wird diese zu einem Bestandteil der Heizungsanlage und sie muß daher so ausgebildet werden, daß sie nicht nur die baulichen, sondern auch die heiztechnischen Anforderungen erfüllt[1]. Die Decke muß in der Lage sein, die durch die Erwärmung auftretenden Längenausdehnungen und Dehnungskräfte aufzunehmen und gleichzeitig den Wärmestrom vom Heizrohr zur Deckenoberfläche gut und gleichmäßig weiterzuleiten. Voraussetzung dafür ist, daß die Rohre und evtl. auch ihre Lamellen an der gesamten Oberfläche innigen Kontakt mit dem Baustoff haben, der als Wärmeleiter dient, und daß dieser Kontakt auch im Betrieb ständig erhalten bleibt. Das heißt aber, daß die Ausdehnungszahlen der beiden Stoffe in der gleichen Größenordnung liegen und allzu rasche Temperaturänderungen, die zu Unterschieden in der Wärmedehnung zwischen den im Grundstoff verschiedenartigen Bestandteilen der Heizdecke führen können, vermieden werden müssen. Des weiteren soll der Baustoff eine gute Wärmeleitfähigkeit besitzen. Die Wärmeabwanderung nach oben muß durch Anordnung von Dämmstoffen, Luftschichten u. dgl. eingeschränkt werden.

---

[1] KOLLMAR, A.: Bautechnische Gestaltungen von Fußboden- und Deckenheizungen. Gesundh.-Ing. Bd. 74 (1953) S. 99/109. Man beachte auch die im Abschnitt Berechnung von Deckenheizungen enthaltenen Ausführungshinweise, insbes. S. 398 u. f.

In den mittleren Stockwerken eines mehrgeschossigen Gebäudes wirkt jede Deckenheizung für die darüberliegenden Räume stets auch als Fußbodenheizung. Diese Wirkung ist in der Regel erwünscht, zumal sie zur Vergleichmäßigung der Raumerwärmung in lotrechter Richtung beiträgt und fußwarme Böden schafft. Durch die Wahl geeigneter Dämmschichten in dem über den Heizrohren liegenden Deckenteil hat man es in der Hand, den Anteil der nach oben fließenden Wärme festzulegen. Keinesfalls dürfen dabei die unter Abschn. E 1 angegebenen höchsten Oberflächentemperaturen geheizter Fußböden überschritten werden. Meist begnügt man sich mit einer Erwärmung um 2 bis 3° über Raumtemperatur.

a) Betonheizdecke

Bei der ältesten und am stärksten verbreiteten Bauart sind die Rohrschlangen in eine tragende Betondecke eingegossen, s. Abb. 2.116. Die einzelnen Rohre werden vor dem Einbetonieren auf kleine Betonklötze aufgelegt, möglichst nahe an der Deckenunterseite. Die Dicke der Betonschicht wird nach Maßgabe der verlangten Festigkeit und Tragfähigkeit der Decke bestimmt. Jede Bewehrung der Decke begünstigt die Wärmeleitung und damit den Ausgleich der Temperaturen, besonders wenn die Eiseneinlagen unterhalb der Rohre angeordnet sind.

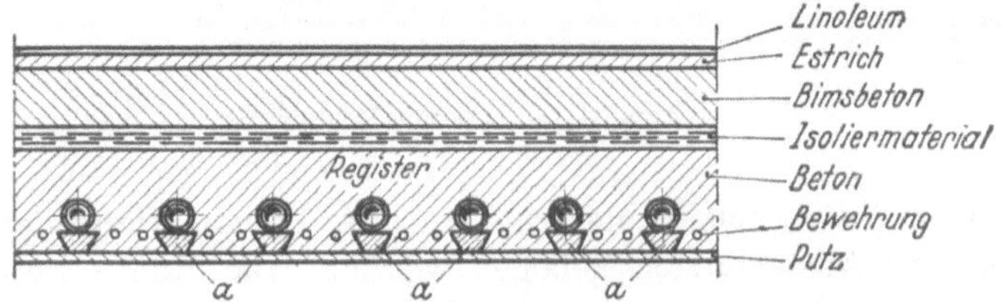

Abb. 2.116. Vollbetondecke

Beton ist als Baustoff für Heizdecken gut geeignet, weil seine Ausdehnungszahl derjenigen des Eisens sehr nahe kommt. Die Decke muß in einem Zuge gegossen werden; sie soll zum Schutz der Rohre gegen äußere Korrosion die Rohre überall sicher umschließen. Dazu ist bei $^1/_2''$-Rohren eine Betonschichtdicke von mindestens 6 bis 7 cm erforderlich; die tragenden Heizdecken sind aber meist wesentlich stärker ausgeführt. Über dem Tragbeton wird eine hochwertige Isolierschicht, evtl. auch noch eine Aufbetonschicht geringer Wärmeleitung, in der Ausführung nach Abb. 2.116 z. B. Bimsbeton, vorgesehen.

Der Deckenputz wird in einer Dicke von etwa 5 bis 10 mm aufgebracht. Besondere Anforderungen bezüglich seiner Zusammensetzung werden bei Heizdecken mit relativ ausgeglichenen Temperaturen nicht gestellt. Nur bei größeren Temperaturunterschieden, wie sie bei weitem Rohrabstand und höheren Heizwassertemperaturen auftreten, besteht die Gefahr der Rißbildung. Bei ausgedehnten Heizdecken sind Dehnungsfugen vorzusehen. Starke und gut bewehrte Massivdecken nehmen die Dehnungskräfte besser auf, neigen also weniger zur Rißbildung als leichte Decken. Der Heizungsingenieur sollte dem Bauherrn bzw. der ausführenden Baufirma aber stets exakte Angaben über die mit Heizrohren belegten Deckenflächen sowie die im mittleren Winterbetrieb und bei stärkster Belastung der Heizanlage sich einstellenden Deckentemperaturen machen, damit eine Nachrechnung der wirklichen Beanspruchungen möglich ist und etwaige zusätzliche Baumaßnahmen rechtzeitig getroffen werden können.

Mit der Betonheizdecke, die nach dem Erfinder auch als *Crittall*-Decke bezeichnet wird, liegen jetzt jahrzehntelange Erfahrungen vor. Sie zeigen, daß bei richtiger Ausführung und sachgemäßem Betrieb Schäden durch Rißbildung oder Rohrkorrosion nicht zu befürchten sind. Der naheliegende Gedanke, die Heizrohre selbst als Bewehrung der Betondecke zu benutzen, um Eisen einzusparen, ist im Ausland schon mehrfach, in Deutschland bis jetzt nur selten verwirklicht worden. Ein Haupterfordernis ist, daß die zur Bewehrung dienenden Rohre erst auf dem Auflager der Decke endigen und daß die hier befindlichen Stirnflächen der Decke durch eine Dämmschicht gegen seitliche Wärmeableitung geschützt werden[1]. Dem Vorteil der Eisenersparnis stehen als Nachteile gegenüber die höheren Wärmeverluste nach außen, die Einschränkung in der Freizügigkeit der Heizschlangenanordnung und eine gewisse Erschwernis in der Montage, zumal stets noch eine zusätzliche Bewehrung vom Statiker gefordert wird.

---

[1] GRAF, O.: Über die Verwendung der Rohre von Deckenheizungen als Bewehrung von Eisenbetondecken. Gesundh.-Ing. 1940 S. 145.

Betonheizdecken lassen sich auch mit eingegossenen Hohlsteinen, s. Abb. 2.117, oder — in Trennung von der Konstruktionsdecke — als untergehängte Heizdecken ausführen, Abb. 2.118. Im letztgenannten Fall ist stets eine besondere Schalung zur Anfertigung der Heizdecke erforderlich. Man kann diese Heizdecken allerdings leichter bauen als die ersterwähnten, wobei die Wärmespeicherung der Decke geringer und dadurch die Regelfähigkeit des ganzen Heizsystems verbessert wird.

Weitere Deckenbauweisen sind im einschlägigen Schrifttum beschrieben. Auf die Temperaturverteilung in der Betonheizdecke wird im Berechnungsteil, 9. Abschn., näher eingegangen.

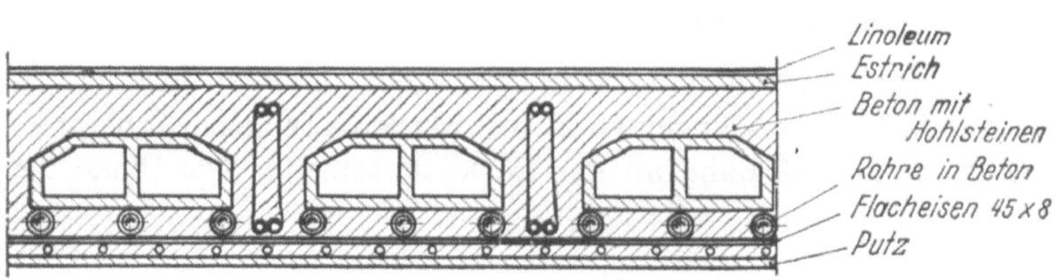

Abb. 2.117. Decke mit Hohlstein

Kupferrohrheizung. An Stelle von Stahl läßt sich auch Kupfer als Werkstoff für Heizschlangen verwenden. Man nimmt hierfür dünnwandige Rohre geringer Durchmesser, meist $^3/_8{}''$ bzw. 12×1 mm, die in Stangenform (bei halbhartem Material) oder in endlosen Ringen (bei weichem Material) an die Baustelle angeliefert und dort zu Schlangen der benötigten Abmessungen gebogen werden. Die Rohre werden mit Lötfittings verbunden. Der geringe Außendurchmesser der Rohre ermöglicht die Einbettung der Heizschlangen in den Verputz, so daß sie bei Decken mit glatter Unterseite mittels Halteschellen oder Haken unmittelbar an die Decke angehängt werden können. Die Montage der Heizung ist dadurch wesentlich vereinfacht; sie läßt sich im fertigen Rohbau noch ausführen. Bei Balken- oder Trägerdecken wird ein Lattenrost angebracht, an dem die Heizschlangen und der Putzträger befestigt werden.

Der Putz besteht aus Kalkmörtel mit reichlichem Gipszusatz. Er soll die Kupferrohre voll umschließen und muß vor dem ersten Anheizen gut ausgetrocknet sein. In gleicher Weise wie bei der Betonheizdecke darf die Anlage nur langsam angeheizt werden. Die

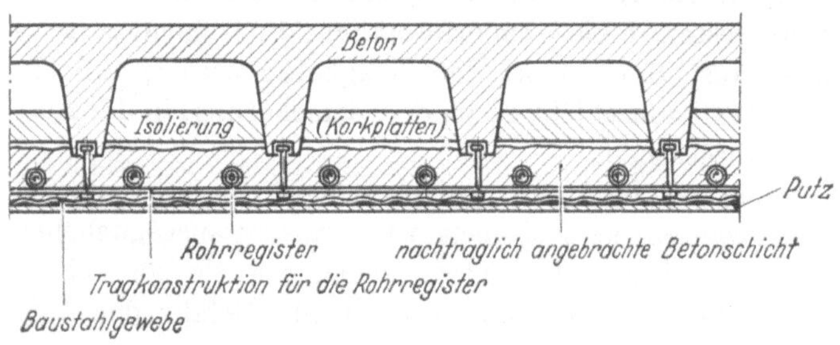

Abb. 2.118. Decke mit Unterzügen, Heizdecke angehängt

Vorteile der Kupferrohrheizung, die auch als Fußbodenheizung Verwendung findet, liegen in der vereinfachten Ausführung, der Korrosionsbeständigkeit des Materials und der geringeren Wärmespeicherung. Die Anlagekosten hängen stark vom Kupferpreis ab. Sie sind für deutsche Verhältnisse im allgemeinen höher als die der Betonheizdecke.

b) Lamellenheizdecken

Neuerdings finden in zunehmendem Umfang Deckenheizungen Anwendung, bei denen Konstruktions- und Heizdecke völlig getrennt sind. Die Heizrohre sind dabei an die Tragdecke angehängt und stehen in Kontakt mit einer leichten Putzdecke. Zur Verbesserung der Wärmeabgabe werden über die Rohre Blechlamellen geschoben, die die Wärme an die Putzschicht weiterleiten.

Abb. 2.119 zeigt als Beispiel den Aufbau der *Stramax*-Heizdecke. Unter der Tragdecke ist ein Lattenrost *a* angeordnet, an dem Auflageeisen *b* für die Heizschlangen *f* befestigt sind. Die Lamellen *g* bestehen aus Aluminiumblech von 0,7 bis 1 mm Stärke; sie umschließen mit einer Sicke die Rohre und liegen dicht auf der Putzschicht *e* auf. Als Putzträger wird ein Baustahlgewebe *d* an die Latten angenagelt. Aluminium ist wegen seiner hohen Wärmeleitzahl als Lamellenwerkstoff besonders gut geeignet. Die niedrige Strahlzahl von Aluminium setzt außerdem den Wärmeaustausch zwischen der nackten Lamellenoberfläche und der Unterseite der Tragdecke wirksam ab. Zuweilen wird zur Erhöhung der Wärmedämmung nach oben noch eine Lage Aluminiumfolie c oder eine Wärmeschutzschicht unterhalb der Tragdecke angeordnet. Auf guten Kontakt zwischen Heizrohr und Wärmeleitblechen einerseits sowie den Blechen und dem Putz andererseits muß bei allen Lamellenheizdecken geachtet werden, da sonst jede exakte Berechnung der erforderlichen Heizflächen unmöglich wird und die Heizanlage nicht mehr zentral geregelt werden kann.

Durch reichlichen Zusatz von Gips erhält man einen Putz, der in seiner Ausdehnungszahl dem Aluminium ziemlich nahe kommt. Mit einem Loslösen der Putzschicht von der Lamelle ist jedoch

bei glatten Blechen auch bei vorsichtiger Führung des Heizbetriebes zu rechnen. Zwischen Rohr und Lamellensicke muß genügend Spielraum sein, um eine axiale Verschiebung des Rohres beim Anheizen und Abkühlen der Anlage zu ermöglichen. Der dadurch bedingte Temperatursprung zwischen Rohroberfläche und Lamellenmitte liegt nach

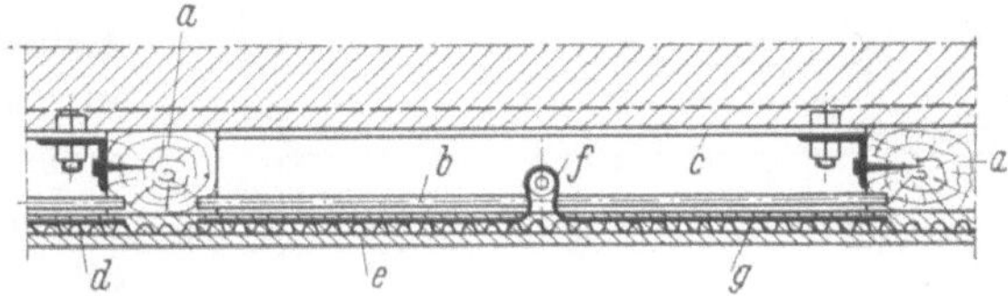

Abb. 2.119. Lamellenheizdecke, Bauart Stramax

Messungen im Institut für Heizung und Lüftung der Technischen Universität Berlin bei 8 bis 15°, je nach der Güte der Ausführung und der spezifischen Belastung der Heizflächen.

Gipsplattendecke. Lamellenheizdecken lassen sich auch aus vorgefertigten Einzelplatten zusammenstellen, s. Abb. 2.120. Die aufgerauhte oder gelochte Lamelle ist hier fest mit einer Gipsplatte verbunden. Die Platte wird von unten an die Heizrohre angeschoben und einzeln

mittels Drähten an die Tragdecke angehängt. Die Lamelle weist in der Mitte ein dem Rohr angepaßtes Profil auf, über das nach Befestigung der Platte ein entsprechend profiliertes Gegenblech übergeschoben wird. Die Einzelplatten greifen am Rand mit Nut und Feder ineinander; ein kleiner Luftspalt ermöglicht die Aufnahme der Wärmedehnung. Die Platten lassen

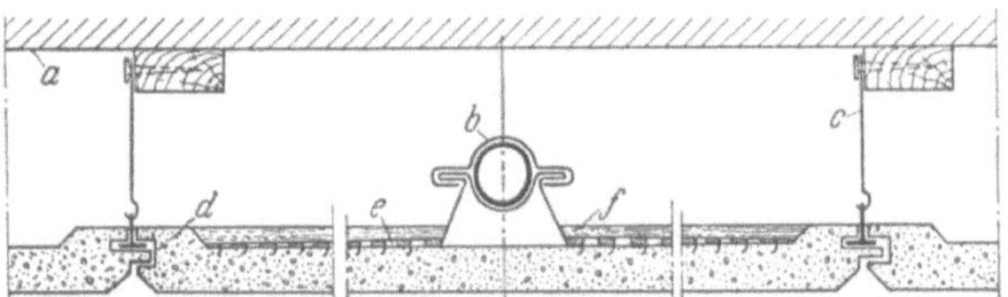

Abb. 2.120. Vorgefertigte Gipsplatten-Heizdecke.
a Decke, *b* Abdeckschieber, *c* Aufhängedraht, *d* Gipsplatte, *e* Aluminiumlamelle, *f* Steinwollisolierung

sich bei Lochung auch zur Schalldämmung verwenden.

Der Kontakt zwischen Lamelle und Putz ist durch die fabrikmäßige Herstellung der Platten sichergestellt, die Wärmeleistung daher gleichmäßig und genau bekannt. Allerdings sind die Platten bruchempfindlich und erfordern eine sehr sorgfältige Montage.

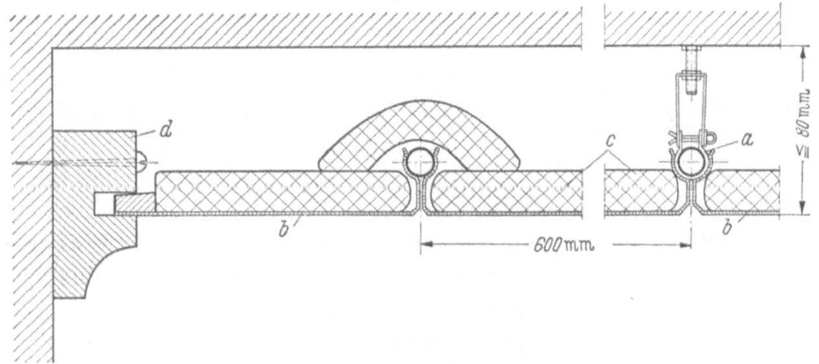

Abb. 2.121. Lochblech-Heizdecke, Bauart Frenger.
a Heizrohr, *b* perforierte Aluminiumplatte, *c* Isolierung, *d* Randleiste

Bei der *Frenger-Decke*, s. Abb. 2.121, verzichtet man ganz auf das Anbringen eines Deckenputzes. An die Heizrohre sind kräftige Aluminiumtafeln angehängt, die mit Isoliermatten abgedeckt sind. Sie sind aus akustischen Gründen gelocht.

Lamellenanordnung. Alle diese Heizdecken werden sowohl mit geschlossener als auch mit bandförmiger Anordnung der Lamellen ausgeführt, s. Abb. 2.122a und b; seltener findet man eine schachbrettartige Verlegung, s. Abb. 2.122c. Je offener die Verlegung gewählt wird, um so höhere Temperaturen der beheizten Deckenfläche sind nach dem oben Gesagten physiologisch möglich. Auch erhöht bei der Stramaxdecke die Wärmeleitung von den beheizten zu den nicht beheizten Putzschichten die spezifische Leistung von Heizrohr und Lamelle. Heizdecken mit Einzel- und Bandanordnung der Lamellen sind sonach in der Regel billiger als solche in geschlossener Verlegung. Da man zur Erzielung eines ausgeglichenen Raumklimas die Deckenheizfläche in die Nähe der Außenwände legt, sind der offenen Lamellenanordnung bei der praktischen Ausführung Grenzen gesetzt. Auch darf nicht übersehen werden, daß eine reichlich gewählte Heizfläche stets den Vorteil aufweist, mit niedrigeren Heizwassertemperaturen auszukommen und den ausgekühlten Raum rasch anzuheizen. Man legt heute im allgemeinen Lamellenheizdecken für eine höchste Vorlauftemperatur von 60 bis 70° aus.

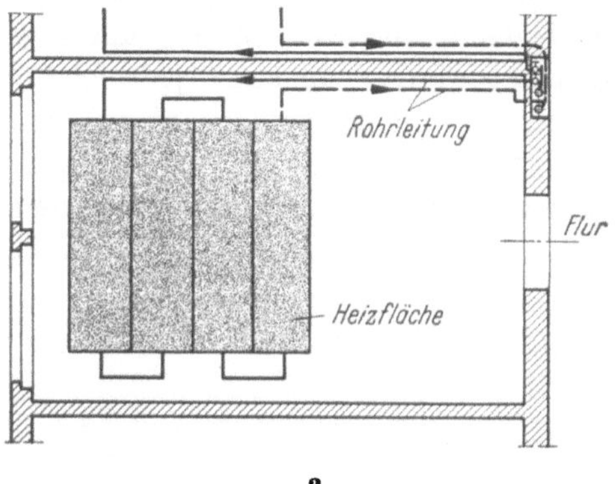

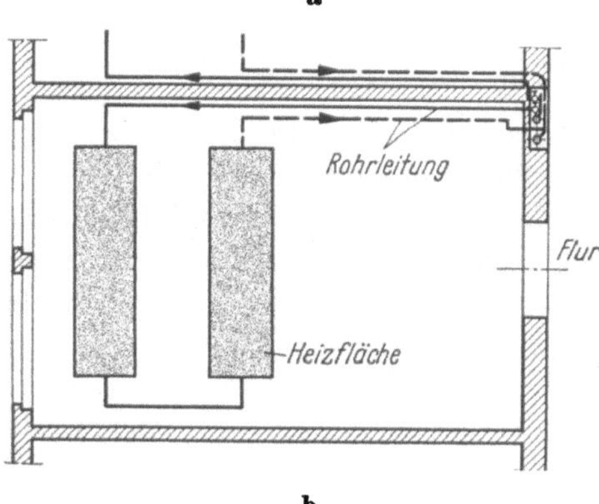

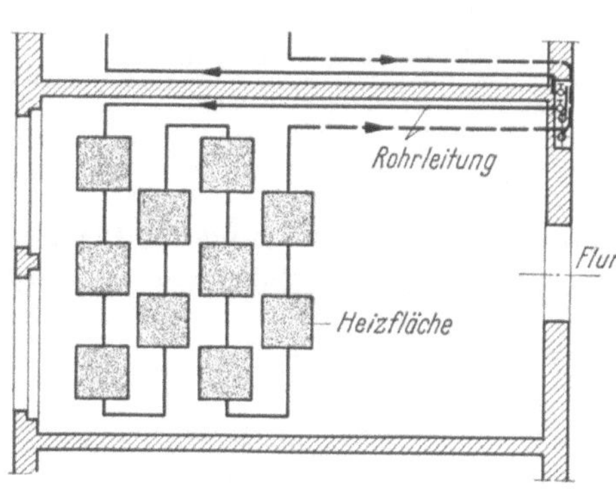

Abb. 2.122. Heizflächenanordnung.
a) geschlossene Verlegung; b) offene Verlegung;
c) Schachbrett-Verlegung

c) Strahlplattenheizung

Eine Sonderausführung der Strahlungsheizung, die zunächst für freie Heizflächenanordnung entwickelt wurde, neuerdings aber auch für geschlossene Decken Anwendung findet und deshalb im Zusammenhang mit den Flächenheizungen besprochen werden soll, ist die sog. *Strahlplatten*-Heizung, s. Abb. 2.123. Zwei oder drei Heizrohre tragen ein gemeinsames, entsprechend profiliertes Wärmeleitblech. Diese Lamellen — einfache schwarze Stahlbleche von 1 bis 1,5 mm Dicke — sind auf der Oberseite mit Isoliermatten abgedeckt. Da die Strahlplatten in erster Linie für die Beheizung gewerblicher Räume in Frage kommen, also in größerer Höhe angeordnet werden, sind höhere Oberflächen- und Heizmitteltemperaturen zulässig als bei der üblichen Deckenheizung. Als Heizmittel verwendet man Dampf oder Heißwasser.

Je nach der Verteilung der Heizflächen im Raum können einzelne Raumteile mehr oder weniger stark beheizt werden, bei großen Werkräumen z. B. bevorzugt die Arbeitsplätze. Der Hauptanteil der Wärmestrahlung kommt dem Fußboden zugute, erwärmt also die Aufenthaltszone, während die oberen Raumzonen verhältnismäßig kalt bleiben, zumal die Luftströmungen durch die Raumheizung gering sind (s. auch S. 82/85). Hier kommen die Vorzüge der Wärmeübertragung durch Strahlung offenbar am nachhaltigsten zur Geltung.

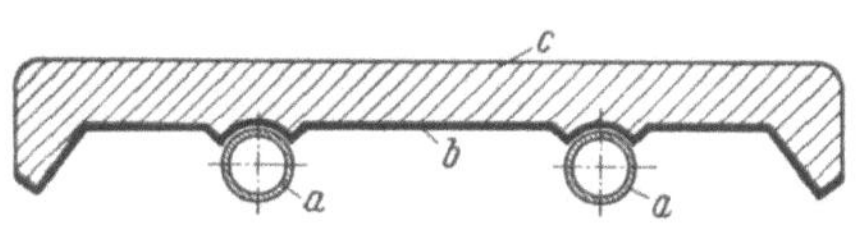

Abb. 2.123. Strahlplatte (Sunztrip-Heizkörper).
a Heizrohr, b Blechlamelle, c Isolierung

Strahlplatten lassen sich auch als Heizbänder in geschlossene Decken einbauen und damit für feinmechanische Werkstätten, Schulen und Büros verwenden. Bezüglich der Oberflächentemperaturen gilt dann das unter D 3d Gesagte.

6. Betriebsverhalten

a) Wärmespeicherung und Regelfähigkeit

Bei der Deckenheizung muß — wie bei den meisten Bauarten der Flächenheizung — nicht nur das Eisengewicht der Anlage und der Wasserinhalt erwärmt werden, sondern zusätzlich noch der die Heizflächen umkleidende oder an ihnen anhaftende Deckenbaustoff, bevor die Oberflächen Wärme an den Raum abgeben. Je schwerer diese Baustoffmassen sind, um so höher ist ihre Wärmespeicherung, um so stärker macht sich die Trägheit des Systems aber auch bei Leistungsänderungen bemerkbar. Sie bewirkt, daß Regeleingriffe in der Zentrale nur mit erheblicher Verzögerung und stark gedämpft in den beheizten Räumen bemerkbar werden; da die Wärmespeicherung in den Heizflächen selbst liegt, läßt sich die Wärmeabgabe kurzzeitigen Änderungen des Bedarfes nur schwer anpassen.

Wie groß die Unterschiede in der Trägheit der einzelnen Systeme der Warmwasserheizung sind, zeigt die nachstehende Gegenüberstellung. Angegeben ist das Verhältnis der in den Heizflächen gespeicherten Wärmemenge Q_s zur Wärmeleistung Q_h. Bei den Deckenheizungen gelten die niedrigen Werte für Heizdecken geringster Dicke mit vollkommener Isolierung nach oben, die höheren Werte unter Berücksichtigung der Wärmespeicherung in den Tragdecken bei praktisch üblicher Isolierung.

Deckenheizung mit Betondecke	4 —8	[h]
Deckenheizung mit verputzter Lamellenheizdecke	2 —6	[h]
Radiatorenheizung mit gußeisernen Heizkörpern	1 —1,2	[h]
Radiatorenheizung mit schmiedeeisernen Heizkörpern	0,7 —0,8	[h]
Konvektorenheizung	0,15—0,2	[h]
Strahlplattenheizung	0,8 —1,3	[h]

Man muß bei Deckenheizungen, insbesondere bei Betonheizdecken, sonach mit erheblich verlängerten Anheiz- und Abkühlzeiten rechnen. Diese Trägheit macht sich besonders unangenehm bemerkbar, wenn durch Bedienungsfehler die Decke überheizt ist oder wenn in der Übergangszeit durch die höheren Lufttemperaturen am Tage bzw. starke Sonneneinstrahlung der Wärmebedarf der Räume zurückgeht. Die erwünschte Abkühlung der Räume kann in solchen Fällen nur durch Öffnen der Fenster herbeigeführt werden. Als ungünstig erweisen sich sonach stark speichernde Decken für Gebäude leichter Bauart mit relativ großem Anteil der Fensterflächen an der Außenwand; sie nötigen zu einem schwerfälligen, häufig auch unwirtschaftlichen Heizbetrieb, vor allem wenn die Gebäude nur während weniger Tagesstunden benutzt werden. Für solche Zwecke sind leichte Heizdecken am Platz.

Bei Gebäuden mit dicken Wänden ist die Trägheit der Betonheizdecke weniger nachteilig, weil diese Bauten infolge ihrer eigenen Wärmespeicherung ohnehin nur langsam aufgeheizt werden können und die Tagesschwankungen der Witterung im Heizwärmebedarf nur abgeschwächt in Erscheinung treten. Bei solchen Gebäuden bereitet der Betrieb von Deckenheizungen hoher Wärmespeicherung erfahrungsgemäß keine Schwierigkeiten, sofern die Gebäude dauernd benutzt werden und schroffe Witterungsänderungen selten auftreten.

Bei richtiger Betriebsweise kann die Trägheit der Betonheizdecke sogar vorteilhaft ausgenutzt werden. So ist es möglich, die Heizung über eine von der Außentemperatur abhängige Zahl von Stunden ganz abzustellen, ohne ein stärkeres Abfallen der Raumtemperatur befürchten zu müssen. Decke, Fußboden und Wände geben unterdessen die in ihnen aufgespeicherte Wärme an die Raumluft ab. Bei Wiedereinschaltung der Heizung kann die den Raumumfassungen entzogene Speicherwärme durch zeitweilige Einstellung einer etwas höheren Heizwassertemperatur in kürzerer Zeit wieder ersetzt werden. Ein derartiger Heizbetrieb setzt natürlich eine sorgsame Überwachung und große Vertrautheit mit den Eigenschaften der Heizung voraus. Auch bei Kesselanlagen mit selbsttätiger Regelung, insbesondere bei reiner Ein-Aus-Regelung, wie sie bei Ölfeuerungen üblich ist, kann von der hohen Speicherfähigkeit Gebrauch gemacht werden. Sie gleicht hier die sprunghafte Änderung der Leistungsaufnahme beim Stoßbetrieb der Feuerung wirksam aus.

In den meisten Fällen ist eine hohe Wärmespeicherung der Heizdecke jedoch unerwünscht, zumal auch die neuzeitlichen Bauweisen mit ihrer Bevorzugung leichter Wandbauarten und großer Fensterflächen die Gebäude gegen wechselnde Witterungsbedingungen empfindlicher machen und damit ein leicht regelbares Heizsystem verlangen.

Wärmespeicherung der Innenwände. Auf einen Unterschied in der Wirksamkeit von Leistungsänderungen bei Konvektions- und Strahlungsheizungen muß aber noch hingewiesen werden, da er bei der Bewertung der Regelfähigkeit der Systeme oft übersehen wird. Bei allen Heizsystemen mit vorwiegend oder ausschließlich konvektiver Wärmeabgabe erwärmt sich mit einsetzender Leistung die Raumluft infolge ihres geringen Wärmeinhaltes sehr rasch. Damit wird aber einer der beiden maßgebenden Faktoren für das Behaglichkeitsempfinden im beheizten Raum, nämlich die Lufttemperatur, sofort durch die Heizkörperleistung beeinflußt; bei großflächigen Heizkörpern kommt noch eine gewisse Strahlungswärmeabgabe hinzu.

Bei der Deckenheizung folgt dagegen das Raumklima einer Temperaturerhöhung der Heizfläche nur mit deutlicher Verzögerung. Nur ein Teil der Körperoberfläche des Menschen wird von der Strahlung direkt getroffen; bevorzugt sind es die oberen Teile infolge ihres günstigeren Winkelverhältnisses des Strahlungsaustausches. Erst wenn die Wandoberflächentemperaturen merkbar ansteigen, wird die untere für die Behaglichkeit entscheidende Raumzone in die Erwärmung mit einbezogen.

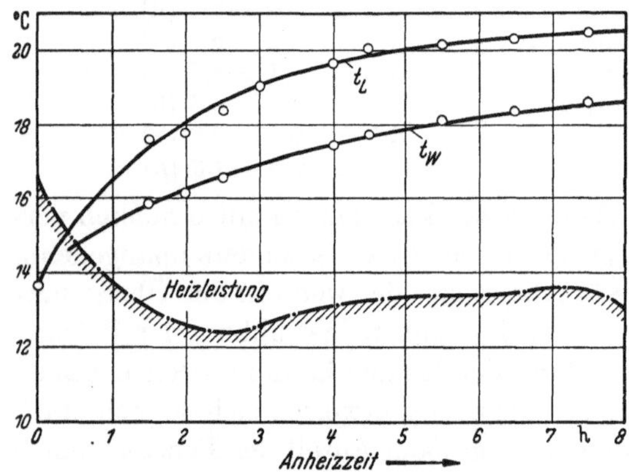

Abb. 2.124. Anheizen bei Deckenheizung.
t_L Lufttemperatur in Raummitte, t_W Wandtemperatur

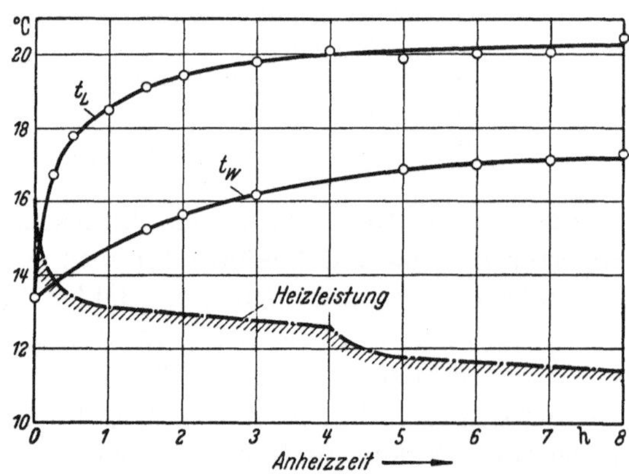

Abb. 2.125. Anheizen bei Radiatorenheizung.
t_L Lufttemperatur in Raummitte, t_W Wandtemperatur

Deckenheizungen, auch solche leichter Bauart, sind also notwendig träger in der Regelung als Heizungen mit konvektiver Wärmeübertragung. Der Vergleich der in den Heizflächen gespeicherten Wärme genügt bei Heizsystemen unterschiedlicher Art zur Beurteilung der Regelfähigkeit noch nicht. Am deutlichsten zeigt sich dies beim *Anheizen*. In Abb. 2.124, 125 ist der Temperaturanstieg nach dem Einschalten der Heizflächen in zwei gleichen Räumen mit Decken- und Radiatorenheizung wiedergegeben. Aufgetragen sind die Lufttemperaturen in Raummitte und die mittleren Wandtemperaturen ohne Berücksichtigung der Heizflächen. Man ersieht aus der Abbildung, daß auch bei der Deckenheizung die Lufttemperatur höher liegt als die mittlere Wandtemperatur, wenigstens dann, wenn die Deckenheizfläche unberücksichtigt bleibt, wie das hier geschehen ist. Die Wandtemperaturen steigen bei der Deckenheizung etwas rascher an als bei der Radiatorenheizung, die Lufttemperaturen jedoch wesentlich langsamer, vor allem in den ersten Stunden. Das bedeutet aber, daß auch die Empfindungstemperatur im deckenbeheizten Raum zunächst niedriger liegt als im radiatorenbeheizten Raum.

Anders liegen die Verhältnisse in gewerblichen Räumen, Hallen u. dgl., die mit Einzelstrahlern (Strahlplatten, Gasstrahlern u. dgl.) ausgestattet sind. Durch zweckmäßige Verteilung der Strahler läßt sich hier erreichen, daß die abgegebene Wärme allseitig den Rauminsassen trifft oder einzelne Raumteile, die als Arbeitsplätze dienen, bevorzugt erwärmt. Hier wird die Heizleistung physiologisch sofort wirksam und die Wärmezustrahlung vermag, wenn sie gleichmäßig alle Körperpartien trifft, die in Räumen mit niedriger Lufttemperatur zu hohe konvektive Wärmeabgabe, evtl. auch einseitige Abstrahlung nach ungeheizten Wandoberflächen auszugleichen.

b) Brennstoffverbrauch

Seit dem Aufkommen der Deckenheizung ist die Frage, ob sie zu Wärmeersparnissen gegenüber der üblichen Heizkörperheizung führt, stark umstritten. Aus der niedrigeren Lufttemperatur in den geheizten Räumen lassen sie sich nicht ableiten — wie es zunächst versucht wurde —, es sei denn, die Wärmeverluste durch Lufterneuerung machten einen ungewöhnlich hohen Anteil am Heizwärmebedarf eines Gebäudes aus. Geht man davon aus, daß bei der Deckenheizung gleiche oder gar bessere physiologische Entwärmungsbedingungen angestrebt werden als bei der Radiatorenheizung mit Heizflächenanordnung an der Außenwand, so dürfen auch die Oberflächentemperaturen der Außenwand- und Fensterflächen nicht niedriger sein. Von diesen Temperaturen hängen aber unmittelbar die Wärmeverluste eines geheizten Gebäudes ab. Da nach dem oben Gesagten bei beiden Heizarten die Wandtemperatur mit der Raumhöhe ansteigt, müssen sich notwendigerweise im Dauerbetrieb der Heizung bei gleicher Raumtemperatur auch etwa gleiche Wärmeverluste ergeben. Es ist daher anzunehmen, daß die angeblich an verschiedenen Stellen beobachteten günstigeren Brennstoffverbrauchswerte der Deckenheizung, soweit sie überhaupt einwandfrei festgestellt wurden, auf unterschiedliche Behaglichkeitsverhältnisse, bessere Regelung oder sonstige abweichende Betriebsbedingungen zurückzuführen sind. Daß bei den üblichen Raummaßen in Wohn-, Büro- und Krankenhäusern auch der unterbrochene oder nachts eingeschränkte Heizbetrieb bei der Deckenheizung keine Wärmeeinsparungen erwarten läßt, die über das bei Radiatorenheizung Mögliche hinausgehen, liegt nach den Ausführungen im vorhergehenden Abschnitt über den Anheizvorgang auf der Hand.

Auch hier ist aber wieder der Hinweis am Platz, daß diese Feststellungen nicht für die Strahlungsheizung allgemein und insbesondere nicht für große und hohe Räume, Werkhallen u. dgl. gelten. Solche Räume weisen bei Heizeinrichtungen mit vorwiegend konvektiver Wärmeabgabe, vor allem bei Luftheizungen, in den oberen Raumzonen sehr hohe Lufttemperaturen auf. Dementsprechend sind die Wärmeverluste wesentlich höher als bei ausgeglichener Lufttemperatur. Berücksichtigt man noch, daß zweckmäßig angeordnete Wärmestrahler es in solchen Fällen ermöglichen, bevorzugt die Aufenthaltszone oder auch nur einzelne Teile davon zu erwärmen, den Raum über den Strahlgeräten aber unbeheizt zu lassen, so erscheinen die in der Praxis zuweilen genannten Wärmeeinsparungen von 25 bis 50% in strahlungsbeheizten Werkräumen und Hallen, verglichen mit ähnlichen Bauvorhaben, die konvektiv beheizt werden, physikalisch durchaus erklärbar.

7. Anwendungsbereich

Deckenheizungen sind in der Regel teurer als Heizkörperheizungen, vor allem wenn besondere Heizdecken an die Tragdecken angehängt werden müssen. Die Mehrkosten sind je nach der gewählten Bauweise verschieden hoch; sie liegen unter Einbeziehung der baulichen Nebenkosten zwischen 20 und 80%. Betontragdecken mit eingebetteten Heizrohren ergeben die niedrigsten Gestehungskosten, erfordern allerdings auch eine sorgfältige Bauplanung, damit durch die Rohrverlegung der Fortgang der Bauarbeiten nicht gehemmt wird. Bei der Wahl größerer Rohrabstände erreichen derartige Deckenheizungen etwa die gleichen Gestehungskosten wie Radiatorenheizungen.

Bei der Entscheidung, ob in einem gegebenen Fall Deckenheizung gewählt werden soll oder nicht, sind sämtliche Vor- und Nachteile sorgfältig gegeneinander abzuwägen. Sie seien daher im folgenden noch einmal kurz aufgeführt.

Vorteile:
Fortfall der örtlichen Heizkörper mit ihrem Platzbedarf;
Verlegung aller Strangleitungen im Gebäudeinnern (verminderte Einfriergefahr);
schwache Luftbewegung und daher keine Staub- und Keimverschleppung;
weitgehend ausgeglichene, etwas niedrigere Lufttemperaturen im gesamten Raum;
anwendbar für Raumkühlung im Sommer.

Nachteile:
Höhere Einbaukosten;
nachträgliche Änderung der Heizflächenleistung und meist auch der Raumeinteilung nicht möglich;
erschwerte Reparaturen;
besondere Empfindlichkeit an Außenwand- und Fensterflächen sowie gegen Lufteinfall;
größere Trägheit und damit verminderte Regelfähigkeit, insbesondere bei Betonheizdecken;
Abhängigkeit der Leistung von der Güte der baulichen Ausführung.

Der Hauptvorteil der Deckenheizung ist ohne Zweifel der Wegfall aller sichtbaren Heizflächen mit ihren Nebenerscheinungen (Gardinen- und Wandverschmutzung). Für *repräsentative Räume* aller Art, bei denen Heizkörper störend wirken, wird der Architekt schon aus ästhetischen Gründen gern die Deckenheizung wählen, zumal die höheren Kosten in diesem Fall meist keine Rolle spielen. Auch *Museen, Ausstellungs-* und *Verkaufsräume* werden bevorzugt mit Deckenheizungen ausgestattet. Da diese Räume zumeist „durchwandert" werden, sind notfalls etwas höhere Deckentemperaturen zulässig als in Räumen mit festen Arbeitsplätzen.

In weitem Umfang eingeführt hat sich die Deckenheizung in den Bettenhäusern und Infektionsabteilungen von *Krankenhäusern*, in *Sanatorien* und *Heilanstalten*. Ihre hygienischen Vorzüge werden hier hoch gewertet. Hinzu kommt, daß diese Gebäude ohne Unterbrechung beheizt werden und das gleichmäßige „Schonklima" des deckenbeheizten Raumes sowie die leicht erwärmten Fußböden besonders erwünscht sind. Feste Aufenthaltsplätze in Fensternähe sind zudem kaum vorhanden. Auch können bei mildem, windstillem Wetter die Fenster geöffnet werden, ohne daß die Wärmeabgabe an den Raum und an die Patienten beeinträchtigt wird.

In Räumen, deren Insassen an festen Arbeitsplätzen geistig beschäftigt sind, wie z. B. bei *Büro-* und *Verwaltungsgebäuden, Schulen* u. dgl., ist dagegen eine gewisse Vorsicht am Platze. Jede lästige Wärmezustrahlung oder auch nur eine wesentliche Behinderung der Kopfentwärmung muß hier unbedingt vermieden werden. Sind Arbeitsplätze dicht an den Außenwänden vorgesehen, so ist zum Ausgleich der kalten Wand- und Fensterflächen der Einbau einer Brüstungsheizung in Erwägung zu ziehen, sei es in Form von flachen Wandradiatoren oder verdeckten Heizflächen. Zur Notwendigkeit wird dies in Räumen mit großen Fenstern, vor allem bei Eckräumen ohne Fußbodenerwärmung. Bei der Trägheit der meisten Deckenheizungen müssen die Heizregister nach Himmelsrichtungen zusammengefaßt und die einzelnen Gruppen mit Temperaturregelung durch Rücklaufwasserbeimischung versehen werden. Die Möglichkeit einer einfachen Raumkühlung im Sommer kann bei Verwaltungs- und Bürogebäuden evtl. den Ausschlag für die Wahl einer Deckenheizung geben.

Nicht in Frage kommt die Deckenheizung für Räume, die nur kurzzeitig benutzt und geheizt werden sollen oder bei denen mit stärkeren Schwankungen in der Raumbesetzung gerechnet werden muß, wie z. B. bei Lichtspielhäusern, Restaurants und Versammlungsräumen.

Auch bei Schalterhallen mit starkem Publikumsverkehr hat sie sich nicht bewährt, da die durch die Zugänge eindringende Außenluft unerwärmt über dem Fußboden liegenbleibt, sofern nicht eine zusätzliche Erwärmung durch Fußboden- oder Konvektionsheizflächen vorgesehen ist[1].

Bei Wohnbauten findet die Deckenheizung wegen ihrer höheren Baukosten und der größeren Anforderungen an die Bedienung nur ausnahmsweise Anwendung. Man muß bei Wohnbauten darauf achten, daß Schlaf- und Nebenräume keinesfalls mit Heizdecken hoher Wärmespeicherung ausgerüstet werden, da sonst die Trägheit des Systems ein schnelles Anheizen sowohl als auch eine rasche Auskühlung bei Überheizen nicht zuläßt.

E. Fußboden- und Wandheizung

Im Aufbau sind beide Heizarten der Deckenheizung ähnlich. Die Anordnung der Heizrohre und der unterschiedliche Temperaturbereich bedingen jedoch vielfach voneinander abweichende konstruktive Lösungen.

1. Fußbodenheizung

a) Allgemeines

Als Warmluft-Kanalheizung gehört sie zu den ältesten Bauformen der Heizung überhaupt (Hypocaustenheizung). Aber auch als Warmwasserheizsystem mit im Fußboden eingebetteten Heizrohren ist sie seit vielen Jahrzehnten bekannt, vor allem in der Anwendung zur zusätzlichen Erwärmung fußkalter Räume und Arbeitsplätze.

---

[1] Baxmann, H. S.: Die Temperaturverteilung in der strahlungsgeheizten Kassenhalle einer Großbank. Heizg.-Lüftg.-Haustechn. Bd. 5 (1954) S. 21/24.

Wiederholt ist schon darauf hingewiesen worden, daß die bevorzugte Erwärmung der unteren Raumzonen physiologisch erwünscht ist. Das der Deckenheizung nachgesagte gleichmäßige Raumklima ist z. T. auf die mittelbare Wirkung als Fußbodenheizung bei den über den Heizdecken liegenden Räumen zurückzuführen. Durch sie werden die Lufttemperaturen in den bodennahen Schichten erhöht und auch die gegen eine direkte Deckenstrahlung abgeschirmten Fußbodenteile, z. B. bei Arbeitsplätzen an Tischen, ausreichend erwärmt. Im Gegensatz zur Deckenheizung nimmt bei der Fußbodenheizung die „empfundene Temperatur" nicht mit der Höhenlage zu. Die spezifische Wärmeabgabe horizontaler Heizflächen nach oben ist größer als nach unten, da der konvektive Wärmeübergang durch die am Fußboden sich erwärmenden und aufsteigenden Luftschichten merklich gesteigert wird. Andererseits ist bei Fußbodenheizungen in der Regel damit zu rechnen, daß ein Teil der Bodenfläche, nämlich die mit Möbeln bestellte, als Heizfläche ausscheidet. Das wirkt sich in der Praxis um so nachteiliger aus, als die Oberflächentemperaturen ohnehin nach oben begrenzt sind. Die Erfahrung lehrt, daß Fußbodentemperaturen über 25° an ständig benutzten oder begangenen Raumteilen zu Fußbeschwerden führen; an selten begangenen Stellen sind Temperaturen bis zu 29° zulässig, in der Nähe der Außenwände sogar erwünscht. Dadurch werden die Leistung und der Anwendungsbereich der Fußbodenheizung stark eingeschränkt. Auch sind Arbeitsplätze in Außenwandnähe bei Räumen mit einer Fußbodenheizung in gleicher Weise durch einseitige Wärmeabstrahlung und Zugluft gefährdet wie bei der Deckenheizung.

b) Ausführung

Im allgemeinen werden die Heizrohre in Schlangenform in eine 6 bis 8 cm starke Betonschicht des Fußbodens eingegossen, s. Abb. 2.126. Nach unten schließt sich eine Isolierschicht an, um die Wärmeabgabe an die darunter befindlichen Räume bzw. an das Erdreich möglichst einzuschränken. Dann folgt der eigentliche Tragbeton oder bei oberen Geschossen evtl. eine Hohlsteindecke. Bei Verlegung unmittelbar über dem Erdreich ist durch Einlage einer Bitumenpappe jede Feuchtigkeitseinwirkung auszuschließen. Der Fußbodenbelag muß selbstverständlich den Temperatureinwirkungen gewachsen sein. Plattenbeläge haben sich in dieser Beziehung am besten bewährt, bei niedrigen Temperaturen auch Linoleum und ähnliche Stoffe. Der Heiz-

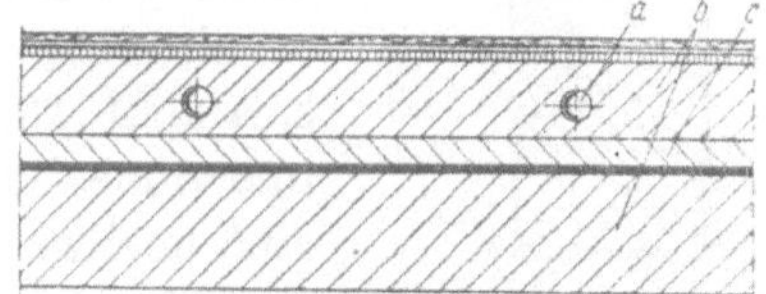

Abb. 2.126. Fußbodenheizung mit einbetonierten Rohren.
a Heizrohre, *b* Kiesbeton, *c* Wärmedämmschicht und Bitumenpappe

wassertemperaturregelung ist bei der erheblichen Wärmespeicherung der Fußbodenschichten besondere Beachtung zu schenken. Geringer Rohrabstand und kleine Rohrdurchmesser (meist ³/₄″) begünstigen die physiologisch und konstruktiv erwünschte gleichmäßige Bodenerwärmung. Man trennt den Kreislauf der Fußbodenheizung zumeist völlig ab von anderen Heizsystemen mit höheren Wassertemperaturen, am besten durch Zwischenschalten von Oberflächenwärmeaustauschern. Die Heizschlangen werden einzeln absperrbar an die Verteilleitungen angeschlossen, um sie auf gleichmäßigen Wasserdurchfluß einregeln und getrennt in Betrieb nehmen zu können. Es empfiehlt sich, die Schweißstellen der Rohranschlüsse, soweit es möglich ist, aus dem Fußboden herauszuziehen und bei ihrer Ausführung auf gute Entlüftbarkeit der Schlangen zu achten.

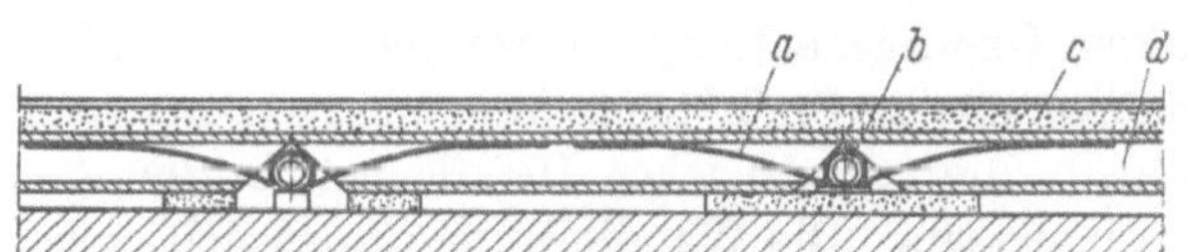

Abb. 2.127. Fußbodenheizung, Bauart Deriaz.
a Lamelle, *b* Heizrohr, *c* Fußbodenbelag, *d* Hohlstein

Eine Ausführung der Fußbodenheizung mit freiliegenden Heizrohren und angelegten Lamellen zeigt Abb. 2.127. Die Lamellen ragen in Hohlsteine zwischen den Rohren; sie sollen durch ihre Wärmeleitung und Formgebung die Bodentemperatur vergleichmäßigen. Diese bereits seit langem bekannte Ausführung hat mit den vorbesprochenen Lamellenheizdecken die geringe Wärmespeicherung und eine gewisse Unempfindlichkeit gegen Temperatursteigerungen des Heizwassers gemein.

c) Anwendungsbereich

Die durch die Oberflächentemperatur begrenzte spezifische Leistung läßt die Anwendung der Fußbodenheizung als alleiniges Heizsystem nur in Ausnahmefällen zu, so bei Räumen in Gebäuden mit sehr niedrigem Wärmebedarf, sei es durch besonderen Schutz der Außenwände, mildes Klima oder niedrige Raumtemperaturen (dauernd beheizte Kirchen).

In erster Linie findet die Fußbodenheizung Verwendung als Zusatzheizung, und zwar bevorzugt für nicht unterkellerte Gebäude oder in Räumen, bei denen die Fußbodenerwärmung besonders erwünscht ist, wie z. B. in Badeanstalten. Hinzu kommen repräsentative Räume, wie Empfangshallen, Foyers in Theatern u. dgl., bei denen die Unterbringung der benötigten örtlichen Heizflächen oft auf Schwierigkeiten stößt. Auf die Möglichkeit, einzelne Teile des Erdgeschoßfußbodens mit ihr bevorzugt zu beheizen (Verkaufsstände) und die in USA anzutreffende Verwendung zur Gehsteig-, Rampen- und Straßenbeheizung sei hier nur hingewiesen.

2. Wandheizung

Auch bei der Wandheizung handelt es sich um eine Bauart der Flächenheizung, die seit langem bekannt ist, neuerdings aber aus ästhetischen Gründen oder in Verbindung mit der Deckenheizung wieder an Interesse gewinnt. In ihrer einfachsten Form werden Eisenplatten mit rückseitig angebrachten oder angegossenen Heizrohren so in eine Wand eingebaut, daß sie vorn bündig mit der Wand abschließen. Diese Kombination von Heizkörper- und Flächenheizung konnte sich in größerem Umfang aber nicht durchsetzen. Bei der eigentlichen Bauform der Wandheizung werden in gleicher Weise wie bei der Deckenheizung die Heizrohre unmittelbar in die Konstruktion eingebettet, sei es in eine Betonwand, s. Abb. 2.128, oder in einen Hohlraum, der durch eine Putzschicht — mit und ohne Lamellen — abgeschlossen ist. Stets ist hinter den Heizrohren eine hochwertige Wärmedämmschicht anzuordnen, die bei Außenwänden das Abströmen der Heizwärme nach außen verhindern soll.

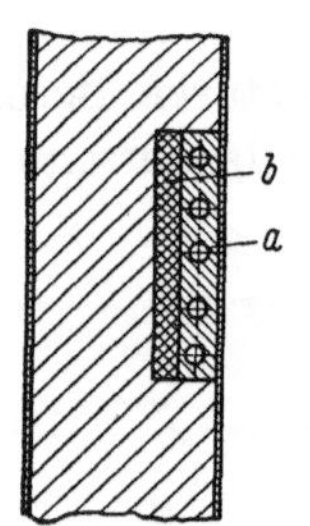

Abb. 2.128. Wandflächenheizung.
a Heizrohr, *b* Isolierung

Wandheizflächen werden im allgemeinen nur bis etwa 1,5 m Höhe angeordnet. Da der Mensch gegen seitliche Wärmezustrahlung wesentlich unempfindlicher ist als gegen Wärmestrahlung von oben, kann die Wandheizung mit höheren Oberflächentemperaturen betrieben werden als die Deckenheizung. Man sollte aber möglichst nicht über 70° hinausgehen. Die Wärmeabgabe durch Konvektion kann größer sein als die durch Strahlung, so daß die Wandheizung nicht grundsätzlich zu den Strahlungsheizungen gehört.

Die Anordnung der Heizflächen an den Außenwänden schirmt den Rauminsassen wirksam gegen jede einseitige Wärmeabstrahlung ab; sie fängt bei ausreichender Erwärmung auch die am Fenster herabfallende Kaltluft ab. Rein physiologisch betrachtet ist die Wandheizung mit milden Oberflächentemperaturen jeder anderen Heizungsart überlegen. Die Notwendigkeit, die Innenwände als Stellflächen frei zu halten, macht ihre Anwendung in größerem Umfang unmöglich, da die erforderlichen Heizflächen in den Außenwänden allein in der Regel nicht unterzubringen sind. Die Wandheizung findet sich daher vorwiegend als Zusatzheizung, und zwar in erster Linie als Brüstungsheizung unterhalb der Fenster bei Decken- und Luftheizungen. In Verbindung mit der Deckenheizung wähle man stets für die Brüstungsheizflächen ein gesondertes Rohrnetz, das mit höheren Temperaturen als die Deckenheizung betrieben werden kann. Nur so läßt sich bei geringer Belastung der Deckenheizung der abschirmende Effekt der Brüstungsheizfläche gewährleisten. Erfahrungsgemäß wird in der Übergangszeit bei solchen kombinierten Anlagen die Brüstungsheizfläche allein in Betrieb genommen. Jeder Raum muß daher auch für sich geregelt werden können. Die Gruppenunterteilung des Heizsystems nach Himmelsrichtung und Benutzungsweise der Räume ist für größere Gebäude bei allen Heizsystemen am Platz.

F. Leistungsregelung und Betriebsverhalten der Warmwasserheizungen

1. Leistungsregelung

Die zur Erwärmung eines Raumes oder eines ganzen Gebäudes erforderlichen Wärmemengen ändern sich mit den Witterungsverhältnissen und der Benutzung im gesamten Leistungsbereich der Heizanlage. Den langsameren jahreszeitlichen Änderungen überlagern sich die tageszeitlichen, wobei neben der Außentemperatur auch die übrigen Klimaelemente wie Wind und Sonnenstrahlung stärker hervortreten.

Die Anpassung der Heizwärmelieferung an den jeweiligen Wärmebedarf kann sowohl örtlich am Heizkörper als auch zentral im Kesselhaus erfolgen. Bei der örtlichen Regelung wird mit Hilfe des Heizkörperventils die zugeführte Heizwassermenge mehr oder weniger gedrosselt. Sie gibt also dem Rauminsassen die Möglichkeit, die Temperatur seinen individuellen Bedürfnissen entsprechend einzustellen und gewisse Verschiedenheiten im Wärmebedarf der einzelnen Räume auszugleichen. Die in der Zentrale vorzunehmende allgemeine Leistungsregelung soll dagegen die Wärmeabgabe aller Heizflächen einheitlich den auf das Gesamtgebäude wirkenden Klimaelementen anpassen, vor allem der Außentemperatur.

Zentrale Leistungsregelung. Das Mittel dazu ist bei der Wasserheizung die Veränderung der Vorlauftemperatur am Kessel. Da der Heizwärmebedarf eines Gebäudes bei der Dauer-heizung direkt proportional ist dem Unterschied zwischen Raum- und Außentemperatur, ist bei gleichbleibenden Innentemperaturen jeder Außentemperatur eine bestimmte mittlere Heizwassertemperatur zugeordnet, s. Abb. 2.129. Diese Abhängigkeit ist ebenfalls linear, wenn der k-Wert der Heizflächen von der Belastung unabhängig ist. Für Gliederheizkörper mit dem Temperaturexponenten $n = 0,33$ ergibt sich die obere, leicht gekrümmte Kurve, s. auch S. 526.

Höhere Temperaturexponenten erfordern sonach bei mittleren Wintertemperaturen auch höhere Heizwassertemperaturen. Das bedeutet, daß Anlagen mit verschiedenen Heizkörperbauarten nur dann einwandfrei zentral geregelt werden können, wenn die Temperaturabhängigkeit der Heizflächenwärmeabgabe annähernd die gleiche ist, ein Umstand, der vor allem bei

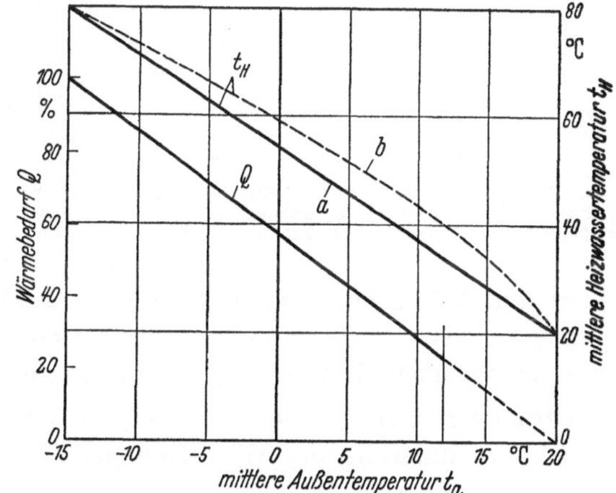

Abb. 2.129. Wärmebedarf und Heizwassertemperatur in Abhängigkeit von der Außentemperatur. $t_{H\,\mathrm{max}} = 80°$.

a gilt für $k = $ konstant, b gilt für $k = k_n \left(\dfrac{\varDelta t}{\varDelta t_n}\right) 0{,}33$

der Verwendung von Radiatoren und Konvektoren in einem Gebäude zu beachten ist.

Die Vorlauftemperatur t_v liegt um den halben Wert der Temperaturdifferenz Vorlauf–Rücklauf höher als die in Abb. 2.129 eingetragene mittlere Heizwassertemperatur t_H. Bei Pumpenheizungen ist infolge der gleichbleibenden Umlaufwassermenge die Temperaturdifferenz $(t_v - t_r)$ proportional der Leistung Q. Für eine beliebige Außentemperatur t_a mit der Heizleistung Q und der zugehörigen mittleren Heizwassertemperatur t_H ergibt sich sonach die Vorlauftemperatur t_v aus

$$t_v = t_H + \frac{(t_v - t_r)_{\mathrm{max}}}{2} \cdot \frac{Q}{Q_{\mathrm{max}}}, \qquad (2.03)$$

wobei $(t_v - t_r)_{\mathrm{max}}$ die der Höchstleistung Q_{max} zugeordnete Temperaturdifferenz zwischen Vorlauf und Rücklauf ist.

Bei Schwerkraftheizungen ändern sich die umlaufenden Wassermengen mit der Abkühlung des Heizwassers in den Heizkörpern, also auch mit der Leistung. In Abb. 2.130 ist die Abhängigkeit der Vorlauftemperatur bei Schwerkraft- und Pumpenbetrieb eingetragen unter der Annahme, daß bei $-15°$ Außentemperatur die Vorlauftemperatur $90°$ und die Rücklauftemperatur $70°$ beträgt.

Sollen in einem zentralbeheizten Gebäude *Räume* auf *verschiedene Temperaturen* erwärmt werden, so läßt sich die einheitliche Leistungsregelung durch die Vorlauftemperatur nur für *eine* Raumgruppe durchführen. Man wählt dafür im allgemeinen die Räume mit den höchsten Temperaturanforderungen. Bei den übrigen Räumen ändert sich die Abweichung von der höchsten Raumtemperatur dann mit der Belastung der Gesamtanlage, also mit der Außentemperatur, s. Abb. 2.131. Sind beispielsweise die Heizkörper in Nebenräumen, wie Sammlungen, Toiletten u. dgl., so ausgelegt, daß bei −15° Außentemperatur eine Raumtemperatur von +10° nicht unterschritten werden soll, so erwärmen sich diese Räume bei einer Außentemperatur von +4° auf fast 16°, wenn die Haupt-

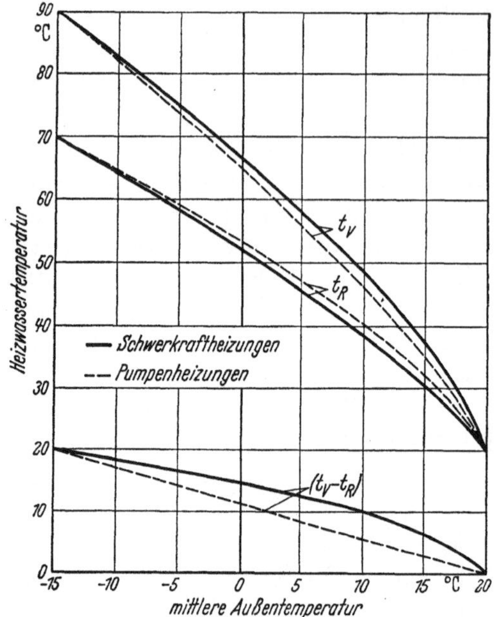

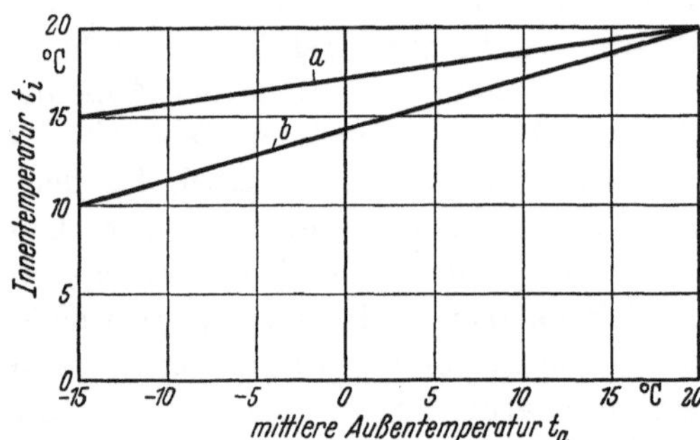

Abb. 2.130. Vorlauftemperatur- und Rücklauftemperatur einer Warmwasserheizung 90°/70° in Abhängigkeit von der Außentemperatur. t_v = Vorlauftemperatur, t_r = Rücklauftemperatur

Abb. 2.131. Innentemperaturen bei zentraler Leistungsregelung. Bei $t_{a\,min}$ = −15° gefordert: a: t_i = +15°C, b: t_i = +10°C

räume auf 20° beheizt werden. Man muß also die Heizflächen der nicht ständig benutzten Räume für etwa 9° Innentemperatur bei einer tiefsten Außentemperatur von −15° auslegen, wenn an normalen Wintertagen eine Raumtemperatur von 15° gewünscht wird.

Örtliche Regelung. Die Änderung der Wärmeabgabe des Heizkörpers wird hier eingeleitet durch eine Änderung der Wassermenge. Abb. 2.132 zeigt den Verlauf der Wassertemperatur

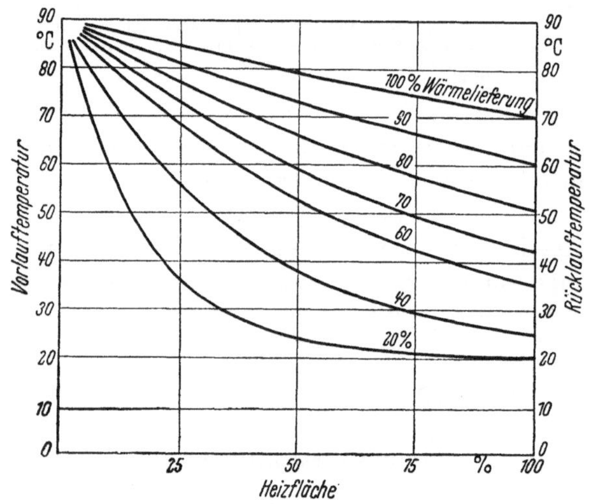

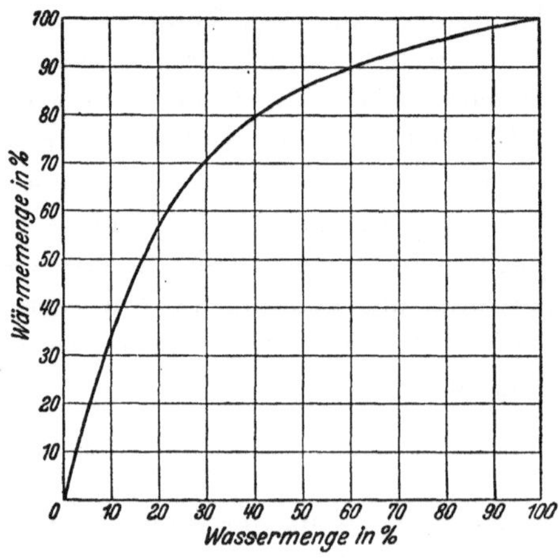

Abb. 2.132. Verlauf der Wassertemperatur längs einer Heizfläche bei verschiedener Wärmelieferung

Abb. 2.133. Wärmeabgabe eines Heizkörpers in Abhängigkeit vom Wasserdurchfluß

längs der Heizfläche und die Wärmelieferung des Heizkörpers bei konstanter Eintrittstemperatur (90°C), aber veränderter Wassermenge. Die Wärmelieferung im Normalfall (also mit 70°C Austrittstemperatur) ist mit 100% bezeichnet.

Aus der Abb. 2.133 ist zu erkennen, in welchem Ausmaß die Wassermenge abgedrosselt werden muß, damit eine gewünschte Minderung der Wärmeleistung erzielt wird. Will man die Wärmelieferung um nur 20% vermindern, so muß man die Wassermenge um 60% drosseln. Von einer Proportionalität zwischen Wärmelieferung und Wassermenge kann also gar keine Rede sein. Damit ist auch eine Proportionalität zwischen Wärmelieferung und Verstellwinkel des Heizkörperventils nicht vorhanden. Dies gilt schon für die Pumpenheizung, in vermehrtem Maße aber für die Schwerkraftheizung, bei der noch eine weitere störende Ursache hinzukommt. Bei Minderung der Wärmelieferung z. B. um 20% geht — gemäß Abb. 2.132 — die Austrittstemperatur von 70° auf 51° zurück. Damit wächst der Gewichtsunterschied im Fall- und Steigstrang, und rückwirkend zieht nun der Fallstrang wieder mehr Wasser durch den Heizkörper. Die Heizkörperventile sind also weniger Regel- als Absperrorgane.

Selbstregelung der Schwerkraftheizung. Da sich nach dem Vorgesagten auch bei starken Veränderungen der Wassermenge die Wärmelieferung nur wenig ändert und bei der Schwerkraftheizung andererseits sofort innere Kräfte ausgelöst werden, die der durch das Ventil eingeleiteten Drosselung der Wassermenge entgegenwirken, erweist sich die Schwerkraftheizung als ein sehr stabiles System. Hinsichtlich einer raschen Leistungsregelung mag dies ein Nachteil sein, in anderer Hinsicht ist diese Eigenschaft jedoch erwünscht; sie macht die Warmwasserheizung unempfindlich gegen unbeabsichtigte Veränderungen und Störungen.

Wenn z. B. bei der Berechnung der Anlage sich ein Rechenfehler eingeschlichen hat oder wenn bei der Montage eine größere Unachtsamkeit unterlaufen ist, so macht sich dies aus dem obengenannten Grunde nur in stark abgeschwächtem Ausmaße bemerkbar. Der Selbstregelung ist es zu danken, daß Heizungsanlagen mit beachtlichen Fehlern bei hoher Vorlauftemperatur annähernd befriedigend arbeiten können. Mit abnehmender Vorlauftemperatur nimmt allerdings die Selbstregelung in ihrer Wirkung stark ab und die Fehler der Anlage treten erst in Erscheinung. Man ist gezwungen, solche Heizungen in der Übergangszeit mit unnötig hoher Temperatur zu betreiben, um einen annähernd gleichmäßigen Gang der Anlage zu erzielen. Daraus folgt die bekannte Regel, daß man das Arbeiten einer Schwerkraftheizung nicht bei hohen, sondern bei niedrigen Vorlauftemperaturen prüfen und beurteilen soll.

2. Gruppenregelung

Sind an eine Warmwasserheizung Räume oder Gebäudeteile mit stark unterschiedlicher Benutzungsweise angeschlossen, so ist es zweckmäßig, die Rohrsysteme von der Zentrale aus getrennt zu führen. Jede Heizgruppe kann dann unabhängig von den übrigen nach Bedarf betrieben werden, wobei darauf zu achten ist, daß an kalten Wintertagen zur Vermeidung von Frostschäden einzelne Anlageteile nicht vollständig abgesperrt werden. Von der allgemeinen Heizung getrennte Heizgruppen sind beispielsweise vorzusehen bei Krankenhäusern für die Bäder, Operations-, Vorbereitungs- und Behandlungsräume (Sommerheizung), bei Schulgebäuden für Dienstwohnungen, Turn- und Festhallen und Abendschulklassen, bei Wohngebäuden mit Läden und Büros für die letztgenannten Räume.

Meist vereinigt man sämtliche Leitungsabgänge mit ihren Absperrorganen auf einem Vorlaufverteiler bzw. Rücklaufsammler, s. Abb. 2.134, um die Bedienung der Anlage zu erleichtern. Nur eine völlige Trennung der Vor- und Rückläufe bis zur Zentrale bietet die Gewähr, daß die einzelnen Heizgruppen auch wirklich völlig abgeschaltet oder für sich geregelt werden können. Die aus Ersparnisgründen noch häufig gewählte Ausführung mit Abtrennung der Heizgruppen lediglich im Vorlauf oder Rücklauf gibt zudem leicht zu Störungen im Wasserumlauf und zu Nebenzirkulationen auch in abgesperrten Netzteilen Anlaß[1].

Die Unterteilung in mehrere Heizgruppen empfiehlt sich auch, wenn die einzelnen Teile eines Gebäudes den Einwirkungen von Wind und Sonnenbestrahlung ganz unterschiedlich ausgesetzt sind. Insbesondere in der Übergangszeit machen sich diese Verhältnisse in einer Überheizung der klimatisch begünstigten Gebäudeseiten bemerkbar, wobei im Verlauf eines Tages mit dem Gang der Sonne die Lage der bevorzugten Räume evtl. wandert.

---

[1] Schmitz, J.: Umlaufstörungen in Warmwasserheizungen. Heizg.-Lüftg.-Haustechn. Bd. 4 (1953) S. 7/12.

Durch Drosselung der umlaufenden Wassermengen in den begünstigten Heizgruppen ist nach dem oben Gesagten eine wirksame Leistungsminderung schwer zu erzielen. Man greift daher in solchen Fällen meistens zu dem Ausweg, die betreffenden Heizgruppen zeitweise abzuschalten. Richtiger ist es, die einzelnen Gruppen mit unterschiedlichen, dem Wärmebedarf angepaßten Vorlauftemperaturen zu betreiben. Zu diesem Zweck wird ein Teil des aus der Anlage zurückkommenden abgekühlten Heizwassers dem Vorlauf der Heizgruppen mit geringeren Anforderungen zugemischt.

In Abb. 2.113 ist das Grundsätzliche dieser Schaltung am Beispiel einer kombinierten Heizkörper- und Deckenheizung bereits aufgezeigt worden. In gleicher Weise können die Heizwassertemperaturen mehrerer Gruppen unabhängig von der Kesseltemperatur und voneinander eingestellt werden, s. Abb. 2.134.

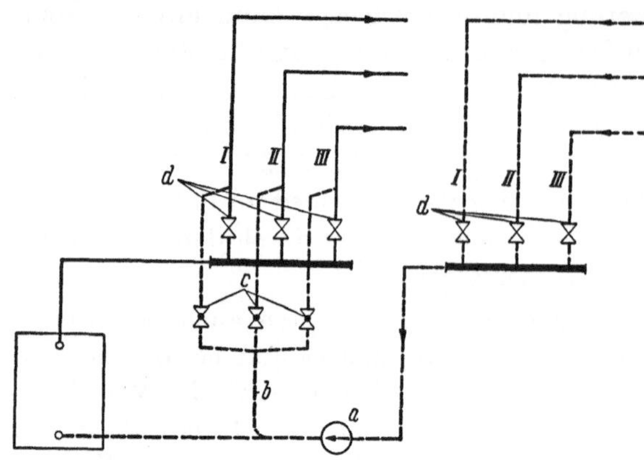

Abb. 2.134. Heizgruppen mit Vorlauftemperaturregelung (Pumpe im Rücklauf).
a Umwälzpumpe, *b* Mischleitung, *c* Regelventile, *d* Absperrorgane

Auch beim Anschluß einer Warmwasserbereitung an eine zentrale Hausheizung wird die Rücklaufbeimischung mit Vorteil verwendet; sie ermöglicht es, in der Übergangszeit, bei relativ niedrigen Vorlauftemperaturen der Heizung, warmes Gebrauchswasser höherer Temperatur bei Betrieb nur eines Kessels zu erzeugen, s. Abb. 3.04.

Ist bei Pumpenheizungen die Umwälzpumpe im gemeinsamen Rücklauf aller Heizgruppen einer Anlage angeordnet, s. Abb. 2.134, so ist die getrennte Temperaturregelung der Gruppen besonders einfach durchzuführen. Jeder Gruppenvorlauf wird an die vor dem Kessel abgehende Rücklaufmischleitung angeschlossen. Durch Drosselung des Wasserdurchflusses in dieser Leitung kann die Vorlauftemperatur von Hand oder auch mittels selbsttätiger Regler eingestellt werden. Allerdings ist die Vorlauftemperatur nach unten durch die Mischtemperatur des Rücklaufs begrenzt. Heizgruppen mit stark voneinander abweichenden Vorlauftemperaturen sind sonach auch in den Rückläufen getrennt zu führen und mit besonderen Umwälzpumpen auszustatten.

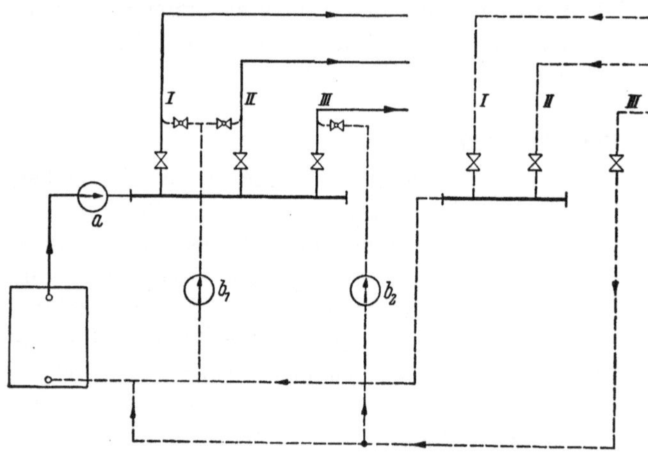

Abb. 2.135. Heizgruppen mit unterschiedlichem Vorlauftemperaturbereich (Umwälzpumpe im Vorlauf; zwei Mischpumpen)

Bei Anordnung der Umwälzpumpe im Vorlauf erfordert die Gruppenregelung entweder besondere Umwälzpumpen für jede Heizgruppe oder die Aufstellung von Mischpumpen. Es genügt dabei *eine* Mischpumpe, wenn nur bis zur Rücklauf-Mischtemperatur herabgeregelt werden soll; sonst sind für alle Systeme bzw. für die Systeme mit stark verschiedenen Vorlauftemperaturen gesonderte Mischpumpen vorzusehen, s. Abb. 2.135.

3. Sicherstellung und Gleichmäßigkeit des Wasserumlaufes

Die geringen Umtriebskräfte der *Schwerkraftheizung* machen eine besonders sorgfältige Berechnung und Ausführung des Rohrnetzes erforderlich, vor allem bei Anlagen größerer horizontaler Ausdehnung mit vielen Strängen. Die Rohrweiten und damit die Strömungswiderstände sind den jeweils verfügbaren Druckhöhen anzupassen, damit nicht die nahe dem Kessel liegenden Stränge zu Lasten der entfernteren zu große Wassermengen erhalten. Diese Gefahr besteht besonders bei Veränderungen der Wassermenge durch Drosseln einzelner Heizgruppen oder Abschalten von Heizkörpern. Minderleistungen und Umlaufstörungen bei den entfernten Strängen finden oft darin ihre Begründung, insbesondere wenn bei der Berechnung übersehen wurde, daß beim Zusammenfluß kalter und warmer Teilströme im Rücklauf negative Druckhöhen für den Strang mit dem kälteren Rücklaufwasser auftreten.

Bei unterer Verteilung sollte man deshalb die Hauptleitungen nicht zu knapp wählen. Eine weitgehende Unabhängigkeit der einzelnen Stränge von der Wasserführung der Nachbarstränge erreicht man, wenn die Hauptleitungen nur nach der aus ihrer Höhenlage sich ergebenden Druckdifferenz bemessen werden (TICHELMANNsche Regel).

In mehrstöckigen Gebäuden lassen sich auch Kellerheizkörper, die keinen Höhenunterschied zum Kessel aufweisen, bei Schwerkraftheizungen einwandfrei betreiben, wenn sie an den Rücklauf eines gut zirkulierenden Stranges angeschlossen werden, s. Abb. 2.136.

Auch bei *ausgedehnten Pumpenheizungen* sind die für die Stränge verfügbaren Druckhöhen

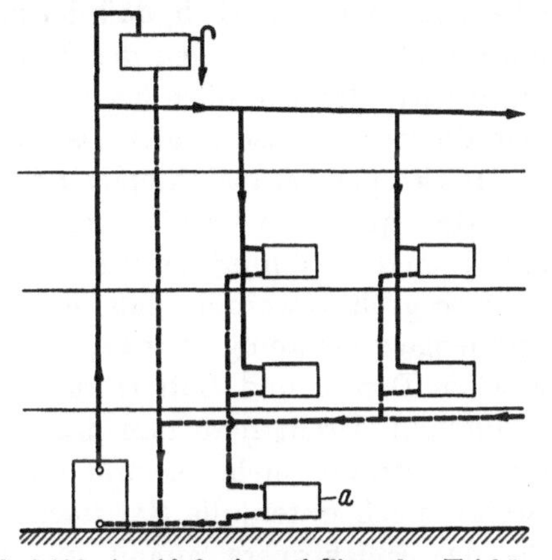

Abb. 2.136. Anschluß eines tiefliegenden Heizkörpers (*a*) bei Schwerkraftbetrieb

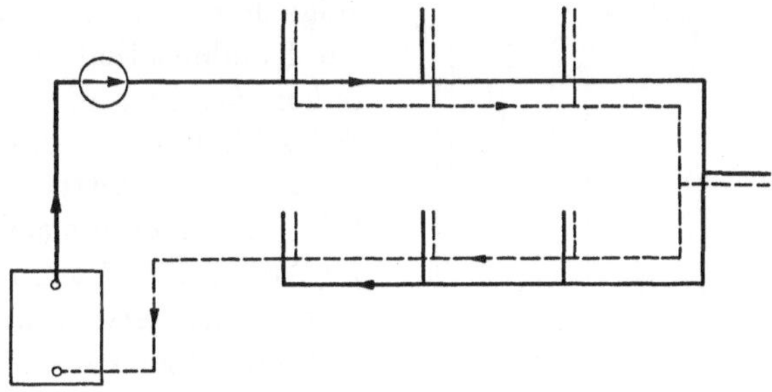

Abb. 2.137. Rohrführung mit gleicher Weglänge

sehr verschieden; sie können in der Nähe der Zentrale oft nur durch den Einbau von Drosselstrecken aufgebraucht werden. Verteilungsnetze mit starkem Druckgefälle in den Hauptleitungen sind nach dem Vorgesagten aber besonders empfindlich gegenüber Wasserstromänderungen.

Man kann diese Schwierigkeit umgehen durch die Wahl einer Rohrführung der gleichen Weglängen, s. Abb. 2.137. Vor- und Rücklaufleitungen werden dabei vom Wasserstrom in gleicher Richtung durchflossen. Der Strang mit der kürzesten Vorlauf-Anschlußstrecke ist am Ende der Rücklaufsammelleitung angeschlossen und umgekehrt, so daß die Wegstrecke für alle Wasserteilchen dieselbe ist. Das Rohrnetz wird durch die größeren Längen und z. T. auch stärkeren Durchmesser der Hauptleitungen teurer als bei der üblichen Ausführung.

IV. Niederdruckdampfheizungen

Aufstellung und Betrieb von Dampfkesseln unterliegen in allen Ländern besonderen behördlichen Vorschriften. Erleichterte Bestimmungen gelten dabei für Kessel mit niedrigen Betriebsdrücken, bei denen durch Sicherheitseinrichtungen die Überschreitung eines oberen Grenzdruckes verhindert wird. Dieser Grenzdruck beträgt z. Z. in Deutschland 0,5 atü. Kessel dieser Art werden als Niederdruckdampfkessel (abgekürzt ND-Dampfkessel) bezeichnet. Sie dürfen unter bewohnten Räumen aufgestellt werden und benötigen keine ständige Wartung. Sinngemäß nennt man Heizungen, deren Kessel oder deren Hauptverteiler gegen eine Überschreitung des Druckes von 0,5 atü gesichert sind, „Niederdruckdampfheizungen".

Bei reinen Raumheizungen bleiben die erforderlichen Kesseldrücke erheblich unterhalb der genannten Grenze. Als Anhalt kann gelten

Waagerechte Ausdehnung der Heizungsanlage bis m	30	50	200
Kesseldruck . . . . atü	0,05	0,07	0,10

Müssen die Dampfkessel außer für die Raumheizung auch noch Dampf für gewerbliche Zwecke liefern (Großküchen, Wäschereien, Molkereien usw.), so werden Kesseldrücke von 0,4 bis 0,5 atü gewählt. Die Raumheizung wird dann von einem Niederdruckverteiler gespeist, der über ein Druckminderventil an den Kessel angeschlossen ist.

A. Das Verhalten des Dampfes im Heizkörper

Wir denken uns einen vollständig kalten und mit Luft gefüllten Heizkörper. Das Heizkörperventil soll vorerst ganz geschlossen und die Leitung vor dem Ventil mit Dampf von geringem Überdruck gefüllt sein. Öffnet man nun langsam das Ventil, so tritt Dampf in den Heizkörper ein. Für sein Verhalten im Heizkörper ist in erster Linie die Tatsache wesentlich, daß das spezifische Gewicht der Luft sogar bei 100°C noch das Anderthalbfache desjenigen des Dampfes ist, daß also der Dampf auf der Luft schwimmt. Der Dampf wird also von oben her den Heizkörper anfüllen und dabei die Luft nach unten aus dem Heizkörper herausdrängen. Damit dies

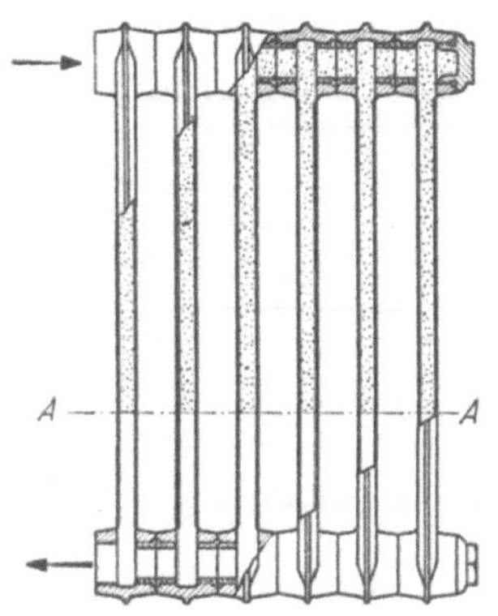

Abb. 2.138. Niederdruckdampfheizkörper, teilbelastet

möglich ist, muß die aus dem Heizkörper herausführende Leitung, die Kondensatleitung, mit der Atmosphäre in Verbindung stehen. Indem der Dampf so vordringt, bespült er immer mehr Heizfläche, und schließlich ist die Heizfläche so groß geworden, daß sie gerade hinreicht, die eintretende Dampfmenge vollständig niederzuschlagen, d. h., die Trennungsebene zwischen Dampf und Luft (Linie $A-A$ der Abb. 2.138) kommt zum Stillstand. Dreht man nun das Regelventil noch etwas weiter auf, so strömt mehr Dampf ein, die Trennungsebene $A-A$ rückt weiter nach unten, die Heizfläche und damit auch die Wärmeabgabe des Heizkörpers nimmt zu. Umgekehrt ist der Vorgang, wenn man das Regelventil stärker schließt. Die Trennungsebene $A-A$ rückt nach oben, und die Heizfläche sowie die Wärmeabgabe wird kleiner. Bei diesem Zurückgehen des Dampfes wird durch die Kondensatleitung, die ja, wie oben erwähnt, mit der Atmosphäre in Verbindung stehen muß, wieder Luft angesaugt. Die Wärmeabgabe des einzelnen Heizkörpers kann also verändert werden, d. h., *die Niederdruckdampfheizung ist am Heizkörper regelbar.*

An der Sohle aller waagerechten Kondensleitungen strömt Kondensat; darüber liegt ruhende Luft, die nur während eines Regelvorganges etwas nach dem Heizkörper zu oder von ihm weg wandert. Bei einer einwandfreien Anlage darf kein Dampf in die Kondensleitung übertreten, da sonst mannigfache Störungen, vor allem das bekannte knatternde Geräusch, auftreten würden. Um das Übertreten des Dampfes zu vermeiden, darf nicht mehr Dampf in den Heizkörper einströmen, als seine Heizfläche niederzuschlagen vermag. Dies läßt sich erreichen, wenn vor dem Regelventil nur ein geringer Überdruck herrscht. Versuche haben ergeben, daß etwa 200 mm WS am zweckmäßigsten sind. Das Rohrnetz muß also so berechnet sein, daß infolge der Reibungsverluste der Druck von der Kesselspannung am Anfang der Leitung bis auf 200 mm vor dem Heizkörper abfällt. Da sich dies aber infolge Ungenauigkeiten in der Rohrnetzberechnung nicht immer vollständig durchführen läßt, verwendet man auch bei der Niederdruckdampfheizung doppeleinstellbare Regelventile, und zwar in der gleichen Bauart wie bei Warmwasserheizungen. Bei der Probeheizung wird die Vorregelung so eingestellt, daß bei voll geöffnetem Handrad kein Dampf in die Kondensatleitung übertritt. Ein hinter dem Heizkörper angeordnetes T-Stück mit verschließbarem Abzweig ermöglicht dem Monteur die Beobachtung des Kondensatabflusses.

Sind starke Druckschwankungen zu erwarten, so wird häufig auch die Vorregelung so eingestellt, daß ein kleiner Heizkörperteil noch kalt bleibt. Dadurch läßt sich ein „Durchschlagen" des Heizkörpers bei plötzlichen Druckstößen verhindern.

B. Rohrführung

Bei der Anordnung der Rohre ist darauf zu achten, daß das Kondensat, welches sich in den Dampfleitungen bildet, möglichst in der gleichen Richtung wie der Dampf strömt. Man wird darum die waagerechten Dampfrohre stets, im Sinne der Dampfströmung gesehen, mit Gefälle verlegen. Bei Steigleitungen läßt es sich nicht vermeiden, daß das Kondensat dem Dampf entgegenströmt; man soll deshalb die waagerechten Hauptleitungen vor der Abzweigung der Steigstränge entwässern.

1. Obere Verteilung (Abb. 2.139)

Der Dampf strömt vom Kessel in einem starken Steigstrang zum Dachgeschoß, wird dort verteilt und in den Fallsträngen F_1 abwärts zu den Heizkörpern geleitet. Das Kondensat wird durch den zweiten Teil der Fallstränge F_2 nach dem Keller und über die Sammelleitung S nach dem Kessel geführt. Das Wasser steht bei b um den Betrag ab höher als im Kessel, wobei die Strecke ab dem Kesseldruck — ausgedrückt in Meter Wassersäule — entspricht. Die Verbindung der Kondensatleitung mit der Atmosphäre, deren Notwendigkeit auf S. 106 erläutert wurde, ist durch das bei c eingezeichnete Rohr gegeben. Die Öffnung dieses Rohres soll nach unten weisen, damit durch sie keine Schmutzteilchen in die Leitung fallen können. Die Entlüftung c muß um etwa 300 mm über der Stelle b liegen.

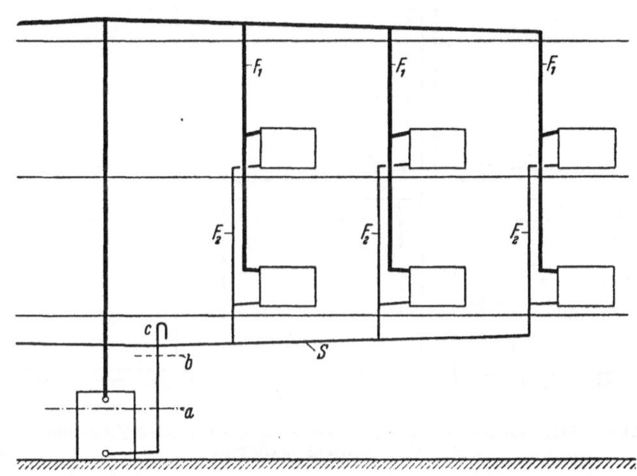

Abb. 2.139. ND-Dampfheizung, Strangschema bei oberer Verteilung

2. Untere Verteilung mit hochliegender Kondensatleitung (Abb. 2.140)

Die Dampfverteilung erfolgt im Kellergeschoß, und zwar müssen, wie schon oben erwähnt, die Verteilleitungen mit Gefälle in der Dampfrichtung verlegt werden. Die Steigstränge S_1 und S_2 führen den Dampf den Heizkörpern zu, und die Fallstränge F_1 und F_2 leiten das Kondensat nach dem Keller zurück in die gemeinsame Sammelleitung, die mit Gefälle nach dem Kessel zu verlegt ist. Bei sehr ausgedehnten Anlagen kann die untere Verteilung sägeförmig verlegt werden. Die Entwässerung der Verteilleitung an der Stelle E erfolgt durch eine Wasserschleife. Diese ist ein U-Rohr, in dessen beiden Schenkeln das Kondensat entsprechend dem Kesseldruck verschieden hoch steht und in dem sich so viel Kondensat ansammelt, bis bei b' ein Übertreten des Kondensates in die Kondensatsammelleitung erfolgen kann. Die Schleife muß stets etwas länger ausgeführt werden, als dem Betriebsdruck entspricht, um ein Durchschlagen der Wasserschleife bei vorkommenden Druckschwankungen zu vermeiden.

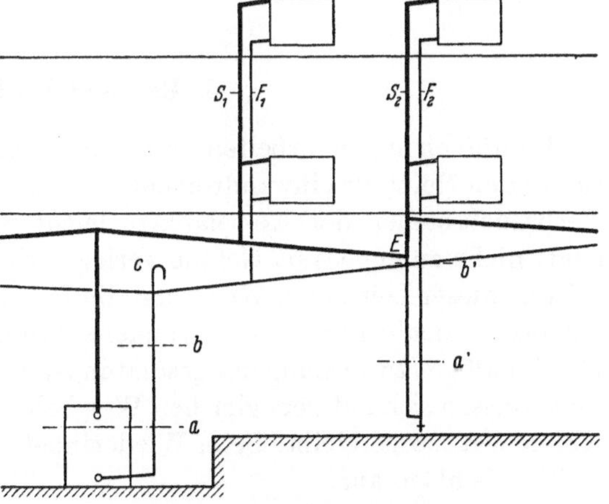

Abb. 2.140. ND-Dampfheizung, Strangschema bei unterer Verteilung, Kondensatleitung hochliegend

Die Wasserschleifen haben also genau dieselbe Aufgabe zu erfüllen wie ein Kondensatableiter, haben aber den Vorteil, daß sie keinerlei bewegliche Teile besitzen, also immer einwandfrei arbeiten, und daß sie beliebig große und kleine Kondensatmengen einwandfrei abzuführen vermögen.

3. Untere Verteilung mit tiefliegender Kondensatleitung (Abb. 2.141)

Die Dampfverteilung erfolgt wie bei hochliegender Kondensatleitung. Die Kondensatleitung liegt unter dem Kesselwasserstand, steht also immer bis zur Linie $b-b$ voll Wasser. Man glaubte, daß sie dadurch gegen Korrosion besser geschützt sei als die in Abb. 2.140 dargestellte hochliegende Leitung. Nach neueren Erfahrungen trifft dies aber nicht zu.

Die Dampfleitung wird entwässert durch einfache Verbindung mit der Kondensatleitung, Wasserschleifen sind mithin überflüssig. Die Entlüftung erfolgt bei c. Damit alle Teile der Anlage einwandfrei be- und entlüftet werden können, müssen sämtliche Kondensatfallstränge an eine horizontale Entlüftungsleitung $d-d$ angeschlossen werden. Die Leitung $d-d$ muß 300 mm über dem Wasserstand $b-b$ liegen. Bei tiefliegender Leitung müssen die Türen unterfahren werden (Fußbodenkanal), wobei eine besondere Luftleitung f (Abb. 2.141) nötig wird. Die im Fußboden liegenden Rohrteile können bei Außentüren leicht einfrieren.

Die Kesselhaushöhe ist von der Wahl der Rohrführung abhängig. Die kleinste Kesselhaushöhe ergibt sich bei oberer Verteilung, hierauf folgt die untere Verteilung mit tiefliegender Kondensatleitung, während die untere Verteilung mit hochliegender Kondensatleitung die größte Kellerraumhöhe erfordert. Sie errechnet sich z. B. für Abb. 2.139 wie folgt:

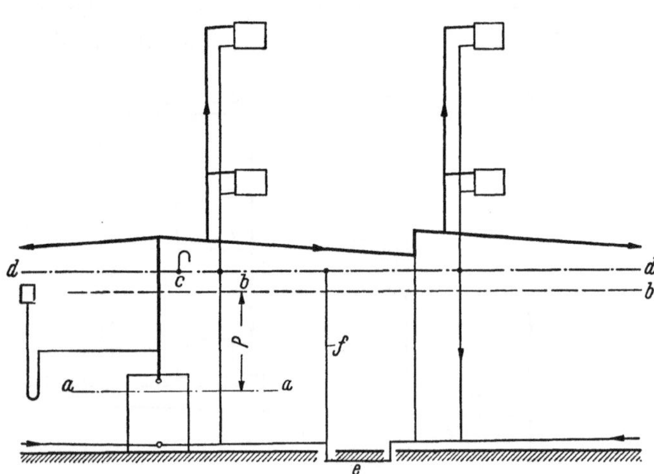

Abb. 2.141. ND-Dampfheizung. Strangschema bei unterer Verteilung, Kondensatleitung tiefliegend

Höhe des Wasserstandes a	1200 mm
Betriebsdruck $a\,b$	1500 mm
Zuschlag bis c	300 mm
Gefälle der Kondensatleitung: je 5 mm auf 1 m, daher z. B. bei 50 m	250 mm
Zuschlag zwischen Oberkante Rohr und Kellerdecke	200 mm
Daher lichte Kesselhaushöhe	3450 mm

4. Be- und Entlüftung, Entwässerung

Dampfheizungen arbeiten nur dann ohne Störungen und Geräusche, wenn alle dampfführenden Netzteile einwandfrei entwässert werden und das Kondensat aller Entwässerungs- und Verbrauchsstellen der Kesselanlage leicht wieder zufließen kann. Die Vorbedingungen dafür sind: nicht zu enge, mit Gefälle verlegte Kondensatleitungen und einwandfreie Be- bzw. Entlüftung dieser Leitungen. Nur wenn die Luft im Rohrnetz überall rasch entweichen und das beim Anheizen reichlich anfallende Kondensat in keinem Teil der Anlage sich anstauen kann, ist eine gleichmäßige Erwärmung des gesamten Systems zu erwarten. Abgestellte Heizflächen oder Netzteile müssen sich auf dem gleichen Weg belüften lassen, auf dem sie entlüftet werden, damit kein Kondensat zurückbleibt. Beim Wiederinbetriebnehmen oder bei Drucksteigerungen treten sonst heftige Schläge auf.

Reine Gebäudeheizungen werden in der Regel mit offenem Kondensatablauf hinter den Heizflächen ausgeführt, wie in Abb. 2.140 dargestellt; ihre Verbindung mit der Atmosphäre ist über die Kondensatleitung gesichert. Die Voreinstellung der Heizkörperventile genügt bei sorgfältiger Einregelung der Anlage, um Wärmeverluste durch Dampfübertritt in die Kondensatleitung zu vermeiden.

Anders liegen die Verhältnisse bei ausgedehnten Dampfheizungen mit höheren Betriebsdrücken (etwa ab 0,2 atü), insbesondere wenn größere Verbraucher angeschlossen sind (Kochkessel, Lufterhitzer, Warmwasserbereiter). Hier kann auf den Einbau von Dampfsperren (Kondensatableitern) im allgemeinen nicht verzichtet werden. Schließen die Kondensatableiter die Heizflächen von der offenen Kondensatleitung ab — wie es bei Wasserschleifen und Schwimmerkondenstöpfen der Fall ist —, so muß zwischen Heizfläche und Dampfsperre eine selbsttätige Be- und Entlüftung vorgesehen werden. Abb. 2.142 zeigt den Kondensatanschluß eines Wärmeverbrauchers über eine Entwässerungsschleife mit gleichzeitiger Be- und Entlüftung der Heizflächen sowie der Hauptkondensatleitung.

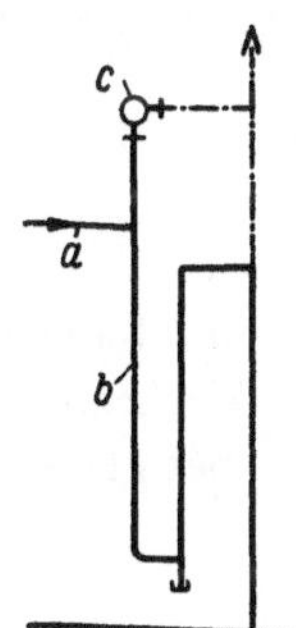

Abb. 2.142. Anschluß eines Wärmeverbrauchers an die Kondensatleitung. *a* Kondensatabfluß vom Verbraucher, *b* Wasserschleife, *c* selbsttätiger Be- und Entlüfter

Schwimmerkondenstöpfe besitzen meist ein besonderes Luftventil, das von Hand bedient wird oder auch selbsttätig arbeitet. Es empfiehlt sich, selbsttätigen Be- und Entlüftern, die offen ausmünden, einen Lufttopf vorzuschalten, um das Auswerfen von Kondensat beim Anheizen der Anlage zu verhindern, s. Abb. 2.143. Bei ausgedehnten Anlagen müssen auch die Dampfleitungen Einrichtungen zum Entlüften beim Anstellen und zum Belüften beim Abstellen erhalten.

Abzweige werden bei waagerechten Hauptdampfleitungen stets oben abgenommen, so daß das Kondensat in der Hauptleitung weiterfließt. Dementsprechend sind die Fallstränge bei oberer Verteilung nach Abb. 2.144 in der Form sog. Schwanenhälse an die Verteilungsleitung angeschlossen. Der letzte Strang führt als Entwässerung der Verteilungsleitung direkt nach unten. Kann das Kondensat nicht ständig über den tiefsten Heizkörper des Stranges abgeführt werden, weil dieser abzusperren ist, so ist eine Entwässerung wie in Abb. 2.142 vorzusehen. Die geringen Kondensatmengen in senkrechten, nicht als Entwässerung dienenden Strängen kann man auch bei geschlossenem Ventil des niedrigsten Heizkörpers ableiten, wenn der Ventilkegel eine kleine Einkerbung erhält. Der Heizkörper ist dann allerdings nicht mehr vollständig abzuschalten.

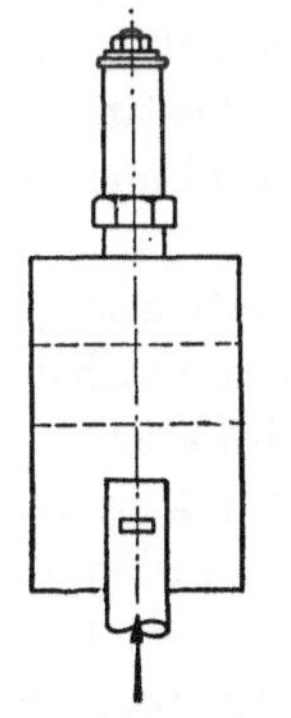

Abb. 2.143. Entlüftungstopf

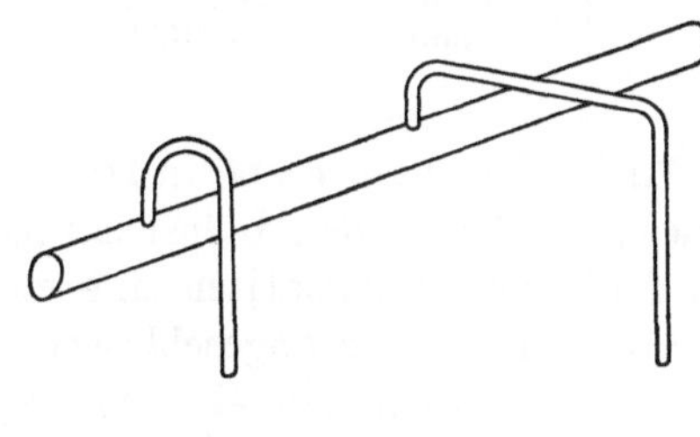

Abb. 2.144. Abgang nach unten bei waagerechter Dampfleitung

Um ein Anstauen des Kondensates vor geschlossenen Heizkörperventilen zu vermeiden, werden die Dampfzuleitungen zu den Heizkörpern mit Steigung verlegt, s. Abb. 2.141. Nur die der Entwässerung dienenden Zuleitungen zu den untersten Heizkörpern bei oberer Dampfverteilung machen eine Ausnahme.

C. Dampferzeugung

In Industriebetrieben oder großen Fernheizungen wird der Niederdruckdampf für Heizzwecke oft von Hochdruckdampfkesseln geliefert, wobei der höher gespannte Dampf entweder über Druckminderventile geführt oder in einer Kraftmaschine zur Gewinnung mechanischer bzw. elektrischer Arbeit herangezogen wird, bevor er dem Heiznetz zuströmt.

Im allgemeinen jedoch wird der Heizdampf zur Gebäudeerwärmung in den auf S. 21 bis S. 24 beschriebenen Kesseln erzeugt. Für Aufstellung und Betrieb solcher Kessel ist in Deutschland die „ND-Dampfkesselverordnung vom 27. August 1936" maßgebend. Danach sind ND-

Dampfkessel weder genehmigungs- noch überwachungspflichtig. Ihre Aufstellung ist jedoch der zuständigen Baupolizeibehörde zu melden. Eine technische Einzelabnahme ist nur notwendig, wenn es sich um Kessel handelt, die nicht typenmäßig hergestellt werden.

1. Kesselausrüstung

Nach den erwähnten Vorschriften müssen ND-Dampfkessel erhalten:

1 Standrohr,
1 Wasserstandsglas mit Strichmarke für die mittlere Betriebshöhe,
1 Manometer für den Bereich 0 bis höchstens 1 kg/cm² Überdruck,
1 Kesselschild mit Angabe der Type und der Regelleistung.

Empfehlenswert im Hinblick auf einen geordneten Betrieb ist außerdem die Anbringung eines Verbrennungsreglers, von Alarmvorrichtungen für höchsten und niedrigsten Wasserstand sowie bei größeren Kesseln eines Zugmessers.

2. Sicherheitsstandrohr

Die Überschreitung des bei ND-Dampfkesseln zugelassenen Höchstdruckes oder auch eines beliebigen niedrigeren Betriebsdruckes wird durch das Standrohr verhindert. Standrohre sind stehende U-Rohre mit Wasser als Sperrflüssigkeit. Der kürzere Schenkel ist mit dem Dampfraum des Kessels verbunden, der längere Schenkel, der in seiner Länge dem zugelassenen Höchstdruck entspricht, ist offen. Wird der Höchstdruck überschritten, so wird das Sperrwasser herausgedrückt, und der Kessel kann durch das Standrohr abblasen.

Standrohr-Nennweite NW	Anwendbar bis zu einer Kesselleistung von	
	kg/h	kcal/h
32	60	35000
(40)	100	55000
50	200	115000
(60)	500	280000
80	1000	560000
100	1600	940000
125	2800	1600000
150	5000	2800000
175	7500	4400000

Einzelheiten über die Ausführung von Standrohren, ihre Bemessung sowie die Sicherung mehrerer Kessel einer Anlage enthält die Norm DIN 4750 „Standrohre für Niederdruckdampfkessel". Die nebenstehende Zahlentafel gibt die für bestimmte Dampfleistungen erforderlichen Mindestdurchmesser des Standrohres wieder.

Der Einfachheit halber sind in DIN 4750 die Dampfmengen unabhängig vom Druck angegeben, obwohl natürlich die Abblasleistung mit dem Betriebsdruck anwächst.

Abb. 2.145 zeigt schematisch eine viel verwendete Bauart. Links ist das Standrohr an den Dampfraum des Kessels angeschlossen. Je nach dem Betriebsdruck stellt sich zwischen den Schenkeln eine Wasserstandsverschiebung ein, wobei der Abstand H den höchsten möglichen Betriebsdruck kennzeichnet. Der längere Schenkel mündet in einem Topf, der zur Aufnahme des ausgeworfenen Sperrwassers bei Drucküberschreitungen dient. Über einen Abblasstutzen steht dieses Gefäß mit der Atmosphäre in Verbindung. Die Abblasleitung ist so zu verlegen, daß beim Ansprechen des Standrohres der Dampf ohne Gefährdung des Bedienungspersonals bzw. ohne Verneblung der Zentrale nach außen abgeführt werden kann. Das im oberen Gefäß sich sammelnde Sperrwasser wird über die Fülleitung wieder in das U-Rohr zurückgeleitet, wenn der Kesseldruck zurückgeht.

Die Ausführung nach Abb. 2.145 enthält noch ein höher angesetztes Nebenstandrohr, das bereits vor Erreichen des Höchstdruckes abbläst. Der Heizer wird dadurch auf die Drucküberschreitung aufmerksam, so daß in vielen Fällen das geräuschvolle Abblasen des Hauptrohres und der damit verbundene Verlust an Sperrwasser vermieden werden kann. Zuweilen wird zu dem gleichen Zweck auf der Dampfleitung zum Standrohr auch ein Sicherheitsventil angeordnet.

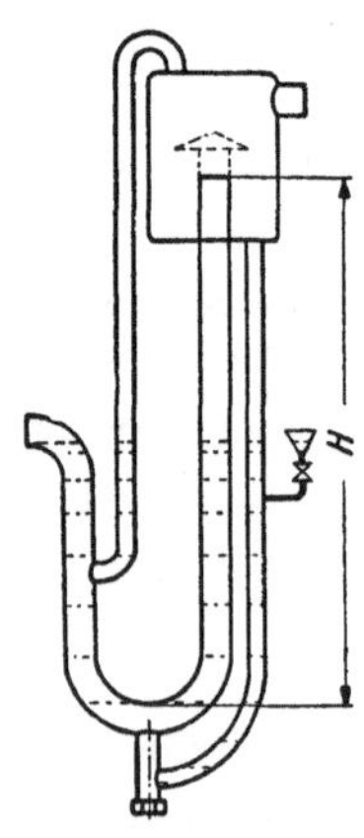

Abb. 2.145. Sicherheitsstandrohr

Reicht bei ND-Dampfkesseln mit Höchstdrücken zwischen 0,3 und 0,5 atü die Raumhöhe der Zentrale zur Unterbringung des Standrohres üblicher Ausführung nicht aus, so kann man auf *mehrschenklige Bauarten* übergehen, s. Abb. 2.146a. Die oberen Bögen dieser Standrohre müssen beim Füllen belüftet werden, um eine Hintereinanderschaltung der Druckhöhen mehrerer Schenkel zu ermöglichen. Bei der Berechnung der Schenkellängen ist die Verdichtung der eingeschlossenen Luftmengen zu berücksichtigen[1]. Oft ist nur durch Einbau von Rohrerweiterungen (Luftgefäßen) die Aufgabe zu lösen, s. Abb. 2.146b.

Mehrschenklige Standrohre lassen sich nur bei druckloser Dampfanschlußleitung einwandfrei füllen. Das bedeutet, daß sie nach dem Ansprechen nicht durch eine Sperrwasserrückleitung wieder selbsttätig in Funktion treten können. Die Wiederinbetriebnahme muß von Hand erfolgen; sie ist darüber hinaus schwierig und gestattet bei normalem Anschluß keine Wieder-

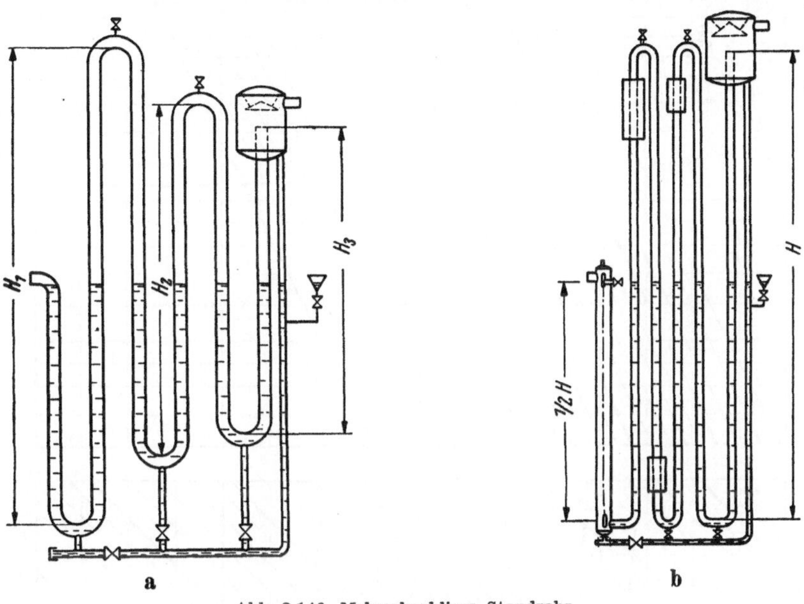

Abb. 2.146. Mehrschenkliges Standrohr.
a) nach DIN 4750; b) mit Luftgefäßen nach SCHMITZ

herstellung der ursprünglichen Druckhöhenabsicherung, solange der Kessel noch unter Druck steht. Es empfiehlt sich daher, die Dampfverbindungsleitung zwischen Kessel und Standrohr mit einem ausreichend bemessenen Sicherheitsventil zu versehen, das schon vor dem Standrohr anspricht und damit das Abblasen des Standrohres verhindert.

Beim Nachfüllen während des Betriebs muß das Standrohr durch Öffnen eines Notauslasses dampfseitig entlastet werden. Eine andere Möglichkeit ist die Aufstellung von zwei für die Höchstleistung ausgelegten Standrohren, die über ein Umschaltventil an den Dampfraum des Kessels angeschlossen sind, s. Abb. 2.147. Beim Abblasen des Standrohres A wird nach einer genügenden Druckentlastung auf Standrohr B umgeschaltet, wonach A wieder wie üblich gefüllt werden kann. Die Abblasleistung eines Standrohres berechnet sich aus der Beziehung

$$G_h = 1{,}59 \frac{f}{\sqrt{\zeta_{ges}}} \sqrt{(p_K - p_o) \cdot \gamma_m} \quad \text{[kg/h].} \qquad (2.04)$$

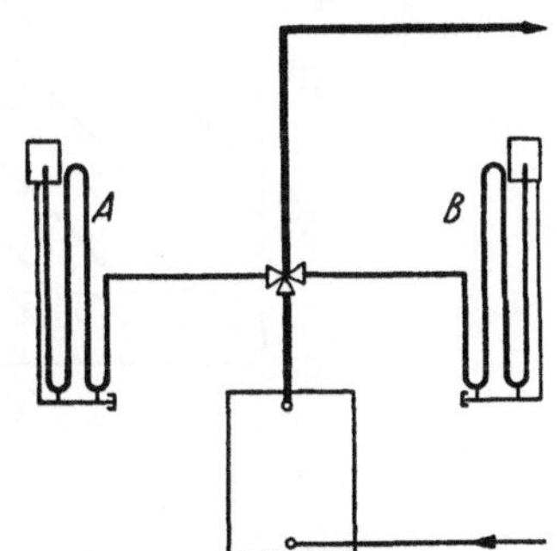

Abb. 2.147. Mehrschenklige Standrohre
über Umschaltventil angeschlossen

Dabei bedeuten:

f = lichter Rohrquerschnitt [cm²],
p_K = Kesseldruck,
p_o = Luftdruck,
γ_m = mittlere Wichte des Dampfes,
ζ_{ges} = Widerstandsbeiwert des Standrohres.

<hr>

[1] SCHMITZ, J.: Sicherheits-Standrohr für Drücke bis zu 1,5 atü. Heizg.-Lüftg.-Haustechn. Bd. 2 (1951) S. 85.

Neuere Versuche[1] haben gezeigt, daß ζ_{ges} durch Addition der Rohrreibungswiderstände und der Einzelwiderstände eines beliebigen Standrohres genügend zuverlässig ermittelt werden kann. Die Netztafel der Abb. 2.148 ermöglicht in einfacher Weise für $p_0 = 760$ mm QS die Bestimmung der Abblasleistung eines gegebenen Standrohres bzw. des erforderlichen Querschnitts,

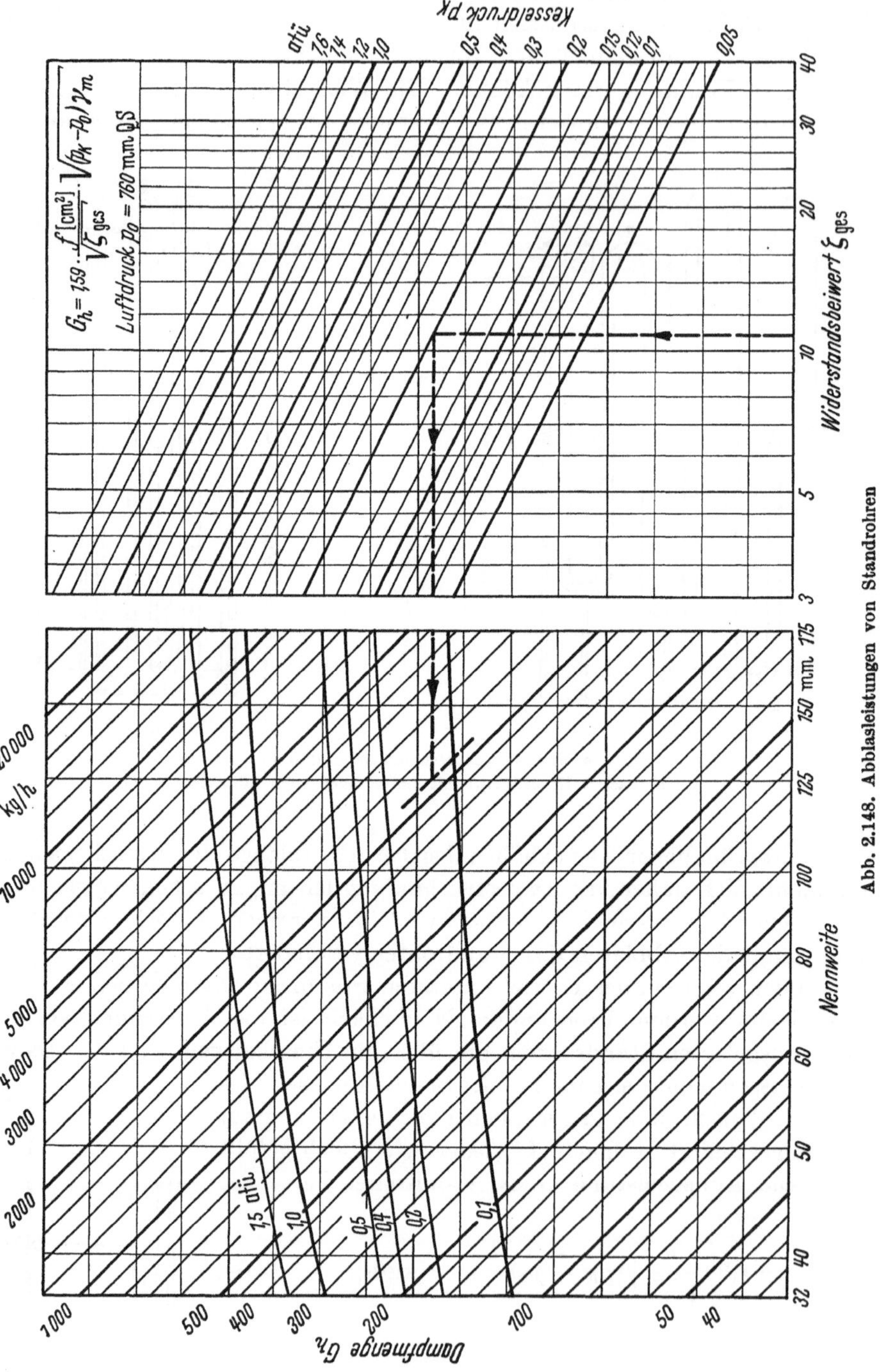

Abb. 2.148. Abblasleistungen von Standrohren

wenn ζ_{ges} bekannt ist. Der Bereich der ζ_{ges}-Werte für Standrohre der üblichen Bauart einschließlich 10 m Anschluß- und Abblasleistung ist aus Zahlentafel A 43 zu ersehen.

---

[1] LENZ, H.: Die Abblasleistung von Sicherheitsstandrohren, insbesondere der mehrschenkligen Bauform. Mitteilung aus dem Institut für Heizung und Lüftung der Technischen Universität Berlin. Wärme-, Lüftungs- u. Gesundh.-Techn. Nr. 6 u. 7 (1955) S. 148/159 u. S. 171/176.

D. Rückspeisung des Kondensates in die Kessel

Liegen die Heizkörper einer ND-Dampfheizung genügend hoch über der Kesselanlage, so fließt das Kondensat in geschlossenem Kreislauf von selbst in die Kessel zurück, wie das in den Abb. 2.139 bis 2.141 gezeigt ist. Bei Betriebsdrücken bis 0,2 atü ist der zwischen Kondensatsammelleitung (bzw. Luftleitung bei nasser Verlegung) und Kesselwasserstand erforderliche Höhenunterschied meist vorhanden. Bei höheren Drücken muß die Sohle des Kesselhauses entsprechend vertieft werden.

Das ist häufig nicht in ausreichendem Maß möglich, vor allem wenn Dampfdrücke von 0,4 bis 0,5 atü Anwendung finden sollen. Ein Teil der Heizflächen liegt dann noch innerhalb der Kondensatstauzone $a—b$. Handelt es sich hierbei nur um einzelne größere und naheliegende Verbraucher, z. B. Wärmeaustauscher oder Warmwasserbereiter innerhalb einer Zentrale, so muß man diesen Dampfabnehmern getrennte Kondensatrückleitungen bis zu den Kesseln geben. Durch reichliche Bemessung der Dampfzuleitungen hat man es in der Hand, den Kondensatrückstau in diesem Stromkreis niedrig zu halten. Die Entlüftung erfolgt am Dampfeintritt in die Heizflächen.

In allen anderen Fällen muß man besondere Rückspeiseeinrichtungen vorsehen, sei es für einen Teil des Kondensates oder für die Gesamtmenge. Von den zahlreichen in Frage kommenden Verfahren und Schaltungen[1] der mechanischen Kondensatrückführung seien nachstehend einige gebräuchliche beschrieben.

1. Kondensatrückspeisung mittels Motorpumpen

Bei dieser Art Anlagen fließt das Kondensat einem tiefliegenden Sammelbehälter zu und wird von dort mit Hilfe einer elektrisch angetriebenen Pumpe in die Kessel zurückgespeist. Da der Kondensatanfall nicht zu allen Zeiten mit dem Speisewasserbedarf der Kessel übereinstimmt,

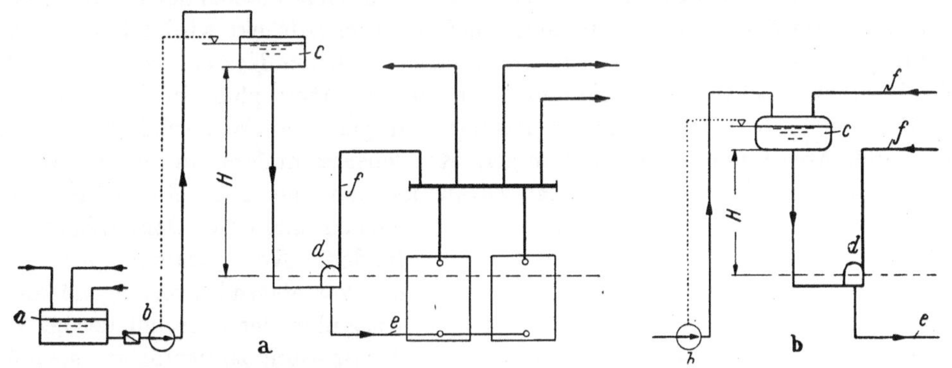

a) Offenes Gefäß   b) Geschlossenes Gefäß unter Dampfdruck

Abb. 2.149. Kondensatrückspeisung mit Motorpumpe über Hochbehälter.
a Kondensatsammelgefäß, b Kondensatpumpe, c Hochbehälter, d Wasserstandsregler, e Kondensatzuflußleitung, f Druckausgleichsleitung

soll der Sammelbehälter eine gewisse Speisewasserreserve enthalten, etwa dem Maximalbedarf von 20 bis 30 Betriebsminuten entsprechend. Meist wird *das Kondensat in ein* höher gelegenes *Zwischengefäß gepumpt*, von dem aus es den Kesseln zuläuft. Das Zwischengefäß sichert zugleich die Kesselspeisung für einige Zeit bei Ausfall der Elektropumpe.

Abb. 2.149a zeigt schematisch diese Schaltung. Das Zwischengefäß c liegt so hoch, daß der Höhenunterschied H zwischen dem Wasserstand in diesem Gefäß und in den Kesseln größer ist als die Druckhöhe h_D des Dampfes, vermehrt um den Strömungswiderstand h_W des Wassers in der Speiseleitung zu den Kesseln. Die Speisewasserpumpe b wird von einem im Zwischengefäß untergebrachten Schwimmer ein- bzw. ausgeschaltet. Bei reichlich bemessenem Zwischengefäß kann die Pumpe auch vom Wasserstand des Sammelbehälters aus geschaltet werden. In diesem Falle ist das Zwischengefäß durch einen in den Sammelbehälter führenden Überlauf zu sichern.

<hr>

[1] Siehe auch A. KOLLMAR: Rückspeiseanlagen und Druckstufenbetrieb bei Niederdruckdampfheizungen, 2. Aufl. Halle (Saale): C. Marhold 1951.

Abb. 2.149b gibt eine Abart der vorbesprochenen Schaltung wieder, bei der das Zwischengefäß in geringerer Höhe über den Kesseln aufgestellt ist. Mindestens jedoch muß der Abstand über den Kesseln gleich dem Strömungswiderstand h_W sein. Das Gefäß wird als geschlossenes Gefäß ausgeführt und durch Zuführung von Kesseldampf unter Druck gehalten. Durch den Dampfdruck auf die Wasserfläche wird die Druckhöhe h_D ausgeschaltet.

Der Wasserzulauf zum Kessel kann von Hand oder selbsttätig nach Maßgabe des Wasserstandes geregelt werden. In Abb. 2.150 ist ein derartiger Wasserstandsregler im Schnitt dargestellt. Ein Gehäuse mit Schwimmer ist in Höhe des Wasserstandes angeordnet. Es ist dampf- und wasserseitig mit dem Kessel verbunden, so daß sich der Wasserspiegel in beiden ausgleicht. Der im Gehäuse befindliche Schwimmer S öffnet vermittels eines Hebels H das Zuflußventil und gibt damit den Wasserzutritt zum Kessel mehr oder weniger frei.

Wasserstandsregler müssen gut gewartet werden, da bei Verschmutzung die Ventile nicht abschließen und die Kessel evtl. vollaufen. Sie erhalten stets eine Umgehung für Handregulierung.

Bei der *direkten Rückspeisung* verzichtet man auf ein Zwischengefäß und speist unmittelbar aus der Pumpendruck-

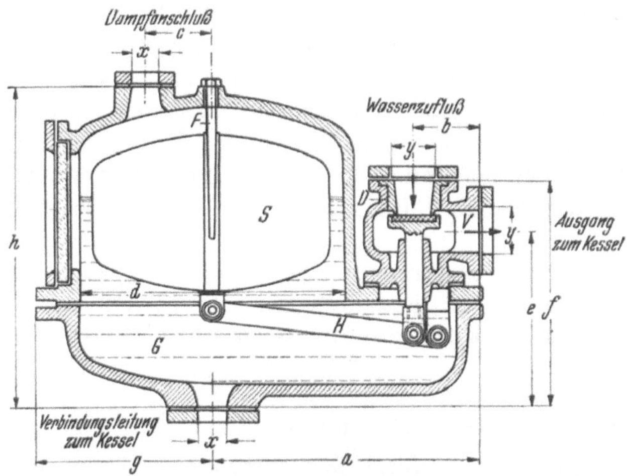

Abb. 2.150. Wasserstandsregler

leitung in die Kessel, s. Abb. 2.151. Um zu vermeiden, daß bei stillstehender Pumpe das Kesselwasser durch den Dampfdruck nach dem Sammelgefäß zurückgedrückt wird, ist ein Rückschlagventil einzubauen. Noch sicherer ist es, die Leitung zwischen Kessel und Pumpe über die Druckhöhe h_D hinaus hochzuziehen. Sie muß oben mit der Atmosphäre in Verbindung stehen.

Es empfiehlt sich, bei direkter Rückspeisung den geringen Wasserinhalt der üblichen Heizkessel durch Anordnung eines geräumigen Kondensatsammlers hinter den Kesseln zu vergrößern. Er ist in Höhe des Wasserstandes anzuordnen und über eine Druckausgleichsleitung mit dem Dampfabgang zu verbinden. Kondensatsammler unterhalb des Wasserstandes vermögen lediglich das Ausglühen der Kesselglieder bei Versagen der Speisung zu verzögern; sie müssen zu diesem Zweck jedoch über der Hauptbrennzone der Feuerung liegen. In der Regel wird bei der direkten Rückspeisung die Speisepumpe vom Kesselwasserstand aus mittels Schwimmer und elektrischem Kipp- oder Schnappschalter in Gang

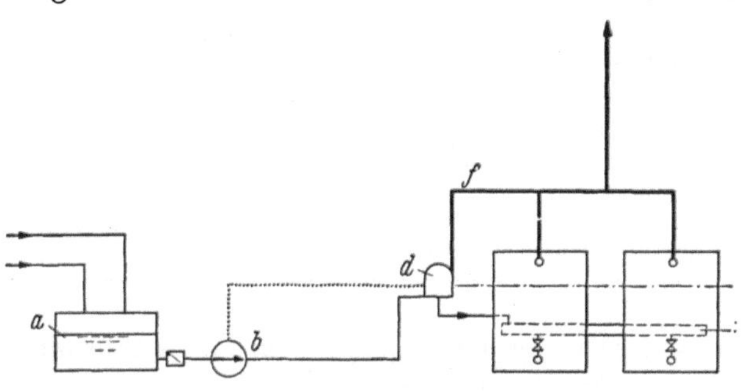

Abb. 2.151. Direkte Kondensatrückspeisung

gesetzt. Nachteilig ist hierbei der schwankende Kesselwasserstand und das häufige Schalten der Pumpe. Man verwendet dieses Verfahren daher nur bei größeren Anlagen.

Muß nur ein Teil des Kondensates mechanisch den Kesseln zugeführt werden, so kann man auf die selbsttätige Wasserstandsreglung verzichten und die Speiseeinrichtung durch einen Schwimmer im Kondensatsammelgefäß ein- und ausschalten lassen.

2. Kondensatrückspeisung mittels Dampf

An Stelle motorisch betriebener Speisepumpen können auch Rückspeiseeinrichtungen mit unmittelbarem Dampfantrieb Verwendung finden. Sie arbeiten entweder mit dem Kesseldampfdruck oder mit Unterdruck.

Beim *Überdruckrückspeiser* übernimmt eine kolbenlose Dampfpumpe die Förderung des Kondensates aus dem über dem Kesselwasserstand stehenden Sammelbehälter in das hochliegende Zwischengefäß, s. Abb. 2.152. Die Schaltung ist im übrigen die gleiche wie bei der Elektropumpe in Abbildung 2.149 a.

Abb. 2.153 zeigt einen solchen Kondensatförderer. Das Kondensat tritt bei A in den Apparat ein, füllt das Gefäß und hebt dabei den Schwimmer B, der auf einer Stange gleitet, bis er an dem Stellring C anliegt. Bei weiterem Wasserzulauf wird schließlich der Auftrieb so groß, daß das Kippgewicht im oberen Teil des Apparates umschlägt und die Dampfzuleitung bei D freigibt. Der einströmende Dampf drückt

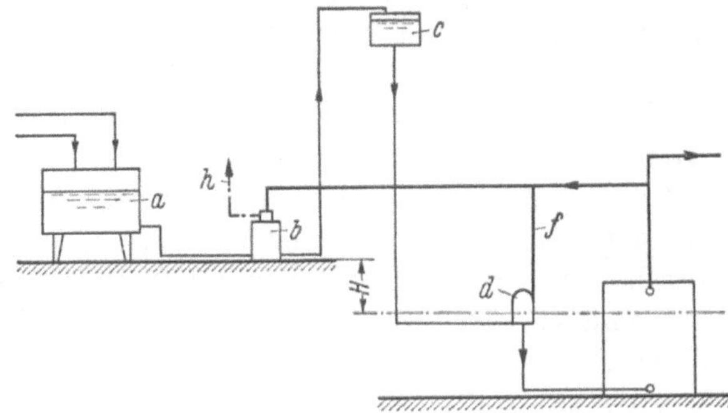

Abb. 2.152. Kondensatrückspeisung mit Druckheber.
b Rückspeiser, h Entlüftung

dann das Kondensat über das Ventil E in die Leitung. Mit sinkendem Wasserspiegel sinkt auch der Schwimmer, und kurz vor Entleerung des Gefäßes schaltet der Schwimmer zurück, wobei er die Dampfzuleitung schließt und die Dampfabzugsleitung F öffnet. Das Spiel kann dann von neuem beginnen.

Derartige Rückspeiser arbeiten nur bei einem Mindestdampfdruck von etwa 0,3 atü einwandfrei. Steht das Sammelgefäß so tief, daß der Dampfdruck nicht ausreicht, das Wasser bis ins Zwischengefäß zu heben, so kann man zwei Kondensatheber hintereinanderschalten. Es ist auch möglich, ohne Zwischengefäß zu arbeiten und den Kondensatförderer unmittelbar in die Kessel speisen zu lassen. Der Abdampf des Rückspeisers wird meist zur Vorwärmung des Kondensates oder zur Warmwasserbereitung ausgenutzt.

Bei den mit *Unterdruck* arbeitenden *Rückspeiseeinrichtungen* wird zum Heben des Kondensates das Vakuum benutzt, das in einem geschlossenen Dampfgefäß entsteht, wenn der Dampf kondensiert, s. Abb. 2.154. Das Dampfgefäß b (Rückspeiser) muß mindestens um den Strömungswiderstand h_W über dem

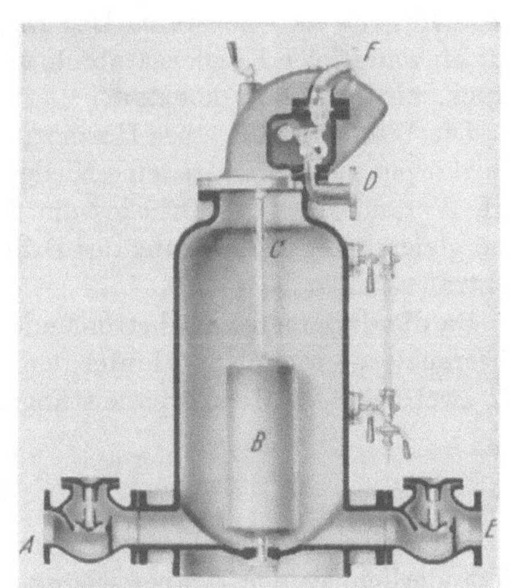

Abb. 2.153. Kondensatförderer

Wasserstand der Kessel liegen. Durch drei Leitungen steht es mit dem Kondensatsammelgefäß, der Speiseleitung und dem Dampfverteiler in Verbindung. Wir beginnen die Betrachtung des Arbeitsspieles in einem Augenblick, in dem im Gefäß Vakuum herrscht. Durch das Vakuum wird aus dem Kondensatgefäß Wasser angesaugt und das Gefäß füllt sich. Bei Wassermangel öffnet sich das Ventil c; der einströmende Dampf drückt das Kondensat über den Wasserstandsregler d in die Kessel. Bei genügend hohem Wasserstand schließt das Ventil c. Der Dampf im Behälter b kondensiert; es bildet sich ein Vakuum und das Arbeitsspiel beginnt von vorn.

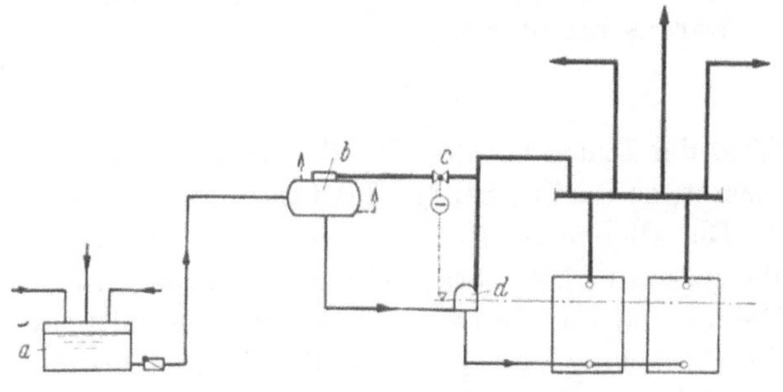

Abb. 2.154. Kondensatrückspeisung mittels Unterdruckes.
b Rückspeiser, c Dampfzuströmventil

Unterdruckrückspeiser heben das Kondensat nur etwa 3 m hoch. Das reicht bei Anlagen mit niedrigen Betriebsdrücken aber aus, um selbst bei tiefstehenden Kondensatsammelgefäßen mit *einem* Rückspeiser auszukommen. Die Kondensattemperatur darf jedoch nicht zu hoch sein (maximal 80°C). Auch arbeitet das Gerät nur bei einwandfreier Entlüftung des Dampfgefäßes und luftdichten Rohrleitungen sowie Ventilen zuverlässig.

Beide Arten der dampfbetriebenen Rückspeiser bedürfen einer sorgfältigen Wartung. Man sollte sie möglichst nur gemeinsam mit Wasserstandsreglern verwenden. Ihre Hauptvorteile gegenüber Motorspeisepumpen sind die Unabhängigkeit von der Stromlieferung und die geringeren Betriebskosten. Bei größeren Anlagen werden vielfach sowohl dampf- als auch elektrisch angetriebene Speiseeinrichtungen eingebaut. Es empfiehlt sich jedoch, stets für den Fall des Versagens der Rückspeiser noch eine Notspeisung vorzusehen, die sowohl von Hand als auch über Regler betätigt werden kann. Man stellt zu diesem Zweck meist eine Verbindung der Warmwassergebrauchsleitung mit der Kesselspeiseleitung oder dem hochliegenden Kondensat-Zwischengefäß her.

E. Zentrale Regelung der Niederdruckdampfheizung[1]

Niederdruckdampf ist praktisch als ein Wärmeträger mit konstanter Temperatur und konstantem Wärmeinhalt anzusehen. Die Wärmeabgabe der einzelnen Heizkörper hängt also nur von der Menge des einströmenden Dampfes ab. Diese ist bestimmt durch den freien Querschnitt des Heizkörperventils sowie durch den Druck vor dem Ventil und im Heizkörper.

Bei der zentralen Regelung bleibt die Ventilstellung unverändert, der freie Querschnitt beim Regelvorgang also konstant. Der Druck in den Heizkörpern einer Niederdruckdampfheizung mit einwandfreier Kondensatabführung und Be- bzw. Entlüftung ist gleich dem Atmosphärendruck, also ebenfalls konstant.

Die Wärmeabgabe eines Heizkörpers hängt damit nur von den Druckverhältnissen vor dem Heizkörper ab. Gelingt es, eine Niederdruckdampfheizung so auszuführen und zu betreiben, daß jede Veränderung des Druckes am Kessel oder am Dampfverteiler zu einer entsprechenden und gleichmäßigen Änderung des Druckes vor allen Heizkörpern führt, so ist diese Anlage auch zentral regelbar.

Da die durch ein Ventil strömende Dampfmenge G_h proportional der Wurzel aus der Druckdifferenz (p_1-p_2) vor und hinter dem Ventil ist, gilt bei konstanter Kondensationswärme auch für zwei beliebige Heizkörperleistungen Q_{min} bzw. Q_{max} die Beziehung

$$\left(\frac{Q_{min}}{Q_{max}}\right)^2 = \frac{(p_1 - p_2)_{min}}{(p_1 - p_2)_{max}}.$$

Der wünschenswerte Regelbereich $Q_{min}:Q_{max}$ einer Heizung ist im wesentlichen durch die Veränderlichkeit der Temperatur im Freien gegeben, wobei Wind- und andere Einflüsse außer acht gelassen seien. Rechnen wir mit einem Beginn der Heizperiode bei $+12°$ Außentemperatur, mit einer stärksten Winterkälte von $-15°$, ferner mit einer Raumtemperatur von $+20°$, so verhält sich der Mindestwärmebedarf zum Höchstwärmebedarf etwa wie

$$\frac{20-12}{20-(-15)} = \frac{8}{35} = 1:4,4.$$

Daraus ergibt sich:

$$(p_1 - p_2)_{min} : (p_1 - p_2)_{max} = 1^2 : (4,4)^2 \approx 1:19.$$

Wird der Druck vor dem Heizkörperventil bei Volleistung in üblicher Weise zu 200 mm WS angesetzt, so darf er bei Mindestleistung nur etwa 10 mm WS betragen.

Die allgemeine Regelung verlangt, daß der Druck an allen Heizkörperventilen in gleicher Weise sinkt. Die Voraussetzung dafür ist, daß sich die Drücke an allen Knotenpunkten des Netzes und am Kessel in demselben Verhältnis ändern. Allerdings ist nicht zu erwarten, daß die Forderung sehr genau erfüllt wird; denn die Widerstandsgesetze für gerade Rohrstrecken und Einzelwiderstände stimmen nicht vollkommen überein. Auch ist die Minderung der Dampfmenge durch die Abkühlungsverluste zu berücksichtigen. Bei angeheiztem Rohrnetz und nicht allzu raschen Druckschwankungen sind beide Einflüsse aber nicht entscheidend. Die Nach-

---

[1] Gröber, H.: Die allgemeine Regelung der Niederdruckdampfheizung. Heizg. u. Lüftg. Bd. 14 (1940) S. 1.

rechnung der Druckverhältnisse in ausgedehnten Netzen zeigt vielmehr[1], daß Druckänderungen am Anfang der Leitungen sich tatsächlich annähernd in demselben Verhältnis durch das ganze Rohrnetz bis zu den Heizkörperventilen auswirken, so daß auch die Leistung der Heizkörper mit einer für viele Fälle ausreichenden Genauigkeit gleichmäßig geändert wird.

In der Praxis stellen sich allerdings immer wieder Schwierigkeiten bei der zentralen Regelung von Niederdruckdampfheizungen ein. Der Hauptgrund dafür sind die sehr kleinen Drücke, die bei eingeschränktem Betrieb eingehalten werden müssen. Es wurde bereits oben errechnet, daß bei Minimalleistung der Druck vor dem Heizkörper nur 10 mm WS betragen soll gegenüber 200 mm WS bei Volleistung. Ungefähr in demselben Verhältnis muß der Druck am Kessel abgesenkt werden, also z. B. von $^1/_{10}$ auf $^1/_{200}$ atü; das sind 50 mm WS. Solche Drücke sind mit Betriebsmanometern nicht zu messen. Vor allem aber ist bei derart kleinen Drücken das Netz gegen Störungen äußerst empfindlich. Es sei im folgenden nur auf drei Möglichkeiten solcher Störungen hingewiesen.

Ein erster störender Einfluß liegt in dem verschiedenen spezifischen Gewicht des Dampfes in den Steigsträngen und der Luft in den Kondensatleitungen ($\gamma_D = 0{,}50$ gegen $\gamma_L = 1{,}1$). Dieser Gewichtsunterschied, der je nach der Höhe des Gebäudes etwa 5 bis 10 mm WS ausmachen kann, bewirkt bei stark eingeschränktem Betrieb eine stärkere Füllung der Heizkörper in den oberen Stockwerken als in den unteren. Eine zweite Störungsquelle ergibt sich als Folge der geringen Strömungsgeschwindigkeiten in der Möglichkeit des Umschlages des turbulenten Strömungszustandes in einen laminaren und umgekehrt. Eine dritte Quelle für die Störung der Druckverteilung im Netz liegt in dem willkürlichen An- und Abstellen von Heizkörpern oder Heizkörpergruppen.

Die Anlagen sind um so weniger empfindlich gegen Störungen, je kleiner der Druckabfall im Rohrnetz und je größer er in den Heizkörperventilen ist. Es ist ohne weiteres einzusehen, daß bei einer außergewöhnlich weiten Rohrleitung, die fast keinen Druckabfall bedingt, der Druck vor den Ventilen gleichmäßig mit dem Kesseldruck sich ändert. Freilich führt dieses Verfahren bald an die Grenze des wirtschaftlich Tragbaren. Die andere Bedingung einer Steigerung des Druckabfalles im Ventil findet ebenfalls bald ihre Grenze, da sonst die lichten Querschnitte im Ventil zu klein werden und außerdem die Strömungsgeschwindigkeit des Dampfes zu Geräuschbildung führen würde. Schon bei einem Druckabfall von 200 mm WS errechnet sich eine Dampfgeschwindigkeit von 80 m/s.

Besonders wichtig für die zentrale Regelfähigkeit einer Dampfheizung sind genügend weite und ohne Fehler verlegte Kondensatleitungen sowie die sorgfältige Einregelung der Anlage bei der Probeheizung. Will man zu geringe Durchgangsquerschnitte der Ventile vermeiden — sie erschweren die Einregelung sehr —, so muß man bei kleinen Heizkörpern den Druck vor dem Regelventil niedriger wählen als bei großen.

Um eine möglichst gute Entlüftung zu erzielen, werden oft statt einer zentralen Entlüftung mehrere getrennte Entlüftungen vorgesehen. Dadurch kann aber eine neue Störungsquelle in die Anlage hereingebracht werden, denn bei dem geringen Druck, der bei abgedrosseltem Betrieb im Netz herrscht, ist die Möglichkeit einer Beeinflussung durch den Wind zu beachten. Der Staudruck des Windes an der Gebäudemauer kann unter Umständen bis zu 10 mm WS betragen. Er pflanzt sich entsprechend abgeschwächt in das Innere des Gebäudes fort. Aus diesem Grunde ist die zentrale Entlüftung im allgemeinen vorzuziehen, denn bei dieser wirkt sich der Staudruck des Windes auf die ganze Anlage gleichmäßig aus.

Nach Körting[2] soll bei zentral zu regelnden Dampfheizungen der Kesseldruck möglichst niedrig gewählt werden. Einen Anhalt für seine Höhe gibt nebenstehende Zahlentafel.

Drücke bei ND-Dampfheizungen

Länge des ungünst. Dampfstranges m	Kesseldruck kg/m²	Höchstdruck vor dem Heizkörperventil kg/m²
bis 20	300	100
bis 30	400	150
bis 40	500	200
bis 50	600	200
bis 60	700	200
bis 100	800	200

[1] v. d. Marel: Die regelbare Niederdruckdampfheizung. Haustechn. Rdsch. Bd. 44 (1939) S. 403, 427.

[2] Körting, Joh.: Was muß der Heizungsingenieur von der Niederdruck-Dampfheizung wissen? 2. Aufl. Halle (Saale): C. Marhold 1942.

Kessel und Verbrennungsregler müssen so beschaffen sein, daß die geforderten niedrigen Dampfdrücke auch bei schwankendem Wärmebedarf gleichmäßig eingehalten werden. KÖRTING empfiehlt daher die Verwendung von Unterbrandkesseln mit Schwimmerreglern.

Abschließend läßt sich sagen:

Wird bei der Niederdruckdampfheizung eine zentrale Regelung angestrebt, so ist bei Entwurf, Bau und Betrieb folgendes zu beachten:

1. Das Rohrnetz darf nicht allzu ausgedehnt und allzu reich gegliedert sein,

2. alle Dampfleitungen, auch die Steigstränge, sind gut zu isolieren,

3. die Dampfleitungen und Kondensatleitungen müssen größere Durchmesser erhalten als bei einer Anlage ohne zentrale Regelung,

4. der Druckabfall im Heizkörperventil soll möglichst hoch sein,

5. Berechnung, Montage und Einregelung der Anlage müssen mit besonderer Sorgfalt ausgeführt werden,

6. Feuerung und Verbrennungsregler müssen ein sehr genaues Einhalten niedriger Druckstufen ermöglichen,

7. es muß die Gewähr gegeben sein, daß nicht bei eingeschränktem Betrieb eine größere Anzahl Heizkörper abgestellt wird,

8. die Bedienung muß ein besonderes Maß von Verständnis und Sorgfalt aufbringen.

Aber selbst eine solche, unter günstigen Umständen entstandene und betriebene Heizung wird gegenüber einer Warmwasserheizung zurückstehen hinsichtlich Umfang des Regelbereiches, Gleichmäßigkeit der Wärmeverteilung, Einfachheit der Anlage und der Betriebsführung.

In der üblichen Ausführung gestattet die Niederdruckdampfheizung kaum eine zentrale Beeinflussung der Heizflächenleistung. Man hilft sich daher in der Praxis meist, indem man bei kleiner werdendem Wärmebedarf die Betriebszeit der Anlage verkürzt bzw. zum stoßweisen Heizbetrieb übergeht, ein Ausweg, der nur bei Gebäuden mit hoher Wärmespeicherung und bei relativ geringer Netzausdehnung heiztechnisch befriedigt.

V. Heizzentralen

Für die sachgemäße Wartung und Bedienung einer Heizanlage ist erfahrungsgemäß die richtige Lage und Ausgestaltung der Heizzentrale von entscheidender Bedeutung.

Richtige Zuordnung von Kesselraum, Brennstofflager und Anfahrwegen,

einfacher Aufbau,

Zugänglichkeit der wichtigsten Anlageteile und Ausstattung mit Überwachungsgeräten

erleichtern die Bedienung und schaffen damit die Vorbedingung für einen wirtschaftlichen Heizbetrieb. Es sei in diesem Zusammenhang nachdrücklich auf die vom Verein Deutscher Ingenieure herausgegebenen „Anforderungen an zweckmäßige Heiz- und Brennstoffräume"[1] hingewiesen, die sowohl für den Heizungsfachmann wie für den Architekten wertvolle Hinweise für die Ausgestaltung von Heizzentralen jeder Größe enthalten. Auf einige wesentliche bauliche und technische Gesichtspunkte wird im folgenden näher eingegangen.

A. Kesselraum

1. Lage und Größe

Bei Heizanlagen für kleine und mittelgroße Gebäude bestimmen die Forderungen einer kürzesten Verbindung zwischen Kessel und Schornstein sowie einer einfachen und störungsfreien Brennstoffanfuhr zumeist die *Lage des Kesselraumes* innerhalb des Gebäudes. Der Vorteil der kürzeren und im Durchmesser kleineren Rohrleitungen bei zentraler Lage tritt demgegenüber zurück. Aus bau- und feuerungstechnischen Gründen vermeide man die Anordnung des Schornsteins an der Außenwand, das Verziehen von Schornsteinen (seitliches Abweichen der Mündung vom Fuß) sowie längere Füchse oder Rauchgasleitungen zwischen Kessel und Schornstein. Erwünscht ist die Ausmündung des Schornsteins nahe dem Dachfirst, um vor störenden

---

[1] Deutscher Ingenieur-Verlag, Düsseldorf 1952.

Windstauungen sicher zu sein (s. auch S. 12/13). Nach Möglichkeit soll die Kesselvorderseite durch Tageslicht ausreichend erhellt sein. Auch sollte bei normalen Hausheizungen der Kesselraum vom Gebäude aus zugänglich sein. Für Anlagen mit einer Leistung über 150000 kcal/h muß ein unmittelbarer Ausgang ins Freie vorgesehen werden.

Je größer die Heizanlage ist, um so mehr ist für die Lage des Heizraumes die leichte Anfuhr des Brennstoffes und die einfache Wegschaffung der Rückstände maßgebend. Bei Großanlagen findet man daher häufig das Kesselhaus außerhalb der bewohnten Gebäude angeordnet. Wird durch ausreichenden Wärmeschutz der Schornsteinwandungen eine zu starke Abkühlung der Rauchgase vermieden, so ist in solchen Fällen die freie Schornsteinlage unbedenklich.

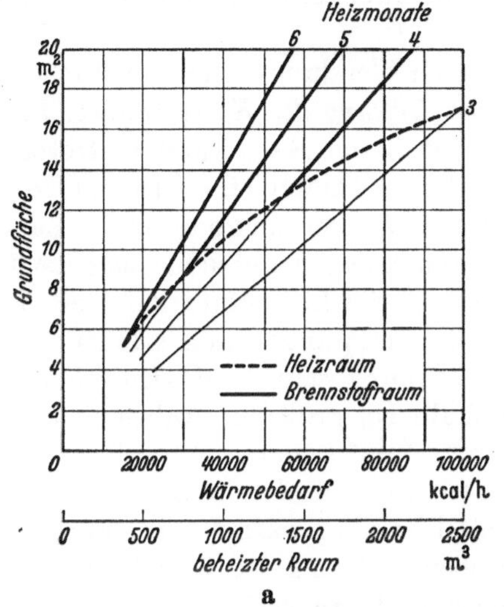

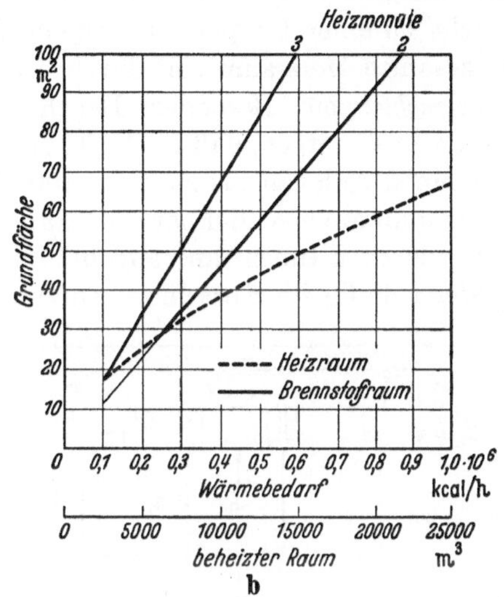

Abb. 2.155. Grundfläche von Heiz- und Brennstoffräumen.
Die Zahlen an den Brennstoffraumlinien geben an, für welche Zeitdauer jeweils Brennstoff gelagert werden muß

Bei größeren Bauvorhaben sollte sich der Architekt über Größe und Lage des Kesselraumes möglichst früh klarwerden. Der *Platzbedarf* für Kessel- und Brennstoffraum läßt sich in erster Näherung aus dem Inhalt der zu beheizenden Räume bestimmen. Man nimmt dabei zumeist für Bauten üblicher Ausführung den Wärmebedarf überschläglich mit 40 kcal/h je 1 m³ beheizten Raumes an. Die Abb. 2.155a, b geben auf dieser Grundlage die erforderlichen Flächen in Abhängigkeit vom Wärmebedarf und beim Brennstoffraum von den Anforderungen an die Lagerhaltung wieder.

2. Bauliche Gestaltung[1]

Die genaue Durcharbeitung des Kesselhausplanes setzt die Kenntnis des Heizwärmebedarfes der angeschlossenen Gebäude sowie des Wärmebedarfes etwaiger weiterer Verbraucher voraus (Warmwasserversorgung, Kochkessel, Wäscherei u. dgl.). Aus dem Gesamtwärmebedarf ergibt sich die bereitzustellende Kesselleistung, also auch die erforderliche Kesselheizfläche, die bei größeren Heizanlagen auf mehrere Einheiten verteilt wird.

Die Kesselhaussohle erhält ein durchgehendes, der Belastung entsprechendes Betonfundament. Gliederkessel sollen auf *Klinkersockeln*, die mit der Kesselvorderseite bündig abschließen, aufgestellt werden, damit ein Verrosten der unteren Teile bei etwaigen Wasseransammlungen im Heizraum vermieden wird. Es empfiehlt sich auch, vor den Kesseln eine etwa 1 m breite Klinkerrollschicht vorzusehen, die den Fußboden gegen Beschädigungen durch herabfallende heiße Brennstoff- und Schlackenteile schützt. Bei größeren Kesseln mit einer Bautiefe über

---

[1] Siehe auch Richtlinien für den Bau und die Einrichtung von zentralen Heizräumen und ihren Brennstofflagerräumen (Heizraumrichtlinien), Nov. 1958, Beuth-Vertrieb, Berlin. — Technische Ergänzungen zu den bauaufsichtlichen Richtlinien für den Bau und die Einrichtung von zentralen Heizräumen und ihren Brennstofflagerräumen (Heizraumrichtlinien) mit zugehörigen Beispielblättern. Wärme-, Lüftungs- und Gesundheitstechnik, Bd. 11 (1959) Heft 9 u. f.

1,5 m sind zur Erleichterung der Feuerbedienung die Kesselsockel 30 bis 50 cm hoch und so auszubilden sein, daß das Einfahren eines Aschewagens unterhalb der Kessel möglich ist.

Die *lichte Höhe* sollte bei Kesselräumen für ausgesprochene Kleinanlagen mindestens 2,2 m, bei Gebäuden mit einem Wärmebedarf über 30000 kcal/h mindestens 2,5 m betragen. Für die Aufstellung der Kessel gibt Abb. 2.156 ein Beispiel. Es zeigt zugleich, welche Mindestabstände zwischen den Kesseln bzw. zwischen den Kesseln und Wänden im Hinblick auf Wartung und Bedienung der Anlage eingehalten werden müssen. Die einwandfreie Ausbildung der Füchse erfordert hinter den Kesseln je nach den baulichen Verhältnissen einen Abstand zur Wand von 1,5 bis 2 m. Dabei muß auch die Zugänglichkeit zu den Rauchgasschiebern und den Rücklauf- bzw. Kondensat-Anschlußstutzen gewahrt bleiben. Mehr als zwei Kessel werden zweckmäßigerweise nicht zu einer Gruppe zusammengefaßt.

Der gesamte Heizraum soll durch Tageslicht und durch blendungsfreies künstliches Licht *gut ausgeleuchtet* sein. Besondere Beachtung erfordert die *Lüftung des Kesselraumes.* In erster Linie ist dafür zu sorgen, daß die Luft, die das Feuer braucht, in den Kesselraum eintreten kann.

Bei kleinen Anlagen bis zu etwa 1000 m³ beheiztem Raum genügt eine Öffnung von etwa 1 dm². Sie muß unverschließbar sein, kann im Fenster, in der Außenwand oder in der nach dem Vorraum gelegenen Innenwand angebracht sein. Bei größeren Anlagen, bei denen sich der Heizer länger oder ständig im Kesselhaus aufzuhalten hat, würde er die Luftzufuhr auf diesem Wege als Zug empfinden und erfahrungsgemäß die Öffnung sehr bald zustopfen. Es ist deshalb bei größeren Anlagen ein besonderer Zuluftkanal erforderlich, der bis hinter die Kessel führen muß, so daß die Luft hier vorgewärmt wird. Für je 500 m³ beheizten Raum ist 1 dm² freier Kanalquerschnitt zu rechnen.

Ein Abluftschacht ist bei kleineren Anlagen nicht notwendig, sofern nicht baupolizeiliche Vorschriften ihn verlangen. Bei großen Anlagen ab 80000 kcal/h Heizleistung ist dagegen ein Abluftschacht erforderlich, der neben oder zwischen den Schornsteinen liegen soll. Der Querschnitt des Abluftschachtes soll ein Viertel des gesamten Schornsteinquerschnittes betragen. Die Abzugsöffnung muß in Deckennähe angeordnet sein.

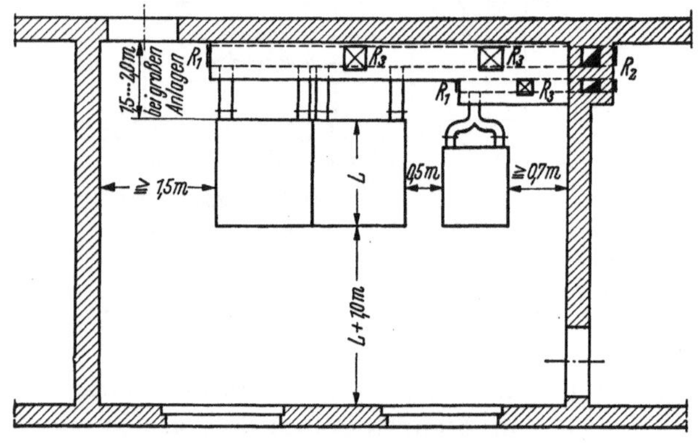

Abb. 2.156. Anordnung der Kessel

Im Kesselraum ist eine Fußboden*entwässerung* vorzusehen. Ist der unmittelbare Anschluß an die Kanalisation nicht möglich, so ist eine Grube mit Hand- oder Motorpumpe anzuordnen. Die *Türen* des Kesselraumes sind feuerhemmend auszuführen und sollen mit Ausnahme der Tür zum Brennstofflager nach außen aufschlagen. Zur leichteren Beseitigung der Feuerungsrückstände empfiehlt sich der Einbau einer Schlackenfördereinrichtung, die bei kleineren und mittleren Anlagen als einfacher Schlackenzug mit senkrechtem Hub, bei größeren als Elektrohängezug oder als Schrägaufzug ausgeführt wird.

B. Brennstofflagerraum

Bei allen Kesselanlagen für feste Brennstoffe ist in unmittelbarer Nachbarschaft zum Kesselraum ein ausreichend bemessener Brennstofflagerraum vorzusehen. Große Lagerräume geben die Möglichkeit, einen erheblichen Teil des Jahresbrennstoffbedarfes im Sommer trocken und billiger einzukaufen und machen sich schon dadurch bei kleinen und mittleren Heizanlagen bald bezahlt. Keinesfalls sollte die *Grundfläche des Brennstofflagers* kleiner als die der Heizzentrale gewählt werden. Die Abb. 2.155a, b geben entsprechende Anhaltswerte; sie zeigen zugleich, welche Lagerfähigkeit ein Brennstoffraum bestimmter Größe hat, gemessen am Jahresbrennstoffbedarf.

Bei der praktischen Ausführung normaler Hausheizungen hängt es zumeist von der Art des Gebäudes und den sonstigen Anforderungen an die Kellerräume ab, wie groß der Brennstoffraum tatsächlich ausgeführt werden kann. Man sollte in jedem Fall eine Mindestlagerfläche für einen zweimonatigen Bedarf anstreben.

Der Brennstoffraum ist bei Anlagen, deren Kessel von vorn beschickt werden, auf gleicher Höhe mit dem Kesselraum vorzusehen. Auch bei kleinen Heizanlagen sind beide Räume voneinander zu trennen. Bei Kesseln mit oberer Beschickung liegt die Sohle des Brennstoffraumes entweder bündig mit der Kesseloberkante oder noch höher. Der Brennstoff wird meistens mittels zweirädriger Karren mit großen, gummibereiften Rädern herangeschafft. Gleisanlagen sind unzweckmäßig, da sie die Reinigung der Kesselzüge und die Sauberhaltung der Kesselbühne erschweren. Bei Großanlagen findet man häufiger auch Hängebahnen mit von Hand zu fahrenden Behältern.

Der Lagerraum soll für eine Schütthöhe von 1,5 m bis höchstens 2,0 m vorgesehen und durch Verschläge so abgeteilt sein, daß gleiche und bekannte Raummaße entstehen. Damit kann der Benutzer der Anlage, falls Raumteil um Raumteil entleert wird, mit einem Blick die noch vorhandenen Brennstoffmengen abschätzen.

C. Schornsteinanlage

1. Ausführung

Für die Ausführung der Schornsteine von Zentralheizungen gelten sinngemäß die gleichen Gesichtspunkte wie für die kleineren Schornsteine von Zimmeröfen. Die Außenwandlage ist bei kleinen und mittelgroßen Anlagen möglichst zu vermeiden. Behördliche Vorschriften verbieten das Einleiten der Abgase anderer Feuerungen, z. B. von Öfen, Herden oder gewerblichen Wärmeerzeugern in die Schornsteine von Zentralheizungen. Der Kessel einer zusätzlichen Warmwasserversorgungsanlage sollte stets an einen besonderen Schornstein angeschlossen werden.

Die Schornsteine großer Heizanlagen müssen so hoch geführt werden, daß die Rauchgase normalerweise über die Nachbargebäude abziehen und zu keinen Belästigungen führen. Besonders wichtig ist diese Forderung bei Verfeuerung von gasreicher Steinkohle oder von Braunkohlenbriketts, bei denen auch mechanische Feuerungen und sorgfältige Bedienung keine völlig rauch- und rußfreie Verbrennung gewährleisten.

Die höheren Abgastemperaturen von Kohlekesseln lassen es ratsam erscheinen, das Schornsteinmauerwerk vom Gebäude losgelöst und bei frei stehenden Schornsteinen in Großanlagen evtl. auch ein vom Außenmauerwerk unabhängiges Futtermauerwerk vorzusehen.

Lange *Rauchgasfüchse* können zu Störungen der verschiedensten Art Anlaß geben. Die Länge der Rauchgasfüchse sollte daher nicht größer als 30% der Schornsteinhöhe sein. Die Füchse sind mit Steigung 1:10 in Richtung des Rauchgasstromes zu verlegen und gegen Abkühlung und Feuchtigkeitseinflüsse weitgehend zu schützen. Zur Beseitigung von Flugasche und Ruß müssen Füchse eine ausreichende Zahl leicht zugänglicher Reinigungsöffnungen erhalten, s. Abb. 2.156. Die Hauptreinigungsöffnung R_1 ist möglichst an die Stirnseite des Fuchses zu legen. Damit die Reinigungsarbeit bequem ausgeführt werden kann, muß der Abstand zur nächsten Wand mindestens $1^1/_2$ m betragen. Die gegenüberliegende Reinigungsöffnung R_2, die im Schornstein angebracht ist, dient zugleich zum Anmachen eines Lockfeuers. Reinigungsöffnungen R_3 auf der Oberseite des Fuchses sind nicht bequem, lassen sich aber oft nicht vermeiden.

2. Schornsteinberechnung

Schornsteine lassen sich nicht mit der Genauigkeit berechnen, die sonst in der Technik angestrebt wird. Die Gründe hierfür liegen in gewissen Unsicherheiten bei den Rechnungsannahmen sowie in den Störungen durch klimatische Einflüsse. Es sei nur auf folgendes hingewiesen:

1. Die mittlere Temperatur der Rauchgase im Schornstein ist im voraus nicht anzugeben. Selbst wenn die Abgastemperatur am Kesselende bekannt ist, ergeben sich je nach der Belastung und den Abkühlungsverhältnissen recht unterschiedliche Rauchgastemperaturen im Schornstein.

2. Durch Falschlufteintritt kann die Rauchgasmenge vermehrt und die Temperatur im Schornstein herabgesetzt werden. Undichtheiten lassen sich in der Praxis aber kaum völlig vermeiden. Ihre Bedeutung ist in keiner Weise zu erfassen, ja kaum abzuschätzen.

3. Bei Überlastung der Feuerung muß der Schornstein in der Lage sein, mehr Rauchgase abzuführen, als der Regelleistung entspricht; andererseits darf er auch für Kesselbelastungen von 20 bis 30% der Regellast nicht zu weit sein.

4. Die volle Durchwärmung eines Schornsteines erfordert viele Stunden. Es muß aber der Schornstein gegebenenfalls schon vor seiner vollen Durchwärmung die verlangte Rauchgasmenge fördern können.

5. Durch Wetter, Wind und andere Einflüsse kann der Schornsteinzug in völlig unkontrollierbarer Weise beeinflußt werden.

Da bei dieser Sachlage mit Sicherheitszuschlägen gearbeitet und die Rechnung durch die Erfahrungen der Praxis kontrolliert werden muß, genügt für die Betriebsbedingungen von Heizkesseln ein Näherungsverfahren. Es ist nach Vorschlägen von Gröber[1] im Normblatt DIN 4705 für Schornsteine, deren Höhe durch die Gebäudehöhe festliegt, niedergelegt.

a) Grundbegriffe

Zugbedarf der Feuerung. Verbrennungsluft bzw. Rauchgase haben auf ihrem Weg durch die Feuerungsanlage eine Reihe von Widerständen zu überwinden, nämlich: Luftklappe in der Aschfalltür, Brennstoffbett, Züge der Feuerung und Krümmungen des Fuchses. Zur Aufrechterhaltung der Strömung ist ein Druckunterschied zwischen dem Freien und dem Ende des Fuchses notwendig, der außer von der Gestalt der Wege sehr stark von der Rauchgasmenge abhängt. Als „Zugbedarf der Feuerung" bezeichnet man jenen Druckunterschied, der bei der Nennleistung der Feuerung, also bei normaler Rauchgasmenge, erforderlich ist, um diese Widerstände zu überwinden. Dieser Wert, der mit Z bezeichnet sei, ist eine Eigenschaft allein der Feuerung und hat vorerst mit dem Schornstein gar nichts zu tun. Er läßt sich rechnerisch nicht ermitteln, sondern er ist vom Ersteller der Anlage auf Grund der Angabe der Kesselfirma unter Berücksichtigung des meist geringen Zugverlustes im Fuchs anzunehmen. Der Zugbedarf hält sich im allgemeinen in den Grenzen von 2 bis 6 mm WS.

Kraft des Schornsteines. Diese entsteht aus dem Auftrieb der Rauchgase im Schornstein und läßt sich aus der Höhe h des Schornsteines und den spezifischen Gewichten γ_a und γ_i der Außenluft und der Rauchgase nach der bekannten Gleichung berechnen:

$$H = h \cdot (\gamma_a - \gamma_i) \quad [\text{mm WS}]. \quad (2.05)$$

Kraft des Schornsteines in Abhängigkeit von seiner Höhe

1	2	3	4	5	6
h	t_i	γ_i	γ_a	$\gamma_a - \gamma_i$	$h \cdot (\gamma_a - \gamma_i)$
12	200°	0,78	1,24	0,46	5,5
15	180°	0,82	1,24	0,42	6,3
20	170°	0,84	1,24	0,40	8,0
25	160°	0,86	1,24	0,38	9,5
30	150°	0,87	1,24	0,37	11,1

In der nebenstehenden Zahlentafel ist für fünf Schornsteinhöhen der Wert $h \cdot (\gamma_a - \gamma_i)$ berechnet. Dabei ist die Temperatur der Rauchgase gemäß Spalte 2 je nach der Höhe des Schornsteines verschieden angenommen, die Außentemperatur dagegen fest zu $+10°$C. Für die Gaskonstante ist bei Luft der Wert 29,3, bei Rauchgasen der Wert 28,0 eingesetzt.

Eigenverbrauch des Schornsteines. Ein Teil der Kraft des Schornsteines wird innerhalb des Schornsteines aufgezehrt. Dieser Betrag E heißt der „Eigenverbrauch". Er läßt sich aus den Abmessungen des Schornsteines und der Rauchgasgeschwindigkeit berechnen nach der Gleichung

$$E = \left(\lambda \cdot \frac{h}{s} + \Sigma \zeta\right) \cdot \frac{w_s^2}{2} \cdot \frac{\gamma}{g} \quad [\text{mm WS}]. \quad (2.06)$$

Darin bedeuten:

λ der Reibungswert,
$\Sigma \zeta$ die Summe aller Einzelwiderstände,
s die Seite des quadratisch angenommenen Schornsteinquerschnittes [m],
w_s die Strömungsgeschwindigkeit der Rauchgase [m/s].

---

[1] Gröber, H.: Die Berechnung von Schornsteinen. Heizg. u. Lüftg. Bd. 17 (1943) Heft 3 S. 31.

Baut man am Fuße des Schornsteines einen Zugmesser ein, so mißt dieser bei einer im Dauerbetrieb auf Normalleistung eingestellten Feuerung den Zugbedarf der Feuerung. Unterbindet man durch Einschieben des Rauchgasschiebers die Strömung, so steigt die Anzeige, und das Gerät gibt die Kraft des Schornsteines an. Der Unterschied zwischen den beiden Ablesungen ist der Eigenverbrauch des Schornsteines.

b) Ermittlung der Schornsteinhöhe

Die Aufgabe, einen Schornstein zu berechnen, lautet: Es ist der Schornstein in seiner Höhe und Weite so zu bemessen, daß von seiner Kraft H nach Abzug des Eigenverbrauches E noch der Zugbedarf Z der Feuerung verbleibt. Als Gleichung ausgedrückt lautet die Bedingung $H - E = Z$.

Z ist eine Eigenschaft der Feuerung und somit als gegeben anzusehen. E hängt nach der obigen Gleichung von der Rauchgasgeschwindigkeit, also in erster Linie von der Rauchgasmenge und ihrer Wichte γ_i ab. Bei H erscheint die Schornsteinhöhe und ebenfalls die Rauchgaswichte.

λ, $\Sigma\,\zeta$, γ_a und γ_i sind Werte, über die man zweckmäßige Annahmen oder Vereinbarungen treffen kann. Die Höhe h und die Weite s sind die zwei Unbekannten der Gleichung. Zur eindeutigen Lösung der Aufgabe ist also noch eine zweite Gleichung für h und s nötig. Diese ergibt sich aus der Forderung, daß der Eigenverbrauch des Schornsteines im richtigen Verhältnis zu den beiden anderen Größen stehen muß. Der Eigenverbrauch darf nicht zu klein angenommen werden, da dies zu unnötig großen Schornsteinweiten führen würde.

GRÖBER macht nun in seinen Berechnungen zunächst die Annahme, daß die Kraft des Schornsteines zu $^1/_4$ auf den Eigenverbrauch und zu $^3/_4$ auf den Zug der Feuerung entfällt. Damit wird also

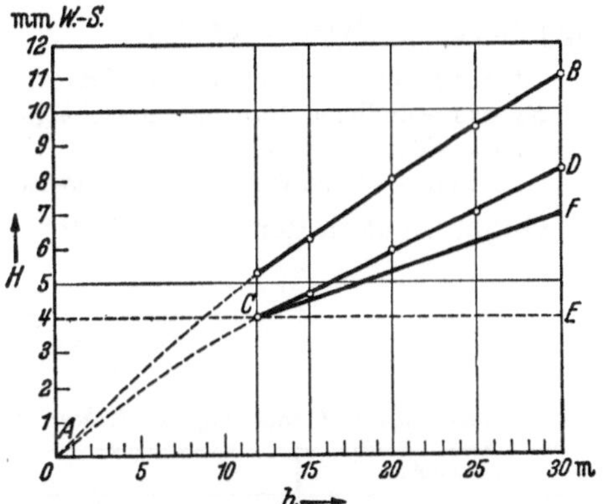

Abb. 2.157. Aufteilung der Kraft des Schornsteines.
AB Theoretische Zugstärke
CD Zugstärke bei $^1/_4$ Eigenverbrauch des Schornsteins
CF Zugstärke bei zunehmendem Eigenverbrauch des Schornsteins

$$H = h\,(\gamma_a - \gamma_i) = \frac{4}{3} \cdot Z. \qquad (2.07)$$

In Abb. 2.157 zeigt die Ordinate bis zur oberen Kurve AB die Kraft des Schornsteines in Abhängigkeit von seiner Höhe gemäß Spalte 6 der letzten Zahlentafel und die Ordinate zur mittleren Kurve ACD den Zugbedarf, gemäß der obengenannten Aufteilung. Hält man an der Aufteilung $^1/_4 : ^3/_4$ fest, so gibt es zu jeder Schornsteinhöhe nur einen zweckmäßigen Zugbedarf oder umgekehrt zu jedem Zugbedarf der Feuerung nur *eine* zweckmäßige Höhe des Schornsteines. Z. B. gehört zu einer Feuerung mit einem Zugbedarf von 4 mm WS ein Schornstein von 12 m Höhe.

Für gußeiserne Gliederkessel mit einer Heizfläche von 5 m² und darüber wird seitens der Lieferfirmen der Zugbedarf der Feuerung einschließlich eines Fuchses normaler Ausführung einheitlich mit 4 mm WS angegeben. Die zweckmäßigste Schornsteinhöhe wäre dann nach Abb. 2.157 bei allen Anlagen 12 m. Diese Höhe kann aber nur in seltenen Fällen eingehalten werden, weil bei Zentralheizungen die Schornsteinhöhe im wesentlichen durch die Gebäudehöhe festgelegt ist. Bei außergewöhnlich niedrigen Gebäuden wird eine Erhöhung auf 12 m meist keine Schwierigkeit bereiten. Anders ist es, wenn die Gebäudehöhe an sich größere Schornsteinhöhen mit sich bringt.

Zum Beispiel gäbe nach Abb. 2.157 (Linie AD) ein 30 m hoher Schornstein einen Zug von 8,3 mm WS statt der gewünschten 4 mm WS. Müßte man das Übermaß an Zugstärke ein für allemal mit dem Rauchgasschieber abdrosseln, so ergäben sich Schwierigkeiten bei der weiteren Regelung im Betriebe. Der andere Weg, den ganzen überschüssigen Zug durch eine Verringerung der Schornsteinweite fest abzudrosseln (Linie CE in Abb. 2.157), läuft auf eine Erhöhung des Eigenverbrauches hinaus und würde nach früherem den Schornstein sehr empfindlich gegen Störungen machen.

GRÖBER empfiehlt deshalb in diesen Fällen, einen Teil des überschüssigen Zuges durch Verminderung der Weite aufzubrauchen und den Rest durch Abdrosseln mit dem Schieber von der Feuerung fernzuhalten. Der Anteil des Eigenverbrauches des Schornsteines an der theoretisch verfügbaren Zugstärke soll dabei mit zunehmender Höhe ansteigen, und zwar in folgender Weise:

$$\text{Schornsteinhöhe } h \text{ (m)} \ldots\ldots\ldots \quad 12 \quad 15 \quad 20 \quad 25 \quad 30$$

Anteil des Eigenverbrauchs E an der Kraft des Schornsteines .. $\quad {}^{1}\!/_{4} \quad {}^{1}\!/_{3,5} \quad {}^{1}\!/_{3,1} \quad {}^{1}\!/_{2,9} \quad {}^{1}\!/_{2,7}$

Für den Zugbedarf der Feuerung verbleiben danach die in Abb. 2.156 durch die Linie CF gekennzeichneten Werte. Sie sind für Schornsteine zugrunde zu legen, deren Höhe bauseitig gegeben ist.

c) Ermittlung der Schornsteinweite

Zur Berechnung der Schornsteinweite hat sich weitgehend die REDTENBACHERsche Formel

$$f = \frac{1}{n} \cdot \frac{R_h}{\sqrt{h}} \quad [\mathrm{m^2}] \tag{2.08}$$

eingebürgert. Darin bedeuten:

f der lichte Querschnitt des Schornsteines $(\mathrm{m^2})$,
R_h das stündliche Rauchgasgewicht (kg),
h die Schornsteinhöhe (m),
n ist ein Beiwert, für den Zahlen zwischen 900 und 1800 genannt werden.

GRÖBER hat in der vorerwähnten Arbeit für n die Beziehung abgeleitet:

$$\frac{1}{n} = \sqrt{\frac{1}{a}} \cdot \sqrt{\frac{\lambda \cdot \dfrac{h}{s} + \Sigma \zeta}{1{,}5 \cdot 10^8 \cdot \gamma_i \cdot (\gamma_a - \gamma_i)}}. \tag{2.09}$$

Überschlägliche Bemessung der lichten Weite von Schornsteinen für Zentralheizungen nach DIN 4705

Querschnitt		Höhe des Schornsteines					
Kantenlänge cm	Durchmesser cm	10 m	12 m	15 m	20 m	25 m	30 m
		Regelleistung der Feuerung in kcal/h Beiwert n					
20×20	23	50 000 1300	50 000 1200	55 000 1100	—	—	—
20×27	26	70 000 1400	75 000 1300	80 000 1250	90 000 1200	95 000 1100	—
27×27	30	110 000 1500	115 000 1450	125 000 1400	140 000 1350	150 000 1300	180 000 1250
27×40	37	165 000 1550	180 000 1500	190 000 1450	210 000 1400	240 000 1400	250 000 1350
40×40	45	250 000 1600	280 000 1600	300 000 1550	320 000 1500	360 000 1450	380 000 1400
40×53	52	—	400 000 1700	420 000 1650	470 000 1600	500 000 1550	550 000 1500
53×53	60	—	—	600 000 1750	660 000 1700	720 000 1650	770 000 1600
53×66	67	—	—	800 000 1850	870 000 1800	950 000 1750	1 000 000 1700
66×66	75	—	—	—	1 100 000 1850	1 200 000 1800	1 300 000 1750
66×85	84	—	—	—	—	1 600 000 1850	1 700 000 1800
72×92	92	—	—	—	—	1 900 000 1900	2 100 000 1850
85×85	96	—	—	—	—	2 100 000 1900	2 300 000 1850

a gibt den Anteil des Eigenverbrauches an der Kraft des Schornsteines wieder. Die störenden Einflüsse sind durch einen einheitlichen Zuschlag von 70% auf den rechnerisch zu ermittelnden Eigenverbrauch berücksichtigt.

Setzt man in dieser Gleichung den Widerstandsbeiwert λ mit 0,06 bis 0,085, die Summe der ζ-Werte mit 3 bis 4 und für a die von h abhängigen Zahlen der vorstehenden Tabelle ein, so ergeben sich unter den Temperaturannahmen nach S. 122 die aus DIN 4705 entnommenen Werte für den Beiwert n der REDTENBACHERschen Formel.

Die nebenstehende Tabelle enthält Angaben für die üblichen Schornsteinhöhen zwischen 10 und 30 m. Unberücksichtigt blieben Schornsteine, deren Verhältnis h/s kleiner als 25 oder größer als 75 ist.

Schornsteine mit allzu großer Weite im Vergleich zur Höhe „ziehen" oft bei schwacher Belastung nicht, da evtl. kalte Luft in den Schornstein von oben einfällt. Enge und hohe Schornsteine sind andererseits erfahrungsgemäß gegen Störungen sehr unempfindlich.

Für jede Höhe ist die nach Linie CF der Abb. 2.156 für die Feuerung verfügbare Zugstärke des Schornsteines mit aufgeführt.

Die *stündliche Rauchgasmenge* R_h läßt sich in einfacher Weise aus der Kesselleistung Q_h ermitteln. Bezeichnet man mit

B_h das verfeuerte Brennstoffgewicht . . . . kg/h
H_u den unteren Heizwert . . . . kcal/kg
r das Rauchgasgewicht je kg Brennstoff . . . . kg/kg
η den Wirkungsgrad der Feuerung,

so gelten

Kesselleistung: $\quad Q_h = B_h \cdot H_u \cdot \eta$,
Rauchgasgewicht: $\quad R_h = r \cdot B_h$.

Daraus folgt:

$$R_h = \frac{Q_h \cdot r}{\eta \cdot H_u}.$$

Die wichtigsten Brennstoffe für Heizungskessel sind Koks, Braunkohlenbriketts, Steinkohle und Heizöl. Für alle diese Brennstoffsorten schwankt der Wert des Bruches r/H_u nur zwischen 0,0020 und 0,0025, so daß er mit 0,00225 angesetzt werden kann. Nimmt man außerdem für η den Wert 0,7, so erhält man für Rauchgasmenge und Wärmeleistung die einfache Beziehung:

$$R_h = \frac{0,00225}{0,7} \cdot Q_h = 3,2 \cdot \frac{Q_h}{1000} \quad \text{[kg/h]}. \tag{2.10}$$

Dieser Beziehung entsprechend ist in der Norm 4705 außer dem Wert n noch die jeder Schornsteinhöhe und -weite zugeordnete Feuerungsleistung mit aufgeführt.

d) Schornsteine mit rundem Querschnitt

Ersetzt man den errechneten, quadratischen Querschnitt durch den flächengleichen Kreisquerschnitt, so bleibt die Rauchgasgeschwindigkeit die gleiche. Der Betrag des Eigenverbrauches ändert sich dabei nicht erheblich. Für einen Schornstein mit rundem Querschnitt berechnet man also zuerst den quadratischen Querschnitt und ersetzt dann das Quadrat durch den flächengleichen Kreis.

Das gleiche Verfahren ist anwendbar, wenn statt eines quadratischen ein rechteckiger Querschnitt verlangt wird. Man soll jedoch das Seitenverhältnis nicht höher als 1:1,5 wählen.

Beispiel: Für eine Kesselgruppe von zwei gußeisernen Gliederkesseln mit je 12 m² Heizfläche ist der Schornstein zu berechnen unter der Annahme, daß die Gebäudehöhe zu einer Schornsteinhöhe von 24 m zwingt.

Lösung: Bei einer Heizflächenbelastung von 10000 kcal/m² h ist die Regelleistung der Gruppe gleich 240000 kcal/h. Das stündliche Rauchgasgewicht errechnet sich nach Gl. (2.10) zu

$$R_h = 3,2 \frac{240000}{1000} = 770 \text{ kg/h}.$$

Aus vorstehender Tabelle entnimmt man für eine Regelleistung von 240 000 kcal/h bei 25 m Schornsteinhöhe den Beiwert $n = 1400$ und errechnet damit den Schornsteinquerschnitt zu

$$f = \frac{1}{1400} \cdot \frac{770}{\sqrt{25}} = 0,112 \ \text{m}^2,$$

also
$$s = 0,325 \ \text{m}.$$

Da man sich im allgemeinen an die durch die Mauermaße festgelegten Querschnitte hält, hätte man aus der Zahlentafel auch unmittelbar den in Frage kommenden nächstgelegenen Schornsteinquerschnitt $27 \times 40 \ \text{cm}^2$ ablesen können.

Für Kessel unter 5 m² Heizfläche erübrigt sich im allgemeinen die Schornsteinberechnung; es sind jedoch die jeweiligen baupolizeilichen Vorschriften zu beachten. Bei diesen Kesseln genügen vielfach auch Schornsteine von 8 m Höhe, insbesondere wenn es sich um Durchbrandkessel handelt. Größere Kessel erreichen bei zu geringer Schornsteinhöhe nicht die listenmäßige Nennleistung. Eine genaue Schornsteinberechnung sollte stets durchgeführt werden bei Kesseln mit einem Zugbedarf von 6 mm WS oder darüber.

3. Zugbegrenzer

Die bei hohen Schornsteinen auftretenden großen Zugstärken führen erfahrungsgemäß leicht zu einer Überlastung der Kessel, vor allem während der Anheizzeit. Die Folgen sind: schlechte Brennstoffausnutzung, Verschlackung des Rostes und vielfach auch Schäden an der Kessel- bzw. Schornsteinanlage. Nach den Ausführungen unter 2. ist bei hohen Schornsteinen durch den Übergang auf engere Lichtweiten eine ausreichende Minderung der Zugstärke kaum zu erzielen.

Von der Möglichkeit, die überschüssige Schornsteinkraft mit Hilfe des Rauchgasschiebers abzudrosseln, wird im Betrieb oft nicht im erforderlichen Umfang Gebrauch gemacht, zumal häufig die Zugmesser fehlen oder falsch anzeigen. Ein ständig weitgehend geschlossener Rauchgasschieber erschwert andererseits die Anpassung der Zugstärke an die jeweils erforderliche Leistung. Da die üblichen Verbrennungsregler lediglich die Lufteintrittsklappe, aber nicht den Rauchgasschieber verstellen, stehen Feuerung und Züge der Kessel häufig unter der Einwirkung des vollen Schornsteinzuges. Der Einfluß von Undichtheiten macht sich dadurch in der Leistungsregelung und im Feuerungswirkungsgrad sehr viel stärker bemerkbar als bei geringer Zugstärke.

In Fällen, bei denen die Kraft des Schornsteines den Zugbedarf des Kessels wesentlich übersteigt, ist deshalb der Einbau eines selbsttätigen Zugbegrenzers in Erwägung zu ziehen. Nach Abb. 2.157 trifft dies für Mittel- und Großanlagen mit Kokskesseln der üblichen Bauart bei Schornsteinen über 15 m Höhe und bei genügender Weite zu.

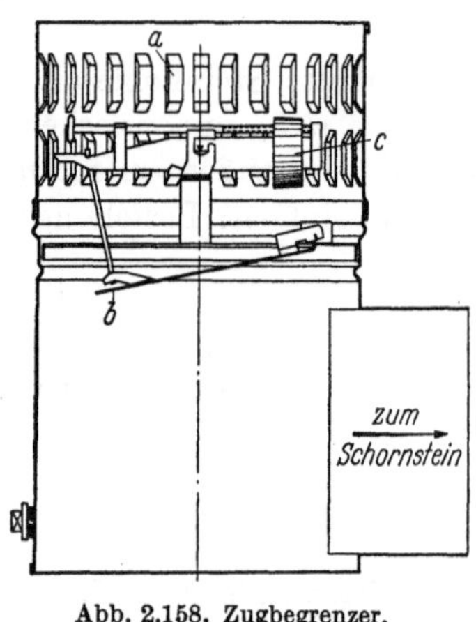

Abb. 2.158. Zugbegrenzer.
a Nebenluft-Einlaß, b Drosselklappe,
c Ausgleichsgewicht

Bei den meisten Bauarten der Zugbegrenzer wird Nebenluft in den Schornstein eingeleitet. Die Nebenluft setzt die Temperatur im Schornstein herab und erhöht gleichzeitig mit der größeren Abgasmenge dessen Eigenverbrauch. Abb. 2.158 zeigt die Ausführung eines vielverwendeten Zugbegrenzers.

Ein stehendes zylindrisches Blechgehäuse ist im unteren Teil mit dem Schornstein oder Fuchs verbunden, im oberen Teil über zahlreiche seitliche Öffnungen a mit der Außenluft oder dem Kesselraum. Zwischen beiden Teilen ist eine einseitig gelagerte, leichtbewegliche Drosselklappe b eingebaut. Das freie Klappenende hängt an einem auf zwei Schneiden aufliegenden Hebel, der auf dem Gegenarm ein verstellbares Ausgleichsgewicht c trägt. Jede Stellung des Gewichtes entspricht einem bestimmten Druckunterschied zwischen Atmosphäre und Schornsteinfuß. Unterschreitet der Unterdruck im Schornstein den Sollwert, so senkt sich die Klappe und steuert mehr kalte Luft in den Schornstein ein.

Derartige Geräte begrenzen nicht nur die Zugstärke auf den geforderten Höchstwert, sie halten auch die durch atmosphärische Einflüsse verursachten, oft sehr rasch ablaufenden Zugschwankungen (Windeinwirkung!) weitgehend vom Kessel fern und sorgen dadurch für einen gleichmäßigen und wirtschaftlichen Betrieb der Feuerung.

Die Geräte und ihr Einbau unterliegen behördlichen Vorschriften, die zur Zeit neu bearbeitet werden.

In Kesselanlagen mit zu hohen Schornsteinen und ohne ständige aufmerksame Bedienung läßt sich durch den Einbau der Zugbegrenzer der Brennstoffverbrauch oft merklich herabsetzen. Eine bestimmte Einsparung in % des Jahresbrennstoffverbrauches kann dabei selbstverständlich nicht gewährleistet werden, da sie in jedem Einzelfall davon abhängt, wie die Anlage ohne Zugbegrenzer bedient wurde[1]. Bei größeren Heizanlagen wird vor dem Einbau der Geräte auch zu prüfen sein, ob nicht eine selbsttätige Kesselregelung am Platze wäre.

D. Technische Ausgestaltung der Heizzentrale

Grundsätzlich sollen Heizzentralen im Aufbau so einfach wie möglich sein, da für ihre Bedienung meist nur angelernte Kräfte zur Verfügung stehen. Komplizierte und zu Störungen neigende Einrichtungen sind tunlichst zu vermeiden. Übersichtlichkeit in der Anordnung und Schaltung der wichtigsten Anlageteile sind wichtige Voraussetzungen für eine sachgemäße Wartung und für eine wirtschaftliche Betriebsführung. In den bereits erwähnten „Anforderungen an zweckmäßige Heiz- und Brennstoffräume" sind Ausführungsbeispiele für Heizanlagen jeder Größe bei Ausstattung mit Gliederkesseln enthalten, auf die hier verwiesen werden kann. Abb. 2.159 gibt daraus in Grundriß und Aufriß die Zentrale einer Pumpenwarmwasserheizung mit etwa 800000 kcal/h Wärmeleistung wieder.

1. Zahl und Anschluß der Kessel

Kleinanlagen erhalten in der Regel nur *einen* Kessel. Er sollte nicht zu reichlich gewählt werden, um einen Dauerbetrieb auch bei kleiner Belastung zu ermöglichen. Für die kurze Zeit strenger Kälte kann eine etwaige Überlastung des Kessels in Kauf genommen werden.

Bei großen Gebäuden empfiehlt sich die Aufstellung von zwei Kesseln, und zwar mit je 50 bis 60% der geforderten Höchstleistung. Während des größten Teiles der Heizzeit kommt man dabei mit *einem* der beiden Kessel aus, der zudem in seiner Leistung dem Wärmebedarf besser angepaßt werden kann als *ein* großer Kessel. Auch braucht bei einem Kesselschaden — die Tage mit sehr niedrigen Außentemperaturen ausgenommen — der Heizbetrieb kaum eingeschränkt zu werden. Noch günstiger liegen in dieser Beziehung die Verhältnisse bei Heizanlagen mit drei oder mehr Kesseleinheiten.

Bei Heizanlagen mit vier und mehr Kesseln faßt man jeweils zwei Kessel zu einer Gruppe zusammen, die auf einen gemeinsamen Sockel gesetzt und vielfach auch mit gemeinsamen Absperrorganen ausgerüstet werden. Man spart dadurch an Armaturen und vereinfacht Rohrführung und Kesselabsicherung.

Bei *Warmwasser*kesseln werden die Vor- und Rücklaufabgänge der Kessel oder Kesselgruppen je in einer Hauptleitung vereinigt, die zu den Umwälzpumpen und Verteilerstöcken führt. Die durch die einzelnen Kessel fließenden Wassermengen sind nur dann gleich, wenn der Strömungswiderstand in den Anschlußleitungen der gleiche ist. Man wählt deshalb für die Hauptleitungen möglichst große Durchmesser oder schließt die Kessel nach dem System der gleichen Wege im Vor- und Rücklauf an, s. S. 105.

Bei *Dampf*kesseln münden die Dampfabgänge der Einheiten in einem weiten Sammler, der über oder hinter den Kesseln angeordnet ist. Die Dampfanschlüsse müssen gleiche Widerstände aufweisen. Sie sind so zu bemessen, daß beim Abschlacken eines Kessels der Leistungsrückgang

---

[1] RULLKÖTTER, F.: Zur Bewertung von Nebenluft-Schornsteinzugreglern. Heizg.-Lüftg.-Haustechn. Bd. 4 (1953) S. 49/51.

keine unzulässig hohe Druckabsenkung und damit Wasserstandsverschiebung gegenüber den Nachbarkesseln verursacht. Da der Druckabfall in den Anschlußleitungen mit dem Quadrat der Dampfgeschwindigkeit wächst, kann man nur durch genügend große Anschlußweiten den Unterschied im Druckverlust zwischen dem Sammler und den Kesseln mit unterschiedlicher Leistung klein halten. In der Regel genügt es, die Dampfgeschwindigkeit in den Anschlußleitungen nicht größer als 10 m/s zu wählen.

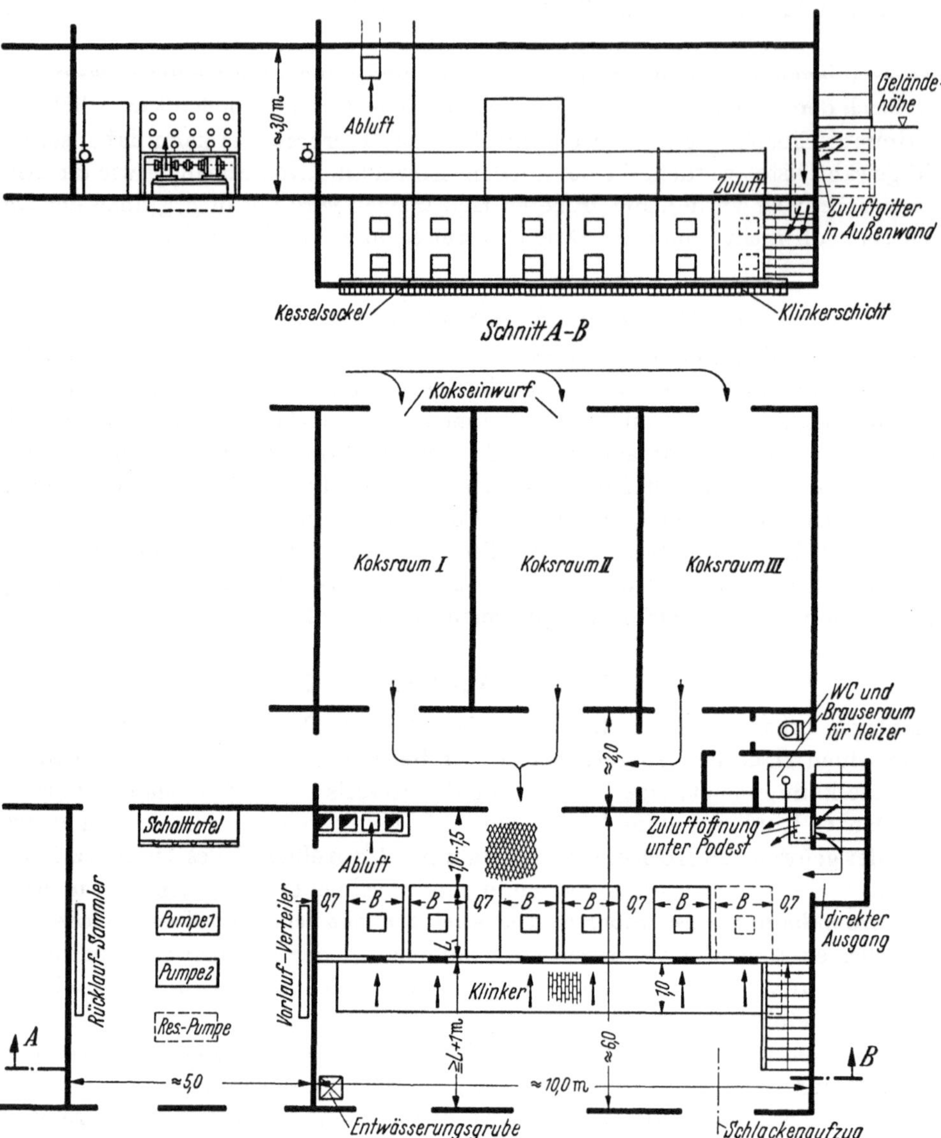

Abb. 2.159. Zentrale einer Pumpenwarmwasserheizung

Mit der Inbetriebnahme einer ND-Dampfheizung wird ein Teil des Kesselwassers in die Kondensatleitungen gedrückt. Bei größeren Anlagen mit Kesseln geringen Wasserinhalts kann durch eine reichlich bemessene Kondensatsammelleitung die verfügbare Wassermenge erhöht werden, s. Abb. 2.151.

2. Rohrleitungen und Schaltorgane

Je größer eine Anlage ist und je verwickelter im Aufbau, um so wichtiger ist es, der Führung der Rohrleitungen, den Halterungen und der Anordnung der Schaltorgane schon bei der Planbearbeitung besondere Aufmerksamkeit zu schenken.

Aber auch bei kleinen Anlagen sollten Leitungsführung und Befestigungen nicht dem Monteur überlassen bleiben, sondern in genauen Montagezeichnungen festgelegt werden. Auf einige wesentliche Gesichtspunkte sei nachfolgend hingewiesen.

An allen begehbaren Stellen, auch über den Kesselbühnen, muß eine lichte Durchgangshöhe von 2 m gewahrt bleiben. Zur Verringerung der Wärmeverluste und Vermeidung einer Überwärmung sind in Heizzentralen sämtliche wärmeführenden Leitungen und bei Dampf- oder Heißwasserleitungen auch Einbauteile und Schaltorgane sorgfältig zu isolieren. Absperr- und Regelorgane sind zugänglich und möglichst in handlicher Höhe anzuordnen. Bei der Führung und Lagerung der Rohrleitungen ist auf die Wärmedehnung Rücksicht zu nehmen. Insbesondere sollen die Verbindungen von Kesseln, Pumpen und Wärmeaustauschern mit den Hauptleitungen und Verteilerstöcken nicht zu kurz und starr sein. Erforderlichenfalls sind die Leitungen zur Aufnahme der Wärmedehnung mit Richtungsänderungen (Abwinklungen) zu führen.

Vorlaufhauptleitungen oder Dampfsammler über den Kesseln dürfen keinesfalls auf Kesselanschlüssen lasten; sie sind vielmehr gesondert abzustützen oder besser mittels Pendel an Träger oder Tragdecken anzuhängen. Zwischengeschaltete Federn mit Spannvorrichtungen gestatten eine volle Entlastung der Kesselanschlüsse und im Bedarfsfall auch den einfachen Ausbau der Absperrorgane. Sind in Kesselhäusern, Apparateräumen, Rohrkanälen u. dgl. viele Leitungen unterhalb der Decke anzuordnen, so empfiehlt es sich, im Abstand von 1 bis 2 m quer zur Rohrachse Profileisen vorzusehen, an denen die Rohrhalterungen befestigt werden können. Bei Stahlbetondecken verwendet man hierfür Spezialprofile, die mit eingegossen werden, s. Abb. 2.58; sie ersparen nachträgliche Stemmarbeiten für die Anbringung der Halteeisen und machen die Rohrverlegung verhältnismäßig unabhängig von den Aufhängemöglichkeiten.

Sobald bei der Projektierung einer Heizzentrale Größe, Zahl und räumliche Anordnung der Hauptbauteile, wie Kessel, Pumpen und Wärmeaustauscher, festliegen, sollte an Hand des Schaltschemas ein genauer Rohrplan ausgearbeitet werden. Bei größeren Zentralen und schwierigen Rohrführungen bietet nur die Aufzeichnung verschiedener Schnitte im Maßstab 1:20 die Gewähr, daß nach den Plänen später auch montiert werden kann. Die frühzeitige Ausarbeitung der Rohrpläne hat außerdem den Vorteil, daß die für die Verlegung der Leitungen erforderlichen Durchbrüche, Schlitze und Tragschienen gemeinsam mit den sonstigen baulichen Angaben (Schornstein- und Fuchsanlage, Fundamente und Belastungen, Strom-, Wasser-, Abwasseranschlüsse) in die Baupläne mit aufgenommen und dementsprechend beim Rohbau schon berücksichtigt werden können.

3. Maschinen- und Schalträume

Bei größeren Heizanlagen ist für die erforderlichen Pumpen, Wärmeaustauscher und sonstigen Apparate ein besonderer Maschinenraum vorzusehen. Um die Verschmutzung des Raumes und die Gefährdung der Geräte zu vermeiden, ist er vom Kesselhaus zu trennen. In der Regel werden auch die Abgänge der Hauptleitungen mit ihren Absperrorganen sowie die der Betriebsüberwachung dienenden Apparate im Maschinenraum vereinigt. Auch die elektrische Schalttafel wird zweckmäßigerweise im Maschinenraum oder in unmittelbarer Nachbarschaft untergebracht, gegebenenfalls in Verbindung mit elektrischen Fernanzeigern, Reglern und Schreibgeräten.

Maschinen- und Schalträume sollen geräumig sein, damit alle Einrichtungsteile übersichtlich und jederzeit zugänglich angeordnet werden können. Breite Gänge zwischen Pumpen, Wärmeaustauschern und Verteilerstöcken erleichtern die Bedienung und Wartung. Pumpen sind auf Einzelfundamenten mit freien Umgängen aufzustellen. Nur bei kleinen Aggregaten ist eine paarweise Aufstellung zulässig. Vor Wärmeaustauschern muß genügend Platz für das Ausziehen der Heizregister vorhanden sein.

Der Maschinenraum kann von Rohrleitungen weitgehend frei gehalten werden, wenn die Anschlüsse der Pumpen, Apparate und Verteiler nach unten geführt werden und ein genügend hoher Rohrkeller eine einwandfreie Anordnung der Verbindungsleitungen und Hilfseinrichtungen ermöglicht.

Die Leitungen der Hauptgruppen einer Heizanlage sind von der Zentrale aus getrennt zu führen. Soweit eine Absperrung oder Regelung im normalen Betrieb notwendig ist, sind die Abgänge auf Verteilerstöcken zu vereinigen. Man vermeide jedoch allzu umfangreiche Verteilerstöcke, da sie die Zentralen sehr verteuern und sie häufig auch unübersichtlich und störanfällig machen.

Parallel arbeitende Pumpen und Wärmeaustauscher können unmittelbar, d. h. nicht über Verteilerstöcke, an Sammelleitungen angeschlossen werden. Sind die Absperrorgane bei großen Einheiten in den im Maschinenraum zu verlegenden Leitungen nicht unterzubringen, so können sie im Rohrkeller angeordnet und mittels Spindelverlängerungen und Handradsäulen für die Bedienung vom Maschinenraum aus eingerichtet werden.

Auch bei sorgfältigster Isolierung aller Rohrleitungsteile und Apparate läßt sich in zentralen Bedienungsräumen eine Überwärmung nicht verhindern; sie müssen daher mit mechanischen Lüftungsanlagen versehen werden.

Zur *Überwachung des Heizbetriebes* sind an allen entscheidenden Stellen im Rohrnetz der Zentrale unmittelbar anzeigende Temperatur- und Druckmeßgeräte, evtl. auch Mengenmesser, einzubauen. Bei Warmwasserheizungen erhalten die Pumpen auf der Druck- und Saugseite, meist auch die Vorlaufverteiler und Rücklaufsammler, Manometer. Ein genauer Druckmesser mit großer Skala — bei großen Anlagen besser ein Schwimmergerät mit Fernanzeige — soll den Wasserstand im Ausdehnungsgefäß erkennen lassen. Thermometer mit gut sichtbarer Anzeige sind vorzusehen auf den Ablaufstutzen von Wärmeaustauschern sowie an den Verteiler- bzw. Sammelstöcken. Dabei genügt für den Vorlauf *ein* Thermometer, es sei denn, daß die Heizgruppen mit verschiedenen Temperaturen gefahren werden. Rücklaufleitungen sollten in jedem Fall getrennte Thermometer erhalten. Bei elektrischen Fernthermometern beschränke man sich auf die Anzeige einiger wichtiger Raumtemperaturen und der Außentemperatur an einem mit Umschaltern versehenen Meßgerät. Das Außenthermometer ist gegen Sonnen- und Feuchtigkeitseinwirkungen geschützt anzuordnen. Soll gleichzeitig der Betrieb mehrerer Heizgruppen sowie von Lüftungs- und Klimaanlagen zentral überwacht oder gesteuert werden, so sind umfangreichere Fernmeßeinrichtungen notwendig.

Bei ND-Dampfnetzen sind Manometer an den Verteilerstöcken bzw. beiderseits vom Druckminderer notwendig. Bei mechanischer Kesselspeisung wird zuweilen auch das zurückfließende Kondensat mittels Trommelzähler gemessen, evtl. auch getrennt für verschiedene Heizgruppen oder Verbrauchszwecke.

4. Dampf- oder Wasserkessel

Bei Warmwasserheizungen ohne Kuppelung mit sonstigen Wärmeverbrauchern wird in der Regel das umlaufende Heizwasser direkt in den Kesseln erwärmt. Auch Warmwasserversorgungen lassen sich unter Zwischenschaltung von Wärmeaustauschern mit Wasserkesseln betreiben, sofern keine höheren Temperaturen des Gebrauchswassers als 60 bis 70° gefordert werden. Dabei ist sowohl die Aufstellung gesonderter Kessel für die Warmwasserbereitung als auch der gemeinsame Betrieb mit den Kesseln der Heizanlage möglich. Näheres über die in solchen Fällen gebräuchlichen Schaltungen enthält der Abschnitt 3.

Soll die Heizzentrale einer Warmwasserheizung gleichzeitig Niederdruckdampf liefern, so ist zu entscheiden zwischen einer gemischten Kesselanlage mit Dampf- und Wasserkesseln oder einer einheitlichen Dampfkesselanlage. Die Abb. 2.160 und 161 geben die Schaltungen für beide Ausführungsarten in vereinfachter Form wieder. Absperrungen, Umgehungsleitungen, Kondenstöpfe, Reserveaggregate usw. sind der besseren Übersichtlichkeit wegen weggelassen. Auch ist angenommen, daß die Dampfkessel mit einheitlichem Betriebsdruck arbeiten.

Jede der beiden Lösungen hat ihre Vor- und Nachteile. Die erste Anordnung ist meist in der Anschaffung billiger, da Wasserkessel höher belastet werden können als Dampfkessel und besondere Wärmeaustauscher für die Heizung nicht erforderlich sind. Für die Dampferzeugung müssen aus Gründen der Betriebssicherheit in diesem Fall zwei Kessel vorgesehen werden.

Bei der zweiten Anordnung kann man im Hinblick auf die Kuppelung der Wärmeerzeuger auf einen Reservekessel verzichten. Der einfachere Aufbau der Anlage erleichtert naturgemäß die Betriebsführung. Bedarfsschwankungen bei den einzelnen Verbrauchergruppen lassen sich gegebenenfalls ausgleichen, insbesondere wenn größere Warmwasserspeicher vorhanden sind. Mit der gleichmäßigeren Kesselbelastung ist zumeist auch eine bessere Brennstoffausnutzung verbunden.

Die ausschließliche Verwendung von Dampfkesseln schafft außerdem die Voraussetzung für den Antrieb der Umwälzpumpen mittels einer Dampfturbine. Die Wirtschaftlichkeit dieser

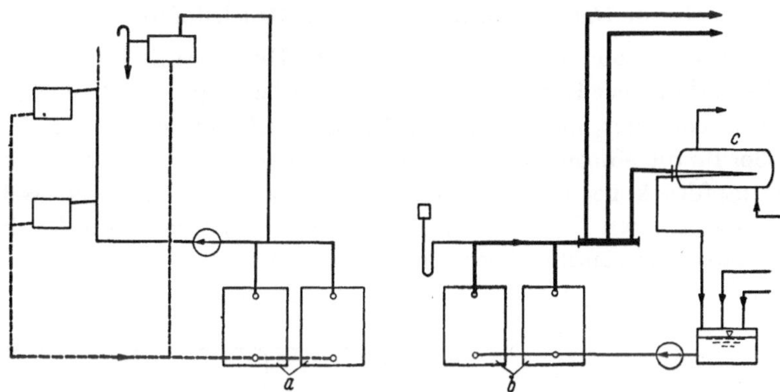

Abb. 2.160. Heizzentrale mit Dampf- und Wasserkesseln.
a Warmwasserkessel (für Raumheizung), *b* Dampfkessel (für sonstige Wärmeverbraucher), *c* Warmwasserbereiter

Antriebsart ist selbstverständlich in jedem Einzelfall nachzuprüfen, bei großen Heizanlagen und hohen Strompreisen aber häufig gegeben.

Ein weiterer Vorteil der einheitlichen Dampfkesselanlage, der vor allem bei ausgedehnten Heiznetzen zur Geltung kommt, liegt in der einfacheren Absicherung der Wärmeerzeuger. Nach DIN 4751 ist jeder absperrbare Kessel bzw. jede Kesselgruppe einer offenen Warmwasserheizung durch genügend weite und mit steter Steigung zu verlegende Sicherheitsleitungen mit dem

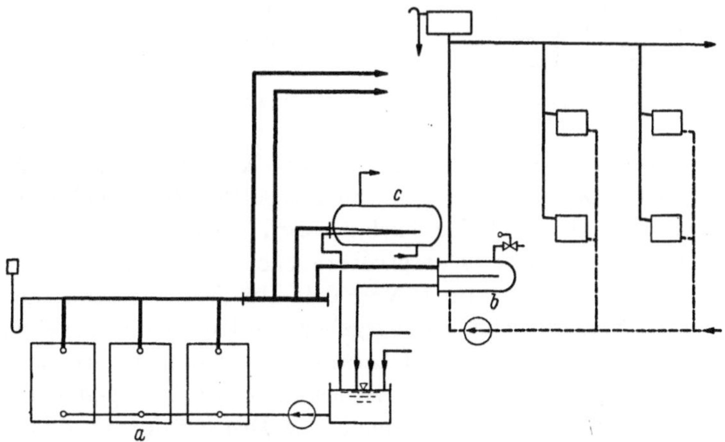

Abb. 2.161. Heizzentrale mit Dampfkesseln; eine Druckstufe.
a Dampfkessel, *b* Wärmeaustauscher für Warmwasserheizung, *c* Warmwasserbereiter

Ausdehnungsgefäß zu verbinden. Kann das Ausdehnungsgefäß nicht in unmittelbarer Nähe des Kesselhauses untergebracht werden, so ist diese Forderung nur schwer zu erfüllen. Der einfachste Ausweg ist in solchen Fällen die Aufstellung von Dampfkesseln und die mittelbare Heizwassererwärmung in Wärmeaustauschern. Es genügt dann, die mit ND-Dampf beheizten Wärmeaustauscher mit einem Sicherheitsventil auszurüsten. Da das Ausdehnungsgefäß hier keinerlei Sicherheitsfunktion mehr zu erfüllen hat, kann es an beliebiger Stelle im Vor- oder Rücklauf an das Heiznetz angeschlossen werden. Dadurch ist auch die aus betrieblichen Gründen oft erwünschte Anordnung der Umwälzpumpe im Rücklauf häufig möglich.

Vom Standpunkt der Betriebssicherheit aus sind Dampf- und Wasserkessel gleich zu werten. Beide Kesselarten sind in der Form gußeiserner Gliederkessel im Betrieb gegen Einspeisen kalten Wassers empfindlich. Durch Unachtsamkeit des Bedienungspersonals können bei Dampf- wie bei Wasserkesseln Schäden auftreten, bei Dampfkesseln durch zu rasches Öffnen der Kondensatleitung bei Zuschaltung eines weiteren Kessels, bei Wasserkesseln durch Einschaltung der Umwälzpumpe bei aufgeheizten Kesseln und ausgekühltem Rücklaufwasser.

5. Dampfzentralen mit zwei Druckstufen

Die in Abb. 2.161 gezeigte einfache Schaltung einer Heizzentrale mit Dampfkesseln ist nur denkbar, wenn alle Verbraucher Dampf gleichen Druckes benötigen. Vielfach wird aber für einen Teil der Verbrauchsstellen der höchstmögliche Dampfdruck gefordert, z. B. für Kochkessel in Anstaltsküchen oder für die Mangeln und Trockenapparate einer Wäscherei, während die übrigen mit niedrigem Dampfdruck betrieben werden sollen. Man kann dann entweder die gesamte Kesselanlage mit dem höheren Druck betreiben und einen Teil des Dampfes drosseln oder die Kessel in zwei Gruppen mit verschiedenen Drücken arbeiten lassen.

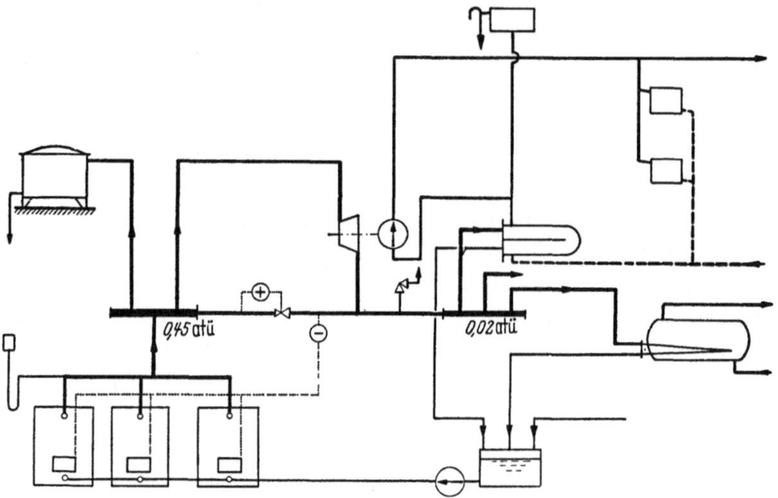

Abb. 2.162. Heizzentrale mit Dampfkesseln; 2 Druckstufen, einheitlicher Kesseldruck

Das Schaltbild einer Anlage mit einheitlich hohem Kesseldruck ist in Abb. 2.162 wiedergegeben. An einen 0,45 atü-Dampfverteiler sind in diesem Beispiel Kochkessel und eine Dampfturbine angeschlossen. Der Abdampf der Turbine wird einem ND-Dampfverteiler zugeleitet und dient zur Versorgung der sonstigen Dampfverbraucher, insbesondere der Wärmeaustauscher für die Heizung und Warmwasserbereitung. Vom 0,45 atü-Verteiler kann auch Dampf über ein Regelventil direkt an die Niederdruckstufe abgegeben werden. Dieses Regelventil wird von der Hochdruckstufe gesteuert, arbeitet also als Überstromventil und sichert damit die bevorzugte Belieferung der Hochdruckdampfverbraucher. Zweckmäßigerweise regelt man bei dieser Schaltung die Kesselleistung nach den Anforderungen der Druckstufe mit dem höheren Wärmeverbrauch, das ist meist die Niederdruckseite (Druckstufenregelung nach KRETZSCHMER). Ein Sicherheitsventil (das etwas früher anspricht als das Standrohr des Niederdruckverteilers) führt bei plötzlichem Rückgang des Wärmebedarfes etwa überschüssigen Dampf ins Freie ab.

Das Kondensat wird mittels einer Pumpe (oder sonstigen mechanischen Rückspeiseeinrichtungen) in die Kessel zurückgefördert.

Das Schaltbild in Abb. 2.163 zeigt eine Anlage mit zwei Kesselgruppen verschiedener Drücke. Jede Gruppe wird in ihrer Leistung gesondert vom Verteilerdruck aus geregelt. Auch hier kann überschüssiger Dampf der Kessel mit höherem Druck auf die Niederdruckstufe abgeleitet werden. Besondere Kondensatrückfördereinrichtungen werden nur für die 0,45 atü-Kessel benötigt. Die 0,05 atü-Stufe arbeitet mit natürlichem Kondensatrückfluß. Eine der Dampflieferung aus der 0,45 atü-Stufe entsprechende Kondensatmenge muß in das Sammelgefäß der höheren Druckstufe zurückgeführt werden. In Abb. 2.163 ist zu diesem Zweck ein schwimmergesteuerter Überlaufregler in Höhe des mittleren Wasserstandes der 0,05 atü-Kessel vorgesehen.

Der Betrieb zweier Kesselgruppen mit verschiedenen Dampfdrücken bietet nur dann gegenüber der einheitlichen Anlage nach Abb. 2.162 Vorteile, wenn der Bedarf an höher gespanntem Dampf, am Gesamtverbrauch gemessen, klein ist oder nicht ständig vorliegt. Für den Hauptteil der Anlage kommt man in diesem Fall ohne die störanfälligen Kondensatrückförderer aus.

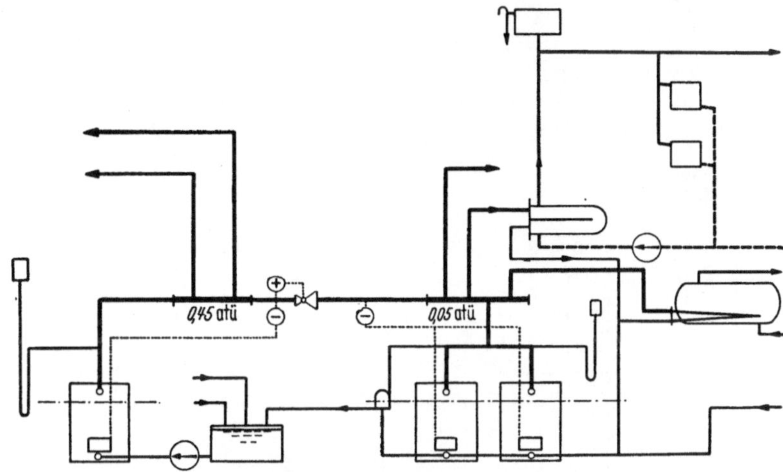

Abb. 2.163. Heizzentrale mit Dampfkesseln verschiedenen Druckes

6. Großanlagen

Bei der Verwendung von Hochleistungskesseln, insbesondere solcher für Kohleverfeuerung, treten in Aufbau und Ausstattung der Zentralen immer stärker die Gesichtspunkte in den Vordergrund, die für den Bau von Industrieanlagen maßgebend sind. Die Bauhöhe der Kessel und der Betrieb der Anlage zwingen zur Errichtung eines von den beheizten Gebäuden getrennten Kesselhauses. Für seine Lage ist weniger die zentrale Anordnung innerhalb des zu beheizenden Gebäudekomplexes als die leichte Anfuhr und Lagerung des Brennstoffes entscheidend, wobei darauf zu achten ist, daß Belästigungen der Nachbargebäude durch Geräusche, Flugasche und Rauchgase vermieden werden. Dementsprechend soll der Schornstein die Firsthöhe der nächsten Häuser um einige Meter überragen. In dichtbesiedelten Gegenden sind Rauchgasentstauber vorzusehen. In Siedlungen am Stadtrand und bei Krankenanstalten empfiehlt sich die Anordnung des Kesselhauses auf der den häufigsten Windrichtungen (d. i. in Deutschland meistens SW und W) abgewandten Seite.

Den Kohlentransport zum Kessel übernehmen bei Großanlagen mechanische Fördereinrichtungen, z. B. Becherwerke mit nachgeschalteten Förderbändern, wobei in der Regel geräumige, vor den Kesseln liegende Hochbunker einen Tages- oder Halbtagesvorrat an Brennstoff aufnehmen.

Die Bedienung und Wartung der maschinellen Teile neuzeitlicher Kessel hoher Leistung erfordern vom Heizer naturgemäß mehr technisches Verständnis und Wissen als bei den üblichen Zentralen. In viel größerem Umfang sind außerdem Meß- und Überwachungsgeräte notwendig, um eine günstige Brennstoffausnutzung sicherzustellen. Dazu gehören Rauchgasprüfer, Temperaturanzeige- und Schreibgeräte, Manometer u. dgl. Häufig lohnt sich auch die Aufstellung von Rauchgasvorwärmern und bei Dampfkesseln von zusätzlichen Vorwärmern zur Vermeidung von Wrasenverlusten. Derartige Anlagen können erfahrungsgemäß nicht ohne ständige Aufsicht gelassen werden, unterscheiden sich in dieser Beziehung also nicht mehr von Hochdruckkesselanlagen. Man geht daher vielfach bei großen Zentralen auch auf höhere Betriebsdrücke über. Sie ermöglichen eine Steigerung der Vorlauftemperatur in ausgedehnten Wassernetzen und — soweit Dampfkessel vorhanden sind — auch die Verwendung kleiner und deshalb billiger Wärmeaustauscher sowie den Dampfantrieb für Umwälz- und Speisepumpen. In Abb. 2.164 ist als

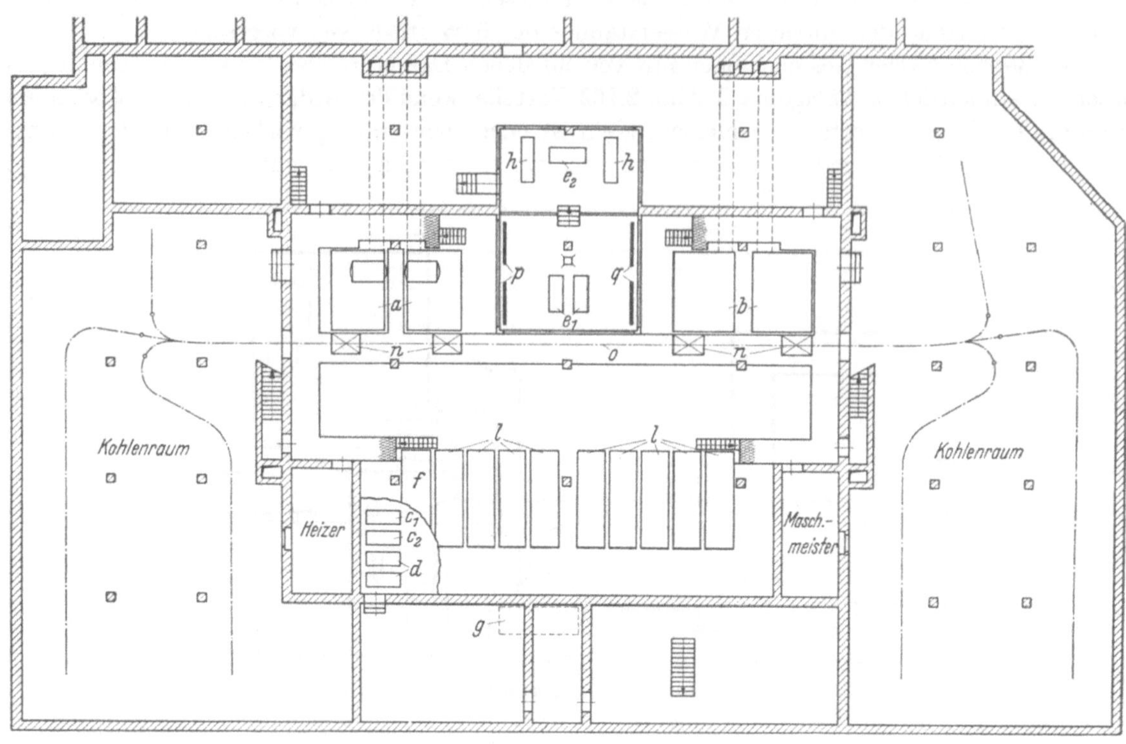

a

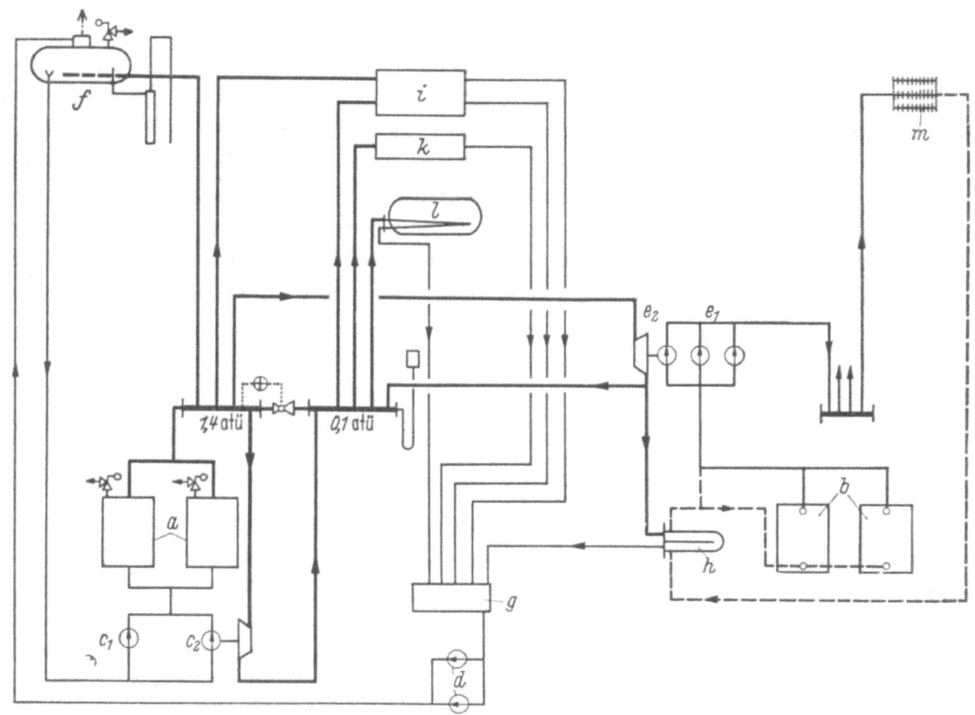

b

Abb. 2.164. Heizzentrale mit Großkesseln. a) Grundriß, b) Wärmeschaltbild
a Dampfkessel, *b* Warmwasserkessel, c_1 Elektro-Speisepumpe, c_2 Turbo-Speisepumpe, *d* Kondensatpumpen, e_1 Elektro-Heizungspumpen, e_2 Turbo-Heizungspumpen, *f* Kondensathochbehälter mit Entgasungsanlage, *g* Kondensatsammelbehälter, *h* Wärmeaustauscher, *i* Wäscherei, *k* Bürohaus — ND-Dampfheizung, *l* Warmwasserbereitung, *m* Warmwasserheizung, *n* Füllschacht, *o* Hängeschiene, *p* Dampfverteiler, *q* Wasserverteiler

Beispiel das Schaltbild und der Grundriß einer neuzeitlichen Heizzentrale mit 4 Großkesseln für eine Wohnsiedlung mit einem Gesamtwärmebedarf von $8 \cdot 10^6$ kcal/h wiedergegeben. Da eine Wäscherei mit zu versorgen ist, sind zwei Dampfkessel und zwei Wasserkessel aufgestellt. Je eine der beiden Kesselspeisepumpen und der Heizungsumwälzpumpen werden durch Niederdruckdampfturbinen angetrieben, deren Abdampf sowohl zur Warmwasserbereitung als auch zur Heizwassererwärmung Verwendung finden kann. Der Wärmeaustauscher für die Heizanlage ist so groß bemessen, daß in der Übergangszeit der Heizwärmebedarf der Siedlung durch die ständig betriebenen Dampfkessel gedeckt werden kann.

VI. Sonderbauarten der Dampf- und Wasserheizung

Geht man von der offenen Bauart des Heizsystems ab, so lassen sich durch Änderung des Druckes in der Anlage bei Wasser auch höhere, bei Dampf sowohl höhere als niedrigere Heizflächentemperaturen erzielen. Hiervon wird vorwiegend in gewerblich genutzten Bauten Gebrauch gemacht.

A. Hochdruckdampfheizung

Hochdruckdampf findet zur Fortleitung der Wärme über größere Strecken häufig Anwendung, nur ausnahmsweise jedoch unmittelbar zur Raumheizung. Der Hauptmangel von Hochdruckdampfheizungen ist die vom hygienischen Standpunkt aus für Aufenthalts- und Arbeitsräume unerwünscht hohe Oberflächentemperatur der Heizflächen; sie liegt bei einem Dampfdruck von 1,5 bis 3 at zwischen 110° und 130°. Aber auch wirtschaftlich weist diese Heizungsart erhebliche Mängel auf, da sich die Leistung der Heizkörper weder zentral noch örtlich einwandfrei regeln läßt.

Soll im Heizkörper ein höherer als Atmosphärendruck herrschen und zugleich verhindert werden, daß Dampf in die Kondensatleitung übertritt, so muß hinter jedem Heizkörper bzw. hinter einer Gruppe von Heizkörpern ein selbsttätig arbeitender Kondensatableiter in Gestalt eines Dampfstauers oder eines Kondenstopfes angeordnet werden. Der Heizkörper ist also im Betrieb stets voll mit Dampf gefüllt. Beim Abstellen muß zur Vermeidung eines Vakuums Luft einströmen können, beim Anstellen soll die Luft entweichen. Thermisch arbeitende Kondensatableiter ermöglichen dies bei Anschluß an eine offene Kondensatleitung. Bei Verwendung von Kondenstöpfen müssen selbsttätige Be- und Entlüfter vorgesehen werden.

Die Anpassung der Leistung an den mit der Außenwitterung veränderlichen Wärmebedarf kann nur durch stoßweisen Heizbetrieb erfolgen, sofern nicht in allen Räumen mehrere Heizkörper aufgestellt sind, so daß jeweils ein entsprechender Anteil der Heizfläche ganz abgeschaltet werden kann. Als Heizkörperventile werden einfache Absperrventile, als Heizflächen vorwiegend Rohrschlangen und Röhrenheizkörper verwendet. Bei voller Leistung des Heizkörpers läuft das Kondensat mit einer dem Dampfdruck entsprechenden hohen Temperatur aus dem Heizkörper ab und dampft daher in der Kondensatleitung aus. Dies führt zu nicht unerheblichen Wärmeverlusten, die in der Praxis durch mangelhaftes Arbeiten der Kondensatableiter oft noch erhöht werden. Es ist nach dem Vorgesagten verständlich, daß die in älteren Industriebetrieben eingebauten Hochdruckdampfheizungen mit der Zeit weitgehend durch ND-Dampf- oder Heißwasserheizungen ersetzt worden sind. Eine gewisse Bedeutung hat die Hochdruckdampfheizung noch bei der Wärmeversorgung von Luftheizgeräten in gewerblichen Räumen. Die Zahl der Verbrauchstellen ist hier so gering, daß eine einwandfreie Überwachung möglich ist. Auch kann in solchen Fällen durch Anordnung einer Wasserblase vor dem Kondensatableiter eine ausreichende Abkühlung des Kondensates vor dem Ausstoßen in die Kondensatleitung erreicht werden. Hochdruckdampfheizungen sollten möglichst mit oberer Verteilung ausgeführt werden. Auf einwandfreie Entwässerung der Leitungen ist besonders zu achten.

B. Unterdruckdampfheizung

Als Unterdruckdampfheizung (Vakuumheizung) bezeichnet man eine Dampfheizung, bei der die gesamte Anlage oder auch nur Teile des Rohrnetzes unter einem Druck stehen, der niedriger als der Atmosphärendruck ist. Die bei der Inbetriebnahme in dem System befindliche oder

später durch Undichtheiten von außen eindringende Luft wird durch eine mit der Kondensatsammelleitung in Verbindung stehende Luftpumpe abgesaugt und ins Freie gedrückt. Meist
ist die Luftpumpe mit einer Kondensatförderpumpe kombiniert, da es selten möglich ist, das
geschlossene Kondensatsammelgefäß so hoch über dem Kesselwasserstand anzuordnen, daß das
Kondensat dem Kessel unmittelbar zufließen kann.

In der *Rohrführung* unterscheidet sich die Unterdruckheizung nicht von der üblichen ND-
Dampfheizung (s. Abb. 2.165). Sie läßt sich sowohl mit unterer als auch mit oberer Verteilung
ausführen, wobei jedoch alle Kondensatleitungen mit Gefälle zum Sammelgefäß verlegt werden
müssen. Heizkörper und Entwässerungsstellen erhalten beim Anschluß an die Kondensatleitung
Dampfstauer. Die Heizkörper sind daher im normalen Betrieb stets mit Dampf gefüllt. Vorhandene oder eindringende Luft ist schwerer als Dampf und sammelt sich unten im Heizkörper;
sie wird mit dem Kondensat zusammen abgeleitet.

Im übrigen ist die *Arbeitsweise* der Unterdruckanlage die gleiche wie die der üblichen ND-
Dampfheizung. Zwischen Kessel und Kondensatsammelleitung stellt sich eine durch die Ausdehnung des Rohrnetzes und seine Dimensionierung gegebene Druckdifferenz ein, die sich mit
der Belastung und dem absoluten Dampfdruck im System ändert.

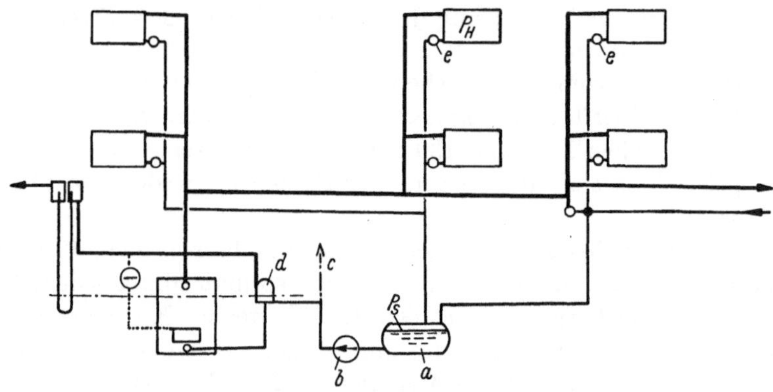

Abb. 2.165. Unterdruck-Dampfheizung.
a Kondensatsammelgefäß, *b* Naßluftpumpe, *c* Entlüftung, *d* Wasserstandsregler, *e* Stauer

Den Zusammenhang zwischen Druck und Sättigungstemperatur des Dampfes, die etwa der
Temperatur der Heizfläche entspricht, zeigt nachstehende Tabelle:

Druck	at	0,1	0,2	0,3	0,4	0,5	0,6	0,7	0,8	0,9	1,0
Temp.	°C	45	60	69	75	81	86	89	93	96	99

Für das Verständnis der Betriebsweise der Unterdruckheizung ist es notwendig, sich stets
zu vergegenwärtigen, daß das Dampfvakuum nicht durch die Luftpumpe (fälschlich Vakuum-
pumpe genannt) erzeugt wird, sondern nur durch die Kondensationswirkung der Heizflächen
im Zusammenwirken mit einer geregelten, also begrenzten Dampfzufuhr zum Heizkörper.

Einige zur Beurteilung des Verfahrens wichtige Zahlenwerte für zwei Grenzfälle des Vakuum-
betriebes, nämlich eine Dampftemperatur von 95 und 65° C, sind in nachstehender Tabelle enthalten. Die Leistungsangaben gelten für einen Heizkörper von 6 m² Heizfläche.

Betriebs-zustand	Temperatur der Heizfläche	Temperatur-unterschied gegen den Raum	Wärme-durchgangszahl	Heizfläche	Wärme-leistung	Dampf		
						Druck	Kondensations-wärme	Stündliche Menge
—	°C	°C	$\frac{kcal}{m^2\,h\,grd}$	m²	$\frac{kcal}{h}$	at	$\frac{kcal}{kg}$	kg/h
I	95	75	7,25	6	3260	0,862	542,4	6,00
II	65	45	6,22	6	1680	0,255	559,7	3,00

Die Tabelle zeigt, daß der gewählte Heizkörper eine Dampfmenge von 6 kg/h bei 95°
Dampftemperatur braucht, dagegen nur 3 kg Dampf, wenn er mit 65° arbeiten soll. Würde ihm

im zweiten Fall mehr als 3 kg Dampf zugeführt werden, so könnten die Heizflächen die einströmende Dampfmenge nicht verarbeiten, der Dampfdruck würde steigen und damit auch die Temperatur, und zwar so lange, bis nun bei der höheren Heizflächentemperatur die vermehrte Dampfmenge kondensiert. Die Einhaltung eines bestimmten Vakuums ist also in erster Linie von der richtigen Begrenzung der Dampfzufuhr abhängig.

Regelung. Die Kesselleistung ist dementsprechend so zu regeln, daß nicht mehr Dampf erzeugt wird, als die Heizflächen zu kondensieren vermögen. Man kann dabei die Verbrennung in üblicher Weise vom Kesseldruck aus steuern, wobei der Kesseldruck nur um den geringen Betrag des Druckabfalles in der Dampfleitung bis zum Heizkörper höher sein darf als das geforderte Vakuum. Häufig betreibt man auch den Kessel in einem bestimmten Außentemperaturbereich mit konstantem Druck und paßt durch ein Druckminderventil zwischen Kessel und Rohrnetz die den Heizkörpern zufließende Dampfmenge dem Bedarf an. In jedem Fall muß der Druck in der Kondensatsammelleitung stets um ein bestimmtes Maß niedriger gehalten werden als in der Dampfleitung.

Durch die einheitliche Änderung des Dampfdruckes im Rohrnetz bzw. in den Heizkörpern wird die Unterdruckheizung in ähnlicher Weise zentral regelbar wie die Warmwasserheizung. Während bei schwacher Belastung niedrige Kesseldrucke erforderlich sind, steigert man bei hoher Belastung den Kesseldruck auf Atmosphärendruck, oft sogar darüber.

Ein Standrohr ist behördlicherseits auch bei der Unterdruckheizung vorgeschrieben, denn es kann auch hier durch Betriebsstörungen vorübergehend Überdruck in der Anlage entstehen, der aber mit 0,5 atü automatisch und unbedingt verläßlich begrenzt sein muß. Das Standrohr muß bei der Unterdruckheizung besonders ausgebildet sein, damit nicht im normalen Betrieb durch dasselbe Luft in den Kessel eingesaugt werden kann.

Anwendung. Mit der Warmwasserheizung hat die Vakuumheizung nicht nur die generelle Regelbarkeit gemeinsam, sondern auch die niedrigen Oberflächentemperaturen. Weitere Vorteile sind die geringe Trägheit und der für den Heizkraftbetrieb erwünschte niedrige Heizdampfdruck. Einer stärkeren Verbreitung der Vakuumheizung steht entgegen, daß sie an das technische Können und die Zuverlässigkeit der ausführenden Firma sowie des Betriebspersonals recht hohe Anforderungen stellt. Die Anlage ist im praktischen Betrieb nur schwer dicht zu halten, zumal das Auffinden undichter Stellen weit schwieriger ist als bei innerem Überdruck. Die Verwendung von besonderen Armaturen, Regeleinrichtungen und Vakuumpumpen bedingt eine erhebliche Verteuerung der Anlage. Da niedrigere Dampfdrücke als 0,25 at erfahrungsgemäß nicht dauernd gehalten werden können, liegt die untere Grenze der Heizflächentemperatur bei 65°. Bei der Warmwasserheizung üblicher Auslegung (90/70) liegt jedoch im größten Teil eines Heizwinters die Heizkörpertemperatur noch wesentlich niedriger.

Vielfach werden als Vakuumheizungen — nach dem Sprachgebrauch in USA — auch ND-Dampfheizungen bezeichnet, bei denen nur in der Kondensatleitung ein gewisser Unterdruck aufrechterhalten wird. Man baut am Ende der Kondensatsammelleitung eine Naßluftpumpe ein, welche die Luft aus dem Heizsystem abzieht. Dadurch wird eine gleichmäßige Füllung der Heizkörper und ein rasches Anwärmen der Gesamtanlage auch bei Fehlern in Berechnung und Ausführung der Anlage gewährleistet. Das Kriterium der oben geschilderten Unterdruckheizung, nämlich die Absenkung des Druckes im Heizkörper zwecks Minderung der Leistung und Oberflächentemperatur, fehlt aber bei diesem Heizsystem. Gegenüber einer richtig dimensionierten und ausgeführten ND-Dampfheizung weist es daher keine nennenswerten Vorteile auf. Man sollte derartige Anlagen auch begrifflich von der echten Unterdruckheizung unterscheiden und sie ihrem Aufbau entsprechend als ND-Dampfheizung mit Naßluftpumpe bezeichnen.

C. Heißwasserheizung

Heißwasserheizungen sind Wasserheizungen geschlossener Bauart, bei denen durch Sondereinrichtungen das gesamte System unter Überdruck gehalten wird, so daß auch Heizmitteltemperaturen möglich sind, die über der dem Atmosphärendruck entsprechenden Verdampfungstemperatur liegen.

Sollen keine höheren *Wassertemperaturen* als *110°* erzielt werden, so kann die Druckhaltung beispielsweise dadurch gewährleistet werden, daß das Ausdehnungsgefäß einer Wasserheizung verschlossen und mit einem Standrohr nach DIN 4750 versehen wird, s. Abb. 4.38. Die Heizanlage gleicht in diesem Fall einer normalen Warmwasserheizung; es finden auch die gleichen Bauteile Verwendung. Dabei ist es gleichgültig, ob als Wärmeerzeuger ein Kessel oder ein Wärmeaustauscher vorhanden ist. Es lassen sich, wie Abb. 4.38a zeigt, auch in einfacher Weise zwei Heiznetze mit verschiedenen Vorlauftemperaturen anschließen, beispielsweise ein Netz, das stets mit höchster Wassertemperatur betrieben wird, und ein Netz, bei dem die Vorlauftemperatur je nach der Außentemperatur abgesenkt werden kann.

Die Möglichkeit, Wasserheizungen üblicher Bauart mit Vorlauftemperaturen bis 110° zu betreiben, führt zu einer erheblichen Heizflächenersparnis. Man macht von ihr Gebrauch, wenn es gilt, die Gestehungskosten einer Heizanlage zu senken, ohne auf die Vorteile der zentralen Regelfähigkeit zu verzichten. Die Oberflächentemperatur der Heizflächen liegen dabei selbstverständlich höher als bei den üblichen offenen Warmwasserheizungen, an mittleren Wintertagen aber durchaus noch in einem hygienisch vertretbaren Bereich.

In der Regel bezeichnet man als Heißwasserheizungen im heiztechnischen Sprachgebrauch jedoch *Anlagen mit wesentlich höheren Vorlauftemperaturen*. Sie finden Verwendung zur Verteilung der Wärme über ein größeres Gelände und zur Beheizung gewerblicher oder industrieller Apparate, seltener zur unmittelbaren Raumerwärmung. In diesen Fällen sind druckfeste Heizkörperbauarten, s. Abb. 2.28 bis 2.30, erforderlich.

Auch die übrigen Anlageteile müssen den höheren Druck- und Temperaturbeanspruchungen gewachsen sein. Sie unterliegen in ähnlicher Weise wie Hochdruckdampfheizungen besonderen behördlichen Vorschriften, die sich sowohl auf die Ausführung als auch auf den Betrieb und seine Überwachung beziehen.

Meistens wird jedoch bei Raumheizungen die von der Heißwasseranlage gelieferte Wärme an einen weiteren Wärmeträger, z. B. Luft, ND-Dampf oder Warmwasser, zur örtlichen Verteilung übertragen. Es handelt sich dabei also um Probleme der Wärmefortleitung, die im 4. Abschnitt behandelt werden.

VII. Luftheizung

A. Allgemeines

Nach der Art der Lufterwärmung unterscheidet man Feuerluftheizungen und Dampf- bzw. Wasser-Luftheizungen. Im ersten Fall wird die Luft unmittelbar an den Heizflächen einer Feuerstelle, des Luftheizofens, erwärmt, im zweiten Fall mittelbar in dampf- oder wasserbeheizten Geräten. Wird die Bewegung der Luft allein durch ihren natürlichen Auftrieb bewirkt, so spricht man von Auftrieb- oder Schwerkraftluftheizung; sie findet praktisch nur Anwendung bei direkter Lufterwärmung. Ein unter allen Umständen gesicherter Betrieb ist nur bei mechanischer Luftförderung, also durch Einbau eines Ventilators, zu erreichen.

Nach dem Heizverfahren teilt man die Luftheizungen ein in Frischluft-, Umluft- und Mischluftanlagen. „Frischluftheizungen" arbeiten nur mit Außenluft. Die den geheizten Raum verlassende Luft wird ins Freie abgeleitet. Bei „Umluftheizungen" wird stets die gleiche Luftmenge in der Anlage umgewälzt, eine Lufterneuerung findet nicht statt. Die „Mischluftheizung" ist eine Verbindung der Frisch- und Umluftheizung; bei ihr wird ein Teil der Abluft nach Erwärmung wieder in die Räume zurückgeführt (Rückluft), der nach außen entweichende Teil wird durch Frischluft ersetzt.

Reine Frischluftanlagen arbeiten heiztechnisch sehr unwirtschaftlich. Sie kommen nur in Frage bei gleichzeitig hohen Anforderungen an die Raumlüftung oder sehr kurzer Betriebsdauer der Heizung.

Wird beispielsweise die Warmluft auf +40° erwärmt und verläßt sie das Haus über die Abluftschächte mit +20°, so nimmt sie bei einer Außentemperatur von +4° von der im Heizofen aufgenommenen Wärme einen Anteil ungenutzt mit ins Freie, der durch die drei genannten Temperaturen festgelegt ist.

$$\text{Gesamte Lufterwärmung} \dots\dots\dots\ 40 - 4 = 36°$$
$$\text{Ablufterwärmung} \dots\dots\dots\dots\ 20 - 4 = 16°$$
$$\text{Verlustwärmeanteil} \dots\dots\dots\dots\ \frac{16}{36}\cdot 100 = 44{,}4\%$$

Der Nutzungsfaktor der Lufterwärmung beträgt daher nur 0,556. Gegenüber dem Heizbetrieb ohne Lufterneuerung wächst der Brennstoffverbrauch dadurch auf das $\frac{1}{0{,}556} = 1{,}8$ fache an.

Der Nutzungsfaktor wird günstiger, wenn die Zulufttemperatur heraufgesetzt wird; er nimmt ab mit sinkender Außentemperatur, s. Abb. 2.166. Einer Erhöhung der Zulufttemperatur sind Grenzen gesetzt durch die Forderungen der Hygiene; der Bereich der Außentemperaturen andererseits ist durch das örtliche Klima gegeben. Man wird sonach in Gegenden mit relativ milder Winterwitterung eher den reinen Frischluftbetrieb in Kauf nehmen können als bei anhaltend niedrigen Außentemperaturen. Auch darf nicht übersehen werden, daß die geforderte Heizleistung abhängig ist vom Kehrwert des Nutzungsfaktors bei niedrigster Außentemperatur, also ebenfalls in Orten mit sehr kalten Wintertagen unverhältnismäßig groß wird.

Bei Umluftheizungen entfällt der zusätzliche Wärmeverlust durch die Abluft; der Nutzungsfaktor ist 1.

In den meisten Fällen wird man jedoch auch bei Luftheizungen mit Umluftbetrieb aus hygienischen Gründen die Möglichkeit vorsehen, einen Anteil der Zuluft aus dem Freien zu entnehmen. Es empfiehlt sich, Mischluftheizungen so auszulegen, daß das Verhältnis Außenluft/Umluft geregelt werden kann. Mit sinkender Außentemperatur wird man in der Praxis dann den Außenluftanteil zur Brennstoffeinsparung einschränken; beim Anheizen kann man ihn Null werden lassen, d. h. im reinen Umluftbetrieb fahren. Bei Luft-

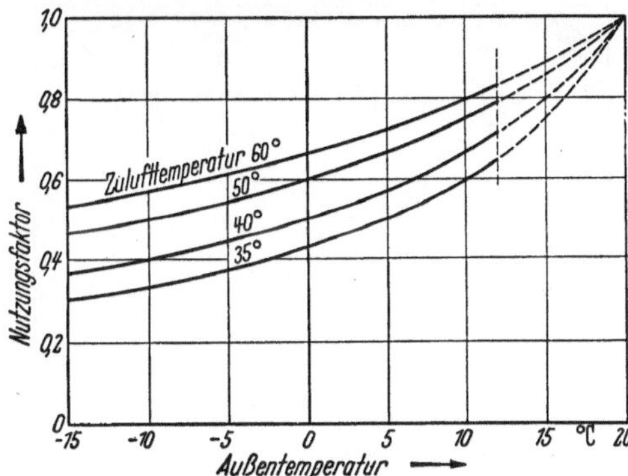

Abb. 2.166. Nutzungsfaktor bei Frischluftheizungen

heizungen weisen stets die oberen Raumteile höhere Temperaturen auf als die unteren. Das führt leicht zu überhöhtem Brennstoffverbrauch bzw. Fußkälte im untersten Geschoß.

B. Feuerluftheizung

1. Luftheizöfen

Als Heizofen kann jeder beliebige Ofen verwendet werden. In der Form des Mehrzimmerkachelofens ist er bereits im 1. Abschnitt behandelt worden. Meist werden jedoch größere Heizleistungen verlangt, für die Spezialöfen entwickelt worden sind. Es handelt sich in der Regel um gußeiserne Öfen mit Füllfeuerung für Dauerbrand, die auf der Außenseite von der Luft umspült werden. Die Luftheizkanäle bilden entweder mit dem Ofen konstruktiv eine Einheit oder der Ofen wird in einer besonderen gemauerten Heizkammer aufgestellt.

Im erstgenannten Fall ist er sorgfältig gegen Wärmeverluste zu isolieren, sofern er nicht in einem der zu beheizenden Räume selbst angeordnet ist.

Luftheizöfen müssen folgenden Forderungen genügen: Gedrängte Bauart, nicht zu hohe und möglichst gleichmäßig verteilte Oberflächentemperaturen, gutes Umspülen der Heizflächen, Dehnungsfähigkeit aller Teile, geringe Fugenzahl, Zugänglichkeit der Züge auf der Luft- und Rauchgasseite zwecks Reinigung von Staub bzw. von Ruß und Flugasche, Dauerbrand und selbsttätige Verbrennungsregelung. Besonders ist darauf zu achten, daß ein Übertreten von Rauchgasen in die Warmluftkammern nicht möglich ist. Die Gefahr ist bei Undichtheiten an Schwerkraftluftheizungen gegeben, wenn der Kaminzug und damit der Unterdruck in den Feuerzügen relativ klein ist. Man soll daher den Abbrand derartiger Luftheizöfen durch Drosselung der Luftzufuhr zum Rost und nicht etwa durch Nebenlufteinführung in den Kamin regeln.

2. Luftheizanlagen

Schwerkraftluftheizungen finden Anwendung vorwiegend bei Einfamilienhäusern und Kirchen. Für den einwandfreien Betrieb solcher Anlagen ist ein genügender Höhenabstand zwischen dem

Heizofen und den zu beheizenden Räumen Voraussetzung. Bei *Wohnhäusern* wird der Ofen meist im Keller aufgestellt, und zwar so, daß die Heizkanäle möglichst kurz werden. Jeder zu erwärmende Raum erhält ein eigenes, vom Kessel aus getrennt geführtes Zuluftrohr, dessen Luftlieferung durch eine Drosselklappe geändert werden kann. Die Rohre sind aus Stahlblech, schwarz oder verzinkt, gefertigt. In den senkrechten Strecken werden an Stelle von Blechrohren zuweilen auch gemauerte Kanäle verwendet. Die im Keller verlegten Luftleitungen sind gut zu isolieren. Auf strömungsgerechte Führung des Leitungsnetzes ist zu achten, wobei alle waagerechten Rohre mit Steigung angeordnet werden sollen und Umlenkwiderstände tunlichst klein zu halten sind. Eine Reinigung der Leitungen und Kanäle muß möglich sein. Die Lufteintritts- und zumeist auch die Luftaustrittsöffnungen werden im unteren Raumteil angeordnet und mit Gittern sowie jalousieähnlichen Schließklappen versehen. Die Umluft wird entweder über Flure und Treppenhäuser oder besondere Kanäle zum Heizofen zurückgeleitet. Die Abluft geht über getrennte Schächte unmittelbar ins Freie. Ein im Keller verlegter Außenluftkanal, der mit Schieber oder Drosselklappe abschließbar ist, führt die Außenluft zu.

Schwerkraftluftheizungen sind in ihrer Wirkung sehr von den Windverhältnissen abhängig. Nur bei dichter Bauweise (Fenster) und aufmerksamer Bedienung ist eine befriedigende und dem Bedarf entsprechende Raumerwärmung zu erzielen. Weitere *Nachteile* gegenüber Warmwasserheizungen sind: der höhere Brennstoffverbrauch, die Staubverschleppung sowie die Schall- und Geruchsübertragung durch die Luftkanäle. Als *Vorteile* sind zu werten: die kurze Anheizzeit, die leichte örtliche Regelung, der Wegfall aller Heizflächen im Raum und jeder Einfriergefahr sowie die geringen Anlagekosten.

Große Verbreitung hat die Luftheizung bei Einfamilienhäusern in USA gefunden. Es handelt sich dabei allerdings vorwiegend um Anlagen mit Lüfterbetrieb und Luftfilterung, die durch die Verwendung von Gas oder Öl als Brennstoff zugleich in ihrer Leistung leicht geregelt oder vollautomatisch betrieben werden können. Luftkanäle im Erdgeschoßfußboden verhindern die

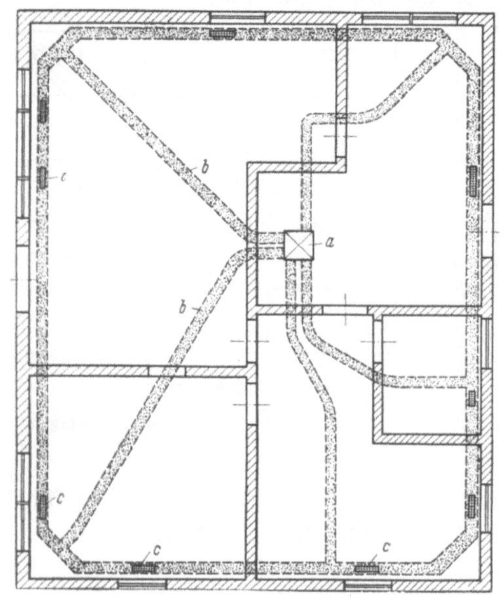

Abb. 2.167. Perimeter-Luftheizung.
a Heizofen, *b* Zuluftkanäle im Fußboden, *c* Luftauslässe

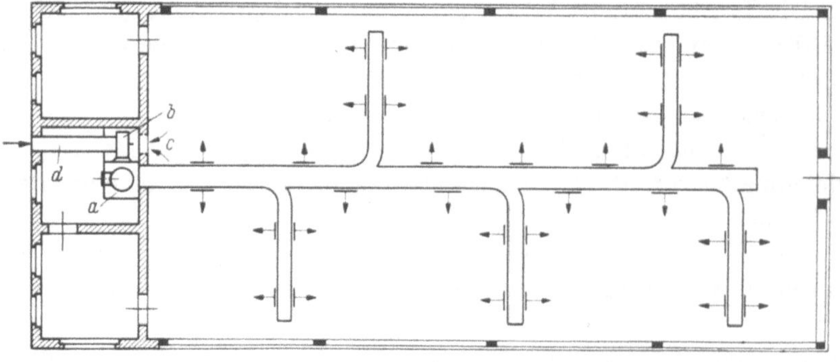

Abb. 2.168. Luftheizung in einem Werkraum.
a Luftheizofen in Kammer, *b* Ventilator, *c* Umluft, *d* Außenluft

Fußkälte bei nicht unterkellerten Räumen. Durch Verlegung der Luftkanäle entlang der Außenwände, s. Abb. 2.167 (Perimetersystem) und Anordnung der Luftauslässe unterhalb der Fenster werden Zugerscheinungen am Fenster und größere Temperaturunterschiede im Raum weitgehend vermieden.

Gut bewährt haben sich Feuerluftheizungen für die *Beheizung von Kirchen*. Bei Dauerheizung (katholische Kirchen) kommt man im allgemeinen mit Schwerkraftbetrieb aus, für kurzzeitige Benutzung (evangelische Kirchen) empfiehlt sich der Einbau eines Lüfters, um durch Umwälzung größerer Luftmengen den Anheizvorgang zu beschleunigen.

Im Fußboden verlegte Luftkanäle sind gut zu isolieren. Die Luftein- bzw. -auslässe sollten an begehbaren Stellen nicht waagerecht angeordnet werden, um die grobe Verschmutzung der meist schlecht zu reinigenden Kanäle zu unterbinden. Empfehlenswert ist deren Anbringung unterhalb der Fenster; die Belästigung der benachbarten Sitze durch Kaltluftströme wird dadurch wesentlich gemildert. Bei Ventilatorbetrieb kommt auch das Einblasen der Warmluft in halber Höhe, z. B. unter Emporen, in Frage, wobei größere Luftgeschwindigkeiten möglich sind (s. auch Strahllüftung S. 266).

Ein weiteres Anwendungsgebiet für Feuerluftheizungen mit Ventilatorbetrieb ist die Erwärmung von Sälen, Werkräumen und Ausstellungshallen, sofern keine Bedenken gegen höhere Heizflächen- und Warmlufttemperaturen bestehen. Ein Ausführungsbeispiel für einen größeren Werkraum zeigt Abb. 2.168.

C. Dampf- und Wasser-Luftheizung

Die Fortleitung der Wärme mittels Luft erfordert große Leitungsquerschnitte; sie ist aus wirtschaftlichen und technischen Gründen nur über kurze Strecken zweckmäßig. Für die Beheizung großer Räume oder vieler Zimmer eines Gebäudes mittels Luft schaltet man als Zwischenwärmeträger daher zumeist Dampf oder Wasser ein[1]. Da man bei der Lufterwärmung nicht mehr auf eine Feuerstelle mit örtlicher Bedienung angewiesen ist, kann der Lufterhitzer an beliebiger Stelle angeordnet werden. Auch läßt sich die Leistung erforderlichenfalls auf mehrere Einzelgeräte aufteilen, die in Verbrauchsnähe aufgestellt und getrennt in Betrieb genommen werden können. Weitere Vorteile der mittelbaren Luftheizung sind die niedrige und einheitliche Temperatur der Heizflächen und die einfache Regelung der Geräteleistung.

1. Lufterhitzer

Die Lufterwärmung übernehmen bei zentralen Luftheizungen Register aus rippen- oder lamellenbesetzten Heizrohren, wie sie auch bei Lüftungs- und Klimaanlagen Verwendung finden, s. Abb. 5.16 S. 253. Das Heizmittel strömt durch die Rohre, die Luft quer zu den Rohren. Durch Hintereinanderschalten mehrerer Rohrreihen läßt sich die Heizleistung entsprechend steigern, wobei durch gesonderten Anschluß einzelner Register die Leistung der Lufterhitzer stufenweise eingeschaltet werden kann. Derartige Lufterhitzer beanspruchen selbst bei großen Heizleistungen nur relativ geringen Raum.

Bei Anschluß an ein Wassernetz besteht die Möglichkeit, die Leistung durch die Vorlauftemperatur in beliebigem Umfang zentral zu regeln. Auf die Gefahr von Einfrierschäden ist allerdings zu achten. Häufig wird daher der Schalter bzw. Anlasser des Lüftermotors mit dem Heizwasserabsperrventil so verriegelt, daß der Lüfter nur bei geöffnetem Ventil und laufenden Umwälzpumpen in Betrieb gesetzt werden kann.

Bei Dampfbeheizung ist die Gefahr des Einfrierens bedeutend geringer, jedoch die Leistungsregelung entsprechend den Ausführungen unter Teilabschnitt IV, A erschwert. Die Verschmutzung der Lufterhitzerelemente führt leicht zur Leistungsminderung und zu hygienisch unerwünschten Verhältnissen. Es empfiehlt sich deshalb, vor dem Lufterhitzer ein Staubfilter einzubauen.

Lufterhitzer, die in dem zu erwärmenden Raum selbst aufgestellt werden (im folgenden kurz „Luftheizer" genannt), sind in der Regel als fertige Geräte mit eingebautem Lüfter und Motor sowie regelbaren Luftauslässen ausgebildet. Sie werden nach Aufbau und Verwendungsstelle unterteilt in Wand-, Decken-, Schrank- und Truhengeräte. In gewerblichen Räumen wird der *Wandluftheizer* bevorzugt verwendet. Eine in Deutschland weitverbreitete Bauart, bei der das

---

[1] SPRENGER, E.: Neuzeitliche Luftheizung. Gesundh.-Ing. Bd. 70 (1949) S. 3/8.
MAYER, I.: Luftheiz- und Lüftungsgeräte. Gesundh.-Ing. Bd. 74 (1953) S. 293/299.

Heizregister schräg in einem kastenförmigen Gehäuse gemeinsam mit einem Fliehkraftlüfter untergebracht ist, zeigt Abb. 2.169.

Die Luft wird bei dieser Anordnung unten seitlich angesaugt und durch vordere und evtl. auch seitliche Auslässe mit Jalousien in den Raum geblasen. Das Gerät wird zumeist in 3 bis 4 m Höhe aufgehängt. Eine bessere Erwärmung der bodennahen Luft wird erreicht, wenn durch einen Ansaugstutzen die Lufteintrittsöffnung möglichst niedrig gelegt wird. Luftheizer dieser Bauart lassen sich bei Anordnung an Außenwänden in einfacher Weise auch für Lüftungszwecke verwenden. Durch eine Maueröffnung kann Außenluft angesaugt werden, deren Anteil an der Gesamtluftmenge sich durch eine Drehklappe in der Mischkammer beliebig ändern läßt.

Wandluftheizer werden mit Einheitsleistungen bis zu 150000 kcal/h gebaut. Sie arbeiten mit hohen Luftaustrittsgeschwindigkeiten und erreichen dadurch Wurfweiten bis zu 25 m nach vorn und bis zu 12 m nach der Seite. Um Zugbelästigungen durch den Luftstrom zu vermeiden, muß im Winter die Zuluft genügend hoch erwärmt werden. Bei Anschluß der Geräte an ein Wassernetz dürfen dabei in der Übergangszeit die Vorlauftemperaturen nicht zu weit abgesenkt werden; Ausblastemperaturen unter 35° C sind nur zulässig, wenn ein Kühleffekt durch die Geräte in Kauf genommen werden kann oder erwünscht ist.

Deckenluftheizer hängen im Gegensatz zu den Wandgeräten frei in den oberen Zonen eines zu erwärmenden Raumes. Bei großer Höhe bläst man die Warmluft senkrecht nach unten,

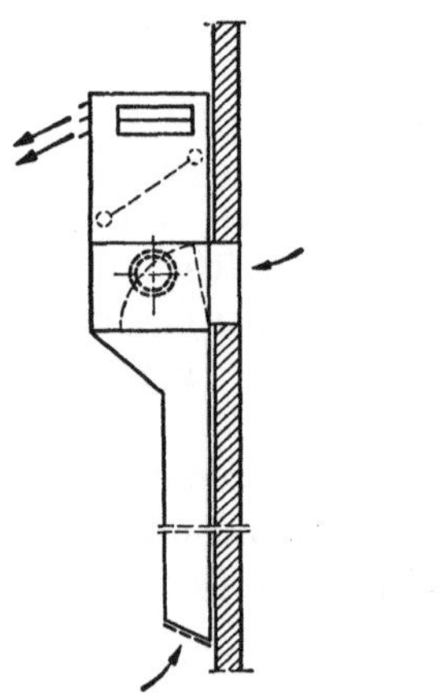

Abb. 2.169. Wandluftheizer mit Ansaugstutzen und Mischkasten

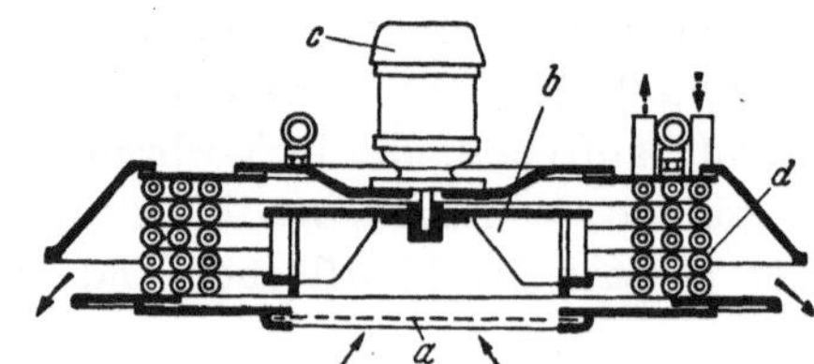

Abb. 2.170. Decken-Luftheizer.
a Luftansaugung, *b* Lüfterrad, *c* Motor, *d* Heizspiralen

bei Raumhöhen bis zu 4 m in der Regel schräg. Die Geräte der ersten Art sind mit Schraubenlüftern, die der zweiten Art zumeist mit Fliehkraftlüftern ausgerüstet. Ein als „Rundheizgerät" bezeichneter Luftheizer mit schrägem Ausblas ist in Abb. 2.170 wiedergegeben[1]. Die Raumluft wird hier unten angesaugt. Um den Lüfter sind mehrere Lamellenheizrohre spiralförmig angeordnet. Das Gehäuse ist so ausgebildet, daß die Warmluft in einer schmalen Kegelmantelfläche austritt und durch das Düsenrandstück die gewünschte Richtung erhält. Die Anwendung des Fliehkraftlüfters ermöglicht den Antrieb mit niedriger Drehzahl und bei rückwärts gekrümmten Schaufeln einen relativ ruhigen Lauf.

In Anlehnung an die Entwicklung in USA werden auch in Europa neuerdings zunehmend Luftheizgeräte in Schrank- und in Truhenform für die Beheizung von Büros, Wohn- und kleinen gewerblichen Räumen verwendet, die Schrankform mehr bei Aufstellung an Innenwänden oder in Nachbarräumen, die Truhenform in erster Linie zum Einbau in die Fensterbrüstung.

Bei Schrankgeräten mit kräftigem Lüfter sind zuweilen noch Staubfilter eingebaut. Truhengeräte an Außenwänden lassen sich in ähnlicher Weise wie Wandluftheizer gleichzeitig zur Raumlüftung heranziehen. Sie können in Verbindung mit Wärmepumpen oder Kühleinrichtungen zur Teilklimatisierung von Einzelräumen verwendet werden, s. Abb. 5.61.

2. Luftheizanlagen

Zentrale Luftheizungen mit dampf- oder wasserbeheizten Geräten unterscheiden sich im gesamten technischen Aufbau nicht von Lüftungsanlagen; sie werden auch zur Lüftung mit

[1] POHL, W.: Neue Bauformen von Luftheizgeräten für Wohnungen und Großräume. Heizg.-Lüftg.-Haustechn. Bd. 1 (1950) S. 107/112.

herangezogen. Wegen ihrer Ausführung und Berechnung kann daher auf die betreffenden Abschnitte verwiesen werden, s. S. 248 und S. 508. Die gegenüber Lüftungsanlagen höheren Zulufttemperaturen machen es meist notwendig, Kanäle und Luftleitungen gegen Wärmeverluste zu schützen.

Die für gewerbliche Räume aller Art gebräuchlichere Form der Luftheizung ist die Anordnung von Einzelluftheizern in den zu erwärmenden Räumen. Abb. 2.171 zeigt ein Anwendungsbeispiel von *Wandluftheizern in einer Industriehalle*. Man verteilt die Heizleistung zumeist auf eine größere Zahl gleichgroßer Geräte, die so aufgestellt werden, daß möglichst der gesamte Inhalt des Raumes von der Luftumwälzung erfaßt wird. Um Zugerscheinungen an großen Einfahrtstoren auszuschalten, legt man häufig durch seitlich angeordnete Luftheizer, die zuweilen

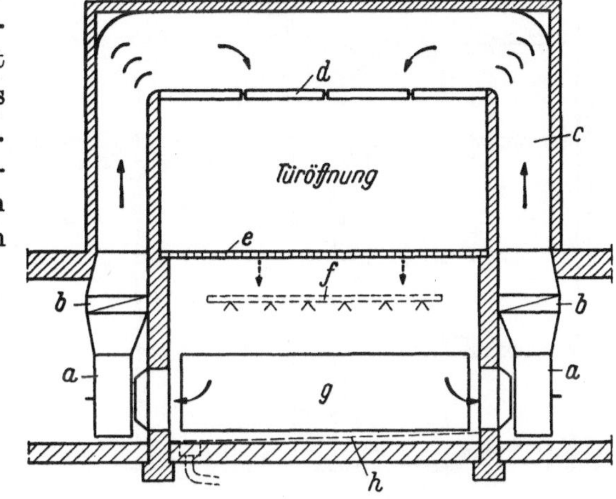

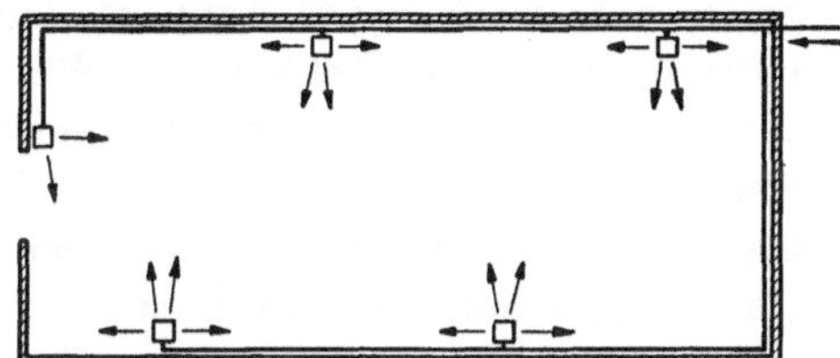

Abb. 2.171. Werkhalle mit Wandluftheizern

Abb. 2.172. Warmlufttür.
a Ventilator, *b* Lufterhitzer, *c* Zuluftkanal, *d* Zuluftöffnung, *e* Ansaugrost, *f* Wasserdüsen, *g* Filter, *h* Entwässerung

noch einen nach unten verlängerten Ausblasstutzen erhalten, einen *Warmluftschleier vor die Eingänge*.

In zunehmendem Maße macht man von derartigen „*Warmlufttüren*" bei Kaufhäusern Gebrauch[1]. Der voll geöffnete Eingang stellt hier offenbar einen so starken Anreiz zum Besuch der Häuser dar, daß man auch im Winter nicht darauf verzichten will. Das Eindringen kalter Außenluft mit seinen Unzuträglichkeiten läßt sich aber nur vermeiden, wenn der Eingang von einem kräftigen Warmluftstrom quer durchströmt wird. Meist wird die Luft von oben oder seitlich zugeführt und im Fußboden abgesaugt, s. Abb. 2.172. Da Luftaustrittsgeschwindigkeiten von 4 bis 6 m/s und Auslaßtiefen von 1 bis 3 m erforderlich sind, ergeben sich sehr große Ventilatoren- und Lufterhitzerleistungen. Dabei ist zu berücksichtigen, daß je nach den örtlichen Verhältnissen (Türgröße und Windangriff) ein mehr oder weniger großer Teil der angesaugten Luft kalt in den Erhitzer eintritt. Kesselanlage und Wärmeverbrauch des Kaufhauses werden dadurch oft um 50% größer als bei reiner Gebäudeheizung.

Ein weiteres Anwendungsgebiet hat die mittelbare Luftheizung neuerdings in Stockwerkswohnungen mehrgeschos-

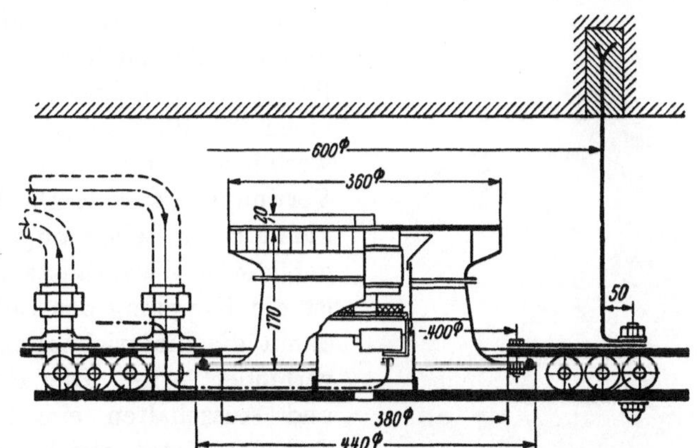

Abb. 2.173. Heizgerät in Doppeldecke eingebaut

siger Wohnbauten gefunden. Bei dem als „Domothermheizung" bekanntgewordenen Heizverfahren[2] erhält jede Wohnung ein in eine Zwischendecke im Flur eingebautes zentrales Luftheizgerät, s. Abb. 2.173, 2.174. Die aus dem Wohnungsflur angesaugte Luft erwärmt sich

---

[1] ZIMMERMANN, W.: Lufttüren- und Schaufensterbeheizung für Geschäfts- und Verkaufshäuser und Werkshallen gegen Kaltlufteintritt. Schweiz. Bl. Heizg. u. Lüftg. Bd. 20 (1953) S. 49/69.
[2] RAISS, W.: Die Domothermheizung. Z. VDI Bd. 96 (1954) S. 1213/1222.

an Lamellenrohrspiralen und wird von dem Ventilator über regelbare Auslässe den einzelnen Räumen zugeleitet. Über Schlitze im unteren Teil der Zimmertüren wird die Luft wieder in den Flur zurückgeführt. Es handelt sich also um eine Umluftheizung, die nach Belieben durch Schließen der Rückluftschlitze und Öffnen der Fenster auch zur Raumlüftung heranzuziehen ist.

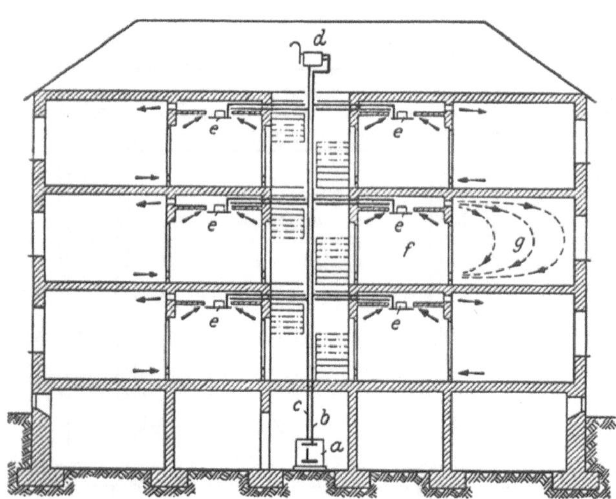

Abb. 2.174. Luftheizung für Geschoßwohnungen, Gesamtschema.
a Heizkessel, *b* Vorlauf (Steigleitung), *c* Rücklauf (Falleitung),
d Ausdehnungsgefäß, *e* Domotherm-Heizgerät, *f* Flur, *g* Wohnraum

Die Heizspirale des Gerätes ist über Strangleitungen an einen Warmwasserheizkessel oder eine Fernheizung angeschlossen.

Je nach Bedarf können wahlweise die einzelnen Räume geheizt werden. Da für das Anheizen die gesamte Leistung auf einen Raum geschaltet werden kann, lassen sich auch Räume, die nur kurzzeitig beheizt werden, verhältnismäßig rasch anwärmen. Der stoßweise Heizbetrieb gibt die Möglichkeit, den Wärmeverbrauch gegenüber der Vollheizung weitgehend einzuschränken. Die Umlegung der gesamten Betriebskosten einer Hausanlage auf die einzelnen Wärmeabnehmer erfolgt dabei nach der Gerätebeanspruchung, die mit Hilfe eines elektrischen Laufstundenzählers gemessen wird.

3. Gasluftheizer

Soll Gas als Brennstoff bei Luftheizungen verwendet werden, so wird man im allgemeinen auf die mittelbare Lufterwärmung mittels Dampf oder Heizwasser verzichten. Derartige Anlagen lassen sich sowohl mit zentralen als auch mit örtlichen Lufterwärmern ausführen. Dem System nach gehören sie zu den Feuerluftheizungen. In ihrem Aufbau sind sie jedoch so stark an die Bauformen der vorbesprochenen Luftheizgeräte angelehnt, daß ihre Behandlung an dieser Stelle gerechtfertigt ist.

Abb. 2.175. Gasluftheizer

Die Gasluftheizer sind in üblicher Weise über Zugunterbrecher an einen Abgasschornstein anzuschließen und mit den erforderlichen Sicherheitseinrichtungen auszurüsten[1]. Abb. 2.175 gibt einen Wandluftheizer mit Gasfeuerung wieder, wie er für gewerbliche Betriebe (Ausstellungshallen und ähnliche Großräume) Verwendung findet. Die Brennerleistung wird zumeist auf viele kleine Brennstellen aufgeteilt, über denen die in Röhrenform ausgebildeten Wärmeaustauscher angeordnet sind. Empfehlenswert ist die Kopplung des Lüftermotors mit einem Gasabsperrorgan, damit die Inbetriebnahme des Brenners bei stillstehendem Lüfter verhindert wird. Die Heizleistung wird durch jeweiliges Ein- und Ausschalten einzelner Geräte geregelt, evtl. selbsttätig. Soll das Gerät gleichzeitig zur Lüftung herangezogen werden, so ist darauf zu achten, daß bei niedrigen Außentemperaturen nur ein Teil der umgewälzten Luft von außen entnommen wird, um Taupunktunterschreitungen auf der Gasseite des Wärmeaustauschers möglichst zu vermeiden. Das gilt vor allem für Heizregister aus korrosionsanfälligen Materialien, wie sie bei zentralen Gasluftheizungen Verwendung finden. Man darf aus diesem Grund auch

---

[1] MAYER, I.: Großraumheizung mit Gas. Gesundh.-Ing. Bd. 72 (1951) S. 105/109.

die Warmluftaustrittstemperatur bei Gaslufterhitzern nicht zu weit absenken. Man führt vielmehr bei schwacher Belastung einen Teil der zu erwärmenden Luft am Wärmeaustauscher vorbei und erzielt durch Mischung der warmen und kalten Teilströme erst die geforderte niedrigere Zulufttemperatur der Anlage. Besser noch ist bei größeren Anlagen eine Unterteilung der Heizleistung auf mehrere parallelgeschaltete Gasheizer, die gesondert in Betrieb genommen werden können und daher einzeln stets mit hoher Leistung fahren.

Für die Beurteilung der Wirtschaftlichkeit von Gasluftheizungen sind die gleichen Gesichtspunkte maßgebend, die bereits bei Besprechung der Gaseinzelheizung erwähnt worden sind, s. S. 17. Kurze Benutzungsdauer des Raumes und hohe Bewertung der betrieblichen Vorteile der Gasheizung (volle Betriebsbereitschaft, einfache Leistungsregelung und Wegfall jeder Bedienung) sind die wesentlichen Voraussetzungen für die Verwendung von Gas zu Heizzwecken. Sie sind häufig gerade bei Großräumen gegeben, für die ohnehin die Luftheizung in Frage kommt. Die Wärmeersparnis durch den kurzzeitigen Heizbetrieb und die bessere Leistungsregelung im Verein mit dem Fortfall der Bedienungskosten können selbst größere Unterschiede im Wärmepreis gegenüber festen Brennstoffen ausgleichen.

VIII. Gesichtspunkte zur Wahl des Wärmeträgers und der Heizungsart

Bei der Entscheidung, welches Heizsystem und welche Ausführung im Einzelfall zu wählen sind, spielen neben den Gestehungskosten die Anpassungsfähigkeit an die heiztechnischen und betrieblichen Erfordernisse sowie die hygienische Eignung eine ausschlaggebende Rolle. Die Wertung dieser Eigenschaften einer Heizanlage wird recht verschieden sein, je nach der Art und Benutzung eines Gebäudes. Es sprechen aber auch klimatische Bedingungen, Bauweise und Ausführung des Bauwerks und schließlich ästhetische Gesichtspunkte mit. Bei der Vielfalt dieser Faktoren wird man nicht umhin können, im Einzelfall die Vor- und Nachteile gegeneinander abzuwägen, wobei die Entscheidung auch bei ähnlich gelagerten heiztechnischen Aufgaben durchaus unterschiedlich ausfallen kann. Immerhin ergeben sich aus der Eigenart einzelner Heizsysteme schon gewisse bevorzugte Anwendungsbereiche, auf die in den vorhergehenden Abschnitten z. T. schon hingewiesen wurde, so beispielsweise bei Besprechung der Deckenheizung und der Luftheizung. Nachstehend sollen in kurzer Übersicht diejenigen Punkte beleuchtet werden, die für die Wahl des Wärmeträgers — Dampf, Wasser oder Luft — und die Höhe der Heizmitteltemperatur von Bedeutung sind.

1. Warmwasser- oder Niederdruckdampfheizung?

Bei sehr vielen Bauten ist von vornherein nur die Wahl zwischen Warmwasser- und Niederdruckdampfheizung zu treffen, weshalb beide Heizungsarten gemeinsam behandelt werden sollen. Eine Gegenüberstellung der wichtigsten Eigenschaften ergibt folgendes Bild:

Örtliche Regelung. Nach den Ausführungen auf S. 102 und S. 106 ist eine Regelung der Wärmeabgabe am einzelnen Heizkörper durch Verstellen des Ventils bei der Warmwasserheizung fast nicht, bei der Niederdruckdampfheizung dagegen sehr gut möglich.

Zentrale Regelung. Hier liegen die Verhältnisse umgekehrt. Die Warmwasserheizung ist bekannt durch ihre vorzügliche zentrale Regelung. Die Niederdruckdampfheizung üblicher Ausführung ist kaum zentral regelbar. Nur wenn schon beim Entwurf der Anlage darauf Rücksicht genommen wird, ist eine beschränkte zentrale Regelung mit Hilfe des Dampfdruckes möglich. Aber auch in diesem Fall bleibt die Regelfähigkeit erheblich hinter derjenigen einer Warmwasserheizung zurück.

Trägheit der Anlage. Es handelt sich dabei um die Frage wie rasch Änderungen der Kesselleistung in der Wärmeabgabe der Heizflächen und damit in der Raumerwärmung zur Auswirkung kommen. Die Trägheit der Anlage ist also kennzeichnend für ihre Fähigkeit, kurzzeitigen Änderungen im Wärmebedarf zu entsprechen. Auch der Ablauf des Anheiz- und Auskühlvorganges wird durch sie beeinflußt. Besonders träge ist die Schwerkraftwarmwasserheizung, erheblich weniger die Pumpenwarmwasserheizung und am geringsten die Niederdruckdampfheizung. Innerhalb der Warmwasserheizung sind noch Gewicht und Wasserinhalt der Heizkörper zu berücksichtigen; Konvektoren zeigen sich in dieser Hinsicht allen Bauformen der Radiatoren überlegen. Bei Flächenheizungen spricht die Speicherfähigkeit der zu erwärmenden Wand- und Deckenbauteile, bei Strahlungswärmeübertragung auch die der nur mittelbar erwärmten Bauteile entscheidend mit.

Hygienische Eigenschaften. Hier ist vorauszuschicken, daß die Staubverschwelung auf dem Heizkörper bei etwa 60 bis 70° C einsetzt und daß bei den gleichen Temperaturen auch die Wärmestrahlung lästig zu werden beginnt. Warmwasserheizungen werden in der Regel für eine Vorlauftemperatur von 90° berechnet. Infolge der mancherlei Sicherheiten der Berechnung sind aber selbst an sehr kalten Tagen erfahrungsgemäß nur Vorlauftemperaturen von 75 bis 85° erforderlich; bei mittleren Wintertemperaturen liegt die Vorlauftemperatur meistens bei 50 bis 55°. Während des größten Teils der Heizzeit werden Warmwasserheizungen mit örtlichen Heizkörpern sonach mit hygienisch ganz unbedenklichen Temperaturen betrieben. Für richtig bemessene Flächenheizungen trifft dies erst recht zu.

Ganz anders ist dies bei der ND-Dampfheizung, die starr an Heizflächentemperaturen von 100° gebunden ist[1]. Die Gefahr der Staubverschwelung ist hier stets gegeben; bei nicht verkleideten Heizflächen wirkt auch die erhöhte Wärmestrahlung in Heizkörpernähe lästig. Das Fehlen der zentralen Leistungsregelung führt leicht zur Überheizung der Räume, die nicht nur brennstoffwirtschaftlich, sondern auch hygienisch unerwünscht ist. Dieser Mangel kann durch selbsttätige Absperrventile und bei Mieträumen durch den Einbau von Wärmezählern behoben werden.

Die Anlagekosten. Bei gleicher Heizleistung verhalten sich die Heizflächen bei Warmwasser- und Niederdruckdampfheizungen wie 3:2. Auch das Rohrnetz wird bei der Dampfheizung leichter und billiger, die Kesselanlage jedoch um etwa den gleichen Betrag teurer. Da die Heizkörper mit 50 bis 60% an den Gesamtkosten einer Warmwasserheizung beteiligt sind, führt die Einsparung an Heizflächen zu einem Preisverhältnis der Warmwasser- und Dampfheizung von etwa 100:80. Werden Flächenheizungen in den Vergleich mit einbezogen, so verschiebt sich das Verhältnis der Gestehungskosten noch weiter zuungunsten der Wasserheizung.

Jahresbrennstoffverbrauch. Diese Frage läßt sich nicht allgemein beantworten. Von den vorerwähnten Eigenschaften haben nur die zentrale Regelfähigkeit und die Systemträgheit einen Einfluß auf den Brennstoffverbrauch. Während bei starker Beanspruchung der Heizung, also an sehr kalten Wintertagen, von der zentralen Leistungsregelung kaum Gebrauch gemacht wird, wächst ihre Bedeutung mit abnehmender Belastung. Besonders bei milder Witterung läßt sich ein Überheizen der Räume bei mangelhafter zentraler Leistungsregelung kaum vermeiden. Damit wird auch der Brennstoffverbrauch merkbar erhöht, zumal sich bei mittleren Wintertemperaturen schon geringe Übertemperaturen relativ stark auswirken und im mitteleuropäischen Klima diese Tage innerhalb der gesamten Heizzeit überwiegen.

Bei Gebäuden mit langen täglichen Benutzungszeiten, bei denen die zentrale Regelfähigkeit eine wesentliche Rolle spielt und die Trägheit des Heizsystems demgegenüber zurücktritt, wird zumeist die Warmwasserheizung den geringeren Brennstoffverbrauch aufweisen. Die Verhältnisse können sich jedoch umkehren bei Gebäuden, die ganz oder teilweise kurzzeitig beheizt werden. Die größere Trägheit der Warmwasserheizung zwingt in solchen Fällen zu längeren Anheiz- und Betriebszeiten, wodurch im allgemeinen auch der Wärmeverbrauch anwächst.

Aus den vorerwähnten Vor- und Nachteilen läßt sich folgern:

Die *Warmwasserheizung* kommt vor allem in Frage für Wohngebäude aller Art, für Krankenhäuser, Schulen, Büro- und Verwaltungsgebäude, Großstadt- und Kurhotels und Gebäude ähnlicher Benutzung.

Die *Niederdruckdampfheizung* erweist sich als zweckmäßig für kurzzeitig beheizte Gebäude, wie etwa Kirchen, Säle, Gaststätten und Versammlungsräume. Auch bei Schulen, die nicht ganztägig benutzt werden, hat sie den Vorteil geringeren Brennstoffbedarfs. Man wird aber gerade hier den Forderungen der Hygiene den Vorrang vor wirtschaftlichen Überlegungen geben,

---

[1] Dampfheizungen, bei denen die Temperatur der Heizflächen durch Aufrechterhaltung eines Dampf-Luftgemisches im Heizkörper herabgesetzt wird (Milddampfheizungen) haben sich wegen betrieblicher Schwierigkeiten i. allg. nicht bewährt.

also in der Regel die Warmwasserheizung wählen. Bei Hotels und Gasthöfen wird man andererseits — vor allem, wenn mit starken jahreszeitlichen und täglichen Schwankungen in der Belegung zu rechnen ist — aus wirtschaftlichen Erwägungen häufig die Dampfheizung bevorzugen. Unabhängig von der Dauer des Heizbetriebes wird die Niederdruckdampfheizung überall dort verwendet, wo auf geringe Anlagekosten besonderer Wert gelegt wird und die hygienischen Forderungen nicht so sehr im Vordergrund stehen, d. s. z. B. gewerblich genutzte Räume sowie Ausstellungs- und Werkhallen, letztere oft in Verbindung mit der Luftheizung.

2. Hochdruckdampf- und Heißwasserheizung

Beide Heizsysteme ermöglichen zwar niedrige Anlagekosten, sind jedoch wegen der hohen Oberflächentemperaturen der Heizkörper zur direkten Raumerwärmung weniger geeignet. Bei Hochdruckdampf kommen noch als weitere Nachteile die fehlende Regelfähigkeit sowie die Verluste und betrieblichen Schwierigkeiten bei der Kondensatrückführung hinzu.

Hochdruckdampf und Heißwasser finden vor allem Anwendung als Wärmeträger in Industrieheiznetzen, bei denen gleichzeitig Fabrikationseinrichtungen mit Wärme versorgt werden müssen. Man wird dabei zwecks Verbilligung der Anlage vielfach auch die Heizkörper einzelner Räume an Heiznetze höherer Druck- und Temperaturstufen anschließen, unter Zurückstellung hygienischer Bedenken. Unbedenklich sind die höheren Heizmitteltemperaturen bei Anwendung von Strahlheizflächen und Luftheizgeräten, Heizverfahren, die jedoch nur in größeren und entsprechend hohen Räumen in Frage kommen. Die hygienisch unerwünschten hohen Oberflächentemperaturen örtlicher Heizkörper lassen sich bei Industrieheißwasserheizungen z.T. vermeiden, wenn für die Raumheizung ein besonderes Rohrnetz verlegt wird. Man kann die Heizanlage dann mit gleitenden Vorlauftemperaturen betreiben. Legt man die Heizflächen für maximale Temperaturen zwischen 110 und 140° C aus, so sind an mittleren Wintertagen nur Oberflächentemperaturen von 60 bis 80° C notwendig, also für gewerblich genutzte Räume durchaus zulässige Werte. Derartige Heißwasserheizungen sind für Industrien vorwiegend mechanischer Fertigung gut geeignet.

Eine Mittelstellung zwischen den Industrieheißwasserheizungen und der üblichen Warmwasserheizung nehmen Wasserheizungen mit erhöhten Vorlauftemperaturen ein (bis 110° C). Sie finden Anwendung in Gebäuden mit gemischter gewerblicher und Büronutzung, vielfach aber auch schon für reine Verwaltungsgebäude, bei denen auf niedrige Gestehungskosten Wert gelegt wird.

3. Die Luftheizung

Die reine Luftheizung ist zur Erwärmung von Gebäuden mit vielen Einzelräumen weniger geeignet. Die Verteilung der Luft erfordert dabei ein verzweigtes, teueres Kanalnetz. Eine gleichmäßige Wärmeverteilung im Gesamtgebäude ist nur schwer sicherzustellen. Hinzu kommen noch die Nachteile des Umluftbetriebes, der aus brennstoffwirtschaftlichen Gründen notwendig ist.

Günstiger liegen die Vorbedingungen für die Luftzentralheizung in Wohnungen und kleineren Einzelhäusern, und zwar sowohl bei Verwendung von Einzelöfen als auch bei dampf- bzw. wassergeheizten Luftvorwärmern. Weite Verbreitung hat die Luftheizung gefunden bei großen und tiefen Räumen, wie Werkstätten und Montagehallen, Ausstellungs- und Festhallen, Kirchen u. dgl. Sie ermöglicht in diesen Fällen ein rasches Anheizen der Räume in ihrer gesamten Ausdehnung. Die Anlagekosten sind in der Regel niedriger als bei allen anderen Heizsystemen, insbesondere wenn Einzelluftheizer im Raum selbst eingebaut werden können. Diese Ausführung ist jedoch nur möglich, wenn die Ventilatorgeräusche nicht stören. In allen anderen Fällen sind Luftverteilungskanäle erforderlich, da die Lüfter abseits von dem zu erwärmenden Raum aufzustellen sind.

Dritter Abschnitt

Zentrale Warmwasserbereitung

In Gebäuden mit hohem, an vielen Stellen auftretendem Bedarf an Warmwasser, wie beispielsweise in Krankenhäusern und Hotels, häufig auch in Wohnhäusern, erfolgt die Erwärmung dieser Wassermengen zentral. Die erforderlichen Einrichtungen sind dann räumlich und technisch mit der Kesselanlage der Heizung verbunden. Da sie in der Regel auch von der Heizungsfirma auszuführen sind, sollen einige Gesichtspunkte für die Schaltung, die Bemessung und den Betrieb solcher Anlagen hier besprochen werden. Wegen weiterer Einzelheiten der Ausführung sei auf das einschlägige Schrifttum verwiesen[1].

I. Warmwasserbereitung mit Gebrauchswasserspeicherung

Der Bedarf an Warmwasser zeigt bei allen Gebäudearten zeitlich starke Schwankungen. Sie gleichen sich bei größeren Warmwasserversorgungen mit vielen Zapfstellen zwar z. T. wieder aus, doch treten meist zu bestimmten Zeiten regelmäßig Spitzen im Verbrauch auf, nach denen das Versorgungsnetz ausgelegt werden muß. Wollte man auch die Kesselanlage und die Wärmeaustauscher nach dem Spitzenbedarf bemessen, so würden sich unwirtschaftlich große, im Betrieb schlecht ausgenutzte Warmwasserbereitungen ergeben. Man schaltet deshalb Speicher ein, die in Zeiten hoher Warmwasserentnahme die Kessel und Wärmeaustauscher entlasten und die Leistungsschwankungen von den Wärmeerzeugungsanlagen weitgehend fernhalten.

Nur selten wird das Gebrauchswasser im Wärmeerzeuger direkt erwärmt, wie wir es vom Badeofen her kennen. Man findet solche Warmwasserbereiter lediglich in Einzelwohnhäusern mit wenigen Zapfstellen und kurzzeitigem Betrieb. Ihr Hauptnachteil ist die Anfälligkeit der üblichen Werkstoffe gegen Korrosions- und Steinschäden, die vor allem bei höheren Wassertemperaturen und Belastungen auftreten. Durch Zwischenschaltung eines Heizmittels — Dampf oder Wasser — läßt sich die maximale Gebrauchswassererwärmung leicht regeln und die Heizflächenbelastung begrenzen.

A. Aufbau einer einfachen Warmwasserversorgung

Die einfachste Schaltung ergibt sich, wenn für die Warmwasserversorgung ein besonderer Kessel vorgesehen ist, s. Abb. 3.01. Bei der hier dargestellten Anlage ist ein Warmwasserkessel gewählt; es kann jedoch auch ein ND-Dampfkessel aufgestellt werden. Der Wärmeerzeuger ist mit den üblichen Sicherheitsvorrichtungen zu versehen.

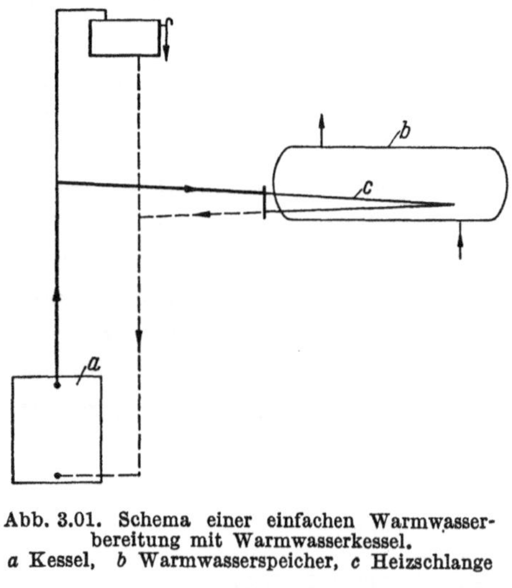

Das Kesselwasser durchläuft die im unteren Teil des Warmwasserspeichers b eingebaute Heizschlange c; sie muß zur Erzielung eines einwandfreien Wasserumlaufs genügend hoch über Kesselmitte liegen. Bei beschränkter Kesselraumhöhe kann daher das zylindrische Speichergefäß nur waagerecht angeordnet werden. Das Gebrauchswasser wird unten in den Speicher eingeführt und oben entnommen.

Die *Verteilung* des *Warmwassers* im Gebäude kann sowohl mit unterer als auch mit oberer Versorgungsleitung ausgeführt werden. Die untere Verteilung ist die übliche, sofern nicht jede Erwärmung der Kellerräume vermieden werden muß. Abb. 3.02 zeigt das Strangbild einer Warmwasserversorgung mit unterer Verteilung.

Abb. 3.01. Schema einer einfachen Warmwasserbereitung mit Warmwasserkessel.
a Kessel, *b* Warmwasserspeicher, *c* Heizschlange

[1] Heepke, W.: Warmwasser-Erzeugung und Verteilung, 3. Aufl. München u. Berlin: R. Oldenbourg 1929.
Sander, H.: Warmwasserbereitungsanlagen. Berlin-Charlottenburg: Verlag Hänchen u. Jäh 1953.

Neben den Versorgungsleitungen sind auf der rechten Bildseite gestrichelt noch *Umlauf-leitungen* (Zirkulationsleitungen) eingezeichnet. Sie sollen verhindern, daß bei längeren Zapf-pausen die Wassertemperatur in den Versorgungsleitungen durch Abkühlung allzusehr absinkt. Von der obersten Zapfstelle führt daher jeweils eine schwache Umlaufleitung zum Speicher zurück. Die Wasserströmung kann dabei — wie bei der Warmwasserheizung — durch die

Schwerkraftwirkung oder durch eine Umwälzpumpe bewirkt werden. Um-laufleitungen sind nur erforderlich, wenn öfters geringe Wassermengen gezapft werden. Bei Strängen, an die nur Bäder angeschlossen sind, ist eine Umlaufleitung überflüssig. Die Sammelleitung des Umlauf-wassers wird im oberen Drittel in den Speicher eingeführt, um zu ver-hindern, daß bei starker Wasser-entnahme über die Umlaufleitung rückwärts kaltes Wasser zu den Zapfstellen gelangt.

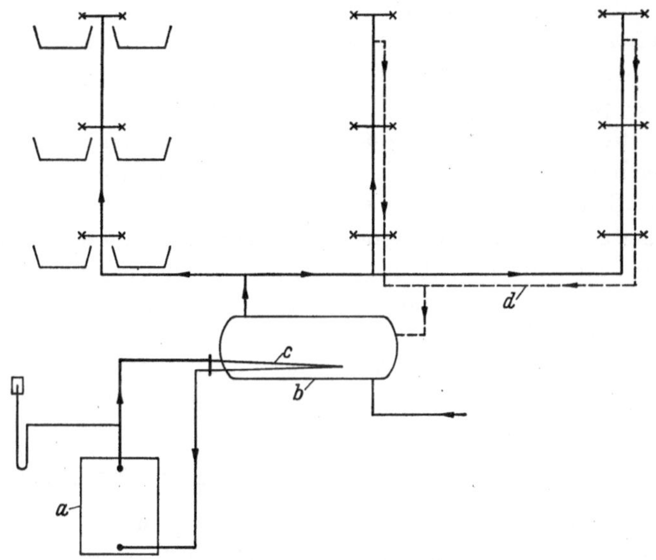

Abb. 3.02. Strangbild einer Warmwasserversorgung mit Dampfkessel.
d Umlaufleitung

Kaltwasseranschluß. Der An-schluß des Warmwasserbereiters an die Kaltwasserleitung kann auf zweierlei Art erfolgen, nämlich un-mittelbar oder über ein hoch-gestelltes Vorgefäß. Bei der ersten Bauart, auch *geschlossene* Anlage genannt, steht die gesamte Warmwasserversorgungs-anlage einschließlich des Speichers unter dem Druck des Kaltwassernetzes. Um unzulässige Drucksteigerungen durch die Wassererwärmung zu vermeiden, ist ein Sicherheitsventil am Wärmeerzeuger vorzusehen. Die Gefährdung benachbarter Abnehmer am Kaltwassernetz durch rückströmendes Warmwasser muß durch Einbau eines Rückschlagventils in die Zulaufleitung

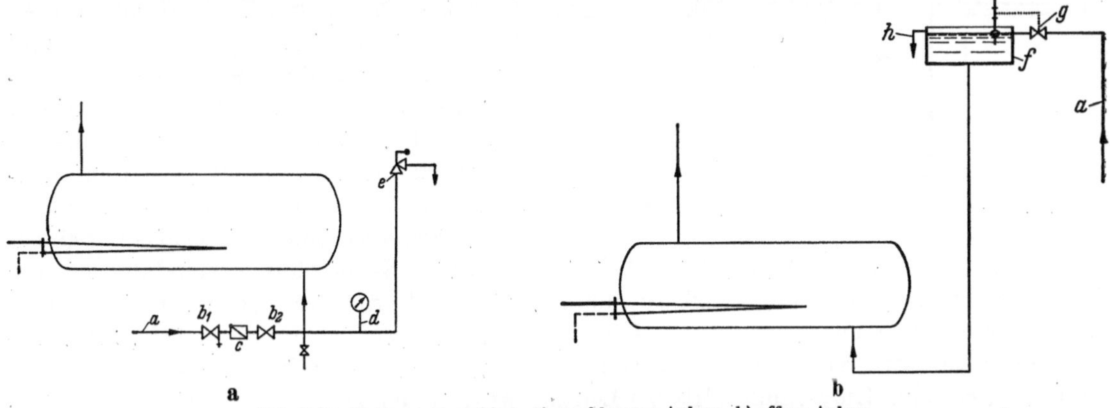

Abb. 3.03. Kaltwasseranschluß, a) geschlossene Anlage, b) offene Anlage.
a Kaltwasserzulauf, b_1, b_2 Absperrorgane, *c* Rückschlagventil, *d* Druckmesser, *e* Sicherheitsventil,
f Vorgefäß, *g* Zulaufventil, *h* Überlauf

verhindert werden. Abb. 3.03a zeigt den üblichen Kaltwasseranschluß bei geschlossenen Anlagen. Vor und hinter dem Rückschlagventil sind Absperrventile angeordnet. Das vorderste dieser Ventile (in Strömungsrichtung gesehen) ist mit Entleerungshahn versehen und dient als Prüf-ventil für die Dichtheit der Absperrung. Bei der Ausführung ist auf etwaige weitergehende Vorschriften des örtlichen Wasserwerkes oder der Baupolizei zu achten. Die Ausführung mit Kalt-wasservorgefäß, auch *offene* Anlage genannt, ist unabhängig vom Druck und den Druckschwan-kungen der Kaltwasserversorgung. Der Wasserstand des meist auf dem Dachboden aufgestellten Vorgefäßes wird durch ein Schwimmerventil im Kaltwasseranschluß geregelt, s. Abb. 3.03b

(Schwimmkugelgefäß). Das Gefäß kann gleichzeitig zur Vorratshaltung bei Störungen der Kaltwasserzufuhr herangezogen werden. Sein Inhalt muß in jedem Fall ausreichen, die Volumenausdehnung des erwärmten Gebrauchswassers beim Anheizen aufzunehmen. Ein Überlauf sichert das Gefäß gegen Überspeisen. Zweckmäßigerweise führt man den Überlauf als Meldeleitung bis zum Kesselhaus durch. Das Vorgefäß muß oben geschlossen sein, damit das Wasser nicht verunreinigt werden kann. Wegen der Gefahr der Wasserverschmutzung sind in manchen Städten offene Anlagen verboten. Man achte also stets auf die örtlichen Baupolizeivorschriften. Auch ist das Vorgefäß, wie übrigens sämtliche Teile der Warmwasserversorgung gegen Wärmeverluste gut zu schützen.

Genormte Speichergefäße. Aus Stahlblech hergestellte zylindrische Warmwasserspeicher sind nach Inhalt und Ausführung bis zu einem Fassungsvermögen von 5000 l genormt. DIN 4801 erfaßt die kleinen Speicher von 100 bis 1000 l mit Deckel, DIN 4802 die größeren von 800 bis 5000 l mit zwei festen Böden und einem Halsstutzen, s. Zahlentafel A 41 u. 42. In DIN 4803 und 4804 sind die Ausführungsmaße für Speichergefäße mit Doppelmantel enthalten. Diese finden vorwiegend Verwendung bei warmwasserbeheizten Anlagen, wobei das Heizwasser durch den Hohlraum des Doppelmantels geführt wird.

Größere Speicher, insbesondere solche stehender Bauart, werden einzeln angefertigt und den jeweiligen örtlichen Verhältnissen angepaßt.

B. Warmwasserbereitung in Verbindung mit der Heizanlage

Bei Einzelhäusern mit Zentralheizung liegt der Gedanke nahe, den Heizkessel auch zur Wärmeversorgung der Warmwasserbereitungsanlage zu verwenden. Schwierigkeiten bereitet dann der Betrieb bei geringem Heizwärmebedarf, da in diesen Zeiten die Vorlauftemperatur der Warmwasserheizung niedrig gehalten wird und zur Erwärmung des Gebrauchswassers nicht ausreicht. Man hilft sich in solchen Fällen meist, indem man den Kessel zeitweise mit höheren Vorlauftemperaturen betreibt, dabei den Speicher auflädt und anschließend die der Witterung entsprechende Heizwassertemperatur wieder einstellt. Die Heizanlage muß zu diesem Zweck im Vor- und Rücklauf mit Absperrorganen, die zum Speicher führende Heizwasserleitung mit wenigstens einem Absperrorgan ausgerüstet sein. Die Sicherheitsleitungen sind dabei ohne Verbindung mit den Heizsträngen zum Ausdehnungsgefäß zu führen. Technisch richtiger ist es, Heizung und Warmwasserbereitung mit *verschiedenen Vorlauftemperaturen* zu betreiben, s. Abb. 3.04. Die Kesseltemperatur wird nach den Anforderungen der Warmwasserbereitung, also relativ hoch eingestellt. Über eine Kurzschluß- (Misch-) Leitung wird in den Vorlauf der Heizanlage Rücklaufwasser eingeführt. Durch Änderung des Anteils des Kessel- bzw. des Rücklaufwassers läßt sich die Vorlauftemperatur der Heizung den jeweiligen Witterungsverhältnissen unabhängig von der Kesseltemperatur anpassen. Man verstellt zu diesem Zweck die Öffnung der Ventile *a* und *b* gegenläufig. Einfacher ist die Einregelung, wenn ein besonderes Mehrwegeventil (oder auch ein Hahn) an der Mischstelle eingebaut ist, s. Abb. 3.05.

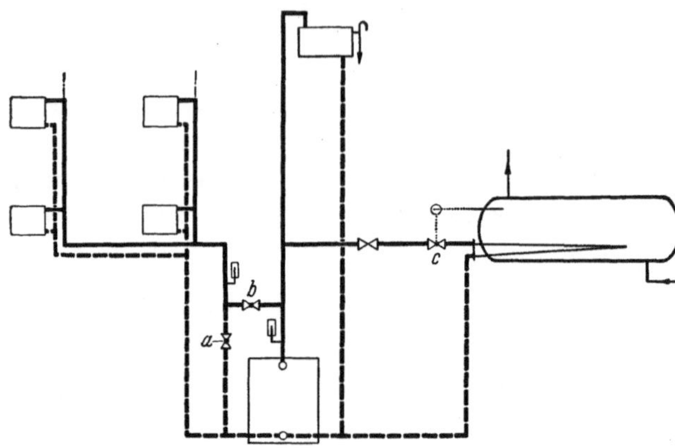
Abb. 3.04. Warmwasserbereitung und Heizung gekoppelt, ein Kessel

Die Temperaturregler von Warmwasserbereitungen sollen das Überschreiten gewisser Grenzwerte der Wassererwärmung zuverlässig verhindern, selbst bei plötzlich aussetzender Wasser- bzw. Wärmeentnahme. Es dürfen daher nur dicht schließende Einsitzventile zur Temperaturregelung verwendet werden, deren Fühler im Warmwasserspeicher, und zwar in etwa zweidrittel Höhe, anzuordnen sind.

Schwerkraftheizungen arbeiten in dieser Schaltung nur bei sorgfältiger Abstimmung der Widerstände der beiden Teilkreisläufe des Heizwassers befriedigend[1]. Die Mischleitung soll vom tiefsten Punkt des Heizungsrücklaufs abgenommen werden; der Mischpunkt muß höher als der Vorlaufabgang am Kessel liegen. Bei Pumpenheizungen darf selbstverständlich die Pumpe nicht in einem Teilkreislauf des Heizwassers angeordnet werden, sondern entweder im Vorlauf hinter der Mischstelle oder im Rücklauf vor dem Kurzschlußabzweig.

Häufiger werden bei der Kopplung von Heizung und Warmwasserbereitung in kleinen und mittelgroßen Anlagen *zwei Kessel* verschiedener Leistung aufgestellt. Der kleinere Kessel wird so bemessen, daß er für die Warmwasserbereitung und evtl. auch für die Raumheizung in der Übergangszeit ausreicht, der größere soll den Heizwärmebedarf bei stärkster Belastung decken. Die Schaltung nach Abb. 3.06 ermöglicht sowohl den getrennten als auch den gemeinsamen Betrieb der beiden Kessel und Anlageteile. Die Sicherheitsvorlaufleitungen müssen bei dieser Anordnung allerdings für jeden Kessel getrennt zum Ausdehnungsgefäß geführt werden. Eine Mischleitung für den Heizungsvorlauf ist der Übersichtlichkeit wegen nicht eingezeichnet, läßt sich aber ebenso wie bei Abb. 3.04 anbringen.

Abb. 3.05. Mischventil

Im Sommer ist der kleinere Kessel II in Betrieb; es sind lediglich die Absperrungen *b* und *e* geöffnet. Für den gleichzeitigen Betrieb der Heizung und Warmwasserbereitung vom Kessel II aus (Übergangszeit) werden zusätzlich *c* und *d*, mit einem etwaigen Mischventil zusammen, geöffnet. Bei größer werdender Heizlast wird an Stelle von Kessel II Kessel I in Betrieb genommen (nur Ventil *b* geschlossen, alle anderen geöffnet), bis schließlich bei Höchstlast I und II in Betrieb

sind, und zwar entweder gemeinsam mit gleicher Vorlauftemperatur (Ventile *a* bis *e* geöffnet) oder getrennt (Ventil *c* geschlossen).

An Stelle des kleineren Kessels und eines gesonderten Wärmespeichers wird bei Einzelhäusern zuweilen auch ein *direkt beheizter Warmwasserbereiter* in der Art eines Kohlebadeofens gewählt. Durch Einbau einer Heizschlange kann der Warmwasserbereiter mit der Zentralheizung gekoppelt werden, wobei er entweder eine schwache Raumerwärmung an kalten Tagen mit übernimmt oder in der Heizzeit bei entspre

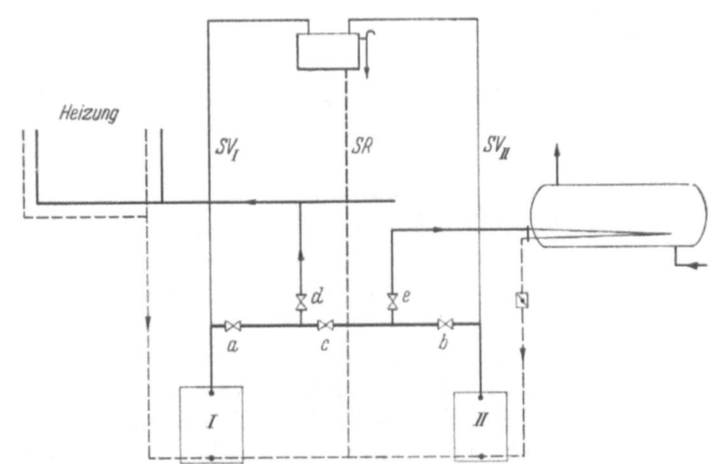

Abb. 3.06. Warmwasserbereitung und Heizung gekoppelt, zwei Kessel.
a—e Absperrventile

chender Vorlauftemperatur des Heizwassers als mittelbarer Warmwasserbereiter dient bzw. bei niedrigen Heizwassertemperaturen das Gebrauchswasser vorwärmt.

In diesem Zusammenhang sei darauf hingewiesen, daß es bei ständig betriebenen zentralen Warmwasserbereitungen zweckmäßig sein kann, den Heizkörper im Badezimmer an die Warmwasserbereitung mit anzuschließen. Man hat dadurch die Möglichkeit, an kühlen Tagen diesen Raum zu beheizen, ohne die Heizanlage in Betrieb nehmen zu müssen.

---

[1] SPILLHAGEN, W.: Kupplung einer Warmwasserheizung mit einer Warmwasserbereitung unter besonderer Berücksichtigung des Mischverfahrens. Gesundh.-Ing. Bd. 56 (1933) S. 385/388.

WIERZ, M.: Die Entwicklung der Kräfte in Schwerkraftwarmwasserheizungen auf thermodynamischer Grundlage. Gesundh.-Ing. Bd. 56 (1933) S. 517/521.

C. Ausführung

Mit größer werdender Anlage bevorzugt man Dampfkessel als Wärmeerzeuger. Die höhere Heizmitteltemperatur und der bessere Wärmeübergang des kondensierenden Dampfes ermöglichen kleinere Wärmeaustauschflächen. Auch zur Abwärmeausnutzung werden häufig dampfbeheizte Warmwasserbereiter verwendet, s. Abb. 4.25. Schaltungen für umfangreiche kombinierte Heizungs- und Warmwasserversorgungsanlagen zeigen die Abb. 2.160 bis 2.163. Meist wird bei derartigen Anlagen der Warmwasserspeicherraum auf mehrere Einheiten aufgeteilt.

Der Platzbedarf der Speichergefäße ist bei liegender Anordnung sehr groß, zumal vor den Speichern genügend Raum für das Herausziehen der Rohrheizflächen frei zu halten ist. Zuweilen werden die Rohrheizflächen auch mittels Stopfbüchsen am hinteren Ende des Speichers eingeführt. Von der Vorderseite ist der Speicher dann über einen lösbaren Deckel oder einen Mannlochverschluß für die innere Reinigung zugänglich, ohne daß das Rohrbündel ausgefahren werden muß. Bei der Planung der Zentrale ist auf das Einbringen, die Lagerung und ein etwaiges Auswechseln der großen Speicherbehälter Rücksicht zu nehmen. Ausreichende Montageöffnungen und Transportmöglichkeiten sind vorzusehen; die Fundamentgrößen und Belastungen sind der Baufirma frühzeitig anzugeben.

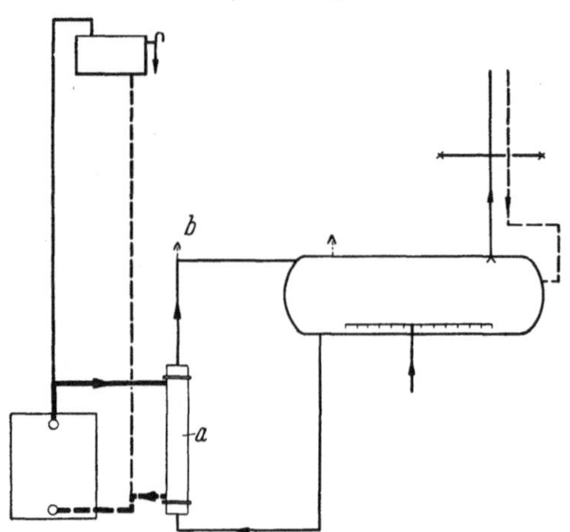

Abb. 3.07. Warmwasserbereitung mit gesondertem Wärmeaustauscher.
a stehender Wärmeaustauscher, *b* Entlüftung

Speicherausführung. Mit wesentlich kleinerer Grundfläche kommt man bei stehender Anordnung der Warmwasserspeicher aus. Ein weiterer Vorzug der stehenden Behälter ist die bessere thermische Ausnutzung des Speicherraumes. Das Wasser schichtet sich nämlich deutlich entsprechend der Temperatur. Beim Entladen mischt sich das kalte Zulaufwasser bei zweckmäßiger Einführung kaum mit dem im Behälter vorhandenen Warmwasser. Man kann also aus dem oberen Ablaufstutzen während des gesamten Vorgangs Warmwasser etwa gleicher Temperatur entnehmen und damit den Speicher bis fast auf die Kaltwassertemperatur entladen. Diese Betriebsweise (Verdrängungsspeicherung) wird begünstigt, wenn die Wassererwärmung nicht im Speicher selbst, sondern in besonderen Wärmeaustauschern vorgenommen wird. Der Einbau einer kleinen Warmwasserumwälzpumpe ermöglicht eine größere Freizügigkeit in der räumlichen Zuordnung von Wärmeaustauscher und Speicher sowie die Wahl kleinerer Durchmesser in den Verbindungsleitungen und Absperrungen.

Speicher mit eingebauten Heizflächen sind erfahrungsgemäß durch Steinablagerung und Rostfraß besonders gefährdet. Auch bei kleineren Anlagen werden daher zuweilen Heizfläche und Speicher getrennt. Bei der in Abb. 3.07 wiedergegebenen Anordnung ist neben dem Warmwasserkessel ein stehender Wärmeaustauscher *a* aufgestellt, durch den das Heizwasser und das Gebrauchswasser im Gegenstrom geführt werden. Die bei der Wassererwärmung ausgeschiedenen Gase werden bei *b* mittels eines Entlüfters abgeführt. Bei Wasser, in dem korrosiv wirkende, gasförmige Bestandteile gelöst sind, wird dadurch eine rasche Zerstörung der Speicherwände verhindert. Wird das Wasser über seine Gebrauchstemperatur hinaus erwärmt und vor Eintritt in das Verteilungsnetz wieder gekühlt, so sollen die Rohrleitungen ebenfalls gegen Korrosionen geschützt sein. Um die Mischung von kaltem und warmem Gebrauchswasser im Speicher möglichst zu vermeiden, also das Verdrängungsprinzip auch bei kleinen liegenden Warmwasserbehältern beizubehalten, führt man zweckmäßigerweise das kalte Wasser über ein Verteilerrohr mit vielen, nach unten gerichteten Öffnungen ein. An der höchsten Stelle des Gefäßes ist eine Entlüftung anzubringen. (Sie darf vor allem bei Wasserspeichern mit Heizflächen nicht fehlen!) Der Warmwasserentnahmestutzen sollte dagegen etwas unterhalb der Scheitellinie enden.

Als *Werkstoff* verwendet man vorwiegend schwarzes Stahlblech, dessen innere Oberflächen einen Schutzanstrich aus Brauerlack oder Zementmilch erhalten. Auch die Rohrheizflächen bestehen aus Stahl. Kupferrohrschlangen sind zwar korrosionsfest, begünstigen aber elektrolytische Korrosionsvorgänge an den Oberflächen stählerner Bauteile der Anlage, s. S. 160/161.

Sicherheitseinrichtungen. Die Grundsätze und Maßnahmen zur Sicherung von Warmwasserbereitern gegen Drucküberschreitungen sind im AD-Merkblatt A 3 niedergelegt. Offene Anlagen erhalten ein nicht absperrbares Verbindungsrohr mit der Atmosphäre oder einem Ausgleichsgefäß. Geschlossene Warmwasserbereiter sind mit einem Rückflußverhinderer und mit einem vom Behälter nicht absperrbaren Sicherheitsventil in der Kaltwasser-Zuflußleitung auszurüsten, dessen Nennweite sich nach dem Inhalt des Gebrauchswasserraumes richtet. Sie benötigen ferner eine temperaturgesteuerte Einrichtung, die bei Überschreitung einer Gebrauchswassertemperatur von höchstens 90° C selbsttätig die Beheizung unterbricht bzw. einen Wasserablauf öffnet, sowie als öl-, gas- und elektrisch beheizte Apparate zusätzlich einen Temperaturbegrenzer, der bei Überschreiten einer Gebrauchswassertemperatur von 110° C selbsttätig ausschaltet. Bei Beheizung der Warmwasserbereiter mit Dampf bis 0,5 atü aus einem Niederdruck-Dampfkessel bzw. -Dampfnetz oder mit Heizwasser bis 110° C aus einer Warmwasserheizung sind gewisse Erleichterungen dieser Bestimmungen möglich.

II. Warmwasserbereitung mit Heizwasserspeicherung

Die bei zentralen Warmwasserbereitungen notwendige Wärmespeicherung läßt sich bei wasserbeheizten Anlagen auch auf der Heizwasserseite vornehmen, s. Abb. 3.08. Hierbei sind die Strömungswege des Gebrauchswassers und Heizwassers vertauscht; das Heizwasser wird also unmittelbar in das Speichergefäß geführt, das zu erwärmende Gebrauchswasser durch die Rohrheizflächen, die im oberen Speicherteil eingebaut sind. Man bezeichnet derartige Heizflächen als „Durchflußerwärmer". Auch bei dieser Ausführung braucht der Wärmeerzeuger nicht für die höchste Belastung ausgelegt zu werden, wohl aber der Wärmeaustauscher. Um die erforderlichen Heizflächen auf kleinem Raum unterbringen zu können, wurden hierfür besondere Bauformen von Wärmeaustauschern entwickelt (Durchflußbatterien), die zumeist aus flachen oder runden Kupferrohren kleinen Querschnitts bestehen. Abb. 3.09 zeigt die Ansicht einer Durchflußbatterie mit zahlreichen schraubenförmig gewundenen flachen Kupferrohren. Da Durchflußerwärmer nur bei unmittelbarem Anschluß an die Kaltwasserleitung angewendet werden, können die höheren Druckverluste auf der Gebrauchswasserseite in Kauf genommen werden.

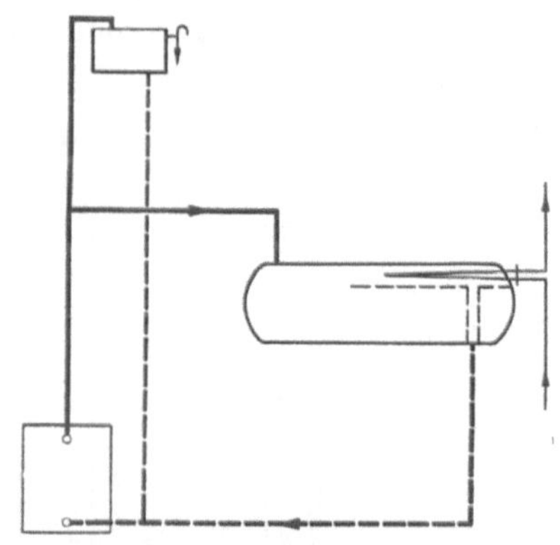

Abb. 3.08. Warmwasserbereitung mit mittelbarer Wärmespeicherung und Durchflußbatterie

Als *Vorteile* der Heizwasserspeicherung gegenüber der Speicherung von Gebrauchswasser sind zu nennen:

1. In den Boiler, dessen Inneres bisher am stärksten der Korrosion ausgesetzt war, gelangt nurmehr das Heizwasser, das sich nicht erneuert und dessen Steinablagerung sowie Gasabscheidung deshalb sehr bald aufhört.

2. Das Gebrauchswasser, das stets aufs neue gelöste Stoffe und Gase in die Anlage hereinbringt, durchströmt die Heizbatterie in so kurzer Zeit, daß eine Ablagerung und Schädigung der Rohrwandungen weniger zu erwarten ist. Während der Betriebspausen, vor allem während der Nacht, kommt zwar das Wasser in der Batterie zur Ruhe.

Abb. 3.09. Durchflußbatterie (CTC)

Der Wasserinhalt dieser Batterie ist jedoch gering, nennenswerte Schädigungen treten nicht ein.

3. Das Wasser wird erst kurz vor seiner Verwendung erwärmt; die Zapfstellen liefern frisches und nicht abgestandenes Wasser in einwandfreiem Zustand.

4. Der Boiler steht nur unter einem Druck, der der Höhenlage des Ausdehnungsgefäßes entspricht, wird also billiger. Die Heizbatterie, die dem vollen Innendruck des Kaltwassernetzes ausgesetzt ist, kann aber ohne Schwierigkeit bei den geringen Rohrquerschnitten für die höheren Beanspruchungen gebaut werden.

Als wesentlicher *Nachteil* der mittelbaren Wärmespeicherung muß die Abhängigkeit der Zapftemperatur von der Entnahmewassermenge und ihr Absinken mit fortschreitender Speicherentladung bezeichnet werden. Die Ausnutzung des Speicherraumes ist ungünstiger als bei der Gebrauchswasserspeicherung, vor allem bei höheren Zapfwassertemperaturen. Auch deuten neuere Erfahrungen darauf hin, daß die Werkstoffkorrosion zwar im Wärmeaustauscher und Speicher weitgehend unterbunden wird, dafür aber vermehrt im Rohrnetz auftritt.

Bei mittleren und größeren Warmwasserversorgungsanlagen bevorzugt man daher die Speicherung des Gebrauchswarmwassers. Bei kleineren Anlagen und Einzelwarmwasserbereitern findet vielfach auch die mittelbare Wärmespeicherung Anwendung.

III. Heizflächen- und Speicherbemessung. Verbrauchswerte

A. Berechnungsunterlagen

Für die exakte Berechnung der Kesselgröße, Wärmeaustauscherheizfläche und des Speicherraumes einer zentralen Warmwasserbereitung muß der Tagesverlauf des Wärmebedarfs bei höchster Belastung bekannt sein. Nur in seltenen Fällen, etwa bei gewerblichen Anlagen, ist er gegeben. Man ist daher meist auf Erfahrungswerte aus Gebäuden gleicher Art und Benutzung angewiesen.

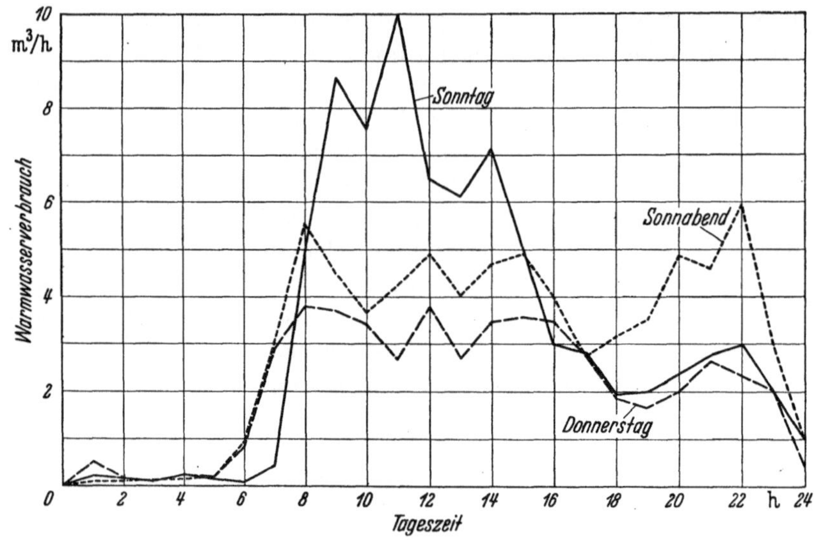

Abb. 3.10. Tagesverbrauchslinien einer Warmwasserversorgung von Wohnbauten

Wassertemperaturen. Für Reinigungs- und Badezwecke genügt in der Regel Warmwasser von 40 bis 45° C. Da bei Temperaturen über 60° die Gefahr von Korrosionsschäden in allen aus Stahl gefertigten Anlageteilen erheblich zunimmt, geht man zweckmäßigerweise bei der Wassererwärmung über diese Temperaturgrenze nicht hinaus. Bei Bedarf an Gebrauchswasser höherer Temperatur (Großküchen, Wäschereien u. dgl.) empfiehlt sich die Aufstellung besonderer Warmwasserbereiter oder Nachwärmer für diese Zwecke.

Die *höchste* denkbare *Belastung* erhält man, wenn an sämtlichen Verbrauchsstellen gleichzeitig die volle Zapfleistung beansprucht wird. Schon bei wenigen Verbraucheranschlüssen ist die Wahrscheinlichkeit dieses Betriebsfalles aber sehr gering. Mit zunehmender Zahl der Zapfstellen gleichen sich erfahrungsgemäß die Entnahmespitzen immer mehr aus, insbesondere wenn Warmwasser zu unterschiedlichen Zwecken geliefert wird. Für die einzelnen Gebäudearten ergeben sich dabei typische Tagesbelastungsbilder. Das Verhältnis der wirklichen Verbrauchsspitze zur Summe aller Anschlußleistungen bezeichnet man als „Gleichzeitigkeitsfaktor". Dieser Wert ist von so vielerlei Einflüssen abhängig, daß er bei der Planung einer Anlage nur geschätzt werden kann. Bei Wohnbauten beispielsweise bewegt er sich in einem Bereich zwischen 0,2 und 0,8, wobei neben der Zahl der angeschlossenen Wohnungen noch deren Größe sowie die Kopfzahl und die Lebenshaltung der Haushaltungen stark mitsprechen. Einige typische Tagesverbrauchslinien bei einer größeren Warmwasserversorgungsanlage für Wohnbauten zeigt Abb. 3.10. Zeitpunkt und Höhe der Verbrauchsspitze werden hier durch den Warmwasserbedarf für Badezwecke bestimmt. Der Tagesgang der Warmwasserentnahme ist daher sehr verschieden, je nachdem, ob es sich um einen Werktag von Montag bis Freitag, um einen Sonnabend oder Sonntag handelt.

Bei der üblichen Gebrauchswasserspeicherung wird der Spitzenwert des Verbrauchs zwar für die Netzbemessung, nicht aber für die Berechnung der Kessel- und Speicherheizflächen benötigt. Da man nach dem Vorgesagten bei dieser Berechnung ohnehin von Erfahrungswerten ausgehen muß, genügt es für unsere Zwecke, den Speicherinhalt zu schätzen und die bereitzustellende Kesselleistung bzw. Wärmeaustauscherfläche nach der geforderten Aufheizdauer zu bestimmen. Einige Angaben über die üblichen *Speichergrößen* bei Wohnbauten und den Warmwasserbedarf sind aus der nebenstehenden Tabelle zu entnehmen.

Größe der Warmwasserspeicher bei Wohnbauten

Zahl der Haushaltungen	1	2—4	5—7	8—10
Speichergröße l	200 (300)	600	800	1000 (1200)

Bei über 10 Haushaltungen : 100 l/Haushalt
Bei über 50 Haushaltungen : 80 l/Haushalt
Bei über 100 Haushaltungen : 70 l/Haushalt

Warmwasserverbrauchswerte

a) Haushalt:

Einmaliges Händewaschen . . . . 5—15 l
Badewanne, ohne Brause ($^1/_2$ Std.) . . . . 150—250 l
Badewanne, mit Brause ($^1/_2$ Std.) . . . . 250—350 l
Brause allein . . . . 8—10 l/min

b) Gasthäuser, Hotels:

Waschbecken für Hände . . . . 200 l/h
Spültisch . . . . 200 l/h
Bad ($^1/_2$ Std.) . . . . 200—350 l

c) Krankenhäuser:

je Kopf und Tag . . . . 100—200 l

d) Wäschereien:

Warmwasserverbrauch für 100 kg trockene Wäsche . . . . . . 1400 l

B. Heizflächen der Kessel und Wärmeaustauscher

Ist V das nutzbare Speichervolumen in l, t_2 die gewünschte Wasserendtemperatur und t_1 die Wasserzulauftemperatur, so erhält man die zum Aufheizen erforderliche Wärmemenge aus

$$Q = \frac{V \cdot \gamma \cdot c\,(t_2 - t_1)}{\eta_{WB}} \quad \text{[kcal]}. \tag{3.01}$$

Mit dem Wirkungsgrad η_{WB} sei neben den Verlusten auch die zum Anwärmen der Apparaturen erforderliche Wärme erfaßt. Der Wirkungsgrad beträgt je nach Größe und Ausführung der Anlage $\eta_{WB} = 0{,}90$ bis $0{,}95$. Für die übliche Wasserendtemperatur $t_2 = 60°\text{C}$ und die Zulauftemperatur $t_1 = 10°$ erhält man bei einer Aufheizdauer z_A [h] in erster Näherung die mittlere Wärmeleistung zu

$$Q_h \approx 54\,\frac{V}{z_A} \quad \text{[kcal/h]}. \tag{3.02}$$

Die vorzuhaltende Kesselleistung liegt nur um den geringen Anteil der Wärmeverluste der Heizleitungen über der von dem Wärmeaustauscher übertragenen Leistung. Man kann beide Leistungswerte gleich setzen und die Leitungsverluste schon in η_{WB} berücksichtigen.

Die Anheizzeit wird üblicherweise mit $z_A = 2$ bis 3 Stunden angenommen. Die *Größe des Wärmeaustauschers* bzw. der Rohrheizfläche (F) im Speichergefäß bestimmt sich aus der Gleichung

$$Q_h = k \cdot F \cdot \Delta t \quad \text{[kcal/h]}. \tag{3.03}$$

Q_h entspricht der Anheizleistung nach Gl. (3.02) oder der geforderten höchsten Dauerleistung der Warmwasserversorgung, falls dieser Wert höher ist.

k ist die Wärmedurchgangszahl, deren Ermittlung im Abschnitt „Wärmeübertragung" behandelt ist; Δt ist vielfach der wirksame Temperaturunterschied.

Zur Berücksichtigung der längs der Heizfläche sich ändernden Temperaturen des Heizmittels und des Gebrauchswassers ist für Δt der mittlere Temperaturunterschied Δm einzuführen, s. S. 359 u. f.

Ändern sich die Wassertemperaturen an einer beliebigen Heizflächenstelle mit der Zeit, so gilt die Gl. (3.03) zunächst nur für ein sehr kleines Zeitintervall. Beim Aufheizen eines Wasserspeichers mit eingebauter Heizfläche geht der Temperaturunterschied zwischen Heizmittel und Gebrauchswasser und damit die übertragene Leistung ständig zurück. Die Heizfläche des Wärmeaustauschers hängt hier offensichtlich von dem kleinsten möglichen Temperaturunterschied ab sowie von der verfügbaren Anfangsleistung, also der Kesselgröße.

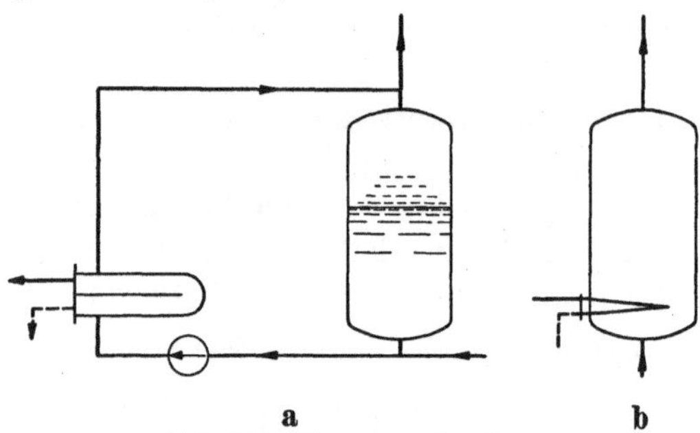

Abb. 3.11. Warmwasserbereitung.
a) ohne Mischung des erwärmten und kalten Wassers,
b) mit Mischung des erwärmten und kalten Wassers

Dieser Zusammenhang soll an zwei Grenzfällen erläutert werden. Abb. 3.11a gibt das Schaltbild einer Warmwasserbereitung mit getrenntem Wärmeaustauscher wieder. Der Wärmeaustauscher sei so ausgelegt, daß das durchfließende Gebrauchswasser in einem Zug von der Kaltwassertemperatur t_1 auf die Warmwasserendtemperatur t_2 erwärmt werden kann. Tritt beim Aufheizen im Speicher keine Mischung der Wasserschichten verschiedener Temperatur ein, so ändern sich bei gleichmäßiger Ausgangstemperatur t_1 die Zu- und Ablauftemperaturen des Wärmeaustauschers nicht. Bei konstanter Heizmitteltemperatur t_H steigt die Gebrauchswassertemperatur längs der Heizfläche logarithmisch nach Abb. 3.12 an. Während des gesamten Aufheizvorganges bleibt dieses Temperaturbild erhalten, die übertragene Leistung Q_h sonach konstant. Der Wärmeinhalt des Speichers Q_s wächst dementsprechend geradlinig mit der Zeit an, siehe Abb. 3.13a. Die Wärmeaustauscherheizfläche berechnet sich aus Gl. (3.03); für Δt ist die mittlere logarithmische Temperaturdifferenz Δm nach der GRASHOFschen Gl. (8.36) einzusetzen.

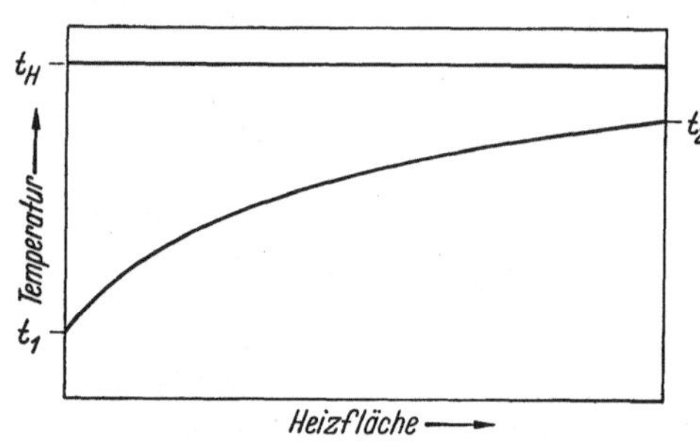

Abb. 3.12. Temperaturänderung des Wassers längs der Heizfläche nach Abb. 3.11a

Der andere Grenzfall ergibt sich, wenn beim Aufheizen das Speicherwasser gleichmäßig in allen Schichten erwärmt wird. Das trifft etwa zu für Speicher mit eingebauter Heizfläche, siehe

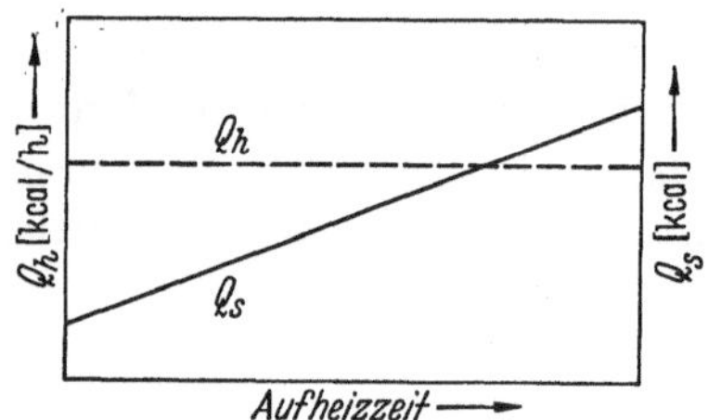

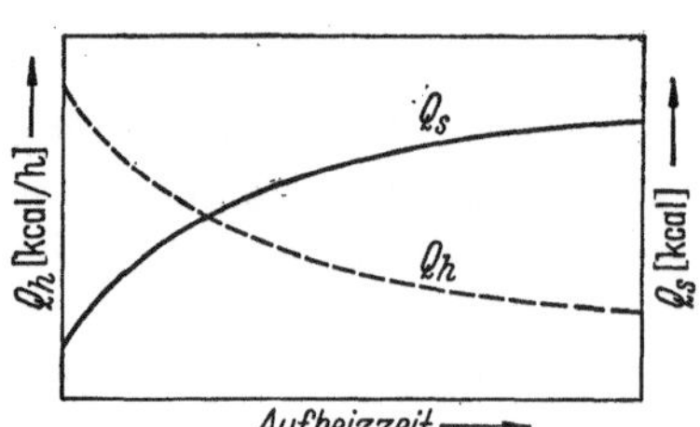

Abb. 3.13. Leistung Q_h und Speicherwärmeinhalt Q_s beim Aufheizen.
a) nach Abb. 3.11a, b) nach Abb. 3.11b

Abb. 3.11b. Die Leistungsaufnahme geht beim Aufheizen mit der vorhandenen Temperaturdifferenz „Heizmittel gegen Warmwasser" ständig zurück. Aus dem Flächenintegral der Leistung erhält man die Änderung des Speicherwärmeinhaltes entsprechend Abb. 3.13b. Auch hier ändert sich die Temperaturdifferenz nach einer logarithmischen Linie. Allerdings erscheint nicht die Heizfläche, sondern die Aufheizzeit als Abszisse. Bei gleichen Anfangs- und Endtemperaturunterschieden wie im 1. Fall ergibt sich an Hand der GRASHOFschen Gleichung wieder derselbe Mittelwert Δm, also auch dieselbe Heizfläche unter der Annahme eines gleichen k-Wertes.

Eine wesentliche Verschiedenheit zeigen aber die beiden Arten der Wassererwärmung. Im ersten Fall (konstante Zulauftemperatur) bleibt die erforderliche Leistung gleich, im zweiten Fall (ansteigende Zulauftemperatur) fällt die Leistung während des Aufheizens stark ab, und zwar in dem Maß, in dem sich der Temperaturunterschied verringert. Bei gleicher Kesselheizfläche wäre im 2. Fall eine verlängerte Aufheizzeit erforderlich. Will man dies vermeiden, so ist entwenrten die Kesselheizfläche nach der Anfangsleistung oder die Heizfläche des Wärmeaustauschers nach dem Endtemperaturunterschied zu bemessen, bzw. es sind beide Heizflächen zu erhöhen.

Abb. 3.14 zeigt den Zusammenhang zwischen der Heizflächenvergrößerung des Kessels und der des Wärmeaustauschers für zwei Betriebsfälle, nämlich für $t_H = 100°$ und für $t_H = 80°$ bei $t_2 = 60°$ und $t_1 = 10°$. Gegenüber den Verhältnissen bei konstanter Zulauftemperatur $t_1 = 10°$ (Erwärmung nach Abb. 3.12) ist bei der Mischvorwärmung sonach unter der Annahme gleicher Wärmedurchgangszahlen die Wärmeaustauscherheizfläche bei 100° Heizmitteltemperatur um 10% zu vergrößern, wenn die Kesselleistung ebenfalls um 10% größer gewählt wird. Noch größere Heizflächenberichtigungen ergeben sich, wenn die Temperaturdifferenz $(t_H - t_2)$ kleiner wird, also bei Wasser als Heizmittel oder bei höheren Wasserendtemperaturen t_2. So ist bei $t_H = 80°$ in unserem Beispiel eine Erhöhung der Kessel- und Wärmeaustauscher-Heizfläche um 15% notwendig. Im gleichen Maß (10 bzw. 15%) verlängern sich im übrigen die Aufheizzeiten der Speicher, wenn keine Berichtigung der Kessel- und Wärmeaustauscher-Heizflächen vorgenommen wird.

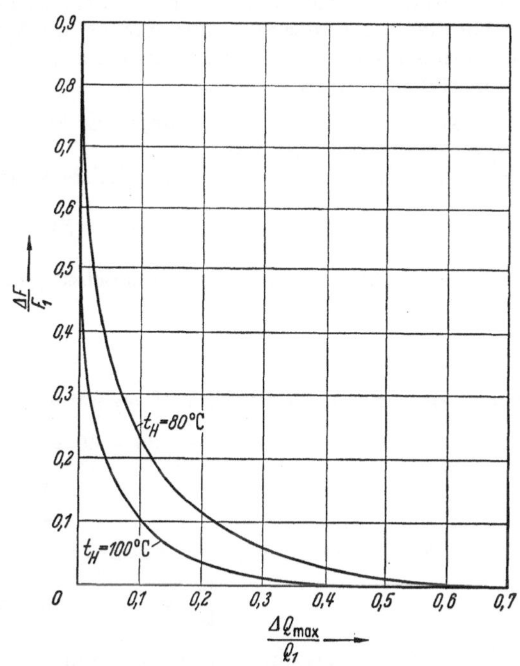

Abb. 3.14. Wassererwärmung nach Abb. 3.11 b. Erforderliche Leistungs- bzw. Heizflächenvergrößerung gegenüber Erwärmung ohne Mischung für Heizmitteltemperaturen von 80 bzw. 100° C

Nach Abb. 3.14 ist es nicht notwendig, bei der Mischvorwärmung Kesselleistung und Wärmeaustauscherfläche um den gleichen Verhältnisbetrag zu erhöhen. Steht beim Aufheizen des Speichers eine höhere Kesselleistung zur Verfügung, so braucht die aus Gl. (3.03) ermittelte Wärmeaustauscherfläche nur um einen geringeren Betrag erhöht zu werden, so z. B. bei $t_H = 80°$ für einen Wert $\dfrac{\Delta Q_{max}}{Q_1} = 0,25$ um $\dfrac{\Delta F}{F_1} = 8\%$. Ist andererseits die Wärmeaustauscherfläche nicht nach der mittleren Aufheizleistung, d. h. nach Gl. (3.02) ausgelegt, sondern im Hinblick auf die höchste Dauerleistung größer gewählt, so kann die vorzuhaltende Kesselleistung kleiner sein. Eine unmittelbare wirtschaftliche Wertung der beiden Ausführungsarten einer Warmwasserbereitung ist an Hand dieser Heizflächengegenüberstellung natürlich nicht möglich; hierfür müssen die Abweichungen in den k-Werten und den Apparatekosten berücksichtigt werden.

Bei unbeschränkter Kesselleistung sind beide Arten der Wassererwärmung thermisch gleichwertig. Diese Voraussetzung ist gegeben bei Warmwasserbereitungen, die kesselseitig mit Wärmeverbrauchern gekoppelt sind, deren Bedarfsspitzen nicht mit denen der Warmwassererzeugung zeitlich zusammenfallen. Als Beispiel sei erwähnt die Warmwasserversorgung größerer Krankenhäuser mit Dampfküche und Wäscherei. Auch bei der Kopplung mit Heizanlagen kann häufig das Aufheizen der Speicher in die Zeiten niedrigen Wärmebedarfs für Raumheizzwecke verlegt

werden (nachts, spätnachmittags), so daß bei geeigneter Wärmeschaltung eine relativ hohe
Kesselleistung verfügbar ist. Man wird in solchen Fällen ohnehin bestrebt sein, die Kesselanlage
möglichst gleichmäßig zu belasten und den Warmwasserspeicher dabei als Puffer zu benutzen.

Sonderverhältnisse liegen vor, wenn Abdampf aus Kraft- bzw. Antriebsmaschinen zur
Warmwassererzeugung verwendet werden soll. Hier wird zuweilen die Forderung gestellt, den
Abdampf aus Zeiten hoher Maschinenbelastung unabhängig vom Warmwasserbedarf voll unter-
zubringen und einen Tagesausgleich zwischen Wärmebedarf und Heizdampfanfall herbeizuführen.
Wegen der Berechnung derartiger Speicher sei auf den 4. Abschnitt V A verwiesen.

Beispiel. Für ein Mietshaus mit 10 Wohnungen ist eine zentrale Warmwasserbereitungsanlage mit
Gebrauchswasserspeicherung zu bemessen. Gesucht sind a) der Speicherinhalt, b) die mittlere Wärmeleistung
für eine Gebrauchswasserendtemperatur von $t_2 = 60°$ bei 2stündiger Anheizzeit, c) die Größe der in den Speicher einzubauenden Heizfläche bei Erwärmung durch Heizwasser von $t_H = 80°$, und zwar bei unbeschränkter
und beschränkter Kesselleistung.

a) Nach S. 155 ist bei 10 Wohnungen ein Speicherinhalt von 1200 l erforderlich. Gewählt wird die nächstgelegene Normgröße von $V = 1250$ l.

b) Aus Gl. (3.02) ergibt sich die mittlere Wärmeleistung zu

$$Q_h \approx 54 \cdot \frac{1250}{2} = 33\,750 \text{ kcal/h} .$$

c) Da Angaben über die höchste Dauerleistung nicht vorliegen, berechnen wir die Heizfläche nach Gl. (3.03),
also

$$F = \frac{Q_h}{k \cdot \Delta t} .$$

Δt muß als mittlere logarithmische Temperaturdifferenz eingesetzt werden. Dabei ist

$$\Delta_k = 80 - 60 = 20 , \qquad \Delta_g = 80 - 10 = 70$$

also

$$\frac{\Delta_k}{\Delta_g} = \frac{20}{70}\, 0{,}286 .$$

Aus Abb. 8.09 entnimmt man für diesen Verhältniswert

$$\frac{\Delta_m}{\Delta_g} = 0{,}57 . \quad \text{Damit wird } \Delta_m = 0{,}57 \cdot 70 = 40° .$$

Die Wärmedurchgangszahl k ist nach den Angaben im 8. Abschnitt zu berechnen. Übernehmen wir aus dem
auf S. 429 behandelten Beispiel $k = 440$ kcal/m² h grd, so erhält man die Heizfläche F zu

$$F = \frac{33\,750}{440 \cdot 40} = 1{,}9 \text{ m}^2 .$$

Diese Heizflächengröße gilt bei unbeschränkter Kesselleistung. Ist die Kesselleistung beim Aufheizen des
Warmwasserspeichers auf 38000 kcal/h begrenzt, d. i. eine Mehrleistung von $\frac{38\,000 - 33\,750}{33\,750} \cdot 100 = 12{,}5\%$,
bezogen auf die mittlere Anheizleistung, so ist nach Abb. 3.14 der Wärmeaustauscher um 19% größer zu wählen, also

$$F' = 1{,}9 \cdot 1{,}19 = 2{,}26 \text{ m}^2 .$$

Wegen Berücksichtigung einer etwaigen Heizflächenverschmutzung s. S. 430.

C. Verbrauch und Wirtschaftlichkeit

Brennstoffverbrauch und Wirtschaftlichkeit einer Warmwasserversorgungsanlage bestimmter
Größe hängen in erster Linie von der Beanspruchung der Anlage ab. Da die Wärmeverluste der
Speicher und Rohrleitungen von der Wasserentnahme praktisch unabhängig sind — das gilt
besonders für Verteilungsnetze mit ständigem Wasserumlauf —, ist ihr Anteil am Gesamtwärmeaufwand um so höher, je geringer die Belastung der Anlage ist. Dieser Zusammenhang ist zu
beachten, wenn entschieden werden soll, ob örtliche Warmwasserbereitung oder zentrale Ver-
sorgungsanlagen eingerichtet werden sollen. Bei Zapfstellen mit hohem Verbrauch, wie z. B.
bei Wannenbädern, arbeitet nach dem Vorhergesagten die zentrale Warmwasserversorgung mit
günstigem Wirkungsgrad, zumal wenn keine Zirkulationsleitungen vorhanden sind. Die Wärmeverluste des Anschlusses sind dann in den Betriebspausen gering; beim ersten Zapfen kann in der
Regel auch das in den Leitungen abgekühlte Wasser Verwendung finden.

Anders verhalten sich die Anlagen mit vielen Zapfstellen und geringem Verbrauch, wie z. B. Waschbecken. Zur Vermeidung von Wasserverlusten infolge unzureichender Wassertemperaturen sind hier Zirkulationsleitungen notwendig. Die Wärmeverluste des Netzes sind damit, gemessen an dem geringen Verbrauch, besonders hoch. Dadurch sinkt der Wirkungsgrad der Anlage ab. Es ergeben sich also spezifisch hohe Betriebskosten.

Warmwasserverbrauch. Sind die Betriebskosten einer zentralen Warmwasserversorgung auf mehrere Verbrauchsstellen oder Abnehmer umzulegen, wie dies bei Miethäusern der Fall ist, so beeinflußt die Art der Kostenverrechnung den Warmwasserverbrauch erheblich. Bei der pauschalen Verrechnung werden die Kosten des Warmwasserverbrauchs entweder mit der Miete abgegolten oder sie werden entsprechend der Größe der Wohnung (Wohnfläche) auf die einzelnen Parteien aufgeschlüsselt. Bei dieser Verrechnungsart ist erfahrungsgemäß der Warmwasserverbrauch relativ hoch, da jeder Anreiz für den Mieter fehlt, mit dem Warmwasser sparsam umzugehen.

Man baut daher heute im allgemeinen Meßgeräte ein, die es ermöglichen, die Kosten nach dem tatsächlichen Verbrauch umzulegen. Dabei wird entweder der Wasserdurchfluß oder der

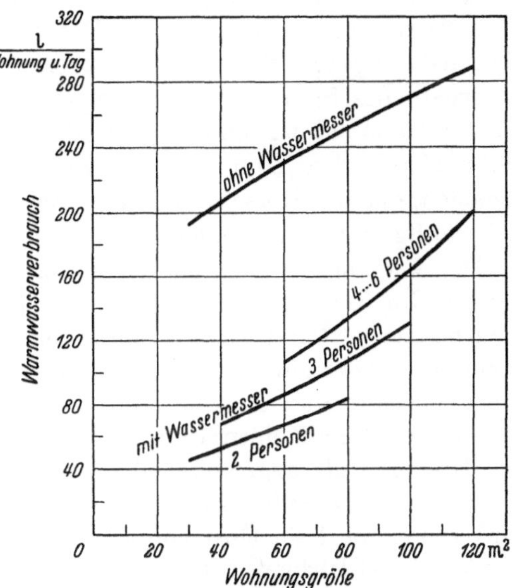

Abb. 3.15. Warmwasserverbrauch in großstädtischen Geschoßwohnungen

Wärmeinhalt der Zapfmenge laufend gemessen und addiert. Nach Beobachtungen an Anlagen, die nachträglich mit Meßgeräten ausgestattet wurden, geht durch diese Maßnahme der Warmwasserverbrauch in kleinen und mittelgroßen Wohnungen um 50 bis 70% zurück. In Abb. 3.15 sind mittlere Tagesverbrauchswerte bei großstädtischen Geschoßwohnungen in Abhängigkeit von der Wohnungsgröße wiedergegeben.

Die Verbrauchswerte für Anlagen mit Meßgeräten sind noch nach der Kopfzahl unterteilt. Selbstverständlich kann es sich nur um Überschlagswerte handeln, die je nach der sanitären Ausstattung der Wohnungen und den Ansprüchen der Bewohner im Einzelfall recht erheblich über- oder unterschritten werden.

Wirkungsgrad und spezifischer Brennstoffverbrauch. Messungen an größeren Anlagen haben ergeben, daß bei hoher Belastung (pauschale Kostenverrechnung) der Wirkungsgrad der Warmwasserversorgung in der Größenordnung von 45 bis 55% liegt. An den Verlusten sind Kessel und

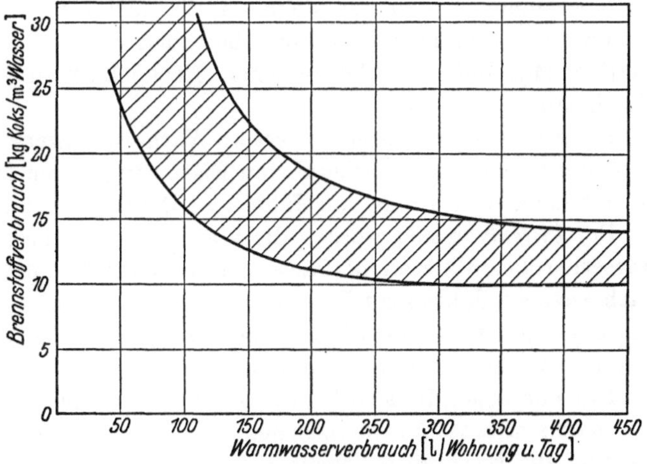

Abb. 3.16. Spezifischer Koksverbrauch von Wohnungs-Warmwasserversorgungen

Verteilungsnetz je zur Hälfte beteiligt. Mit abnehmender Belastung geht der Wirkungsgrad auf 20 bis 30% zurück. Abb. 3.16 enthält Erfahrungswerte über den spezifischen Koksverbrauch in Abhängigkeit von der Warmwasserentnahme je Haushalt und Tag. Danach werden für 1 m³ Warmwasser je nach der Belastung 10 bis 30 kg Koks benötigt.

Ein erheblicher Teil der Wärmeeinsparung durch den verminderten Warmwasserverbrauch geht bei Anlagen mit Zählerverrechnung sonach durch die geringere Wärmeausnützung wieder verloren.

IV. Steinbildung und Korrosion[1]

A. Steinbildung ·

Natürliche Wasser enthalten stets gelöste Salze, meist Kalzium- und Magnesiumkarbonate, -sulfate oder -silikate, die bei der Erwärmung teilweise ausfallen, und zwar als feste Inkrustationen (Kesselstein) oder als Schlamm. Der Steinbelag an Heiz- und Kühlflächen vermindert den Wärmedurchgang, erhöht die Druckverluste in Rohrleitungen und verursacht in der Eisenwand unterhalb des Steins zusätzliche Spannungen, die zu Materialbrüchen führen können. Durch die Schlammbildung werden Teile der Anlage verstopft und der Stoffdurchfluß behindert. Unter Umständen kann auch der Schlamm auf der Eisenwand festbrennen und Schlammstein erzeugen, der wie Kesselstein wirkt. Bei Ablagerung auf Stahlteilen (Kesselanker usw.) bilden sich häufig an diesen Stellen Korrosionsherde.

Der Vorgang der Steinbildung sei am Beispiel der Ausscheidung von Kalziumkarbonat erläutert: Im Rohwasser ist das Kalzium im allgemeinen in Form des wasserlöslichen Kalziumbikarbonats — $Ca(HCO_3)_2$ — enthalten. Das Kalziumbikarbonat bleibt aber nur in Lösung, wenn das Wasser eine dem Gehalt und der Temperatur entsprechende Menge freier Kohlensäure gelöst enthält. Man spricht dann von einem Kalk-Kohlensäure-Gleichgewicht. Meist enthält das Wasser mehr Kohlensäure, als zu diesem Gleichgewicht notwendig ist, und man bezeichnet das Übermaß als aggressive oder freie Überschußkohlensäure. Diese ist für den Ablauf der Korrosion, insbesondere bei kaltem Wasser, von Bedeutung. Bei Erwärmung des Rohwassers wird zuerst die freie Überschußkohlensäure ausgeschieden und dann ein Teil der zum Kalk-Kohlensäure-Gleichgewicht notwendigen Kohlensäure, so daß nicht mehr alles Kalziumbikarbonat in Lösung bleiben kann. Nach der Gleichung

$$Ca(HCO_3)_2 = CaCO_3 + CO_2 + H_2O$$

fällt ein Teil als Kalziummonokarbonat — $CaCO_3$ — aus, wobei zugleich neue Kohlensäure gebildet und das Kalk-Kohlensäure-Gleichgewicht wiederhergestellt wird. Das Kalziumkarbonat ist in Wasser unlöslich und schlägt sich auf den Kesselwandungen und in den Rohren als Stein nieder.

B. Korrosion

Korrosionen treten vor allem an Warmwasserversorgungen und den kondensatführenden Teilen von Dampfheizungen auf, aber auch an Wasserheizungen, wenn diese falsch betrieben werden. Man unterscheidet zwischen Flächenkorrosion (Oberflächenfraß) und Tiefenkorrosion (Lochfraß).

Die *Flächenkorrosion* verringert an Warmwasserversorgungen und Heizungsanlagen nach und nach die Dicke der wasserberührten Eisenwandungen. Dieser Vorgang verläuft so langsam, daß er erst nach einer Reihe von Jahren zu Betriebsanständen Anlaß gibt.

Bei *Tiefenkorrosion* werden die Wandungen an bestimmten, örtlich begrenzten Stellen der wasserberührten Metalloberfläche geschwächt. Es entstehen dabei Löcher, die zuweilen schon nach wenigen Jahren zur Erneuerung der betreffenden Anlageteile zwingen. Liegen diese unter Putz, so sind nicht nur die Instandsetzungsarbeiten schwierig und teuer, es besteht auch die Gefahr zusätzlicher indirekter Schäden.

Die Vorgänge, die sich bei der Korrosion abspielen, sind sehr vielgestaltig. Die Zerstörung des Werkstoffes ist im wesentlichen auf elektrolytische Vorgänge zurückzuführen. Bei Anlagen, die nur aus Eisenteilen derselben Zusammensetzung bestehen, ist der Ablauf folgender: Das technische Eisen ist kein einheitlicher Stoff, sondern besteht in seinem Gefüge aus Ferrit (= reines Eisen) und Eisenkarbid. Wird die Oberfläche von Wasser bespült, so entstehen galvanische Elemente kleinster Abmessungen. In der Spannungsreihe Eisenkarbid-Wasser-Ferrit bildet letzteres die Anode und wird aufgelöst.

Wesentlich wirksamer ist der elektrolytische Vorgang, wenn die Anlage aus Teilen verschiedener Metalle zusammengebaut ist, also z. B. der Boiler aus Kupfer und die Rohrleitung aus Stahl besteht. Da die Metalle in Wasser löslich sind, wenn auch nur in sehr geringem Maße

---

[1] SEELMEYER, G.: Rost- und Steinschutz in Niederdruck-Anlagen. Weinheim/Bergstr.: Verlag Chemie 1950.

gehen aus dem Boiler geringe Mengen Kupfer in Lösung. Sie setzen sich an bevorzugten Stellen der Rohroberflächen fest und bilden dort kleine galvanische Elemente. Kupfer ist das edlere, Eisen das unedlere Metall, und es bildet deshalb das Eisen die Anode, so daß es zerstört wird. Das Kupferteilchen bleibt unverändert liegen und wirkt ständig weiter. Da die Ablagerung des Kupfers nur an einzelnen Stellen erfolgt, kommt es nicht zu einem gleichmäßigen Aufzehren der Wandung, sondern zu der bekannten Knollenbildung oder dem Lochfraß. Ähnlich dem Kupfer können auch im Wasserstrom mitgeführte Rostteilchen oder aus den Armaturen abgelöste Metallteilchen wirken.

Die Löslichkeit der Metalle in Wasser und die Stärke der elektrolytischen Kräfte hängt in hohem Maße von der Temperatur der benetzten Fläche und vom Gehalt des Wassers an bestimmten Stoffen (insbesondere Chloriden, gelöster Kohlensäure und gelöstem Sauerstoff) ab. Aber auch andere Faktoren, wie z. B. mechanische Spannungen, die durch die Verarbeitung der Baustoffe oder die Betriebsweise der Anlagen entstehen, sowie physikalische Einflüsse, z. B. vagabundierende Ströme, können den Korrosionsvorgang beschleunigen. In vieler Hinsicht besteht auch eine Wechselwirkung zwischen Steinbildung und Korrosion.

C. Schutzmaßnahmen[1]

Bei der Vielfalt der Wirkungskräfte und dem weitgehenden Einfluß der Wassereigenschaften auf den Ablauf der Korrosion ist es verständlich, daß die Verhältnisse je nach der Gegend sehr verschieden sind. Es gibt Gebiete, in denen entweder von vornherein keine nennenswerten Schäden auftreten oder in denen es genügt, die Wassertemperatur unter 60° zu halten. In anderen Gebieten wieder sind die Schäden überaus schwerwiegend und sie lassen sich selbst bei größtem Aufwand an Sachkenntnis und Sorgfalt lediglich einschränken.

Von den *Maßnahmen* zum Schutze der Warmwasserbereitungsanlagen seien nachstehend die bekanntesten angeführt:

1. *Steinbildung* läßt sich nach dem derzeitigen Stand unseres Wissens nur durch chemische und physikalische Wasserbehandlung verhüten und durch betriebliche Maßnahmen in gewissem Umfang verringern.

2. *Korrosionsschäden* können völlig vermieden werden, wenn ausschließlich *korrosionsfeste Werkstoffe* Verwendung finden. Als genügend korrosionsfest gelten: elektrolytisches Kupfer und Gußeisen, das mit einer dichten Gußhaut überzogen ist.

3. Gefäße mit glatten Wandungen, wie die Innenflächen von Warmwasserspeichern, lassen sich in gewissem Maße durch *Anstrich* (Brauerlack, Zementmilch) schützen.

4. Zur Minderung der Steinbildung und Korrosion können auch *konstruktive Maßnahmen* beitragen. So sollten keine verschiedenartigen Werkstoffe wie Kupfer und Eisen gemeinsam in einer Anlage verwendet werden. Vielfach wird bezüglich der Korrosion offenen Warmwasserversorgungsanlagen der Vorzug vor geschlossenen gegeben, da beim Austritt des Wassers aus der Leitung in das Vorgefäß ein Teil des gelösten Sauerstoffes entweicht.

Auch die in den Abb. 3.07 und 3.08 dargestellten Ausführungen erstreben neben anderen Vorteilen einen Schutz gegen Steinablagerung und Korrosion.

5. Als *betriebliche Schutzmaßnahme* ist bei Warmwasserversorgungen in erster Linie die Begrenzung der Gebrauchswassertemperatur auf 60° zu nennen, bei Heizungsanlagen die Einhaltung möglichst gleichmäßiger Betriebsbedingungen und die Vermeidung der Zuspeisung oder Erneuerung des Umlaufwassers.

6. Bei den *chemischen Verfahren* wird die Anlage durch Zugabe entsäuernder, schutzschichtbildender oder sauerstoffbindender Stoffe geschützt. Das Wasser ist dabei sorgfältig von allen vorhandenen oder sich bildenden Stoffen, die zu Ablagerungen führen können, zu reinigen.

7. Als *physikalisches Verfahren* kommt in erster Linie der Kathodenschutz in Frage. Man versteht darunter das Anlegen einer elektrischen Spannung an die zu schützenden Teile der Anlage unter Verwendung einer Hilfselektrode.

---

[1] VDI 2034, Jan 57, Korrosionsschutz für Dampfheizungsanlagen. Wasseraufbereitung für Anlagen mit 0,5—20 atü Dampfdruck und bis zu 4 Mkcal/h Kesselleistung.

VDI 2035, Feb 59, Korrosionsschutz für Warmwasserheizungsanlagen. Verfahren zur Vermeidung von Korrosion und Steinbildung.

Von allen angeführten Verfahren muß gesagt werden, daß sie in manchen Fällen zum Erfolg geführt, in anderen Fällen aber versagt haben, ohne daß es stets möglich war, dafür eine zuverlässige Begründung zu geben. Gute oder schlechte Erfahrungen, die mit einem der Verfahren gemacht wurden, lassen sich also nicht ohne weiteres auf andere Verhältnisse übertragen. Es ist daher auch nicht möglich, die Wirksamkeit der einzelnen Verfahren generell zu beurteilen und ihren zweckmäßigsten Anwendungsbereich eindeutig zu kennzeichnen. Nur ein erfahrener Fachmann auf dem Gebiet der Wasserfragen und der Korrosion wird im Einzelfall an Hand der chemischen und physikalischen Beschaffenheit des Wassers raten können.

Vierter Abschnitt

Fernheizung

I. Allgemeines

Wird eine größere Anzahl von Gebäuden von einer Stelle aus beheizt, so spricht man von „Fernheizung". Als Wärmeträger kommen in Betracht: Dampf, Heißwasser und Warmwasser.

A. Abgrenzung der Fernheizung

Eine klare Grenze zwischen den früher besprochenen Zentralheizungen und den nunmehr zu erörternden Fernheizungen ist schwer zu ziehen. Die räumliche Ausdehnung allein liefert jedenfalls in konstruktiver Hinsicht kein deutliches Unterscheidungsmerkmal. Auch der Umstand, ob ein oder mehrere Gebäude an die Kesselanlage angeschlossen sind, ist kein in allen Fällen zutreffendes Kennzeichen, denn es ist sehr wohl möglich, daß eine Anlage, die mehrere benachbarte Gebäude umfaßt, in ihrem Aufbau noch zu den Zentralheizungen zu rechnen ist. Andererseits bezeichnet man schon Anlagen geringer Ausdehnung als Fernheizung, wenn die Wärme an fremde Betriebe abgegeben wird.

Das allgemeinste Merkmal für die Unterscheidung ist wohl das Vorhandensein oder Fehlen von Unterstationen in den einzelnen Gebäuden. Diese können entweder als Umformstationen ausgebildet sein, indem in ihnen etwa die Wärme von Hochdruckdampf auf Heißwasser oder von Heißwasser auf Niederdruckdampf übertragen wird oder als reine Reglerstationen, indem bei Dampfheizung der Dampfdruck durch Druckminderventile oder bei Wasserheizung die Wassertemperatur bzw. die Wassermenge unabhängig von der Gesamtanlage eingestellt werden kann.

Das Rohrnetz gliedert sich dann stets in zwei Teile, nämlich das Fernnetz von der Zentrale zu den Unterstationen und die Strangnetze von den Unterstationen zu den Heizkörpern. Für die Strangnetze gelten unverändert die bei den Zentralheizungen erörterten Gesichtspunkte. Die Ausbildung der Fernnetze und der Unterstationen wird in diesem Abschnitt behandelt.

B. Beispiele von Fernheizungen

Fernheizungen kommen zur Ausführung bei ausgedehnten Kranken- und Heilanstalten, bei großen Fabriken und in neuen Siedlungsgebieten. Oft werden auch einzelne Gebäude oder Gewerbebetriebe von einer benachbarten Großanlage aus beheizt, weil billige Abwärme zur Verfügung steht oder eine eigene Kesselanlage vermieden werden soll. Man muß das Wort „Heizung" hier in seiner allgemeineren Bedeutung nehmen, denn vielfach ist die Raumerwärmung nur eine Teilaufgabe der Wärmeversorgung. So braucht man in Krankenhäusern neben Heizwärme noch Warmwasser zu Badezwecken, Heißwasser für die Küche und Wäscherei, Dampf verschiedenen Druckes für Küche, Wäscherei und Desinfektion. Ähnliche Verhältnisse liegen bei gewerblichen Betrieben vor.

In solchen Fällen kann es zweckmäßig sein, die verschiedenen Arten des Heizwassers und Dampfes nicht schon in der Zentrale einzeln zu erzeugen und durch getrennte Netze den Verbrauchsstellen zuzuführen, sondern in einem einzigen Wärmeträger die Wärme über das Gelände zu verteilen und in den Gebäuden durch Umformung die gewünschte Art des Dampfes oder Heizwassers zu erzeugen.

Die ihrer Ausdehnung nach größten Wärmeverteilnetze haben die sogenannten „Stadtheizungen", s. S. 202.

II. Fernleitungen

Die Ausführung und Verlegung von Heizleitungen bereitet keine größeren Schwierigkeiten, solange man sich im Bereich der bei Zentralheizungen üblichen Durchmesser und Temperaturen bewegt. Mit zunehmenden Rohrweiten und Heizmitteltemperaturen wächst die Beanspruchung der Leitungen und ihrer Zubehörteile aber rasch an. Da bei derartigen Leitungsnetzen zumeist auch höhere Anforderungen an die Betriebssicherheit gestellt werden, muß die Ausführung mit größter Sorgfalt erfolgen. Das gilt ganz besonders für Leitungen, die der ständigen Beobachtung entzogen und schwer zugänglich sind, wie z. B. im Erdreich verlegte Rohrstrecken. Wertvolle Hinweise für Planung und Betrieb größerer Heizleitungen geben die von der Vereinigung deutscher Elektrizitätswerke herausgegebenen „Richtlinien für den Bau von Fernleitungen"[1], denen die langjährigen Erfahrungen der deutschen Fernheizwerke zugrunde liegen. In Ergänzung der früheren Darlegungen über Rohrleitungsnetze bei Zentralheizungen soll nachstehend in Anlehnung an diese Richtlinien auf einige Sonderfragen bei der Ausführung großer Leitungen noch eingegangen werden.

A. Bauteile

1. Rohrleitungen

Die Leitungsnetze einer Fernheizung werden bei geringen technischen Anforderungen für ND 10 gebaut, bei höheren Drücken und Temperaturen für ND 16 oder ND 25. Zur Verwendung kommen nachstehende Rohrarten:

Durchmesserbereich	*Rohrart*
$^3/_8''$ bis 2''	nahtlose Gewinderohre DIN 2440
NW 40 bis NW 400	nahtlose Flußstahlrohre DIN 2449
etwa ab NW 300	schmelzgasgeschweißte Stahlrohre DIN 2458

Aus dieser Zusammenstellung ist zu ersehen, daß in Abweichung von der Handhabung bei Zentralheizungen für kleinere Durchmesser ausschließlich nahtlose Rohre verwendet werden. Bei größeren Durchmessern kommen auch geschweißte Rohre in Frage, wobei für Temperaturen des Heizmittels über 250° Werkbescheinigungen vorzulegen sind. Für Kondensatleitungen werden wegen der erhöhten Korrosionsgefahr vielfach verstärkte Gewinderohre nach DIN 2441 verwendet.

Um eine einwandfreie *Schweißung* zu ermöglichen, empfiehlt es sich, bei Rohren über NW 200 die maximal zulässigen Durchmesserabweichungen festzulegen, und zwar mit $\pm$ 1% des Außendurchmessers bei einem absoluten Höchstwert von $\pm$ 3 mm. Große Rohrlängen sind wegen der geringeren Zahl von Schweißstellen zu bevorzugen. Für die Güte einer Schweißung ist vor allem die Materialbindung an der Wurzel der Naht maßgebend.

Vor der Schweißung — in der Regel wird gasgeschweißt — sind die Rohrenden an mehreren Stellen des Umfanges zu heften, wobei für Stumpfnähte (s. Abb. 2.57) ein Rohrabstand von 2 bis 3 mm, für V-Nähte von 1,5 bis 2 mm einzuhalten ist. Schweißnähte, die nur über Kopf ausgeführt werden können, sollten soweit als möglich vermieden werden. Etwa ab NW 450 empfiehlt es sich, die Schweißnähte mit Hilfe besonderer Vorrichtungen (nicht mit dem Schweißbrenner) auszuglühen.

Da von der Güte der Schweißverbindungen die Betriebssicherheit einer Fernheizung entscheidend abhängt, sind zu diesen Arbeiten nur geübte und zuverlässige Schweißer heranzuziehen. Sie müssen ihr Können und ihre Eignung durch Sonderprüfungen nachweisen, die im allgemeinen jährlich zu wiederholen sind.

---

[1] Technische Richtlinien für den Bau und Betrieb von Heizkraftanlagen, Bd. I, Verlag „Elektrizitätswirtschaft", Göttingen 1949.

Zur *Nachprüfung der Dichtheit* werden die einzelnen Leitungsabschnitte unmittelbar nach der Montage in unisoliertem Zustand einer Wasser- oder Dampfdruckprobe unterzogen. Der Probedruck — 1,25facher Betriebsdruck, mindestens der Nenndruck — darf innerhalb einer Stunde nicht fallen; während dieser Zeit werden die Schweißnähte mit einem Handhammer abgeklopft. Bei Durchführung einer Wasserdruckprobe ist darauf zu achten, daß die Tragkonstruktionen der Rohrleitungen für die Gewichtsbelastung ausreichen; Armaturen werden nicht mit abgedrückt.

Vor der Abnahme ist die fertige Leitung einer Wärmeprobe zu unterziehen. Die Leitung wird zu diesem Zweck abschnittsweise in Betrieb gesetzt, und soweit sie zugänglich ist, nochmals auf Dichtheit und auf einwandfreie Wärmedehnung geprüft.

Flanschverbindungen sind in Fernleitungsnetzen nur beim Anschluß von Einbauteilen (Absperrorgane, Dehnungsausgleicher, Apparate aller Art) am Platze; sie müssen stets zugänglich bleiben. Vorwiegend verwendet werden Vorschweißflanschen nach DIN 2632, 2633, 2634, unter schwierigen Einbauverhältnissen und größeren Durchmessern auch lose Flanschen mit Vorschweißbund nach DIN 2673, 2674, 2675. Die Berechnung von Flanschen erfolgt nach DIN 2505 und 2506. Als Dichtungsmaterial werden Klingerit und gleichwertige Stoffe verwendet, die vor dem Einlegen mit Graphitpaste oder Mangankitt bestrichen werden.

2. Einbauteile

Nur Leitungen kleinerer Nennweiten werden auf der Baustelle der Rohrführung entsprechend warm gebogen. Meistens werden bei Richtungsänderungen und auch für Abzweige bei eindeutiger Strömungsrichtung in der Hauptleitung kurze nahtlose *Einschweißbogen* verwendet. Bei zweiseitiger Strömungsrichtung sollten die *Abzweigstutzen* in guter Abrundung an die Hauptleitung anschließen, s. Abb. 2.52. Das Rohr ist für diesen Zweck auszubördeln. Abzweige, die sich mit der Hauptleitung infolge der Wärmedehnung stärker bewegen, können durch Stege versteift werden; die Schweißnaht ist dabei frei zu lassen. Zweigen von Rohren der Nennweite 100 und größer Leitungen kleinerer Durchmesser ab, so empfiehlt es sich, den Abzweigstutzen mindestens in der Nennweite 50 auszuführen und anschließend erst die Leitung auf den gewünschten Durchmesser einzuziehen.

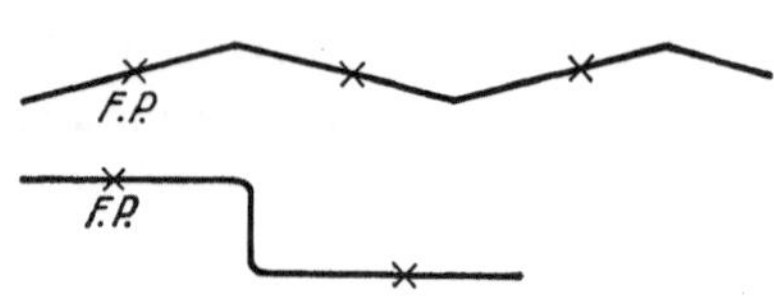

Abb. 4.01. Dehnungsaufnahme durch Richtungsänderungen

Die *Wärmedehnung* der Rohre ist, wenn irgend möglich, durch geeignete Leitungsführung aufzunehmen (natürliche Kompensation). Es kann aus diesem Grunde zweckmäßig sein, eine Leitung zwischen zwei Punkten nicht auf kürzestem Wege, also in der Verbindungsgeraden, zu verlegen, sondern mit mehreren Richtungsänderungen[1], s. Abb. 4.01. Auf dem gleichen Prinzip beruht auch die Dehnungsaufnahme der Bogenausgleicher in U- oder Lyŕaform, die als fertige Bauteile in die Rohrleitung eingeschweißt oder — bei glatten Rohren — auch am Bau selbst erst hergestellt werden, s. Abb. 2.61. Die seitliche Ausladung dieser Dehnungsausgleicher bereitet bei Kanalverlegung oft Schwierigkeiten und erhöht die Kanalkosten. Wegen ihrer Betriebszuverlässigkeit werden sie aber gerade für unzugängliche Fernleitungen bevorzugt verwendet. Einsteigeschächte sind hier nicht erforderlich, wohl aber beim Einbau der sonstigen Bauarten von Dehnungsausgleichern, da diese z. T. gewartet oder auch gelegentlich ausgewechselt werden müssen.

Von den rein axial wirkenden Dehnungsausgleichern werden Linsenausgleicher nur bis zu Temperaturen von 200° und Drücken bis 3,5 atü verwendet. Die hohen Festpunktkräfte schränken darüber hinaus ihre Anwendbarkeit ein. Stopfbuchsenausgleicher sind auch für größere Querschnitte und höhere Drücke bzw. Temperaturen geeignet. Wichtig für einwandfreies Arbeiten sind bei ihnen eine genaue axiale Führung, glatte Gleitflächen und geeignete Packungen; sie stellen daher an Montage und Wartung hohe Anforderungen.

[1] Fernleitung der Wärme. Vorträge auf der Hauptversammlung 1936 des Vereins deutscher Ingenieure. Berlin: VDI-Verlag. — WIESE, FR. F.: Die Ausführung von Fernheizleitungen und Anschlüssen. Die Fernheizleitung zum Flughafen Berlin. Heizg. u. Lüftg. Bd. 13 (1939) S. 81 u. 103.

Zur *Leitungsabsperrung* dienen bis etwa NW 80 in der Regel Ventile, darüber hinaus Schieber. Ventile sollten mit strömungsgerechtem Gehäuse versehen sein, um den Druckverlust so klein wie möglich zu halten. Sie haben den Schiebern gegenüber den Vorzug des besseren Abschlusses. Bis zu Leitungsdrücken von 5 atü verwendet man Keilschieber, über 5 atü Parallelschieber, und zwar in der Regel mit gußeisernem Gehäuse. Für Temperaturen über 250° und für Anlageteile, bei denen mit Wasserschlägen zu rechnen ist, sind Stahlgußschieber am Platz. Stets müssen die Absperrvorrichtungen zugänglich bleiben.

*Entlüftungs*möglichkeiten sind sowohl bei Dampf- als auch bei Wasserleitungen in genügender Zahl vorzusehen. Neben handbedienten Entlüftungsstellen werden vielfach auch selbsttätige Entlüfter (bei Dampfleitungen Ent- und Belüfter) eingebaut. Eine bewährte Ausführung für

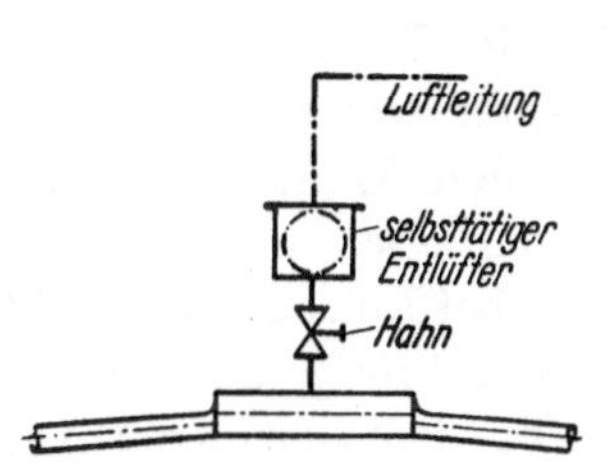

Abb. 4.02. Entlüfter für Wassernetze

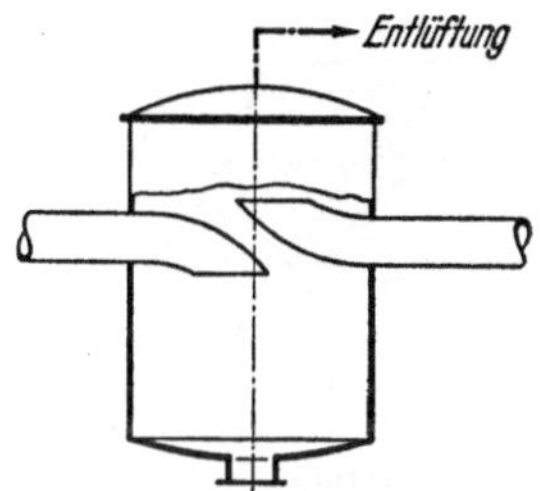

Abb. 4.03. Schlammabscheider

Wassernetze zeigt Abb. 4.02. Von Hauptleitungen nach unten abgehende senkrechte Zweigleitungen führen bei großen Wassernetzen erfahrungsgemäß viel Schmutz aus den Hauptleitungen mit. Zur Absonderung feiner Schmutzteile genügt der übliche Schlammstutzen nicht, es sollten vielmehr besondere Schlammabscheider nach Art der Abb. 4.03 vorgesehen werden.

3. Rohrlagerung

Fernleitungen lassen sich nur selten mittels Schellen, Tragbügeln, Pendeln u. dgl. an Decken und Wänden eines Bauwerks aufhängen bzw. befestigen, wie es bei den Verteilleitungen von Zentralheizungen üblich ist. Bei Freiverlegung werden die Rohre auf Sockeln, Rohrmasten oder Rohrbrücken abgestützt, bei Kanalverlegung zumeist auf die Kanalsohle aufgelegt.

Die Rohrunterstützungen sind so auszubilden, daß sich die Rohrleitungen unter dem Einfluß der Erwärmung möglichst unbehindert in Richtung der Rohrachse dehnen können. Um ein

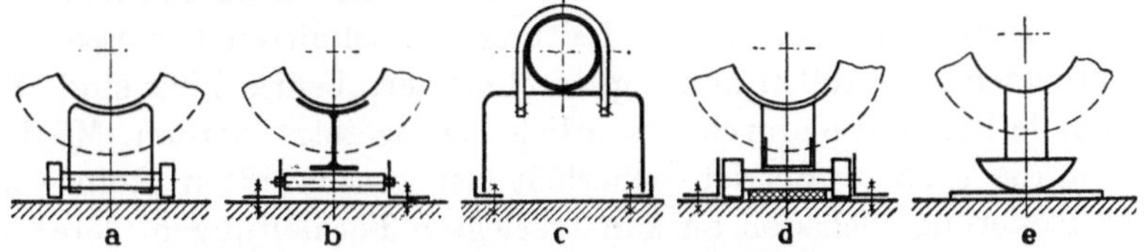

Abb. 4.04. Rohrunterstützungen.
a) Rohrwagen, b) Rollenlager, c) Gleitschelle, d) Walzenlager, e) Pilzkopf

Abgleiten der Unterstützungen von der Unterlage zu vermeiden, muß diese genügend breit aufgeführt werden. Waagerechte Freileitungen werden vielfach auf Rollen oder Rohrwagen gelegt, s. Abb. 4.04 a, b. Derartige Unterstützungen — und das gilt erst recht für Kugellager — erfordert eine gewisse Pflege, da sie sonst nach kurzer Zeit festrosten oder klemmen; sie sind daher nicht für unzugängliche Kanalstrecken geeignet. Walzenlager, s. Abb. 4.04 d, sind zwar weniger empfindlich gegen Rost, stellen sich aber leicht schräg zur Rohrachse und behindern dadurch die Rohrbewegung.

Mehr und mehr verzichtet man daher heute auf die doch im Betrieb recht fragwürdigen Vorteile der rollenden Reibung und sieht von vornherein einfache Rohrunterstützungen vor, die sich *gleitend* auf der festen Unterlage verschieben. Abb. 4.04 c zeigt eine solche Gleitschelle einfachster Bauart, auf der das Rohr mit Bügeln befestigt ist; eine gewisse axiale Rohrführung wird durch die Winkeleisenunterlage gesichert. Sollen seitliche Verschiebungen zugelassen werden, so verwendet man Pilzköpfe nach Art der Abb. 4.04e. Sie eignen sich besonders zur Abstützung von Bogenausgleichern, wobei zweckmäßigerweise auch die Rohrstücke unmittelbar vor und hinter dem Ausgleicher in dieser Art abgestützt werden. Dehnungsausgleicher für axiale Schubaufnahme erfordern dagegen eine genaue Führung der Leitung in Richtung der Rohrachse.

Die Rohrunterstützungen sollen das Aufbringen einer durchlaufenden Isolierung möglichst wenig behindern, gleichzeitig aber auch die Dämmwirkung der Isolierung nicht wesentlich beeinträchtigen. Zu diesem Zweck sind die Kontaktflächen zwischen Rohr und Unterstützung auf das für eine sichere Lagerung unbedingt notwendige Maß zu beschränken. Bei beweglichen Lagern sollen die aus der Isolierung herausragenden Oberflächen tunlichst klein sein; zwischen Rohr und Schelle kann eine Asbestlage eingeschoben werden.

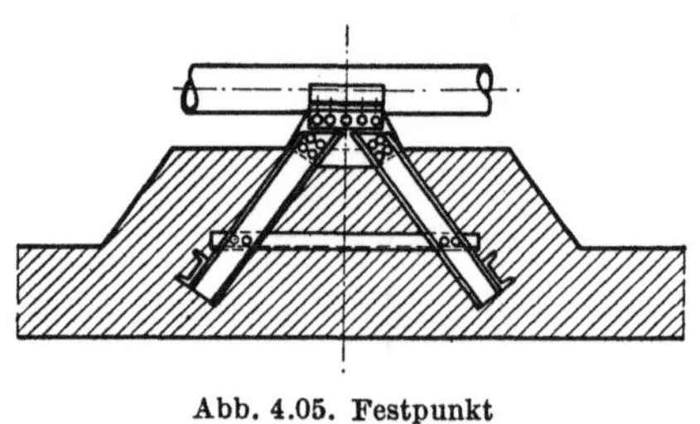

Abb. 4.05. Festpunkt

Zur Aufnahme der Dehnungs- bzw. Reibungskräfte dienen die *Festpunkte* der Leitung. Es sind dies Unterstützungen, die das Rohr fest mit einem Bauwerk oder einem Kanalteil verbinden. Einfache Festpunktschellen, wie sie auf S. 53 beschrieben werden, reichen nur für Rohre bis NW 125 aus, bei Linsen- und nicht entlasteten Stopfbuchsenausgleichern infolge der hohen Rückdrücke sogar nur bis NW 70. Für Rohrleitungen größeren Durchmessers sind besondere Festpunktkonstruktionen notwendig, bei denen seitlich an das Rohr angeschweißte Pratzen an kräftigen Profilrahmen befestigt werden, welche eine Axialbewegung des Rohres innerhalb der Festpunktkonstruktion unmöglich machen, s. Abb. 4.05. Zur Aufnahme der oft erheblichen Schubkräfte müssen die Profileisen in einen schweren Betonblock eingegossen werden, der durch sein Eigengewicht ein Kippen oder Loslösen von der Kanalsohle verhindert.

B. Heizkanäle

1. Allgemeines

Fernleitungen müssen unterirdisch verlegt werden, wenn sie weder durch Gebäude geführt noch im freien Gelände verlegt werden können. Das trifft zu für Rohrnetze in Wohn- und Anstaltsbezirken, bei Kreuzungen von Verkehrswegen und vor allem für Stadtheizungen[1]. Während früher Heizrohrkanäle zumeist begehbar ausgeführt wurden, um alle Teile des Leitungsnetzes überwachen und etwaige Schäden leicht beheben zu können, werden heute in der Regel die Kanalabmessungen nach den Leitungsquerschnitten bemessen, wobei lediglich Kanäle von Dampfnetzen mit großen Leitungsdurchmessern bekriechbar sind. Platzbedarf und Kosten der Heizkanäle konnten dadurch wesentlich herabgesetzt werden. Möglich wurde diese Entwicklung durch die größere Betriebssicherheit der geschweißten Rohrleitungen und die Beständigkeit der Isolierung. Schäden an kanalverlegten Fernleitungen treten bei sorgfältiger Ausbildung und Betriebsführung so selten auf, daß die Kosten der Freilegung einer schadhaften Rohrleitung geringer sind als die Mehraufwendungen für den begehbaren Kanal.

Sind die Baukosten der Kanäle höher als die Kosten der Fernleitungen einschließlich Isolierung, so wird sich die Leitungsführung in erster Linie nach den Boden- und Geländeverhältnissen richten müssen. Das trifft zu für Stadtbezirke, bei denen die Straßen meist schon stark durch sonstige Leitungen, wie Gas-, Wasser- und Abwasserleitungen, Strom-, Post-, Polizei- und Feuerwehrkabel, belegt sind. Die Unterbringung der Heizkanäle bereitet hier große Schwierigkeiten und ist oft nur durch teilweise Verlegung der übrigen Leitungen möglich.

Von den Baukosten her gesehen ist daher stets die Rohrverlegung im unbefestigten Gelände vorzuziehen. Teurer wird schon die Verlegung unterhalb des Bürgersteiges, am teuersten jedoch die Ausführung von Heizkanälen in Verkehrsstraßen mit Beton- oder Asphaltdecke.

Heizkanäle sollten von parallel laufenden Niederspannungsleitungen sowie von Gas- und Wasserleitungen genügenden Abstand haben, möglichst 0,75 m, bei Kreuzungen noch 0,2 bis 0,3 m.

---

[1] Technische Richtlinien für den Bau von Fernheizkanälen, s. Fußnote S. 163, S. 39 bis 55.

Die Parallelführung mit naheliegenden Starkstromkabeln ist zu vermeiden. Bei Kreuzungen ist ein Abstand von 0,7 m einzuhalten. Unmittelbar anliegende Kaltwasserleitungen können leicht zur Schwitzwasserbildung in den Kanälen führen. Durch Einbau einer Isolierschicht ist die Wärmedämmung in solchen Fällen zu verbessern. Das gleiche gilt bei Stromleitungen und Kabelkästen, die gegen Erwärmung zu schützen sind, wenn die genannten Mindestentfernungen nicht eingehalten werden können.

2. Bauformen und Ausführung

Von den vielerlei Ausführungsarten der Leitungskanäle haben sich in Deutschland drei Grundformen durchgesetzt, der Korbbogen-, der Halbkreis- und der Rechteckkanal, s. Abb. 4.06 a, b, c.

Die Deckelstücke sind stets aus Eisenbeton vorgefertigt und mit kräftigen Stahlbügeln zum Anheben versehen, bei den Sohlenstücken (Wannen) lohnt sich die Vorfertigung nur für kleine,

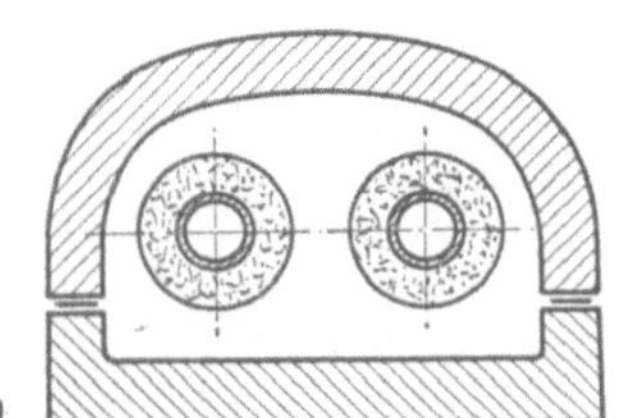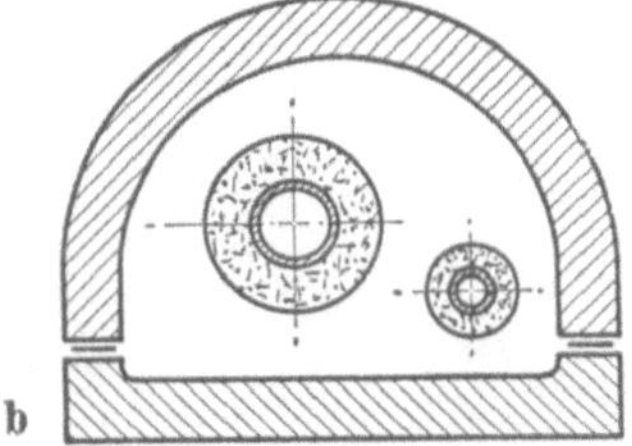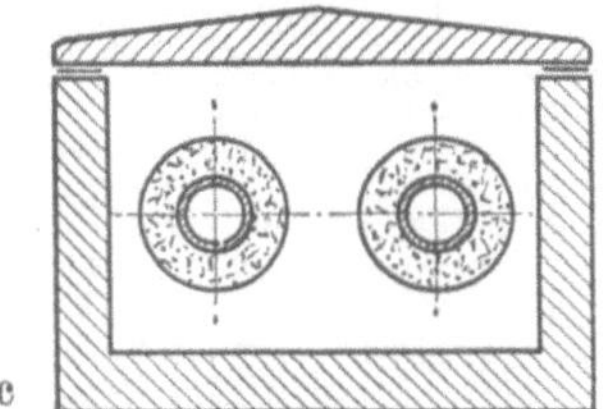

Abb. 4.06. Fernleitungskanäle.
a) Korbbogenkanal, b) Halbkreiskanal, c) Rechteckkanal

nicht schwer belastete Kanäle. Die Montage der Leitungen und deren Isolierung ist erleichtert, wenn die waagerechten Trennfugen möglichst tief liegen. Diese Ausführung erfordert jedoch breitere Baugruben und schwerere Abdeckungen als die hochgezogenen Seitenwangen. Die Länge der Deckelstücke ist wegen ihres Gewichtes auf 0,7 bis 1,3 m beschränkt.

Für die Querschnittsform des Kanals sind die örtlichen Verhältnisse sowie Zahl und Größe der unterzubringenden Leitungen maßgebend. Das liegende Rechteck, s. Abb. 4.06c, eignet sich mehr für Wasserleitungen mit gleichen Durchmessern im Vor- und Rücklauf, das Halbkreisprofil der Abb. 4.06b für Dampfnetze. In der Regel werden die Kanäle mit ihrer Oberkante etwa 50 bis

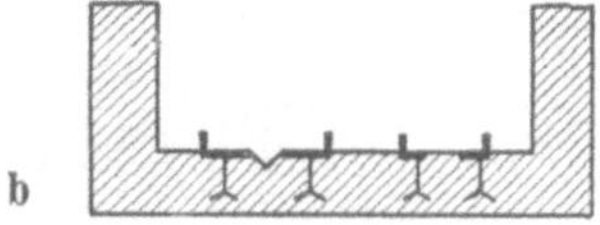

Abb. 4.07. Rohrauflage.
a) glatte Platte, b) Winkeleisen mit Rinne

80 cm unterhalb der Straßendecke verlegt, so daß sich die Lasten und Erschütterungen des Verkehrs nicht unmittelbar auf den Kanal auswirken können. Bei geringerer Erddeckung sind die Kanäle entsprechend stärker auszuführen.

Zur Entwässerung bei Wassereinbrüchen erhält die Kanalsohle zumeist ein leichtes Gefälle, häufig auch noch besondere Abflußrinnen. Selbstverständlich dürfen keine Quereinbauten den Wasserabfluß behindern. Eiserne Platten, Profileisen oder Hartklinkerschichten, die als Unterlage für die Rohrlagerungen dienen, s. Abb. 4.07, sollen deshalb bündig mit der Kanalsohle abschließen, sofern nicht die Sohle selbst Quergefälle mit einer freien Seitenrinne aufweist.

3. Abdichtung

Die an dem Erdreich anliegenden Außenflächen der Kanäle sind durch Anstriche gut abzudichten. Besondere Sorgfalt ist auf die Abdichtung der waagerechten und senkrechten Fugen zwischen den Einzelstücken der Kanaldeckel und -sohlen zu verwenden.

Die Abb. 4.08a bis c geben bewährte Dichtungsausführungen für waagerechte Deckelfugen und senkrechte Deckel- bzw. Wangenfugen wieder. Freiliegende Teerstricke sind durch Gudronmasse oder Zementmörtel zu schützen. Für Trennfugen in der Kanalsohle und ausgesprochene Dehnungsfugen wird eine Einlage von Kupferblechen nach Abb. 4.08d mit einer Ziegelschutzschicht an den Seitenwangen empfohlen. Bei kleineren Kanälen kann der Längsschub bei Erwärmung vielfach an der Einführung in einen Schacht nach Abb. 4.09 aufgenommen werden. Da eine einwandfreie Abdichtung von Heizkanälen bei anhaltendem Wasserdruck auf die Wände nicht zu gewährleisten ist, sollte man von der Verlegung von Heizkanälen im Grundwasser absehen.

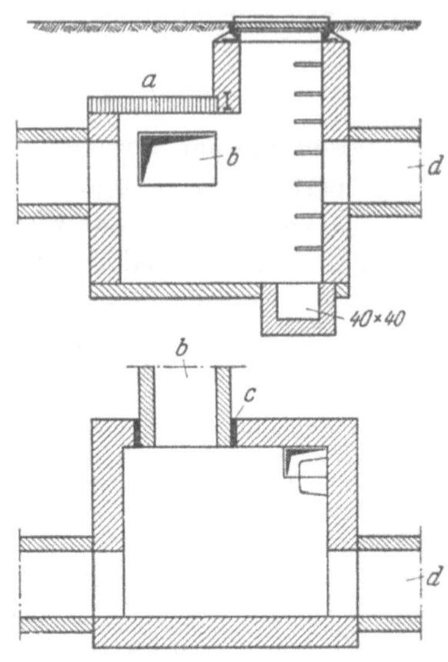

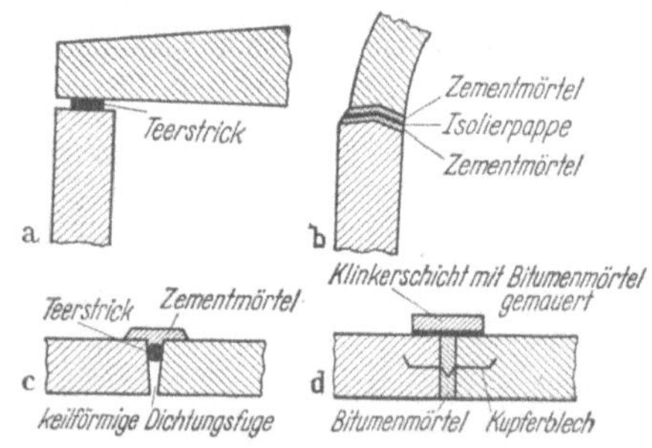

Abb. 4.08. Kanalabdichtungen.
a) waagerechte Deckelfuge (Teerstrick), b) waagerechte Deckelfuge (Pappe-Zementdichtung), c) senkrechte Dichtungsfuge, d) Dichtungsfuge in Kanalsohle

Abb. 4.09. Einsteigeschacht.
a Deckenplatte, *b* Abzweigkanal, *c* doppelte Isolierpappe, *d* Hauptkanal

4. Schächte

Schächte müssen in einem kanalverlegten Fernleitungsnetz überall da angeordnet werden, wo Einbauteile, wie Dehnungsausgleicher, Rohrabzweige mit Absperrungen, Festpunkte, Entwässerungen u. dgl., zugänglich bleiben sollen. Zusätzlich werden häufig am Ende von geraden

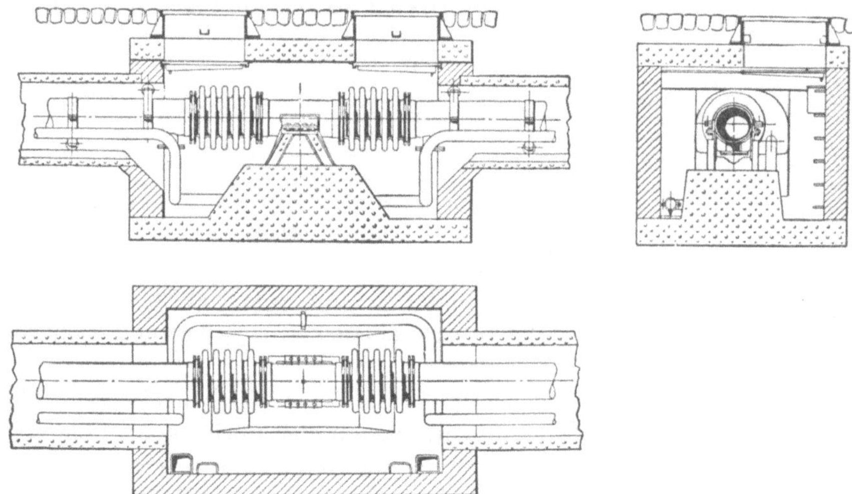

Abb. 4.10. Festpunkt mit Dehnungsausgleichern

Kanalstrecken oder im Abstand von 50 bis 80 m sog. Beobachtungsschächte eingebaut, die ein Durchleuchten des Netzes im Schadensfall gestatten. Abb. 4.09 zeigt die Schnittbilder eines Einsteigeschachtes am Abzweig einer Abnehmerleitung. Sohle und Decke werden in Eisenbeton ausgeführt, die Wände evtl. auch in Hartbrandsteinen gemauert. Die abnehmbare Deckenplatte gestattet das Einbringen schwerer Teile. Die Einsteigöffnung ist mit einem eisernen Deckel verschlossen, der zur Vermeidung des Eindringens von Regenwasser etwas höher liegt als die Straßendecke. Steigeisen ermöglichen den Zugang. Etwaiges Wasser wird in einem seitlichen Schöpfloch gesammelt und kann zur Kanalisation abfließen oder abgepumpt werden.

Abb. 4.10 gibt einen Schacht mit Festpunkt und Dehnungsausgleichern bei einer Stadtheizung wieder.

Die Hauptkanäle werden mit dem Schacht meist fest verbunden, die Nebenkanäle gleitend eingeführt. Am Eintritt in ein Gebäude soll der Heizkanal wasser- und nach Möglichkeit auch gasdicht vom Hauskeller abgeschlossen sein. Erforderlichenfalls sind Rohrmanschetten vorzusehen, die eine Längsbewegung des Rohres aufnehmen können, ohne die Abdichtung zu gefährden.

5. Sonderausführungen

Auf kürzere Entfernungen lassen sich Heizleitungen auch in kräftigen Schutzrohren verlegen, deren Innendurchmesser größer ist als der Außendurchmesser des Heizrohres einschließlich

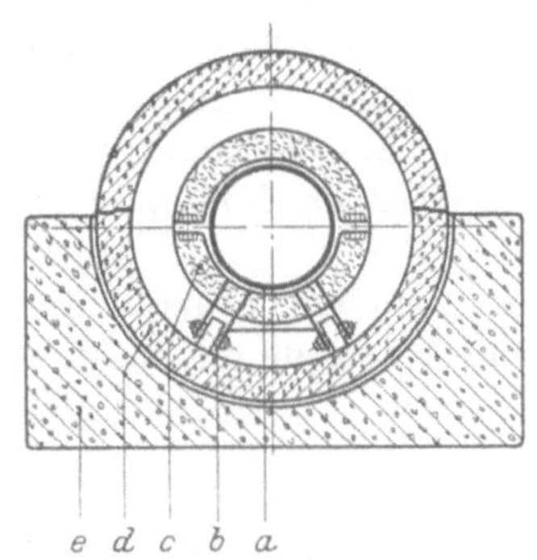

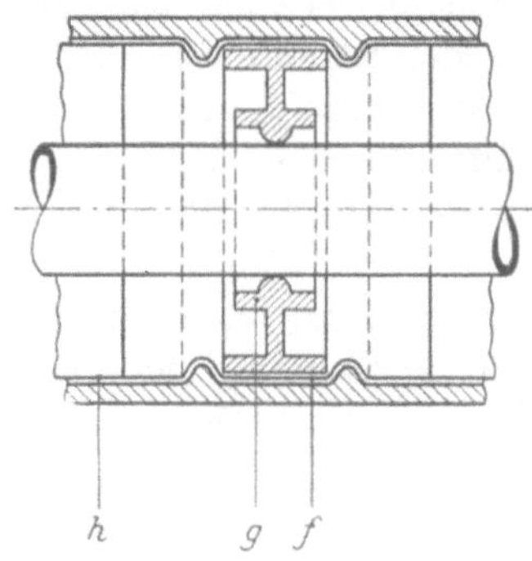

Abb. 4.11 und 4.12. Beispiele kanalfreier Rohrverlegung.
a Heizrohr, *b* Rohrschellen und Rollen, *c* Isolierung, *d* Betonrohr, *e* Magerbetonsockel, *f* Verbindungsstück, *g* Gleitring, *h* Blechrohr

Isolierung. Man macht von dieser Möglichkeit vor allem Gebrauch, wenn in dicht belegten Straßen die Unterbringung eines Kanals streckenweise auf große Schwierigkeiten stößt, z. B. bei Straßenkreuzungen. Die Mantelrohre sind durch doppelten Rostanstrich und eine asphaltierte Jutebandage zu schützen.

Sind längere Strecken auf diese Weise zu überwinden, so muß eine einwandfreie Längsbewegung des Rohres gewährleistet sein[1]. Bei Abb. 4.11 bewegt sich das isolierte Rohr mit seinen Schellen in Betonhalbschalen, bei Abb. 4.12 das nackte Rohr in Gleitringen, die durch Rillen im Schutzrohr gehalten sind. Der Hohlraum zwischen Rohrleitung und Schutzrohr wird mit Isoliermasse ausgefüllt. Seitliche Verschiebungen sind nicht möglich. Die Rohrdehnung muß daher mit Axialausgleichern aufgenommen werden oder es sind in üblicher Weise Schächte mit Metallschlauchausgleichern vorzusehen.

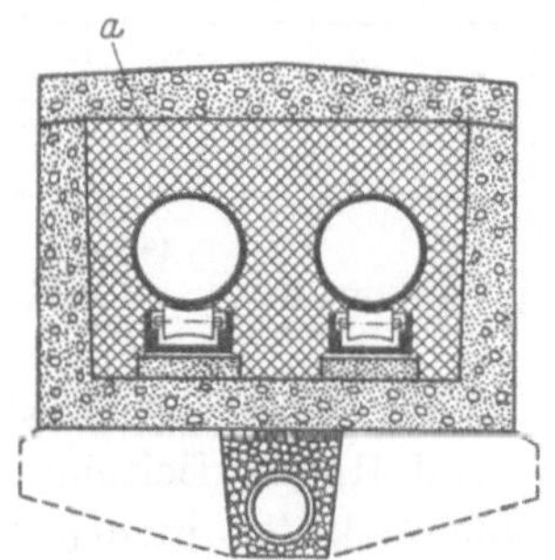

Abb. 4.13. Heizkanal mit Zellenbetonisolierung

Die kanalfreie Verlegung spart zwar an Platz, erfordert aber eine besonders sorgfältige Ausführung. Auch können Abzweige nur in der Nähe von Festpunkten abgenommen werden. Kosteneinsparungen gegenüber Kanalverlegung sind bis jetzt nur bei Einzelleitungen nachgewiesen worden, also wenn beispielsweise bei Dampfnetzen auf die Kondensatrückführung verzichtet wird. Eine in Dänemark gebräuchliche Kanalausführung zeigt Abb. 4.13. Hier wird der Hohlraum zwischen Rohr und Kanalwand mit Zellenbeton (*a*) vergossen, der gleichzeitig isoliert und die Festigkeit des Kanals erhöht. Allerdings muß das Eindringen von Feuchtigkeit bei dieser Kanalart unbedingt vermieden werden.

---

[1] KOCH, J.: Rohrverlegung in Fernheizwerken unter besonderer Berücksichtigung der kanalfreien Verlegung. Heizg.-Lüftg.-Haustechn. Bd. 3 (1952) S. 79.

C. Ermittlung der wirtschaftlichsten Rohrdurchmesser

Von den vielen möglichen Ausführungen einer Fernheizung ist meist diejenige auszuwählen, die den niedrigsten Wärmepreis an der Verbrauchsstelle gewährleistet. Zahlreiche Faktoren spielen hierbei mit. In diesem Zusammenhang soll zunächst der Einfluß der Rohrdurchmesser auf die Wärmeverteilungskosten untersucht werden.

Es sei angenommen, daß die Art des Wärmeträgers sowie Druck und Temperatur an den Verbrauchsstellen bekannt sind und daß ein bestimmter Stoffstrom über eine gegebene Entfernung zu fördern ist. Wird der Durchmesser der Rohre klein gewählt, so wird offensichtlich das Rohrnetz billig und damit der Kapitaldienst niedrig. Auch die Wärmeverluste des Netzes sind relativ gering. Andererseits wachsen die Druckverluste, also auch die Förderkosten mit kleiner werdenden Durchmessern rasch an.

Kennt man für jeden Kostenfaktor die Abhängigkeit vom Rohrdurchmesser, so läßt sich das Minimum der Gesamtkosten und damit die wirtschaftlichste Auslegung leicht finden. Eine rechnerische Lösung dieser Aufgabe ist zwar möglich, aber in der Regel nicht zweckmäßig, da der Zusammenhang zwischen den einzelnen Kostenelementen und dem Durchmesser von Fall zu Fall verschieden ist und sich nicht durch einfache, allgemein verwendbare Beziehungen darstellen läßt. Man kommt daher rascher zum Ziel — sofern nicht viele derartige Aufgaben gleichzeitig zu bewältigen sind — wenn man für einige Durchmesser die Einzelkosten ermittelt, diese Kostenbeträge als Funktion des Durchmessers aufträgt und graphisch das Minimum der Summe ermittelt.

Dieses Verfahren, das auch bei sonstigen Wirtschaftlichkeitsrechnungen häufig angewendet wird, z. B. zur Bestimmung der günstigsten Isolierdicke von Wärmedämmungen, sei nachstehend am Beispiel einer Fernleitung erläutert.

1. Kapitaldienst

Die Kosten einer Fernleitung setzen sich zusammen aus den Teilbeträgen für die Rohrleitung (einschl. Zubehör und Montage), die Isolierung und die baulichen Aufwendungen (Sockel oder Maste für Freileitungen bzw. Kanäle für Leitungen unter der Erde). Alle Teilkosten wachsen mit dem Durchmesser der Leitungen an. Bei Verlegung der Rohre innerhalb von Gebäuden fallen zuweilen die baulichen Aufwendungen ganz fort. Am teuersten sind Leitungen in Kanälen.

Abb. 4.14 zeigt die Abhängigkeit der Anlagekosten einer Fernleitung innerhalb eines Stadtbezirks vom Durchmesser. Die Baukosten der Kanäle sind in solchen Fällen zumeist höher als die Kosten der Rohrleitung einschließlich der Isolierung. Als Durchmesser wird bei Dampfnetzen die Nennweite der Dampfrohre zugrunde

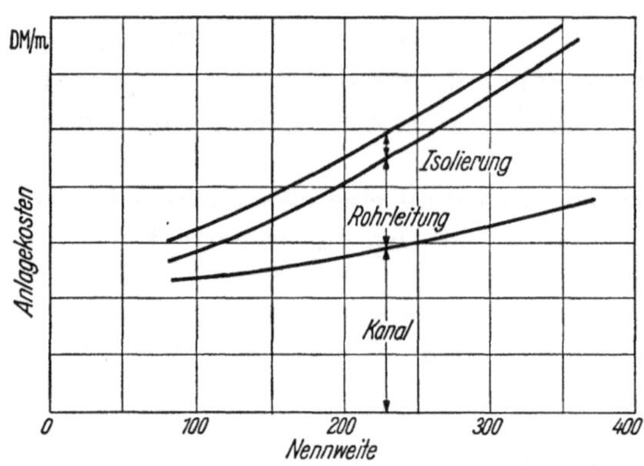

Abb. 4.14. Kosten einer kanalverlegten Fernleitung

gelegt; bei Wassernetzen sind bei der Ausführung mit zwei Leitungen die Durchmesser der Vor- und Rücklaufleitung im allgemeinen gleich.

Unstetigkeiten in den Linienzügen können auftreten, wenn bei bestimmten Rohrdurchmessern aus wirtschaftlichen Gründen die Kanalbauform oder die Rohrart gewechselt wird (z. B. bei NW 300 mit dem Übergang auf schmelzgeschweißte Stahlrohre nach DIN 2458). Die graphische Durchführung der Aufgabe ermöglicht das Ausgleichen derartiger Knickpunkte und die Auffindung des wirtschaftlichsten Rohrdurchmessers, ohne daß die Einzelkosten für zu viele Abszissenwerte ermittelt werden müssen. Meist genügt die Berechnung für drei Wahldurchmesser, um den Kurvencharakter festzulegen. Man schätzt dabei zunächst nach Erfahrungswerten die Nennweite, z. B. bei Dampfleitungen an Hand der Geschwindigkeit, bei Wasserleitungen an Hand des Druckgefälles und stellt für diese Nennweite sowie je eine um etwa zwei Stufen höhere bzw. niedrigere die Kosten fest.

Aus Zinsfuß und Abschreibungsquote ergibt sich der Jahreskapitaldienst der Fernheizanlage als Funktion des Leitungsdurchmessers. Die Abschreibungsdauer kann für Fernheiznetze mit 20 Jahren angesetzt werden. Es ist zweckmäßig, in den Kapitaldienst auch die festen Kosten für die Unterhaltung und Wartung der Anlage in Höhe von 1 bis 2% des Gestehungswertes mit einzubeziehen.

2. Wärmeverluste

Unter den die beweglichen Kosten des Fernheizbetriebes bestimmenden Faktoren sind die Wärmeverluste gesondert zu betrachten; sie wachsen ebenfalls mit dem Rohrdurchmesser an. Zunächst werden die stündlichen Wärmeverluste der Rohrstrecke ermittelt. Auch hier sind Unstetigkeiten oder gar Sprünge in der Abhängigkeit vom Durchmesser zu erwarten, die graphisch auszugleichen sind. Mit zunehmender Rohrweite wächst nämlich die wirtschaftlichste Isolierdicke an, s. S. 436. Der Übergang auf eine größere, auf volle cm abgerundete Isolierdicke ergibt jeweils ein neues Stück der Wärmeverlustkurve. Zu beachten ist außerdem, daß die Wärmeverluste nicht für die Maximaltemperaturen, sondern für die mittleren Betriebstemperaturen des Wärmeträgers zu berechnen sind, ein Umstand, der bei Wassernetzen mit gleitenden Vorlauftemperaturen stark ins Gewicht fällt.

Aus den stündlichen Wärmeverlusten der Rohrleitung erhält man die Jahreskosten durch Multiplikation mit der Betriebsdauer und dem Wärmepreis. Die Wärmeverluste in den regelmäßigen Betriebspausen, z. B. in den Nachtstunden, werden durch einen Zuschlag zur Betriebsdauer berücksichtigt. Man berechnet zu diesem Zweck überschläglich die Wärmespeicherung des Rohrnetzes nebst Isolierung bei mittlerer Heizmitteltemperatur und bezieht sie auf die Wärmeverluste in den Tagesstunden. Als Wärmepreis sind die Selbstkosten ab Werk einzusetzen.

3. Die Förderkosten des Wärmeträgers

Die Kosten der Förderung des Wärmeträgers nehmen mit abnehmender Rohrweite zu. Bei Wassernetzen wächst der Druckverlust und damit auch der Leistungsbedarf der Umwälzpumpen bei gleichbleibendem Durchfluß etwa mit der 5. Potenz des Durchmesserkehrwertes, s. S. 433. Um den Förderstrom klein zu halten, wird man den Temperaturunterschied „Vorlauf–Rücklauf" so groß wie möglich wählen. Außerdem geht bei elektrischem Antrieb der Strompreis in diesen Kostenbetrag ein, ohne jedoch den Charakter der Kostenlinie zu beeinflussen. (Die unterschiedlichen Anlagekosten der Pumpenaggregate und ihrer Zubehörteile werden der Einfachheit halber in die Netzkosten mit einbezogen, sofern sie überhaupt eine Rolle spielen.)

Schwieriger ist die Erfassung der Förderkosten bei Dampfnetzen. Große Druckverluste auf der Strecke erfordern einen entsprechend hohen Anfangsdruck des Dampfes; die Förderarbeit wird hier dem Arbeitsvermögen des Wärmeträgers entnommen. Es gilt also den Heizdampf nach seinem Arbeitsvermögen, d. h. in erster Linie nach dem Druck am Netzeintritt, zu werten.

Beim Heizwerk mit Frischdampfverteilung lassen sich die Selbstkosten der Wärmeerzeugung einfach bestimmen. Der höher gespannte Dampf wird im wesentlichen durch den Kapitaldienst der teureren Hochdruckkesselanlage zusätzlich belastet. Die Mehrkosten sind im Druckbereich zwischen 3 und 10 atü bei größeren Kesselanlagen verhältnismäßig gering, so daß bei Frischdampfnetzen relativ hohe Druckverluste gewählt werden können.

Die Frischdampfverteilung wird aber in der Fernheiztechnik mehr und mehr zur Ausnahme, da man bestrebt ist, durch Kupplung von Kraftwerken und Wärmeverteilungsanlagen den Heizdampf weitestgehend zur Stromerzeugung im Gegendruckbetrieb heranzuziehen. Jede Steigerung des Heizdampfdruckes am Netzeintritt bedeutet hier eine Minderung der gewinnbaren mechanischen bzw. elektrischen Leistung. Mit dieser Leistungseinbuße wird die Fernleitung belastet. Die Leistungseinbuße wächst mit kleiner werdendem Rohrdurchmesser. Man beginnt die Berechnung mit dem größten möglichen Rohrdurchmesser und berechnet anschließend noch die Einbuße bei 2 oder 3 kleineren Durchmessern.

Aus Jahresdampfmenge — soweit sie zur Krafterzeugung Verwendung findet — und der Vergütung je kWh Gegendruckarbeit errechnen sich mit Hilfe der Leistungseinbuße die Förderkosten der Dampfverteilung. Ändert sich die Fördermenge, so schwankt bei konstant gehaltenem Dampfdruck am Leitungsende auch der Dampfeintrittsdruck. Das trifft für Fernleitungen zu, die ausschließlich Gebäudeheizungen versorgen. Man kann in solchen Fällen mit dem mittleren Dampfdruck während der Heizperiode rechnen, wenn sich die Kraftmaschine mit veränderlichem Gegendruck betreiben läßt. Auf diese Zusammenhänge wird später noch einzugehen sein, da sie für den wirtschaftlichen Vergleich von Dampf- und Wassernetzen wichtig sind, s. S. 224/30.

Die Kosten der Kondensatrückförderung sind unabhängig von der Wahl des Durchmessers der Dampfleitung, bleiben also bei dieser Vergleichsrechnung außer Betracht.

4. Das Kostenminimum

Die Gesamtkosten der Wärmefortleitung ergeben sich als Summe der Teilbeträge für Kapitaldienst, Wärmeverluste und Heizmittelförderung, s. Abb. 4.15. Das Minimum der Gesamtkosten zeigt auf der Abszissenachse den wirtschaftlich günstigsten Durchmesser an. Der Verlauf der Summenkurve läßt erkennen, daß im allgemeinen ein zu groß gewählter Durchmesser die Wirtschaftlichkeit der Gesamtanlage weniger stark herabsetzt als ein zu klein gewählter. Man weicht daher auf die nächsthöhere Nennweite aus, wenn das Kostenminimum nicht mit einem Normdurchmesser zusammentrifft. Bei Netzerweiterungen lassen sich in solchen Fällen die Leitungen später stärker belasten.

Eine nähere Betrachtung der einzelnen Kostenfaktoren in ihrer Auswirkung auf die günstigste Leitungsauslegung zeigt, daß bei hoher Benutzungsdauer der Anlage und teurem Antriebsstrom für die Umwälzpumpen einer Wasserheizung oder — was auf das gleiche hinauskommt — bei starker Wertsteigerung

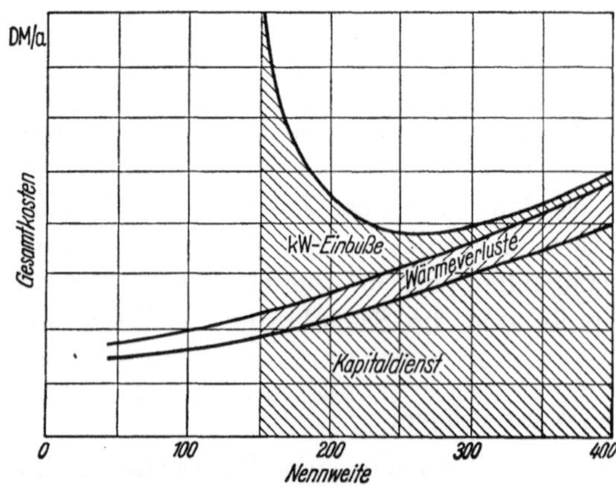

Abb. 4.15. Gesamtkosten des Wärmetransportes in Abhängigkeit vom Rohrdurchmesser

des Heizdampfes mit zunehmendem Druck größere Rohrdurchmesser wirtschaftlicher sind. Überwiegt dagegen der Einfluß des Kapitaldienstes (z. B. Kanalverlegung, hoher Zinsfuß), so verschiebt sich das Optimum nach den kleineren Durchmessern, ganz besonders wenn die Jahresbeanspruchung der Leitung relativ niedrig ist.

Dividiert man die der Abb. 4.15 zu entnehmenden Gesamtkosten durch die Jahreswärme- bzw. die Jahresdampfmenge, so erhält man die spezifischen Wärmetransportkosten. Sie lassen erkennen, um wieviel sich die Wärme durch die Fortleitung verteuert.

Beispiel. Für eine Ferndampfleitung, die vom Heizkraftwerk zu einer 1000 m entfernten Verteilerstation führt und durchschnittlich 10 t/h Dampf für Industrie- und Heizzwecke fördert, soll unter folgenden Voraussetzungen der wirtschaftlichste Rohrdurchmesser ermittelt werden. Gegeben sind:

stündlich zu förderndes mittleres Dampfgewicht	G_h	= 10 t/h
= Dampfdurchsatz der Turbine	D	
Dampfzustand vor Turbine	$p_1; t_1$	= 40 at; 420°
Dampfdruck am Ende der Fernleitung	p_v	= 4 atü
Wärmepreis	P_w	= 20 DM/10⁶ kcal
Vergütung für Gegendruckstrom	P_{Str}	= 2,5 Dpf/kWh
Temperatur im Kanal, je nach Rohrdurchmesser	t_K	= 35—45°
Jahresbetriebsstunden	Z	= 3500 Std.
Betriebswärmeleitzahl der Isolierung	λ_J	= 0,045 kcal/m grd h
Zuschlag auf den Wärmeverlust für Halterung, Absperrung u. a. . . .	z	= 35%
Kapitaldienst	p	= 12%

Anlagekosten je m (Dampf- und Kondensatleitung in einem Kanal)

NW	125	150	175	200	250	300
DM	180,—	202,—	225,—	250,—	310,—	360,—

Lösung:

1. *Kapitaldienst*. Bei einer Zins- und Amortisationsquote von 12% ergibt sich aus den Anlagekosten je m:

NW	125	150	175	200	250	300
K_1 [DM/Jahr]	21 600,—	24 200,—	27 000,—	30 000,—	37 200,—	43 200,—

Die Leitungsberechnung erfolgt mit Hilfe des Arbeitsblattes 8. In nachfolgender Tabelle sind für eine Dampfleistung von 10 t/h und die Nennweiten 125 bis 300 die sich ergebenden Druckverluste und Dampfeintrittsdrücke zusammengestellt. Der Einfachheit halber ist gesättigter Dampf am Eintritt in die Fernleitung zugrunde gelegt. Auch ist der Dampfeintrittsdruck in die Fernleitung dem Gegendruck der Turbine p_2 gleichgesetzt. Der Anteil für Einzelwiderstände am Gesamtdruckverlust wurde mit 15% berücksichtigt.

d	p_m	R	Δp	p_2
	$\dfrac{p_2 + p_v}{2}$	$0{,}85\dfrac{\Delta p}{l}$	$p_2 - p_v$	
NW	at	mm WS/m	mm WS	atü
300	5,08	1,27	1 500	4,15
250	5,19	3,23	3 800	4,38
200	5,55	9,35	11 000	5,10
175	5,95	16,20	19 000	5,90
150	7,00	34,00	40 000	8,00
125	9,25	72,20	85 000	12,50

2. *Wärmeverlustkosten*. Für die Dampfleitung ergeben sich die Wärmeverlustkosten aus

$$K_2 = P_w \cdot Z \cdot l \cdot (1 + z/100) \cdot k_R \cdot \Delta t \cdot 10^{-6} \qquad \text{[DM/Jahr]}$$

und mit den angegebenen Werten:

$$K_2 = 94{,}5 \cdot k_R \cdot \Delta t.$$

Aus einer Zwischenrechnung über die wirtschaftlichsten Isolierdicken für die Dampfleitung, s. S. 434, erhält man die Wärmedurchgangszahl k_R und damit auch die jährlichen Wärmeverlustkosten K_2 für die verschiedenen Durchmesser

NW	125	150	175	200	250	300
Mittlere Dampftemperatur t_m . . . . °C	175	164	158	155	152	151
Kanaltemperatur t_K . . . . °C	45	40	38	35	35	35
Temperaturdifferenz Δt . . . . grd	130	124	120	120	117	116
Isolierdicke . . . . mm	60	70	70	70	80	80
k_R . . . . kcal/m h grd	0,42	0,43	0,49	0,52	0,58	0,67
K_2 . . . . DM/Jahr	5160,—	5040,—	5560,—	5900,—	6400,—	7350,—

Da die Wärmeverluste der Kondensatleitung nur die absolute Höhe der Gesamtkosten beeinflussen, können sie für die Wirtschaftlichkeitsberechnung vernachlässigt werden.

3. *Förderkosten*. Eine Gegendruckturbine mit dem spezifischen Dampfverbrauch d [kg/kWh] liefere bei einem Dampfdurchsatz D [kg/h] die Leistung N [kW]. Ist d_v der spezifische Dampfverbrauch [kg/kWh] beim Verbraucherdruck p_v und d_z der einem beliebigen Dampfgegendruck p_2 zugeordnete spezifische Dampfverbrauch der Heizkraftturbine, so ergibt sich die Leistungseinbuße durch die Dampffortleitung aus

$$\Delta N = D \left(\frac{1}{d_v} - \frac{1}{d_z} \right) \quad \text{[kW]}.$$

Die Werte d_v und d_z können überschläglich der Abb. 4.73 entnommen werden, s. S. 221. Man erhält dann

p_2 at	d NW	d_z kg Dampf/kWh	ΔN kW
13,5	125	16,65	430
9,0	150	12,65	240
6,9	175	11,10	122
6,1	200	10,50	78
5,38	250	10,00	32
5,15	300	9,77	10
5,0 (p_v)	—	9,69 (d_v)	—

Für die Förderkosten gilt:

$$K_3 = \Delta N \cdot Z \cdot P_{Str} = 87{,}5 \, \Delta N \quad \text{[DM/Jahr]}$$

NW	125	150	175	200	250	300
K_3 [DM/Jahr]	37 600,—	21 000,—	11 500,—	6800,—	2800,—	875,—

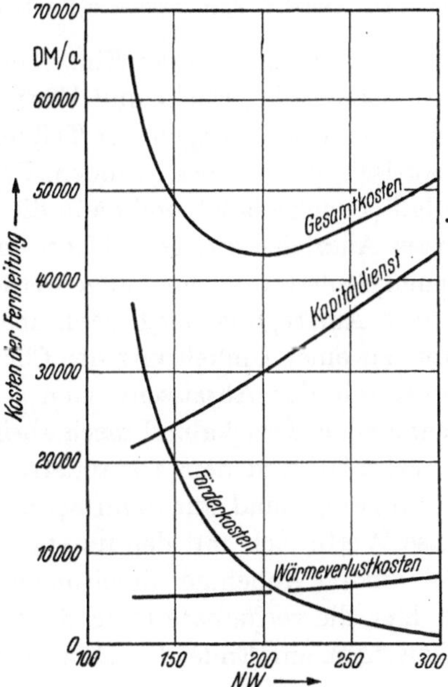

Abb. 4.16. Ferndampfleitung, wirtschaftlichster Rohrdurchmesser

In Abb. 4.16 sind die Teilkosten K_1, K_2, K_3 und ihre Summe eingetragen. Der wirtschaftlichste Durchmesser ergibt sich aus dem Minimum der Summenkurve zu NW 200.

Bei richtiger Wahl der Durchmesser genügt es zumeist, die Berechnung der Teilkosten für 3 bis 4 benachbarte Nennweiten durchzuführen.

5. Sonderfälle

Die Bestimmung der wirtschaftlichsten Rohrdurchmesser wird schwieriger, wenn die Leitung in Teilabschnitten unterschiedliche Dampf- oder Wasserströme fördern soll. Ein einheitlicher Durchmesser als Bezugsbasis für die Kosten liegt dann nicht mehr vor. Überwiegt nach Leitungslänge und Baukosten ein Teilabschnitt der Fernleitung gegenüber allen anderen, so kann man die Ermittlung des wirtschaftlichsten Rohrdurchmessers für diese Leitungsstrecke allein durchführen und die übrigen Teilstrecken mit dem gleichen Druckgefälle dimensionieren.

Bei vielen, in ihrem Einfluß auf die Kosten nicht mehr zu vernachlässigenden Teilstrecken versagt auch dieser Ausweg. Eine exakte Lösung der Aufgabe ist wegen der Vielzahl der Variablen nicht möglich. Man muß also eine Annahme treffen, durch die entweder die Druckaufteilung längs der Hauptstrecke oder ein einheitlicher Zusammenhang zwischen Förderstrom und Anlagekosten festgelegt wird. Die erste Annahme ist leichter zu fassen und in ihrer Auswirkung auf das Ergebnis besser übersehbar; auch entspricht sie dem sonst in der Technik bei Netzberechnungen üblichen Vorgehen und läßt die Möglichkeit zu, betriebliche Gesichtspunkte mit zu berücksichtigen. So kann es beispielsweise erwünscht sein, in einem bestimmten Teilabschnitt einer Fernleitung mit vielen Abnehmeranschlüssen den Druckabfall niedrig zu halten, um für alle etwa die gleichen Entnahmebedingungen zu schaffen, während in den übrigen Abschnitten keinerlei diesbezügliche Einschränkungen gelten, s. auch S. 465.

Wir gehen daher von der ersten Annahme aus und legen den Druckabfall längs der Förderstrecke fest. Als Veränderliche im Kostenschaubild erscheint jetzt nicht mehr der Durchmesser

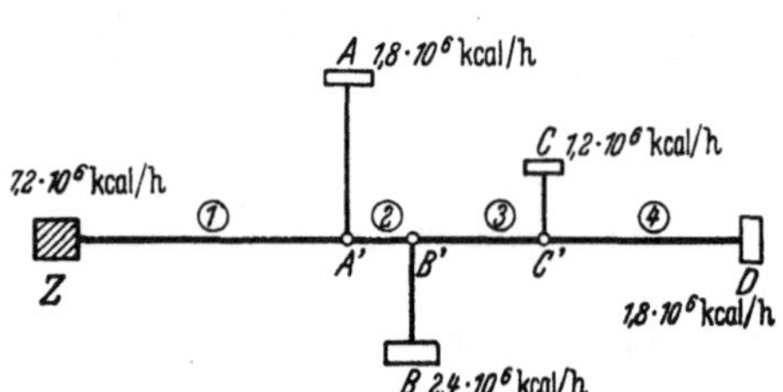

Abb. 4.17. Rohrplan einer Heißwasser-Fernheizung

wie in Abb. 4.16, sondern der Druckabfall der Gesamtstrecke, bei konstantem Druckgefälle evtl. auch dieser Wert. Für jede Teilstrecke sind sonach Kapitaldienst und Wärmeverlustkosten für die in Betracht kommenden Bereiche des Druckabfalles einzeln zu berechnen, wobei jedem Druckgefälle ein dem Förderstrom entsprechender Durchmesser zugeordnet ist (s. Berechnung von Fernleitungen S. 463 und folgende).

Aus der Addition der Einzelbeträge aller Teilstrecken ergibt sich der Gesamtwert. Die Notwendigkeit, die Druck- und Wärmeverluste für Normdurchmesser zu ermitteln, führt evtl. zu gewissen Abweichungen der Teilkostenwerte von einer stetigen Linie, die aber bei der Summe praktisch wieder verschwinden. Für den als Optimum aus dem Schaubild abzulesenden Druckabfall (Druckgefälle) sind dann die nächstliegenden Normdurchmesser zu wählen, wobei ein gewisser Ausgleich zwischen Über- und Unterschreitungen der günstigsten Werte in den verschiedenen Teilstrecken gefunden werden kann.

Die Auftragung der Kosten über dem Druckabfall führt im übrigen, wie Abb. 4.18 erkennen läßt, zu einer Umkehrung des Charakters der Teilkostenlinien. Jetzt steigen die Förderkosten linear mit den Abszissenwerten an, während Kapitaldienst und Wärmeverlustkosten mit zunehmendem Druckabfall rasch absinken. Zu beachten ist, daß die Förderkosten jeweils aus dem Druckabfall und dem Gesamtstrom zu berechnen sind.

Abzweige sind nur dann bei den Baukosten und Wärmeverlusten zu berücksichtigen, wenn diese Werte sich mit den unterschiedlichen Annahmen über den Druckabfall ebenfalls ändern. Bei kurzen Abnehmer-Zuleitungen im ersten Teil einer Fernleitung ist dies selten der Fall, da hier die verfügbare Druckdifferenz kaum aufgebracht werden kann, wohl aber bei längeren Abzweigen am Ende der Hauptleitung.

Beispiel. Es soll der wirtschaftlichste Pumpendruck und damit die Unterlage zur Rohrberechnung für das in Abb. 4.17 dargestellte *Heißwassernetz* ermittelt werden.

Gegeben sind:

$$\begin{array}{lll}
\text{Vorlauftemperatur} \dots & t_v & = 140° \\
\text{Rücklauftemperatur} \dots & t_r & = \ \ 80°
\end{array} \left. \vphantom{\begin{array}{l}1\\1\end{array}} \right\} \Delta t = 60°$$

$$\begin{array}{lll}
\text{Kapitaldienst} \dots & p & = 12\% \\
\text{Wärmepreis} \dots & P_w & = 20 \ \text{DM}/10^6 \ \text{kcal} \\
\text{Strompreis} \dots & P_{Str} & = 0{,}10 \ \text{DM/kWh} \\
\text{Jahresbetriebsstunden} \dots & Z & = 2700 \ \text{Std.} \\
\text{Temperatur im Kanal} \dots & t_K & = 35° \\
\text{Betriebswärmeleitzahl der} & & \\
\text{Isolierung} \dots & \lambda_J & = 0{,}045 \ \text{kcal/m grd}
\end{array}$$

Kosten der Fernleitung je m (2 Leitungen gleichen Durchmessers im Kanal)

NW	50	70	100	125	150	175	200	225
DM	132,—	156,—	183,—	210,—	240,—	270,—	300,—	330,—

Lösung:

1. *Kapitalbelastung K_1*: Bei einer Zins- und Amortisationsquote von $p = 12\%$ ergibt sich aus den Anlagekosten je m

NW	50	70	100	125	150	175	200	225
k_1 (DM/m Jahr)	15,80	18,70	22,—	25,20	28,80	32,20	36,50	39,80

2. *Wärmeverlustkosten K_2*. Da Vorlauf- und Rücklaufleitung in einem gemeinsamen Kanal mit der angenommenen Temperatur t_K verlegt sind, den gleichen Durchmesser und die gleiche Isolierdicke haben, beträgt der Wärmeverlust je m und h:

$$q_v = k_R \, (t_v - t_K) \, ,$$
$$q_r = k_R \, (t_r - t_K) \, ,$$
$$q_{ges} = k_R \, (t_v + t_r - 2 t_K) \, .$$

Dann betragen die Wärmeverlustkosten unter Berücksichtigung eines Zuschlages von 35% für Rohrhalterungen, Absperrorgane und sonstige Einbauten je m Leitungsstrecke und Jahr:

$$k_2 = q_{ges} \cdot Z \cdot P_w \cdot 1{,}35 \cdot 10^{-6}$$

und für die vorliegenden Verhältnisse:

$$k_2 = 10{,}9 \cdot k_R \, .$$

Unter Berücksichtigung der wirtschaftlichsten Isolierdicke ergeben sich für k_R und k_2 folgende Werte in Abhängigkeit von der Rohrnennweite:

NW	50	70	80	100	125	150	175	200	225
k_R . . . . [kcal/m h grd]	0,37	0,40	0,43	0,48	0,54	0,59	0,64	0,70	0,75
k_2 . . . . [DM/m Jahr]	4,05	4,36	4,70	5,25	5,90	6,45	7,00	7,65	8,20

3. *Förderkosten K_3*.

Die Jahresförderkosten K_3 ergeben sich bei einem Pumpenwirkungsgrad $\eta_p = 0{,}6$, einer mittleren Wichte des Wassers $\gamma_m = 951 \ \text{kg/m}^3$ und einer maximalen sekundlichen Wassermenge von $G_s = 33{,}3 \ \text{kg/s}$ zu:

$$K_3 = \frac{Z \cdot P_{Str} \cdot G_s}{102 \cdot \eta_p \cdot \gamma_m} \cdot \Delta p = \frac{2700 \cdot 0{,}70 \cdot 33{,}3}{102 \cdot 0{,}6 \cdot 951} = 0{,}154 \, \Delta p \, .$$

Aus dem Rohrplan entnehmen wir für die einzelnen Teilstrecken:

TS	Q_h kcal/h	G_s kg/s	l m
1	$7{,}2 \cdot 10^6$	33,30	800
2	$5{,}4 \cdot 10^6$	24,00	200
3	$3{,}0 \cdot 10^6$	13,80	400
4	$1{,}8 \cdot 10^6$	8,35	600
$C'C$	$1{,}2 \cdot 10^6$	5,50	200
$B'B$	$2{,}4 \cdot 10^6$	11,10	300
$A'A$	$1{,}8 \cdot 10^6$	8,35	450

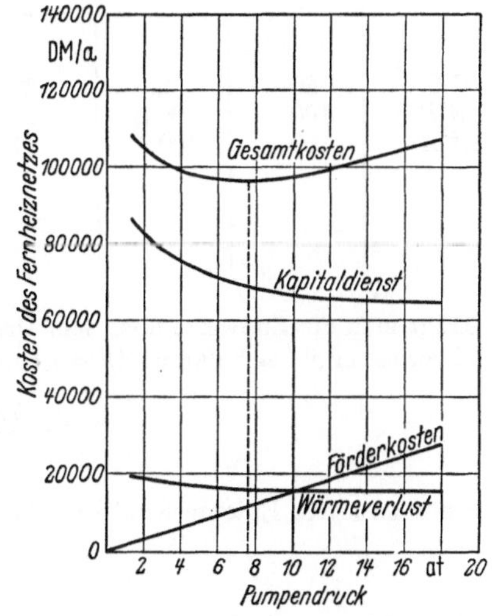

Abb. 4.18. Heißwasserheizung, wirtschaftlichster Pumpendruck

4. *Gesamtkosten* K_{ges}. Die Gesamtkosten K_{ges} ergeben sich aus

$$K_{ges} = K_1 + K_2 + K_3$$
$$= \Sigma\, l\, k_1 + \Sigma\, l\, k_2 + K_3.$$

Die Berechnung soll durchgeführt werden für folgende Bereiche der Druckgefälle:

$$R \approx 30,\ R \approx 10 \quad \text{und} \quad R \approx 3\ \text{mm WS/m}.$$

Nach Wahl des nächstgelegenen genormten Rohrdurchmessers wird mit Hilfe des Arbeitsblattes 2 der genaue R-Wert ermittelt. Die Hauptberechnung der Jahreseinzelkosten K_1, K_2, K_3 ist aus der folgenden Tabelle zu ersehen:

TS	NW	d_i	R mm WS/m		Δp	K_1	K_2	K_3
		mm	gewählt	genau	mm WS	DM/Jahr	DM/Jahr	DM/Jahr
1	150	150		20	37600	23000	5170	
2	125	125	30	29	13640	5040	1170	
3	100	100,5		28	26400	8800	2100	
4	80	82,5		28	39600	11650	3140	
					117240	48490	11580	
$C'C$	50	51,5	168	140		3160	1810	
$B'B$	70	70,0	187	112		5610	1310	
$A'A$	70	70,0	150	65		8430	1970	
						17200	4090	
			Σ		11,7 at	65690	15670	18050
1	200	204		4,4	8280	29200	6120	
2	150	150	10	17,2	5280	5760	1290	
3	125	125		9,7	8660	10080	2340	
4	100,5	100,5		10,2	14400	13200	3140	
					36620	58240	12890	
$C'C$	70	70	61	30		3740	880	
$B'B$	80	82,5	65	50		5820	1410	
$A'A$	80	82,5	53,5	28		8740	2120	
						18300	4410	
			Σ		3,66 at	76540	17300	5640
1	225	228		2,2	4140	31840	6550	
2	200	204	3	2,3	1084	7300	1530	
3	150	150		3,8	3560	11520	2580	
4	125	125		3,4	4800	15120	3500	
					13584	65780	14160	
$C'C$	80	82,5	20,4	13		3880	1940	
$B'B$	100	100,5	23,7	18		6600	1570	
$A'A$	100	100,5	17,8	10		9900	2360	
						20380	4870	
			Σ		1,36 at	86160	19030	2090

Trägt man die Endwerte über dem Druckverlust Δp auf, so erhält man Abb. 4.18[1]. Als wirtschaftlichster Druckverlust ergibt sich daraus $\Delta p \approx 7,5$ at. Für die längste Rohrstrecke ist somit ein mittleres Druckgefälle von

$$R = \frac{7,5 \cdot 10^4}{4000} \cdot 0,85 \approx 16,0\ \text{mm WS/m}$$

zugrunde zu legen. Entsprechend sind die Rohrdurchmesser der Teilstrecken zu ändern.

---

[1] Für die Aufzeichnung der Abbildung ist noch ein weiterer Fall mit höherem R-Wert errechnet worden.

III. Dampffernheizung

A. Dampferzeugung und Speicherung

Dampffernleitungen werden je nach den Temperaturanforderungen an der Verbrauchsstelle, der Entfernung zwischen Zentrale und letztem Abnehmer sowie dem verfügbaren Heizdampf im allgemeinen mit Drücken zwischen 2 und 12 atü betrieben, vereinzelt bei Industrieanlagen oder langen Zubringerleitungen mit nachgeschalteten Kraftmaschinen auch bis 20 atü.

1. Dampferzeugung

Zur Dampferzeugung finden alle Bauarten von Hochdruckkesseln Anwendung. Bei Heizwerken kleiner und mittlerer Leistung bevorzugt man wegen der niedrigen Anlagekosten die auf S. 30 beschriebenen Flammrohr-Rauchröhrenkessel. Bei größeren, mit Stromerzeugung gekoppelten Fernheizungen geht man auf die in Industrie- und Elektrizitätswerken üblichen Hochdruckkesselbauarten über. Stets sind mechanische Feuerungen vorzusehen, durch die sich Leistung, Brennstoffausnutzung und Regelfähigkeit erhöhen lassen

Höchstdruckdampfkessel erfordern ein sehr reines und sorgfältig aufbereitetes Speisewasser. Wird bei Heizkraftanlagen der Kesseldampf nach Entspannung in einer Turbine oder Reduzierstation in ein verzweigtes Ferndampfnetz geschickt, so kann das zurückkommende Kondensat wegen der Verschmutzung nicht mehr unmittelbar in die Kessel eingespeist werden. Bei den hohen Kosten der erforderlichen Speisewasseraufbereitung geht man in solchen Fällen vielfach zur indirekten Erzeugung des Ferndampfes über, man trennt also die Kreisläufe des Kessel- und Heizdampfes vollständig.

Der ins Heiznetz gehende Dampf wird in besonderen Verdampferanlagen, die mit Turbinenabdampf oder -entnahmedampf beheizt werden, erzeugt, s. Abb. 4.19. Der Kesseldampf selbst bleibt somit in der Zentrale; das nicht verunreinigte Kondensat aus den Verdampfern kann über den Entgaser wieder unmittelbar in die Kessel eingespeist werden. Die im Mitteldruckgebiet arbeitenden Verdampfer stellen andererseits keine besonderen Ansprüche an die Reinheit des Speisewassers. Das aus dem Netz zurückkommende Kondensat läßt sich nach einfacher chemischer Aufbereitung als Speisewasser der Verdampfer wieder verwenden. Aufstellung und Betrieb derartiger Verdampferanlagen verteuern natürlich den Heizdampf, zumal die mittelbare Dampferzeugung ein zusätzliches Temperaturgefälle auf der Primärseite beansprucht, also eine Einbuße an Gegendruckleistung zur Folge hat. Man wendet dieses Verfahren daher nur bei Höchstdruckkesseln und Fernheizanlagen großer Leistung an.

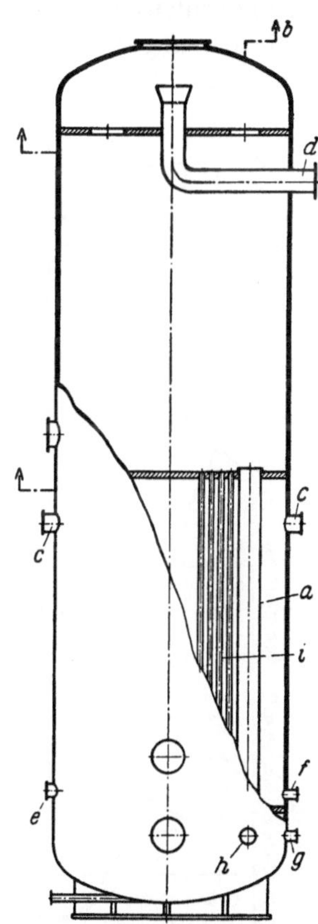

Abb. 4.19. Verdampfer (Bauart Atlaswerke).

a inneres und äußeres Umlaufrohr, *b* Entlüftung, *c* Heizdampfein- bzw. -austritt, *d* Brüdenaustritt, *e* Stutzen für Ablaufregler, *f* Entschwadung, *g* Speisewassereintritt, *h* Laugeaustritt

2. Wärmespeicher

Wärmespeicher haben die Aufgabe, Schwankungen im Wärmebedarf, insbesondere kurzzeitig auftretende Belastungsspitzen, vom Wärmeerzeuger fernzuhalten oder bei Heizkraftanlagen einen zeitlichen Ausgleich zwischen den Anforderungen der Strom- und Wärmelieferung zu schaffen. Eine nahezu gleichmäßige Kesselbeanspruchung erleichtert die Betriebsführung und verbessert die Wärmeausnützung. Die Zahl der in Betrieb zu haltenden Kesseleinheiten läßt sich zeitweise vermindern; auch kommt man zuweilen mit einer kleineren Gesamtkesselleistung aus. Wirtschaftlich haben diese Vorteile allerdings viel von ihrer Bedeutung eingebüßt, seitdem die neuzeitlichen Kessel und Feuerungen in ihrer Überlastbarkeit und Leistungsanpassung entscheidend verbessert werden konnten. Für den Ausgleich des Kraft- und Wärmebedarfs und die Bewältigung der Anheizspitze ist der Wärmespeicher aber nach wie vor wichtig.

Der Bauart und Arbeitsweise nach unterscheidet man Gleichdruck- und Gefällespeicher. In beiden Fällen wird die hohe spezifische Wärme von Wasser zur Speicherung der Wärme ausgenutzt.

Bei der *Gleichdruckspeicherung* ist der Wasserraum des Wärmeerzeugers durch einen parallelgeschalteten, nicht beheizten Druckbehälter vergrößert. Bei Dampfüberschuß wird sein Wasserinhalt aufgeheizt, bei Dampfmangel hocherhitztes Wasser zur Kesselspeisung oben entnommen, während das kältere Kondensat aus der Anlage unten zuläuft. Dieser Speicher gleicht also nur Schwankungen der Kesselbelastung aus.

Soll ein Ausgleich zwischen Turbinendampfanfall und Heizdampfbedarf herbeigeführt werden, so muß der Speicher zwischen Kraftmaschine und Fernheiznetz eingeschaltet werden. Bei Dampffernleitungen ist man dabei auf einen *Gefällespeicher* in der Art des bekannten Ruths-Speichers angewiesen. Der Speicher besteht aus einem liegenden, zylindrischen Druckgefäß, das größtenteils mit Wasser gefüllt ist. Bei Turbinen- bzw. Kesseldampfüberschuß wird

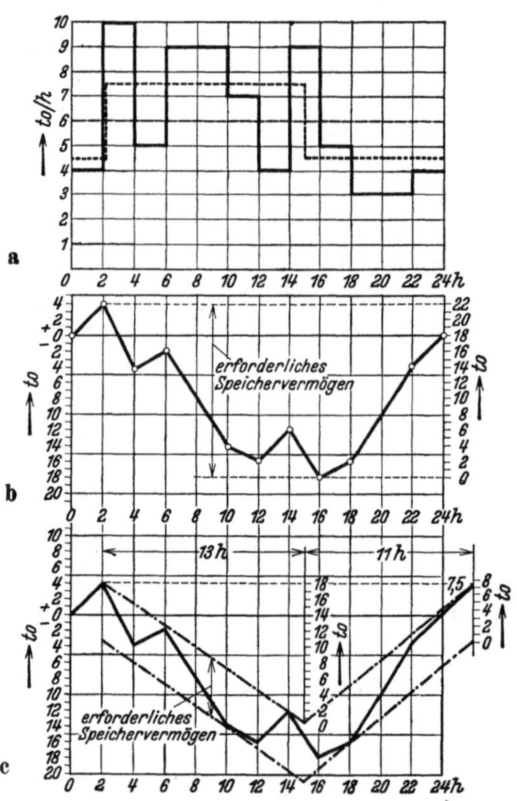

Abb. 4.20. Wärmespeicherung, Ausgleich bei schwankendem Dampfbedarf

der im Heiznetz nicht benötigte Dampf über Düsen in das Behälterwasser eingeblasen. Mit der Wassertemperatur steigt der Druck im Speicher nach der Sättigungskurve, bis die obere Betriebsdruckgrenze, z. B. der Abdampfdruck oder Zwischendampfdruck der Turbine erreicht ist. Bei Dampfmangel im Heiznetz wird der Speicher entladen, indem über einem Dampfdom Sattdampf entnommen wird. Dabei sinkt der Druck im Speicher und gleichzeitig die Temperatur des Wassers. Die frei werdende Flüssigkeitswärme liefert die Verdampfungswärme für den abströmenden Dampf. Die Dampfabgabe des Speichers hört auf, wenn im Behälterinneren der Druck des Heizdampfnetzes erreicht ist. Dampfspeicher benötigen also stets ein Arbeitsspiel zwischen dem Lade- und Entladedruck. Um diesen Betrag liegt der Druck am Abdampfstutzen der Turbine höher als bei der Heizkraftschaltung ohne Speicher.

3. Die Gesetze der Speicherung

Die Zusammenhänge sollen am Beispiel eines mit einer Kesselanlage unmittelbar gekuppelten Dampfspeichers erläutert werden. Der Bedarf an Dampf sei starken zeitlichen Schwankungen unterworfen; dagegen soll die Dampflieferung konstant sein, indem sie aus einer Kesselanlage mit konstanter Feuerführung erfolgt. In der Abb. 4.20a ist durch die stark ausgezogene Linie über einen Zeitraum von 24 Stunden der schwankende Dampfbedarf in Tonnen je Stunde gegeben. In dieser Abbildung ist statt des allgemeinen Falles einer Kurve eine gebrochene Linie gewählt, um dem Leser ein Planimetrieren zu ersparen und statt dessen ein Abzählen der Flächenteile zu ermöglichen. Zur Bestimmung der Dampflieferung des Kessels brauchen wir nur die Fläche unter der stark ausgezogenen Linie zu bestimmen und dann durch ein Rechteck gleicher Grundlinie zu ersetzen. Die Höhe des Rechteckes ist im vorliegenden Falle 6 t/h, und damit ist die Größe des Kessels gegeben. Dagegen ist die notwendige Größe des Speichers und sein Ladezustand in einem gegebenen Augenblick aus diesem Bild nicht unmittelbar abzulesen. Wir brauchen dazu noch eine zweite Darstellung, die in Abb. 4.20b gegeben ist. Darin bedeutet die

Ordinate den Ladezustand des Speichers in Tonnen. Wir setzen den Ladezustand am linken Rande des Schaubildes vorerst einmal willkürlich gleich Null. In den ersten 2 Stunden haben wir gemäß dem oberen Schaubild einen stündlichen Dampfüberschuß von 2 t, also nimmt der Speicher in den ersten 2 Stunden 4 t auf. Das drückt sich im mittleren Schaubild in einem Anstieg der Linie um 4 t aus. Für die nächstfolgenden 2 Stunden ergibt sich ein Dampfmehrbedarf von 4 t/h. Die Kurve des Ladezustandes fällt deshalb um 8 t. Durch Fortsetzung dieses Verfahrens ist die gebrochene Linie entstanden. Man sieht aus ihr, daß der Speicher am Ende der 2. Stunde vollständig aufgeladen, am Ende der 16. Stunde vollkommen entladen ist, und man kann an der Teilung auf der rechten Seite des Bildes ablesen, daß ein Gesamtspeichervermögen von 22 t erforderlich ist.

　　Der Speicher läßt sich verkleinern, wenn man auf die Forderung einer stets gleichbleibenden Feuerführung verzichtet. Abb. 4.20a zeigt, daß von der 2. bis etwa zur 16. Stunde im allgemeinen viel, von der 16. bis zur 2. Stunde im allgemeinen wenig Dampf gebraucht wird. Man kann also den Kessel im ersten Zeitraum etwas überlasten, im zweiten Zeitraum nicht voll ausnutzen. Durch das in Abb. 4.20c dargestellte zeichnerische Verfahren läßt sich die in beiden Zeiträumen notwendige Dampflieferung sowie die neue Speichergröße ermitteln. Man zeichnet zuerst wieder wie im mittleren Bild die gebrochene Linie und schließt diese dann zwischen zwei gebrochene parallele Linienzüge (strichpunktiert) ein. Der senkrechte Abstand beider Linien kennzeichnet das nunmehr erforderliche Speichervermögen. Wir lesen auf der Teilung an der rechten Seite des Bildes etwa 7,5 t ab. Die verlangte Dampflieferung für beide Zeiträume ergibt sich aus folgender Überlegung. Während des ersten Zeitraumes, der von der 2. bis zur 15. Stunde reicht, also 13 Stunden umfaßt, hat der Kessel nicht nur wie im ersten Fall 6 t Dampf je Stunde zu liefern, sondern außerdem noch 18 t. Das gibt bei konstanter Feuerführung eine Mehrlieferung von $18:13 = 1,4$ t/h. Von der 15. bis zur 2. Stunde, also im Verlauf von 11 Stunden, braucht er um $18:11 = 1,6$ t/h weniger als 6 t zu liefern. Durch Übertragen dieser Werte in die Abb. 4.20a zeigt sich,

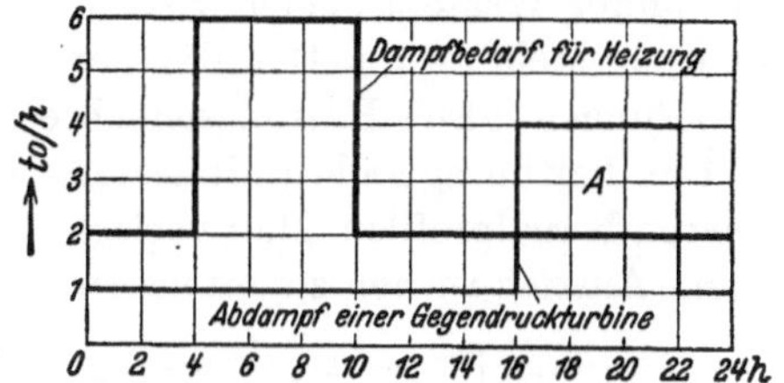

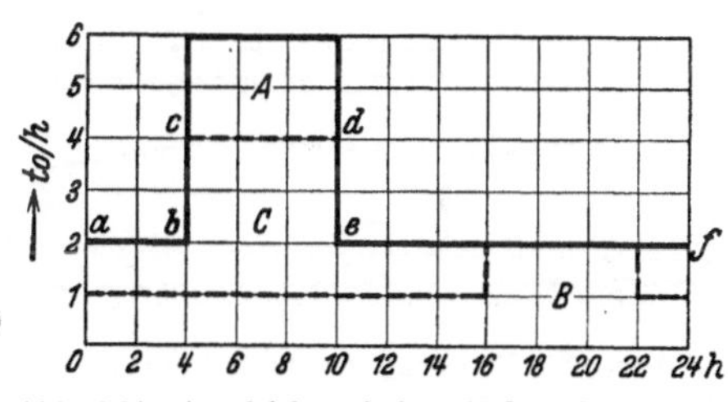

Abb. 4.21. Ausgleich zwischen Abdampfanfall und Wärmebedarf

daß die Kesselanlage von der 2. bis zur 15. Stunde stündlich 7,4 t/h und von der 15. bis zur 2. Stunde stündlich 4,4 t/h Dampf liefern muß. Das Verfahren läßt sich noch dadurch erweitern, daß man statt mit zwei, mit drei oder mehr Betriebszuständen der Kesselanlage rechnet. Dann wird natürlich das strichpunktierte Linienpaar statt zweifach gebrochen, mehrfach gebrochen.

　　Bei den bisherigen Fällen war nur der zeitliche Verlauf des Dampf*bedarfes* vorgeschrieben, während der zeitliche Verlauf der Dampf*lieferung* nach Zweckmäßigkeitsgründen frei gewählt werden konnte. Die Aufgabe ändert sich grundsätzlich, wenn auch die Kurve der Dampflieferung vorgegeben ist, wie das z. B. der Fall ist, wenn der Dampf als Abdampf von Gegendruckturbinen anfällt. Ein solches Beispiel zeigt Abb. 4.21a. Hier ist sofort zu erkennen, daß in den Abendstunden ein Überschuß an Abdampf eintritt, der gespeichert werden kann, um am nächsten Morgen zur Deckung der Spitze des Heizdampfbedarfs herangezogen zu werden. Wir sehen aber auch sofort, daß er zur vollständigen Deckung nicht ausreicht und daß Dampfmangel eintritt, der aus anderen Quellen gedeckt werden muß. In Abb. 4.21b ist nochmals der Verlauf des Heizdampfbedarfs dargestellt. Die Spitze, die aus dem Speicher gedeckt werden kann, ist durch die Fläche A gekennzeichnet, die der Fläche A in Abb. 4.21a gleich sein muß. Die Fläche B stellt jene Dampfmenge dar, die zuerst in der Turbine und dann unmittelbar darauf in der Heizung verwendet wird. Die Fläche C ist die fehlende Dampfmenge, die entweder von einer besonderen Niederdruckkesselanlage geliefert werden muß oder über ein Reduzierventil aus dem Hochdruckkessel zu entnehmen ist. Der Linienzug a, b, c, d, e, f stellt im letzteren Falle die Belastung der

Hochdruckkesselanlage dar. Um diese gleichmäßiger zu gestalten, kann man den Speicher größer ausführen, als es der Fläche A entspricht, und kann dann unmittelbar aus dem Hochdruckkessel den Speicher aufladen.

Die vorstehenden Ausführungen gelten nicht nur für die besprochenen Fälle der Speicherung von Dampf, sondern sie gelten in sinngemäßer Anwendung auch für die Speicherung von Wärme in Gestalt von Heißwasser, für die Speicherung in den Wasser- und Gasbehältern der städtischen Werke, für die Speicherung elektrischer Energie in Akkumulatoren sowie überhaupt für alle Aufgaben der Speicherung.

B. Leitungsverlegung und Ausnützung der Kondensatwärme

1. Entwässerung

Schon bei Besprechung der Zentralheizungen ist darauf hingewiesen worden, daß Dampfleitungen so verlegt werden müssen, daß das sich bildende Kondensat sicher abgeführt wird. In der Regel erhalten die Dampfleitungen daher Gefälle in Strömungsrichtung, wobei das Niederschlagwasser am tiefsten Punkt der Leitung, zuweilen auch auf der geraden Strecke mittels besonderer Wasserscheider vom Dampf getrennt und abgeleitet wird, s. S. 61. Vor jeder Verwendungsstelle ist der Dampf zu entwässern. Bei kanalverlegten Fernleitungen müssen die Entwässerungen durch Einsteigschächte zugänglich sein.

Das Leitungsgefälle (mindestens 1:1000) zwingt bei waagerechten Kanälen zu hohen und teueren Kanalprofilen. Man verlegt daher häufig Dampfleitungen sägeförmig, s. Abb. 4.22a. Vor jedem Anstieg ist neu zu entwässern. Die Zahl der Entwässerungen läßt sich fast auf die Hälfte

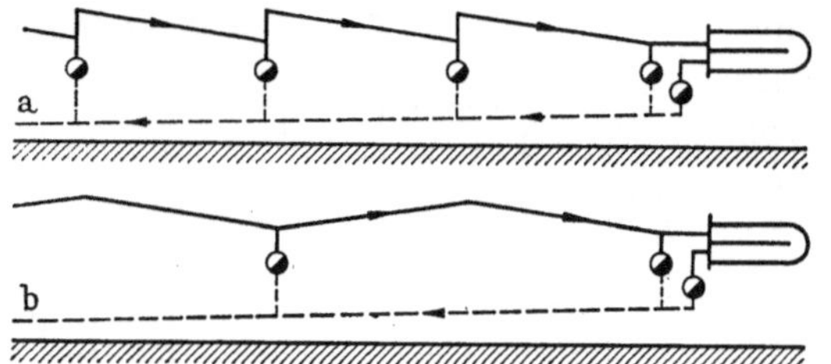

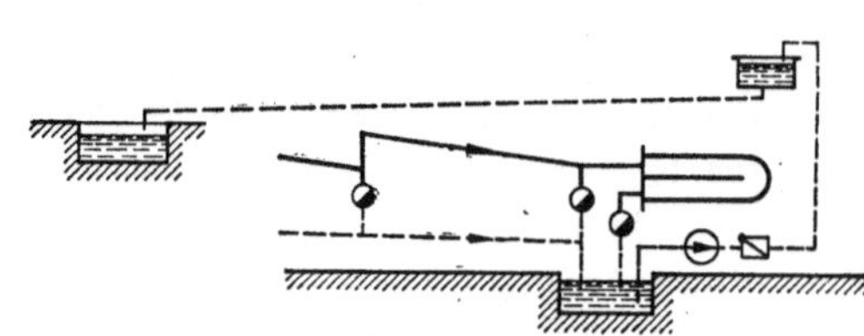

Abb. 4.22. Verlegung von Fernleitungen mit Gefälle   Abb. 4.23. Kondensatrückführung über einen Hochbehälter

vermindern, wenn man die Leitung abwechselnd mit Steigung und mit Gefälle verlegt, siehe Abb. 4.22b. Im steigenden Teil läuft das Kondensat gegen den Dampfstrom ab. Die Steigung muß daher stärker sein als das Druckgefälle bei höchster Leitungsbelastung, keinesfalls sollte man unter 1:200 gehen.

2. Kondensatrückführung

Das Kondensat wird nur ausnahmsweise mit natürlichem Gefälle zum Kesselhaus zurückfließen können; meist muß es mit Pumpen zurückgefördert werden. Um die Zahl dieser Pumpstationen klein zu halten, empfiehlt es sich, das Kondensat benachbarter Verbraucher einem gemeinsamen Sammelbehälter zulaufen zu lassen. Bei Industrieanlagen mit freier Leitungsverlegung wird häufig das Kondensat von der Pumpe in einen Hochbehälter gedrückt, von wo aus es mit Gefälle zur Zentrale läuft, s. Abb. 4.23. Diese Schaltung hat den Vorzug, daß die Kondensatleitung stets leerläuft und daher in Betriebspausen im Winter nicht einfrieren kann. Lediglich die Pumpendruckleitung ist bei Frostgefahr zu entleeren.

3. Abwärmeverwertung

Das Kondensat fällt bei Dampffernleitungen ebenso wie bei dampfbeheizten Apparaten vielfach mit Temperaturen über 100° an. Bei freiem Ablauf des Kondensates verdampft mit der Druckentlastung hinter dem Kondenstopf ein Teil des Kondensates. Dies führt zu Geräuschbelästigungen, zuweilen auch zu Betriebsstörungen; vor allem tritt dabei ein erheblicher Wärme- und Kondensatverlust auf, beispielsweise bis zu 6% bei einem Dampfdruck von 2 atü und bis zu 10% bei 5 atü.

Die Wrasenbildung ist besonders unerwünscht bei Streckenentwässerungen von Fernleitungen. Man verlegt daher zweckmäßigerweise die Entwässerungsleitung vor dem Kondenstopf einige Meter ungeschützt (aber nicht frostgefährdet!), damit das Kondensat sich auf Temperaturen unter 100° abkühlen kann. Das Kondensat aus dampfbeheizten Apparaten, die mit höheren Temperaturen betrieben werden, sollte getrennt zu einem Sammelgefäß geführt werden. Bei gemeinsamen Kondensatleitungen treten häufig Schläge infolge Nachverdampfung oder undichter Kondenstöpfe auf.

Handelt es sich um größere Kondensatmengen, so empfiehlt sich die Ausnutzung der Wrasenwärme für Heizzwecke oder zur Warmwasserbereitung etwa nach Art der Abb. 4.24. Das Hochdruckkondensat mehrerer Verbrauchsstellen (a_1, a_2) läuft getrennt einem Entspannungsgefäß b zu. Der Wrasen wird in einem Wärmeaustauscher c niedergeschlagen, dessen Kondensat im Gefäß d gemeinsam mit dem aus dem Überlauf e des Druckgefäßes abfließenden Kondensat gesammelt wird. Das Druckgefäß b erhält ein Sicherheitsventil, das bei fehlender Wärmeentnahme unzulässige

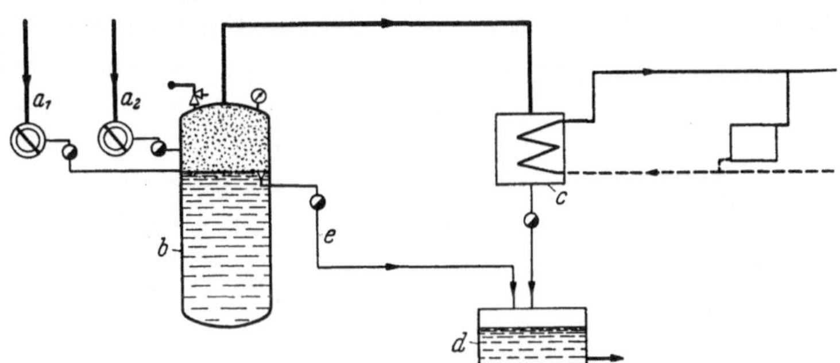

Abb. 4.24. Wrasenausnutzung zur Heizwassererwärmung; gesonderter Wärmeaustauscher

Drucküberschreitungen verhindert. Eine weitergehende Ausnutzung der Kondensatwärme erreicht man, wenn die Kühlfläche in das Entspannungsgefäß selbst verlegt wird, siehe Abb. 4.25. Das abgekühlte Kondensat wird in diesem Fall unten aus dem Entspannungsgefäß abgezogen, und zwar über ein Ablaufventil oder eine Pumpe mit Schwimmerschalter.

Zur Aufnahme der Wrasenwärme eignen sich bei gewerblichen Heizapparaten Wärmeverbraucher, die ganzjährig betrieben werden; die Erwärmung von Gebrauchswasser ist in dieser Beziehung der Vorwärmung von Heizwasser vorzuziehen. Handelt es sich jedoch um heißes Kondensat aus Raumheizgeräten, so wird man auch die Wrasenwärme nach Möglichkeit dem gleichen Verwendungszweck zuführen. So kann beispielsweise der Entspannungsdampf mehrerer Luftheizer, die an ein Hochdruckdampfnetz angeschlossen sind, zur Lufterwärmung in einem gleichen Gerät kleinerer Leistung ausgenützt werden.

Bei ausgedehnten Dampfnetzen kann der Kondensatanfall auf der Strecke eingeschränkt werden, wenn der Dampf am Eintritt überhitzt

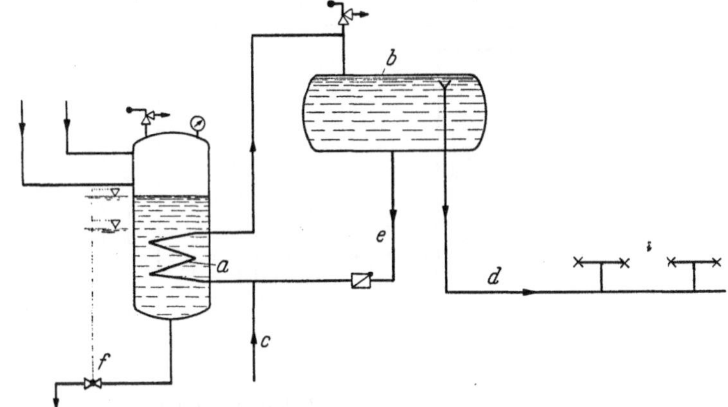

Abb. 4.25. Wrasenausnutzung zur Gebrauchswassererwärmung; Heizschlange im Entspannungsgefäß.
a Heizschlange, b Warmwasserspeicher, c Kaltwasserzulauf, d Gebrauchswarmwasserleitung, e Umlaufleitung, f Ablaufventil

ist. Der Wärmeverlust der Hauptleitungen wird während des Betriebes dann im wesentlichen aus der Überhitzungswärme bestritten. Trotz der höheren Dampftemperatur sind im allgemeinen die Wärmeverluste nicht größer als bei Sattdampfbetrieb.

C. Unterstationen und Verbraucheranschlüsse

Die Unterstationen von Dampfnetzen sind im Aufbau denkbar einfach. Der ankommende Heizdampf wird entwässert und in der Regel einem Verteilerstock zugeführt, auf dem die Abgänge zu den einzelnen Verbrauchern oder den Verbrauchergruppen mit ihren Absperrorganen angeordnet sind. Wird Dampf verschiedener Spannung benötigt, so schließt sich an den Hauptverteiler zumeist unmittelbar der Druckminderer und ein zweiter Dampfverteiler an, s. Abb. 4.26, der im Niederdruckbereich meist durch ein Standrohr (*St*) abgesichert wird.

1. Nachgeschaltete Dampfanlagen

Abb. 4.27 zeigt schematisch den Aufbau einer vollständigen Hausstation bei Anschluß einer ND-Dampfanlage an eine Stadtheizung. Der gesamte Dampf wird hier über den Druckminderer *a* geleitet, der bei Störungen auch umgangen werden kann. Das aus der Hausanlage zurückkommende Kondensat *c* fließt über das Entspannungsgefäß *d* und einen Kondensatzähler *e*

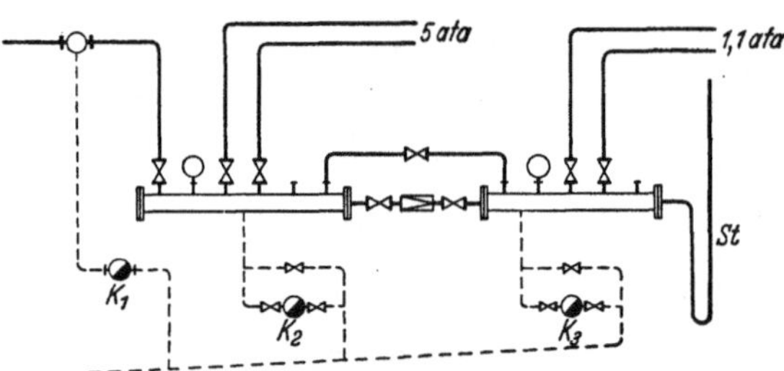

Abb. 4.26. Unterstation mit 2 Druckbereichen

zum Sammelbehälter *f*. Eine vom Wasserstand im Sammelbehälter gesteuerte Elektropumpe *g* drückt das Kondensat in das Kesselhaus zurück. Die Dampfleitung bis zur Hauptabsperrung *h* und die gesamte Kondensatrückspeiseanlage stehen dabei unter Aufsicht des Fernheizwerkes, das nach der Kondensatmenge die Dampfentnahme verrechnet. Dementsprechend werden das vor dem Dampfabsperrventil anfallende Kondensat und insbesondere auch das Kondensat einer etwaigen Streckenentwässerung unter Umgehung des Zählers unmittelbar in das Sammelgefäß eingeleitet.

Die senkrecht abwärts führende Dampfleitung mündet unten in einen mindestens 300 mm langen Schlammfang *i*, der mit einem Blindflansch verschlossen ist. Auf die in Abb. 4.26 eingezeichneten Umführungsleitungen der Kondensatableiter *K* mit ihren zahlreichen Absperrventilen kann verzichtet werden, wenn die betreffenden Entwässerungen ohne betriebliche Nachteile zeitweise geschlossen und Störungen an den Ableitern rasch beseitigt werden können.

Die Kondensatmessung bietet keine Grundlage für die Abrechnung mit dem Wärmeabnehmer, wenn ein Teil des gelieferten Dampfes unmittelbar zu Fertigungszwecken oder zur Wasser-

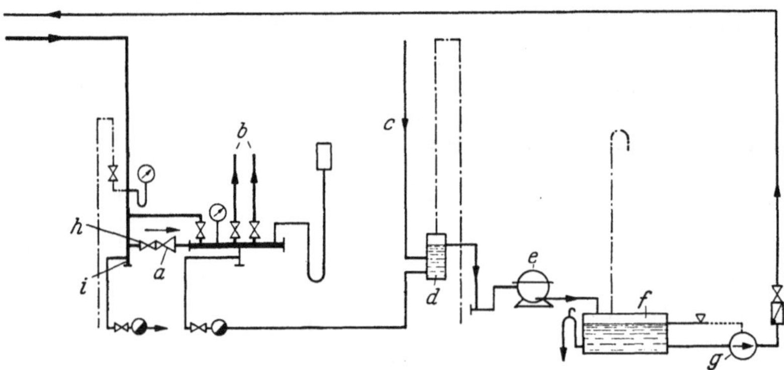

Abb. 4.27. Hausstation für eine ND-Dampfheizung

erwärmung verwendet wird. In diesen Fällen ist entweder der Wärmeverbrauch dampfseitig zu messen oder es sind besondere Verdampfer aufzustellen[1]. Der Aufbau der Unterstation gleicht im letztgenannten Fall dem eines Warmwasserheizungsanschlusses. Ein weiterer Vorteil der Einschaltung eines Wärmeaustauschers liegt in der völligen Trennung der Heizmittelkreisläufe im Fernleitungs- und Hausnetz. Verunreinigungen des Fernheizkondensates in den verzweigten Hausanlagen werden vermieden, ebenso die Anreicherung des Kondensates mit Sauerstoff in den gut belüfteten Hausleitungen.

---

[1] Technische Richtlinien für Hausanschlüsse an Fernwärmenetze. Hrsg. von d. Vereinigung Deutscher Elektrizitätswerke. Frankfurt a. M. 1955.

Die hinter dem Druckminderer liegenden Teile einer Dampfversorgungsanlage sind stets gegen Drucküberschreitungen bei Versagen des Reglers oder undichtem Abschluß zu sichern. Bei Drücken über 0,3 atü werden an Stelle der Standrohre Sicherheitsventile eingebaut; sie sind für die höchste von der Anschlußleitung gelieferte Dampfmenge auszulegen. Zuweilen verzichtet man auf die Umgehungsleitung am Druckminderer und setzt bei Störungen an diesem Gerät ein vorbereitetes Paßstück ein. Es ist dann aber notwendig, hinter dem Absperrventil noch ein besonderes Drosselventil vorzusehen.

2. Nachgeschaltete Warmwasserheizungen und Warmwasserversorgungen

Die Unterstation unterscheidet sich von der für nachgeschaltete Dampfanlagen lediglich auf der Abnehmerseite, und zwar durch die Zwischenschaltung von Wärmeaustauschern. Bei Anschluß von *Warmwasserheizungen* ist der Dampfdruckregler nicht notwendig, da jede Drucküberschreitung in der Hausanlage auch bei Beheizung mittels Hochdruckdampf durch die offene Verbindung mit der Atmosphäre unmöglich ist, s. Abb. 4.28. Der Dampfzufluß zum Wärmeaustauscher *a* wird durch ein Regelventil *b* beeinflußt, dessen Fühlorgan im allgemeinen im Heizwasservorlauf sitzt. Bei Schwerkraftheizungen hat der Einbau eines Temperaturfühlers im Rücklauf den Vorteil, den Anheizvorgang zu beschleunigen und ein stoßweises Arbeiten des Reglers bei der zunächst noch schwachen Wasserzirkulation zu verhindern.

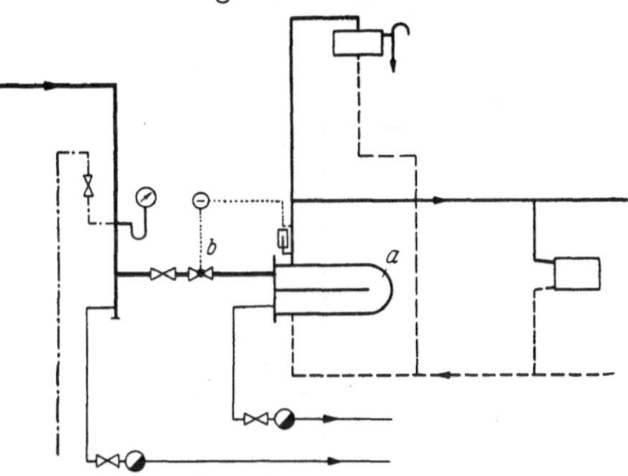

Abb. 4.28. Hausstation für eine Warmwasserheizung (Kondensatrückspeisung wie bei Abb. 4.27)

Die Verwendung von ungedrosseltem Hochdruckdampf ermöglicht kleinere Heizflächen der Wärmeaustauscher, führt jedoch leicht zu Wrasenverlusten bei voller Belastung, sofern keine besonderen Kondensatkühler vorgesehen sind. Auch arbeiten Regelventile im Niederdruckgebiet wegen des größeren Dampfvolumens besser als im Hochdruckgebiet.

Aus diesen Gründen wird häufig auch bei nachgeschalteten Wasserheizungen der Dampfdruck auf 0,5 atü und weniger herabgedrosselt, besonders wenn gleichzeitig Warmwasserbereitungen mit direktem Kaltwasseranschluß versehen werden, s. Abb. 3.03 a. Die sicherheitstechnischen Bestimmungen für diese Anlagen sind in dem AD-Merkblatt A 3 zusammengestellt. Heizung und Warmwasserbereitung erhalten zweckmäßigerweise wegen ihrer verschiedenen Betriebszeiten getrennte Dampfzuleitungen vom Verteiler ab.

3. Kondensatkühlung

Bei allen Fernheizanschlüssen ist eine möglichst weitgehende Abkühlung des Kondensates vor seiner Rückführung in die Zentrale aus betrieblichen und wärmewirtschaftlichen Gründen anzustreben.

In den Hausstationen öffentlicher Wärmeversorgungsanlagen entstehen bei zu hohen Kondensattemperaturen nicht nur vermeidbare Wärme- und Speisewasserverluste, auch einzelne Anlageteile, wie Meßgeräte und Pumpen, werden gefährdet. Da die Fernheizwerke in der Regel eine Abkühlung des Kondensates auf 50 bis 60° C wünschen, ja zuweilen derartige Grenztemperaturen für das Kondensat vorschreiben und die weitergehend entnommene Kondensatwärme nicht verrechnen, kann der Wärmegewinn für den Abnehmer durchaus beachtlich sein.

In einfachster Weise kann das Kondensat einer Hausstation gekühlt werden, wenn eine Warmwasserversorgung vorhanden ist. In unmittelbarer Kupplung wird unter dem dampfbeheizten Warmwasserbereiter ein zweiter Wärmeaustauscher, evtl. mit größerem Speicherraum, angeordnet, dem das Kondensat aus den oberen Heizregistern sowie sonstigen Wärmeverbrauchern zuläuft, s. Abb. 4.29. Das Kaltwasser wird zunächst durch den Kühler und dann durch den eigentlichen Warmwasserbereiter geführt.

In ähnlicher Weise läßt sich auch ein Kondensatkühler in den Kreislauf einer Warmwasserheizung einschalten.

Die Kondensatablauftemperatur ist hier allerdings durch die Temperatur des Heizwasserrücklaufs begrenzt, die bei voller Belastung für normale Warmwasserheizungen bis auf 70° ansteigen kann. Bei mittleren Wintertemperaturen liegt sie jedoch wesentlich tiefer, so daß während des größten Teiles der Heizperiode Kondensattemperaturen von 55 bis 60° erreichbar sind. Selbstverständlich läßt sich die gleiche Wirkung auch durch eine entsprechend groß bemessene Heizfläche in *einem* Wärmeaustauscher erzielen. Die erforderliche Gesamtheizfläche ist aber bei Aufstellung eines besonderen Kondensatkühlers kleiner, da kondensatseitig, evtl. auch auf der Heizseite, die Wassergeschwindigkeit größer gewählt und damit der Wärmeübergang verbessert werden kann.

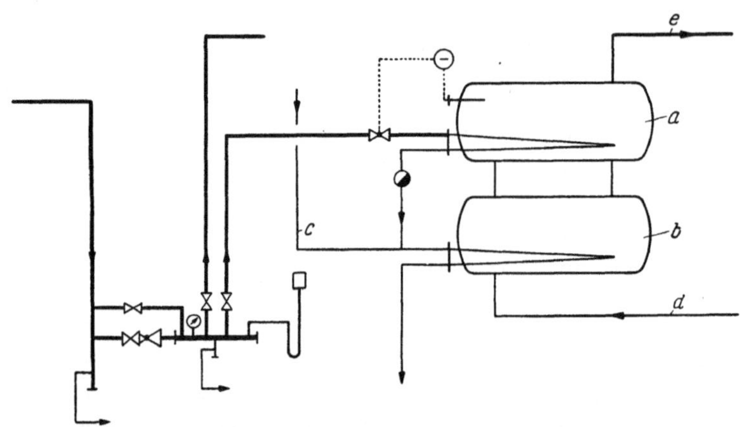

Abb. 4.29. Kondensatabkühlung durch Erwärmung des Gebrauchswassers.
a Warmwasserbereiter mit Speicherung, *b* Warmwasservorwärmer, *c* Kondensat sonstiger Verbraucher, *d* Kaltwasserzufluß
e Warmwasserabfluß

4. Ausführungs- und Bemessungsfragen

Ausblasleitungen von Sicherheitsventilen und Standrohren sollen in der Zentrale endigen, damit Störungen an der Anlage möglichst rasch bemerkt und behoben werden. Das gleiche gilt für Wrasen- und Entlüftungsleitungen, die am besten mit Umkehrbögen bis kurz über den Fußboden geführt werden.

Bei größeren Unterstationen ist es üblich, die Wärmeaustauscherleistung auf 2 oder 3 Einheiten aufzuteilen. Man vermeidet dadurch zu große Apparate und Absperrorgane; auch bleibt bei Ausfall einer Einheit die volle Einsatzfähigkeit der Anlage bis auf wenige kalte Tage im Jahr gewahrt.

Das Kondensatsammelgefäß soll die höchste je Stunde anfallende Kondensatmenge aufnehmen können. Die Kondensatförderpumpe ist für das 2fache des maximalen Kondensatdurchsatzes zu bemessen. Diese Auslegung genügt erfahrungsgemäß für die Zeiten höchster Belastung und gewährleistet zugleich, daß im üblichen Heizbetrieb die Pumpe nicht allzu häufig geschaltet werden muß. Das Kondensat soll der Pumpe zulaufen. Ist dies nicht möglich, so sind selbstansaugende Pumpen zu wählen.

Zur Vermeidung der zahlreichen Rückförderpumpen in ausgedehnten Heiznetzen kann das Kondensat aus den einzelnen Hausstationen eines Bezirks auch durch eine Saugleitung in eine Zwischenstation gefördert und von dort aus in die Zentrale zurückgeführt werden[1]. Zwei selbstansaugende Naßluftpumpen, die automatisch geschaltet werden, halten das luftdicht ausgeführte Kondensatnetz unter ständigem Unterdruck und drücken das Kondensat in das Kesselhaus. Näheres über die Schaltung und Bemessung derartiger Rückspeiseanlagen ist dem angeführten Schrifttum zu entnehmen.

---

[1] SCHILLING, H.: Ein neues Verfahren zur Rückführung des Niederschlagwassers bei Fernheizwerken Gesundh.-Ing. Bd. 64 (1941) S. 651/653. — SCHILLING, H.: Über die Niederschlagswasserförderung durch Unterdruck. Gesundh.-Ing. Bd. 65 (1942) S. 65/66.

IV. Heißwasserfernheizung

Bei Verwendung von Heißwasser als Wärmeträger entfallen die betrieblichen Schwierigkeiten, die mit der Ableitung und Rückführung des Kondensates von Dampffernleitungen zusammenhängen. Rohrführung, Bedienung und Überwachung einer Fernheizung werden dadurch wesentlich vereinfacht. Auch kann die Temperatur der Heizflächen bei industriellen Wärmeverbrauchern zuverlässig eingestellt und bei Raumheizanlagen zentral geregelt werden.

Je nach den besonderen Aufgaben der Anlage wählt man Vorlauftemperaturen zwischen 120° C und 180° C, in Ausnahmefällen auch höher. Große Temperaturunterschiede zwischen Vorlauf und Rücklauf führen zu kleinen Rohrdurchmessern, also billigen Leitungen. Der untere Grenzwert der Rücklauftemperatur wird durch die Ablauftemperatur an den Verbrauchsstellen bestimmt. So wird man bei angeschlossenen Dampferzeugern mit einer Ablauftemperatur des Heißwassers rechnen müssen, die um 5 bis 10 grd über der dem Dampfdruck entsprechenden Sättigungstemperatur liegt. Bei industriellen Verbrauchern ist in der Regel die Temperaturdifferenz an der Eintritts- und Austrittsstelle des Heizwassers festgelegt. Eine größere Freiheit in der Wahl des Temperaturunterschiedes zwischen Vor- und Rücklauf hat man nur bei reinen Raumheiznetzen, wie sie beispielsweise in Betrieben mit vorwiegend mechanischer Fertigung und bei der öffentlichen Wärmeversorgung vorkommen.

A. Heißwassererzeugung und Speicherung

1. Erwärmung des Wassers in Heißwasserkesseln

Die unmittelbare Erwärmung des umlaufenden Heizwassers in Kesseln ist am Platz bei Industriewerken und Fernheizungen ohne eigene Stromerzeugung. Als Heißwasserkessel können fast sämtliche Bauarten von Hochdruckdampfkesseln verwendet werden; sie unterliegen auch ähnlichen behördlichen Vorschriften. Wesentlich ist dabei, daß die Zusatzspeisewassermenge im Gegensatz zum Dampfkesselbetrieb im allgemeinen nur sehr klein ist, also keine umfangreichen Speisewasseraufbereitungsanlagen erforderlich sind. Andererseits muß darauf Rücksicht genommen werden, daß aus ausgedehnten Fernleitungen, insbesondere bei der ersten Inbetriebnahme, Verunreinigungen in die Kessel gelangen, die bei empfindlichen Bauarten zu Betriebsstörungen Anlaß geben können. Auch ist auf eine einwandfreie Wasserzirkulation, insbesondere in den thermisch hoch beanspruchten Kesselteilen, zu achten.

Heißwasserkessel können in zweierlei Weise betrieben werden, entweder ganz mit Wasser gefüllt oder mit Dampfraum und Wasserstand wie beim Dampfkessel. Bei Vorlauftemperaturen über 110° C gelten in beiden Fällen die Dampfkessel-Bestimmungen. Das Heißwasser wird bei Kesseln mit Dampfraum mittels eines Tauchstutzens dicht unterhalb des niedrigsten Wasserstandes entnommen, s. Abb. 4.34. Derartige Kessel sichern gleichzeitig die Druckhaltung im Heizsystem und ermöglichen die Abgabe von Hochdruckdampf für Antriebs- oder Heizzwecke. Bei großem Dampfraum können auch die Volumenänderungen des Heizwassers, die durch Temperaturschwankungen im Betrieb bedingt sind, im Kessel selbst aufgenommen werden.

Werden mehrere Kessel mit Dampfraum parallelgeschaltet, so müssen die Wasserstände stets gleichgehalten werden. Einheitliche Wasserstände setzen gleichen Druck in den Dampfräumen voraus und diese wieder gleiche Temperatur des Kesselwassers. Letzteres ist aber nur möglich, wenn in jedem Kessel die zuströmende Wassermenge stets gleich der abströmenden ist und wenn der Wasserdurchfluß durch die einzelnen Kessel proportional der augenblicklichen Wärmeentwicklung der Feuerungen gehalten wird. Wie scharf diese Forderungen sind, zeigen nachstehende Zahlen: Läßt man einen Unterschied im Wasserstand von 10 cm zu, so darf der Druckunterschied in den Dampfräumen nur $^1/_{100}$ at und damit nach den Dampftabellen der Unterschied in den Temperaturen des Kesselwassers nur etwa $^1/_{20}$ grd betragen. Da eine so genaue Steuerung auch mit selbsttätigen Reglern nicht möglich ist, sichert man den Ausgleich der Wasserstände, indem man die Dampfräume der verschiedenen Kessel untereinander und ebenso die Wasserräume untereinander verbindet. Es empfiehlt sich, die Dampfausgleichsleitungen reichlich zu wählen, um bei starken Belastungs- oder Leistungsunterschieden der Kessel den Übertritt von Dampf aus dem Kessel höherer Leistung in den geringerer Leistung bei kleinsten Druckunterschieden zu gewährleisten. Etwaige Vorwärmer sind stets wasserseitig vor die Kessel zu schalten.

Man umgeht die Schwierigkeiten der Gleichhaltung des Wasserstandes, wenn die Kessel nicht parallel, sondern hintereinandergeschaltet werden. Nur der letzte Kessel erhält dann einen Dampfraum, der allerdings zur Aufnahme der Wasserausdehnung in der Regel nicht mehr ausreicht. Die Anordnung hat den Vorzug, daß bei geeigneter Rohrführung einer der mit Wasser gefüllten Kessel zeitweise ausgeschaltet und als Speicher benutzt werden kann. Andererseits bedingt die Hintereinanderschaltung größere Rohrleitungsquerschnitte mit unhandlichen Absperreinrichtungen sowie höhere Druckverluste.

2. Erwärmung des Wassers in Wärmeaustauschern

Wird in einer Anlage neben der Heizwärme in größerem Umfang Hochdruckdampf benötigt, sei es zur Krafterzeugung oder für industrielle Zwecke, so wird in der Regel die Erwärmung des Heizwassers in Wärmeaustauschern vorgenommen.

Neben Oberflächenaustauschern der bekannten Bauarten, s. S. 68, finden hierfür auch Mischvorwärmer Verwendung. Bei ihnen wird entweder der Dampf unmittelbar in das zu erwärmende Wasser eingeblasen, oder man läßt das Wasser in feiner Verteilung durch einen Dampfraum fallen. Einen Heißwasserbereiter dieser Art (Kaskade) zeigt Abb. 4.30.

In ein stehendes zylindrisches Gefäß wird oben mittels einer Ringleitung das Heizwasser eingeführt. Durch übereinander angeordnete ringförmige Lochbleche wird das Wasser in viele kleine Rinnsale und Tropfen zerteilt und mischt sich beim Fallen mit dem Heizdampf, der den oberen Teil des Gefäßes ausfüllt. Das erwärmte Wasser wird unten durch eine Pumpe abgesaugt und in das Netz geschickt. Durch Rücklaufwasserbeimischung vor dem Pumpensaugstutzen wird ein Ausdampfen des Wassers in der Saugleitung verhindert. Die Apparate gelten im übrigen als Druckgefäße im Sinne der behördlichen Vorschriften.

Die Kaskade dient bei Heißwasserheizungen nicht nur als Wärmeaustauscher, sondern gleichzeitig auch zur Druckhaltung und zur Aufnahme der Wasserausdehnung. Sie wird zur Vergrößerung des Ausgleichraumes daher zuweilen auf große, liegende Wasserspeicher aufgesetzt.

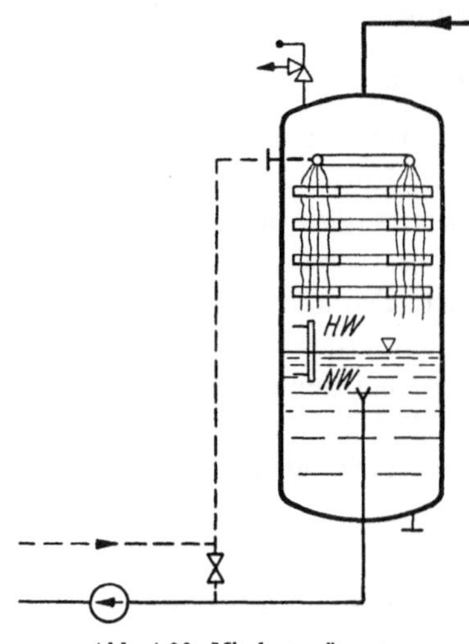

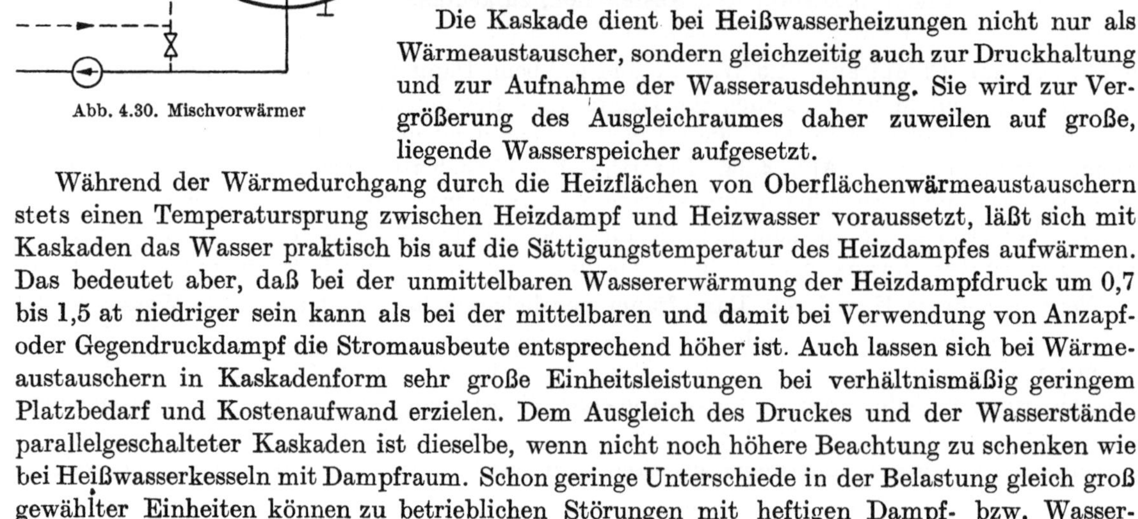

Abb. 4.30. Mischvorwärmer

Während der Wärmedurchgang durch die Heizflächen von Oberflächenwärmeaustauschern stets einen Temperatursprung zwischen Heizdampf und Heizwasser voraussetzt, läßt sich mit Kaskaden das Wasser praktisch bis auf die Sättigungstemperatur des Heizdampfes aufwärmen. Das bedeutet aber, daß bei der unmittelbaren Wassererwärmung der Heizdampfdruck um 0,7 bis 1,5 at niedriger sein kann als bei der mittelbaren und damit bei Verwendung von Anzapf- oder Gegendruckdampf die Stromausbeute entsprechend höher ist. Auch lassen sich bei Wärmeaustauschern in Kaskadenform sehr große Einheitsleistungen bei verhältnismäßig geringem Platzbedarf und Kostenaufwand erzielen. Dem Ausgleich des Druckes und der Wasserstände parallelgeschalteter Kaskaden ist dieselbe, wenn nicht noch höhere Beachtung zu schenken wie bei Heißwasserkesseln mit Dampfraum. Schon geringe Unterschiede in der Belastung gleich groß gewählter Einheiten können zu betrieblichen Störungen mit heftigen Dampf- bzw. Wasserschlägen, ja zum „Tanzen" der Austauscher führen. Durch Einschaltung besonderer Wasserumwälzpumpen läßt sich die wasserseitige Beaufschlagung unabhängig von der Zahl der in Betrieb befindlichen Einheiten halten.

Ein Nachteil der direkten Wassererwärmung ist die Mischung des Dampfes mit dem im Heizsystem umlaufenden Wasser und der Verlust einer entsprechenden Menge an hochwertigem

Kondensat. Man zieht bei Höchstdruckkesseln daher heute die indirekte Heizwassererwärmung in Oberflächenwärmeaustauschern vor, um eine klare Trennung der Kessel- und Heizungskreisläufe herbeizuführen.

3. Wärmespeicherung

Bei Wasserheizungen können kleinere Schwankungen im Wärmebedarf in der Regel schon durch die hohe Speicherfähigkeit des Wasserinhalts der Anlage überbrückt werden. Das trifft vor allem zu für Heißwasserheizungen mit Großwasserraumkesseln, wie sie bei Industriewerken häufig zu finden sind. Ist bei derartigen Kesseln mit Dampfraum der Druck hoch genug gewählt im Verhältnis zur geforderten Vorlauftemperatur, so lassen sich bei plötzlich steigendem Wärmebedarf durch Druckabsenkung im Kessel sehr große Wärmemengen ohne Überlastung der Feuerung frei machen. Ein Flammrohrkessel mit 12 m³ Wasserinhalt gibt beispielsweise bei einer Druckherabsetzung von 8 auf 7 at rd. $12000 \cdot 5 = 60000$ kcal ab, das entspricht bei einer Entnahmezeit von 5 Minuten und einer Nennleistung von $1,5 \cdot 10^6$ kcal/h einer kurzzeitigen Leistungssteigerung um etwa 50%.

Bei größeren und länger anhaltenden Schwankungen im Wärmeverbrauch kann ein besonderer Wärmespeicher eingeschaltet werden. Er ist vor allem von Nutzen, wenn zeitlich der Heizdampfanfall und der Wärmeverbrauch nicht übereinstimmen. Grundsätzlich sollte die Wärme auf einem möglichst niedrigen Temperaturniveau gespeichert werden. Dadurch läßt sich bei Heizkraftanlagen die Stromausbeute steigern und ganz allgemein der Speicherraum klein halten. So ist es zweckmäßig, bei Betrieben, die größere Mengen Warmwasser benötigen, dieses Gebrauchswasser in Zeiten hohen Heizdampfanfalles zu erwärmen bzw. zu speichern. Hierfür können einfache Wasserbehälter benützt werden, die sehr große Wärmemengen mit geringem Aufwand zu speichern vermögen, da die ausnützbare Temperaturspanne verhältnismäßig groß ist. In einem Gefäß mit 10 m³ Inhalt können beispielsweise bei einer Wassererwärmung von 10 auf

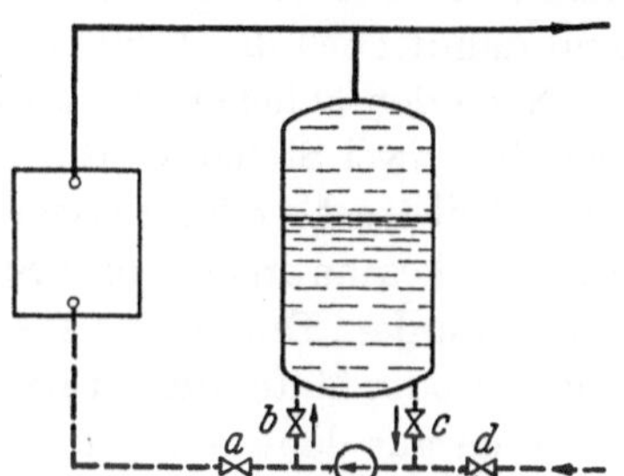

Abb. 4.31. Verdrängungsspeicher

70° rd. $60 \cdot 10 \cdot 1000 = 600000$ kcal gespeichert werden, also eine Wärmemenge, die rd. 1200 kg Dampf entspricht.

Muß jedoch die Speicherung durch das Heizwasser erfolgen, so sind Verdrängungsspeicher in das Netz einzuschalten. Sie können nur innerhalb der Temperaturspanne zwischen Vorlauf und Rücklauf die Wärme speichern und unterliegen allen Anforderungen an ein Druckgefäß. Meist werden stehende zylindrische Kessel verwendet, in denen das heißere Vorlaufwasser über dem kälteren Rücklaufwasser geschichtet liegt. Die Anordnung eines solchen Verdrängungsspeichers im Heißwassernetz zeigt Abb. 4.31. Die Betriebsweise läßt sich am deutlichsten an drei Grenzfällen erläutern:

1. Der Kessel liefert allein die gesamte Heizwärme, der Speicher ist ausgeschaltet. Ventil a und d sind geöffnet, b und c geschlossen.

2. Der Kessel soll bei abgeschalteter Heizung den Speicher aufladen. Ventil a und c sind geöffnet, b und d geschlossen. Die Pumpe saugt dann kaltes Wasser unten aus dem Speicher an; ein gleiches Volumen erwärmten Wassers strömt oben nach.

3. Die Heizung wird bei abgeschaltetem Kessel allein aus dem Speicher mit Wärme versorgt. Ventil a und c sind geschlossen, b und d geöffnet. Das aus der Anlage zurückkommende abgekühlte Heizwasser wird unten in den Speicher eingepumpt, das erwärmte Speicherwasser dafür in das Heiznetz gedrückt.

Die normalen Betriebszustände liegen zwischen diesen Grenzfällen, indem z. B. der Kessel gleichzeitig die Heizung versorgt und den Speicher auflädt oder indem die Heizung teils aus dem Kessel, teils aus dem Speicher Wasser erhält.

Ist die Heizungsumwälzpumpe im Vorlauf angeordnet, so muß eine besondere Speicherlade- bzw. Entladepumpe vorgesehen werden.

B. Druckhaltung und Aufnahme der Wasserausdehnung

Beim Entwurf einer Heißwasserheizung ist darauf zu achten, daß sich an keiner Stelle in der Leitung Dampf bilden kann und daß die Volumänderungen des Wassers beim Erwärmen und Abkühlen in der Anlage aufgenommen werden können.

Die Mannigfaltigkeit der Forderungen, welche die Heizbetriebe, sei es Raumheizung oder Apparateheizung, an die Gestaltung des Netzes stellen, führt zusammen mit den obigen beiden Forderungen und den Bindungen, die sich aus den behördlichen Sicherheitsvorschriften ergeben, zu einer Vielzahl von Ausführungsformen. Da ein Teil der Schaltungen und Ausführungen unter Patentschutz stehen[1] und das einwandfreie Arbeiten von Heißwasserheizungen von der Sorgfalt der Planung und Anlage wesentlich abhängen, sollte man nur erfahrene Firmen mit der Erstellung solcher Anlagen betrauen.

1. Vermeidung von Dampfbildung in den Leitungen

Eine Dampfbildung läßt sich nur vermeiden, wenn an jeder Stelle des Netzes der Druck unter allen Betriebsbedingungen höher gehalten wird als der Sättigungsdruck, der nach den Dampftabellen der dort vorhandenen Wassertemperatur entspricht. Man muß sich also stets ein klares Bild über die Temperaturen und Drücke an den einzelnen Stellen des Netzes verschaffen. Die Temperaturen an den Enden der einzelnen Leitungszweige sind in der Hauptsache durch die Forderungen des Betriebes bestimmt. Unter Berücksichtigung der Wärmeverluste sind damit auch die Temperaturen an den verschiedenen Stellen der Zuleitungen festgelegt.

Nach den üblichen Verfahren der Rohrnetzberechnung kann jederzeit der Druckunterschied zwischen zwei Stellen eines Leitungsringes berechnet werden, z. B. zwischen Anfang und Ende einer Teilstrecke oder zwischen Saug- und Druckstutzen der Pumpe. Über die absolute Höhe des Druckes an irgendeiner Stelle kann jedoch ohne weitere Angaben noch keine Aussage gemacht werden. Durch eine zusätzliche Maßnahme muß erst dem Rohrnetz an irgendeiner Stelle, z. B. vor oder hinter dem Wärmeerzeuger, ein bestimmter statischer Druck aufgezwungen werden, von dem aus dann die Druckanstiege und Absenkungen zu zählen sind.

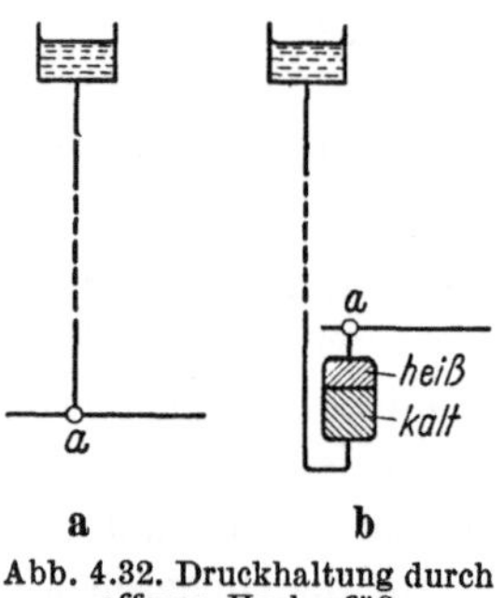

Abb. 4.32. Druckhaltung durch offenes Hochgefäß

Das Aufzwingen des Druckes geschieht durch den Anschluß eines den Druck erzeugenden oder unter Druck stehenden Gefäßes. Daß dieses Gefäß vielfach auch die Aufgabe hat, die Ausdehnung des Wassers aufzunehmen, bleibt zunächst unberücksichtigt. Wir sprechen deshalb auch nur vom Druckgefäß.

Wärmeerzeuger ohne Dampfraum. Bei Anlagen mit vollständig gefüllten Kesseln oder Oberflächenwärmeaustauschern gibt es folgende Ausführungsformen des Druckgefäßes:

a) *Offenes Gefäß* in entsprechend hoher Aufstellung, s. Abb. 4.32. Diese Ausführung ist bereits von der Warmwasserheizung her bekannt. Sie ist nur anwendbar bei geringen Druckanforderungen, d. h. aber auch bei relativ niedrigen Vorlauftemperaturen. Um ein Ausdampfen des Wassers im Gefäß mit Sicherheit zu verhindern, empfiehlt es sich, die Verbindungsleitung nicht nach Abb. 4.32a direkt zum Druckgefäß zu führen, sondern eine Heißwassersperre nach Abb. 4.32b einzuschalten.

b) *Geschlossenes Gefäß mit einem Luft- oder Gaspolster,* das von einer Stahlflasche *b* gespeist wird, s. Abb. 4.33a. Selbsttätige Regelung des Gasdruckes, ein Sicherheitsventil und eine Warnvorrichtung bei Aussetzen des Gasdruckes gehören zu einer vollständigen Einrichtung. Um Korrosionen zu vermeiden, empfiehlt es sich, statt der sauerstoffhaltigen Luft ein chemisch unwirksames Gas zu verwenden.

c) *Geschlossenes Gefäß mit einem Dampfpolster.* Der Dampf kann entweder von einem Hochdrucknetz oder einem kleinen Hilfskessel, der mit Gas oder elektrisch geheizt wird, geliefert werden, s. Abb. 4.33b. Das Dampfpolster kann aber auch durch eine in den Wasserraum des

---

[1] Bormann, K.: Die Schutzrechte auf dem Gebiete der Heißwasserheizung. Heizg. u. Lüftg. Bd. 13 (1939) S. 1.
Lukowsky, G.: Die Berücksichtigung der Patentlage beim Entwurf von Heißwasserheizungen. Heizg. u. Lüftg. Bd. 14 (1940) S. 25.

Gefäßes gelegte Dampfschlange l oder einen elektrischen Heizkörper erzeugt werden, s. Abb. 4.32 c. Die Druckgefäße a sind für den höchsten möglichen Innendruck auszulegen, erhalten daher ein Sicherheitsventil, das den Druck auf den für den Betrieb der Heißwasseranlage erforderlichen Wert begrenzt.

Steht Hochdruckdampf aus geeigneten Druckstufen zur Verfügung — und das ist bei Heizkraftschaltungen in der Regel der Fall —, so wählt man vorzugsweise die Ausführung nach Abb. 4.33 b, da sie in der Anordnung besonders einfach und im Betrieb billig ist. Bei Verwendung

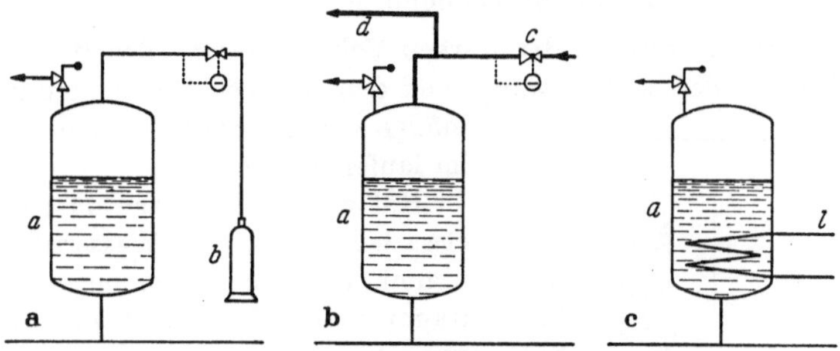

Abb. 4.33. Geschlossenes Druckgefäß,
a) mit Gaspolster, b) mit Fremddampfpolster, c) mit Heizkörper

gedrosselten Hochdruckdampfes empfiehlt es sich, an die gleiche Druckstufe weitere Dampfverbraucher d anzuschließen, um ein einwandfreies Arbeiten des Druckreglers c sicherzustellen. Selbstverständlich sind dampfbeheizte Druckgefäße gut zu isolieren.

Wärmeerzeuger mit Dampfraum. Hat der Wärmeerzeuger einen Dampfraum, so ist ein besonderes Druckgefäß entbehrlich. Der Dampfdruck im Kessel oder Mischvorwärmer zwingt dem Heißwassernetz an dieser Stelle einen durch die Wassertemperatur bestimmten Druck auf. Sobald jedoch das Wasser den Kessel verlassen hat, kommt es unter niederen Druck, sei es durch Abnahme des statischen Druckes infolge Höherführung der Vorlaufleitung, sei es infolge Abnahme des Gesamtdruckes durch die Strömungswiderstände der Leitung. Zwar kühlt sich das Wasser längs der Leitung ab, jedoch gleicht dies den Druckverlust fast nie aus. Der Druck in der Leitung wird dann niedriger als der der Wassertemperatur entsprechende Sättigungsdruck, und die Folge ist Dampfbildung im Netz.

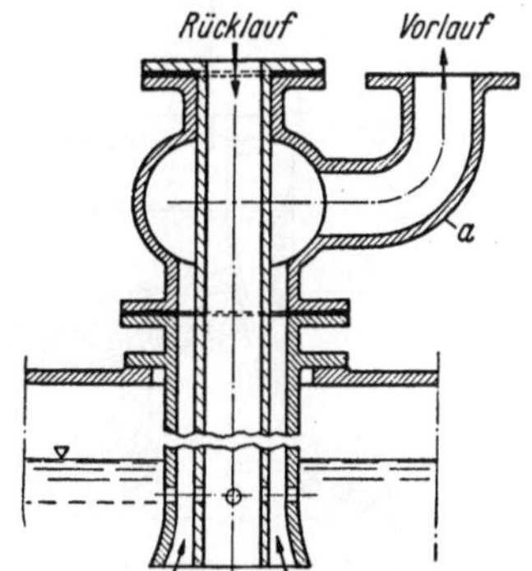

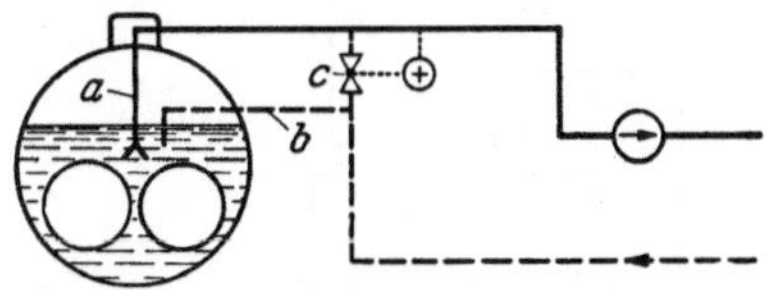

Abb. 4.34. Heißwasserkessel mit Dampfraum.
a Heißwasserkessel, b Rücklaufleitung zum Kessel, c Rücklauf-Mischventil

Abb. 4.35. Mischstutzen für Heißwasserkessel.
a Stahlgußformstück

Man kann die Schwierigkeiten vermeiden, indem man dem Vorlaufwasser gleich nach seinem Austritt aus dem Wärmeerzeuger einen Teilstrom des kälteren Rücklaufwassers beimischt, Abb. 4.34. Besser ist es, das zuzumischende Wasser direkt in den Entnahmestutzen, Abb. 4.35, also noch im Kessel selbst, beizufügen. Während also bei einem Ausdehnungsgefäß mit Preßgas der Druck im Kessel über den Sättigungsdruck des Kesselwassers gesteigert wird, wird hier die Wassertemperatur des Kesselwassers bei Austritt aus dem Kessel unter die Sättigungstemperatur gesenkt.

Um sicherzugehen, daß auch bei hochgeführten Vorlaufleitungen, ausgedehnten Netzen und geringen Temperaturunterschieden zwischen Vor- und Rücklauf der erforderliche Druck an allen Netzstellen vorhanden ist, wird bei Wärmeerzeugern mit Dampfraum in der Regel die

Umwälzpumpe im Vorlauf angeordnet. In den meistgefährdeten Vorlaufleitungen erhöht sich dadurch der Druck um fast die volle Pumpendruckhöhe, s. auch S. 193. Auch der Druck im Rücklauf liegt um den Druckverlust in der Leitungsstrecke bis zum Wärmeerzeuger höher als der Dampfdruck. Auf die bereits erwähnte Rücklaufwasserbeimischung im bzw. unmittelbar hinter dem Wärmeerzeuger kann jedoch auch hier nicht verzichtet werden, damit bei Ausfall der Pumpe kein Ausdampfen in Teilen der Vorlaufleitung eintreten kann.

2. Die Ausdehnung des Wassers

Es ist zu unterscheiden zwischen der starken Volumänderung des Wassers beim Anheizen der kalten und Abstellen der heißen Anlage und den geringen Volumänderungen des Wassers infolge von Schwankungen der Wassertemperatur im laufenden Betrieb.

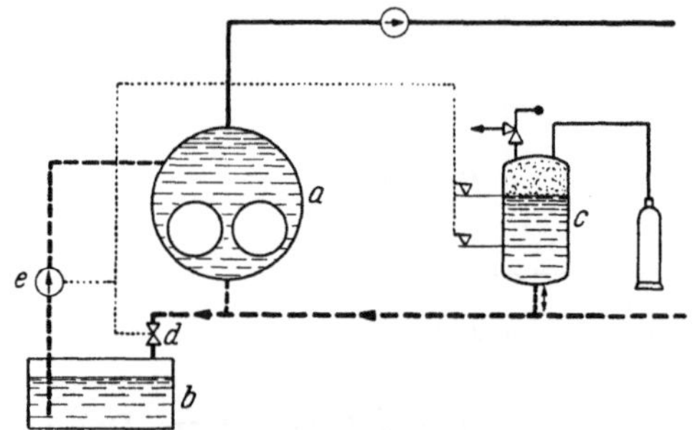

Abb. 4.36. Heißwasserkessel mit Ausdehnungsgefäß und offenem Speicherbehälter

Hat z. B. eine Anlage im kalten Zustand, also etwa bei 10°C, einen Wasserinhalt von 100 m³, so nimmt dieselbe Wassermasse bei 130°C einen Raum von 107 m³ und bei 140°C einen Raum von 108 m³ ein. Die Größe des Ausdehnungsraumes müßte dann, wenn er die gesamte Ausdehnung aufnehmen sollte, einschließlich der Zuschläge etwa 10 bis 12 m³ betragen. Meist ist es erwünscht, mit einem kleineren Ausdehnungsgefäß auszukommen. Man erreicht dies, indem man dem eigentlichen Ausdehnungsraum nur die durch Betriebsschwankungen bedingten geringeren Ausdehnungen überträgt und die großen Volumänderungen dadurch abfängt, daß man beim Anheizen Wasser aus dem Netz abläßt, um es beim Abstellen der Heizung wieder in das Netz zurückzuspeisen. Das Gefäß, das diese Wassermengen aufnimmt, sollte man aber nicht als Ausdehnungsgefäß, sondern als Heizwasserspeichergefäß bezeichnen.

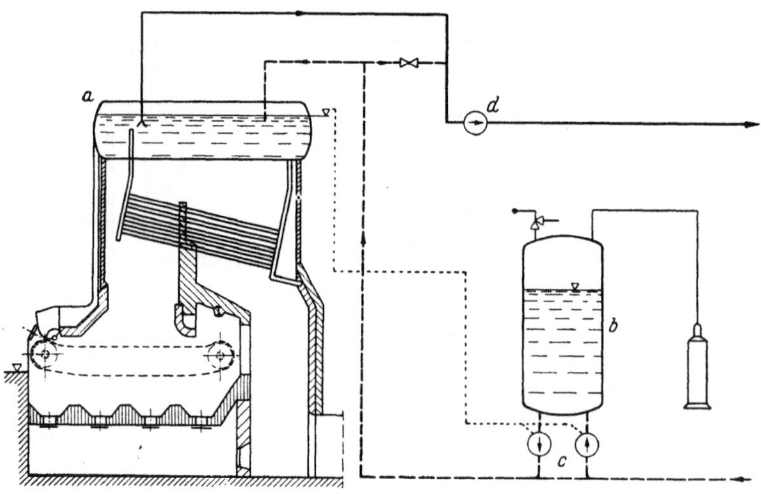

Abb. 4.37. Heißwasserkessel mit Dampfraum und druckfestem Speichergefäß.
a Heißwasserkessel, b Speichergefäß, c Speicherpumpen, d Heißwasserumwälzpumpe

Während beim Speichergefäß das überschüssige Wasser abgetrennt vom Netz so lange lagert, bis es beim Zurückgehen der Temperatur wieder eingespeist werden muß, bleibt das Wasser im Ausdehnungsgefäß in ständiger Verbindung mit dem Netz. In die Leitung zwischen Wärmeerzeuger und Ausdehnungsgefäß darf nämlich aus Sicherheitsgründen keinesfalls ein Absperrorgan eingebaut werden. Auch dient das Ausdehnungsgefäß stets zugleich der Druckhaltung. Für das Verständnis der Heißwasserheizung und der möglichen Schaltungen ist die klare Unterscheidung zwischen Ausdehnungs- und Speichergefäß und ihren abweichenden Funktionen unerläßlich.

Ein Speichergefäß, das nur zum Ausgleich der großen Volumänderungen beim Anheizen und Abstellen der Heizung dient, kann offen ausgeführt werden, wenn man wegen der Seltenheit des Vorkommnisses den Wasserverlust durch Nachverdampfen in Kauf nimmt oder wenn das abgezapfte Wasser vor Eintritt in das Speichergefäß unter 100° C abgekühlt wird. Das offene Speichergefäß b, s. Abb. 4.36, ist mit dem Wärmeerzeuger a über eine Ablauf- und eine Speiseleitung nebst Pumpe verbunden. Meist werden vom Wasserstand im Ausdehnungsgefäß c (oder im Wärmeerzeuger) das Ablaufventil d bzw. die Speisepumpe e selbsttätig gesteuert. Bei reinen Raumheizanlagen kommt man evtl. auch mit Handbedienung aus. Ein Speichergefäß dagegen, das während der Betriebszeit öfters größere Volumänderungen aufzunehmen hat, muß — ebenso wie das Ausdehnungsgefäß — druckfest gebaut werden. Man wird also stets bestrebt sein, den Ausdehnungsraum so groß zu wählen, daß die Aufstellung eines getrennten druckfesten Wasserspeichergefäßes entbehrlich wird, zumal sonst eine eigene Druckhaltung für das Gefäß sowie zusätzliche Lade- bzw. Entladepumpen und Absperrorgane notwendig sind.

Bei Kesseln mit Dampfraum bzw. bei Mischvorwärmern dient in erster Linie der Dampfraum zur Aufnahme der Volumänderungen. Allerdings ist der verfügbare Ausdehnungsraum begrenzt durch die höchstzulässige Wasserstandsabweichung in Verbindung mit der Größe der Verdampfungsoberfläche. In gewerblichen Betrieben mit stark schwankendem Wärmeverbrauch wird sich daher bei Kesseln mit kleinem Dampfraum die Aufstellung von druckfesten Wasserspeichern vielfach nicht umgehen lassen, s. Abb. 4.37.

3. Sicherheits- und Bauvorschriften

Heißwasseranlagen unterliegen als geschlossene Wasserheizungen den Sicherheitsanforderungen der DIN 4752. Nach der Norm wird unterschieden in Anlagen mit Vorlauftemperaturen

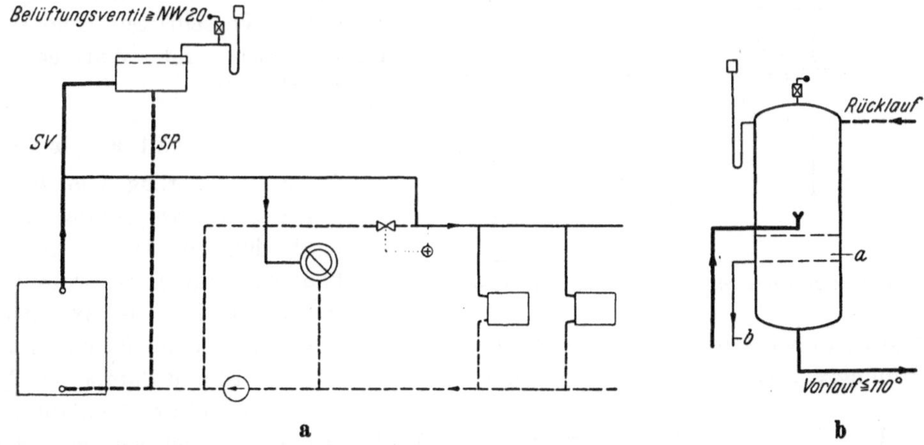

Abb. 4.38. Sicherheitseinrichtungen für Wärmeerzeuger bis 110° C Vorlauftemperatur, a) Wasserkessel. b) Mischvorwärmer.
a Ausdehnungsraum, b Überlauf

bis zu 110° und höher als 110°. Diese Temperatur kennzeichnet insofern eine gewisse Gefahrengrenze, als sie der Siedetemperatur bei einem Überdruck von 0,5 at entspricht, dem für Niederdruckdampfkessel in Deutschland zugelassenen höchsten Betriebsdruck. Daneben wird noch unterteilt nach der Art der Beheizung des Wärmeerzeugers (in der Norm stets Wasserheizungskessel genannt).

Anlagen mit *Vorlauftemperaturen bis 110°* werden in ähnlicher Weise abgesichert wie Warmwasserheizungen. Allerdings ist das Ausdehnungsgefäß geschlossen und mit einem Standrohr nach DIN 4750 auszuführen. Die Vorlaufleitung muß unterhalb des niedrigsten Wasserstandes einmünden, damit das Ausdehnungsgefäß ständig vom Wasser durchflossen wird. Abb. 4.38a zeigt die Sicherheitseinrichtungen für einen mit Brennstoffen, mit Abgasen oder elektrisch beheizten Wasserkessel bei Vorlauftemperaturen bis 110° und einem statischen Druck bis 50 m WS. Die Rohrweiten der Sicherheitseinrichtungen müssen den Bestimmungen der DIN 4750 bzw. 4751 genügen, das Belüftungsventil mindestens eine Lichtweite von 20 mm aufweisen.

Abb. 4.38a gilt auch, wenn an Stelle eines Kessels ein mit Dampf oder Heißwasser beheizter Oberflächenwärmeaustauscher vorhanden ist. Mischvorwärmer erhalten lediglich ein Standrohr nach DIN 4750 und ein Belüftungsventil, s. Abb. 4.38b.

Für Wasserkessel mit *Vorlauftemperaturen über 110°* sind grundsätzlich die „Allgemeinen polizeilichen Bestimmungen über die Anlegung von Landdampfkesseln" maßgebend. Dementsprechend sind auch Speisepumpen vorzusehen, deren Fördermenge jedoch nur der einfachen Regelleistung der Kessel entsprechen muß, sofern aus dem Kessel weder Dampf noch Wasser entnommen wird. Eine im Rücklauf angeordnete Umwälzpumpe kann dabei als eine der beiden vorgeschriebenen, im Antrieb voneinander unabhängigen Speiseeinrichtungen angesehen werden.

Bei Kesseln mit Dampfraum wird man eine der beiden Speisepumpen mit Dampfantrieb wählen. Es empfiehlt sich, diese Pumpe auch in den Kreislauf der Wasserheizung einzuschalten, um bei Ausfall der Stromlieferung eine gewisse, wenn auch schwache Wasserzirkulation aufrechtzuerhalten, s. Abb. 4.39.

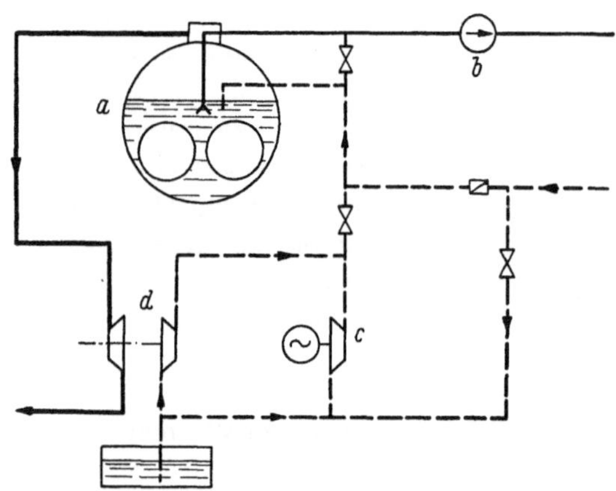

Abb. 4.39. Schaltung der Speisepumpen.
a Heißwasserkessel mit Dampfraum, *b* Umwälzpumpe, *c* Elektrospeisepumpe, *d* Dampfspeisepumpe

Für dampf- oder wasserbeheizte Wärmeaustauscher mit Vorlauftemperaturen über 110°, und zwar für Oberflächen- wie Mischvorwärmer, gelten die Unfallverhütungsvorschriften für „Druckbehälter". Auch die Druck- und Ausdehnungsgefäße von Heißwasserheizungen fallen unter diese Vorschriften. Eine Anlage mit Dampfkessel und Wärmeaustauscher zeigt Abb. 4.40.

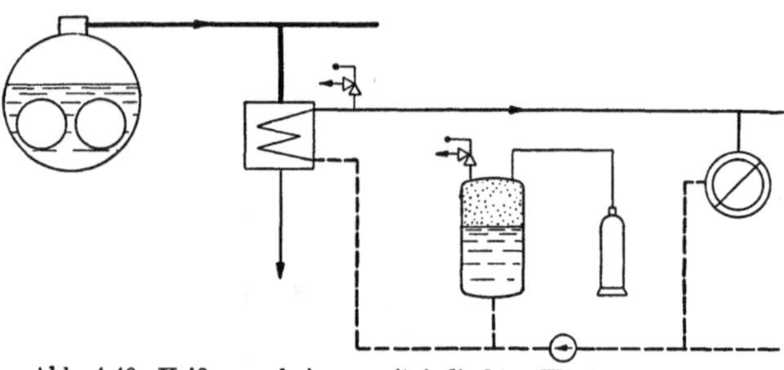

Abb. 4.40. Heißwasserheizung mit indirekter Wärmeerzeugung

4. Druckverhältnisse im Netz

Es ist der Vorzug von *Heißwasserheizungen ohne Dampfraum* im Wärmeerzeuger, daß der Druck im Heiznetz unabhängig vom Kesseldruck festgelegt werden kann. Da die Wärmeerzeuger bei Temperaturen über 110° stets mit Sicherheitsventilen ausgerüstet sind, ist man relativ frei in der Zuordnung von Wärmeerzeuger, Ausdehnungs- bzw. Druckgefäß und Pumpe. Die Umwälzpumpe kann sowohl im Rücklauf (*a*) als im Vorlauf (*b*) angeordnet werden, s. Abb. 4.41.

Bei Anordnung im Rücklauf ist die Pumpe geringeren Temperaturanforderungen ausgesetzt; auch kann man evtl. einzelne Heizgruppen durch Rücklaufwasserbeimischung mit unterschiedlichen Temperaturen betreiben, ohne daß besondere Mischpumpen erforderlich sind, s. S. 104.

Der Druck im Ausdehnungsgefäß ist durch die Forderung festgelegt, daß unter allen Betriebsbedingungen an jedem Netz-

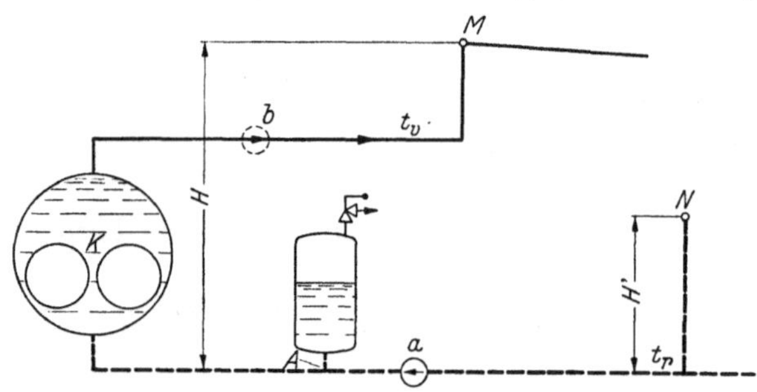

Abb. 4.41. Heißwassernetz mit Umwälzpumpe im Rücklauf (a) bzw. im Vorlauf (b)

punkt der jeweilige Druck p höher sein muß als der der Wassertemperatur zugeordnete Sättigungsdruck p_s, also $p > p_s$.

Kritisch ist zumeist die höchste Stelle der Vorlaufleitung M. Für sie ergibt sich bei Anordnung der *Pumpe im Rücklauf* (Fall a)

$$p_M = p_A - \Delta H - \Delta p.$$

Dabei sind

ΔH Druck der Wassersäule mit dem Höhenabstand H zwischen den Netzstellen M und A,
Δp Druckverlust von A bis M.

p_M muß aber um einen Sicherheitsbetrag höher liegen als der der höchsten Vorlauftemperatur t_v entsprechende Sattdampfdruck p_{vs}.

Für den Druck im Ausdehnungsgefäß gilt sonach

$$\text{Erste Bedingung:} \qquad p_A > p_{vs} + \Delta H + \Delta p . \tag{4.01}$$

Möglicherweise kann eine entfernte Netzstelle M^* mit geringerem Höhenabstand H^* besonders gefährdet sein, nämlich wenn für diese Stelle mit dem Druckabfall Δp^* (zwischen Ausdehnungsgefäß und M^*)

$$(\Delta H^* + \Delta p^*) > (\Delta H + \Delta p) .$$

Dann ist der höhere Summenwert einzusetzen.

Wir haben bis jetzt nur den Vorlauf betrachtet. Aber auch die Druckverhältnisse im Rücklauf sind zu überprüfen.

Bezeichnet man mit

p_{rs} den Sättigungsdruck bei der höchsten Rücklauftemperatur t_r,
ΔP die Förderhöhe der Umwälzpumpe,

so wird eine Dampfentwicklung am Pumpensaugstutzen nur vermieden, wenn

$$\text{Zweite Bedingung:} \qquad p_A > (p_{rs} + \Delta P) . \tag{4.02}$$

Bei kleinen Temperaturunterschieden $(t_v - t_r)$ und Heißwassernetzen ohne größere Höhenunterschiede kann diese Forderung ausschlaggebend sein, besonders bei Anwendung großer Förderhöhen ΔP. Eine gewisse Vorsicht ist in dieser Beziehung beim Anschluß von Industriewärmeverbrauchern am Platz, da am Ende eines Heizvorganges hier evtl. die Ablauftemperaturen aus den Geräten bis dicht an die Vorlauftemperaturen herankommen. Es muß dann vom Pumpensaugstutzen aus rückwärts gerechnet werden, wobei sich für die extrem hohe Rücklauftemperatur t_r' am Punkt N mit dem zugehörigen Sattdampfdruck p_{rs}' bei der geodätischen Druckdifferenz $\Delta H'$ ergibt:

$$p_A > (p_{rs}' + \Delta P + \Delta H' - \Delta p) . \tag{4.03}$$

Ist das Ausdehnungsgefäß im Vorlauf angeschlossen, so verschieben sich die Drücke um die Druckverluste des Wärmeerzeugers.

Bei Anordnung der *Pumpe im Vorlauf* (Fall b) liegt das gesamte Druckniveau im Netz um den Betrag der Förderhöhe ΔP höher. Gefahr besteht dann nur an der höchsten Netzstelle M bei Ausfall der Pumpe. Es gilt somit die Bedingung

$$p_A > (p_{vs} + \Delta H) . \tag{4.04}$$

Bei *Kesseln mit Dampfraum* oder Kaskadenvorwärmern sind die Druckverhältnisse im Netz besonders sorgfältig zu prüfen, wenn die Pumpe im Rücklauf angeordnet werden soll oder wenn große Höhenunterschiede zu überbrücken sind. Der Druck im Wärmeerzeuger muß so hoch liegen, daß noch ein genügendes Spiel für die Temperaturabsenkung an der Mischstelle im Vorlauf bleibt, um die Druckminderung bis zur höchsten Netzstelle einschließlich der Druckverluste in den Leitungen ausgleichen zu können. Die Berechnung erfolgt in gleicher Weise wie oben. Es empfiehlt sich, die Druckverhältnisse in einem Schaubild aufzutragen (s. S. 80 u. 81) und für die kritischen Netzstellen die Drücke mit den Sättigungsdrücken der jeweiligen Temperaturen zu vergleichen.

5. Ausführungsfragen

Heißwasserheizungen erfordern nicht nur bei der Planung, sondern auch bei der Ausführung größte Sorgfalt. In den Leitungen von Heißwasseranlagen sind große Energiemengen gespeichert, die bei Rohrbrüchen in Verbindung mit den austretenden Wassermassen zu erheblichen unmittelbaren und mittelbaren Schäden führen können. Abfließendes Heißwasser darf erst nach

Abkühlung in die öffentliche Kanalisation eingeleitet werden. Schächte und Kanäle von Fernleitungen sind zudem durch die beim Entspannen des Heißwassers frei werdenden Dampfmengen zunächst unzugänglich, so daß die Schadensbehebung verzögert wird. Die Leitungen müssen daher abschnittsweise absperrbar, entleerbar und bei Kanalverlegung mit ausreichenden Entwässerungsschächten versehen sein.

Gewindeverbindungen sind auch bei kleinen Durchmessern nicht zulässig. Die Schweißarbeiten dürfen nur von geprüften Schweißern unter laufender Überwachung durchgeführt werden. Das Dichtungsmaterial der Flanschen muß den vorliegenden Druck- und Temperaturbeanspruchungen gewachsen sein.

Für Anlagen mit hohen Temperaturen sind nur Stahlgußarmaturen zu verwenden. Die Leitungen sollten nach Möglichkeit so geführt und gelagert werden, daß die Wärmedehnung durch die Elastizität des Systems und ohne stärkere Rückwirkungen auf angeschlossene Apparate, Pumpen u. dgl. aufgenommen werden kann.

Für die Leitungsverlegung gelten sonst die gleichen Gesichtspunkte wie bei Warmwasserheizungen. An den höchsten Stellen des Netzes bzw. der Leitungen sind jeweils Lufttöpfe vorzusehen mit $^{3}/_{8}''$- oder $^{1}/_{2}''$-Entlüftungsleitungen und Absperrventilen, die von Zeit zu Zeit von Hand betätigt werden. Die Rohrleitungen brauchen nicht unbedingt mit Steigung in Strömungsrichtung verlegt zu werden, da etwaige Luftblasen bei den üblichen Wassergeschwindigkeiten bis zu den Entlüftungsstationen vom Wasser mitgetragen werden.

Die Rohrhalter sind dem Gewicht der gefüllten Leitungen entsprechend kräftig auszuführen. Die Festpunkte sind so auszubilden und zu verankern, daß sie ohne Schaden auch außergewöhnliche Belastungen bei Rohrbrüchen oder Wasserschlägen aufnehmen können.

Als Umwälzpumpen sind Sonderbauarten für Heißwasser mit Mittelaufhängung, wassergekühlten Lagern und Stopfbuchsen mit Spezialpackungen zu verwenden, s. Abb. 2.84. Das Bedienungspersonal von Heißwasserheizungen ist von der ausführenden Firma eingehend mit der Anlage und ihren Bauteilen vertraut zu machen; die Bedienungsvorschriften müssen u. a. klare und kurzgefaßte Anweisungen für die Inbetriebsetzung, das Abheizen und die Maßnahmen bei Störungen erhalten.

C. Unterstationen und Regelung der Wärmeabgabe

Bei Industrie-Heißwasserheizungen werden in der Regel die Heizflächen technischer Apparate direkt an das Heißwassernetz angeschlossen. Auch druckfeste Raumheizgeräte, wie Luftheizer oder Rohrheizflächen, werden häufig unmittelbar mit Heißwasser beschickt, soweit es sich um die Erwärmung von Werkstätten oder untergeordneten Aufenthaltsräumen handelt.

Sollen in größerem Umfang Gebäudeheizungen direkt angeschlossen werden, so begrenzt man die Vorlauftemperatur der Fernheizung meist auf 110°, in Industriebetrieben auf maximal 140°. Anlagen mit höchsten Vorlauftemperaturen von 110° unterscheiden sich technisch kaum von den Fernwarmwasserheizungen und sollen daher mit diesen gemeinsam besprochen werden.

1. Hausanschlüsse

Bei Heißwasserheizungen mit hohen Vorlauftemperaturen trennt man die Gebäudeheizung von der Fernheizung durch einen Oberflächenwärmeaustauscher. Die Hausanlage wird damit unabhängig vom Druck im Versorgungsnetz. Auch wird das Versorgungsnetz von Störungen an den einzelnen Gebäudeheizungen nicht betroffen, wie andererseits diese Heizungen in Auslegung und Betrieb durch die Fernbeheizung nicht beeinflußt werden. Ist die Vorlauftemperatur stets genügend hoch, so können auch Dampfheizungen angeschlossen werden. Sind ausschließlich Warmwasserheizungen mit Wärme zu versorgen, so läßt sich durch Anpassung der Vorlauftemperatur an die Witterungsverhältnisse eine zentrale Leistungsregelung wie bei den üblichen Haus-Warmwasserheizungen durchführen.

Abb. 4.42 zeigt die Hausstation eines Heißwassernetzes bei angeschlossener ND-Dampfheizung. Der liegende Verdampfer ist durch ein Standrohr am Verteiler abgesichert. Ein im Rücklauf eingebautes Regelventil drosselt die Heizwassermenge und hält damit den Druck konstant. Bei öffentlichen Wärmeversorgungsanlagen ist meist ein Wärmemengenmesser vorzusehen. Im Heizwasserzu- und -ablauf sind zur Betriebsüberwachung Manometer und Thermometer angeordnet. Durch eine Blende oder Drosselstrecke kann erforderlichenfalls die dem Abnehmer zufließende Wassermenge begrenzt werden, um auch an den entferntesten Netzstellen bei starker Belastung eine ausreichende Wasserführung zu gewährleisten (s. auch S. 214).

Es empfiehlt sich, den Verdampfer mit einer größeren Vorkammer auszustatten, so daß im Heizwasser mitgeführte Schmutzteilchen sich dort absetzen können. Auch erhalten die Zu- und Abläufe neben Absperrorganen Ventile zum Entleeren und Entlüften, damit die Hausanlage ohne Störungen des Heiznetzes notfalls außer Betrieb gesetzt werden kann.

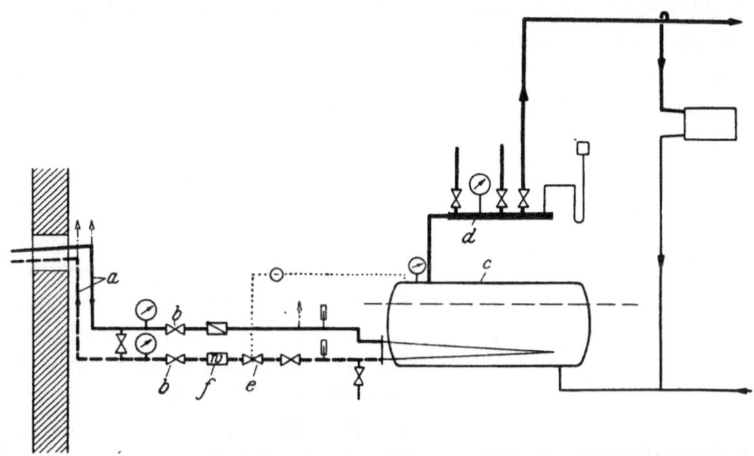

Abb. 4.42. Hausstation bei Heißwassernetzen. Anschluß einer ND-Dampfanlage.
a Fernleitungen, *b* Hauptabsperrungen, *c* Verdampfer, *d* Dampfverteiler, *e* Druckregelventil, *f* Wärmemengenmesser

Der Hausanschluß einer Warmwasserheizung ist im Aufbau völlig gleich. An die Stelle des Verdampfers tritt ein einfacher Wärmeaustauscher; der Druckregler wird durch einen Temperaturregler ersetzt. Werden Warmwasserbereitungen angeschlossen, so sind die Sicherheitsvorschriften nach AD-Merkblatt A 3 zu beachten.

2. Regelung der Wärmeabgabe

Am einfachsten läßt sich die aus dem Fernheiznetz entnommene Wärme durch Drosselung der Heizwassermenge regeln. Das Heizwasser kühlt sich bei geringerem Durchfluß stärker ab, und der mittlere Temperaturunterschied zwischen Heizmittel und Heizgut geht entsprechend zurück. Auf die ungünstige Charakteristik dieser Regelung ist bereits bei Besprechung der Warm-

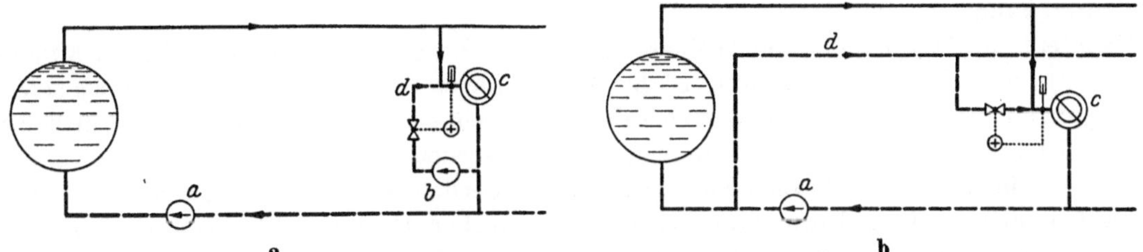

Abb. 4.43. Temperaturregelung an der Wärmeverbrauchsstelle. a) mit örtlicher Mischpumpe; b) mit Mischleitung.
a Umwälzpumpe, *b* Mischpumpe, *c* Wärmeverbraucher, *d* Mischleitung

wasserheizung hingewiesen worden, s. S. 102. Sie wird erst bei starker Drosselung des Wasserdurchflusses richtig wirksam und hat eine sehr ungleichmäßige Belastung der Heizfläche zur Folge.

Für industrielle Heizzwecke ist vielfach diese Regelung zu träge und in Anbetracht der erheblichen Temperaturunterschiede am Anfang und Ende der Heizfläche nicht brauchbar. Man geht dann zur Regelung der Heizwasser-Zulauftemperatur über, entweder indem man jedem Verbraucher (bzw. einer Gruppe von Wärmeverbrauchern gleicher Art) eine besondere Rücklaufwasser-Mischpumpe zuordnet, Abb. 4.43a, oder indem parallel mit der Vorlaufleitung eine an den gemeinsamen Rücklauf angeschlossene Mischleitung verlegt wird, Abb. 4.43 b. In beiden Fällen kann die Heizwasser-Zulauftemperatur am Verbraucher selbsttätig oder von Hand auf beliebige Werte zwischen den Hauptvorlauf- und den Rücklauftemperaturen eingestellt werden. Die erste Art — Aufstellung einer örtlichen Mischpumpe — gewährleistet eine größere Unabhängigkeit in der Temperaturregelung. Man kann bei dieser Ausführung auch einzelne Verbraucher oder Verbrauchergruppen mit Zulauftemperaturen betreiben, die niedriger als die Temperatur des gemeinsamen Rücklaufes liegen. An Stelle von Pumpen können auch Strahlapparate Verwendung finden. Sind keine allzu großen Unterschiede in den Rücklauftemperaturen zu erwarten bzw. in den Vorlauftemperaturen gefordert, so wird man die Verlegung einer Mischleitung nach Abb. 4.43 b vorziehen, insbesondere wenn bei Anordnung der Umwälzpumpe im Rücklauf die Aufstellung besonderer Mischpumpen nicht erforderlich ist.

Zuweilen läßt sich die örtliche Temperaturregelung dadurch umgehen, daß man die Heißwasserheizung mit zwei oder drei getrennten Vorläufen ausführt, die mit unterschiedlichen Temperaturen betrieben werden (Gruppenregelung), s. Abb. 4.44. Auch hier gilt die Einschränkung, daß die Vorlauftemperatur durch die Temperatur des gemeinsamen Rücklaufes nach unten begrenzt ist; erforderlichenfalls sind auch die Rückläufe getrennt zu führen, wobei dann mehrere Umwälz- oder Mischpumpen notwendig sind.

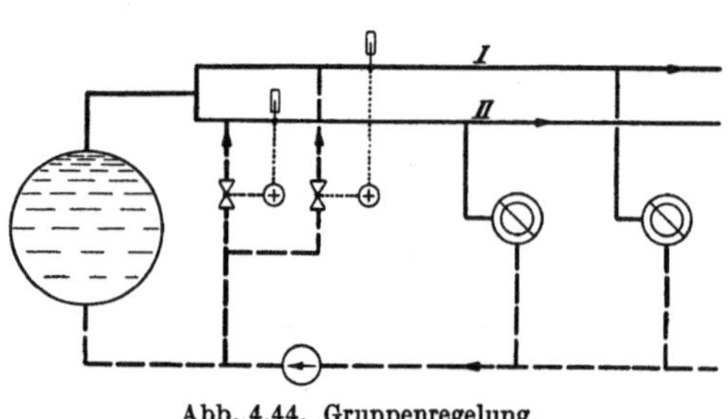

Abb. 4.44. Gruppenregelung

Die Förderhöhe der Mischpumpen muß jeweils den Druckverlusten des Stromkreises angepaßt sein, den das Mischwasser durchfließt. Das bedeutet, daß Mischpumpen in der Zentrale praktisch die gleiche Förderhöhe wie die Umwälzpumpen aufweisen müssen, örtliche Mischpumpen dagegen nur für die Druckdifferenz zwischen den betreffenden Vor- und Rücklaufanschlüssen auszulegen sind. Die möglichen Druckanstiege im Fernheiznetz beim Abschalten größerer Verbraucher sind dabei zu berücksichtigen.

Soll in Industriebetrieben ein reines Raumheiznetz mit zentraler Leistungsregelung betrieben werden, so ist darauf zu achten, daß Luftheizgeräte und örtliche Heizflächen unterschiedliche Vorlauftemperaturen bei Teillast verlangen. Zunächst einmal geht die Leistung beider Verbraucher bei Senkung der Vorlauftemperatur in verschiedenem Umfang zurück, da die Wärmedurchgangszahl der örtlichen Heizkörper temperaturabhängig ist, diejenige von Luftheizern jedoch praktisch nicht. Wird die Vorlauftemperatur nach der von örtlichen Heizflächen geforderten Leistung geregelt, so liegt die Leistung der Lufterhitzer bei niedriger Belastung zu hoch. Das ist an sich betrieblich ohne Bedeutung, da man einzelne Geräte dauernd oder zeitweise abschalten kann.

Nachteilig ist dagegen, daß die Ausblasetemperatur von Luftheizgeräten bestimmte Mindestwerte — je nach Art und Anordnung 35 bis 40° — nicht unterschreiten sollte, da sonst Zugbelästigungen auftreten. Es empfiehlt sich daher, bei gemeinsamem Anschluß von Luftheizern und örtlichen Heizflächen an ein vorgeregeltes Wassernetz die Heizflächen der Lufterhitzer größer zu wählen, als vom Wärmebedarf gesehen erforderlich ist. Von der Möglichkeit einer zentralen Leistungsregelung kann dann auch bei schwacher Heizlast noch Gebrauch gemacht werden. Die zu hohe Leistung der Luftheizer bei höheren Vorlauftemperaturen kann wegen der Seltenheit dieser Betriebsverhältnisse leichter hingenommen werden, zumal man sich bei überhöhter Luftheizleistung durch Abschalten einzelner Geräte helfen kann. Bei großen Industrieheizungen kann sich die Anlage zweier gesonderter Netze oder der Anschluß der Luftheizer an eine Heizgruppe mit höheren Vorlauftemperaturen (Industriewärme) lohnen.

V. Warmwasserfernheizung

Bei der Warmwasserfernheizung dient das in der Zentrale erwärmte Heizwasser unmittelbar als Wärmeträger für die angeschlossenen Heizanlagen. In Fernleitungen und Hausinstallationen herrscht also der gleiche statische Druck. Da die Bauelemente von Warmwasserheizungen im allgemeinen nur für Drücke bis 50 m WS gebaut werden, sind dadurch auch die Drücke und Temperaturen im Heiznetz begrenzt. Geht man mit der Vorlauftemperatur nicht über 95°, so kann die gesamte Fernheizung als offene Anlage ausgeführt werden. Höhere Temperaturen erfordern geschlossene Systeme; zur Verbilligung der Fernleitungen steigert man bei ausgedehnten Netzen vielfach die Vorlauftemperatur bis auf 110°. Zur Umwälzung des Heizwassers sind in der Zentrale Pumpen aufgestellt, die zuweilen auch den für den Betrieb der Hausanlagen notwendigen Umtriebsdruck liefern.

Warmwasserfernheizungen, an die ausschließlich Gebäudeheizanlagen angeschlossen sind, werden mit gleitenden Vorlauftemperaturen wie die üblichen Hausheizungen betrieben. Warmwasserbereitungen lassen sich vom gleichen Netz versorgen, selbstverständlich über Umformer; die Heizwasservorlauftemperaturen dürfen dann nicht unter 65 bis 70° abgesenkt werden. Bei geringem Warmwasserbedarf (Geschäftsviertel bei Stadtheizungen) verzichtet man aber vielfach auf den Anschluß von Warmwasserbereitungen an ein derartiges Fernheiznetz, zumal dann die Anlage im Sommer stillgelegt werden kann. Ist mit größerem Wärmeverbrauch zur Warmwasserbereitung zu rechnen, so ist die Verlegung einer zweiten, mit gleichbleibender Heizwassertemperatur zu betreibende Vorlaufleitung zu erwägen. Das Rücklaufwasser beider Vorläufe wird in einer gemeinsamen Leitung zurückgeführt (Dreileitersystem).

A. Wärmeerzeugung, Druckverteilung im Netz und Speicherung

1. Wärmeerzeugung

Zur Wärmeerzeugung dienen direkt gefeuerte Wasserkessel oder dampf- bzw. heißwassergespeiste Wärmeaustauscher. Nur in Ausnahmefällen wird es möglich sein, Wasserkessel großer Leistung in der Art der üblichen Heizkessel durch doppelte Verbindungsleitungen mit einem offenen Ausdehnungsgefäß abzusichern. Das Ausdehnungsgefäß muß dabei höher angeordnet werden als der höchste Heizkörper der angeschlossenen Gebäude. Vor allem aber ist die Forderung, die der hohen Leistung entsprechend weiten Sicherheitsleitungen mit steter Steigung und ohne Absperrungen vom Wärmeerzeuger zum Ausdehnungsgefäß zu führen, praktisch kaum zu erfüllen.

Fernheizungen mit direkt gefeuerten Wasserkesseln werden daher häufig als geschlossene Anlagen ausgeführt. Die Wärme-

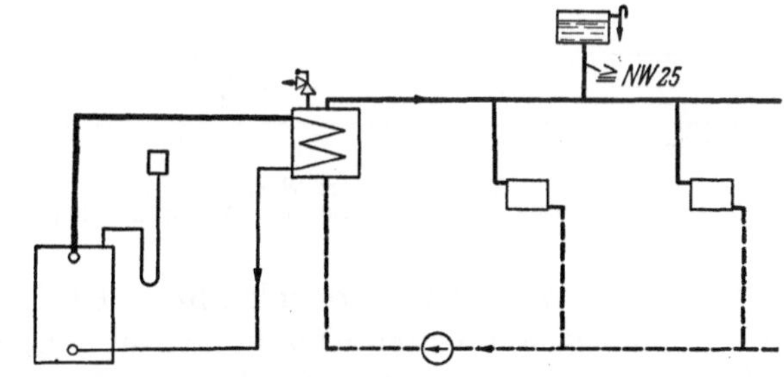

Abb. 4.45. Warmwasserfernheizung mit ND-dampfbeheiztem Wärmeaustauscher

erzeuger unterliegen dann den gleichen Sicherheitsvorschriften wie Heißwasserkessel, auch wenn die höchste Vorlauftemperatur auf 95° begrenzt ist. Die Wasserausdehnung wird von einem großen, druckfesten Behälter aufgenommen, der zugleich als Druckhaltegefäß dient, s. Abb. 4.41. Auch die Wärmeerzeugung durch Kessel mit Dampfraum nach Abb. 4.34 ist möglich.

In den meisten Fällen wird bei großen Warmwasserfernheizungen das Heizwasser indirekt erwärmt, und zwar in dampfbeheizten Oberflächen-Wärmeaustauschern. Man hat hier in der Netzgestaltung und dem Anschluß des Ausdehnungsgefäßes weitgehend freie Hand, da der Kessel unabhängig vom Heiznetz betrieben und abgesichert wird. Die Ausführung entspricht im übrigen einer Heißwasserheizung mit mittelbarer Wärmeerzeugung nach Abb. 4.40.

Wird als Heizmittel ND-Dampf verwendet, so kann das Ausdehnungsgefäß auch als offener Behälter ausgeführt und an beliebiger Stelle des Netzes angeschlossen werden, s. Abb. 4.45. Es ergibt sich damit die Möglichkeit, das Ausdehnungsgefäß im höchsten an die Fernheizung angeschlossenen Gebäude aufzustellen. Eine unmittelbare Verbindung des Ausdehnungsgefäßes mit dem Wärmeaustauscher über nicht absperrbare Leitungen ist nicht erforderlich, da der Wärmeaustauscher durch ein Sicherheitsventil (mindestens 25 mm l. Weite) gegen unzulässige Drucküberschreitungen geschützt ist.

2. Druckverteilung im Netz

Zweckmäßig ist es, sich auch hier ein Bild über die Druckverhältnisse im gesamten Netz zu verschaffen, um zu verhüten, daß unter irgendwelchen Betriebsverhältnissen der Sättigungsdruck unterschritten wird oder Unterdruck auftritt. Gefährdet sind bei Anordnung des Ausdehnungsgefäßes auf der Pumpendruckseite in erster Linie die dem Saugstutzen nächstliegenden Netzteile, insbesondere bei gleichzeitiger Druckentlastung durch entsprechende Höhenlage. Abb. 4.46 enthält das Wärmeschaltbild, den Streckenplan und das vereinfachte Druckdiagramm einer Warmwasserfernheizung. Eingezeichnet als Verbraucher sind die drei ersten angeschlossenen Gebäude. Im zweiten Gebäude sei das Ausdehnungsgefäß untergebracht, p_1 ist der Druck am Saugstutzen, p_2 am Druckstutzen der Umwälzpumpe. Die Druckdifferenz $(p_2 - p_1)$, mit der die Pumpe arbeitet, wird durch die Widerstände im gesamten Netz, einschließlich der Zentrale, aufgebraucht. Der Einfachheit halber sei der Druckabfall auf der Strecke linear angenommen.

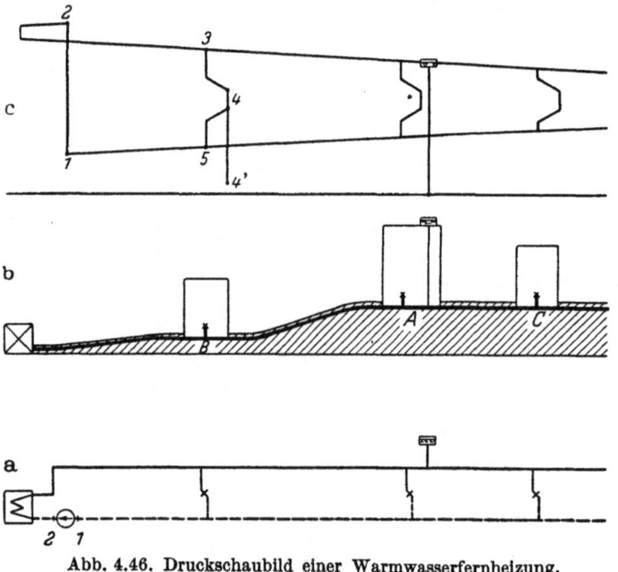

Abb. 4.46. Druckschaubild einer Warmwasserfernheizung.
a) Wärmeschaltung, b) Geländeplan, c) Druckschaubild

Die eingezeichneten Drücke gelten für eine bestimmte Höhenlage, berücksichtigen also noch nicht die durch das Ansteigen der Leitungen im Gelände oder innerhalb von Gebäuden bewirkte Druckentlastung. Nehmen wir als Ausgangsebene die Sohle der Zentrale als des tiefstgelegenen Gebäudes — selbstverständlich kann auch jede andere Höhenlage gewählt werden —, so ist der Druck am Punkt A der Fernleitung durch den Wasserstand im Ausdehnungsgefäß festgelegt, in unserem Fall für den Vorlauf. Das Druckdiagramm selbst ist durch die Förderhöhe der Pumpe $(p_2 - p_1)$, die Streckenlänge und die gewählten Druckgefälle bzw. die Einzelwiderstände gegeben.

Zunächst ist zu prüfen, ob der Druck am Saugstutzen p_1 ausreicht, um ein Ausdampfen des Wassers zu vermeiden bzw. ob kein Unterdruck auftritt. In der Regel ist bei Warmwasserheizungen die zweite Forderung die schärfere, da auch bei erhöhter Vorlauftemperatur Rücklauftemperaturen über 100° kaum auftreten werden. Kritischer als in der Zentrale sind die Druckverhältnisse im Rücklauf des nächstgelegenen Gebäudes. Zwar ist der Druck am Rücklaufanschluß (*5*) und erst recht an einem beliebigen Heizkörper des Gebäudes (*4*) nach dem Diagramm höher als p_1. Für die Heizkörper im obersten Geschoß ist aber die Höhendifferenz gegenüber der Zentrale noch zu berücksichtigen. Es ergibt sich dadurch ein wesentlich niedrigerer absoluter Druck, nämlich p_4', der ebenfalls noch positiv — vom Atm.-Druck gerechnet — sein muß. Wie bei Besprechung des Druckdiagramms einer Pumpenheizung gezeigt wurde, sind sogar Betriebsbedingungen möglich, bei denen im Heizkörper noch niedrigere Drücke auftreten (s. S. 81). Die Voraussetzungen dafür — die Heizkörper eines Stranges müssen in den oberen Stockwerken gleichzeitig abgestellt sein — treffen jedoch selten zu, so daß dieser Fall unberücksichtigt bleiben kann.

Wie läßt sich nun in kritischen Fällen der Druck p_4' steigern? Da die Drucklinie im Rücklauf vor allem vom Druck p_1 am Pumpensaugstutzen abhängt, setzt jede Minderung der Pumpenförderhöhe die Drücke p_5 und p_4' im Gebäude B entsprechend herauf. Ausgedehnte Fernheiznetze verlangen jedoch aus wirtschaftlichen Gründen hohe Pumpendrücke, so daß dieser Weg nur selten zum Ziel führt.

Das Druckdiagramm läßt aber noch eine zweite Möglichkeit erkennen. Für die der Zentrale nächstgelegenen Gebäude stehen sehr hohe Druckdifferenzen zwischen den Anschlußstellen der Hausheizung im Vor- und Rücklauf zur Verfügung. Sie können in der Regel weder in den Anschlußleitungen noch im Hausnetz durch die normalen Druckverluste dieser Anlageteile aufgebraucht werden, sondern sind durch besondere Drosselstrecken oder Drosselorgane herabzusetzen. Legt man die Drosselung in den Rücklaufanschluß, so wird im Gebäude B unseres Beispiels der Druck in den gefährdeten Leitungsstellen der oberen Geschosse in die Nähe der Vorlaufdrucklinie angehoben, s. Abb. 4.47. Man wird also in diesem Fall den Vorlaufanschluß und evtl. auch die Vorlaufleitungen im Gebäude trotz der reichlich vorhandenen Druckhöhe möglichst weit wählen und den Rücklaufanschluß scharf drosseln.

Reicht auch diese Maßnahme noch nicht aus, um einen Unterdruck bei 4 zu vermeiden, so muß das Ausdehnungsgefäß an den Rücklauf angeschlossen werden. Im Vorlauf überlagert sich dann der Pumpendruck dem Druck im Ausdehnungsgefäß. Hier sind vielfach die Heizkörper der unteren Geschosse durch zu hohe Drücke gefährdet, so daß evtl. — in Umkehrung des Vorgesagten — die Drosselung der Vorlaufanschlüsse und Vorlaufleitungen in Zentralennähe am Platz ist. Bei der Planung von Warmwasserfernheizungen muß man sich im allgemeinen mit dem höchsten Betriebsdruck nach den vorhandenen Hausheizungen richten. Es ist zumeist wirtschaftlicher, einzelne hohe Gebäude über Umformer anzuschließen (evtl. nur die oberen Geschosse) als zahlreiche ältere Anlagen auf größere Betriebsdrücke umzubauen. Auch bei besonders gefährdeten Hausheizungen kann die Umformung zweckmäßig sein.

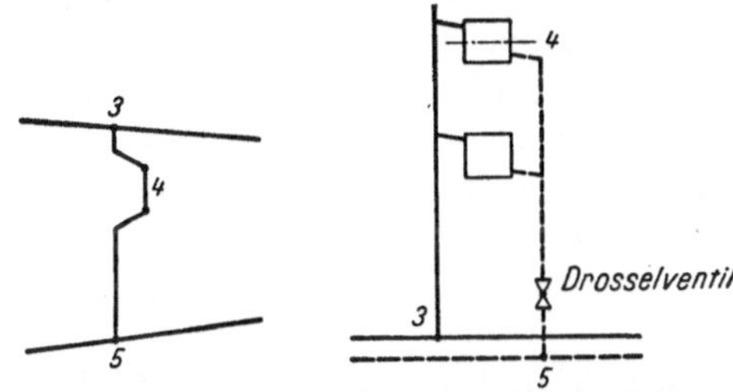

Abb. 4.47. Druckänderung bei Drosselung im Rücklauf

Eine andere Möglichkeit, bei ausgedehnten Fernheizungen mit hohen Pumpendrücken die Hausanlagen zu entlasten, bietet die Unterteilung der Förderhöhe auf zwei Aggregate, wobei das Ausdehnungsgefäß zwischen den beiden Pumpen angeschlossen ist. Durch Druckminderer in den Hausanschlüssen lassen sich dann die Druckverhältnisse in der Hausanlage weitgehend den örtlichen Erfordernissen anpassen[1].

3. Wärmespeicherung

Nachts ausgekühlte Gebäude erfordern zum Anheizen in den Morgenstunden besonders hohe Wärmeleistungen. Durch Einbau von Wärmespeichern läßt sich die Anheizzeit verkürzen und die Überlastung der Kesselanlage während dieser Zeit vermeiden. Man ordnet die Wärmespeicher zumeist in der Zentrale, seltener bei den Abnehmern einer Fernheizung an. Lediglich bei der Gebrauchswarmwasserversorgung werden örtliche Speicher häufiger verwendet.

Bei geschlossenen Heizsystemen sind zur Wärmespeicherung Druckgefäße notwendig. Wirkungsweise und Schaltung der druckfesten Wärmespeicher sind bereits oben erläutert worden. Bei Systemen mit offenem Ausdehnungsgefäß können auch druckfreie Behälter verwendet werden, wenn ihr Wasserspiegel in gleicher Höhe mit dem des Ausdehnungsgefäßes liegt.

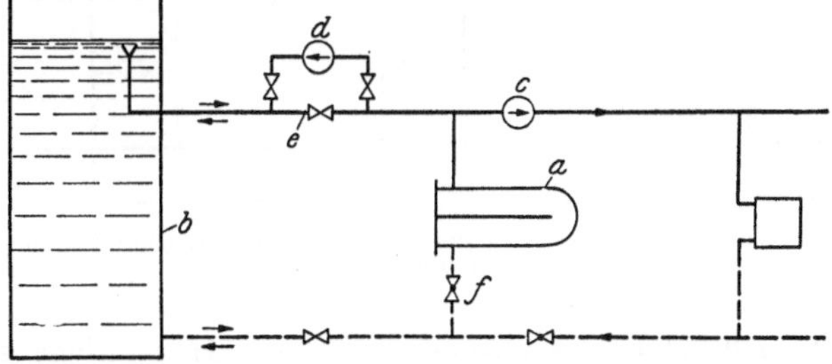

Abb. 4.48. Offener Warmwasserspeicher einer Warmwasserfernheizung

Meist übernehmen diese Wärmespeicher auch die Funktion des Ausdehnungsgefäßes. Sie sind bei Stadtheizungen in Größen bis zu 2500 m³ gebaut worden. Abb. 4.48 gibt das Schaltschema einer derartigen Anlage in vereinfachter Form wieder.

Der Großraumspeicher b liegt hier parallel zum Wärmeaustauscher a. Beim Laden des Wärmespeichers wird eine besondere Pumpe d in Betrieb gesetzt, die das im Wärmeaustauscher erhitzte Wasser oben in den Speicher einführt und die gleiche Menge kälteren Wassers unten absaugt.

---

[1] STREMPEL, E.: Stadtheizung und Kraftwärmekupplung. Gesundh.-Ing. Bd. 75 (1954) S. 213.

Dieser Vorgang kann völlig unabhängig von dem durch die Umwälzpumpe c aufrechterhaltenen Kreislauf des Heizwassers vor sich gehen, lediglich im Wärmeaustauscher vereinigen sich beide Wasserströme. Der Speicher füllt sich beim Laden langsam mit erwärmtem Wasser, wobei sich die Grenzzone zwischen warmem und kaltem Wasser immer weiter nach unten verschiebt. Eine Mischung in der Grenzschicht findet übrigens bei Behältern mit großen Querschnitten kaum statt. Man lädt den Speicher in Zeiten geringen Wärmebedarfs (Nachtstunden) oder überschüssiger Heizwärme (Abdampfüberschuß bei Heizkraftanlagen) auf und entlädt ihn bei hohem Wärmebedarf. Selbstverständlich kann beim Laden evtl. auch der Fernheizbetrieb völlig eingestellt werden.

Zum Entladen wird das Heizungs-Rücklaufwasser zum Teil oder auch vollständig durch Drosselung des Ventils f unten in den Speicher gedrückt und dafür über die Umgehungsleitung e der Speicherladepumpe dem Speicher oben heißes Wasser entnommen. Die Speicherfähigkeit solcher Behälter ist gerade bei Wasserheizungen sehr groß, da beispielsweise beim Anheizvorgang zunächst stark abgekühltes Heizwasser zurückkommt, also nicht nur die normale Temperaturdifferenz „Vorlauf-Rücklauf" zur Speicherung ausgenutzt werden kann, sondern ein wesentlich höherer Wert. So vermag der bereits erwähnte Großraumspeicher bei 2500 m³ Fassungsvermögen und der Ausnützung eines Temperaturabfalles von 90° auf 40° eine Wärmemenge von

$$2500 \cdot (90 - 40) \cdot 1000 = 125 \cdot 10^6 \text{ kcal}$$

zu speichern bzw. in kurzer Zeit abzugeben.

Selbst große Unterschiede in der Höhe und im zeitlichen Ablauf von Kraft- und Wärmebedarfsspitzen lassen sich auf diese Weise mit einfachen technischen Mitteln ausgleichen, wenn die Wärme in Form von Heiz- oder Gebrauchswasser bei relativ niedrigen Temperaturen benötigt wird.

B. Hausanschlüsse und Regelung der Wärmeabgabe

Beim Anschluß der Hausheizungen an das Fernleitungsnetz ist darauf zu achten, daß alle Anlageteile einwandfrei gefüllt, entleert und entlüftet werden können. Neben den Absperrorganen sind besondere Regelventile im Vorlauf oder Rücklauf vorzusehen, die eine Anpassung der Wärmeentnahme an den jeweiligen Bedarf gestatten. Druck- und Temperaturmeßgeräte dienen der Betriebsüberwachung.

Die Verbindung der Hausanlage mit dem Fernleitungsnetz kann auf dreierlei Art erfolgen, s. Abb. 4.49. Bei Ausführung a) und b) handelt es sich um eine Hausheizung ohne, bei c) mit

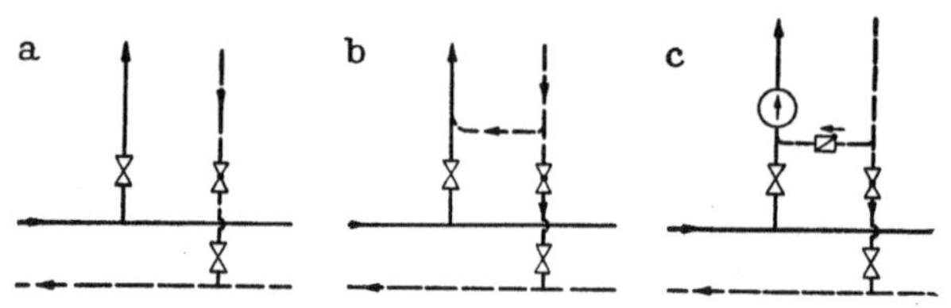

Abb. 4.49 a, b, c. Grundformen der Hausanschlüsse bei einer Warmwasserfernheizung

Pumpenbetrieb. Während bei a) die Hausanlage stets mit der Vorlauftemperatur der Fernheizung betrieben wird, läßt sich bei b) und c) durch Beimischung von Rücklaufwasser eine von dem Fernleitungsvorlauf unabhängige niedrigere Heizwassertemperatur in der Hausanlage einstellen. Die Nachteile der Ausführung a) — mangelhafte Leistungsregelung bei Drosselung des Wasserstromes, ungleichmäßige Strangbeaufschlagung — liegen nach den Erläuterungen auf S. 102 auf der Hand; man wird daher stets die Ausführungen b) und c) wählen. Auch hier wird durch ein Drosselventil die aus der Fernleitung entnommene Wassermenge dem Wärmebedarf der Hausanlage angepaßt. Im Hausnetz zirkuliert aber eine um den Rücklaufwasseranteil größere Wassermenge. Der Kurzschluß zwischen Vor- und Rücklauf führt zu einem Druckausgleich, so daß die Anlage b) wie eine übliche Schwerkraftheizung arbeitet. Beim nachträglichen Anschluß vorhandener Heizanlagen muß die Mischstelle in Höhe der früheren Kessel liegen, damit die Umtriebskräfte die gleichen sind wie zuvor.

1. Anschluß einer Schwerkraftheizung

Abb. 4.50 zeigt schematisch den vollständigen Aufbau einer Hausstation beim Anschluß einer Schwerkraftheizung an ein Stadtheiznetz. Im Vorlauf ist ein Wärmemengenmesser eingebaut zwecks Verrechnung der Wärmeentnahme. Die Vorlauftemperatur der Hausanlage wird durch einen Temperaturregler, der den Wasserzulauf aus dem Fernheiznetz mehr oder weniger drosselt, selbsttätig auf der gewünschten Höhe gehalten. Bei Fernheizungen mit erhöhten Vorlauftemperaturen wird zweckmäßigerweise noch ein Temperaturbegrenzer vorgesehen, der ein Überschreiten der höchsten Vorlauftemperatur verhindert. An die Stelle des offenen Ausdehnungsgefäßes ist ohnehin hier ein geschlossenes kleines Luftgefäß getreten, über das beim Füllen der Anlage die Luft entweichen kann und das im Betrieb das Abscheiden von Luftblasen aus dem Wasserkreislauf ermöglicht.

Steht zwischen Vorlauf und Rücklauf der Fernleitung eine größere Druckdifferenz zur Verfügung, so können schlecht zirkulierende Schwerkraftheizungen mit beschleunigtem Wasserumlauf betrieben werden. Zu diesem Zweck wird der Vorlaufanschluß der Hausanlage als Strahlpumpe ausgebildet, die unter Ausnutzung des überschüssigen Druckes im Fernleitungsvorlauf eine Druckerhöhung hinter dem Mischstutzen hervorruft. Von dieser Möglichkeit sollte jedoch nur ausnahmsweise Gebrauch gemacht werden, da es grundsätzlich richtiger ist, die Hausanlagen großer Fernheiznetze unabhängig vom Druckunterschied in den Fernleitungen arbeiten zu lassen.

Jede Drosselung oder Abschaltung der Heizwasserentnahme in den Hausstationen und erst recht der Anschluß neuer Verbraucher führt nämlich zu Druckänderungen im Verteilungsnetz, zieht also bei Hausanschlüssen nach Art der Abb. 4.49a bzw. bei Umlaufbeschleunigung durch eine Strahlpumpe die übrigen Abnehmer in Mitleidenschaft. Die Rückwirkung auf die einzelnen

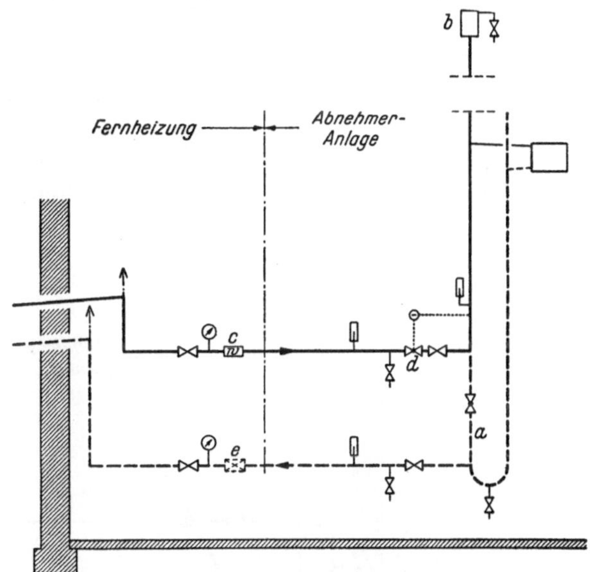

Abb. 4.50. Hausstation für eine Schwerkraftheizung.
a Mischleitung, *b* Luftgefäß, *c* Wärmemengenmesser, *d* Temperaturregelventil, *e* Drossel oder Mengenbegrenzer

Abnehmer wird dabei sehr verschieden sein, je nachdem die Änderung der Heizwasserentnahme in der Nähe der Zentrale, auf der Strecke oder am Ende einer Fernleitung erfolgt[1]. Eine gleichmäßige Auswirkung auf sämtliche Abnehmer ist gewährleistet bei einer Rohrführung nach dem System gleicher Weglänge, s. S. 105. Diese Rohrführung ist aber nur sinnvoll bei einer Ringversorgung und scheidet bei Fernheizungen schon wegen der höheren Kosten aus.

Die Hausanlage muß vom Fernheiznetz jederzeit völlig abgeschaltet werden können. Um im Bedarfsfall Meß- und Regelgeräte ohne Entleerung der Hausanlage ausbauen zu können, sind neben den Absperrorganen am Fernleitungsanschluß noch besondere Absperrungen vor der Gebäudeheizung vorzusehen. Beim Einbau von Mengenbegrenzern ist zu beachten, daß jede Drosselung im Rücklauf bei Pumpenbetrieb zu einer entsprechenden Steigerung des Druckes in der Hausanlage führt.

2. Anschluß einer Pumpenheizung

Völlige Unabhängigkeit der Umtriebsverhältnisse in der Hausanlage von der Wasserführung bzw. den Druckunterschieden im Fernleitungsnetz ist gewährleistet bei Pumpenheizungen mit Kurzschlußschaltung, s. Abb. 4.51. In die Kurzschlußleitung, die gleichzeitig als Mischleitung

---

[1] HENDRIKS, E.: Die Wassermengenführung von Heizungsnetzen beim Abschalten von Verbrauchern. Heizg.-Lüftg.-Haustechn. Bd. 3 (1951) S. 145/147.

dienen kann, ist eine Rückschlagklappe f einzubauen; sie soll verhindern, daß bei Stillstand der Pumpe das Fernleitungswasser unmittelbar vom Vorlauf zum Rücklauf übertritt.

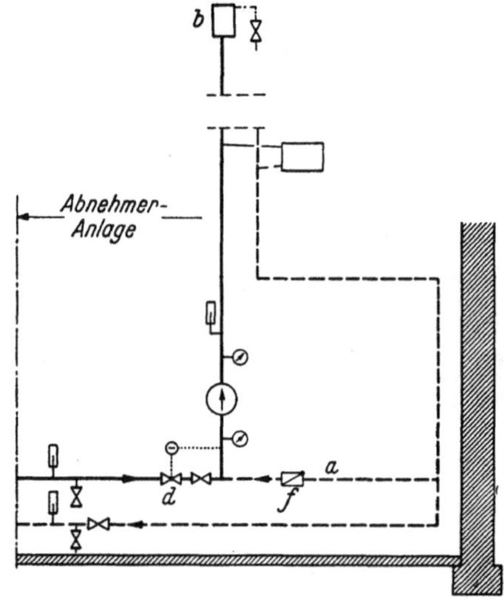

Abb. 4.51. Hausstation für eine Pumpenheizung. Bezeichnungen wie Abb. 4.50. f Rückschlagklappe

3. Hausstation beim Dreileitersystem

Abb. 4.52 gibt das Schema einer Hausstation für eine Fernheizung im Dreileitersystem wieder bei Anschluß einer Schwerkraftheizung und einer Warmwasserbereitungsanlage. Aufbau und Wirkungsweise sind nach dem Vorhergesagten verständlich. Die Stauschleife g im Heizungsrücklauf vor der Vereinigung mit dem Rücklauf vom Warmwasserbereiter soll eine unter bestimmten Betriebsbedingungen mögliche rückläufige Zirkulation in der Heizungsanlage verhindern.

Die Verbindungsleitungen h_1 und h_2 zwischen den Fernheizvor- und -rücklaufleitungen gestatten es, auch bei abgestellter Hausanlage noch eine gewisse Zirkulation in den Fernleitungen aufrecht zu erhalten.

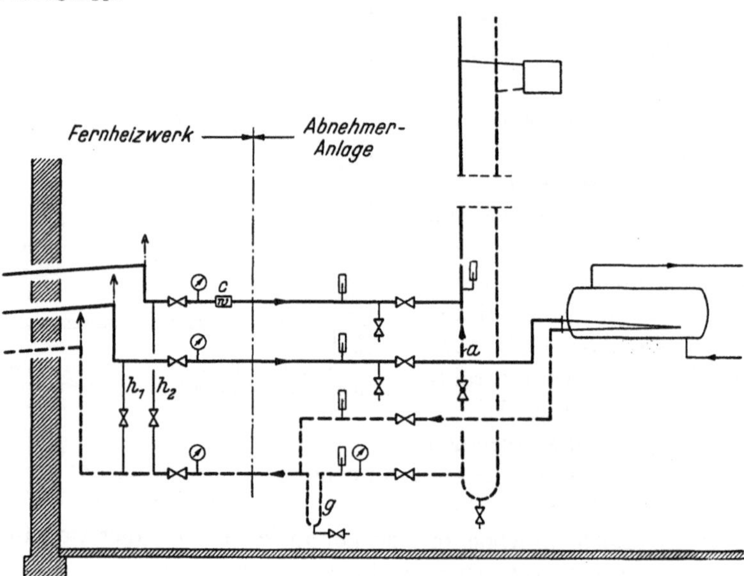

Abb. 4.52. Hausstation beim Dreileitersystem. Bezeichnungen wie Abb. 4.50. g Stauschleife, h_1, h_2 Kurzschlußstrecken

VI. Stadtheizung

Das Kennzeichnende einer „Stadtheizung" ist die Wärmelieferung in Form von Dampf, Heiß- oder Warmwasser an beliebige Verbraucher eines Stadtbezirkes durch ein öffentliches Versorgungsunternehmen zu allgemeinen Tarifen.

In Deutschland werden Stadtheizungen vorzugsweise von Elektrizitätswerken betrieben[1]. Strom- und Wärmeerzeugung sind zumeist gekuppelt, wobei die energiewirtschaftlichen Vorteile des „Heizkraftbetriebes" zu einer Minderung der Gestehungskosten der Heizwärme führen. Druck bzw. Temperatur des Heizmittels richten sich nach den Temperaturanforderungen der Abnehmer. Sie sind im allgemeinen bei Industrie- und Gewerbebetrieben höher als bei Raum-

---

[1] SCHULZ, E.: Öffentliche Heizkraftwerke und Elektrizitätswirtschaft in Städten. Berlin: Springer 1933. Siehe auch: Elektrizitätswirtschaft, Bd. 58, Sonderheft Heizkraftwirtschaft. April 1959.

heizungen und Warmwasserbereitungen. Da eine Wärmelieferung für gewerbliche Zwecke zudem nur bei besonders niedrigen Wärmepreisen möglich ist, ist die zentrale Wärmeversorgung vieler Industriebetriebe seltener anzutreffen. Es handelt sich dabei zumeist um Betriebe in unmittelbarer Nachbarschaft von öffentlichen Kraftwerken oder um geschlossene Industriegebiete mit hoher Wärmeverbrauchsdichte.

In der Regel beschränken sich die Stadtheizungen auf die Versorgung begrenzter Wohn-, Verwaltungs- und Geschäftsbezirke größerer Städte. Zu den wegen der Höhe und der Benutzungsdauer des Wärmebedarfs besonders erwünschten Abnehmern gehören Krankenhäuser, Schwimm- und Badeanstalten, Wäschereien, Färbereien und Reinigungsbetriebe. Das Rückgrat der öffentlichen Wärmeversorgung bilden jedoch die Heizanlagen der öffentlichen Gebäude, großer Geschäfts- und Bürohäuser sowie vielstöckiger Wohngebäude in dicht bebauten Gegenden. Die mancherlei Vorzüge der Stadtheizung treten hier am deutlichsten in Erscheinung.

Vorteile. Durch den Wegfall vieler Einzelfeuerstellen mit ihren Abgasen und Verunreinigungen werden die Luft- und Besonnungsverhältnisse in stark besiedelten Stadtgebieten wesentlich verbessert; zugleich wird auch die Brandgefahr vermindert. Der Straßenverkehr im Stadtinnern wird vom Kohlen- und Aschetransport weitgehend entlastet; Verschmutzung und Geräuschbelästigung gehen zurück. Volkswirtschaftlich ist die bessere Brennstoffausnutzung, vor allem auch durch die Strom-Wärmekuppelung, von großer Bedeutung.

Zu diesen in erster Linie der Allgemeinheit zugute kommenden Vorteilen treten eine Reihe von Annehmlichkeiten für die Wärmeabnehmer, wie die Einsparung an Kellerraum, der Wegfall der Brennstofflagerung und der Heizungsbedienung, der saubere Betrieb, die ständige Betriebsbereitschaft und die gute Anpassungsfähigkeit der Heizleistung an beliebige, auch extreme Wärmebedarfsänderungen.

Hinderlich für die Entwicklung der Fernheizung in Stadtgebieten sind vor allem die hohen Baukosten der Wärmeverteilungsanlagen und der verhältnismäßig geringe Umschlag des investierten Kapitals.

A. Heiztechnische Grundlagen

Öffentliche Wärmeversorgungsanlagen in Wohn-, Verwaltungs- und Geschäftsbezirken von Städten — mit diesen Einrichtungen, also den Stadtheizungen im engeren Sinn, wollen wir uns hier ausschließlich befassen — sind nur am Platz, wenn in begrenzten Gebieten ein relativ hoher Wärmeleistungsbedarf vorhanden ist. Es kann sich dabei sowohl um wenige große Verbraucher handeln als auch um eine größere Zahl kleiner Verbraucher. In der Regel beschränkt man sich auf Wärmeabnehmer, die keine höheren Heizmitteltemperaturen als 110 bis 120 °C benötigen. Der Wärmebedarf zur Raumheizung bestimmt dabei weitgehend Umfang und Verlauf der Wärmeentnahme aus dem Heiznetz.

Die Zusammenhänge zwischen Klima und Wärmebedarf sowie die Kenntnis des Einflusses des Heizsystems und der Gebäudeart auf den Tagesgang der Wärmeentnahme liefern wichtige Unterlagen für die Auslegung und den Betrieb einer derartigen Fernheizung[1].

1. Wärmebedarfsdichte

Je größer der Wärmebedarf eines zu versorgenden Gebietes ist, um so niedriger liegen die Kosten des Fernwärmeverteilungsnetzes, bezogen auf die bereitgestellte Leistung, um so günstiger sind also auch die Voraussetzungen für einen wirtschaftlichen Fernheizbetrieb. Als Kennwert der Fernheizwürdigkeit dient die *Wärmebedarfsdichte*, oft auch kurz „Wärmedichte" genannt. Man bezeichnet damit die Summe des Höchstwärmebedarfes aller anschlußfähigen Gebäude oder Verbraucher eines Gebietes, bezogen auf die versorgte Fläche. Meist wird sie angegeben in Gcal/km² h bzw. kcal/m² h.

Bei der Planung einer Fernheizung für ein bebautes Stadtgebiet wird man sehr sorgfältig den Wärmebedarf der in Frage kommenden Abnehmer feststellen müssen. Für gewerbliche Wärmeverbraucher kann aus der Leistung der anzuschließenden Geräte, evtl. unter Einführung

---

[1] Raiss, W.: Heiztechnische Grundlagen einer öffentlichen Wärmeversorgung. Heizg.-Lüftg.-Haustechn. 3 (1952) S. 37—44.

eines Gleichzeitigkeitsfaktors der Wärmeentnahme, der Höchstbedarf ermittelt werden. Bei Warmwasserbereitungen ist der Wärmebedarf in der ersten Aufheizstunde der Speicher zugrunde zu legen. Zentrale Heizanlagen werden mit dem Wärmebedarf nach DIN 4701 berücksichtigt. (Von dem Wärmebedarf ist die für die Anschlußbemessung maßgebende Höchstleistung, die ein Abnehmer beansprucht, zu unterscheiden; sie kann bei zeitlicher Verschiebung der Höchstlast mehrerer Verbrauchsgeräte sowie beim Einbau von Leistungsbegrenzern wesentlich kleiner sein als der theoretische Wärmebedarf, beim Anheizen kalter Anlagen auch größer.)

Ist für eine ältere, an eine Fernheizung anzuschließende Heizungsanlage der Wärmebedarf nicht bekannt, so empfiehlt sich die Feststellung der eingebauten Heizflächen und ihrer Leistungsfähigkeit. Die bei vorhandenen Anlagen eingebaute Kesselheizfläche ermöglicht nur eine sehr angenäherte Abschätzung des Wärmebedarfs, da sie neben Zuschlägen für die Wärmeverluste des Rohrnetzes vielfach noch Reserveheizfläche in unterschiedlichem Ausmaß enthält, die zu beträchtlicher Überbewertung einer Heizanlage führen kann.

Für Bauvorhaben, die erst in der Planung stehen, ist man auf Erfahrungszahlen oder Näherungsrechnungen angewiesen. Kennt man das Bauvolumen, so geht man am besten vom spezifischen Wärmebedarf aus, bezogen auf 1 m³ umbauten Raum. Für neuzeitliche Bauten mit klaren Bauformen lassen sich dafür zuverlässige Durchschnittswerte angeben. Ein Gebäude verliert Wärme nur über die Außenhaut. Stimmen die Wärmedurchgangszahlen der Außenwände, Decken und Fußböden mit den in DIN 4108[1] geforderten Mindestwerten überein — und das ist meistens der Fall —, so ist für jede Klimazone der spezifische Wärmebedarf nur noch von den Hauptmaßen des Baues, der Bauart und dem Flächenanteil der Fenster abhängig.

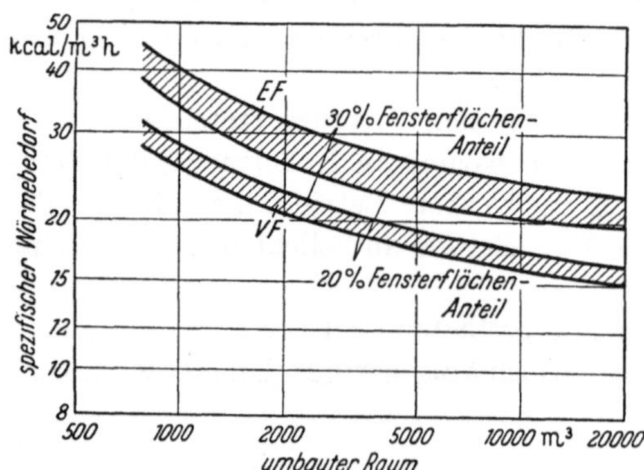

Abb. 4.53. Spezifischer Wärmebedarf, auf den umbauten Raum bezogen

Abb. 4.53 zeigt für drei- bis fünfgeschossige Bauten bei einer Bautiefe von etwa 10 m die Abhängigkeit des spezifischen Wärmebedarfs vom Bauvolumen für eine niedrigste Außentemperatur von —15°. Die beiden schraffierten Bereiche gelten für Einfach- und Verbundfenster, und zwar entsprechen die unteren Grenzlinien den Werten für 20% Fensterflächenanteil an der Außenwand, die oberen den Werten für 30% Fensterflächenanteil. Als umbauter Raum ist das Produkt von bebauter Grundfläche und Gesamthöhe der beheizten Geschosse zugrunde gelegt. Man erkennt den starken Einfluß von Bauart und Größe der Fenster auf den Wärmebedarf.

Abb. 4.53 gibt nur den zuschlagfreien spezifischen Wärmebedarf an, s. S. 381. Zur Berücksichtigung der Gebäudelage, der Windeinwirkung und der Betriebsweise der Heizung sind noch Zuschläge zu machen, die bei derartigen Überschlagsrechnungen pauschal für das Gesamtgebäude angesetzt werden können. Für geschützte Lage — sie trifft im Innern der Städte meist zu — betragen in Gegenden ohne starke Winde die *Gesamtzuschläge*

> 15 bis 20% bei Betriebsweise I (nachts eingeschränkt),
> 25 bis 30% bei Betriebsweise II (10 Stunden Unterbrechung).

Auf diesem Weg kann der Heizwärmebedarf eines Neubaugebietes genügend zuverlässig geschätzt werden, wenn der Bebauungsplan vorliegt.

Die zulässigen Bauhöhen und „Bebauungsdichten" (d. i. das Verhältnis aus bebauter zur Gesamtfläche des Gebietes) werden in der Regel im Rahmen der Gesamtplanung einer Stadt festgelegt. Bebauungsdichten von 50 bis 60%, wie sie früher im Innern der Großstädte anzutreffen waren, werden heute nicht mehr zugelassen. Einen Ausgleich dafür im Hinblick auf die Wärmedichte eines Stadtgebietes bringt das Übergehen auf größere Bauhöhen.

---

[1] DIN 4108: Wärmeschutz im Hochbau.

Abb. 4.54 gibt den Zusammenhang zwischen Wärmebedarfsdichte, Bebauungsdichte und mittlerer Bauhöhe wieder. Bei einem spezifischen Wärmebedarf von 20 kcal/m³ h läßt sich danach eine Wärmebedarfsdichte von 80 kcal/m² h erzielen bei Bebauungsdichten sowohl von 40 als auch von 20%. Im ersten Fall ist dafür eine Bauhöhe von 10 m, im zweiten Fall von 20 m erforderlich.

Berücksichtigt man, daß die Wärmeversorgung weniger großer Gebäude geringere Anschluß- und Wartungskosten verursacht als die Versorgung vieler kleiner Gebäude, so erkennt man, daß die neuere Entwicklung im Städtebau dem Fernheizgedanken entgegenkommt. Dies wird noch deutlicher durch folgende Betrachtung.

Die Wärmebedarfsdichte gibt einen ersten Anhalt für die Fernheizwürdigkeit eines Stadtgebietes nur bei gleichmäßiger Bebauung und entsprechend stark verzweigtem Rohrnetz. Sind wenige große Wärmeabnehmer zu beliefern, so tritt der Charakter des „Netzes" zurück zugunsten einer „Strecken"versorgung. An Stelle der flächenbezogenen tritt hier eine längenbezogene; Kennwert, die „Linienwärmedichte" in kcal/m³ h, sie gibt den Wärmebedarf je m Rohrstreckenlänge an. Für Reihenbauten in der Anordnung nach Abb. 4.55 ergeben sich beispielsweise bei weitgehend aufgelockerter Bebauung vergleichsweise geringe Kosten eines Fernheiznetzes[1].

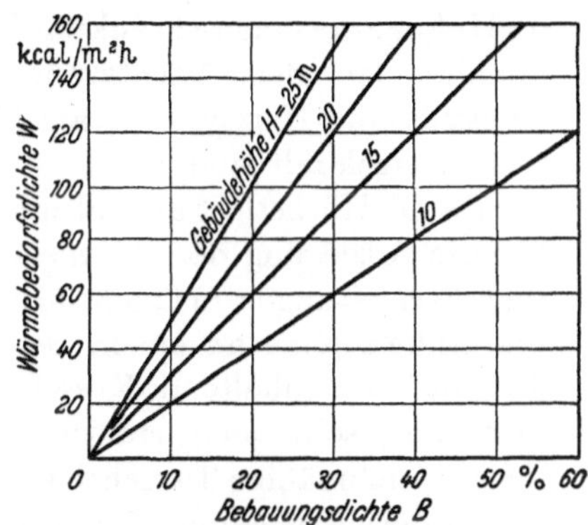

Abb. 4.54. Wärmebedarfsdichte in Abhängigkeit von der Bebauungsdichte und der Bauhöhe; spez. Wärmebedarf 20 kcal/m²h

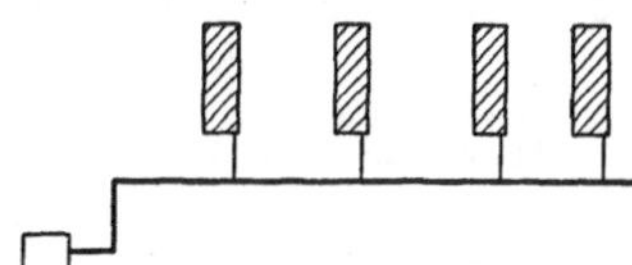

Abb. 4.55. Streckenwärmeversorgung parallel liegender großer Bauzeilen

2. Verbrauchskennlinien

Der tages- und jahreszeitliche Ablauf der Wärmeentnahme aus einem Fernheiznetz hängt bei gewerblichen Abnehmern von der Art, der Belastung und der Betriebsweise der Verbrauchsgeräte ab. Bei Gebäudeheizungen kommen meteorologische Faktoren sowie Einflüsse der Bauweise und des Heizsystems hinzu, s. 12. Abschn. II.

Für den *Tagesgang* der Wärmeentnahme ist vor allem die Betriebsweise der Heizanlage von Bedeutung. Sie richtet sich nach der Gebäudebenutzung, aber auch nach dem vorhandenen Heizsystem und der Außentemperatur, s. S. 515. Selten wird über Tag und Nacht gleichmäßig durchgeheizt; meist wird in den Benutzungspausen des Gebäudes die Leistung stark eingeschränkt oder ganz abgeschaltet.

Der unterbrochene Heizbetrieb herrscht vor bei Heizsystemen mit geringer Speicherfähigkeit, also bei Dampf- und Luftheizungen, der Dauerbetrieb bei Warmwasserheizungen.

Fernheizungen, an die Gebäude der verschiedensten Art und mit unterschiedlichen Heizsystemen angeschlossen sind, zeigen dementsprechend auch vielfältige Mischformen von Tagesbelastungslinien. Der Tagesgang der Außentemperatur kommt dabei weniger zur Auswirkung als die durch die mittlere Tagestemperatur gekennzeichnete Belastung der Heizanlagen. Mit ihr wachsen bei Dampf- und Luftheizungen die Betriebszeiten der Anlagen an, bei Wasserheizungen die Leistungswerte.

Als Beispiele sind in Abb. 4.56 und 4.57 die Tagesbelastungslinien zweier Fernheizwerke bei unterschiedlichen Außentemperaturen aufgetragen. Bei Abb. 4.56 handelt es sich um ein Dampfnetz, an das Geschäfts- und Wohngebäude angeschlossen sind, bei Abb. 4.57 um ein Warmwassernetz, bei dem Bürogebäude überwiegen. Das Dampfnetz zeigt an dem kältesten Tag ein weitgehend ausgeglichenes Belastungsbild mit annähernd konstanter Wärmeabnahme

---

[1] SIMON, W.: Spezifische Fernheiznetz-Anlagekosten bei verschiedenen Siedlungsarten und Wohndichten. Elektrizitätswirtsch. Bd. 49 (1950) S. 292/295.

zwischen 7 und 20 Uhr. Unter derartig extremen Witterungsbedingungen muß offensichtlich auch in den Nachtstunden durchgeheizt werden, um den Gebäuden die erforderliche Wärmemenge zuzuführen.

Bei dem Warmwassernetz bleibt dagegen der Charakter der Belastungslinie auch bei niedrigen Außentemperaturen erhalten, sofern die Betriebsweise der einzelnen Heizungen beibehalten wird. (Die Verrechnung mit dem Abnehmer erfolgt hier ausschließlich nach dem Wärmeverbrauch, also nach einem reinen Arbeitstarif ohne Begrenzung der Leistungsentnahme.)

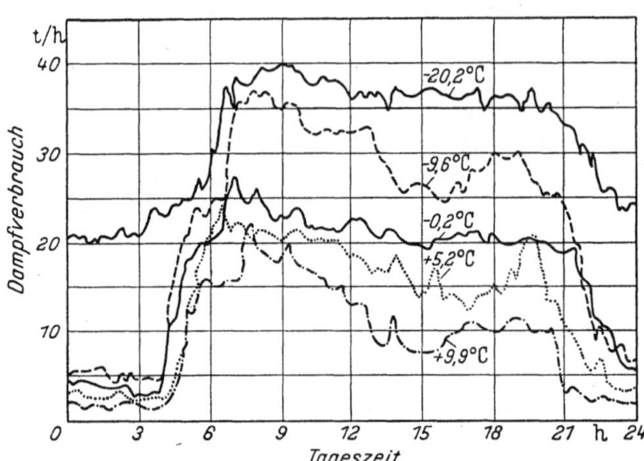

Abb. 4.56. Wärmeabgabe eines Dampfnetzes über 24 Stunden bei verschiedenen Außentemperaturen

Die zentrale Leistungsregelung durch die Vorlauftemperatur ermöglicht eine gleichmäßige Steigerung der Wärmeabgabe der Heizflächen mit abnehmender Außentemperatur. Die hohen Anheizspitzen deuten darauf hin, daß infolge der eingeschränkten Wärmeabnahme in den Nachtstunden die Gebäude und Heizsysteme am Morgen stark ausgekühlt sind.

Da die Höchstlast am kältesten Tag für die Auslegung der Wärmeerzeuger und Fernleitungen maßgebend ist und die Anheizspitze an einem beliebigen Tag die bereitzuhaltende Kesselleistung bestimmt, sollte man stets eine möglichst gleichmäßige Tagesbelastung anstreben. In geringem Umfang kann das Wärmeversorgungsunternehmen den Tagesgang der Wärmeentnahme beeinflussen, bei Wassernetzen, die mit gleitenden Temperaturen gefahren werden, z. B. durch die Wahl der Vorlauftemperatur und der Betriebszeit der Umwälzpumpen, bei Dampfnetzen durch Druckregelung. Unerwünschte Leistungsspitzen lassen sich am einfachsten durch den Einbau von Mengenbegrenzern verhindern (s. S. 214).

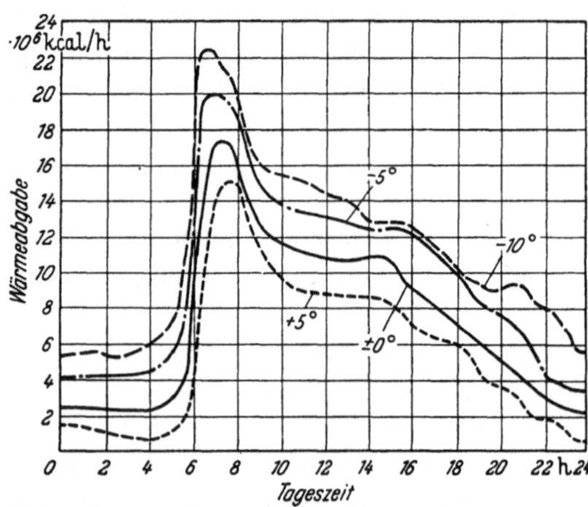

Abb. 4.57. Wärmeabgabe eines Warmwassernetzes über 24 Stunden bei verschiedenen Außentemperaturen

Es ist noch darauf hinzuweisen, daß die in Abb. 4.57 erkennbaren Leistungsspitzen bei Wassernetzen zum Teil mit hohen Temperaturdifferenzen zwischen Vor- und Rücklauf bewältigt werden. Die für bestimmte Wasserströme dimensionierten Rohrleitungen werden also nicht im gleichen Umfang belastet, wohl aber die Wärmeerzeugungsanlagen, sofern nicht — und das ist im vorliegenden Beispiel der Fall — Wärmespeicher eingeschaltet sind.

Der *Jahresgang der Wärmeentnahme* zu Raumheizzwecken ist vorwiegend klimatisch bedingt, s. S. 321. Er läßt sich daher im Gegensatz zum Tagesgang für einen durchschnittlichen Winter aus meteorologischen Beobachtungswerten ableiten.

Für die Fernheizplanung ist der Verlauf der Außentemperatur während eines Normaljahres weniger wichtig als deren mittlere Häufigkeitsverteilung. Aus ihr läßt sich in einfacher Weise eine geordnete Jahresbelastungslinie der Raumheizung (Belastungsdauerlinie) ableiten, siehe S. 519, Abb. 12.07.

Dieser Zusammenhang gilt jedoch nur für den Tageswärmebedarf der Heizanlagen. Beim Übergang auf Stundenwerte — Wärmeleistungen sind in der Regel auf Stunden als Zeiteinheit bezogen — muß die Leistungsänderung im Ablauf eines Tages berücksichtigt werden. Dadurch ändert sich der Verlauf der geordneten Jahresbelastungslinie.

Kennt man den Tagesgang der Wärmelieferung für einige kennzeichnende Außentemperaturbereiche, z. B. bei — 10°, 0°, +5° und +10°, so kann die wirkliche Belastungsdauerlinie einer Fernheizung genügend genau aus diesen Tagesdiagrammen unter Berücksichtigung der Häufigkeit der einzelnen Außentemperaturstufen ermittelt werden.

Man entwickelt zu diesem Zweck aus den tageszeitlichen Belastungsdiagrammen nach Art der Abb. 4.56 oder 4.57 die geordneten Belastungslinien der Wärmeentnahme für bestimmte Außentemperaturen, s. Abb. 4.58. Die Linien dieser Abbildung gelten für die Tageskurven der Abb. 4.56. Ersetzt man die geordnete Häufigkeitslinie der Tagestemperaturen für den betreffenden Ort durch eine Stufenlinie, s. Abb. 4.59 a, so ergibt sich daraus bei richtiger Mittelung der Anteil der einzelnen Außentemperaturbereiche t_1, t_2 usw. an der gesamten Heizzeit Z mit $\frac{Z_1}{Z}$, $\frac{Z_2}{Z}$ usw. Unter Berücksichtigung

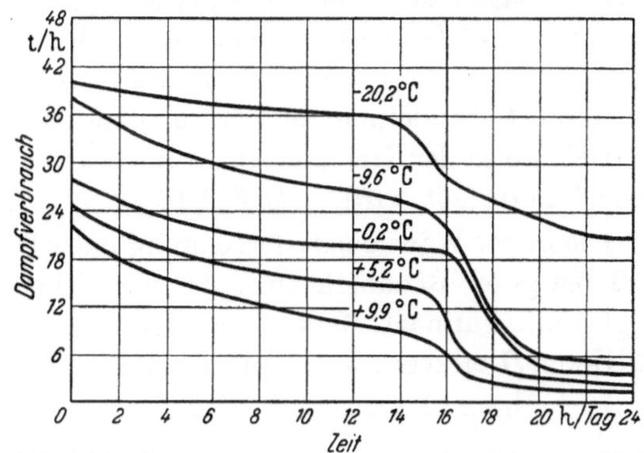

Abb. 4.58. Geordnete Tagesbelastungslinien bei unterschiedlichen Außentemperaturen (nach Abb. 4.56)

dieses Zeitfaktors erhält man aus den geordneten Tagesbelastungslinien der Abb. 4.58 die entsprechenden Jahresbelastungsanteile nach Abb. 4.59 b und durch Addition der Abszissenwerte die Gesamtkurve. Sie zeigt gegenüber der ideellen Belastungslinie, die unmittelbar aus den Außentemperaturen abgeleitet wird, eine größere Häufigkeit der höheren Belastungsstufen.

Der Unterschied zwischen der ideellen und der wirklichen Belastungsdauerlinie wird um so größer, je mehr die Tagesbelastungsbilder mit der Außentemperatur ihren Charakter verändern. Im Extremfall würde für stoßweise, in gleicher zeitlicher Folge mit voller Leistung betriebene Dampfheizungen die Jahresbelastungslinie auf die hohen Belastungsstufen zusammengedrängt und stark verkürzt erscheinen. Tatsächlich bewirken die Unterschiede in den Heizsystemen, der Gebäudeart und dem Heizbetrieb der zahlreichen an eine Stadtheizung angeschlossenen Anlagen eine Annäherung der Belastungsdauerlinie an die ideelle Kurve.

In Abb. 4.60 sind die Belastungsdauerlinien einer großen Stadtheizung, auf die Spitzenlast bezogen, für mehrere Jahre wiedergegeben. Man erkennt, daß die Belastungsdauerlinien ihren charakteristischen Verlauf auch

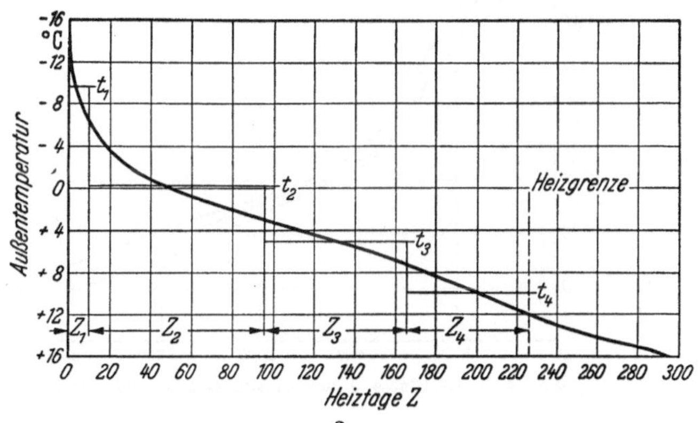

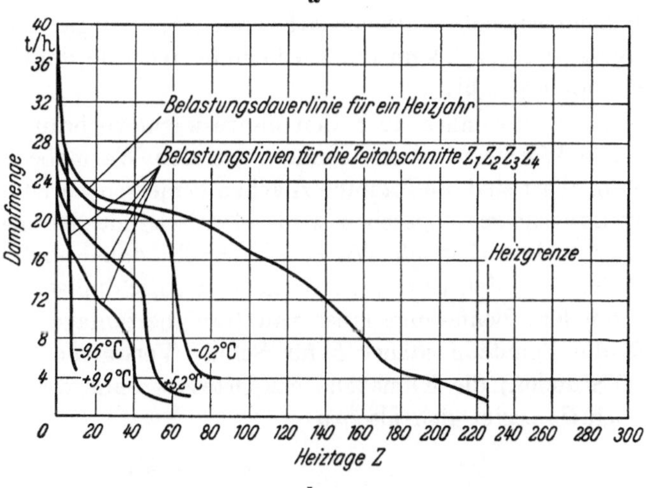

Abb. 4.59. Entwicklung der geordneten Jahresbelastungslinie aus der Außentemperaturhäufigkeit und den Tagesbelastungslinien.
a) Stufeneinteilung der Temperaturhäufigkeitskurve; b) Ermittlung der Belastungsdauerlinie aus dem Anteil der einzelnen Außentemperaturbereiche

bei unterschiedlichem Jahreswärmeabsatz beibehalten. Die Wärmeabgabe wächst in gleichem Maße wie die Gradtage eines Winters, s. S. 321.

3. Jahreswärmeverbrauch, Anschlußwert, Benutzungsdauer

Der *Jahreswärmeverbrauch* von Raumheizanlagen hängt in erster Linie vom theoretischen Wärmebedarf, der Benutzungsart des Gebäudes und den klimatischen Bedingungen ab. Die letzteren lassen sich durch die „Gradtage" kennzeichnen. Der Einfluß der Benutzungsart eines Gebäudes und der dadurch bestimmten Betriebsweise einer Heizanlage auf den Wärmeverbrauch läßt sich in exakter Weise nicht wiedergeben. Am einfachsten kann er durch Einführung der mittleren Gebäudeinnentemperatur über 24 h berücksichtigt werden, da auf diese Art neben der Betriebsweise der Heizung auch die Wärmespeicherung in ihrer Auswirkung auf den Wärmebedarf miterfaßt wird, s. S. 517/18.

Die in der Wärmebedarfsrechnung nach DIN 4701 enthaltenen Sicherheiten haben zur Folge, daß bei guter Bauausführung der wirkliche Heizwärmebedarf unterhalb des Rechnungswertes liegt, und zwar nach Messungen an fernbeheizten Gebäuden um etwa 20 bis 30%, wenn man vom mittleren Tagesverbrauch ausgeht[1]. Die Momentanspitze der Wärmeabnahme kann natürlich

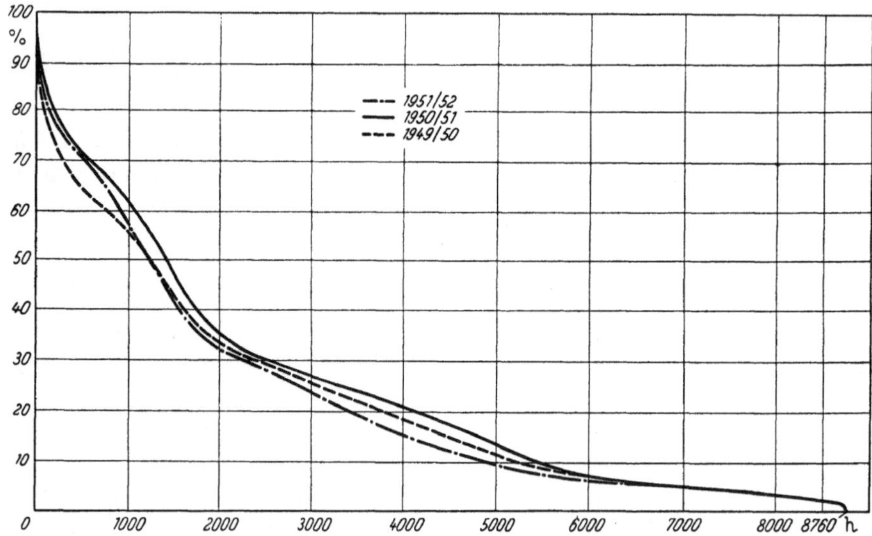

Abb. 4.60. Geordnete Jahresbelastungslinien einer großen Fernheizung für verschiedene Jahre

den rechnerischen Wärmebedarf erreichen, ja sogar überschreiten. Diese Größe ist nach dem Vorgesagten jedoch kein kennzeichnender Wert für die Heizanlage, da sie sich durch die Betriebsweise ändern läßt.

Man sollte daher auch den Jahreswärmeverbrauch einer Gebäudeheizung nicht auf die höchste Wärmeentnahme, sondern auf den Wärmebedarf Q_h nach DIN 4701 beziehen. Nach diesem Wert sind die Raumheizflächen bemessen; er ist also, wenn von den Verlusten des Hausverteilungsnetzes abgesehen wird, identisch mit der maximalen Wärmeaufnahme einer Heizanlage im Dauerbetrieb. Wir bezeichnen ihn daher auch als *Anschlußwert* einer Heizanlage. Der Quotient aus Jahreswärmeaufwand und Anschlußwert ist die *Benutzungsdauer*. Angaben über die mittlere Benutzungsdauer von Raumheizanlagen finden sich auf S. 524. Danach bewegt sich die Benutzungsdauer b für Schul-, Verwaltungs- und Wohngebäude zwischen 800 und 2000 Stunden; die Klimazone des Ortes ist ohne wesentlichen Einfluß. Der Jahreswärmeverbrauch Q_a ergibt sich also zu

$$Q_a = b \cdot Q_h \qquad \text{[kcal/a]}.$$

In der Fernheizung ist es vielfach üblich, die Benutzungsdauer nicht auf den Anschlußwert, sondern auf die Höchstlast zu beziehen. Man erhält so einen Kennwert, der für den *Heizbetrieb* wichtig ist, vor allem, wenn im Fernheiznetz zahlreiche Abnehmer mit zeitlich voneinander verschiedenen Verbrauchsspitzen zu versorgen sind. Den Verhältniswert „Wärmehöchstlast:

---

[1] Siehe Fußnote S. 520.

Summe der Wärmehöchstlasten aller Abnehmer" nennt man den *Gleichzeitigkeitsfaktor*. Er ist für Gebäude gleicher Benutzungs- und Heizart mit 1 anzusetzen, kann im Fernheizbetrieb aber absinken bis auf 0,8, wenn der Tagesverlauf der Wärmeabnahme einzelner Verbrauchergruppen starke Abweichungen aufweist, z. B. Wohngebäude, Geschäfts- und Verwaltungsbauten einerseits, Restaurants, Theater, Lichtspielhäuser und Säle andererseits.

Bei kombinierten Heizungs- und Warmwasserversorgungsanlagen ist es meistens möglich, das Aufheizen großer Gebrauchswasserspeicher in die Abend- oder Nachtstunden zu verlegen, so daß der Spitzenverbrauch des Anschlusses dadurch kaum beeinflußt wird. Bei Wohngebäuden läßt sich auf diesem Weg die Benutzungsdauer der Höchstlast um 30 bis 50% steigern, die Wirtschaftlichkeit einer Fernheizung also wesentlich verbessern.

Bei der Netzauslegung genügt es im allgemeinen, in Anbetracht der Sicherheiten der Wärmebedarfsrechnung für Gebäudeheizungen der üblichen Art (Anheizspitze vormittags zwischen 6 und 8 Uhr) die höchste Wärmeabnahme mit 90% der Summe aller Streckenanschlußwerte anzusetzen. Wird die Wärmeentnahme in den Zeiten der höchsten Netzbelastung begrenzt, so ist mit dem wirklichen Grenzwert zu rechnen.

B. Netzgestaltung und Ausführung

1. Netzformen

Die Gestalt eines Fernheiznetzes ergibt sich aus der Lage der Hauptwärmeabnehmer, der Wärmebedarfsdichte des Versorgungsgebietes und der Straßenführung.

Vermaschte Netze, s. Abb. 4.61, findet man vor allem bei dichtbesiedelten Gebieten hoher Wärmedichte, die mit Dampf versorgt werden. Sie sind teuer, ermöglichen aber den Anschluß

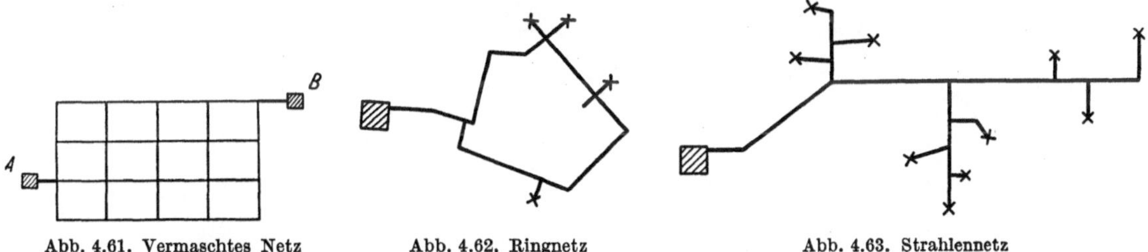

Abb. 4.61. Vermaschtes Netz   Abb. 4.62. Ringnetz   Abb. 4.63. Strahlennetz

aller Gebäude mit kürzesten Anschlußleitungen und bieten eine hohe Sicherheit der Lieferung, da jeder Abnehmer auf mindestens zwei Wegen erreicht werden kann. Das Netz kann von mehreren Werken (A und B) gespeist werden; bei starkem Anwachsen der Wärmeentnahme läßt es sich durch besondere Zubringerleitungen zwischen dem Werk und den Verbrauchsschwerpunkten leicht ausbauen.

Bei der Wärmeversorgung von Gebieten geringer Ausdehnung oder Wärmedichte lohnt sich das vermaschte Netz häufig nicht. Man beschränkt sich in solchen Fällen auf die Belieferung der Hauptverbraucher, wobei Rohrführungen nach Art der Abb. 4.62 und 4.63 entstehen. Auch das *Ringnetz* (Abb. 4.62) läßt mehrere Einspeisungen zu. Durch absperrbare Querleitungen läßt sich die Lieferungssicherheit verbessern und der weitere Ausbau im Kerngebiet einfach bewerkstelligen. Bei dem *Strahlennetz* handelt es sich dagegen um eine ausgesprochene Linienversorgung. Die Linienführung wird durch die Großverbraucher oder einzelne Verbrauchsschwerpunkte bestimmt, die oft weit auseinander liegen. Die großen Entfernungen zwischen Heizwerk und letztem Abnehmer haben hohe Druckverluste und große Leitungsdurchmesser zur Folge. Man ist hier im ersten Ausbaustadium schon zu reichlicher Bemessung der Hauptleitungen gezwungen. Durch zweiseitige Versorgung kann später die Netzleistung gesteigert werden.

Da die Kraftwerke heute bevorzugt in den Außenbezirken der Städte errichtet werden, sind häufig lange Zubringerleitungen zu den Fernheizgebieten erforderlich. Zwecks Minderung der Bau- und Betriebskosten werden diese Leitungen meist mit höheren Drücken bzw. Temperaturdifferenzen betrieben, also als Hochdruckdampf- und Heißwasserleitungen ausgebildet. Bei der Hochdruckdampfversorgung wird vor dem Einspeisen in das eigentliche Stadtnetz der

Dampfdruck durch Drosselung oder Arbeitsleistung in einer Gegendruckmaschine herabgesetzt; bei der Heißwasserversorgung sind an den Schwerpunkten des Wärmeverbrauchs Unterstationen angeordnet, in denen die Wärme an das im Stadtnetz umlaufende Heizmittel übertragen wird.

Zur Verbesserung der Wirtschaftlichkeit wird man stets bestrebt sein, an die Hochdruckfernleitungen Industriewärmeverbraucher anzuschließen. Die Benutzungsdauer der Fernleitung wird dadurch erhöht, die Wärmetransportkosten werden herabgesetzt. Zuweilen überlagern sich auch Dampf- und Wassernetze innerhalb eines Stadtgebietes.

Abb. 4.64 zeigt als Beispiel die Fernleitungen in der Innenstadt von Hamburg. Ein quer durch das gesamte Stadtgebiet verlegtes Dampfnetz wird von zwei Werken, EW I und EW II, gespeist. Bei schwacher Belastung (Übergangs- und Sommermonate) wird die Wärme ausschließlich von dem verbrauchsnäheren Kraftwerk I geliefert. Bei hoher Belastung gibt auch das Kraft-

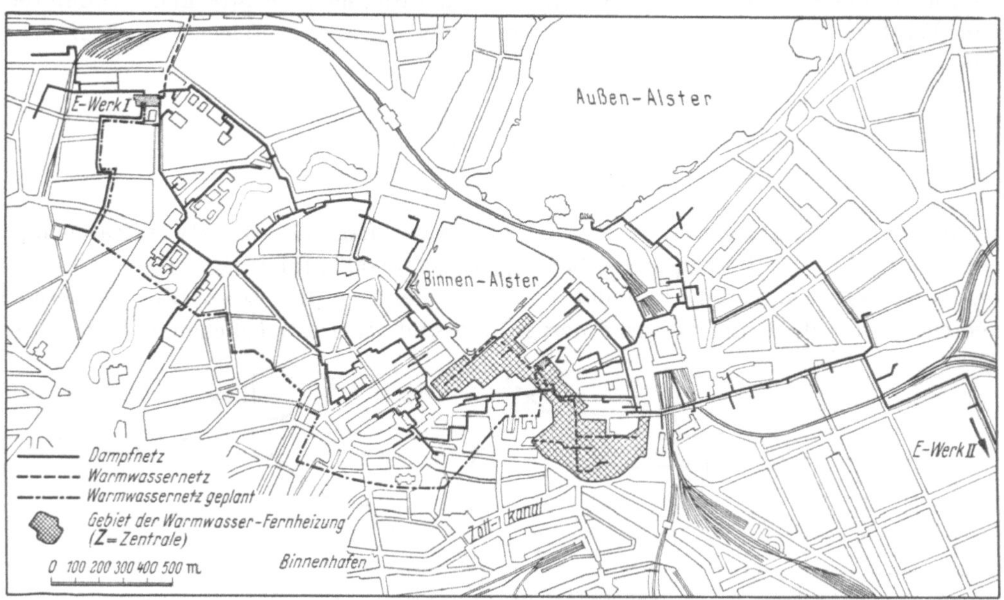

Abb. 4.64. Fernheizung Hamburg — Innenstadt Stand 1956

werk II über eine viele Kilometer lange Zubringerleitung Heizdampf an das Stadtnetz ab. Im Stadtkern mit seinen zahlreichen Geschäfts- und Bürogebäuden ist noch eine Warmwasserfernheizung verlegt, in deren Zentrale Z zum Belastungsausgleich ein Großraum-Warmwasserspeicher von rd. 2500 m³ Fassungsvermögen aufgestellt ist. Mit der Erweiterung der Warmwasserfernheizung und dem Ausbau des Kraftwerkes I soll später auch dieses Heiznetz unmittelbar vom Kraftwerk I gespeist werden.

2. Ausführung

Stadtheizungen erfordern in der Regel eine unterirdische Verlegung des Leitungsnetzes; nur im offenen Gelände am Stadtrand, an Bahnkörpern und an Flußläufen ist zuweilen die Freiverlegung möglich. Die hohen Baukosten der Fernheizkanäle und ihre schwierige Unterbringung in dem mit Versorgungs- und Meldeleitungen aller Art besetzten Profil städtischer Straßen machen es notwendig, die Leitungsführung einer Stadtheizung mit größter Sorgfalt vorzubereiten[1]. Das gilt besonders, wenn Fernleitungen in ausgebauten Stadtgebieten nachträglich verlegt werden müssen. Man wird dann häufig von der idealen Leitungsführung abweichen müssen, um Straßenabschnitte und Plätze mit großen Verlegungsschwierigkeiten zu umgehen. Zuweilen müssen auch private Grundstücke in Anspruch genommen werden, wodurch zusätzliche Kosten

---

[1] Hübener, Fr.: Gestaltung des Wärmenetzes und der Hausstationen bei der Fernheizung. Elektrizitätswirtsch. Bd. 53 (1954) S. 416/424.

entstehen können. Die Verlegung der Hauptleitungen in Nebenstraßen ermöglicht zuweilen Ersparnisse an Baukosten, so daß auch längere Anschlußleitungen wirtschaftlich hingenommen werden können. Die Anschlüsse der benachbarten Grundstücke lassen sich verbilligen, wenn mehrere Abnehmer an eine gemeinsame Abzweigleitung angeschlossen und die Stichleitungen durch die Keller geführt werden.

Alle Abgänge von den Hauptleitungen erhalten Absperrorgane, die entweder in Ventilschächten oder im Gebäude unmittelbar hinter der Hauseinführung anzuordnen sind. Auch die im Haus liegenden Absperrungen sollen möglichst von außen zugänglich sein, um in Notfällen jederzeit die Hausanlagen abtrennen zu können. Abb. 4.65 zeigt den Anschluß an ein Dampfnetz mit Absperrungen in einem Schacht. Die Abgänge sind mit Steigung verlegt, so daß das Kondensat der Anschlußleitungen in die Hauptleitungen abfließt. Die Entwässerungsventile hinter den Absperrungen dienen der Kondensatableitung vor dem Anstellen, damit Wasserschläge vermieden werden. Anschlußleitungen mit Gefälle zum Haus hin erhalten innerhalb des Gebäudes eine Zwischenentwässerung, s. Abb. 4.27; diese Verlegungsart ist zweckmäßig, wenn die Hauptleitung über den Hausanschluß entwässert werden soll.

Bei Abgängen von Warmwassernetzen sind an den tiefsten Stellen Entleerungsventile, an den höchsten Stellen Entlüftungen vorzusehen, s. Abb. 4.66. Die Anschlußleitungen können, je nach den örtlichen Verhältnissen, steigend oder fallend verlegt werden; ein Gefälle ist stets erwünscht.

Die Hauptleitungen von Wassernetzen sollen in Abständen von etwa 300 m absperrbar sein, damit bei Erweiterungen oder Schäden nicht zu große Streckenlängen entleert werden müssen. Das Wiederfüllen und Entlüften der Teilstrecken muß bei geschlossenen Hausabsperrungen möglich sein.

Die Abb. 4.67 und 4.68 zeigen einen Fernleitungsschacht mit Abgängen sowie eine Hausstation bei einer Warmwasserfernheizung mit drei Rohrleitungen.

Während Wassernetze in der Regel nur in der Zentrale einer laufenden Überwachung bedürfen, ist für den Betrieb von Dampfnetzen die einwandfreie Arbeitsweise der Kondensatrückspeisung von großer Bedeutung. Auf die Rückführung des Kondensates wird bei Stadtheizungen in Deutschland selten verzichtet, es sei denn, daß es sich um Industriewärmelieferungen mit

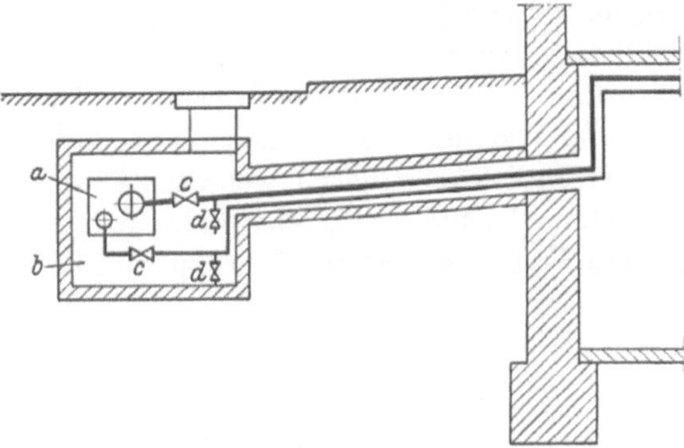

Abb. 4.65. Hausanschlußleitungen bei einem Dampfnetz.
a Heizkanal, *b* Schacht, *c* Absperrungen, *d* Entleerungen

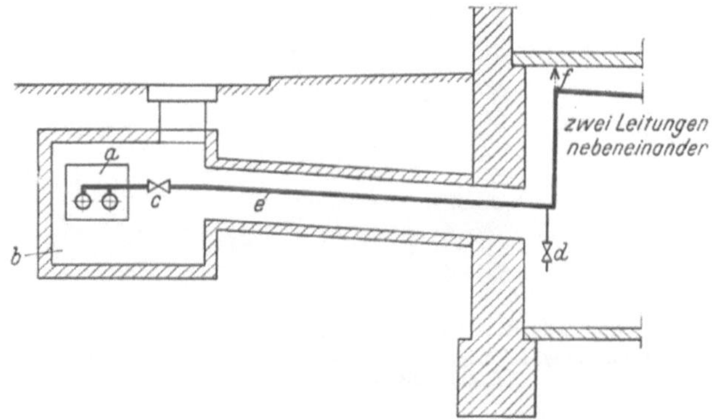

Abb. 4.66. Hausanschlußleitungen bei einem Warmwassernetz.
a Heizkanal, *b* Schacht, *c* Absperrungen, *d* Entleerungen, *e* Vor- und Rücklauf nebeneinander, *f* Entlüftung

Abb. 4.67. Schacht mit Hausanschlußleitungen für eine Warmwasserfernheizung (Dreileitersystem)

direkter Dampfverwendung oder um abgelegene Verbraucher handelt und eine hochwertige Kondensataufbereitung im Heizwerk ohnehin erforderlich ist.

Kondensatleitungen sind in viel höherem Maße als Dampfleitungen korrosionsgefährdet, da das Niederschlagwasser in Hausanlagen und Sammelgefäßen Luftsauerstoff aufnimmt. Es empfiehlt sich daher, durch Einbau von Filtern den Sauerstoffgehalt des Kondensates vor der Rückspeisung entsprechend herabzusetzen. Da die Rückspeiseeinrichtungen stets unter der Aufsicht und Wartung des Fernheizwerkes stehen, lassen sich die laufenden Kosten dieser Anlageteile wesentlich vermindern, wenn die Anzahl der Rückspeisestellen durch Zusammenfassung benachbarter Abnehmer möglichst klein gehalten wird.

Weitere Fragen der Netzausführung sind bereits in Unterabschnitt III B behandelt.

Abb. 4.68. Hausstation bei einer Warmwasserfernheizung nach dem Dreileitersystem (Bewag Berlin).
a Vorlauf Fernheizung, *b* Vorlauf Warmwasserbereitung, *c* gemeinsamer Rücklauf, *d* Vorlauf Hausleitung, *e* Rücklauf Hausleitung
f Mischleitung, *g* Hauptabsperrventile, *h* Mengenregler (Differenzdruckregler)

C. Messung und Begrenzung der Wärmeabnahme

1. Wärmeverbrauchsmessung

Die Abgabe von Wärme an Fremde macht in der Regel eine Messung des Wärmeverbrauchs erforderlich.

Bei *Dampflieferung* können größere Durchflußmengen mittels Blenden gemessen und durch Schreib- bzw. Zählgeräte registriert werden. Die Messung ist jedoch nur bei etwa gleichbleibendem Dampfzustand genügend zuverlässig und nur innerhalb eines begrenzten Bereiches der Durchflußmenge genügend genau. Bei stark veränderlichen Dampfmengen kann die Meßgenauigkeit durch Verwendung zweier parallelgeschalteter Meßgeräte für unterschiedliche Meßbereiche erhöht werden. Mit Hilfe der Dampfmengenmessung läßt sich auch die Verbrauchsspitze eines Abnehmers leicht feststellen, so daß Tarife für die Wärmelieferung gewählt werden können, bei denen eine von der Spitzenleistung abhängige Grundgebühr vom Abnehmer zu zahlen ist. Man findet die Dampfmengenmessung vorwiegend bei gewerblichen und industriellen Abnehmern.

Bei geschlossenem Dampf-Kondensatkreislauf — also in Abnehmeranlagen ohne Dampfverlust — wird der Wärmeverbrauch in der Regel durch Kondensatmessung festgestellt. Die meist verwendeten Trommelzähler messen auch kleine Wassermengen auf 1 bis 2% genau.

Größere Schwierigkeiten bereitet eine einwandfreie Wärmeverbrauchsmessung bei *Wassernetzen*. Es gilt hier, die Durchflußmenge und den jeweiligen Temperaturunterschied zwischen Vor- und Rücklauf zu messen, mechanisch oder elektrisch das Produkt beider Größen zu bilden und diese Werte laufend zu registrieren oder zu zählen. Der zu erfassende Leistungsbereich ist dabei so groß, daß selbst bei bester technischer Gerätedurchbildung die Genauigkeit der Messung bei kleineren Belastungen unbefriedigend ist. Die Temperaturdifferenz „Vorlauf–Rücklauf" bewegt sich beispielsweise bei Warmwasserheizungen zwischen 2 bis 3° bei Schwachlast und 30 bis 60° beim Anheizen am Morgen. Wärmemesser in Wassernetzen sind dementsprechend im Aufbau verwickelt und teuer; sie müssen zudem sorgfältig gewartet und häufig nachgeprüft werden, so daß sie nur bei Großabnehmern wirtschaftlich tragbar sind[1].

Manche Fernheizwerke sind deshalb dazu übergegangen, die Wärmelieferung aus Warmwasserfernheizungen *pauschal* zu *verrechnen*. Mit den Abnehmern wird eine feste Jahresgebühr vereinbart, die nach dem Anschlußwert der Heizanlage oder nach m² zu beheizender Grundfläche bemessen wird. Durch eine Brennstoffklausel kann die Angleichung der Gebühr an geänderte Wärmegestehungskosten ermöglicht werden.

Diese Verrechnungsart hat für beide Teile gewisse Vorzüge. Der Abnehmer weiß, mit welchen Jahreskosten er rechnen muß; das Fernheizwerk kennt genau seine Einnahmen aus dem Wärmeverkauf. Die Abrechnung ist denkbar einfach. Allerdings muß das Fernheizwerk eine Mehrlieferung durch klimatische Anomalien (sehr kalte Winter) oder unwirtschaftlichen Heizbetrieb des Abnehmers tragen. Bei geringen Wärmeerzeugungskosten fallen derartige Mehrlieferungen nicht entscheidend ins Gewicht. Das trifft vor allem zu für Höchstdruck-Heizkraftwerke mit nachgeschalteten Warmwassernetzen, bei denen infolge der Gutschrift für den erzeugten Heizkraftstrom die Wärme niedrigen Temperaturniveaus sehr billig abgegeben werden kann, s. S. 230. Auch ist zu beachten, daß einer Wärmeverschwendung bei der Raumheizung gewisse physikalische Grenzen gesetzt sind, da zu hohe Raumtemperaturen den Insassen in der Regel lästig werden und nur bei milden Außentemperaturen die Temperaturregelung durch „Fensteröffnen" erträglich ist.

Andere Fernheizwerke mit Wassernetzen begnügen sich mit einer Messung der gelieferten Heizwassermenge. Der Abnehmer wird dadurch angeregt, die Heizwassermenge möglichst einzuschränken und das Rücklaufwasser mit niedriger Temperatur zurückzugeben. Dies gelingt durch reichliche Auslegung der Heizflächen oder Hintereinanderschaltung der Warmwasserbereitung und Heizung. Die Wärmeleistung eines Netzes wird auf diesem Weg gesteigert ohne Vergrößerung der Leitungsdurchmesser; die festen Kosten werden also entsprechend vermindert. Besonders günstig schneiden bei einer derartigen Verrechnungsart alle Bauarten der Flächenheizung mit ihren niedrigen Heizwassertemperaturen ab. Bei Heizkraftanlagen ist andererseits auch das Fernheizwerk an tiefen Rücklauftemperaturen interessiert, da sie bei mehrstufiger Erwärmung zu einer Erhöhung der Stromausbeute führen. Wird durch ein im Rücklauf des Hausanschlusses angeordnetes Regelventil die Temperaturdifferenz „Vorlauf–Rücklauf" konstant gehalten, so ist die abgenommene Wassermenge zugleich ein Maß für die Wärmelieferung. Der Wassermesser ersetzt in diesem Fall vollwertig den Wärmemesser.

2. Mengenbegrenzer

Ein Fernheiznetz ist in jeder Teilstrecke nach der zu fördernden höchsten Dampf- oder Wassermenge zu bemessen. Sie ergibt sich bei hoher Gleichzeitigkeit der Wärmeentnahme aus der Summe der Abnahmespitzen aller Anschlüsse unter Berücksichtigung der Streckenverluste. Sowohl Heizungs- als auch Warmwasserbereitungsanlagen benötigen beim Anheizen wesentlich größere Wärmemengen als im Dauerbetrieb. Durch Verlängerung der Anheizzeit oder Änderungen in der Betriebsweise können zu hohe Verbrauchsspitzen vermieden werden. Das Fernheizwerk selbst kann die Überschreitung bestimmter Verbraucherhöchstwerte durch Mengenbegrenzer verhindern. Sie gestatten gegenüber der unbegrenzten Entnahme eine exaktere Berechnung und bessere Ausnützung der Fernleitungen; auch sichern sie die Gleichmäßigkeit der Wärmeverteilung auf die einzelnen Abnehmer unter beliebigen Betriebsverhältnissen.

Die einfachste Art der Mengenbegrenzung ist der Einbau einer Blende oder Drosselstrecke in die Heizmittelanschlußleitung. Die durchfließende Menge ist praktisch durch den Durchmesser, die Wichte des Stoffes und den Differenzdruck festgelegt. Bei Wassernetzen kann im Höchstfall der Druckunterschied zwischen Vor- und Rücklauf der Fernleitung wirksam werden; bei Dampfnetzen ist in erster Linie der Dampfeintrittsdruck maßgebend. Ändern sich die Drücke

---

[1] HENSELMANN, E.: Wärmemessung und -verrechnung. Elektrizitätswirtsch. Bd. 53 (1954) S. 424/430.

im Fernheiznetz, so ändern sich auch die Durchflußmengen, beim Ein- und Abschalten einzelner Abnehmer aber keineswegs gleichmäßig. Blenden und Drosselstrecken gewährleisten also die Einhaltung eines oberen Grenzwertes des Mengenstromes nur unter ganz bestimmten Betriebsverhältnissen; bei jeder Abweichung von den Rechnungsannahmen, etwa durch neue Anschlüsse oder Netzerweiterungen, sind Berichtigungen erforderlich bzw. die Drosselstrecken neu einzustellen. Diesen Nachteil vermeiden die nachfolgend beschriebenen Mengenbegrenzer.

a) Dampfmengenbegrenzer nach PRINKE

Die Durchflußregelung erfolgt hier kondensatseitig, s. Abb. 4.69. Zwischen dem stehenden Wärmeaustauscher a und dem Kondensatzähler ist ein Ausgleichsgefäß b eingeschaltet, dessen Wasserstand durch ein Schwimmerventil auf gleicher Höhe gehalten wird. Durch Magnetventile steuerbare Ablaufdüsen regeln den Kondensatabfluß und damit mittelbar auch den Dampf-

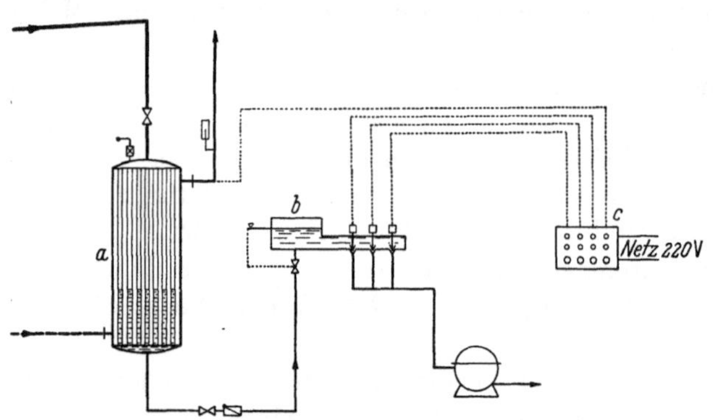

Abb. 4.69. Dampfmengenbegrenzer nach PRINKE.
a stehender Wärmeaustauscher, b Schwimmergefäß mit magnetgesteuerten Düsen, c Relais

zufluß zum Wärmeaustauscher. Die Düsen sind so ausgelegt, daß sie jeweils einen bestimmten Anteil der Höchstmenge durchlassen, bei 3 Düsen also beispielsweise $1/6$, $1/3$ und $1/2$. Je nachdem, welche Ventile geöffnet sind, ergibt sich eine Belastung stufenweise zwischen $1/6$ und $6/6$. Durch die Anstauung des Kondensates im Wärmeaustauscher wird ein entsprechender Teil der Heizfläche dampfseitig ausgeschaltet. Für die Regelung der Vorlauftemperatur ist ein Thermostat vorgesehen, der über ein Relais c ebenfalls die Magnetventile steuert. Mit diesem Gerät ist es dem Fernheizwerk also möglich, die höchste Dampfentnahme eines Verbrauchers, unabhängig von dem Dampfdruck, zu begrenzen und gleichzeitig auch den Grenzwert selbst in gewissen Stufen durch elektrische Fernsteuerung zu ändern. Die letztere Maßnahme erleichtert die Führung des Fernheizbetriebes wesentlich, da bei ungewöhnlichen Belastungsspitzen erforderlichenfalls alle Abnehmer gleichzeitig gedrosselt werden können und bei mittlerer bzw. geringer Inanspruchnahme der Fernheizung auch die vorzuhaltende Kesselleistung vermindert werden kann.

Für den Wärmeverbraucher bedeutet eine derartige Leistungsbegrenzung eine Einschränkung in der Freizügigkeit des Heizbetriebes. Sie muß ihren Ausgleich finden in einem entsprechend günstigen Wärmetarif. Stellt man die Höchstleistung an den kältesten Tagen auf einen Wert ein, der niedriger ist als der Anschlußwert der Heizanlage, so kann allerdings die eingebaute Heizfläche nicht voll ausgenutzt werden.

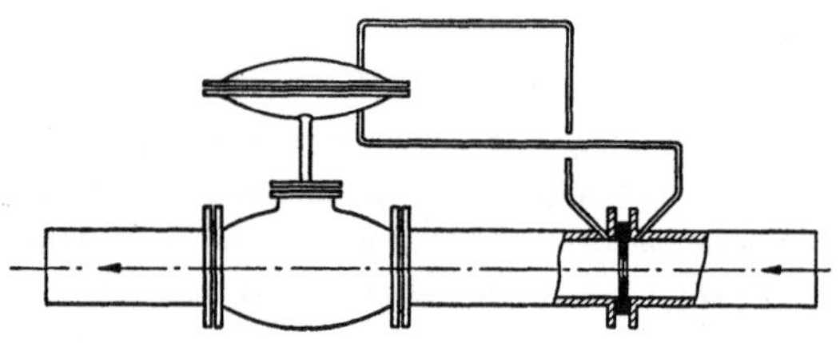

Abb. 4.70. Wassermengenbegrenzer nach RUD. OTTO MEYER

b) Wassermengenbegrenzer nach RUD. OTTO MEYER

Dieses Gerät besteht aus einer Meßblende und einem Regelventil, s. Abb. 4.70. Die durch den Wasserstrom bewirkte Druckdifferenz steuert über eine Membran die Ventilstellung, und zwar so, daß eine vorgegebene Durchflußmenge nicht überschritten wird, auch wenn der Druck der Fernheizung schwankt. Man beschränkt sich bei diesem verhältnismäßig einfachen Gerät sonach auf die Begrenzung der Höchstwassermenge. In Anbetracht der zentralen Vorregelung der Wärmelieferung durch die Vorlauftemperatur genügt bei Wassernetzen diese Maßnahme.

D. Planungsfragen

1. Standort der Heizzentrale

Die Lage des Heizwerkes im Verbrauchsschwerpunkt des Versorgungsgebietes ergibt zumeist das billigste Rohrnetz und die niedrigsten Wärmeverluste. Die Entfernung zum letzten Abnehmer ist dabei am kürzesten, so daß auch die Rohrdurchmesser und Druckverluste vergleichsweise klein werden.

Im ersten Entwicklungsstadium der Stadtheizung in Deutschland war die zentrale Lage des Heizwerkes meist schon dadurch gegeben, daß ältere Elektrizitätswerke im Stadtinnern, die zuweilen bereits stillgelegt waren, für die Wärmelieferung zur Verfügung standen. Mit dem Ausbau der Fernheizung und der zunehmenden Bedeutung der Kraft-Wärmekuppelung für die Wirtschaftlichkeit des Fernheizbetriebes wurden dann auch entfernter liegende, aber leistungsfähigere und technisch modernere Kraftwerke zur Wärmelieferung herangezogen. Die Heizwärme mußte also über weite Strecken zum eigentlichen Versorgungsgebiet transportiert werden, die Verteilungskosten der Wärme wuchsen an.

Diesen Mehrkosten stehen eine Reihe von Vorteilen gegenüber. Die gleichen Gesichtspunkte, die zur Verlegung der Elektrizitätswerke in die Außenbezirke der Städte und zur Anwendung großer Kessel- und Maschineneinheiten führten, haben auch für neuzeitliche Fernheizwerke Geltung. Das Heranschaffen und Lagern großer Brennstoffmengen sowie die Beseitigung der Rückstände bringen für ein im Stadtinnern liegendes Werk erhebliche Schwierigkeiten und zusätzliche Kosten mit sich. Belästigungen der Anwohner, insbesondere auch durch die abziehenden Rauchgase, sind nie völlig zu vermeiden, wobei die städtehygienischen Vorzüge der zentralen Wärmeversorgung z. T. wieder verlorengehen.

Andererseits führt die Eingliederung der Fernheizung in ein großes Kraftwerk zu Kosteneinsparungen an Kesseln, Maschinen, Transporteinrichtungen, elektrischen Schaltanlagen, Baukosten usf. Besondere Leistungsreserven sind zumeist nicht erforderlich. Die Kessel und Turbinen können bei zweckmäßiger Planung zeitweise auch zur Stromerzeugung im Kondensationsbetrieb mit herangezogen werden, eine Möglichkeit, die bei verbrauchernahen Heizkraftwerken oft schon an der Kühlwasserbeschaffung scheitert. Nicht zuletzt wird die volle Einsatzbereitschaft der Heizkraftturbine im Kraftwerk und die unmittelbare hochspannungsseitige Übernahme der Heizkraftleistung eine günstigere Bewertung der im Gegendruckbetrieb erzeugten elektrischen Arbeit zulassen und damit zu einer Herabsetzung der Gestehungskosten der Heizwärme führen.

Eine allgemeingültige Regel, bis zu welcher Entfernung größere Wärmemengen in Form von Dampf oder Heißwasser noch wirtschaftlich fortgeleitet werden können, läßt sich nicht aufstellen. Es sprechen zu viele Faktoren mit. Man wird also für jeden Einzelfall durch sorgfältige wirtschaftliche Vergleichsrechnungen die richtige Lösung finden müssen. Die eigentliche Fernleitung ist dabei in der Regel für höhere Heizmitteldrücke bzw. Temperaturen auszulegen als das Stadtheiznetz. Bei Dampf als Wärmeträger ist zu prüfen, ob nicht durch Einschalten einer zweiten Gegendruckturbine in einer Unterstation im Stadtgebiet die Wirtschaftlichkeit verbessert werden kann, s. Abb. 4.64. Diese Lösung führt vielfach auch zu einer Entlastung der elektrischen Übertragungsleitungen vom Kraftwerk ins Stadtinnere, da der Strom- und Wärmebedarf von Stadtgebieten ähnlich verläuft, der Heizkraftstrom also im wesentlichen in Zeiten hoher Strombelastung anfällt.

Beim Wiederaufbau zerstörter oder beim Aufbau neuer Stadtgebiete besteht oft eine einmalige Chance, die zentrale Wärmeversorgung verbrauchsdichter Gebiete unter optimalen Bedingungen zu verwirklichen. Voraussetzung hierfür ist eine rechtzeitige Planung und die Verlegung der Versorgungsleitungen, bevor die ersten größeren Bauvorhaben ausgeführt sind. Da nur selten solche Gebiete geschlossen aufgebaut werden, scheuen die Versorgungsunternehmen zumeist die Investitionen für lange Fernleitungen, die evtl. erst nach vielen Jahren wirtschaftlich zu betreiben sind, insbesondere dann, wenn kein Kraft- oder Heizwerk in der Nähe ist, das die Wärmelieferung übernehmen kann. In solchen Fällen kann es zweckmäßig sein, kleine Gebiete zunächst von einer fahrbaren Kesselanlage aus zu versorgen[1], bis der Verbrauch so weit ange-

---

[1] STEGEMANN, M.: Gesamtplanung von Heizkraftanlagen. Elektrizitätswirtsch. Bd. 53 (1954) S. 410/416.

wachsen ist, daß sich der Bau eines Heizwerkes bzw. der Anschluß an ein entfernteres Kraftwerk lohnt. Auch die Errichtung eines örtlichen Bezirksheizwerkes ist zu erwägen, das beim späteren Ausbau der Fernheizung als verbrauchsnahe Reserve und zur Abdeckung von Spitzen eingesetzt werden kann.

2. Wahl des Wärmeträgers

Zu den schwierigsten Entscheidungen, die bei der Planung von Stadtheizungen zu treffen sind, gehört die Wahl des Wärmeträgers. Man wird dabei unterscheiden müssen zwischen ausgesprochenen Fernleitungen vom Kraftwerk zum Versorgungsgebiet und dem Verteilungsnetz innerhalb der Stadt.

Es ist denkbar, daß man für die Wärmefernleitung einen anderen Wärmeträger wählt als für das Stadtnetz. So kann beispielsweise eine Warmwasserverteilung im Stadtgebiet sowohl durch eine Dampf- als auch durch eine Heißwasserfernleitung gespeist werden; man wird sich allerdings kaum zu einer Heißwasserfernleitung entschließen, wenn für das Stadtnetz Dampf als Heizmittel vorgesehen ist. Oft ist bei der Fernleitung entscheidend, welcher Wärmeträger für die Belieferung gewerblicher Verbraucher auf der Strecke zwischen Heizwerk und Versorgungsgebiet besonders geeignet ist. Für Dampf spricht dabei die unmittelbare Verwendbarkeit in den Heizgeräten des Abnehmers und die leichte Verbrauchsmessung, für Heißwasser der einfache Betrieb ohne die störanfälligen und zu zusätzlichen Wärmeverlusten neigenden Rückspeiseeinrichtungen für das Kondensat. Die Netzkosten sind bei beiden Verteilungsarten im Bereich der üblichen Drücke bzw. Temperaturen etwa gleich.

Sind die Entfernungen zwischen Heizwerk und Versorgungsgebiet nicht allzu groß, so wird man die Fernleitung in das Stadtnetz mit einbeziehen und auf eine Wärmeumformung verzichten. Es stehen dann als Wärmeträger niedergespannter Dampf und Warmwasser, dieses evtl. mit erhöhten Vorlauftemperaturen bis 130°, zur Wahl. Die Vor- und Nachteile der beiden Verteilungsarten seien nachstehend gegenübergestellt.

a) Dampfverteilung

Vorteile:

1. Einfachheit im Aufbau der Zentrale,
2. Anschluß jeder Hausanlage (Dampfheizung, Warmwasserheizung, Warmwasserbereitung) und gewerblicher Wärmeverbraucher mit geringen Temperaturanforderungen möglich,
3. einfache und zuverlässige Verbrauchsmessung,
4. relativ niedriger Leitungsdruck und damit geringe Beanspruchung der Leitungen und Zubehörteile,
5. Anschlußarbeiten und Reparaturen leicht durchführbar,
6. Wärmebelieferung, durch mehrere Zentralen in einfacher Weise möglich.

Nachteile:

1. Große Leitungsdurchmesser mit entsprechend teuerem Zubehör,
2. schwierige Verlegung in nicht ebenem Gelände und in dicht belegten Straßen,
3. Entwässerungs- und Kondensatrückspeiseeinrichtungen erforderlich,
4. Kondensatleitungen korrosionsgefährdet,
5. hohe Wärmeverluste, unabhängig von der Belastung.

b) Warmwasserverteilung

Vorteile:

1. Zentrale Leistungsregelung durch Vorlauftemperatur,
2. hohe Stromausbeute im Heizkraftbetrieb,
3. leichte Anpassung der Leitungen an Geländeschwierigkeiten,
4. einfache Unterstation bei Warmwasserheizungen,
5. motorische Teile lediglich in der Zentrale,
6. reines Kondensat,
7. Wärmeverluste gehen mit Heizwassertemperatur zurück.

Nachteile:

1. Wärmeumformung in der Zentrale stets erforderlich, zuweilen auch in den Unterstationen,
2. nur Warmwasserheizungen anschlußfähig, Warmwasserbereitungen erfordern Begrenzung der Vorlauftemperaturabsenkung oder dritte Leitung,
3. Wärmeverbrauchsmessung beim Abnehmer teuer und unzuverlässig,
4. relativ hohe Netzkosten, sofern nicht große Temperaturdifferenzen möglich sind,
5. Reparaturen und Erweiterungen erschwert.

Die genannten Vor- und Nachteile sind je nach den örtlichen Verhältnissen ganz verschieden zu werten. Es ist daher auch nicht möglich, den Anwendungsbereich der beiden Wärmeträger eindeutig abzugrenzen. Die wesentlichen Vorzüge der Dampfverteilung liegen in der Möglichkeit, beliebige Verbraucher anzuschließen und ihre Wärmeabnahme einfach zu messen. Die Wahl einer Warmwasserverteilung bedeutet andererseits den Verzicht auf alle Dampfheizungen, sofern diese nicht auf Warmwasser umgestellt werden können. Es muß sonach geprüft werden, ob diese Minderung im Wärmeabsatz durch die etwaigen Vorteile einer Warmwasserverteilung und insbesondere die höhere Stromausbeute im Heizkraftbetrieb aufgewogen wird. Dabei wird die Struktur des Wärmeversorgungsgebietes entscheidend mitsprechen. In Stadtgebieten mit vorwiegend Wohn- und Verwaltungsbauten, die bevorzugt mit Warmwasserheizungen ausgerüstet sind, wird sich häufig die Warmwasserverteilung als überlegen erweisen, zumal in diesen Fällen die pauschale Verrechnung oder die Verbrauchsmessung mittels Wasserzählers möglich ist.

Überwiegen Dampfheizungen und gewerbliche Wärmeabnehmer, so sind die Voraussetzungen für die Dampfverteilung meist günstiger. Die meisten deutschen Stadtheizungen arbeiten mit Dampf als Wärmeträger. Neuerdings ist jedoch unter dem Einfluß der guten Erfahrungen mit in- und ausländischen Wassernetzen sowie der stärkeren Bewertung heizkraftwirtschaftlicher Vorteile eine deutliche Hinwendung zur Warmwasserverteilung unverkennbar.

E. Betrieb und Wirtschaftlichkeit

Stadtheizungen besitzen kein Monopol in der Energielieferung wie etwa die Gas- oder Stromversorgungsunternehmen auf ihrem Gebiet. Es steht dem Abnehmer vielmehr frei, seinen Wärmebedarf durch eine eigene Kesselanlage zu decken. Die Wärmetarife öffentlicher Fernheizungen können daher nicht nach den Selbstkosten des Werkes festgelegt werden, sondern sie ergeben sich aus dem Wettbewerb mit der Eigenerzeugung. Für die Neuplanung oder Erweiterung von Stadtheizungen bedeutet dies sorgfältigste Wirtschaftlichkeitsrechnung und Beschränkung auf die versorgungsmäßig günstigsten Stadtgebiete.

Vor dem Krieg galt eine *Wärmebedarfsdichte* von 40 bis 50 Gcal je h und km² Versorgungsgebiet etwa als untere Grenze der Fernheizwürdigkeit. Nach den Ausführungen auf S. 205 ist häufig die Liniendichte kennzeichnender. In den Statistiken der Fernheizwerke findet sich dieser Wert mit der Ausnutzungsdauer kombiniert als „spezifische Wärmeliefermenge" je m Rohrnetz. Als Grenzwerte, die möglichst nicht unterschritten werden sollten, sind spezifische Jahresliefermengen von 6 bis 8 Gcal/m anzusehen. Selbstverständlich kann es sich hierbei nur um Anhaltswerte handeln, von denen im Einzelfall durchaus Abweichungen denkbar sind.

Industriebetriebe und größere gewerbliche Wärmeverbraucher können im allgemeinen nur bei besonders niedrigen Sondertarifen an eine Stadtheizung angeschlossen werden, da die Eigenerzeugungskosten der Heizwärme in solchen Fällen zumeist nahe bei denen des Fernheizbetriebes liegen. Dementsprechend sind nur kurze oder hochbelastete Fernleitungen tragbar. Die Voraussetzungen für den Anschluß solcher Wärmeverbraucher sind günstiger, wenn die betreffenden Betriebe vor dem Neubau oder einer Erweiterung ihrer Kesselanlage stehen, der Fernwärmebezug also erhebliche Einsparungen an Anlagekapital mit sich bringt.

Bei den vorhandenen deutschen Stadtheizwerken[1] entfallen von den *gesamten Selbstkosten* auf die

---

[1] Statistik der Heizkraftwerke 1949. Elektrizitätswirtsch. Bd. 50/51 Heft 10.

Erzeugung der Wärme: $\sim$ 70%, davon $^3/_4$ als Brennstoffausgaben,
Verteilung der Wärme: $\sim$ 30%, davon $^2/_3$ als Kapitalbelastung.

In den Brennstoffausgaben sind auch die Wärmeverluste des Netzes miterfaßt. Ein wirtschaftlicher Fernheizbetrieb erfordert also vor allem:

> niedrige Gestehungskosten der Wärme,
> geringe Wärmeverluste,
> billige Verteilungsanlagen mit hoher Ausnutzung.

Bei den Brennstoffkosten hat das Fernheizwerk durch die Verwendung preisgünstiger Kohle gegenüber dem in kleinen und mittleren Heizkesseln überwiegend verfeuerten Koks einen wesentlichen Vorsprung. Er wird erhöht durch die in Großanlagen möglichen besseren Wirkungsgrade und die Gutschrift für die im Heizkraftbetrieb mit geringstem Wärmeaufwand zu erzeugende elektrische Arbeit. Eine Stromausbeute von 200 kWh je 10^6 kcal Wärmelieferung führt bei einer Rückvergütung von 3 Pf/kWh beispielsweise zu einer Verbilligung der Wärmeerzeugungskosten um 6 DM je 10^6 kcal, eine Stromausbeute von 400 kWh (und solche Werte werden in neuzeitlichen Heizkraftwerken erreicht) von 12 DM je 10^6 kcal.

Wir erkennen hier sehr deutlich die Bedeutung der Güte des Heizkraftprozesses auf die Wirtschaftlichkeit der Stadtheizung. Bei Warmwassernetzen wird demnach der Anteil der Wärmeerzeugungskosten an den Selbstkosten gegenüber den oben genannten Werten, die für ältere Anlagen mit vorwiegender Dampfverteilung gelten, stark zurückgehen.

Der nach dem Wärmepreis wichtigste Faktor der Selbstkosten eines Fernheizbetriebes ist die *Kapitalbelastung durch* das *Verteilungsnetz*. Sie läßt sich anteilmäßig vermindern durch eine Erhöhung der Anschlußleistung und des Wärmedurchsatzes. Man sollte alle hierfür geeigneten Mittel auf ihre Anwendungsmöglichkeit im Einzelfall prüfen (Mengenbegrenzer, Anschluß von Abnehmern mit ungleichzeitig auftretenden Leistungsspitzen, hohe Temperaturdifferenzen bei Wassernetzen). Warmwasserversorgungen bringen in Wohngebäuden gegenüber dem reinen Heizungsanschluß eine Mehrabnahme in der Größenordnung von 30 bis 50%. Sie sind also für die Fernheizung durchaus reizvoll, machen es allerdings notwendig, das Netz ganzjährig zu betreiben.

Zunehmend werden in der nächsten Zeit Lüftungs- und Klimaanlagen Bedeutung für die Fernwärmeversorgung erlangen. Sie benötigen Wärme während des größten Teiles des Jahres und tragen, ebenso wie die Warmwasserbereitungen, zu einer gleichmäßigeren Jahresbelastung des Heizwerkes bei. Auch die Tagesbelastung wird durch Lüftungs- und Klimaanlagen zumeist günstig beeinflußt, da bei ihnen vorwiegend die Wärme in den späten Nachmittags- und Abendstunden benötigt wird, also in Zeiten abnehmender Raumwärmelieferung.

Die *Wärmeverluste* ausgeführter Stadtheizungen weisen große Unterschiede auf. Im Mittel betrugen sie nach den deutschen Statistiken der Vorkriegszeit etwa 18% der Wärmelieferung. Neben der Ausdehnung des Netzes und den Heizmitteltemperaturen beeinflussen vor allem Betriebsstundenzahl und Belastung den Verlustanteil. Auch sind in solchen Zahlen die Differenzen zwischen den beim Abnehmer gemessenen und den ins Netz geschickten Wärmemengen enthalten. Bei neuzeitlichen Stadtheizungen wird man bei einer vollen Auslastung mit niedrigeren Werten rechnen können, und zwar etwa mit 10 bis 15% bei Dampfverteilung und 7 bis 10% bei Warmwasserverteilung. Die höheren Werte der Dampfnetze sind durch die längeren Betriebszeiten und fast gleichbleibenden Heizmitteltemperaturen bedingt. Da die Rohrleitungen von Dampfnetzen in den Stillstandszeiten verstärkt der Korrosion ausgesetzt sind, bevorzugt man schon bei geringem Sommer-Wärmebedarf hier den ganzjährigen Betrieb.

Die *Netzkosten* lagen vor dem Krieg bei etwa 30000 bis 40000 RM je 10^6 kcal/h Anschlußleistung. Bei den ständig steigenden Löhnen und Materialpreisen lassen sich Durchschnittswerte für die jetzigen Verhältnisse noch nicht angeben. Bei jeder sorgfältigen Planung wird man ohnehin genaue Kostenermittlungen für die in Frage kommende Netzausführung anstellen müssen.

Die bei Gebäudeheizungen erzielbaren Wärme-Verkaufspreise kann man durch eine einfache Vergleichsrechnung überschläglich ermitteln.

Bezeichnen wir mit

P den Brennstoffpreis bei der selbständigen Heizkesselanlage [DM/t],
H_u den unteren Heizwert [kcal/kg],
η_k den mittleren Jahreswirkungsgrad des Kessels,

dann kosten 10^6 kcal am Kessel

$$\frac{P \cdot 10^6}{10^3 \cdot H_u \cdot \eta_k} = \frac{P \cdot 10^3}{H_u \cdot \eta_k} \quad [\text{DM}].$$

Beim Vergleich der Eigenerzeugung der Wärme mit Fremdbezug ist zu berücksichtigen, daß fernbeheizte Anlagen durch das einfache An- und Abschalten der Leistung und die bessere Regelfähigkeit Einsparungen an Heizwärme ermöglichen, die durch einen Faktor η_r erfaßt werden sollen. Der vergleichbare Wärmepreis W beträgt sonach

$$W = \frac{P \cdot 10^3}{H_u \cdot \eta_k \cdot \eta_r} \quad [\text{DM}/10^6 \text{ kcal}].$$

Für die nachstehend aufgeführten Mittelwerte für Kokskessel

$$\eta_k = 0{,}74$$
$$H_u = 6800 \text{ kcal/kg und } \eta_r = 0{,}93$$

erhält man z. B. Wärmekostenparität bei

$$W = \frac{P \cdot 10^3}{6800 \cdot 0{,}74 \cdot 0{,}93} = \frac{P}{4{,}7} \quad [\text{DM}/10^6 \text{ kcal}].$$

d. s. bei $P = 125$ DM/t (Preisbasis 1957)

$$W = 26{,}6 \quad [\text{DM}/10^6 \text{ kcal}].$$

Die zusätzlichen Ausgaben zur Bedienung und Unterhaltung einer eigenen Kesselanlage betragen etwa 10 bis 20% des Brennstoffpreises. Der Tarif der öffentlichen Fernheizung kann also gegebenenfalls noch um diesen Betrag über dem errechneten Wärmepreis liegen, wenn voller Kostenausgleich beabsichtigt ist.

VII. Heizkraftanlagen

Für die Gebäudeheizung, die Warmwasserversorgung und auch für viele gewerbliche Heizzwecke wird Wärme bei verhältnismäßig niedrigen Temperaturen benötigt. Die Wahl höherer Heizmitteltemperaturen erfolgt in solchen Fällen lediglich unter dem Gesichtspunkt einer wirtschaftlichen Bemessung der Leitungen und Heizflächen. Da die Erzeugungswärme von Wasserdampf mit zunehmendem Druck und damit höherer Arbeitsfähigkeit nur unerheblich anwächst, liegt der Gedanke nahe, den Dampf vor seiner Verwendung in Heizungsanlagen zur Gewinnung mechanischer Arbeit heranzuziehen, also Krafterzeugung und Wärmelieferung zu kuppeln. Man bezeichnet solche Anlagen als „Heizkraftanlagen".

Die Kraft-Wärmekuppelung hat mit der Anwendung hoher Dampfdrücke in Industriewerken und öffentlichen Energieversorgungsanlagen stark an Bedeutung gewonnen. Aus der „Abwärmeverwertung" im früheren Sinne ist eine hochentwickelte Heizkraftwirtschaft geworden, bei der Art und Umfang der Wärmelieferung den Aufbau des Kraftwerkes wesentlich beeinflussen. Heizkraftwerke mit nachgeschalteten Fernheiznetzen erfordern dementsprechend bei der Planung und Betriebsführung eine enge Zusammenarbeit zwischen Kraftwerks- und Heizungsingenieur.

A. Grundlagen

1. Wärmeausnützung

Der entscheidende energiewirtschaftliche Vorteil der Kraft-Wärmekuppelung liegt in der Nutzbarmachung der im Kondensator einer Dampfkraftmaschine an das Kühlmittel übertragenen Wärme. Der Vorgang läßt sich am deutlichsten im T, s-Diagramm darstellen, s. Abb. 4.71. Der Einfachheit halber ist der theoretische Kreisprozeß der Dampfkraftmaschine (Clausius-Rankine-

Prozeß) eingezeichnet, wobei die Fläche *1 2 3 4 5* der gewinnbaren mechanischen Arbeit AL
zwischen den Druckstufen p_1 und p_2 und die Fläche *1 6 7 3 4 5* der aufzuwendenden Erzeugungswärme Q entsprechen.

Der thermische Wirkungsgrad der Krafterzeugung ist durch das Verhältnis dieser beiden
Flächen gekennzeichnet, also

$$\eta_{th} = \frac{AL}{Q} = \frac{i_1 - i_2}{i_1 - i_3}.$$

Für die Enthalpien gilt dabei

$i_1 =$ Enthalpie am Eintritt in die Maschine,
$i_2 =$ Enthalpie am Austritt aus der Maschine,
$i_3 =$ Enthalpie am Austritt aus dem Kondensator.

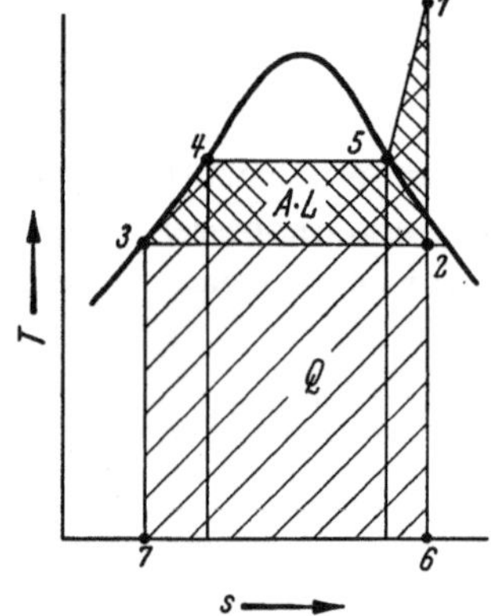
Abb. 4.71. Idealer Kreisprozeß der
Dampfkraftmaschine

Die im Kondensator abgeführte Wärmemenge $(i_2 - i_3)$ ist bei
der Krafterzeugung im Kondensationsbetrieb verloren; im Gegendruckbetrieb wird sie zu Heizzwecken ausgenutzt. Dementsprechend wächst der thermische Gesamtwirkungsgrad des Vorganges an und erreicht bei der idealen Heizkraftmaschine den
Wert 1. Das Verhältnis der Arbeit AL zur Heizwärme $(Q - AL)$
nimmt zu, wie Abb. 4.71 erkennen läßt, mit steigendem Anfangs-
druck p_1, abnehmendem Gegendruck p_2 sowie mit höher werdender Frischdampfüberhitzung.
Die nachstehende Zahlentafel gibt den thermischen Wirkungsgrad des theoretischen Dampf-
maschinenprozesses für verschiedene Anfangsdrücke und zwei Anfangstemperaturen bei den
Gegendrücken 0,04 at (Kondensationsbetrieb) und 1,0 at (Auspuffbetrieb) wieder.

Thermischer Wirkungsgrad des theoretischen Dampfmaschinen-
prozesses

Anfangsdruck p_1 at		10	20	50	100	150
Gegen-druck p_2 at	Dampf-temperatur t_1 °C			Wirkungsgrad %		
0,04	400	32,3	35,2	38,9	41,2	42,3
	500	34,0	36,8	40,3	42,6	44,0
1,0	400	19,2	23,3	28,3	31,7	33,3
	500	20,8	25,1	30,0	33,3	35,1

Man ersieht daraus, daß auch
bei höchsten Anfangsdrücken noch
mehr als die Hälfte der Erzeugungswärme des Dampfes im Kondensator verlorengeht, bei Heizkraftanlagen also gewinnbar ist. Beim
wirklichen Dampfkraftprozeß verschiebt sich zwar das Bild — die
Verluste in der Kraftmaschine
setzen den thermischen Wirkungsgrad herab, die mehrstufige Speise-
wasservorwärmung und eine etwaige Zwischenüberhitzung erhöhen ihn —, die Größenordnung
des Verhältnisses von gewinnbarer Arbeit und Kondensationswärme bleibt aber erhalten. Es
gibt keine Abwandlung des Dampfkraftprozesses, die ähnlich große thermodynamische Vorteile aufweist.

Abb. 4.72. Zustandsänderung des Dampfes
in der Maschine

Die Abweichungen des praktischen Dampfmaschinen-
prozesses vom idealen Kreisprozeß sollen durch weitere
Wirkungsgrade erfaßt werden. So rückt infolge der nicht
adiabatischen Expansion des Dampfes im i, s-Diagramm der
Endpunkt der Expansion von 2 nach 2*, s. Abb. 4.72. Das Verhältnis der Enthalpieunterschiede zwischen 1 und 2* bzw.
1 und 2 kennzeichnet den indizierten Wirkungsgrad oder
Gütegrad der Maschine

$$\eta_i = \frac{i_1 - i_2{}^*}{i_1 - i_2} = \frac{AL_i}{AL}.$$

Die im Gütegrad erfaßten Drossel- und inneren Reibungsverluste einer Dampfmaschine beeinträchtigen zwar die ge-
winnbare mechanische Arbeit, führen aber andererseits zu einer Erhöhung des Wärmeinhaltes
des Abdampfes gegenüber dem idealen Prozeß; der Gesamtwirkungsgrad der Heizkraftanlage
wird dadurch also nicht verschlechtert.

Dagegen sind die durch mechanische Reibung (η_m) und die Energieumformung im Generator η_{el} entstehenden Verluste beim Gesamtwirkungsgrad ebenso zu berücksichtigen wie die Kessel- und Rohrleitungsverluste η_k bei der Wärmeerzeugung. Für 1 kWh elektrische Arbeit sind in der Heizkraftmaschine also aufzuwenden:

$$\text{beim idealen Prozeß:} \quad 860 \text{ kcal}$$

$$\text{beim wirklichen Prozeß:} \frac{860}{\eta_m \cdot \eta_{el}} \text{ kcal.}$$

Setzt man überschläglich $\eta_m \cdot \eta_{el} = 0,92$, so erhält man im zweiten Fall 935 kcal/kWh. Unter Einbeziehung des Wirkungsgrades der Kesselanlage und Rohrleitungen mit einem Mittelwert von $\eta_k = 0,8$ ergibt sich für die im Gegendruckbetrieb gewinnbare elektrische Arbeit ein

Gesamtwärmeaufwand von 1170 kcal/kWh.

Demgegenüber werden in neuzeitlichen Kondensationskraftwerken etwa 3000 bis 3200 kcal je kWh an Brennstoffwärme aufgewendet; im günstigsten Fall ist dieser Wert bei Großanlagen auf etwa 2500 kcal abzusenken. Jede im Heizkraftbetrieb erzeugte kWh erspart sonach etwa 1300 bis 2000 kcal Brennstoffwärme, d. s. 0,18 bis 0,25 kg Steinkohle.

Nach dem Vorgesagten ist im Heizkraftbetrieb der Wärmeaufwand je kWh praktisch unabhängig von den Druck- und Temperaturverhältnissen in der Maschine. Eine Gegendruckturbine mit hohem Arbeitsgefälle (z. B. 100 at, 500° Frischdampf- und 2 at Gegendruck) ergibt sonach zwar eine hohe Stromausbeute, weist aber keinen besseren Gesamtwirkungsgrad auf als eine Turbine mit niedrigem Anfangsdruck und relativ hohem Gegendruck.

In Industriebetrieben mit großem Wärmeverbrauch und geringem Strombedarf kann daher durchaus eine Anlage der letztgenannten Art die wirtschaftlichste Lösung darstellen. Läßt sich die aus dem Heizdampf gewinnbare elektrische Leistung jederzeit absetzen, sei es im eigenen Betrieb oder durch Lieferung an Dritte, so wird man der Heizkraftanlage mit hoher Stromausbeute den Vorzug geben.

2. Kennwerte des Heizkraftbetriebes

Dampfkraftmaschinen mit gleichbleibendem Dampfdurchsatz in allen Stufen kennzeichnet man thermodynamisch am einfachsten durch die Angabe des *spezifischen Dampfverbrauchs*. Dieser Wert (d) gibt an, wieviel kg Dampf zur Erzielung einer Arbeitseinheit, entweder in PSh (an der Welle gemessen) oder in kWh (meist an den Generatorklemmen gemessen), erforderlich sind. Er ist abhängig vom adiabatischen Arbeitsgefälle des Dampfes, dem mit Dampfdurchsatz und Dampfzustand sich ändernden indizierten Wirkungsgrad (η_i) sowie dem mechanischen (η_m) bzw. elektrischen Wirkungsgrad (η_{el}). Auf die kWh bezogen ist

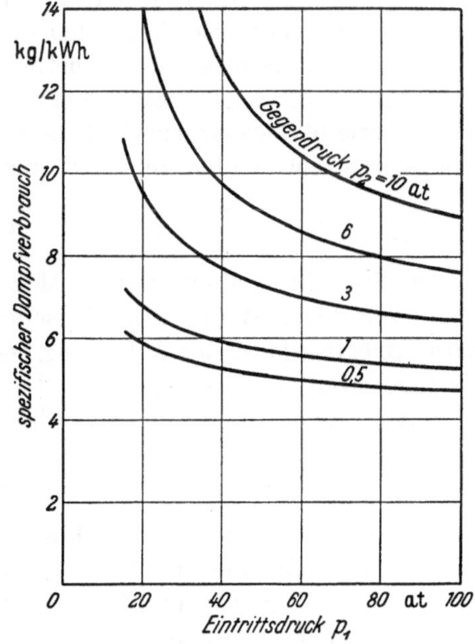

Abb. 4.73. Spezifischer Dampfverbrauch (d) von Gegendruckturbinen

$$d = \frac{860}{(i_1 - i_2) \cdot \eta_i \cdot \eta_m \cdot \eta_{el}} \quad [\text{kg/kWh}] . \tag{4.05}$$

Nimmt man in erster Annäherung das Produkt der Wirkungsgrade als konstant an, so ändert sich d nur mit dem Kehrwert von ($i_1 - i_2$). Abb. 4.73 gibt den Zusammenhang zwischen d und dem Anfangs- bzw. Enddruck einer Gegendruckmaschine für eine Dampfeintrittstemperatur von 450° und $\eta_i \cdot \eta_w \cdot \eta_d = 0,75$ wieder. Man ersieht daraus, daß eine Steigerung des Frischdampfdruckes den spezifischen Dampfverbrauch weniger beeinflußt als eine Absenkung des Gegendruckes. Will man die Stromausbeute im Heizkraftbetrieb erhöhen, so muß also zunächst geprüft werden, inwieweit durch Vergrößerung der Heizflächen, Verminderung der Verteilungsdruckverluste oder sonstige Maßnahmen der Heizdampfdruck herabgesetzt werden kann.

In *Industriebetrieben* ist das Verhältnis des Heizdampf- zum Kraftbedarf ein wichtiger energiewirtschaftlicher Kennwert des Werkes. Höhe und Schwankungen dieser Verhältniszahl sind maßgebend für den Aufbau der Kraftanlage bzw. die Wahl der Maschinenart.

Sind vorwiegend oder gar ausschließlich Gebäudeheizungen als Wärmeabnehmer vorhanden, so ist ein wirtschaftlicher Heizkraftbetrieb nur im Winter möglich. Derartige Heizkraftanlagen lohnen sich erst bei einer gewissen Größe des Anschlußwertes; sie erfordern in der Regel eine Zusammenarbeit mit dem öffentlichen Stromversorgungsunternehmen.

Bei öffentlichen *Fernheizungen* ist diese Zusammenarbeit von vornherein gegeben. Auch hier wird der Heizkraftbetrieb erst bei größerem Wärmeverbrauch für das Versorgungsunternehmen wirtschaftlich reizvoll; möglich ist er aber auch bei geringem Wärmeabsatz, sofern eine für die Wärmelieferung geeignete Druckstufe im Kraftwerk vorhanden ist.

Zur Kennzeichnung der energiewirtschaftlichen Voraussetzungen für die Kraft-Wärmekuppelung geht man hier nicht vom Dampf-, sondern vom Wärmebedarf aus und bezieht die in bestimmten Zeitabschnitten (Stunde, Tag, Jahr) absetzbaren Wärmemengen auf den Strombedarf des Versorgungsgebietes. Da Strom- und Wärmebedarf in keiner festen Beziehung zueinander stehen, ändert sich die so gewonnene „*Wärmekennzahl eines Bezirkes*" mit der Jahres- und Tageszeit. Sie ist vor allem für innerbetriebliche und elektrizitätswirtschaftliche Entscheidungen von Bedeutung.

Von diesen energiewirtschaftlichen Kennzahlen eines Werkes oder eines Versorgungsgebietes zu unterscheiden sind die oft ähnlich gebildeten Verhältniszahlen der Wärme- und Stromlieferung bei einer bestimmten Heizkraftschaltung. Meist verwendet man hierbei den reziproken Verhältniswert und gibt die elektrische Leistung, bezogen auf die Einheit der Wärmebelastung, an. So bezeichnet man als „*Stromkennzahl*" n des Heizkraftbetriebes die bei Abgabe von 1 Gcal Heizwärme erzielte Gegendruckarbeit. Ist Q (Gcal) die in dem Zeitabschnitt Z (h) abgegebene Wärmemenge, so ergibt sich bei einer mittleren Leistung der Maschine N (kW) die Stromkennzahl n aus

$$n = \frac{N \cdot Z}{Q} \quad \text{[kWh/Gcal]}. \tag{4.06}$$

Die Stromkennzahl ist also ein Maß für die Ausnutzung der Heizwärme zur Stromerzeugung. Man kann diesen Wert auf die Maschine beziehen; dann ist er lediglich abhängig vom verfügbaren Arbeitsgefälle, der Aufteilung des Heizdampfes auf die einzelnen Arbeitsstufen und dem Wirkungsgrad des Vorganges.

Für die reine Gegendruckmaschine entspricht die Stromkennzahl n der Beziehung

$$n = \frac{1}{d \cdot (i_2^* - i_3)} \cdot 10^6, \tag{4.07}$$

wobei d der spezifische Dampfverbrauch und $(i_2^* - i_3)$ die je kg Heizdampf verfügbare Heizwärme ist. Man kann aber auch die Stromkennzahl des Heizkraftbetriebes für eine beliebige Zeitspanne bilden; dann geht der Anteil der Entnahme- bzw. Abdampfwärme an der gesamten Wärmeabgabe des Fernheizwerkes (ein Teil der Fernheizwärme wird evtl. durch gedrosselten Frischdampf gedeckt) in den Kennwert mit ein. Nimmt man die Temperatur des Kondensates mit etwa 60° an, so wird für übliche Abdampfverhältnisse $(i_2^* - i_3) \approx 550$ bis 600 kcal/kg. Damit erhält man für den reinen Gegendruckbetrieb

$$n = (1{,}7 \text{ bis } 1{,}8) \frac{10^3}{d}.$$

Für $d = 4$ bis 10 ergibt sich

$$n = 170 \text{ bis } 450 \text{ kWh je Gcal Heizwärme.}$$

Die hohen Werte sind nur bei hohen Anfangs- und sehr niedrigen Gegendrücken erzielbar, wie ein Vergleich mit den Überschlagswerten der Abb. 4.73 zeigt. Die meisten im Betrieb befindlichen Stadtheizungen sind von diesen Bestwerten allerdings noch weit entfernt. In Industrieanlagen und neuzeitlichen Fernheizungen mit Warmwasserverteilung werden sie jedoch bereits erreicht.

Heizanlagen weisen, wie die Belastungsdauerlinien erkennen lassen, sehr hohe Verbrauchsspitzen während weniger Stunden im Jahr auf. Für die Jahresstromerzeugung sind daher die Verbrauchsspitzen ohne Bedeutung. Man wird die Heizkraftmaschine in der Regel nur für 50 bis 60% der Lastspitze auslegen und als Spitzendampf gedrosselten Frischdampf oder Entnahmedampf aus höheren Druckstufen verwenden. Dadurch wird das Turboaggregat billiger und besser ausgelastet. Zugleich vermeidet man, daß die für zu hohen Dampfdurchsatz bemessene Turbine bei den häufigen mittleren Belastungen mit ungünstigem Wirkungsgrad arbeitet.

Von dem Jahres-Heizwärmebedarf fällt meistens noch ein weiterer Teil für die Stromerzeugung aus. So sind vielfach die in der Übergangszeit benötigten Wärmemengen zu gering, um den Heizkraftbetrieb aufrechtzuerhalten oder die anfallende Gegendruckleistung ist im Stromnetz nicht unterzubringen (Nachtstunden).

B. Wärmeschaltbilder

In Anlehnung an die Schaltbilder der Elektrotechnik hat sich auch für Schaltbilder größerer Dampfanlagen eine einheitliche Darstellungsweise herausgebildet. Die Bedeutung der einzelnen Zeichen[1] gibt die nachstehende Übersicht.

Tafel B. Sinnbilder der Heizkraftwirtschaft

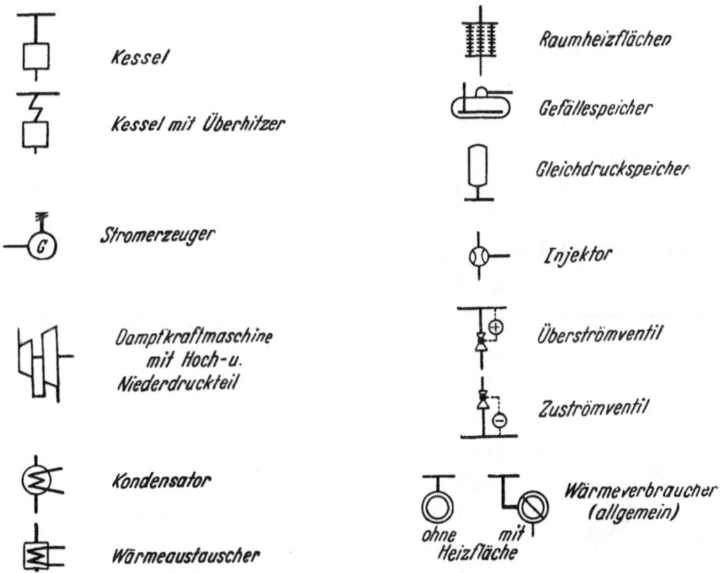

Das Schaltbild wird so angeordnet, daß die waagerechten Linien gleichen Wärmeinhalt des Stoffes angeben, und zwar abnehmend von oben nach unten. Der Kreislauf des Wärmeträgers geht im Uhrzeigersinne, so daß der Kessel stets in der linken oberen Ecke der Zeichnung, der Kondensator bzw. die Wärmeverbraucher in der rechten unteren Ecke erscheinen. Um die Zusammenhänge klar hervortreten zu lassen, empfiehlt sich bei Schaltbildern die Beschränkung auf die wichtigsten Apparate und Rohrleitungen, wobei mehrere Apparate gleicher Art nur einmal erscheinen. Keinesfalls kann das Wärmeschaltbild den Rohrplan ersetzen. An einigen Beispielen möge der Aufbau solcher Schaltbilder erläutert werden.

Das einfachste Schaltbild ergibt die *reine Gegendruckturbine* mit angeschlossenem Dampfnetz, s. Abb. 4.74. Der aus der Kesselanlage kommende Hochdruckdampf tritt mit dem Druck p_1 in die Maschine ein und speist als Abdampf mit dem Druck p_2 den Dampfverteiler der Verbraucherdruckstufe bzw. das Fernleitungsnetz. Ist die Abdampfmenge stets kleiner als der Heizdampfbedarf (Betriebe mit relativ hohem Wärmeverbrauch; beispielsweise Färbereien, Wäsche-

---

[1] Siehe DIN 2481. Die hier wiedergegebenen Zeichen weichen z. T. von der Norm „Schaltbilder für Wärmekraftanlagen" DIN 2481 ab. Dies war notwendig, um eine einheitliche Darstellung im gesamten Lehrbuch zu ermöglichen und andererseits die Übersichtlichkeit des reinen Heizungsschaltbildes nicht durch die Anwendung in diesem Zusammenhang überflüssiger Sinnbilder und Stricharten zu gefährden.

reien, Textilveredlungswerke, Werke der Leder- und Zuckerindustrie), so wird die Maschine von der elektrischen Leistung aus geregelt (Drehzahlregler).

Bei Heizdampfmangel läßt ein Zuströmventil gedrosselten und evtl. auch gekühlten Frischdampf in die Dampfversorgungsleitung übertreten. Durch ein Sicherheitsventil ist die Heizdampfverteilung und zugleich auch die Turbine gegen Drucküberschreitungen auf der Abdampfseite gesichert.

Bei Industrieanlagen benötigen oft einzelne Dampfverbraucher höhere Heizdampfdrücke. Man kann in solchen Fällen einen Teil des Heizdampfes aus höheren Druckstufen der Turbine entnehmen (Entnahme- bzw. Anzapfmaschine).

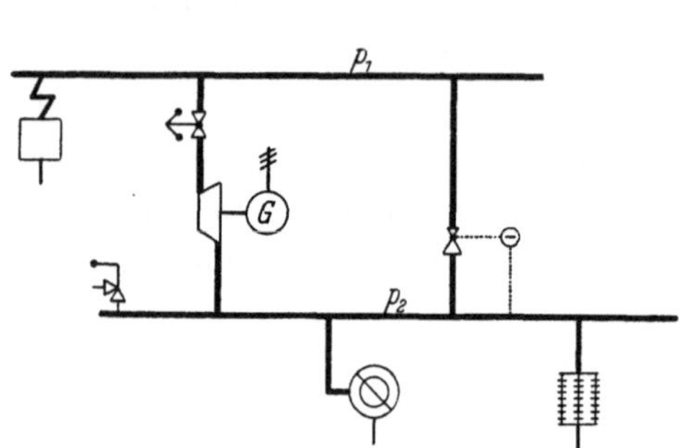

Abb. 4.74. Schaltbild einer Gegendruckanlage

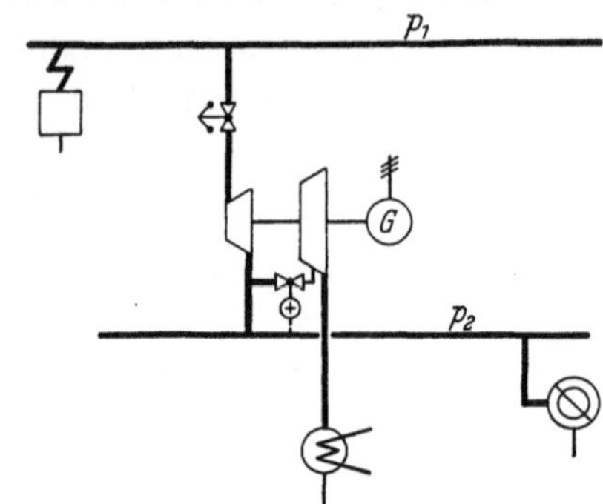

Abb. 4.75. Schaltbild einer Entnahme-Kondensationsanlage

In den meisten Fällen reicht der Heizdampfverbrauch eines Betriebes nicht aus, um die benötigte elektrische Leistung jederzeit im Gegendruckbetrieb zu erzeugen. Man stellt dann zusätzlich Kondensationsmaschinen auf oder entnimmt den gesamten Heizdampf einer *Entnahme-Kondensationsturbine*, s. Abb. 4.75. Beim Ausbau älterer Werke geht man häufig auf höhere Kesseldrücke über und nutzt den zusätzlichen Druck in einer *Vorschaltmaschine* aus,

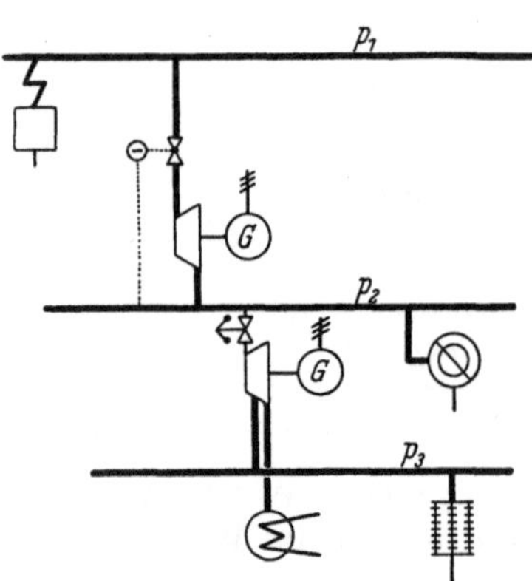

Abb. 4.76. Schaltbild einer Hochdruck-Vorschaltanlage

s. Abb. 4.78. Zwischen den beiden Druckstufen p_2 und p_3 ließe sich zum Ausgleich des Kraft- und Dampfbedarfs auch ein Gefällespeicher einfügen, wodurch einmal die Kesselanlage in der Zeit der Verbrauchsspitzen entlastet und zum andern der Anteil der Gegendruckarbeit an der insgesamt benötigten elektrischen Energie gesteigert werden kann.

Die Möglichkeiten der Schaltung von Heizkraftanlagen und der Kombination der vorstehenden Maschinengrundtypen sind so vielfältig, daß auf ihre weitere Behandlung hier verzichtet werden muß. Auf einige für den Fernheizbetrieb wichtige Schaltungen wird bei Betrachtung des Zusammenhangs zwischen Wärmeverteilung und Stromausbeute noch einzugehen sein.

C. Stromausbeute im Fernheizbetrieb

In *Industriebetrieben* bestimmen die Temperaturanforderungen an den Verbrauchsstellen letzten Endes den Gegen- oder Entnahmedruck von Heizkraftmaschinen. Die Heiznetze werden in der Regel mit konstantem Dampfdruck oder gleichbleibenden Wassertemperaturen betrieben, wobei die für die Wärmeübertragung in Austauschern notwendigen Temperaturunterschiede zu berücksichtigen sind, bei Dampfnetzen auch der mit der Belastung anwachsende Druckverlust der Dampffortleitung. Die Stromausbeute ist in solchen Anlagen unmittelbar abhängig von der Heizdampfmenge, wenn von dem mit dem Dampfdurchsatz veränderlichen Wirkungsgrad der Maschinen einmal abgesehen wird.

Anders liegen die Verhältnisse bei Fernheizungen, die vorwiegend oder gar ausschließlich *Wärme für Raumheizzwecke* liefern. Hier ändern sich Belastung und Heizdampfdruck in einer charakteristischen Weise mit der Jahreszeit, und zwar besonders stark, wenn die Netzleistung zentral geregelt wird. Schon bei der Planung einer solchen Heizkraftanlage ist dieser Tatsache Rechnung zu tragen; je nach der Wärmeschaltung sind recht unterschiedliche Stromkennzahlen zu erwarten, die bei der Wahl des Wärmeträgers ausschlaggebend sein können.

1. Dampfnetz

Dampfnetze werden im allgemeinen so betrieben, daß der Druck an der entferntesten Verbrauchsstelle oder bei einem Abnehmer mit besonders hohen Temperaturanforderungen einen Mindestwert, z. B. 0,5 atü, nicht unterschreitet. Ist Δp der einer stündlich zu fördernden Dampfmenge G_h entsprechende Druckverlust zwischen Maschinenaustritt und Verbraucher und p_v der Dampfdruck an der letzten Verbrauchsstelle, so gilt für den Heizdampfdruck an der Maschine p_2

$$p_2 = p_v + \Delta p .$$

Der Druckverlust Δp läßt sich nach Gl. (11.04) für ein gegebenes Netz darstellen durch die Beziehung

$$\Delta p = \text{konst} \cdot \lambda \frac{G_h^2}{\gamma} , \qquad (4.08)$$

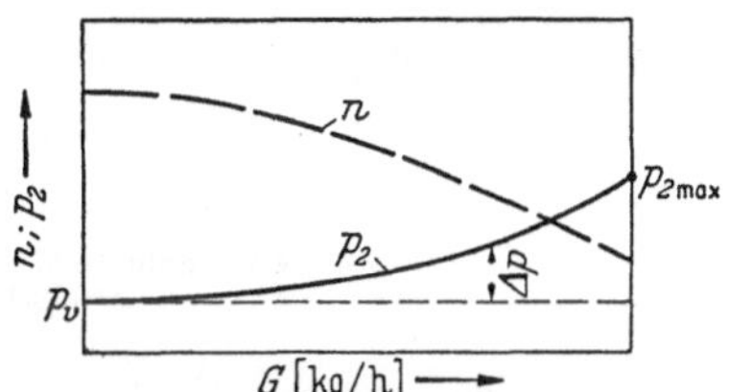

Abb. 4.77. Dampfnetz, Änderung des erforderlichen Heizdampfdruckes und der Stromkennzahl n, mit der Belastung bei gleichbleibendem Dampfzustand am Maschineneintritt. p_v: Druck beim letzten Verbraucher, p_2: Druck am Maschinenaustritt, $p_{2\,max}$: Druck am Maschinenaustritt bei Höchstlast

wenn für die Einzelwiderstände, die bei Fernleitungen nur einen geringen Anteil am Gesamtdruckverlust haben, das gleiche Gesetz zugrunde gelegt wird wie für das gerade Rohr. In erster Annäherung ist Δp für kleine Druckbereiche proportional G_h^2. Bei größerem Druckabfall ist die Änderung von γ mit p zu berücksichtigen. Der Anstieg von Δp mit zunehmender Belastung ist geringer, als die 2. Potenz ergeben würde, vor allem im Gebiet niedrigen Druckes.

Im Fernheizbetrieb wird man eine Gegendruckturbine mit nachgeschaltetem Dampfnetz sonach möglichst für veränderlichen Gegendruck vorsehen. Der für die Rohrleitungsbemessung maßgebende Druck $p_{2\,max}$ kommt nur bei Höchstlast, also sehr selten vor. Am häufigsten sind Belastungen zwischen 30 und 50% der Höchstlast. In diesem Bereich muß die Heizkraftmaschine mit bestem Wirkungsgrad arbeiten.

Den Zusammenhang zwischen Stromkennzahl und Belastung für eine Maschine mit gleitendem Gegendruck zeigt Abb. 4.77. Der Gewinn gegenüber dem Betrieb mit konstantem Gegendruck (also $p_{2\,max}$) ist um so höher, je größer der Druckabfall im Netz ist, gemessen an dem Arbeitsdruckgefälle $(p_1 - p_2)$ in der Turbine.

Beispiel. Eine Gegendruckturbine mit 30 at Frischdampfdruck und 400° Überhitzung beliefert ein Heiznetz, dessen Druck am letzten Verbraucher $p_v = 2$ at sein soll. Das Netz ist ausgelegt für $p_{2\,max} = 6$ at. Wie ändert sich die Stromausbeute, wenn man von konstantem auf gleitenden Gegendruck p_2 übergeht? Aus Abb. 4.73 erhält man überschläglich

$$\text{für } p_2 = 6 \text{ at}; \quad d = 10,9 \text{ kg/kWh} .$$

Ist bei mittlerer Belastung ein Heizdampfdruck von $p_2 = 3,5$ at erforderlich, so ist — unter der Annahme gleicher Wirkungsgrade — für diesen Gegendruck nach Abb. 4.73

$$d' = 8,7 \text{ kg/kWh} .$$

Da sich die Enthalpiedifferenzen $(i_2^* - i_3)$ nur wenig unterscheiden, verhalten sich die Stromkennzahlen in beiden Fällen wie die Kehrwerte der spezifischen Dampfverbrauchszahlen

$$n' = \frac{d}{d'} \cdot n = \frac{10,9}{8,7} \cdot n = 1,25 \cdot n .$$

Im Mittel ist für diesen Fall die Stromausbeute bei gleitendem Gegendruck um 25% höher.

Der Zusammenhang zwischen Belastung und Stromkennzahl gilt auch, wenn ein Dampfumformer zwischen Turbine und Heiznetz eingeschaltet ist. Es ist hier lediglich der für die Wärmeübertragung erforderliche Temperaturunterschied zwischen Turbinenabdampf und Fernleitungsdampf zusätzlich zu berücksichtigen.

2. Heißwassernetz mit konstanter Vorlauftemperatur

Bei Heißwassernetzen mit gleichbleibender Vorlauftemperatur, wie sie in der Industrie häufig anzutreffen sind, ist der Heizdampfdruck und damit auch die Stromkennzahl praktisch unabhängig von der Belastung, s. Abb. 4.78a.

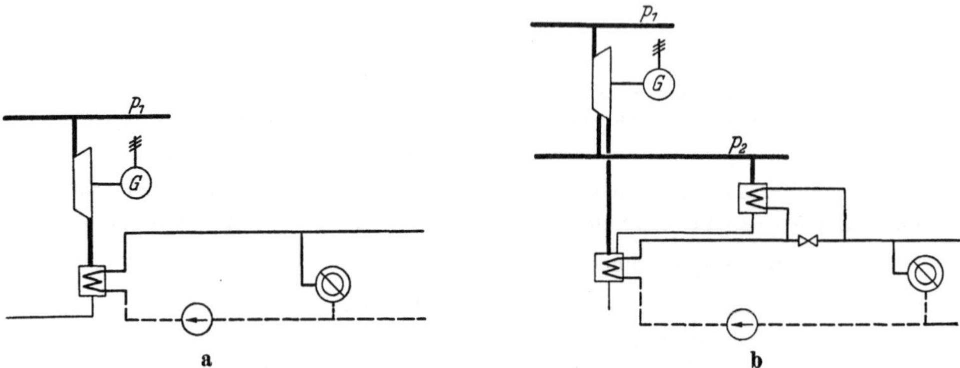

Abb. 4.78. Schaltbild einer Heizkraftanlage mit nachgeschalteter Heißwasserheizung.
a) einstufige Erwärmung; b) zweistufige Erwärmung

Bei großen Temperaturunterschieden zwischen Vor- und Rücklauf geht man vielfach zur zweistufigen Wassererwärmung über, s. Abb. 4.78b. Sie bietet energiewirtschaftliche Vorteile, wenn zwei geeignete Heizdampf-Druckstufen vorhanden sind und beide möglichst unmittelbar, also ohne Drosselung, von einer Heizkraftmaschine gespeist werden. Den Einfluß der zweistufigen Erwärmung auf die Stromkennzahl mag ein Beispiel verdeutlichen.

Beispiel. Eine Heißwasserheizung für 170/110° soll mit zweistufiger Erwärmung betrieben werden. Welche Heizdampfdrücke sind erforderlich? Wie groß ist die Stromkennzahl bei einem Frischdampfdruck von 60 at und 450° Überhitzung für die ein- bzw. zweistufige Erwärmung bei voller Belastung der Anlage?

Bei einstufiger Erwärmung ist ein Heizdampfdruck zu wählen, dessen zugehörige Sattdampftemperatur einige Grade höher liegt als die Wasseraustrittstemperatur. Man nimmt im allgemeinen für Vollast diese Temperaturdifferenz mit 5 bis 10° an. Hier sei der höhere Wert zugrunde gelegt; er soll gleichzeitig den Druckverlust zwischen Turbinenaustritt und Wärmeaustauscher mit erfassen.

Aus der Dampftafel entnimmt man für eine Sattdampftemperatur

$$t_2 = 170 + 10 = 180°,$$
$$p_2 = 10,2 \text{ at}.$$

Bei zweistufiger Erwärmung soll jeder der beiden Wärmeaustauscher die halbe Wassererwärmung übernehmen. Der Heizdampfdruck p_3 ergibt sich dann aus der zugehörigen Sattdampftemperatur

$$t_3 = 110 + \frac{170 - 110}{2} + 10 = 150°$$

zu

$$p_3 = 4,9 \text{ at}.$$

Nach Abb. 4.73 gilt unter den dort berücksichtigten Annahmen für die Drücke p_2 und p_3

$$d_2 = 10,5 \text{ kg/kWh},$$
$$d_3 = 8,0 \text{ kg/kWh}.$$

Nehmen wir in erster Annäherung die Kondensationswärme mit 570 kcal/kg als gleich an, so erhält man für die einstufige Erwärmung die Stromkennzahl n zu

$$n = \frac{1}{10,5 \cdot 570} \cdot 10^6 = 167 \text{ kWh/Gcal}$$

und für die zweistufige Erwärmung

$$n' = \frac{1}{10,5 \cdot 570} \cdot \frac{1}{2} + \frac{1}{8,0 \cdot 570} \cdot \frac{1}{2} = 83,5 + 110 = 193,5 \text{ kWh/Gcal}.$$

Die Stromausbeute ist im zweiten Fall also um rd. 14% größer. Bei Teillast geht der Anteil des Heizdampfes niedrigeren Druckes zurück, der Gewinn wird kleiner. Die zweistufige Erwärmung lohnt sich daher nur bei großen Anlagen mit hohen Temperaturdifferenzen $(t_v - t_r)$ und relativ hoher Durchschnittsbelastung.

3. Heißwassernetz mit gleitenden Vorlauftemperaturen

Betrachten wir der Übersichtlichkeit wegen zunächst die *einstufige Wassererwärmung*. Eine Gegendruckturbine soll eine Heißwasserfernheizung beliefern, an die vorwiegend Raumheizanlagen angeschlossen sind. Das Netz kann dementsprechend mit gleitenden Vorlauftemperaturen betrieben werden. Um den Anschluß von gewerblichen Wärmeabnehmern und ND-Dampfheizungen zu ermöglichen, soll die Rücklauftemperatur aber nicht unter einen Grenzwert t_r abgesenkt werden.

Der volle Heizdampfdruck ist nur bei Höchstlast, d. h. bei maximaler Vorlauftemperatur, notwendig; bei schwacher Belastung kommt man mit niedrigeren Dampfdrücken aus. Die Turbine kann also mit veränderlichem Gegendruck betrieben werden, wobei jedoch der untere Grenzwert der Rücklauftemperatur t_r die Gegendruckabsenkung einschränkt.

Wir wollen die Zusammenhänge an einem Beispiel erläutern, und zwar soll das Heiznetz wieder für 170/110° ausgelegt sein.

Bleibt die umgewälzte Wassermenge konstant, so ändert sich die Temperaturdifferenz „Vorlauf–Rücklauf" linear mit der Belastung. Dementsprechend wird die Vorlauftemperatur t_v durch die Verbindungsgerade zwischen $t_{v\,\mathrm{max}} = 170°$ bei $B = 1$ und $t_r = 110°$ bei $B = 0$ dargestellt, s. Abb. 4.79a.

Bei höchster Belastung ($B = 1$) soll die Temperatur des Heizdampfes am Maschinenaustritt wieder um 10° höher liegen als die Vorlauftemperatur. Unter der als Näherung zulässigen Annahme, daß dieser Temperaturunterschied ebenfalls der Belastung proportional ist, erhält man für die Abhängigkeit der Heizdampftemperatur die in Abb. 4.79a mit t_H bezeichnete Gerade. Jeder Belastungsstufe ist damit ein bestimmter Heizdampfdruck p_2 zugeordnet, der sich aus t_H an Hand einer Dampftafel leicht feststellen läßt. Die stark gekrümmte Kurve in Abb. 4.79a zeigt den erforderlichen Heiz-

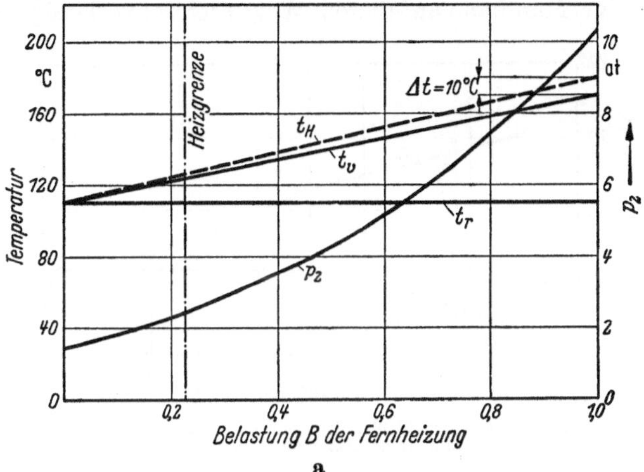

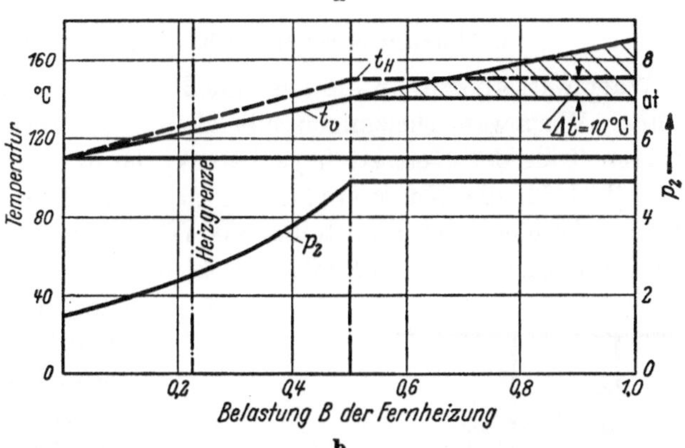

Abb. 4.79. Heißwassernetz 170/110° C mit gleitender Vorlauf- und konstanter Rücklauftemperatur. Änderungen der Temperaturen und der Heizdampfdrücke mit der Belastung.
a) einstufige Wassererwärmung; b) zweistufige Wassererwärmung[1]

dampfdruck in Abhängigkeit von der Belastung für das besprochene Beispiel. Danach steigt der Dampfdruck von $p_2 = 2,3$ at bei 20% Belastung an bis auf 10,3 at bei 100% Belastung.

In einem so weiten Bereich ist eine Regelung des Gegendruckes nicht zweckmäßig. Man geht daher zur *zweistufigen Wassererwärmung* über, wobei der zweite Vorwärmer mit Frischdampf oder evtl. auch mit Anzapfdampf einer höheren Druckstufe beheizt wird, s. Abb. 4.78b.

Abb. 4.79b gibt den Zusammenhang zwischen den Wassertemperaturen, der Temperatur sowie dem Druck des Abdampfes und der Belastung für ein Wassernetz von 170/110° bei zweistufiger Erwärmung wieder. Bei Vollast soll jeder Wärmeaustauscher die gleiche Leistung aufweisen. Der Nachwärmer wird erst bei Belastungen $B > 0,5$ eingeschaltet (geschraffte Fläche). Der für die Vorwärmung erforderliche Heizdampfdruck p_2 bewegt sich in den Grenzen 2,5 und 4,8 at und bleibt bei Belastungen über $B = 0,5$ konstant.

---

[1] Mit p_2 ist hier — in Abweichung vom Schaltbild 4.78b — der Heizdampfdruck für den Vorwärmer bezeichnet. Das gleiche gilt für Abb. 4.82b.

Für einen Dampfeintrittszustand von 60 at/450° und die spezifischen Dampfverbrauchszahlen der Abb. 4.73 erhält man die in Abb. 4.80 eingetragene Abhängigkeit der Stromkennzahl von der Belastung. Dabei ist angenommen, daß der Nachwärmer mit Frischdampf beheizt wird. Die Stromkennzahl geht bei Belastungen über 50% trotz des konstanten Gegendruckes p_2 zurück, da ein Teil der Heizwärme durch gedrosselten Frischdampf gedeckt wird. Der untere Linienzug in Abb. 4.80 gibt das Produkt „Heizwärmeabgabe·Stromkennzahl", also die Stromausbeute wieder, und zwar bezogen auf 1 Gcal/h Höchstlast.

Überträgt man die zu jeder Belastungsstufe gehörigen Leistungen in ein geordnetes Belastungsbild der Fernheizung, so erhält man die Jahresstromausbeute als Fläche unterhalb der Leistungskurve. Man kann auf diesem Wege recht zuverlässig verschiedene Systeme der Wärmefortleitung, etwa die Dampf- und Heißwasserverteilung, heizkraftwirtschaftlich vergleichen.

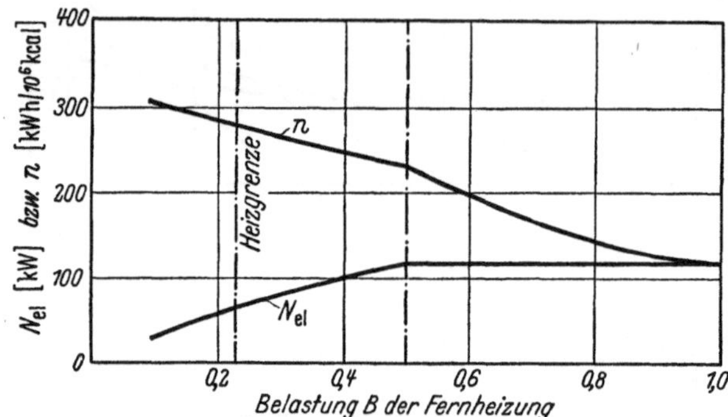

Abb. 4.80. Stromkennzahl und Stromerzeugung zu Abb. 4.79b; Dampfanfangszustand 60 at, 450°C

Selbstverständlich müssen dabei die tatsächlichen Dampfeintrittsverhältnisse und Turbinenwirkungsgrade zugrunde gelegt und auch die Verbesserungen des Kreisprozesses durch die Speisewasservorwärmung berücksichtigt werden. Die in Abb. 4.73 wiedergegebenen spezifischen Dampfverbräuche sollten nur einen ersten Anhalt für solche Vergleichsrechnungen geben; sie können genaue Berechnungen im Einzelfall nicht ersetzen.

4. Warmwassernetz mit gleitenden Vor- und Rücklauftemperaturen

Warmwassernetze, an die ausschließlich Gebäudeheizungen angeschlossen sind, werden wie übliche Warmwasserheizungen mit gleitenden Vorlauftemperaturen betrieben. Während des größten Teils der Heizzeit liegen die Vorlauftemperaturen so niedrig, daß Heizdampfdrücke unter 1 at für die Wassererwärmung genügen. Man verwendet in solchen Fällen vielfach den Turbinenkondensator unmittelbar als Wärmeaustauscher. Die Heizkraftmaschine arbeitet wie eine Kondensationsturbine mit verschlechtertem Vakuum, wobei sich der Kondensatordruck den Erfordernissen des Heizbetriebes anpassen muß[1]. Die Stromkennzahlen derartiger Anlagen erreichen dementsprechend Höchstwerte.

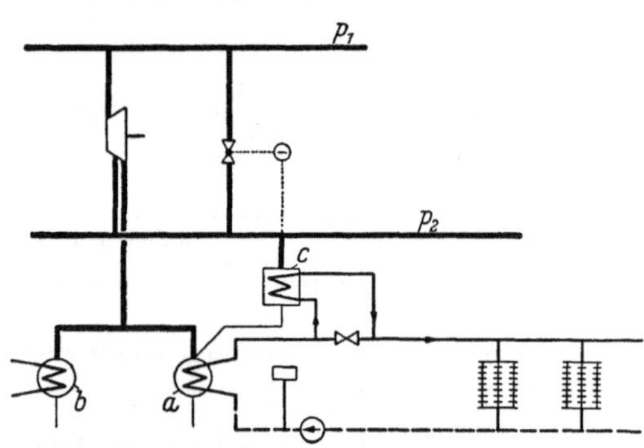

Abb. 4.81. Schaltbild einer Heizkraftanlage mit nachgeschalteter Warmwasserheizung bei zweistufiger Erwärmung.
a Turbinenkondensator zur Heizwassererwärmung, *b* Turbinenkondensator, mit Kühlwasser beaufschlagt, *c* Heizwassernachwärmer

Abb. 4.81 zeigt das Wärmeschaltbild. Die Wirtschaftlichkeit von Heizkraftturbinen mit niedrigem Gegendruck läßt sich noch weiter verbessern, wenn neben dem Heizwasserkondensator ein mit Kühlwasser beaufschlagter zweiter Kondensator vorgesehen wird. Bei geringer Heizlast kann ein Teil des Abdampfes in den zweiten Kondensator abgeleitet werden, so daß die Turbinenleistung unabhängig von der Wärmelieferung an das Heiznetz wird. Im Sommer läßt sich die Maschine als reine Kondensationsmaschine betreiben.

Aus dem Zusammenhang zwischen Heizwassertemperatur und Belastung läßt sich wieder der Verlauf des Heizdampfdruckes ableiten. Abb. 4.82a gilt für ein Heiznetz 110/70° bei einstufiger Wassererwärmung unter Berücksichtigung der Veränderlichkeit des k-Wertes der örtlichen Heizflächen mit der Temperatur, s. S. 526. Nimmt man den Temperatursprung zwischen

[1] HENDRIKS, E.: Betriebsergebnisse eines neuzeitlichen Industrie-Heizkraftwerkes. Arch. Wärmew. Bd. 23 (1942) S. 33/37.

Heizdampf- und Vorlauftemperatur bei Höchstlast mit 10° an, so ergibt sich der höchste Gegendruck der Maschine zu 2,02 at, der niedrigste bei 20% Belastung zu 0,1 at. Während des größten Teils der Heizzeit arbeitet die Turbine sonach in einem Gegendruckbereich von 0,2 bis 0,6 at.

Da die Dampfvolumina mit abnehmendem Druck rasch anwachsen (etwa proportional den Kehrwerten der Drücke), wird eine Turbine, deren Gegendruck im gesamten Bereich der Heizdampfdruckänderung nach Abb. 4.82a geregelt werden soll, z. T. mit schlechtem Wirkungsgrad fahren. Es empfiehlt sich daher, die Turbine für den Bereich der am häufigsten auftretenden niedrigen Gegendrücke auszulegen und bei höherer Belastung die *Wassererwärmung zweistufig* vorzunehmen. Abb. 4.82b zeigt die Temperaturen und Heizdampfdrücke in Abhängigkeit von der Belastung für das gleiche Heiznetz 110/70° bei zweistufiger Wassererwärmung. Wird die umzuwälzende Heizwassermenge konstant gehalten, so läßt sich aus den Wassertemperaturen entnehmen, in welchem Maß der Kondensator bzw. der Nachwärmer an der Heizwärmelieferung beteiligt sind. Die geschraffte Fläche kennzeichnet die Wärmeleistung des Nachwärmers.

Soll die Bedingung erfüllt sein, daß bei höchster Belastung die beiden Wassererwärmer jeweils die halbe Heizleistung hergeben, so muß hier infolge der gleitenden Rücklauftemperatur — in Abweichung von Abb. 4.79b — auch bei Belastungen $B > 0,5$ der Gegendruck p_2 weiter ansteigen.

Unter Verwendung der spezifischen Dampfverbrauchszahlen der Abb. 4.73 erhält man für den Frischdampfzustand 60 at/450° die in Abb. 4.83 dargestellten Stromkennzahlen und Gegendruckleistungen. Ein Vergleich mit der Abb. 4.80 läßt erkennen, in welchem Umfang die Stromausbeute durch den Übergang auf niedrigere Vorlauftemperaturen und gleitende Rücklauftemperatur gesteigert

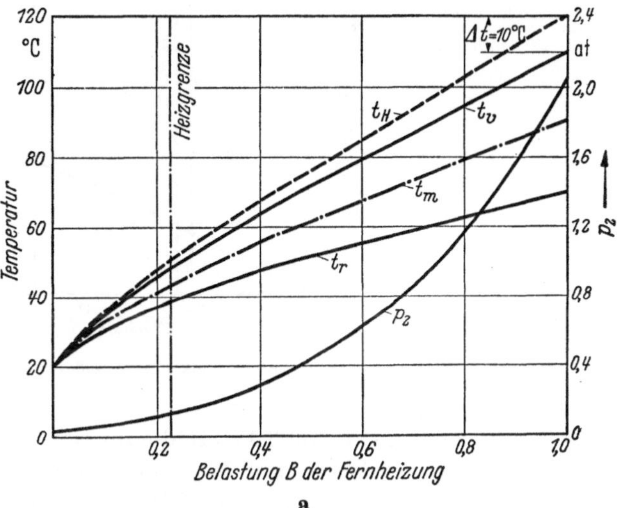

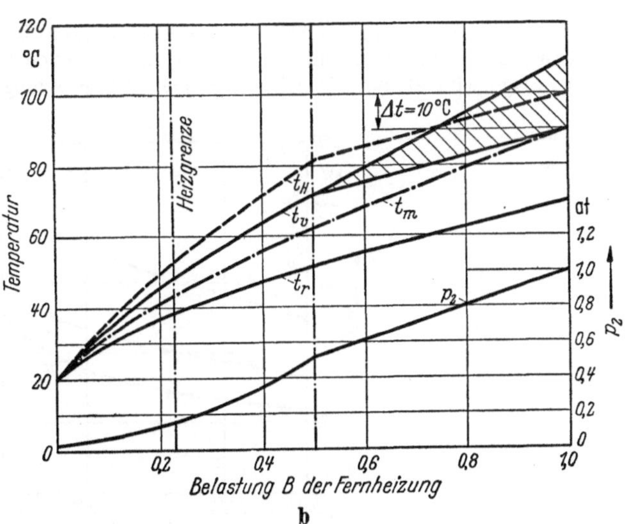

Abb. 4.82. Warmwassernetz 110/70° C mit gleitenden Temperaturen. a) einstufige Erwärmung; b) zweistufige Erwärmung[1]

werden kann, für halbe Belastung beispielsweise von $N = 115\ \text{kW}$ auf $N = 190\ \text{kW}$ je 1 Gcal Spitzenleistung. In beiden Fällen ist angenommen, daß die Nachwärmung mit gedrosseltem Frischdampf erfolgt. Steht Anzapfdampf einer geeigneten Druckstufe zur Verfügung, so läßt sich die gewinnbare Leistung bei Belastungen $B > 0,5$ noch entsprechend erhöhen.

Für wirtschaftliche Vergleichsrechnungen muß an Hand der Belastungsdauerlinie der Fernheizung die Jahresstromausbeute für die in Frage kommenden Netzauslegungen ermittelt werden. In Abb. 4.84 ist für die eingezeichnete Jahresbelastungslinie die Gegendruckstromerzeugung nach den Abb. 4.80 und 4.83 eingetragen.

Man ersieht aus dieser Darstellung u. a. auch den stark ausgleichenden Einfluß des Gleitdruckbetriebes auf die Stromausbeute von Heizkraftanlagen. Bei konstantem Heizdampfdruck

---

[1] Siehe Fußnote 1 auf Seite 227.

würden die Leistungslinien notwendig den gleichen Verlauf und damit auch die unerwünscht hohen Unterschiede aufweisen wie die Belastungsdauerlinie.

Für die beiden hier behandelten Beispiele ergeben sich im Jahresmittel Stromkennzahlen von 231 $\frac{kWh}{Gcal}$ (170/100°) bzw. 362 $\frac{kWh}{Gcal}$ (110/70°).

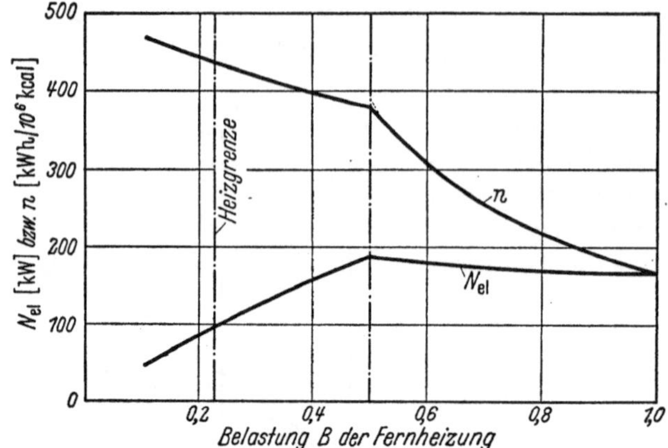

Abb. 4.83. Stromkennzahl und Stromerzeugung zu Abb. 4.82 b

Bei einer Gutschrift von 3 Pf für die im Heizkraftbetrieb erzeugte kWh lassen sich sonach durch Kupplung der Kraft- und Wärmeversorgung die Gestehungskosten der Wärme ab Werk um 231·3 bzw. 362·3, d. s. 7 bis 11 DM je 10⁶ kcal Wärmelieferung, herabsetzen.

Die exakte Aufteilung der Selbstkosten eines Heizkraftwerkes auf die beiden Produkte Strom und Wärme ist schwierig, da beide sowohl bei den Kapital- als auch bei den Betriebskosten gekuppelt erscheinen. Die Kesselanlage wird kleiner als bei gesonderter Wärmeerzeugung. Es muß weiterhin eine Wertung des Heiz-

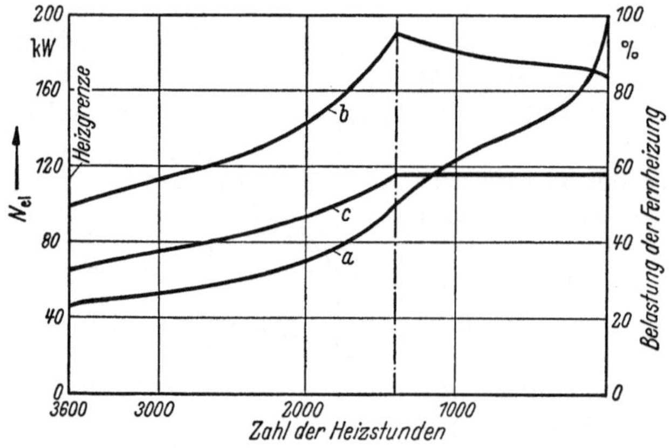

Abb. 4.84. Jahresstromerzeugung, bezogen auf 1 Gcal Höchstleistung.

a Belastungsdauerlinie, b Jahresstromerzeugung nach Abb. 4.83, c Jahresstromerzeugung nach Abb. 4.80

dampfes nach seinem Arbeitsvermögen sowie des Heizkraftstroms nach seiner Einsatzmöglichkeit im Rahmen der Elektrizitätswerksbelastung erfolgen[1]. Der Einfachheit halber ist bei der vorstehenden Überschlagsrechnung ein einheitlicher Gestehungspreis für die Erzeugungswärme des Dampfes zugrunde gelegt worden; die Unterschiede im Kapitaldienst und in den Betriebskosten zwischen einer Heizkraftanlage und einem Kondensationskraftwerk mit gesonderter Heizwärmeerzeugung seien in der Gutschrift für die Gegendruckarbeit bereits berücksichtigt.

[1] BECK, K.: Gesichtspunkte für die Kostenaufteilung zwischen Kraft und Wärme im Heizkraftbetrieb. Elektrizitätswirtsch. Bd. 50 (1951) S. 329/331. — BECKMANN, H.: Die Verteilung der Selbstkosten in Industrie- und Heizkraftwerken auf Strom und Heizdampf. BWK Bd. 5 (1953) S. 37/44.

VIII. Wärmepumpe

Bei Besprechung der Kraft-Wärmekuppelung hat sich deutlich gezeigt, daß Wärme, die zu technischen Zwecken verwendet werden soll, je nach dem Temperaturniveau, bei dem sie verfügbar ist, recht verschieden bewertet werden muß. Wärme, die bei Umgebungstemperatur anfällt, ist beispielsweise technisch wertlos. Sie kann aber in einem thermodynamischen Arbeitsgang durch Aufwendung mechanischer Energie auf ein höheres Temperaturniveau gebracht und damit technisch verwertbar gemacht werden. Man bezeichnet derartige Anlagen als Wärmepumpen. Sie finden Anwendung bei industriellen Heizprozessen, unter besonderen Umständen auch zur Raumheizung[1].

A. Aufbau und Arbeitsweise

Der Vorgang ist der gleiche wie bei der Kältemaschine; er spielt sich lediglich in einem höheren, über Umgebungstemperatur liegenden Temperaturbereich ab. Abb. 4.85 zeigt schematisch den Aufbau einer nach dem Kompressionsprinzip arbeitenden Wärmepumpe. Als Arbeitsmittel dient ein Gas, das sich bei nicht zu hohem Druck und der geforderten Heiztemperatur verflüssigen

sowie bei niedrigem Druck und Umgebungstemperatur verdampfen läßt, z. B. Ammoniak (NH_3) oder Freon 12 (CF_2Cl_2). Ein Verdichter saugt das Arbeitsmittel in Form nahezu trockenen Dampfes an (1) und bringt diesen Dampf auf hohen Druck, meist unter gleichzeitiger Überhitzung (2). Der Dampf strömt weiter in einen Wärmeaustauscher, wo er sich unter Abgabe der Wärme Q verflüssigt (3). Mit Hilfe eines Drosselventils wird die noch unter hohem Druck stehende Flüssigkeit entspannt (4) und fließt dann in einen

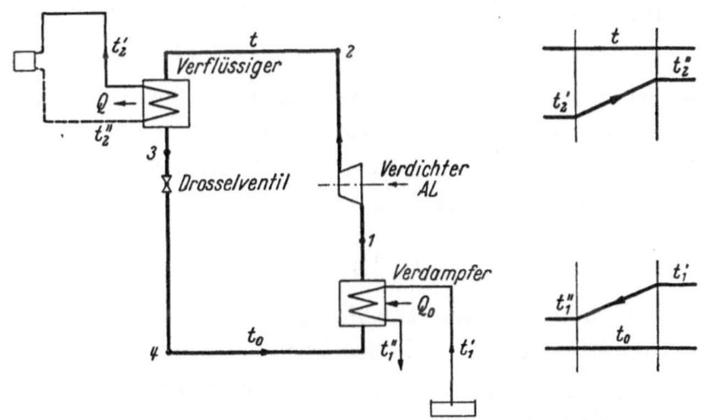

Abb. 4.85. Schema einer Wärmepumpe mit Temperaturschaubild

zweiten Wärmeaustauscher, in dem sie unter Aufnahme der Wärme Q_0 verdampft und damit den Ausgangszustand (1) wieder erreicht.

Während bei der Kältemaschine auf den Entzug der Wärme Q_0 Wert gelegt wird, um ein Gut oder einen Raum zu kühlen, ist bei der Wärmepumpe die Lieferung der Wärme Q an ein Heizmittel der Zweck der Anlage. Die Wärme Q_0 wird dabei einer Wärmequelle, z. B. Grundwasser oder atmosphärischer Luft, entnommen und im höheren Temperaturniveau mitsamt der Verdichterarbeit an das Heizmittel, d. i. in unserem Beispiel Warmwasser, übertragen.

Der Vorgang spielt sich zwischen den Temperaturgrenzen t und t_0 ab. Die Temperatur t_1 der wärmeabgebenden Flüssigkeit (Wärmequelle) liegt um den Temperatursprung im Verdampfer höher als t_0, die Temperatur t_2 der wärmeaufnehmenden Flüssigkeit (Heizmittel) um den Temperatursprung im Verflüssiger niedriger als t. Thermodynamisch läßt sich der Vorgang am besten im Entropie-T, s-Diagramm veranschaulichen, s. Abb. 4.86. Eingezeichnet ist der Kreisprozeß der verlustlosen Maschine. Die Punkte 1 bis 4 kennzeichnen den Zustand des Arbeitsmittels an den entsprechenden Stellen im Anlageschema der Abb. 4.85. Es stellen also dar

$1—2$ die adiabatische Verdichtung,
$2—3$ die Verflüssigung bei hohem, gleichbleibendem Druck,
$3—4$ die Entspannung im Drosselventil,
$4—1$ die Verdampfung bei niedrigem, gleichbleibendem Druck.

Die schräg geschraffte Fläche $1\ 2\ 3\ 5\ 4\ 1$ gibt das Wärmeäquivalent der im Verdichter aufgewendeten Arbeit L wieder, die unter $4—1$ liegende senkrecht geschraffte Fläche die im Ver-

[1] OSTERTAG, A.: Heizen mit Wärmepumpen. Escher Wyss Mitt. Bd. 14 (1941) S. 50/83.
WENDE, W., u. S. SCHNITTEL: Wärme Bd. 65 (1942) S. 376/382. — NIEBERGALL, W.: Absorptions-Anlagen als Wärmepumpen. Allg. Wärmetechnik Bd. 2 (1951) S. 251.

dampfer aufgenommene Wärme Q_0. Zum Vergleich ist in Abb. 4.87 der CARNOT-Prozeß zwischen
den Temperaturen T und T_0 eingetragen. Er unterscheidet sich vom Prozeß nach Abb. 4.87
in der jetzt adiabatischen Expansion *3—4*, bei der die Arbeit *3-5-4* zurückgewonnen wird, und
der rein isothermischen Verflüssigung. Diese ist nur durchführbar, wenn die Verdichtung *1—2*
ausschließlich im Naßdampfgebiet erfolgt, so daß Punkt *2* nicht außerhalb der Grenzkurve liegt.

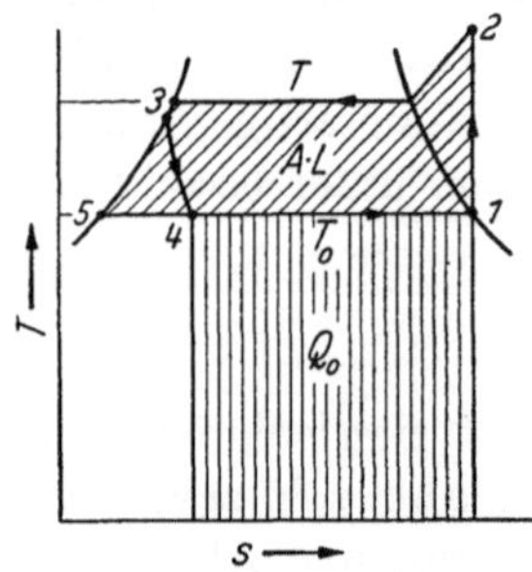

Abb. 4.86. Kreisprozeß einer verlustlosen Wärmepumpe

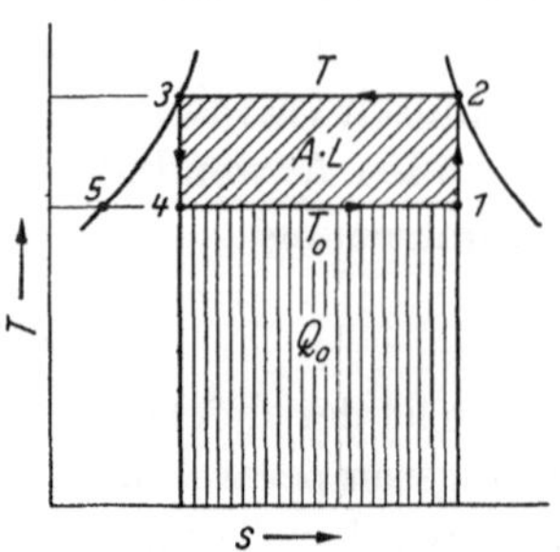

Abb. 4.87. Carnotscher Kreisprozeß der Wärmepumpe

Im CARNOT-Prozeß ergibt sich für die verfügbare Heizwärme die einfache Beziehung

$$Q = Q_0 + A L, \tag{4.09}$$

Der Vorteil der Wärmepumpe wird besonders deutlich, wenn man sie mit der elektrischen Widerstandsheizung vergleicht. Bei dieser liefert 1 kWh nur 860 kcal, bei der Wärmepumpe jedoch
einen um Q_0 erhöhten Betrag. Der Verwendung elektrischer Energie zu Heizzwecken bietet sich
auf diesem Weg sonach eine viel breitere wirtschaftliche Grundlage.

B. Die Leistungszahl der verlustlosen Maschine

Man kennzeichnet thermodynamisch die Güte des Wärmepumpenprozesses durch Angabe
der Leistungszahl ε, d. i. das Verhältnis der frei werdenden Wärme Q zum Äquivalent der aufgewendeten mechanischen Arbeit L, also

$$\varepsilon = \frac{Q}{A L}. \tag{4.10}$$

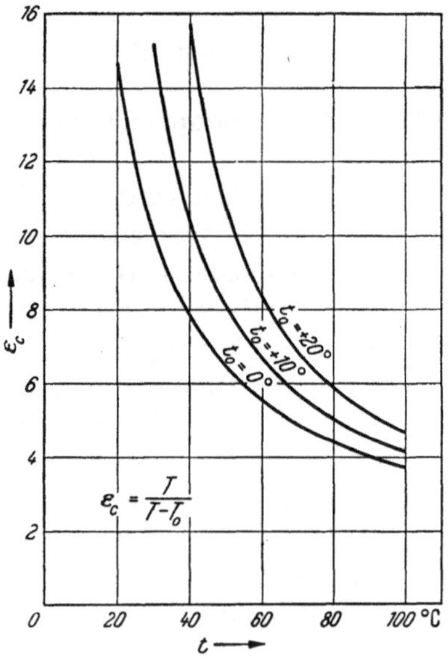

Mit dem Kreisprozeß nach Abb. 4.87, der sich durch eine
besonders niedrige Verdichterarbeit auszeichnet, erhält man
die höchste Leistungszahl. Sie ist nur von den beiden
Temperaturen T und T_0 abhängig, und zwar ist die Leistungszahl ε_c beim CARNOT-Prozeß

$$\varepsilon_c = \frac{T}{T - T_0} = \frac{1}{1 - \dfrac{T_0}{T}}. \tag{4.11}$$

Der Wärmegewinn ist sonach um so höher, je größer das
Temperaturverhältnis $\dfrac{T_0}{T}$ ist oder — für ein gegebenes Temperaturniveau — je kleiner der Temperatursprung ist, um
den die Wärme angehoben werden muß. Bei Wärmepumpen
zur Raumheizung wird die Wärmemenge Q_0 im allgemeinen
der umgebenden Luft oder dem Wasser von Flüssen, Seen
bzw. Brunnen entnommen; nur ausnahmsweise stehen
Wärmequellen mit hohen Temperaturen, z. B. Abwärme
irgendwelcher Art, zur Verfügung.

Abb. 4.88. Leistungszahl der Wärmepumpe
nach dem Carnotschen Kreisprozeß

Der Zusammenhang zwischen der Leistungszahl ε_c und den beiden Grenztemperaturen t
und t_0 ist in Abb. 4.88 wiedergegeben. Die geforderte Heiztemperatur t ist als Abszisse, die
Temperatur der Wärmequelle t_0 als Parameter eingetragen. Es wäre danach theoretisch möglich,
bei einer Verdampfungstemperatur $t_0 = 0°$ und einer Verflüssigungstemperatur $t = 70°$ eine
Leistungszahl ε_c von nahezu 5 zu erreichen, d. h. mit 1 kWh eine Wärmemenge von $5 \cdot 860$
$= 4300$ kcal zu erbringen.

Tatsächlich liegt die Leistungszahl auch bei der verlustlosen Maschine niedriger, wie ein Vergleich der aufzuwendenden Arbeit AL in den Abb. 4.86 und 4.87 zeigt. Je nach dem Arbeitsmittel und den Grenztemperaturen erhält man unterschiedliche Abweichungen zwischen ε und ε_c.

Nach LINGE[1] beträgt für Ammoniak als Arbeitsmittel bei einer Verdampfungstemperatur $t_0 = 0°$ und Verflüssigungstemperaturen t zwischen 20 und 60° das Verhältnis der Leistungszahlen $\dfrac{\varepsilon}{\varepsilon_c} = 0{,}81$ bis $0{,}93$.

C. Wirkliche Leistungszahlen

Die Leistungszahlen ausgeführter Anlagen werden durch eine Reihe von Verlusten noch weiter vermindert. So muß die Temperatur des Arbeitsmittels im Verdampfer um einige Grade niedriger, im Verflüssiger um einige Grade höher liegen als die Ablauftemperatur des Wärmeträgers. Der Temperaturunterschied $T-T_0$ wird dadurch erhöht, die Leistungszahl also herabgesetzt.

Hinzu kommen noch die Verluste beim Verdichten des Arbeitsmittels, die sich durch den indizierten Wirkungsgrad des Kompressors η_i, den mechanischen Wirkungsgrad η_m und den Wirkungsgrad des Motors η_{el} kennzeichnen lassen. Die mit η_i erfaßte nichtadiabatische Verdichtung bedingt eine Erhöhung der Antriebsleistung, vergrößert im gleichen Umfang aber auch die verfügbare Wärme Q. Die elektrischen und mechanischen Verluste lassen sich dagegen zur Wärmelieferung nicht mehr nutzbar machen. Es ergibt sich daraus eine berichtigte Leistungszahl ε_b zu

$$\varepsilon_b = \left[\varepsilon + \left(\frac{1}{\eta_i} - 1\right)\right] \cdot \eta_i \cdot \eta_m \cdot \eta_{el}. \tag{4.12}$$

Vielfach ist auch der Leistungsbedarf von Hilfsmaschinen noch in die Rechnung mit einzubeziehen. Je nach Größe und Aufbau der Anlage, Art des Arbeitsmittels, Wärmequelle und Auslegung der Wärmeaustauscher können sich recht unterschiedliche Verhältniswerte zwischen der theoretischen und der wirklichen Leistungszahl einer Wärmepumpe ergeben.

Man wird also für genaue Berechnungen die Abweichungen vom CARNOT-Prozeß, die Temperatursprünge in den Wärmeaustauschern, die Maschinen- und sonstigen Leistungsverluste im einzelnen untersuchen müssen, wobei man auf Schätzungen und Erfahrungswerte aus ausgeführten Anlagen nicht verzichten kann. Bei Überschlagsrechnungen empfiehlt es sich, alle Verluste und Abweichungen vom idealen CARNOT-Prozeß in einem Gesamtwirkungsgrad η_{ges} zusammenzufassen. Die wirkliche Leistungszahl ε_w erhält man dann aus der Beziehung

$$\varepsilon_w = \frac{T}{T - T_0}\, \eta_{ges} = \varepsilon_c \cdot \eta_{ges}. \tag{4.13}$$

Nach Erfahrungen an ausgeführten Anlagen kann man annehmen

$$\eta_{ges} = 0{,}4 \text{ bis } 0{,}6,$$

wobei die niedrigen Werte für Wärmepumpen kleiner Leistung (etwa ab 50000 kcal/h), die höheren für solche großer Leistung (bis zu $3 \cdot 10^6$ kcal/h) gelten. Die Temperatursprünge zwischen Wärmeträger und Arbeitsmittel sind in diesen Wirkungsgraden ebenfalls berücksichtigt. In Formel (4.13) ist also

T = Endtemperatur des zu erwärmenden Heizmittels [°K],

T_0 = Ausgangstemperatur der Wärmequelle [°K].

Beispiel. Es ist die Leistungszahl und die Antriebsleistung einer Wärmepumpe für eine Warmwasserheizung mit 70° höchster Vorlauftemperatur überschläglich zu bestimmen. Zur Verfügung steht Flußwasser mit $t_0 = 5°$. Gefordert wird eine höchste Wärmeleistung von 150000 kcal/h. Aus Abb. 4.88 ist für $t = 70°$ und $t_0 = 5°$ zu entnehmen

$$\varepsilon_c = 5{,}3,$$
$$\text{mit } \eta_{ges} = 0{,}45 \text{ erhält man}$$
$$\varepsilon_w = 5{,}3 \cdot 0{,}45 = 2{,}4.$$

Die Antriebsleistung N ergibt sich daraus zu

$$N = \frac{Q}{\varepsilon_w \cdot 860} = \frac{150000}{2{,}4 \cdot 860} = 72{,}7 \text{ kW}.$$

---

[1] LINGE, K.: Die Wärmepumpe im Rahmen der Energiewirtschaft. Z. VDI Bd. 88 (1944) S. 57/65.

4. Anwendung und Wirtschaftlichkeit

Für die Anwendung der Wärmepumpe zur Gebäudeerwärmung kommen in erster Linie Luft- und Wasserheizungen in Frage. Da mit zunehmender Heizmitteltemperatur die Leistungszahl der Wärmepumpe stark abfällt, sind bei Wasserheizungen möglichst niedrige Vorlauftemperaturen zu wählen. Das führt bei Anlagen mit örtlichen Heizkörpern zu großen Heizflächen und hohen Gestehungskosten. Man kann dies umgehen, indem man die Wärmepumpe nur an den zahlenmäßig überwiegenden Heiztagen mit Temperaturen über 0° einsetzt und bei niedrigeren Außentemperaturen die Heizwassererwärmung teilweise oder vollständig einer Kesselanlage überträgt. Hierdurch erhöhen sich zwar die Kosten der Zentrale, oft aber nicht in dem Umfang wie die Mehrausgaben bei einer Heizflächenvergrößerung.

Günstige Vorbedingungen für den Einsatz von Wärmepumpen weisen Decken- und Fußbodenheizungen sowie Luftheizungen und Klimaanlagen auf, da bei ihnen die Heizmitteltemperaturen relativ niedrig liegen. Stets wird man aber bei der Raumheizung in Kauf nehmen müssen, daß mit fallender Außentemperatur infolge der höheren Heizmitteltemperaturen die Leistungszahl der Wärmepumpe zurückgeht. Diese Tendenz wird noch verstärkt durch das mit der Außentemperatur gleichlaufende Verhalten der Temperatur natürlicher Wärmequellen. Atmosphärische Luft wird aus diesem Grund selten als Wärmequelle benutzt.

Das Haupthindernis für eine häufigere Anwendung der Wärmepumpe bei der Raumheizung bilden die hohen Anlagekosten; sie betragen ein Vielfaches der Kosten üblicher Kesselanlagen. Nur in Sonderfällen kann dieser vermehrte Kapitaldienst durch Einsparungen an Betriebskosten ausgeglichen werden. Nach den Vergleichsrechnungen auf S. 19 verhalten sich die Wärmekosten bei elektrischer Widerstandsheizung zu denen bei Kohle- bzw. Koksheizung in Deutschland etwa wie 5:1. Erst bei mittleren Leistungszahlen $\varepsilon_w > 4$ oder einem erheblich günstigeren Wärmepreisverhältnis wird sonach die Wärmepumpe wirtschaftlich interessant. Die zweite Voraussetzung liegt vielfach vor in Ländern mit reichlicher Wasserkraft und ohne eigene größere Brennstoffvorkommen (Schweiz, Norwegen, Schweden)[1].

Gelingt es noch, den Kapitaldienst der Anlage durch niedrigen Zinssatz klein zu halten und die Benutzungsdauer einer Wärmepumpe dadurch zu steigern, daß sie zeitweise zur Gebrauchswassererwärmung oder zur Kühlung im Sommer verwendet wird, so kann eine wirtschaftliche Vergleichsrechnung durchaus zugunsten der Wärmepumpe ausfallen. Sehr vielgestaltig sind die Anwendungsmöglichkeiten der Wärmepumpe in der Verfahrenstechnik zum Trocknen, Eindampfen, Rektifizieren u. dgl., da hier meist die Brüden als Wärmequelle zur Verfügung stehen und nur geringe Temperaturerhöhungen gefordert werden.

---

[1] EGLI, M.: Die Wärmepumpenheizung des renovierten Züricher Rathauses. Schweiz. Bauztg. Bd. 116 (1940) S. 59/64 u. 73/75. — HASLER, O.: Die Wärmepumpen im neuen Hallenschwimmbad Zürich. Schweiz. Elektrotechn. Ver. Bd. 22 (1941) S. 345/348. — GINI, A.: Neue Anwendungen der Wärmepumpe für Gebäudeheizung. Heizg. u. Lüftg. Bd. 15 (1941) S. 74/78.

Fünfter Abschnitt

Lüftungs- und Klimatechnik

I. Allgemeines

Die Luftverschlechterung in geschlossenen Räumen beim Aufenthalt vieler Menschen oder in gewerblich genutzten Räumen durch bestimmte Arbeitsverfahren zwingt zu einer ständigen oder zeitweisen Lufterneuerung. Die dafür erforderlichen Einrichtungen dienen vielfach auch dazu, die Temperatur und Feuchtigkeit der Raumluft auf bestimmter Höhe zu halten, wobei die eigentliche Aufgabe einer Lüftungsanlage, nämlich dem Raum frische Luft zuzuführen, daneben sogar in den Hintergrund treten kann. Das ist öfters der Fall bei Klimaanlagen in gewerblichen Betrieben. Trotzdem zählen auch diese Einrichtungen im weiteren Sinn zu den Lüftungsanlagen, da sie mit ihnen nach Aufbau und Arbeitsweise übereinstimmen. Schließlich sind in diesem Zusammenhang noch Einrichtungen und Verfahren zu behandeln, die nur unter gewissen atmosphärischen Verhältnissen eine Raumlufterneuerung herbeiführen.

A. Einteilung der Lüftungsverfahren

Nach den wirksamen Kräften unterscheidet man:

1. Freie Lüftung,
2. erzwungene Lüftung.

Bei der *freien* Lüftung wird die Strömung der Luft und damit der Luftwechsel nur durch Temperaturunterschiede und Windanfall hervorgerufen. Stärke und Richtung der Luftströmung sind deshalb schwankend und es ist nicht möglich, sich ein unter allen Verhältnissen gültiges Bild vom Strömungsfeld der Luft im Raum zu machen. Zur freien Lüftung gehören die Selbstlüftung (bei geschlossenen Fenstern und Türen), die Fensterlüftung und die Schachtlüftung.

Bei der *erzwungenen* Lüftung dagegen bewirkt ein Ventilator die Luftbewegung. Dem zu lüftenden Raum wird eine vorgegebene Luftmenge zugeführt und meist auch ein bestimmtes Strömungsfeld aufgezwungen. Diese Gruppe umfaßt die eigentlichen Lüftungsanlagen und die Klimaanlagen.

B. Lufterneuerung in Aufenthaltsräumen

1. Außenluftrate

Infolge physiologischer Vorgänge beim Lebensprozeß gibt der Mensch dauernd Wärme, Kohlensäure, Wasserdampf und übelriechende Stoffe an die ihn umgebende Luft ab, s. 6. Abschnitt. Soll beim Aufenthalt vieler Menschen in einem Raum eine hygienisch bedenkliche Anreicherung der Luft mit gas- oder dampfförmigen Verunreinigungen vermieden werden, so muß der Raum gelüftet werden, d. h., es ist ihm unverbrauchte Luft in ausreichender Menge zuzuführen. Wir wollen in diesem Zusammenhang Räume, bei denen die Luftverschlechterung vorwiegend durch die anwesenden Menschen verursacht wird, als „Aufenthaltsräume" kennzeichnen, im Gegensatz zu „gewerblichen Räumen", bei denen im allgemeinen der Luftverschlechterung durch Arbeitsvorgänge eine größere Bedeutung zukommt. In Aufenthaltsräumen richtet sich die Zuluftmenge nach der Zahl der gleichzeitig anwesenden Menschen. Als Mindestwerte der stündlich je Person in den Raum einzuführenden Außenluftmenge — auch *Außenluftrate* genannt — gelten nach den VDI-Lüftungsregeln[1]

bei Räumen mit Rauchverbot. . . . . 20 m³/h je Person,
bei Räumen, in denen geraucht wird . . . . 30 m³/h je Person.

Bei wahrnehmbarer Verunreinigung der Außenluft, insbesondere durch gesundheitsschädliche Gase, kann die Außenluftrate auf 10 m³ je Person und Stunde herabgesetzt werden,

---

[1] DIN 1946, Apr 60, Lüftungstechnische Anlagen. Bl. 1 und 2.

wenn die Außenluft entsprechend aufbereitet wird. In der Praxis wird die Außenluftrate aus wirtschaftlichen Gründen zumeist auch unter extremen Witterungsbedingungen herabgesetzt. Die VDI-Lüftungsregeln empfehlen, bei der Bemessung der Heiz- und Kühlflächen von den nachstehenden Mindestwerten auszugehen:

Mindestwerte der Außenluftrate bei unterschiedlichen Außentemperaturen

Außenlufttemperatur °C	Außenluftrate bei Räumen	
	mit Rauchverbot	mit Raucherlaubnis
	m³/h je Person Kleinstwert	
−20	8	12
−15	10	15
−10	13	20
− 5	16	24
0 bis 26	20	30
über 26	15	23

Bei einer Außentemperatur von − 15° C wäre sonach in Räumen mit Rauchverbot eine Außenluftrate von 10 m³ je Person und Stunde noch zulässig. Die Appetitlichkeit der Raumluft ist dann allerdings nicht mehr in vollem Umfang gewährleistet. Man sollte deshalb nach Möglichkeit mit höheren Werten rechnen.

2. Grundforderungen

Lüftungseinrichtungen arbeiten nur dann einwandfrei, wenn sie einigen Grundforderungen genügen. Hierzu gehören die Sicherstellung der notwendigen Lufterneuerung, Zugfreiheit, eine möglichst gleichmäßige Raumdurchspülung und bei Anlagen mit Ventilatorbetrieb noch der geräuscharme Betrieb. Nur bei erzwungener Lüftung kann eine vorgegebene Erneuerung der Raumluft und deren gleichmäßige Wirkung in allen Raumteilen voll gewährleistet werden. Aber auch bei den Verfahren der freien Lüftung läßt sich die Leistung steigern oder wenigstens die Arbeitsweise verbessern bei Beachtung der folgenden Gesichtspunkte.

a) Sicherstellung der Lufterneuerung

Ein Luftaustausch zwischen dem zu lüftenden Raum und seinem Nebenraum oder zwischen dem Raum und der freien Atmosphäre ist nur möglich, wenn ein Luftdruckunterschied zwischen beiden vorhanden ist. Dieser tritt auf bei Temperaturunterschieden der Luft in beiden Räumen (Kaminwirkung), bei Windanfall oder infolge einer Ventilatorpressung. Mindestens eine dieser Ursachen muß also wirksam sein, wenn eine Luftströmung zustande kommen soll.

Zur Förderung der gewünschten Luftmenge genügt aber der Druckunterschied allein noch nicht; es müssen auch genügend große freie Strömungswege für die Luft vorhanden sein. Das gilt sowohl für die Zuführung als auch für die Abführung der Luft. Man findet Lüftungsanlagen, bei denen lediglich im Zu- oder im Abluftweg ein Ventilator angeordnet ist. Im ersten Fall wird der zu lüftende Raum Überdruck gegen außen aufweisen (Drucklüftung), im zweiten Fall Unterdruck (Sauglüftung). Auch bei der Drucklüftung muß aber für ausreichende Abluftöffnungen, bei der Sauglüftung für entsprechende Zuluftöffnungen gesorgt sein. Man vergißt leicht, daß man nur dann in einen Raum Frischluft einführen kann, wenn man die gleiche Menge Luft wieder austreten läßt, und daß man nur dann die verbrauchte Luft aus dem Raum herausholen kann, wenn man gleich viel Frischluft zutreten läßt. Deshalb gilt der wichtige lüftungstechnische Satz:

Die Forderung eines geringen Strömungswiderstandes gilt in gleicher Weise für die Luftzuführungs- wie für die Luftabführungswege.

Der Gedanke, daß die Luft schon durch Undichtheiten des Raumes ihren Abgang oder ihren Zugang finde, ist nicht richtig, und seine Anwendung rächt sich immer in ungenügendem Luftwechsel, bei Lüftungsanlagen außerdem in zu hohem Stromverbrauch. Es ist notwendig, auf diese Verhältnisse hinzuweisen, weil Anlagen anzutreffen sind, bei denen diese scheinbar selbstverständlichen Grundsätze völlig außer acht gelassen wurden. Die tiefere Ursache für die Häufigkeit des Fehlens ausreichender Zuluftöffnungen liegt in der mehr oder weniger klar erkannten Gefahr von Zugbelästigungen.

b) Die Vermeidung von Zugerscheinungen

Es ist ein häufiger Fall, daß Lüftungsanlagen abgestellt werden oder in Räumen mit Fensterlüftung die Fenster geschlossen bleiben, weil die Klagen über Zugbelästigung dazu zwingen.

Unter „Zug" versteht man einen durch bewegte Luft hervorgerufenen einseitigen *Abkühlungsreiz*. Die Erfahrung lehrt, daß in geschlossenen Räumen eine Lufttemperatur von etwa 19°C als angenehm empfunden wird. Sie sichert bei etwa gleicher Temperatur der umgebenden Wände und normaler Bekleidung die physiologisch erwünschte Wärmeabgabe des menschlichen Körpers. Dies gilt aber nur, solange die Luft ruht. Kommt die Luft in Bewegung, etwa dadurch, daß zwei gegenüberliegende Fenster geöffnet werden, so entzieht jetzt die strömende Luft unserem Körper mehr Wärme, und wir empfinden die Luftströmung als kalt. Wärmere Luft, z. B. von 25°C, wird erst bei ziemlich hohen Geschwindigkeiten dieselbe Abkühlung bewirken wie ruhende Luft von 19°C. Wärmere Luft darf also ziemlich schnell strömen, ehe wir sie als lästig empfinden. Luft unter 18°C ist schon im ruhenden Zustand für unser Empfinden zu kalt. Bewegt sich solche Luft, so kann sich die Kälteempfindung bis zur Unerträglichkeit steigern, vgl. S. 304.

Aus diesen Überlegungen lassen sich für die Durchführung der Lüftung folgende Gesichtspunkte ableiten:

Ist ein Raum zu lüften, dessen Temperatur noch eine Steigerung zuläßt, wie etwa ein halbgefüllter Saal im Winter, so bereitet die Vermeidung von Zugbelästigung bei der Zuführung der Luft keine Schwierigkeiten, da man die Luft hinreichend über Raumtemperatur erwärmen kann.

Anders liegen die Verhältnisse, wenn ein Saal zu lüften ist, der keine weitere Wärmezufuhr verträgt, oder wenn gar durch die Lüftung ein Temperaturrückgang bewirkt werden soll, wie dies bei überfüllten Sälen auch im Winter vorkommt. Dann muß man die Luft kälter einführen, als die Raumtemperatur ist. Um dabei Zugerscheinungen zu vermeiden, darf einerseits die Zulufttemperatur nicht beliebig unter die Raumtemperatur gesenkt werden, und andererseits dürfen in der Aufenthaltszone keine störenden Luftgeschwindigkeiten auftreten. Bei geringen Temperaturunterschieden ergeben sich aber für eine vorgeschriebene Kühlwirkung sehr große Luftmengen und dementsprechend auch große Zuluftöffnungen oder Zuluftgeschwindigkeiten.

C. Die zeitliche Änderung des Luftzustandes

Der Verschlechterung der Luft in einem Raum wird durch Einführung frischer und Abführung der verunreinigten Luft entgegengearbeitet. In Abb. 5.01 ist der zeitliche Verlauf des Luftzustandes dargestellt, indem als Abszisse die Zeit aufgetragen ist, als Ordinate die Luftbeschaffenheit, wobei irgendeine Eigenschaft der schlechten Luft als Kennzeichen gewählt sei. Die Ordinate OA gibt den Anfangszustand der Luft, die Ordinate OB die hygienisch zulässige Grenze der Luftverschlechterung an. Den nachstehenden Ausführungen liegt als Beispiel ein Versammlungsraum zugrunde, und es sollen dabei auch die Begriffe „zeitweise und Dauerlüftung" erläutert werden.

Die Luftverschlechterung im besetzten Raum nimmt entsprechend den Kurven AC oder AD

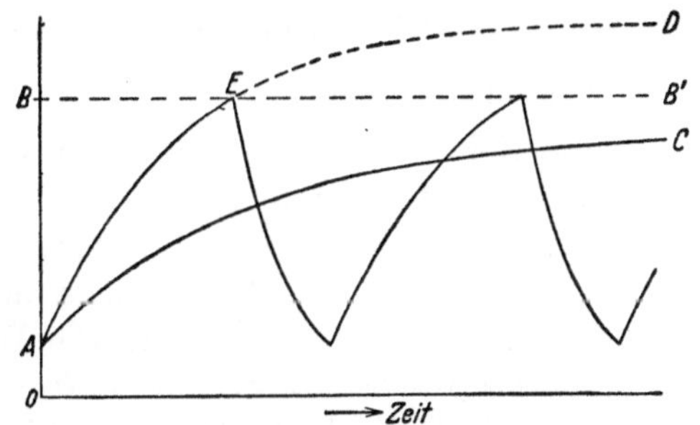

Abb. 5.01. Zeitlicher Verlauf des Luftzustandes

stetig zu und nähert sich asymptotisch einem Grenzwert. Dieser ist nur vom Betrag der stündlichen Luftzufuhr je Kopf abhängig, jedoch nicht von der Saalgröße. Für den ersten Teil der Kurven, also den zeitlichen Ablauf der Luftverschlechterung, ist darüber hinaus noch der Rauminhalt des Saales je Kopf maßgebend. Über die angenäherte Berechnung der Kurven s. S. 239/40.

Hinsichtlich des zeitlichen Ablaufs der Luftverschlechterung ist zu unterscheiden zwischen zeitweiser Lüftung und Dauerlüftung.

1. Zeitweise Lüftung

Ist die Luftzufuhr gering und die Besetzung des Saales sehr stark, so wird die Verschlechterung der Luft sehr schnell zunehmen (Kurve AD in Abb. 5.01) und bald die hygienisch zulässige Grenze erreichen (Punkt E). Nach Erreichen dieser Grenze muß zu einem kräftigen Luftwechsel übergegangen werden, der den Saal gründlich durchspült, damit möglichst bald wieder der Anfangszustand der Luft erreicht wird. Meist muß dazu der Saal von den Menschen verlassen werden (Lüftungspausen). Wenn es sich nur darum handeln würde, den Luftinhalt zu erneuern, so wäre dazu nur kurze Zeit erforderlich. Man muß aber bedenken, daß während der Besetzung des Raumes sich die Stoffe der Luftverschlechterung, also die Atemstoffe, der Zigarrenrauch, der Essensdunst usw., auf den Raumwänden und den Einrichtungsgegenständen festgesetzt haben und von diesen später wieder abgegeben werden. Dem Durchspülen des Raumes fällt darum auch die Aufgabe zu, die Wände usw. mit frischer Luft zu reinigen, gleichsam abzuwaschen. Dies wird verhältnismäßig schnell erreicht werden können bei Räumen mit geringer Ausstattung und glatten Wänden, wie z. B. bei Schulzimmern; hier ist eine Pause von $^1/_4$ Stunde ausreichend. Die Lüftungszeit muß aber viel länger sein bei Räumen mit tapezierten Wänden, mit Polstermöbeln usw.

2. Dauerlüftung

Ist der Luftwechsel hinreichend groß oder die Besetzung sehr schwach, so wird die hygienisch zulässige Grenze nicht überschritten. In Abb. 5.01 verläuft also die Kurve AC stets unterhalb der Linie BB'. Der Saal kann beliebig lange benutzt werden, ohne daß Lüftungspausen eingelegt werden müssen.

D. Die erforderliche Zuluftmenge

1. Gewerbliche Räume

Für gewerbliche Räume, bei denen mit erheblicher Luftverschlechterung zu rechnen ist, muß die stündliche Luftmenge von Fall zu Fall ermittelt werden. Als Rechnungsgrundlage dient in allen Fällen eine Stoff- oder Energiebilanz. Die Durchführung der Rechnung ist jedoch bei Dauerlüftung und bei zeitweiser Lüftung verschieden.

a) Dauerlüftung. Einhaltung einer vorgegebenen Lufttemperatur

In diesem Falle sei angenommen, daß infolge starker Wärmequellen, z. B. Industrieöfen, eine Überwärmung des Raumes zu erwarten ist; ihr soll durch ausreichende Lufterneuerung entgegengearbeitet werden[1]. Die Wärmebilanz des Raumes lautet dann folgendermaßen: Die Ergiebigkeit aller Wärmequellen, vermehrt um den Wärmeinhalt der Zuluft, muß gleich sein dem Wärmeverlust durch die Umfassungswände, vermehrt um den Wärmeinhalt der Abluft.

Wir bezeichnen mit:

t_a die Zulufttemperatur, die gleich der Außentemperatur angenommen sei,

t_i die Innentemperatur,

Q_1 die Ergiebigkeit sämtlicher Wärmequellen in kcal/h,

Q_2 den Wärmeverlust des Raumes im Beharrungszustand bei der Temperatur t_i in kcal/h (berechnet in Anlehnung an die Wärmebedarfsrechnung),

C_p die spezifische Wärme der Luft je Raumeinheit in kcal/m³ grd,

V die stündliche Luftzufuhr in m³/h.

Damit nimmt die Wärmebilanz die Form an:

$$Q_1 + C_p \cdot V \cdot t_a = Q_2 + C_p \cdot V \cdot t_i .$$

Mit $C_p = 0{,}3$ ergibt sich für die stündliche Luftmenge:

$$V = \frac{Q_1 - Q_2}{0{,}3\,(t_i - t_a)} \quad [\text{m}^3/\text{h}] . \tag{5.01}$$

---

[1] Siehe auch O. H. Brandi: Grundsätzliches zur Heizung, Lüftung und Klimatisierung von Fertigungsstätten. Z. VDI Bd. 58 (1956) S. 526 u. 589.

b) Dauerlüftung. Einhaltung einer vorgegebenen Luftzusammensetzung

Hier sei angenommen, daß durch Entwicklung schädlicher Gase oder Dämpfe, durch Staubentwicklung oder in ähnlicher Weise eine stetige Luftverschlechterung bewirkt wird, der durch Luftwechsel eine bestimmte Grenze gesetzt werden soll. Wir nehmen als Beispiel an, daß erhebliche Mengen Kohlendioxyd erzeugt werden und in den Raum gelangen. Unter der Annahme, daß keine Kohlendioxydabsorption an den Wänden eintritt, lautet die Bilanz: Die Ergiebigkeit aller Kohlendioxydquellen, vermehrt um den Kohlendioxydgehalt der Zuluft, muß gleich sein dem Kohlendioxydgehalt der Abluft.

Bezeichnet:

k_a die CO_2-Konzentration der Zuluft in Vol.-Anteil,

k_i die CO_2-Konzentration der Innenluft in Vol.-Anteil,

K die Ergiebigkeit aller Kohlensäurequellen in m^3/h,

V die stündliche Luftzufuhr in m^3/h,

so lautet die Bilanz:

$$K + V \cdot k_a = V \cdot k_i \,.$$

Die stündliche Luftzufuhr muß betragen:

$$V = \frac{K}{k_i - k_a} \ [m^3/h] \,. \tag{5.02}$$

c) Zeitweise Lüftung. Einhaltung einer vorgegebenen Luftzusammensetzung

Wie schon auf S. 237 besprochen, spielt für die Änderung des Luftzustandes am Anfang des Vorganges die Raumgröße eine ausschlaggebende Rolle.

Wir nehmen wieder, wie im letzten Beispiel, Kohlendioxydquellen im Raum an. Die Bilanz lautet in diesem Falle in Worten: Die CO_2-Menge, die mit der Zuluft in den Raum hereingetragen wird, vermehrt um die Kohlendioxydlieferung der im Raum vorhandenen Kohlendioxydquellen, vermindert um die CO_2-Menge, die mit der Abluft aus dem Raum hinausgetragen wird, und vermindert um den Betrag etwa im Raum vorhandener Kohlendioxydabsorption, muß gleich sein der Anreicherung der Raumluft mit Kohlendioxyd.

Bei nachstehender Buchstabenwahl:

z Zeit in h,

J Rauminhalt in m^3

ergibt sich für die einzelnen Kohlendioxydmengen:

1. Mit der Zuluft gelangt in der Zeit dz an Kohlendioxyd in den Raum ein Betrag von:

$$V \cdot k_a \cdot dz \quad [m^3] \,.$$

2. Die Kohlendioxydquellen liefern:

$$K \cdot dz \quad [m^3] \,.$$

3. Die Abluft entführt aus dem Raum den Betrag:

$$V \cdot k_i \cdot dz \quad [m^3] \,.$$

Hierbei ist zur Vereinfachung angenommen, daß im ganzen Saal eine einheitliche Kohlendioxydkonzentration herrscht und daß die Saalluft auch mit diesem Kohlendioxydgehalt abzieht.

4. Die Absorption von Kohlendioxyd durch die Umfassungswände und Einrichtungsgegenstände sei so klein, daß sie gleich Null gesetzt werden kann.

5. Aus dem Kohlendioxydgehalt $J \cdot k_i$ des Raumes ergibt sich die Änderung des Kohlendioxydgehaltes durch Differentiation zu:

$$J \cdot dk_i \,.$$

Die Bilanz heißt dann:

$$V \cdot k_a \cdot dz + K \cdot dz - V \cdot k_i \cdot dz - 0 = J \cdot dk_i \,,$$
$$\{K - V \cdot (k_i - k_a)\} \, dz = J \cdot dk_i \,.$$

Die Integration dieser Differentialgleichung ist nachstehend in kleinerem Druck wiedergegeben. Dabei ist die Annahme gemacht, daß die Konzentration der Innenluft zu Beginn gleich k_0 sei. Das Ergebnis lautet:

$$K - V \cdot (k_i - k_a) = \{K - V \cdot (k_0 - k_a)\} \cdot e^{-\frac{V}{J}z}. \tag{5.03}$$

Je nach der gestellten Aufgabe ist nun die Gleichung nach k_i oder nach z aufzulösen.

Da in der Differentialgleichung k_a eine konstante Größe ist, können wir statt $d\,k_i$ auch $d\,(k_i - k_a)$ schreiben. Gleichzeitig stellen wir um und erhalten

$$\frac{d\,(k_i - k_a)}{K - V\,(k_i - k_a)} = \frac{dz}{J}.$$

Die Integration ergibt:

$$-\frac{1}{V} \cdot \ln\{K - V\,(k_i - k_a)\} + C_1 = \frac{z}{J}.$$

Die weitere Umformung führt zu:

$$\ln\{K - V\,(k_i - k_a)\} + \ln C_2 = -\frac{V}{J}z,$$

$$K - V\,(k_i - k_a) = C_3 \cdot e^{-\frac{V}{J}z}.$$

Zur Bestimmung der Integrationskonstanten dient die Feststellung: Bei $z = 0$ ist $k_i = k_a$. Da $e^0 = 1$ ist, wird

$$C_3 = K - V\,(k_0 - k_a).$$

Man erhält so die Gl. (5.03).

2. Aufenthaltsräume

Wir verstehen darunter nach der Begriffsbestimmung auf S. 235 Räume, in denen die Luftverschlechterung im wesentlichen durch die anwesenden Menschen hervorgerufen wird. Der Mindestwert der stündlichen Zuluftmenge ergibt sich bei Dauerlüftung aus der Personenzahl und der Außenluftrate, s. S. 235. Mit dieser Luftmenge lassen sich geruchlich einwandfreie Luftverhältnisse im besetzten Raum schaffen. Auch können die von den Menschen abgegebenen Wasserdampfmengen in der Regel abgeführt werden, nur unter Schwierigkeiten jedoch die abgegebenen Wärmemengen. Bei einer trockenen Wärmeabgabe von 70 kcal/h und einer stündlichen Zuluftmenge von 20 m³ je Person — d. i. der Mindestwert der normalen Außenluftrate — müßten mit jedem m³ Luft 3,5 kcal aus dem Raum abgeführt werden. Das ist nur möglich bei einer Temperaturdifferenz zwischen Raum- und Zuluft von fast 12°, ein Wert, bei dem Zugerscheinungen unvermeidlich sind. Soll also eine vorgegebene Temperatur unbedingt eingehalten werden, wie dies bei Klimaanlagen der Fall ist, so muß die stündliche Zuluftmenge je Person größer gewählt werden als der Mindestwert der Außenluftrate. Auch für Aufenthaltsräume ist in solchen Fällen also eine Bilanzrechnung notwendig nach dem Muster der Rechnungen für gewerbliche Räume, wobei man den Temperaturunterschied zwischen Raumluft und kälterer Zuluft je nach der Luftführung und der Art der Auslässe nach oben begrenzt.

Bei Lüftungsanlagen ohne Kühleinrichtungen ist im Sommer eine vorgegebene Raumlufttemperatur nicht einzuhalten. Man kann, von Hochsommertagen abgesehen, in solchen Fällen extrem hohe Raumtemperaturen jedoch vermeiden, wenn man die Außenluftraten größer wählt.

Wird ein Saal nur einige Stunden täglich benutzt, so wirkt sich auch die Speicherfähigkeit der Wände und Decken günstig aus. Ein Teil der von den Menschen abgegebenen Wärme wird nämlich von diesen Bauteilen aufgenommen und verzögert damit das Ansteigen der Lufttemperatur bei der Benützung des Raumes. Die Erfahrung zeigt, daß bei kleineren und mittelgroßen Sälen mit dicken Wänden auf diese Weise die Raumtemperatur auch bei kleineren Luftraten für einige Stunden noch in erträglichen Grenzen gehalten werden kann. Die Wirkung läßt sich steigern, wenn in den Benutzungspausen, insbesondere in den Nachtstunden, die Wandtemperaturen durch kräftiges Lüften wieder abgesenkt werden.

3. Die Begriffe: Luftleistung und Luftwechselzahl

Um das Ausmaß einer Lüftung zahlenmäßig zu kennzeichnen, gibt man entweder die „Luftleistung" oder die „Luftwechselzahl" an. Unter ersterer versteht man die stündlich zuzuführende

Luftmenge in m³/h. Sie wird nach einem der vorstehenden Verfahren berechnet. Die „Luftwechsel-zahl" gibt an, wie oft in der Stunde die Raumluft erneuert wird.

Man geht in der Praxis vielfach von der Luftwechselzahl aus, indem man schätzt, daß eine zwei-, drei- oder fünfmalige Erneuerung der Raumluft notwendig sei. Dieses Verfahren hat den Nachteil, daß es selbst bei großer persönlicher Erfahrung unsicher ist, und daß es in allen neu-artigen und außergewöhnlichen Fällen versagt. Andererseits muß zugegeben werden, daß auch die Durchführung der Bilanzrechnung auf erhebliche Schwierigkeiten stoßen kann, denn es be-steht heute noch bei vielen Aufgaben eine große Unsicherheit, welche Werte man für die Er-giebigkeit K der Quellen der Luftverschlechterung (z. B. für die Dampfabgabe beheizter Säure-bäder) und für die zulässige Anreicherung $(k_i - k_a)$ der Raumluft mit den schädlichen Bestand-teilen in die Rechnung einsetzen soll. Trotzdem ist bei neuartigen Aufgaben die Ermittlung der Zuluftmenge durch eine Bilanzrechnung mit geschätzten Werten K und k_i in der Regel zuverlässiger als eine freie Schätzung der Luftwechselzahl.

Bei der Bearbeitung eines Lüftungsprojektes soll man deshalb stets von der Luftleistung ausgehen. Erst dann soll man aus der Luftleistung und der Raumgröße die Luftwechselzahl be-rechnen. Die Luftwechselzahl kennzeichnet nämlich die Schwierigkeit einer lüftungstechnischen Aufgabe, insbesondere im Hinblick auf die Vermeidung von Zugbelästigungen. Schon ein acht- bis zwölfmaliger Luftwechsel verlangt von der Lüftungsfirma ein erhebliches Können und von dem Bedienungspersonal eine ständige Aufmerksamkeit. Eine allzu hohe Luftwechsel-zahl kann darauf hindeuten, daß der Raum für den vorgesehenen Zweck zu klein ist.

E. Die natürliche Druckverteilung im Innern von Gebäuden

Das Innere eines Gebäudes hat nur an wenigen Tagen des Jahres mit der Außenluft völlig gleiche Temperatur. Meist ist es wärmer, seltener kälter. Auch die einzelnen Räume eines Ge-bäudes sind untereinander oft verschieden warm. Durch die Unterschiede in der Lufttemperatur treten auch Druckunterschiede zwischen den einzelnen Räumen bzw. zwischen einem Raum und der Außenatmosphäre auf, da wärmere Luft leichter ist als kältere. Dem Gebäude wird da-durch eine Druckverteilung aufgezwungen, die im wesentlichen eine Druckabstufung in der Senk-rechten darstellt. Anders ist die Druckverteilung, wenn Wind auf dem Gebäude steht, da sich dann eine Druckabstufung in waagerechter Richtung ergibt.

Als natürliche Druckverteilung in einem Gebäude bezeichnet man diejenige, die sich unter der gemeinsamen Wirkung von Temperatur und Wind einstellt. Ventilatoren dürfen also dabei nicht wirksam sein.

Die Aufgaben, die uns im Anschluß an die natürliche Druckverteilung interessieren werden, sind einmal der Luftaustausch mit der freien Atmosphäre — also das Lüften im eigentlichen Sinne —, davon soll erst im Abschnitt II „Freie Lüftung" gesprochen werden, und dann die Luftströmungen innerhalb des Gebäudes, die vielfach unerwünscht sind und darum abgedrosselt werden müssen. So besteht, um nur einige Beispiele zu nennen, bei Großküchen die Gefahr, daß durch offene Türen und Verbindungsgänge, durch Speisenaufzüge und ähnliches der Küchen-dunst nach den Gasträumen strömt. Bei anderen Gebäuden, etwa bei Schulen und Krankenhäusern, besteht die Möglichkeit, daß die hohen Treppenhäuser die Luft aus den Abortanlagen nach den Gängen saugen. Diese Beispiele zeigen, daß die Erzielung eines ausreichenden Luftwechsels nur ein Teilgebiet der Lüftungstechnik darstellt und daß die Abriegelung von Räumen und Raumgruppen, also die Unterbindung oder Umlenkung von Luftströmungen innerhalb des Ge-bäudes, ein mindestens ebenso wichtiges Gebiet der Lüftungstechnik ist.

In erster Linie muß schon der Architekt bei der Anordnung der Räume auf die Schaffung einer zweckmäßigen Druckverteilung bedacht sein. Nicht in allen Fällen wird dies aber gelingen. Dann muß durch Ventilatoren oder andere Maßnahmen die gewünschte Druckverteilung dem Gebäude nachträglich aufgezwungen werden.

1. Druckverteilung unter der Wirkung von Temperaturunterschieden

Um hierüber Klarheit zu gewinnen, seien zunächst die Druckverhältnisse betrachtet, die in einem allseits geschlossenen Raum R auftreten, falls dieser höher als die umgebende Luft erwärmt wird (Abb. 5.02). Es sei t_2 die Außen- und t_1 die Innentemperatur, wobei $t_1 > t_2$ ist. Denkt man sich in der mittleren Raumhöhe Öffnungen O vorhanden, so findet in der Ebene dieser Öffnungen Druckausgleich statt. Die Ebene EE heißt Ausgleichsebene (neutrale Zone), der Druck in ihr sei p (kg/m²).

Betrachtet man eine unterhalb EE liegende Schicht, so z. B. s, so ergibt sich folgendes: Im Rauminnern hat der Druck von p auf p_1 zugenommen, wobei

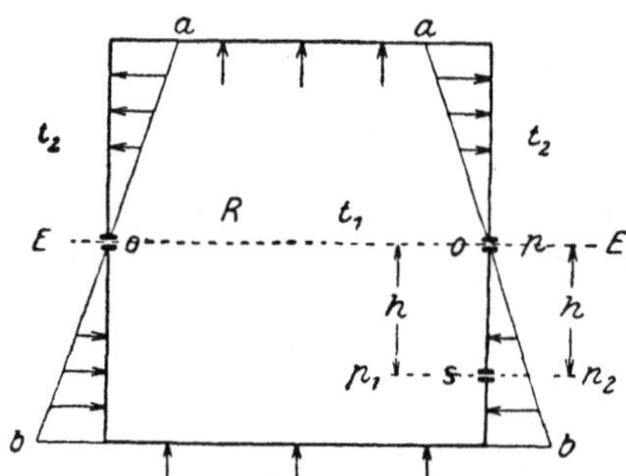

$$p_1 = p + h\,\gamma_1$$

ist. Hierin bedeutet h den lotrechten Abstand der Schicht s von der Ausgleichsebene EE in m, γ_1 das Raumgewicht in kg/m³ der Innenluft von der Temperatur t_1. Außerhalb des Raumes hat der Druck von p auf p_2 zugenommen, wobei

$$p_2 = p + h\,\gamma_2$$

ist, wenn γ_2 das Raumgewicht in kg/m³ der Außenluft von der Temperatur t_2 bezeichnet.

Da $t_1 > t_2$ und damit $\gamma_1 < \gamma_2$ ist, wird

$$p_2 > p_1\,,$$

Abb. 5.02. Druckverteilung in einem erwärmten Raum; Ausgleichsebene in halber Höhe

d. h. in der Schicht s wirkt ein Überdruck von außen nach innen. Dieser wächst mit der lotrechten Entfernung der betrachteten Schicht von der Ausgleichsebene und ist am größten am Raumfußboden. Die auf diese Weise unterhalb der Ausgleichsebene entstehende Druckverteilung ist in Abb. 5.02 angedeutet. Genau das Entgegengesetzte findet oberhalb der Ausgleichsebene statt, so daß dort ein gegen die Decke zunehmender Überdruck von innen nach außen auftritt, wie in Abb. 5.02 ersichtlich.

Bringt man die Öffnungen O nicht in der halben Höhe der Wand, sondern im unteren Teile der Wand an, so rückt die Ausgleichsebene nach

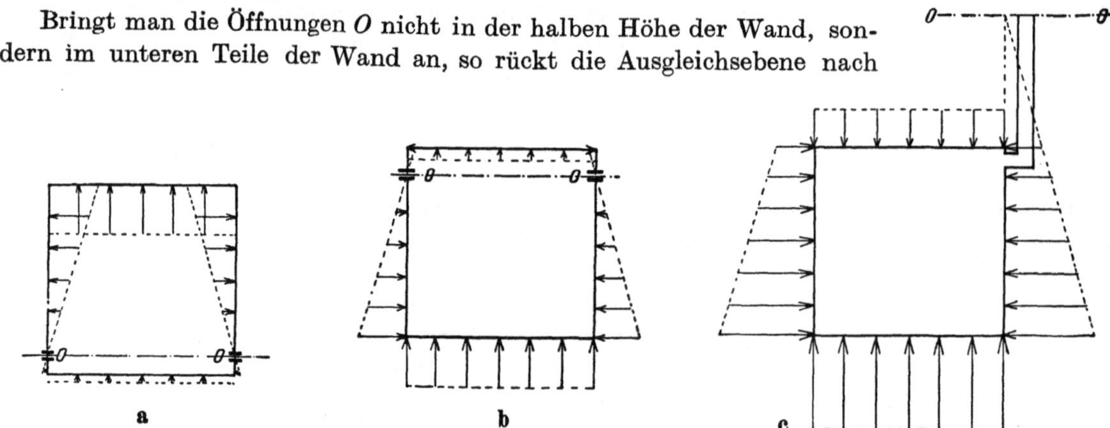

Abb. 5.03. Druckverteilung in einem erwärmten Raum.
a) Ausgleichsebene unten, b) Ausgleichsebene oben, c) Ausgleichsebene am Schachtaustritt

unten, wie das Abb. 5.03a vergegenwärtigt. Die Decke und der ganze obere Teil der Wand stehen unter starkem inneren Überdruck, der Fußboden unter schwachem Unterdruck. Umgekehrt liegen die Verhältnisse, wenn man die Öffnungen O in den oberen Teil der Wand verlegt (Abb. 5.03b). Dann wird der Raum unter Unterdruck gesetzt. Legt man die Verbindung mit der Atmosphäre und damit die Ausgleichsebene noch höher, also über den Raum hinaus (Abb. 5.03c), so wird der Unterdruck noch mehr verstärkt.

Solange der Raum nur die Öffnungen O hat, im übrigen die Umfassungswände dicht sind, können die Überdruck- bzw. Unterdruckkräfte nicht zur Wirkung kommen. Unsere Räume in der Praxis weisen nun zwar keine Öffnungen in der Ausgleichsebene, wohl aber zahllose feine, ziemlich gleichmäßig über bzw. unter der Ausgleichsebene vorhandene Öffnungen (Durchlässigkeit des Mauerwerks) auf, die hinsichtlich ihrer Wirkung den Öffnungen O in der Ebene EE gleichkommen. Aus diesem Grunde sind auch in der untenstehenden Abb. 5.04 die Öffnungen O nicht mehr gezeichnet.

In Abb. 5.04 ist der Schnitt durch ein mehrstöckiges Gebäude mit durchgehendem Treppenhaus gezeichnet; die Temperaturen der Räume und des Treppenhauses sowie der Außenluft sind eingetragen. Für die Außenwand AB sind die Druckverteilungen in den einzelnen Stockwerken nach früherem ohne weiteres verständlich. Ein Gleiches gilt für die andere Außenwand CD. Nur ist zu beachten, daß hier die schräge Linie, welche die Druckpfeile verbindet, steiler liegt als auf der rechten Seite, entsprechend dem geringeren Temperaturunterschied. An der Innenwand EF kommen beide Wirkungen zusammen und ergeben die in Abb. 5.04 eingezeichnete Druckverteilung. Man sieht, daß das Treppenhaus in seinem unteren Teil nicht nur gegen die freie Atmosphäre, sondern auch gegen die Nebenräume starken Unterdruck hat und daß Überdruck im oberen Teil des Treppenhauses herrscht. Zahlenmäßig sind die Druckunterschiede sehr klein. So ergibt die Rechnung für ein fünfstöckiges Treppenhaus bei $+10°C$ Innentemperatur und $-10°C$ Außentemperatur einen Unterdruck im Erdgeschoß von etwa 1 mm WS. Ein solcher Druck reicht aber erfahrungsgemäß schon aus, um in einem Gebäude merkliche Luftströmungen zu bewirken. Befindet sich nun z. B. im Erdgeschoß eine Großküche, so ist mit Sicherheit damit zu rechnen, daß das Treppenhaus die Küchendünste ansaugt und in den oberen Stockwerken nach den anstoßenden Räumen drückt. Sichere Abhilfe schafft hier nur der Einbau einer Lüftungsanlage in der Küche, die in diesem Falle als Sauglüftung auszubilden ist. Ihre Aufgabe ist nicht allein, für reine Luft in der Küche zu sorgen, sondern ebensosehr für einen Unterdruck, der größer ist als der im unteren Teile des Treppenhauses herrschende.

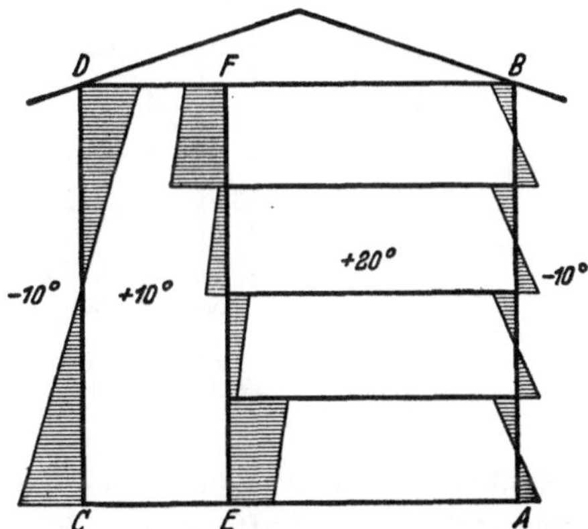

Abb. 5.04. Druckverteilung in einem Gebäude

Die Abb. 5.04 ist unter der Annahme gezeichnet, daß das Treppenhaus allseitig abgeschlossen ist, daß also nur die unvermeidlichen Undichtheiten der Wände vorhanden sind. Wird unten die Eingangstür oder oben ein Fenster geöffnet, so verschiebt sich die Druckverteilung im Treppenhaus gemäß Abb. 5.03a oder b.

In ähnlicher Weise wie die Treppenhäuser wirken Fahrstuhlschächte und Speisenaufzüge, ferner bei Theatern das hohe Bühnenhaus, bei Warenhäusern die hohen, offenen Lichthöfe u. a. m.

Auch für die Heizung ist diese Erscheinung von Bedeutung, da sie bei hohen Gebäuden zu einem vermehrten Wärmebedarf für die Erwärmung der eindringenden Luftmengen in den unteren Geschossen und damit zu einer ungleichmäßigen Beheizung des Gesamtgebäudes führen kann. Man sollte deshalb bei Hochhäusern die durchgehenden Treppenhäuser von den Fluren durch dichte Türen abteilen und sie keinesfalls voll beheizen.

2. Druckverteilung unter der Wirkung des Windanfalls

Steht ein Gebäude frei im Wind, so entsteht auf der Luvseite ein Überdruck oder Staudruck, der bei sehr großen Gebäudefronten bis fast zur vollen Höhe des dynamischen Druckes der Luft ansteigen kann. Der höchstmögliche Staudruck bei verschiedener Windgeschwindigkeit ist aus Abb. 5.05 zu entnehmen.

Die Druckverteilung auf den verschiedenen Seiten eines frontal angeblasenen Gebäudes kann je nach der Bauform, den Maßen und den in der Nachbarschaft vorhandenen Strömungshindernissen sehr unterschiedlich sein. Abb. 5.06 zeigt die Ergebnisse von Modellversuchen im Windkanal[1] zur Veranschaulichung des Vorganges. Der auf der Leeseite sich einstellende Unterdruck erhöht die für den Luftdurchgang wirksame Druckdifferenz zwischen den zwei entgegen-

---

[1] Flachsbart, O.: Winddruck auf geschlossene und offene Gebäude. Ergebnisse der Aerodynamischen Versuchsanstalt. IV. Lieferung 1932.

gesetzten Gebäudeseiten. Auch kann zuweilen in den Räumen auf der Leeseite sogar ein Unterdruck auftreten, der die Wirkung von Abluftschächten umkehrt oder Zugstörungen an Einzelfeuerstellen hervorruft. Je größer die Undichtheiten in den Außen- und Zwischenwänden eines

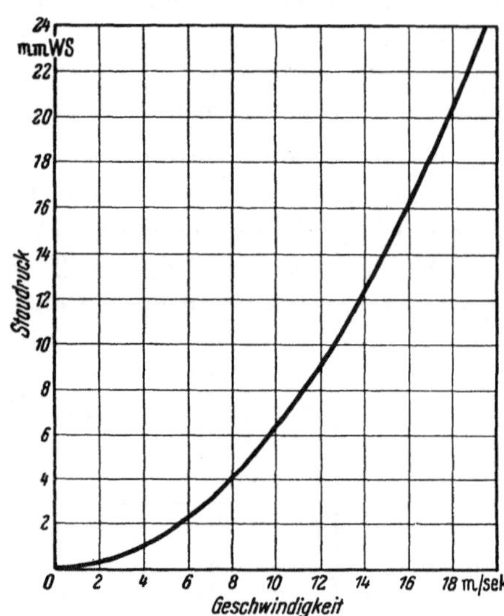

Abb. 5.05. Staudruck bei verschiedenen Windgeschwindigkeiten

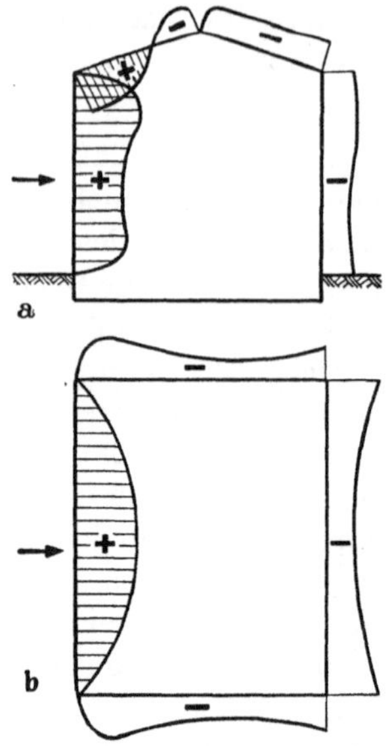

Abb. 5.06. Druckverteilung bei einem angeströmten Gebäude nach Modellversuchen von FLACHSBART.
a) Seitenansicht, b) Grundriß

Gebäudes sind, um so größer sind auch die quer durch ein Gebäude bei gegebenem Druckunterschied strömenden Luftmengen. Bei freier Lage des Gebäudes und schlechtschließenden Fenstern und Türen kann dadurch der natürliche Luftwechsel der Räume auf das Mehrfache des Betrages bei Windstille ansteigen.

II. Freie Lüftung

A. Selbstlüftung eines Raumes

Unter Selbstlüftung eines Raumes versteht man jenen Luftwechsel, der auch bei geschlossenen Fenstern und Türen infolge Undichtheiten der Raumbegrenzung eintritt. Die Porosität der Wände spielt dabei eine untergeordnete Rolle gegenüber den Undichtheiten an Fenstern und Türen.

Bei *Windstille* ist nach dem Vorgesagten die Druckverteilung innerhalb eines Gebäudes und damit jeweils auch der Druckunterschied gegen die freie Atmosphäre nur von den Temperaturunterschieden abhängig. Die Bewegungskräfte der Luft sind dementsprechend gering. Immerhin reicht erfahrungsgemäß bei Wohnräumen und anderen schwach besetzten Räumen unter der Voraussetzung normaler Bauausführung und einmaliger längerer Fensterlüftung die Lufterneuerung durch Selbstlüftung in der kalten Jahreszeit meist aus. Mit zunehmender Außentemperatur geht der wirksame Druckunterschied und damit auch die Selbstlüftung eines Raumes zurück. Zugleich bietet sich in der wärmeren Jahreszeit aber die Möglichkeit, den Luftwechsel durch Öffnen der Fenster ohne Zugbelästigung zu verstärken.

Bei *Windanfall* kann die Querlüftung eines Gebäudes selbst bei geschlossenen Türen und Fenstern zuweilen Ausmaße annehmen, die den hygienisch erwünschten Luftwechsel weit überschreiten. Die Auswirkung einer überhöhten Querlüftung wird besonders im Winter unangenehm empfunden, da dann die dem Wind zugekehrten Räume ungenügend erwärmt, die dem Wind abgekehrten Räume überheizt werden, die zentrale Leistungsregelung der Heizanlage also versagt. Zuweilen wird auch beobachtet, daß eine Heizanlage zwar bei scharfem Frost und Windstille völlig befriedigt, bei starkem Windanfall aber nicht ausreicht, selbst wenn die Außentemperatur noch keineswegs besonders niedrige Werte erreicht hat. Die Ursache solcher Mängel liegt hier zumeist nicht in einer unzureichenden Bemessung oder falschen Ausführung der Heizanlage, sondern in der schlechten Bauausführung, vor allem in den Undichtheiten der Fenster. Abhilfe ist daher auch nur durch bauliche Maßnahmen zu erzielen.

B. Fensterlüftung

Die Fensterlüftung unterscheidet sich von der Selbstlüftung nur dadurch, daß die Lufteinund -auslaßquerschnitte wesentlich größer sind. Dementsprechend ist das Ausmaß der erzielbaren Lufterneuerung auch bei geringen wirksamen Kräften wesentlich höher. Betrachten wir zunächst einmal den Vorgang der Fensterlüftung nur unter dem Einfluß der Temperaturunterschiede zwischen beheiztem Raum und freier Atmosphäre.

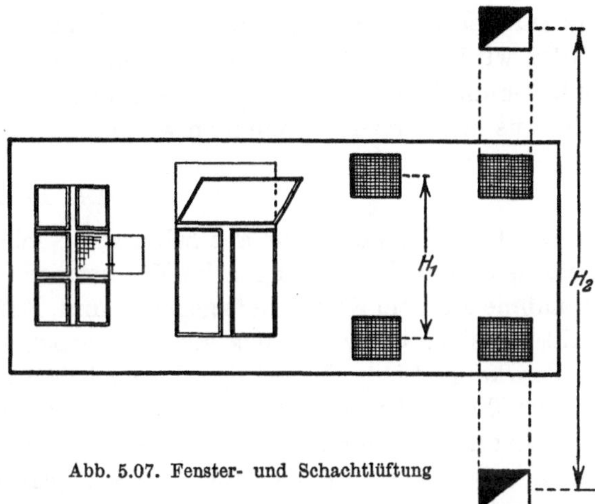

Abb. 5.07. Fenster- und Schachtlüftung

Ist in einem größeren Fenster nur eine kleine Scheibe in mittlerer Höhe zu öffnen, wie dies in der Abb. 5.07 bei dem ersten Fenster gezeichnet ist und wie man dies bei älteren Gebäuden öfter findet, so entspricht diese offene Fensterscheibe vollständig der kleinen Öffnung „O" in Abb. 5.02, und sie kann, da in ihr die Ausgleichebene liegt, keinen Luftwechsel bewirken. Ähnlich liegen die Verhältnisse bei dem aufklappbaren oberen Fensterflügel (2. Fenster der Abb. 5.07). Durch Öffnen des Kippflügels wird lediglich die Ausgleichebene in den oberen Teil des Raumes verlegt, wie ein Vergleich mit Abb. 5.03b zeigt. Auch in diesem Falle würde das Öffnen eines einzigen Fensterflügels keinen Luftwechsel bewirken, wenn die Umfassungswände des Raumes überall vollkommen dicht wären. Da dies aber selten der Fall ist, wird infolge des Unterdruckes, den die hohe Lage der Öffnung erzeugt, durch die Undichtheiten der Raumbegrenzung Luft eingesaugt, und dieser Luftwechsel genügt in manchen Fällen.

Ein kräftiger Luftwechsel, wie man ihn vor allem beim kurzdauernden Durchlüften eines Zimmers erstrebt, ist erst dann möglich, wenn das Fenster in voller Höhe, also von der Fensterbank bis zum Fenstersturz, geöffnet wird. Dann strömt über die Fensterbank kalte, also frische Luft in den Raum ein, und die gleiche Menge warmer, also schlechter Luft entweicht unter dem Fenstersturz.

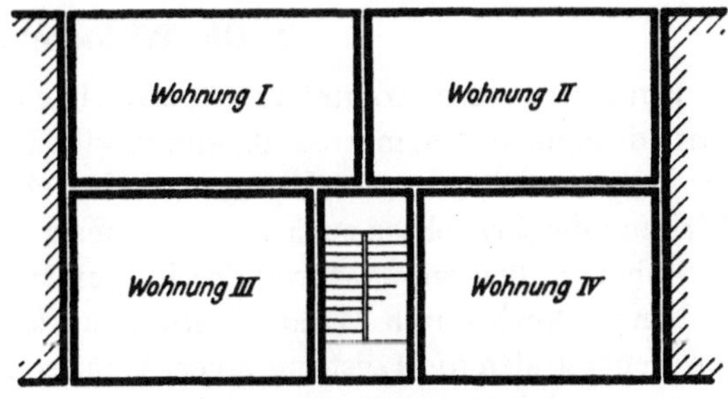

Abb. 5.08. Vierspänner-Wohnung

In Zeiten mit ausgeglichener Innen- und Außenlufttemperatur kommt diese Art der Lufterneuerung zum Erliegen; derartige Verhältnisse treten aber nur selten auf.

In der Regel versagt auch dann die Fensterlüftung nicht vollständig, da schon bei geringem Windanfall zusätzliche Druckunterschiede wirksam werden. Voraussetzung für jede Querlüftung unter Windeinfluß ist allerdings, daß genügend freie Öffnungen für den Luftdurchtritt durch ein Gebäude vorhanden sind. Hat ein Raum nicht in zwei Außenwänden Türen oder Fenster, so muß die eintretende Luft über Nachbarräume nach der Leeseite des Gebäudes abströmen können. Grundrisse, bei denen jede Möglichkeit der Querlüftung fehlt, wie z. B. die in Abb. 5.08 wiedergegebene Vierspänner-Wohnungsanordnung mit ihren durchgehenden Trennwänden, sind aus hygienischen Gründen abzulehnen. Auch der Einwand, im Innern dichtbebauter Städte könne ohnehin nicht überall mit einer genügenden freien Luftanströmung gerechnet werden, entkräftet die Forderung nach Querlüftbarkeit der Räume nicht. Einmal ist im Städtebau heute die Forderung vorherrschend, offen zu bauen bzw. Bezirke mit zu dichter, geschlossener Bebauung aufzulockern, zum andern besteht zwischen den Straßen und engen Höfen innerhalb eines Baublocks meist ein gewisser Temperaturunterschied, der zu einer Schachtwirkung der Höfe führt und damit eine — wenn auch geringe — Gebäudedurchlüftung ermöglicht.

C. Schachtlüftung

Wird ein Raum nicht durch Fenster gelüftet, sondern durch getrennte Ein- und Austrittsöffnungen in der Wand, so ist deren Wirksamkeit am größten, wenn die Auftriebshöhe (H_1 in Abb. 5.07) möglichst groß gewählt wird. Durch besondere Zuluft- und Abluftkanäle läßt sich die Auftriebshöhe noch über die Zimmerhöhe hinaus vergrößern (H_2 in Abb. 5.07). In den meisten Fällen wird nur der nach oben führende Teil der Kanäle als sog. Abluftschacht ausgeführt. Die Zuluft muß dann durch hinreichend große Öffnungen entweder aus den angrenzenden Räumen oder aus dem Freien entnommen werden.

1. Die Luftzuführung

Die Entnahme der Luft aus beheizten Nachbarräumen (Flur, Treppenhaus u. dgl.) hat den Vorteil, daß Zugbelästigungen im Winter meist vermieden werden, die bei unmittelbarer Luftentnahme aus dem Freien stets gegeben sind. Es ist aber darauf zu achten, daß der Nachbarraum nicht selbst unter Unterdruck steht, da sonst die Schachtwirkung gemindert oder aufgehoben werden kann. Diese Verhältnisse liegen beispielsweise vor bei der Entnahme der Luft aus geheizten Treppenhäusern. Nur wenn die Temperatur im Abluftschacht höher ist als im Treppenhaus, kann der gewünschte Luftwechsel zustande kommen. Das gilt auch, wenn die Luft mittelbar, also beispielsweise über einen Wohnungsflur, vom Treppenhaus in den zu lüftenden Raum gelangt.

Wird die Luft unmittelbar aus dem Freien entnommen, so empfiehlt sich zwecks Vermeidung von Zugerscheinungen ihre Vorerwärmung an besonderen Heizkörpern vor Eintritt in den Raum. Es gibt Ausführungen, bei denen die Zuluftöffnung in der Fensterbrüstung sitzt und der normale Raumheizkörper zur Erwärmung der Zuluft dient. Schnee und Regen können durch geeigneten Schutz der äußeren Entnahmeöffnungen abgehalten werden, dagegen gelingt es fast nie, den Einfluß des Windes so vollkommen zu beseitigen, daß störende Wirkungen mit Sicherheit ausgeschlossen sind. In Gebäuden an lauten Straßen ist dieses Verfahren ebenfalls ausgeschlossen. Bei der Einführung der Frischluft hinter Heizkörpern ist die Reinigungsmöglichkeit nicht nur für den Heizkörper, sondern auch für alle Teile des Luftweges unbedingt zu fordern.

2. Die Wirksamkeit der Schachtlüftung

Ein Luftwechsel kommt bei Abluftschächten nach dem Vorgesagten nur zustande, wenn die Luft im Schacht wärmer ist als außerhalb. Diese Voraussetzung ist während der Heizperiode in der Regel erfüllt. In der Übergangszeit geht der Temperaturunterschied und damit auch die Wirkung des Schachtes zurück, um in der warmen Jahreszeit evtl. ganz aufzuhören. Ja, es kann bei hohen Außentemperaturen der Fall eintreten, daß durch den Abluftschacht Luft von außen eindringt. Auch durch Windeinwirkungen kann in ähnlicher Weise wie bei den Schornsteinen von Feuerstellen die Leistung eines Abluftschachtes wesentlich beeinträchtigt werden. Auf verschiedenen Wegen sucht man daher die Wirksamkeit der Schachtlüftung zu verbessern bzw. sicherzustellen.

Die einfachste Möglichkeit ist die *Erwärmung der Abluft*, s. Abb. 5.09. Auch bei höheren Außenlufttemperaturen bleibt dadurch die positive Temperaturdifferenz Schacht → Außenluft und damit der Luftwechsel erhalten; eine gewisse Störanfälligkeit gegen Windeinwirkungen läßt sich jedoch auch hier nicht vermeiden, da der Ablufterwärmung wirtschaftliche Grenzen gesetzt sind. Die Erwärmung der Luft erst nach dem Verlassen des Raumes bedingt nämlich einen ständigen Heizwärmeaufwand, und zwar sowohl im Sommer als auch im Winter. Die Anwendung dieser Maßnahme ist daher auf Sonderfälle beschränkt, z. B. die Erwärmung der Abzugskapellen in chemischen Laboratorien durch offene Gasflammen. Man muß sich andererseits vergegenwärtigen, daß eine einwandfreie und unter allen Umständen gesicherte Lüftung stets gewisse Betriebskosten verursacht.

Vielfach wird auch versucht, durch *Einbau von Saugköpfen*, ähnlich den Schornsteinaufsätzen, die Kraft des Windes zur Unterstützung des Auftriebs eines Lüftungsschachtes heranzuziehen. Bei Wind können derartige Saugköpfe— richtige Konstruktion vorausgesetzt — tatsächlich den Unterdruck im Abluftschacht erhöhen. Dagegen sind sie bei Windstille selbstverständlich unwirksam, ja sie behindern das freie Abströmen der Luft noch. Da aber das Versagen des Luftschachtes meist bei einem Wetter eintritt, das mit Windstille verbunden ist, hat die ganze Maßnahme nur geringen Wert. Berechtigt sind die Saugköpfe nur dort, wo sie störende örtliche Luftströmungen abfangen müssen. Man sollte sie deshalb richtiger mit *Windschutzhauben* bezeichnen.

Eine größere Bedeutung haben sie nur bei Fahrzeugen (Schiffen, Eisenbahnen usw.), da hier während der Fahrt mit einem nach Stärke und Richtung eindeutig gegebenen Luftstrom gerechnet werden kann.

3. Anwendungsgebiete der Schachtlüftung

Angesichts der Tatsache, daß Lüftungsschächte in ihrer Wirkung unzuverlässig sind, erhebt sich die Frage, für welche Lüftungsaufgaben sie angewandt werden sollen. Zur Entscheidung geht man am besten von den Begriffen der *zeitgebundenen* und der *nicht zeitgebundenen* Lüftungsaufgaben aus.

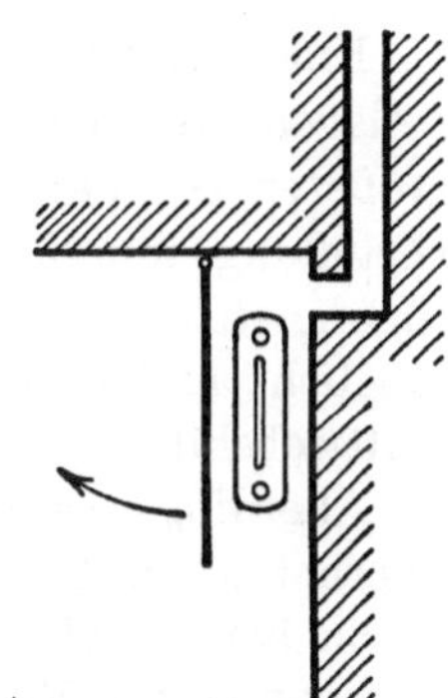

Abb. 5.09. Erwärmung der Abluft

Als ein Beispiel zur ersten Art sei die Lüftung des Zuschauerraumes in einem Lichtspieltheater genannt. Es hat hier gar keinen Sinn, wenn der Luftwechsel erst in den kühlen Nachtstunden einsetzt, da die Lüftungsaufgabe an die Spielzeiten gebunden ist. Als ein Beispiel der nicht zeitgebundenen Aufgaben sei die Lüftung eines Lagerraumes für nicht allzu empfindliche Güter genannt. Hier genügt es, wenn während mehrerer Stunden täglich, evtl. auch nachts, ein mäßiger Luftwechsel erzielt wird, während in der übrigen Zeit ein Aussetzen der Lüftung unbedenklich hingenommen werden kann.

Grundsätzlich sind Lüftungsschächte nur für nicht zeitgebundene Lüftungsaufgaben brauchbar; insbesondere ist mit ihnen ein Luftwechsel bestimmter Größe nicht zu erzielen. Es ist also im Einzelfall stets zu prüfen, ob diese Mängel der Schachtlüftung hingenommen werden können. Ein bezeichnendes Beispiel für ihre zweckmäßige Anwendung ist die Lüftung von Küchen, Badezimmern und Waschküchen. Der Luftwechsel hat hier gar nicht die Aufgabe, die entstehenden Wrasen während der Benutzung der Räume sofort abzuführen, denn dazu wäre jede im Wohnbau vertretbare Lüftungsanlage zu schwach. Er soll vielmehr den an den Wänden niedergeschlagenen Dunst in den Benutzungspausen entfernen, also eine Durchfeuchtung des Mauerwerks bzw. ein Festsetzen des Küchengeruchs vermeiden. Diese Aufgabe erfordert Zeit und kann durch einen kurzzeitigen noch so kräftigen Luftwechsel gar nicht erfüllt werden. Insbesondere für innenliegende Bäder leistet der Abluftschacht gute Dienste. Neuere Messungen[1] haben gezeigt, daß durchweg auch im Sommer ein schwacher Luftwechsel zu erwarten ist. Auf die Anordnung von Zuluftschächten kann dabei verzichtet werden, zumal das Einströmen nicht vorgewärmter Luft im Winter zu Zugbelästigungen und unerwünschter Auskühlung der gelüfteten Räume führt. Enthält das innenliegende Bad ein WC, so stellt die Schachtlüftung nur einen Behelf dar, der bei geringer Kopfzahl des Haushaltes ausreichen mag, aber keine überzeugende Lösung dieser zeitgebundenen Lüftungsaufgabe ist[2]. Eine vertretbare Ausführungsform enthält DIN 18017[3], Ausgabe 1959.

Zur Gruppe der Schachtlüftungen gehört auch die Lüftung von Werkräumen und Hallen mittels Dachaufsätzen. Für die Beurteilung ihrer Wirksamkeit sind alle vorgenannten Gesichts-

---

[1] GAUGER, R.: Lüftungsanlagen für innenliegende sanitäre Räume. Veröff. der Forschungsgemeinschaft Bauen und Wohnen, Stuttgart, Dezember 1952.

[2] ROEDLER, F.: Zur Problematik der Lüftung innenliegender Aborte und Bäder im sozialen Wohnungsbau. Gesundh.-Ing. Bd. 72 (1951) S. 8.

[3] DIN 18017 — Lüftung von Bädern und Spülaborten ohne Außenfenster durch Schächte und Kanäle, ohne Motorkraft.

punkte heranzuziehen. Solange die Innentemperatur höher ist oder Wind herrscht, arbeiten die Schächte und Aufsätze meist befriedigend. An windruhigen, warmen Tagen versagen sie. Sie genügen daher nicht für Werkräume mit ständig starker Luftverschlechterung, wohl aber für Großräume, bei denen kein bestimmter Luftwechsel gefordert wird. Zur Vermeidung zu starker Lufterneuerung bei niedrigen Außentemperaturen sollten die Abluftschächte mit feststellbaren Drosselklappen versehen sein. Da die Zuluft in der Regel unvorgewärmt über Türen und Fenster einströmt, treten im Winter leicht Zugbelästigungen auf, wenn die Luft in der Nähe von Arbeitsplätzen in den Raum eingeführt wird.

III. Lüftungsanlagen

Eine unter allen Temperatur- und Windverhältnissen gesicherte Raumlüftung ist nur durch Anlagen mit mechanischer Luftförderung zu erzielen. Der Ventilatorbetrieb gestattet es bei größeren Gebäuden, jedem Raum die benötigte Luftmenge zuzumessen und auch die Druckverteilung innerhalb des Gebäudes zu beherrschen. Da genügend hohe Drücke zur Verfügung stehen, ist der Einbau zuverlässig arbeitender Einrichtungen zum Aufbereiten der Luft möglich; auch ist man in der Führung und Bemessung der Luftkanäle sehr viel freier als bei der Auftriebslüftung.

Allerdings erfordert die Reinigung, Vorwärmung und Förderung der Luft stets einen nicht unerheblichen Kostenaufwand beim Betrieb der Anlage, über dessen Größenordnung man sich schon bei der Planung im klaren sein sollte. Nur wenn die Betriebsausgaben einschließlich der Bedienung im Einzelfall wirtschaftlich tragbar sind, ist der Einbau von Lüftungsanlagen empfehlenswert. Man findet immer wieder Lüftungsanlagen, die eingeschränkt betrieben werden oder ganz stillgelegt sind, bei denen also offenbar diese Voraussetzung nicht rechtzeitig erkannt wurde. In solchen Fällen wäre vielfach eine einfachere Lüftungsanlage oder auch ein Lüftungsbehelf in der vorbesprochenen Art sinnvoller gewesen.

A. Allgemeines

Lüftungsanlagen enthalten stets Einrichtungen zur Reinigung, Vorwärmung und Förderung der Luft, zuweilen auch zur Kühlung und Befeuchtung. Die Temperatur der Zuluft kann dabei von Hand oder selbsttätig eingeregelt werden. Man spricht von einer Klimaanlage, wenn Temperatur und Feuchte der Raumluft im Rahmen vertretbarer Betriebsbedingungen selbsttätig auf vorgegebenen Werten gehalten werden.

Die wichtigsten technischen und hygienischen Anforderungen, die an einwandfreie Lüftungs- und Klimaanlagen für Aufenthaltsräume zu stellen sind, sind in den „VDI-Lüftungsregeln" DIN 1946 enthalten. Diese Norm ist daher stets bei der Vergabe lüftungstechnischer Anlagen zugrunde zu legen.

1. Einteilung der Lüftungsanlagen; Unter- oder Überdruck

Sauglüftungen, bei denen die Zuluft weder gefiltert noch vorgewärmt wird, also z. B. im Abluftschacht, Dachaufsatz oder in einer Saalwand eingebaute Lüfter, sollte man nicht als Lüftungsanlagen bezeichnen. Sie sind ein Behelf, der sogar unter gewissen Voraussetzungen einwandfrei arbeitet, beispielsweise, wenn nur in den Sommermonaten eine Lufterneuerung gewünscht wird (Ausstellungshallen, große Industriehallen) oder wenn die zu fördernden Luftmengen klein sind im Verhältnis zum Luftraum eines Gesamtgebäudes, so daß Zugerscheinungen vermieden werden (Lüftung innenliegender Toiletten in Wohngebäuden und Hotels).

Drucklüftungen blasen in der Regel vorgewärmte, gefilterte Luft in die Räume ein. Sie fallen unter den Begriff „Lüftungsanlagen", insbesondere dann, wenn der Weg der Luft durch die zu lüftenden Räume infolge zweckmäßiger Anordnung von Zu- und Abluftöffnungen vorgeschrieben ist.

In den meisten Fällen weisen Lüftungsanlagen sowohl Zuluft- als auch Abluftventilatoren auf (Verbundlüftung). Je nachdem, ob man die Zuluft- oder die Abluftmenge größer wählt, zwingt man dem zu lüftenden Raum einen Über- oder Unterdruck gegenüber der freien Atmosphäre evtl. auch gegenüber den Nachbarräumen auf. Bei größeren Gebäuden wird zuweilen die Zuluft zentral aufbereitet, aber durch örtliche Abluftventilatoren für einzelne Räume oder Raumgruppen getrennt abgesaugt. Dadurch läßt sich eine aus betrieblichen oder hygienischen Gründen geforderte beliebige Druckverteilung innerhalb des Gebäudes erzielen, wie sie beispielsweise zur Vermeidung von Geruchs- oder Geräuschübertragungen erwünscht sein kann. So erhalten im allgemeinen Küchen, Restaurationsräume, Aborte und sonstige Räume mit starker Luftverschlechterung reichlich bemessene Abluftventilatoren. Es entsteht ein Unterdruck, so daß die Luft aus den Nachbarräumen über die natürlichen Undichtheiten der Türen oder planmäßige Durchlässe zuströmt, aber nicht dorthin übertritt.

In allen anderen Fällen bevorzugt man die Einhaltung geringer Überdrücke in den zu lüftenden Räumen, um Zugbelästigungen durch das Einströmen unvorgewärmter Luft aus dem Freien oder aus Fluren, Umgängen u. dgl. zu verhindern. Bei Verbundlüftungen wird die zur Überwindung der Strömungswiderstände in der Gesamtanlage erforderliche Druckhöhe auf zwei Ventilatoren aufgeteilt. Die Ventilatoren können daher mit verminderter Umfangsgeschwindigkeit betrieben werden, wodurch die Gefahr der Geräuschbelästigung wesentlich herabgesetzt wird.

Man unterscheidet nach der Betriebsweise der Anlagen Außenluft- und Umluftbetrieb. Im ersten Fall wird die gesamte Zuluft aus dem Freien entnommen, im zweiten Fall wird ein Teil der Raumluft in die Zentrale zurückgeleitet und nach Aufbereitung dem Raum wieder zugeführt. Es sind allein wirtschaftliche Gründe, die zu dem bei Aufenthaltsräumen hygienisch unerwünschten Umluftbetrieb zwingen. Die Einrichtungen zur Luftvorwärmung und -kühlung brauchen in diesem Fall nicht für die nur selten auftretenden Extremwerte der Außentemperaturen ausgelegt zu werden, sondern für die Mischtemperaturen des Außen- und Umluftanteils. Gleichzeitig gehen auch die Betriebskosten der Anlage stark zurück.

Die häufig anzutreffenden Bezeichnungen Be- bzw. Entlüftungsanlagen für Druck- bzw. Sauglüftungen sollte man grundsätzlich vermeiden. Sie sind nicht nur sprachlich falsch (ein Raum wird *gelüftet*; *belüftet* wird beispielsweise eine Dampfleitung nach dem Abstellen, *entlüftet* beim Anstellen), sondern verleiten auch zu der Vorstellung, als ob man sich im einen Fall nur um die Zuführung frischer Luft, im anderen Fall nur um die Abführung der verbrauchten Luft zu kümmern brauche.

2. Begriffe, Benennungen, Sinnbilder

Für die heute vielfach üblichen Benennungen, wie Frischluft, Abluft, Umluft, Rückluft, Zusatzluft, Mischluft u. a. haben die VDI-Lüftungsregeln die in der Abb. 5.10 eingetragenen Bezeichnungen festgelegt.

Vom Raum aus betrachtet, wird die gesamte ihm zugeführte Luft als „Zuluft" bezeichnet, sinngemäß heißt dann die gesamte abströmende Luft „Abluft".

Wird ein Teil der Abluft dem Raum wieder zugeführt, so bezeichnet man diesen Teil als „Umluft". Der ins Freie entweichende Anteil heißt „Fortluft". Der aus dem Freien entnommene Teil der Zuluft wird von seinem Eintritt ins Gebäude bis zum Zusammentreffen mit der Umluft als „Außenluft" bezeichnet.

Alle Benennungen gelten unabhängig davon, an welcher Stelle der Luftwege sich Ventilator, Filter, Erhitzer, Kühler oder Befeuchter befinden.

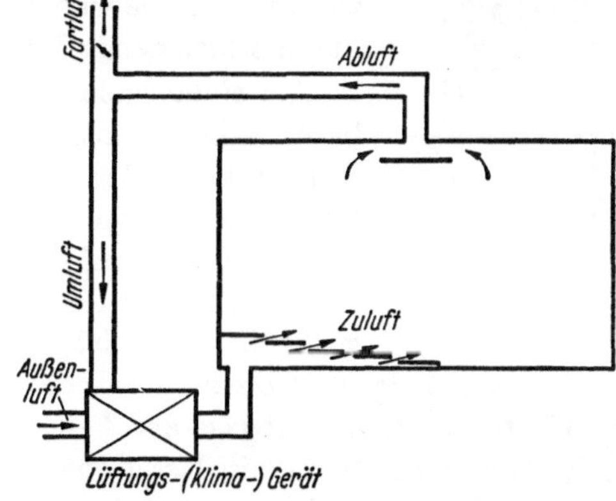

Abb. 5.10. Übersicht über die Benennungen

Sollen Pläne von Lüftungsanlagen durch Anlegen in Farben anschaulicher gestaltet werden, so sind die Kanäle wie folgt zu kennzeichnen:

Zuluft (aufbereitete Luft) . . . . lila
Außenluft . . . . grün
Abluft bzw. Fortluft . . . . gelb
Umluft (auch im Beipaß) . . . . orange
Apparate . . . . grau

Für schematische Aufbauzeichnungen, Schaltpläne und Regelanordnungen erweist sich auch bei lufttechnischen Anlagen die Verwendung einheitlicher Sinnbilder als zweckmäßig. Die VDI-Lüftungsregeln schlagen dafür folgende Zeichen vor:

Tafel C. Sinnbilder der Lüftungstechnik

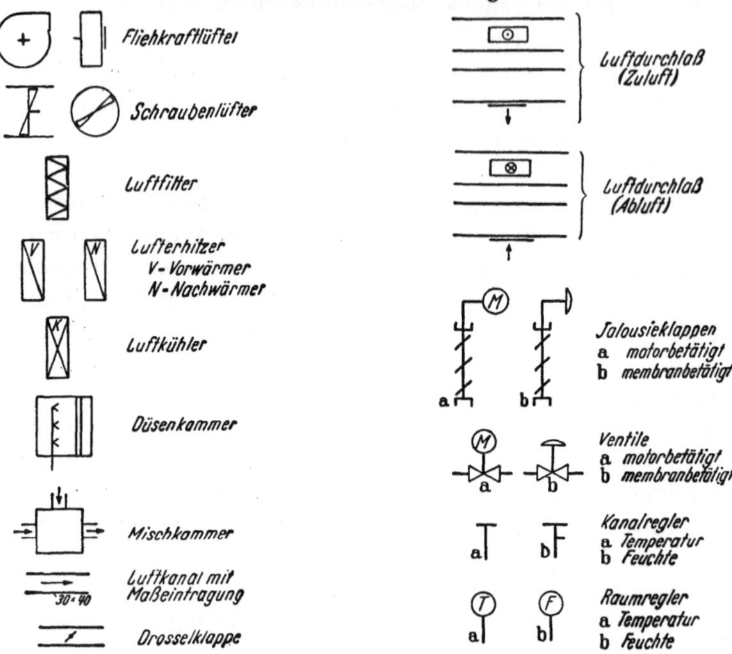

B. Entnahme und Aufbereitung der Luft

1. Entnahme der Luft

Die Außenluft soll an einer vor Wind, Sonneneinstrahlung, Staub, Rauch und Ruß geschützten Stelle mit lotrechten und nicht waagerechten Eintrittsöffnungen entnommen werden. Ein nicht zu weitmaschiges Gitter oder Jalousien schützen die Kanalanlage vor groben Verunreinigungen. Als zweckmäßig hat es sich erwiesen, den Außenluftkanal kurz hinter der Luftentnahmestelle mit dichtschließenden Abschlußklappen zu versehen, die während der Betriebspausen eine Verschmutzung der Anlage durch schleichende Luftströme verhindern sollen.

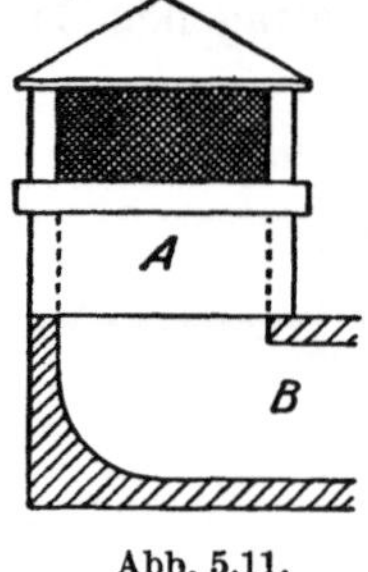

Abb. 5.11.
Luftentnahme

Am einfachsten ist die Beschaffung reiner Luft, wenn ein Garten in erreichbarer Nähe ist, aus dem man mit einem Kanal nach Abb. 5.11 die Luft entnehmen kann. Am schwierigsten ist die Aufgabe im Innern der Großstädte zu lösen. Die Luft von der Straßenseite her zu nehmen, verbietet sich von selbst. Die Entnahme auf der Hofseite eines Gebäudes, sei es in Gebäudehöhe oder besser in halber Gebäudehöhe, ist ratsam bei weiten Höfen und nicht durch gewerbliche Betriebe verschlechterter Luft. Häufig wird nur die Möglichkeit bleiben, die Luft über Dach zu entnehmen. In Höhe der Dächer ist jedoch die Großstadtluft im Winter durch die Abgase der Feuerungen verunreinigt, so daß auch diese Lösung nicht recht befriedigt. Immerhin lassen sich Ruß und Flugasche noch am leichtesten aus der Luft durch Filterung entfernen. Auf freie und möglichst hohe Lage der Entnahmeöffnung sowie sorgfältige Reinigung der Luft ist daher bei dieser Anordnung besonders zu achten.

2. Luftreinigung

Die früher üblichen *Tuchfilter* werden wegen ihres großen Platzbedarfs, der relativ geringen Lebensdauer und des mit der Verschmutzung rasch wachsenden Widerstandes heute nur noch ausnahmsweise verwendet. An ihre Stelle sind Metallfilter und in Sonderfällen Zellenfilter aus Spezialgeweben, Glaswolle u. dgl. getreten.

Bei den *Metallfiltern* wird die Luft in feiner Verteilung und mit vielfachen Richtungsänderungen über ölbenetzte Metalloberflächen geführt. Das Öl bindet den Staub, darf aber nicht verharzen oder rasch eintrocknen. Die erforderlichen großen Metalloberflächen werden durch Raschigringe, s. Abb. 5.12, Metallgewebe oder vielfach geschlitzte, in Paketen zusammengefaßte dünne Blechplatten gebildet. Die Einzelelemente lassen sich zu Filterwänden zusammensetzen, s. Abb. 5.13. Bei geringer verfügbarer Bauhöhe werden die Filterkästen oder Platten schräg eingebaut, s. Abb. 5.14. In bestimmten Zeitabständen (je nach der Belastung, dem Staubgehalt der Luft und der Betriebsdauer der Anlage) müssen die

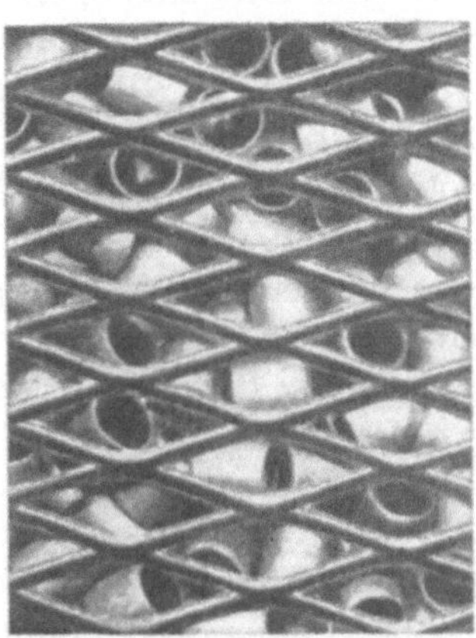

Abb. 5.12. Filter mit Raschigringen

Abb. 5.13. Plattenfilter

Filter in einem Spezialöl oder im heißen Sodabad gereinigt werden. Die Notwendigkeit der Filterreinigung läßt sich auch mit Hilfe einer Druckdifferenzmessung feststellen.

Bei großen Lüftungsanlagen kann die lästige und schmutzige Reinigungsarbeit durch Verwendung von Umlauffiltern erspart werden, s. Abb. 5.15. Hier wird ein Filterband oder eine Kette mit hängenden Filterkästen in der Art eines Paternosters in Umlauf gehalten, wobei ein Teil des Filters stets in ein Ölbad eintaucht, in dem die Metalloberflächen gereinigt und zugleich neu benetzt werden. Es ist also nur notwendig, das Ölbad dann und wann zu erneuern. Der Antrieb kann durch einen Motor oder von Hand erfolgen.

Mit ölbenetzten Metallfiltern läßt sich ein sehr hoher Reinheitsgrad der Luft erreichen. Bei Sonderausführungen ist es möglich, den Reststaubgehalt bis auf 0,1 mg/m³ herabzudrücken. Wie groß diese Reinheit ist, ergibt sich aus Angaben der Messungen im Freien. In Großstädten wurde ein Höchststaubgehalt von etwa 5 mg/m³ und in Orten mit besonders reiner Luft ein Staubgehalt von etwa 1 mg/m³ gemessen. Der oben angegebene Reinheitsgrad von 0,1 mg/m³ ist bei manchen gewerblichen und industriellen Lüftungsanlagen auch tatsächlich erforderlich. Für Versammlungsräume wäre es vom hygienischen Standpunkte aus

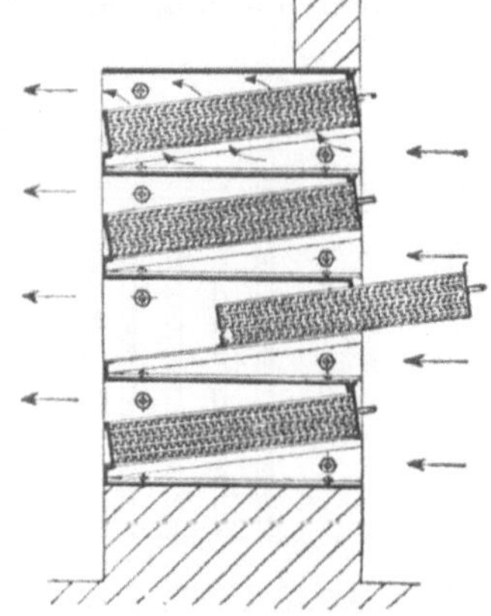

Abb. 5.14. Filterwand mit schräg eingebauten Kästen

natürlich nicht notwendig, für die Zuluft eines Saales eine größere Reinheit zu verlangen, als anerkannt reine Außenluft aufweist. Es wird aber vielfach verkannt, daß die Reinigung der Zuluft nicht nur wegen ihrer Verwendung als Atemluft notwendig ist, sondern in viel höherem Maße, um ein Verschmutzen der Kanäle zu vermeiden. Aus diesem Grunde schreiben die VDI-Regeln für die Zuluft einen Staubgehalt unter 0,5 mg/m³ vor. Damit ist erreicht, daß eine Reinigung des Kanalnetzes nur einmal im Jahr notwendig ist. Richtlinien für die Prüfung derartiger Filter sind in Vorbereitung.

Als „Entstaubungsgrad" bezeichnet man das Verhältnis der ausgeschiedenen zur Gesamtstaubmenge der ein Filter durchströmenden Luft. Alle Filter halten grobe Staubteilchen praktisch vollkommen zurück, keineswegs aber in gleicher Weise die Teilchen in der Größenordnung von $1\,\mu$ bis $10\,\mu$, die vor allem in der Außenluft vorkommen. Man muß sich in kritischen Fällen sonach stets Entstaubungsgrade für die einzelnen Kornfraktionen gewährleisten lassen.

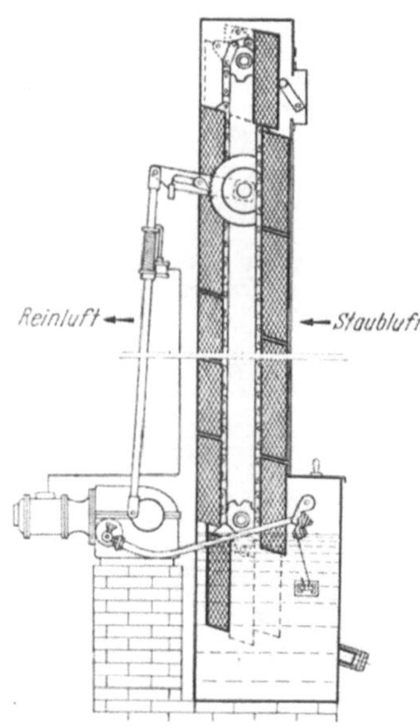

Abb. 5.15 Bandfilter

Besondere Beachtung verlangt bei Lüftungsanlagen die Aufbereitung der Umluft, da hier neben Staub auch Tabakrauch und Riechstoffe beseitigt werden müssen. Tabakrauch und Riechstoffe lassen sich mit ölbenetzten Filtern nicht ausscheiden, z. T. aber im Wasserschleier von Düsenkammern. Auch der Staub der Umluft wird damit ausgeschieden. Zur Reinigung der Außenluft sind Berieselungsanlagen weniger geeignet, weil Teilchen mit fettiger Oberfläche, wie beispielsweise Ruß, nicht benetzbar sind und deshalb im Wasserschleier nicht zurückgehalten werden. Staub, der in Innenräumen entsteht und durch die Umluftreinigung abgeschieden werden soll, ist dagegen fettfrei und wird durch den Wasserregen ausgewaschen.

Einfache Lüftungsanlagen werden heute allerdings nur ausnahmsweise mit Wäschern ausgerüstet, nämlich dann, wenn gleichzeitig eine Befeuchtung der Luft erforderlich wird. Um so notwendiger ist es, den Außenluftanteil bei Saallüftungen ohne Wäscher stets in Höhe der Mindestluftrate von 20 bzw. 30 m³ je Person und Stunde zu halten, damit die Zuluft praktisch geruch- und rauchfrei bleibt. Auch sollte das gesamte Kanalnetz, einschließlich der Umluftwege, in den Betriebspausen durch selbsttätig schließende Klappen gegen Verschmutzung infolge schleichender Luftströme gesichert werden.

Bei hohen Ansprüchen an die Reinheit der Luft wird u. a. auch das *Elektrofilter,* vor allem in industriellen Klimaanlagen großer Leistung, verwendet. Beim Durchgang der Luft durch ein Hochspannungsfeld (etwa 12000 V) werden die Staubteilchen elektrisch negativ aufgeladen und scheiden sich an den positiven Elektrodenplatten ab. Die Anschaffungs- und Betriebskosten derartiger Filter sind wesentlich höher als die der Metallfilter. Vorteilhaft ist ihr geringer Luftwiderstand.

Im übrigen sei auf die ausführliche Behandlung der Frage der Luftreinheit im 6. Abschnitt, S. 309 bis 316 verwiesen.

3. Erwärmung und Kühlung der Luft

Die unmittelbare Erwärmung der Luft durch Heizöfen für feste Brennstoffe findet man nur bei einfachen Anlagen, die in erster Linie der Raumheizung dienen und nur nebenbei der Raumlüftung. Das gilt auch, mit gewissen Einschränkungen, für gasbeheizte Lufterhitzer. In der Regel verwendet man zur Lufterwärmung dampf- bzw. wasserbeheizte Rippen- oder Lamellenrohre, die in Registerform

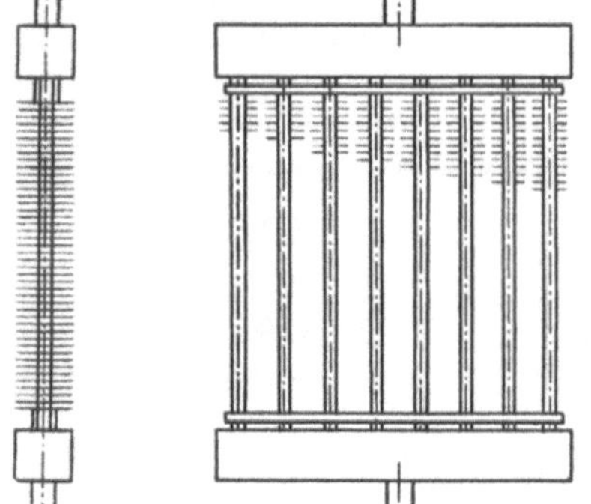

Abb. 5.16. Lamellenrohr-Register

zusammengebaut sind, s. Abb. 5.16. Je nach Bedarf werden eine Anzahl Rohrreihen fluchtend oder versetzt hintereinandergeschaltet. Das Heizmittel strömt durch die Rohre, die Luft quer zu den Rohren. Bei den gebräuchlichen Stahlrohrheizflächen sind Lamellen aus 0,5 bis 0,7 mm starkem Blech in runden oder vieleckigen Querschnitten mit geringem Abstand auf die 12 bis 20 mm starken Rohre aufgeschoben oder schraubenförmig als Band aufgewickelt. Der metallische Kontakt zwischen Rohr und Lamelle wird durch die übliche Verzinkung im Vollbad verbessert. Der Hauptvorteil der Rohrregister gegenüber sonstigen Heizkörperbauarten liegt in der hohen Leistung je Flächen- bzw. Raumeinheit und dem niedrigen Preis. Sie finden auch zur Kühlung Verwendung.

Die einzelnen Register können sowohl parallel- als auch hintereinandergeschaltet werden. Die Parallelschaltung ist bei Vorwärmern, die Hintereinanderschaltung bei Kühlern üblich, wobei das Kühlmittel im Gegenstrom zur Luft durch das Register geführt wird.

C. Lüftungszentrale

Zur Erleichterung der Bedienung und Überwachung einer Lüftungsanlage werden die wichtigsten maschinentechnischen Bauteile in der Lüftungszentrale zusammengefaßt. Abb. 5.17 zeigt schematisch den Aufbau der Zentrale einer einfachen Lüftungsanlage ohne Luftkühlung. Die Außenluft wird zunächst gereinigt, dann erwärmt und anschließend vom Ventilator über das Kanalnetz in die zu lüftenden Räume gefördert. Im Sommerbetrieb kann der Luftvorwärmer umgangen und dadurch die Ventilatorleistung herabgesetzt werden. Durch Einbau von Stellklappen b läßt sich auch im üblichen Betrieb das Verhältnis der durch den Vorwärmer und die Umgehung strömenden Luftmengen verändern und dadurch ohne Drosselung des Heizmitteldurchflusses die Zulufttemperatur regeln. Der Vorzug dieser Art der Temperaturregelung ist ihr verzögerungsfreies Ansprechen auf Regelimpulse. Dabei gewährleistet die Anordnung des Ventilators hinter dem Vorwärmer, in Richtung des Luftstromes gesehen, eine weitgehende Verwirblung der Luft, so daß die Lufttemperatur in den anschließenden Leitungen ziemlich ausgeglichen ist. Beim Einbau des Vorwärmers hinter dem Ventilator stellt sich häufig in den Kanälen eine deutliche Temperaturschichtung ein, die selbst bei sonst ausreichender Luftvorwärmung zu Zugbelästigungen führt. Solche Temperaturschichtungen erhalten sich nämlich über lange Strecken im Kanalnetz und lassen bei ungünstiger Lage des Luftauslasses zu kalte Luft in den Raum einströmen.

1. Ventilator

Zur Luftförderung dienen meist Radialventilatoren, s. Abb. 5.18, seltener Axialventilatoren. *Axialventilatoren* (Schraubenlüfter) benötigen zur Erzeugung gleicher Druckhöhen wesentlich größere Umfangsgeschwindigkeiten als Radialventilatoren. Damit wächst die Gefahr der Geräuschbelästigung.

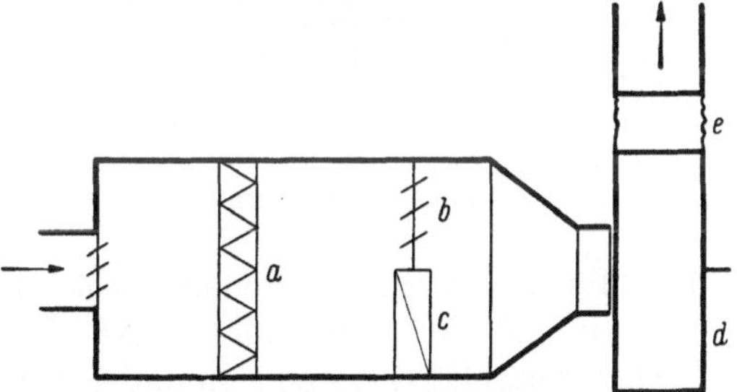

Abb. 5.17. Einfache Lüftungszentrale. *a* Luftfilter, *b* Klappen, *c* Lufterhitzer, *d* Ventilator, *e* elastisches Zwischenstück

Man verwendet sie daher in erster Linie zur Förderung großer Luftmengen bei geringen Förderdrücken, z.B. als Abluftventilatoren, oder in Räumen mit relativ hohem Geräuschpegel, also in Industriebetrieben. Im Preis, Platzbedarf und bei großen Leistungen auch im Wirkungsgrad sind sie den Radialventilatoren überlegen.

Radialventilatoren (Fliehkraftlüfter) werden mit vorwärts gekrümmten, rückwärts gekrümmten oder radial endenden Schaufeln ausgeführt, s. Abb. 5.19. Auf die Zusammenhänge zwischen Drehzahl, Förderstrom und Förderhöhe sowie die Kennlinien der verschiedenen Ventilatorbauarten wird später eingegangen (s. S. 452). Laufräder mit vorwärts gekrümmten Schaufeln ergeben bei gleicher Drehzahl und Luftmenge eine größere Förderhöhe als solche mit rückwärts gekrümmten Schaufeln. Von Nachteil ist aber der starke Anstieg des Leistungsbedarfs mit zunehmender Luftförderung, der eine zuverlässige Widerstandsbestimmung der Lüftungsanlage oder den Einbau reichlich bemessener Antriebsmotoren erforderlich macht; bei Läufern mit rückwärts gekrümmten Schaufeln ist dagegen die Gefahr der Motorüberlastung bei überhöhter Luftförderung nur gering; auch sind sie geräuschärmer.

Während Schraubenlüfter in der Regel unmittelbar angetrieben werden, überwiegt beim Fliehkraftlüfter der Antrieb mittels Keilriemen. Der Motor kann dabei auf einem am Lüftergehäuse befestigten Sockel oder auch gesondert aufgestellt werden. Der mittelbare Antrieb ermöglicht die Verwendung billigerer Motoren mit höheren Drehzahlen, erleichtert den Anbau und Ausbau des Motors sowie eine etwa nachträglich erforderliche Drehzahländerung des Lüfters. Auch läßt sich bei getrennten Sockeln die Körperschallübertragung vom Motor auf das Lüftergehäuse unterbinden.

2. Ventilatorkammer

Filter, Lufterhitzer bzw. -kühler, Luftklappen und zuweilen auch der Ventilator werden entweder apparativ in einem Gehäuse zusammengefaßt, dem Lüftungssatz, oder einzeln in einer bauseitig errichteten Kammer untergebracht. Bei kleineren Lüftungsanlagen und insonderheit bei Klimaanlagen bevorzugt man die Apparatebauform; bei hohen Luftleistungen erweist sich die an Ort und Stelle errichtete Luftkammer im allgemeinen als billiger. Auch Kombinationen beider Ausführungsarten sind möglich.

Bei der gemauerten Luftkammer ist darauf zu achten, daß keine Luft von außen über Undichtheiten angesaugt werden kann und die aufzubereitende Luft nicht verschlechtert wird.

Abb. 5.18. Radialventilator

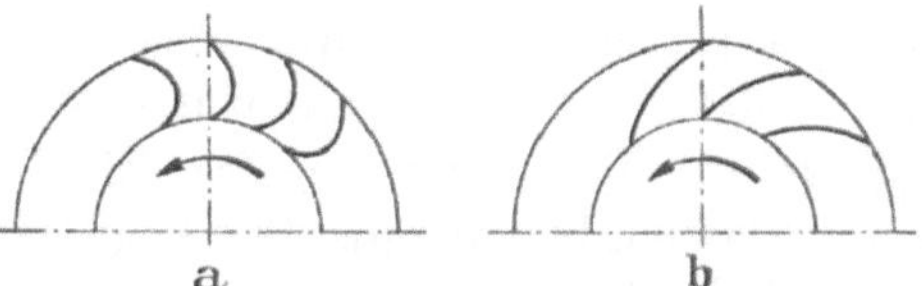

Abb. 5.19. Laufradformen.
a) vorwärts gekrümmte Schaufeln, b) rückwärts gekrümmte Schaufeln

Das Mauerwerk muß trocken und gegen das Eindringen von Grundwasser geschützt sein. Wände, Decken und Fußböden sollen glatt verputzt oder in sauberem Verblendmauerwerk bzw. gekachelt ausgeführt werden, so daß sich Staub möglichst wenig ablagern kann. Damit die Kammern im Betriebe auch wirklich saubergehalten werden, müssen sie hinreichend groß, beleuchtbar und leicht zugänglich sein, aber doch so, daß sie nicht als Vorrats- oder Geräteräume, auch nicht zu Durchgangszwecken benutzt werden. Die Zugangstüren sind luftdicht auszuführen.

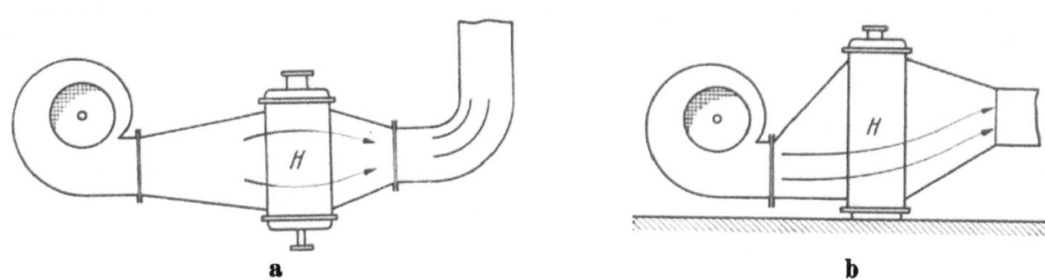

Abb. 5.20. Zusammenbau von Ventilator und Lufterhitzer.
a) richtige Anordnung, b) falsche Anordnung

Bei Anordnung des Lufterhitzers hinter dem Ventilator darf der Abstand zwischen beiden nicht zu klein genommen werden, da sonst kurze, einseitige Übergangsstücke erforderlich werden, s. Abb. 5.20b. Die Luft strömt bei einer derartigen Stellung der Heizflächen zum Ventilatordruckstutzen im wesentlichen nur durch den unteren Teil des Heizkörpers H. Sie wird dabei ungleichmäßig erwärmt, und die Heizflächen werden nur schlecht ausgenutzt. Der Öffnungswinkel des diffusorartigen Übergangsstückes, s. Abb. 5.20a, sollte nicht größer sein als 25°, so daß eine gleichmäßige Heizflächenbeaufschlagung und eine günstige Umsetzung der Geschwindigkeit in statische Druckhöhe erzielt wird.

3. Erschütterungen und Geräusche

Eine wichtige Forderung ist die Geräuschlosigkeit des ganzen Betriebes. Nach DIN 1946 Blatt 2 sollen bei Versammlungsräumen die nachstehend aufgeführten Lautstärken der Anlagen nicht überschritten werden.

Obere Grenzwerte der Anlagenlautstärke bei Versammlungsräumen

Art des Versammlungsraumes	Lautstärke DIN-phon	
	hohe Anforderungen	geringe Anforderungen
Konzertsäle und Theater	25	
Hörsäle, Lehrräume, Sitzungszimmer, Büros, Hotelzimmer, Kirchen, Lichtspielhäuser	35	40
öffentliche Versammlungsräume, Gaststätten, Schalterhallen	40	50

Die Lautstärke ist im unbesetzten Raum bei niedrigstem Störpegel nachzuprüfen. Liegt der Störpegel in der gleichen Größenordnung wie die Geräusche selbst, so darf der Meßwert um etwa 3 phon höher liegen als der Gewährleistungswert der Anlage.

In erster Linie kommen die Geräusche aus der Zentrale einer Lüftungsanlage, nämlich vom Lüfterbetrieb. Es ist also stets anzustreben, dort alle Erschütterungen, Schwingungen und die damit Hand in Hand gehenden Geräusche gering zu halten und ihre Weiterleitung zu verhindern[1].

Ein erheblicher Teil der Schwingungen geht von den Lagern der Motoren und Ventilatoren aus; sie pflanzen sich sowohl durch die Luft als auch durch das Fundament fort. Diese Störungen lassen sich vermindern durch gutes Auswuchten der Läufer und durch besonders sorgfältige Bauart der Lager (Gleitlager laufen wesentlich ruhiger als Wälzlager). Um die unmittelbare Weiterleitung der Schwingungen zu verhindern, sollen die Grundplatten der Maschinen auf Schwingungsdämpfern gelagert werden.

Zur *Schwingungsdämpfung* eignen sich weiche Stoffe, wie Gummi und Kork, die meist in Plattenform Verwendung finden, s. Abb. 5.21. Es ist darauf zu achten, daß bei dieser Ausführung keine Schallbrücken durch die Befestigungsschrauben gebildet werden. Höheren Ansprüchen genügen besondere Gummiisolatoren und Feder-Schwingungsdämpfer, bei denen keine starre Verbindung zwischen Lüfter und Fundament mehr vorhanden ist, s. Abb. 5.22. Zur Vermeidung von Resonanzerscheinungen darf die Eigenschwingungszahl des Systems „Aggregat + Feder" nicht in der Nähe der Erregerschwingungszahl liegen. Das gemeinsame Fundament von Lüfter und Antriebsmotor muß biegungssteif und genügend schwer ausgeführt sein; Fundamentrahmen aus Profilstahl sind zu diesem Zweck mit Beton auszugießen. Bei sehr großen Lüftereinheiten ist gegebenenfalls das Lüfterfundament ganz vom Gebäudefundament zu trennen, s. Abb. 5.23.

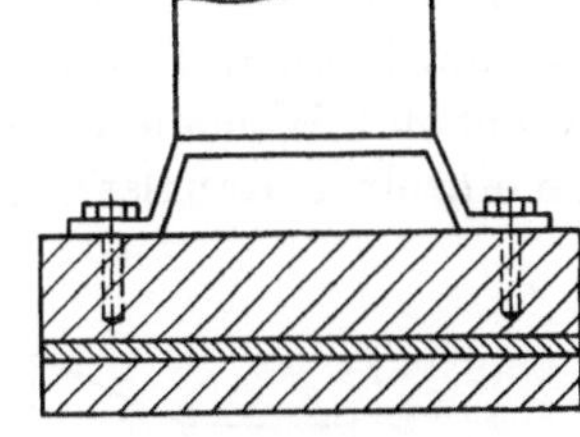

Abb. 5.21. Lüfteraufstellung mit Dämmplatte

Beim Aufstellen der Lüfter auf Zwischendecken besteht auch bei schwingungsdämpfenden Unterlagen die Gefahr des Mitschwingens der ganzen Decke. Um dies zu vermeiden, können die Lüfter auf besondere Träger gestellt werden, die das Gewicht der Lüfter auf die Wände übertragen. Natürlich müssen diese Träger ihrerseits schall- und schwingungsisoliert in den Wänden gelagert sein.

Die Weiterleitung von Schwingungen vom Lüftergehäuse an die Wandungen der Luftkanäle wird durch Zwischenschaltung von Segeltuchstutzen verhindert, s. Abb. 5.17.

Im Ventilator selbst entstehen Geräusche durch das Schlagen der Laufradschaufeln und als Folge hoher Strömungsgeschwindigkeiten und Wirbelablösungen. Diese Schallwellen werden vor allem durch das Luftverteilungsnetz selbst übertragen. Andererseits absorbieren die Kanäle, ihre Abzweige und die Luftauslässe, einen Teil der übertragenen Schallenergie. Die Schall-

---

[1] VDI-Richtlinien für die Lärmabwehr in der Lüftungstechnik. Berlin 1938.

schluckung von Blech- und Kalkputzwänden ist nach ZELLER[1] im kritischen Bereich bis 250 Hz jedoch nur gering. Man ist daher häufig gezwungen, zusätzliche Maßnahmen zu ergreifen.

Der einfachste Weg ist die Auskleidung der Kanalwandungen mit geeigneten Schallschluckstoffen oder der Einbau von Schalldämpfern aus Platten derartiger Stoffe, s. Abb. 5.24. Die Schallschluckfläche wird dabei durch parallele Anordnung vieler Platten in Kanallängsrichtung vergrößert. Für tiefe Frequenzen geeigneter sind Doppelwandschalldämpfer, s. Abb. 5.25. Aus dünnen Absorptionsplatten wird eine mitschwingende innere Wandfläche geschaffen, die in Ver-

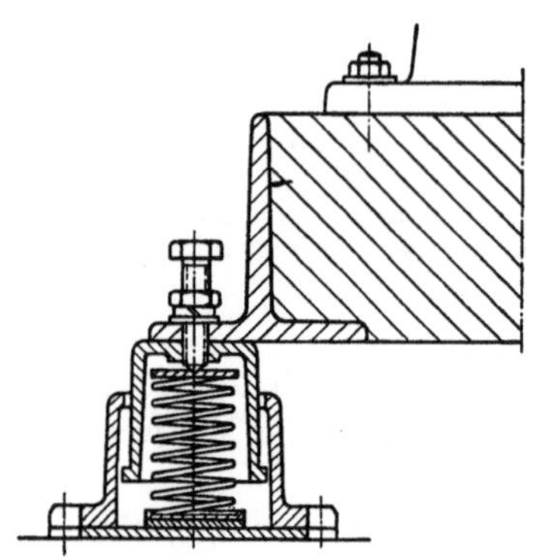

Abb. 5.22. Feder-Schwingungsdämpfer

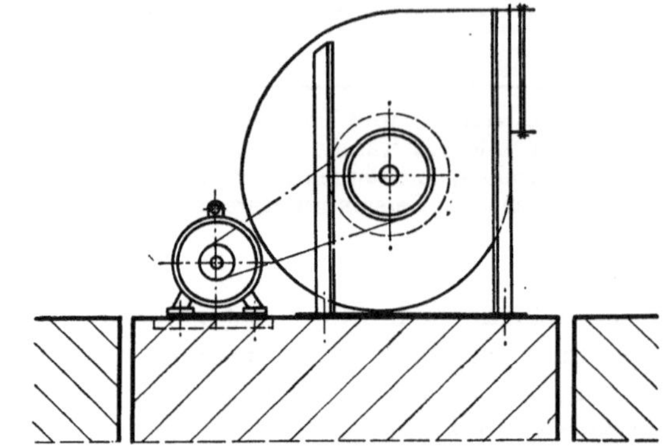

Abb. 5.23. Ventilatorfundament, gesondert

bindung mit dem in den Zwischenraum eingebrachten Schallschluckstoff einen Teil der Schallenergie dem Luftstrom entzieht. Durch die Wahl verschiedener Schichtdicken (l_1, l_2, ...) und Gewichte der inneren Auskleidung läßt sich die Schallschluckung der vorherrschenden Frequenz anpassen.

Auch plötzliche Querschnittserweiterungen ermöglichen eine bedeutsame Schalldämpfung. Man macht davon Gebrauch, indem man hinter dem Ventilator eine Schallabsorptionskammer anordnet mit Wänden aus schallschluckendem Material, die gleichzeitig als Verteilerkammer für die einzelnen Kanalstränge dienen kann.

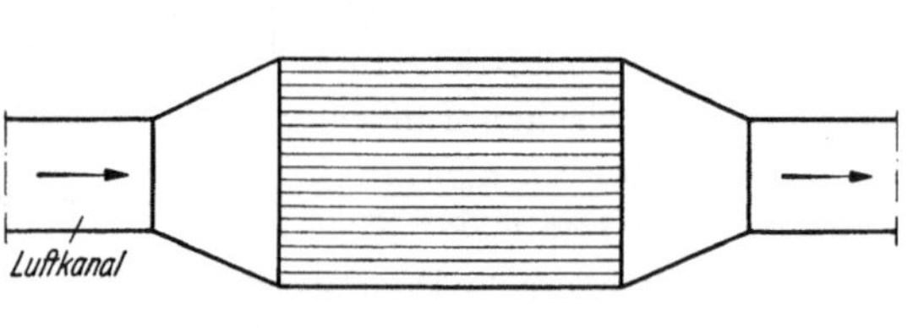

Abb. 5.24. Platten-Schalldämpfer

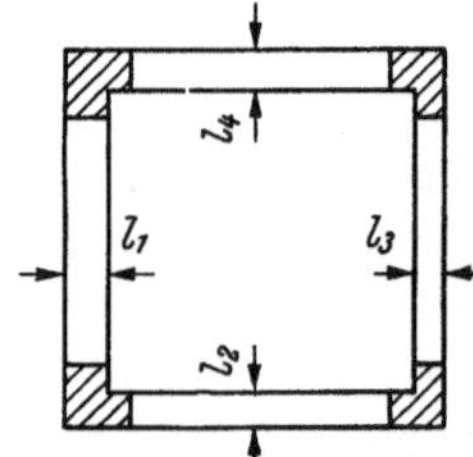

Abb. 5.25. Doppelwand-Schalldämpfer

Man wird im Einzelfall stets prüfen müssen, ob es wirtschaftlicher ist, eine gewisse Lautstärke in der Zentrale hinzunehmen und die geforderte Geräuschfreiheit in den gelüfteten Räumen durch besondere Schalldämpfung zu erreichen oder ob die Aufstellung langsam laufender, geräuscharmer Lüfter richtiger ist. Im zweiten Fall ist es notwendig, die Druckverluste der Gesamtanlage niedrig zu halten, so daß der Lüfter nur gegen eine geringe Druckhöhe fördern muß. Zur Vermeidung von Strömungsgeräuschen in Kanälen und Auslässen darf die Luftgeschwindigkeit nicht zu hoch gewählt werden, bei Anlagen für Aufenthaltsräume keinesfalls über 7 m/s. Auch die strömungsgerechte Gestaltung des Kanalnetzes und der Auslässe ist wichtig.

---

[1] ZELLER, W.: Schalldämpfung in Lüftungsleitungen. Gesundh.-Ing. Bd. 72 (1951) H. 19/20.

D. Kanalanlage

Bei der Ausführung der Kanäle müssen zwei Forderungen besonders beachtet werden, nämlich gute Reinigungsfähigkeit und geringer Strömungswiderstand.

1. Gute Reinigungsfähigkeit

Es muß zugegeben werden, daß die Erfüllung dieser Forderung in baulicher Hinsicht manche Erschwernisse bringt. Bedenkt man aber, daß nichtreinigungsfähige Teile schon nach kurzer Zeit stark verschmutzen, daß dieser Zustand Jahre und Jahrzehnte fortbestehen kann und daß durch die ungereinigten Teile sämtliche den Menschen zuzuführende Luft streicht, so erkennt man die unbedingte Notwendigkeit dieser Forderung. Die Angabe, daß Kanäle, in denen verhältnismäßig hohe Luftgeschwindigkeiten herrschen, sich selbst reinigen, ist unzutreffend. Man muß außerdem mit der Verschmutzung der Kanäle während der Betriebspausen rechnen.

Baustoffe mit glatten Oberflächen sind im Hinblick auf die leichtere Sauberhaltung und den geringeren Strömungswiderstand vorzuziehen. Um die Reinigung zu ermöglichen, sollen die Kanäle zugänglich angeordnet und mit einer ausreichenden Zahl von Reinigungsöffnungen versehen werden. Fußbodenkanäle sind nur dann zulässig, wenn sie nach Entfernung von Deckplatten gut und sicher gereinigt werden können. Überhaupt muß das gesamte Kanalnetz schon bei der Bearbeitung der Pläne sorgfältig auf seine Reinigungsfähigkeit überprüft werden. Es ist daher verfehlt, die Lüftungsfirma erst heranzuziehen, wenn der Rohbau des Gebäudes bereits fertiggestellt ist; die Folgen sind überhöhte Kanalbaukosten und vermehrte Antriebsleistung für den Lüfter, wobei häufig noch die Sauberhaltung der Anlage sehr zu wünschen übrigläßt.

2. Geringer Strömungswiderstand

Die Forderung nach geringen Druckverlusten bei der Luftverteilung bedingt niedrige Strömungsgeschwindigkeit, also groß bemessene Kanalquerschnitte. Richtungsänderungen sollen mit großem Krümmungsradius ausgeführt und Abzweige möglichst mit spitzem Winkel vom

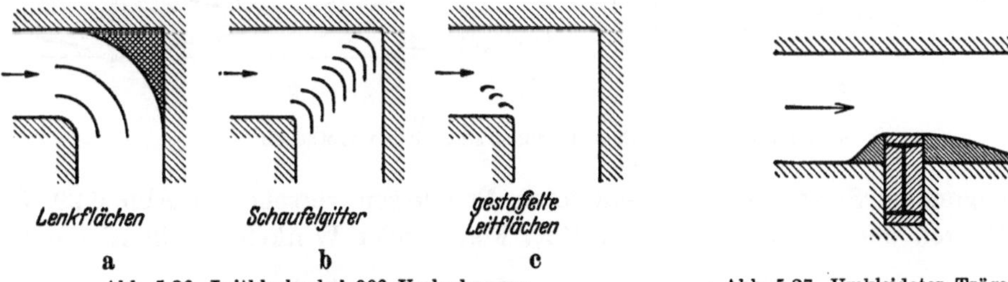

Abb. 5.26. Leitbleche bei 90° Umlenkungen   Abb. 5.27. Umkleideter Träger im Luftkanal

Hauptkanal abgenommen werden. Lassen sich scharfe Richtungsänderungen nicht vermeiden, so kann durch Einbau von Lenkblechen (Abb. 5.26a), Schaufelgittern (Abb. 5.26b) oder gestaffelten Leitflächen (Abb. 5.26c) die Wirbelbildung und damit der Druckverlust bei der Umlenkung weitgehend vermindert werden.

Um den Strömungswiderstand gering zu halten, sind ferner alle Änderungen der Größe oder Gestalt eines Querschnittes in schlankem Übergang auszuführen. Läßt es sich z. B. nicht vermeiden, daß ein tragender Bauteil in den Kanal hineinragt (Abb. 5.27), so muß durch Ausfüllen der Ecken jede starke Wirbelbildung im Luftstrom vermieden werden. Ein glattes Abströmen der Luft hinter dem Hindernis ist hierbei noch wichtiger als ein stoßfreies Anströmen an das Hindernis.

3. Baustoffe

Als Baustoffe kommen in Betracht: Stahlblech, Leichtbauplatten, Asbestzement und bei größeren Querschnitten Rabitzwände und Mauerwerk. Bei der Auswahl des Baustoffes spielen neben dem Preis, dem Gewicht und der Verarbeitbarkeit auch die Eignung für die jeweiligen Betriebsbedingungen eine Rolle[1]. So sind beispielsweise die auf Holzbasis hergestellten Leicht-

---

[1] Siehe O. H. BRANDI: Klimaanlagen und Brandschutz. Heizg.-Lüftg.-Haustechn. Bd. 7 (1956) S. 213/18.

bauplatten zwar billig, leicht und einfach zu verarbeiten, aber nicht feuerfest und nicht feuchte-
bzw. temperaturbeständig. Kanäle aus Asbestzement genügen diesen Forderungen, sind dafür
aber relativ schwer und nur in vorgefertigten Formstücken verwendbar.

Die Ausführung in Mauerwerk wird vor allem bei senkrechten Schächten und großen Querschnitten gewählt. Einfaches Mauerwerk ist innen glatt zu putzen und evtl. mit Ölfarbe zu
streichen. Besser, aber auch entsprechend teurer, ist die Auskleidung mit Kacheln. Rabitzkanäle
genügen nur bei bester Ausführung den hygienischen und strömungstechnischen Anforderungen.
Von Vorteil ist der geringe Preis und die beliebige Anpassungsfähigkeit an die örtlichen oder
räumlichen Bedingungen.

Am meisten Verwendung finden bei kleinen und mittelgroßen Querschnitten Kanäle aus verzinktem *Stahlblech*[1]. Sie sind feuer- und korrosionsbeständig, in der Oberfläche glatt und gut
zu reinigen. Da Blechkanäle, vorgefertigt oder am Bau hergerichtet, in jeder gewünschten
Form und Abmessung herzustellen sind, ist ihr Platzbedarf besonders gering. Die Blechstärke
liegt, je nach den Kanalabmessungen, zwischen 0,5
und 1,25 mm. Bei der Festlegung des Kanalquerschnittes empfiehlt es sich, auf die Maße der handelsüblichen Blechtafeln Rücksicht zu nehmen, um den
Verschnitt klein zu halten.

Abb. 5.28. Blechkanäle, Verbindung durch Falzen.
a) Querfalz mit Stoßband, b) Längsfalz

Dünne Bleche lassen sich sowohl in der Längsnaht als auch an den Stoßstellen durch Falze
verbinden. Abb. 5.28 zeigt die Ausführung von Doppelfalzen mit innerer und äußerer glatter
Blechwand. An den Stoßstellen können die gebördelten Kanalenden durch ein besonderes
Stoßband zusammengehalten werden. Dickere Bleche werden im allgemeinen in der Längsnaht
genietet und an den Stoßstellen mittels aufgenieteter Winkeleisenrahmen aneinandergeschraubt.
Diese Verbindungen stellen zugleich erwünschte Versteifungen des Blechkanals dar. Große
Kanalwände werden zur Erhöhung der Steifigkeit und zur Verhütung von Resonanzschwin-

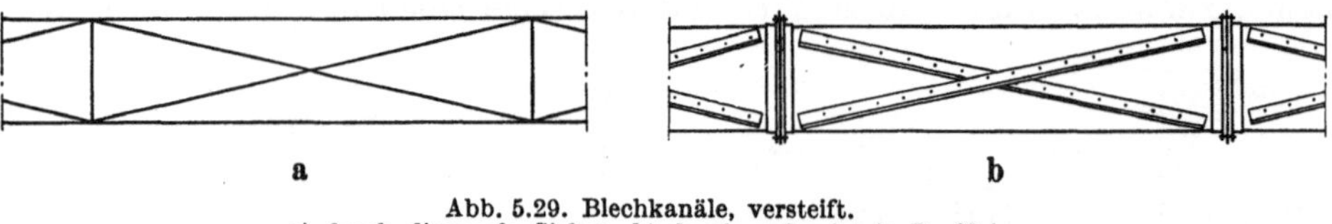

a　　　　　　　　　　　　　　　　b

Abb. 5.29. Blechkanäle, versteift.
a) durch diagonale Sicken, b) durch aufgenietete Profileisen

gungen mit diagonalen Sicken oder aufgenieteten Profileisen versehen, s. Abb. 5.29. Die Befestigung an Decken und Wänden erfolgt mittels Flach- oder Winkeleisen in Abständen von
2 bis 3 m.

4. Zubehör

Zur Abtrennung einzelner Teile des Kanalnetzes sowie zur Regelung der Luftmenge und ihrer
Verteilung werden Verschluß- und Drosselvorrichtungen eingebaut, s. Abb. 5.30 und 5.31. Sie
können von Hand oder auch automatisch betätigt werden. Bei Handbetätigung sind sie zu-

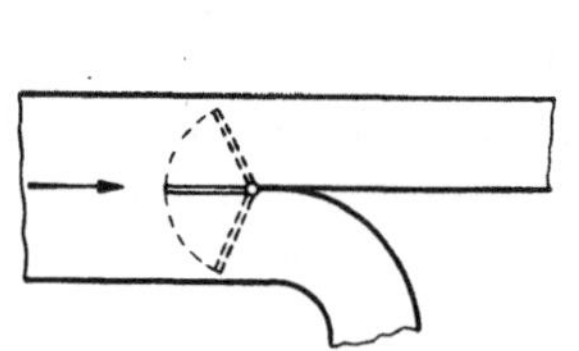

Abb. 5.30. Drehklappe am Abzweig

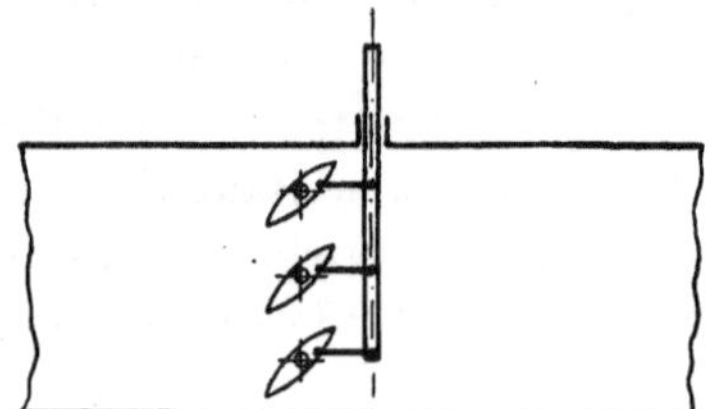

Abb. 5.31. Jalousieklappen

meist mit Stellvorrichtungen versehen, um beliebige Zwischenlagen der Drosselorgane festhalten
zu können. Schieberartige Kanalabschlüsse finden sich als Feuerschutzvorrichtungen in Verbindung mit selbsttätiger Auslösung des Verschlusses bei Überschreitung einer Grenztemperatur von 60° oder 70° C.

---

[1] HERBST, W.: Blechkanäle für Lüftungsanlagen. Heizg. u. Lüftg. Bd. 11 (1937) S. 85/89.

E. Luftdurchlässe

1. Anordnung der Zu- und Abluftöffnungen im Raum

Die Unterbringung der für die Zuführung und Abführung der Luft erforderlichen Öffnungs-querschnitte bedarf einer sorgfältigen Abstimmung der architektonischen, hygienischen und lüftungstechnischen Erfordernisse. Auf die Frage der zweckmäßigsten Luftführung wird im Teilabschnitt F noch eingegangen. Hier seien zunächst einmal die vorwiegend baulichen oder konstruktiven Gesichtspunkte erörtert. Die geringsten Schwierigkeiten bietet die Anordnung der Öffnungen im *oberen* Raumteil, sei es in den Wänden, der Hohlkehle zwischen Decke und Wand oder in der Decke selbst. Gegen die Unterbringung im *unteren* Raumteil sprechen häufig lüftungstechnische und hygienische Gesichtspunkte. So ist es beispielsweise nicht zweckmäßig, im Fußboden waagerechte Öffnungen für den Lufteintritt oder -austritt vorzusehen, da erfahrungs-gemäß die anschließenden Kanalstücke stark verschmutzen. In Sälen mit treppenartigem An-steigen des Fußbodens (Hörsäle und Theaterränge) können Luftgitter in die senkrechten Teile der Stufen gelegt werden, s. Abb. 5.32. Bei festem Gestühl läßt sich auch in Sälen mit waage-rechtem Fußboden die Luftzuführung von unten durch Einzelauslässe nach Art der Abb. 5.33 verwirklichen.

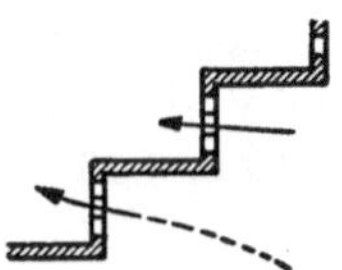

Abb. 5.32. Luftdurchlässe in Treppenstufen

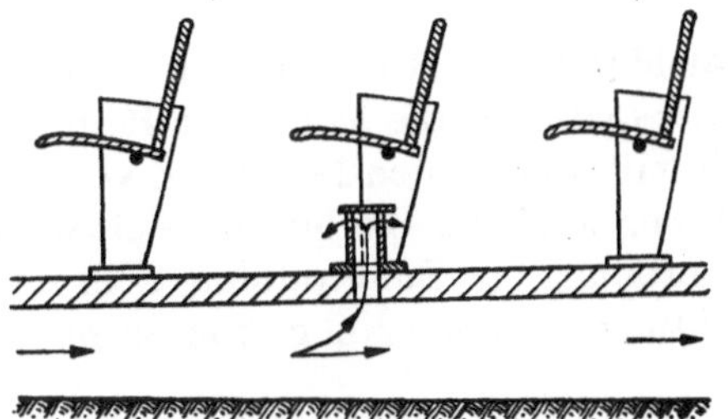

Abb. 5.33. Zuluft unter dem Gestühl

Im unteren Teil der Wände lassen sich im allgemeinen Luftöffnungen nur an wenigen Stellen unterbringen. Man ist deshalb gezwungen, die Querschnitte sehr groß zu wählen. Führt man auf diese Weise die Zuluft ein, so treten in der Regel Zugerscheinungen in der Nähe des Durchlasses auf, wenn die Lufttemperatur niedriger ist als die Raumtemperatur. Abluftöffnungen an diesen Stellen sind dagegen ganz unbedenklich, da die Temperatur der bewegten Luft mit der Raum-temperatur übereinstimmt und die Luftgeschwindigkeit schon in geringem Abstand von der Öffnung sehr klein ist. Bei der Unterbringung der Abluftöffnungen hat man also eine größere Bewegungsfreiheit.

In hohen und dichtbesetzten Räumen sollte möglichst ein Teil der Abluft oben abgenom-men werden, um das Festsetzen warmer, verunreinigter Luftmassen unterhalb der Decke zu vermeiden. Besonders wichtig ist dies in Räumen, in denen geraucht wird. Man wird in diesem Fall die oben abziehende Raumluft nach außen leiten (Fortluft) und die durch untere Abluft-öffnungen entnommene als Umluft verwenden.

In Räumen ohne feste Sitzreihen, also ohne die Möglichkeit der Luftzuführung vom Fuß-boden her, ist man darauf angewiesen, die Zuluftöffnungen im oberen Teil der Wände oder in der Decke anzuordnen. Das Bestreben, die Auslaßquerschnitte klein zu halten und Zugerscheinungen unterhalb der Auslässe bei niedrigen Zulufttemperaturen zu vermeiden, hat zur Anwendung hoher Lufteinströmgeschwindigkeiten geführt. Die Zuluft wird dabei unter Mischung mit der Raumluft weit in den Saal hineingetragen, wobei der gesamten Raumluft zugleich ein bestimmtes Strömungsfeld aufgezwungen wird. Man bezeichnet diese Art Luftzufuhr, die sich mit dem Auf-kommen der Klimaanlagen durchgesetzt hat, als „Strahllüftung".

2. Bauformen der Luftdurchlässe

Solange die Luft mit geringer Geschwindigkeit in den Raum eingeführt wurde, konnte die Ausgestaltung der Luftdurchlässe dem Architekten überlassen werden. Die Öffnung wurde durch ein dem Raum angepaßtes Ziergitter verkleidet, wobei lediglich darauf zu achten war, daß ein bestimmter freier Querschnitt nicht unterschritten wurde. Für die Gestaltung der Abluftgitter mit ihren geringen Geschwindigkeiten gilt dies im wesentlichen heute noch.

Für die Ausbildung der Zuluftgitter bei höheren Einblasgeschwindigkeiten sind dagegen in erster Linie strömungstechnische Gesichtspunkte maßgebend. Die Umlenkung des Luftstromes aus der Kanalachse in die der Zuluftöffnung und die Umsetzung der Druck- in Strömungsenergie soll tunlichst verlustfrei erfolgen. Vielfach ist der Luftstrahl auch noch in bestimmter Weise zu richten oder die Mischung mit der Raumluft muß auf kürzestem Wege herbeigeführt werden. Die Bauformen der Wand- und Deckendurchlässe sind dabei verschieden[1].

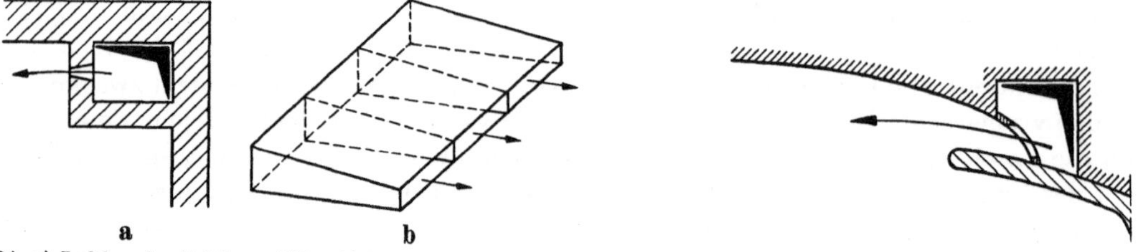

Abb. 5.34. a) Luftkanal mit Längsschlitz. b) Blecheinsatz (mit Leitstegen)   Abb. 5.35. Luftzufuhr in der Deckenvoute

Wanddurchlässe. Die einfachste Ausführung stellen schmale Längsschlitze in der Seitenwand des Luftkanals dar, die häufig zur Richtung des Luftstrahls und zur optischen Abdeckung der Öffnung mit senkrechten Leitstegen versehen werden, s. Abb. 5.34. Es empfiehlt sich, bei dieser Ausführung konische Blechgehäuse einzusetzen, um einwandfreie Austrittsschlitze zu erhalten. Die Anordnung der Zuluftöffnungen in den Deckenvouten, evtl. in Verbindung mit indirekter Beleuchtung, wird neuerdings von Architekten gern angewendet, s. Abb. 5.35.

Abb. 5.36. Rahmen-Luftdurchlaß mit verstellbaren Leitflächen   Abb. 5.37. Steggitter mit Drosselklappen

Sind größere Querschnitte erforderlich, so sind Rahmengitter mit jalousieähnlichen, oft verstellbaren Leitflächen gebräuchlich, s. Abb. 5.36. Sie gestatten es, den Luftstrahl den jeweiligen Erfordernissen entsprechend zu richten, also beispielsweise bei waagerechten Leitflächen die Ausblasrichtung in der Senkrechten zu ändern oder bei senkrechten Leitflächen durch divergierende Einstellung den Luftstrahl waagerecht zu erweitern. Oft sind derartige Gitter mit Drosselklappen kombiniert, so daß die Luftleistung der einzelnen Zuluftöffnungen geregelt werden kann,

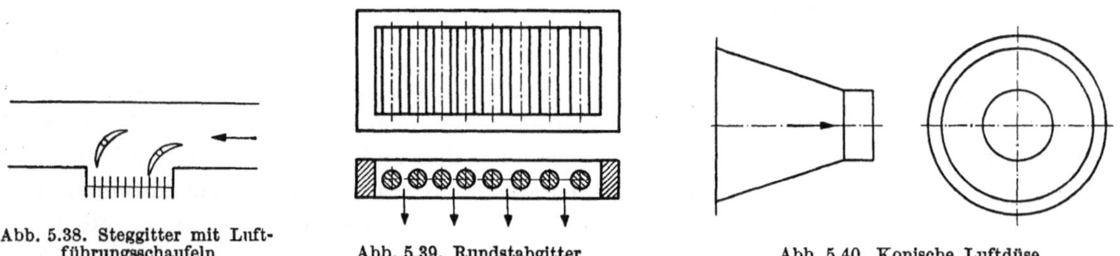

Abb. 5.38. Steggitter mit Luft-
führungsschaufeln   Abb. 5.39. Rundstabgitter   Abb. 5.40. Konische Luftdüse

s. Abb. 5.37, oder auch mit verlängerten, in den Kanal ragenden Leitflächen versehen, s. Abb. 5.38. Eine andere Bauform ist das sog. Rundstabgitter, s. Abb. 5.39. Es handelt sich hier um ein Gitter mit feststehenden Leitstäben, das nur einen Luftstrom senkrecht zur Gitterfläche zuläßt; man sagt ihm jedoch eine besonders gute Mischwirkung nach, so daß auch relativ kalte Zuluft eingeblasen werden kann.

---

[1] HÄUSLER, W.: Fortschritte und Erkenntnisse in der Technik der Luftverteilung. Schweiz. Bl. f. Heizg. u. Lüftg. Bd. 16 (1949) S. 110/129.

Als ausgesprochene Weitwurfauslässe werden, besonders für große Räume, runde konische Luftdüsen verwendet, s. Abb. 5.40. Auf die Strömungsvorgänge hinter Zuluftdurchlässen wird später noch eingegangen, s. S. 447. Die Austrittsgeschwindigkeit ist durch die notwendige Wurfweite des Strahls (s. S. 449) bestimmt und häufig nach oben durch die Anforderungen an die Geräuschfreiheit der Anlage begrenzt.

Deckendurchlässe. Bei der Luftzuführung durch die Decke ist es zur Vermeidung von Zugerscheinungen notwendig, entweder den Luftstrom hinter dem Auslaß hori-

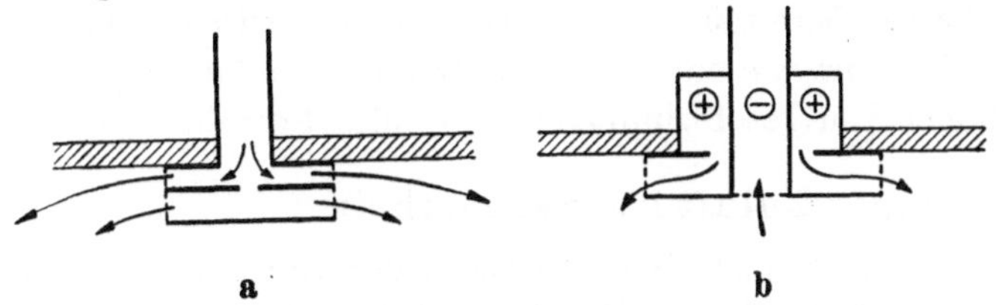

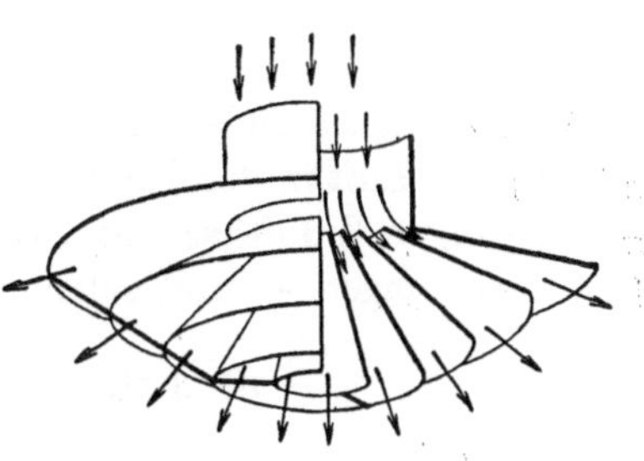

a   b
Abb. 5.41. Deckenluftdurchlässe.
a) mit Prallplatte, b) kombinierter Zu- und Abluft-Durchlaß

Abb. 5.42. Anemostat

zontal abzulenken oder die Luftgeschwindigkeit durch Mischung mit der Raumluft bzw. durch starke Querschnittserweiterung herabzusetzen. Die Umlenkung kann durch Prallplatten dicht unterhalb der Austrittsfläche bewirkt werden, s. Abb. 5.41a. Die Abb. 5.41b gibt eine Ausführung wieder, bei der an der gleichen Stelle die Abluft zentrisch abgenommen wird. Die bekannteste Bauform der Deckenauslässe mit Geschwindigkeitsminderung durch diffusorähnliche Querschnittserweiterung ist der „Anemostat", s. Abb. 5.42.

Eine besonders gleichmäßige Verteilung der Zuluft über den gesamten Raumquerschnitt läßt sich erreichen, wenn die Luft durch viele kleine Öffnungen in der Decke zugeführt wird, s. Abb. 5.43. Durch die feine Unterteilung des Luftstromes erfolgt die Mischung mit der Raumluft und die Geschwindigkeitsminderung in der obersten Raumzone, so daß trotz senkrechter Ausblasrichtung höhere Zuluftgeschwindigkeiten und damit große Luftleistungen möglich sind.

Die Decke erfordert reichlich bemessene Zuluftkanäle und eine sehr gute Reinigung der Luft. Lochdecken lassen sich in einfacher Weise mit schalldämmenden Deckenflächen kombinieren. Auch können sie als Strahlungsheizdecken ausgebildet werden (s. Frengerdecke Abb. 2.121).

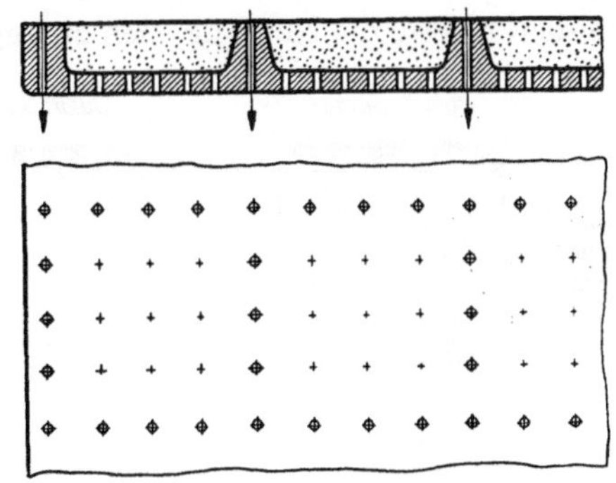

Abb. 5.43. Lochdecke

F. Luftführung im Raum

Wir verlangen von einer guten Lüftungsanlage, daß die Zuluft den gesamten Raum gleichmäßig durchspült und daß sie an die Quellen der Luftverschlechterung herangebracht wird — in Versammlungsräumen an die Menschen, in Werkräumen an die wärme-, feuchtigkeits- oder gasentwickelnden Einrichtungen —, ohne daß Zugbelästigungen auftreten. Es handelt sich hier also um die wichtige und vielerörterte Frage, wie die Luft am zweckmäßigsten durch den zu lüftenden Raum geführt werden soll. Dabei ist von zwei Anlagen gleicher Güte diejenige vorzuziehen, welche die Wirkung mit der geringeren Luftleistung erzielt.

Es ist nicht möglich, allgemein anwendbare Regeln für die Luftführung bei bestimmten Raumarten aufzustellen und der einen Ausführung eine grundsätzliche Überlegenheit über die andere zuzubilligen. Schon die Unterschiede in den Betriebsbedingungen, in der Verteilung der Quellen der Luftverschlechterung und vor allem in den räumlichen Verhältnissen lassen dies nicht zu. Auch ist es oft aus architektonischen oder konstruktiven Gründen nicht möglich, die Luftdurchlässe bzw. die Kanäle so anzuordnen, wie es lüftungstechnisch erwünscht wäre. Bei der Ausführung ist daher häufig ein Kompromiß zwischen den Wünschen des Architekten und den Forderungen des Lüftungsingenieurs zu schließen, wobei darauf zu achten ist, daß durch Abweichungen von der ursprünglichen lüftungstechnischen Planung die Güte der Anlage nicht entscheidend gemindert wird.

Im folgenden sollen einige für die Luftführung wesentliche Gesichtspunkte besprochen werden. Man geht dabei am besten von „ideellen Strömungsbildern" aus, d. s. Darstellungen der Luftbewegung für besonders einfach gedachte Fälle.

1. Die ideellen Strömungsbilder

Von entscheidendem Einfluß auf das entstehende Strömungsfeld ist die Geschwindigkeit, mit der die Luft in den Raum eingeführt wird. Man muß daher unterscheiden zwischen Anlagen mit geringer Zuluftgeschwindigkeit — d. s. im wesentlichen die älteren Ausführungen von Lüftungsanlagen — und solchen mit hohen Luftgeschwindigkeiten — also Strahllüftungen.

a) Anlagen mit geringer Zuluftgeschwindigkeit

Da die Zuluft bei langsamem Eintritt sofort nach dem Verlassen der Einströmöffnungen sich selbst überlassen ist, hängt ihr Weg durch den Raum davon ab, ob sie wärmer oder kälter als die Raumluft ist. Dabei ist weiterhin von Einfluß, ob die Luft oben oder unten in den Raum eingeführt wird und wie etwaige Wärmequellen im Raum verteilt sind. Wir wollen im folgenden zunächst von dem Einfluß der Wärmequellen absehen.

Lüftung von oben nach unten und umgekehrt. In den vier Abb. 5.44a—d ist angenommen, daß sowohl Fußboden als Decke des Raumes in ihrer ganzen Ausdehnung gleichmäßig mit Luftöffnungen belegt sind. Abb. 5.44a und 5.44b zeigen die Lüftung von oben nach unten. Abb. 5.44c und 5.44d in umgekehrter Richtung.

Ist die Zuluft wärmer als die Raumluft (Abb. 5.44a), so hat sie das Bestreben, sich unter der Decke anzulagern, und sie muß durch die nachdrängende weitere Zuluft, also durch die Kraft des Ventilators, nach unten gedrückt werden. Die Abbildung zeigt, daß die frische Luft auf breiter Front vordringt und auf diese Weise den ganzen Raum gleichmäßig durchspült. Ist dagegen die Zuluft kälter als die Raumluft, wie in Abb. 5.44b dargestellt ist, so fällt sie nach unten, besitzt also eine eigene Strömungstendenz gegenüber der Raumluft. Bei dem Abwärtssinken hat sie die Neigung, sich zu engen Bündeln oder Strähnen zusammenzuziehen, auch wenn

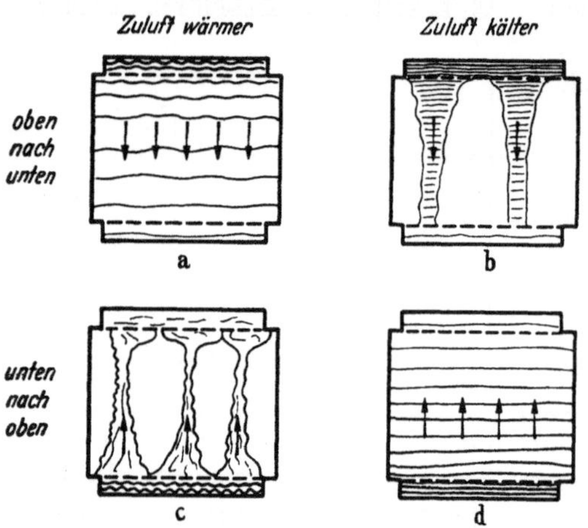

Abb. 5.44. Ideelle Strömungsbilder

sie oben gleichmäßig verteilt eingeführt wurde. So kommt sie in Form dünner Ströme in die Zone der Menschen und verursacht dort, wenn sie zu kalt ist, Zugerscheinungen.

In Abb. 5.44c und 5.44d ist die Lüftung von unten nach oben dargestellt. Ist die Zuluft wärmer als die Raumluft, so hat sie wieder eine eigene Strömungstendenz; sie steigt von selbst nach oben. Auch hier bilden sich wieder Strähnen. Da dies im allgemeinen erst über der Aufenthaltszone geschieht und zudem wegen der höheren Temperatur keine Zuggefahr besteht, ist diese Erscheinung vom lüftungstechnischen Standpunkte aus belanglos. In Abb. 5.44d ist der Fall der kälteren Zuluft dargestellt. Die Zuluft lagert sich am Boden und muß durch die nachdrängende Zuluft entgegen ihrer Tendenz nach oben gedrückt werden. Das Wesentliche ist wieder ein Vordringen in breiter Front und eine gleichmäßige Durchspülung des Raumes.

Die vorstehend getroffene Annahme, daß Fußboden und Decke des Raumes gleichmäßig mit Luftöffnungen belegt sind, läßt sich nur selten verwirklichen. Oft sind die Zu- und Abluftöffnungen in den Wänden angeordnet. Wird dabei die Luft entgegen ihrer natürlichen Tendenz durch den Raum geführt, so ändert sich mit der Lage der Luftdurchlässe nichts; die Strömungsbilder sind die gleichen wie die in den Abb. 5.44a und 5.44d dargestellten. Anders ist es, wenn wärmere Luft unten oder kältere Luft oben eingeführt wird. Die warme Luft strömt im ersten Fall auf kürzestem Weg nach oben; die übrigen Raumzonen werden von der Luftströmung nicht unmittelbar erfaßt. Im zweiten Fall sinkt die Kaltluft schon kurz nach dem Eintritt in den Raum in einer geschlossenen Strähne abwärts. Ist die Abluftöffnung auf der Gegenseite der Zuluftöffnung angebracht, so wird zwar die untere Raumzone voll durchspült; es treten jedoch leicht Zugerscheinungen unterhalb der Zuluftöffnungen auf.

Aus dieser Überlegung läßt sich folgende Regel ableiten: *Bei Anlagen mit geringer Zuluftgeschwindigkeit ergibt die Luftführung entgegen der natürlichen Tendenz — d. h. also Einführung warmer Luft oben und kalter Luft unten — stets die gleichmäßigste Durchspülung des Raumes.*

Querlüftung. Bei Räumen mit geringer Höhe, aber großer waagerechter Ausdehnung verlieren die Begriffe Lüftung von oben nach unten oder unten nach oben ihren Sinn. An ihre Stelle tritt die Querlüftung. Aus baulichen und anderen Gründen ist man meist gezwungen, die Luftöffnungen im oberen Teil der Wände oder in der Decke anzubringen. Die Bezeichnung „Lüftung von oben nach oben", die manchmal gebraucht wird, ist unzweckmäßig.

Ist die Zuluft wärmer als die Saalluft, so strömt sie an der Decke entlang, trägt also nur wenig zur Lufterneuerung bei. Der Fall der wärmeren Zuluft ist allerdings selten und deshalb von keiner besonderen Bedeutung. Ist die Zuluft kälter (Abb. 5.45), so sinkt sie nach Verlassen der Ausströmöffnungen nach unten, durchquert den Raum, erwärmt sich dabei allmählich und steigt am Ende ihres Weges wieder nach oben. Die Zuggefahr unter der Einströmöffnung ist hier besonders groß und verlangt, daß die Zulufttemperatur nur wenige Grade unter Raumtemperatur gehalten wird.

b) Anlagen mit weitreichendem Luftstrahl

Die Abb. 5.46 und 5.47 stellen hierzu zwei Strömungsbilder dar. Die gute Durchmischung der Zuluft mit der Raumluft und ihre Erwärmung vor Eintritt in die Aufenthaltszone gestatten es,

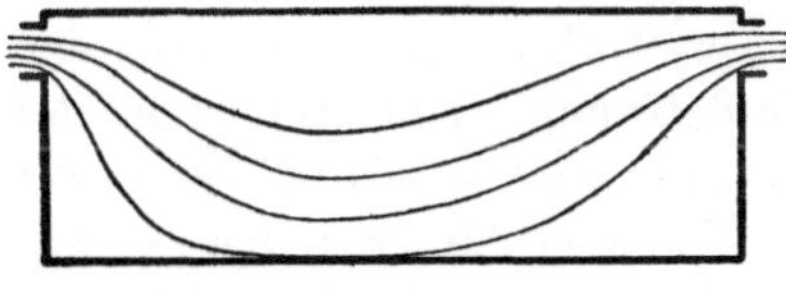

Abb. 5.45. Querlüftung

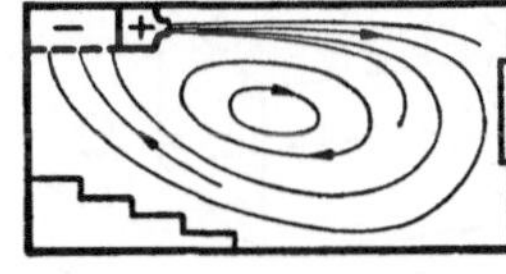

Abb. 5.46. Strahllüftung

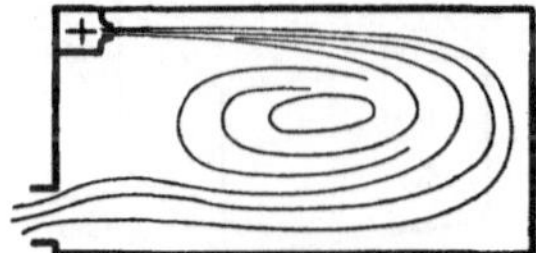

Abb. 5.47. Strahllüftung

Strahllüftungen mit niedrigeren Zulufttemperaturen zu betreiben als Lüftungsanlagen mit geringer Lufteintrittsgeschwindigkeit. Ein weiterer Vorzug der Strahllüftung liegt in der Möglichkeit, die Bewegung der Luft im Raum und ihre Geschwindigkeit weitgehend zu beherrschen, wenigstens dann, wenn die Störungen von außen oder durch Wärmequellen im Raum ein gewisses Maß nicht übersteigen. So sind beispielsweise auch lange Räume mit einer Luftführung nach Art der Abb. 5.47 einwandfrei gelüftet worden. Die Zuluft wird dabei an der hinteren Saalwand zugeführt und unter der Decke nach vorn geworfen. Die zurückkehrende Luft strömt den Rauminsassen entgegen, wobei auch etwas kühlere oder rascher strömende Mischluft keine Zugbelästigung hervorruft. Eine genügende Raumhöhe ist allerdings zur Ausbildung dieses Strömungsfeldes erforderlich. Die Höhenlage der Abluftöffnungen scheint von geringerer Bedeutung zu sein.

2. Verdrängung oder Verdünnung der schlechten Luft?

Das Bestreben, die Zuluft möglichst gut auszunutzen, legt die Frage nahe, auf welche Weise denn eigentlich die zugeführte Frischluft zu einer Verbesserung der Luft im Raum führt. Wir kommen so zu zwei wesentlich verschiedenen Vorstellungen, die man durch die Worte „Verdrängung der schlechten Luft" und „Verdünnung der schlechten Luft" kennzeichnen kann. Der Begriff „Verdrängung" beruht auf der Vorstellung einer auf breiter Front eingeführten Zuluft, welche die schlechte Luft vor sich her drängt und aus dem Saal hinausschiebt. Der andere Begriff beruht auf der Vorstellung, daß durch die Zuführung reiner Luft und ihrer Mischung mit der alten Luft die Luftverschlechterung ausreichend verdünnt wird.

Der Gedanke der Verdrängung ist in reinster Form in den Abb. 5.44a und d dargestellt. Das andere Verfahren, die Luftverbesserung durch Mischen und Verdünnen, wird am vollkommensten bei der Strahllüftung verwirklicht.

Die Zuluft wird am besten ausgenutzt, wenn eines der beiden Verfahren möglichst rein zur Anwendung kommen kann. Bei Berechnung der erforderlichen Luftmenge durch die Bilanzrechnung wurde stillschweigend die Annahme gemacht, daß der Zustand der Abluft gleich sei einem im ganzen Raum einheitlichen Mischzustand. Dem Berechnungsverfahren liegt also eine Luftverbesserung durch Mischung und Verdünnung zugrunde. Es gilt aber auch bei reiner Verdrängungslüftung. Je weniger aber die Luft diese geordneten Strömungswege einhält, um so mehr besteht die Gefahr, daß ein Teil der Zuluft aus dem Raum abströmt, ehe er in die Zone der Menschen gelangt ist. Das bedeutet aber eine schlechte Ausnutzung der Zuluft.

Rydberg und Kulmar[1] haben durch Modellversuche mit gefärbtem Wasser unter Beachtung der Ähnlichkeitsgesetze den Spülgrad e bei verschiedener Anordnung der Zu- und Abluftöffnungen gemessen. Die Eintrübung erfolgte dabei an vier Stellen etwa in halber Höhe. Die Abb. 5.48a bis d zeigen einige Ergebnisse dieser Messungen. Als Spülgrad e ist dabei das Verhältnis der Farbkonzentration des ablaufenden Wassers zur mittleren Konzentration im Versuchsraum angegeben. Dieser Wert kann bei guter Spülwirkung höher als 1 sein.

Wenn auch diese Versuche die wirklichen Verhältnisse im gelüfteten Raum insofern nicht exakt wiedergeben, als weder Störungen durch Strömungshindernisse und Wärmequellen noch der Einfluß von Temperaturunterschieden zwischen Zuluft und Raumluft miterfaßt werden, so ist der Vergleich der Einzelwerte doch von Interesse. Der ungünstigste Spülgrad ($e = 0,81$) ergibt sich bei Anordnung des Zu- und Abflusses auf gegenüberliegenden Wänden dicht unterhalb der Decke; das entspricht also der Querlüftung nach Abb. 5.45. Günstigere Durchspülung erhält man bei diagonaler Anordnung der Öffnungen ($e = 0,93$). Liegen die Zu- und Abfluß-

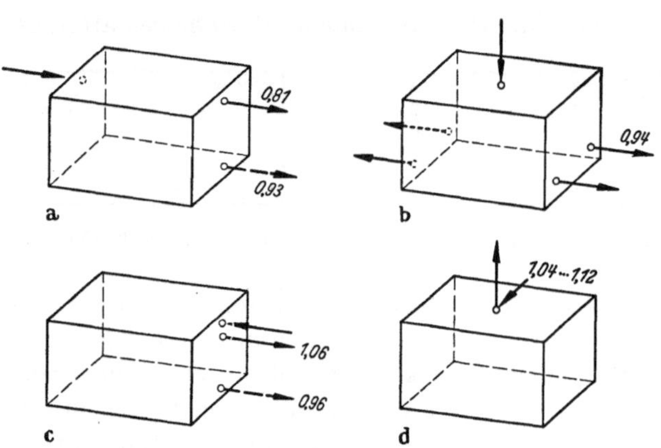

Abb. 5.48. Spülgrad bei unterschiedlicher Luftführung

öffnungen in der gleichen Wand, siehe Abb. 5.48c, so verbessert sich der Spülgrad weiterhin, insbesondere wenn die Abflußöffnung dicht unterhalb der Zuflußöffnung liegt ($e = 1,06$). Etwa die gleichen Werte erhält man bei Anordnung des Zuflusses in Deckenmitte und allseitigem bzw. oberem Abfluß, siehe Abb. 5.48d. Im letztgenannten Fall wurden sogar Spülgrade bis $e = 1,12$ gemessen.

Diese Meßergebnisse stimmen in ihrem gegenseitigen Verhältnis gut mit Erfahrungen in gelüfteten Einzelräumen nicht allzu großer Ausdehnung, z. B. in Wohn- und Büroräumen, überein. Zunehmend macht man bei diesen von den Öffnungsanordnungen nach Abb. 5.48c und d Gebrauch, s. auch Abb. 5.49 und 5.50, zumal sie in der Regel eine recht einfache Kanalführung ermöglichen.

3. Störungen der ideellen Strömung

Bei der Erörterung der Luftströmung im Raum und insbesondere bei den ideellen Strömungsbildern der Abb. 5.44 gingen wir von der Voraussetzung aus, daß die Raumluft keine eigene Strömungstendenz hat. Das wird für sehr kleine Räume hinreichend zutreffen. Je größer aber ein Raum ist, um so mehr neigt seine Luft zu einer eigenen Strömung, um so „eigenwilliger" ist der Raum, und um so schwerer ist es für die Lüftungsanlage, sich durchzusetzen.

Ursachen für die Eigenströmung der Raumluft sind in erster Linie einseitige Abkühlung oder Erwärmung, also große Fenster und dünne Außenwände. In ähnlicher Weise können auch

---

[1] Rydberg, J., u. E. Kulmar: Lüftungseffekt bei verschiedenen Plazierungen der Lufteinströmungs- und Luftausströmungsöffnungen. Installation Bd. 19 (1947) S. 165/170.

innere Wärmequellen wirken, z. B. dicht sitzende Menschengruppen, Heizkörper in kleinen Räumen, Glühöfen in Fabrikhallen und ähnliches. Bei Theatern ist die Wirkung des hohen Bühnenhauses auf den Zuschauerraum zu berücksichtigen. Ist die Eigenströmung durch kalte Außenflächen, durch Sonnenstrahlung oder durch Windanfall bedingt, so tritt als besondere Erschwernis hinzu, daß sich Richtung und Stärke der Eigenströmung je nach Tageszeit, Jahreszeit und Wetter ständig ändern.

Ursachen und Auswirkungen der Eigenwilligkeit sind so vielgestaltig, daß sie je nach der Stärke der Einzelfaktoren in ganz unterschiedlichem Umfang das gedachte Strömungsbild beeinflussen können. Auf diese Tatsache ist es wohl zurückzuführen, daß selbst bei ähnlichen Raumgattungen mit den einzelnen Luftführungen zuweilen abweichende Ergebnisse erzielt wurden. Auch gewisse Widersprüche in der Meinungsbildung der Fachleute bezüglich der Lüftung von oben nach unten oder umgekehrt bzw. für oder gegen die reine Strahllüftung erklären sich z. T. daraus.

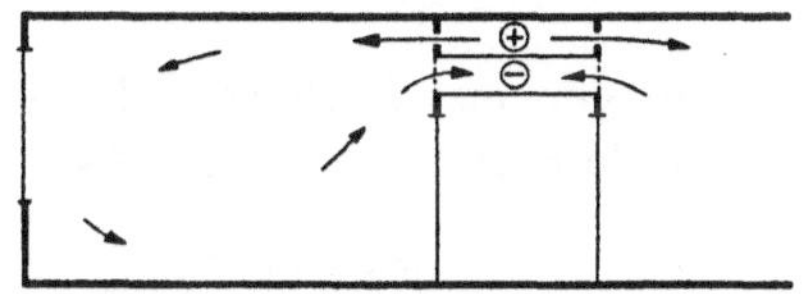

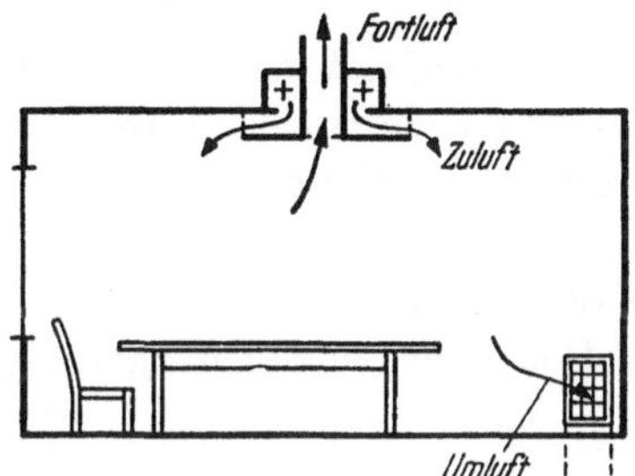

Abb. 5.49. Bürolüftung mit seitlicher Luftzu- und -abführung   Abb. 5.50. Bürolüftung mit oberer Luftzu- und -abführung

4. Lüftungsbeispiele

Einige *Beispiele der Lüftung* von Räumen verschiedener Größe und Benutzungsart sind in den Abb. 5.49 bis 5.54 wiedergegeben. Für Büros und Sitzungszimmer wird im allgemeinen die obere Luftzuführung, sei es durch Kanäle innerhalb des Flures mit seitlichen Auslässen, siehe Abb. 5.49, sei es durch Deckenauslässe (Doppeldecke), Abb. 5.50, bevorzugt. Der obere Luftaustritt, evtl. in Verbindung mit Umluftentnahme aus der unteren Raumzone, ergibt eine gute Raumdurchspülung.

Neuerdings werden bei solchen Gebäuden auch Einzelgeräte in Schrank- oder Fensternischenbauart verwendet, manchmal kombiniert mit einer Zentralanlage zur Aufbereitung des Außenluftanteils s. S. 274 und 275.

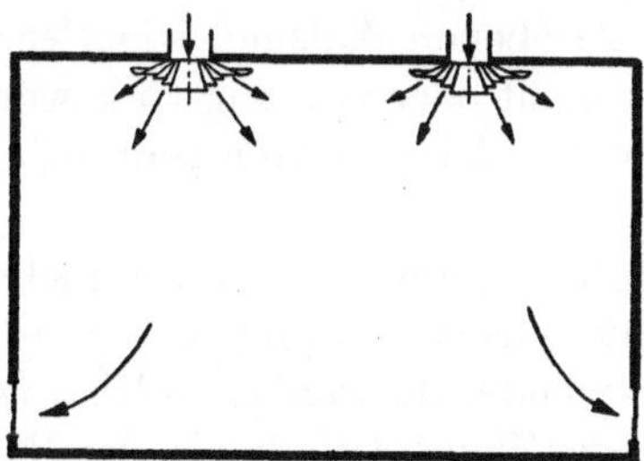

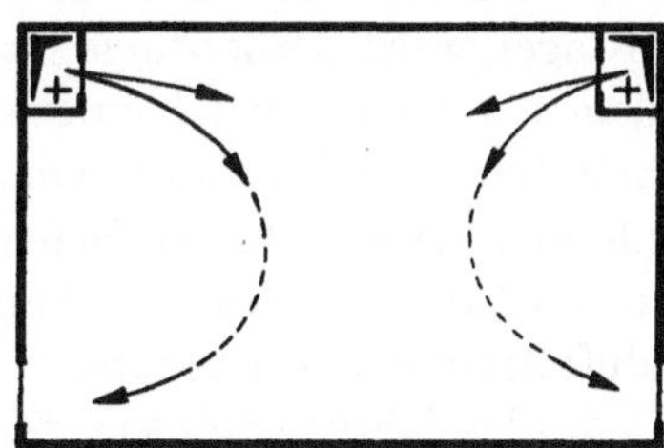

Abb. 5.51. Saallüftung mit Deckenluftdurchlässen   Abb. 5.52. Saallüftung mit seitlicher Luftzu- und -abführung

Bei langgestreckten Sälen, Lichtspielhäusern u. dgl. führt man die Luft entweder mit geringer Geschwindigkeit von der Bühnenseite her in der Längsrichtung durch den Raum oder mittels Deckenauslässen, s. Abb. 5.51, bzw. Seitenkanälen mit Strahlgittern oben in den Raum und durch seitliche Öffnungen unten ab, Abb. 5.52.

Abb. 5.53 zeigt als Beispiel für eine Luftzuführung von unten das Schemabild der Anlage im Hörsaal des Institutes für Heizung und Lüftung der Techn. Universität Berlin, Abb. 5.54 die Luftführung in einem größeren Lichtspielhaus oder Theaterraum mit Seitengalerien.

Hörsaallüftung. An Hand der Hörsaalzeichnung sollen nachstehend verschiedene Ausführungsmöglichkeiten der Lüftung besprochen werden. Aus den angegebenen Gründen wird der Raum ohne eigene Strömungstendenz angenommen; er besitze also keine einseitige Abkühlungsfläche, sei durch die Nachbargebäude gegen Sonnenstrahlung geschützt und sei nicht ungewöhnlich hoch.

Zuerst werde angenommen, daß die Luftöffnungen einigermaßen gleichmäßig über Fußboden und Decke verteilt angeordnet werden können, so daß nur noch über die Richtung der Luftführung, also von oben nach unten oder umgekehrt, zu entscheiden ist. Der Vorschlag, die Anlage umschaltbar für beide Strömungsrichtungen zu bauen, um sie dann später abwechselnd im einen oder anderen Sinne betreiben zu können, ist abzulehnen. Gegen ihn spricht nicht nur der Umstand, daß die Anlage im Aufbau verwickelter wird, sondern noch mehr der Grundsatz, daß man nicht denselben Kanal bald als Zuluft-, bald als Abluftkanal benutzen darf. Ein Kanal, der öfter als Abluftkanal benutzt wurde, wird nie die Sauberkeit aufweisen, die man von einem Zuluftkanal verlangen muß. Man wird sich also für eine der beiden Strömungsrichtungen entscheiden müssen.

Die Annahme, daß die Zuluft wärmer sei als die Raumluft, können wir für die Betrachtung ausschalten, da sie bei besetztem Saal selten zur Anwendung kommt und zudem die wärmere Zuluft keine Zuggefahr mit sich bringt. Es bleibt also nur noch die Annahme kälterer Zuluft zu besprechen.

Aus den zu Abb. 5.44b erwähnten Gründen neigen Anlagen mit Zuführung kälterer Luft von der Decke her zu Zugerscheinungen, es sei denn, es werde eine Lochdecke verwendet oder

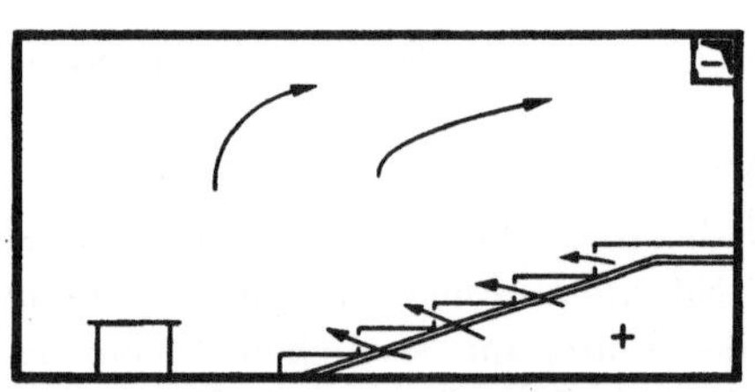

Abb. 5.53. Hörsaallüftung mit Zuluft von unten

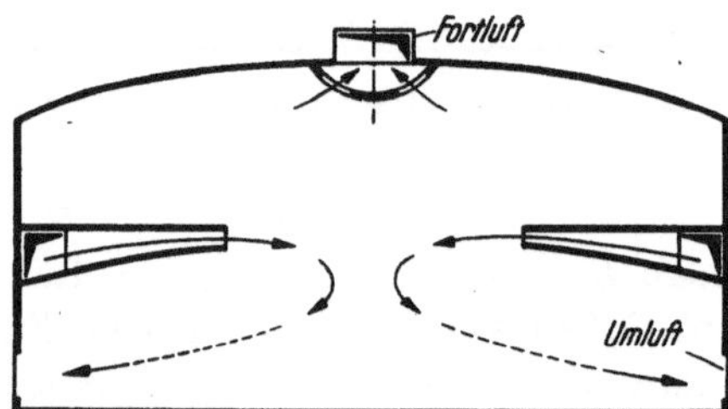

Abb. 5.54. Lüftung eines Saales mit Galerien

es werden zahlreiche Luftverteiler in der Art der Abb. 5.42 vorgesehen. Da kein Dachraum vorhanden ist und auch die Raumhöhe zur Unterspannung der Decke nicht ausreicht, scheiden diese Lösungen aus. Eine sehr gleichmäßige Lüftung erzielt man bei Einführung der Luft unter den Sitzen. Gegen dieses Verfahren wird häufig geltend gemacht, daß es leicht zu einem Kältegefühl an den Füßen führt. Die Erfahrungen an gut betriebenen Anlagen widerlegen diesen Einwand. Klagen werden allerdings laut, wenn die Zuluft nicht oder zuwenig vorgewärmt wird. Solche Anlagen bedürfen sonach einer sorgfältigen Einregelung der Zulufttemperatur, am besten durch selbsttätige Regeleinrichtungen.

Es werde nun die Annahme gemacht, daß die Luftzuführung unter den Sitzen nicht möglich sei, z. B. wegen baulicher Schwierigkeiten. Dann bleibt als nächste Lösung eine Anordnung mit einigen Zuluftöffnungen am unteren Teil der Umfassungswände. Je weniger solcher Öffnungen angebracht werden können, um so größer wird die Gefahr der Zugbelästigung in der Nähe dieser Stellen. Ferner ist zu bedenken, daß gleichmäßige Verteilung der Zuluft über die ganze Bodenfläche nur bei einem schwachbesetzten Raum eintritt. Bei einem dichtbesetzten Raum werden die inneren Plätze nur wenig vom Luftwechsel erfaßt werden. Diese Anordnung steht also der erstbeschriebenen Anordnung an Wert beachtlich nach, kann aber bei einem nicht allzu großen Raum und bei nicht allzu hohen Anforderungen immerhin noch als brauchbare Lösung bezeichnet werden.

Sind Zuluftöffnungen in der unteren Raumhälfte nicht unterzubringen, so bliebe die Möglichkeit einer Querlüftung nach Abb. 5.45, und zwar zweckmäßigerweise in Richtung einer Lüftung von vorn nach hinten. Es ist dabei die Tatsache berücksichtigt, daß ein von vorn kommender kühlerer Luftstrom leichter ertragen wird als ein von hinten oder von der Seite kommender. Es müssen also über oder neben den Vortragstafeln die Zuluftöffnungen und in der Rückwand die Abzugsöffnungen angebracht werden. Die Lösung ist einfach, gibt meist eine billige Anordnung, ist aber vom Lüftungsstandpunkte weniger befriedigend, da erfahrungsgemäß die mittleren und hinteren Sitzreihen nur ungenügend gelüftet werden.

Eine bessere Luftverteilung ergäbe sich bei Zufuhr der Luft durch seitliche obere Kanäle in der Art der Abb. 5.52 oder durch Übergang auf die reine Strahllüftung mit Luftzuführung unterhalb der Decke an der hinteren Saalwand und Luftabführung unter den Sitzen. Dies wäre sodann die reine Umkehrung der vorhandenen Luftführung. Sie dürfte hinsichtlich der Zulufttemperatur weniger empfindlich, in der Luftverteilung auf die Rauminsassen aber auch weniger gleichmäßig sein als die Zuführung von unten.

G. Meß- und Regelgeräte

Der einwandfreie Betrieb einer Lüftungsanlage erfordert die ständige Überwachung der Temperaturen im zu lüftenden Raum, im Zuluftkanal und möglichst auch im Freien. Es empfiehlt sich deshalb, für diese Messungen Fernthermometer zu verwenden, deren Anzeigegeräte gemeinsam mit den Schaltern auf einer Tafel in der Zentrale zusammenzufassen sind. Da sich Zugerscheinungen nur durch sorgfältiges Einhalten der Zulufttemperatur vermeiden lassen, ist auch bei einfachen Lüftungsanlagen eine selbsttätige Regelung der Zulufttemperatur ratsam. Unbedingt notwendig ist die Temperaturregelung, wenn die Lüftungsanlage mit Kühleinrichtungen ausgestattet ist.

Die Leistung der Heiz- bzw. Kühlflächen kann sowohl von der Raumtemperatur als auch von der Zulufttemperatur aus geregelt werden. Durch einen Begrenzungsregler mit Temperaturfühlern kurz vor dem Austritt in den Raum ist sicherzustellen, daß die Zulufttemperatur einen bestimmten Mindestwert nicht unterschreitet. Im übrigen richtet sich die Zulufttemperatur nach den jeweiligen Heiz- oder Kühlerfordernissen, ist also von Fall zu Fall den örtlichen Verhältnissen, den Betriebsbedingungen und dem Außenklima anzupassen. Auf Einzelheiten der Temperaturregelung wird im Abschnitt „Klimaanlagen" näher eingegangen.

Eine laufende Kontrolle der dem Raum zugeführten Luftmenge ist zwar erwünscht, läßt sich jedoch wegen meßtechnischer Schwierigkeiten selten verwirklichen. Man beschränkt sich im allgemeinen darauf, bei der Abnahme die der Berechnung der Anlage zugrunde liegende Luftleistung nachzuprüfen und, sofern es sich um eine Zentrallüftung für mehrere Räume handelt, auch die Luftverteilung. Über die verschiedenen Verfahren der Luftmengenmessung und ihre Handhabung im praktischen Betrieb von Lüftungsanlagen geben die „VDI-Lüftungsregeln" Aufschluß.

Die Gleichmäßigkeit der Raumdurchspülung kann bei Aufenthaltsräumen am einfachsten durch Temperaturmessungen festgestellt werden. Je nach der Raumgröße sollen hierfür an 4 bis 8 über den Grundriß verteilten Stellen im besetzten Raum Messungen mit zuverlässigen Thermometern vorgenommen werden, wobei keine größeren Unterschiede als 4° vom Sollwert auftreten dürfen. Bei Anlagen mit Kühlung darf der Meßwert um höchstens $\pm 1{,}5°$ vom Sollwert abweichen.

Geräusch- und Zugfreiheit einer Anlage werden üblicherweise nach dem subjektiven Eindruck beurteilt. Ergeben sich dabei deutliche Belästigungen, so ist der Lärmpegel durch Schalldruckmessungen (s. VDI-Richtlinien für die Lärmabwehr in der Lüftungstechnik), die Abkühlungsgröße durch Messung des Katawertes oder der Luftgeschwindigkeit nachzuprüfen (s. S. 306). Die Durchführung derartiger Messungen erfordert einige Erfahrung und Übung, vor allem auch, wenn sie — wie bei der Abkühlungsgröße — im besetzten Raum, ohne Störung der jeweiligen Veranstaltung, vorzunehmen ist.

IV. Klimaanlagen

A. Allgemeines

Lüftungstechnische Anlagen sollen in vielen Fällen nicht nur die Raumluft erneuern, sondern darüber hinaus auch deren Temperatur und Feuchtigkeit beeinflussen. Bei Aufenthaltsräumen, vor allem bei stark besetzten Sälen, wird z. B. gefordert, daß bestimmte Grenzwerte der Lufttemperatur und der relativen Luftfeuchte unter sommerlichen Witterungsbedingungen nicht überschritten werden. Bei der Lagerung und Verarbeitung hygroskopischer Stoffe ist andererseits die Einhaltung einer Mindestluftfeuchte, unabhängig vom Außenklima, notwendig, zuweilen gemeinsam mit einer Begrenzung der Raumtemperatur. Oft verlangt auch der Fertigungsvorgang eine im Sommer und Winter gleichbleibende Lufttemperatur, wobei nur sehr geringe Abweichungen vom Sollwert zulässig sind.

In den meisten dieser Fälle genügt es nicht, die Lüftungsanlage durch zusätzliche Kühl- oder Befeuchtungseinrichtungen zu vervollständigen; man muß vielmehr Anlagen verwenden, bei denen Temperatur und Feuchte der Zuluft selbsttätig und in enger Koppelung den jeweiligen Anforderungen angepaßt werden können. Die Bedeutung dieses Zweiges des technischen Schaffens, den man als „Klimatechnik" bezeichnet, nimmt ständig zu. Seine Entwicklung wird stark gefördert durch die wachsenden Anforderungen an die Produktionsbedingungen in der Verfahrensindustrie, die Erschließung und stärkere Besiedelung tropischer und subtropischer Gebiete und nicht zum wenigsten auch durch die steigenden Ansprüche an die Behaglichkeit unserer Aufenthalts- und Arbeitsräume.

1. Begriffe; Kennzeichnung der Klimaanlagen

Klimaanlagen sind lüftungstechnische Anlagen, die es ermöglichen, in einem oder mehreren Räumen einen vorgegebenen Luftzustand unabhängig vom Außenklima und den Vorgängen in den Räumen zu schaffen und aufrechtzuerhalten. Der Luftzustand ist dabei gekennzeichnet durch Temperatur, Feuchte, Bewegung und Reinheit der Raumluft. Die Sollwerte dieser Größen und die jeweils zulässigen Abweichungen richten sich nach Art oder Nutzung der zu klimatisierenden Räume. Sie sind also von Fall zu Fall unter eindeutiger Kennzeichnung der Betriebsbedingungen — z. B. der Wärme-, Feuchte- und Gasentwicklung im Raum oder des außenklimatischen Arbeitsbereiches der Anlage — zu vereinbaren. Häufig wird man auch gewisse Veränderungen einzelner Zustandsgrößen unter extremen Witterungsbedingungen zulassen oder gar fordern, wie z. B. eine höhere Lufttemperatur und niedrigere Luftfeuchte in Aufenthaltsräumen bei hohen Außentemperaturen.

Klimaanlagen besitzen Einrichtungen zum Reinigen, Fördern, Erwärmen, Kühlen, Be- und Entfeuchten der Luft und zur selbsttätigen Einhaltung der Luftzustandswerte.

In der Praxis werden häufig auch lüftungstechnische Anlagen als Klimaanlagen bezeichnet, bei denen eine, vielleicht sogar mehrere der vorerwähnten Aufbereitungsstufen fehlen. Es sei zugegeben, daß man mit solchen Anlagen im Einzelfall evtl. alle erforderlichen raumklimatischen Zustände schaffen kann, so etwa wenn in Textilbetrieben die Raumkühlung im Sommer nicht notwendig und bei der gewünschten hohen Luftfeuchte auch keine Trocknung der Zuluft erforderlich ist. Bei Aufenthaltsräumen wird man andererseits zuweilen auf die Luftbefeuchtung im Winter verzichten, ohne daß dies hygienisch zu beanstanden wäre. Man sollte sich im Sinne der VDI-Lüftungsregeln jedoch auch im technischen Sprachgebrauch an die oben angeführte strengere Definition des Begriffs Klimaanlage halten und dementsprechend die vorerwähnten Anlagen als Lüftungsanlagen mit Befeuchtung bzw. Lüftungsanlagen mit Kühlung bezeichnen. Ob sich für Anlagen dieser Art der zuweilen auch verwendete Begriff „Teilklimaanlage" einbürgert, bleibt abzuwarten; folgerichtig müßte er ergänzt werden durch den Begriff „Vollklimaanlage" für die Klimaanlage im Sinne unserer Definition.

2. Einteilung der Klimaanlagen; Anwendungsgebiete

Nach Anforderungen und Anwendungsbereich unterscheiden wir zwei Hauptgruppen:
a) Klimaanlagen für Aufenthaltsräume,
b) Klimaanlagen für Lager- und Fertigungsräume.

Daneben werden Klimaanlagen noch für mancherlei Sonderzwecke verwendet, wie z. B. für Laboratorien, Telefonzentralen, Meß- und Prüfräume, Operationssäle[1] und Räume zur Heil-

---

[1] BRANDI, O. H.: Klimaanlagen für Operationssäle. Heizg. u. Lüftg. Bd. 12 (1938) S. 71/72.

behandlung[1]. Die raumklimatischen Anforderungen weichen hier so weit voneinander ab, daß die Zusammenfassung dieser Anlagen in Einzelgruppen ähnlicher Art nicht möglich ist.

Zu a) Klimaanlagen dieser Gruppe dienen in erster Linie der Schaffung behaglicher Raumluftbedingungen für den körperlich nicht tätigen oder nur mit leichter Arbeit beschäftigten Menschen. Wärmephysiologische und hygienische Gesichtspunkte bestimmen dabei die technischen Anforderungen. Als Anwendungsgebiete seien genannt: stark besetzte Aufenthaltsräume wie Theater, Musik- und Festsäle, Lichtspielhäuser, Hörsäle und sonstige Versammlungsräume, aber auch Gaststätten, Büros u. dgl. Die Klimaanlage muß hier vor allem die durch die Menschen eingebrachten Wärme- und Wasserdampfmengen beseitigen und den Einfluß ungünstiger außenklimatischer Bedingungen ausschalten.

Zu b) Am häufigsten trifft man Klimaanlagen dieser Art in Betrieben, die hygroskopische und gegen Temperatureinflüsse sehr empfindliche Stoffe verarbeiten[2]. Hierzu gehören die Betriebe der Textil-, Zellwolle-, Kunstseide-, Tabak-, Lederwaren- und chemischen Industrie, ferner Papierfabriken, Druckereien u. a. m. Die Anwendung von Klimaanlagen in den genannten Industriezweigen ist notwendig, weil hygroskopische Stoffe ihren Wassergehalt und damit ihre für die Verarbeitung wichtigen Eigenschaften mit den Zustandsänderungen der Umgebungsluft ändern. Dies macht sich z. B. bei Textilfasern in hohem Grade in ihrer Spinnfähigkeit, Elastizität und Festigkeit bemerkbar. Um einen ungehinderten, gleichmäßigen Fabrikationsgang und eine gleichbleibende Güte der fertigen Erzeugnisse zu erzielen, ist man daher bemüht, in den Arbeitsräumen dauernd diejenigen Luftverhältnisse zu halten, die sich für die zu verarbeitenden hygroskopischen Stoffe erfahrungsgemäß als die günstigsten erwiesen haben. Zumeist dürfen die relative Feuchte und Temperatur der Luft nur wenig von den Sollwerten abweichen. Das ist aber eine Forderung, die allein von Klimaanlagen erfüllt werden kann.

Gleich nützliche und unentbehrliche Dienste wie in den vorerwähnten Industriezweigen leisten die Klimaanlagen auch in den Großbetrieben für die Herstellung von Nahrungs- und Genußmitteln, so z. B. in Brot- und Wurstfabriken, Molkereien, Schokolade- und Süßwarenfabriken[3]. Die Herstellung, Verpackung und Lagerung der Waren erfordert hier ebenfalls die Einhaltung bestimmter Temperaturen und Feuchtigkeiten der Luft, um den Ausschuß auf ein Mindestmaß zu bringen und den Verderb der Waren zu verhüten.

B. Raumklimatische Anforderungen

Aus der unterschiedlichen Zweckbestimmung ergibt sich schon, daß auch die raumklimatischen Anforderungen für die beiden Hauptgruppen der Klimaanlagen nicht die gleichen sind. Sie müssen daher getrennt behandelt werden.

1. Aufenthaltsräume

Die hygienischen Anforderungen bezüglich der Lufterneuerung und der Reinheit der Zuluft sind bereits im Unterabschnitt III besprochen worden. Diese Anforderungen sind in vollem Umfang auch bei Klimaanlagen zu berücksichtigen. Die Aufgabe, vorgegebene Lufttemperaturen unabhängig von der Raumbesetzung einzuhalten und die Luft auch bei Kühlung des Raumes zugfrei einzuführen, zwingt dazu, die Zuluftrate in der Regel erheblich höher zu wählen als die Mindest-Außenluftrate. Aus wirtschaftlichen Gründen bevorzugt man dabei den Mischbetrieb mit großem Umluftanteil.

Im Bereich der üblichen Raumtemperaturen gibt der körperlich nicht tätige Mensch bei ruhender oder nur leicht bewegter Luft stündlich rd. 100 kcal ab. Davon fallen je nach der Lufttemperatur etwa 60 bis 80% auf trockene und der Rest auf feuchte Wärme. Der Anteil der

---

[1] Wolfer, H.: Klimatechnik und Heilbehandlung in Krankenhäusern. VDI-Sonderheft Klimatechnik, VDI-Verlag 1939, S. 21/27.

[2] Sülzle, W.: Vollautomatische Klimaanlagen in Industriewerken. Heizg. u. Lüftg. Bd. 12 (1938) S. 129 bis 133.

[3] Bahlsen, H.: Raumklima, Erfahrungen aus der Süßwarenindustrie. VDI-Sonderheft Klimatechnik, VDI-Verlag 1939, S. 18/20.

feuchten Wärme wird mit zunehmender Lufttemperatur höher. Zur einwandfreien Entwärmung der Rauminsassen ist es daher wünschenswert, mit steigender Lufttemperatur die Luftfeuchte abzusenken oder zum mindesten bestimmte Grenzwerte der Luftfeuchte nicht zu überschreiten.

Bei Besprechung der Zugerscheinungen, s. S. 237, war schon darauf hingewiesen worden, daß der Abkühlungseffekt bei bewegter Luft größer ist als bei ruhender Luft gleicher Temperatur. Daraus folgt, daß in gelüfteten Räumen die Lufttemperatur höher gewählt werden muß als in Räumen ohne nennenswerte Luftbewegung, wenn gleiche Entwärmungsbedingungen für den Menschen gefordert werden. Genügt im beheizten Raum beispielsweise eine Lufttemperatur von 20° C, so muß die Lufttemperatur im gelüfteten Raum in der Winter- und Übergangszeit etwa +22° C betragen.

In den Sommermonaten muß im klimatisierten Raum die Lufttemperatur höher gewählt werden als 22° C. Der menschliche Körper paßt sich nämlich bei höheren Außenlufttemperaturen den geänderten Entwärmungsbedingungen im Freien in einem Maße an, daß er auch innerhalb der Gebäude ein von den Winterverhältnissen abweichendes Raumklima verlangt. Auch den Unterschieden in der Bekleidung im Winter und Sommer muß Rechnung getragen werden. Die Erfahrungen mit klimatisierten Gebäuden zeigen, daß Temperatursprünge zwischen Außen- und Raumluft über 6 bis 8° hinaus selbst in tropischen Gebieten als unzuträglich empfunden werden.

Raumluftzustand. Für die klimatischen Verhältnisse in Mitteleuropa sind nach den VDI-Lüftungsregeln DIN 1946, Bl. 2 für klimatisierte Versammlungsräume die nebenstehend aufgeführten Raumluftzustände zu gewährleisten.

Sollwerte der Temperatur und Feuchte der Raumluft in klimatisierten Versammlungsräumen

Außenluft Temperatur	Raumluft		
	Temperatur	relative Luftfeuchte %	
°C	°C	Kleinstwert	Größtwert
unter +20	22		65
+20	22	einheitlich	65
+25	23	35	65
+30	25		60
+32	26		55

Auf die Abweichungen gegenüber der älteren Ausgabe der VDI-Lüftungsregeln sei ausdrücklich hingewiesen[1]. So wurde früher bei niedrigen Außentemperaturen eine Raumlufttemperatur von 20° gefordert an Stelle von 22° jetzt. Der bei einer Außenlufttemperatur von 32° geforderte Höchstwert der Raumlufttemperatur beträgt 26°. Die zu gewährleistende Raumlufttemperatur darf sich an keinem Aufenthaltsplatz unter dem Einfluß von Regelvorgängen um mehr als ±1° verändern; auch soll sie an beliebigen, in gleicher Höhe liegenden Meßstellen um nicht mehr als ±1,5° vom Sollwert abweichen.

Für die relative Luftfeuchte sind lediglich Grenzwerte angegeben; sie soll mindestens 35% und je nach der Außentemperatur höch-

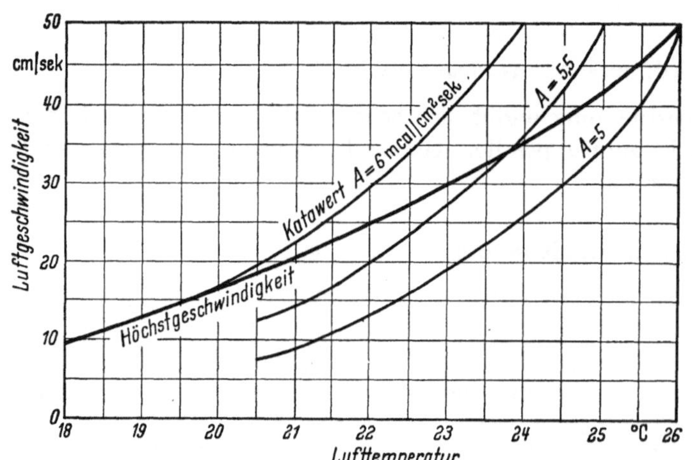

Abb. 5.55. Kriterium der Zugfreiheit bei Versammlungsräumen.

stens 55 bis 65% betragen. Die Werte der VDI-Lüftungsregeln sind auf volle 5% abgerundet und decken sich etwa mit der Grenzlinie des sog. Schwülebereichs[2], s. Abb. 6.10. An Hand des i, x-Diagramms für feuchte Luft läßt sich zeigen, daß die zusammengehörigen Wertepaare der Raumlufttemperatur und der größten Luftfeuchte bei einem Wassergehalt der Raumluft von 10,7 bis 11,8 g/kg liegen.

[1] Raiss, W.: Die neuen VDI-Lüftungsregeln, Heizg.-Lüftg.-Haustechn. Bd. 9 (1958) S. 329/332.
[2] Liese, W.: Luftzustand und Behaglichkeitsbeurteilung. Wärme- u. Kältetechn. Bd. 42 (1940) S. 84/88.

Zugfreiheit. Die Frage, ob eine Klimaanlage zugfrei arbeitet, wird man im allgemeinen nach subjektiven Eindrücken beantworten. Im Zweifelsfalle ist die Luftgeschwindigkeit in der Aufenthaltszone, vor allem in der Nähe der Zuluftöffnungen, zu messen. Als Kriterium der Zugfreiheit können für Aufenthaltsräume mit festen Sitzplätzen die in Abb. 5.55 in Abhängigkeit von der Lufttemperatur angegebenen Luftgeschwindigkeiten angesehen werden. Sie dürfen beim Anblasen von vorn nicht überschritten werden. Trifft der Luftstrom Nacken oder Füße, so soll dort bei Lufttemperaturen von 21°C und niedriger die Luftgeschwindigkeit nicht größer sein als 0,15 m/s. Um den Anschluß an die früheren Festlegungen über die Grenzwerte der Kühlstärke herzustellen — man ging damals vom Katawert (s. S. 306) aus —, sind in Abb. 5.55 auch die Linien gleicher Katawerte mit eingezeichnet.

2. Lager- und Fertigungsräume

Die Anforderungen richten sich bei Klimaanlagen der industriellen Fertigung in erster Linie nach der Art und den Verarbeitungsbedingungen der Rohstoffe. Die günstigsten Luftzustandswerte für die verschiedenen Materialien und für die einzelnen Phasen ihrer Verarbeitung weichen sehr voneinander ab und sind dem Lüftungsingenieur meist unbekannt. Sie müssen ihm daher vom Auftraggeber nach dessen eigenen Betriebserfahrungen für den Entwurf und die Berechnung der Klimaanlagen vorgeschrieben werden. Es soll deshalb darauf verzichtet werden, die für die verschiedenen Industriebetriebe und Fabrikationsarten meistbenutzten Temperatur- und Feuchtewerte in Zahlentafeln zusammenzustellen, weil in vielen Fällen doch wieder mit Abweichungen von derartigen Tabellenwerten zu rechnen ist.

Im allgemeinen müssen die geforderten Luftzustandswerte das ganze Jahr über aufrechterhalten werden, um eine gleichmäßige Verarbeitung der Rohstoffe sicherzustellen.

Die übrigen raumklimatischen Forderungen, die sich auf die Vermeidung von Zugerscheinungen und die Reinheit der Luft beziehen, gelten auch hier. In manchen Fällen, z. B. in Instituten der Kernforschung, Filmfabriken, optischen Werkstätten, Betrieben zur Herstellung von Pudern, werden gerade an die Reinheit der Luft besonders hohe Ansprüche gestellt.

Zu vermerken ist noch, daß im allgemeinen die Klimaanlagen der zweiten Gruppe (Lager- und Fertigungsräume) zumeist auch die Luftverhältnisse für die in den Betrieben tätigen Menschen verbessern helfen und damit auch zu einer Leistungserhöhung bei größerem Wohlbefinden der Arbeiter beitragen.

C. Ausführung

Klimaanlagen unterscheiden sich im Aufbau von Lüftungsanlagen durch zusätzliche Luftaufbereitungsstufen und umfangreichere Einrichtungen zur selbsttätigen Temperatur- und Feuchteregelung. In den übrigen Anlageteilen wie Ventilatoren, Luftkanälen und Luftdurchlässen, der Anordnung der Zu- und Abluftöffnungen sowie der Führung der Luft durch den Raum bestehen keine wesentlichen Unterschiede. Es kann in dieser Hinsicht auf den Unterabschnitt III „Lüftungsanlagen" verwiesen werden.

Die wichtigsten Bestandteile der Klimaanlage sind am Ort der Luftaufbereitung, d. i. die Klimazentrale oder Klimakammer, zusammengefaßt. Ihre Gestaltung soll zunächst besprochen werden.

1. Klimazentrale

Sie vereinigt in sich, wie es Abb. 5.56 schematisch zeigt, die erforderlichen Einrichtungen zur Bewegung, Reinigung, Erwärmung, Kühlung, Befeuchtung und Trocknung der Luft. Außerdem gehört zu ihr noch die Kammer zur Mischung von Außenluft und Umluft. Die einzelnen Bestandteile der Zentrale werden entweder zu einem einheitlichen Gehäuse aus starkem, verzinktem Eisenblech zusammengefaßt oder unter Benutzung vorhandener Räumlichkeiten in einer Klimakammer aus Mauerwerk untergebracht. In diesem Falle muß eine glatte, feste Oberfläche der Innenwände, Decken und Fußböden vorhanden sein.

Verfolgt man an Hand der Abb. 5.56 den Weg der Luft durch die Klimazentrale, so treten folgende Einrichtungen auf:

Mischkammer,   Luftbefeuchter,
Staubfilter,   Tropfenfänger,
Vorwärmer V,   Nachwärmer N,
Flächenkühler K,   Lüfter.

Dieser Aufzählung seien kurze Erläuterungen angefügt.

a) Mischkammer

Am Eintritt der Außen- und Umluft in die Kammer befinden sich gekoppelte, gegenläufige Klappen, mit denen ein gewünschtes Mischungsverhältnis von Außen- und Umluft eingestellt werden kann.

Der Mischluftbetrieb wird bei Klimaanlagen fast immer angewendet, nicht nur, um im Winter den Wärmeverbrauch herabzusetzen, sondern vor allem wegen des geringeren Bedarfes an Kühlwasser im Sommer, das in dieser Jahreszeit in der erforderlichen Menge oft schwer zu beschaffen ist.

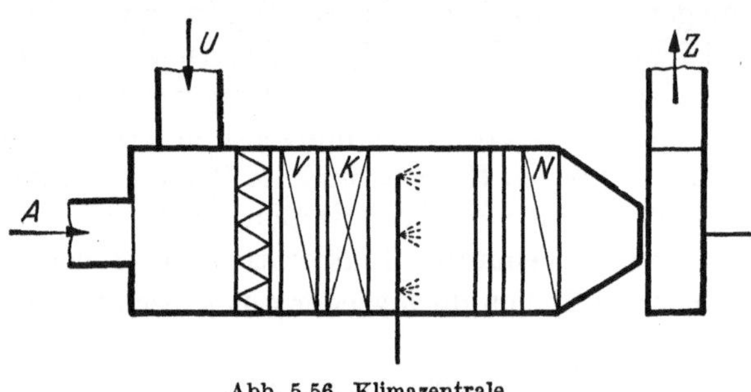

Abb. 5.56. Klimazentrale

b) Staubfilter

Hinter der Mischkammer ist üblicherweise ein Staubfilter zur Reinigung der Außen- und Umluft angeordnet. Es kommen hier die schon auf S. 251 besprochenen Filterbauarten zur Anwendung.

c) Vorwärmer

Er wird nur im Winterbetrieb benötigt. Mit ihm wird die Mischluft so weit vorgewärmt, daß sie bei ihrer nachträglichen Befeuchtung und der dabei eintretenden Verdunstungskühlung nahezu den Taupunkt der Zuluft erreicht.

Wegen des geringen Platzbedarfes und der bequemen Einbauweise werden heute auschließlich Lamellenlufterhitzer als Vorwärmer V benutzt, wie sie auf S. 252 beschrieben sind.

d) Flächenkühler

Während des Sommerbetriebes tritt an Stelle des Vorwärmers der Flächenkühler K in Tätigkeit. Er soll die Mischluft so weit herunterkühlen und durch die hierbei bewirkte Wasserausscheidung trocknen, daß sie ebenso wie im Winterbetrieb den Taupunkt der Zuluft oder, richtiger gesagt, den Wassergehalt der Zuluft erreicht, weil in Wirklichkeit die Zustandsänderung der Luft nicht bis zum Taupunkt, d. h. bis zur Sättigungsgrenze, gelangt.

Zwecks Unterbringung einer großen Kühlfläche auf kleinem Raum werden vorwiegend Lamellenluftkühler verwendet, die so einzubauen sind, daß die Lamellen zur besseren Abführung des ausgeschiedenen Wassers senkrecht stehen.

Als Kühlmittel dient Leitungswasser, Wasser aus einem Tiefbrunnen, oder auch rückgekühltes Wasser, in Ausnahmefällen auch die Sole einer Kälteanlage.

e) Luftbefeuchter (Wäscher)

In ihm kommt die Luft mit Wasser in Berührung, das durch zahlreiche Düsen fein zerstäubt und so auf eine große Oberfläche für den Wärme- und Wasseraustausch gebracht wird. Der Luftbefeuchter kann auch für weitere Aufgaben der Luftaufbereitung verwendet werden, so z. B. zur Kühlung und Trocknung der Luft im Sommer sowie zur Luftreinigung. Dieser Funktion wegen wird er vielfach auch als „Wäscher" bezeichnet. Er arbeitet in der Regel zur Wassereinsparung mit Umlaufwasser, das vom Ablauftank durch eine Pumpe den Düsen wieder zugeführt wird. Im Sommer wird er, falls die Klimazentrale Staubfilter und Flächenkühler besitzt, mitunter ausgeschaltet oder nur zusätzlich zur Reinigung und Kühlung der Luft verwendet. Hierbei müssen jedoch die Düsen, um Nachbefeuchtung der Luft hinter dem Flächenkühler zu vermeiden, kaltes Wasser, also kein Umlaufwasser, zerstäuben.

Die Kühlung und Trocknung der Luft erfolgt heute vorwiegend mit dem Flächenkühler, da er weniger Raum beansprucht und vor allem weniger Wasser verbraucht als der Luftwäscher. Hinzu kommt, daß es keine Berechnungsgrundlagen gibt, mit denen die Kühlleistung der Befeuchtungskammer, ihre Abmessungen, Zahl und Abstand der Düsen zuverlässig ermittelt werden können, während die Leistung der Flächenkühler von den Lieferfirmen auf Grund von Versuchsergebnissen gewährleistet wird.

f) Tropfenfänger

Der hinter dem Befeuchter befindliche Tropfenfänger soll verhindern, daß Wassertropfen aus dem Zerstäubungsraum in die weiteren Luftwege gelangen. Meist wird er von nebeneinandergestellten zickzackförmigen Blechen gebildet, die so gestaltet sind, daß aus der durchgehenden Luft die mitgerissenen Wasserteilchen ausgeschieden werden.

g) Nachwärmer

Hinter dem Befeuchter soll die Luft den Taupunkt bzw. den Wassergehalt der Zuluft erreicht haben. Nunmehr bleibt ihr Wassergehalt unverändert, und es ist ihr im Nachwärmer N nur so viel Wärme zuzuführen, daß die im Winter oder Sommer erforderliche Zulufttemperatur erreicht wird. Diese liegt höher als die Raumtemperatur, wenn die Klimaanlage den Raum erwärmen, und tiefer, wenn sie ihn kühlen muß.

Auch zur Nachwärmung der Luft sind Lamellenlufterhitzer am geeignetsten. Im Sommerbetrieb, der keine Vorwärmung und auch nur wenig Wärme für die Nachwärmung erfordert, wird der Betrieb des Lufterhitzers recht unwirtschaftlich, wenn dafür eigens ein Kessel betrieben werden muß.

Handelt es sich um kleine Wärmemengen, so ist eine elektrische Nachwärmung in Erwägung zu ziehen. Unter bestimmten Umständen kann zur Nachwärmung auch ein Teil der aus dem Raum kommenden warmen Luft der aufbereiteten Luft hinter dem Tropfenfänger zugemischt werden, s. auch Abb. 5.57c (Beipaß). Der „Beipaß" als Umgehung einzelner Aufbereitungsstufen der Zuluft findet häufig auch innerhalb des Klimagerätes selbst Anwendung, s. Abb. 5.67. Man kann auf diese Weise den Druckverlust der Anlage und damit den Leistungsbedarf herabsetzen, indem man beispielsweise Vorwärmer oder Oberflächenkühler, die ja niemals gemeinsam in Betrieb sind, umgeht. Vor allem ermöglicht die Beipaßschaltung aber die Mischregelung, die eine nahezu verzögerungsfreie Änderung der Zulufttemperatur durch Klappenverstellung in zwei Luftwegen gestattet.

h) Ventilator

Die Luftbewegung durch die Klimaanlage wird durch den am Ende der Klimazentrale eingebauten, von einem Elektromotor angetriebenen Ventilator bewirkt. Die Forderung, daß Ventilator wie Motor möglichst wenig Geräusche verursachen sollen, wird bei Klimaanlagen für Aufenthaltsräume in gleicher Weise erhoben wie bei normalen Lüftungsanlagen für Aufenthalträume. Es kann auf die diesbezüglichen Ausführungen auf S. 255 verwiesen werden. Bei Werkanlagen spielt die Geräuschfrage oft keine so wichtige Rolle.

2. Betriebsweise von Klimaanlagen

Klimaanlagen können in verschiedener Weise betrieben werden, wie es in den Schaltschemen der Abb. 5.57 dargestellt ist. Man unterscheidet Anlagen mit:

a) Außenluftbetrieb,
b) Umluftbetrieb (Mischluftbetrieb),
c) Umluftbetrieb mit Beipaß.

Der reine Außenluftbetrieb kommt selten zur Anwendung. Er ergibt zwar die einfachsten, aber in betrieblicher Hinsicht teuersten Anlagen. Bei ihm wird nur Außenluft in der Klimakammer aufbereitet und dem Raum zugeführt, was im Winter bei Erwärmung der Außenluft einen hohen Heizmittelverbrauch und im Sommer bei Kühlung und Trocknung einen hohen

Kühlmittelverbrauch verursacht. Eine Betriebsweise nach Abb. 5.57a wird daher nur für Sonderzwecke, wie Krankenhäuser, Operationsräume, Hörsäle, wo die Wiederverwendung von Raumluft vermieden werden soll, benutzt.

Der Umluftbetrieb nach Schaltschema Abb. 5.57b — er müßte eigentlich als „Mischluftbetrieb" bezeichnet werden — ist am häufigsten, weil er im Vergleich zu Betriebsweise (a) eine wesentliche Ersparnis an Wärme und Kühlwasser ergibt. Anlagen mit Umluft werden vorwiegend bei Theatern, Kinos und Versammlungsräumen, häufig aber auch bei der industriellen Klimatisierung gebraucht. Umluft muß immer durch Staubfilter gereinigt werden.

Der Umluftbetrieb mit Beipaß nach Schaltschema Abb. 5.57c ist in wirtschaftlicher Beziehung am günstigsten, da die von der Anlage aufzubringende Wärme- und Kühlleistung noch

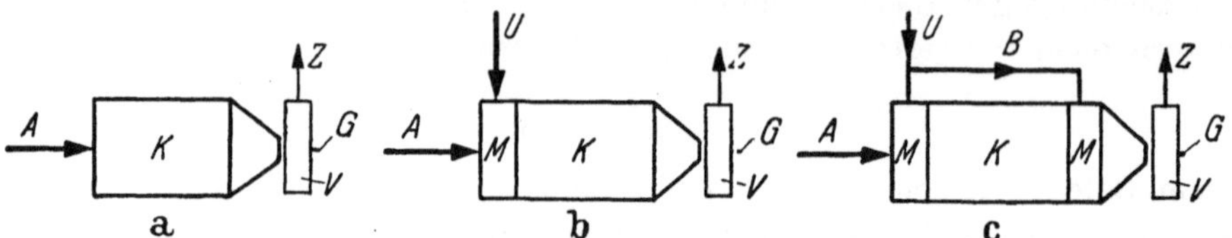

Abb. 5.57. Betriebsweisen von Klimaanlagen.
a) Reiner Außenluftbetrieb, b) Umluftbetrieb, c) Umluftbetrieb mit Beipaß
A Außenluft, *U* Umluft, *Z* Zuluft, *B* Beipaßluft, *M* Mischkammer, *K* Kammer für Luftaufbereitung, *V* Ventilator, *G* Motor

stärker herabgesetzt wird als beim einfachen Umluftbetrieb. Zur Einhaltung der geforderten Raumluftfeuchte ist bei dieser Schaltung jedoch häufig eine weitgehende Trocknung des Anteils der aufbereiteten Luft notwendig, insbesondere wenn im Raum mit hoher Feuchteentwicklung zu rechnen ist. Der Beipaß ist also nicht in allen Fällen anwendbar. Hauptsächlich findet er Anwendung bei industriellen Anlagen. Notwendig ist stets, daß auch die Umgehungsluft durch Staubfilter gereinigt wird.

3. Klimageräte

Bei den üblichen Klimaanlagen für Aufenthaltsräume und gewerbliche Zwecke wird die Luft in einer besonderen Klimazentrale aufbereitet und dann durch oft lange Luftkanäle nach den zu klimatisierenden Räumen befördert. Daneben finden neuerdings zunehmend Einzelklimageräte Verwendung, die im Raum selbst oder in seiner unmittelbaren Nachbarschaft aufgestellt werden und ihn direkt, d. h. ohne Kanalnetz, mit aufbereiteter Luft versorgen. Solche Geräte haben eine schrank- oder truhenähnliche Form, können aber, in flacher und niedriger Ausführung, auch wie Radiatoren unter dem Fenster aufgestellt werden.

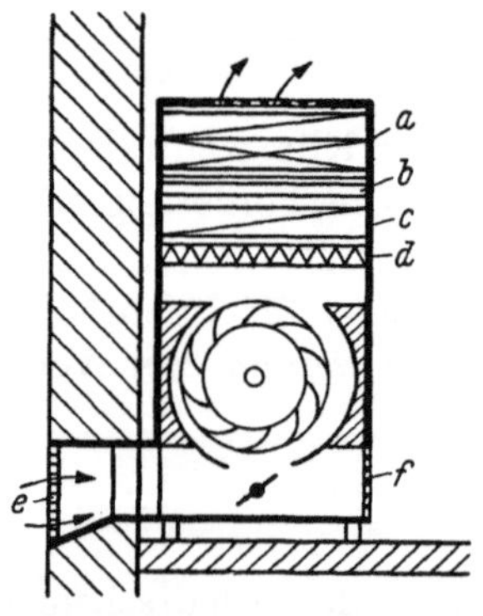

Abb. 5.58. Raum-Klimagerät.
a Heiz- und Kühlelemente, *b* Tropfenabscheider, *c* Elektroheizung, *d* Staubfilter, *e* Außenluft, *f* Umluft

Sie sind, wie es die schematische Darstellung Abb. 5.58 zeigt, mit allen erforderlichen Einrichtungen für die Luftaufbereitung, also mit Klappe zur Mischung von Außenluft und Umluft, Ventilator, Staubfilter, Vorwärmer, Tropfenfänger, Kühler und Nachwärmer, versehen. Auch selbsttätige Regelung für Temperatur und Feuchte der Luft ist bei vollautomatischen Geräten vorhanden. Für Teilklimageräte gelten wieder die unter A 1 (S. 268) gemachten Einschränkungen.

Die elektrische Vor- und Nachwärmung der Luft erleichtert die Regelung und die Freizügigkeit der Aufstellung bei geringstem Platzbedarf. Zur Kühlung der Luft ist zuweilen in die Apparate eine mit Freon betriebene Kältemaschine eingebaut.

Klimageräte werden in verschiedenen Größen geliefert. Ihre Luftleistung liegt etwa zwischen 500 m³/h und 2000 m³/h. Sie können daher nur zur Klimatisierung nicht zu großer Einzelräume, wie Büros, Wartezimmer, Verkaufsräume, Meß- und Prüfräume, Laboratorien u. dgl., dienen. Für Wohnräume ist in Deutschland der Einbau und Betrieb von Klimageräten im allgemeinen zu kostspielig.

4. Hochdruck-Klimaanlagen

Für Büro- und Verwaltungsgebäude mit zahlreichen Einzelräumen wird neuerdings ein Sondersystem der Klimatisierung verwendet, bei dem nur die aus dem Freien entnommene Luftmenge zentral aufbereitet und über Kanäle den Einzelräumen zugeführt wird. Man geht dabei auf größere Luftgeschwindigkeiten, also auch höhere Drücke, über, um die Kanalquerschnitte so klein wie möglich zu halten[1].

Die vorbehandelte Luft wird sog. Klimakonvektoren zugeleitet, die in den Einzelräumen zumeist unterhalb der Fenster aufgestellt sind. Im unteren Teil der Konvektoren strömt diese Luft (Primärluft) durch düsenförmige Öffnungen aus und saugt dabei durch seitliche Gitteröffnungen im Konvektor die mehrfache Umluftmenge (Sekundärluft) injektorartig aus dem Raum an. Das Gemisch aus Primär- und Sekundärluft strömt unmittelbar unter dem Fenster durch ein Abdeckgitter aus dem Konvektor aus. Je nach der Jahreszeit wird die Zuluft durch Wärmeaustauscher, die in die Raumgeräte eingebaut sind, nachgewärmt oder gekühlt. Die Wärmeaustauscher sind zu diesem Zweck an ein Heiz- bzw. Kühlsystem angeschlossen, dessen Wasserumlauf von einer Pumpe aufrechterhalten wird. Durch das Zusammenwirken der im Klimakonvektor vollzogenen Luftmischung und der meist selbsttätig geregelten Nachwärmung bzw. Nachkühlung des Gemisches lassen sich Temperatur und in gewissem Umfang auch die Luftfeuchtigkeit im Winter und Sommer auf den gewünschten Wert in jedem Raum einstellen.

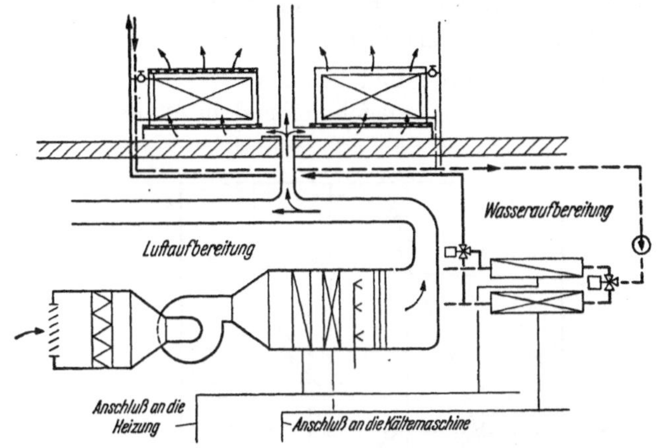

Abb. 5.59. Hochdruck-Klimaanlage

Infolge des Überdruckes in den klimatisierten Räumen strömt die überschüssige Luft durch die Undichtigkeiten in Türen und Fenstern ab. Daher kann auf den Einbau von Umluftkanälen ganz verzichtet werden. Die Aufstellung der Konvektoren unter den Fenstern hat den Vorteil, daß die an ihnen herabfallende Kaltluft abgefangen wird und nicht zu Zugerscheinungen im Raum Veranlassung geben kann. Weiterhin ist es vorteilhaft, daß die Konvektoren auch bei einer notwendigen Abschaltung der Klimazentrale zur Beheizung der Räume benutzt werden können.

In Abb. 5.59 ist der Aufbau einer Hochdruck-Klimaanlage schematisch dargestellt.

D. Die Luftaufbereitung im i, x-Schaubild

Bei der vorstehenden Beschreibung der Klimazentrale wurden die zu ihr gehörigen Luftaufbereitungseinrichtungen in der Reihenfolge besprochen, wie sie von der Luft durchströmt werden. Dabei wurde auch auf die von den Geräten herbeigeführten Luftzustandsänderungen hingewiesen, die mit dem Zustand der Mischluft in der Mischkammer beginnen und mit demjenigen der Zuluft hinter dem Nachwärmheizkörper endigen.

Am anschaulichsten lassen sich diese physikalischen Vorgänge im MOLLIERschen i, x-Schaubild darstellen, dessen Aufbau auf S. 337 erläutert wird. Das Schaubild ist ein unentbehrliches Hilfsmittel für alle klimatechnischen Überlegungen und Berechnungen geworden.

Die nachstehend erläuterten Abb. 5.60 und 5.61 zeigen im i, x-Bild die Zustandsänderungen der Luft bei der Aufbereitung im Winter- und Sommerbetrieb. Die Darstellungen sind nur zwei herausgegriffene Beispiele für die vielen möglichen Vorgänge, die sich im Laufe eines Jahres und bei verschiedenen Innenluftverhältnissen ergeben können.

[1] BECHTLER, H. C.: Die Hochdruck-Klimaanlage im modernen Großbau. Heizg.-Lüftg.-Haustechn. Bd. 7 (1956) S. 203/208.

18*

1. Winterbetrieb (Abb. 5.60)

a) In der Mischkammer werden Außenluft vom Zustand A und Umluft (Raumluft) vom Zustand R im Verhältnis 2:1 gemischt. Dabei ergibt sich der Mischluftzustand M. Der Punkt M teilt die gestrichelt gezeichnete Mischgerade $A\,R$ im umgekehrten Verhältnis der Luftmengen (vgl. S. 341).

b) Die Mischluft vom Zustand M geht durch den Vorwärmer, wird bei gleichbleibendem Wassergehalt x_m erwärmt und erreicht den Zustandspunkt V.

c) Die vorgewärmte Luft vom Zustand V strömt durch die Düsenkammer und wird darin durch die Verdunstung des zerstäubten Umlaufwassers gleichzeitig befeuchtet und gekühlt, wobei die zur Verdunstung erforderliche Wärme der Luft entzogen wird. Die bewirkte Zustandsänderung der Luft liegt nahezu parallel den Geraden $i =$ konst und bewegt sich von V bis zum Zustandspunkt W, wo die Luft bereits den Wassergehalt x_z der Zuluft erlangt haben muß. W liegt nicht auf der Sättigungslinie, weil praktisch volle Sättigung der Luft und der Taupunkt der Zuluft nicht erreicht werden.

d) Die gekühlte und befeuchtete Luft vom Zustand W geht schließlich durch den Nachwärmer, der sie bei gleichbleibendem Wassergehalt auf den erforderlichen Zustand Z bringt.

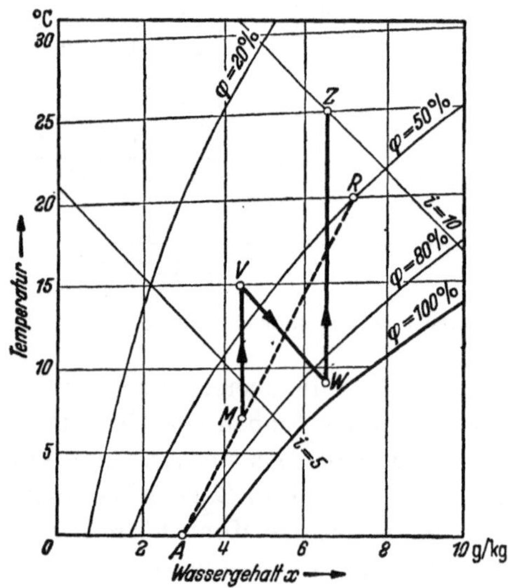

Abb. 5.60. i,x-Bild für Winterbetrieb

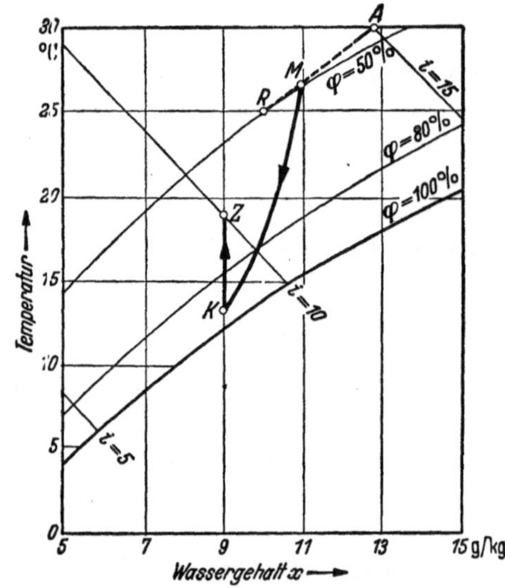

Abb. 5.61. i,x-Bild für Sommerbetrieb

Die Temperatur t_z liegt in Abb. 5.60 höher als die Raumtemperatur t_R, weil der Raum z. T. durch die Klimaanlage zu erwärmen ist. Sie kann aber auch im Winter tiefer liegen, wenn ein vollbesetzter Raum gekühlt werden muß. Der Wassergehalt x_z ist etwas kleiner als derjenige der Raumluft, weil die Luft im Raum noch die Wassermenge $x_r - x_z$ je kg Trockenluft aufnehmen soll.

2. Sommerbetrieb (Abb. 5.61)

a) Für die Mischung von Außenluft und Umluft im Verhältnis 1:2 gilt das für den Winterbetrieb unter a) Gesagte.

b) Die Mischluft vom Zustand M durchströmt den Flächenkühler und wird darin gleichzeitig gekühlt und getrocknet, wobei sie den Zustandspunkt K erreicht. Die Zustandsänderung der Luft erfolgt auf einer durch die Punkte M und K gehenden Kurve, die nur wenig von der Geraden zwischen M und dem zur mittleren Kühlwassertemperatur gehörigen Sättigungszustand der Luft abweicht[1]. Im Punkte K soll die Luft bereits den Wassergehalt x_z der Zuluft besitzen.

---

[1] Schmidt, Th. E.: Der Wärmeübergang in Luftkühlern mit Rippenrohren. Beiheft z. Z d. ges. Kälteind. 1933 S. 21/22.

Die frühere Auffassung, daß die Luft bei ihrem Durchgang durch den Flächenkühler zuerst bei gleichbleibendem Wassergehalt bis zur Sättigungslinie gekühlt und dann entlang der Sättigungslinie getrocknet werde, ist durch Versuche von LINGE[1] widerlegt worden. Die Sättigungslinie und der Taupunkt der Zuluft werden in Wirklichkeit nicht erreicht.

c) Die gekühlte und getrocknete Luft vom Zustand K wird nun im Nachwärmer bei gleichbleibendem Wassergehalt x_z auf den erforderlichen Zustand Z der Zuluft gebracht. Z liegt im Bild unterhalb und links von R. Dies bedeutet, daß die Zuluft im Raum Wärme und Feuchtigkeit aufnehmen soll.

Wie schon erwähnt, kann statt des Nachwärmers auch Beipaßluft, d. h. ein hinter dem Tropfenfänger der gekühlten und getrockneten Luft zugemischter Umluftanteil, zur Aufwärmung der Luft dienen. In diesem Fall muß der Zustandspunkt Z auf der von R nach K gezogenen Mischgeraden liegen. An Hand des i, x-Bildes ist vorher zu untersuchen, ob dabei der Raumluftzustand noch innerhalb der zulässigen Grenzen bleibt.

E. Selbsttätige Regelung

1. Allgemeines

Um die bei Klimaanlagen geforderten Raumluftverhältnisse einwandfrei herstellen zu können, muß die Leistung der zur Luftaufbereitung dienenden Geräte laufend geändert werden, weil Abweichungen der Lufttemperatur und Luftfeuchte von den Sollwerten bei Saalklimaanlagen zu Störungen im Wohlbefinden der Rauminsassen führen und bei Werkklimaanlagen zu Schäden und Verlusten bei der Fabrikation. Da wegen der wechselnden Raum- und Außenbedingungen die Einstellung der Leistung von Hand niemals gelingen würde, sind Einrichtungen zur selbsttätigen Regelung unerläßlich. Diese Einrichtungen können hier nur soweit behandelt werden, als es für einen allgemeinen Überblick notwendig erscheint. Die selbsttätige Regelung hat sich zu einem Sondergebiet der Technik entwickelt[2], auf dem eine Reihe von Spezialfirmen tätig sind. Der Klimaingenieur wird bei der Lösung schwieriger Regelungsprobleme zweckmäßigerweise diese Firmen mit heranziehen.

2. Begriffe und Bezeichnungen

Der Begriff Regler[3] umfaßt alle zur Durchführung eines Regelvorganges notwendigen Einrichtungen. Dazu gehören:

der Temperaturfühler (Thermostat) und der Feuchtefühler (Hygrostat),

das Regelorgan, das aus Stellmotor (Membran oder Elektromotor) und Stellglied (Ventil oder Klappe) besteht,

der Kraftverstärker, der die zur Bewegung des Stellgliedes erforderliche Hilfsenergie (Druckluft oder elektrischen Strom) liefert,

Beruhigungseinrichtungen, die Pendelungen der Temperatur oder Feuchte um den Sollwert verhindern sollen.

Die Regler werden unterschieden

nach der Regelgröße: in Temperatur- und Feuchteregler,

nach der Bauart: in unmittelbare und mittelbare Regler, je nachdem sie ohne oder mit Hilfsenergie (Druckluft oder elektrischem Strom) arbeiten,

---

[1] LINGE, K.: Die Beherrschung des Luftzustandes in gekühlten Räumen. Beiheft z. Z. d. ges. Kälteind. 1933 S. 16.

[2] OLDENBOURG, R. C., u. H. SARTORIUS: Dynamik selbsttätiger Regelungen. München: Verlag Oldenbourg 1951. — OPPELT, W.: Kleines Handbuch technischer Regelvorgänge. Weinheim/Bergstr.: Verlag Chemie 1956. — WAHLENMAYER, F.: Selbsttätige Regelung von Klimaanlagen. Basel: F. Wahlenmayer 1956. — JUNKER, B.: Die regeltechnischen Grundlagen der Anwendung selbsttätiger Regler in der Heizungs- und Klimatechnik. Heizg.-Lüftg.-Haustechn. Bd. 7 (1956) S. 177/186. — KRÜGER, W.: Grundsätzliche Fragen der Klimaregelung. Gesundh.-Ing. Bd. 78 (1957) S. 1/23.

[3] Siehe DIN 19226 Regelungstechnik: Benennungen, Begriffe.

nach der Wirkungsweise: in Schließungs- und Öffnungsregler, je nachdem das Regelorgan bei steigender Temperatur oder Feuchte schließt oder öffnet.

Ferner wird häufig der Begriff Regelkreis verwendet. Er bezeichnet den Zusammenhang von Regler und Regelstrecke, wobei man unter Regelstrecke den Bereich einer Anlage versteht, in welchem eine Größe durch die Regelung beeinflußt wird.

In der Klimatechnik werden nur mittelbare Regler benutzt, die mit Druckluft oder elektrischem Strom als Hilfsenergie arbeiten. Unmittelbare Regler sind für klimatechnische Zwecke nicht geeignet.

3. Druckluftregelung

Zur Druckluftregelung gehört ein Kompressor mit Windkessel, in dem die erzeugte Druckluft von 3 bis 4 atü gespeichert wird. Ein selbsttätiger Druckschalter schaltet den Kompressormotor aus und schaltet ihn wieder ein, wenn der Druck infolge des Luftverbrauches durch die Regler auf 2,5 atü gefallen ist. Vom Windkessel strömt die Druckluft zunächst durch ein Filter für Staub und Öl und dann nach einem Reduzierventil, das für einen konstanten Druck von etwa 1 atü in der Druckluftleitung sorgt. Von hier gelangt die Druckluft zu dem im Kraftverstärker befindlichen Kraftschalter und dann zum Regelorgan, das aus einer Membran als Stellmotor und einem Ventil oder Klappenversteller als Stellglied besteht (Abb. 5.62).

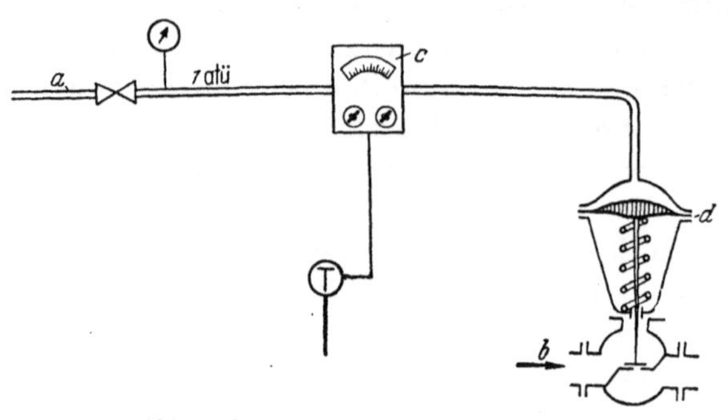

Abb. 5.62. Schema einer Druckluftregelung.
a Druckluft, *b* Heizmittel, *c* Verstärker mit Kraftschalter, *d* Membran

Im Gehäuse des Regelorgans befindet sich eine kräftige Spiralfeder, die, solange keine Druckluft wirksam ist, das Ventil vollständig offenhält. Das Heizmittel strömt dabei ungehindert durch das Ventil. Tritt aber Druckluft in die Membrankammer oberhalb des Federgehäuses, so wird die Membran und mit ihr die Ventilspindel so weit nach unten gedrückt, bis der Druck über der Membran und die Federkraft im Gleichgewicht sind. Der Druck über der Membran kann so weit gesteigert werden, bis das Ventil geschlossen und die Dampfzufuhr zum Heizapparat gesperrt ist. Die Regelung des Druckes über der Membran wird vom Temperaturfühler in Verbindung mit dem Kraftschalter bewirkt.

In ähnlicher Weise wie die Ventile können auch Klappenversteller durch Druckluft vom Fühler aus durch Mitwirkung des Kraftschalters betätigt werden. Die Membranbewegung wird dabei auf einen Hebel übertragen, der unter Zwischenschaltung einer Übersetzung die Klappe öffnet oder schließt.

Die Druckluftregelung hat den Vorteil, daß der Regelungsvorgang stetig verläuft. Zwischen den Endstellungen auf und zu kann das Stellglied jede beliebige Zwischenstellung je nach den vom Fühler ausgehenden Impulsen einnehmen. Der Aufbau der Regelanlage ist übersichtlich, ihre Inbetriebnahme bereitet keine Schwierigkeiten, Störungen sind leicht zu beheben. Von Nachteil ist, daß die Regelgrößen (Temperatur und Feuchte) nicht unmittelbar am Regler oder am Kühler abzulesen sind und auch der Sollwert nicht direkt eingestellt werden kann. Man stattet weitläufige Klimaanlagen mit Druckluftregelung daher häufig noch mit zusätzlichen elektrischen Fernmeßgeräten aus und kombiniert sie gelegentlich auch mit elektrischen Regelelementen. Bei Regelanlagen mit eigenen Drucklufterzeugern stört zuweilen das vom Kompressor erzeugte Geräusch.

4. Elektrische Regelung

Als Stellmotor dient bei elektrischen Reglern ein Wechselstrommotor, der über eine Räderübersetzung die Ventilspindel oder die Klappenverstellung betätigt.

Der Kraftschalter ist hier ein mit einer Schaltröhre versehenes Relais, das die zur Bewegung des Regelorgans notwendige größere Leistung für den Motor freigibt. Falls nicht besondere Vorkehrungen getroffen werden, wird dabei das Stellglied ganz geöffnet oder geschlossen, so daß sich nur eine Auf-Zu-Regelung ergibt, wodurch es zu erheblichen Schwankungen um den Sollwert kommt. Dieser Nachteil der elektrischen Regler ist durch besondere Einrichtungen (Schrittschalter, Unterbrecher, Schaltuhren, Rückführungen) beseitigt worden, so daß heute die elektrische Regelung ebenso stetig arbeitet wie die Druckluftregelung.

Wird ein Widerstandsthermometer als Fühlorgan benutzt, so ist der Kraftschalter gewöhnlich ein Galvanometer in Brückenschaltung, dessen Zeiger als Fallbügelregler arbeitet. Er gibt bei Abweichungen vom Sollwert in bestimmten Zeitabständen Kontakt und bewirkt damit eine entsprechende Verstellung des Ventils oder der Klappe. Abb. 5.63 zeigt eine solche Regelung in schematischer Darstellung.

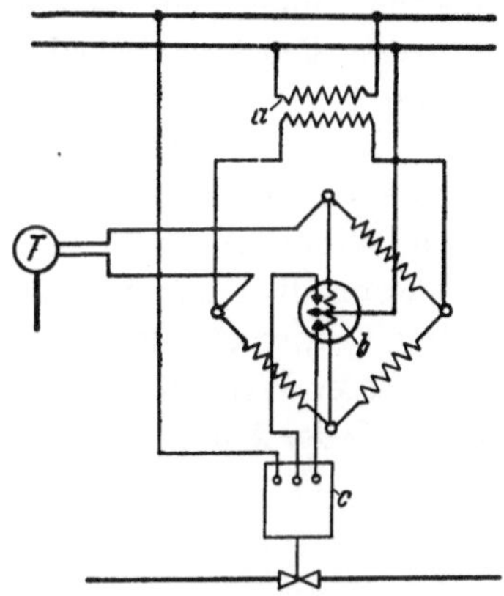

Abb. 5.63. Schema einer elektrischen Regelung.
a Transformator, b Galvanometer mit Fallbügel als Kraftschalter, c Elektromotor

5. Temperatur- und Feuchtefühler

Temperaturfühler besitzen als temperaturempfindliches Element geeignete Körper, die sich bei Erwärmung ausdehnen. Bei den verschiedenen Ausführungsarten (vgl. Abb. 5.64) werden metallische Ausdehnungsstäbe, Bimetallkörper und mit Dampf oder Flüssigkeit gefüllte Membrankapseln benutzt. In fast allen Fällen dient die Ausdehnung oder Gestaltsveränderung der Körper dazu, bei elektrischen Reglern Kontakte zu schließen oder zu öffnen und bei Druckluftreglern eine Platte vor einer Düse zu bewegen, so daß mehr oder weniger Druckluft aus dem System entweichen und der Druck über der Membran eingestellt werden kann. Auch Widerstandsthermometer und Thermoelemente können als Temperaturfühler verwendet werden.

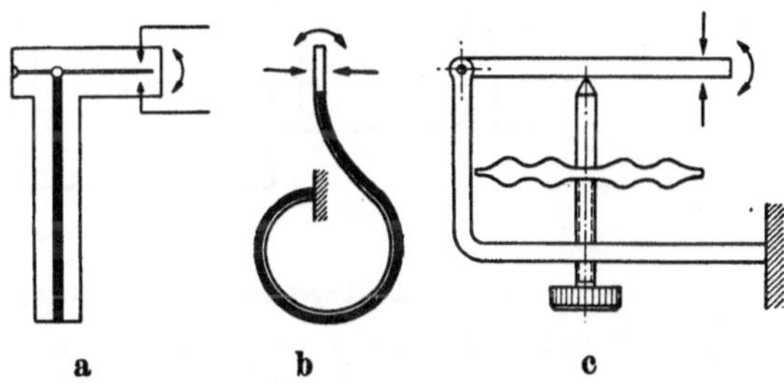

Abb. 5.64. Verschiedene Temperaturfühler.
a) Ausdehnungsstab, b) Bimetallfühler, c) Membranfühler

Bei Feuchtefühlern ist das feuchtempfindliche Element ein hygroskopischer Stoff, z. B. ein Bündel Menschenhaar, dessen Längenänderung in ähnlicher Weise wie bei Temperaturfühlern zur Kontaktgabe oder zur Einstellung des Druckes über der Membran dient.

6. Schaltbilder der Regelung von Klimaanlagen

Aus den Schaltbildern der Regelung ist zu ersehen, welche Teile einer Klimaanlage durch die Regelung beeinflußt werden und wie durch das Zusammenwirken der einzelnen Vorgänge die gewünschte Temperatur und relative Feuchte der aufbereiteten Luft erreicht werden. Nachstehend sind einige Schaltbilder bei elektrischer Regelung dargestellt.

Taupunktregelung. Bei dieser Methode wird die Temperatur hinter dem Befeuchter — sie entspricht praktisch der Taupunkttemperatur der Zuluft — konstant gehalten. Nach dem i, x-Schaubild ist bei gegebener Lufttemperatur dann auch die relative Feuchte der Luft bestimmt. In der obenstehenden Tabelle sind die Taupunkttemperaturen auf ganze und halbe Grade abgerundet, für Lufttemperaturen von 16 bis 26°C und für relative Feuchten von 50 bis 90% enthalten.

Die zu verschiedenen Temperaturen und relativen Feuchten der Luft gehörenden Taupunkttemperaturen

Lufttemperatur °C	relative Feuchte der Luft in %				
	50	60	70	80	90
16	5,5	8	10,5	13	14,5
18	7,5	10	12,5	14,5	16,5
20	9,5	12	14,5	17	18,5
22	11	13,5	16,5	18,5	20
24	13	15,5	18,5	20,5	22,5
26	15	17,5	20	22,5	24

Soll z. B. bei einer gewünschten Zulufttemperatur von 20° die relative Feuchte auf 70% gebracht werden, so ist nach der vorhergehenden Tabelle eine Taupunkttemperatur von 14,5° einzuhalten. Man kann also lediglich mit Hilfe von Temperaturreglern in Räumen ohne nennenswerte Feuchteentwicklung eine gleichbleibende Raumluftfeuchte erzielen.

Abb. 5.65 zeigt das Regelungsschaubild der Klimaanlage für einen Werkraum mit feinmechanischer Fertigung, in dem das ganze Jahr über eine Temperatur von 20° und eine relative Feuchte von 50% gehalten werden soll. Im Außenluftkanal befindet sich der Vorwärmer V, der im Winter von dem Temperaturfühler T_2 eingeschaltet wird, sobald Einfriergefahr besteht, d. h. wenn die Außentemperatur auf etwa $+3°$ C absinkt.

Der Taupunktregler T_1 wird nach der Taupunkttabelle auf den Sollwert von 9,5°C eingestellt. Wird dieser Wert unterschritten, so wird vom Klappenversteller S mehr Umluft und weniger Außenluft der Anlage zugeführt, was zu einem Steigen des Taupunktes führt. Bei Überschreitung

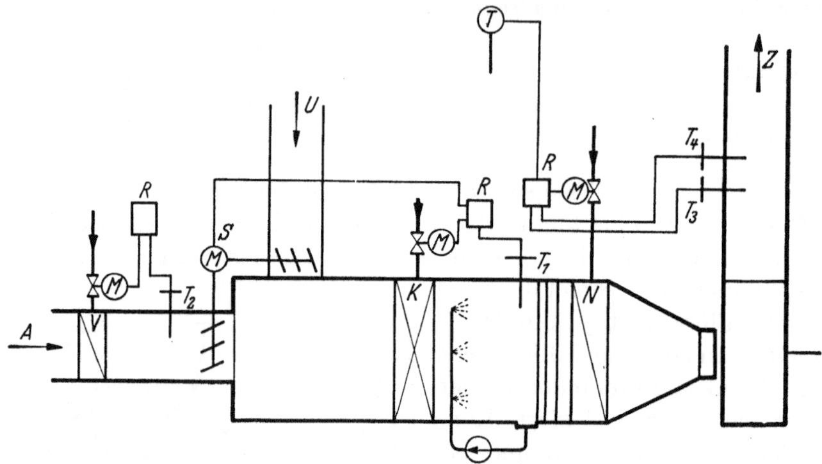

Abb. 5.65. Schaltbild der Regelung einer Klimaanlage für gleichbleibende Temperatur mit relativer Feuchte nach der Taupunktmethode.
A Außenluft, *U* Umluft, *Z* Zuluft, *V* Vorwärmer, *K* Kühler, *N* Nachwärmer, *T* Raumtemperaturfühler, T_1 Taupunktfühler, $T_2 \ldots _4$ Temperaturfühler, *R* Relais, *S* Klappenversteller

des Taupunktes wird dagegen das Luftgemisch vom Kühler K gekühlt, so daß die Taupunkttemperatur wieder fällt. Im ganzen bleibt also der Sollwert von 9,5° erhalten. Diese Methode setzt voraus, daß die Taupunktluft nahezu gesättigt ist, was durch den ungeregelten Düsenbefeuchter erreicht wird.

Schließlich wird durch den Raumtemperaturfühler T der Nachwärmer N derart in Betrieb gehalten, daß die Raumtemperatur bei 20° konstant bleibt. Die zusätzlichen Temperaturfühler T_3 und T_4 im Zuluftkanal sollen verhindern, daß die Luft zu kalt oder zu warm in den Raum gelangt.

Auch bei Klimaanlagen für Aufenthaltsräume findet die Taupunktmethode zur Feuchteregelung im Winter häufig Anwendung. Hier ist die Forderung gestellt, einen Mindestwert der relativen Luftfeuchte im Raum (meist 35%) einzuhalten. Im Raum selbst reichert sich die Luft zwar mit Wasserdampf an, die Behaglichkeit bleibt aber noch in einem verhältnismäßig weiten Bereich der relativen Luftfeuchte gewahrt (s. S. 303), so daß die unterschiedliche Feuchteentwicklung im Raum bei veränderlicher Raumbesetzung ohne Bedeutung ist. Es genügt also, den Wassergehalt der Zuluft den geforderten Werten der Raumtemperatur (im allgemeinen 22°) sowie der Mindestluftfeuchte im Raum anzupassen, eine Aufgabe, die der Taupunktthermostat in einfacher Weise erfüllt. Unabhängig davon wird im Nachwärmer die Zuluft auf die dem Heizwärmebedarf des Raumes entsprechende Temperatur gebracht.

Direkte Feuchteregelung. Abb. 5.66 gibt das Regelungsschema einer Klimaanlage mit Umluft und direkter Feuchteregelung wieder.

Zunächst wird mit dem Temperaturfühler T_1 durch den Klappenversteller S die Mischlufttemperatur eingestellt. Der Vorwärmer V und der Kühler K in Folgeschaltung stehen unter dem

Einfluß des Raumtemperaturfühlers T, der Luftbefeuchter und der Nachwärmer N wieder in Folgeschaltung unter dem Einfluß des Raumfeuchtefühlers F. Bei Überschreitung der gewünschten Feuchtigkeit wird der Nachwärmer N geöffnet, wodurch ein Absinken der Feuchtigkeit herbeigeführt wird. Reicht diese Maßnahme nicht aus, so wird die Befeuchtungswassermenge

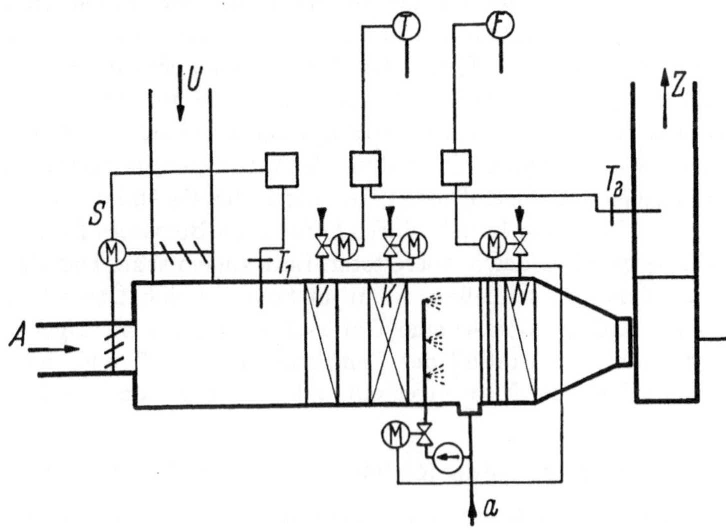

Abb. 5.66. Schaltbild der Regelung einer Klimaanlage für konstante Temperatur und relative Feuchte mittels direkter Feuchteregelung. *a* Kaltwassereintritt

herabgesetzt. Dies hat ein Ansteigen der Raumtemperatur zur Folge, so daß der Raumtemperaturfühler das Vorwärmerventil schließt bzw. das Kühlerventil öffnet. Die Temperatur und relative Feuchte werden also durch diese Regelung auf konstante Werte gebracht. Der Grenztemperaturfühler T_2 sorgt dafür, daß eine vorgegebene Zulufttemperatur nicht unterschritten wird.

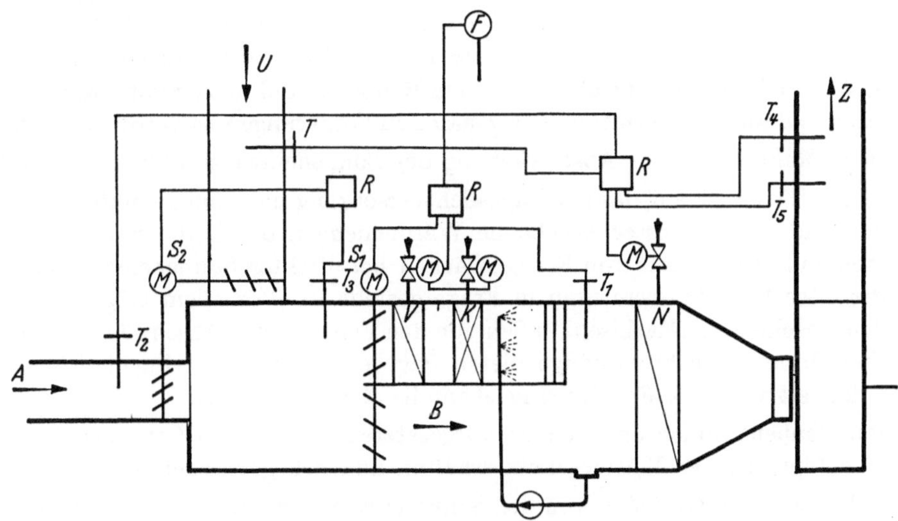

Abb. 5.67. Schaltbild der Regelung einer Komfortklimaanlage.
A Außenluft, *B* Beipaßluft, *F* Raumfeuchtefühler, *T* Ersatz für Raumtemperaturfühler, T_1 Taupunktfühler, T_2 Außentemperaturfühler, $T_3 \ldots _6$ Temperaturfühler

Schaltung Abb. 5.67 veranschaulicht die Luftaufbereitung einer mit Beipaß ausgestatteten Komfortklimaanlage mit einer gemischten Taupunkt- und Direktregelung der Luftfeuchte. Der Taupunkt liegt im Winter entsprechend den Behaglichkeitswerten der VDI-Lüftungsregeln bei mindestens 6° und im Sommer für alle Luftzustände bei etwa 15°.

Am Eintritt in die Klimakammer wird die Mischlufttemperatur durch den Temperaturfühler T_3 und den Klappenversteller S_2 eingestellt. Der Raumtemperaturfühler T ist nicht im Raum selbst, sondern in geringer Entfernung davon im Umluftkanal angeordnet. Er sorgt dafür, daß im Winter der Raum auf 22° gehalten wird. Ferner dient der Außentemperaturfühler T_2 dazu, im Sommer den Sollwert der Raumtemperatur mit der Außentemperatur zu ändern, so daß sie bis 26° bei einer Außentemperatur von 32° ansteigt. Der Temperaturfühler T_1 muß dabei auf 15° umgestellt werden. Liegt die Taupunkttemperatur zu niedrig, so wird sie durch Einschaltung des Vorwärmers V gesteigert, liegt sie zu hoch, so wird sie durch den Kühler K herabgesetzt. Im Winter wird die Regelung hauptsächlich durch die Stellung des Vorwärmerventils, im Sommer durch die Stellung des Kühlerventils herbeigeführt. Eine weitere Möglichkeit, die Luftfeuchte zu beeinflussen, ist durch die Veränderung der Klappenstellung zum Beipaß B gegeben. Im Sommer wird durch Öffnen des Beipasses Luft höheren, im Winter Luft niedrigeren Wassergehaltes der aufbereiteten Luft zugemischt. Der Raumfeuchtefühler F muß sonach die Beipaßklappen schließen, wenn im Sommer eine Überschreitung des Höchstwertes der Luftfeuchte und im Winter eine Unterschreitung des niedrigsten Wertes droht.

Schließlich wird unter dem Einfluß des Temperaturfühlers T und der Grenztemperaturfühler T_4 und T_5 der Nachwärmer N so eingestellt, daß sich die gewünschte Temperatur im klimatisierten Raum ergibt.

F. Allgemeine Gesichtspunkte für die Planung

Bei gewerblichen Räumen, in denen Temperatur und Feuchte der Luft das ganze Jahr über auf vorgegebenen Werten gehalten werden sollen, sind vollwertige Klimaanlagen unbedingt erforderlich. Dagegen kommt man bei Aufenthaltsräumen unter mitteleuropäischen Klimabedingungen häufig mit Teilklimaanlagen aus, bei denen zwar Einrichtungen zur Kühlung aber nicht zur Befeuchtung der Raumluft vorhanden sind.

Da die Betriebskosten und der Wasserverbrauch einer Klimaanlage in hohem Maß von der geforderten Kühlleistung abhängen, sollte jede Möglichkeit, den Kältebedarf herabzusetzen, genützt werden. Es ist also zu prüfen, inwieweit sich die im Raum anfallenden Wärmemengen verringern lassen und ob evtl. durch bauliche Maßnahmen die über die Raumumfassungen von außen eindringenden Wärmemengen gesenkt werden können. Im zweiten Fall handelt es sich vor allem darum, den Einfluß der Sonneneinstrahlung auf die zu klimatisierenden Räume abzuschwächen. Dem Klimaingenieur obliegt es, den Bauherrn und den Architekten in dieser Hinsicht zu beraten und auf die Bedeutung der genannten Forderungen nachdrücklich hinzuweisen.

Als bauliche Maßnahmen zur Abschwächung der Sonneneinwirkung kommen in Betracht:

1. Die Fensterfläche ist auf das zur Tageslichtversorgung notwendige Maß zu beschränken, da den Räumen über die Fenster erhebliche Wärmemengen durch die Sonnenstrahlung zugeführt werden und in der Nähe von Fensterflächen bei direkter Sonneneinstrahlung die Einhaltung bestimmter Raumtemperaturen in Frage gestellt ist. Vor allem trägt die Anbringung von hellen Sonnenschützern (Markisen) außen vor den Fenstern zur Abschwächung der Sonneneinwirkung bei. Innere Fenstervorhänge bieten dagegen nur einen geringen Schutz. Doppelfenster oder doppelt verglaste Fenster sind ebenfalls stets erwünscht.

2. Die den Sonnenstrahlen am meisten ausgesetzten Wände von Ost über Süd bis West müssen einen entsprechenden Wärmeschutz erhalten und hell gestrichen sein.

3. Da Dachflächen am stärksten von der Sonne erwärmt werden, sind sie als obere Raumbegrenzung zu vermeiden oder mit einem ausreichenden Wärme- und Strahlungsschutz zu versehen.

4. Zu klimatisierende Fertigungsräume sollen möglichst an der Nordseite des Gebäudes liegen oder ihr Tageslicht von dieser Seite her erhalten.

Die meisten der genannten baulichen Maßnahmen behalten ihren Wert auch während der Winterbetriebes der Klimaanlagen, weil sie nicht nur die Kühllast, sondern auch die Heizlast der Räume verringern.

Zweiter Teil

Berechnung von Heiz- und Lüftungsanlagen

Formelzeichen und Dimensionen

h
Höhe . . . . m

l Länge . . . . m

δ Dicke . . . . m

d, D Durchmesser . . . . m oder mm

f, F Fläche . . . . m²

G Gewicht . . . . kg

V Volumen . . . . m³

γ spezifisches Gewicht, Wichte . . . . kg/m³

v spezifisches Volumen . . . . m³/kg

w Strömungsgeschwindigkeit . . . . . m/sek

t, T Temperatur . . . . °C, K

t_a Temperatur im Freien . . . . °C

t_i Temperatur in einem Raum . . . . . °C

t_w Wandtemperatur . . . . °C

t_U Temperatur der Umgebungsflächen . . °C

t_L Lufttemperatur . . . . °C

t_m Mittelwert einer Temperatur . . . . . °C

t_H Heizmitteltemperatur . . . . °C

t_v Vorlauftemperatur . . . . °C

t_r Rücklauftemperatur . . . . °C

Δt Temperaturdifferenz . . . . grd

Δm mittlere Temperaturdifferenz . . . . grd

N Leistung . . . . PS; kW

Q Wärmemenge . . . . kcal

Q_h Wärmestrom (Wärmeleistung) . . . kcal/h

η Wirkungsgrad

k Wärmedurchgangszahl . . . . kcal/m² h grd

$\varkappa$ Teilwärmedurchgangszahl . . . kcal/m² h grd

k_R Wärmedurchgangszahl des Rohres . . . . kcal/m h grd

α Wärmeübergangszahl . . . . . kcal/m² h grd

ν kinematische Zähigkeit . . . . m²/sek

λ Wärmeleitzahl . . . . kcal/m h grd

a Temperaturleitzahl . . . . m²/h

c spezifische Wärme . . . . . . kcal/kg grd

i spezifischer Wärmeinhalt (Enthalpie) kcal/kg

r Verdampfungswärme . . . . kcal/kg

φ relative Feuchte . . . . %

x Wassergehalt; gr. Wasserdampf/kg trockene Luft

Re Reynolds-Zahl

Pe Péclet-Zahl

Pr Prandtl-Zahl

Gr Grashof-Zahl

Nu Nußelt-Zahl

p Druck . . . . at; kg/m²

H Druck . . . . mm WS

Δp Druckunterschied . . . . kg/m²

$\dfrac{\Delta p}{l}$ = Druckgefälle . . . . mm WS/m

ζ Widerstandsbeiwert

λ Rohrreibungsbeiwert

Gt Gradtagzahl . . . . grd Tg

H_u Brennstoffheizwert . . . . kcal/kg; kcal/m³

Indizes 1 und 2 deuten auf verschiedene Stoffe hin, insbesondere bei Temperaturen und Mengenangaben

a, d, h, s sind Hinweise auf die Bezugszeit von Stoff- und Energieströmen:

a Jahr, d Tag, h Stunde, s Sekunde.

Sie werden vielfach weggelassen, wenn kein Zweifel über den Zeitbezug besteht.

Wärmemengen werden in kcal angegeben, bei sehr hohen Werten auch in Gcal (1 Gigakalorie = 10^6kcal).

Sechster Abschnitt

Wärmephysiologische und hygienische Grundlagen

Von **F. Roedler**

I. Einführung in die wärmephysiologische Betrachtungsweise

Die technischen Maßnahmen der Heizung und Lüftung zielen in den meisten Fällen darauf ab, dem vor außenklimatischen Einflüssen Schutz suchenden Menschen innerhalb der Aufenthalts- und Arbeitsräume ein *Raumklima* zu schaffen, das dem physiologisch bedingten Wärmebedürfnis des gesunden menschlichen Körpers weitgehend entspricht. Maßgebliche Bestimmungselemente der Komplexwirkung Raumklima sind, wie später erläutert wird, die Temperatur der Raumluft und der Raumumschließungsflächen sowie die Feuchte und Bewegung der Raumluft. Als eine der wichtigsten Voraussetzungen für Wohlbefinden und Leistungsfähigkeit soll *thermische Behaglichkeit* gewährleistet sein. Ferner muß die Raumluft, besonders da ein Teil auf dem Atmungswege bis in die Lunge gelangt, von Verunreinigungen jeder Art weitgehend befreit sein. Mit dieser Aufgabenformulierung ist der gesundheitliche Aspekt des Heiz- und Lüftungsfaches herausgestellt, denn Gesundheit ist nach der Definition der Weltgesundheitsorganisation „der Zustand *völligen körperlichen*, geistigen und sozialen *Wohlbefindens* und nicht etwa nur das Freisein von Krankheiten".

Innerhalb eines Raumes gibt der Mensch zwangsläufig auf dem Wege der *Strahlung* an alle Raumumschließungsflächen, deren Temperatur unter der Körper- bzw. Kleideroberflächentemperatur liegt (z. B. Fenster, Außenwand), Wärme ab, während er von Umschließungsflächen höherer Temperatur (Heizflächen) Wärme empfängt. Außerdem übertragen die Heizflächen *konvektiv*, d. h. durch Erwärmen und damit durch Bewegen (Umwälzen) der Raum-Luftmasse Wärme an die vom Luftstrom erreichten Raumzonen. Die Rauminsassen wirken auch ihrerseits als Konvektionsheizkörper, die Wärme an die Raumluft abführen (vgl. Abb. 6.01). An den Fußboden kann durch unmittelbare Berührung des Fußes eine fühlbar große Wärmemenge verlorengehen. Bei belüfteten Räumen sind die Insassen je nach Temperatur und Geschwindigkeit der Raumluft meist einer mehr oder weniger starken Abkühlung auf konvektivem Wege ausgesetzt. Für die wärmephysiologische Betrachtungsweise dieser thermischen Wechselbeziehung Mensch $\rightleftarrows$ Raum hat der Mensch als Bezugsbasis zu gelten.

Mit der routinemäßigen Berechnung des Gebäudewärmebedarfes nach DIN 4701 und der Heizkörpergröße nach DIN 4703 ist die Heizungsaufgabe noch nicht gelöst. Gütemerkmal für eine dem Wärmehaushalt des Menschen angemessene Heizung ist die wohlüberlegte Abstimmung von Oberflächentemperatur, Ausdehnung und Anordnung der Heizflächen im Raum und die hiermit erzielbare Temperaturverteilung im Luftraum sowie an den Raumumschließungsflächen. Dabei ist zu bedenken, daß vom Architekten bestimmte *Mindestforderungen an den Wärmedurchgangswiderstand* der Gebäudeschale (DIN 4108) und an die *Fugendichtigkeit* der Fenster und Türen unabdingbar erfüllt sein müssen, da Mängel dieser Art auch von der bestmöglichen Heizungsausführung nur in begrenztem Maße kompensiert werden können.

Zur Lösung der Aufgabe des Lüftens und Klimatisierens genügen nicht die Festlegung einer Luftrate oder Luftwechselzahl und die bilanzmäßige Berechnung der Kühllast. Für die thermische Behaglichkeit entscheidend sind die sorgfältige Planung und Ausführung der *Luftverteilung* in der Aufenthaltszone der Menschen, da bewegte Luft den Wärmehaushalt des Körpers stark beeinflußt.

Der Heizungs- und Lüftungsingenieur wird daher seine wärme-, strömungs- und regeltechnischen Fachkenntnisse um so besser verwerten können, je mehr er neben dem physikalisch-mathematischen Denken auch Verständnis für die wärmephysiologischen Grundlagen aufbringt, die den Menschen zum Ausgangspunkt der Betrachtung nehmen.

II. Die Temperaturregelung des menschlichen Körpers

Alle Körperreaktionen sind weitgehend temperaturabhängig. Die als Katalysator wirkenden Fermente der Zellen sind auf eine „Normaltemperatur" von 37° C eingestellt mit einer Toleranz von normalerweise $\pm \, 1/_2$° C. Da die Körperkerntemperatur mit 37° C i. allg. über der Temperatur der Raumluft und der Raumumschließungsflächen liegt, treten dauernd Wärmeverluste auf. Ihre Deckung erfolgt durch aktive Wärmeproduktion, durch Oxydationen, wobei ein recht vollkommener Ausgleich stattfindet. Diese geregelte *Nachproduktion von Körperwärme* wird als *chemische Temperaturregelung* bezeichnet. Sie steuert die inneren Verbrennungsvorgänge des Körpers und kann durch zweckmäßige Kleidungs- und Wohngepflogenheiten etwas beeinflußt werden.

Hiermit ist die *physikalische Temperaturregelung* gekoppelt, welche die *Wärmeabgabe des Körpers* an die Umgebung steigert oder vermindert, so daß der Organismus keineswegs in seinem Gesamtenergieumsatz der Umgebungstemperatur preisgegeben ist. Der menschliche Körper *reagiert* nicht schlechthin im Sinne der physikalischen Wärmeübertragung, sondern er *reguliert* den Wärmehaushalt so, daß der Organismus mit möglichst geringem Energieaufwand auskommt.

Die Grundlage der physikalischen Temperaturregelung ist die Regelung der *Hautdurchblutung*, die in ihren Grundzügen angedeutet sei, um den Unterschied und die Überlegenheit einer physiologisch geregelten Wärmeabgabe gegenüber einer rein physikalisch geregelten herauszustellen. Neben seinen anderen Funktionen übernimmt das Blut auch den konvektiven Wärmetransport zwischen Körperkern und Körperoberfläche. Die vom Blutstrom auf die Blutgefäßwandungen übergehende Wärmemenge läßt sich darstellen durch die Gleichung

$$Q = \alpha \cdot (t_W - t_B) \cdot F. \tag{6.01}$$

Hierbei ist α die von der Durchflußgeschwindigkeit w, der spezifischen Wärme c, der Leitfähigkeit λ und der Viskosität v des Blutes abhängige Wärmeübergangszahl, t_W die Gefäßwandtemperatur, t_B die konstante Bluttemperatur und F die Berührungsfläche. Eine Regelung des Wärmetransportes ist durch Änderung von α oder F möglich, weil t_B konstant bleibt und t_W stets einen möglichst niedrigen Wert behalten soll. Da die für α maßgeblichen Stoffwerte des Blutes c, λ und v beim gesunden Organismus konstant bleiben müssen, kommt zunächst eine Änderung der Strömungsgeschwindigkeit w in Frage. Tatsächlich wird beim gesunden Menschen mit einer unübertrefflichen Anpassungsfähigkeit stets ein Optimum für w einreguliert, und zwar derart, daß bei gegebenen Werten für F und $(t_W - t_B)$ Wärme weder infolge Überschreitung des Wärmefassungsvermögens des (zu langsam) vorbeiströmenden Blutes liegenbleibt noch infolge zu schnellen Blutumlaufes zwar ausreichend abgeführt wird, aber gleichzeitig der Kreislauf unnötig belastet ist. Die zweite, noch wirksamere Möglichkeit zur Steigerung des Wärmetransportes besteht in der Vergrößerung der Berührungsfläche F zwischen Blut und Gewebe. Diese physikalische Forderung wird durch einfache Gefäßerweiterung und vor allem durch Erschließung neuer Gefäße, durch „Kapillarisation" erfüllt. Die gesamte im Muskelgewebe verfügbare Kapillaroberfläche beträgt etwa 6300 m². Sie dient in erster Linie dem Stoffaustausch zwischen Blut und Gewebe, kann aber auch jederzeit der Wärmeübertragung nutzbar gemacht werden. Trotzdem sind dieser Wärmeregulation Grenzen gesetzt, wenn unter Hitzeeinwirkung so viel Hautgefäße erweitert werden, daß die Blutspeicher (Leber, Muskeln) erschöpft sind und der Blutdruck abfällt; es kommt zum Hitzekollaps (Hitzschlag).

Thermische Behaglichkeit beim Aufenthalt im Raum setzt voraus, daß die beschriebene Temperaturregelung des Körpers nicht übermäßig beansprucht und die Wärmeabgabe an den Raum durch eine örtlich und zeitlich gut abgestimmte Heizung und Lüftung auf physiologisch günstiger Höhe gehalten wird.

III. Die Wärmeabgabe des menschlichen Körpers

A. Wärmeübertragungsarten und -wege

Die biologisch notwendige Abgabe der Wärme vom Körper an die Umgebung erfolgt durch

a) Strahlung von der Haut- und Kleideroberfläche an die kälteren Raumumschließungs- und Möbelflächen,

b) Leitung und Konvektion von der Haut- und Kleideroberfläche an die Raumluft,

c) unmerkliche sowie fühlbare Wasserdampfabgabe der Haut und Kleidung (Verdunstung),

d) die warme, praktisch feuchtegesättigte Ausatemluft.

Die Summe der auf Strahlung, Leitung und Konvektion entfallenden Anteile wird als *trockene* oder *fühlbare Wärme* Q_{tr} bezeichnet, die Summe der auf Verdunstung und Atmung entfallenden Anteile als *feuchte* oder *latente Wärme* Q_f. Für den körperlich und geistig ruhenden, nüchternen Menschen ergibt sich bei einer Raumtemperatur von 20° C die in Abb. 6.01 dargestellte Aufteilung der Wärmeanteile, -übertragungsarten und -wege. Von dem „subjektiven Wärmegefühl" infolge des erheblichen Strahlungsanteiles läßt sich ein guter Eindruck gewinnen, wenn man die beiden Handinnenflächen einige Sekunden parallel im Abstand von wenigen Millimetern gegenüberhält und anschließend plötzlich trennt.

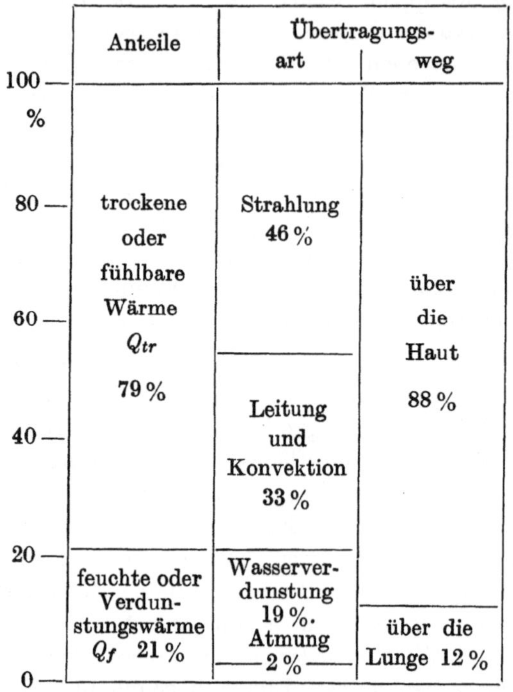

Die unter a) bis d) genannten Teilbeträge der „Entwärmung des Körpers" werden von der physikalischen Temperaturregelung so gegeneinander abgeglichen, daß ihre Summe in einem ziemlich weiten Bereich der Umgebungsfaktoren nahezu unverändert bleibt. Sinkt z. B. die Umgebungstemperatur, so nimmt die Wärmeabgabe durch Strahlung, Leitung und Konvektion zu, die Wärmeabgabe durch Wasserverdampfung dagegen ab. Das Umgekehrte tritt bei steigender Lufttemperatur ein.

Das Hauptorgan dieser *Temperaturregelung* ist die *Haut*. Ihre Wärmeabgabe an die Luft ist von deren Temperatur und Geschwindigkeit abhängig. Jede Änderung der beiden Faktoren wird von den Hautnerven mit einer Erweiterung oder Zusammenziehung der die Blutgefäße der Haut umschließenden Muskelfasern beantwortet. Hierdurch wird die Durchblutung der Haut erhöht oder vermindert und damit gleichzeitig ein Steigen oder Fallen der Hauttemperatur herbeigeführt. Diese Regelung der Hauttemperatur erfolgt immer in dem Sinne, daß einer Änderung der Wärmeabgabe infolge wechselnder Umgebungsbedingungen entgegengewirkt wird.

Abb. 6.01. Aufteilung der Wärmeabgabe des ruhenden Menschen bei einer Lufttemperatur von 20° C

Bei höherer Lufttemperatur reicht dieses Mittel nicht mehr aus, um die biologisch notwendige Entwärmung zu erzielen. Es treten die in der Haut vorhandenen rd. 2500000 Schweißdrüsen in Tätigkeit. Sie scheiden so viel Feuchtigkeit ab, daß die der Haut infolge der Verdampfung entzogene Wärme zur Aufrechterhaltung der erforderlichen Gesamtwärmeabgabe ausreicht. Die Hautgefäße und Schweißdrüsen sind für die physikalische Temperaturregelung so wirksam, weil die Wärmeleitfähigkeit der trockenen Oberhaut bei Durchfeuchtung um ein Mehrfaches erhöht wird.

B. Die Höhe der Wärmeabgabe

Die Höhe der biologisch notwendigen Gesamtwärmeabgabe Q_{ges} und ihrer beiden Teilbeträge Q_{tr} und Q_f hängt von folgenden Faktoren ab:

Art der Tätigkeit bzw. Schwere der Arbeit,

Höhe der empfundenen Temperatur (vgl. S. 294),

Luftgeschwindigkeit,

Alter und Geschlecht.

Über den Einfluß des an erster Stelle genannten Faktors sind verbindliche deutsche Meßergebnisse bisher nicht bekannt geworden, so daß als Anhaltswerte Angaben von F. C. HOUGH-

TEN[1] dienen mögen, Abb. 6.02. Die Gesamtwärmeabgabe steigt mit zunehmender Arbeitsleistung. Der Schwerarbeiter muß gegenüber dem körperlich ruhenden Menschen ein Mehrfaches an Wärme an die Umgebung abgeben können. Je höher dabei die Raumlufttemperatur liegt, desto größer ist der Anteil der feuchten Wärmeabgabe unter entsprechendem Absinken der trockenen Wärmeabgabe. Da die auf der Hautoberfläche erzielbare Wasserverdunstung bei hoher relativer Raumluftfeuchte erheblich gehemmt wird, bedeutet hohe Lufttemperatur bei hoher Feuchte eine starke Beeinträchtigung des Wohlbefindens, worauf später näher eingegangen wird. Weiter läßt Abb. 6.02 erkennen, daß bei körperlich ruhenden Personen unterhalb einer Lufttemperatur von 16° C die feuchte Wärmeabgabe nicht mehr sinkt, die Gesamtwärmeabgabe jedoch infolge weiteren Anstiegs der trockenen Wärme zunimmt.

Bei der Berechnung der Heiz- bzw. Kühllast von Räumen werden für den Wärmegewinn bzw. -anfall seitens der Insassen in den meisten Fällen die Werte für den körperlich Ruhenden zutreffend sein, so z. B. in Arbeits- und Büroräumen, Vortragssälen, Gaststätten, Theatern. Sie sind in nachstehender Tabelle wiedergegeben, die aus einer Arbeit von BERESTNEFF abgeleitet wurde[2].

Luft-bewegung	Wärmeabgabe kcal/h	Lufttemperatur in °C											
		10	12	14	16	18	20	22	24	26	28	30	32
Ruhige Luft	Q_{tr}	117	108	99	91	84	79	73	66	59	50	40	28
	Q_f	18	18	18	18	20	23	28	35	42	51	59	70
	$Q_{ges} = Q_{tr} + Q_f$	135	126	117	109	104	102	101	101	101	101	99	98
$w = 1,0$ m/s	Q_{tr}	130	121	112	104	96	89	83	75	69	59	47	32
	Q_f	16	16	16	16	16	17	21	27	33	42	52	66
	$Q_{ges} = Q_{tr} + Q_f$	146	137	128	120	112	106	104	102	102	101	99	98

Die Zunahme der trockenen und der Gesamtwärmeabgabe bei niedrigen Lufttemperaturen zeigen auch die in den letzten drei Zeilen der Tabelle angegebenen Werte der Wärmeabgabe bei einer in der Aufenthaltszone meist schon viel zu hohen Luftgeschwindigkeit von $w = 1,0$ m/s. Lassen sich Luftgeschwindigkeiten in der Größenordnung von vielen Dezimetern je Sekunde z. B. aus betrieblichen Gründen nicht vermeiden und soll trotzdem die Wärmebeanspruchung das normale Maß von rd. 100 kcal/h nicht überschreiten, ist also bereits eine Raumlufttemperaturerhöhung um mehrere Grade erforderlich.

Die American Society Heating Ventilating Engineers hat 1945 ausführlichere Tabellen über die Wärmeabgabe des Menschen in Abhängigkeit von verschiedenen Tätigkeitsarten und bei unterschiedlichem Anteil von Männern, Frauen und Kindern an der Raumbelegung zusammengestellt. Solange noch nicht erwiesen ist, daß diese detaillierteren Werte auch für deutsche Verhältnisse zutreffen, kann die o. a. Tabelle weiterhin benutzt werden.

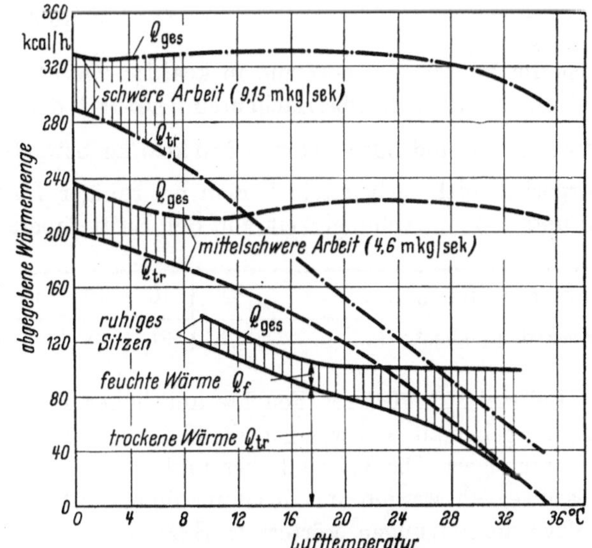

Abb. 6.02. Wärmeabgabe des Menschen in üblicher Bekleidung bei ruhigem Sitzen und bei Arbeit

Wichtiger als eine genauere Festsetzung der Wärmeabgabe *eines* Menschen ist in der Praxis häufig die möglichst gewissenhafte Berücksichtigung verschiedener Besetzungsgrade eines Saales,

---

[1] HOUGHTEN, F. C.: Heating Piping 1931 S. 493.

[2] BERESTNEFF, A.: Neue amerikanische Heizungs-, Kühlungs- und Lüftungsmethoden für große öffentliche Räume. Gesundh.-Ing. Bd. 55 (1932) S. 503/506.

d. h. des u. U. stark schwankenden Gesamtwärmeanfalls im Laufe relativ kurzer Zeiten. Zu bedenken ist dabei auch, daß z. B. in einem Saal mit enger Bestuhlung bei voller Besetzung (Tuchfühlung) die erforderliche Entwärmung infolge der behinderten seitlichen Abstrahlung gehemmt wird. Unter solchen ungünstigen Umgebungsbedingungen vermag die physikalische Temperaturregelung u. U. nicht mehr die der inneren Wärmeerzeugung entsprechende Entwärmung durchzuführen. Es kommt zur *Wärmestauung*, die je nach der individuellen Empfindlichkeit und Konstitution gesundheitliche Beschwerden im Verein mit verminderter Arbeitsfähigkeit nach sich ziehen kann. Als Beispiel sei an einen überfüllten, unzureichend gelüfteten Hörsaal gedacht, in dem die physische Beanspruchung zu Lasten der geistigen Aufnahmefähigkeit geht. Zur Einschränkung dieser Mängel ist vor allem die konvektive Wärmeabfuhr mit Hilfe einer guten Luftführung und -temperierung in der Aufenthaltszone von ausschlaggebender Bedeutung (vgl. S. 304).

Abschließend sei die Wärmeabgabe des Menschen mit derjenigen technischer Heizflächen verglichen. Hierbei ist auszugehen von der trockenen Wärmeabgabe des körperlich nicht arbeitenden, bekleideten Menschen bei 20° C Lufttemperatur, $Q_{tr} = 79$ kcal/h. Dieser Wert ist umgerechnet auf 1 m² der i. M. 1,6 m² großen Körperoberfläche. Die Wärmeabgabe der Körperoberfläche liegt demnach in gleicher Höhe mit derjenigen einer milde geheizten Decke.

	Wärmeabgabe $\frac{\text{kcal}}{\text{m}^2\text{h}}$	
	insgesamt	durch Strahlung
Mensch (Q_{tr})	50	23
Gasstrahler	60000—90000	55000—85000
Durchbrandofen	4000	3000
Kachelofen	600—800	120—250
Radiatoren	400—600	60—120
Deckenheizung (25—45° C) . .	35—150	30—130

C. Die feuchte Wärmeabgabe in der Form des Wasserdampfgewichtes

Bei der Berechnung von Klimaanlagen an Hand des i, x-Bildes von MOLLIER (s. S. 337) ist es zweckmäßig, an Stelle der feuchten Wärmeabgabe Q_f in kcal/h unmittelbar mit dem entsprechenden Anfall an Wasserdampfgewicht in g/h zu rechnen nach der Beziehung

$$G = \frac{Q_f}{r} \cdot 1000 \quad [\text{g/h}];$$

r ist die Verdampfungswärme in kcal/kg. Sie ergibt sich aus der Gleichung $r = 595 - 0,54\,t$. Bei einer mittleren Oberflächentemperatur t der bekleideten und unbedeckten Körperpartien zwischen 25 und 33° C ist $r = 580$ kcal/kg bzw. $G = Q_f \cdot \frac{1000}{580}$ [g/h]. Damit erhält man für eine körperlich nicht arbeitende Person bei ruhiger Luft und einer relativen Luftfeuchte zwischen 30 und 70% in Abhängigkeit von der Lufttemperatur t_L folgende Werte.

Lufttemperatur t_L . . . . . . °C	10	12	14	16	18	20	22	24	26	28	30
Wasserdampfabgabe G . . . . . g/h	31	31	31	31	34	40	48	60	73	88	102

Bei mehr als 70% rel. Feuchte und hoher Temperatur der Raumluft wird die Wasserdampfabgabe gehemmt, bei weniger als 30% rel. Feuchte und niedriger Lufttemperatur außerordentlich gesteigert. Die bei zu hoher und zu niedriger rel. Feuchte auftretenden gesundheitlichen Beschwerden werden im Zusammenhang mit dem „Schwüleklima" und den staubförmigen Luftverunreinigungen erörtert (s. S. 301).

IV. Das Raumklima als Komplexgröße und seine Wirkung auf den Menschen

Für die Empfindung von Wärme und Kälte innerhalb von Räumen sind im wesentlichen folgende Komponenten maßgebend:

a) die Lufttemperatur t_L und deren örtliche und zeitliche Gleichmäßigkeit in der Aufenthaltszone,

b) die mittlere Temperatur der Raumumschließungsflächen t_U und das Raumwinkelverhältnis der Strahlung, unter dem der Mensch zu den einzelnen Flächen verschiedener Temperatur steht (vgl. S. 292),

    c) die relative Feuchte φ der Raumluft,

    d) die Luftgeschwindigkeit w in der Aufenthaltszone,

    e) die Anströmrichtung der Luft bzw. die getroffene Körperpartie,

    f) die Schwere der Arbeit,

    g) die Kleidung („Kleidungsklima").

Diese Faktoren beeinflussen das *thermische Wohlbefinden* und können als Klimakomponenten im engeren Sinne bezeichnet werden. Nach einer etwas weiter gefaßten, für die hygienische Betrachtungsweise geeigneten Definition nach A. v. HUMBOLDT sind „unter Klima jene Veränderungen der Atmosphäre zu verstehen, die unsere Sinne merklich affizieren", also gesundheitlich reizen. Hierunter fallen:

    h) Verunreinigungen der Luft durch Staub, Gase und Dämpfe (s. S. 309),

    i) akustische Störungen, soweit sie mit dem Betrieb der Heizungs- und Lüftungsanlage unmittelbar zusammenhängen (s. S. 255).

Die Ingenieure der Heiz- und Klimatechnik erwarten häufig vom Hygieniker fest umrissene Zahlenwerte für das Optimum des Raumklimas, möglichst in Form eines einzigen Schaubildes. Solche Angaben sind nicht nur im Hinblick auf die große Zahl der genannten Komponenten schwierig, sondern auch wegen der z. T. recht verwickelten und noch nicht restlos geklärten gegenseitigen Verflechtungen der physikalischen Klimakomponenten a) bis d) im Zweier-, Dreieroder Viererverband, wie nachstehend gezeigt wird. Vor allem ist zu bedenken, daß für das *thermische Wohlbefinden keine Standard- oder Normwerte im Sinne physikalischer Stoffwerte* genannt werden können, weil trotz gleicher Raumklimakomponenten das Entwärmungsbedürfnis und die Behaglichkeitsempfindung bei verschiedenen Individuen und erst recht bei verschiedenen Völkern streuen. Als Ursache hierfür seien erwähnt: Schwere, Art und Dauer der Beschäftigung, Arbeitsrhythmus, Ermüdungsgrad, Lebensalter, Geschlecht, Außenklima, Bekleidung u. ä. Hierzu kommen die unterschiedlichen Lebensgewohnheiten in den Ländern bzw. Kontinenten. So sind für die Raumlufttemperaturen in England, Frankreich und in Teilen der nordischen Länder niedrigere, in den USA dagegen i. allg. höhere Werte üblich als in Deutschland. Daher können die z. B. in den USA gesammelten Erfahrungen über die optimalen Luftzustandsgrößen in klimatisierten Räumen erst nach sorgfältiger Modifizierung auf deutsche Klima- und Lebensverhältnisse übertragen werden.

A. Die physikalischen Raumklimakomponenten

1. Die Lufttemperatur t_L

Die Lufttemperatur in der Aufenthaltszone der Menschen gibt einen ersten, relativ gut orientierenden Anhalt für die Beurteilung des Raumklimas, insbesondere wenn der Heizbetrieb nur geringfügig eingeschränkt wird (Beharrungszustand). Voraussetzung ist eine einwandfreie Messung mit Hilfe eines Einschlußthermometers; es soll durch Versilberung oder Rhodinierung des Gefäßes — nicht durch besondere Hülse! — gegen Strahlung geschützt, etwa 1,5 m über dem Fußboden in der Aufenthaltszone frei aufgehängt und gegen Wärme- und Atemlufteinflüsse während des Ablesens abgeschirmt sein (Zellonscheibe!). Daß ein an der Außenwand oder in unmittelbarem Einflußbereich der Heizeinrichtung aufgehängtes Thermometer keinen repräsentativen Wert anzeigen kann, wird zu wenig beachtet. Über die Anzahl und Verteilung der Temperaturmeßstellen bei Abnahmeprüfungen enthalten die VDI-Lüftungsregeln, DIN 1946 (Ziffer 4.33), nähere Hinweise.

Die Frage nach der wärmephysiologisch „richtigen" Raumlufttemperatur läßt sich aus mehreren Gründen nicht mit der Nennung einer relativ eng begrenzten Normativgröße beantworten. Geht man von *subjektiven* Urteilen aus, etwa an Hand umfangreicher Befragungen, streuen aus den bereits erwähnten Gründen die Empfindungsurteile sowohl unter verschiedenen Individuen als auch bei der gleichen Person zu verschiedenen Zeiten. In Abb. 6.03 ist das Ergebnis einer Befragung von 5400 Frauen und 5200 Männern in zwei Londoner Bürogebäuden dargestellt[1]. Selbst bei einer für ruhende Luft allgemein als „normal" angesehenen Lufttemperatur von etwa 20° C geben nur rd. 45% der Männer und 40% der Frauen das Empfinden „neutral" im Sinne thermischen Wohlbefindens an. Die *Streubreite* der eingetragenen fünf Empfindungsbereiche dürfte in Deutschland ähnliche Ausmaße haben, selbst wenn die Lage der Bereiche infolge anderer Kleidungsgewohnheiten verschoben sein sollte.

Im Zusammenhang mit solchen subjektiven Urteilen muß erwähnt werden, daß eine als „behaglich" empfundene Lufttemperatur nicht immer identisch zu sein braucht mit dem *wärmephysiologisch optimalen* und für den allgemeinen Gesundheitszustand günstigsten Wert. Es ist bekannt, daß Heizer, um möglichst wenig Beanstandungen zu hören, lieber stärker heizen, als es den ihnen vorgegebenen Richtwerten entspricht. Eine *Über*schreitung der z. B. in DIN 4701 für Wohn-, Büro- und Schulräume angegebenen Raumlufttemperatur von 20° C um 2 bis 3° C wird erfahrungsgemäß viel seltener beanstandet als eine *Unter*schreitung um den gleichen Betrag.

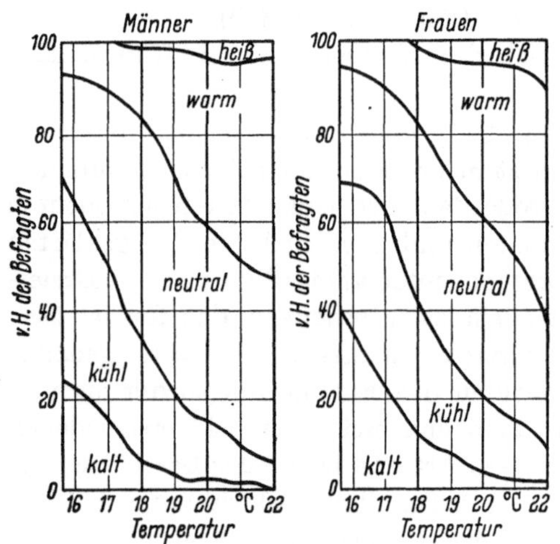

Abb. 6.03. Ergebnis einer Umfrage über die Temperaturempfindung

Ob diese Tendenz zur Überschreitung des genannten Richtwertes und die mehr oder weniger unbewußte Gewöhnung daran für die Gesundheit förderlich ist, darf bezweifelt werden. Das *Überheizen von Räumen* sowie das raumklimatisch ebenfalls ungünstige und unökonomische Offenstehenlassen der Fenster längere Zeit hindurch zur „Regulierung" der Raumtemperatur überheizter Räume läßt sich bei Verbrauchern gebührenpflichtiger Wärme einschränken durch Anbringen von Wärmemengenmessern, die eine Schätzung der Heizkostenverteilung und -abrechnung entsprechend dem Verbrauch des einzelnen Abnehmers ermöglichen.

Vom wärmephysiologischen Standpunkt her sind i. allg. bei unseren Kleidungsgewohnheiten Lufttemperaturen von mehr als 20° C nur für kranke und ältere Personen erforderlich, deren Wärmehaushalt sich nicht im Rahmen des eingangs beschriebenen normalen Entwärmungsprozesses bewegt. Es muß jedoch einschränkend betont und wiederholt werden, daß besonders die Raumklimakomponenten *Lufttemperatur — Umschließungsflächentemperatur — Luftgeschwindigkeit* nicht für sich allein, sondern möglichst als *Komplexgröße* gewertet werden sollen. So gilt die genannte Zahl von 20° C nur, wenn die mittlere Raumumschließungsflächentemperatur nahezu ebenso hoch liegt und keine merkbare Luftbewegung vorhanden ist. In den folgenden Abschnitten soll diese gegenseitige Verflechtung herausgestellt und nach Möglichkeit zahlenmäßig umrissen werden.

2. Die Temperatur und geometrische Lage der Raumumschließungsflächen

Unter „Raumumschließungsflächen" sollen hier alle Flächen verstanden werden, an die der Rauminsasse auf dem Wege der Strahlung Wärme abgibt oder von denen er Wärme empfängt. Außer den Wand-, Tür-, Fenster-, Fußboden- und Deckenflächen sind also je nach der Raumausstattung auch die Heizflächen und Möbelflächen einbezogen.

Bei einer Raumlufttemperatur von 20° C beträgt die Oberflächentemperatur der bekleideten und der zum geringen Teil unbekleideten Körperpartien der Rauminsassen i. M. 25 bis 27° C. Die Oberflächentemperatur der Heizkörper und Heizflächen liegt darüber, nur bei der Fußbodenheizung in der gleichen Größenordnung. Die Oberflächentemperatur der Innenseite der von Heizflächen nicht unmittelbar bestrahlten Außenwände liegt je nach der winterlichen Außenlufttemperatur und der Wärmedurchgangszahl i. allg. in der Größenordnung von 10 bis

---

[1] BLACK, F. W.: Desirable Temperatures in Offices. J. Instn. Heat. and Vent. Engrs. Bd. 22 (1954) S. 319.

16° C (Abb. 6.04), die der Fensterscheiben etwa zwischen 0 und 15° C. Demgemäß gibt der Rauminsasse nach dem STEFAN-BOLTZMANNschen Gesetz auf dem Wege der Strahlung *regional differenziert* an die im Vergleich zur Körperoberfläche *kälteren* Umschließungsflächen *Wärme ab*, während er *gleichzeitig von den wärmeren* Umschließungsflächen Wärme *empfängt*. Seine Wärmeabgabe auf dem Wege der Strahlung muß aber, um Behaglichkeit zu gewährleisten, je nach der Lufttemperatur bestimmte Werte einhalten (Abb. 6.02 und Tafel S. 287). Die Oberflächentemperatur der Raumumschließungsflächen ist also so abzustimmen, daß die biologisch notwendige Entwärmung des Körpers weder gebremst (Wärmestau) noch forciert wird (Erkältung).

Die thermische Behaglichkeit bei praktisch ruhender Luft pflegt besonders groß zu sein, wenn alle Umschließungsflächen in Übereinstimmung mit der Raumluft eine Temperatur von etwa 20° C haben. Das kann z. B. im Rahmen gleichbleibend schöner Junitage der Fall sein oder wäre bei geringer Möblierung durch eine kombinierte Tapeten-Decken-Scheibenheizung erreichbar.

Aus wirtschaftlichen Gründen erfolgt die Wärmezufuhr jedoch durch räumlich begrenzte Heizflächen, so daß der Mensch im Strahlungsaustausch mit verschieden warmen Raumumschließungsflächen steht. Bei nicht allzu großen Temperaturunterschieden dieser Flächen bietet die *mittlere Raumumschließungsflächentemperatur* t_U einen Bewertungsmaßstab

$$t_U = \frac{F_1 \cdot t_1 + F_2 \cdot t_2 + \cdots F_n \cdot t_n}{F_1 + F_2 + \cdots F_n} \,. \qquad (6.02)$$

F_1, $F_2 \cdots F_n$ sind die einzelnen Partien der Raumumschließungsflächen *und* die wirksamen Heizflächen, t_1, $t_2 \cdots t_n$ die zugehörigen Oberflächentemperaturen[1]. Bei Radiatoren ist in Gl. (6.02) für F nicht die listenmäßige wärmeabgebende Heizfläche, sondern die Ansichtsfläche einzusetzen. An den erwähnten Sommertagen liegt die mittlere Raumumschließungsflächentemperatur t_U etwa in gleicher Höhe wie die Raumlufttemperatur t_L; bei der Luft- und Konvektorenheizung liegt t_U niedriger, bei der Decken- und Fußbodenheizung höher als die Luft-

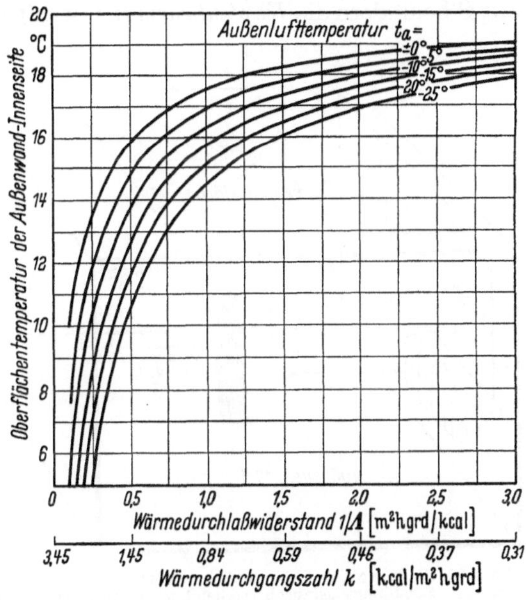

Abb. 6.04. Oberflächentemperatur an der Innenseite von Außenwänden (*k*-Werte für Wände vgl. Zahlentafel A 19, S. 579/82)

temperatur. Diese grundsätzlichen Unterschiede der genannten Heizverfahren ermöglichen aber noch nicht ihre wärmephysiologische Beurteilung allein an Hand des t_U-Wertes, worauf noch zurückzukommen ist.

Außer der Temperatur der einzelnen Raumumschließungsflächen ist besonders bei den Heizflächen die *geometrische Lage dieser Flächen zur bestrahlten Körperpartie* von wärmephysiologischer Bedeutung. Abb. 6.05 veranschaulicht in einer willkürlichen Kombination die räumliche Zuordnung einer Deckenheizfläche zur Schädeldecke des darunterstehenden Rauminsassen, ferner die Zuordnung einer kalten Fensterfläche und einer darunter angebrachten Heizfläche zur Körpervorderseite und die Zuordnung eines Radiators zur rechten Körperseite. Je nach dem Standort des Menschen im Raum und der Körperlage ändert sich die Wärmebilanz aus den Teilbeträgen, die der Körper an einzelne Umschließungsflächen abstrahlt und gleichzeitig von anderen empfängt[2]. Dadurch ändert sich u. U. auch das Behaglichkeitsempfinden. Bei der Berechnung der Heizflächen muß man sich in der Praxis auf die Erfassung vereinfachter Normalfälle beschränken.

Zur Kennzeichnung der räumlichen Zuordnung von strahlender und bestrahlter Fläche dient

---

[1] Die in Gl. (6.02) definierte mittlere Temperatur der Raumumschließungsflächen wird in der Literatur auch als „mittlere Strahlungstemperatur" bezeichnet. Die Strahlungstemperatur nach dem STEFAN-BOLTZMANNschen Gesetz bezieht sich jedoch auf schwarze Körper.

[2] KOLLMAR, A.: Die Strahlungsverhältnisse im beheizten Wohnraum. München: R. Oldenbourg 1950.

hierbei das „*Winkelverhältnis der Strahlung*" (φ). Für den Modellfall der Wärmeübertragung zwischen einer ebenen (Deckenheiz-) Fläche und einer im Verhältnis hierzu kleinen Kugel (Kopf) ist das „Winkelverhältnis" identisch mit dem auf 4π bezogenen Raumwinkel ω, unter dem diese Fläche von der kleinen Kugel aus erscheint. Raumwinkelverhältnis $\varphi = \dfrac{\omega}{4\pi}$ (vgl. auch Abb. 8.25, S. 375 und Arbeitsblatt 15).

Die Forderung nach Vermeidung lästiger Wärmestrahlung gilt ganz besonders für die *Deckenheizung*, bei der in erster Linie die Kopfhaut der Strahlungseinwirkung ausgesetzt ist. Der in Wohn- und Büroräumen am festen Arbeitsplatz sitzende Mensch ist in dieser Beziehung gefährdeter als der Arbeiter in Werkräumen. Für die physiologische Begrenzung der Deckentemperatur dürfte entscheidend sein, daß eine gewisse Mindestwärmeabgabe des Kopfes nach oben gewahrt bleibt. Da die Temperatur der Kopfhaut bei 32 bis 34° C liegt, tritt eine *Wärmezustrahlung* durch die Heizdecke zwar erst bei höheren Temperaturen auf; aber auch Deckentemperaturen unter 32° C behindern die *Kopfentwärmung*, wenigstens im Vergleich zu den als behaglich empfundenen

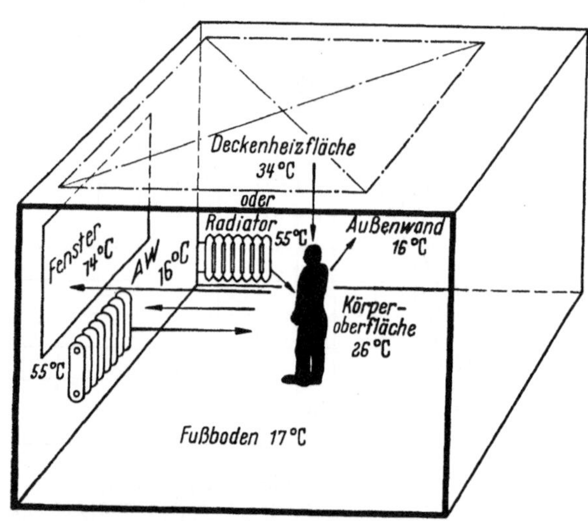

Abb. 6.05. Beispiele für die räumliche Zuordnung der in gegenseitigem Strahlungsaustausch stehenden Raumumschließungsflächen und der Körperoberfläche

Verhältnissen bei einheitlichen Raumoberflächentemperaturen zwischen 18 und 20° C. Schon geringe Übertemperaturen können bei der Deckenheizung fühlbar werden. Nach Angaben von Liese[1] sollen von der Kopffläche 0,007 bis 0,009 kcal/cm² h *abgegeben* werden können, um thermisches Wohlbehagen zu gewährleisten. Dieser Wert entspricht 70 bis 90 kcal/m² h und beträgt mehr als das Dreifache der auf S. 288 in der Tabelle angegebenen Zahl von 23 kcal/m²h, die sich auf 1 m² unbekleideter *und* bekleideter Körperoberfläche bezieht.

Die Frage der höchstzulässigen Deckentemperaturen ist im Fachschrifttum vielfach erörtert worden[1]. Einen wertvollen Anhalt für den Praktiker geben u. a. Untersuchungen von Chrenko, der empirisch an eine Klärung herangegangen ist[2]. Versuchspersonen wurden 30 Minuten lang in einem gleichmäßig und behaglich erwärmten Prüfraum einer zusätzlichen Deckenstrahlung ausgesetzt, deren Wirkung durch Änderung der Deckentemperatur und -höhe variiert wurde. Dabei zeigte sich, daß in der Regel 80% der Versuchspersonen die Wirkung der Deckenheizung noch nicht als unangenehm empfanden, wenn im Vergleich zur ungeheizten Decke die mittlere Strahlungstemperatur in Kopfhöhe um nicht mehr als 2,2° C bzw. die Strahlungsintensität in Kopfhöhe um nicht mehr als 0,00101 kcal/cm²h ≙ 10,1 kcal/m²h erhöht wurde. Eine solche Erhöhung der mittleren Strahlungstemperatur kann hervorgerufen werden sowohl durch eine milde Erwärmung großer Teile der Decke oder der Wandfläche als auch durch hohe Erwärmung kleiner Flächenelemente. Die rechnerische Auswertung des Chrenkoschen Kriteriums mit Hilfe des Winkelverhältnisses φ ist auf S. 86 behandelt.

Bei einer Deckenheizung mit wärmephysiologisch richtig liegender Oberflächentemperatur ist auch die Temperatur der Fußboden- und Innenwandflächen etwas höher als die Lufttemperatur. Dadurch sinkt der auf dem Wege der Strahlung abgegebene Entwärmungsanteil des Körpers (Abb. 6.02) ein wenig ab, während der konvektive Entwärmungsanteil entsprechend steigt. Da aber diese Verlagerung der Entwärmungsanteile im Rahmen der Gesamtentwärmung relativ gering und die Körperoberfläche zum größten Teil bekleidet ist, läßt sich hieraus eine Minderung des Behaglichkeitsempfindens bei Deckenheizung nicht herleiten.

[1] Kollmar, A., u. W. Liese: Strahlungsheizung, 4. Aufl. München: R. Oldenbourg 1957.
[2] Chrenko, F. A.: J. Instn. Heat. and Vent. Engrs. Bd. 20 (1953) Nr. 209 S. 375/396 und Bd. 21 (1953) Nr. 215 S. 145/154.

Um bei Deckenheizung auch die Oberflächentemperaturen an der Innenseite der Außenwand der wärmephysiologischen Forderung nach einer allseitig möglichst gleichmäßigen Körperentwärmung anzupassen, sollen die Lage, Größe und Oberflächentemperatur des beheizten Teiles der Decke so berechnet und die Temperaturen zonenweise so abgestuft werden, daß die Wärme bevorzugt den kritischen Raumstellen nahe der Außenwand zustrahlt. Erfahrungsgemäß gelingt es jedoch auch bei Berücksichtigung dieser Hinweise nicht immer, den Einfluß niedriger Oberflächentemperaturen großer Fenster- und Außenwandpartien auf die in der Nähe befindlichen Rauminsassen so auszugleichen, wie dies bei Anordnung von Heizkörpern unter den Fenstern möglich ist. Solche Heizkörper sind daher als Zusatzmaßnahme in vielen Fällen unentbehrlich.

Im Rahmen einer Betrachtung der Oberflächentemperatur der Raumumschließungsflächen muß hier auch auf die wärmephysiologische Bedeutung des *Fußbodens* bzw. Fußbodenbelages

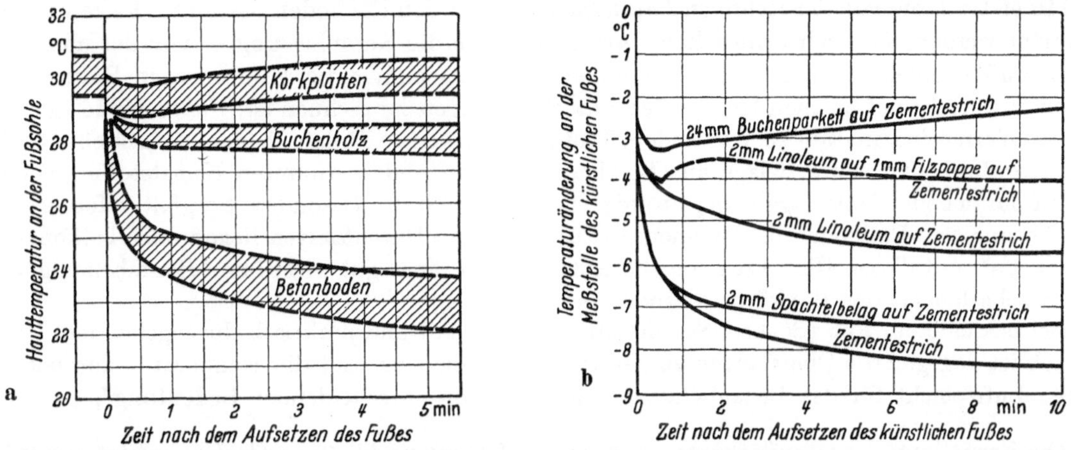

Abb. 6.06. Temperaturabsenkung an der unbekleideten Fußsohle (a) und am „künstlichen Fuß" (b) bei verschiedenen Fußböden

eingegangen werden. Beim Gehen, insbesondere aber beim Stehen auf dem Fußboden, geht Wärme von der Schuh- oder Fußsohle (Bad!) durch unmittelbaren Kontakt an den im Regelfall kälteren Fußboden über. Fußwärme und *Fußkälte* sind sehr deutlich ausgeprägte Empfindungen, die aus der dem Bein oder dem Fuß entzogenen Wärme resultieren.

Der Wärmeentzug am *Bein* hängt in weiten Grenzen von Art und Umfang der Bekleidung sowie von Lufttemperatur und -bewegung in der fußbodennahen Zone ab. Die beiden zuletzt genannten Faktoren können Beinkälte infolge von Zugluft ergeben; auf den Begriff der Zugluft wird später einzugehen sein (vgl. S. 303). Der Wärmeentzug vom *Fuß* zum Fußboden hängt vom Wärmedurchlaßwiderstand des Strumpfes und der Schuhsohle sowie von der Oberflächentemperatur des Fußbodens ab. Aus zahlreichen Untersuchungen ist bekannt, daß bei ständiger Berührung und bekleidetem Fuß Fußbodenoberflächentemperaturen unter 16° C als kalt, solche von 17 bis 18° C als ausreichend warm und solche von mehr als 25° C (vgl. Fußbodenheizung, S. 99) als unangenehm warm empfunden werden. Bei kurzfristig begangenen Fußbodenflächen, z. B. in Schalterhallen, sind 28 bis 29° C noch anwendbar.

Innerhalb welcher Zeitspanne beim Aufheizvorgang eine Fußbodentemperatur von 17 bis 18° C erreicht wird und ob beim *Stehen auf dem Fußboden* mit unbekleidetem Fuß der Wärmeentzug in tragbaren Grenzen bleibt, hängt in entscheidendem Maße ab von der *Wärmeeindringzahl*[1] *des Fußbodens*

$$b = \sqrt{c \cdot \lambda \cdot \gamma} \quad \left[\frac{\mathrm{kcal}}{\mathrm{m^2\,h^{1/2}\,grd}}\right].$$

Die Hauttemperaturabsenkung an der Fußsohle beim Stehen auf Fußböden aus verschiedenen Baustoffen haben u. a. CAMMERER und SCHÜLE untersucht[2]. Abb. 6.06a zeigt die Bereiche

---

[1] SCHÜLE, W.: Wärmetechnische Fragen bei Fußböden und Decken unter besonderer Berücksichtigung der Fußwärme. Gesundh.-Ing. Bd. 78 (1957) S. 289/295.

[2] CAMMERER, J. S., u. W. SCHÜLE: Vergleichsmessungen zwischen physiologischem und physikalischem Prüfverfahren der Wärmeableitung von Fußböden. Gesundh.-Ing. Bd. 78 (1957) S. 251/252 u. S. 266/270. — Die Fußbodentemperatur; wärmetechnische Untersuchungen bei Versuchs- und Vergleichsbauten in Pforzheim. Bundes-Baubl. Bd. 7 (1958) H. 3 S. 136/138.

der Oberflächentemperatur am Fußballen bei verschiedenen Personen nach dem Aufsetzen des nackten Fußes auf verschiedene Fußböden, wobei die Lufttemperatur im Raum ·20° C und die Oberflächentemperatur der Fußböden rd. 17° C betrug. Erfahrungsgemäß ist eine Absenkung der Ballentemperatur um 4 bis 5° C immer mit Kälteempfindung infolge zu starken Wärmeentzuges verbunden. Mit Hilfe eines „künstlichen Fußes", der die Wärmeableitung des Fußbodens auf physikalischem Wege mißt, konnte das thermische Verhalten des menschlichen Fußes mit befriedigender Näherung reproduziert werden. Abb. 6.06b zeigt das Ergebnis solcher Messungen. Beim Holzfußboden tritt keine oder nur eine kurzfristige Temperaturabsenkung auf, während Zementestrich, selbst wenn er einen Kunststoffspachtelbelag trägt, als fußkalt zu bewerten ist.

Das thermische Behaglichkeitsempfinden des unbekleideten Fußes (Bad, Schlafzimmer!) wird also in erster Linie von der richtigen *Baustoffauswahl* für den Fußboden bestimmt. Es kann nicht erwartet werden, daß sich Fehler dieser Art etwa durch die Raumheizung — von der unmittelbaren Fußbodenheizung abgesehen — kompensieren lassen. Wichtig ist ferner, in Räumen, in denen mit größeren täglichen Heizbetriebsunterbrechungen zu rechnen ist, Fußbodenbeläge mit kleiner Wärmeeindringzahl zu verwenden. Fußwarm wirken[1,2] Holzfußböden, aufgeklebte Stab- und Korkfußböden sowie Beläge aus Linoleum, Gummi und bestimmten Kunststoffen, sofern sie auf dämmender Unterlage verlegt werden (vgl. Abb. 6.06b). Besondere Sorgfalt erfordert die Ausführung von Fußböden bei Räumen, die über offenen Durchfahrten liegen oder balkonartig auskragen[3]. Mit diesen Hinweisen soll die Abhängigkeit einer gut wirksamen Raumheizung von der Beschaffenheit des Baukörpers erneut betont sein.

Bei bekleidetem Fuß (Socken, Schuhe mit Ledersohlen) und praktisch durchgehendem Heizbetrieb ist dagegen die Oberflächentemperatur des Fußbodens und die Temperatur der bodennahen Luftschicht für das Behaglichkeitsempfinden von entscheidender Bedeutung[4].

Die Ermittlung der Oberflächentemperatur der Raumumschließungsflächen erfolgt entweder thermoelektrisch oder katathermometrisch. Beim ersten Verfahren wird die Temperatur der einzelnen Flächen (Fenster, Außentür, Außenwand, Decke, Fußboden, Heizfläche usw.) abgetastet und daraus t_U nach Gl. (6.02) errechnet. Beim zweiten Verfahren wird t_U mit Hilfe eines unversilberten und eines versilberten Katathermometers festgestellt (vgl. S. 306).

3. Die Komplexgröße aus Lufttemperatur t_L und Raumumschließungsflächentemperatur t_U

Während der Heizperiode und bei sommerlicher Besonnung weichen die Temperaturen der Raumluft (t_L) und der verschiedenen Raumumschließungsflächen (t_U) wegen des Temperaturgefälles zwischen dem Raum und dem Freien voneinander ab. Von den zahlreichen Versuchen, die Komplexwirkung von t_L und t_U rechnerisch oder empirisch zu bestimmen, sollen hier als Beispiel nur die „empfundene Temperatur", die Untersuchungen von NIELSEN und PEDERSEN und das Behaglichkeitsfeld nach GHAI behandelt und einander gegenübergestellt werden.

α) Die empfundene Temperatur t_e. Bezeichnen α_K und α_S die Wärmeübergangszahlen für Konvektion und Strahlung beim menschlichen Körper, so läßt sich als Resultierende aus t_L und t_U eine in Deutschland als „empfundene Temperatur" bezeichnete Größe

$$t_e = \frac{\alpha_K \cdot t_L + \alpha_S \cdot t_U}{\alpha_K + \alpha_S}$$

ableiten[5]; bei sehr geringer Luftbewegung und dem in geheizten Räumen üblichen Temperatur-

---

[1] CAEMMERER, W.: Wärmeschutz, aber richtig! Köln: Dtsch. Bauzentrum 1958.

[2] DIN 4108 Wärmeschutz im Hochbau; Ziffer 7.23. — [3] dto. Ziffer 6.123 und 6.124.

[4] FRANK, W.: Fußwärmeuntersuchungen am bekleideten Fuß. Gesundh.-Ing. Bd. 80 (1959) S. 193/201 und Bd. 81 (1960) S. 331.

[5] Diese Größe wird in Frankreich und in der Schweiz als „resultierende Temperatur" [MISSENARD, A.: Theorie des resultierenden Thermometers und Thermostaten. Gesundh.-Ing. Bd. 56 (1935) S. 596/599], in Italien als „wirkende Temperatur" [GINI, A.: Die physikalische Bedeutung der effektiven Temperaturlinien. Gesundh.-Ing. Bd. 63 (1940) S. 449/453] und in den USA als „wirksame Temperatur" (WINSLOW, C. E., u. Mitarb.: Thermal interchanges between the human body and its atmospheric environment. Amer. J. Hyg., Juli 1937) bezeichnet.

bereich darf $\alpha_K = \alpha_S$ gesetzt werden, so daß

$$t_e = \frac{t_L + t_U}{2} \tag{6.03}$$

d.h., die empfundene Temperatur ist gleich dem Mittelwert aus Lufttemperatur und mittlerer Umschließungsflächentemperatur. Diese auf *physikalischen* Überlegungen basierende Gleichung deckt den vielschichtigen physiologischen Begriff der Wärmeempfindung nur unter folgenden Voraussetzungen:

1. Praktisch ruhende Luft, wie sie in unbelüfteten Räumen bei üblicher Fensterdichtigkeit angenommen werden kann,

2. Lufttemperatur t_L im Bereich von 15 bis 25° C,

3. relativ ausgeglichenes Temperaturfeld im Raum für t_L sowohl wie für t_U,

4. relative Feuchte $\varphi = 30$ bis 70%,

5. die strahlende Heizfläche muß in die Berechnung der mittleren Raumumschließungsflächentemperatur t_U nach Gl. (6.02) einbezogen sein.

Als besonders behaglich wird bei praktisch ruhender Luft ein Raum empfunden, dessen Luft- und Umschließungsflächentemperatur übereinstimmend etwa 20° C betragen:

$$t_L = t_U = t_e \approx 20°\text{C}. \tag{6.04}$$

Im Einklang mit unserem Wärmeempfinden zeigt Gl. (6.03), daß gleiche Behaglichkeit auch bei unterschiedlichen Luft- und Umschließungsflächentemperaturen erreichbar ist. Gleiche empfundene Temperatur t_e setzt gleiche Gesamtwärmeabgabe des Körpers durch Konvektion + Strahlung voraus. Je nach der baulichen Struktur der Raumumschließung und dem darauf abzustimmenden Heizverfahren können jedoch zwei miteinander zu vergleichende Räume dieselbe empfundene Temperatur t_e haben, obwohl ihre Lufttemperaturen t_L sowohl wie die Umschließungsflächentemperaturen t_U verschieden hoch liegen. Die gleiche empfundene Temperatur t_e kann also mit verschiedenen Wertepaaren $t_L \mid t_U$ erreicht werden. Je niedriger die Umschließungsflächentemperatur t_U ist, desto höher muß die Lufttemperatur t_L sein

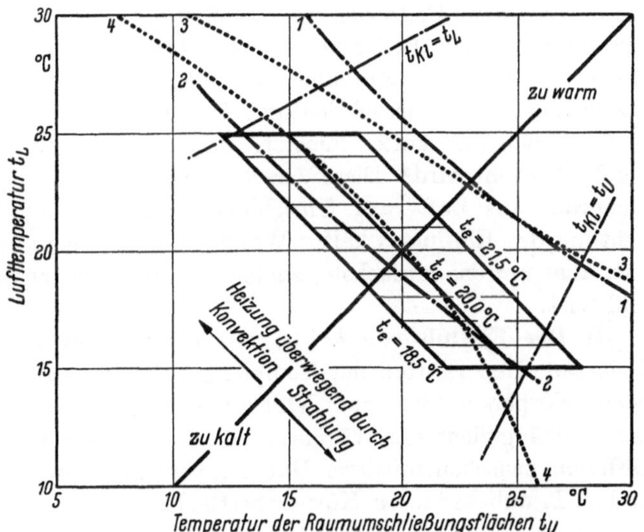

Abb. 6.07. Komplexwirkung aus der Temperatur der Luft und der Raumumschließungsflächen.
□ Feld für empfundene Temperaturen $t_e = 18,5$ bis 21,5° C.
=·= Feld nach NIELSEN und PEDERSEN für Wärmeabgabe. $Q_{S+K} = 56$ bis 71 kcal/h, Hauttemperatur $t_H \approx 34$ bis 33° C und resultierende Temperaturen $t_{res} \approx 23$ bis 19° C; der jeweils zuerst genannte Zahlenwert entspricht Linie *1—1*, der andere Linie *2—2*.
::::: Feld nach Angaben von GHAI für eine Luftgeschwindigkeit von 15 cm/s.

und umgekehrt. Dem ersten Fall entspricht eine Konvektionsheizung, dem zweiten Fall eine Strahlungsheizung. Nach Gl. (6.03) wird in einem radiatorgeheizten Raum mit z. B. $t_L = 20,5°$ C und $t_U = 18,5°$ C die gleiche Wärmeempfindung ausgelöst wie in einem strahlungsgeheizten Raum mit z. B. $t_L = 19°$ C und $t_U = 20°$ C, da in beiden Fällen $t_e = 19,5°$ C.

Die korrespondierenden Summanden t_L und t_U dürfen jedoch nicht in beliebigen Grenzen variiert werden; gemäß Voraussetzung 2 soll die Lufttemperatur t_L zwischen 15° und 25° C liegen. In Abb. 6.07 ist die Gerade $t_e = 20°$ C in dem genannten Lufttemperaturbereich eingetragen; parallel dazu sind, entsprechend einer physiologisch gegebenen Streubreite von ±1,5° C, die Geraden $t_e = 18,5$ und $t_e = 21,5°$ C gezogen, die ein Behaglichkeitsfeld in Form eines Parallelogramms umreißen.

Für die Benutzung der empfundenen Temperatur t_e und ihre Messung hat sich MISSENARD[1] besonders eingesetzt. Als Meßgerät diente früher ein in England von VERNON angegebenes Kugelthermometer, das aus einer mattschwarz gestrichenen, kupfernen Hohlkugel von 15,2 cm Durchmesser bestand, in die bis zu ihrer Mitte ein gewöhnliches Quecksilberthermometer eingeführt war. Da das Gerät bis zur Erreichung der Endtemperatur eine Einstellzeit von etwa 15 Minuten benötigte, wurde die Kupferkugel auf Vorschlag von B. KRAUSE durch einen aufgeblasenen Gummiballon ersetzt, der schneller und unabhängig von seiner Farbe zu der gleichen Temperaturanzeige führt *(Ballonthermometer)*. Bezeichnet t_B die vom Ballonthermometer angezeigte Temperatur, gilt im Beharrungszustand die Gleichung:

$$\alpha_S \cdot F \cdot (t_U - t_B) \approx \alpha_K \cdot F \cdot (t_B - t_L).$$

Setzt man

$$\alpha_S \approx \alpha_K, \quad \text{so wird} \quad t_U - t_B \approx t_B - t_L \quad \text{bzw.} \quad t_B \approx \frac{t_L + t_U}{2} = t_e.$$

Die Anzeige t_B des *Ballonthermometers* entspricht unter diesen Voraussetzungen der *empfundenen Temperatur t_e*.

Auf die empfundene Temperatur t_e an Stelle der Lufttemperatur t_L sind die neuen schweizerischen „Regeln zur Berechnung des Wärmebedarfes von Gebäuden" abgestellt[2]. Beispielsweise wird für Wohn-, Schlaf-, Büro- und Klassenräume eine empfundene Temperatur $t_e = 18°$ C gegenüber einer Lufttemperatur $t_L = 20°$ C in DIN 4701 empfohlen; die Temperatur t_e soll 1,5 m über dem Fußboden in der Mitte des Raumes bei geschlossenen Fenstern und Türen und bei erreichtem Beharrungszustand vorhanden sein bzw. gemessen werden. In den deutschen „Regeln" DIN 4701, Ausgabe 1959, ist der Einfluß der Oberflächentemperaturen der Außenwände im D-Wert berücksichtigt[3]. Die französischen „Regeln" erfassen den Einfluß mehrerer Außenwände und kalter Fenster, indem der Rechenwert für die Raum*luft*temperatur um 1° bis 8° C erhöht wird[2]. Diese Verschiedenartigkeit der Methoden zur Berücksichtigung der Komplexgröße aus Luft- *und* Umschließungsflächentemperatur läßt erkennen, daß man die Bedeutung des Einflusses kalter Wände, Fenster usw. auf das Behaglichkeitsempfinden erkannt hat, aber um das einfachste, zugleich hinreichend zuverlässige Berechnungsverfahren noch bemüht ist.

β) Der Einfluß von $t_L \mid t_U$ auf den Wärmehaushalt des Menschen nach Nielsen und Pedersen. Den Einfluß der Komplexgröße $t_L \mid t_U$ auf die Entwärmung des bekleideten menschlichen Körpers untersuchten NIELSEN und PEDERSEN, Kopenhagen[4]. Sie fanden eine unmittelbare Abhängigkeit der Wärmeabgabe Q_{tr} auf dem Wege der Strahlung + Konvektion von der Differenz zwischen mittlerer Hauttemperatur t_H und mittlerer Temperatur t_{Kl} der bekleideten und z. T. unbekleideten Körperoberfläche

$$Q_{tr} = Q_S + Q_K \sim (t_H - t_{Kl}). \tag{6.05}$$

In mehreren Meßreihen wurde untersucht, unter welchen Kombinationen von t_L und t_U sich bei einer ruhig sitzenden Versuchsperson jeweils ein konstanter Wert für den Temperaturunterschied $(t_H - t_{Kl})$ und damit auch für Q_{tr} einstellte. Das Ergebnis ist in Abb. 6.07 durch die Linien *1—1* und *2—2* wiedergegeben. Linie *1—1* entspricht allen Kombinationen von t_L und t_U, bei denen $Q_{tr} = 56,5$ kcal/h bzw. $t_H \approx 34°$ C betrug, während Linie *2—2* durch $Q_{tr} = 71$ kcal/h bzw. $t_H \approx 33°$ C gekennzeichnet ist. Diese Q_{tr}- bzw. t_H-Werte sind dabei offenbar im Sinne von Behaglichkeitsgrenzen zu verstehen. Das von den Linien *1—1* und *2—2* umschriebene Feld deckt sich etwa mit dem Bereich empfundener Temperaturen $t_e = 19,5$ bis

---

[1] MISSENARD, A.: Chauffage et Ventilation Bd. 12 (1935) S. 347; ders.: Unmittelbare Vergleichsprüfung zwischen der Wärmeempfindung verschiedener Personen und den Katathermometeranzeigen, der effektiven und resultierenden Temperatur. Gesundh.-Ing. Bd. 57 (1936) S. 409/410; ders.: Der Entwicklungsstand der französischen Heizungstechnik. Gesundh.-Ing. Bd. 75 (1954) S. 5/8. — CARDIERGUES, R.: Le thermomètre à température résultante. Annales de l'Institut Technique du Bâtiment et des Travaux publics. Paris, Nov. 51.

[2] KAMM, H.: Die französischen und schweizerischen Regeln. Gesundh.-Ing. Bd. 79 (1958) S. 369/376.

[3] KRISCHER, O.: Neufassung der DIN 4701 — wesentliche Änderungen und ihre Begründung. Gesundh.-Ing. Bd. 79 (1958) S. 376/384.

[4] NIELSEN, M., u. L. PEDERSEN: Studies on the Heat Loss by Radiation and Convection from the Clothed Human Body. Acta Physiologica Scandinavica, Vol. 27, Fasc. 2/3, S. 272/292. Stockholm 1953.

$23°$ C. Die beiden dünnen strichpunktierten Geraden geben die Wertepaare $t_L \mid t_U$ an, bei denen die Kleidertemperatur t_{Kl} übereinstimmt mit der Lufttemperatur t_L (keine Wärmeabgabe durch Konvektion) bzw. mit der Umschließungsflächentemperatur t_U (keine Wärmeabgabe durch Strahlung, sofern t_U örtlich gleichmäßig; vgl. 3ε, S. 299). Die Luftgeschwindigkeit im Testraum betrug 2 bis 10 cm/s, der Wasserdampfteildruck 8 bis 11 mm QS. Nielsen und Pedersen haben aus ihren Versuchen auch „resultierende Temperaturen" errechnet. Ihre *resultierende Temperatur t_{res}* bezeichnet einen *übereinstimmenden Wert von t_L und t_U*, bei dem die *gleiche Entwärmung* auf dem Wege der Strahlung + Konvektion stattfinden würde, wie bei der zu bewertenden Kombination von $t_L \mid t_U$. Der Linie *1—1* entspricht $t_{res} \approx 23°$ C, der Linie *2—2* entspricht $t_{res} \approx 19°$ C.

γ) **Das Behaglichkeitsfeld nach Ghai.** In Amerika hat Ghai[1], ebenfalls auf empirischem Wege, in Abhängigkeit von t_L und t_U Behaglichkeitsfelder für verschiedene Luftgeschwindigkeiten abgesteckt. Als Beispiel wurde in Abb. 6.07 durch zwei punktierte Linien *3—3* und *4—4* das Feld für eine Luftgeschwindigkeit von 15 cm/s wiedergegeben. Dieser Bereich soll sich in Fahrzeugen und gewerblichen Betrieben bewährt haben. Er fügt sich gut in die unter α und β beschriebenen Bereiche ein und kann daher ebenfalls als Orientierungsfeld dienen, solange deutsche Versuchsserien fehlen oder nicht nennenswert abweichen[2]. Bedenklich ist nur die (hier nicht wiedergegebene) Ausdehnung des Feldes bis zu einer Lufttemperatur $t_L = +5°$ C. Lufttemperaturen unter $10°$ C werden sich nur ausnahmsweise in wenigen Raumgattungen durch entsprechend hohe Umschließungsflächentemperaturen ausgleichen lassen; dasselbe gilt für die Kompensation sehr niedriger Umschließungsflächentemperaturen durch hohe Lufttemperaturen.

Die unter α, β und γ wiedergegebenen, unabhängig voneinander durchgeführten Berechnungs- und Untersuchungsverfahren zeigen in ihren beachtenswerten Endergebnissen befriedigende Übereinstimmung. Die Anwendung dieser und anderer, ähnlich liegender Erkenntnisse für die Praxis der Projektierung und Beurteilung einer Heizungsanlage hängt weitgehend von der Möglichkeit ab, die Umschließungsflächentemperatur t_U im Mittelwert sowohl wie in ihrer örtlichen Differenziertheit mit möglichst einfachen Meßmethoden zu erfassen.

Als Sonderfall für die Abstimmung der Komponenten t_L und t_U auf eine behagliche Komplexgröße sei noch die Benutzung der *Deckenheizeinrichtung zur Raumkühlung* im Sommer erwähnt, da diese Möglichkeit als besonderer Vorteil der Deckenheizung gilt. In welchem Umfang Abb. 6.07 auch für diesen Sonderfall zutrifft, läßt sich aus den bisher vorliegenden Untersuchungen nicht hinreichend sicher klären. Ronge und Lofstedt[3] haben in 20 Versuchsreihen bei verschieden starker Deckenkühlung unter Veränderung der Lufttemperatur die *Hauttemperatur auf den Schultern* als Kenngröße der Behaglichkeit untersucht, und zwar 1. an 7 Personen mit nacktem Oberkörper, 2. an 6 ruhenden, mit Hemd bekleideten Personen und 3. an 7 leicht arbeitenden, normal bekleideten Personen. Im zweiten Fall trat ein dauerndes Frösteln, das regelmäßig mit einem zeitweiligen Zuggefühl auf Schultern und Nacken verbunden war, bei einer Hauttemperatur der Schulter unter $31{,}5°$ C auf. Als Grenzwert für drohendes Frösteln wird bei einer Lufttemperatur von z. B. 23,0 bis $23{,}5°$ C eine Deckenoberflächentemperatur von 15,5 bis $16{,}0°$ C genannt. Für die raumklimatischen Gewohnheiten in Mitteleuropa können diese Daten nur ein vorläufiger Anhaltswert sein. Sie deuten darauf hin, daß die kältephysiologisch zumutbare Grenze für das Wertepaar Raumlufttemperatur | Deckentemperatur schon aus bauphysikalischen Gründen kaum unterschritten werden dürfte, da andernfalls die feuchte Luft in der Grenzschicht unter der Decke bereits zur Kondenswasserbildung führen kann. Um mit der Deckenkühlung trotzdem eine gute Raumkühlung zu erreichen, sei an die Möglichkeit des Kältespeicherns in den Zeiten vor der Raumbenutzung erinnert.

---

[1] Ghai, M. A.: Principles of radiant heating for Comfort in passenger Cars. Railway Age Bd. 128 Nr. 8 S. 48 Februar 1950.

[2] Wenzel, H.-G., u. E. A. Müller haben „Untersuchungen der Behaglichkeit des Raumklimas bei Deckenheizung" durchgeführt (Int. Z. Physiol. einschl. Arbeitsphysiol. Bd. 16 (1957) S. 335/355). Sie enthalten jedoch keine Angaben über die mittlere Umschließungsflächentemperatur des Versuchsraumes.

[3] Ronge, H. E., u. B. E. Lofstedt: Radiant Drafts from Cold Ceilings. Heat. Pip. Air Condit.; Ashae: J. Sect. 29 (1957) Nr. 9 S. 167.

Die wärmephysiologisch entscheidende Bedeutung der aus Lufttemperatur t_L und Umschließungsflächentemperatur t_U resultierenden Komplexwirkung ist in den voraufgegangenen Darlegungen genügend hervorgehoben. Abschließend darf bemerkt werden, daß es notwendig wäre, für diese wichtige Komplexgröße $t_L \mid t_U$ eine treffende *Benennung* festzulegen. Die hierfür auch von anderer Seite (KOLLMAR/LIESE) vorgeschlagene Bezeichnung „*Raumtemperatur* t_R" läßt sich jedoch erst einführen, wenn u. a. die in verschiedenen DIN-Blättern für die *Luft*temperatur gewählte Bezeichnung „*Raum*temperatur" in den präziseren Ausdruck Raum*luft*temperatur abgeändert worden ist. Dann könnte sinngemäß die Raumtemperatur als Resultierende aus den beiden Komponenten Raumluft- und Raumumschließungsflächentemperatur gelten. Vorläufig wird in den folgenden Abschnitten die Bezeichnung „Komplexgröße $t_L \mid t_U$" beibehalten, um Verwechslungen mit den DIN-Bezeichnungen zu vermeiden.

δ) **Die zeitliche Gleichmäßigkeit der Luft- und Umschließungsflächentemperaturen.** Die hygienisch erwünschte zeitliche Gleichmäßigkeit sowohl der Lufttemperatur t_L als auch der Umschließungsflächentemperatur t_U hängt weitgehend von der Heizbetriebsweise, vom zeitlichen Verlauf der Wärmeabgabe der Heizeinrichtung sowie von der Wärmedämmung und -speicherung der Raumumschließungsflächen ab. Um t_L und t_U zumindest während der Raumbenutzungszeit möglichst konstant zu halten, sind bei unterbrochenem Heizbetrieb i. allg. Heizeinrichtungen mit größerer Trägheit (Kachelofen, Warmwasser-Radiator, Deckenheizung), und wärmespeichernde Baukörper erwünscht. Im Gegensatz hierzu steht z. B. ein Barackenbau mit einem eisernen Ofen, der stoßweise betrieben wird.

Thermisches *Wohlbefinden* kann nur erwartet werden im *Beharrungszustand* einer Heizung (oder Lüftung), also nicht während des Aufheizens, sondern erst nach weitgehender Anhebung aller während einer Heizpause abgesunkenen Luft- *und* Raumumschließungsflächentemperaturen auf ein absolut *und* relativ zueinander richtig abgestimmtes, harmonisches Niveau. Zeitlich gleichmäßige Werte von t_L sowohl wie von t_U setzen daher i. allg. durchgehenden oder nur kurzfristig unterbrochenen Heizbetrieb voraus. Wenn aus ökonomischen Gründen bewußt längere Heizpausen angestrebt werden oder unvermeidlich sind, wie z. B. in einzelbeheizten Wohnungen alleinstehender Berufstätiger während deren Abwesenheit, so ist solchen Heizungsarten der Vorzug zu geben, die eine automatische Einschaltung der Heizung zu einer frei wählbaren Tagesstunde einige Zeit vor dem Wiederbetreten der Wohnung ermöglichen (z. B. Domothermheizung, s. S. 144).

Schwierigkeiten können sich für die Einhaltung zeitlich gleichmäßiger Temperaturen ergeben, wenn die Heizenergie nur zu bestimmten Stunden preiswert verfügbar ist, wie z. B. bei Elektroraumheizung mittels *Nacht*stromes (Speicherheizung). Aus physiologischen und wirtschaftlichen Gründen muß hierbei vermieden werden, daß Wärme bereits in den Nacht- und frühen Morgenstunden den Räumen übermäßig eingespeist wird und diese stark überheizt, nur um trotz Auskühlens der Räume über Tag infolge Absinkens des Wärmenachschubes auch noch in den Nachmittags- und Abendstunden ausreichende Temperaturen aufrechterhalten zu können. Neben dem Wärmespeichervermögen des Baukörpers ist bei solcher relativ kurzfristigen Heizenergiezufuhr das Wärmespeichervermögen der Heizeinrichtung und ihre über rd. 14 Stunden gleichmäßig zu verteilende Wärmeabgabe an die Räume von entscheidender Bedeutung bei der hygienischen Beurteilung.

Eine erhebliche Störungsquelle für die zeitliche Gleichmäßigkeit der Luft- und Umschließungsflächentemperaturen kann auch mehr oder weniger plötzlich einsetzende *Sonneneinstrahlung* durch große Fensterflächen (Glasfassaden) sein. Die unmittelbare sommerliche Bestrahlung ruhig sitzender Personen in der fensternahen Zone bedeutet eine besonders hohe wärmephysiologische Belastung, die in dicht besetzten Räumen und Sälen infolge Anstiegs der Haut- und Kleidertemperatur zur Wärmestauung und zum Hitzekollaps führen kann. Wenn Fenster größer bemessen werden sollen als es zur Deckung ausreichender Tagesbelichtung notwendig ist, muß *bauseitig* an eine *außen vor* dem Fenster liegende Abschattungsmöglichkeit gedacht werden[1]. Innenvorhänge und Wärmeschutzgläser bringen nur beschränkte Abhilfe. Das Leistungsvermögen

---

[1] TONNE, F.: Schutz vor Hitze. Handbuch des Bauwesens. Stuttgart: Deutsche Verlagsanstalt 1958. — AYOUB, R.: Contrôle thermique naturel des locaux dans les tropiques et les régiones tempérées et ensoleillées. Techniques et architecture. 20e série — No 2 — Février 1960.

einer Klimaanlage, sofern sie überhaupt in Frage kommt, darf in dieser Hinsicht nicht überfordert werden. Die häufig mißbrauchten Schlagworte „Licht — Luft — Sonne" dürfen nicht beliebig vom Außenklima auf das Raumklima übertragen werden[1].

Der Erwägung, daß eine *zu große zeitliche Gleichmäßigkeit* der Temperatur ermüdend wirken könnte, entspringt der Vorschlag, bei Klimaanlagen die Lufttemperaturen durch Programmregler planmäßig mit einer Amplitude von z. B. $\pm 1°$ C und einer Dauer von z. B. 1 Stunde pendeln zu lassen. Im allgemeinen sind jedoch bei Klimaanlagen auch unbeabsichtigte Temperaturschwankungen in der genannten Größenordnung vorhanden, die planmäßige Änderungen überflüssig machen.

ε) Die örtliche Gleichmäßigkeit der Luft- und Umschließungsflächentemperaturen. Sie wird *innerhalb eines Gebäudes* oder innerhalb einer Wohnung durch die Zentralheizung am besten gewährleistet. Daß übertriebene örtliche Gleichmäßigkeit im Verein mit zeitlicher Gleichmäßigkeit der Temperaturen in allen benutzten Räumen zu einem „reizlosen" Raumklima, zur Verweichlichung im Sinne abnehmender Widerstandsfähigkeit und erhöhter Erkältungsanfälligkeit führen kann, läßt sich nicht in Abrede stellen. Die Einhaltung bestimmter Temperaturunterschiede zwischen Tagesaufenthalts- und Büroräumen einerseits und Schlafraum, Flur, Küche, Abort andererseits ist daher erwünscht (vgl. z. B. DIN 4701; Zahlentafel A 13, S. 576). Eine entsprechende Handhabung der Zentralheizung hängt jedoch weniger vom Heizungsingenieur oder Heizer ab, als vielmehr vom einsichtsvollen Gebrauch der örtlichen Regelung mit dem Heizkörperventil durch die Benutzer der Räume.

Eine solche Abstufung der Temperaturen innerhalb einer Wohnung soll andererseits nicht übertrieben werden, indem in einem ihrer Räume, z. B. im Schlafraum, überhaupt keine Heizeinrichtung eingebaut wird, um Anlagekosten zu sparen. Das in solchem Fall empfohlene „Mitheizen" dieses Raumes bei Bedarf, z. B. bei Krankheit oder strengem Frost, durch Offenstehenlassen der Tür zum beheizten Nachbarraum kann unbefriedigend sein. Es wird hierdurch i. allg. nur ein mäßiger Anstieg der Lufttemperatur des mitgeheizten Raumes erreicht, jedoch keine ausreichende Erhöhung der Oberflächentemperatur der Raumumschließungsflächen. Besonders die Außenwand mit den Fensterflächen bleibt kalt. Hieraus resultiert u. U. nicht nur ein unzuträgliches, als „klamm" bezeichnetes Raumklima, sondern auch die Gefahr einer Schwitzwasserbildung bzw. Durchfeuchtung und Reifbildung an der Außenwand[2] infolge Unterschreitens des Taupunktes der angewärmten Raumluft bei ihrer Berührung mit der stark ausgekühlten Wandfläche[3]. Es können sich durch Schimmelbildung, Muffigkeit u. ä. m. auch wohnhygienische Mängel einstellen. Daher soll, wie es auch die Mehrzahl der Bauordnungen vorsieht, *jeder* Aufenthaltsraum einer Wohnung heizbar sein. Diese Forderung bedingt noch nicht eine eigene Heizeinrichtung für jeden Raum; es genügt z. B. ein „Mehrzimmerofen" (vgl. Abb. 1.04, S. 5).

Innerhalb eines Raumes kommt der örtlichen Gleichmäßigkeit der Lufttemperatur in der Höhe sowie in der Tiefe große wärmephysiologische Bedeutung zu, insbesondere, wenn die Raumluft sich bewegt. Lufttemperaturunterschiede in der Waagerechten lassen sich bei guter Fensterbauweise und Einhaltung der DIN 4108 (Wärmeschutz im Hochbau) verhältnismäßig leicht in den erforderlichen Grenzen halten. Bei der Deckenheizung liegt bei dichter Möblierung die kritische waagerechte Lufttemperaturebene etwa in Kniehöhe, wie aus Abb. 2.106, S. 83, hervorgeht. Die i. allg. erreichbare Gleichmäßigkeit der Lufttemperatur in der *Senkrechten* bei verschiedenen Heizungsarten ist aus Abb. 6.08 zu ersehen[4]. Sie ist sehr stark von der Art der Heizung und der Anordnung der Heizflächen abhängig (Abb. 2.106, S. 84). Bei Aufstellung der Heizkörper an der der Außenwand gegenüberliegenden Innenwand besteht die Gefahr, daß die

---

[1] ROEDLER, F.: Die wahre Sonneneinstrahlung auf Gebäude, ihre Ermittlung, Ausnutzung und Abwehr. Gesundh.-Ing. Bd. 69 (1948) S. 217/224 und Bd. 74 (1953) S. 337/350.

[2] REIHER, H.: Schall- und Wärmeschutz im sozialen Wohnungsbau. Heizg.-Lüft.-Haustechn. Bd. 3 (1952) S. 109/116.

[3] Zur Bestimmung der Tauwasserbildung an Wänden in Räumen mit feuchter Luft ohne merkliche Luftbewegung kann das Arbeitsblatt 2-25, Juni 1958, des Deutschen Kältetechnischen Vereins, bearbeitet von J. S. CAMMERER, dienen.

[4] RAISS, W.: Strahlungs- oder Konvektionsheizung? Untersuchungen über das Raumklima. VDI-Bericht Bd. 21 (1957) S. 15/24.

Luftmasse vor dem Fenster stark abkühlt, heruntersinkt und eine Zirkulation auslöst, bei der sich Kaltluft bis in Zimmermitte ergießt. Auf die Bewegung der Luft und ihre Folgen soll jedoch erst später eingegangen werden. Bei der Konvektionsheizung läßt sich das senkrechte Temperaturprofil durch geschickte Anordnung der Heizkörper oder der Warmlufteinlässe beeinflussen. Auch hier ergibt die Innenwandaufstellung einen größeren Temperaturabfall in der Senkrechten als die Außenwandanordnung. Entgegen früheren Anschauungen steigt auch bei Deckenstrahlungsheizung die Lufttemperatur mit der Raumhöhe an, und zwar in dem wichtigen Bereich zwischen Knie- und Kopfhöhe etwa in gleichem Maße wie bei Warmwasserradiatoren an der Außenwand[1], so daß beide Heizungsarten in dieser Hinsicht wärmephysiologisch gleichwertig sind. Die Differenz der Lufttemperaturen in Kopf- und Knöchelhöhe sollte bei praktisch ruhender Luft und einer Außentemperatur über 0° C nicht mehr als 2,0° C, bei einer Außentemperatur von −15° C nicht mehr als 2,5° C betragen.

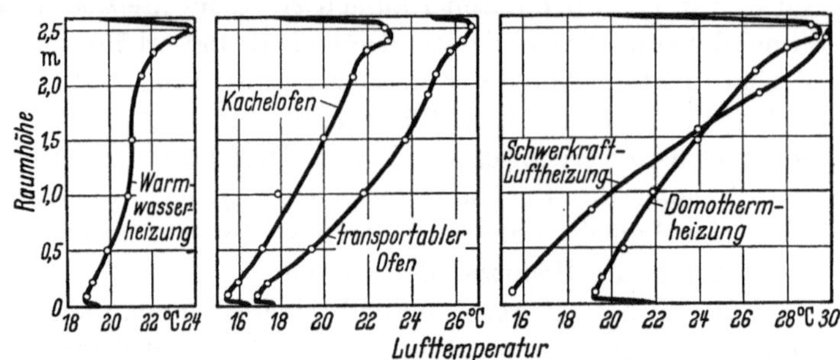

Abb. 6.08. Lufttemperaturprofile in Raummitte vergleichbarer Wohnräume bei $t_a = -9°$ C

Die *örtliche Gleichmäßigkeit der Umschließungsflächentemperatur* t_U wird um so besser gewährleistet, je größer der Anteil der direkt oder indirekt beheizten und je kleiner der Anteil der besonders kalten Flächen (Fenster, Oberlichte) ist. In der Definitionsgleichung für die

mittlere Raumumschließungsflächentemperatur $\quad t_U = \dfrac{F_1 \cdot t_1 + F_2 \cdot t_2 + \cdots + F_n \cdot t_n}{F_1 + F_2 + \cdots + F_n} \quad$ (vgl. S. 291)

darf im Hinblick auf die Unterschiede der Oberflächentemperaturen $t_1 \ldots t_n$, denen der Mensch ausgesetzt wird, nicht so willkürlich verfahren werden, daß z. B. eine große Fensterglasfläche F_1 mit sehr niedriger Temperatur t_1 „ausgeglichen" wird durch eine relativ kleine Heizfläche F_2 mit hoher Temperatur t_2. Je weniger die Oberflächentemperaturen der einzelnen Raumumschließungspartien voneinander *und* von der zugehörigen Lufttemperatur abweichen, um so angenehmer wird die Wärmeempfindung sein. So läßt sich z. B. die Abstrahlung des Körpers an eine große kalte Fensterfläche nicht beliebig durch die Wärmezustrahlung einer darunter oder darüber angeordneten Heizfläche hoher Temperatur kompensieren, vgl. Abb. 6.05, ganz abgesehen davon, daß kalte Raumumschließungspartien die Gefahr eines nicht hinreichend abfangbaren Kaltluftfalles bergen.

Da *kalte Fensterflächen* die thermische Behaglichkeit der Rauminsassen erfahrungsgemäß besonders beeinträchtigen, sind in allen Aufenthaltsräumen und auch in Brause- und Baderäumen (unbekleidete, nasse Körperoberfläche!) doppelt verglaste Fenster wegen ihrer höheren Oberflächentemperatur den einfach verglasten vorzuziehen; hierdurch können in klimatisch ungünstigen Gegenden auch wärmewirtschaftliche Vorteile erzielt werden[2]. In der Wahl der Fenstergröße sollte sich der Architekt Beschränkungen auferlegen; sind die Fensterflächen größer, als es einer angemessenen Tageslichtzufuhr entspricht, können hygienische Argumente hierfür nicht geltend gemacht werden, was im Zusammenhang mit der lästigen Sonnenwärmeeinstrahlung im Sommer bereits erwähnt wurde.

Die physiologisch wichtige Gleichmäßigkeit der Wärmeabgabe des Körpers an die *einzelnen* Bezirke der Raumumschließungsflächen läßt sich meßtechnisch nur schwer erfassen. Der von

---

[1] Vgl. Fußnote 4 auf S. 299.

[2] RAISS, W., u. K. SIMSON: Die Wirtschaftlichkeit verschiedener Fensterbauarten. VDI-Berichte Bd. 18 S. 5/27. VDI-Verlag 1957.

HEIDTKAMP beschriebene, sehr genau arbeitende, thermoelektrische Strahlungsempfänger[1], der auf die einzelnen Flächen nacheinander gerichtet wird, ist etwas umständlich in der Handhabung und Auswertung. Demgegenüber läßt sich mit einem Globusthermometer[2], das aus einer Kunststoffschaumkugel (15 cm $\varnothing$) mit einer größeren Zahl gleichmäßig über die Oberfläche verteilter Thermoelemente besteht, eine rasche und allseitige Abtastung der Strahlung aus den einzelnen Raumbezirken durchführen (Abb. 6.09). Die Häufigkeitslinien solcher Globustemperaturen im Verein mit Lufttemperaturprofilen in der Senkrechten bieten die Möglichkeit, ein differenziertes physikalisches Bild über die Raumklimakomponenten t_L und t_U zu vermitteln.

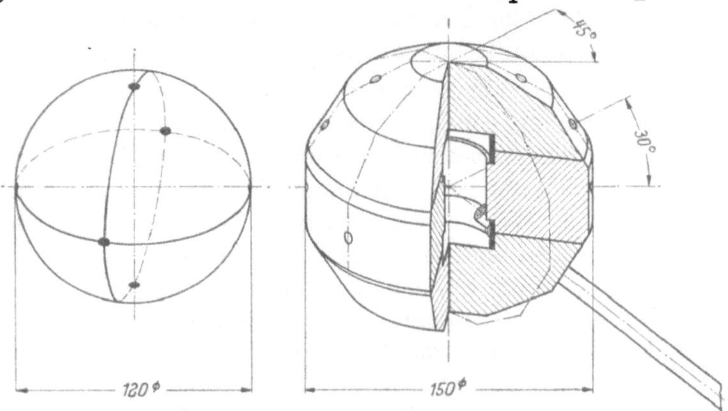

Abb. 6.09. Richtungsempfindliches Globusthermometer

Zur Deutung der wärmephysiologischen Wirkung eines solchen Temperaturfeldes, insbesondere zur präzisen Beschreibung der zumutbaren Ungleichförmigkeit, Höchst- und Tiefstwerte der Oberflächentemperaturen der einzelnen Raumumschließungspartien, bedarf es noch sorgfältiger Untersuchungen.

4. Die Komplexgröße aus Lufttemperatur t_L und relativer Luftfeuchte φ (Schwüle)

Der Anteil der feuchten Wärmeabgabe des Menschen Q_f ist im Vergleich zur trockenen Wärmeabgabe Q_{tr} um so größer, je höher die Lufttemperatur liegt (vgl. Abb. 6.02). Da aber andererseits bei zunehmender relativer Feuchte der Raumluft die auf der Hautoberfläche erzielbare Wasserverdunstung mit ihrer Kühlwirkung gehemmt und die Empfindung eines *schwülen Raumklimas* ausgelöst wird, muß besonders das gleichzeitige Auftreten hoher Lufttemperatur und hoher relativer Feuchte durch entsprechende Luftaufbereitung in einem Klimagerät (Kühlung und Wasserausscheidung, vgl. S. 276) vermieden werden. Abb. 6.10 zeigt die Grenzkurve der Schwüle nach LANCASTER-CASTENS, modifiziert von RUGE. Sie gilt für den körperlich untätigen Menschen in praktisch ruhender Luft und bei Fehlen nennenswerter Strahlungseinflüsse. Entsprechend den individuellen Empfindungsunterschieden ist sie, wie alle Behaglichkeitsgrenzen, als schmaler Saum aufzufassen. Alle Kombinationen von t_L und φ oberhalb der Grenzlinie sind unbehaglich schwül. Zur Kennzeichnung von Schwüle ist

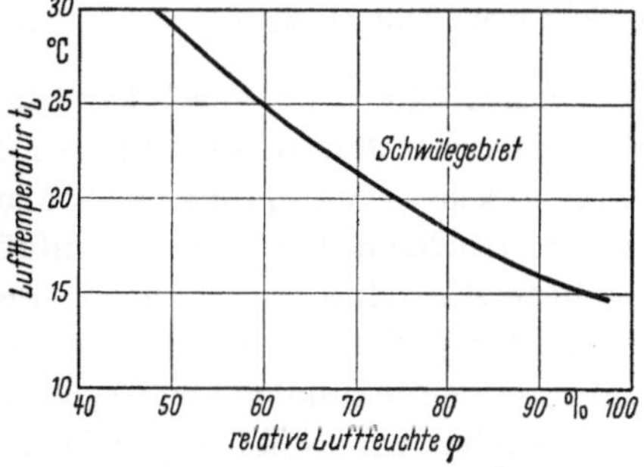

Abb 6.10. Schwülekurve nach LANCASTER-CASTENS-RUGE

also stets die Angabe eines Werte*paares* aus den Komponenten t_L und φ erforderlich.

Für die praktische Auswertung der Grenzkurve beim Betrieb von Klimaanlagen sei daran erinnert, daß die Wasserdampfabgabe des Menschen an die Raumluft bereits um 50% zunimmt,

---

[1] HEIDTKAMP, G.: Messung der Wärmeleistung von Raumheizkörpern mit Hilfe eines neuen Strahlungsempfängers. Gesundh.-Ing. Bd. 76 (1955) S. 161/167.

[2] RAISS, W.: Strahlungs- oder Konvektionsheizung? Untersuchungen über das Raumklima. VDI-Bericht Bd. 21 (1957) S. 15/24. — KRAUSE, B.: Ein richtungsempfindliches Globusthermometer. Gesundh.-Ing. Bd. 81 (1960) S. 353.

wenn die Lufttemperatur von 20 auf 24° C steigt (vgl. S. 288). Es empfiehlt sich daher, die Lufttemperatur im Rahmen des Zumutbaren möglichst niedrig zu halten, da anderenfalls das Raumklima leicht ins Schwülegebiet übergleitet. Die zumutbare niedrigste Raumlufttemperatur hängt dabei u. a. von der jeweiligen Außenlufttemperatur ab; vgl. VDI-Lüftungsregeln Blatt 2, Ziffer 2.7.

BRADTKE[1] hat als Schwülegrenze den absoluten Wassergehalt $x = 11{,}5$ g/kg tr. Luft und SCHARLAU[2] den Wasserdampfteildruck $p_d = 14{,}08$ mm QS $\triangleq 11{,}9$ g Wasser/kg tr. Luft angegeben. Nach eigenen Messungen und Beobachtungen in überfüllten Räumen ist jedoch hiermit bei Lufttemperaturen unter 23° C die Schwülegrenze zu weit gezogen, während die LANCASTER-CASTENS-Kurve in dem ganzen Lufttemperaturbereich der Abb. 6.10 bestätigt werden konnte.

Als *untere Behaglichkeitsgrenze* der relativen Luftfeuchte können, weitgehend unabhängig von der Lufttemperatur, etwa 30% gelten, sofern die Raumluft nicht durch Schwebestoffe, wie z. B. Tabakrauch oder Kreidestaub, besonders verunreinigt ist (vgl. S. 310). Trockene Luft ist i. allg. unschädlich, *solange sie sauber ist*; erst durch Verunreinigungen werden Reize auf den Rachenschleimhäuten ausgelöst. Wenn Verunreinigungen unabwendbar zu erwarten und durch Staubfilterung nicht zu vermeiden sind, sollte die untere Grenze der Luftfeuchte in den Bereich um 50% verschoben werden, um die Staubaustrocknung zu verringern.

Eine künstliche Befeuchtung der Raumluft ist, wenn man von Sonderfällen, wie z. B. in Hals-, Nasen-, Ohrenkliniken, absieht, um der Rauminsassen willen selten erforderlich. Verdunstungsgefäße einfachster Ausführungsform, wie sie mitunter auf oder an Heizkörpern angebracht sind, verdampfen relativ wenig Wasser, werden erfahrungsgemäß nicht regelmäßig nachgefüllt und vor allem nicht genügend sauber gehalten. Es dürfte zweifellos *folgerichtiger* sein, die Ursache der Belästigung, *die Staubansammlung, unmittelbar zu bekämpfen, anstatt nachträglich den angefallenen Staub durch unzulängliche Befeuchtungsverfahren flugunfähig machen zu wollen.*

Daß in erster Linie die Staubansammlung und -aufwirbelung bekämpft werden muß, während der Luftfeuchtigkeit nur sekundäre Bedeutung zukommt, wird deutlich, wenn man die physikalischen Zustandsgrößen der an einem Wintertage im Freien und im geheizten Raum ein- und ausgeatmeten Luft einander gegenüberstellt.

Zustandsgröße	t °C	φ %	x g/kg tr. L.	Δx g/kg tr. L.
1 eingeatmete Außenluft; Winter	—10	60	1,0	33,6
2 eingeatmete Raumluft	+20	25	3,6	31,0
3 ausgeatmete Luft (konst.)	35	95	34,6	

Die durch $\Delta x = (x_3 - x_1)$ bzw. $(x_3 - x_2)$ gekennzeichnete Beanspruchung des „Befeuchters" in unserem Atmungsorganismus ist also in dem repräsentativen Beispiel beim Aufenthalt im Freien sogar etwas größer als beim Aufenthalt im Raum.

Wenn trotzdem trockene Raumluft viel häufiger beanstandet wird als ebenso trockene winterliche Außenluft, so ist dies in der Regel auf den Staubgehalt der Raumluft oder auf zu hohe Lufttemperaturen infolge Überheizung zurückzuführen. Zu hohe Raumlufttemperaturen veranlassen den gesunden Menschen, von der Nasen- zur Mundatmung überzugehen; hierdurch setzt, besonders bei staubhaltiger Luft, eine Austrocknung der Mund- und Rachenschleimhäute mit entsprechender Reizwirkung ein.

Die häufig vertretene Meinung, daß Räume, aus denen Öfen unmittelbar ihre Verbrennungsluft entnehmen, nicht so trockene Luft aufweisen, wie z. B. zentralgeheizte Räume, beruht auf einem Irrtum. Da kalte Außenluft — nach mehr oder weniger großen Umwegen — als Verbrennungsluft dient, wird die Raumluft hier sogar trockener als bei Räumen, aus denen keine Verbrennungsluft entnommen wird (Zentralheizung), wie sich an Hand des i, x-Bildes von MOLLIER (S. 338) leicht beweisen läßt.

---

[1] BRADTKE, F.: Grundlagen für Planung und Entwurf von Klimaanlagen. Z. VDI Bd. 82 (1938) S. 1473/ 1480.
[2] SCHARLAU, K.: Z. Hyg. Bd. 123 (1942) S. 511.

Von diesem Fall der Ofenheizung und gelegentlich vorkommenden Betriebsdaten bei der Luftheizung abgesehen, ist die *Raumluftfeuchte unabhängig vom Heizverfahren*, sofern die Handhabung der Lüftung und die Lufttemperaturen in den verglichenen Fällen übereinstimmen.

An Stelle der in Abb. 6.10 wiedergegebenen Grenzkurve für das Schwüleempfinden des körperlich ruhenden Menschen tritt beim körperlich arbeitenden Menschen in Hitzebetrieben unvermeidbar eine Erträglichkeitskurve mit höheren Werten von $t_L \mid \varphi$. Als roher, orientierender Anhaltswert kann hier eine Feuchtkugeltemperatur von 25° C dienen, doch sind je nach Art und Dauer der Arbeitsleistung sowie der Hitzeeinwirkung (Einstrahlungsgröße, Schichtdauer usw.) arbeitsphysiologisch angemessene Modifizierungen notwendig, auf die hier nicht näher eingegangen werden kann, da die entsprechenden lüftungstechnischen Maßnahmen eine Sonderaufgabe darstellen.

5. Die Komplexgröße aus Lufttemperatur t_L, relativer Feuchte φ und Luftgeschwindigkeit w

Bei Luftbewegung tritt Schwülegefühl erst bei höherer Feuchte und bzw. oder höherer Lufttemperatur ein. Über die Auswirkung verschiedener Kombinationen dieser drei Raumklimakomponenten auf die Behaglichkeit haben LEUSDEN und FREYMARK[1] Untersuchungen durchgeführt, deren Ergebnis in Abb. 6.11 wiedergegeben ist.

Zone I gilt als behaglich, Zone II als durchaus erträglich, Zone III als schlecht. Hierbei wird zwischen sitzender Beschäftigung und schwerer Körperarbeit unterschieden. Die verschiedene

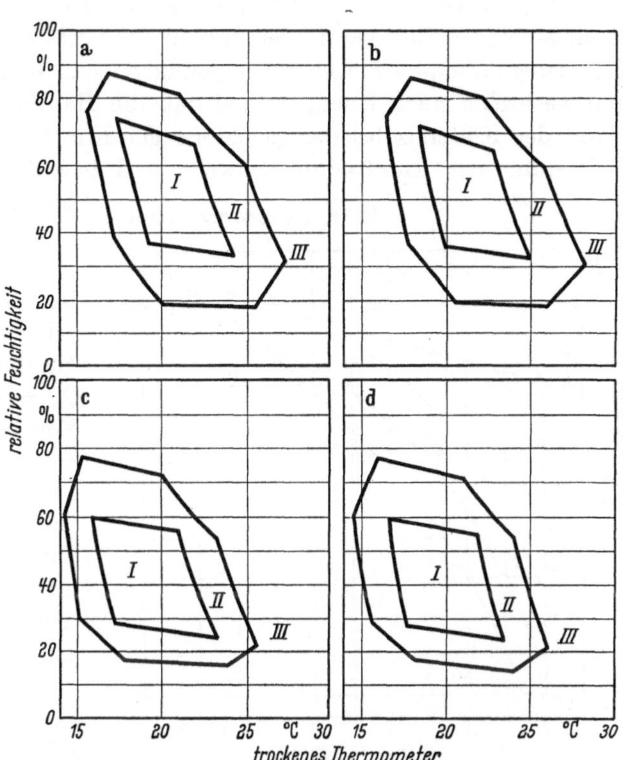

Abb. 6.11. Behaglichkeitsfelder nach LEUSDEN-FREYMARK für t, φ und w. a) sitzende Beschäftigung, $w = 20$ cm/s, b) sitzende Beschäftigung, $w = 20$ bis 30 cm/s, c) schwere Körperarbeit, $w = 20$ cm/s, d) schwere Körperarbeit, $w = 20$ bis 30 cm/s

Lage und Form der beiden Polygonzüge im Rahmen der Abb. 6.11 a) bis d) läßt sofort den Einfluß von Luftbewegung und körperlicher Anstrengung auf das Behaglichkeitsempfinden erkennen. So verschiebt sich z. B. bei sitzender Beschäftigung und rd. 65% relativer Feuchte die obere Grenze der behaglichen Raumlufttemperatur von 22° C (Feld a) auf 23° C (Feld b), wenn die Luftgeschwindigkeit auf über 20 cm/s gesteigert wird.

Unter Vernachlässigung des Einflusses der Feuchte φ bedarf das Wertepaar $t_L \mid w$ schon im Hinblick auf den Begriff der Zugluft einer besonderen Erörterung.

6. Die Komplexgröße aus Lufttemperatur t_L und Luftgeschwindigkeit w (Zugluft)

Ein entscheidendes wärmephysiologisches Gütemerkmal bei der Projektierung und beim Betrieb von Lüftungs- und Klimaanlagen ist die Wahl des richtigen Wertepaares aus Lufttemperatur t_L und Luftgeschwindigkeit w in der Aufenthaltszone der Menschen. Auch bei Heizungsanlagen mit vorzugsweise konvektiver Wärmeübertragung oder bei unbeabsichtigten Luftströmungen infolge ungünstiger Lufttemperaturprofile spielt das Wertepaar $t_L \mid w$ eine bedeutende Rolle für die Behaglichkeitsbeurteilung. Die richtige Abstimmung von t_L und w aufeinander ist ausschlaggebend für die Vermeidung von „*Zugluft*".

---

[1] LEUSDEN, F. P., u. H. FREYMARK: Darstellungen der Raumbehaglichkeit für den einfachen praktischen Gebrauch. Gesundh.-Ing. Bd. 72 (1951) S. 271/273.

Unter „Zug" versteht man die thermische Belästigung, die sich aus der Kühlwirkung strömender Luft auf die Haut ergibt. Je stärker die Bewegung der Luft und je niedriger hierbei die Lufttemperatur, um so größer ist der Abkühlungsreiz. Zur Auslösung des Abkühlungsreizes muß ein individuell verschieden hoch liegender Schwellenwert überschritten werden. Unterschwellige, nicht zum Bewußtsein kommende Abkühlungsreize sind u. U. gefährlicher als deutliche Kältereize, weil diese Abwehrmaßnahmen auslösen. Während der Mensch *im Freien* auf stärkere und wechselnde Luftbewegung gefaßt und kleidungsmäßig „eingestellt" ist, sie sogar als angenehmen Reiz empfindet, spricht *im geschlossenen Raum*, besonders beim Stillsitzen, das Wärmeregulationsvermögen nicht genügend an. Während die Luft im Freien i. allg. dauernd und wechselnd stark bewegt ist, so daß die Hautkapillaren „turnen", wie es KISSKALT nennt, bleibt der Kältereiz bei der gleichförmigen Einwirkung von Zugluft in geschlossenen Räumen evtl. unter der Empfindungsschwelle und bewirkt u. U. dauernde Kontraktion der Haut-

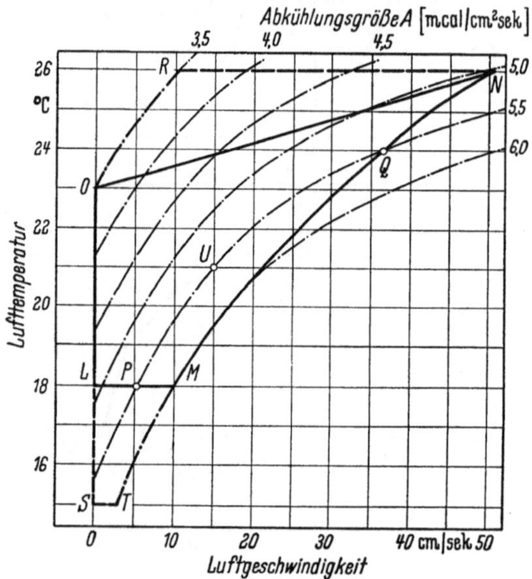

Abb. 6.12. Behaglichkeitsfeld für das Wertepaar $t_L \mid w$

kapillaren. Deshalb müssen Zugerscheinungen in Räumen sorgfältig vermieden werden.

Die Aufgabe einer zugfreien Luftführung bei lüftungstechnischen Anlagen ist besonders schwierig, wenn die Zuluft im Sommer zur Kühlung dienen muß. In der Grundgleichung $Q_K = L_z \cdot c \cdot (t_i - t_z)$ für die Kühllast z. B. eines Versammlungsraumes ist sorgfältig abzustimmen zwischen der Zuluftmenge L_z und der zumutbaren Differenz zwischen der Lufttemperatur am Lufteinlaß (t_z) und in der Aufenthaltszone (t_i). Sowohl große Luftmengen und damit hohe Luftgeschwindigkeiten als auch niedrige Einlaßtemperaturen können Anlaß zur Zugempfindung geben.

Abb. 6.12 zeigt den Versuch, für das Wertepaar $t_L \mid w$ ein Behaglichkeitsfeld zu umreißen. Seine Grenzen sind enger gesteckt, als es bisher üblich war[1]. Das stark umrandete Feld *LMNO* gilt unter folgenden Voraussetzungen:

a) Die Rauminsassen sitzen still und sind normal bekleidet,

b) die Luftströmung ist von vorn auf die Rauminsassen gerichtet,

c) die Lufttemperatur t_L und die mittlere Raumumschließungsflächentemperatur t_U liegen im Rahmen der in Abb. 6.07 gegebenen Behaglichkeitsfelder,

d) die relative Feuchte φ liegt unterhalb der Schwülekurve in Abb. 6.10.

Das Feld *LMNO* ist *einzuschränken* bei Fortfall der Voraussetzung b). Da die Zugempfindlichkeit des Menschen bei einer gegen Nacken oder Füße gerichteten Luftströmung größer ist als bei einer Luftströmung in das Gesicht — bekannt aus der Wirkung geöffneter Fenster in Fahrzeugen —, empfiehlt es sich im ersten Fall, an Stelle der Linie *MN* die Linie *PQN* als obere Geschwindigkeitsgrenze anzusehen. Beim Anblasen der Fußknöchel (z. B. Abb. 5.33, S. 259) setzen Untertemperaturen der Einblaseluft gegenüber der Raumluft, wie sie zur Bewältigung der Kühllast im Sommer nötig werden, ganz besonders sorgfältige, gut gestreute Luftführung voraus (vgl. Fußkälte S. 293).

Eine *Erweiterung* des Feldes *LMNO* ist in folgenden Fällen möglich:

1. Lufttemperaturen unter 18° C sind noch tragbar, wenn die mittlere Temperatur der Raumumschließungsflächen t_U entsprechend hoch liegt (vgl. Abb. 6.07) *und* ihre regionalen Einzel-

---

[1] In früheren Auflagen dieses Lehrbuches wird von BRADTKE als untere Behaglichkeitsgrenze die „Behaglichkeitsziffer" $B = 2,5$ angegeben, wobei B der Quotient aus der Lufttemperatur t_L und der mit dem Katathermometer gemessenen Abkühlungsgröße A ist (vgl. S. 306). Obwohl t_L und A zweifellos bedeutsame und aufschlußreiche Klimakomponenten sind, führt ihre mathematische Kopplung in der genannten Quotientenform m. E. zu unbrauchbaren Werten, wenn entsprechend $B = 2,5$ z. B. 16° C bei 8 cm/s oder 20° C bei 50 cm/s Luftgeschwindigkeit noch zum Behaglichkeitsbereich gehören sollen.

werte (z. B. Fenstertemperatur) nicht zu stark vom Mittelwert abweichen. Unter diesen Voraussetzungen kommt das Zusatzfeld $LSTM$ in Frage. 2. Während Lufttemperaturen über 23°C i. allg. nur mit zunehmender Luftbewegung entsprechend Grenzlinie ON noch als angenehm anzusehen sind, gilt für „Sommertage" (Außenlufttemperatur $t_a \geq 25°$ C) das Zusatzfeld ONR. Um an solchen Tagen beim Übertritt vom Freien in einen relativ kühleren Raum ein nachhaltiges Kältegefühl infolge eines größeren Temperaturunterschiedes $(t_a - t_L)$ zu vermeiden (Übergangsschock), sind als Kompromißlösung je nach Außenlufttemperatur Raumlufttemperaturen bis zu 26° C auch bei geringerer Luftbewegung bzw. geringere Luftbewegung trotz höherer Lufttemperatur vertretbar. Aus dem gleichen Grunde sind auch in den VDI-Lüftungsregeln steigenden Außenlufttemperaturen höhere Raumlufttemperaturen zugeordnet (s. Tab. S. 270).

Für die Messung kleinerer Luftgeschwindigkeiten sowie der Kühlstärke der Luft kommt, wie im folgenden Abschnitt beschrieben wird, dem Katathermometer bzw. der Abkühlungsgröße A (Katawert) besondere Bedeutung zu. Um an Hand solcher Katamessungen sofort feststellen zu können, ob das ermittelte Komponentenpaar $t_L | w$ innerhalb des Behaglichkeitsfeldes, Abb. 6.12, liegt, sind dort als Parameter Linien gleicher Abkühlungsgröße $A = 3{,}5$ bis $6{,}0 \frac{\text{mcal}}{\text{cm}^2\text{s}}$ eingetragen. Werden z. B. $t_L = 21°$ C und $A = 5{,}5 \frac{\text{mcal}}{\text{cm}^2\text{s}}$ gemessen, entspricht das einer Luftgeschwindigkeit von 15 cm/s; der zugehörige Zustandspunkt U liegt bei Luftanströmung von hinten gerade an der Grenze, bei Luftanströmung von vorn im Rahmen des Behaglichkeitsfeldes.

Da der *Wärmeschutz der Kleidung* beim Mann i. allg. größer ist als bei der Frau, insbesondere z. B. in Festsälen, und da die Zugempfindlichkeit individuell, aber auch bei der gleichen Person zu verschiedenen Zeiten unterschiedlich hoch liegt und im Beispiel des Festsaales Stillsitzen abwechselnd mit Tanzen sehr verschiedene Werte sowohl der trockenen wie der feuchten Wärmeabgabe bedingt, ergibt sich allgemein die Schwierigkeit, eine in jeder Beziehung einwandfreie Lüftung zu projektieren, auszuführen und zu betreiben. Die richtige Luftführung[1] und -temperierung erfordern eine besonders sorgfältige Planung, die sich auch auf Erfahrungen stützen soll (vgl. S. 536). Andererseits muß der Betreiber der Anlage einige Kenntnisse sowie Verständnis und Verantwortungsgefühl für die reguläre, bestmögliche Betriebsweise besitzen.

B. Die katathermometrische Messung der Luftgeschwindigkeit w und der Umschließflächentemperatur t_U

Die aus Luftgeschwindigkeit, Lufttemperatur und mittlerer Temperatur der Raumumschließungsflächen resultierende Kühlstärke eines Raumes läßt sich mit einem Stabthermometer besonderer Ausführungsform, dem *Katathermometer*, messen, Abb. 6.13. Das Thermometergefäß ist mit Alkohol oder Quecksilber gefüllt und wird durch Eintauchen in 50 bis 70°C warmes Wasser oder durch eine eingebaute stromdurchflossene Heizwendel so lange erwärmt, bis der Meniskus in die obere Erweiterung *3* der Kapillare gestiegen ist. Nach Entfernen bzw. Abschalten der Heizquelle wird die Zeit z gemessen, die der Meniskus braucht, um von der oberen Marke *2* auf die untere Marke *1* zu fallen. Während der Abkühlzeit z wird vom Thermometergefäß stets die gleiche Wärmemenge Q' (Wasserwert mal Temperaturabfall) abgegeben. Nach HILL[2] benutzt man an Stelle von Q' die auf 1 cm² Gefäßoberfläche bezogene Wärmemenge Q, deren Wert durch sorgfältige Eichung ermittelt und auf dem Thermometerstiel eingeätzt wird. Vernachlässigt man den geringen Wärmefluß vom Gefäß zum Stiel und den geringen Temperaturabfall in der dünnen Gefäßwand, so ist

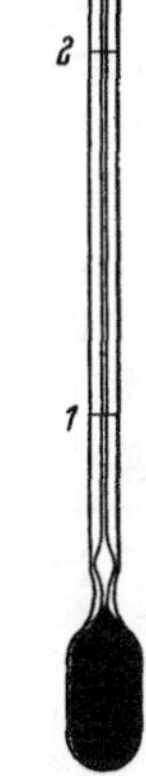

$$Q = \alpha \left(\frac{t_1 + t_2}{2} - t_L \right) \cdot z \quad [\text{mcal/cm}^2]. \tag{6.06}$$

Hierin bedeutet α die von der Luftgeschwindigkeit w mitbeeinflußte äußere Wärme-

Abb. 6.13.
Katathermometer

---

[1] LINKE, W.: Strömungsvorgänge in zwangsbelüfteten Räumen. VDI-Berichte Bd. 21 (1957) S. 29/39.
[2] Der englische Forscher LEONHARD HILL führte 1916 das Katathermometer ein.

übergangszahl[1] $\left[\dfrac{\text{mcal}}{\text{cm}^2\,\text{s grd}}\right]$, t_1 und t_2 die der unteren und oberen Marke entsprechende Temperatur und t_L die mit einem gewöhnlichen, strahlungsgeschützten Stabthermometer gleichzeitig gemessene Lufttemperatur. Der Quotient aus dem Eichwert Q und der mittels Stoppuhr gemessenen oder registrierten Fallzeit z ist der

$$Katawert \text{ oder die } Kühlstärke \text{ oder } Abkühlungsgröße \quad A = \frac{Q}{z} \quad \left[\frac{\text{mcal}}{\text{cm}^2\text{s}}\right]; \qquad (6.07)$$

Das Katathermometer mißt also auf *physikalischem* Wege das aus den Komponenten t_L, t_U und w resultierende Abkühlungsvermögen seiner Umgebung. Obwohl bei den gebräuchlichen Katathermometern $t_1 = 35°$ C, $t_2 = 38°$ C ist, so daß der Mittelwert $\dfrac{t_1 + t_2}{2} = 36,5°$ C zufällig der Normaltemperatur des menschlichen Körpers entspricht, darf das Katathermometer nicht als Entwärmungsmodell des menschlichen Körpers angesehen werden, eine Auffassung, die der Verbreitung des Katathermometers mehr geschadet als genutzt hat. Der menschliche Körper reagiert nicht schlechthin wie ein physikalischer Körper, sondern er reguliert sofort (vgl. S. 285), verhält sich also grundsätzlich anders.

Aus Gl. (6.06) und (6.07) ergibt sich

$$\alpha = \frac{Q}{z} \cdot \frac{1}{\left(\dfrac{t_1 + t_2}{2} - t_L\right)} = A \cdot \frac{1}{\left(\dfrac{t_1 + t_2}{2} - t_L\right)}. \qquad (6.08)$$

Der Zusammenhang zwischen der Wärmeübergangszahl α und der Luftgeschwindigkeit w scheint empirisch hinreichend geklärt zu sein[1], so daß

$$w = f(\alpha) = f(A,\ t_1,\ t_2,\ t_L). \qquad (6.09)$$

Da die den Marken t_1 und t_2 entsprechenden Temperaturen als Gerätewerte bekannt sind, *kann w aus einem gemessenen Wertepaar von A und t_L berechnet werden.* Mit Hilfe eines Katathermometers und eines daneben aufgehängten, strahlungsgeschützten Einschlußthermometers lassen sich also Luftgeschwindigkeiten ermitteln, und zwar bis herab zu etwa 5 cm/s.

Andererseits entspricht nach Gl. (6.09) einem bestimmten Wertepaar von w und t_L eine bestimmte Abkühlungsgröße A. Auf Grund dieser Zusammenhänge konnten in Abb. 6.12 die strichpunktierten Linien $A =$ konst. als Funktion von w und t_L eingetragen werden.

Die mit dem Katathermometer gemessene Abkühlungsgröße A dient somit in bequemer Form zur Entscheidung der Frage, ob die untersuchte Komplexgröße aus den wichtigen Raumklimakomponenten w und t_L im Rahmen des angegebenen Behaglichkeitsfeldes (Abb. 6.12) liegt.

Eine weitere Anwendungsmöglichkeit des Katathermometers besteht in der *Messung der mittleren Temperatur aller Raumumschließungsflächen t_U.* Hierzu werden gleichzeitig mit Hilfe zweier Katathermometer, von denen eines eine unversilberte und eines eine versilberte (oder rhodinierte) Gefäßoberfläche hat, die Abkühlungsgrößen A und A_s gemessen. Aus der Differenz der Abkühlungsgrößen $A - A_s$ läßt sich die mittlere Umschließungsflächentemperatur t_U errechnen[2] oder mit Hilfe von Abb. 6.14 unmittelbar ablesen.

In diesen beiden Anwendungsmöglichkeiten sehe ich die Bedeutung des Katathermometers[3]. Es wurde daher für lohnend gehalten, ein Katathermometer zu entwickeln, bei dem die früher übliche, etwas umständliche Aufheizung im Wasserbad entfällt und eine laufende elektrische Registrierung möglich ist. Das Ergebnis ist der in Abb. 6.15 dargestellte *Katathermograph.*

---

[1] Einzelheiten vgl. RIETSCHEL-GRÖBER, 12. Aufl., sowie BRADTKE, F., u. W. LIESE: Hilfsbuch für raum- und außenklimatische Messungen, 2. Aufl., Berlin: Springer 1952.

[2] BRADTKE, F.: Katathermometrische Feststellung der mittleren Strahlungstemperatur der Umgebung. Gesundh.-Ing. Bd. 72 (1951) S. 3/7.

[3] Demgegenüber ist die von BRADTKE im „Hilfsbuch für raum- und außenklimatische Messungen" ermittelte Korrelation zwischen Katawert und *Stirntemperatur* m. E. heute nicht mehr angezeigt für die Benutzung des Katathermometers. Wenn man die thermoelektrisch leicht meßbare Stirntemperatur als Index für das Behaglichkeitsempfinden bei bestimmten Luftzuständen herausstellen zu können glaubt, käme die Eintragung entsprechender Stirntemperaturen als Parameter in Abb. 6.12 in Frage. Ausreichende Unterlagen sind mir nicht bekannt.

Einer Anregung SCHARNOWS[1] folgend, ist das Sammelgefäß des Thermometers kugelförmig und damit richtungsunabhängig. Es wird elektrisch geheizt, wobei die Messungen durch entsprechende Relais automatisch beliebig häufig wiederholt werden können[2]. Die Fallzeit wird von einem Chronographen registriert. Zur Messung der mittleren Temperatur der Raumumschließungsflächen können ein versilbertes und ein unversilbertes Thermometer gleichzeitig parallel laufen und nebeneinander auf einem Schreibstreifen registrieren. Mit Hilfe eines einfachen Programmreglers können die Uhrzeiten und die Dauer der Registrierungen beliebig im voraus eingestellt werden. Hierdurch sind kontinuierliche Meßreihen zu beliebiger Tages- und Nachtzeit möglich, wobei die größere Anzahl kurz hintereinander registrierter Werte auch gute Mittelwertbildungen gestattet.

Abb. 6.14. Leiter zur Bestimmung der mittleren Temperatur der Raumumschließungsflächen t_U aus der Differenz der Abkühlungsgrößen eines versilberten und eines unversilberten Katathermometers

Der Meßgenauigkeit des Katathermometers sind Grenzen gesetzt durch die Fallzeit z des Meniskus. Pendelt die Luftgeschwindigkeit innerhalb der Fallzeit z, werden die Höchst- und Tiefstwerte im einzelnen nicht erfaßt. Wenn solchen kurzfristig auftretenden Spitzenwerten der Luftgeschwindigkeit im Rahmen der Behaglichkeitsbeurteilung Bedeutung beigemessen wird, empfiehlt sich eine Stichprobe mit einem Thermoelementanemometer (vgl. DIN 1946 Bl. 1, Z. 4.324 u. Tab. 5!).

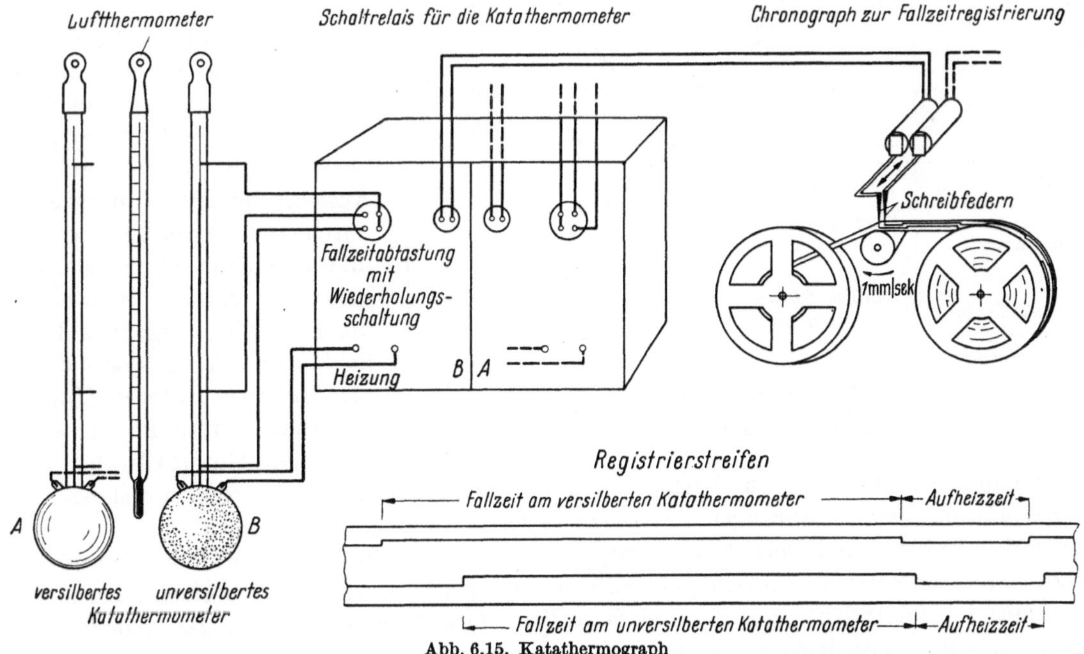

Abb. 6.15. Katathermograph

C. Zusammenwirken und Verflechtung der physikalischen Raumklimakomponenten

Bei der Betrachtung des Einflusses der verschiedenen Raumklimakomponenten auf das thermische Wohlbefinden des Menschen zeigte sich bereits, daß es nicht genügt, jede einzelne Komponente für sich zu bewerten, sondern daß erst die Resultierende aus zwei oder drei Komponenten maßgebend ist für den wärmephysiologischen Effekt; so z.B. für den Begriff der Schwüle

---

[1] SCHARNOW, B.: Messung der Windgeschwindigkeit durch Katathermometer. Allg. Wärmetechnik Bd. 6 (1955) S. 228.

[2] Die apparative Durchbildung übernahm mein Mitarbeiter Ing. G. SCHLÜTER.

das Werte*paar* t_L | φ, für Zugluft das Werte*paar* t_L | w, für die Temperaturempfindung im Raum das Werte*paar* t_L | t_U. Für die Komplexwirkung eines behaglichen Raumklimas müssen u. U. alle vier diskutierten Komponenten t_L, t_U, φ und w aufeinander abgestimmt sein. Hieraus ergibt sich die große Schwierigkeit, dem Praktiker eine einfache Bewertungsskala für die Komplexgröße „Raumklima" aufzustellen[1].

Von den zahlreichen Vorschlägen für eine „Klimasummengröße", die in Form einer mathematischen Gleichung eine mehr oder weniger empirisch gefundene Funktion von t_L, t_U, φ, w usw. ist, sei hier als Beispiel eine Behaglichkeitsgleichung von van Zuilen erwähnt[2]:

$$\text{Behaglichkeit } B = C + 0{,}25\,(t_L + t_U) + 0{,}1\,x - 0{,}1\,(37{,}8 - t_L)\cdot\sqrt{w} = -3\cdots+3.$$

Hierin ist die Konstante C im Winter $-9{,}2$, im Sommer $-10{,}6$;

t_L die Lufttemperatur in °C;

t_U die mittlere Temperatur aller Raumumschließungsflächen, wie sie sich z. B. aus der Differenz der Abkühlungsgrößen am versilberten und unversilberten Katathermometer ermitteln oder aus den einzeln durchgemessenen Oberflächentemperaturen errechnen läßt[3];

x der absolute Wassergehalt der Raumluft in g Wasser je kg tr. Luft;

w die Luftgeschwindigkeit in m/s.

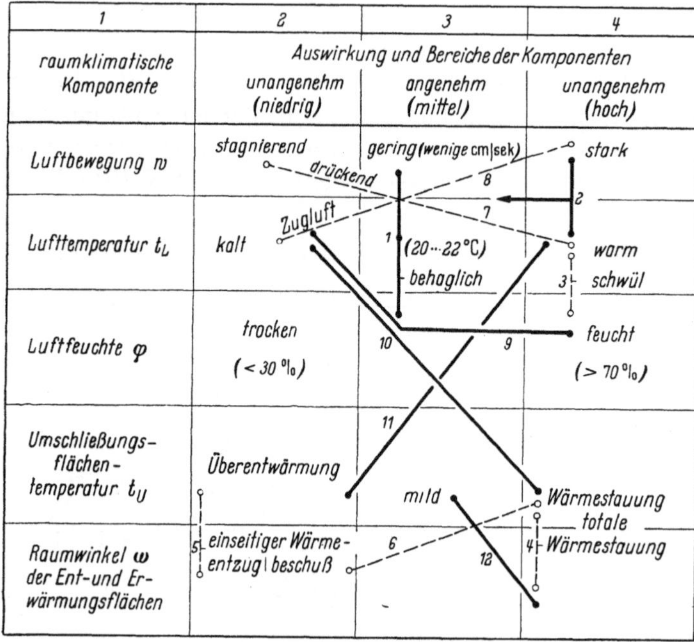

Abb. 6.16. Beispiele für die Verflechtung und das Zusammenwirken der physikalischen Raumklimakomponenten

Bewertung: $B = -3 \triangleq$ viel zu kalt; $-2 \triangleq$ zu kalt; $-1 \triangleq$ behaglich kühl; $0 \triangleq$ behaglich; $+1 \triangleq$ behaglich warm; $+2 \triangleq$ zu warm; $+3 \triangleq$ viel zu warm. Die Auswertung der Gleichung erfolgt sehr einfach mit Hilfe einer Leitertafel[4].

In Holland soll sich diese Komplexgröße aus t_L, t_U, x bzw. φ und w zur Beurteilung des Raumklimas gut bewährt haben. In Deutschland ist die praktische Auswertung erst in jüngster Zeit durch den Katathermographen und handliche Thermoelemente[5] gefördert worden. Wieweit sich die hier wiedergegebene Behaglichkeitsgleichung sowie diejenigen anderer Autoren (Becher, Bedfort, Chrenko u. a.) als objektiver Gütemaßstab z. B. bei der Abnahme von Lüftungs- und Klimaanlagen durchsetzen werden, wird sich erst nach weiteren repräsentativen Erfahrungen feststellen lassen.

Für den Entwurf und Betrieb der Anlagen ist vor allem ein gutes Einfühlungsvermögen in das *Zusammenspiel der einzeln oder paarweise erörterten Komponenten* erforderlich. Abschließend soll daher im folgenden ein zusammenfassendes rohes *Übersichtsschema der vielfachen Verflechtungen der physikalischen Raumklimakomponenten* und ihrer Komplexwirkung angedeutet werden. Hierbei kann aus Gründen der Übersichtlichkeit nur eine Auswahl besonders typischer Kombinationen gegeben werden, Abb. 6.16. In Spalte 1 sind die bereits besprochenen Raum-

[1] Liese, W.: Kritik und Praxis der Behaglichkeitsmessung. Gesundh.-Ing. Bd. 71 (1950) S. 286/288.

[2] v. Zuilen, D.: Klimaatregeling in Woningen en Werkruimten. Bericht 1, 2. Ausg. der Commissie voor de Klimaatregeling in Gebouwen. Amsterdam 1945.

[3] Vgl. z. B. A. Kistler: Messung des Behaglichkeitsgrades und Definition der resultierenden Temperatur. Schweiz. Bl. Heizg. u. Lüftg. Bd. 25 (1958) S. 1/5.

[4] Roedler, F.: Hygienische Grundlagen der Klimatechnik. Gesundh.-Ing. Bd. 78 (1957) S. 7, Bild 12.

[5] Krause, B.: Thermoelektrische Oberflächentemperaturmessung. Heizg.-Lüftg.-Haustechn. Bd. 6 (1958) S. 135/138.

klimakomponenten aufgeführt. Ihre Reihenfolge bedeutet keine Rangfolge, sondern ergab sich aus einer möglichst übersichtlichen Heraushebung von günstigen (•—•) und ungünstigen (o—o) Kombinationen der einzelnen Komponenten. Der an letzter Stelle angeführte Raumwinkel ω soll als Maß dafür dienen, wieweit der Mensch von kühleren oder wärmeren Flächen umgeben ist, also angeben, unter welchem Raumwinkel der im Scheitel dieses Winkels gedachte Mensch bzw. sein Kopf den Ent- bzw. Erwärmungsflächen der Raumumschließung ausgesetzt ist. Das Schema geht davon aus, daß sich für jede der aufgeführten Raumklimakomponenten ein angenehmer Bereich (Spalte 3) umreißen läßt, deren Unter- oder Überschreitung (Spalte 2 bzw. 4) i. allg. unangenehme oder unbehagliche Luftzustände ergibt, was durch Stichworte in den einzelnen Feldern angedeutet ist.

Beispiel 1. Die Kombination richtig liegender Einzelkomponenten ergibt im Regelfall eine gute Komplexgröße, also etwa $t_L = 20$ bis $22°$ C bei leicht bewegter Luft und $\varphi = 30$ bis 70%.

Beispiel 2. Zu warme Luft kann in bestimmten Grenzen durch stärkere Bewegung angenehm gemacht werden; die Komplexgröße aus den beiden unangenehm hoch liegenden Einzelkomponenten t_L und w in Spalte 4 liegt im angenehmen Bereich (Spalte 3).

Beispiel 3. Ist Raumluft dagegen zu warm und gleichzeitig zu feucht, wird sie als schwül, also unangenehm empfunden; die Komplexgröße aus zwei unangenehmen Komponenten bleibt in diesem Fall unangenehm.

Beispiel 4. Hohe Oberflächentemperatur, ausgestrahlt von großen Bezirken der Raumumschließung, also unter großem Raumwinkel ω, kann zur totalen Wärmestauung führen (z. B. zu stark erwärmte Decke).

Beispiel 5. Niedrige Oberflächentemperatur begrenzter Raumumschließungsflächen (z. B. Fenster) ergibt einseitigen Wärmeentzug (bzw. Kältebeschuß).

Beispiel 6. Hohe Oberflächentemperatur kleiner Flächen ergibt einseitigen Wärmebeschuß (z. B. Heizsonne).

Beispiel 7. Stagnierende Luft hoher Temperatur wird als drückend empfunden.

Beispiel 8. Zu kalte, stärker bewegte Luft ergibt Zugluft.

Beispiel 9. Luft von hoher relativer Feuchte läßt sich mitunter erträglicher machen durch Niedrighalten ihrer Temperatur, wobei man jedoch nicht in das Extrem des „feuchtkalten" Raumes geraten darf.

Beispiel 10. Niedrigere Lufttemperatur ist vertretbar, wenn die Raumumschließungsflächen oder Teile derselben (Deckenstrahlungsheizung) höhere, jedoch nicht unangenehm hohe Oberflächentemperaturen aufweisen.

Beispiel 11. Umgekehrt lassen sich die Einflüsse niederer Wand- oder Fenstertemperaturen durch höhere Lufttemperatur in gewissen Grenzen kompensieren bzw. hohe Lufttemperatur kann durch Flächenkühlung, z. B. der Decke, ausgeglichen werden.

Beispiel 12. Großflächige Heizung (Decken- und Paneelheizung, Heiztapeten) kann angenehm sein bei milder Oberflächentemperatur.

Die Beachtung dieser Beispiele, die nur eine Auswahl der praktisch möglichen Kombinationen darstellen, erleichtert das Verständnis für die wärmephysiologische Bewertung von Heiz- und Lüftungsverfahren. Die hieraus resultierenden Erkenntnisse sollen nicht nur Möglichkeiten zur Verbesserung vorhandener Anlagen aufzeigen, sondern vor allem bereits bei der Planung zur Orientierung dienen.

V. Die Verunreinigungen der Raumluft und ihre Bekämpfung

Während die vorstehend behandelten Raumklimafaktoren als physikalische Zustandsgrößen für die thermische Behaglichkeit ausschlaggebend sind, ist die Reinheit der Raumluft im Hinblick auf ihre teilweise Veratmung durch die Rauminsassen bedeutungsvoll für die Verbrennungsvorgänge im Körper. Schlechte Raumluft führt zu flacher Atmung, ungenügender Sauerstoffzufuhr in die Lungen, Verzögerung der Verbrennungsvorgänge, zu Appetitlosigkeit, vorzeitiger Ermüdung u. ä. m. Raumluft muß als *Lebens- und Nahrungsmittel* von Verunreinigungen weitgehend freigehalten werden. Hierbei ist an *staubförmige Beimengungen*, an *Riechstoffe, Kleinlebewesen* und an sogenannte *Schadstoffe chemischer Natur* gedacht. Da der körperlich ruhende Mensch zur Aufrechterhaltung des Gasstoffwechsels rd. $0,5 \text{ m}^3/\text{h}$ Raumluft veratmet ($\triangleq 250000 \text{ m}^3$ in einer durchschnittlichen Lebensdauer!), der körperlich Arbeitende je nach Schwere der Arbeit bis zu $5 \text{ m}^3/\text{h}$, sind ständige Verunreinigungen besonders bedenklich.

Reinheit der Raumluft ist auch eine Forderung der Appetitlichkeit und Ästhetik. Da während des *Verweilens* in einem schlecht gelüfteten Raum das Geruchsempfinden abstumpft, muß als subjektives Kriterium gelten, daß beim *Betreten* eines Raumes kein Eindruck verbrauchter Luft aufkommen darf. Ebenso wie z. B. die Besucher einer Gaststätte mit Recht ein Glas trübes Trinkwasser zurückweisen, sollten sie *gegenüber unreiner Raumluft* die gleiche *kritische*

Einstellung als Selbstverständlichkeit empfinden, woraus sich für den Besitzer solcher Räumlichkeiten von selbst der Zwang zur Verbesserung der Luftverhältnisse ergeben dürfte. Wenn bei der Prüfung gewerblicher Betriebe der Verdacht aufkommt, daß Lüftungs- oder Absaugungsanlagen nicht regelmäßig laufen, sollte man an die Möglichkeit des Einbaues eines *Betriebsstundenzählers* denken, um die Laufzeit der Anlage kontrollieren zu können.

A. Staubförmige Verunreinigungen

Der Vermeidung einer Verstaubung von Aufenthaltsräumen und von Fertigungsräumen für empfindliche Güter kommt gerade im Zusammenhang mit der Heizung und Lüftung besondere Bedeutung zu. Bei großen Unterschieden zwischen Außen- und Raumlufttemperatur sowie im Bereich von Konvektionsheizkörpern und von Zuluftdurchlässen der Luftheizung ist die Raumluft bei geringer Raumbesetzung besonders trocken. *Lufttrockenheit*, bzw. geringe relative Feuchte, *vermehrt aber die Schwebe- und Flugfähigkeit der Staubteilchen.* Sie gelangen dadurch in die Atmungsorgane und lösen Trockenheitsgefühl und Hustenreiz aus (vgl. S. 302). Daher ist gerade in den genannten Fällen eine regelmäßige und sorgfältige Reinigung des Raumes, insbesondere der Heizkörper, Lufteinlaßgitter usw., wichtig.

Die *Möglichkeit zur* bequemen allseitigen *Reinigung von Raumheizkörpern* durch entsprechende Zugänglichkeit und Profilierung, sowie durch leicht abnehmbare „Verkleidungen" — sofern solche für unentbehrlich gehalten werden! — ist eine *hygienische Grundforderung an den Konstrukteur* der Heizeinrichtung und an den *Architekten* (vgl. S. 47). Notwendig ist ferner eine weise Beschränkung in der Anwendung aller zur Staubansammlung und konvektiven Staubverschleppung neigenden Heizkörpertypen auf solche Objekte bzw. Raumgattungen, die erfahrungsgemäß regelmäßig sehr gründlich gereinigt und in Ordnung gehalten werden, sei es durch die Bewohner oder Anlagenbesitzer, sei es im Wege eines organisierten Reinigungs- und Wartungsdienstes.

Unter den *Konvektoren*, elektrischen *Nachtspeicheröfen* und ähnlichen Heizkörpern finden sich auch heute noch bzw. wieder[1] Ausführungsformen, die infolge ihres Aufbaues und der Luftströmungsverhältnisse eine Staubablagerung, Insektenansiedlung und z. T. sogar eine Staubverschwelung begünstigen. Zu bedenken ist, daß bei rauher Oberfläche der Heizelemente trotz angeblicher Auftriebs- oder Ventilatorwirkung Staub hängenbleiben und, wie die Erfahrung lehrt, bis zu einem Staubpelz anwachsen kann, der dann unter Umständen gelegentlich abfällt oder mit dem Luftstrom in den Raum befördert wird. Auch reicht bei mildem Heizbetrieb des Nachts bzw. in den ersten und letzten Wochen der Heizperiode die Konvektion häufig nicht aus, um ein Absetzen von Staub im Strömungsschatten der Luftwege zu verhindern. Außerhalb der Heizperiode lagert sich ebenfalls Staub ab, der nach langer Austrocknungs- und Fäulnisperiode bei Wiederaufnahme des Heizbetriebes mit der warmen Luft in den Raum gelangt, wenn er nicht durch regelmäßige und rechtzeitige Säuberung entfernt werden kann. Außerdem bieten tote Ecken und warme Konvektionskanäle, die einer Reinigung unzugänglich sind, schädlichen Insekten, wie Schaben, Motten und Milben, günstige Lebensbedingungen. Die hygienische Grundforderung, solche unzugänglichen Konvektionskanäle und -querschnitte zu vermeiden, gilt daher uneingeschränkt, und zwar auch dann, wenn eine Staubverschwelung nicht zu befürchten ist. Heizkörpertypen, von denen sich der Staub lediglich durch Ausblasen, etwa unter Ausnutzung der Druckseite eines Staubsaugers, und ohne Einblicknahme nur in unkontrollierbarem Ausmaß entfernen läßt, sind unzureichend.

Bei allen mit lüftungstechnischen Anlagen ausgestatteten Räumen müssen auch die *Zuluft und die Umluft* möglichst staubfrei sein. Sogar bei einfachsten Lüftungsanlagen ist eine „Einrichtung zum Reinigen der Luft" unabdingbare hygienische Forderung (vgl. auch DIN 1946, VDI-Lüftungsregeln). In Versammlungs- und Aufenthaltsräumen mit Raucherlaubnis ist bei Umluftbetrieb besondere Sorgfalt auf die *Abscheidung von Tabakrauch* zu verwenden, um Belästigungen, besonders der Nichtraucher durch inaktives Mitrauchen, das Festsetzen des Tabak-

---

[1] Vgl. z. B. die Abbildungen in H. Masukowitz u. W. Samwer: Deutsche Erfahrungen mit elektrischer Speicherraumheizung. Elektrowärme Bd. 16 (1958) S. 380/385.

rauchgeruches an Inventar und Kleidung, sowie das Verschmutzen der Kanäle, Luftdurchlässe und Räume weitgehend einzuschränken. Bei der Bewertung solcher Mängel sind nicht nur gesundheitliche Maßstäbe anzulegen, sondern auch ästhetische.

Eine wirksame Staubbekämpfung erfordert bereits bei der Auswahl des Luftfilters eine sorgfältige Berücksichtigung, zum mindesten Schätzung der anfallenden Staubmenge und -zusammensetzung. Um eine Verunreinigung der Raumluft und der Abluftkanäle einzuschränken, sollen in *waagerechten Flächen*, die begangen oder als Ablage, z. B. für Garderobe, benutzt werden könnten, *weder Zuluft- noch Abluftöffnungen* vorgesehen werden.

In neuerer Zeiten bilden Schallschluckstoffe innerhalb von Lüftungsnetzen in Form gelochter oder genuteter Platten oder lose gepackter Glasfasern unerwünschte Staubspeicher, die untragbar verschmutzen können oder sich gelegentlich entladen. Es darf nicht übersehen werden, daß bei einem Staubgehalt von z. B. 0,5 mg je m^3 Zuluft[1] im Laufe längerer Zeit erhebliche Staubmengen an den genannten Schallschluckstoffen hängenbleiben und sich durch Reinigen nicht hinreichend entfernen lassen. Es müssen daher an die *Oberflächenglätte der Schallschlucker* grundsätzlich *die gleichen Forderungen wie bei den Kanalwandungen*[2] gestellt werden, was nach dem heutigen Stand der Akustik auch wirtschaftlich zumutbar ist. Über die Reinigungsfähigkeit der Kanalanlage vgl. S. 257.

B. Gasförmige Verunreinigungen

1. Geruchsstoffe

Zu den unangenehmen, dem Allgemeinbefinden u. U. abträglichen Geruchsstoffen gehören im wesentlichen die Küchen- und Abortgerüche, in dicht besetzten Aufenthaltsräumen die riechenden, gasförmigen Stoffe, die durch Zersetzung der auf Haut und Schleimhaut sich sammelnden Epithel- und Sekretreste entstehen, Gerüche aus der Kleidung, aus regennasser Überkleidung, aus Textilmöbeln und -stoffen und in gewerblichen Betrieben zahlreiche Rohstoffe und Produktionsgüter.

Da es sich bei den Riech- und Ekelstoffen um komplizierte organische Verbindungen handelt[3], ist eine differenzierte Bewertung und Festlegung von Grenzwerten praktisch unmöglich. Als einfacher Index kann daher noch immer der PETTENKOFERsche Kohlendioxydmaßstab gelten (S. 313). Bei der Beurteilung der Zumutbarkeit eines „Geruchsbukettes" müssen der Raumzweck und die Aufenthaltsdauer mitberücksichtigt werden[4]. An Schulräume z. B. sind im Hinblick auf die täglich mehrstündige Benutzung während vieler Jahre im entscheidenden Entwicklungsalter strengere Maßstäbe anzulegen als z. B. an gelegentlich und kurzfristig betretene Betriebs- und Lagerräume.

Bei Versammlungsräumen im Sinne der VDI-Lüftungsregeln reicht die Mindest-Außenluftrate von 20 m^3/h bei guter Außenluftbeschaffenheit zur Vermeidung von Geruchsbelästigungen aus. Bei Großküchen und deren Nebenräumen gelingt die Geruchseinschränkung i. allg. ebenfalls, sofern die erforderliche Druckabstufung über die gesamte Raumfolge unter Berücksichtigung des Windanfalles sorgfältig geplant und ausgeführt wird (vgl. S. 244).

Dagegen genügt die geruchliche Luftbeschaffenheit in Klassenräumen, Wohn- und Bürogebäuden ohne Lüftungsanlagen nicht immer den berechtigten Ansprüchen. Da in Klassenräumen Fensterlüftung als Regelfall gilt, eine milde Dauerlüftung hiermit aber nur bei entsprechender Witterung möglich ist, sollte zur intensiven Pausenlüftung *Querlüftbarkeit* durch geeignete Grundrißgestaltung ermöglicht werden. In Küchen, Badezimmern und Waschküchen reicht die freie Lüftung mit Hilfe eines Schachtes (vgl. S. 246) zur *raschen* Geruchsbeseitigung nicht aus. Trotzdem erfüllt die *Schachtlüftung* hier eine wichtige wohnungshygienische Aufgabe, indem sie eine Durchfeuchtung der Raumumschließungsflächen und Möbel verhütet. Schon allein aus diesem Grunde hat die Forderung nach einem „Wrasenschacht" im Sinne der Bauordnungen einiger Länder ihre Berechtigung. In Küchen und Kochabteilen, die mit einem Wohn- bzw.

---

[1] DIN 1946, Blatt 2, Ziffer 2.3. — [2] DIN 1946, Blatt 1, Ziffer 2.42.

[3] PLANK, R.: Der gegenwärtige Stand der Klassifikation und objektiven Bewertung von Geschmacks- und Geruchsempfindungen. „Die Chemie", Z. Ver. dtsch. Chem., Beiheft 52. Berlin: Verlag Chemie 1945.

[4] LIESE, W.: Bemessung der Luftrate bei Lüftungsanlagen. Gesundh.-Ing. Bd. 74 (1953) S. 254/255.

Eßraum in offener Verbindung stehen, in Baderäumen mit WC ohne Außenfenster sowie in Toiletten ohne Außenfenster empfiehlt sich eine elektrische Lüftungsanlage, die nur in den Nachtstunden abgeschaltet werden sollte.

Um verbrauchte Luft, insbesondere Tabakrauch(-geruch) aus Räumen ohne Lüftungsanlage im Sommer auch bei Windstille und im Winter ohne erhebliche Heizwärmeverluste nachhaltig durch Fensterlüftung entfernen zu können, muß auch hier als bauliche Voraussetzung die *Querlüftbarkeit* zur Ermöglichung von Durchzug gefordert werden. Wohnungen im Vierspännergrundriß (vgl. Abb. 5.08, S. 245) sind Wohnungen mit Fenstern an zwei entgegengesetzten Gebäudefronten hygienisch so erheblich unterlegen, daß sie in den Bauordnungen einiger Bundesländer verboten sind. Das ist um so berechtigter, als die Bewohner die Möglichkeit haben sollen, trotz zunehmenden Lärmes und Staubes auf der Straßenverkehrsseite sich auch nachts eine mäßige Frischluftzufuhr durch ein *offenes Fenster in der abseits gelegenen Gebäudefront* bei ungleich *geringerem Lärmpegel* zu verschaffen.

Eine zweite wichtige bauseitige Voraussetzung ist die *Feststellbarkeit mindestens eines Fensterflügels* in jedem Aufenthaltsraum bei beliebigem, insbesondere kleinem Öffnungsspalt, um eine milde Dauer-Fensterlüftung zu ermöglichen. Von der *Fensterlüftung* wird erfahrungsgemäß um so stärker Gebrauch gemacht, je handlicher ihre *Bedienbarkeit* ist, ein psychologisches Moment, das besonders für die Lage und Zugänglichkeit des Küchenfensters gilt[1]. In diesem Zusammenhang sei noch auf die hygienische Bedeutung der Insektenabwehr bei der Fensterlüftung hingewiesen. Der beste Schutz sind *Fliegenfenster* aus dauerhaftem Metall- oder Kunststoffasergestrick, die bereits bauseitig vorgesehen sein sollten (Maschenweite $\leqq$ 3 mm).

In Räumen, die mit lüftungstechnischen Anlagen ausgestattet sind, findet zur Verminderung von Geruchsbelästigungen als *Desodorierungsverfahren* mitunter die *Ozonisierung* der Zuluft Anwendung. Es ist jedoch ein Irrtum, Ozon (O_3) als gesundheitsförderndes Gas anzusehen (Oettel). Die Raumluftozonisierung bedeutet, hygienisch gesehen, keine echte Luftverbesserung, da sie die Gerüche nicht zum Versiegen bringt, sondern nur bestimmte Spektralbereiche der Geruchsnerven maskiert[2]. Gewöhnliche Raumluftgerüche (Tabakrauch, Körpergeruch) werden bei einer Konzentration von 0,02 mg Ozon je m^3 Luft ($\triangleq$ 0,01 cm^3 je m^3) paralysiert. Bei dem gleichen Wert beginnt bereits die Wahrnehmung des der Ozonisierung eigentümlichen, mehr oder weniger angenehm empfundenen Geruches. Die hygienisch zumutbare Grenzdosis beträgt 0,22 mg O_3 je m^3 Luft $\triangleq$ 0,1 cm^3 O_3 je m^3 Luft; sie kann bereits Reizungen der Augen- und Nasenschleimhäute auslösen. Schwierig ist die richtige Dosierung in der Aufenthaltszone und ihre meßtechnische Prüfung. Die Luftozonisierung sollte daher vorläufig auf solche Fälle beschränkt bleiben, in denen es aus örtlichen, wirtschaftlichen oder anderen speziellen Gründen nicht gelingt, für eine ausreichende Außenluftrate zu sorgen.

Auch die *Luftschönung* durch Versprühen eines Gemisches aus z. B. Chlorophyll und ätherischen Ölen oder durch Verdampfen solcher Gemische z. B. aus Dochtflaschen bedeutet keine echte Luftverbesserung. Durch geschickte Kombination verschiedener Geruchsstoffe soll es bei diesen Verfahren gelingen, Komplementäreffekte in bestimmten Spektralabschnitten des menschlichen Geruchsvermögens zu erzielen. Bei einwandfreier Wartung sind zwar solche Luftschönungsmittel nach bisher vorliegenden Erfahrungen i. allg. unschädlich; sie sollten aber immer als Behelfsmittel klassifiziert werden, da die *echte Lufterneuerung hygienische Grundforderung* bleibt.

2. Kohlendioxyd

Infolge des Atmungs- bzw. Lebensprozesses werden von jedem Rauminsassen (in Ruhe) mit dem eingangs genannten Atemluftvolumen $V = 0,5\ m^3/h$ etwa 20 l Kohlendioxyd (CO_2) je Stunde an die Raumluft abgegeben. Der CO_2-Gehalt der Ausatemluft beträgt also $k_1 = \dfrac{20}{500}$ $\triangleq$ 4 Vol.-%. Der CO_2-Gehalt der Großstadtluft $\triangleq$ Außenluft ist i. M. $k_2 = 0{,}04$ Vol.-%. Mit der

---

[1] VDI-Lüftungsgrundsätze. Berlin 1937.

[2] Gesundheitstechnische Gesellschaft diskutiert „Ozonisierung und Lüftung". Gesundh.-Ing. Bd. 77 (1956) S. 123/124. — Eyer, H.: Möglichkeiten und Grenzen der lufthygienischen Ozonanwendung. Wehrdienst und Gesundheit Bd. I (1960) S. 231/239.

in DIN 1946, Blatt 1, Ziffer 2.22, vorgesehenen Mindestaußenluftrate von $L = 20\ \text{m}^3/\text{h}$ steigt demnach der CO_2-Gehalt der Raumluft im Beharrungszustand maximal auf

$$k_{R\max} = \frac{V \cdot k_1}{L} + k_2 = \frac{0,5 \cdot 4}{20} + 0,04 = 0,14\ \text{Vol.-\%}.$$

Der gleiche maximale Luftverunreinigungspegel stellt sich ein, wenn die lüftungstechnische Anlage unter Beibehaltung der genannten Außenluftrate zusätzlich mit *Umluft* arbeitet; der hiermit erzielte höhere Luftwechsel bzw. die höhere Luftgeschwindigkeit kann zwar die *Entwärmungs*bedingungen erleichtern; für die *chemische Luftbeschaffenheit* ist aber bei einer bestimmten Größe der Verunreinigungsquelle allein die *Außenluftrate* maßgebend.

Als zulässiger Grenzwert für CO_2 gilt unter physiologischem Aspekt $k_{MAK} = 0,5$ Vol.-% (vgl. S. 314). Da sich aber Raumluft deutlich wahrnehmbar von appetitlich empfundener, frischer Außenluft zu unterscheiden beginnt, wenn im Gleichschritt mit den Riech- und Ekelstoffen ihr CO_2-Gehalt i. M. 0,15 Vol.-% erreicht hat (PETTENKOFER-Maßstab), ist aus ästhetischen Erwägungen dieser Wert für alle Aufenthaltsräume im Sinne der VDI-Lüftungsregeln maßgebend.

Der CO_2-Gehalt bleibt auch in Räumen ohne lüftungstechnische Anlagen selbst bei dichter Belegung i. allg. infolge der Ritzen- und Fugenlüftung und des gelegentlichen Türöffnens unter dem MAK-Wert und bei entsprechender zeitweiliger Fensterlüftung auch im Rahmen der ästhetischen Grenze.

Der *Anreicherung* der Raumluft mit ausgeatmetem *Kohlendioxyd* steht im Rahmen des Gasstoffwechsels der Lunge eine entsprechende *Abnahme* des *Sauerstoffgehaltes* der Raumluft gegenüber. Hierbei bleibt aber die Zunahme des CO_2-Gehaltes der Raumluft aus physiologischen Gründen die entscheidende Komponente. Einem Raumluftgehalt von 0,5 Vol.-% CO_2 steht nämlich noch ein O_2-Gehalt von rd. 20,5 Vol.-% gegenüber. Da bis herab zu 16 Vol.-% O_2 keine Beeinträchtigung des Wohlbefindens nachweisbar ist, beruhen Klagen über ,,Atembeschwerden infolge Sauerstoffmangels'' in schlecht gelüfteten Räumen auf einem weit verbreiteten Irrtum, der in diesem Zusammenhang beseitigt sein möge. Von wenigen Ausnahmen — z. B. Raumschiffen, U-Booten, Luftschutzräumen — abgesehen, sind Störungen des Wohlbefindens in unzureichend gelüfteten, dicht besetzten Aufenthaltsräumen primär auf *Entwärmungsstörungen*, also zu hohe Raumlufttemperatur oder zu hohe relative Raumluftfeuchte zurückzuführen, wozu sich später sekundär Beschwerden durch steigenden CO_2-Gehalt gesellen können, und zwar besonders beim Verlassen der Räume infolge des plötzlichen Überganges in eine praktisch CO_2-freie Atmosphäre (Entlastungsschock).

Größere Kohlensäuremengen können mit den Abgasen von Öl- und Petroleumöfen in die Raumluft gelangen, wenn der Anschluß an einen Schornstein unterbleibt. Bei ,,schornsteinlosen'' *Ölöfen* würde, abgesehen von der Kohlensäure, so viel Schwefeldioxyd (SO_2) in die Raumluft übergehen, daß Reizungen der Nasen- und Rachenschleimhäute auftreten. Ölöfen müssen daher als Feuerstätten[1] gelten und sollen grundsätzlich an einen Schornstein angeschlossen sein[2]. Bei *Petroleumöfen* bleibt der SO_2-Gehalt der Raumluft unterhalb des MAK-Wertes. Der CO_2-Gehalt der Raumluft kann den oben erwähnten MAK-Wert von 0,5 Vol.-% erreichen, wenn die Selbstlüftung des Raumes (vgl. S. 244) infolge Windstille und sehr dicht schließender Türen und Fenster unterbunden *und* der Aufstellungsraum des Ofens im Verhältnis zur Abgasmenge zu klein ist *und* der Petroleumofen viele Stunden hintereinander mit voller Leistung brennt. Es muß daher auf regelmäßige Lüftung solcher Räume geachtet werden. Die Verwendung schornsteinloser Petroleumöfen als allein vorhandene, dauernde Vollheizung während der ganzen Heizperiode ist hygienisch unbefriedigend, auch im Hinblick auf die unvermeidbare Geruchsentwicklung und den Wasserdampfanfall. Die Unfall- und Feuersgefahr ist relativ hoch.

---

[1] *Feuerstätte* im Sinne der Bauordnung ist jede Einrichtung, in der Brennstoffe in solcher Menge verbrannt werden, daß die dabei entstehenden *Verbrennungserzeugnisse* Feuersgefahr oder *Gesundheitsschädigungen hervorrufen können*.

[2] ROEDLER, F.: Hygienische Bedenken gegen schornsteinlose Heizöl- und Heizpetroleumöfen. Bundesgesundheitsbl. Bd. 2 (1959) S. 102/104.

3. Gewerbliche und industrielle Gase und Dämpfe

In gewerblichen Betrieben, insbesondere in der chemischen Industrie, entstehen beim Gewinnungs- oder Verarbeitungsprozeß häufig gesundheitsschädliche Gase und Dämpfe. Sie sollen grundsätzlich möglichst an der *Entstehungsstelle* durch Kapselung der Apparate und strömungstechnisch günstige *Absaugevorrichtungen* erfaßt und aus der Aufenthaltszone, insbesondere aus dem Atmungsbereich, ferngehalten werden[1]. In vielen Fällen gelingt dies nicht in ausreichendem Maße, so daß es Aufgabe der Raumlüftung ist — meist unter Abstimmung mit der Absaugungsanlage —, die in den Raum gelangenden schädlichen Gase so weit zu *verdünnen*, daß sie in der Aufenthaltszone der Beschäftigten eine bestimmte „Schadstoffkonzentration" nicht überschreiten. Die American Conference of Governmental Industrial Hygienists hat 1947 erstmals eine Zusammenstellung der „*Maximum Allowable Concentration*", der „MAC"-Werte herausgegeben, die durch internationalen Erfahrungsaustausch laufend korrigiert und ergänzt wird. In Deutschland werden diese Werte als „*Maximale Arbeitsplatzkonzentrationen*" oder MAK-Werte bezeichnet. Sie geben die zulässige obere Grenze für die Schadstoffkonzentration bei täglich achtstündiger Arbeitszeit an. Die nebenstehende Tafel über MAK-Werte ist ein Auszug aus der vom Bundesminister für Arbeit und Sozialordnung alljährlich herausgegebenen Liste über rd. 300 Schadstoffe[2].

Die für eine ausreichende Schadstoffverdünnung notwendige Luftmenge läßt sich nach der auf S. 239 abgeleiteten Gl. (5.02)

$$V = \frac{K}{k_i - k_a} \quad \left[\frac{\mathrm{m^3}}{\mathrm{h}}\right] \text{ berechnen; sinngemäß ist hier}$$

K der Schadstoffanfall $\left[\dfrac{\mathrm{m^3\ Gas}}{\mathrm{h}}\right]$;

Maximale Arbeitsplatzkonzentrationen (MAK-Werte)

Stoff	MAK-Wert	
	$\dfrac{\mathrm{cm^3\ Stoff}[3]}{\mathrm{m^3\ Luft}}$	$\dfrac{\mathrm{mg\ Stoff}}{\mathrm{m^3\ Luft}}$
1. Schädliche Gase		
Ammoniak	100	70
Arsenwasserstoff	0,05	0,2
Blausäure	10	11
Chlor	1	3
Chlorwasserstoff	5	7
Kohlen*monoxyd*	100	110
Kohlen*dioxyd*	5000	9000
Nitrose Gase (NO_2)	5	9
Ozon	0,1	0,2
Phosgen	0,1	0,4
Phosphorwasserstoff	0,1	0,15
Schwefeldioxyd	5	13
Schwefelwasserstoff	20	30
Selenwasserstoff	0,05	0,2
2. Schädliche Lösungsmitteldämpfe		
Azeton	1000	2400
Äthyläther	400	1200
Äthylalkohol	1000	1900
Äthylchlorid	1000	2600
Anilin	5	19
Benzin	500	2000
Benzol	25	80
Chloroform	100	490
Methylalkohol (Methanol)	200	260
Methylchlorid	50	105
Methylenchlorid	500	1750
Schwefelkohlenstoff	20	60
Tetrachloräthan	1	7
Tetrachlorkohlenstoff	25	160
Trichloräthylen	200	1050
3. Schädliche Staub-, Rauch- und Nebelarten		
Beryllium		0,002
Blei		0,2
Kadmium		0,1
Chrom		0,1
Mangan		6
Phosphor		0,1
Selen		0,1
Quecksilber		0,01
Uranverbindungen } lösliche . . .		0,05
unlösliche . .		0,25

---

[1] KOCH, H.: Lüftungs- und Absaugungsfragen im Betrieb, 3. Aufl. 1957. Verlag Bundesinstitut für Arbeitsschutz — Industrial Ventilation. Committee on Industrial Ventilation. Michigan (USA) P. O. Box 453. — VDI-Richtlinie 2051 „Lüftung von Laboratorien" (1958).

[2] Bek. des BMA vom 1. 12. 1958. Arbeitsschutz 1958 H. 12 S. 233.

[3] 1000 cm³ Stoff je m³ Luft $\triangleq$ 1000 ppm (parts per million) $\triangleq$ 0,1 Vol.-%$_0$ $\triangleq$ 1 Vol.-%$_{00}$ bezogen auf 20° C und 760 mm Hg.

k_i der MAK-Wert $\left[\dfrac{\text{m}^3\,\text{Gas}}{\text{m}^3\,\text{Luft}}\right]$;

k_a die eventuell vorhandene Schadstoffkonzentration der Zuluft $\left[\dfrac{\text{m}^3\,\text{Gas}}{\text{m}^3\,\text{Luft}}\right]$.

Der Schadstoffanfall K ist häufig unbekannt. Er muß dann unter normalen und evtl. auch unter ungünstigen Arbeits- und Witterungsbedingungen am Arbeitsplatz durch wiederholte sorgfältige Analysen bestimmt werden.

Beispiel. Ein Kocher verbraucht 0,5 m³/h Stadtgas; dabei werden 0,5 m³ Kohlendioxyd je m³ Stadtgas frei. Welche Raumlüftung ist erforderlich, um bei Dauerbetrieb den MAK-Wert für CO_2 nicht zu überschreiten?

$$K = 0,5 \cdot 0,5 = 0,25 \ \text{m}^3 \ CO_2/\text{h};$$

$$k_i \triangleq \text{MAK}_{CO_2} = 5000 \ \frac{\text{cm}^3 \ CO_2}{\text{m}^3 \ \text{Luft}} \triangleq 0,005 \ \frac{\text{m}^3 \ CO_2}{\text{m}^3 \ \text{Luft}} \triangleq 0,5 \ \text{Vol.-\%};$$

$$k_a \triangleq k_{Raumluft} = 0,04 \ \text{Vol.-\%} \ CO_2 = 0,0004 \ \frac{\text{m}^3 CO_2}{\text{m}^3 \ \text{Luft}};$$

$$V = \frac{0,25}{0,0050 - 0,0004} = 54,5 \ \text{m}^3 \ \text{Zuluft je Stunde};$$

bei einem Kochraum von z. B. 8 m² Grundfläche und 2,6 m Höhe erfordert dies einen Luftwechsel $n = \dfrac{54,5}{20,8} = 2,6 \ \text{h}^{-1}$.

Da sich der MAK-Wert auf eine achtstündige tägliche Arbeitszeit bezieht, wird man bei kürzerem Aufenthalt in CO_2-haltiger Luft, z. B. in einer Haushaltküche, mit einem geringeren Luftwechsel, der gelegentlich maximal 1 Vol.-% CO_2 ergibt, auskommen können.

Um bei der Verwendung von Stadtgas zu Heiz- und Kochzwecken Gesundheitsschäden zu vermeiden, müssen die verbindlichen „Technischen Vorschriften und Richtlinien für die Einrichtung und Unterhaltung von Niederdruckgasanlagen in Gebäuden und Grundstücken DVGW-TVR Gas" gewissenhaft beachtet werden (4. Auflage in Vorbereitung).

C. Krankheitserreger

Die lüftungstechnischen Anlagen ermöglichen und begünstigen die Zusammenfassung eine großen Zahl von Personen in einem gemeinsamen Aufenthaltsraum. Hierbei wird der durch die Lüftung erzielbaren Einsparung an umbautem Raum je Kopf in Rentabilitätsbetrachtungen oft ausschlaggebende Bedeutung beigemessen. Ferner wird durch geschickte Luftführung häufig eine Verminderung der lichten Raumhöhe erstrebt. In einem gemeinschaftlichen Luftraum werden also relativ viele Menschen meist unbekannten Gesundheitszustandes in mehr oder weniger geringem Abstand voneinander vereint, und es läßt sich die Möglichkeit einer gelegentlichen Ausbreitung von Krankheitserregern durch die planmäßige, mitunter auch etwas eigenwillige Luftströmung nicht ausschließen.

Es hat daher nicht an Bemühungen gefehlt, die Raumluft von Keimen zu befreien[1]. Dem Lüftungsingenieur liegt analog zur physikalischen Luftaufbereitung der Gedanke einer *chemischen Luftbehandlung* unmittelbar im Klimagerät (Abb. 5.10, S. 249), etwa durch Versprühen eines Desinfektionsmittels, besonders nahe. Es würde die Behandlung des Umluftanteiles genügen, wenn man davon ausgeht, daß der Außenluftanteil hinreichend keimfrei ist. Die z. Z. wirksamsten chemischen Stoffe, Aerosept und Triäthylenglykol (TAG) kommen jedoch für eine ständige Versprühung im Klimagerät oder im Zuluftkanal nicht in Betracht. Das gleiche gilt auch von anderen Sprühmitteln, selbst wenn sie sich zur gelegentlichen Desinfektion eines Kranken- oder Schulraumes gut eignen. Ozon, das bereits bei der Desodorierung erwähnt wurde (s. S. 312), ist als Desinfektionsmittel ungeeignet[2]; die aus dem Nasen-Rachen-Raum stammen-

---

[1] GRÜN, L.: Zum Problem der Luftdesinfektion unter besonderer Berücksichtigung neuer physikalischer und chemischer Verfahren. Weichh. Erg. Hyg. Bd. 29 (1955) S. 623 u. W. F. WELLS: Airborn contagion und air hygiene. Havard Univers. Press 1955 (Ausführliche Literaturangaben.)

[2] ELFORT, W. J., u. J. v. d. ENDEN: Untersuchungen über den Wert des Ozons als Luftdesinfektionsmittel. J. Hyg. Bd. 42 (1942) S. 240.

den Bakterien- und Virusarten sind von einer organischen Schutzschicht und andere Keime
von einem Staubmantel umhüllt, deren Durchdringung Ozonkonzentrationen erfordert, die weit
über dem MAK-Wert liegen.

Für eine Raumluftdesinfektion auf *physikalischem Wege* käme eine Bestrahlung der Keime
mit UV-Strahlen des Spektralbereiches 250 bis 270 mμ in Frage. Die Anordnung der UV-Strahler
im Kanalnetz ist jedoch nicht so wirksam wie eine unmittelbare Anordnung im Raum, unabhängig von der Lüftungsanlage. Im Hinblick auf den erforderlichen Schutz der Rauminsassen
vor Strahlenschäden sowie auf die Kosten ist der Anwendungsbereich auch in dieser Form eng
begrenzt (Impfkapellen, pharmazeutische Laboratorien u. ä. m.).

Die UV-Luftdesinfektion kommt nur als *zusätzliches Abwehrmittel* in Betracht. Sie rechtfertigt weder eine Herabsetzung der Luftrate in Aufenthaltsräumen noch eine Verminderung
der einschlägigen chemischen Desinfektionsmaßnahmen in Krankenräumen, Laboratorien u. ä.[1].

Elektronische Luftfilter, die mit Ionisier-Elektroden arbeiten und einen Luftdurchsatz von
500 bis 200000 m³/h haben, halten angeblich Teilchen bis herab zu 0,001 μ zurück bei einem
Abscheidegrad von 90% und mehr[2]. Obwohl der Nachweis bei dieser Teilchengröße praktisch
kaum möglich sein dürfte, wird die Abscheidung von Rauch und einigen Virusarten behauptet.

Eine weitere Möglichkeit zur Keimverminderung bietet sich in der *mechanischen* Abscheidung
durch Feinstaubfilter nach Art der Schwebstoffilter. Bei Verwendung feinster Kunststoffäden
als Filtermedium[3] kann ihre Wirkung durch *elektrostatische* Aufladung soweit erhöht werden,
daß von 10000 Keimen nur mehr 1 Keim passiert. Diesen Schwebstoffiltern sind zur Entlastung und Schonung Vorfilter vorzuschalten, so daß die Aufwendungen für eine allgemeine
Anwendung im Rahmen der Lüftungstechnik z. Z. noch hoch erscheinen.

Obwohl die Bemühungen um ein mit der Lüftungsanlage unmittelbar gekoppeltes, wirtschaft-
liches Verfahren zur Entkeimung von Umluft bisher wenig Erfolg hatten, bietet die eingangs
erwähnte Möglichkeit einer gelegentlichen Keimverbreitung durch das Strömungsfeld der Raumluft noch keinen Grund zur Resignation. Die Ansteckungsgefahr durch unmittelbare Keimübertragung von Mensch zu Mensch (Tröpfcheninfektion beim Husten, Niesen, Sprechen) ist nicht
nur in solchen Arbeits- und Versammlungsräumen ungleich größer, sondern auch im übrigen
täglichen Leben, z. B. bei der Benutzung öffentlicher Verkehrsmittel. Solange sich diese banalen
Infektionsmöglichkeiten nicht verhindern lassen, wird man der Desinfektion der Lüftungsluft
nur in Sonderfällen (Operationssäle, Laboratorien mit sterilem Arbeitsgut u. ä.) erhebliche
Bedeutung beimessen können.

---

[1] LIESE, W.: Luftdesinfektion vom Standpunkt der Lüftungstechnik. Gesundh.-Ing. Bd. 79 (1958) S. 289
bis 296.

[2] SCHLEE, G.: Das elektronische Fein-Luftfilter in Zellenform. Heizg.-Lüftg.-Haustechn. Bd. 6 (1955)
S. 97/98.

[3] LANDT, E.: Physikalische Betrachtungen zum Faserfilter. Gesundh.-Ing. Bd. 77 (1956) S. 139/145.
(Ausführliche Literaturangaben.)

Siebenter Abschnitt

Meteorologisch-klimatische Grundlagen

I. Allgemeines

Schon aus der Aufgabenstellung der Heiz- und Lüftungstechnik — in geschlossenen Räumen sind bestimmte Temperaturen und Luftzustände unabhängig von äußeren Einflüssen zu schaffen — ergibt sich ein enger Zusammenhang zwischen der Leistung einer heiz- und lüftungstechnischen Anlage und den örtlichen Wetter- bzw. Klimaverhältnissen. Die Extremwerte des Klimas bestimmen die Größe der Anlage, die mittleren Verhältnisse den normalen Belastungsbereich. Der Heizungs- und Lüftungsingenieur muß also mit den wichtigsten Grundlagen der Klimakunde vertraut sein, wenn er Anlagen erstellen will, die den jeweiligen gesundheitlichen und technischen Anforderungen mit wirtschaftlich vertretbarem Gesamtaufwand genügen.

Wir wollen zunächst die beiden Begriffe Wetter und Klima voneinander abgrenzen.

A. Wetter und Klima

Wir verstehen unter Wetter oder Witterung den jeweiligen Zustand der äußeren Atmosphäre, wie er durch das Zusammenwirken der am Orte gerade herrschenden meteorologischen Elemente, d. h. von Luftdruck, Temperatur, Feuchtigkeit, Wind, Sonnenstrahlung, Bewölkung und Niederschlägen, gegeben ist. Wir sprechen also vom Wetter eines bestimmten Tages oder vom Wetter oder der Witterung der letzten Woche oder des vergangenen Monats.

Mit Klima dagegen bezeichnen wir das durchschnittliche Verhalten der Witterung, das sich für einen Ort oder ein Gebiet und für bestimmte Zeitabschnitte des Jahres aus jahrzehntelangen Beobachtungen ergibt. So wissen wir aus der Klimaforschung, daß in Deutschland der Januar der durchschnittlich kälteste und der Juli der durchschnittlich wärmste Monat des Jahres ist. In diesem Sinne kann von einem Januar- oder Juliklima gesprochen werden.

Die in der Wetterkunde als meteorologische Elemente bezeichneten Beobachtungsgrößen, wie Luftdruck, Temperatur, Feuchtigkeit usw., werden in der Klimakunde Klimaelemente genannt. Diese werden in hohem Grade beeinflußt von den sog. Klimafaktoren, wie der geographischen Breite, Küstenlage oder Binnenlage, Höhe über dem Meeresspiegel usw.

B. Die für die Heizung und Lüftung wichtigen Wetter- und Klimaelemente

Aus dieser Unterscheidung zwischen Wetter und Klima folgt, daß für den Betrieb von Heizungs- und Lüftungsanlagen, dem die Anpassung an die jeweiligen Witterungszustände obliegt, die meteorologischen Elemente maßgebend sind. Dagegen müssen für die Berechnung und den Entwurf der Anlagen, wenn diese auch den Extremwerten gerecht werden sollen, die klimatischen Elemente zugrunde gelegt werden.

Bei Berücksichtigung der Außenluftzustände ist eine wesentliche Vereinfachung dadurch gegeben, daß von der Gesamtheit der Wetter- oder Klimaelemente bei den Aufgaben der Heiztechnik im wesentlichen die Lufttemperatur und der Wind, bei denjenigen der Lüftungstechnik vor allem die Lufttemperatur und die Luftfeuchtigkeit in Rechnung zu stellen sind.

Die Wirkung der Sonnenstrahlung auf die Gebäude ist für die Heizanlagen unter unseren Breitengraden von untergeordneter Bedeutung. Bei Lüftungs- und Klimaanlagen, die zur Raumkühlung im Sommer dienen sollen, muß sie jedoch wegen ihres Einflusses auf die Kühllast besonders ermittelt werden.

Wir beschränken uns daher auf die Besprechung der genannten Elemente und berücksichtigen dabei nur die Verhältnisse in Mitteleuropa.

II. Die Temperatur der Außenluft

A. Lufttemperatur und Sonnenstrahlung

Die Temperatur der Außenluft ist im wesentlichen eine Folgeerscheinung der durch die Sonnenstrahlung bewirkten Erwärmung der Erdoberfläche, die ihrerseits durch Leitung und Konvektion die darüberliegenden Luftschichten aufwärmt. Sie verändert sich daher im gleichen Sinne, wie die von der Sonne zur Erde gehende Strahlung selbst, sei es durch die im Laufe des Tages oder des Jahres wechselnde Höhe des Sonnenstandes, sei es durch die größere oder geringere Absorption der Sonnenstrahlung beim Durchgang durch die Atmosphäre. Der Absorptionsanteil hängt ab vom Grade der Bewölkung, aber auch vom Gehalt der Luft an Staub und unsichtbarem Wasserdampf. Deshalb steigt am Tage die Lufttemperatur bei klarem Himmel und trockener Luft stärker an als bei bedecktem Himmel. Gleiches gilt aber auch für die Wärmeausstrahlung von der Erdoberfläche in den Weltenraum; sie wird durch eine Wolkendecke aufgehalten, ja teilweise reflektiert, so daß bei bedecktem Himmel die Temperaturabsenkung über Nacht kleiner ist als bei klarem Wetter.

Der im Tages- und Jahresablauf periodisch sich ändernden Höhe des Sonnenstandes entspricht eine deutliche Periode im täglichen wie auch im jährlichen Verlauf der Lufttemperatur, worauf noch einzugehen sein wird.

B. Ermittlung der Lufttemperatur

Bei der Messung der Lufttemperatur ist darauf zu achten, daß die Anzeige des Thermometers weder durch Wärmezustrahlung noch durch Abstrahlung an kältere Umgebungsflächen beeinflußt wird. Das Thermometer ist daher vor Sonnenstrahlung wie auch vor Strahlungswirkungen aus der nächsten Umgebung (Hauswände, Fensterscheiben, Erdboden, Versuchspersonen) zu schützen. Zur Messung der Lufttemperatur gut geeignet ist beispielsweise das trockene Thermometer des für Feuchtigkeitsmessungen benutzten Assmannschen Psychrometers, bei dem die Luft zwangsläufig an den mit Strahlungsschutz versehenen beiden Thermometern vorbeigeführt wird.

Als zeitliche Werte der Außenlufttemperatur interessieren in der Wetter- und Klimakunde die folgenden:

    a) die mittlere Tagestemperatur,
    b) die höchste und tiefste Tagestemperatur,
    c) die mittlere Monatstemperatur,
    d) die mittlere Jahrestemperatur,
    e) die höchste und tiefste Jahrestemperatur.

Erläuterungen. Zu a) Die mittlere Tagestemperatur ergäbe sich am genauesten aus stündlichen Ablesungen der Lufttemperatur oder den Aufzeichnungen eines Temperaturschreibers. Beide Methoden sind aber für die Mehrzahl der meteorologischen Stationen zu umständlich und kostspielig. Man bestimmt gewöhnlich die mittlere Tagestemperatur aus drei, um 7 Uhr, 14 Uhr, 21 Uhr, angestellten Beobachtungen nach folgender Erfahrungsformel:

$$t_m = \frac{t_7 + t_{14} + 2 \cdot t_{21}}{4}.$$

Die so erhaltenen Tagesmittelwerte weichen von den genauen Werten meistens nur um Bruchteile eines Grades ab und ergeben bei Mittelbildung über einen Monat Fehler von höchstens 0,1 bis 0,2° C.

Zu b) Die höchste und tiefste Tagestemperatur werden mit einem Maximum-Minimum-Thermometersatz bestimmt. Die Differenz zwischen diesen Extremwerten heißt Tagesschwankung der Temperatur.

Zu c) und d) Die mittlere Monatstemperatur ergibt sich als Mittelwert der mittleren Tagestemperaturen des betreffenden Monats und die mittlere Jahrestemperatur als Mittelwert der mittleren Monatstemperaturen des betreffenden Jahres.

Zu e) Die höchste und tiefste Jahrestemperatur sind aus den Aufzeichnungen über die Extremwerte der Tagestemperaturen zu entnehmen. Die Differenz zwischen höchster und tiefster Jahrestemperatur wird Jahresschwankung der Temperatur genannt.

Außer den vorstehend genannten Zeitwerten der Lufttemperatur werden für Klimatabellen häufig noch fünftägige Mittel der Lufttemperatur gebildet.

Für klimatische Untersuchungen und für Zwecke des Klimavergleiches verschiedener Orte sind die zeitlichen Mittelwerte der Temperatur für längere Zeiträume erforderlich. Zum Beispiel liegt den in der Klimakunde des Deutschen Reiches[1] veröffentlichten Mittelwerten eine Zeitspanne von 50 Jahren (1881 bis 1930) zugrunde.

C. Der Tagesgang der Lufttemperatur

Trägt man für einen Beobachtungstag, der keine stärkeren Temperaturstörungen infolge von Witterungsänderungen aufweist, die stündlich gemessenen Temperaturwerte abhängig von den Tagesstunden auf, so erhält man eine wellenförmige Kurve für den Tagesgang der Temperatur. Das Minimum der Lufttemperatur wird etwa mit dem Sonnenaufgang, im Jahresablauf also zu verschiedenen Zeiten, erreicht. Das Maximum dagegen tritt ziemlich regelmäßig 2 bis 4 Stunden nach Mittag ein. Der Zeitunterschied zwischen beiden beträgt im Januar etwa 6 Stunden und im Juli etwa 10 Stunden.

Der beschriebene tägliche Temperaturverlauf wird durch die Kurven der Abb. 7.01 und Abb. 7.02 veranschaulicht, die nach stündlichen Beobachtungen der Lufttemperatur in Potsdam[2] aufgezeichnet sind.

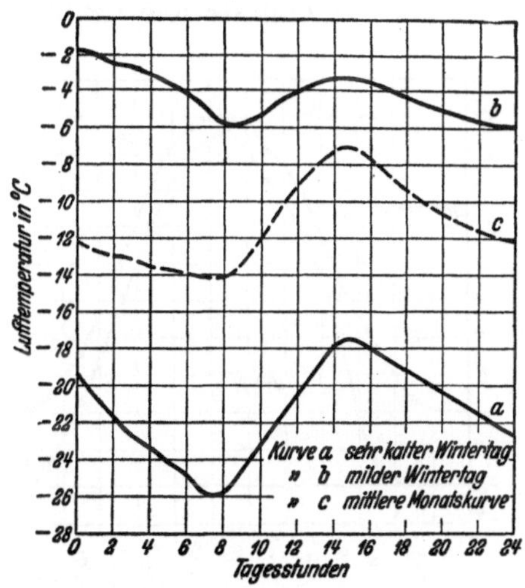

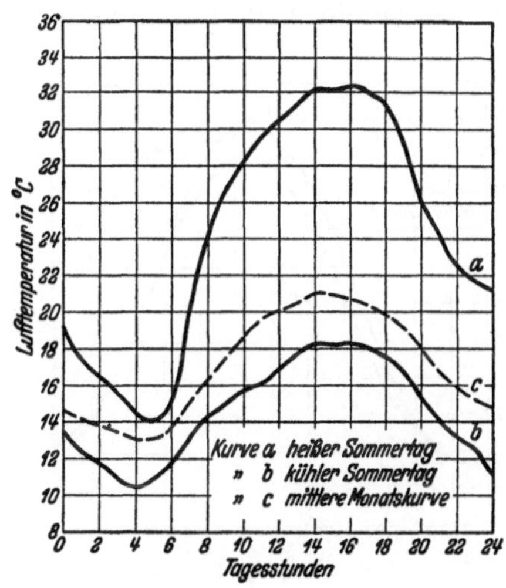

Abb. 7.01. Tagesgang der Lufttemperatur in Potsdam (Winter)   Abb. 7.02. Tagesgang der Lufttemperatur in Potsdam (Sommer)

Abb. 7.01 enthält Tageskurven aus dem sehr kalten Monat Februar 1929, Abb. 7.02 solche aus einem Sommermonat, dem Juli 1930. Darin entspricht:

Abb. 7.01 { Kurve a (10. Februar) einem sehr kalten Wintertag mit klarem Himmel,
Kurve b (24. Februar) einem milden Wintertag mit bedecktem Himmel,
Kurve c (Monatsmittel) dem mittleren Tagesgang im Februar 1929;

Abb. 7.02 { Kurve a (3. Juli) einem sehr heißen Sommertag mit geringer Bewölkung,
Kurve b (10. Juli) einem kühlen Sommertag mit starker Bewölkung,
Kurve c (Monatsmittel) dem mittleren Tagesgang im Juli 1930.

Die Abbildungen zeigen deutlich den Unterschied im Temperaturgang bei klarem und trübem Wetter. Starke Bewölkung wirkt als Schutz gegen die Ein- und Ausstrahlung von Wärme; die Temperaturkurven verlaufen dabei viel flacher als an klaren Tagen. Dem entsprechen auch die Temperaturunterschiede zwischen dem Morgenminimum und Nachmittagsmaximum in nebenstehender Übersicht.

Tag	24. Febr.	10. Febr.	10. Juli	3. Juli
Wetter.	trübe	klar	trübe	klar
Maximum . . .	−3,3° C	−17,5° C	18,3° C	32,4° C
Minimum . . .	−5,8° C	−25,9° C	10,4° C	14,1° C
Unterschied	2,5° C	8,4° C	7,9° C	18,3° C

---

[1] Klimakunde des Deutschen Reiches Bd. II/Tabellen, veröffentlicht vom Reichsamt für Wetterdienst. Berlin: Dietrich Reimer 1939.

[2] Ergebnisse der meteorologischen Beobachtungen in Potsdam. Jahreshefte, herausgegeben von R. Süring. Berlin: Springer.

Der normale tägliche Temperaturverlauf kann durch rasch verlaufende Witterungsänderungen verwischt oder abgeändert werden. Daß solche Störungen aber nicht zu oft vorkommen, zeigen die in den Abb. 7.01 und 7.02 enthaltenen Monatsmittelkurven, die vollkommen dem normalen Kurvencharakter entsprechen.

D. Der Jahresgang der Lufttemperatur und seine Abhängigkeit von den Klimafaktoren

Aus den mittleren Tagestemperaturen der einzelnen Monate erhält man durch Mittelwertbildung die mittleren Monatstemperaturen. Letztere, in Abhängigkeit von der Zeit aufgetragen, ergeben den Jahresgang der Lufttemperatur.

Die Jahreskurve hat wegen der zu- und abnehmenden Wirkung der Sonnenstrahlung ebenso einen gesetzmäßigen Verlauf wie die Tageskurve; sie besitzt eine ausgesprochene jährliche Periode und hat in unserem Gebiet ihr Minimum meist im Januar, ihr Maximum meist im Juli. Dies ist aus der Abb. 7.03 ersichtlich, in der die Jahreskurven für Berlin und Kiel (Binnenlage und Küstenlage), bezogen auf die Jahre 1881 bis 1930 nach der Klimakunde des Deutschen Reiches, dargestellt sind. Durchschnittlich ist also der Januar der kälteste und der Juli der

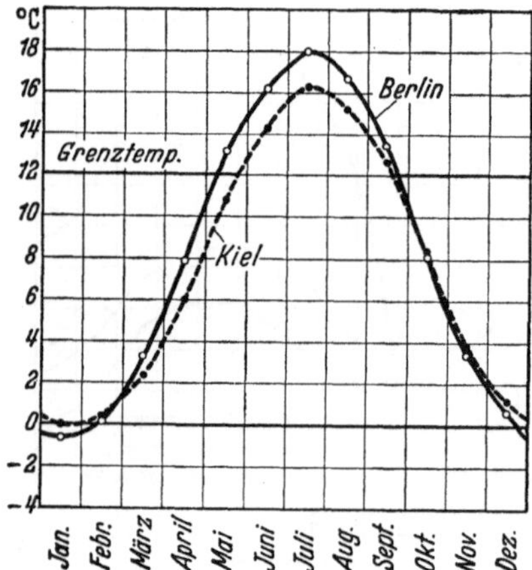

Abb. 7.03. Jahresgang der Lufttemperatur in Berlin und Kiel

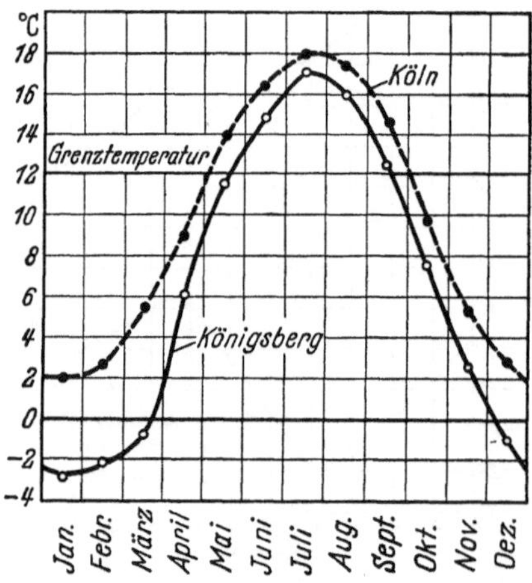

Abb. 7.04. Jahresgang der Lufttemperatur in Königsberg und Köln

wärmste Monat des Jahres, wenn auch bei Einzeljahren Abweichungen von diesem Klimagesetz vorkommen, wie z. B. in dem kalten Winter 1928/29, in dem die mittlere Temperatur im Februar erheblich tiefer lag als im Januar.

Hinsichtlich des Einflusses der Klimafaktoren auf die Jahreskurve der Lufttemperatur ist folgendes von Wichtigkeit. Bei Orten mit Küstenlage verläuft die Jahreskurve flacher als bei Binnenorten (vgl. Abb. 7.03), weil sich das Meer langsamer erwärmt und wieder abkühlt als das Festland. Die mittlere Jahresschwankung der Temperatur, d. h. der Unterschied zwischen mittlerer Juli- und Januartemperatur, beträgt daher in Kiel nur 16,3° C gegenüber 18,6° C in Berlin. Legt man für Beginn und Ende der Heizperiode eine Außentemperatur von 12° C zugrunde, die Heizgrenze, so ergibt sich nach Abb. 7.03, daß der Heizwinter für Küstenorte länger als für Binnenorte dauert. Er umfaßt in Berlin 226 und in Kiel 248 Heiztage.

Als Klimafaktor für Orte in Deutschland ist ferner die mehr östliche oder mehr westliche Lage der Orte von Bedeutung; denn Ostdeutschland steht bereits unter dem Einfluß des osteuropäischen Kontinentalklimas, während Westdeutschland klimatisch schon vom Atlantischen Ozean her beeinflußt wird. Dieser Klimaunterschied macht sich besonders im Winter bemerkbar. Als Beispiel dafür sind in Abb. 7.04 die Jahreskurven der Lufttemperatur von Königsberg und Köln dargestellt. Königsberg hat nicht nur die größere Winterkälte, sondern auch eine um etwa einen Monat längere Heizperiode als Köln, bezogen auf eine Grenztemperatur von 12° C. Die Jahresschwankung der Lufttemperatur beträgt in Königsberg 19,9° C, in Köln nur 16,0° C.

Als weiterer Klimafaktor ist noch die Höhenlage eines Ortes zu berücksichtigen. Die Abnahme der Lufttemperatur mit der Höhe beträgt je 100 m Erhebung etwa 0,5°C. Sie bedingt bei hochgelegenen Orten tiefere Temperaturen und damit eine längere Heizzeit als bei Orten des gleichen Klimagebietes im Flachland.

E. Die Heizgradtage als heiztechnische Folgerung aus dem Jahresgang der Lufttemperatur

Wie wir im vorhergehenden Abschnitt gesehen haben, kennzeichnen die auf einen längeren Zeitraum bezogenen Jahreskurven der Lufttemperatur den Klimacharakter der zugehörigen Orte. Sie kennzeichnen damit zugleich die Anforderungen, die das Klima an die Beheizung der Gebäude in den betreffenden Orten stellt; denn aus den Jahreskurven kann sowohl der Unterschied zwischen der Innentemperatur und mittleren Außentemperatur als auch die Zahl der erforderlichen Heiztage abgeleitet werden. Von diesen beiden Größen ist der Wärme- und damit auch der Brennstoffverbrauch eines Gebäudes während der Heizzeit abhängig.

Bezeichnet:

Q den Gesamtwärmeverbrauch während der Heizzeit,
q den Wärmeverbrauch des Gebäudes je Tag und je Grad Temperaturunterschied zwischen Innen- und Außenluft,
$t_i - t_{am}$ den Unterschied zwischen Innen- und mittlerer Außentemperatur,
Z die Zahl der Heiztage,

so ist der Wärmeverbrauch für Z Heiztage:

$$Q = q \cdot (t_i - t_{am}) \cdot Z \,. \tag{7.01}$$

In dieser Gleichung ist der Beiwert q eine von der Größe und Bauart des Gebäudes abhängige Konstante. Die nach den Gesetzen des Wärmedurchganges lineare Beziehung zwischen dem Wärmeverbrauch Q und dem Temperaturunterschied $t_i - t_{am}$ trifft auch für den praktischen Heizbetrieb zu, wenn zur Ermittlung dieser Größen genügend lange Heizabschnitte zugrunde gelegt werden, s. S. 517. Schon bei der Dauer eines Monats sind die Einflüsse ungewöhnlicher Witterungszustände auf den durch die mittlere Außentemperatur bedingten Wärmeverbrauch kaum noch bemerkbar. Nur in den Frühlingsmonaten tritt die Wirkung der erhöhten Sonnenstrahlung stärker hervor.

Für das in Gl. (7.01) enthaltene Produkt $(t_i - t_{am}) \cdot Z$ hat sich die zuerst in Amerika gebrauchte Bezeichnung „Gradtage" eingeführt. Wird für diese Gt geschrieben, so ist:

$$Gt = (t_i - t_{am}) \cdot Z \,. \tag{7.02}$$

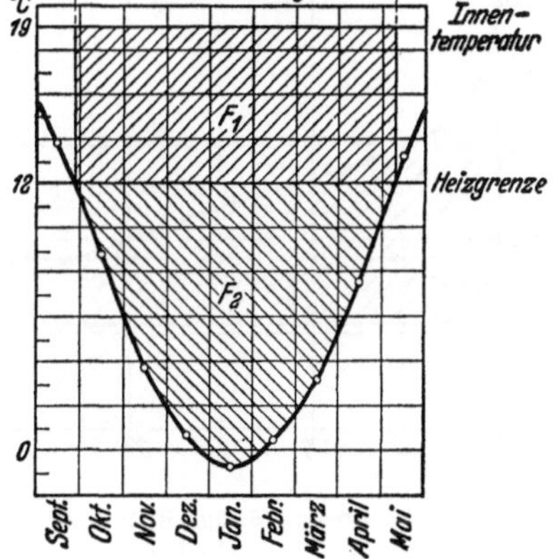

Abb. 7.05. Flächenaufteilung zur Bestimmung der Heizgradtage

Für gleiche, auf dieselbe Innentemperatur beheizte Gebäude an zwei verschiedenen Orten gilt dann nach den Gln. (7.01) und (7.02):

$$\frac{Q_1}{Q_2} = \frac{(t_i - t_{am})_1 \cdot Z_1}{(t_i - t_{am})_2 \cdot Z_2} = \frac{Gt_1}{Gt_2}\,, \tag{7.03}$$

d. h. die erforderlichen Wärmemengen an beiden Orten verhalten sich wie die zugehörigen Gradtage.

Das Gradtagverfahren, das in Amerika zuerst zur Überwachung von Heizanlagen benutzt wurde, ist durch E. Schulz[1] in Deutschland eingeführt worden.

Bei der Gradtagermittlung hat man zu unterscheiden zwischen meteorologischen und klimatischen Gradtagen. Erstere beziehen sich auf den durch die Witterungszustände bedingten Gang der Außentemperatur in einer bestimmten Heizzeit, letztere auf den durchschnittlichen Gang der Außentemperatur, wie er durch die im vorhergehenden Abschnitt besprochenen klimatischen Jahreskurven der Lufttemperatur gegeben ist. Die meteorologischen Gradtage sind für Betriebs-

---

[1] Schulz, E.: XII. Kongreßbericht f. Heizung u. Lüftung, Teil II S. 178/179. München: R. Oldenbourg 1927.

untersuchungen erforderlich. Die klimatischen Gradtage, für verschiedene Orte berechnet, bilden wertvolle Vergleichsziffern für den durch die Klimafaktoren verursachten verschiedenen Heizwärmebedarf dieser Orte. Für Deutschland sind heiztechnische Klimakarten entworfen worden, die zur angenäherten Ermittlung der klimatischen Gradtage eines beliebigen Ortes dienen sollen[1].

Die Ermittlung der Gradtage für einen bestimmten Ort aus der Jahreskurve der Lufttemperatur wird durch Abb. 7.05 erläutert. Darin sind außer der Temperaturkurve die gebräuchliche Grenztemperatur $t_g = 12°C$ für Anfang und Ende der Heizperiode und die normale Raumtemperatur von 19°C eingezeichnet. Die Zahl der Gradtage Gt ist identisch dem Inhalt der schraffierten Fläche ($F_1 + F_2$), die unten von der Temperaturkurve, oben von der Innentemperaturlinie und seitlich von der Anfangs- und Endordinate der Heizzeit begrenzt wird.

Wird in G. (7.02) die Grenztemperatur $t_g = 12°C$ eingeführt, so erhält sie die Form:

$$Gt = Z \cdot (19 - 12) + Z \cdot (12 - t_{am}). \tag{7.04}$$

Das Rechteck F_1 über der Grenztemperatur entspricht dem ersten Summanden, die Fläche F_2 unter der Grenztemperatur dem zweiten Summanden der Gl. (7.04). F_1 ist durch einfache Abmessung, F_2 durch Planimetrierung oder Teilflächenzerlegung zu ermitteln. Der F_2 entsprechende Zahlenwert wird auch als Wärmebedarfszahl bezeichnet.

Zahlentafel A 11 (S. 575) enthält für 42 Orte die für die Heiztechnik wichtigsten klimatischen Zahlenwerte.

F. Geordnete Häufigkeitslinie der Lufttemperatur

Kurven über den normalen Jahresgang der Lufttemperatur, wie sie die Abb. 7.03 und 7.04 zeigen, geben keinen Aufschluß über die im einzelnen Winter auftretenden Außentemperaturen und damit auch nicht über die wirkliche Belastung einer Heizanlage. Bei der Mittelung der Temperaturen für die einzelnen Monate oder Kalendertage fallen nämlich die niedrigen Werte, die zu ganz verschiedenen Zeiten auftreten können, heraus.

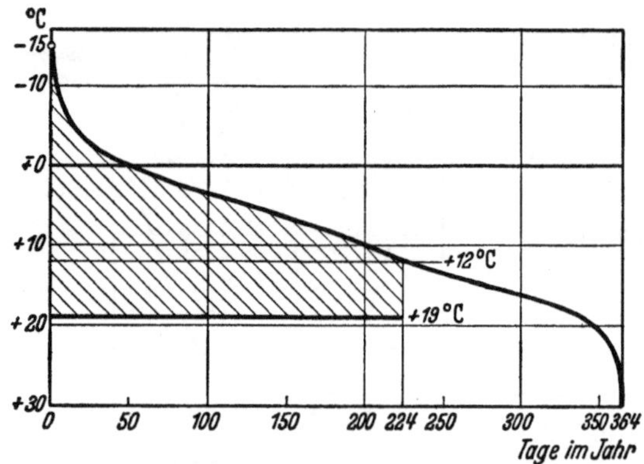

Abb. 7.06. Geordnete Häufigkeitslinie der Außentemperaturen für Berlin

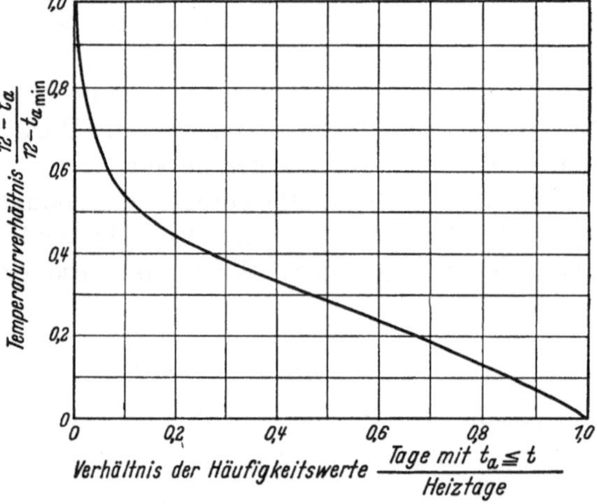

Abb. 7.07. Relative Häufigkeitslinie der Außentemperaturen

Ordnet man die während vieler Jahre beobachteten Tagesmitteltemperaturen nach ihrer Höhe und stellt fest, wie oft bestimmte Stufenwerte unterschritten wurden, so erhält man für den mittleren Winter eine Häufigkeitslinie der Außentemperaturen nach Abb. 7.06.

Man ersieht daraus, daß beispielsweise in Berlin eine Tagestemperatur unter 0° nur an 50 Tagen im Jahr zu erwarten ist. Temperaturen unter −10° sind im Normaljahr selten. Auch die Zahl der Heiztage ist unmittelbar aus diesem Bild zu entnehmen; sie ergibt sich als Abszissenwert zur jeweiligen „Heizgrenze", s. S. 323. Für Berlin entnimmt man bei einer Heizgrenze von +12° eine mittlere Dauer der Heizzeit von 224 Tagen.

[1] CAMMERER, J. S., u. H. KRAUSE: Grundlagen für wirtschaftlichen Wärmeschutz. Arch. Wärmew. Bd. 56 (1933) S. 117/120. — RAISS, W.: Der Einfluß des Klimas auf den Heizwärmebedarf in Deutschland. Gesundh.-Ing. 1933 Nr. 34 S. 397/403.

Die mittlere Häufigkeitslinie der Außentemperatur ist für viele Überlegungen und Berechnungen im Heizbetrieb von Nutzen. So regelt man bekanntlich die Vorlauftemperatur einer Warmwasserheizung nach der Außentemperatur ein. Mit Hilfe der Häufigkeitslinie läßt sich dann angeben, in welchem Bereich die Heizwassertemperaturen unter mittleren Winterverhältnissen liegen, wenn die Betriebskennlinie bekannt ist, s. S. 526.

Zur Zeit liegen allerdings die mittleren Häufigkeitslinien der Außentemperatur nur für wenige Orte vor, s. Bildtafel 2, S. 598.

Man kann für einen beliebigen Ort die Häufigkeitslinie näherungsweise ermitteln, wenn die Zahl der Heiztage und die Gradtagzahl bekannt sind. Die Endpunkte der Häufigkeitslinie sind festgelegt, einmal durch das aus der Klimakarte von DIN 4701 zu entnehmende Temperaturminimum, zum anderen durch die zu einer bestimmten Heizgrenze gehörende Zahl der Heiztage. Berücksichtigt man noch, daß die in Abb. 7.06 geschraffte Fläche der Gradtagzahl entsprechen muß, so sind größere Abweichungen gegenüber einer aus langjährigen meteorologischen Beobachtungen entwickelten Häufigkeitslinie nicht zu erwarten.

Die in Abb. 7.07 dargestellte „Relative Häufigkeitslinie" kann dabei als Anhalt für den Kurvenverlauf dienen. Sie zeigt, daß bei Einführung von Verhältnisgrößen die Häufigkeitslinien weit auseinanderliegender Orte praktisch übereinstimmen[1].

G. Mittlere absolute Jahresextreme der Lufttemperatur

Aus Zahlentafel A11 kann man entnehmen, daß die mittlere Wintertemperatur bei allen aufgeführten Orten einige Grade über Null liegt. Die für den Entwurf von Heizanlagen notwendige Wärmebedarfsrechnung stützt sich aber nicht auf diese Temperatur, weil dann die Anlagen bei größerer Kälte versagen würden, sondern nach den „Regeln" DIN 4701 auf die durchschnittlich tiefste Wintertemperatur, die etwa mit dem Mittelwert der Jahresminima eines längeren Zeitraumes übereinstimmt. Diese Berechnungsweise bietet erfahrungsgemäß genügend Sicherheit dafür, daß die Anlagen auch bei den seltenen Fällen mit noch tieferer Temperatur ausreichen, da Kältespitzen durch die Wärmespeicherung des Gebäudes und durchgehenden Betrieb überwunden werden können. Die Benutzung der absolut tiefsten Wintertemperatur würde zu aufwendige Anlagen ergeben.

In der folgenden Tabelle sind für eine Reihe von deutschen Orten nach dem Handbuch für Klimakunde des Deutschen Reiches (Zeit 1881 bis 1930) die mittleren und absoluten Jahresminima der Temperatur zusammengestellt. Eine weitere Spalte enthält die aufgerundeten Temperaturen, die nach den „Regeln" der Wärmebedarfsrechnung zugrunde zu legen sind. Der Unterschied zwischen mittlerem und absolutem Jahresminimum beträgt bei den meisten Orten 9 bis 11 grd.

Es erschien zweckmäßig, in die folgende Tabelle auch die mittleren und absoluten Jahresmaxima der Temperatur aufzunehmen. Diese Werte sind für die Lüftungstechnik von Bedeutung, denn sie geben darüber Auskunft, mit welchen höchsten Außentemperaturen man im Sommerbetrieb zu rechnen hat, und — soweit es sich um Kühlanlagen handelt — um wieviel Grade die Luft vor Einführung in die Räume heruntergekühlt werden muß und welche Kühlleistung im äußersten Fall aufzubringen ist. Zur Vervollständigung enthält die letzte Spalte die Zahl der „Sommertage", an denen die Lufttemperatur mindestens 25° C erreicht. An solchen Tagen werden sich viele Gebäude so weit aufwärmen, daß auch in nicht dicht besetzten Räumen die Temperatur über das erträgliche Maß ansteigen kann.

Im Gegensatz zu dem erheblichen Unterschied zwischen mittleren und absoluten Tiefstwerten der Temperatur im Winter ist im Sommer die Spanne zwischen den mittleren und absoluten Höchstwerten bei allen Orten nur gering (etwa 3 bis 5 grd). Außerdem ist ein wesentlicher Einfluß der Klimafaktoren auf die Jahresmaxima der Temperatur kaum erkennbar. Lediglich die Küstenstationen machen mit ihren etwas tieferen Temperaturen eine Ausnahme.

Bei der Berechnung von mit Kühlung verbundenen Lüftungsanlagen kann man demnach für ganz Deutschland ein einheitliches mittleres Maximum der Außentemperatur von rd. 32°C

---

[1] RAISS, W.: Heiztechnische Grundlagen einer öffentlichen Wärmeversorgung. Heizg.-Lüftg.-Haustechn. Bd. 3 (1952) S. 39.

Ort	Winter			Sommer		
	Jahresminima der Temperatur		Tiefsttemperatur für Wärme-bedarfsrechnung laut „Regeln"	Jahresmaxima der Temperatur		Zahl der Tage mit mindestens 25° C Höchsttemperatur
	mittlere	absolute		mittlere	absolute	
Nürnberg	−17,2	−27,8	−18	32,6	37,2	34
Augsburg	−16,6	−28,2	−18	32,0	36,6	31
München	−16,0	−25,5	−18	31,6	36,2	30
Chemnitz	−15,5	−28,9	−18	31,7	36,2	27
Leipzig	−15,3	−26,3	−15	32,2	36,2	31
Berlin-Dahlem	−14,7	−26,0	−15	32,6	35,5	31
Kassel	−14,7	−26,6	−15	32,1	37,0	29
Braunschweig	−14,5	−26,3	−15	32,5	36,4	29
Halle	−14,5	−27,1	−15	32,7	36,3	34
Magdeburg	−14,3	−25,7	−15	33,5	37,5	38
Karlsruhe	−13,9	−23,2	−15	32,5	38,2	41
Stuttgart	−13,5	−25,0	−15	33,0	38,7	41
Münster.	−13,4	−27,0	−12	32,5	35,4	30
Freiburg	−13,4	−21,7	−12	32,9	39,4	44
Trier	−12,9	−21,0	−12	32,5	35,4	30
Frankfurt a. M. . . .	−12,8	−21,5	−12	32,0	37,8	39
Mainz	−12,0	−21,8	−12	33,2	37,2	40
Aachen	−11,3	−20,3	−12	32,2	37,0	27
Köln	− 9,9	−19,6	−12	31,9	35,5	30
Lübeck	−13,8	−27,2	−15	30,7	34,8	15
Hamburg	−11,5	−21,1	−15	30,0	33,5	13
Kiel	−11,2	−20,0	−15	27,4	31,3	5

zugrunde legen. Nur bei den Küstenorten ist diese Temperatur etwas niedriger anzunehmen. Die Zahl der Tage, an denen wegen hoher Außentemperatur mit stärkerer Kühlung der Außenluft zu rechnen ist, kann zu etwa 30 bis 40 angesetzt werden. Für die Küstenorte liegt auch dieser Wert deutlich niedriger.

III. Die Feuchtigkeit der Außenluft

Verglichen mit der Außenlufttemperatur spielt die Außenluftfeuchtigkeit in heiztechnischer Hinsicht nur eine untergeordnete Rolle. Sie beeinflußt infolge des stets vorhandenen Luftwechsels zwar die Raumluftfeuchte; nur bei niedrigen Außentemperaturen und entsprechend trockener Außenluft sinkt die relative Luftfeuchtigkeit in Aufenthaltsräumen mit freier Lüftung jedoch zeitweise auf Werte unter 30%ab[1]. Anders ist es bei Räumen mit erzwungener Lüftung. Je nach dem Umfang der Lufterneuerung können hier selbst in Räumen mit Wasserdampfentwicklung unerwünscht niedrige Luftfeuchten auftreten. Die Zuluft ist dann zu befeuchten, sei es aus hygienischen oder aus fabrikatorischen Gründen. Für Berechnung und Betrieb solcher Anlagen — und darunter fallen alle Klimaanlagen — ist die Feuchtigkeit der Außenluft fast ebenso wichtig wie ihre Temperatur.

A. Die Ermittlung der Luftfeuchtigkeit

Die Luftfeuchtigkeit als meteorologisches Element wird von den Wetterwarten zu denselben Beobachtungszeiten gemessen wie die Lufttemperatur, nämlich um 7 Uhr, 14 Uhr und 21 Uhr. Als genauestes Meßinstrument gilt das ASSMANNsche Psychrometer. Man ermittelt damit zunächst den Teildruck des Wasserdampfes anhand der nachstehenden Formel[2]:

$$p_d = p_f - 0{,}5 \cdot \frac{b}{760} \cdot (t - t_f) \, . \tag{7.05}$$

p_d Teildruck des Wasserdampfes in mm QS bei der Temperatur t,
p_f Sättigungsdruck des Wasserdampfes in mm QS bei der Temperatur t_f,
b Barometerstand in mm QS,
t Temperatur des trockenen Thermometers in °C,
t_f Temperatur des feuchten Thermometers in °C,
$t - t_f$ psychrometrische Differenz in °C.

[1] LIESE, W.: Luftbefeuchtung in beheizten Räumen. Dtsch. med. Wschr. 1933 Nr. 33 S. 1172.
[2] Vgl. Hütte, 28. Aufl., Bd. 1 S. 1486/1490.

Die Formel ist für Temperaturen zwischen 0 und 40°C gültig. Bezüglich der Formeln für Temperaturen oberhalb 40° und unterhalb 0°C sei auf die „Hütte" verwiesen.

Aus dem mit obiger Formel errechneten Teildruck p_d und dem aus Zahlentafel A5 zu entnehmenden Sättigungsdruck[1] bei der Temperatur t erhält man die relative Feuchtigkeit φ (s. auch S. 335) aus:

$$\varphi = \frac{p_d}{p_s}. \tag{7.06}$$

In meteorologischen Veröffentlichungen wird zur Kennzeichnung der Luftfeuchtigkeit meist der Dampfdruck p_d und die relative Feuchtigkeit φ angegeben. Mit diesen Größen können die für lüftungstechnische Zwecke wichtigen Werte des Wassergehaltes x in kg je kg trockener Luft und des Wärmeinhaltes i in kcal je kg trockener Luft nach den auf S. 336/7 angegebenen Formeln berechnet oder aus dem i, x-Diagramm (Abb. 7.17) entnommen werden.

Die klimatischen Monats- und Jahresmittelwerte des Dampfdruckes und der relativen Feuchtigkeit für zahlreiche deutsche Orte enthält das „Handbuch der Klimakunde des Deutschen Reiches".

B. Täglicher und jährlicher Gang des Dampfdruckes und der relativen Feuchtigkeit

Der Dampfdruck der Außenluft liegt gewöhnlich unterhalb des Sättigungsdruckes. Nur bei Nebel oder Regen, und zwar vorwiegend in der kälteren Jahreshälfte, wird zeitweise der Sättigungsdruck und damit eine relative Feuchtigkeit von 100% erreicht. Die Größe des Dampfdruckes ist abhängig von der Wasserdampfmenge, die jeweils von der Erdoberfläche an die Luft abgegeben wird. Da die Verdunstungsmenge mit steigender Lufttemperatur zunimmt, muß auch der Dampfdruck in seinem zeitlichen Verlauf sich ähnlich wie die Lufttemperatur verhalten, d. h. im täglichen Gang das Maximum in den ersten Nachmittagsstunden, im jährlichen Gang in den wärmsten Monaten Juli und August erreichen. Wie nachstehende Tabelle[2] für Zweimonatsmittelwerte und für die drei Beobachtungszeiten 7 Uhr, 14 Uhr und 21 Uhr zeigt, trifft dies für den jährlichen Gang vollkommen, für den täglichen Gang aber nur in den Wintermonaten (November bis Februar) zu. In den Sommermonaten (Mai bis August) tritt im Tagesgang an die Stelle des Wintermaximums ein Minimum des Dampfdruckes, weil die durch die hohe Erwärmung des Erdbodens erzeugten Konvektionsströme den Wasserdampf in höhere Luftschichten emportragen.

	Lufttemperatur [°C]			Dampfdruck [mm QS]			Relative Feuchtigkeit [%]		
	7 Uhr	14 Uhr	21 Uhr	7 Uhr	14 Uhr	21 Uhr	7 Uhr	14 Uhr	21 Uhr
Januar—Februar	−5,5	−0,9	−3,7	3,0	3,4	3,2	90	73	85
März—April	2,2	8,6	4,8	5,0	5,0	5,1	89	61	79
Mai—Juni	12,7	20,1	14,7	8,9	8,0	8,8	80	46	70
Juli—August	14,8	21,9	17,1	10,5	10,1	10,6	84	53	72
September—Oktober	9,5	16,1	11,7	8,2	8,6	8,9	81	64	84
November—Dezember	2,4	5,5	3,4	5,2	5,6	5,5	92	80	92

Aus der Tabelle ist weiter zu ersehen, daß der tägliche und jährliche Gang der relativen Feuchtigkeit gegenläufig zu demjenigen der Lufttemperatur ist. Hohen Temperaturen entsprechen geringe, tiefen Temperaturen große relative Feuchtigkeiten. Dies kommt daher, daß in der Gl. (7.06) für die relative Feuchtigkeit im Nenner der Sättigungsdruck steht, der mit zunehmender Temperatur viel stärker anwächst als der wirkliche Dampfdruck p_d.

Abb. 7.08 zeigt den jährlichen Gang der Feuchtigkeitswerte für Berlin und Kiel nach den Angaben der Monatsmittel im „Handbuch der Klimakunde des Deutschen Reiches". Wie aus den Kurven zu entnehmen ist, hat Kiel wegen der Nähe des Meeres während des ganzen

---

[1] Das Buch von H. BONGARDS: Feuchtigkeitsmessung, R. Oldenbourg, 1926, enthält die Sättigungsdrucke für Zehntel-Temperaturgrade.

[2] Zusammengestellt nach den Ergebnissen der meteorologischen Beobachtungen in Potsdam. Jahrgänge 1929 und 1930. Berlin: Springer.

Jahres sowohl einen höheren Dampfdruck als auch eine höhere relative Feuchtigkeit als Berlin. Für andere Orte in Deutschland ist der Jahresgang der Feuchtigkeitsgröße der gleiche. Das Maximum des Dampfdruckes fällt in den Juli, das Minimum in den Januar. Die relative Feuchtigkeit erreicht ihren Höchstwert im Dezember bis Januar, ihren Kleinstwert bereits im Mai bis Juni. Auch sonst bestehen keine erheblichen Unterschiede zwischen den Monatswerten verschiedener Orte, die im Binnenlande, oder von solchen, die an der Küste liegen. Der Einfluß der Ortslage auf die Luftfeuchtigkeit in Deutschland ist wesentlich geringer als der auf die Lufttemperatur. Dies geht schon aus den Jahresmittelwerten des Dampfdruckes und der relativen Feuchtigkeit hervor, die in folgender Tabelle mit den größten und kleinsten Monatsmittelwerten für einige Orte zusammengestellt sind.

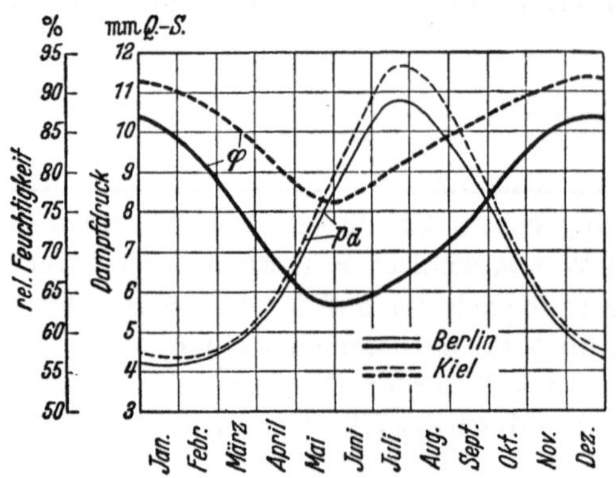

Abb. 7.08. Jahresgang des Dampfdruckes und der relativen Feuchtigkeit

Ort	Dampfdruck [mm QS]			Relative Feuchtigkeit [%]		
	Januar	Juli	Jahresmittelwert	Dezember	Mai	Jahresmittelwert
München	3,6	10,3	6,6	85	66	75
Nürnberg	3,9	10,8	7,0	87	67	76
Magdeburg	4,2	10,8	7,0	86	66	76
Berlin	4,2	10,8	7,0	87	64	75
Frankfurt a. M. . . .	4,3	10,9	7,2	86	66	76
Aachen	4,6	10,7	7,2	84	70	77
Kiel	4,4	11,6	7,4	92	77	85
Hamburg	4,4	11,1	7,3	90	68	80

C. Berücksichtigung der Außenluftfeuchtigkeit bei lüftungstechnischen Anlagen

Einleitend wurde bereits darauf hingewiesen, daß mit lüftungstechnischen Anlagen, die keine Einrichtungen zur Be- und Entfeuchtung der Zuluft besitzen, die hygienischen Anforderungen an das Raumklima zeitweise nicht befriedigt werden können. Solche Anlagen genügen für Aufenthaltsräume insbesondere nicht unter folgenden Umständen:

1. Geringe Außenluftfeuchtigkeit im Winter bei schwacher Raumbesetzung, d. h. bei geringer Feuchtigkeitsabgabe der Rauminsassen.

2. Hohe Außenluftfeuchtigkeit im Sommer bei starker Raumbesetzung, d. h. bei hoher Feuchtigkeitsabgabe der Rauminsassen.

Im ersten Falle wird über zu große Trockenheit, im zweiten über zu große Feuchtigkeit (Schwüle) der Raumluft geklagt werden.

Wie sich an Hand der Potsdamer meteorologischen Beobachtungen feststellen läßt, sind im Winter, in dem der durchschnittliche Dampfdruck 3 bis 5 mm QS beträgt, Werte dieser Größe bis unter 1 mm möglich, und zwar besonders bei den trockenen kalten Winden aus östlichen Richtungen. Aus den Messungen in dem strengen Monat Februar 1929 wurde folgende Tabelle für vorkommende Mindestluftfeuchtigkeiten abgeleitet:

Lufttemperatur . . . . °C	0	−5	−10	−15	−20
Relative Feuchtigkeit . . . . . %	35	40	45	50	55
Dampfdruck . . . . mm QS	1,6	1,3	1,0	0,7	0,5

Berechnet man mit diesen Zahlen die relativen Feuchtigkeiten für eine Aufwärmung der Zuluft auf nur 20° C, so erhält man Werte, die zwischen 9 und 3% liegen. Auch unter Berücksichtigung der Wasserdampfabgabe im Raum wird die relative Feuchtigkeit unterhalb der zulässigen Grenze (etwa 35%) bleiben. Bei Luftheizungen, die eine höhere Aufwärmung der Luft als 20° C erfordern, werden unter solchen Umständen die Luftverhältnisse, vor allem in der Nähe der Zuluftöffnungen, unbefriedigend sein.

Im Sommer kann andererseits der Dampfdruck auf 15 bis 16 mm ansteigen. Bei einer Lufttemperatur von 22° C beträgt dabei die relative Feuchtigkeit 75 bis 80%. Mit solcher Luft können die Feuchtigkeitsverhältnisse in einem stark besetzten Raum nicht verbessert werden.

Bei Klimaanlagen mit allen Einrichtungen zur selbsttätigen Temperatur- und Feuchtigkeitsregelung läßt sich der erforderliche Luftzustand in den zu lüftenden Räumen bei allen vorkommenden Außenluftverhältnissen erzielen, im Winter durch Befeuchtung der Luft, im Sommer durch die bei Abkühlung unter den Taupunkt bewirkte Trocknung der Luft.

Für den Winterbetrieb kann die bereits oben benutzte Tabelle der Mindestluftfeuchtigkeiten zugrunde gelegt werden, um zu berechnen, welche größten Wassermengen für die Luftbefeuchtung in Frage kommen. Was den Sommerbetrieb anbelangt, wollen wir nunmehr die Frage beantworten, mit welchen ungünstigsten Zustandsverhältnissen der Außenluft man in der warmen Jahreszeit zu rechnen hat.

In der folgenden Tabelle sind aus zwei Jahrgängen (1929 bis 1930) der Potsdamer meteorologischen Beobachtungen erstens die Tage mit einer höchsten Lufttemperatur von über 32° C und zweitens die Tage mit einem höchsten Dampfdruck von über 15 mm QS mit den sonst erforderlichen Angaben zusammengestellt.

Zeitangaben			Temperatur	Dampfdruck	Relative Feuchtigkeit	Bemerkungen
1929	21. Juli	15 Uhr	34,7	13,2	32	Regen 4—6 Uhr
1929	23. „	14 „	32,7	13,5	36	trockenes Wetter
1929	1. September	14 „	32,3	9,8	27	„ „
1930	12. Juni	15 „	32,4	7,7	21	„ „
1930	14. „	15 „	32,1	13,5	31	„ „
1930	3. Juli	16 „	32,4	5,9	16	„ „
1930	4. „	16 „	32,4	7,3	20	„ „
1930	5. „	12 „	33,5	8,5	22	Gewitterregen 14³/₄—16³/₄ Uhr
1929	4. Juli	19 Uhr	24,9	16,0	68	Regen 5—7 Uhr, 16—17 Uhr
1929	14. „	22 „	22,0	15,8	80	„ 12—13 Uhr
1929	21. „	24 „	23,6	15,1	75	„ 4— 6 „
1929	24. „	14 „	22,2	15,2	76	„ 13—14 „
1930	20. Juni	19 „	24,0	15,8	68	„ 23—24 „
1930	23. „	21 „	21,9	16,1	82	Gewitterneigung
1930	27. „	14 „	20,4	16,1	90	wiederholt Regen
1930	5. Juli	15 „	20,3	16,9	95	Gewitterregen 14³/₄—16³/₄ Uhr
1930	19. August	16 „	19,6	15,7	94	wiederholt Regen
1929	22. Juli	14 Uhr	31,1	15,5	45	Gewitterneigung

Aus der Tabelle ist folgendes zu entnehmen:

1. Bei den hohen Temperaturen war die relative Feuchtigkeit verhältnismäßig gering und betrug im Höchstfall nur 36%. Es handelte sich hierbei meist um Tage mit trockenem Wetter.

2. Bei den hohen Dampfdrücken, vereint mit hohen relativen Feuchtigkeiten, lag die Lufttemperatur meist nicht besonders hoch (20 bis 25° C). Nur der 22. Juli 1929 machte mit 31,1° C Lufttemperatur eine Ausnahme. Es kam an den betreffenden Tagen immer zu Regen oder Gewitter.

In Abb. 7.09 sind die Luftzustandswerte der Tabelle eingetragen, die Temperaturen als Abszissen, die relativen Feuchtigkeiten als Ordinaten. Die durch die Höchstwerte gelegte Kurve gibt die für die Lüftungstechnik ungünstigsten Feuchtigkeiten an, mit denen man bei verschiedenen Lufttemperaturen rechnen kann. Die Werte bei trockenem Wetter (helle Kreise) liegen

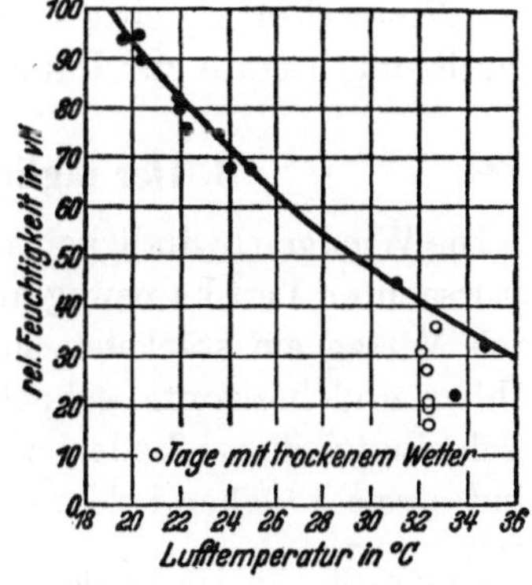

Abb. 7.09. Kurve der Höchstwerte der relativen Feuchtigkeit bei verschiedenen Lufttemperaturen

sämtlich unterhalb der Kurve. Auf S. 323 ist für Lüftungszwecke als mittleres Maximum der Außentemperatur in Deutschland 32° C festgestellt worden. Nach Abb. 7.09 gehört zu dieser Temperatur eine höchste relative Feuchtigkeit von rd. 40%. Als zusammengehörige Werte von Temperatur und höchster relativer Feuchtigkeit im Sommer sind aus der Kurve die folgenden abzugreifen:

Temperatur . . . . °C	20	22	24	26	28	30	32	34
Relative Feuchtigkeit . . . . %	94	82	72	63	55	48	41	35
Ber. Dampfdruck . . . . mm QS	16,5	16,3	16,1	15,9	15,6	15,3	14,6	13,9

Die Annahme, der man häufig begegnet, daß an schwülen Sommertagen bei Temperaturen über 30° C die relative Feuchtigkeit etwa 80% betrage, ist nicht zutreffend. Solche Luftverhältnisse, die einem Dampfdruck von über 25 mm entsprächen, sind nur in den Tropen möglich. Zum Beispiel beträgt der höchste Dampfdruck eines mittleren Tropentages in Djakarta auf Java 21 mm[1].

Da die von einer Klimaanlage zu fordernde Kühlleistung stets von der Temperatur und der Feuchtigkeit der Außenluft abhängt, ist es häufig zweckmäßiger, unmittelbar mit der Enthalpie der Außenluft zu rechnen. Das trifft vor allem zu für Vergleichsrechnungen, bei denen beispielsweise zur Ermittlung der wirtschaftlich optimalen Auslegung der Kühleinrichtungen neben den Maximalwerten der Leistung auch die Jahreskältearbeit und ihre Verteilung auf die einzelnen Belastungsstufen bekannt sein muß. Aus meteorologisch-klimatischen Beobachtungen lassen sich Häufigkeitslinien der Luftenthalpien für das Normaljahr ableiten, die in ähnlicher Weise wie die Temperaturhäufigkeiten in der Heiztechnik die Belastungsverhältnisse in der Klimatechnik kennzeichnen[2].

IV. Der Wind

A. Windgeschwindigkeit und Windrichtung

Der Wind, die horizontale Bewegung der Luft, steht in engster Beziehung zu der jeweils über der Erdoberfläche herrschenden Luftdruckverteilung, die für größere Gebiete, z. B. Europa, durch täglich erscheinende Wetterkarten veranschaulicht wird. In den erdnahen Schichten strömt die Luft aus den Gebieten hohen Luftdruckes heraus und in die Gebiete tiefen Luftdruckes hinein.

Die Geschwindigkeit des Windes ist von der Größe des Luftdruckgefälles abhängig, die Richtung des Windes dagegen stimmt nicht mit der Richtung des Druckgefälles überein, weil die Luft bei ihrer Bewegung durch die Erddrehung eine Ablenkung erfährt.

Auf den Wetterwarten wird die Geschwindigkeit und Richtung des Windes gleichzeitig mit den übrigen meteorologischen Elementen festgestellt. Die Messung der Windgeschwindigkeit in m/s erfolgt mit dem bekannten ROBINSONschen Schalenkreuzanemometer, die Bestimmung der Windrichtung mittels Windfahne. Von größeren Stationen werden außerdem selbstschreibende Geräte zur Daueraufzeichnung der Windverhältnisse benutzt.

B. Der tägliche und jährliche Gang der Windgeschwindigkeit

Die Windgeschwindigkeit wird in ihrem täglichen Verlauf von den durch die Sonnenstrahlung verursachten Vertikalbewegungen der Luft wesentlich beeinflußt. Diese Vertikalströme, die bald nach Mittag am stärksten sind, tragen die am Erdboden erwärmte Luft empor und führen kühlere und horizontal schneller bewegte Luft aus der Höhe herab. Hierdurch wird die Windgeschwindigkeit am Boden erhöht, in den oberen Luftschichten dagegen vermindert. Der Bodenwind erreicht daher bald nach Mittag seine Höchstgeschwindigkeit, während der Höhenwind

---

[1] VICK, F.: Zur Frage der Schwülekurven. Gesundh.-Ing. 1933 S. 222.

[2] BERLINER, P.: Die jahreszeitliche Häufigkeitsverteilung der Luftenthalpie in Deutschland. Kältetechnik Bd. 9 (1957) S. 138/142.

um diese Zeit am schwächsten ist. Den normalen täglichen Gang der Windgeschwindigkeit zeigt die ausgezogene Kurve der Abb. 7.10 nach Potsdamer Messungen.

Zu beachten ist aber noch folgendes: Im Winter hat die Windgeschwindigkeit schon in der geringen Höhe von etwa 40 m über dem Boden den gleichen Tagesgang wie der Höhenwind, d. h., sie ist nachts am größten und über Mittag am kleinsten (vgl. die gestrichelte Kurve der Abb. 7.10). Dieses Verhalten des Windes im Winter wird sich vermutlich auch schon in geringerer Höhe bemerkbar machen, so daß die oberen Etagen unserer Mietshäuser, besonders aber der Hochbauten, im Winter von dem nächtlichen Windmaximum beeinflußt werden können, was für die Auskühlung der oberen Stockwerke durch Lufteinfall von Bedeutung wäre.

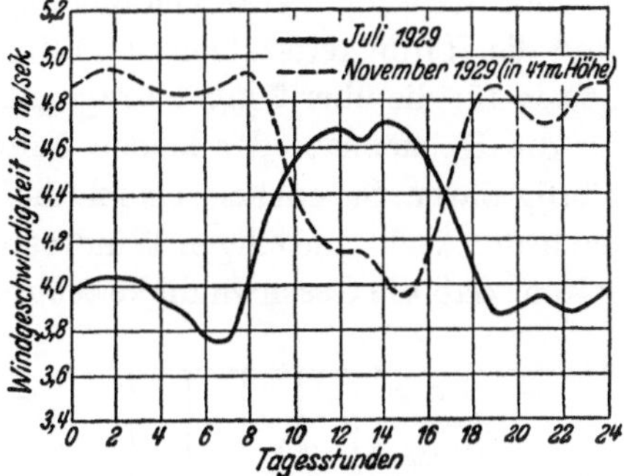

Abb. 7.10. Tagesgang der Windgeschwindigkeit in Potsdam

Der jährliche Gang der Windgeschwindigkeit ist aus der nachfolgenden Tabelle ersichtlich, in der die Monatsmittelwerte für einige deutsche Orte nach dem Klimaatlas von Deutschland zusammengestellt sind.

Die Tabelle zeigt, daß die durchschnittliche Windgeschwindigkeit der Wintermonate größer als die der Sommermonate ist. Die Erklärung dafür liegt in dem häufigen Auftreten kräftiger Tiefdruckgebiete im Winter, deren starkes Druckgefälle mit hohen Windgeschwindigkeiten verknüpft ist. Da die Tiefdruckgebiete, die meist vom Atlantischen Ozean kommen, sich über dem Festlande verflachen, ist die Windgeschwindigkeit der einzelnen

Ort und Höhe des Anemometers über Boden	Jan.	Febr.	März	April	Mai	Juni	Juli	Aug.	Sept.	Okt.	Nov.	Dez.	Jahresmittelwert
Hamburg . . . . . 28 m	6,2	5,9	5,9	5,3	5,1	4,9	4,9	5,0	4,9	5,5	5,8	6,1	5,5
Kiel . . . . 15 m	6,0	5,8	5,9	5,0	4,8	4,5	4,5	4,7	4,6	5,1	5,6	5,8	5,2
Aachen . . . . . . 27 m	5,5	5,4	5,1	4,6	4,0	3,6	3,7	4,2	3,5	4,3	4,8	5,2	4,5
Berlin . . . . . . 33 m	4,9	5,0	5,2	4,6	4,4	4,2	4,1	4,2	4,0	4,5	4,3	4,8	4,5
Dresden . . . . 20 m	4,3	4,2	3,9	3,7	3,3	3,5	3,5	3,5	3,3	3,2	4,0	4,3	3,7
Nürnberg . . . . 19 m	2,9	2,6	2,8	2,9	2,6	2,7	2,6	2,5	2,5	2,4	2,6	2,8	2,7
München . . . . 19 m	1,8	2,0	2,1	1,9	1,8	1,8	1,7	1,6	1,5	1,6	1,7	1,8	1,8

Orte um so schwächer, je weiter sie von der Küste entfernt liegen. Orte wie München oder Nürnberg haben nach der Tabelle wesentlich schwächeren Wind als Hamburg oder Kiel.

C. Häufigkeit der Windrichtungen in Deutschland

Zur Vervollständigung der Angaben über die Windverhältnisse in Deutschland wollen wir uns nunmehr der Frage zuwenden, aus welchen Himmelsrichtungen der Wind am häufigsten weht. In Klimatabellen wird die Häufigkeit der Windrichtungen gewöhnlich nach der achtteiligen Windrose und in Prozenten der Gesamtzahl der Windbeobachtungen angegeben. Diese Häufigkeitszahlen sind aber für heiztechnische Zwecke insofern nicht recht geeignet, als in ihnen auch alle schwächeren Winde mitberücksichtigt sind, die für die Auskühlung der Gebäude ohne Bedeutung sind.

Aus diesem Grunde sind in der nachstehenden Tabelle für verschiedene Orte die Häufigkeitszahlen der einzelnen Windrichtungen nur für höhere Windgeschwindigkeiten (untere Grenze

Ort	Häufigkeit der Windrichtungen in % im Winter bei Windgeschwindigkeiten über 5 m/s								Prozentuale Häufigkeit der Winde über 5 m/s
	N	NO	O	SO	S	SW	W	NW	
Kiel	5,5	5,2	5,2	4,9	16,3	28,8	26,7	7,4	32,6
Hamburg . . .	2,6	3,3	8,1	7,0	8,1	37,1	25,0	8,8	27,2
Aachen	1,7	5,0	3,9	2,5	11,9	45,7	22,1	6,2	35,7
Berlin	1,6	3,3	12,3	7,0	4,5	15,2	38,1	18,3	24,4
Leipzig	2,6	9,7	7,0	1,8	14,0	35,1	21,9	7,9	12,4
München . . .	0,8	7,0	7,0	0,8	0,8	47,7	32,8	3,1	12,8

5 m/s) und lediglich für den Winter zusammengestellt[1]. Die Werte der letzten Spalte geben an, mit welcher Häufigkeit Winde von über 5 m/s in der Gesamtzahl der Windbeobachtungen vorkommen. Die Tabellenwerte zeigen, daß in Deutschland die starken Winde am häufigsten aus westlichen Richtungen (SW bis NW) wehen. Gegenüber diesen Richtungen treten die übrigen Richtungen völlig zurück. Sehr deutlich ist dies auch aus der graphischen Darstellung der Häufigkeiten in Abb. 7.11 ersichtlich.

Zur weiteren Veranschaulichung der Windverhältnisse soll noch Abb. 7.12 dienen. Darin sind die Häufigkeitszahlen der Windrichtungen zusammen mit den mittleren Windgeschwindigkeiten für die über 7 m/s betragenden Tagesmaxima in Potsdam dargestellt. Die Kurven gelten für die Heizmonate der beiden Jahrgänge 1929 und 1930, in denen Ostwinde verhältnismäßig häufig waren. Sie enthalten auch die Werte für die in Potsdam beobachteten Zwischenrichtungen nach der sechzehnteiligen Windrose. Windmaxima aus nördlichen Richtungen waren dabei so selten, daß die Geschwindigkeitskurve zwischen WNW und NO nicht gezeichnet werden konnte.

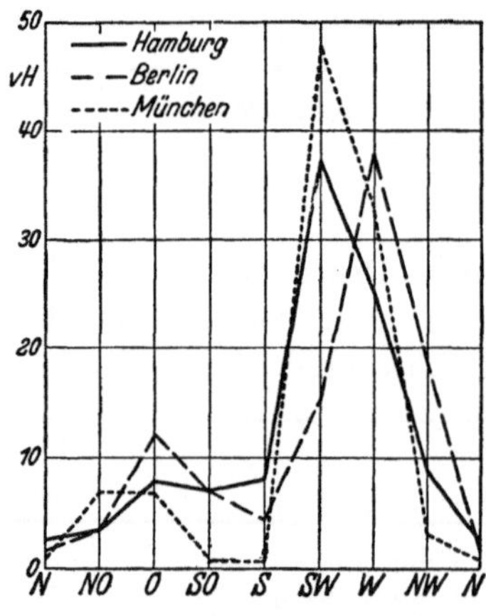

Abb. 7.11. Häufigkeit der Windrichtungen bei Geschwindigkeiten von mehr als 5 m/s

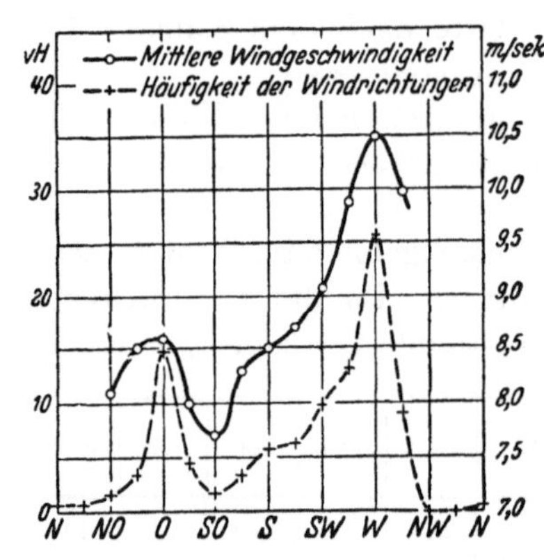

Abb. 7.12. Häufigkeit der Windrichtungen und mittlere Geschwindigkeit der täglichen Windmaxima in Potsdam in den Heizmonaten der Jahre 1929 und 1930

Abb. 7.12 zeigt, daß trotz der Häufigkeitsspitze der Ostwinde die Westwinde unbedingt die Vorherrschaft haben, wie dies auch nach Abb. 7.11 für das nahegelegene Berlin charakteristisch ist. Von besonderer Wichtigkeit für unsere Zwecke ist das Ergebnis, daß die Häufigkeits- und Geschwindigkeitskurve fast den gleichen Verlauf haben. Die Westwinde sind demnach nicht nur am häufigsten, sondern besitzen auch die größte Geschwindigkeit. Tägliche Windmaxima von über 10 m/s z. B.

kamen achtmal häufiger bei West- als bei Ostwind vor. Bei Orten mit vorherrschendem Südwestwind (vgl. obige Tabelle) wird ähnliches für diese Windrichtung gelten.

D. Die Bedeutung des Windes bei der Gebäudeheizung

Bei Windanfall erhöht sich der Heizwärmebedarf eines Gebäudes auf zweierlei Weise. Zunächst nimmt mit wachsender Windgeschwindigkeit die konvektive Wärmeabgabe der Außenflächen zu. Da bei ausreichendem Wärmeschutz der Wände und Dächer der Anteil des äußeren Übergangswiderstandes am Gesamtdurchgangswiderstand aber nur gering ist, macht sich dieser Einfluß im praktischen Heizbetrieb kaum bemerkbar, es sei denn, daß große, einfach verglaste Fensterflächen vorhanden sind.

Die Hauptursache für den größeren Wärmebedarf eines dem Wind ausgesetzten Hauses ist die verstärkte Selbstlüftung. Ihr muß einerseits bei der Größenbemessung der Heizanlage Rechnung getragen werden; andererseits ist sie bei der Abschätzung und Beurteilung des Heizstoffverbrauches eines Gebäudes zu berücksichtigen.

Von gleicher Bedeutung ist aber auch die Tatsache, daß unter dem Einfluß des Windes in der Regel die Gleichmäßigkeit der Raumerwärmung empfindlich gestört wird.

Aus hygienischen, heiztechnischen und wirtschaftlichen Gründen muß sonach der Luftdurchgang durch ein geheiztes Gebäude aufs äußerste eingeschränkt werden. Das bedeutet: *Wände, Fenster und Außentüren sind möglichst dicht auszuführen.* Auch die beste Heizanlage

---

[1] Benutzt wurde: Die Winde in Deutschland, bearbeitet von R. ASSMANN. Braunschweig: Vieweg & Sohn 1910.

kann Nachlässigkeiten der Bauausführung nicht oder nur unvollkommen ausgleichen. In Räumen mit motorisch betriebenen Lüftungseinrichtungen kann bei undichten Fenstern und Türen die erwünschte Leistung der Anlagen völlig in Frage gestellt werden.

1. Einfluß auf die Gebäudeerwärmung

Die in den geheizten Raum über undichte Fensterfugen bei Windanfall eindringende Außenluft fällt vermöge ihrer höheren Dichte unmittelbar hinter der Außenwand herab. Trotz der Vermischung mit wärmerer Raumluft und einer etwaigen zusätzlichen Erwärmung an Brüstungsheizkörpern entsteht in den fußbodennahen Luftschichten eine Luftbewegung vom Fenster zur Innenwand hin. Sie wird in Fensternähe wegen der höheren Geschwindigkeit und der niedrigeren Temperatur der Luft besonders unangenehm empfunden, ist aber häufig auch noch im hinteren Raumteil deutlich nachweisbar, wie die Temperaturprofile der Abb. 7.13 zeigen.

Es ist verständlich, daß diese Erscheinungen verstärkt auftreten beim Fehlen örtlicher Heizflächen an den Außenwänden (Ofenheizung, Deckenheizung) und bei großen, undichten Fenstern. Das ungleichmäßige Temperaturprofil in der Lotrechten zwingt dazu, den Raum im Mittel auf höhere Temperaturen zu erwärmen. In ungünstigen Fällen müssen Arbeitsplätze in Fensternähe bei Windanfall überhaupt geräumt werden.

Aber nicht nur in den vom Windanfall betroffenen Räumen, sondern auch im Gesamtgebäude wird die Gleichmäßigkeit der Erwärmung infolge der Querströmung der Luft von der Luv- zur Leeseite erheblich beeinträchtigt. Die Luft verläßt das geheizte Gebäude mit Raumtemperatur. Die dafür notwendige Wärmemenge muß von den Heizflächen der Räume auf der Windseite aufgebracht werden. Mit abnehmender Außentemperatur und zunehmendem Luftdurchgang werden die Unterschiede in den Raumtemperaturen der Luv- und Leeseite eines vom Wind getroffenen Gebäudes

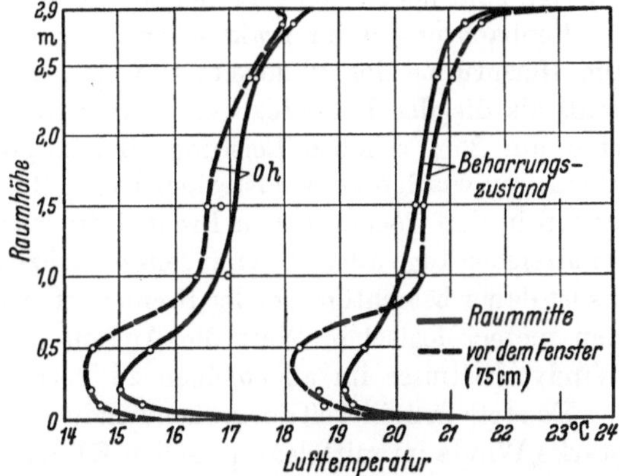

Abb. 7.13. Lufttemperaturprofile in einem deckenbeheizten Raum mit großen Fensterflächen. *Oh:* vor dem Anheizen

immer größer. Sie zwingen zu besonderen Maßnahmen in Gestaltung und Betrieb der Heizanlagen, wenn eine Wärmevergeudung durch Überheizen des begünstigten Gebäudeteiles vermieden werden soll.

Zu den Ausführungsmaßnahmen gehören: die zonenweise Aufgliederung des Rohrnetzes einer Gebäudezentralheizung nach den Himmelsrichtungen oder der Windanfälligkeit der mit Wärme zu beliefernden Räume sowie die Ausstattung der Heizkörper mit selbsttätigen, von der Raumtemperatur beeinflußten Regelventilen. Auf beiden Wegen ist auch ein Ausgleich der Sonneneinwirkung möglich. Der erstgenannte Weg — die Gruppenunterteilung — ist der gebräuchlichste. Er gestattet bei der Warmwasserheizung die Beibehaltung der zentralen Leistungsregelung, s. S. 103/104. Bei nicht allzu ausgedehnten und der Sonneneinwirkung wenig ausgesetzten Gebäuden sollte stets überlegt werden, ob es nicht sinnvoller ist, durch dichte Fenster die Windanfälligkeit einzuschränken, als der Windeinwirkung durch eine aufwendige Gruppenunterteilung der Heizanlage Rechnung zu tragen.

2. Einfluß auf die Bemessung der Heizanlagen

Wärmeerzeuger und Heizflächen müssen so bemessen sein, daß sie selbst unter ungünstigen Witterungsbedingungen die geforderte Raumerwärmung sicherstellen. Neben dem Transmissionswärmebedarf des Gebäudes ist bei niedrigen Außentemperaturen von der Heizanlage auch noch ein bestimmter Lüftungswärmebedarf zu decken. Da die Berechnung des Luftdurchgangs durch ein Gebäude sehr unsicher ist — es müssen Annahmen über die mögliche Windstärke und die Luftdurchlässigkeit der Bauteile gemacht werden —, kann der Lüftungswärmebedarf nur näherungsweise ermittelt werden. In der Neuausgabe der „Regeln für die Berechnung des Wärmebedarfs von Gebäuden" DIN 4701, Januar 1959, ist hierfür ein besonderes Rechnungsverfahren angegeben, s. S. 384. Beispielrechnungen zeigen, daß der Lüftungswärmebedarf im allgemeinen 10 bis 20% des Gesamtwärmebedarfs ausmacht, aber zuweilen auch auf 30% und mehr anwachsen kann. Je größer dieser Anteil ist, um so unsicherer ist das Endergebnis der Wärmebedarfsrechnung und damit die Größenbestimmung der Heizanlage. Es besteht kein Zweifel, daß man bei einwandfreier Gewährleistung der Fensterdichtigkeit die von der Heizung zu erbringende Wärmeleistung und damit auch die Gestehungskosten der Anlage häufig um 10 bis 15% absenken könnte.

3. Einfluß auf den Wärmeverbrauch

Während bei der Festlegung der Höchstleistung einer Heizanlage der Einfluß des Windes wenigstens der Größenordnung nach berücksichtigt werden kann, ist der Wärmemehrverbrauch eines Gebäudes durch größere Luftdurchlässigkeit auch näherungsweise nicht anzugeben. Die von der Bauausführung abhängige Dichtigkeit des Gebäudes, die Lage zu den Hauptwindrichtungen sowie ein etwaiger Schutz gegen Windangriff durch benachbarte Gebäude, Bäume od. dgl. sind neben den örtlichen Windverhältnissen von wesentlicher Bedeutung.

Beobachtungen im praktischen Heizbetrieb zeigen, daß bei exponiert stehenden Häusern die Heizgruppe der Windseite zuweilen mit 10° höherer Vorlauftemperatur betrieben werden muß als die der Leeseite. Dem entspricht bei einer mittleren Heizwassertemperatur von 60° eine um 25% erhöhte Leistung. Bei sorgfältigen Verbrauchsmessungen an größeren Blockheizungen wurden an windstarken Tagen Brennstoffmehrverbräuche von 10 bis 20% festgestellt[1]. Schon in den wöchentlichen Brennstoffverbrauchswerten einer Gebäudeheizung ist der Einfluß windreicher Tage allerdings nur selten nachzuweisen; erst recht gilt dies für längere Zeitabschnitte. Es ist daher berechtigt, bei der Brennstoffverbrauchskontrolle von Heizanlagen als kennzeichnenden meteorologischen Wert die Außentemperatur zu verwenden (Gradtagverfahren) und die Windverhältnisse im allgemeinen zu vernachlässigen.

Da stets nur ein Teil der Außenwände eines Gebäudes vom Wind getroffen wird und anhaltend starke Winde im mitteleuropäischen Klima selten sind, ist bei gut gebauten Häusern der Windeinfluß auf den Jahreswärmeverbrauch geringer als zumeist angenommen wird.

V. Die Sonnenstrahlung

A. Allgemeines

Die unter den klimatischen Bedingungen Mitteleuropas an Tagen maximaler Heizlast einem Gebäude im Flachland durch Sonnenstrahlung zugeführten Wärmemengen sind so gering, daß sie bei der Heizungsbemessung außer Betracht bleiben können. Bei höherer Außentemperatur, vor allem aber in der Übergangszeit, wirkt sich die Strahlungswärmezufuhr in der Raumerwärmung jedoch erheblich aus, insbesondere bei großen Fensterflächen in Süd-, Südost- und Südwest-Wänden. Auch sind die Baustoffe der Süd- und Südostwände im allgemeinen trockener als die der übrigen, vor allem der nach Norden gerichteten Wände. Zum Ausgleich erhalten bei der Wärmebedarfsrechnung die mehr nördlich orientierten Räume einen Zuschlag von 5%, die nach Süden gelegenen einen Abzug von 5% des Transmissionswärmeverlustes, s. S. 384. Der Überwärmung der Süd-, Südwest- und Südosträume in der Übergangszeit kann am besten durch Zonenregelung des Heizbetriebes begegnet werden, wie es schon zum Ausgleich der Windeinwirkung auf S. 333 empfohlen wurde.

Eine weit wichtigere Rolle spielt die Sonneneinstrahlung bei der Kühlhaltung der Räume im Sommer. Die über Fenster und Außenwände in die Räume einströmende Strahlungswärme ist meist ein Vielfaches der Transmissionswärme. Sie ist daher maßgebend an der Kühlleistung, die von einer Klimaanlage bei vorgegebenen Raumtemperaturen im Sommer gefordert wird, beteiligt.

---

[1] RAISS, W.: Untersuchungen über die Wirtschaftlichkeit zentraler Heizanlagen in Wohnungsbauten. Gesundh.-Ing. Bd. 57 (1934) S. 477.

B. Physikalische Angaben

Nach der physikalischen Forschung ist die Sonnenstrahlung aus Strahlen verschiedener Wellenlänge zusammengesetzt. Obwohl die Strahlen völlig gleichartig sind, können sie doch, und zwar je nach ihrer Wellenlänge, auf die von ihnen getroffenen Körper ganz verschiedene Wirkungen ausüben. Dementsprechend unterscheidet man

1. chemisch wirksame Strahlen (Wellenlänge $\lambda < 0,4\,\mu$)[1],
2. optische oder Lichtstrahlen (Wellenlänge $\lambda = 0,4-0,75\,\mu$),
3. dunkle oder Wärmestrahlen (Wellenlänge $\lambda > 0,75\,\mu$).

Nur der Strahlenbereich unter 2. ist für unser Auge wahrnehmbar. Ihm entspricht der sichtbare Teil des Sonnenspektrums von den Farben violett bis dunkelrot. Die unsichtbaren Strahlen unter 1. und 3. werden daher häufig ultraviolette bzw. ultrarote Strahlen genannt.

Die Energie aller Strahlen ist in Wärme umsetzbar. An der Grenze der Atmosphäre beträgt die Strahlungsintensität auf eine zur Strahlenrichtung senkrechte schwarze Fläche (Normalfläche) im Mittel 1160 kcal/m² h. Dieser Wert hat die Bezeichnung Solarkonstante erhalten. Beim Durchlaufen der Atmosphäre wird aber die Strahlung wesentlich geschwächt, was auf zwei verschiedene Vorgänge zurückzuführen ist. Erstens werden die Strahlen von den Gasmolekülen und Staubteilchen der Luft reflektiert und nach allen Richtungen hin zerstreut (diffuse Reflexion). Zweitens werden Strahlen bestimmter Wellenlänge von dem Wasserdampf und der Kohlensäure der Luft absorbiert. Infolge der diffusen Reflexion und der Absorption der Strahlen empfängt eine Normalfläche in Erdbodennähe nur einen Teil der an der Atmosphärengrenze wirksamen Strahlungsintensität. Dieser Teilbetrag hängt auch von der Länge des Weges ab, den die Sonnenstrahlen durch die Atmosphäre zurücklegen müssen. Der Weg wird um so länger, je tiefer die Sonne steht, und die Strahlungsintensität an der Erdoberfläche ändert sich daher ständig mit der Sonnenhöhe sowohl im Tages- als Jahresablauf.

Wegen ihrer Bedeutung für die Klimaforschung wird heute die Strahlungsintensität an vielen Orten der Erde gemessen. Da sich aber die veröffentlichten Meßergebnisse auf eine geschwärzte Normalfläche beziehen, müssen sie für anders gerichtete Flächen, also für Wände und Dächer von Gebäuden, umgerechnet werden. Solche Berechnungen hat J. Schubert für Potsdam[2], W. Schmidt für Wien[3] und P. Linden für Aachen[4] durchgeführt. Ferner haben Cammerer und Christian[5] unter Benutzung der Potsdamer Messungen die für die verschiedenen Raumumfassungen geltenden Werte für 50° nördlicher Breite (Linie Frankfurt/Main—Prag) ermittelt. Wegen der größeren Trübung der Luft über Aachen (Industriestadt) und Wien (Großstadt) liegen die Werte für diese Orte etwas niedriger als für Potsdam. Die Zahlen von Cammerer und Christian können daher für das ganze Gebiet von Deutschland benutzt werden. Sie ergeben keine zu niedrigen Beträge bei der Kühllastbestimmung.

Die Abb. 7.14[6] zeigt nach den Rechnungsergebnissen von Schubert die Höchstwerte der auf verschieden gerichtete Wände und Dächer treffenden Sonnenstrahlung in den einzelnen Monaten. Besonders auffällig ist darin der sommerliche Kleinstwert bei der Südwand, der auf den kleinen Winkel zwischen Wand und Strahlenrichtung bei hohem Sonnenstande zurückzuführen ist. Für die Kühllastbestimmung wird zweckmäßig der 1. Juli zugrunde gelegt, denn zu dieser Zeit fällt starke Sonnenbestrahlung der Gebäude mit hoher Außentemperatur zusammen.

Der Tagesgang der Sonnenstrahlung am 1. Juli auf Flächen verschiedener Richtung ist in Abb. 7.15 nach den Werten von Cammerer und Christian dargestellt. Ferner sind diese Werte in der folgenden Zahlentafel zusammengefaßt.

---

[1] $\mu = 1$ Mikron $= 0,001$ mm.

[2] Schubert, J.: Meteor. Z. Bd. 45 (1928) S. 1/16.

[3] Schmidt, W.: Fortschr. Landwirtsch. Bd. 7 (1926) Heft 19.

[4] Linden, P.: Dtsch. Meteor. Jahrb. für 1933, Aachen 1935, S. 63/67.

[5] Cammerer, J. S., u. W. Christian: Wärmew. Nachr. Hausbau Bd. 7 (1934) S. 116 u. 138; Bd. 8 (1935) S. 121.

[6] Entnommen aus F. Bradtke: Grundlagen für Planung und Entwurf von Klimaanlagen. Z. VDI Bd. 82 (1938) S. 1473/80.

Fensterglas ist für die kurzwelligen Strahlen, die im Sonnenspektrum überwiegen, weitgehend durchlässig, während es die langwelligen Wärmestrahlen absorbiert. Man nimmt üblicherweise für Einfachglas eine Durchlässigkeitszahl $D = 0{,}9$, für Doppelglas $D = 0{,}81$ an, so daß sich aus den Werten der Strahlungsintensität in Abb. 7.15 leicht der Wärmeeinfall über die Fensterflächen berechnen läßt. Schattengebende Vorsprünge, Blenden usw. sind gesondert zu berücksichtigen.

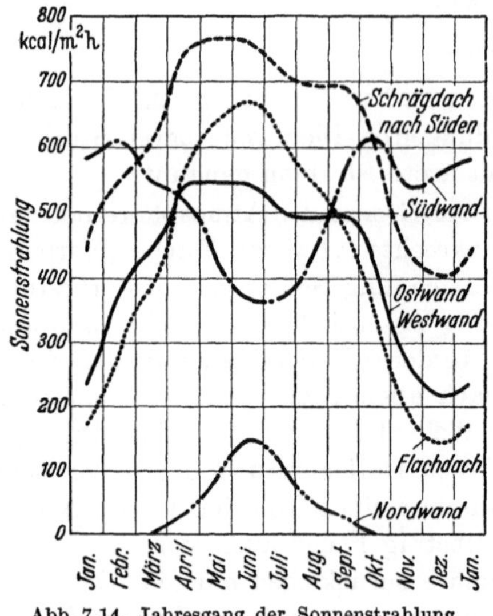

Abb. 7.14. Jahresgang der Sonnenstrahlung

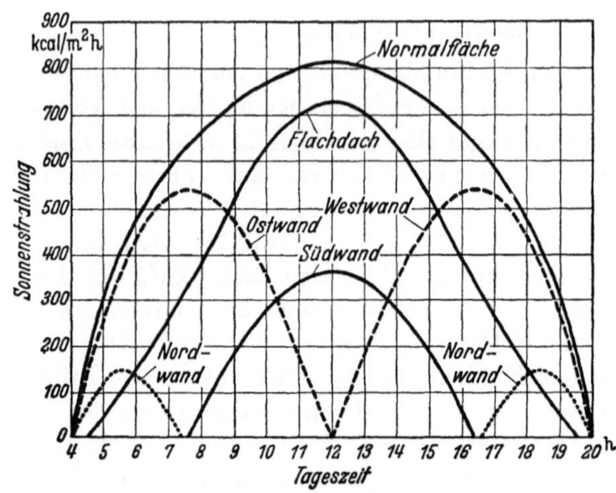

Abb. 7.15. Tagesgang der Sonnenstrahlung

Die von der Sonne bestrahlte Gebäudewand nimmt nicht die gesamte auftretende Strahlungswärme auf, sondern wirft einen Teil davon zurück. Maßgebend für die Wärmeaufnahme der Wand ist die Absorptionsziffer A ihrer Außenfläche. Sie beträgt:

bei dunklen Flächen (z. B. Teerpappendächern) . . . . $A = 0{,}9$
bei grauen Flächen (auch rote und grüne Anstriche) . . . . $A = 0{,}7$
bei hellen Flächen . . . . $A = 0{,}5$

Sonnenstrahlung in kcal/m² h am 1. Juli

Zeit Uhr	Wände, gerichtet nach								Flach-dach
	NO	O	SO	S	SW	W	NW	N	
5	270	250	85					130	40
6	410	440	215					140	145
7	410	515	320					45	265
8	325	525	415	60					390
9	205	470	455	180					520
10	55	350	440	275					625
11		190	375	340	105				700
12			260	370	260				725
13			105	340	375	190			700
14				275	440	350	55		625
15				180	455	470	205		520
16				60	415	525	325		390
17					320	515	410	45	265
18					215	440	410	140	145
19					85	250	270	130	40

Bei Gebäudewandungen ist in den meisten Fällen $A = 0{,}7$ zutreffend, weil auch hell gestrichene Oberflächen allmählich verschmutzen und dann wie graue Flächen wirken. Erwärmt sich die Wand unter dem Einfluß der Sonnenstrahlen auf Temperaturen, die über der Außenlufttemperatur liegen, so gibt die Wand wiederum einen Teil der aufgenommenen Wärme durch Strahlung und Konvektion nach außen ab. Nur die Restwärme wandert nach innen, wo sie jedoch erst mit zeitlicher Nacheilung und in gedämpften Leistungswerten abgegeben wird. Die Berechnung dieser Wärmeübertragungsvorgänge ist kompliziert; sie wird im 13. Abschnitt S. 550 näherungsweise behandelt.

VI. Physikalische Grundlagen für das Rechnen mit feuchter Luft

A. Das Daltonsche Gesetz

Feuchte Luft kann als ein Gasgemisch mit den Bestandteilen trockene Luft und Wasserdampf aufgefaßt werden. Als Teildruck eines Bestandteiles bezeichnet man denjenigen Druck, den der betreffende Bestandteil auf die Gefäßwände ausüben würde, wenn er den Gefäßraum allein erfüllen würde, die anderen Bestandteile also nicht vorhanden wären.

Wir bezeichnen mit

p den Gesamtdruck,
p_l den Teildruck der Luft,
p_d den Teildruck des Dampfes (ungesättigt),
p_s den Teildruck des Dampfes (im Sättigungszustand).

Ferner sei darauf aufmerksam gemacht, daß man bei Feuchtigkeitsrechnungen meist den Druck in mm QS (Torr) und nicht in Atmosphären angibt.

Nach dem DALTONschen Gesetz ist der Teildruck eines Bestandteiles unabhängig von der Anwesenheit des anderen Bestandteiles; ferner ist der Gesamtdruck des Gemisches gleich der Summe der Teildrucke. Für feuchte Luft gilt also $p = p_l + p_d$. Der Gesamtdruck p darf in den meisten Fällen gleich dem Atmosphärendruck (im Mittel 760 mm QS) gesetzt werden.

Der Teildruck des Wasserdampfes kann nie über einen bestimmten Betrag, welchen man den Sättigungsdruck nennt, ansteigen. Dieser Sättigungsdruck ist eine Funktion der Temperatur, wie nachstehende Übersicht zeigt:

$t\,°\mathrm{C}$	$0°$	$20°$	$40°$	$60°$	$80°$	$100°$
p_s . . .mm QS	4,6	17,5	55,3	149	355	760

Man kann den in feuchter Luft vorhandenen Teildruck des Dampfes als Bruchteil φ des Sättigungsdruckes angeben, der zur herrschenden Temperatur gehört, also nach Gl. (7.06) setzen

$$p_d = \varphi \cdot p_s .$$

B. Die relative Feuchtigkeit φ

Wie die nachstehende Rechnung beweist, ist die Größe φ in der Gl. (7.06) zugleich ein Maß für die Wasserdampfmenge in der Luft. Bei einer gegebenen Temperatur der Luft ist in einem Luftvolumen V nur ein bestimmtes Höchstgewicht an Wasserdampf möglich, das man Sättigungsfeuchtigkeit nennt. Die Größe φ gibt an, welcher Bruchteil dieser Höchstmenge an Wasserdampf in der Luft tatsächlich enthalten ist. Man nennt darum φ die *relative Feuchtigkeit*.

Ableitung. Für die Gewichte und die Volumina feuchter Luft sowie ihrer Bestandteile gelten die beiden Gleichungen

$$G_D + G_L = G ,$$
$$V_D = V_L = V .$$

Mit großer Annäherung kann man die beiden Bestandteile trockene Luft und Wasserdampf sowie auch ihr Gemisch als ideale Gase betrachten und darauf die Zustandsgleichung für ideale Gase anwenden. Diese lautet:

$$p\,v = R\,T \quad \text{oder} \quad p\,V = G \cdot R\,T$$

oder

$$G = \frac{V}{T} \cdot \frac{1}{R} \cdot p . \tag{7.07}$$

Darin hat die Gaskonstante R folgende Werte

$$\text{für Luft:} \quad R_L = 29{,}27 \quad \text{und für Wasserdampf:} \quad R_D = 47{,}06.$$

Da man bei Feuchtigkeitsrechnungen die Drücke p in mm QS angibt, so dürfen die Druckwerte erst nach Multiplikation mit 13,6, d. h. nach Umrechnung auf kg/m², in die Zustandsgleichung (7.07) eingesetzt werden.

Für die beiden Teildrücke setzen wir:

$$p_d = \varphi \, p_s \,,$$
$$p_l = p - p_d = p - \varphi \, p_s \,.$$

Damit wird Gl. (7.07)

$$\text{für die Luft:} \quad G_L = \frac{V}{T} \cdot \frac{13{,}6}{29{,}27} \, (p - \varphi \, p_s) = \frac{V}{T} \cdot 0{,}465 \, (p - \varphi \, p_s) \,, \quad (7.08)$$

$$\text{für den Dampf:} \quad G_D = \frac{V}{T} \cdot \frac{13{,}6}{47{,}06} \cdot \varphi \, p_s = \frac{V}{T} \, 0{,}289 \cdot \varphi \, p_s \,, \quad (7.09)$$

$$\text{für das Gemisch:} \quad G = \frac{V}{T} \, (0{,}465 \, p - 0{,}176 \, \varphi \, p_s) \,. \quad (7.10)$$

1. Folgerung. Aus Gl. (7.09) folgt, daß $V\,\text{m}^3$ feuchter Luft folgende Wasserdampfgewichte enthalten

$$\text{im ungesättigten Zustand:} \quad G_D = \frac{V}{T} \cdot 0{,}289 \cdot \varphi \cdot p_s \,,$$

$$\text{im gesättigten Zustand:} \quad G_{Ds} = \frac{V}{T} \cdot 0{,}289 \cdot p_s \,.$$

Letzteres ist der Höchstgehalt an Wasserdampf, der bei der betreffenden Temperatur überhaupt möglich ist. Definiert man den Begriff relative Feuchtigkeit durch den Quotienten $\dfrac{\text{tatsächliche Wasserdampfmenge}}{\text{höchstmögliche Wasserdampfmenge}}$, so erhalten wir

$$\text{relative Feuchtigkeit} = \frac{G_D}{G_{Ds}} = \frac{\varphi \cdot p_s}{p_s} = \varphi \,. \quad (7.11)$$

Dies zeigt, daß die Größe φ, also das Verhältnis Teildruck des Dampfes zu Sättigungsdruck, zugleich ein Maß der Feuchtigkeit ist.

2. Folgerung. Die Wichte γ_φ der feuchten Luft ergibt sich aus Gl. (7.10), indem wir in ihr V gleich „1" setzen. Es ist

$$\gamma_\varphi = G_{V=1} = \frac{0{,}465 \, p - 0{,}176 \cdot \varphi \cdot p_s}{T} = \frac{0{,}465 \, p}{T} - \frac{0{,}176 \cdot \varphi \cdot p_s}{T} \,, \quad (7.12)$$

$$\gamma_\varphi = \gamma_{trock} - 0{,}176 \cdot \varphi \cdot \frac{p_s}{T} \,,$$

d. h., feuchte Luft ist immer leichter als trockene Luft.

C. Der Wassergehalt x

Bei den meisten einschlägigen Aufgaben ändert sich bei dem zu betrachtenden Vorgang das Gewicht des Luftdampfgemisches infolge von Wasseraufnahme oder Wasserausscheidung, und es ändert sich sowohl das Volumen des Gemisches als auch das Volumen des Anteiles „trockene Luft" infolge von Temperaturänderungen. Die einzige Größe, welche konstant bleibt, ist das *Gewicht* des Anteiles trockener Luft. Man wählt deshalb das Gewicht G der trockenen Luft als die Bezugsgröße. Damit gelangt man zu einer zweiten Bezeichnungsart der Luftfeuchtigkeit, nämlich zu der Angabe

$$x \text{ kg Dampf auf 1 kg trockene Luft.}$$

Im Gegensatz zur relativen Feuchtigkeit φ nennt man x den „Wassergehalt".

Unter Benutzung von Gl. (7.09) und Gl. (7.10) erhält man

$$x = \frac{G_D}{G_L} = \frac{0{,}289}{0{,}465} \cdot \frac{\varphi \cdot p_s}{p - \varphi \cdot p_s} = 0{,}622 \cdot \frac{\varphi \cdot p_s}{p - \varphi \cdot p_s} \,. \quad (7.13)$$

Diese Gleichung gibt den Zusammenhang zwischen den beiden Arten x und φ der Feuchtigkeitsangabe.

Für den Sättigungszustand ($\varphi = 1$ und $x = x_s$) folgt

$$x_s = 0{,}622 \cdot \frac{p_s}{p - p_s} \,. \quad (7.14)$$

Ist die Größe x gegeben, so können aus Gl. (7.14) die Teildrucke p_D und p_L und bei bekannter Temperatur auch die relative Feuchtigkeit φ ermittelt werden. Die entsprechenden Formeln dafür sind:

$$p_d = p \cdot \frac{x}{0{,}622 + x}\,, \tag{7.15}$$

$$p_l = p \cdot \frac{0{,}622}{0{,}622 + x}\,, \tag{7.16}$$

$$\varphi = \frac{p}{p_s} \cdot \frac{x}{0{,}622 + x}\,. \tag{7.17}$$

Wird feuchte Luft bei gleichbleibendem Wassergehalt x abgekühlt, so wächst mit abnehmender Temperatur die relative Luftfeuchtigkeit φ. Den Zustand, bei dem die Luft gesättigt ist $\varphi = 1$), nennt man *Taupunkt*. Bei weiterer Abkühlung der Luft wird Wasser ausgeschieden.

D. Wärmeinhalt feuchter Luft

Der Wärmeinhalt von 1 kg trockener Luft errechnet sich nach der Gleichung

$$i_l = 0{,}24\,t$$

und der Wärmeinhalt von 1 kg Wasserdampf nach der Gleichung

$$i_d = 595 + 0{,}46\,t\,.$$

In diesen Gleichungen ist

0,24 die spezifische Wärme der trockenen Luft,
0,46 die spezifische Wärme des Wasserdampfes,
595 die Verdampfungswärme des Wassers bei 0° C.

Der Wärmeinhalt eines Gemisches, bestehend aus 1 kg trockener Luft und x kg Wasserdampf, ist

$$i = 0{,}24\,t + 0{,}46\,x \cdot t + 595\,x\,. \tag{7.18}$$

E. Das i,x-Bild nach Mollier

1. Die Grundlagen des Schaubildes

Die Gl. (7.19) läßt erkennen, daß sich in einem Schaubild die drei Linien $x = $ konst, $t = $ konst, $i = $ konst durch Gerade darstellen lassen. Das von Mollier angegebene i, x-Bild, dessen Aufbau die Abb. 7.16 zeigen soll, hat schiefwinklige Koordinaten. Es ist so gezeichnet, daß die Gerade $t = 0$ auf die waagerechte x-Achse und die Gerade $x = 0$ auf die senkrechte i-Achse fällt. Nach Gl. (7.18) hat die Größe i auf der Geraden $t = 0$ den Wert $595\,x$.

Wir erhalten daher die Gerade $i = 0$, wenn wir von einem Punkte x der Geraden $t = 0$ (x-Achse) in einem geeigneten Maßstabe die Strecke $AB = 595\,x$ senkrecht nach unten abtragen und ihren Endpunkt A mit dem Nullpunkt E des Koordinatensystems verbinden (vgl. Abb. 7.16). Wird auf der Verlängerung von AB nach oben hin zunächst die Strecke $BC = 0{,}24\,t$ und dann die Strecke $CD = 0{,}46\,x\,t$ abgetragen, so ist die Summe der drei Strecken:

$$AD = 595\,x + 0{,}24\,t + 0{,}46\,x\,t = i\,,$$

d. h., die Feuchtluft hat im Punkte D den Wärmeinhalt i. Den gleichen Wärmeinhalt hat sie auch auf der i-Achse im Punkte F, wenn DF parallel zur Geraden $i = 0$ gezogen wird.

Im Mollier-Schaubild liegen also
die Geraden $i = $ konst parallel zur Geraden $i = 0$,
die Geraden $x = $ konst parallel zur Geraden $x = 0$,
die Geraden $t = $ konst mit der geringen Neigung $\operatorname{tg}\alpha = 0{,}46\,t$ zur Richtung der x-Achse.
Da diese Neigung mit zunehmender Temperatur t größer wird, liegen die Geraden $t = $ konst nicht parallel zueinander.

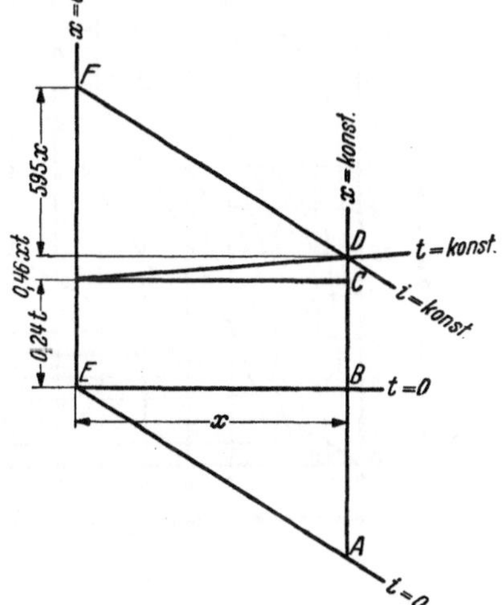

Abb. 7.16. Schematischer Aufbau des i, x-Bildes

Das fertige i, x-Bild für feuchte Luft ist in Abb. 7.17 dargestellt. Ferner ist es in vergrößertem Maßstabe dem Buch als loses Arbeitsblatt 13 beigegeben. Zu beachten ist, daß die Werte des Wassergehaltes x nicht in kg, wie sie in die Gl. (7.18) für i eingesetzt werden müssen, sondern

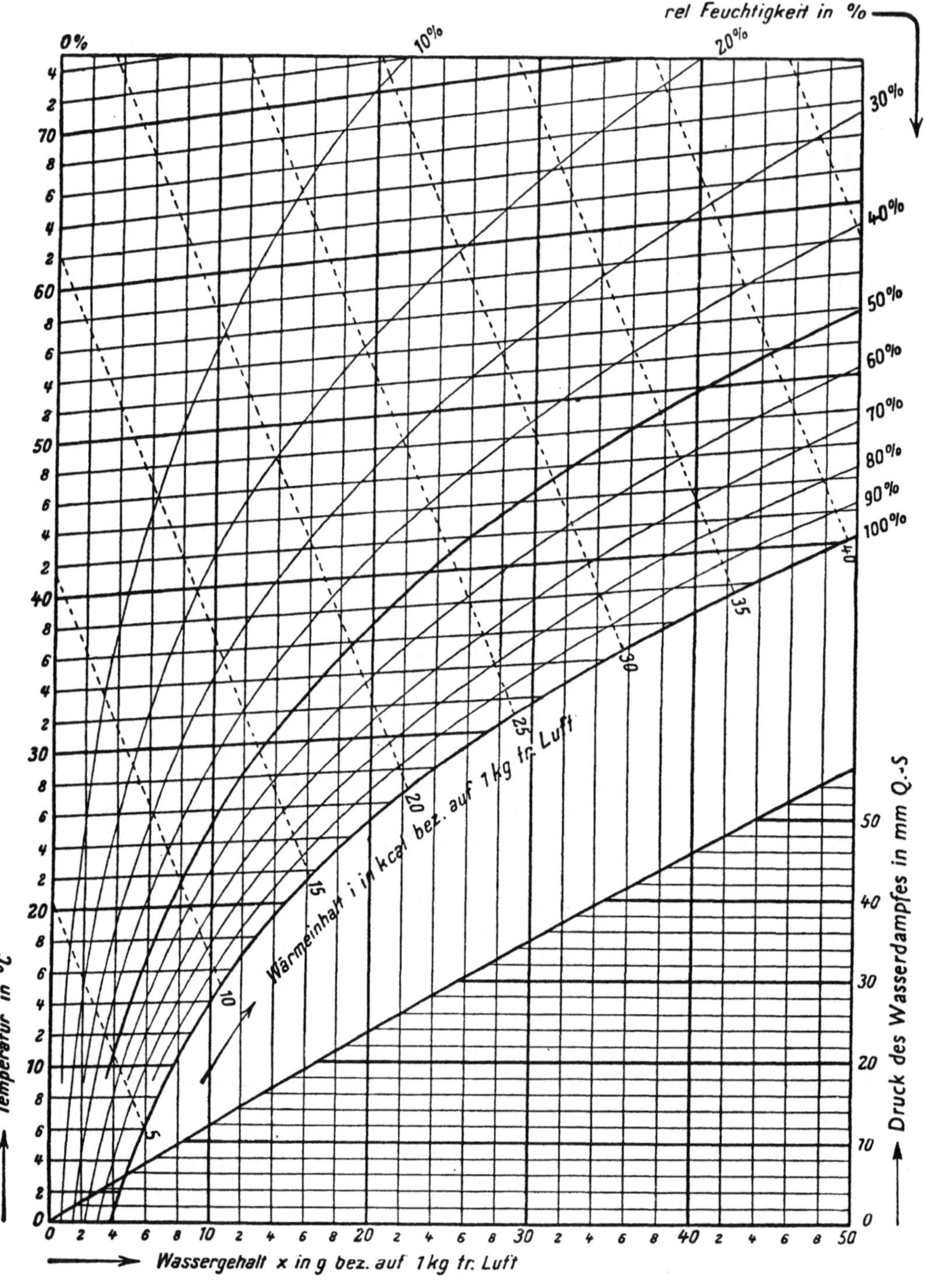

Abb. 7.17. i, x-Bild für feuchte Luft

der bequemeren Zahlenwerte wegen in g auf der x-Achse angegeben sind. Die mit Hilfe der Gl. (7.17) in das Bild eingetragenen Kurven sind Linien gleicher relativer Feuchtigkeit φ, und zwar für einen Druck $p = 760$ mm QS. Außerdem kann auf der schwach gekrümmten Linie im unteren Teil des Schaubildes der Dampfdruck p_d der feuchten Luft abgelesen werden.

Jeder Punkt des i, x-Bildes stellt einen bestimmten Zustand der Luft dar; so kann man z. B. ablesen, daß Luft von 10° C und 80% relativer Feuchtigkeit einen Wassergehalt x von 6 g je 1 kg Reinluft und einen Wärmeinhalt i von etwa 6 kcal/1 kg Reinluft aufweist.

Wird Luft von dieser Beschaffenheit in einer Erwärmungs- und Befeuchtungsanlage auf 30° C und 60% relative Feuchtigkeit gebracht, so steigt ihr Wassergehalt auf 16 g und ihr Wärmeinhalt auf etwa 17 kcal. Man muß also in der Erwärmungs- und Befeuchtungsanlage je 1 kg trockene Luft 10 g Wasser und 11 kcal Wärme zuführen.

Beispiel. Einem Fabrikationsraum sollen stündlich 15000 m³ Luft von 28° C und 60% relativer Feuchtigkeit zugeführt werden. Die Außenluft sei zu 8° C und 80% relativer Feuchtigkeit angenommen. Welche Wassermenge und welche Wärmemenge ist der Luft zuzuführen?

Dem stündlichen Luftvolumen von 15000 m³ entspricht ein stündliches Luftgewicht von 18000 kg ($\gamma = 1,2$ angenommen).

Aus der Abb. 7.17 lesen wir ab:

$$\begin{aligned} \text{für die Fertigluft:} \quad & x_2 = 14,0 \text{ und } i_2 = 15,3 \\ \text{für die Außenluft:} \quad & x_1 = 5,2 \text{ und } i_1 = 5,0 \end{aligned}$$

$$\text{Unterschied: } x_2 - x_1 = 8,8;\ i_2 - i_1 = 10,3$$

Es sind also zuzuführen:

$$18 \cdot 8,8 = 158 \text{ kg Wasser und } 18000 \cdot 10,3 = 186000 \text{ kcal/h}.$$

2. Die Richtung von Zustandsänderungen im i, x-Bild und der Randmaßstab

Das eben besprochene Beispiel behandelte eine beliebige Zustandsänderung der Luft, die im i, x-Bild durch die Verbindungsgerade AB der Zustände $i_1 x_1$ und $i_2 x_2$ dargestellt wird (Abb. 7.18). Wie nachstehend gezeigt wird, kommt der Richtung dieser Geraden eine besondere Bedeutung zu. Sie bildet mit der senkrechten Geraden $x_2 = $ konst und der schrägen Geraden $i_1 = $ konst das Dreieck ABC, dessen Höhe $AD = x_2 - x_1$ die Wassergehaltsänderung und dessen Grundlinie $BC = i_2 - i_1$ die Wärmeinhaltsänderung der feuchten Luft darstellt.

Ist α_1 der Neigungswinkel der x-Achse zu den Geraden $i = $ konst und α_2 der Neigungswinkel der Zustandsgeraden AB zur x-Achse, so erhält man, da die beiden Winkel auch im Dreieck ABC auftreten,

$$\text{tg}\,\alpha_1 + \text{tg}\,\alpha_2 = \frac{BC}{AD} = \frac{i_2 - i_1}{x_2 - x_1} = \frac{\Delta i}{\Delta x}.$$
$$(7.19)$$

Der Bruch $\Delta i / \Delta x$ bezeichnet daher die durch die beiden Neigungen tg α_1 und tg α_2 gegebene Richtung der Zustandsänderung AB zu den Geraden $i = $ konst. Andererseits ist nach Gl. (7.19)

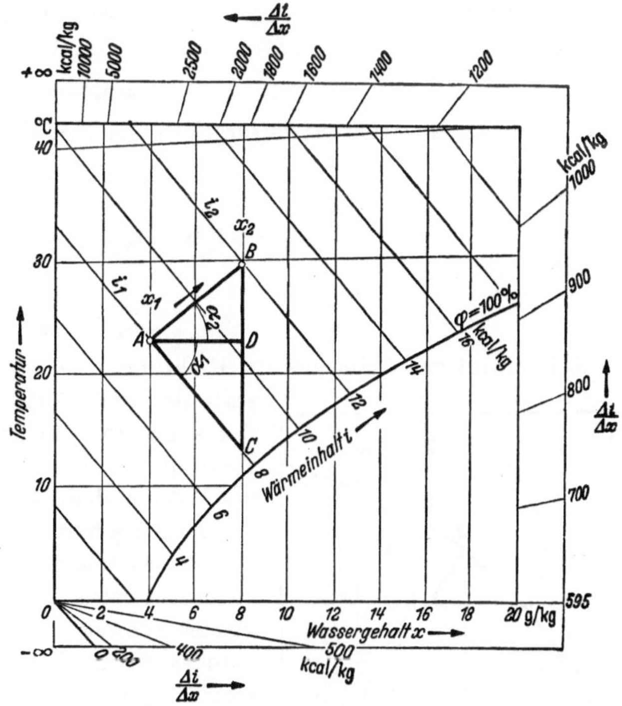

Abb. 7.18. Erläuterung des Randmaßstabes

die Richtung der Zustandsänderung maßgebend für die Wärmeinhaltsänderung der feuchten Luft je kg zu- oder abgeführten Wasserdampfes.

Nach den aus Abb. 7.18 abzulesenden Zahlenwerten von i und x ergibt sich für die Richtung AB:

$$\frac{\Delta i}{\Delta x} = \frac{i_2 - i_1}{x_2 - x_1} = \frac{(12 - 8) \cdot 1000}{8 - 4} = 1000 \text{ kcal/kg}.$$

So ist jeder beliebigen Zustandsänderung ein bestimmter Zahlenwert zugeordnet. Bringt man nach dem Vorschlag von MOLLIER am Rande des i, x-Bildes nach dem Nullpunkt zielende

Richtstrahlen mit ihren zugehörigen Zahlenwerten an, so kann man für jede Zustandsänderung den Wert $\Delta i/\Delta x$ am Randmaßstab ablesen. Zum Beispiel muß für die Gerade AB in Abb. 7.18 $\Delta i/\Delta x = 1000$ sein, weil sie parallel zum Richtstrahl 1000 verläuft.

Für einige Sonderfälle lassen sich die Werte $\Delta i/\Delta x$ sofort angeben.

1. AB liegt auf einer Geraden $x = $ konst

$$\frac{\Delta i}{\Delta x} = \frac{(i_2 - i_1)}{0} = \infty \, .$$

2. AB liegt auf einer Geraden $t = $ konst

$$\frac{\Delta i}{\Delta x} = 595 + 0{,}46\, t \, .$$

3. AB liegt parallel zur x-Achse $(t = 0)$

$$\frac{\Delta i}{\Delta x} = \frac{595 \cdot (x_2 - x_1)}{x_2 - x_1} = 595 \, .$$

4. AB liegt auf einer Geraden $i = $ konst

$$\frac{\Delta i}{\Delta x} = \frac{0}{(x_2 - x_1)} = 0 \, .$$

Der für den Fall 2 angegebene Wert gilt jedoch nur oberhalb der Sättigungskurve.

3. Zustandsänderung der Luft unterhalb der Sättigungskurve

Wird gemäß Abb. 7.19 gesättigter feuchter Luft vom Zustand A (i_s, x_s, t) eine auf die Temperatur t gebrachte Wassermenge x_w kg je kg trockner Luft in feinster Verteilung, also in Nebelform, zugeführt, so ergibt sich dabei eine Zustandsänderung der Luft unterhalb der Sättigungskurve. Das Gemisch von gesättigter Luft und Wassernebel hat dann den Wärmeinhalt

$$i = i_s + x_w t \, . \tag{7.20}$$

Bezeichnen wir den Gesamtwassergehalt der Nebelluft mit x, so ist:

$$x_w = x - x_s$$

und

$$i = i_s + (x - x_s)\, t \, . \tag{7.21}$$

Daraus folgt:

$$\frac{i - i_s}{x - x_s} = \frac{\Delta i}{\Delta x} = t \, . \tag{7.22}$$

Der Zahlenwert von t gibt also die Richtung der Zustandsänderung an, die nach dem Randmaßstab der Abb. 7.19 nahezu mit der Richtung der Geraden $i = $ konst übereinstimmt. In dem sehr schmalen Dreieck ABC stellt die Seite AB die Zustandsänderung, die Grundlinie BC die Wärmeinhaltsänderung $i - i_t = x_w t$ und die Höhe AD die Wassergehaltsänderung $x - x_t = x_w$ dar.

Da das Wasser der gesättigten Luft mit der Temperatur t zugeführt wird, so muß das Gemisch im Endzustand B die gleiche Temperatur wie im Zustand A besitzen, d. h. die Zustandsänderung AB ist zugleich eine Gerade $t = $ konst in dem Gebiet unterhalb der Sättigungskurve. Man bezeichnet dieses Gebiet gewöhnlich als Nebelgebiet. In ihm weichen die Geraden $t = $ konst, die hier Nebelisothermen genannt werden, in ihrer Richtung nur um die geringe Neigung $\Delta i/\Delta x = t$ von den Geraden $i = $ konst ab. Zu beachten ist der große Richtungsunterschied der Isothermen beiderseits der Sättigungslinie.

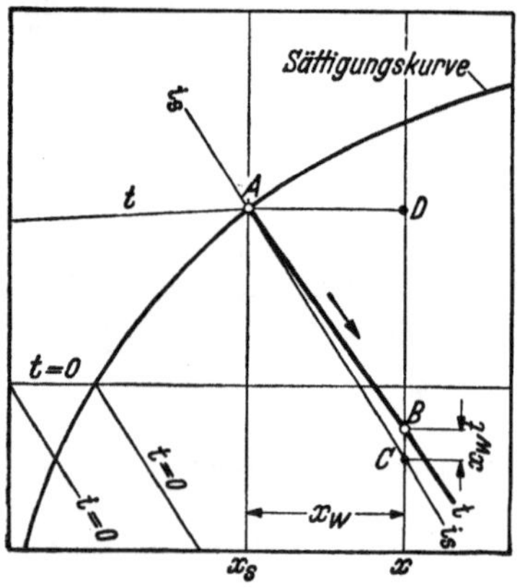

Abb. 7.19. Zustandsänderung im Nebelgebiet

4. Kühlung durch Wasseraufnahme

Wird Wasser feinzerstäubt in ungesättigte Luft eingespritzt, so verdampft es. Die notwendige Verdampfungswärme wird der freien Wärme der Luft entzogen, die Lufttemperatur sinkt entsprechend ab (Verdunstungskühlung). Dabei nimmt die relative Luftfeuchte durch die Wasserdampfaufnahme und die gleichlaufende Temperaturabsenkung zu. Die Temperatur, bei der die Luft bei diesem Vorgang den Sättigungszustand gerade erreicht, heißt *Kühlgrenze*. Sie stimmt überein mit der Anzeige eines befeuchteten Thermometers, an dem die Luft mit nicht zu geringer Geschwindigkeit vorbeigeführt wird, wie z. B. beim Psychrometer nach ASSMANN; man nennt sie deshalb auch *Feuchtkugeltemperatur*.

Bei der Wasseraufnahme ändert sich der Wärmeinhalt des Dampf-Luftgemisches nur um den Betrag $\Delta x \cdot t$, wobei die Temperatur des Wassers t an Stelle der dem Zahlenwert nach gleichen Wasserenthalpie eingesetzt ist. Die Zustandsänderung verläuft sonach, wie im vorhergehenden Abschnitt beschrieben, auf einer Geraden, die nur wenig von der Linie $i = $ konst abweicht.

Die Kühlgrenze läßt sich für einen beliebigen Zustand ungesättigter feuchter Luft aus dem i, x-Schaubild leicht entnehmen. Sie wird nämlich durch diejenige Nebelisotherme gekennzeichnet, die in ihrer Verlängerung in das Gebiet oberhalb der Sättigungslinie durch den betreffenden Luftzustandspunkt geht. Da im Temperaturgebiet der Klimatechnik die Neigungen der Nebelisotherme und der Linie $i = $ konst nahezu übereinstimmen, genügt es für Aufgaben der Praxis zumeist, von den im i, x-Schaubild eingezeichneten Linien gleichen Wärmeinhalts auszugehen.

Das i, x-Schaubild ermöglicht es umgekehrt auch, aus den Meßwerten der trockenen und feuchten Kugel eines Psychrometers die relative Feuchtigkeit φ der Luft zu ermitteln. Man sucht den Schnittpunkt der Temperaturlinie für die Trockenthermometeranzeige mit der verlängerten Nebelisotherme des Feuchtthermometerwertes im Schaubild und liest auf den φ-Linien die zugehörige Luftfeuchte ab.

5. Mischung zweier Luftmengen

Werden zwei Luftmengen mit L_1 und L_2 kg Reinluft, denen die Zustände $i_1\,x_1$ und $i_2\,x_2$ zugehören (Abb. 7.20), bei unveränderlichem Druck in einer wärmedichten Kammer gemischt, so gelten für die Mischluftmenge $L = (L_1 + L_2)$ kg vom Zustand $i_m\,x_m$ die Gleichungen:

$$L_1\,i_1 + L_2\,i_2 = (L_1 + L_2)\,i_m\,, \tag{7.23}$$

$$L_1\,x_1 + L_2\,x_2 = (L_1 + L_2)\,x_m\,. \tag{7.24}$$

Sie können nach Division durch L_2 auf folgende Form gebracht werden:

$$i_2 - i_m = \frac{L_1}{L_2} \cdot (i_m - i_1)\,, \tag{7.23a}$$

$$x_2 - x_m = \frac{L_1}{L_2} \cdot (x_m - x_1)\,. \tag{7.24a}$$

Aus den Gln. (7.26) und (7.27) folgt dann

$$\frac{i_2 - i_m}{x_2 - x_m} = \frac{i_m - i_1}{x_m - x_1}\,. \tag{7.25}$$

Diese wichtige Gleichung besagt, daß der Zustand $i_m\,x_m$ der Mischluft (Punkt m der Abb. 7.20) immer auf der durch die Zustandspunkte *1* und *2* der Teilluftmengen gezogenen Geraden liegen muß.

Ferner ist nach Gl. (7.24a)

$$\frac{x_2 - x_m}{x_m - x_1} = \frac{L_1}{L_2}\,. \tag{7.26}$$

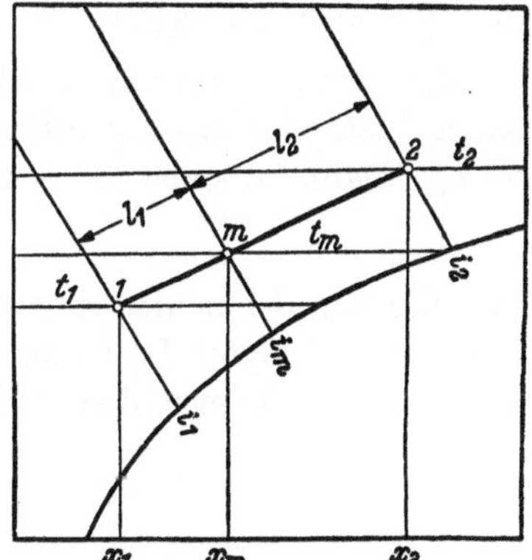

Abb. 7.20. Mischung zweier Luftmengen; Mischpunkt im ungesättigten Gebiet

Für die durch den Punkt m gebildeten beiden Teilstrecken l_1 und l_2 der Mischgeraden gilt dann die Gleichung:

$$\frac{l_2}{l_1} = \frac{x_2 - x_m}{x_m - x_1} = \frac{L_1}{L_2}\,,$$

d. h., die Teilstrecken der Mischgeraden verhalten sich umgekehrt wie die Luftmengen L_1 und L_2. Der Punkt m liegt also näher dem Zustandspunkt der größeren Luftmenge. Er kann so in einfacher Weise in das i, x-Bild eingetragen und sein Zustand daraus abgelesen werden.

Der Mischungszustand ist auch rechnerisch zu ermitteln, solange er oberhalb der Sättigungskurve liegt. Zur Bestimmung von i_m und x_m dienen die Gln. (7.23) und (7.24). Die Mischtemperatur t_m ergibt sich aus Gl. (7.18) zu

$$t_m = \frac{i_m - 595\,x_m}{0{,}24 + 0{,}46\,x_m} \qquad\qquad (7.27)$$

oder aus der hieraus abzuleitenden Gleichung

$$t_m = \frac{n_1\,t_1 + n_2\,t_2}{n_1 + n_2}\,. \qquad\qquad (7.28)$$

Darin ist

$$n_1 = (0{,}24 + 0{,}46\,x_1)\,L_1 \quad \text{und} \quad n_2 = (0{,}24 + 0{,}46\,x_2)\,L_2\,.$$

Innerhalb der bei Klimaanlagen vorkommenden Luftzustandsgrenzen haben die Klammerwerte, welche die spezifische Wärme c_p' der feuchten Luft bedeuten, nur den geringen Schwankungsbereich von 0,24 bis 0,25. Daher gilt mit guter Annäherung auch die in der Praxis benutzte Formel

$$t_m = \frac{L_1\,t_1 + L_2\,t_2}{L_1 + L_2}\,. \qquad\qquad (7.29)$$

Beispiel. In der Mischkammer eines Klimagerätes werden stündlich $L_2' = 10\,000$ kg Raumluft von $t_2 = 20°\,\text{C}$ und $\varphi_2 = 70\%$ mit Außenluft von $t_1 = 5°\,\text{C}$ und $\varphi_1 = 90\%$ gemischt. Die gemessene Mischtemperatur beträgt $t_m = 17°\,\text{C}$. Zu ermitteln ist die stündliche Außenluftmenge L_1'.

Es ist

$$L_1' = L_1 \cdot (1 + x_1) \quad \text{und} \quad L_2' = L_2 \cdot (1 + x_2)\,.$$

Nach Gl. (7.14) erhält man

$$x_1 = 0{,}005 \text{ kg/kg} \quad \text{und} \quad x_2 = 0{,}010 \text{ kg/kg}\,.$$

Daher

$$L_2 = \frac{L_2'}{1 + x_2} = \frac{10\,000}{1{,}01} = 9900 \text{ kg/h}\,.$$

Aus Gl. (7.33) folgt

$$L_1 = L_2 \cdot \frac{t_2 - t_m}{t_m - t_1} = \frac{9900 \cdot 3}{12} = 2480 \text{ kg/h}\,.$$

Die Außenluftmenge beträgt somit

$$L_1' = L_1 \cdot (1 + x_1) = 2480 \cdot 1{,}005 = 2490 \text{ kg/h}\,.$$

Mit der genauen Gl. (7.28) berechnet, würde sich eine Außenluftmenge von $L_1' = 2520$ kg/h ergeben. Die Abweichung ist also sehr gering.

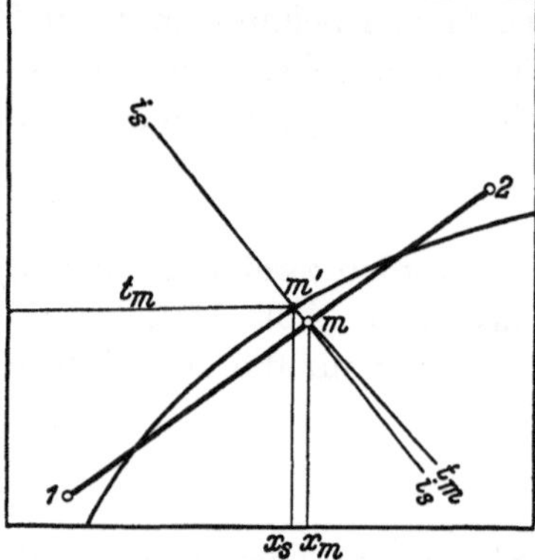

Abb. 7.21. Mischung zweier Luftmengen; Mischpunkt im gesättigten Gebiet

Fällt der Mischpunkt m, wie es Abb. 7.21 zeigt, in das Nebelgebiet, so muß zur Ermittlung seines Zustandes das i, x-Bild zu Hilfe genommen werden. Die durch m gehende Nebelisotherme sei t_m. Dann ist nach Gl. (7.21)

$$i_m = i_s + (x_m - x_s)\,t_m\,.$$

Das Mischen der beiden ungesättigten Luftmengen vom Zustand *1* und *2* führt also in diesem Falle zu gesättigter Luft vom Zustand i_s, x_s (Punkt m') und außerdem zur Ausscheidung von $(x_m - x_s)$ kg Wasser, das als Nebel in der gesättigten Luft enthalten ist.

Achter Abschnitt

Wärmeübertragung

Dem Vorgang der Wärmeübertragung begegnen wir in der Heizungs- und Klimatechnik in vielerlei Abwandlungen. So geben beispielsweise beheizte Gebäude laufend Wärme an die freie Atmosphäre ab; die Höhe dieses Wärmeverlustes unter ungünstigsten Bedingungen ist maßgebend für die Auslegung der Heizanlagen. Aber auch die erforderlichen Heizkörpergrößen sowie die Heizflächen von Kesseln und Wärmeaustauschern lassen sich nur berechnen, wenn die Gesetze der Wärmeübertragung bekannt sind. Die Anwendung dieser Gesetze ermöglicht es dem Ingenieur vielfach, durch zweckmäßige konstruktive Gestaltung den Wärmeaustausch zu begünstigen und damit die Leistung der Heizflächen bei gleichem Material- oder Kostenaufwand zu steigern.

Oft liegt auch die umgekehrte Aufgabe vor, die Wärmeübertragung einzuschränken (Wärmeschutz, Wärmedämmung), da die nach außen abwandernde Wärme verloren ist. Die Vorgänge und damit die Berechnungsverfahren sind dabei grundsätzlich die gleichen.

Nur die für uns wichtigsten Gesetze und Formeln sollen nachstehend wiedergegeben werden. Im übrigen sei auf das umfangreiche Schrifttum über diese Fragen verwiesen[1].

I. Allgemeines

Da Wärme stets von einer Stelle höherer Temperatur zu einer solchen niedrigerer Temperatur strömt, erscheint uns der Vorgang zunächst einfach. In Wirklichkeit ist er aber verwickelt und mathematisch oft nur schwer beschreibbar. Wir müssen unterscheiden zwischen mehreren physikalisch ganz verschiedenen Erscheinungsformen der Wärmeübertragung, nämlich:

1. *Leitung*, d. i. die Wärmeübertragung innerhalb eines Körpers von Teilchen zu Teilchen, wenn keine Verschiebung dieser Teilchen gegeneinander stattfindet.

2. *Konvektion* (Mitführung), d. i. die Wärmeübertragung durch die Bewegung der Teilchen in flüssigen oder gasförmigen Körpern.

3. *Strahlung*, d. i. die Wärmeübertragung zwischen Körpern ohne unmittelbare Berührung in der Form der Strahlungsenergie.

Die Wärmeleitung interessiert vor allem bei festen Körpern. Bei Flüssigkeiten und bei Gasen tritt sie im allgemeinen zurück gegenüber dem Wärmeaustausch durch Konvektion, die sowohl durch Temperatur- und Dichteunterschiede allein (freie Strömung) als auch durch von außen aufgeprägte Druckunterschiede (erzwungene Strömung) verursacht sein kann. Durch die Konvektion wird im wesentlichen auch der Wärmeaustausch zwischen einer festen Oberfläche und einer angrenzenden Flüssigkeit bestimmt. Man bezeichnet ihn als *Wärmeübergang*. Vielfach überlagert sich hier dem Wärmeaustausch durch Konvektion noch derjenige durch Strahlung.

Wird Wärme von einem Raum oder einer Flüssigkeit durch eine Trennwand hindurch auf einen zweiten Raum oder eine zweite Flüssigkeit übertragen, so sprechen wir von *Wärmedurchgang*. Die Trennwände sind bei der Berechnung von Wärmeaustauschern die Heiz- oder Kühlflächen, bei der Wärmeverlustberechnung eines Gebäudes die Mauern oder Fenster. Die Wärmewanderung umfaßt hier drei Teilvorgänge, nämlich den Wärmeübergang vom wärmeren Raum zur Wandoberfläche, die Leitung von dieser Oberfläche durch die Wand hindurch zur anderen Oberfläche und nochmals einen Wärmeübergang von der letztgenannten Oberfläche an den kälteren Raum.

---

[1] GRÖBER/ERK/GRIGULL: Grundgesetze der Wärmeübertragung, 3. Aufl. Berlin/Göttingen/Heidelberg: Springer 1955. — SCHACK, A.: Der industr. Wärmeübergang, 5. Aufl. Düsseldorf 1957. — ECKERT, E.: Einführung in den Wärme- und Stoffaustausch. Berlin/Göttingen/Heidelberg: Springer 2. Aufl. 1959. — VDI-Wärmeatlas, Deutscher Ingenieurverlag 1953. — Hütte I, 28. Aufl., Berlin: Ernst & Sohn, S. 491/506.

II. Wärmeleitung

Die Wärmeleitung in einem festen Körper einfacher geometrischer Form läßt sich mathematisch zumeist ohne Schwierigkeiten darstellen, wenn die Temperaturverteilung zeitlich unverändert bleibt (Beharrungszustand oder stationäre Wärmeströmung). Diese Annahme ist bei vielen hier zu behandelnden Aufgaben berechtigt oder zum mindesten im Hinblick auf die geforderte Rechnungsgenauigkeit zulässig.

A. Wärmeleitung im Beharrungszustand

Von besonderem Interesse ist für heiztechnische Berechnungen die Wärmeleitung in ebenen und zylindrischen Wänden.

1. Die ebene Wand

Eine sehr große Wand homogenen Aufbaus mit parallelen ebenen Oberflächen werde von der Wärme quer durchströmt, s. Abb. 8.01. Werden die Oberflächen auf den Temperaturen t_{w_1} und t_{w_2} gehalten, so errechnet sich bei einer Wanddicke δ die stündlich durch die Fläche F fließende Wärmemenge Q_h zu

$$Q_h = \frac{\lambda}{\delta} \cdot F\,(t_{w_1} - t_{w_2}) . \tag{8.01}$$

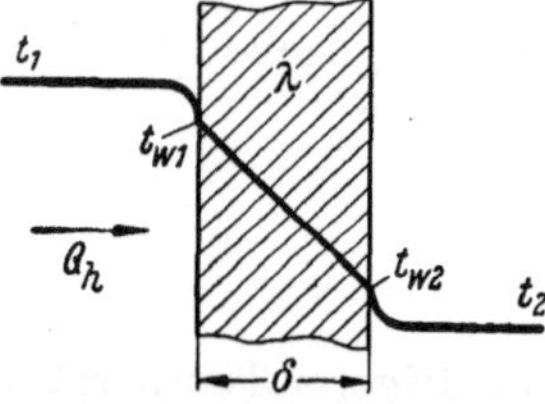

Abb. 8.01. Temperaturverlauf in der ebenen, homogenen Wand (Beharrungszustand)

Der *Wärmestrom* Q_h — wie man die stündlich übertragene Wärmemenge auch nennt — ist also proportional der Wandfläche und dem Temperaturunterschied $(t_{w_1} - t_{w_2})$, ferner umgekehrt proportional der Dicke δ.

Mit λ wird noch eine Größe in die Gleichung eingeführt, die das Wärmeleitvermögen des Stoffes kennzeichnet. Dieser Stoffwert heißt „Wärmeleitzahl". Aus Gl. (8.01) ergibt sich seine Dimension im technischen Maßsystem zu

$$\text{Wärmeleitzahl } \lambda \; [\text{kcal/m h grd}] .$$

Die Wärmeleitzahl kann anschaulich definiert werden als diejenige Wärmemenge, die stündlich durch 1 m² einer 1 m dicken Schicht eines Stoffes hindurchgeht, wenn die Oberflächen einen Temperaturunterschied von 1 grd aufweisen.

Nimmt man die Wärmeleitzahl λ in einem begrenzten Temperaturbereich als konstant an, so ändert sich die Temperatur in der Wand linear in Richtung des Wärmestromes, s. Abb. 8.01.

Bei Hintereinanderschaltung *mehrerer Schichten* mit den Wärmeleitzahlen λ_1, λ_2, λ_3 und den Dicken δ_1, δ_2, δ_3, s. Abb. 8.02, gilt die Gl. (8.01) für jede Schicht. Es ist also

$$Q_h = \frac{\lambda_1}{\delta_1} \cdot F(t_{w_1} - t') = \frac{\lambda_2}{\delta_2} \cdot F(t' - t'') = \frac{\lambda_3}{\delta_3} \cdot F(t'' - t_{w_2}) .$$

Daraus folgt:

$$(t_{w_1} - t') : (t' - t'') : (t'' - t_{w_2}) = \frac{\delta_1}{\lambda_1} : \frac{\delta_2}{\lambda_2} : \frac{\delta_3}{\lambda_3} .$$

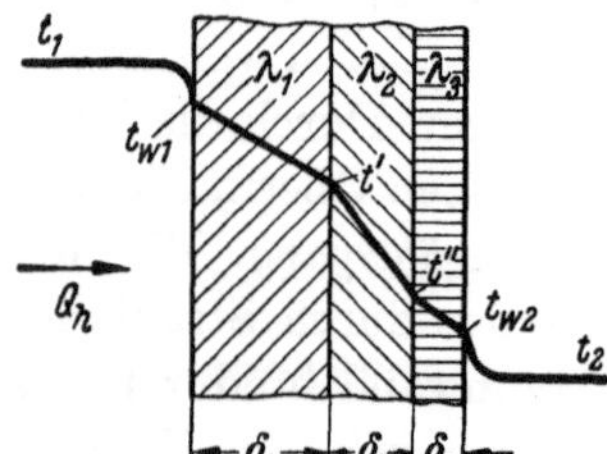

Abb. 8.02. Temperaturverlauf in einer mehrschichtigen Wand (Beharrungszustand)

Die Temperaturunterschiede zwischen den Oberflächen einer Schicht sind also proportional dem Verhältniswert „Dicke : Wärmeleitzahl". Man bezeichnet

$$\frac{\delta}{\lambda}$$ als den Wärmeleitwiderstand einer Schicht.

Im Bauwesen hat sich dafür der Begriff „Dämmzahl" eingeführt mit dem Zeichen $\frac{1}{\Lambda}$.

Das Rechnen mit den Wärmeleitwiderständen hat den Vorteil, daß sich bei mehrschaligen Wänden durch Addition der Einzelwerte der gesamte Leitwiderstand ergibt, also

$$\frac{1}{\Lambda} = \frac{\delta_1}{\lambda_1} + \frac{\delta_2}{\lambda_2} + \cdots + \frac{\delta_n}{\lambda_n} . \tag{8.02}$$

Löst man die oben für die 3-Schichten-Wand angegebenen Wärmestromgleichungen nach den Temperaturunterschieden auf und addiert die einzelnen Gleichungen, so erhält man

$$Q_h = \frac{1}{\frac{\delta_1}{\lambda_1} + \frac{\delta_2}{\lambda_2} + \frac{\delta_3}{\lambda_3}} \cdot F\,(t_{w_1} - t_{w_2}) \tag{8.03}$$

oder unter Verwendung der Beziehung (8.02)

$$Q_h = \Lambda \cdot F(t_{w_1} - t_{w_2}) \,. \tag{8.04}$$

Beispiele. 1. Es soll der Wärmeverlust einer Außenwand von $F = 15$ m² berechnet werden bei einer inneren Oberflächentemperatur $t_{w_1} = 15°$ und einer äußeren Oberflächentemperatur $t_{w_2} = -5°$. Die Wanddicke beträgt $\delta = 0{,}3$ m, die Wärmeleitzahl $\lambda = 0{,}7$.

Nach Gl. (8.01) ist

$$Q_h = \frac{0{,}7}{0{,}3} \cdot 15\,(15 + 5) = 700 \text{ kcal/h} \,.$$

2. Durch Anbringung einer Dämmplatte von 3 cm Stärke mit $\lambda = 0{,}08$ werde der Wärmeschutz der in Beispiel 1 zugrunde gelegten Außenwand verbessert. Es soll der Wärmeverlust bei gleichen äußeren Oberflächentemperaturen berechnet werden.

Die Wärmedämmzahl $\dfrac{1}{\Lambda}$ beträgt jetzt:

$$\frac{1}{\Lambda} = \frac{0{,}3}{0{,}7} + \frac{0{,}03}{0{,}08} = 0{,}43 + 0{,}375 = 0{,}805 \,.$$

Damit wird nach Gl. (8.04)

$$Q_h = \frac{1}{0{,}805} \cdot 15 \cdot 20 = 372 \text{ kcal/h} \,.$$

Man ersieht aus der Gegenüberstellung der Dämmwerte bzw. der Wärmemengen die große Bedeutung einer Isolierplatte für den Wärmeschutz einer Außenwand.

2. Die Rohrwand

Wir betrachten ein dickwandiges Kreisrohr von großer Länge, das von einem Heizmittel durchströmt werde. In dem Stück von der Länge L sei der Einfluß der Enden nicht mehr feststellbar. t_{w_1} und t_{w_2} seien die Temperaturen der inneren bzw. äußeren Oberflächen. Die nach außen wandernde Wärme muß hier mit wachsendem Abstand von der Innenseite größere Flächen durchströmen; die über der Wanddicke aufgetragene Temperaturlinie kann also keine Gerade mehr sein, s. Abb. 8.03 oben.

Für eine sehr dünne Rohrschale vom mittleren Durchmesser D, der Dicke $^1/_2\,dD$ und der Temperaturdifferenz an den Oberflächen dt kann der Wärmestrom nach der Gl. (8.01) für die ebene Wand angesetzt werden:

$$Q_h = -\frac{\lambda}{1/2 \cdot dD} \cdot D \cdot \pi \cdot L \cdot dt \,.$$

Das Minuszeichen ergibt sich aus der Abnahme von t mit zunehmendem D.

Nach Umformung und Integration über den Bereich von D_1 bis D_2 erhält man

$$Q_h = \lambda \cdot \frac{2\,\pi}{\ln \dfrac{D_2}{D_1}} \cdot L\,(t_{w_1} - t_{w_2}) \,. \tag{8.05}$$

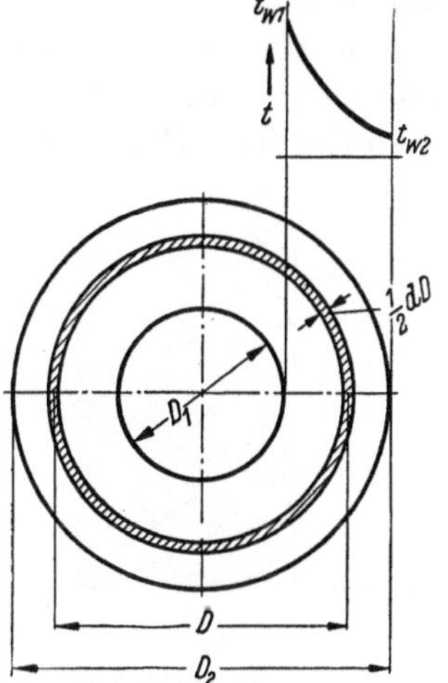

Abb. 8.03. Rohrwand

An Stelle der Fläche F und der Wanddicke δ erscheint in dieser Gleichung ein Formwert, der neben der Rohrlänge L das Durchmesserverhältnis $\dfrac{D_2}{D_1}$ enthält, also nicht den absoluten Wert einer Durchtrittsfläche. Die Temperaturkurve erweist sich als logarithmische Linie.

Die Gl. (8.05) ergibt bei geringen Unterschieden der Innen- und Außendurchmesser von Rohren praktisch den gleichen Wert wie Gl. (8.01) bei Einsetzen eines mittleren Durchmessers $D_m = \dfrac{D_1 + D_2}{2}$. Die Abweichung beträgt für $\dfrac{D_2}{D_1} = 1{,}5$ etwa 1,5%, für $\dfrac{D_2}{D_1} = 2{,}0$ etwa 4%. Erst bei isolierten Leitungen mit kleinen Durchmessern oder großen Isolierdicken ist also das Rechnen mit dem logarithmischen Mittelwert notwendig.

Wird bei einem isolierten Rohr der Wärmeverlust Q_h gemessen, so läßt sich bei bekannter Innenwandtemperatur t_{w_1} und Wärmeleitzahl λ mit Hilfe von Gl. (8.05) die äußere Oberflächentemperatur t_{w_2} bestimmen. Werden die beiden Temperaturen t_{w_1} und t_{w_2} sowie der Wärmestrom Q_h gemessen, so kann andererseits die mittlere Wärmeleitzahl einer Rohrisolierung an Hand von Gl. (8.05) nachgeprüft werden, s. auch S. 64.

In ähnlicher Weise wie bei der ebenen Platte läßt sich für ein Rohr mit mehreren Schichten aus unterschiedlichem Material die stündliche Wärmeabgabe berechnen aus

$$Q_h = \frac{1}{\frac{1}{\lambda_1} \cdot \ln \frac{D'}{D_1} + \frac{1}{\lambda_2} \cdot \ln \frac{D''}{D'} + \cdots + \frac{1}{\lambda_n} \cdot \ln \frac{D_2}{D^{(n-1)}}} \cdot 2\,\pi\,L(t_{w_1} - t_{w_2})\,. \tag{8.06}$$

Dabei sind D', D'' usf. die äußeren Durchmesser der Schichten mit den Wärmeleitzahlen λ_1, λ_2 usf.

B. Nichtstationäre Wärmeströmung

Gehen wir vom Beharrungszustand der Wärmeströmung ab, so ändert sich mit dem Wärmestrom, der durch ein beliebiges Flächenelement fließt, auch die Temperatur an dieser Stelle. Der Vorgang ist mathematisch nur noch durch Differentialgleichungen darzustellen, wobei neben den Ortskoordinaten auch die Zeit (τ) als weitere Veränderliche auftritt. Für ein rechtwinkliges Koordinatensystem mit den Koordinaten x, y, z lautet die allgemeine Gleichung der Wärmeleitung

$$\frac{\partial t}{\partial \tau} = a\left(\frac{\partial^2 t}{\partial x^2} + \frac{\partial^2 t}{\partial y^2} + \frac{\partial^2 t}{\partial z^2}\right). \tag{8.07}$$

Dabei ist a ein Stoffwert, der als *Temperaturleitzahl* bezeichnet wird. Er ergibt sich aus der Wärmeleitzahl λ, der spezifischen Wärme c und der Wichte γ durch die Beziehung

$$\text{Temperaturleitzahl } a = \frac{\lambda}{c \cdot \gamma}\,.$$

Die Größe a ist ein Maß dafür, wie schnell ein Temperaturausgleichsvorgang in einem Körper abläuft.

Für die quer durchströmte ebene Platte unendlicher Ausdehnung bleibt in der Differentialgleichung (8.07) nur noch x als Koordinate übrig. Bei zeitlich unveränderlichem Wärmestrom wird das linke Glied der Gl. (8.07) ebenfalls null; die Gl. (8.01) erweist sich so als ein Sonderfall der allgemeinen Gl. (8.07).

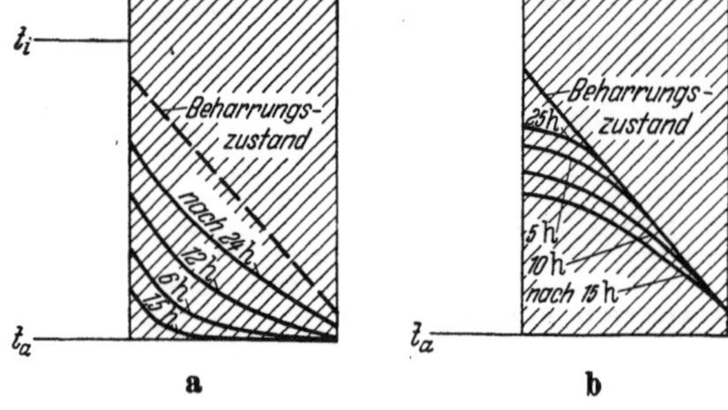

Abb. 8.04. Aufheiz- und Auskühlvorgang einer ebenen Wand. a) Aufheizen; b) Auskühlen

Das wichtigste Beispiel einer nichtstationären Wärmeströmung aus der Heizungstechnik ist das Aufheizen und Auskühlen von Wänden. Will man diesen Vorgang mit Hilfe von Gl. (8.07) berechnen, so muß die Anfangstemperaturverteilung in der Wand bekannt sein und ebenso das Gesetz für die Wärmeeinströmung oder Abströmung an den Oberflächen, z. B. Gl. (8.08). Die Lösung dieser Aufgabe ist schwierig und zeitraubend; für einfache geometrische Körper, wie die Platte, den Zylinder und die Kugel, erleichtern Hilfstafeln ihre Durchführung[1].

Abb. 8.04a, b zeigen an Beispielen den Temperaturverlauf in einer ebenen Wand in verschiedenen Stadien eines Aufheiz- und Auskühlvorgangs. Abb. 8.04a gibt ein einseitiges Aufheizen wieder. Zu Beginn ($\tau = 0$) sei die Temperatur in der Wand gleich null. Die Temperaturverteilung strebt hier der in Abb. 8.01 eingezeichneten Linie des Beharrungszustandes zu. Bei der Auskühlung, Abb. 8.04b, sei von diesem Zustand ausgegangen. Man erkennt, wie jeweils zunächst nur die inneren Wandschichten an dem Vorgang beteiligt sind.

---

[1] BACHMANN, H.: Tafeln über Abkühlungsvorgänge einfacher Körper. Berlin: Springer 1938.

In vielen Fällen kann man bei Aufheiz- und Auskühlaufgaben auf die exakte mathematische Behandlung verzichten und mit Näherungsverfahren auskommen. Bei einem von E. Schmidt angegebenen Verfahren[1] wird z. B. der Körper in eine Anzahl Schichten gleicher Dicke aufgeteilt, deren Temperaturänderung jeweils nacheinander graphisch ermittelt wird. Dabei können auch Änderungen der Umgebungstemperatur und der Stoffwerte berücksichtigt werden.

Die Verfolgung des Temperaturverlaufs beim Aufheizen und Auskühlen von Wänden ist von besonderer Bedeutung für die Ermittlung des Anheizwärmebedarfs[2] sowie des Gesamtwärmeverbrauchs unterbrochen geheizter Gebäude. Ein Extremfall ist die Kirchenheizung[3], weil hier häufig stark speichernde Wände einmal wöchentlich für kurze Zeit angewärmt werden müssen. Wegen der Lösung dieser und ähnlich gelagerter Aufgaben sei auf das Fachschrifttum verwiesen; ein Näherungsverfahren ist auf S. 389 angegeben.

Nach dem Vorgesagten ist die mathematisch exakte Berechnung der Vorgänge bei der Wärmeströmung mit großen Schwierigkeiten verknüpft und überhaupt nur unter bestimmten Annahmen möglich, die in der Praxis selten zutreffen. So weicht — um nur das nächstliegende Beispiel zu nehmen — eine Gebäudeaußenwand von dem oben behandelten idealisierten Fall der ebenen Platte unendlicher Ausdehnung ab. An den Ecken, Fensteröffnungen, Pfeilern u. dgl. treten seitliche Wärmeströme auf. Hinzu kommen Ungleichmäßigkeiten in der Baustoffstruktur und dem Feuchtigkeitsgehalt mit ihrem starken Einfluß auf die Stoffwerte, vor allem auf die Wärmeleitzahl. Berücksichtigt man nun noch, daß an dem Aufheiz- und Auskühlvorgang nicht nur die Außenwände, sondern auch Innenwände, Decken und Einrichtungsgegenstände eines Raumes oder Gebäudes teilnehmen (die im Beharrungszustand nicht in Erscheinung treten), also Bauelemente mit recht unterschiedlicher Speicherfähigkeit und Temperatur, so wird klar, daß die mathematische Behandlung dieses Problems allenfalls qualitative, keinesfalls aber praktisch verwertbare quantitative Ergebnisse liefern wird. Die zu erwartende Genauigkeit rechtfertigt in sochen Fällen nicht die Durchführung verwickelter und zeitraubender Rechnungen, es sei denn zu Studienzwecken.

Diese Überlegung zeigt auch, daß es sinnvoll ist, bei der Ermittlung des Wärmebedarfs der Gebäude von der Dauerheizung auszugehen, obwohl sie selten angewendet wird, und mit den Gleichungen der Querströmung für jedes wärmeabgebende Wandelement zu rechnen, trotz der zahlreichen Randeinflüsse. Dieses Verfahren liefert für die Berechnungen der Praxis genügend genaue Ergebnisse und hat den großen Vorzug der Übersichtlichkeit und einfachen Handhabung.

Das gilt weitgehend auch für die Ermittlung des täglichen oder jährlichen Heizwärmebedarfs eines Gebäudes. Bei mittleren Wintertemperaturen sind zwar durch die üblichen nächtlichen Einschränkungen oder Unterbrechungen der Heizwärmelieferung und die Schwankungen der Außentemperaturen im Verlauf von 24 Stunden die Voraussetzungen der Gl. (8.01), nämlich gleichbleibender Wärmestrom durch die einzelnen Wandelemente, nicht mehr gegeben. Die erhebliche Wärmespeicherung der üblichen Wand- und Deckenbauweisen gleicht in den meisten Fällen jedoch, selbst bei längeren Betriebspausen, die Schwankungen der Wärmelieferung so weitgehend aus, daß man für die Berechnung der Wärmeverluste in 24 Stunden einen praktischen Beharrungszustand bei der mittleren Gebäudetemperatur zugrunde legen kann, s. auch S. 516.

C. Wärmeleitzahl

Aus nachstehender Tabelle ist zu ersehen, mit welchen Unterschieden im Wärmeleitvermögen technisch verwendeter Stoffe zu rechnen ist. Danach weisen die *Metalle* die höchsten Werte auf; im reinen Zustand ist bei ihnen die Wärmeleitzahl direkt proportional der elektrischen Leitfähigkeit.

---

[1] Schmidt, E.: Forsch. Ing.-Wes. Bd. 13 (1942) S. 166.

[2] Krischer, O.: Neue Wege bei der Wärmebedarfsberechnung für Gebäude. VDI-Forsch.-Heft 410, Berlin 1941.

[3] Sieler, W.: Wärmebedarfsbestimmung von Kirchen. Beihefte zum Gesundh.-Ing. Reihe I, Heft 38, München u. Berlin 1938.

Wärmeleitzahlen λ in kcal/m h grd

Kupfer	300	Wärmeschutzstoffe	0,15—0,05
Aluminium	200—170	Luft	0,022
Eisen	50—30	Wasser (100°—10°)	0,58—0,50
Natursteine	2,0—1,5	Glyzerin	0,24
Beton, dicht	1,7—0,8	Alkohol	0,16
Beton, porig	0,7—0,3	Öl	0,12—0,11
Glas	0,70		

Für *Baustoffe* liegen die Wärmeleitzahlen durchweg im Bereich zwischen $\lambda = 0,5$ und $\lambda = 2$. Entscheidend ist dabei die Struktur des Stoffes und seine Porosität. Die durch die Poren gebildeten kleinen Gaszellen behindern die Wärmeleitung um so mehr, je geringer ihre Abmessungen und je gleichmäßiger sie im Stoff verteilt sind. Mit wachsendem Luft- oder Gasgehalt nimmt die Wärmeleitzahl rasch ab. Ausgesprochene *Dämmstoffe* mit $\lambda \leqq 0,1$ sind daher in der Regel auch sehr leicht.

Flüssigkeiten haben im allgemeinen kleinere Wärmeleitzahlen als feste Stoffe. Am niedrigsten liegen die Werte für Gase. Sind bei porösen Stoffen die kleinen Zwischenräume mit Wasser statt mit Luft gefüllt, so ergeben sich bei dem großen Unterschied der Wärmeleitzahl zwischen Wasser und Luft ($\lambda_W \approx 0,5$, $\lambda_L \approx 0,022$) zusätzliche Wärmebrücken. Die Wärmeleitzahl zeigt hier sonach eine starke Abhängigkeit vom Feuchtigkeitsgehalt.

Die oben angegebenen Werte gelten bei Zimmertemperatur. Für fast alle Stoffe nimmt die Wärmeleitzahl mit der Temperatur zu. Man muß also bei Wärmeaustauschrechnungen stets den für die mittlere Stofftemperatur gültigen λ-Wert einsetzen. Weitere Angaben über Wärmeleitzahlen, insbesondere auch für die in der Wärmeschutztechnik wichtigen Isolierstoffe sowie die gebräuchlichsten Baustoffe, enthalten die Zahlentafeln A 22 und A 23 im 3. Teil.

III. Wärmeübergang

A. Die Wärmeübergangszahl

In einem strömenden Medium wird der Wärmeaustausch durch die Relativbewegung der Teilchen begünstigt. Die rechnerische Erfassung dieses Vorgangs wird durch die Überlagerung von Wärmeleitungs- und Strömungsvorgängen erschwert. Das gilt auch für das technisch wichtigste Teilgebiet dieser Art des Wärmetransportes, den Wärmeübergang zwischen einer festen Oberfläche und der angrenzenden Flüssigkeit.

1. Der Begriff der Wärmeübergangszahl

Die Erfahrung lehrt uns, daß die zwischen einer Oberfläche mit der Temperatur t_w und einer angrenzenden Flüssigkeit mit der Temperatur t_{fl} ausgetauschte Wärmemenge von der Größe der Fläche F und dem Temperaturunterschied $(t_w - t_{fl})$ abhängt. Die Flüssigkeitstemperatur wird dabei notwendig mit der Entfernung von der Oberfläche verschieden sein. Man kann sich aber vorstellen, daß in einem bestimmten Abstand von der Wand eine einheitliche Flüssigkeitstemperatur herrscht, die als t_{fl} in die Rechnung eingeführt wird. Setzt man die in der Zeiteinheit übertragene Wärme Q_h dem Temperatursprung $(t_w - t_{fl})$ proportional, so erhält man als einfachste Form einer Wärmeübergangsgleichung

$$Q_h = \alpha \cdot F \, (t_w - t_{fl}) . \tag{8.08}$$

In dem Beiwert α ist der Einfluß aller Faktoren enthalten, die für den Wärmeaustausch von Bedeutung sind. Man bezeichnet α als *Wärmeübergangszahl*; ihre Dimension ergibt sich aus der Beziehung

$$\alpha = \frac{Q_h}{F \cdot (t_w - t_{fl})} .$$

Die Wärmeübergangszahl ist sonach ein Maß für die Wärmestromdichte $\left(\dfrac{Q_h}{F}\right)$ je grd Temperaturunterschied zwischen Wand und Flüssigkeit. Daß es sich bei der Wärmeübergangszahl um keinen physikalisch eindeutigen Begriff handelt, zeigt schon ein Hinweis auf die Willkürlichkeit in der Annahme der mittleren Flüssigkeitstemperatur t_{fl}. Wir behalten trotzdem die Wärmeübergangszahl als „Rechnungsgröße" bei, da sich der Ansatz nach Gl. (8.08) für die Rechnungen der Praxis als zweckmäßig und bequem erwiesen hat.

Die Größenordnung der durch Versuche ermittelten Wärmeübergangszahlen geht aus nachstehender Zusammenstellung hervor:

$$
\begin{aligned}
\text{Für praktisch ruhende Luft} &\quad \alpha = \quad\ \ 3\text{—}20 \quad [\text{kcal/m}^2 \text{ h grd}] \\
\text{für strömende Luft} &\quad \alpha = \quad 10\text{—}100 \qquad\qquad ,, \\
\text{für strömende Flüssigkeiten} &\quad \alpha = \quad 200\text{—}10\,000 \qquad\quad .. \\
\text{für siedende Flüssigkeiten} &\quad \alpha = 1000\text{—}20\,000 \qquad\quad .. \\
\text{für kondensierenden Wasserdampf} &\quad \alpha = 6000\text{—}60\,000 \qquad\quad ,,
\end{aligned}
$$

Die Unterschiede in den α-Werten sind danach so groß, daß jede empirische Formel zur Berechnung der Wärmeübergangszahl nur für einen engen Anwendungsbereich gelten kann.

Einflußgrößen. Die Wärmeübergangszahl hängt ab von den Eigenschaften und dem Zustand der strömenden Flüssigkeit, der Strömungsgeschwindigkeit sowie der Form, den Abmessungen und der Rauhigkeit der Oberflächen des Strömungs- bzw. Wärmeübertragungsraumes. Zur Kennzeichnung des Strömungsquerschnittes genügen oft wenige Längenangaben, wie beispielsweise beim geraden Kreisrohr der lichte Durchmesser (d), beim außen angeströmten Zylinder der Außendurchmesser, beim gebogenen Rohr Durchmesser und Krümmungsradius (R).

Unter den Stoffeigenschaften interessieren die Wärmeleitzahl (λ), die spezifische Wärme (c), die Wichte (γ) und die Zähigkeit (η).

Die Zahl der auf den Wärmeübergang Einfluß nehmenden Faktoren läßt die Schwierigkeit jeder theoretischen und experimentellen Behandlung des Problems erkennen, zumal die Stoffwerte druck- und temperaturabhängig sind. Zur Vereinfachung werden diese im jeweiligen Betrachtungsbereich als konstant angenommen. Mit Hilfe der PRANDTLschen Grenzschichttheorie ist für bestimmte Fälle eine mathematische Lösung möglich, wobei allerdings auch noch experimentell zu ermittelnde Hilfswerte in die Formeln eingehen. Da der verwickelte Aufbau dieser Formeln die Anwendung in der Praxis erschwert, gibt man im allgemeinen aus Versuchen abgeleiteten einfacheren Beziehungen den Vorzug. Mit Hilfe von Ähnlichkeitsbetrachtungen lassen sich die Versuchsergebnisse ordnen und in einheitlichen Gleichungsformen für bestimmte Gültigkeitsbereiche wiedergeben.

2. Kenngrößen des Wärmeübergangs

NUSSELT[1] hat nachgewiesen, daß die vielen, oben erwähnten Einflußgrößen zum großen Teil nicht als unabhängige Werte in die Wärmeübergangsberechnung eingehen, sondern in gewissen Verknüpfungen, den Kenngrößen des Vorgangs.

Diese Kenngrößen sind stets dimensionslos; sie sind nach verdienten Forschern benannt und mit den Anfangsbuchstaben ihrer Namen bezeichnet. Für die Wärmeübertragung sind von Bedeutung:

$$
\text{Reynolds-Zahl} \quad Re = \frac{w \cdot l}{v} = \frac{w \cdot l \cdot \gamma}{\eta \cdot g},
$$

$$
\text{Péclet-Zahl} \quad Pe = \frac{w \cdot l}{a},
$$

$$
\text{Prandtl-Zahl} \quad Pr = \frac{Pe}{Re} = \frac{v}{a},
$$

$$
\text{Grashof-Zahl} \quad Gr = \frac{g \cdot \beta \cdot l^3 \cdot \Delta t}{v^2} = \frac{\gamma^2 \cdot \beta \cdot l^3 \cdot \Delta t}{\eta^2 \cdot g}.
$$

Die Reynolds-Zahl ist aus der Hydrodynamik bekannt; sie kennzeichnet den Strömungsvorgang, s. S. 439. Ganz ähnlich aufgebaut und für den Wärmeaustausch maßgebend ist die Péclet-Zahl. An Stelle der kinematischen Zähigkeit v ist hier die Temperaturleitzahl a getreten. Der Quotient beider Größen ist die Prandtl-Zahl; sie hat den Vorzug, ein reiner Stoffwert zu sein, der zudem bei Gasen und Dämpfen nur geringe Unterschiede aufweist. Man findet daher

---

[1] NUSSELT, W.: Das Grundgesetz des Wärmeüberganges. Gesundh.-Ing. Bd. 38 (1915) S. 477 u. 490.

neuerdings an Stelle der Péclet-Zahl meist die Prandtl-Zahl in den Berechnungsformeln des Wärmeübergangs.

In der Grashof-Zahl erscheinen als zusätzliche Einflußgrößen die Erdbeschleunigung g, die thermische Ausdehnungszahl β und der Temperaturunterschied $\varDelta t$ zwischen Wand und Flüssigkeit; sie ist wichtig für die freie Strömung unter der Einwirkung von Auftriebskräften.

Mit l ist in Re, Pe und Gr eine maßgebende Länge, die sich auf die Körperform bezieht, enthalten, d. i. bei Rohren der Durchmesser, bei einer senkrechten Wand deren Höhe. Auch die Wärmeübergangszahl α läßt sich dimensionslos darstellen, wenn sie mit einer kennzeichnenden Länge multipliziert und durch die Wärmeleitzahl der Flüssigkeit λ dividiert wird. Man erhält so die

$$\text{Nußelt-Zahl} \quad Nu = \frac{\alpha \cdot l}{\lambda}.$$

Wird der Wärmeaustausch in geometrisch ähnlichen Räumen betrachtet, beispielsweise im geraden Kreisrohr, so verläuft der gesamte Vorgang *ähnlich*, wenn die Kenngrößen gleich sind. In einem Strömungsraum, der durch die Angabe von Längenverhältniszahlen gekennzeichnet werden kann, beim Rohr durch $\frac{L}{d}$, wobei L die Gesamtlänge und d der Durchmesser ist, läßt sich die aus Versuchen ermittelte Nu-Zahl durch eine Beziehung darstellen in der Form

$$Nu = \varphi(Re,\ Pr,\ Gr). \tag{8.09}$$

Die Ergebnisse sind nach der Ähnlichkeitstheorie auch auf beliebige andere Verhältnisse mit gleichen Werten von Re, Pr und Gr übertragbar.

Die Auswertung zahlreicher Messungen zeigt, daß sich innerhalb gewisser Grenzen die Versuchswerte recht genau durch Potenzfunktionen wiedergeben lassen. Man findet daher die Wärmeübergangsgleichungen zumeist in der Form geschrieben

$$Nu = C \cdot (Re)^m \cdot (Pr)^n \cdot (Gr)^r. \tag{8.10}$$

Dabei ist C eine Konstante, die ebenso wie die Exponenten m, n und r aus Versuchsergebnissen abgeleitet ist und für begrenzte Bereiche von $\frac{L}{d}$ gilt.

B. Gleichungen zur Ermittlung der Wärmeübergangszahl durch Konvektion
(Arbeitsblatt 14)[1]

Bei freier Strömung, die durch Dichteunterschiede in der Flüssigkeit entsteht, hängt der konvektive Wärmeübergang in erster Linie von Gr ab. Es ist jedoch zu unterscheiden, ob es sich um laminare oder turbulente Strömung handelt. Wird die Bewegung einer Flüssigkeit längs der Wärmeübertragungsfläche durch äußere Kräfte erzwungen, so kann meist der Einfluß von Auftriebkräften vernachlässigt werden. Dementsprechend erscheinen in den Formeln für Nu lediglich Re und Pr, aber nicht mehr Gr als Veränderliche.

Für einige technisch wichtige Wärmeübergangsbedingungen sind nachstehend die heute gebräuchlichen Berechnungsformeln aufgeführt. Zur leichteren Ermittlung der Wärmeübergangszahl α sind die Beziehungen im Arbeitsblatt 14 graphisch dargestellt. Zuweilen ist der Geltungsbereich der Formeln unter Hinnahme einer gewissen Einbuße an Genauigkeit gegenüber sonstigen Angaben im Schrifttum erweitert worden, um die Zahl der Formeln möglichst klein zu halten.

1. Erzwungene Strömung

a) **Flüssigkeiten im geraden Rohr bei turbulenter Strömung**

Nach KRAUSSOLD[2] gilt allgemein

$$Nu = 0{,}032 \cdot Re^{0{,}8} \cdot Pr^n \left(\frac{L}{d}\right)^{-0{,}054}. \tag{8.11}$$

Diese Gleichung kann angewendet werden in einem Bereich von $Re = 10000$ bis 500000 (bei

---

[1] In der Tasche am Schluß des Buches.
[2] KRAUSSOLD, H.: Der konvektive Wärmeübergang. Die Technik Bd. 3 (1948) Heft 5 S. 205.

Ölen nur bis $Re = 90000$) und $Pr = 0,7$ bis 370. Der Exponent der Pr-Zahl soll bei der Wärmeübertragung vom Rohr an die Flüssigkeit mit $n = 0,37$ und bei der Übertragung von der Flüssigkeit an die Rohrwand mit $n = 0,30$ eingesetzt werden.

Für die in der Praxis meist vorkommenden Verhältniszahlen $\frac{L}{d} = 100$ bis 400 ist das Endglied $\left(\frac{L}{d}\right)^{-0,054}$ nahezu konstant.

Nach einem Vorschlag von Hausen kann bei *Wasser* mit einem mittleren Exponenten $n = 0,33$ für beide Richtungen des Wärmestromes gerechnet werden. Man erhält also

$$Nu = 0,024 \cdot Re^{0,8} \cdot Pr^{0,33} \tag{8.12}$$

oder aufgelöst nach α unter Nennung der wichtigsten Einflußgrößen

$$\alpha = 0,024 \cdot \lambda \cdot v^{-0,8} \cdot w^{0,8} \cdot d^{-0,2} \cdot Pr^{0,33} . \tag{8.13}$$

Diese Gleichung liegt der entsprechenden Netztafel im Arbeitsblatt 14 zugrunde. Bei der Ermittlung von α sind die Stoffwerte bei dem arithmetischen Mittel zwischen Wasser- und Wandtemperatur zu wählen.

Im Diagramm ist α ausgehend von der Wassergeschwindigkeit w auf einem zu den Parametern d und t parallelen Linienzug zu finden. Für das eingezeichnete Beispiel mit $w = 1,5\,\mathrm{m/s}$, $d = 0,025\,\mathrm{m}$ und der mittleren Temperatur des Vorganges mit 44° ergibt sich $\alpha = 5600\,\mathrm{kcal/m^2\,h\,grd}$.

b) Luft und Gase im geraden Rohr bei turbulenter Strömung

Hierfür kann die von Nusselt aus Versuchen mit Luft gewonnene Beziehung verwendet werden.

$$Nu = 0,0362 \cdot Pe^{0,786} \left(\frac{L}{d}\right)^{-0,054} . \tag{8.14}$$

Die Formel gilt für Gase bei $Re > 10000$ und Temperaturen bis 600°, wenn $Pr \approx 1$. Für die Stoffwerte ist die arithmetische Mitteltemperatur zwischen Wand- und Gastemperatur zugrunde zu legen.

Im Arbeitsblatt 14 ist die nach α aufgelöste Gl. (8.14)

$$\alpha = 0,0362 \cdot \lambda \left(\frac{1}{a}\right)^{0,786} \cdot w^{0,786} \cdot d^{-0,214} \left(\frac{L}{d}\right)^{-0,054} \tag{8.15}$$

graphisch dargestellt. Die Wärmeübergangszahl α ist in ähnlicher Weise wie für Gl. (8.13) abzulesen; es ist aber ein Parameter mehr, nämlich $\left(\frac{L}{d}\right)$, zu berücksichtigen (s. eingezeichnetes Beispiel).

Für Rauchgase kann das Diagramm ebenfalls benutzt werden. Für nicht kondensierenden Wasserdampf sind die α-Zahlen um 40% bis 60% zu erhöhen.

c) Flüssigkeiten im Rohr bei laminarer Strömung

Die aus Versuchen abgeleiteten Gleichungen gelten hier nur für die Versuchsbedingungen. Der Wärmeübergang wird stark von der thermischen und hydrodynamischen Anlaufstrecke beeinflußt.

In einer von Sieder und Tate[1] angegebenen Gleichung wird die unterschiedliche Zähigkeit der wandnahen Schicht und der Flüssigkeit im Rohrinnern durch ein Zusatzglied mit dem Verhältnis der dynamischen Zähigkeit bei den entsprechenden Temperaturen berücksichtigt.

$$Nu = 1,86 \left(Pe \cdot \frac{d}{L}\right)^{\frac{1}{3}} \left(\frac{\eta_{fl}}{\eta_w}\right)^{0,14} . \tag{8.16}$$

Die Stoffwerte sind mit Ausnahme von η_w (Zähigkeit bei Wandtemperatur) auf die mittlere Flüssigkeitstemperatur zu beziehen.

Bei ausgebildeter Strömung nähert sich Nu dem Wert 3,65, doch wird dieser Zustand bei den praktisch vorkommenden Fällen selten erreicht.

Im Grenzgebiet zwischen laminarer und turbulenter Strömung gelten die aufgeführten Gleichungen nicht.

---

[1] Sieder, E. N., u. G. E. Tate: Heat transfer and pressure drop of liquids in tubes. Industr. Engng. Chem. Bd. 28 (1936) 1429/1435.

2. Freie Strömung

Der Wärmeübergang ist hier abhängig von Gr und Pr.

Die vorliegenden Meßergebnisse lassen sich für bestimmte Bereiche von Gr wiedergeben durch eine Gleichung von der Art

$$Nu = C\,(Gr \cdot Pr)^n . \tag{8.17}$$

C und n hängen vom Strömungszustand, C auch von der Form des angeströmten Körpers ab. Für turbulente Strömung gilt $n = 1/3$ und für laminare Strömung $n = 1/4$. Bei *laminarer* Strömung, die meist vorausgesetzt werden kann, erhält man sonach[1]

$$Nu = C\,(Gr \cdot Pr)^{0,25}. \tag{8.18}$$

Für Luft und zweiatomige Gase ist Pr nahezu unabhängig von der Temperatur. Man kann in Gl. (8.18) also auch Pr in den Beiwert C mit einbeziehen. Unter Berücksichtigung der Tatsache, daß innerhalb der in der Praxis wichtigen Temperaturbereiche bei freiströmenden Gasen noch weitere Stoffwerte, wie λ und ν, ohne wesentlichen Einfluß auf den Wärmeübergang sind, läßt sich die Gl. (8.18) noch vereinfachen, nämlich

$$\alpha = C\left(\frac{\Delta t}{H}\right)^{0,25}. \tag{8.19}$$

Darin ist Δt der Temperaturunterschied zwischen Wand und Gas (Luft) und H die Höhe der angeströmten Fläche.

Für die beiden wichtigsten Oberflächenformen, die ebene und zylindrische Wand, können folgende Gleichungen zur Berechnung der Wärmeübergangszahl α Verwendung finden.

a) In Luft und Gasen

Senkrechte Fläche (Platte und Rohr mit $d \geqq 0,05$ m)

bei $H \leqq 1$ m

$$\alpha = 1,2\left(\frac{\Delta t}{H}\right)^{0,25}, \tag{8.20}$$

bei $H > 1$ m

$$\alpha = 1,25\,(\Delta t)^{0,25}. \tag{8.21}$$

Bei Höhen $H > 1$ m wird α sonach unabhängig von H; die Strömung kann turbulent werden.

Waagerechtes Rohr

$$\alpha = 1,05\left(\frac{\Delta t}{d}\right)^{0,25}. \tag{8.22}$$

Diese Gleichung kann auch für senkrechte Rohre mit $d < 0,05$ m verwendet werden.

Waagerechte Platte. Die an senkrechten Platten gewonnenen Ergebnisse sind auf diese Verhältnisse nicht übertragbar.

Man benützt jedoch auch für waagerechte Flächen häufig Gleichungsformen derselben Art. Die Beiwerte stammen zum Teil aus Leistungsmessungen an Decken- oder Fußbodenheizflächen, wobei der Strahlungsanteil der Wärmeabgabe berechnet wird; sie sind daher nicht sehr genau. Auch ist zu berücksichtigen, daß es sich bei der Fußboden- und Deckenheizung um relativ große Flächen mit ungleichmäßiger Temperatur handelt, bei denen durch diese Temperaturunterschiede zusätzliche Luftströmungen auftreten können, die den Wärmeübergang erhöhen. Weiterhin beeinflußt der Luftwechsel im Raum die Strömung an den Heizflächen.

---

[1] Diese und die nachstehenden Gleichungen gelten nicht für Körper sehr kleiner Abmessungen, z. B. dünne Drähte und kleine Spalte.

Nach den Ergebnissen der bis jetzt vorliegenden Untersuchungen gilt etwa für die Wärmeabgabe von waagerechten Platten nach oben

$$\alpha = 1,7\,(\Delta t)^{0,25} \tag{8.23}$$

und für die Fußbodenheizfläche

$$\alpha = 2,3\,(\Delta t)^{0,25}. \tag{8.24}$$

Bei der Wärmeabgabe nach unten (Deckenheizung) ist für den Bereich der bei der Deckenheizung auftretenden Temperaturen keine eindeutige Abhängigkeit von der Temperaturdifferenz zu erkennen. Wahrscheinlich beeinflussen die durch die örtlichen Verhältnisse bedingte Luftbewegung und der aus der Gestaltung des Raumes und der Heizfläche herrührende gesamte Wärmeaustausch im Raum den Wärmeübergang stärker als die Temperaturdifferenz Wand–Luft. Nach neueren amerikanischen Untersuchungen[1] und Messungen im Institut für Heizung und Lüftung der Technischen Universität Berlin kann angenommen werden für die Wärmeabgabe nach unten (Deckenheizung)

$$\alpha = 0,2 \text{ bis } 0,8\,.$$

Im Temperaturbereich der Heizungs- und Lüftungstechnik ist die Veränderlichkeit der Stoffwerte beim Wärmeübergang zwischen Luft und Heiz- oder Kühlflächen gering. Die Gln. (8.18) bis (8.22) gelten daher für beide Richtungen des Wärmeüberganges.

Die wichtigsten Gleichungen für den Wärmeübergang bei freier Strömung, also für Platte und Rohr, sind im Arbeitsblatt 14 graphisch dargestellt. Die Wärmeübergangszahl α ist über den Hauptabmessungen L oder d mit Δt als Parameter aufgetragen. In den Gln. (8.21) und (8.23) ist α unabhängig von L oder d.

Bei der Wärmeabgabé frei angeströmter Flächen in Luft oder Gasen ist stets neben dem konvektiven Wärmeübergang auch der Wärmeaustausch durch Strahlung zu berücksichtigen, s. S. 372.

b) In Wasser

Waagerechtes Rohr. In Anlehnung an Gl. (8.22) gilt hier

$$\alpha = C_w \left(\frac{\Delta t}{d}\right)^{0,25}. \tag{8.25}$$

C_w ist der folgenden Tabelle zu entnehmen[2]:

t_m °C	40	60	80	100	150
C_w	129	156	179	197	239

Für t_m ist das arithmetische Mittel zwischen Wand- und Wassertemperatur einzusetzen.

C. Kondensation und Verdampfung

Bei der Kondensation und Verdampfung werden verhältnismäßig große Wärmemengen übertragen. Die Wärme- und Stoffströmung ist hier begleitet von einer Zustandsänderung, so daß noch weitere Veränderliche den Wärmeübergang beeinflussen. Eine allgemeingültige mathematische Beschreibung der Vorgänge und eine Zusammenfassung der Variablen in Kenngrößen ist bis jetzt noch nicht gelungen. Man ist daher zumeist auf die aus Versuchen abgeleiteten empirischen Formeln oder Zahlenwerte angewiesen, die jeweils nur einen engen Gültigkeitsbereich haben[3].

1. Kondensation

Beim Kondensieren von Dampf bildet sich häufig eine zusammenhängende Flüssigkeitsschicht an der Wand; zuweilen schlägt sich das Kondensat auch in Tropfenform nieder oder beide Arten der Kondensation treten gemeinsam auf. Ob sich Film- oder

---

[1] Min, T. C., L. F. Schutrum, G. V. Parmelee u. J. D. Vouris: Natural Convection and Radiation in a Panel-Heated Room. (Natürliche Konvektion und Strahlung bei Decken- und Fußbodenheizung.) Heat. Pip. Air Condit. Bd. 28 (1956) Nr. 5 S. 153/160 und Ref. in Heizg.-Lüftg.-Haustechn. 1956 Nr. 12 S. V u. VI.

[2] Siehe Gröber/Erk/Grigull: Grundgesetze der Wärmeübertragung, 3. Aufl. S. 282.

[3] Fritz, W.: Verdampfen und Kondensieren. Z. VDI, Beihefte Verfahrenstechnik 1943 Nr. 1 S. 1/14.

Tropfenkondensation einstellt, hängt im wesentlichen von der Benetzbarkeit der Oberfläche ab. An einer reinen, glatten Metallfläche läuft beispielsweise chemisch reines Kondensat als geschlossener Flüssigkeitsfilm ab.

Die übertragenen Wärmemengen sind nach den vorliegenden Untersuchungen stark von der Art der Kondensation abhängig. So liegt die Wärmeübergangszahl für gesättigten Wasserdampf bei der Filmkondensation etwa bei 6000 kcal/m² h grd, während sie bei Tropfenkondensation bis auf den 10fachen Betrag ansteigen kann. Da eine Kondensation in Tropfenform bei technischen Apparaten nicht mit Sicherheit zu erzielen bzw. aufrechtzuerhalten ist, rechnet man in der Praxis mit den Wärmeübergangszahlen für Filmkondensation.

Wärmeübergang an Platten oder Rohren bei Filmkondensation

NUSSELT hat die Wärmeübergangszahl aus den thermischen und hydrodynamischen Bedingungen einer laminar abströmenden Wasserhaut für ruhenden, luftfreien Sattdampf berechnet. Spätere Versuche haben gezeigt, daß der Einfluß der einzelnen Faktoren in der NUSSELTschen Gleichung richtig erfaßt ist, daß aber die α-Werte in Wirklichkeit um etwa 10% höher liegen. Es gelten:

Senkrechte Platte und Rohr

$$\alpha = 7{,}3 \cdot \sqrt[4]{\frac{\lambda^3 \cdot g \cdot \gamma \cdot r}{\nu}} \cdot \sqrt[4]{\frac{1}{t_{fl} - t_w}} \cdot \sqrt[4]{\frac{L}{H}} \cdot \tag{8.26}$$

Waagerechtes Rohr

$$\alpha = 5{,}6 \cdot \sqrt[4]{\frac{\lambda^3 \cdot g \cdot \gamma \cdot r}{\nu}} \cdot \sqrt[4]{\frac{1}{t_{fl} - t_w}} \cdot \sqrt[4]{\frac{L}{d}} \cdot \tag{8.27}$$

Die Stoffwerte beziehen sich auf das Kondensat; als Temperatur des Vorganges ist das arithmetische Mittel zwischen Kondensat und Wandtemperatur zu wählen.

Die Gleichungen können auch für Kondensation im Innern von Behältern und Rohren angewendet werden.

Die Gleichung für das waagerechte Rohr ist im Arbeitsblatt 14 dargestellt. Für $p = 1$ at ist α in Abhängigkeit vom Rohrdurchmesser und der Differenz zwischen Dampf- und Wandtemperatur aufgetragen. Für andere Drücke sind aus der beigegebenen Tabelle Korrekturfaktoren zu entnehmen.

Mit zunehmender Höhe senkrechter Platten und Rohre strömt die Wasserhaut nicht mehr laminar ab, sondern turbulent. Die Wärmeübergangszahl nimmt dabei mit wachsender Höhe und größer werdender Temperaturdifferenz $(t_{fl} - t_w)$, im Gegensatz zur Abhängigkeit bei laminarer Strömung, wieder zu.

Die NUSSELTschen Gleichungen sind zwar für ruhenden Dampf abgeleitet, liefern jedoch auch bei Dampfgeschwindigkeiten bis etwa 5 m/s noch hinreichend genaue Werte. Auch können sie für Heißdampf angewendet werden, wenn an Stelle der Verdampfungswärme r die Enthalpiedifferenz eingeführt wird. Bei Anwesenheit von Luft oder Gasen geht die Wärmeübergangszahl nach Versuchen von LÜDER[1] stark zurück, s. Abb. 8.05.

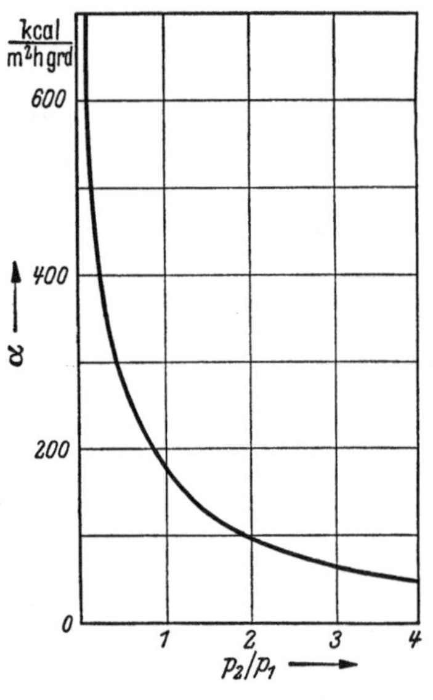

Abb. 8.05. Wärmeübergang bei der Wasserdampfkondensation in Anwesenheit von Luft (nach LÜDER).
p_1 Teildruck des Wasserdampfes,
p_2 Teildruck der Luft

2. Verdampfung

Beim Vorgang der Verdampfung von Flüssigkeiten lassen sich drei Bereiche unterscheiden, s. Abb. 8.06. Zu Beginn der Erwärmung bei kleiner Temperaturdifferenz zwischen Heizfläche und Flüssigkeit und kleiner Heizflächenbelastung tritt Eigenkonvektion an der Heizfläche auf. An der Oberfläche findet bereits eine Teilverdampfung (Verdunstung) statt. Mit stärkerer Erwärmung

---

[1] VDI-Wärmeatlas. Düsseldorf 1957, Bl. A 15.

und größer werdender Temperaturdifferenz bilden sich Blasen, die sich von der Heizfläche ablösen und eine Art Rührwirkung herbeiführen. Die Blasenbildung hängt von der Beschaffenheit, insbesondere der Rauhigkeit und der Benetzbarkeit der Oberfläche ab; auch ist die Oberflächenspannung der Flüssigkeit von wesentlichem Einfluß. Steigt die Heizflächenbelastung weiter an, so kann ein geschlossener Dampffilm auf der Heizfläche entstehen, der die Wärmeübertragung stark behindert, was in einem raschen Abfall der Wärmeübergangszahl zum Ausdruck kommt.

Der erste Teilvorgang entspricht etwa dem Wärmeübergang bei freier Strömung in einer Flüssigkeit; der zweite kann infolge der Rührwirkung mit der erzwungenen Strömung verglichen werden. Die Heizflächenbelastung stellt somit ein Maß für die Intensität der Strömung dar, und es sind daher empirisch einfache Formeln für α als Potenzfunktionen der Heizflächenbelastung $\alpha = C \cdot q^n$ gebildet worden. Die folgende Zahlentafel gibt eine Übersicht über die Wärmeübergangszahlen in Abhängigkeit von der Temperaturdifferenz $(t_w - t_{fl})$ und der Heizflächenbelastung q.

Es kann sich dabei nur um Anhaltswerte handeln, da die bis jetzt durchgeführten Messungen stark streuende Ergebnisse geliefert haben.

Auch ist zu berücksichtigen, daß bei technischen Apparaten vielfach Teile der Heizfläche der Wasservorwärmung dienen oder nicht voll benetzt sind. So muß beispielsweise im stehenden Verdampferrohr die unten eintretende Flüssigkeit zunächst auf die Verdampfungstemperatur erwärmt werden. Mit Beginn der Blasenbildung bleiben Teile der Rohroberfläche unbenetzt, bis sich die Blasen wieder ablösen. Der obere Teil des Rohres ist von Dampf erfüllt; die Wandung ist hier nicht mehr ständig mit der Flüssigkeit in Berührung.

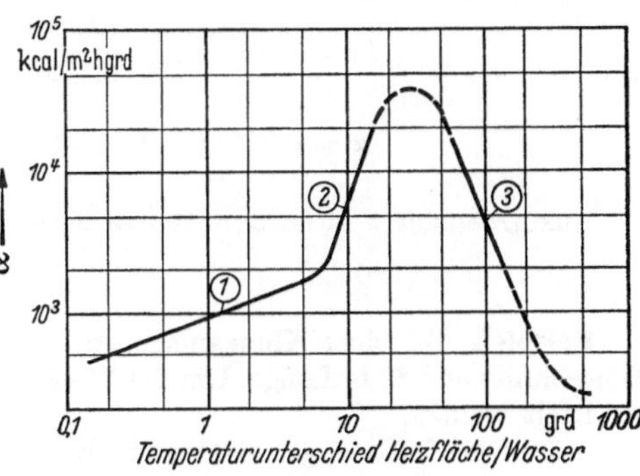

Abb. 8.06. Wärmeübergang bei der Verdampfung von Wasser (1 at)

Wärmeübergang beim Verdampfen

Heizflächen-belastung q kcal/m² h	Waagerechte Platte, Gefäße, Pfannen (ohne Rührer)		Rohr 30 bis 60 mm lichte Weite; bis 2 m Länge; natürlicher Umlauf	
	α kcal/m² h grd	$t_w - t_{fl}$ °C	α kcal/m² h grd	$t_w - t_{fl}$ °C
10000	1700	6,0	2100	4,8
20000	2500	8,0	3300	6,0
40000	4200	9,5	5400	7,4
60000	5700	10,5	7200	8,3
80000	7000	11,3	8800	9,1
100000	8300	12,0	10300	9,7
150000	11300	13,3	13700	11,0
200000	14000	14,3	—	—
250000	16500	15,1	—	—

D. Beispiele zur Ermittlung der Wärmeübergangszahl

Beispiel. In einem Rohrbündel-Wärmeaustauscher wird Wasser von 10° auf 40° mittels Heißwasser erwärmt. Es ist die Wärmeübergangszahl im Rohr zu berechnen.

Rohrdurchmesser 25 mm, Kaltwassergeschwindigkeit im Rohr 1,5 m/s, Heißwasserabkühlung von 130° auf 70°.

Nach Gl. (8.12) ist:

$$\alpha = 0,024 \cdot Re^{0,8} \cdot Pr^{0,33} \cdot \frac{\lambda}{d}.$$

Die Stoffwerte sind auf das arithmetische Mittel zwischen Wand- und Flüssigkeitstemperatur zu beziehen. Die mittlere Kaltwassertemperatur beträgt 25°, die mittlere Heißwassertemperatur 100°. Da der Wärmeübergang auf beiden Seiten des Rohres von etwa gleicher Größe ist, entspricht die Wandtemperatur dem Mittel zwischen den Wassertemperaturen

$$t_{Wand} = \frac{100 + 25}{2} = 63°.$$

Die Stoffwerttemperatur ergibt sich somit zu $\dfrac{63 + 25}{2} = 44°$.

Hierfür gilt

$$\lambda = 0,544; \quad \gamma = 987; \quad c = 0,998; \quad \nu = 0,616 \cdot 10^{-6};$$

damit errechnet sich

$$a = \frac{\lambda}{c \cdot \gamma} = \frac{0,544}{0,998 \cdot 987} = 0,552 \cdot 10^{-3};$$

$$Re = \frac{w \cdot d}{\nu} = \frac{1,5 \cdot 0,025 \cdot 10^6}{0,616} = 60\,900; \qquad Re^{0,8} = 6730;$$

$$Pr = \frac{\nu}{a} = \frac{0,616 \cdot 10^3 \cdot 3600}{10^6 \cdot 0,552} = 4,02; \qquad Pr^{0,33} = 1,581;$$

$$\alpha = 0,024 \cdot 6730 \cdot 1,581 \cdot \frac{0,544}{0,025} = 5560 \text{ kcal/m}^2 \text{ h grd}.$$

Aus Arbeitsblatt 14 ist unmittelbar zu entnehmen:

$$\alpha = 5600 \text{ kcal/m}^2 \text{ h grd}.$$

Beispiel. Bei einer Klimaanlage strömt Luft von 14° in einem gemauerten Kanal von 400×500 mm Querschnitt und 30 m Länge. Um die Erwärmung der Luft zu berechnen, soll die innere Wärmeübergangszahl ermittelt werden.

Stündliche Luftmenge: 5000 m³/h; Kanalwandtemperatur innen: 30°.

Wir gehen von der Gl. (8.14) aus:

$$\alpha = 0,0362 \cdot Pe^{0,786} \cdot \left(\frac{L}{d}\right)^{-0,054} \cdot \frac{\lambda}{d}.$$

Die Stoffwerte sind auf das arithmetische Mittel aus Luft- und Wandtemperatur zu beziehen. Stoffwerte:

$$\lambda_{22°} = 0,0222; \qquad c = 0,24; \qquad \gamma = 1,19;$$

$$a_{22°} = \frac{\lambda}{c \cdot \gamma} = \frac{0,0222}{0,24 \cdot 1,19} = 0,0777; \qquad \nu_{22°} = 15,30 \cdot 10^{-6}.$$

Mittlere Luftgeschwindigkeit:

$$w = \frac{5000}{0,4 \cdot 0,5} = 25\,000 \text{ m/h} = 6,94 \text{ m/s}.$$

Gleichwertiger Durchmesser:

$$d = \frac{4\,F}{U} = \frac{4 \cdot 0,2}{1,8} = 0,444 \text{ m};$$

Zwischenwerte:
$$Pe = \frac{25\,000 \cdot 0,444}{0,0777} = 143\,000; \qquad Pe^{0,786} = 11\,230;$$

$$\left(\frac{L}{d}\right)^{-0,054} = \left(\frac{30}{0,444}\right)^{-0,054} = 0,796;$$

Wärmeübergangszahl:

$$\alpha = 0,0362 \cdot 11\,230 \cdot 0,793 \cdot \frac{0,0222}{0,444} = 16,4 \text{ kcal/m}^2 \text{ h grd}.$$

Bei Benutzung des Arbeitsblattes 14 erhält man unmittelbar

$$\alpha = 15,5 \text{ kcal/m}^2 \text{ h grd}.$$

Beispiel. Im Rohrbündel eines Ölkühlers mit einem Rohrdurchmesser von 25 mm und einer Rohrlänge von 2000 mm wird Schmieröl von 60° auf 30° abgekühlt. Die Strömungsgeschwindigkeit im Rohr beträgt 0,5 m/s, die mittlere Wandtemperatur 24°. Es ist die Wärmeübergangszahl zu berechnen.

Nach Gl. (8.16) für laminare Strömung ist:

$$Nu = 1,86 \left(Pe \cdot \frac{d}{L}\right)^{\frac{1}{3}} \left(\frac{\eta_{fl}}{\eta_w}\right)^{0,14}.$$

Die Stoffwerte sind auf die mittlere Flüssigkeitstemperatur zu beziehen, nur die Zähigkeit η_w der wandnahen Flüssigkeitsschicht ist bei der Wandtemperatur zu wählen.
Stoffwerte:

$$\lambda_{45°} = 0,11; \qquad c_{45°} = 0,468; \qquad \gamma_{45°} = 895;$$

$$\eta_{45°} = 0,0041; \qquad \eta_{24°} = 0,021; \qquad a = \frac{\lambda}{c \cdot \gamma} = \frac{0,11}{0,468 \cdot 895} = 0,263 \cdot 10^{-3};$$

Zwischenwerte:
$$\left(\frac{\eta_{45°}}{\eta_{24°}}\right)^{0,14} = \left(\frac{0,0041}{0,021}\right)^{0,14} = 0,796;$$

$$Pe = \frac{w \cdot d}{a} = \frac{0{,}5 \cdot 3600 \cdot 0{,}025 \cdot 10^3}{0{,}263} = 171\,500;$$

$$\left(\frac{Pe \cdot d}{L}\right)^{\frac{1}{3}} = \left(\frac{171\,500 \cdot 0{,}025}{2}\right)^{\frac{1}{3}} = 12{,}89;$$

Wärmeübergangszahl:

$$\varkappa = 1{,}86 \cdot 12{,}89 \cdot 0{,}796 \cdot \frac{0{,}11}{0{,}025} = 84 \ \text{kcal/m}^2 \, \text{h grd}\,.$$

IV. Wärmedurchgang

Die Berechnung des Wärmedurchgangs, also der Wärmeströmung von einer wärmeren an eine kältere Flüssigkeit durch eine Wand hindurch, setzt die Kenntnis der Wärmeübergangszahlen an den Oberflächen und der Abmessungen und Stoffwerte der Wand voraus. Für die zeitlich unveränderliche Wärmeströmung (Beharrungszustand) lassen sich die Gleichungen des Wärmeübergangs und der Wärmeleitung in der Trennwand in einfacher Weise verknüpfen, da die von der einen Oberfläche aufgenommene Wärme stets gleich sein muß der in der Wand weitergeleiteten und an der anderen Oberfläche abgegebenen Wärme.

A. Ermittlung der Wärmedurchgangszahl

1. Die ebene Wand

Wird die von dem Wärmestrom durchflossene Wand als homogen und sehr groß im Verhältnis zur betrachteten Wandfläche F angenommen, so läßt sich der Temperaturverlauf in einfacher Weise darstellen, s. Abb. 8.01.

t_1 und t_2 sind dabei die Temperaturen der Flüssigkeiten oder der Räume 1 und 2, zwischen denen der Wärmeaustausch stattfindet, t_{w_1} und t_{w_2} die Oberflächentemperaturen der Wand.

Für den Beharrungszustand kann der Wärmestrom aus den nachstehenden drei Gleichungen berechnet werden:

$$Q_h = \alpha_1 \cdot F \,(t_1 - t_{w_1})\,,$$

$$Q_h = \frac{\lambda}{\delta} \cdot F \,(t_{w_1} - t_{w_2})\,,$$

$$Q_h = \alpha_2 \cdot F \,(t_{w_2} - t_2)\,.$$

Löst man diese Gleichungen nach den Temperaturdifferenzen auf und addiert, so heben sich die Wandtemperaturen t_{w_1} und t_{w_2} heraus und man erhält

$$t_1 - t_2 = \left(\frac{1}{\alpha_1} + \frac{\delta}{\lambda} + \frac{1}{\alpha_2}\right) \cdot \frac{Q_h}{F}\,.$$

In der Klammer stehen die Kehrwerte der Wärmeübergangszahlen und der Wärmeleitwiderstand der Wand. Man nennt

$$\frac{1}{\alpha} \ \text{den Wärmeübergangswiderstand.}$$

Der Klammerausdruck stellt den Gesamtwiderstand des Wärmedurchgangs dar, der sich als Summe aus den Teilwiderständen des Wärmeübergangs $(1/\alpha)$ und der Wärmeleitung (δ/λ) ergibt. Setzt man

$$\frac{1}{k} = \frac{1}{\alpha_1} + \frac{\delta}{\lambda} + \frac{1}{\alpha_2}\,, \tag{8.28}$$

so geht die vorstehende Gleichung nach Umformung über in

$$Q_h = k \cdot F \,(t_1 - t_2)\,. \tag{8.29}$$

Dies ist die *Grundgleichung des Wärmedurchgangs*. Man nennt

$$k \ \text{die Wärmedurchgangszahl} \quad [\text{kcal/m}^2 \, \text{h grd}]\,,$$

$$\frac{1}{k} \ \text{den Wärmedurchgangswiderstand.}$$

Aus den drei Gleichungen des Wärmestroms Q_h auf S. 357 läßt sich unmittelbar die Beziehung ableiten:

$$(t_1 - t_{w_1}) : (t_{w_1} - t_{w_2}) : (t_{w_2} - t_2) = \frac{1}{\alpha_1} : \frac{\delta}{\lambda} : \frac{1}{\alpha_2}.$$

Die Temperaturdifferenzen der Teilvorgänge der Wärmeübertragung sind sonach proportional den jeweiligen Widerständen. Dieser Zusammenhang ermöglicht es, die Oberflächentemperaturen der Wand zu ermitteln, wenn die beiden Temperaturen t_1, t_2 und die Teilwiderstände bekannt sind.

Beispiel. Für eine Ziegelmauer von der Dicke $\delta = 0,4$ m mit der Wärmeleitzahl $\lambda = 0,7$ m sind die Wandoberflächentemperaturen bei $t_1 = +20°$ und $t_2 = -15°$ zu berechnen. Die Wärmeübergangszahlen betragen $\alpha_1 = 7$ und $\alpha_2 = 20$.

Man berechnet zunächst nach Gl. (8.28) den Wärmedurchgangswiderstand $1/k$:

$$\frac{1}{k} = \frac{1}{7} + \frac{0,4}{0,7} + \frac{1}{20} = 0,143 + 0,571 + 0,050 = 0,764.$$

Der Temperaturunterschied $t_1 - t_2$ teilt sich also auf die Einzelvorgänge wie folgt auf:

$$t_1 - t_{w_1} = \frac{0,143}{0,764} \cdot 35 = 6,5°,$$

$$t_{w_1} - t_{w_2} = \frac{0,571}{0,764} \cdot 35 = 26,2°,$$

$$t_{w_2} - t_2 = \frac{0,050}{0,764} \cdot 35 = 2,3°.$$

Demnach ist

$$t_{w_1} = t_1 - 6,5 = +13,5°,$$

$$t_{w_2} = t_2 + 2,3 = -12,7°.$$

Für eine Wand mit mehreren Schichten von den Dicken δ_1, δ_2, δ_3 und den Wärmeleitzahlen λ_1, λ_2, λ_3 würde eine Wiederholung der obigen Rechnung die Gleichung liefern:

$$\frac{1}{k} = \frac{1}{\alpha_1} + \frac{\delta_1}{\lambda_1} + \frac{\delta_2}{\lambda_2} + \frac{\delta_3}{\lambda_3} + \frac{1}{\alpha_2} = \frac{1}{\alpha_1} + \sum \frac{\delta}{\lambda} + \frac{1}{\alpha_2}. \tag{8.28 a}$$

Der gesamte Wärmedurchgangswiderstand der Wand summiert sich also aus den Wärmeübergangswiderständen an den beiden Oberflächen und aus den Wärmeleitwiderständen sämtlicher Schichten.

Ist eine davon eine Luftschicht, so darf hier nicht der Wärmeleitwiderstand $1/\Lambda$ gleich Dicke δ geteilt durch Wärmeleitzahl λ der Luft gesetzt werden, weil bei Luftschichten der Wärmetransport nicht nur durch Leitung, sondern auch durch Strömung der Luft und durch Strahlung erfolgt. Für Luftschichten, wie sie im Hochbau vorkommen, kann man als Wärmeleitwiderstand $1/\Lambda$ die Werte der Zahlentafel A 21 einsetzen.

Während beim Wärmedurchgang durch Gebäudewände der Dämmwert $\Sigma \delta/\lambda$ den Hauptwiderstand ausmacht, ist bei technischen Apparaten der Widerstand in der Trennwand oft vernachlässigbar klein. Der Durchgangswiderstand und damit auch die Durchgangszahl k sind bestimmt durch die Wärmeübergangszahlen, wobei vielfach der Wärmeübergang auf einer Seite entscheidend ist. Will man bei Wärmeaustauschern die Leistung erhöhen, so gilt es, den Wärmeübergang auf der Seite mit dem kleineren α-Wert zu verbessern. Das ist in der Regel die an gasförmige Medien grenzende Oberfläche.

Beispiel. Für einen gußeisernen *Gliederheizkörper* mit $\delta = 0,004$ m Wanddicke und $\lambda = 40$ kcal/m h grd, der an eine Warmwasserheizung angeschlossen ist, sei die innere Wärmeübergangszahl $\alpha_1 = 500$, die äußere Wärmeübergangszahl $\alpha_2 = 10$. Die Teilwiderstände sind

$$\frac{1}{\alpha_1} = \frac{1}{500} = \frac{20}{10\,000}, \quad \text{d. s.} \quad 1,9\% \text{ von } \frac{1}{k},$$

$$\frac{\delta}{\lambda} = \frac{0,004}{40} = \frac{1}{10\,000}, \quad \text{d. s.} \quad 0,1\% \text{ von } \frac{1}{k},$$

$$\frac{1}{\alpha_2} = \frac{1}{10} = \frac{1000}{10\,000}, \quad \text{d. s.} \quad 98\% \text{ von } \frac{1}{k}.$$

Die Leistung des Heizkörpers hängt sonach praktisch nur vom Wärmeübergang an der Raumseite ab.

Bei Wärmeaustauschern mit beidseitig hohen Wärmeübergangszahlen, z. B. dampfbeheizten Wasservorwärmern, kann auch der Wärmeleitwiderstand der Heizflächen von Bedeutung sein. Das gilt vor allem, wenn durch Steinbelag Schichten mit niedrigen Wärmeleitzahlen eingeschaltet sind.

2. Die Rohrwand

Für den Wärmedurchgang bei einem Kreisrohr mit dem Innendurchmesser D_1, dem Außendurchmesser D_2 und der Länge L gelten im Beharrungszustand die Gleichungen

$$Q_h = \alpha_1 \cdot D_1 \cdot \pi \cdot L (t_1 - t_{w_1}) \,,$$

$$Q_h = \lambda \frac{2\,\pi}{\ln \dfrac{D_2}{D_1}} \cdot L (t_{w_1} - t_{w_2}) \,,$$

$$Q_h = \alpha_2 \cdot D_2 \cdot \pi \cdot L (t_{w_2} - t_2) \,.$$

t_{w_1} und t_{w_2} sind jeweils wieder die Wandoberflächentemperaturen, wobei angenommen sei, daß das Rohr von innen beheizt werde, also $t_1 > t_{w_1} > t_{w_2} > t_2$.

Nach Umformung wie bei der ebenen Wand und Addition der Gleichungen erhält man

$$(t_1 - t_2) = \frac{Q_h}{\pi \cdot L} \left(\frac{1}{\alpha_1 \cdot D_1} + \frac{1}{2\,\lambda} \ln \frac{D_2}{D_1} + \frac{1}{\alpha_2 \cdot D_2} \right)$$

oder

$$Q_h = \frac{\pi}{\dfrac{1}{\alpha_1 \cdot D_1} + \dfrac{1}{2\,\lambda} \ln \dfrac{D_2}{D_1} + \dfrac{1}{\alpha_2 \cdot D_2}} \cdot L (t_1 - t_2) \,. \tag{8.30}$$

Für das Rohr ist es üblich, die Wärmedurchgangsgleichung (8.30) in der Form zu schreiben

$$Q_h = k_R \cdot L (t_1 - t_2) \,. \tag{8.31}$$

Es wird also eine Wärmedurchgangszahl k_R eingeführt, die sich nicht wie bei der ebenen Wand auf die Fläche, sondern auf die Längeneinheit bezieht. Auch hier gilt der Satz, daß sich der gesamte Durchgangswiderstand aus den einzelnen Teilwiderständen zusammensetzt; aber bei diesen erscheinen noch die Durchmesser bzw. Durchmesserverhältnisse. Für ein Rohr aus mehreren im Wärmestrom hintereinanderliegenden Schichten mit unterschiedlichen Dicken und Wärmeleitzahlen gilt allgemein

$$k_R = \frac{\pi}{\dfrac{1}{\alpha_1 \cdot D_1} + \sum \dfrac{1}{2\,\lambda} \ln \dfrac{D'}{D} + \dfrac{1}{\alpha_2 \cdot D_2}} \quad [\text{kcal/m h grd}] \,. \tag{8.32}$$

D' ist dabei der äußere, D der innere Durchmesser einer Schicht mit der Wärmeleitzahl λ.

Die Gln. (8.30) und (8.31) finden in der Praxis vor allem Anwendung zur Berechnung der Wärmeverluste isolierter Rohrleitungen (s. S. 431).

B. Berechnung der mittleren Temperaturdifferenz und der Größe von Wärmeaustauschern

Die Grundgleichung (8.29) des Wärmedurchgangs gilt strenggenommen nur für ein sehr kleines Flächenelement, bei dem die Flüssigkeitstemperaturen auf beiden Seiten der Trennwand (t_1 und t_2) als konstant angesehen werden können. Bei Wärmeaustauschern ändern sich im allgemeinen jedoch die Temperaturen der beiden strömenden Flüssigkeiten längs der Heiz- bzw. Kühlflächen. Man berücksichtigt diese Temperaturänderung, indem man eine mittlere wirksame Temperaturdifferenz Δm einführt und schreibt:

$$Q_h = k \cdot F \cdot \Delta m \,. \tag{8.33}$$

Die mittlere Temperaturdifferenz Δm ist durch die Eintritts- und Austrittstemperaturen der beiden Flüssigkeiten sowie die Art der Flüssigkeitsführung längs der Heizfläche festgelegt. Der Verlauf der Temperaturen ist nämlich verschieden, je nachdem, ob die Flüssigkeiten auf beiden Seiten gleich- oder gegenläufig strömen (Gleichstrom, Gegenstrom). Es ist auch noch denkbar, daß die Strömungsrichtungen senkrecht zueinander stehen (Kreuzstrom) oder daß Mischformen des Parallel- und Kreuzstroms Verwendung finden. Für diese Arten der Flüssigkeitsführung gilt es, die für die Leistung eines Wärmeaustauschers maßgebende mittlere Temperaturdifferenz zu berechnen.

1. Gleichstrom und Gegenstrom

Zur Unterscheidung der Flüssigkeitstemperaturen wird in den folgenden Formeln im allgemeinen

die wärmere Flüssigkeit mit dem Zeiger 1,
die kältere Flüssigkeit mit dem Zeiger 2

gekennzeichnet. Es werden weiterhin versehen

die Anfangstemperaturen mit dem Zeiger a,
die Endtemperaturen   mit dem Zeiger e.

Man erhält so die in Abb. 8.07 eingetragenen Temperaturbezeichnungen.

Sind G_1 und G_2 die Gewichte der stündlich am Wärmeaustausch beteiligten Flüssigkeitsströme und c_1 bzw. c_2 die zugehörigen spezifischen Wärmen, so gilt bei Vernachlässigung der Wärmeverluste des Vorgangs

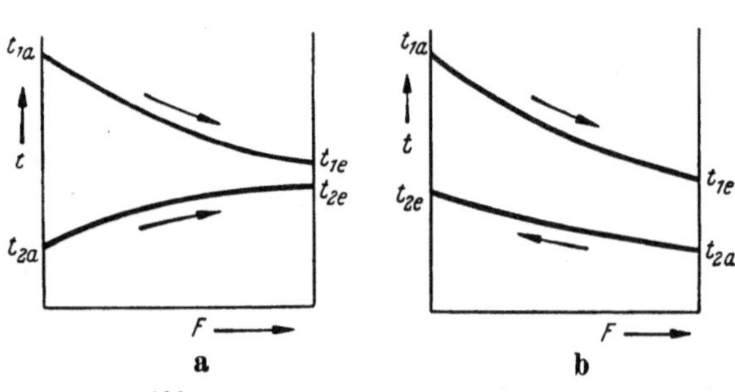

$$Q_h = G_1 \cdot c_1 (t_{1a} - t_{1e}), \qquad (8.34\,\text{a})$$

$$Q_h = G_2 \cdot c_2 (t_{2e} - t_{2a}). \qquad (8.34\,\text{b})$$

Das Produkt $G \cdot c$ nennt man auch den *Wasserwert W* eines Flüssigkeitsstroms. Durch Zusammenfassung der letzten beiden Gleichungen ergibt sich

$$\frac{t_{1a} - t_{1e}}{t_{2e} - t_{2a}} = \frac{G_2 \cdot c_2}{G_1 \cdot c_1} = \frac{W_2}{W_1}. \qquad (8.35)$$

Abb. 8.07. Temperaturbezeichnungen.
a) Gleichstrom; b) Gegenstrom

Daraus folgt erstens, daß sich die Temperaturänderungen beider Flüssigkeiten umgekehrt wie die Wasserwerte verhalten, und zweitens, daß bei der Formulierung einer Aufgabe von den sechs maßgebenden Größen, nämlich den vier Temperaturen und den zwei Wasserwerten, nur fünf willkürlich gewählt werden dürfen. Die sechste Größe ist aus Gl. (8.35) zu ermitteln. Meist wird diese sechste Größe eine der beiden Austrittstemperaturen oder eines der beiden Flüssigkeitsgewichte sein.

Auf den Verlauf der Flüssigkeitstemperatur längs der Heizfläche ist nicht nur die Art der Strömung, sondern auch das Verhältnis der Wasserwerte von Einfluß. Abb. 8.08a bis d zeigt an vier Beispielen den Temperaturverlauf der beiden Flüssigkeiten bei Gleich- und Gegenstrom, und zwar bei unterschiedlichen Wasserwerten. Man erkennt daraus, daß der Gegenstrom eine stärkere Abkühlung der wärmeren Flüssigkeit bzw. eine höhere Erwärmung der kälteren ermöglicht.

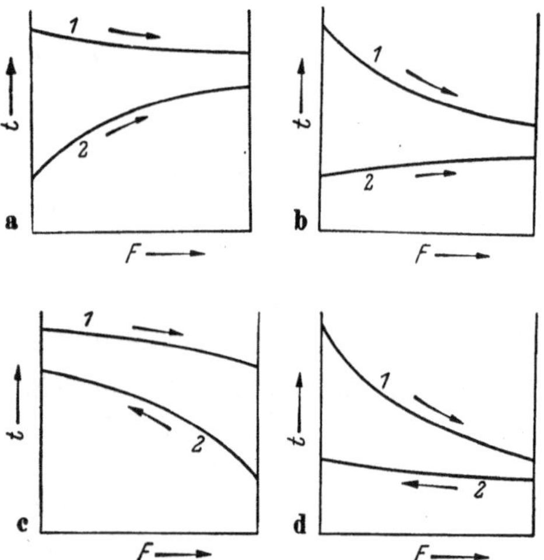

Abb. 8.08. Temperaturverlauf längs der Heizfläche.
a) Gleichstrom $G_1 \cdot c_1 > G_2 \cdot c_2$;
b) Gleichstrom $G_1 \cdot c_1 < G_2 \cdot c_2$;
c) Gegenstrom $G_1 \cdot c_1 > G_2 \cdot c_2$;
d) Gegenstrom $G_1 \cdot c_1 < G_2 \cdot c_2$

Die Temperaturen folgen einem Exponentialgesetz, aus dem die mittlere Temperaturdifferenz berechnet werden kann. Bezeichnet man mit Δk den *kleineren* Wert des Temperaturunterschiedes der beiden Flüssigkeiten, einerlei ob am Anfang oder Ende der Heizfläche, und mit Δg den *größeren* Temperaturunterschied, so ist nach einer von GRASHOF angegebenen Beziehung der mittlere Temperaturunterschied

$$\Delta m = \Delta g \frac{1 - \dfrac{\Delta k}{\Delta g}}{\ln \dfrac{\Delta g}{\Delta k}} = \Delta g \cdot f\left(\frac{\Delta k}{\Delta g}\right). \tag{8.36}$$

In Abb. 8.09 ist $\dfrac{\Delta m}{\Delta g}$ in Abhängigkeit von $\dfrac{\Delta k}{\Delta g}$ wiedergegeben.

Sind die Temperaturänderungen beider Flüssigkeiten nicht allzu groß, so kann Δm auch näherungsweise wie folgt bestimmt werden: man bildet für jede Flüssigkeit das arithmetische Mittel aus Eintritts- und Austrittstemperatur und setzt Δm gleich dem Unterschied dieser arithmetischen Mittel. Also ist angenähert

$$\Delta m = \frac{t_{1_a} + t_{1_e}}{2} - \frac{t_{2_a} + t_{2_e}}{2}.$$

Der Näherungswert für $\dfrac{\Delta m}{\Delta g}$, der dieser Gleichung entspricht, ist in Abb. 8.09 durch die gestrichelte Gerade dargestellt. Man sieht aus dieser Abbildung, daß der Näherungswert von dem genauen Wert nicht allzusehr abweicht, solange das Verhältnis $\Delta k : \Delta g$ nicht kleiner ist als 0,5. Die Gl. (8.36) gilt für Gleichstrom und Gegenstrom. Es ist nur jeweils an Hand eines Temperaturbildes nach Abb. 8.08 festzustellen, welche Werte für Δk und Δg einzusetzen sind.

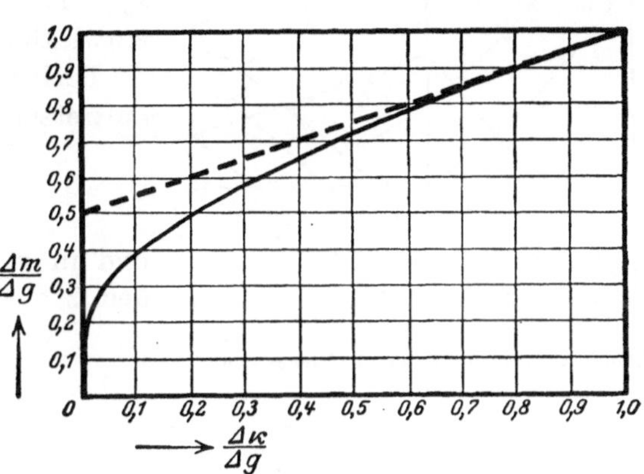

Abb. 8.09. Lösung der Gl. (8.36)

Beispiel. In einem Wärmeaustauscher sollen stündlich 2,5 m³ einer Flüssigkeit vom spezifischen Gewicht $\gamma_1 = 1100$ und der spezifischen Wärme 0,727 von 120° auf 40° gekühlt werden. Zur Kühlung stehen stündlich 10 m³ Wasser von 10° zur Verfügung. — Es sind die mittleren Temperaturdifferenzen und die Größe der Kühlflächen bei Gleich- und Gegenstrom zu bestimmen.

1. Bestimmung der noch fehlenden vierten Temperatur (Austrittstemperatur des Kühlwassers):

Die Wärme, welche die heiße Flüssigkeit abgibt, ist

$$Q_1 = 2,5 \cdot 1100 \cdot 0,727 \cdot (120 - 40) = 160\,000 \text{ kcal/h}.$$

Die Wärme, welche das Kühlwasser aufnimmt, ist

$$Q_2 = 10 \cdot 1000 \cdot 1,0 \cdot (t_{2_e} - 10).$$

Da $Q_2 = Q_1$ sein muß, errechnet sich die Austrittstemperatur des Kühlwassers zu

$$t_{2_e} = 10 + \frac{160\,000}{10\,000} = 26°.$$

2. Bestimmung der mittleren Temperaturdifferenz Δm:

An Hand zweier Skizzen gemäß Abb. 8.08 findet man

	Gleichstrom		Gegenstrom

Gleichstrom

$\Delta k = 14°$ und $\Delta g = 110°$.

Daraus $\quad \dfrac{\Delta k}{\Delta g} = \dfrac{14}{110} = 0,13$

und aus Abb. 8.09

$$\frac{\Delta m}{\Delta g} = 0,42.$$

Es ergibt sich also:

$$\Delta m = \Delta g \cdot 0,42 = 46,5°.$$

Gegenstrom

$\Delta k = 30°$ und $\Delta g = 94°$

$\dfrac{\Delta k}{\Delta g} = \dfrac{30}{94} = 0,32.$

$$\frac{\Delta m}{\Delta g} = 0,60.$$

$$\Delta m = \Delta g \cdot 0,6 = 56,5°.$$

3. Bestimmung der Kühlflächen: Für eine hier nach Erfahrungswerten angenommene Wärmedurchgangszahl $k = 1000$ ergibt sich aus der Gl. (8.33) die Kühlfläche zu

$$F = \frac{Q_h}{k \cdot \Delta m} = \frac{160\,000}{1000 \cdot 46,5} = 3,4 \text{ m}^2 \text{ für Gleichstrom}$$

bzw.

$$F = \frac{160\,000}{1000 \cdot 56,5} = 2,8 \text{ m}^2 \text{ für Gegenstrom.}$$

2. Kreuzstrom

Die Berechnung der mittleren Temperaturdifferenz Δm ist bei Kreuzstrom schwieriger, da die Endtemperaturen der beiden Flüssigkeiten je nach der Austrittsstelle verschieden sind. Abb. 8.10 zeigt in räumlicher Darstellung den Temperaturverlauf für einzelne Stromfäden.

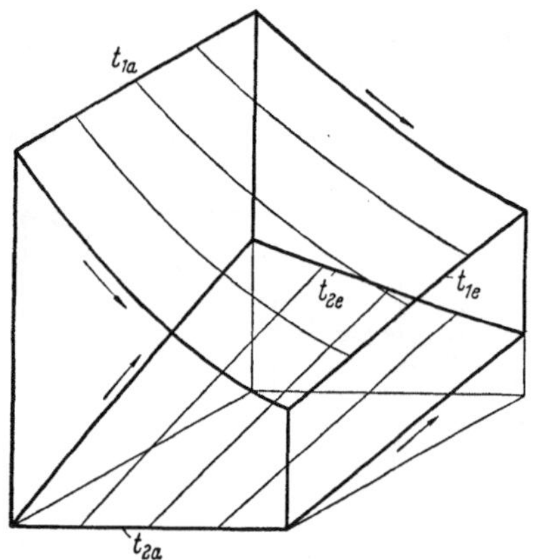

Abb. 8.10. Temperaturbild für Kreuzstrom

Die wärmere Flüssigkeit kühlt am Eintritt der kälteren stärker ab als an deren Austritt; ebenso erwärmt sich die kältere Flüssigkeit am Eintritt der wärmeren stärker. Für die Austrittstemperaturen sind sonach Mittelwerte $t_{1_{em}}$ und $t_{2_{em}}$ einzuführen. Ihre Berechnung ist nur durch Reihenentwicklung möglich.

Bezieht man die Abkühlung der Flüssigkeit 1 auf den auftretenden höchsten Temperaturunterschied, bildet also

$$\left(\frac{t_{1a} - t_{1em}}{t_{1a} - t_{2a}}\right) = \Phi$$

und in gleicher Weise für die zu erwärmende Flüssigkeit 2

$$\left(\frac{t_{2em} - t_{2a}}{t_{1a} - t_{2a}}\right) = \varXi,$$

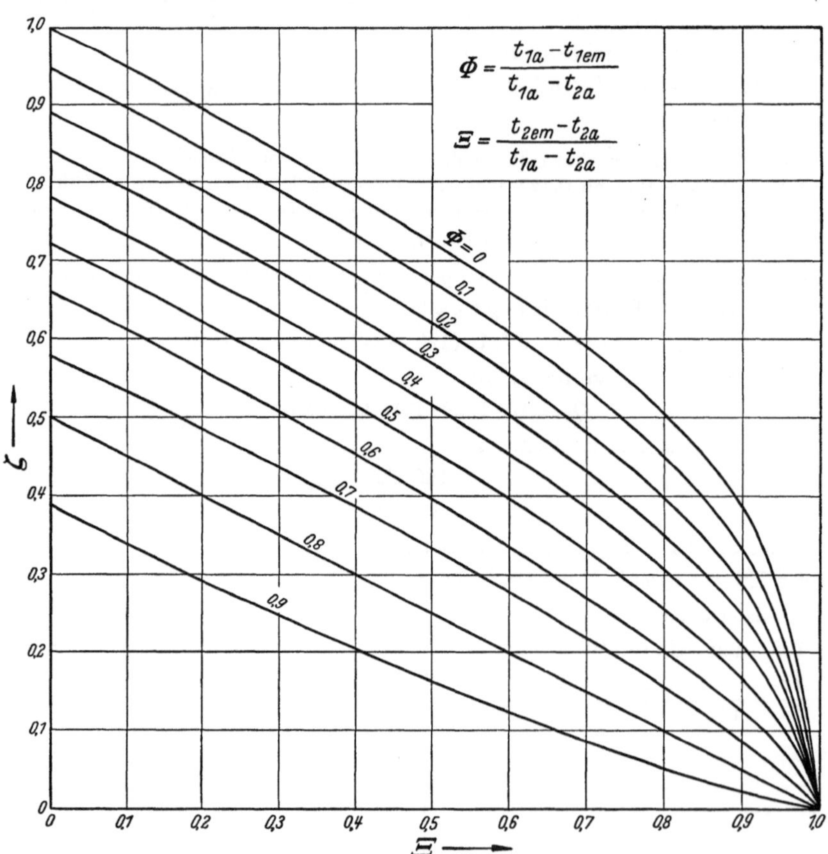

Abb. 8.11. ζ-Werte für Kreuzstrom

so läßt sich aus beiden Verhältniswerten eine Hilfsgröße ζ ermitteln, die mit $(t_{1a} - t_{2a})$ multipliziert auf den gesuchten Temperaturunterschied Δm führt, d. h.

$$\Delta m_{Kr} = \zeta\,(t_{1a} - t_{2a}). \tag{8.37}$$

Abb. 8.11 gibt ζ in Abhängigkeit von den erwähnten Verhältniswerten Φ und $\varXi$ wieder.

Beispiel. Für die im vorstehenden Beispiel angegebenen Betriebsbedingungen eines Wärmeaustauschers sollen die mittlere Temperaturdifferenz und die erforderliche Heizfläche bei Kreuzstrom bestimmt werden. Es sind zu bilden:

$$\frac{t_{1a} - t_{1em}}{t_{1a} - t_{2a}} = \frac{120 - 40}{120 - 10} = \frac{80}{110} = 0{,}73\,,$$

$$\frac{t_{2em} - t_{2a}}{t_{1a} - t_{2a}} = \frac{26 - 10}{120 - 10} = \frac{16}{110} = 0{,}145\,.$$

Aus Abb. 8.11 ist für diese Werte zu entnehmen $\zeta = 0{,}48$. Daraus $\Delta m = 0{,}48 \cdot 110 = 53°$.

Mit Hilfe von $\qquad\qquad Q_h = k \cdot F \cdot \Delta m$ erhält man für $k = 1000$

$$F = \frac{160\,000}{1000 \cdot 53} = 3{,}0 \text{ m}^2\,.$$

Die Heizfläche liegt sonach bei Kreuzstrom zwischen den Werten für Gleich- und Gegenstrom, und zwar näher am letzteren.

Diese Feststellung gilt unter der Voraussetzung, daß der k-Wert bei den drei Strömungsformen gleich ist. Tatsächlich ist aber beim quer angeströmten Rohr oder Rohrbündel häufig mit höheren k-Werten zu rechnen, so daß sich bei Kreuzstrom die kleineren Heizflächen ergeben können.

3. Gemischte Schaltungen von Kreuz- und Parallelstrom

Der reine Kreuzstrom ist in der Praxis selten verwirklicht. Meist findet man Mischschaltungen von Kreuz- und Parallelstrom. So strömen bei Speisewasservorwärmern nach Art der Abb. 8.12 die Rauchgase zwar quer zu den Speisewasserrohren; zugleich bewegt sich aber das Wasser in den hintereinandergeschalteten Rohren dem Rauchgasstrom entgegen. Man bezeichnet diese Strömungsschaltung als „Kreuz-Gegenstrom". „Mehrgängige" Wärmeaustauscher entstehen, wenn nach Abb. 8.13 parallele Rohrbündel hintereinandergeschaltet sind, so daß die innen strömende Flüssigkeit mehrfach ihre Richtung ändert. Der Hauptvorgang verläuft dabei — besonders bei vielen Richtungsänderungen — im Kreuzstrom, der Einzelvorgang im Parallelstrom, und zwar abwechselnd im Gleich- und Gegenstrom.

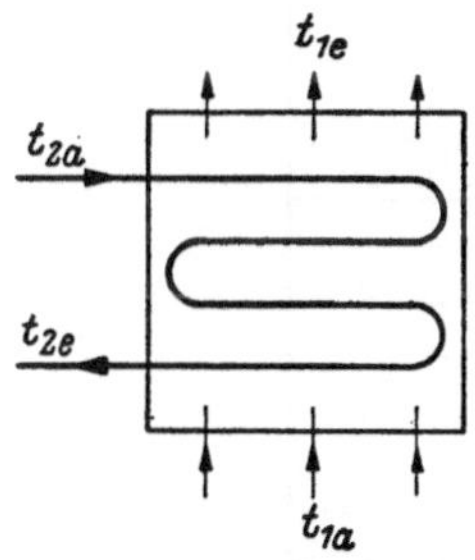

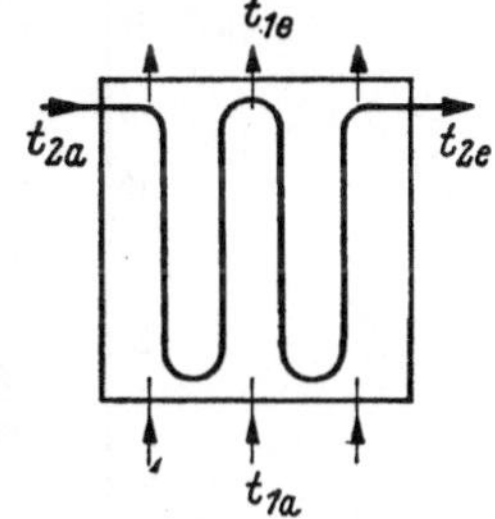

Abb. 8.12. Kreuz-Gegenstrom

Abb. 8.13. Mehrgängiger Wärmeaustauscher

Die thermische Güte solcher Wärmeaustauschschaltungen läßt sich durch Vergleich mit dem reinen Gegenstrom kennzeichnen, und zwar bildet man den Quotienten aus der mittleren Temperaturdifferenz Δm bei der jeweiligen Schaltung zur mittleren Temperaturdifferenz bei Gegenstrom $(\Delta m)_{Geg}$, also

$$\varphi = \frac{\Delta m}{(\Delta m)_{Geg}}\,.$$

φ ist abhängig von dem Verhältnis der Wasserwerte $\dfrac{W_1}{W_2}$ und einer Größe Ψ, die sich aus den Temperaturen der Vorgänge bestimmen läßt[1].

C. Berechnung der Ablauftemperaturen und der Leistung von Wärmeaustauschern bei unterschiedlichen Betriebsbedingungen

Die im Abschn. B wiedergegebenen Beziehungen ermöglichen die Bestimmung der Größe eines Wärmeaustauschers bei bekannten Wasserwerten und Temperaturen der wärmeaustauschenden Flüssigkeiten. Sie reichen in dieser Form nicht aus, wenn für einen gegebenen Apparat die Ablauftemperaturen bei beliebigen Wasserwerten der beiden Flüssigkeiten ermittelt werden sollen, also die Leistung bei abweichenden Betriebsbedingungen. Für diese zweite Aufgabengruppe sind die drei Arten der Flüssigkeitsführung getrennt zu betrachten.

---

[1] Näheres s. VDI-Wärmeatlas, Fußnote S. 343.

1. Gleichstrom

Verknüpft man die durch Gl. (8.36) dargestellte Beziehung zwischen den Temperaturunterschieden mit der Wärmedurchgangsgleichung (8.33) und der Bilanzgleichung (8.35), so läßt sich für die Abkühlung der Flüssigkeit 1 im Gleichstrom ableiten:

$$(t_{1_a} - t_{1_e}) = (t_{1_a} - t_{2_a}) \cdot \frac{1 - e^{-\frac{k \cdot F}{W_1} \cdot \left(1 + \frac{W_1}{W_2}\right)}}{1 + \frac{W_1}{W_2}} = (t_{1_a} - t_{2_a}) \cdot \Phi_{Gl}. \tag{8.38}$$

Die als Bruch auftretende Funktion Φ_{Gl} ist nur abhängig von $\frac{k \cdot F}{W_1}$ und $\frac{W_1}{W_2}$ und kann sonach allgemein in Abhängigkeit von diesen Größen dargestellt werden (s. Abb. 8.14). Φ_{Gl} gibt das

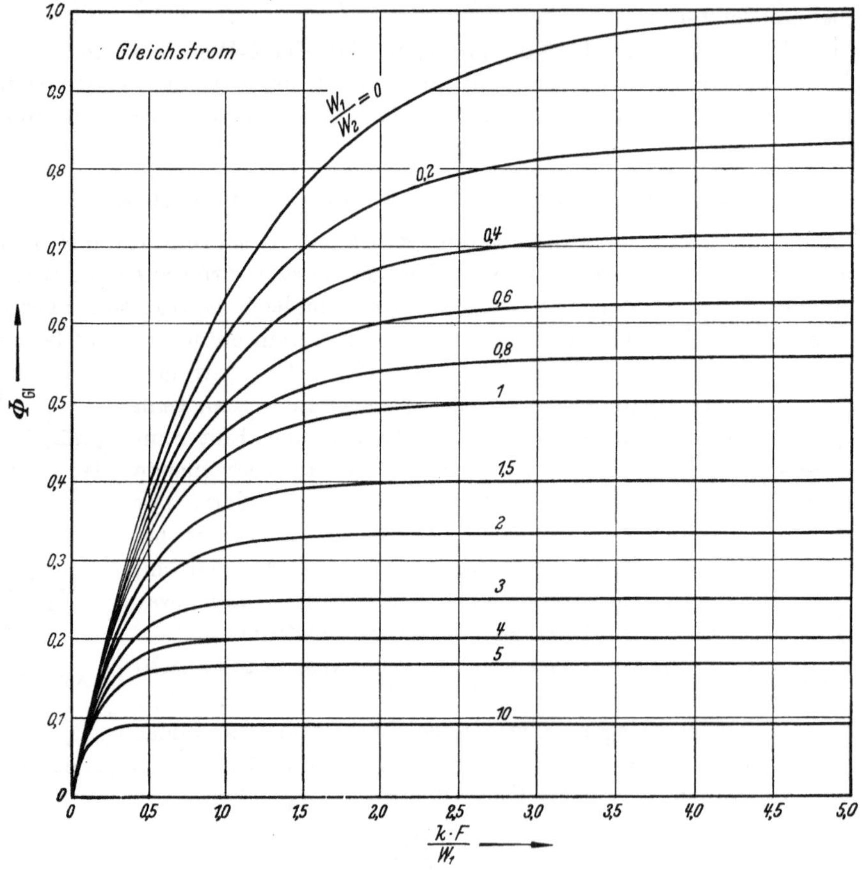

Abb. 8.14. Ermittlung von Φ_{Gl} (Gleichstrom)

bereits erwähnte Verhältnis der Abkühlung der Flüssigkeit 1 zur maximalen Temperaturdifferenz der beiden Flüssigkeiten am Apparateintritt wieder.

Aus Gl. (8.38) ist bei gegebenen Werten von F, k, W_1, W_2 sowie t_{1_a} und t_{2_a} sonach die Endtemperatur t_{1_e} der Flüssigkeit 1 zu berechnen. Da $Q_h = W_1 (t_{1_a} - t_{1_e})$, folgt daraus auch

$$Q_h = (t_{1_a} - t_{2_a}) \cdot W_1 \cdot \Phi_{Gl}. \tag{8.39}$$

Aus Q_h ist mit Hilfe von W_2 leicht $(t_{2_e} - t_{2_a})$, also auch t_{2_e} zu ermitteln.

Für $F = \infty$ und $W_1 < \infty$ erhält man $\Phi_{Gl} = \dfrac{1}{1 + \dfrac{W_1}{W_2}}$

und damit

$$Q_{h\,\text{max}} = (t_{1_a} - t_{2_a}) \cdot W_1 \cdot \frac{1}{1 + \dfrac{W_1}{W_2}}$$

Zuweilen ist der Temperaturunterschied eines Heiz- oder Kühlmediums zwischen Apparate-Eintritt und -Austritt so klein, daß er vernachlässigt werden kann, sei es, daß der Flüssigkeitsstrom sehr groß ist oder daß eine Änderung des Aggregatzustandes vorliegt. Das Verhältnis der Wasserwerte $\frac{W_1}{W_2}$ nähert sich dann dem Wert Null, wenn man mit dem Index 2 die Seite mit der vernachlässigbar kleinen Temperaturänderung bezeichnet. (Oft ist dann auch der Wärmeübergang auf dieser Seite so hoch, daß man Wand- und Flüssigkeitstemperatur gleichsetzen und statt k die Wärmeübergangszahl α_1 einführen kann.) Dann nimmt Gl. (8.38) die vereinfachte Form an

$$(t_{1_a} - t_{1_e}) = (t_{1_a} - t_2) \cdot (1 - e^{-\frac{k \cdot F}{W_1}})$$

oder nach Umformung

$$(t_{1_e} - t_2) = (t_{1_a} - t_2) \cdot e^{-\frac{k \cdot F}{W_1}}. \tag{8.40}$$

Die Wärmeleistung ergibt sich zu

$$Q_h = W_1 \cdot (t_{1_a} - t_{1_e}) = (t_{1_a} - t_2) \cdot W_1 \cdot (1 - e^{-\frac{k \cdot F}{W_1}}). \tag{8.41}$$

Die Gl. (8.40) kann auch zur Berechnung der Abkühlung oder Erwärmung eines Flüssigkeitsspeichers benutzt werden, wenn durch Mischung die Speichertemperatur weitgehend ausgeglichen ist. An Stelle des Wasserwertes W_1 des Flüssigkeitsstromes[1] ist in Gl. (8.40) einzuführen

$$W_1 = G_1 \cdot c_1 = \frac{V \cdot \gamma_1 \cdot c_1}{z}.$$

Dabei ist V das Speichervolumen [m³] und z die Auskühl- (Anheiz-) Zeit [h]. Damit erhält man die Beziehung

$$(t_{1_e} - t_2) = (t_{1_a} - t_2) \cdot e^{-\frac{k \cdot F}{V \cdot \gamma_1 \cdot c_1} z}. \tag{8.42}$$

Für γ_1 und c_1 sind Mittelwerte einzusetzen; t_2 ist identisch mit der Umgebungstemperatur (Auskühlvorgang) oder der Heizmitteltemperatur (Anheizvorgang). Entsprechend sind auch k und F zu wählen. Näheres s. Beispiel 3, S. 429.

2. Gegenstrom

In gleicher Weise läßt sich bei Gegenstrom für die Abkühlung der Flüssigkeit 1 ableiten:

$$(t_{1_a} - t_{1_e}) = (t_{1_a} - t_{2_a}) \cdot \frac{1 - e^{-\frac{k \cdot F}{W_1}\left(1 - \frac{W_1}{W_2}\right)}}{1 - \frac{W_1}{W_2} \cdot e^{-\frac{k \cdot F}{W_1}\left(1 - \frac{W_1}{W_2}\right)}} = (t_{1_a} - t_{2_a}) \cdot \Phi_{Geg}. \tag{8.43}$$

Φ_{Geg} ist als Verhältnis der beiden Temperaturunterschiede in Abb. 8.15 anzusehen, ist also ein Maß dafür, wie weit in einem gegebenen Fall die von einer Flüssigkeit mitgeführte Wärmemenge auf eine zweite Flüssigkeit mit tieferer Temperatur übertragen werden kann. Auch hier ist Φ ausschließlich von $\frac{k \cdot F}{W_1}$ und $\frac{W_1}{W_2}$ abhängig, also in der gleichen Art wie bei Gleichstrom darstellbar, s. Abb. 8.16.

Ebenso erhält man wieder die Leistung aus

$$Q_h = (t_{1_a} - t_{2_a}) \cdot W_1 \cdot \Phi_{Geg}. \tag{8.44}$$

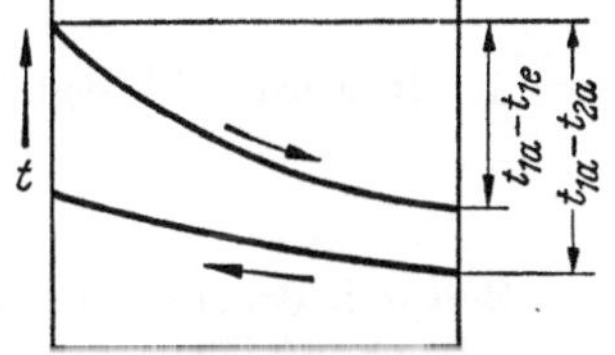

Abb. 8.15. Temperaturunterschiede bei Gegenstrom

Die Grenzwerte, denen Q_h mit zunehmender Heizflächengröße ($F \to \infty$) zustrebt, ergeben sich zu

$$Q_{h\,max} = (t_{1_a} - t_{2_a}) \cdot W_1 \quad \text{für} \quad \frac{W_1}{W_2} < 1$$

bzw.

$$Q_{h\,max} = (t_{1_a} - t_{2_a}) \cdot W_2 \quad \text{für} \quad \frac{W_1}{W_2} > 1,$$

d. h., Q_{max} ist stets das Produkt aus dem höchsten Temperaturunterschied und dem kleineren der beiden Wasserwerte.

---

[1] Beim Wasserwert ist G in kg/h einzusetzen, s. S. 360 Gl. (8.34a u. b).

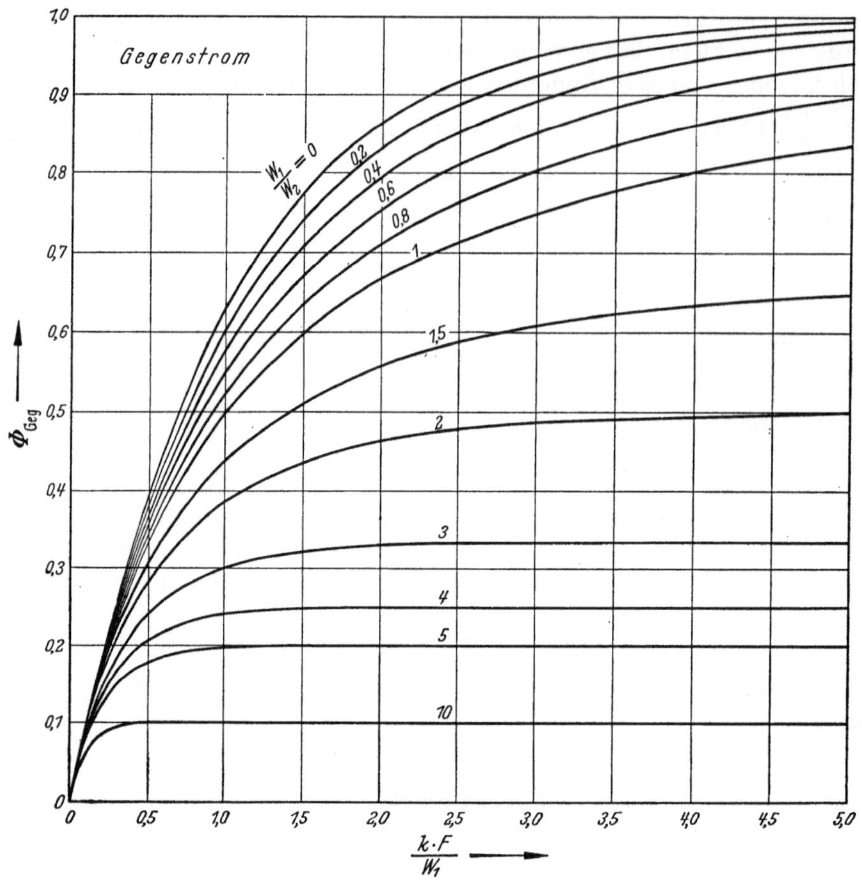

Abb. 8.16. Ermittlung von Φ_{Geg} (Gegenstrom)

3. Kreuzstrom

Für Kreuzstrom hat NUSSELT[1] eine Funktion Φ_{Kr} abgeleitet, die zur Ermittlung der Ablauf-temperaturen benutzt werden kann, s. Abb. 8.17. Bei gegebenem $\frac{W_1}{W_2}$ sowie $\frac{k \cdot F}{W_1}$ kann daher auch für Kreuzstrom die Abkühlung der Flüssigkeit 1 aus der einfachen Beziehung

$$(t_{1a} - t_{1em}) = (t_{1a} - t_{2a}) \cdot \Phi_{Kr} \tag{8.45}$$

ermittelt werden. Desgleichen gilt wieder:

$$Q_h = (t_{1a} - t_{2a}) \cdot W_1 \cdot \Phi_{Kr} . \tag{8.46}$$

Beispiel. Bei einem Kühlvorgang fallen stündlich 8 m³ Wasser von 70° an. In einem Wärmeaustauscher von 20 m² Heizfläche soll die Abwärme zur Gebrauchswassererwärmung ausgenutzt werden. Gebrauchs-wassermenge: 16 m³/h. Zulauftemperatur des Gebrauchswassers: 10°.

Gesucht sind die Ablauftemperaturen und die Wärmeleistung bei Gleichstrom, bei Gegenstrom und bei Kreuzstrom für eine konstant angenommene Wärmedurchgangszahl von $k = 850$ kcal/m² h grd.

Zur Ermittlung der Ablauftemperatur verwenden wir die Φ-Funktionen der Abb. 8.14, 8.16 und 8.17. Die Veränderlichen ergeben sich zu

$$\frac{W_1}{W_2} = \frac{G_1 \cdot c_1}{G_2 \cdot c_2} = \frac{8 \cdot 978 \cdot 1}{16 \cdot 1000 \cdot 1} = 0,489 ,$$

$$\frac{k \cdot F}{W_1} = \frac{850 \cdot 20}{7820} = 2,17 .$$

---

[1] NUSSELT: Techn. Mech. Thermodyn. 1930 S. 417.

		Gleichstrom	Gegenstrom	Kreuzstrom
Φ		0,64	0,79	0,75
$t_{1a} - t_{2a}$	°C	60	60	60
$(t_{1a} - t_{1e}) = 60 \cdot \Phi$	°C	38,4	47,4	45,0
t_{1e}	°C	31,6	22,6	25,0
$t_{2a} - t_{2e} =$ $\quad = 60 \cdot \Phi \cdot \dfrac{W_1}{W_2}$	°C	18,8	23,2	22,0
t_{2e}	°C	28,8	33,2	32,0
$Q_h = W_1 \cdot 60 \cdot \Phi$	kcal/h	300 000	371 000	352 000

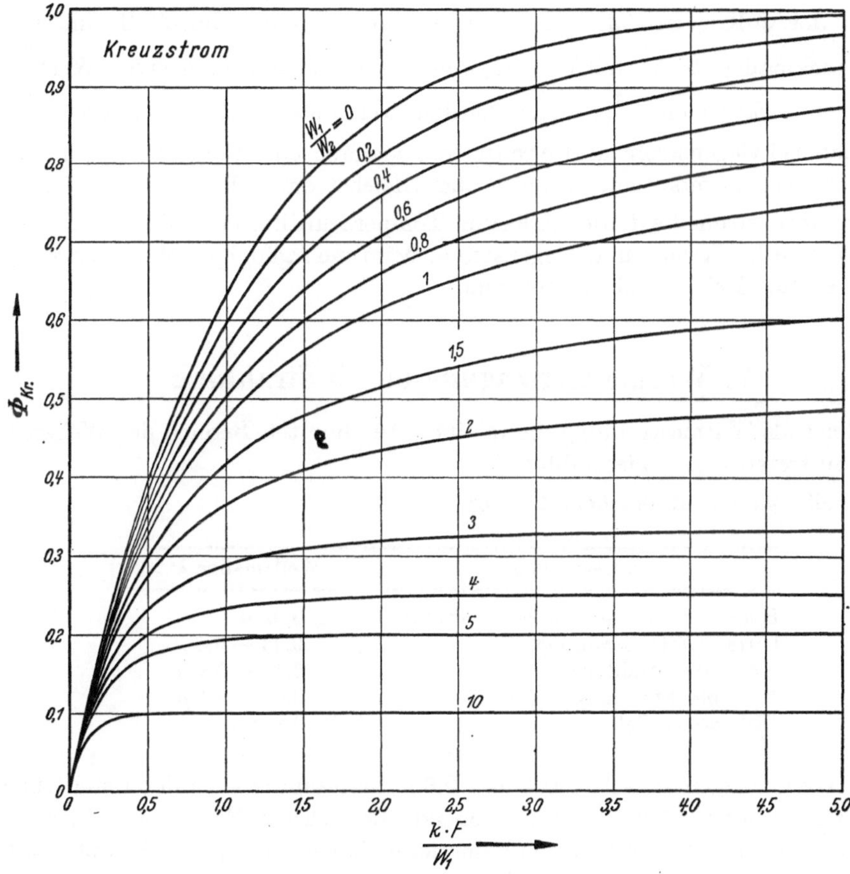

Abb. 8.17. Ermittlung von Φ_{Kr} (Kreuzstrom)

4. Vergleich der Strömungsarten

Nach den vorstehenden Gleichungen ist sowohl die Leistung eines Wärmeaustauschers als auch die erzielbare Temperaturabsenkung bzw. Temperaturerhöhung bei festliegenden Wasserwerten und Anfangstemperaturen ausschließlich von Φ abhängig. Eine Gegenüberstellung der in den Abb. 8.14, 8.16 und 8.17 aufgetragenen Φ-Werte ermöglicht daher eine generelle Bewertung der drei Strömungsarten.

Wie die Beispielrechnungen schon zeigten, ist der Wärmeaustausch bei Gegenstrom meist günstiger. Je nach den Betriebsbedingungen treten jedoch starke Unterschiede im Verhältnis der Φ-Werte untereinander auf. Weichen die Wasserwerte der Flüssigkeiten stark voneinander ab, so sind Gleich-, Gegen- und Kreuzstrom einander gleichwertig. Unter dieser Bedingung ist nämlich die Temperaturänderung auf einer Flüssigkeitsseite nur klein bei zugleich relativ hoher Wärmeübergangszahl. Die Wandtemperatur weist dann auf der ganzen Heizfläche nur geringe Abweichungen auf, und die Strömungsrichtung ist auch auf der Seite mit dem niedrigeren Wasserwert fast ohne Einfluß.

Ähnlich liegen die Verhältnisse bei kleinen Werten $\frac{k \cdot F}{W_1}$. Auch hier sind die Temperaturunterschiede zwischen Eintritt und Austritt nur gering, z. B. weil die Heizfläche F sehr klein ist.

Nähert sich dagegen das Verhältnis der Wasserwerte der beiden Flüssigkeitsströme $\frac{W_1}{W_2}$ dem Wert 1, so treten erhebliche Unterschiede in der Größe Φ auf, und zwar zunehmend mit wachsendem $\frac{k \cdot F}{W_1}$. Diese Bedingungen führen auf beiden Seiten der Heizfläche zu großen Temperaturdifferenzen zwischen Zu- und Ablauf. Bei beidseitig starker Temperaturänderung sind sonach Gegenstrom und Kreuzstrom dem Gleichstrom überlegen.

Der Verlauf der Φ-Kurven läßt außerdem erkennen, ob im Einzelfall eine Heizflächenvergrößerung zweckmäßig ist. Dies trifft nur zu, wenn die Kurve an der durch den Wert $\frac{k \cdot F}{W_1}$ gekennzeichneten Stelle mit wachsendem $\frac{k \cdot F}{W_1}$ noch deutlich weiter steigt. Man ersieht aus den einzelnen Abbildungen, daß bei Gegenstrom und Kreuzstrom vielfach eine Vergrößerung der Wärmeaustauschfläche noch Erfolg verspricht, wenn sie bei Gleichstrom nahezu zwecklos geworden ist.

Beim Kreuz-Gegenstrom liegt die wirksame Temperaturdifferenz, also auch die Leistung, zwischen den Werten für Kreuz- und Gegenstrom, beim mehrgängigen Wärmeaustauscher zwischen den Werten für Gleich- und Gegenstrom.

V. Wärmeübertragung durch Strahlung

Man bezeichnet als Wärmestrahlung die in einem bestimmten Bereich der Wellenlängen und Temperaturen auftretende Energiestrahlung.

Nach den Wellenlängen unterscheidet man:

Bezeichnung	Wellenlänge λ
Höhen-, Gamma-, Röntgenstrahlung	$< 0,02\ \mu$
Ultraviolette Strahlung	$0,02 - 0,4\ \mu$
Sichtbare Strahlung	$0,4\ -0,8\ \mu$
Infrarote Strahlung	$0,8\ -800\ \mu$
Elektrische Wellen	$> 0,2\ \text{mm}$

Nur die bei Wellenlängen zwischen 0,4 und 0,8 μ ausgesandten Strahlen sind für das Auge wahrnehmbar. Der in der Wellenlänge anschließende Bereich der Energiestrahlung ($\lambda > 0,8\ \mu$), die Infrarotstrahlung, ist heiztechnisch von besonderer Bedeutung, da der Hauptanteil der beim Strahlungswärmeaustausch übertragenen Energiemengen auf Wellenlängen zwischen 0,8 und 400 μ entfällt. Der Begriff Wärmestrahlung ist daher meist identisch mit Infrarotstrahlung. In diesem Bereich können wir auch die von der klassischen Physik übernommene Vorstellung von der reinen Wellennatur der Strahlung beibehalten. Danach wandelt ein erwärmter Körper an seiner Oberfläche einen Teil seines Wärmeinhaltes in Strahlungsenergie um, die beim Auftreffen auf einen anderen Körper als fühlbare Wärme in Erscheinung tritt.

Die wichtigsten Begriffe der Wärmestrahlung sind aus der viel früher erforschten sichtbaren Strahlung entnommen, so die Emission (Aussenden der Energie), die Absorption und Reflexion (Schlucken und Rückwerfen der auftreffenden Energie).

Elementare Gase sowie trockene Luft sind für Wärmestrahlen praktisch voll durchlässig (diatherman); eine Ausnahme machen einige mehratomige Gase, u. a. H_2O, CO_2, CO, SO_2, die in einzelnen Wellenlängenbereichen absorbieren und emittieren. Feste Körper sind schon in kleiner Schichtdicke — etwa ab 1 mm für elektrische Nichtleiter und 1 μ für elektrische Leiter — für Wärmestrahlen undurchlässig.

A. Grundgesetze

Bei der technischen Anwendung der Wärmestrahlung sind zwei Fragen zu beantworten:

Wie erfolgt die Energieabgabe des strahlenden Körpers nach Richtung, Verteilung über der Wellenlänge und Stärke?

Was geschieht mit der auf den zweiten Körper auftreffenden Energie?

1. Emission

Für einen Körper, der bei allen Wellenlängen die maximal mögliche Energie aussendet, läßt sich die „Intensität" der Strahlung (J), d. i. die auf die Flächen- und Zeiteinheit bezogene Energieabgabe bei beliebiger Wellenlänge, in Abhängigkeit von der Temperatur der Körperoberfläche angeben. Da ein solcher Körper zugleich alle auftreffenden Strahlen absorbiert, bezeichnet man ihn, in Analogie zur Optik, als „schwarzen" Körper. Dafür gilt das PLANCKsche *Strahlungsgesetz*

$$J_{\lambda,s} = \text{konst} \cdot \frac{\lambda^{-5}}{e^{\frac{\text{konst}}{\lambda \cdot T}} - 1} . \tag{8.47}$$

λ ist die Wellenlänge und T die absolute Temperatur. Die Indizes λ und s der Intensität J sollen andeuten, daß es sich um den Wert für eine bestimmte Wellenlänge (λ) beim schwarzen Körper (s) handelt. Abb. 8.18 gibt die Intensitätsverteilung über einen größeren Wellenlängenbereich für verschiedene Temperaturen nach diesem Gesetz wieder.

Mit zunehmender Temperatur wachsen die Absolutwerte an. Das Maximum rückt dabei immer mehr in den Bereich kleiner Wellenlängen, und zwar ist nach dem WIENschen *Verschiebungsgesetz*

$$\lambda_{\max} \cdot T = 2885 . \tag{8.48}$$

Die Wellenlänge $\lambda_{\max}$ des Intensitätsmaximums ist dabei in μ $(= 0{,}001\ \text{mm})$ einzusetzen, die Temperatur in °K. Man ersieht aus Abb. 8.18 auch, daß erst bei höheren Temperaturen ein merklicher Teil der Strahlung sichtbar wird. Durch Integration der Intensität über die Wellenlängen λ von 0 bis ∞ erhält man für die Gesamtausstrahlung bei der Temperatur T je Flächeneinheit

$$E_s = \int\limits_{\lambda=0}^{\lambda=\infty} J_{\lambda,s} \cdot d\lambda ,$$

d. i. das Emissionsvermögen des schwarzen Körpers,

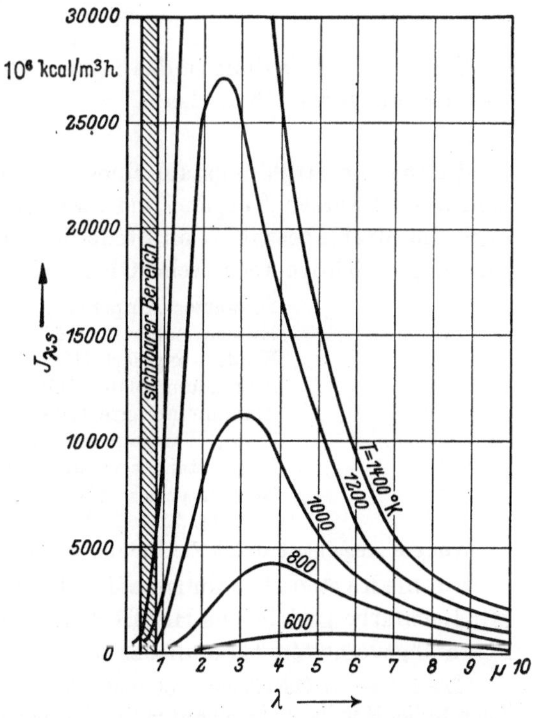

Nach dem STEFAN-BOLTZMANNschen *Gesetz* ist die je Flächen- und Zeiteinheit von einem schwarzen Körper ausgesandte Gesamtstrahlung abhängig von der 4. Potenz der absoluten Temperatur, also

$$E_s = C_s \left(\frac{T}{100} \right)^4 . \tag{8.49}$$

Abb. 8.18. Intensitätsverteilung der schwarzen Strahlung

Der Beiwert C_s wird Strahlungszahl des schwarzen Körpers genannt. Er ist eine Konstante, und zwar im technischen Maßsystem

$$C_s = 4{,}96 ,$$

wenn E_s in kcal/m²h und T in °K angegeben sind.

Das Emissionsverhältnis kann für technische Körper nur durch Versuche bestimmt werden. Der Wert hängt von der Temperatur und der Wellenlänge ab.

Nichtschwarze Strahlung. Bei den meisten Körpern weicht die Intensitätsverteilung von der des schwarzen Körpers ab. Man spricht daher von farbiger Strahlung bei einer beliebigen spektralen Energieverteilung, s. Abb. 8.19a, und von monochromatischer Strahlung bei Energieausstrahlung nur in einem engbegrenzten Wellenlängenbereich, s. Abb. 8.19b. Gekennzeichnet wird diese Abweichung vom „schwarzen" Körper durch das „Emissionsverhältnis" ε, den Quotienten aus wirklicher und höchstmöglicher Emission

$$\varepsilon = \frac{E}{E_s}.$$

Macht die Strahlung bei allen Wellenlängen einen festen Bruchteil der schwarzen Strahlung aus, s. Abb. 8.19c, so wird sie als „graue Strahlung" bezeichnet. Viele technische Oberflächen

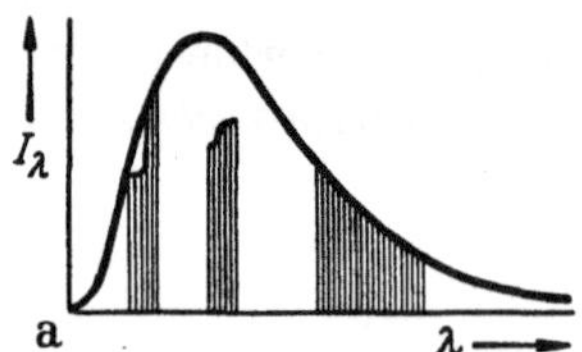
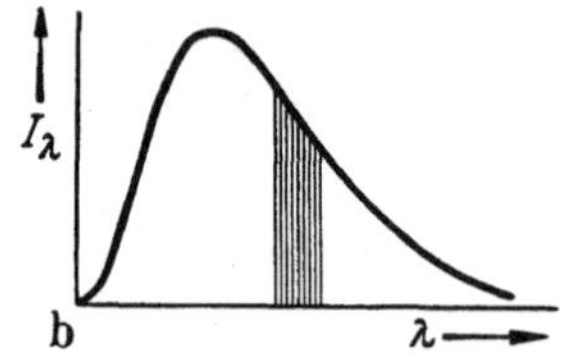
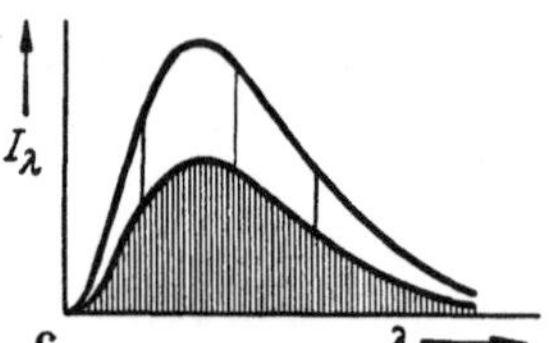

Abb. 8.19. Nichtschwarze Strahlung.
a) farbige Strahlung; b) monochromatische Strahlung; c) graue Strahlung

können mit großer Annäherung als graustrahlend behandelt werden, d. h., ihr Emissionsverhältnis ε_{gr} ist praktisch unabhängig von der Wellenlänge

$$\varepsilon_{gr} = \frac{I_{\lambda_{gr}}}{I_{\lambda_s}} = \frac{E_{gr}}{E_s} = \text{konst} \quad \text{(graue Strahlung)}.$$

Unter dieser Annahme ist das STEFAN-BOLTZMANNsche Gesetz auch für technische Strahlungsrechnungen verwendbar, also

$$E = C\left(\frac{T}{100}\right)^4. \tag{8.50}$$

C ist dabei die Strahlungszahl eines beliebigen Körpers, die stets kleiner ist als die Strahlungszahl des schwarzen Körpers, und zwar ist $C = \varepsilon \cdot C_s$. Man findet daher im Schrifttum häufig auch die Strahlungszahl C an Stelle des Emissionsverhältnisses ε angegeben. Nachstehend sind für einige wichtige technische Oberflächen die Strahlungszahlen aufgeführt:

Schwarzer Körper	$C_s = 4{,}96$	kcal/m² h grd⁴
Kupfer, poliert (20° C)	$C = 0{,}15$	,.
Kupfer, oxydiert (130° C).	$C = 0{,}39$	,,
Aluminium, blank (170° C)	$C = 0{,}195$	,,
Aluminiumbronze (100° C)	$C = 1 \text{ bis } 2$	,,
Eisen, Walzhaut (20° C)	$C = 3{,}8$	,,
Eisen, stark verrostet (20° C)	$C = 4{,}2$	,,
Heizkörperlack (100° C).	$C = 4{,}6$	,,
Verputz, Ziegel, Holz, Dachpappe (20° C)	$C = 4{,}6$	,,

Weitere Angaben enthält Zahlentafel A 7 im 3. Teil.

Die niedrigsten Strahlungszahlen besitzen danach Metalle, vor allem im blanken Zustand. Mit Lackfarbe gestrichene Heizflächen sowie die wichtigsten Baumaterialien kommen in ihrem Strahlungsverhalten nahe an das des schwarzen Körpers heran.

Die Farbe der Oberflächen, ob hell oder dunkel, spielt also bei der Wärmeabgabe von Raumheizkörpern keine Rolle. Man kann sie ohne Beeinträchtigung ihrer Leistung hell streichen; unzweckmäßig ist dagegen der Anstrich mit Aluminiumbronze, es sei denn, die Strahlungswärmeabgabe soll möglichst unterbunden werden. Aus diesem Grunde erhalten beispielsweise Blechverkleidungen von Isolierungen häufig Aluminiumbronzeanstrich.

Für Oberflächen mit Strahlungszahlen $C > 3$ kann man bei technischen Rechnungen in der Regel graue Strahlung zugrunde legen.

2. Absorption und Reflexion

Die auf einen strahlungsundurchlässigen Körper auftreffende Wärmestrahlung wird entweder geschluckt (absorbiert) oder zurückgeworfen (reflektiert). Der geschluckte Anteil wird durch die *Absorptionszahl A*, der zurückgeworfene Anteil durch die *Reflexionszahl R* gekennzeichnet. Beide Werte sind echte Brüche und unbenannte Zahlengrößen; ihre Summe ist gleich 1.

$$A + R = 1 .$$

Für den schwarzen Körper gilt definitionsgemäß $A_s = 1$ und $R_s = 0$.

Man spricht von einer *regelmäßigen* Reflexion, wenn der zurückgeworfene Strahl mit dem einfallenden und der Flächennormalen in einer Ebene liegt und der Reflexionswinkel gleich dem Einfallswinkel ist. Wird der einfallende Strahl nach vielen Richtungen teilreflektiert, so spricht man von *diffuser* Reflexion.

Über den Zusammenhang zwischen Emissionsvermögen und Absorptionszahl eines Körpers gibt das KIRCHHOFFsche *Gesetz* Aufschluß. Danach gilt bei gleicher Temperatur

$$\frac{E_1}{A_1} = \frac{E_2}{A_2} . \tag{8.51}$$

Wird als Körper 2 ein schwarzer Körper gewählt, dann wird

$$\frac{E_1}{A_1} = E_s = C_s \left(\frac{T}{100}\right)^4 . \tag{8.52}$$

Das Verhältnis des Emissionsvermögens zur Absorptionszahl für schwarze Strahlung ist sonach bei allen Körpern gleich und nur von der absoluten Temperatur abhängig.

Bei farbiger Strahlung ändert sich das Emissionsverhältnis ε mit der Wellenlänge. Die Absorptionszahl des gesamten Strahlungsbereiches ist dann durch Planimetrieren aller Werte $A_\lambda \cdot J_{\lambda_s}$ und Dividieren durch E_s für eine bestimmte Temperatur zu gewinnen[1]. A_λ ist dabei die für einfarbige Strahlung bei der Wellenlänge λ gemessene Absorptionszahl.

Weiterhin ergibt sich aus Gl. (8.52)

$$A_1 = \frac{E_1}{E_s} = \varepsilon .$$

Die Absorptionszahl A ist also gleich dem Emissionsverhältnis ε. Oberflächen mit großem Absorptionsvermögen strahlen demnach stark. Andererseits besitzen Flächen mit hoher Reflexion, also geringer Absorption, wie polierte Metallflächen aus Kupfer, Silber oder Aluminium, zugleich auch ein kleines Emissionsvermögen.

3. Richtungsverteilung der Strahlung

Stehen zwei sehr kleine Flächen df_1 und df_2 im Strahlungsaustausch, s. Abb. 8.20, so ist neben dem Abstand der Flächen auch ihre Lage zueinander für die übertragenen Wärmemengen maßgebend. Nach dem LAMBERTschen *Cosinusgesetz* nimmt nämlich die Strahlung mit dem Cosinus des Winkels zwischen der Flächennormalen und der Strahlungsrichtung ab, also

$$q_\beta = q_n \cdot \cos \beta , \tag{8.53}$$

wenn q_n die in Richtung der Flächennormalen und q_β die unter dem Winkel β ausgehende Strahlung bedeuten. Allerdings folgt bei vielen Körpern die Richtungsverteilung nicht genau dem LAMBERTschen Gesetz. Die Abweichungen treten vor allem bei größeren Winkeln auf, d. h. bei flacherer Abstrahlung, und zwar nimmt die Strahlung zu bei blanken Metallen und ab bei glatten elektrischen Nichtleitern. Da-

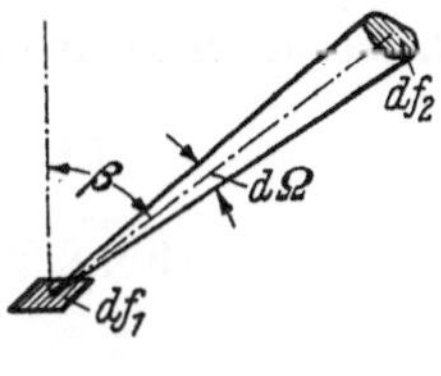

Abb. 8.20. Einfluß der Strahlungsrichtung

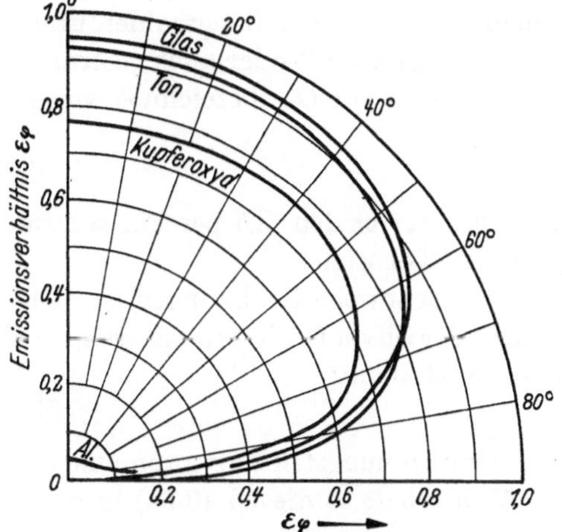

Abb. 8.21. Abweichung vom LAMBERTschen Gesetz

durch ergibt sich eine Abhängigkeit des Emissionsverhältnisses ε_β von der Strahlungsrichtung. In Abb. 8.21 ist für einige Nichtleiter nach Messungen von E. SCHMIDT und E. ECKERT die

---

[1] Siehe W. SIEBERT: Z. techn. Phys. Bd. 22 (1941) S. 130/135.

Änderung der Wärmestrahlung mit dem Richtungswinkel β in Polarkoordinaten aufgetragen. Für Stoffe bzw. Oberflächen mit größeren Abweichungen vom Cosinusgesetz muß man also unterscheiden zwischen dem Emissionsverhältnis der Strahlung in Richtung der Flächennormalen ε_n, wie es den meisten Tabellenwerten zugrunde liegt, und dem für die Gesamtstrahlung gültigen Mittelwert ε über dem Halbraum. Der Wert ε ist nach dem oben Gesagten für glatte Nichtmetalle kleiner, für blanke Metalle größer als ε_n. Bei rauhen Oberflächen kann für alle Stoffe das LAMBERTsche Gesetz mit genügender Genauigkeit als gültig angesehen und $\varepsilon \approx \varepsilon_n$ gesetzt werden.

B. Strahlungswärmeaustausch

Die genaue Berechnung des Strahlungswärmeaustausches zwischen zwei beliebig zueinander liegenden Flächen wird dadurch sehr umständlich, daß jede Fläche gleichzeitig Wärme abgibt, aufnimmt und rückstrahlt, wobei nicht nur die erste Emission und Absorption, sondern auch der weitere Weg der reflektierten Wärme mit neuerlicher Teilabsorption und Reflexion betrachtet werden muß. Zur Vereinfachung der Rechnung vernachlässigt man meist die Wiederabsorption der reflektierten Strahlung, bricht also den Vorgang nach der ersten Absorption ab. Das ist zulässig, wenn die Absorptionszahlen beider Flächen nahe bei 1 liegen, oder wenn der Abstand der Flächen voneinander, im Verhältnis zu ihrer Ausdehnung, so groß ist, daß nur sehr kleine Beträge der reflektierten Strahlung jeweils die andere Fläche wieder treffen.

Für zwei idealisierte Fälle, die auch praktische Bedeutung haben, kann eine einfache exakte Lösung angegeben werden, nämlich für zwei ebene parallele Flächen unendlicher Ausdehnung und zwei Körper, von denen der eine den anderen vollständig umschließt.

In den folgenden Formeln dient der Index 1 zur Kennzeichnung des Körpers mit der höheren, der Index 2 zur Kennzeichnung des Körpers mit der niedrigeren Temperatur.

1. Parallele ebene Flächen

Unter der Voraussetzung diffuser Reflexion und schwarzer bzw. grauer Strahlung läßt sich für den stündlichen Wärmeaustausch Q_{12} zwischen zwei ebenen parallelen Flächen von sehr großer Ausdehnung mit der Strahlungszahl C_1 und C_2 und den Temperaturen T_1 und T_2 die Beziehung ableiten

$$Q_{12} = \frac{1}{\dfrac{1}{C_1} + \dfrac{1}{C_2} - \dfrac{1}{C_s}} \cdot F \left[\left(\frac{T_1}{100}\right)^4 - \left(\frac{T_2}{100}\right)^4 \right] \quad [\text{kcal/h}] . \tag{8.54}$$

Die übergehende Wärme ist also proportional dem betrachteten Flächenstück F und je einem durch die Strahlungszahlen und die Temperaturen gegebenen Faktor. Der erste Faktor, „Strahlungsfaktor" oder auch „Strahlungsaustauschzahl" genannt, soll zur Vereinfachung der Schreibweise mit C_{12} bezeichnet werden. Er berechnet sich für parallele Flächen aus:

$$\frac{1}{C_{12}} = \frac{1}{C_1} + \frac{1}{C_2} - \frac{1}{C_s} . \tag{8.55}$$

Ist einer der beiden Körper ein schwarzer Strahler, so wird C_{12} gleich der Strahlungszahl des anderen Körpers.

Für technische Rechnungen ist es häufig bequemer, nicht mit der Differenz aus den 4. Potenzen der absoluten Temperaturen, sondern mit der einfachen Temperaturdifferenz zu rechnen. Man setzt dann:

$$\left(\frac{T_1}{100}\right)^4 - \left(\frac{T_2}{100}\right)^4 = \sigma (t_1 - t_2) . \tag{8.56}$$

Der Umrechnungsfaktor σ kann aus Tabellen oder Netztafeln entnommen werden, s. Abb. 8.22.

Man erhält so die Gl. (8.54) in der einfacheren Form

$$Q_{12} = C_{12} \cdot \sigma \cdot F (t_1 - t_2) . \tag{8.57}$$

Faßt man die beiden Faktoren C_{12} und σ zusammen in eine *Wärmeübergangszahl der Strahlung* α_s, also

$$\alpha_s = C_{12} \cdot \sigma ,$$

dann geht Gl. (8.57) über in

$$Q_{12} = \alpha_s \cdot F (t_1 - t_2) \quad [\text{kcal/h}] . \tag{8.58}$$

Diese Schreibweise hat den Vorteil, daß man die Wärmeübertragung durch Konvektion und Strahlung in einer gemeinsamen Gleichung darstellen kann. Man führt also ein

$$\alpha_{ges} = \alpha_k + \alpha_s \,.$$

Beispiel. Für zwei große parallele Wände mit den Temperaturen $t_1 = 100°$ C und $t_2 = 20°$ C soll die je m² Oberfläche stündlich durch Strahlung übergehende Wärmemenge berechnet werden; die Strahlungszahlen der Wände seien $C_1 = 4{,}4$ und $C_2 = 3{,}8$.

Die Strahlungsaustauschzahl C_{12} ergibt sich aus

$$\frac{1}{C_{12}} = \frac{1}{4{,}4} + \frac{1}{3{,}8} - \frac{1}{4{,}96}$$
$$= 0{,}227 + 0{,}263 - 0{,}202 = 0{,}288 \,,$$

$$C_{12} = \frac{1}{0{,}288} = 3{,}47 \,.$$

Für $t_1 = 100°$ und $t_2 = 20°$ ist $\sigma = 1{,}5$. Also

$$q_{12} = C_{12} \cdot \sigma \,(t_1 - t_2) = 3{,}47 \cdot 1{,}5 \cdot 80$$
$$= 416 \quad [\text{kcal/m}^2 \text{ h}] \,.$$

Die Wärmeübergangszahl durch Strahlung α_s ist dann

$$\alpha_s = C_{12} \cdot \sigma = 3{,}47 \cdot 1{,}5$$
$$= 5{,}2 \quad [\text{kcal/m}^2 \text{ h grd}] \,.$$

Schirmwirkung. Häufig ist es wünschenswert, den Strahlungswärmeaustausch zweier Körper möglichst klein zu halten. Man kann zu diesem Zweck die Strahlungszahlen der Oberflächen herabsetzen, z. B. durch metallische Überzüge, oder auch einen Schutzschirm zwischen den beiden Körpern anordnen. Bei

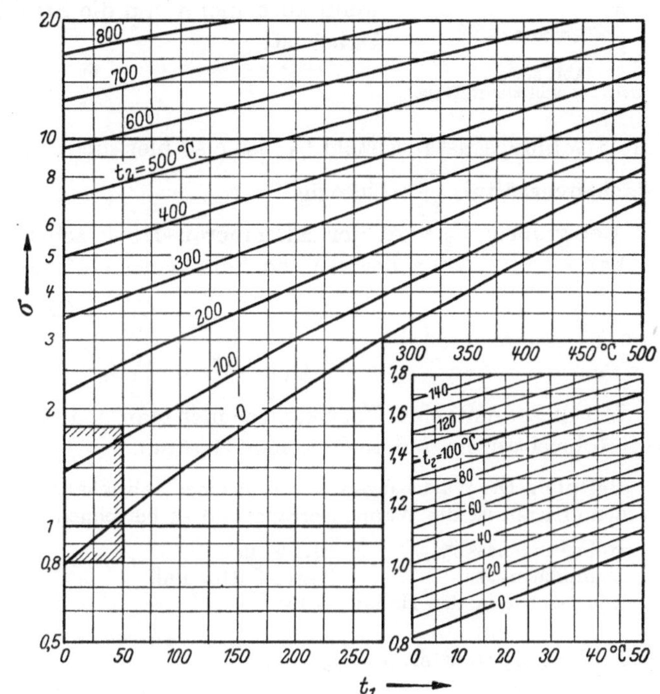

Abb. 8.22. Temperaturfaktor σ [grd²] nach Gl. (8.56)

gleichen Strahlungszahlen der im Austausch stehenden Oberflächen, also der beiden Wände sowie des Schirmes, vermindert ein Schirm die übertragene Wärmemenge auf die Hälfte.

Bei unterschiedlichem Emissionsvermögen sind die Strahlungsaustauschzahlen der zwei Teilvorgänge zu berechnen, nämlich zwischen Wand 1 und dem Schirm m sowie zwischen Schirm m und Wand 2. Für den vereinfachten Fall, daß beide Wände gleiche Strahlungszahlen haben $(C_1 = C_2 = C_w)$, gilt für den Wärmeaustausch ohne Schirm

$$C_{12} = \frac{1}{\dfrac{1}{C_w} + \dfrac{1}{C_w} - \dfrac{1}{C_s}}$$

und für den Strahlungsaustausch mit Schirm bei gleicher Strahlungszahl C_m auf beiden Schirmseiten

$$C_{1m} = C_{m2} = \frac{1}{\dfrac{1}{C_w} + \dfrac{1}{C_m} - \dfrac{1}{C_s}} \,.$$

Die ohne und mit Schirm übertragenen Wärmemengen q_o und q_m verhalten sich also wie

$$\frac{q_m}{q_o} \sim \frac{1}{2} \cdot \frac{C_{1m}}{C_{12}} \,.$$

2. Körper mit Umhüllung

Der zweite Fall einer einfachen Berechnung der zwischen zwei Körpern ausgetauschten Strahlungswärmemengen wird durch Abb. 8.23 veranschaulicht. Ein Körper 1 beliebiger Form, aber ohne einspringende Begrenzungsflächen, wird von einem anderen Körper 2 völlig um-

schlossen; die Oberflächen jedes Körpers weisen einheitliche Temperaturen und Strahlungszahlen auf. Für die Wärmeabgabe der Fläche F_1 an die Fläche F_2 gilt dann:

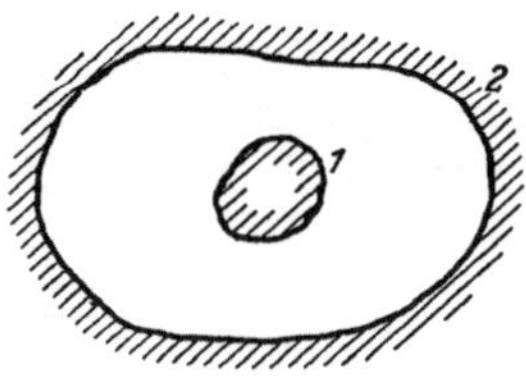

$$Q_{12} = \frac{1}{\frac{1}{C_1} + \frac{F_1}{F_2}\left(\frac{1}{C_2} - \frac{1}{C_s}\right)} \cdot F_1 \left[\left(\frac{T_1}{100}\right)^4 - \left(\frac{T_2}{100}\right)^4\right] \quad \text{kcal/h} . \qquad (8.59)$$

Diese Gleichung geht in die vereinfachte Form der Gl. (8.57) über,
wenn auch hier σ und die Strahlungsaustauschzahl C_{12} eingeführt wird.
Dabei ist:

$$\frac{1}{C_{12}} = \frac{1}{C_1} + \frac{F_1}{F_2} \cdot \left(\frac{1}{C_2} - \frac{1}{C_s}\right) . \qquad (8.60)$$

Abb. 8.23.
Allseitig umschlossener Körper

Die Strahlungsaustauschzahl C_{12} ist also hier nicht nur von C_1 und C_2, sondern auch von dem
Flächenverhältnis $\frac{F_1}{F_2}$ abhängig.

Bei großem C_2 wird der Klammerausdruck sehr klein. Ist auch das Verhältnis $\frac{F_1}{F_2}$ klein,
so kann das 2. Glied der rechten Seite vernachlässigt werden. Es wird dann

$$C_{12} = C_1$$

und

$$Q_{12} = C_1 \cdot \sigma \cdot F_1(t_1 - t_2) \quad [\text{kcal/h}] . \qquad (8.61)$$

Mit dieser einfachen Formel errechnet man u. a. auch den Wärmeverlust durch Abstrahlung
bei Rohrleitungen und technischen Geräten.

Beispiel. Die Wärmeabgabe einer in einer Fabrikhalle unisoliert verlegten Dampfleitung soll ermittelt
werden. Hierzu ist die Wärmeübergangszahl zu berechnen.

Rohrdurchmesser: 51,5/57 mm
Dampfzustand: 2 atü, Sattdampf
Temperatur in der Halle: $+15°$

$$\alpha_{ges} = \alpha_s + \alpha_k .$$

Nach Gl. (8.22) ermittelt man α_k

$$\alpha_k = 1{,}05 \cdot \left(\frac{\Delta t}{d}\right)^{0{,}25} .$$

Die Rohrwandtemperatur unterscheidet sich nur geringfügig von der Dampftemperatur $t_D = 133°$. Man erhält
also

$$\alpha_k = 1{,}05 \cdot \left(\frac{133 - 15}{0{,}057}\right)^{0{,}25} = 7{,}1 .$$

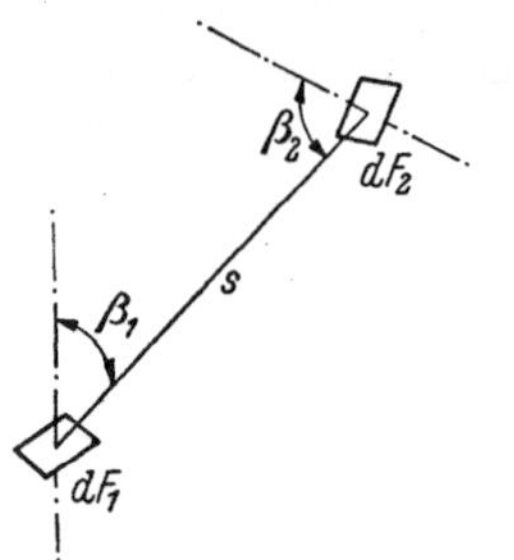

Für α_s gilt:

$$\alpha_s = C_1 \cdot \sigma , \text{ dabei ist die Strahlungszahl } C_1 = 4{,}6 ,$$

$$T_1 = 273 + 133 , \qquad T_2 = 273 + 15 ,$$

$$\sigma = \frac{\left(\frac{406}{100}\right)^4 - \left(\frac{288}{100}\right)^4}{133 - 15} = 1{,}72 ,$$

$$\alpha_s = 4{,}6 \cdot 1{,}72 = 7{,}9 ,$$

$$\alpha_{ges} = 7{,}1 + 7{,}9 = 15 \text{ kcal/m}^2 \text{ h grd} .$$

Abb. 8.24. Kleine Flächen
beliebiger Zuordnung

3. Beliebige Flächenzuordnung, Winkelverhältnis

Für den Wärmeaustausch zwischen zwei beliebig im Raum liegenden sehr kleinen Flächen dF_1
und dF_2 betrachtet man zunächst die nach dF_2 gerichtete Strahlung der Fläche dF_1, s. Abb. 8.24.
Die Verbindungsgerade der Flächenmittelpunkte bilde mit den Flächennormalen die Winkel β_1
und β_2. Ist $d\Omega$ der Raumwinkel, unter dem die Fläche dF_2 vom Mittelpunkt der Fläche dF_1
aus erscheint, so kann die auf dF_2 fallende Strahlung der Fläche dF_1 berechnet werden aus der
Beziehung

$$d^2Q_1 = E_n \cdot \cos\beta_1 \cdot d\Omega \cdot dF_1 . \qquad (8.62)$$

E_n ist die Emission in der Flächennormalen von dF_1, und zwar ist

$$E_n = \frac{1}{\pi} \cdot C_1 \cdot \left(\frac{T_1}{100}\right)^4 . \qquad (8.63)$$

Gl. (8.62) kann sonach auch geschrieben werden

$$d^2Q_1 = C_1 \left(\frac{T_1}{100}\right)^4 \cdot dF_1 \cdot \frac{1}{\pi} \cdot \cos\beta_1 \cdot d\Omega \, . \tag{8.64}$$

Den Ausdruck $\frac{1}{\pi} \cdot \cos\beta_1 \cdot d\Omega$ bezeichnet man als das *Winkelverhältnis der Strahlung* (φ). Der Wert gibt an, welcher Anteil der Gesamtstrahlung von dF_1 auf die Fläche dF_2 auftrifft.

$d\Omega$ kann man auch setzen

$$d\Omega = \frac{dF_2 \cdot \cos\beta_2}{s^2} \, .$$

Für Gl. (8.64) erhält man dann

$$d^2Q_1 = C_1 \left(\frac{T_1}{100}\right)^4 \cdot \frac{1}{\pi} \cdot \frac{\cos\beta_1 \cdot \cos\beta_2}{s^2} \cdot dF_1 \cdot dF_2 \, . \tag{8.65}$$

Mit dem Übergang von dF_2 auf eine endliche Fläche F_2 ergibt sich für φ_1, d. i. das von dF_1 aus bestimmte Winkelverhältnis

$$\varphi_1 = \frac{1}{\pi} \int\limits_{F_2} \frac{\cos\beta_1 \cdot \cos\beta_2}{s^2} \, dF_2 \, . \tag{8.66}$$

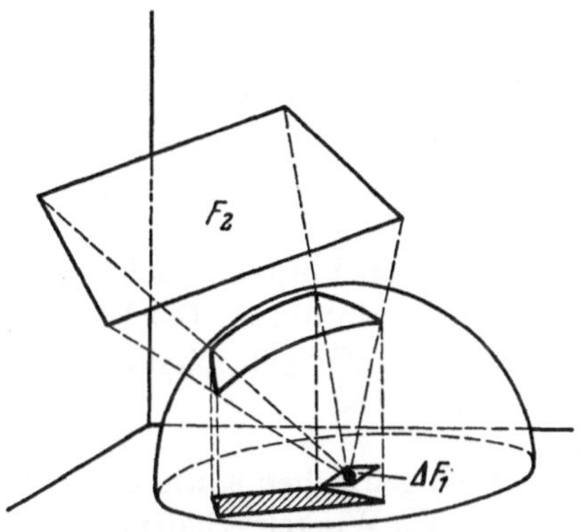

Abb. 8.25. Winkelverhältnis

Eine anschauliche Vorstellung von diesem Winkelverhältnis, das vielfach auch als „Einstrahlzahl" bezeichnet wird, vermittelt Abb. 8.25. Die Fläche F_2 erscheint von der kleinen Fläche ΔF_1 aus gesehen unter einem Raumwinkel Ω, der als Teil einer Kugelfläche dargestellt werden kann. Die Projektion dieser Kugelfläche auf die Ebene von ΔF_1 ergibt die im Bild geschraffte Fläche. Ihr Anteil an der Kreisfläche in der Ebene ΔF_1 entspricht dem gesuchten Winkelverhältnis.

Aber gehen wir zurück zum Wärmeaustausch zwischen dF_1 und dF_2. Von der auf dF_2 auftreffenden Wärmemenge d^2Q_1 wird von dieser Fläche der Betrag $A_2 \cdot d^2Q_{12}$ absorbiert.

Berechnet man in gleicher Weise die von dF_2 ausgehende und von dF_1 absorbierte Strahlung, so ergibt sich die Differenz beider Beträge d^2Q_{12} zu

$$d^2Q_{12} = \frac{C_1 \cdot C_2}{C_s} \left[\left(\frac{T_1}{100}\right)^4 - \left(\frac{T_2}{100}\right)^4 \right] \cdot \frac{1}{\pi} \cdot \frac{\cos\beta_1 \cdot \cos\beta_2}{s^2} \cdot dF_1 \cdot dF_2 \, . \tag{8.67}$$

Für hohe Strahlungszahlen C_1 und C_2 und eine genügend große Entfernung der Flächen dF_1 und dF_2 im Verhältnis zu ihrer Größe stimmt der vorstehende Wert d^2Q_{12} mit der tatsächlich übertragenen Strahlungswärme praktisch ausreichend überein. (Die durch Reflexion und wiederholte Absorption übertragenen Wärmemengen sind dabei also vernachlässigt.)

Die Integration der Gl. (8.67) führt auf die bei beliebigen endlichen Flächen F_1 und F_2 übertragenen Wärmemengen.

Im Hinblick auf die zunehmende Verwendung von Strahlungsheizungen soll im folgenden Teilabschnitt auf die Durchführung der Berechnung mit Hilfe des „Winkelverhältnisses" näher eingegangen werden.

C. Die Ermittlung des „Winkelverhältnisses" (Arbeitsblatt 15)[1]

In der Gl. (8.67) ist das erste Glied ein Festwert. Auch das Temperaturglied ist eine Konstante, wenn die Flächen F_1 und F_2 einheitliche Temperaturen aufweisen oder wenn die Temperaturabweichungen in den Flächen gegenüber dem Unterschied $(T_1 - T_2)$ vernachlässigbar klein sind. Die Schwierigkeiten der Berechnung liegen also in der Bestimmung des Integrals der Flächen- und Winkelwerte, die im Winkelverhältnis zusammengefaßt sind.

Ist eine der Flächen sehr klein, z. B. die Fläche 1, so ermöglicht der in Abb. 8.25 dargestellte Zusammenhang eine unmittelbare optische Darstellung des Winkelverhältnisses φ_1. Auch rechnerisch läßt sich diese Aufgabe als Näherung leicht lösen, wenn F_2 in eine Anzahl kleiner Flächenteilchen aufgelöst wird, für die jeweils das Winkelverhältnis φ gesondert berechnet wird. Aus der

---

[1] In der Tasche des Buches.

Summe der Einzelwerte für φ ergibt sich dann φ_1. Man kann auf dem gleichen Wege auch Temperaturunterschiede innerhalb der Fläche F_2 berücksichtigen, indem man den Wärmeaustausch für die einzelnen Teilchen der Fläche 2 getrennt ermittelt.

Der Rechnungsgang wiederholt sich mehrfach, wenn die Größe der strahlenden Fläche F_1 nicht vernachlässigt werden kann.

Man unterteilt dann auch F_1 in eine Anzahl gleicher Teilflächen $\Delta F_1, \ldots, \Delta F_n$, für welche die Winkelverhältnisse, wie oben angegeben, zu bestimmen sind, und bildet daraus den Mittelwert $\overline{\varphi}_1$. Mathematisch ist $\overline{\varphi}_1$ beschrieben durch den Ausdruck

$$\overline{\varphi}_1 = \frac{1}{\pi \cdot F_1} \iint\limits_{F_1 F_2} \frac{\cos \beta_1 \cdot \cos \beta_2}{s^2} \cdot dF_1 \cdot dF_2 . \tag{8.68}$$

Die zwischen den beiden endlichen Flächen F_1 und F_2 ausgetauschte Wärme ergibt sich sonach zu

$$Q_{12} = \frac{C_1 \cdot C_2}{C_s} \cdot \overline{\varphi}_1 \cdot F_1 \left[\left(\frac{T_1}{100} \right)^4 - \left(\frac{T_2}{100} \right)^4 \right] . \tag{8.69}$$

Man kann den Vorgang auch von F_2 aus betrachten und das auf F_2 bezogene mittlere Winkelverhältnis $\overline{\varphi}_2$ einführen. Der Wert $\overline{\varphi}_2$ unterscheidet sich von $\overline{\varphi}_1$ nur um den Kehrwert des Flächenverhältnisses. Es gilt nämlich

$$\overline{\varphi}_1 \cdot F_1 = \overline{\varphi}_2 \cdot F_2 . \tag{8.70}$$

Für Kugelflächen sowie ebene Kreis- und Rechteckflächen einfacher räumlicher Zuordnung läßt sich das Winkelverhältnis φ_1 für eine kleine Teilfläche ΔF_1 und in besonderen Fällen auch das mittlere Winkelverhältnis $\overline{\varphi}_1$ einer ausgedehnten Fläche F_1 formelmäßig angeben. Als Veränderliche sind die kennzeichnenden Längen oder Verhältniswerte dieser Längen einzuführen. Die Gleichungen sind zwar im Aufbau umständlich, lassen sich aber in der Regel graphisch leicht lösen.

Einige für die Heizungstechnik wichtige Fälle seien nachstehend behandelt.

Winkelverhältnis φ_1 von einer kleinen Fläche ΔF_1 auf eine größere Fläche F_2

1. *Parallele Ebenen bei verhältnismäßig geringem Abstand s. Abb. 8.26*

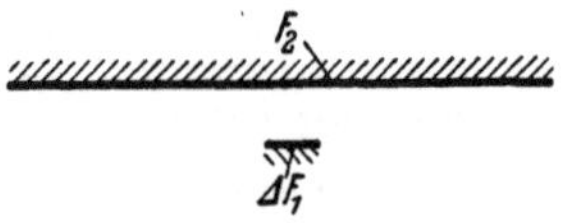

$$\varphi_1 = 1 .$$

2. *Rechteckfläche F_2 parallel zu ΔF_1, wobei eine Ecke von F_2 senkrecht über der Mitte von ΔF_1 liegt, s. Abb. 8.27.*

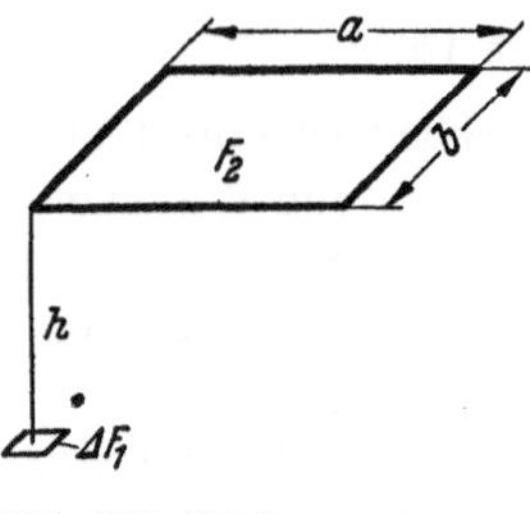

Abb. 8.26. Flächenanordnung 1

Nach Einführung der Längenverhältnisse $\frac{a}{h}$ und $\frac{b}{h}$ ergibt sich

$$\varphi_1 = \frac{1}{2\pi} \left[\frac{\frac{b}{h}}{\sqrt{1 + \left(\frac{b}{h} \right)^2}} \cdot \text{arc tg} \frac{\frac{a}{h}}{\sqrt{1 + \left(\frac{b}{h} \right)^2}} + \frac{\frac{a}{h}}{\sqrt{1 + \left(\frac{a}{h} \right)^2}} \cdot \text{arc tg} \frac{\frac{b}{h}}{\sqrt{1 + \left(\frac{a}{h} \right)^2}} \right] . \tag{8.71}$$

Diese Beziehung ist in Bild 1 des Arbeitsblattes 15 graphisch wiedergegeben. Mit Hilfe dieser Tafel ist auch für andere Zuordnungen der beiden parallelen Flächen ΔF_1 und F_2 das Winkelverhältnis φ_1 leicht zu ermitteln. In den Abb. 8.28a bis d sind vier Fälle zeichnerisch dargestellt.

a) ΔF_1 liegt senkrecht unterhalb der Seitenlinie a.

Das Winkelverhältnis φ_1 ergibt sich als Summe der Winkelverhältnisse für die beiden Teilrechtecke $a_1 b$ und $a_2 b$, also

$$\varphi_1 = \varphi_{a_1 b} + \varphi_{a_2 b} .$$

Abb. 8.27. Flächenanordnung 2

b) ΔF_1 liegt senkrecht unterhalb der Mitte der Fläche F_2

$$\varphi_1 = 4 \cdot \varphi_{a/2 \, b/2} .$$

c) ΔF_1 liegt beliebig unterhalb von F_2.

Man bildet jeweils die Winkelverhältnisse der Flächen mit den Seitenlängen a_1, a_2 und b_1, b_2; also

$$\varphi_1 = \varphi_{a_1 b_1} + \varphi_{a_1 b_2} + \varphi_{a_2 b_1} + \varphi_{a_2 b_2} \,.$$

d) ΔF_1 liegt beliebig, aber nicht unterhalb von F_2.

Man bildet wie unter a) das Winkelverhältnis für die Flächen F sowie $F + F_2$. Als Differenz erhält man

$$\varphi_1 = \varphi_{(F+F_2)} - \varphi_F \,.$$

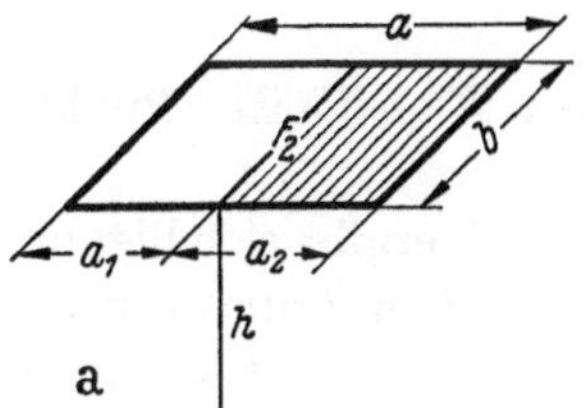

Abb. 8.28a. Flächenanordnung 2a

Beispiele. 1. Es ist das Winkelverhältnis φ_1 zu ermitteln für die in Abbildung 8.28b dargestellte Zuordnung von ΔF_1 auf F_2 (ΔF_1 senkrecht unterhalb der Mitte von F_2), und zwar für

$$a = 3\,\text{m}; \qquad b = 4\,\text{m}; \qquad h = 2\,\text{m} \,.$$

Es ist zunächst das Winkelverhältnis $\varphi_{a/2\ b/2}$ für ein Viertel der Fläche F_2 zu berechnen, also für $a/2$ und $b/2$.

Für die Längenverhältnisse

$$\frac{a}{2} \cdot \frac{1}{h} = \frac{3}{2\cdot 2} = 0{,}75 \qquad \text{und} \qquad \frac{b}{2} \cdot \frac{1}{h} = \frac{4}{2\cdot 2} = 1$$

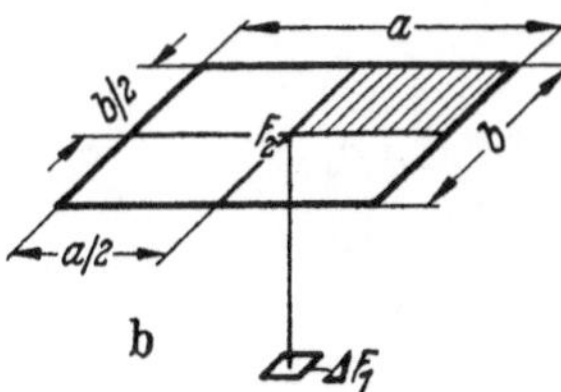

Abb. 8.28b. Flächenanordnung 2b

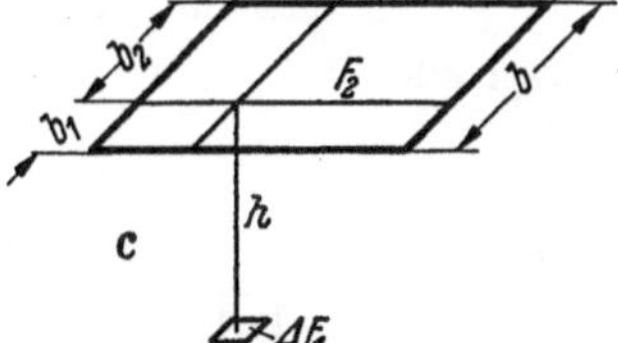

Abb. 8.28c. Flächenanordnung 2c

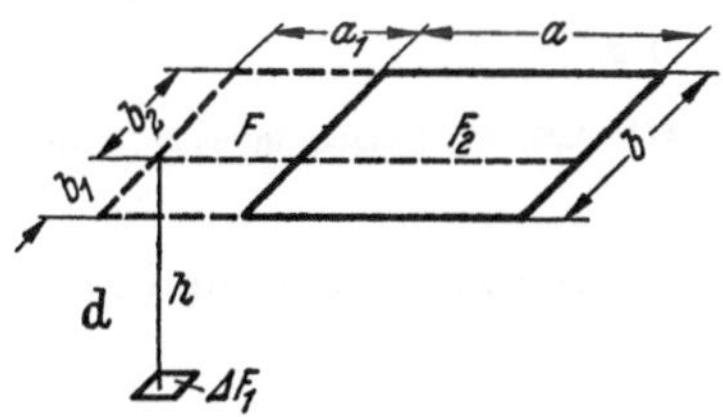

Abb. 8.28d. Flächenanordnung 2d

entnimmt man aus Bild 1 des Arbeitsblattes 15

$$\varphi_{\frac{a}{2}\ \frac{b}{2}} = 0{,}12 \,. \text{ Damit wird} \qquad \varphi_1 = 4\,\varphi_{\frac{a}{2}\ \frac{b}{2}} = 4\cdot 0{,}12 = 0{,}48 \,.$$

2. Wie groß ist φ_1, wenn ΔF_1 unterhalb der Mitte der Seitenlinie a liegt?

$$\frac{a}{2} \cdot \frac{1}{h} = 0{,}75; \qquad \frac{b}{h} = 2;$$

$$\varphi_{\frac{a}{2}\,b} = 0{,}142; \qquad \varphi_1 = 2\,\varphi_{\frac{a}{2}\,b} = 0{,}28 \,.$$

3. Die Fläche ΔF_1 sei um $a_1 = 1{,}5$ m und $b_1 = 1$ m außerhalb der Fläche F_2 gelegen (Abb. 8.28d). Wie groß ist jetzt φ_1?

Es sind:
$$a_1 + a = 4{,}5\,\text{m}; \qquad b_1 = 1\,\text{m}; \qquad b_2 = 3\,\text{m} \,.$$

Für die Flächen $b_1\,(a_1 + a)$ und $b_2\,(a_1 + a)$ erhält man aus

$$\left.\begin{aligned}\frac{b_1}{h} &= 0{,}5, \\[4pt] \frac{a_1 + a}{h} &= 2{,}25\end{aligned}\right\} \quad \varphi' = 0{,}108 \qquad\qquad \left.\begin{aligned}\frac{b_2}{h} &= 1{,}5, \\[4pt] \frac{a_1 + a}{h} &= 2{,}25,\end{aligned}\right\} \quad \varphi'' = 0{,}196$$

$$\varphi_{(F+F_2)} = \varphi' + \varphi'' = 0{,}109 + 0{,}197 = 0{,}304 \,.$$

Für die Flächen $a_1 b_1$ und $a_1 b_2$ ergibt sich bei

$$\left.\begin{aligned}\frac{a_1}{h} &= 0{,}75, \\[4pt] \frac{b_1}{h} &= 0{,}5\end{aligned}\right\} \quad \varphi''' = 0{,}079 \qquad\qquad \left.\begin{aligned}\frac{a_1}{h} &= 0{,}75, \\[4pt] \frac{b_2}{h} &= 1{,}5,\end{aligned}\right\} \quad \varphi'''' = 0{,}135,$$

$$\varphi_{F_2} = \varphi''' + \varphi'''' = 0{,}079 + 0{,}135 = 0{,}214 \,.$$

$$\varphi_1 = 0{,}304 - 0{,}214 = 0{,}09 \,.$$

3. *Rechteckfläche F_2 senkrecht zu ΔF_1, wobei die Mitte von ΔF_1 auf einer Eckennormalen von F_2 liegt*, s. Abb. 8.29.

Für diese Flächenanordnung ist mit den Längenmaßen nach Abb. 8.29

$$\varphi_1 = \frac{1}{2\,\pi}\left[\operatorname{arc\,tg}\frac{b}{h} - \frac{1}{\sqrt{1+\left(\frac{a}{h}\right)^2}}\cdot\operatorname{arc\,tg}\frac{\dfrac{b}{h}}{\sqrt{1+\left(\frac{a}{h}\right)^2}}\right].\tag{8.72}$$

Die Formel (8.72) ist in Bild 2 des Arbeitsblattes 15 als Netztafel wiedergegeben. Die Tafel kann in gleicher Weise wie unter 2. angegeben für beliebige Zuordnungen der Rechteckfläche F_2 zu $\varDelta F_1$ benutzt werden.

4. *Rechteckfläche F_2 im Strahlungsaustausch mit einer sehr kleinen Kugelfläche* (Punkt), s. Abb. 8.30.

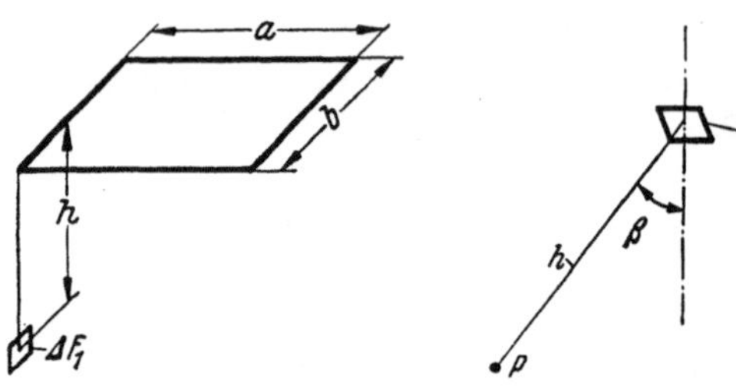

Abb. 8.29. Flächenanordnung 3   Abb. 8.30. Strahlung zwischen Punkt und Fläche

Das Winkelverhältnis φ ergibt sich hier unmittelbar als Quotient aus dem Raumwinkel ω, unter dem die Fläche F_2 von P aus erscheint, und dem Gesamtraum $4\,\pi$. Dabei ist

$$\omega = \int\limits_{F_1} \frac{\cos\beta}{h^2}\,dF_2$$

und damit

$$\varphi = \frac{1}{4\,\pi}\int\limits_{F_1} \frac{\cos\beta}{h^2}\,dF_2.\tag{8.73}$$

a) P liegt senkrecht unterhalb einer Ecke von F_2 (entspricht Abb. 8.27)

$$\varphi = \frac{1}{8} - \frac{1}{4\,\pi}\cdot\operatorname{arc\,tg}\frac{h\sqrt{a^2+b^2+h^2}}{a\cdot b}.\tag{8.74}$$

Diese Beziehung ist in Bild 3 auf Arbeitsblatt 15 wiedergegeben.

b) P liegt beliebig zu F_2. Man ermittelt analog zu Abb. 8.28d die Winkelverhältnisse der Flächen F und $F + F_2$. Aus der Differenzbildung ergibt sich φ.

Mittleres Winkelverhältnis $\overline{\varphi}$ beim Strahlungswärmeaustausch zwischen zwei endlichen Flächen

Die Formeln für $\overline{\varphi}$ sind hier recht verwickelt. Die Lösung kann wegen der Zahl der Veränderlichen nur für einfache Fälle graphisch wiedergegeben werden. Wir beschränken uns auf zwei Flächenzuordnungen, die für die Strahlungsvorgänge im beheizten Raum von Bedeutung sind. Wegen weiterer Berechnungsmöglichkeiten sei auf das einschlägige Schrifttum verwiesen[1].

Parallele, gleich große und gegenüberliegende Rechteckflächen F_1 und F_2, s. Abb. 8.31.

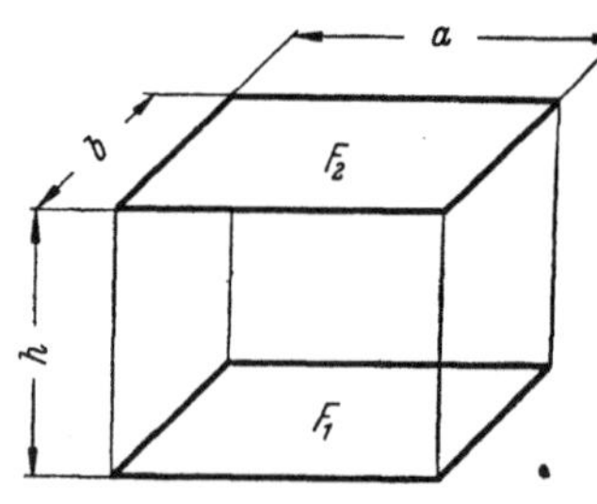

Abb. 8.31. Parallele Flächenanordnung

Für diese durch die Seitenlängen a und b sowie den Abstand h gekennzeichnete Anordnung gibt Bild 4 in Arbeitsblatt 15 die graphische Lösung. Die umständliche Formel geht für ein schmales *Streifenpaar*, d. h. wenn $\frac{a}{h}\to\infty$, über in

$$\overline{\varphi} = \frac{\sqrt{1+\left(\frac{b}{h}\right)^2}-1}{\dfrac{b}{h}}.\tag{8.75}$$

Wird die Fläche F_1 durch Mittellinien in zwei oder vier gleich große, symmetrisch liegende Rechtecke geteilt, so ist das Winkelverhältnis für jede dieser Teilflächen die Hälfte bzw. ein Viertel des Wertes der Gesamtfläche.

[1] ECKERT, E.: Techn. Strahlungsaustauschrechnungen, VDI-Verlag Berlin 1937. — KOLLMAR, A.: Die Strahlungsverhältnisse im beheizten Raum, München: R. Oldenbourg 1947. — RABER, B. F., u. F. W. HUTCHINSON: Panel Heating and Cooling Analysis, 2. Aufl. New York: J. Wiley & Sons 1947. — VDI-Wärmeatlas, s. Fußnote S. 343.

Senkrecht zueinander stehende Rechteckflächen F_1 und F_2 mit einer gemeinsamen Seite, s. Abb. 8.32.

Auch für diesen Fall hängt das Winkelverhältnis $\overline{\varphi}$ wieder von drei Längenangaben bzw. zwei Verhältniszahlen dieser Längen ab und kann deshalb in einer Bildtafel mit zwei Veränderlichen dargestellt werden, s. Bild 5 im Arbeitsblatt 15. In diesem Diagramm ist $\overline{\varphi}_1$ das von F_1 aus betrachtete mittlere Winkelverhältnis.

Mit Bild 5 lassen sich auch Anordnungen nach Art der Abb. 8.33 behandeln; man ermittelt zunächst die Winkelverhältnisse für die an der gemeinsamen Seite liegenden Flächen F_1', F_2', $(F_1' + F_1)$ und $(F_2' + F_2)$.

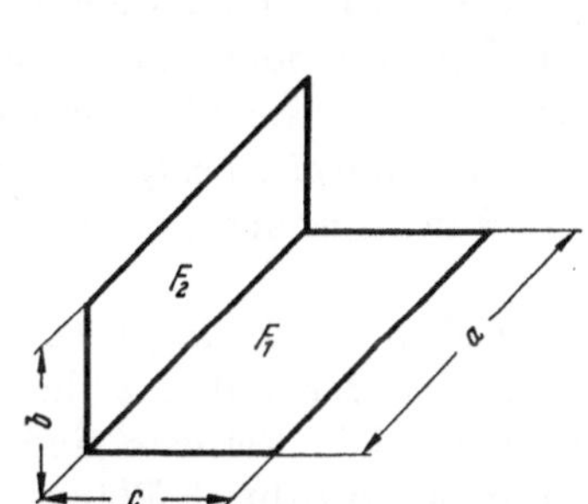

Abb. 8.32. Rechtwinklige Flächenanordnung mit gemeinsamer Seite

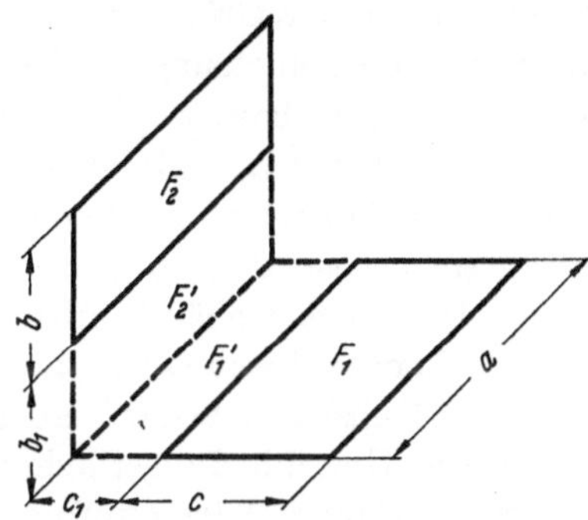

Abb. 8.33. Rechtwinklige Flächenanordnung

Das gesuchte Winkelverhältnis $\overline{\varphi}_2$ von F_1 auf F_2 ergibt sich aus der Differenz der anteiligen Winkelverhältnisse unter Berücksichtigung der zugehörigen Flächen

$$\overline{\varphi}_1 = \frac{F_1 + F_1'}{F_1} \left(\overline{\varphi}_{(F_1+F_1'),\,(F_2+F_2')} - \overline{\varphi}_{(F_1+F_1'),\,F_2'} \right) - \frac{F_1'}{F_1} \left(\overline{\varphi}_{F_1',\,(F_2+F_2')} - \overline{\varphi}_{F_1',\,F_2'} \right).$$

Beispiel. Es soll das Winkelverhältnis $\overline{\varphi}_1$ für eine Flächenanordnung nach Abb. 8.33 für folgende Seitenlängen bzw. Abstände ermittelt werden:

Für Fläche $F_1 : c = 3$ m, $c_1 = 1$ m, $a = 5$ m.
Für Fläche $F_2 : b = 2$ m, $b_1 = 2$ m.

Aus Bild 5 im Arbeitsblatt 15 entnimmt man die einzelnen Winkelverhältnisse bei den zugehörigen Bezugsgrößen.

$$\frac{a}{c+c_1} = \frac{5}{4} = 1{,}25, \qquad \frac{b+b_1}{c+c_1} = \frac{4}{4} = 1, \qquad \overline{\varphi}_{(F_1+F_1'),\,(F_2+F_2')} = 0{,}214;$$

$$\frac{a}{c+c_1} = \frac{5}{4} = 1{,}25, \qquad \frac{b_1}{c+c_1} = \frac{2}{4} = 0{,}5, \qquad \overline{\varphi}_{(F_1+F_1'),\,F_2'} = 0{,}153;$$

$$\frac{a}{c_1} = \frac{5}{1} = 5, \qquad \frac{b+b_1}{c_1} = \frac{4}{1} = 4, \qquad \overline{\varphi}_{F_1',\,(F_1+F_2)} = 0{,}379;$$

$$\frac{a}{c_1} = \frac{5}{1} = 5, \qquad \frac{b_1}{c_1} = \frac{2}{1} = 2, \qquad \overline{\varphi}_{F_1',\,F_2'} = 0{,}345;$$

$$\overline{\varphi}_1 = \frac{20}{15}(0{,}214 - 0{,}153) - \frac{5}{15}(0{,}379 - 0{,}345) = \frac{20}{15} \cdot 0{,}061 - \frac{5}{15} \cdot 0{,}034 = 0{,}081_3 - 0{,}011_3 = 0{,}07.$$

Neunter Abschnitt

Die wärmetechnische Berechnung von Heizungsanlagen

I. Der Wärmebedarf

A. Allgemeines

1. Wärmebedarf als Gebäudeeigenschaft

Der Wärmebedarf eines Raumes ist eine reine Gebäudeeigenschaft, die mit dem geplanten oder ausgeführten Heizsystem nichts zu tun hat. Er hängt ab von der Größe des Raumes, der Bauart seiner Wände, der Größe der Fenster usw. Für die Heizungsfirma ist der Wärmebedarf die Grundlage für die Bemessung der Heizkörper- und Kesselgrößen. In erster Linie müssen genügend Heizflächen eingebaut werden, um auch bei starker und andauernder Kälte ausreichende Innentemperaturen erzielen zu können. In zweiter Linie müssen die Heizkörpergrößen sämtlicher Räume eines Gebäudes so aufeinander abgestimmt sein, daß eine *gleichmäßige* Erwärmung aller Räume gesichert ist, denn es muß vermieden werden, daß um einzelner, zurückbleibender Räume willen das ganze Gebäude überheizt werden muß.

Bei gleichbleibenden Raumtemperaturen und außenklimatischen Bedingungen (Beharrungszustand) ist der Heizwärmebedarf eines Gebäudes identisch mit der Summe aller Wärmeverluste durch die Umschließungsflächen der beheizten Räume. Diese Verluste sind zweierlei Art: Einmal wird ständig Wärme infolge der höheren Innentemperatur durch Wände, Fenster, Decken usw. nach außen weitergeleitet (*Transmissionswärmeverluste*), zum andern nimmt die ein Gebäude durchströmende und auf die Innentemperatur erwärmte Luft einen Teil der gelieferten Heizwärme mit nach außen (*Lüftungswärmeverluste*). Während die Transmissionswärmeverluste vor allem von Größe und Bauart der Umschließungselemente eines Gebäudes bzw. Raumes abhängen, spricht beim Lüftungswärmebedarf deren Dichtheit und damit die Güte der Bauausführung stark mit. Die Transmissionswärmeverluste können bei bekannten Dämmwerten der Außenwände, Fenster und Decken an Hand der Baupläne verhältnismäßig genau berechnet werden; bei den Lüftungswärmeverlusten ist man auf eine Näherungsrechnung angewiesen, deren Ergebnisse durch Annahmen über die Undichtheiten der Fenster und Türen sowie die Windeinwirkung erheblich beeinflußt werden.

2. Einheitliches Berechnungsverfahren nach DIN 4701

Um eine einheitliche Grundlage für die Bemessung der örtlichen Heizflächen und der insgesamt bereitzustellenden Heizleistung zu schaffen, ist das Verfahren der Wärmebedarfsberechnung genormt worden (DIN 4701)[1]. In der Norm sind zugleich die wichtigsten Rechnungswerte, wie z. B. die Innen- und Außentemperaturen, die k-Werte der Wand-, Decken- und Fensterbauarten, die Luftdurchgangswerte von Türen und Fenstern, zusammengestellt.

Fortschritte in der Bautechnik und in den wissenschaftlichen Grundlagen der Wärmebedarfsberechnung sowie die Erfahrungen mit ausgeführten Anlagen machen von Zeit zu Zeit eine Überarbeitung dieser Norm notwendig. Man vergewissere sich daher bei derartigen Berechnungen, ob die Unterlagen mit der letzten Fassung übereinstimmen. So wurde im Jahre 1958 eine Neubearbeitung abgeschlossen, die voraussichtlich für längere Zeit gültig sein wird. Dieser Teilabschnitt ist ein gekürzter Auszug aus dem Normheft, wobei mit Zustimmung des Deutschen Normenausschusses einige Erläuterungen wörtlich übernommen wurden.

3. Neuerungen der DIN 4701, Ausgabe 1959

Die Ausgabe 1959[2] enthält gegenüber der Ausgabe 1944 (Neudruck 1947) eine Reihe von Berichtigungen in den k-Werten der üblichen Wand- und Fensterbauarten sowie die entsprechenden Unterlagen für neu aufgekommene Baustoffe und Wand- bzw. Deckenbauarten. Die

---

[1] DIN 4701 Regeln für die Berechnung des Wärmebedarfs von Gebäuden.

[2] KRISCHER, O.: Neuerungen bei der Wärmebedarfsberechnung DIN 4701. Heizg.-Lüftg.-Haustechn. Bd. 10 (1959) S. 57/62.

Rechenwerte der Wärmeleitzahlen und Wärmedurchlaßwiderstände stimmen jetzt überein mit den Angaben von DIN 4108[1]. Auch wurde die innere Wärmeübergangszahl für Fenster mit der für Wände gleichgesetzt und mit $\alpha_i = 7$ kcal/m²h grd angenommen (seith. $\alpha_i = 10$ kcal/m²h grd).

Die wichtigste Änderung ist jedoch die getrennte Ermittlung des Transmissions- und des Lüftungswärmebedarfs. Die Lüftungswärmeverluste werden also nicht mehr wie bisher durch Zuschläge zum Transmissionswärmeverlust erfaßt, sondern — physikalisch richtiger — an Hand der Windanfälligkeit eines Raumes und der Undichtheiten der Türen und Fenster berechnet. Dem Berechnungsverfahren liegt eine neuere Untersuchung von KRISCHER und BECK über die Winddurchlässigkeit von Gebäuden zugrunde[2].

4. Normale Berechnung und Sonderfälle

Die Norm DIN 4701 gibt genaue Vorschriften für die Berechnung des Wärmebedarfs der meisten Gebäudearten, also z. B. für

> Wohn- und Bürogebäude, Kaufhäuser, Schulen, Hörsäle, Turnhallen, Kranken- und Pflegeanstalten, Kasernen, Gaststätten, Hotels (einschließlich der Säle, sofern es sich nicht um selten benutzte Räume handelt), Werkstätten im Geschoß- und Hallenbau (letztere nur, wenn der Aufheizbedarf der zeitweise eingebrachten Gegenstände gering ist und die lichte Raumhöhe 8 m nicht überschreitet).

Auch Gebäude mit starkem Windangriff fallen jetzt — in Abweichung von der früheren Norm — in den Geltungsbereich der normalen Berechnungsweise nach DIN 4701.

Zu den „Sonderfällen", die eine davon abweichende Wärmebedarfsrechnung erfordern, zählen:

1. Selten beheizte Gebäude, wie z. B. Kirchen.

2. Gebäude außergewöhnlich schwerer Bauart (z. B. Bunker über oder unter der Erde) und Gebäude sehr leichter Bauart.

3. Räume, die vorwiegend oder mit großen Flächen an das Erdreich angrenzen.

4. Hallenbauten mit lichten Höhen über 8 m.

Für diese Gebäudegruppen werden im Anhang der Norm vereinfachte Rechnungsverfahren oder Hinweise auf Abweichungen von der üblichen Berechnung gebracht. Weisen Teile eines Gebäudes sehr unterschiedliche Benutzungszeiten auf oder starke Verschiedenheiten in der Speicherfähigkeit der Wandbauarten, so genügt es nicht, bei der Berechnung des Wärmebedarfs und der Heizflächengrößen die Sonderbedingungen zu berücksichtigen. Die an eine gemeinsame Heizzentrale angeschlossenen Räume lassen sich in solchen Fällen nur dann gleichmäßig erwärmen, wenn das System in entsprechende Heizgruppen aufgeteilt ist, s. S. 103.

B. Der Transmissionswärmebedarf
1. Die Berechnungsgrundlage

Die Norm 4701 ûnterscheidet zwischen Transmissionswärme*verlust* Q_0 und Transmissionswärme-*bedarf* Q_T eines Raumes. Q_0 ergibt sich als Summe der Wärmedurchgangsverluste aller Umschließungselemente eines Raumes bei niedrigster Außentemperatur. Die Kenntnis dieser Größe ist beispielsweise für die Ermittlung des jährlichen Heizwärmeverbrauchs von Bedeutung. Weitere Einflüsse werden durch Zuschläge erfaßt. Man erhält aus dem Transmissionswärmeverlust Q_0 den Transmissionswärmebedarf Q_T durch Multiplikation mit dem Zuschlagfaktor z. In z sind enthalten die Einzelzuschläge

z_U für Unterbrechung des Heizbetriebs,

z_A zum Ausgleich der kalten Außenflächen,

z_H für Himmelsrichtung.

Für den Transmissionswärmebedarf Q_T gilt also

$$Q_T = Q_0(1 + z_U + z_A + z_H) = Q_0 \cdot z \quad [\text{kcal/h}]. \tag{9.01}$$

---

[1] DIN 4108. Mai 60. Wärmeschutz im Hochbau.
[2] KRISCHER, O.; BECK, H.: Die Durchlüftung von Räumen durch Windangriff und der Wärmebedarf für die Lüftung. In: VDI-Berichte Bd. 18. Düsseldorf 1957.

2. Der Transmissionswärmeverlust Q_0

Für jede wärmeabgebende Umschließungsfläche eines Raumes errechnet sich nach den Gesetzen des Wärmedurchgangs im Beharrungszustand der Transmissionswärmeverlust q_0 aus

$$q_0 = k \cdot F \cdot (t_i - t_a) \quad [\text{kcal/h}] . \tag{9.02}$$

Darin bedeuten:

q_0 den stündlichen Wärmeverlust des Bauteiles in kcal/h,
F die Fläche des Bauteiles in m²,
k die Wärmedurchgangszahl in kcal/m² h grd,
t_i die Raumtemperatur in °C,
t_a die Temperatur im Freien oder im Nebenraum in °C.

Ist $t_a > t_i$, d. h. die Lufttemperatur im Nachbarraum höher, so ergibt die Rechnung einen negativen Wert für q_0, also einen Wärmegewinn. Die Summe der Einzelverluste q_0 liefert den Transmissionsverlust Q_0 des Gesamtraumes, also

$$Q_0 = \Sigma q_0 .$$

3. Die k-Werte der Wände, Fenster, Decken und Dächer

Die Wärmedurchgangszahl k einer ebenen, ein- oder mehrschichtigen Wand läßt sich aus Gl. (8.28,a) berechnen. Für die Wärmeübergangszahlen sind folgende Zahlenwerte einzusetzen:

$$\alpha_i = 7, \quad \alpha_a = 20 \quad [\text{kcal/m² h grd}] .$$

Bei den Wärmeleitzahlen ist zu berücksichtigen, daß die meisten Baustoffe auch nach dem Austrocknen der Gebäude noch eine gewisse Restfeuchte aufweisen. Zahlentafel A 23 [1] enthält die bei Wärmebedarfsrechnungen zu verwendenden λ-Werte. Es ist damit möglich, für beliebige Wandbauarten die zugehörige Wärmedurchgangszahl zu ermitteln. Für die wichtigsten heute gebräuchlichen Bauarten von Wänden, Decken und Dächern sind die k-Werte unmittelbar aus DIN 4701 zu entnehmen. Auszugsweise sind diese Werte in den Zahlentafeln A 19 und 20 wiedergegeben. Man achte auf die Unterschiede gegenüber den Angaben der früheren Fassungen von DIN 4701. So ist die Wärmedurchgangszahl der $1\,^1/_2$ Stein starken Ziegelaußenmauer beispielsweise jetzt nicht mehr mit $k = 1{,}34$, sondern mit 1,26 anzunehmen. Auch die k-Werte der Fenster liegen durchweg niedriger als in der Ausgabe 1944.

4. Die Temperaturannahmen

Als Innentemperatur der geheizten Räume wird üblicherweise $t_i = +20°\text{C}$ gewählt. Für Räume mit höheren und niedrigeren Temperaturanforderungen finden sich in Zahlentafel A 13 die nach DIN 4701 zu gewährleistenden Werte.

Als tiefste Außentemperatur rechnet man mit einem Wert, der im Tagesmittel nur in sehr kalten Wintern unterschritten wird. Zur Vereinfachung der Rechnung hat man das Gebiet Deutschlands nach den vorliegenden meteorologischen Beobachtungen in einige Klimazonen aufgeteilt, für die einheitliche Werte von $t_{a_{\min}}$ gelten, und zwar mit einer 3°-Stufung. Je nach der Ortslage gilt als tiefste Außentemperatur sonach $-12°$, $-15°$, $-18°$ oder $-21°$. Angaben für eine Anzahl Orte enthält Zahlentafel A 11.

Die Temperaturen angrenzender unbeheizter Räume sind Zahlentafel A 12 zu entnehmen, soweit sie nicht aus einer Wärmebilanzrechnung ermittelt werden.

C. Die Zuschläge

Alle Zuschläge werden auf den Transmissionswärmeverlust des ganzen Raumes gerechnet. Ein wichtiger Kennwert für die heiztechnischen Eigenschaften eines Raumes ist der sog. D-Wert.

1. Der D-Wert

Physikalisch kann der D-Wert als mittlere Wärmedurchlässigkeit der gesamten Umschließungselemente eines Raumes angesehen werden. Hoher D-Wert bedeutet schlechten Wärme-

---

[1] Alle Zahlentafeln mit dem Buchstaben A sind im 3. Teil enthalten.

schutz, also große Außenwandflächen mit geringer Dämmwirkung und hohem Fensterflächenanteil; kleiner D-Wert weist auf guten Wärmeschutz und geringen Anteil wärmeabgebender
Außenflächen an den Raumumschließungsflächen hin.

Der D-Wert eines Raumes errechnet sich aus folgender Beziehung:

$$D = \frac{Q_0}{F_{ges}(t_i - t_a)} . \tag{9.03}$$

F_{ges} ist die Gesamtfläche aller Raumumschließungen, also der Außenwände mit den Fenstern,
der Innenwände mit den Türen, des Fußbodens und der Decke. Verliert ein Raum Wärme nur
über Außenwände, so läßt sich für den D-Wert auch schreiben:

$$D = \frac{k_m \cdot F_a (t_i - t_a)}{F_{ges}(t_i - t_a)} = k_m \cdot \frac{F_a}{F_{ges}} . \tag{9.03a}$$

Es bedeuten dabei:

F_a Fläche der Außenwände einschließlich Fenster,
k_m mittlere Wärmedurchgangszahl der Außenflächen.

Für diesen Sonderfall, nämlich den Wärmeverlust nur über Außenflächen, nimmt der Ausdruck für den D-Wert eine besonders einfache Form an; D ist lediglich abhängig von der mittleren Wärmedurchgangszahl der Außenflächen und dem Verhältnis „Außenflächen : Gesamtfläche der Raumumschließungen". Man erkennt hier deutlich, daß D den Charakter (und auch die
Dimension) einer Wärmedurchgangszahl hat.

2. Der Zuschlag z_U für Betriebsunterbrechung

Nach Betriebseinschränkungen und Betriebsunterbrechungen ist ein Wiederhochheizen des
Gebäudes nur durch vorübergehend vermehrte Wärmezufuhr möglich. Wegen der verschiedenen
Eigenschaften der Räume eines Gebäudes ist zu einem gleichmäßigen Hochheizen eine etwas
andere Verteilung der Heizflächen notwendig, als dies bei durchgehendem Betrieb der Fall
wäre. Dies zu erreichen, ist der Zweck der Zuschläge z_U.

Außer dem durchgehenden Betrieb, der natürlich keine Unterbrechungszuschläge erfordert,
sind folgende drei Betriebsweisen zu unterscheiden:

Betriebsweise   I: ununterbrochener Betrieb, jedoch mit Betriebseinschränkung bei Nacht,

Betriebsweise   II: täglich 8- bis 12stündige Unterbrechung der Wärmelieferung,

Betriebsweise   III: täglich 12- bis 16stündige Unterbrechung der Wärmelieferung.

Die Zuschläge z_U wachsen mit der Dauer der Betriebsunterbrechung. Außerdem sind sie auch
nach den D-Werten abgestuft. Kleine D-Werte bedingen große Zuschläge, große D-Werte kleine
Zuschläge.

Maßgebend für die Einordnung in eine der drei Betriebsweisen ist die Heizbetriebsführung
bei mittleren Wintertemperaturen.

Es empfiehlt sich, Betriebsweise I für Wohn- und Krankenhäuser, Altersheime, Pflege-
anstalten u. dgl., Betriebsweise II für Büro- und Geschäftshäuser usw., Betriebsweise III für
Schulen mit ausschließlichem Vormittagsunterricht, Fabrikgebäude usw. anzunehmen.

3. Der Zuschlag z_A zum Ausgleich der kalten Außenflächen

Da das Befinden des Menschen in einem Raum nicht nur von der Lufttemperatur, sondern
auch von der mittleren Temperatur der Raumumgrenzung abhängt, sind Räume mit großen oder
dünnen Außenwänden oder mit großen Fenstern in raumklimatischer Hinsicht ungünstiger
als solche mit dicken Wänden oder kleinen Fenstern, und es sind auch Eckräume ungünstiger
als dreiseitig eingebaute Räume. Die mittlere Temperatur der Raumbegrenzung spiegelt sich
im D-Wert wider, denn dieser hängt von der mittleren k-Zahl der Außenflächen und vom Verhältnis der Größe der Außenflächen zur ganzen Raumumgrenzung ab. Der D-Wert gilt deshalb
auch als Maßzahl für die Zuschläge z_A.

4. Zusammenfassung der Zuschläge z_U und z_A

Beide Zuschläge hängen vom D-Wert ab, und sie lassen sich deshalb trotz ihrer ganz verschiedenen physikalischen Bedeutung rechnerisch zu einem Zuschlag z_D zusammenfassen. Da der Zuschlag z_U mit wachsendem D-Wert fällt, der Zuschlag z_A aber steigt, ist der zusammengefaßte Zuschlag z_D viel weniger mit dem D-Wert veränderlich als seine Bestandteile. Die Zuschläge z_D sind in der Zahlentafel A 14 zusammengestellt. Da die Zuschläge z_D bei Betriebsweise I als vom D-Wert unabhängig angenommen werden können, braucht in diesem häufigst vorkommenden Fall der D-Wert gar nicht ermittelt zu werden.

5. Der Zuschlag z_H für Himmelsrichtung

Die Höhe der Zuschläge, die der unterschiedlichen Sonneneinstrahlung Rechnung tragen sollen, ist aus Zahlentafel A 14 zu ersehen. Für die Lage eines Raumes in bezug auf Himmelsrichtung ist bei dreiseitig eingebauten Räumen die Lage der Außenwand, bei Eckräumen die Richtung der Hausecke maßgebend. Bei Räumen mit drei oder vier Außenflächen ist der jeweils höchste Zuschlag zu nehmen. Bei Gebäudeteilen ohne unmittelbare Sonneneinwirkung (enge Höfe, Lichtschächte) fällt der Zuschlag für Himmelsrichtung weg.

D. Der Lüftungswärmebedarf

1. Die Rechnungsgrundlage

Die Luftmenge, die bei Windanfall durch die geschlossenen Fenster und Türen in einen Raum eindringt, hängt ab von der Größe der Undichtigkeiten der angeblasenen Bauteile und von dem Druckunterschied zwischen außen und innen. Auf der Außenseite herrscht ungünstigstenfalls — das ist bei senkrechtem Windanfall — ein der Windgeschwindigkeit entsprechender „Staudruck"; im Innern stellt sich ein Druck ein, der durch die Widerstände beim Abströmen der eingedrungenen Luftmenge sowie einen etwaigen Unterdruck auf den nicht vom Wind betroffenen Gebäudeseiten beeinflußt wird. In dieser Hinsicht verhalten sich frei stehende Einzelhäuser anders als Reihenhäuser oder Gebäude mit mehreren, voneinander völlig getrennten Wohnungen in einer Etage.

Zur Kennzeichnung der sich aus Lage, Gegend und Bauweise eines Hauses ergebenden Besonderheiten dient die „Hauskenngröße" H. Die Widerstände beim Abströmen der Luft werden in einer „Raumkenngröße" R erfaßt. Berücksichtigt man in H auch noch die spezifische Wärme der Luft und mit einem Zuschlagsfaktor z_E die Sonderverhältnisse bei Eckräumen, so kann der Lüftungswärmebedarf Q_L aus der nachstehenden Gleichung berechnet werden

$$Q_L = \Sigma\,(a\,l)_A \cdot R \cdot H\,(t_i - t_a)\,z_E \quad \text{[kcal/h]}. \tag{9.04}$$

Dabei bedeuten:

$\Sigma\,(a\,l)_A$ die Durchlässigkeit der angeblasenen Fenster und Türen,
R die Raumkenngröße,
H die Hauskenngröße,
$t_i - t_a$ die Temperaturdifferenz zwischen Innen- und Außenluft,
z_E den Eckfensterzuschlagfaktor.

2. Durchlässigkeit von Fenstern und Türen $\Sigma\,(a\,l)$

Bezeichnet man mit a die Luftdurchlässigkeit einer Fenster- oder Türfuge je m Länge bei einem bestimmten Druckunterschied, so ist die Durchlässigkeit aller, bei ungünstigstem Windanfall angeblasenen Fenster und Türen mit den Einzelfugenlängen l durch $\Sigma\,(a\,l)_A$ gegeben. Bei Eckräumen mit Fenstern in zwei aneinanderstoßenden Außenwänden sind dabei alle Fenster, bei Räumen mit Fenstern nur in gegenüberliegenden Außenwänden ist die Wand mit der größeren Luftdurchlässigkeit einzusetzen.

In Zahlentafel A 15a sind die Rechnungswerte der spezifischen Luftdurchlässigkeit a für die wichtigsten Fenster- und Türbauarten angegeben. Sollte bei der Ausarbeitung des Heizungsprojektes die Fensterkonstruktion noch nicht festliegen, dann kann für eine vorläufige Wärmebedarfsrechnung auch ein aus Fenstergröße und Flügelzahl für Normfenster nach DIN 18050 festliegendes Maß ω für das Verhältnis von Fugenlänge l zu Fensterfläche F angenommen werden, s. Zahlentafel A 15b.

3. Die Raumkenngröße R

Die Raumkenngröße ist abhängig von der Durchlässigkeit aller angeblasenen Fenster und Türen $\Sigma(al)_A$ und der Durchlässigkeit der Fenster und Türen, über welche die Luft aus dem Raum abströmen kann. Kennzeichnet man diese Durchlässigkeit analog durch $\Sigma(al)_N$, so entspricht die Raumkenngröße R dem Quotienten

$$R = \frac{1}{\dfrac{\Sigma(al)_A}{\Sigma(al)_N} + 1}. \qquad (9.05)$$

In der Mehrzahl der Fälle strömt die Luft aus einem angeblasenen Raum nur über die Innentüren ab. Dann ist für $\Sigma(al)_N$ die Größe dieser Türen und ihre Dichtheit maßgebend. Werden Fenster und Türen üblicher Bauart verwendet, so ergeben sich keine allzu großen Unterschiede im R-Wert der einzelnen Räume eines Hauses. Man kann daher zumeist auf die Berechnung der Raumkenngröße R nach Formel (9.05) verzichten und den Wert aus Zahlentafel A 16 entnehmen.

In Anbetracht der geforderten Berechnungsgenauigkeit genügt eine relativ grobe Staffelung der R-Werte. Zahlentafel A 16 gibt diejenigen Bedingungen an, unter denen die Raumkenngröße entweder zwischen 1 und 0,8 oder zwischen 0,8 und 0,6 liegt, im Mittel also zu 0,9 oder 0,7 eingesetzt werden kann. Dabei erscheint an Stelle der Luftdurchlässigkeiten das einfacher zu übersehende Verhältnis der angeblasenen Fenster und Außenflächen F_A zur Fläche der Türen auf der Abströmseite F_T. F_A bezieht sich nur auf zu öffnende Tür- und Fensterflächen.

Bei Räumen mit sehr großen oder besonders undichten Fugen in den angeblasenen Außenwänden im Verhältnis zu denen der Innentüren ist jedoch die Berechnung von R nach Gl. (9.05) erforderlich.

4. Die Hauskenngröße H

Die Hauskenngröße ist für unterschiedliche Bauweisen und Windeinwirkungen aus Zahlentafel A 17 zu entnehmen.

Der Bereich „Windstarke Gegend" umfaßt hauptsächlich die Norddeutsche Tiefebene. In den Klimaangaben von DIN 4701 sind die Orte durch ein W hinter dem Namen gekennzeichnet, s. Zahlentafel A 11.

Bezüglich der Lage eines Raumes zum Windzutritt unterscheidet man drei Fälle:

Geschützte Lage: Für den Stadtkern bei geschlossener Bebauung, soweit die Häuser ihre Nachbarschaft nicht wesentlich überragen.

Freie Lage: Für Häuser in Siedlungen und ähnlicher weiträumiger Bebauung sowie für hohe Häuser in einer Stadt, die ihre Nachbarschaft wesentlich überragen.

Außergewöhnlich freie Lage: Für einzelstehende Häuser auf Anhöhen, an baumlosen Küstenstreifen sowie an freien Ufern breiter Flüsse und großer Seen.

Bei einem Gebäude mit einseitig oder teilweise freier Lage erhalten nur die betroffenen Räume die Hauskenngröße für freie Lage. Liegt das Gebäude nach allen vier Richtungen frei, so erhalten nur die freiliegenden Räume nach N, NO und O die höhere Hauskenngröße, die übrigen Räume erhalten die für geschützte Lage. Entsprechend gilt für außergewöhnlich freie Lage, daß nur die betroffenen bzw. die nach N, NO und O gelegenen Räume die Hauskenngröße für außergewöhnlich freie Lage erhalten, die übrigen für freie Lage.

Als Reihenhäuser gelten bei der Bestimmung der Hauskenngröße H Gebäude, die durch durchgehende Trennwände in einzelne Hauseinheiten aufgeteilt sind. Auch für die Eckwohnungen solcher Häuser sowie für Doppelhäuser gilt die gleiche Hauskenngröße. Für Häuser mit mehreren Wohnungen auf einer Etage ist die Hauskenngröße für Reihenhäuser ebenfalls einzusetzen.

5. Der Eckfensterzuschlagfaktor z_E

Dieser Faktor ist nur zu berücksichtigen bei Fenstern und Türen, die unmittelbar in der Ecke zweier aufeinanderstoßender Außenwände liegen. Dann ist

$$z_E = 1,2.$$

Für alle übrigen Fenster und Türen gilt also

$$z_E = 1,0.$$

E. Durchführung der Rechnung

Der Wärmebedarf Q_h eines Raumes berechnet sich an Hand der Gleichung

$$Q_h = Q_T + Q_L = Q_0(1 + z_D + z_H) + Q_L \quad [\text{kcal/h}]. \qquad (9.06)$$

Zur Durchführung der Berechnung wird ein besonderes Formblatt verwendet, s. S. 388.

1. Transmissionswärmebedarf

Zur Kennzeichnung der Bauteile in den einzelnen Zeilen des Beispieles sind folgende Abkürzungen anzuwenden:

EF	Einfachfenster,	AT	Außentür,
VF	Verbundfenster,	IW	Innenwand,
DF	Doppelfenster,	AW	Außenwand,
ZF	Doppelt verglaste Fenster,	FB	Fußboden,
EO	Einfaches Oberlicht,	De	Decke,
DO	Doppeltes Oberlicht,	Da	Dach.
IT	Innentür,		

Bei den Abmessungen der Wände, der Fußböden und Decken gelten als Länge und Breite die lichten Raummaße; als Höhe der Wände ist aber nicht die lichte Raumhöhe, sondern die Stockwerkshöhe einzusetzen. Für die Bestimmung der Fenster- und Türgröße ist nicht die Glas- oder Rahmenfläche, sondern die größere Leibung der Maueröffnung anzusetzen. Es empfiehlt sich, das Rechnungsergebnis jeder Zeile auf volle 10 kcal/h abzurunden.

2. Lüftungswärmebedarf

Die Rechnung beginnt mit der Festlegung des ungünstigsten Windanfalls für jeden Raum, wobei die in die Rechnung einzusetzenden angeblasenen Fenster und Außentüren (mit dem Index A gekennzeichnet, während N die Abströmöffnungen bezeichnet) bestimmt werden. Für diese wird die Fugenlänge l aus einer Zeichnung der Fenster oder — falls die Fensterkonstruktion noch nicht genau festliegt — aus dem Verhältnis $\omega = \dfrac{l}{F}$ nach Zahlentafel A 15b bestimmt. Mit der Fugendurchlässigkeit a (Zahlentafel A 15a) ergibt sich dann die Größe $\Sigma\,(al)_A$ für alle angeblasenen Fenster und Außentüren des betrachteten Raumes. Als Fugenlänge eines Fensters oder einer Tür ist die gesamte Länge aller Luftspalten (auch derjenigen der eingesetzten Lüftungsflügel) einzusetzen.

Die weitere Berechnung ist aus dem Beispiel ersichtlich.

3. Unterlagen für die Berechnung

Zur Berechnung des Wärmebedarfs werden folgende Unterlagen benötigt:

Lageplan des Gebäudes.
> Aus diesem muß die Himmelsrichtung sowie die Möglichkeit des Windzutrittes zu erkennen sein. Es müssen also auch Angaben über die Höhe der Nachbargebäude und über andere Einflüsse vorliegen

Grundrisse des Gebäudes
> mit eingetragenen Baumaßen einschließlich der lichten Fenster- und Türmaße.

Schnitte des Gebäudes mit Angaben über
> die lichten Raumhöhen, die Geschoßhöhen von Fußbodenoberkante zu Fußbodenoberkante und die Höhe der Fenster und Türen.

Angaben über die Bauart der Wände, Decken und Dächer.
> Ungewöhnliche Bauarten sind so eingehend zu beschreiben, daß die Wärmedurchgangszahlen berechnet werden können.

Angaben über die Fenster:
> Fensterkonstruktion (Einfach-, Verbund-, Doppelfenster), Material der Fenster (Holz, Kunststoff, Stahl, Metall), Größe der zu öffnenden Fensterflügel oder Angabe der Fugenlänge.

Angaben über Türen:
> mit oder ohne Schwelle.

Angaben über die Zweckbestimmung der Räume einschließlich einer
> Aufstellung über die Benutzungsstunden (Vollerwärmungsstunden), da danach die Betriebsweise der Anlage und die Zuschläge in der Wärmebedarfsberechnung festzusetzen sind.

4. Beispielrechnung

Für die Räume 1, 2 und 3 des in Abb. 9.01 dargestellten Grundrisses eines Reihenhauses ist der Wärmebedarf zu ermitteln. Hierbei ist von nachstehenden Annahmen auszugehen:

Außentemperatur: $-15\,°C$.

Raumtemperaturen:

Schlaf-, Wohn-, Kinderzimmer, Küche: $+20\,°C$.
Flur: $+18\,°C$.
Treppenhaus: $+10\,°C$.

Über und unter den dargestellten Räumen befinden sich gleichartige Räume.

Notwendige Angaben zur Wärmebedarfsrechnung:

Geschoßhöhe: 2,75 m.
Raumhöhe: 2,45 m
Außenwände: Zweikammer-Leichtbeton-Hohlblocksteine, 24 cm, Rohwichte $= 1200\ \text{kg/m}^3$.
Innenwände: Zweikammer-Leichtbeton-Hohlblocksteine, 24 cm, Rohwichte $= 1200\ \text{kg/m}^3$.
      Wandbauplatten aus Leichtbeton, 5 cm, Rohwichte $= 800\ \text{kg/m}^3$.
Fenster: zweifl. Holzdoppelfenster.
Balkontür: Holz mit Glasfüllung, Doppeltür.
Innentüren ohne Schwelle.
Windverhältnisse: Normale Gegend, außergewöhnlich freie Lage, Reihenhaus.
Betriebsweise I: Ununterbrochener Betrieb, jedoch mit Betriebseinschränkung bei Nacht.

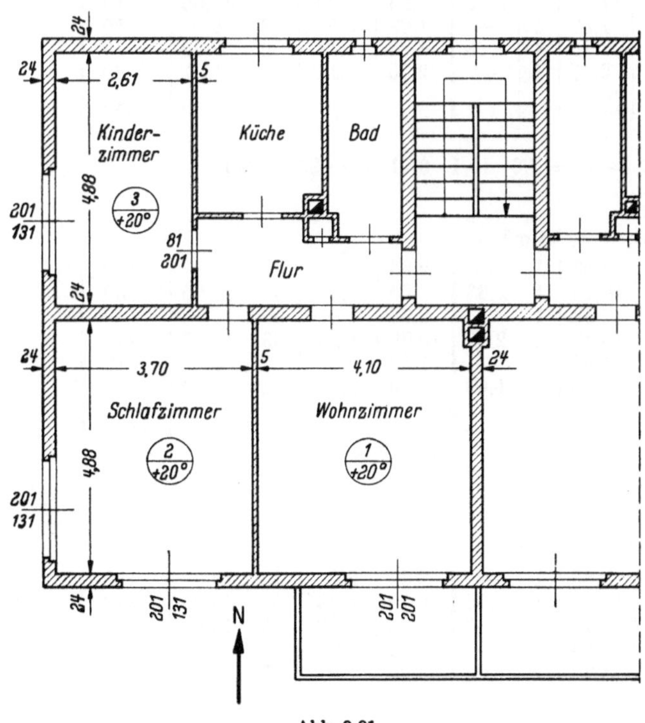

Abb. 9.01.

Alles andere, auch die Lage nach den Himmelsrichtungen, geht aus Abb. 9.01 hervor.

Wir entnehmen den Zahlentafeln A 18 und A 19:

für Balkontür . . . . $k_{AT} = 2{,}0$ kcal/m² h grd
für Innentüren . . . . $k_{IT} = 2{,}0$ kcal/m² h grd
für Holzdoppelfenster . . . . $k_{DF} = 2{,}0$ kcal/m² h grd
für Außenwände, 24 cm dick . . . . $k_{AW} = 1{,}23$ kcal/m² h grd
für Innenwände, 24 cm dick . . . . $k_{IW} = 1{,}11$ kcal/m² h grd
für Innenwände, 5 cm dick . . . . $k_{IW} = 1{,}90$ kcal/m² h grd

Aus Zahlentafel A 15a ergibt sich für die Fugendurchlässigkeit des Holzdoppelfensters $a = 2{,}0$ [bei einer Fugenlänge von 8,0 m], der Balkontür $a = 2{,}0$ [bei einer Fugenlänge von 10,1 m].

Hauskenngröße nach Zahlentafel A 17: $H = 0{,}41$.

Raumkenngröße nach Zahlentafel A 16 für

$$\text{Raum 1:} \quad \frac{F_A}{F_T} = \frac{4,05}{1,63} = 2,48 \qquad R = 0,9,$$

$$\text{Raum 2:} \quad \frac{F_A}{F_T} = 3,23 \qquad R = 0,7,$$

$$\text{Raum 3:} \quad \frac{F_A}{F_T} = 1,62 \qquad R = 0,9.$$

Die Berechnung des Wärmebedarfs ist nachstehend mit Benutzung des üblichen Vordrucks durchgeführt.

| Kurzbezeichnung | Himmelsrichtung | Wanddicke | Flächenberechnung | | | | | Wärmeverlustberechnung | | | | | Zuschläge | | | Wärmebedarf |
			Länge bzw. Breite	Höhe	Fläche	Anzahl	Abzug	In Rechnung gestellt	k-Zahl	Temperaturunterschied	$\Delta t \cdot k$	Transmissionswärmeverlust Q_0	$z_U + z_A$ z_D	Himmelsrichtung z_H	Zuschlagfaktor Z	$Q_T + Q_L + Q_h$
		cm	m	m	m²		m²	m²	$\frac{\text{kcal}}{\text{m}^2\text{h grd}}$	$\frac{\Delta t}{\text{grd}}$	$\frac{\text{kcal}}{\text{m}^2\text{h}}$	$\frac{\text{kcal}}{\text{h}}$	%	%	$1+\%$	$\frac{\text{kcal}}{\text{h}}$
Wohnzimmer 1; 20° C; $V \approx 49$ m³																
AT	S	—	2,01	2,01	4,05	1	—	4,05	2,0	35	70	280				
AW^1	S	24	4,10	2,75	11,28	1	4,05	7,23	1,23	35	43,05	310				
IT	—	—	0,81	2,01	1,63	1	—	1,63	2,0	2	4	10				
IW	—	24	2,86	2,75	7,86	1	1,63	6,23	1,11	2	2,22	10				
IW	—	24	1,00	2,75	2,75	1	—	2,75	1,11	10	11,1	30				
												640	7	—5	1,02	$Q_T = 650$

Lüftungswärmebedarf

$$Q_L = \Sigma (a \cdot l)_A \cdot H \cdot R \cdot (t_i - t_a) = 2,0 \cdot 10,1 \cdot 0,41 \cdot 0,9 \cdot 35 = 260$$

$$Q_L = 260$$
$$Q_h = 910$$

Schlafzimmer 2; 20° C; $V \approx 44$ m³																
DF	S	—	2,01	1,31	2,63	1	—	2,63	2,0	35	70	180				
AW	S	24	3,70	2,75	10,18	1	2,63	7,55	1,23	35	43,05	330				
DF	W	—	2,01	1,31	2,63	1	—	2,63	2,0	35	70	180				
AW	W	24	4,88	2,75	13,42	1	2,63	10,79	1,23	35	43,05	470				
IT	—	—	0,81	2,01	1,63	1	—	1,63	2,0	2	4	10				
IW	—	24	1,10	2,75	3,03	1	1,63	1,40	1,11	2	2,22	—				
												1170	7	—5	1,02	$Q_T = 1190$

Lüftungswärmebedarf

$$Q_L = 2,0 \cdot 2 \cdot 8,0 \cdot 0,41 \cdot 0,7 \cdot 35 = 320$$

$$Q_L = 320$$
$$Q_h = 1510$$

Kinderzimmer 3; 20° C; $V \approx 31$ m³																
DF	W	—	2,01	1,31	2,63	1	—	2,63	2,0	35	70	180				
AW	W	24	4,88	2,75	13,42	1	2,63	10,79	1,23	35	43,05	470				
AW	N	24	2,61	2,75	7,18	1	—	7,18	1,23	35	43,05	310				
IT	—	—	0,81	2,01	1,63	1	—	1,63	2,0	2	4	10				
IW	—	5	1,71	2,75	4,70	1	1,63	3,07	1,9	2	3,8	10				
												980	7	5	1,12	$Q_T = 1100$

Lüftungswärmebedarf

$$Q_L = 2,0 \cdot 8,0 \cdot 0,41 \cdot 0,9 \cdot 35 = 210$$

$$Q_L = 210$$
$$Q_h = 1310$$

Wird die Anlage für Betriebsweise II (täglich 8- bis 12stündige Unterbrechung der Wärmelieferung) ausgelegt, so beträgt der Betriebsunterbrechungszuschlag für

$$\text{Raum 1:} \quad D = \frac{Q_0}{F_{ges} \cdot (t_i - t_a)} = \frac{640}{84 \cdot 35} = 0,218; \quad z_D = 20\%,$$

$$\text{Raum 2:} \quad D = 0,428; \quad z_D = 15\%,$$
$$\text{Raum 3:} \quad D = 0,451; \quad z_D = 15\%.$$

---

[1] Zur Vereinfachung des Rechnungsgangs kann auch bei den Wandflächen der Abzug der Fenster und Türen unterbleiben, wenn für diese Bauelemente nicht mit den k-Werten, sondern deren Differenzen gegenüber den k-Werten der Wände gerechnet wird.

F. Sonderfälle

1. Selten beheizte Gebäude

Bei Räumen, die nur selten beheizt werden, wird infolge der Speicherfähigkeit einzelner Bauteile meist der thermische Beharrungszustand nicht erreicht. Dementsprechend kann auch das normale Berechnungsverfahren des Wärmebedarfes, das ja von der Wärmedurchgangsgleichung bei stationärer Wärmeströmung ausgeht, hier nicht angewendet werden[1]. Bei den Schwierigkeiten der mathematischen Behandlung des Anheizvorganges ist für die Praxis eine Vereinfachung des Rechnungsverfahrens zweckmäßig. Man unterscheidet dabei zwischen dem Wärmebedarf der speichernden und dem der nicht speichernden Bauteile eines Raumes. Der Gesamtwärmebedarf Q_h ergibt sich aus

$$Q_h = Q_F + Q_W. \tag{9.07}$$

Nicht speichernd sind vor allem die Fenster. Die Wärmeverluste dieser Flächen (Q_F) können in der üblichen Weise ermittelt werden. Es ist also

$$Q_F = \sum F_F \cdot k_F (t_i - t_a) \quad \text{[kcal/h]}. \tag{9.07a}$$

Dabei bedeuten:

$\sum F_F$ die Fensterflächen in m²,
k_F die zugehörigen k-Werte in kcal/m² h grd.

Für Q_W, den Wärmebedarf der speichernden Flächen, kann eine ähnlich aufgebaute Gleichung angegeben werden, nämlich

$$Q_W = \sum F_W \cdot a_{t_A} (t_i - t_0) \quad \text{[kcal/h]}. \tag{9.07b}$$

Dabei bedeuten:

F_W die speichernden inneren Oberflächen des Raumes (einschließlich Säulen, Galerien usw.) in m²,
a_{t_A} den von Aufheizzeit t_A und Baustoff abhängigen stündlichen Wärmebedarf je m² Oberfläche und Grad Temperaturerhöhung in kcal/m² h grd,
t_i die geforderte Innentemperatur in °C,
t_0 die Anfangstemperatur in °C.

a_{t_A} ist aus Abb. 9.02 zu entnehmen.

Die für das Anheizen maßgebenden Stoffwerte einer Wand erscheinen dabei in der Verknüpfung $\sqrt{\lambda \cdot c \cdot \gamma}$, d. i. die Wärmeeindringzahl[2]. Für Sandsteine und Vollziegel sind die Kurven in Abb. 9.02 gesondert eingetragen.

Für Wandflächen, die auf der Raumseite eine Isolierschicht geringer Wärmekapazität (z. B. Holzwolle-Leichtbauplatten, Holztäfelung usw.) aufweisen, ist mit einem berichtigten Wärmebedarf je m² Oberfläche (a_{t_A}') zu rechnen, der sich ergibt aus

$$a_{t_A}' = \cfrac{1}{\cfrac{1}{a_{t_A}} + \cfrac{\delta_{Is}}{\lambda_{Is}}}. \tag{9.08}$$

a_{t_A} ist für die Wärmeeindringzahl des Wandbaustoffes aus Abb. 9.02 zu entnehmen. Für δ_{Is} und λ_{Is} sind die Zahlenwerte der Dicke in m und Wärmeleitzahl der Isolierschicht einzusetzen.

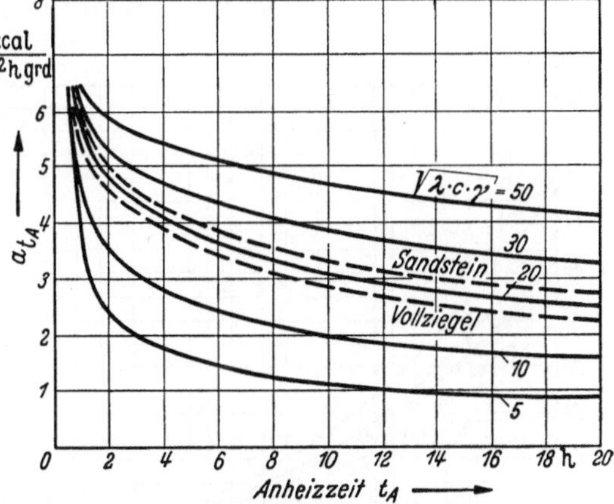

Abb. 9.02. Anheizwärmebedarf a_{t_A} speichernder Wände in Abhängigkeit von der Anheizzeit t_A

Für Kirchenheizungen wird im allgemeinen $t_i = +12\ °\text{C}$ und $t_0 = 0\ °\text{C}$ gewählt; t_a entspricht der tiefsten Außentemperatur des Ortes nach Zahlentafel A 11.

---

[1] KRISCHER, O.: Der Wärmebedarf von Gebäuden bei einzelnem und seltenem Betrieb. Gesundh.-Ing. 53 (1930) Sonderheft S. 7—10. — SIELER, W.: Wärmebedarfsbestimmung von Kirchen. Beihefte zum Gesundh.-Ing., Reihe I, 1938, Heft 38.

[2] KRISCHER, O.; KAST, W.: Zur Frage des Wärmebedarfs beim Anheizen selten beheizter Gebäude. Gesundh.-Ing. 78 (1957) S. 321—325.

2. Gebäude außergewöhnlich schwerer oder sehr leichter Bauart

Bei Gebäuden mit *außergewöhnlich schwerer Bauart* (z. B. Bunker, unterirdische Räume) ist der Transmissionsbedarf in der Regel nur gering. Meistens müssen sogar zusätzlich die von Menschen oder Betriebseinrichtungen gelieferten Wärmemengen durch mechanische Lüftungseinrichtungen aus den Räumen abgeführt werden.

Bei der großen Speicherfähigkeit solcher Wände ist der Transmissionswärmeverlust der Räume praktisch unabhängig von der Betriebsweise der Heizung. Soll die Heizung täglich nur während einer Dauer von t_B Stunden betrieben werden, so müssen die Heizkörper für eine Leistung von $\frac{24}{t_B} \cdot Q_h$ bemessen werden. Dabei ist Q_h der nach DIN 4701 berechnete Wärmebedarf.

Bei *sehr leichten Bauarten* (z. B. Wintergärten) ist die Wärmekapazität der Wände gering und damit auch die Aufheizzeit der Räume nur kurz. Der D-Wert solcher Räume ist sehr groß, der Betriebsunterbrechungszuschlag z_U dementsprechend klein. Andererseits wird der Zuschlag für kalte Außenwände z_A sehr groß. Man kann daher bei diesen Räumen ohne Bedenken mit den gleichen Zuschlägen z_D wie für das übrige Gebäude rechnen.

3. Wärmeverluste großer an das Erdreich grenzender Flächen

Die Wärmeverluste großer Fußboden- oder Wandflächen, die an das Erdreich grenzen, können in ähnlicher Weise wie die Transmissionsverluste der Außenwände berechnet werden. Man unterscheidet dabei zwischen der Wärme, die durch die anliegende Erdschicht an die Außenluft abgegeben wird und der Wärme, die an das Grundwasser abströmt. Der erste Anteil ergibt sich aus einer Wärmedurchgangsrechnung, worin an Stelle des k-Wertes ein äquivalenter Wert m eingeführt wird, der von dem Seitenverhältnis l/b, der Größe der Bodenfläche F und der Grundwassertiefe Z abhängt. Als Außentemperatur ist dabei nicht der Wert $t_{a_{\min}}$ wie bei den Außenwänden zu wählen, sondern eine Temperatur t'_a, die höher liegt und die der zeitlichen Verzögerung, mit der die Erdreichtemperatur den Außentemperaturen folgt, Rechnung trägt. Je nach der Klimazone wird t'_a zwischen 0 und $-5\,°\mathrm{C}$ liegen.

Bei der Berechnung der an das Grundwasser abströmenden Wärme kann zumeist der innere Wärmeübergangswiderstand $1/\alpha_i$ gegenüber dem Dämmwert des Erdreichs Z/λ_E vernachlässigt werden. Man erhält damit für den Gesamtwärmeverlust die Gleichung

$$Q_0 = F \cdot m \,(t_i - t'_a) + F \cdot \frac{\lambda_E}{Z}\,(t_i - t_E) \quad [\mathrm{kcal/h}]. \tag{9.09}$$

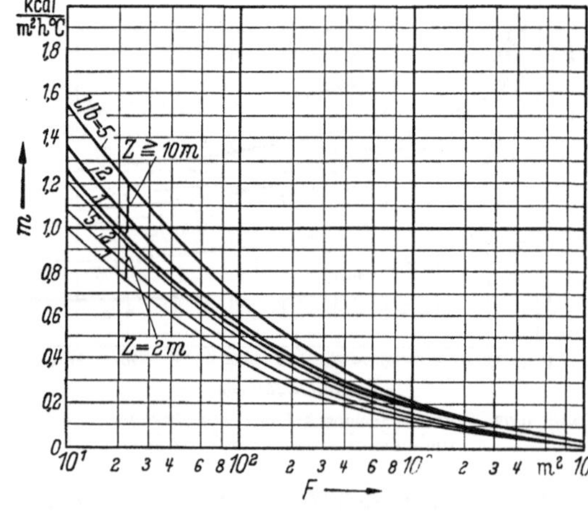

Abb. 9.03. Äquivalente Wärmedurchgangszahl m in Abhängigkeit von den an das Erdreich angrenzenden Flächen F

Für F sind die gesamten an das Erdreich angrenzenden Flächen einzusetzen, also

$$F = l \cdot b + U \cdot h$$

mit

l der Länge der Bodenfläche,
b der Breite der Bodenfläche,
U der Umfang der Bodenfläche: $U = 2\,(l + b)$,
h der Tiefe der Bodenfläche unter der Erdoberfläche.

Die Erdreichtemperatur in der Tiefe des Grundwassers beträgt $t_E = 10°$. Für die Wärmeleitzahl des Erdreiches ist einzusetzen $\lambda_E = 1{,}0$ kcal/m h °C. Die äquivalenten Wärmedurchgangszahlen m sind aus Abb. 9.03 für die jeweiligen Zahlenwerte von l/b und F zu entnehmen. Eingezeichnet sind zwei Kurvenscharen, die für $Z = 2$ m und $Z \geqq 10$ m gelten. Zwischenwerte sind zu interpolieren.

Näheres über die Annahmen, die dieser Rechnungsweise zugrunde liegen, ist aus DIN 4701 sowie aus der in Fußnote 1 angeführten Veröffentlichung von O. KRISCHER zu ersehen.

---

[1] KRISCHER, O.: Die Wärmeaufnahme der Grundflächen nicht unterkellerter Räume. Gesundh.-Ing. Bd. 57 (1934), S. 513/521.

4. Hallen

Die Wärmebedarfsrechnung weicht hier in zweierlei Hinsicht vom Normalfall ab. Erstens fehlen bei solchen Räumen weitgehend die erwärmten Innenflächen, die mit den Außenwänden und Fenstern im Strahlungsaustausch stehen. Die innere Wärmeübergangszahl für die Außenbauteile wird dadurch kleiner als 7 kcal/m² h grd, so daß bei schlecht dämmenden Außenbauteilen auch die k-Werte merklich niedriger als im Normalfall sind.

Zweitens ist zu berücksichtigen, daß bei den meisten Heizverfahren, vor allem solchen mit hoher konvektiver Wärmeabgabe, die Lufttemperatur mit der Höhe zunimmt. Die für den Heizwärmeaufwand maßgebende Lufttemperatur in halber Raumhöhe ist daher höher anzusetzen als die Temperatur in der Aufenthaltszone (meist 1,5 m über Fußboden). Häufig ist auch die unter 3. behandelte Abweichung in der Wärmeverlustberechnung bei ausgedehnten, an das Erdreich angrenzenden Flächen zu berücksichtigen.

Die innere Wärmeübergangszahl an Außenbauteilen (α_i) und der k-Wert einfach verglaster Fensterflächen sind wie in nebenstehender Tabelle zu wählen.

	α_i	k-Wert bei einfacher Verglasung
Hallen ohne Innenwände und Geschosse, bei denen die lichte Höhe größer ist als die Raumtiefe	3,5	3
Hallen mit Innenwänden und lichten Höhen kleiner als die Raumtiefe . .	5	4

Die k-Werte von Wänden, Dächern und mehrfach verglasten Fenstern sind in üblicher Weise mit den vorgenannten α_i-Werten zu berechnen.

Für t_i ist in der Transmissionswärmeverlustrechnung ein Zahlenwert einzusetzen, der je nach lichter Raumhöhe und Heizverfahren um 1 bis 4° höher zu wählen ist als die in der Aufenthaltszone geforderte Raumtemperatur.

Die Zuschläge der üblichen Wärmebedarfsrechnung für den Normalfall entfallen.

Der Lüftungswärmebedarf ist gesondert zu berechnen, wobei man nach Möglichkeit von der zu erwartenden Luftverschlechterung ausgeht oder hilfsweise mit einem Mindestluftwechsel je nach der Zweckbestimmung des Raumes rechnet. Bei sehr niedrigen Luftwechselzahlen ist zu prüfen, ob der Endwert der Rechnung mindestens dem Wärmeverlust durch freie Lüftung, wie er sich nach Abschn. D errechnet, entspricht.

Offene Hallentore bleiben bei der Lüftungswärmeberechnung unberücksichtigt; ihr Einfluß wird zweckmäßigerweise durch Luftschleusen ausgeschaltet, deren Wärmebedarf getrennt anzugeben ist. Für die Berechnung der Wärmeverluste der unmittelbar am Erdreich anliegenden Fußböden gilt das vorbesprochene Verfahren.

II. Kesselheizflächen

Da in der Heiztechnik vielfach Kessel einheitlicher oder wenigstens ähnlicher Bauart verwendet werden, sind zur Vereinfachung der Kesselberechnung in der Norm DIN 4702 die zulässigen Heizflächenbelastungen K festgelegt worden. Sie hängen ab von der Feuerungsart (Durchbrand oder Unterbrand), dem Brennstoff und dem Heizmittel (Warmwasser oder Dampf). Als Heizfläche gilt die gesamte feuer- und gasberührte Kesselfläche. Die nachstehende Tabelle gibt auszugsweise die *für Gliederkessel* mit Füllschacht *bei Koks* als Brennstoff gültigen Heizflächenbelastungen wieder.

Kesselgruppe	Heizfläche	Heizflächenbelastung K in kcal/m² h			
		Unterbrand		Durchbrand	
		Warmwasser	ND-Dampf	Warmwasser	ND-Dampf
Kleinkessel	< 5 m²	—	—	12 000	10 000
Normal- und Mittelkessel	4—30 m²	8 000	7 000	8 000	7 000
Großkessel	20—70 m²	8 000	7 000	—	—

Die erforderliche Kesselheizfläche ergibt sich aus der Gleichung

$$F = \frac{Q_h}{K} \cdot (1 + z_R) \,. \tag{9.10}$$

Hierin ist:

F die Kesselheizfläche in m^2,
Q_h der Wärmebedarf des Gebäudes nach DIN 4701 in kcal/h,
K die Heizflächenbelastung in $kcal/m^2 h$,
z_R ein Zuschlag für die Wärmeverluste des Rohrnetzes.

Für z_R ist zu setzen:

Für Anlagen, bei welchen die Rohrleitungen geschützt liegen, Steigestränge an den Innenwänden, Verteilungsleitungen mit Wärmeschutz in warmen Räumen . . . . $z_R = 0{,}05$
Für Anlagen, bei welchen die Rohrleitungen weniger geschützt liegen, Steigestränge an den Außenwänden, Verteilungsleitungen mit Wärmeschutz in kalten Räumen . . . . $z_R = 0{,}10$
Für Anlagen, die besonders ungünstig liegende und weitverzweigte Rohrleitungen, Steigestränge in Mauerschlitzen der Außenwände, Verteilungsleitungen mit Wärmeschutz im kalten Dachgeschoß besitzen . . . . $z_R = 0{,}15$

Bei größeren Leitungen, insbesondere Fernleitungen, ist der Wärmeverlust des Netzes gesondert zu berechnen.

Für feste Brennstoffe sind in DIN 4702 die Normalbelastungen so festgelegt worden, daß die Kesselleistung im Mittel einer Abbrandperiode bei normalem Schornsteinzug (2 bis 4 mm WS) und gutem Wirkungsgrad der Feuerung erbracht werden kann. Bei größerer Zugstärke lassen sich die meisten Kesselbauarten kurzzeitig um 20 bis 40% überlasten, etwa zum Anheizen in den Morgenstunden.

Bei *Gas- und Ölfeuerungen* ist die Kesselleistung durch die Leistung der Brenner begrenzt. Kesselheizfläche und Brennerleistung sind so aufeinander abzustimmen, daß bei Normallast ein guter Wirkungsgrad erzielt wird.

Bei der Festlegung der maximalen Brenner- bzw. Kesselleistung — beide Werte sind in diesem Fall identisch — ist folgendes zu beachten: Weder in Q_h noch in z_R ist bei Gl. (9.10) die zum Anwärmen des Heizsystems nach Betriebsunterbrechungen erforderliche Wärme berücksichtigt. Wird die Kesselleistung somit nicht höher als $Q_h (1 + z_R)$ gewählt, so ist nach größeren Betriebsunterbrechungen mit verlängerten Anheizzeiten zu rechnen. Trotzdem sollte man bei Heizungen mit Ölfeuerungen, vor allem bei Einkesselanlagen, die Kesselleistung nicht größer wählen als unbedingt notwendig, um bei geringem Wärmebedarf ein zu häufiges Schalten und allzu kurze Betriebszeiten der in Ein-Aus-Betrieb gefahrenen Brenner zu vermeiden. Auch die Gefahr der Heizflächenkorrosion und Schornsteinversottung nimmt zu, wenn die Kessel ständig schwach belastet werden, s. S. 40.

Ähnliche Überlegungen sind bei der Größenbestimmung von *Heizkesseln mit mechanischen Feuerungen für feste Brennstoffe* anzustellen. Im Unterschied zu den Gas- und Ölfeuerungen kann hier aber die Leistung meist kontinuierlich geregelt werden, wobei auch bei schwächerer Belastung noch hohe Kesselwirkungsgrade erzielbar sind und Betriebsschwierigkeiten nicht auftreten. Man wird daher die Kesselleistung in solchen Fällen ausschließlich nach den Betriebsanforderungen festlegen und erforderlichenfalls auch eine Anheizreserve mit vorsehen.

Bei allen *Sonderbauarten* von Heizkesseln und insbesondere bei *Stahlheizkesseln* ist man bezüglich der Leistung auf die Angaben der Hersteller angewiesen. Für derartige Kessel können einheitliche Heizflächenbelastungen, wie bei gußeisernen Gliederkesseln, nicht festgelegt werden; die Kesselleistung ist sonach auch nicht durch die Heizflächengröße allein zu kennzeichnen.

Es empfiehlt sich bei diesen Kesseln vom Hersteller außer den Leistungswerten auch die Wirkungsgrade bei dem vorgesehenen Brennstoff garantieren zu lassen, und zwar gegebenenfalls unter verschiedenen Belastungen. Man sollte auch in gleicher Weise wie bei Hochdruckkesseln unterscheiden zwischen Regelleistung und höchster Dauerleistung, wobei für die Regelleistung eine möglichst gute Wärmeausnutzung gefordert werden muß, für die nur kurzzeitig benötigte höchste Dauerleistung hingegen eine Wirkungsgradeinbuße hingenommen werden kann. Für die Kesselbemessung ist normalerweise die „Regelleistung" zugrunde zu legen.

III. Raumheizkörper

A. Die Wärmeabgabe von Raumheizkörpern

1. Grundlagen

Die Leistung eines Heizkörpers ist bei unverkleideter Aufstellung hauptsächlich von der Bauform, den Abmessungen und dem Temperaturunterschied zwischen Heizmittel und Raumluft abhängig. Man kann diesen Zusammenhang durch die allgemeine Gleichung für den Wärmedurchgang darstellen:

$$Q = k \cdot F (t_H - t_i) . \tag{9.11}$$

Darin bedeuten:

Q	die stündliche Wärmeabgabe,	t_H	die Temperatur des Heizmittels,
F	die Heizkörperoberfläche,	t_i	die Raumlufttemperatur.
k	die Wärmedurchgangszahl,		

Für t_H ist bei Dampfheizungen die dem Druck zugeordnete Sättigungstemperatur einzusetzen, bei Wasserheizungen der Mittelwert zwischen Zulauf- und Ablauftemperatur.

Gl. (9.11) gilt strenggenommen für die ebene, quer durchströmte Wand, unter der Annahme, daß k nicht oder nur unwesentlich von den Temperaturen des Vorgangs beeinflußt wird. Beide Vorbedingungen treffen bei Raumheizkörpern häufig nicht zu. So sind z. B. bei Radiatoren die äußeren Oberflächen erheblich größer als die inneren; es tritt also zusätzlich eine Rippenwirkung auf. Zum andern wächst die Wärmeabgabe mit zunehmender Temperaturdifferenz $(t_H - t_i)$ stärker an, als es Gl. (9.11) erwarten läßt. Der Ansatz nach Gl. (9.11) besagt hier lediglich, daß die Oberfläche des Heizkörpers und die Übertemperatur „Heizmittel/Raumluft" für die Leistung mitbestimmend sind. k ist dabei nicht nur von der Bauform und den Abmessungen des Heizkörpers, sondern auch von der jeweiligen Übertemperatur $(t_H - t_i)$ abhängig.

Bei geometrisch einfachen Querschnittsformen und Anordnungen, wie etwa bei glatten Rohrheizkörpern und flachen, unprofilierten Stahlheizkörpern, läßt sich die Wärmedurchgangszahl anhand der im 8. Abschnitt enthaltenen Gleichungen des Wärmeübergangs und Wärmedurchgangs näherungsweise berechnen. Bei beliebigen Bauformen ist man auf den Versuch angewiesen.

Für die Bemessung von Raumheizkörpern ist es zuweilen zweckmäßiger, nicht von der Wärmeleistung je Flächeneinheit, sondern je Längeneinheit auszugehen, so z. B. bei Rohrheizkörpern und Konvektoren. Bei Radiatoren kann unmittelbar die Gliedleistung angegeben werden. Das Rechnen mit k ist in solchen Fällen ein Umweg, der zudem durch die Einbeziehung der Heizflächen mit ihren abgerundeten Maßen noch zusätzliche Fehlermöglichkeiten enthält.

Gute Dienste leistet jedoch die Wärmedurchgangszahl beim wärmetechnischen Vergleich verschiedener Heizkörpermodelle, bei der Nachprüfung von Leistungsangaben oder der überschläglichen Ermittlung der Wärmeabgabe neuer Bauarten.

2. Leistungsmessungen

Die Leistung von Heizkörpern wird entweder in eigens dafür hergerichteten geschlossenen Prüfräumen üblicher Wohnraumabmessungen festgestellt oder auf Prüfständen gemessen, die in größeren Räumen unter Abschirmung gegen störende Luftbewegungen und Strahlungseinflüsse aufgestellt sind. Bei geschlossenen Prüfräumen wird die Wärmeleistung des Heizkörpers über die Umschließungswände, bei offenen Prüfständen im allgemeinen durch unmittelbare Kühlung der Raumluft abgeführt, evtl. auch von stark speichernden Wänden aufgenommen.

Für die Leistungsbestimmung sind zwei Verfahren gebräuchlich. Beim ersten mißt man die Menge des durchfließenden Heizmittels und seine Temperaturen am Ein- und Austritt (Durchflußverfahren), beim zweiten die Energieaufnahme des den Heizkörper beliefernden Kessels

(Umlaufverfahren). Die Leerlaufverluste der Prüfeinrichtungen sind bei diesem Verfahren durch gesonderte Versuche festzustellen[1].

Heizkörper von Zentralheizungen erwärmen den Raum vorwiegend, bei verkleideten Heizkörpern sogar ausschließlich, konvektiv. Das führt bei geschlossenen Prüfräumen zu örtlichen Unterschieden in der Lufttemperatur, vor allem in der Vertikalen. Es ist daher festzulegen, auf welche Lufttemperatur sich die Leistungsangabe jeweils bezieht. Zumeist wählt man als Bezugstemperatur den Meßwert in 2 m horizontalem Abstand vom Heizkörper und 1,5 m Höhe über Fußboden.

Physikalisch wäre es richtiger, von der Temperatur der anströmenden Luft auszugehen, also bei einem Konvektor beispielsweise von der Lufttemperatur vor der Eintrittsöffnung, beim unverkleideten Heizkörper von der Lufttemperatur in Heizkörpernähe und halber Höhe.

Vergleichsuntersuchungen in geschlossenen Prüfräumen der Technischen Universität Berlin und offenen Prüfständen der Technischen Hochschule Darmstadt haben gezeigt, daß die Leistungen bei beiden Prüfanordnungen übereinstimmen, wenn man die Lufttemperatur in 0,75 m Höhe als maßgebend betrachtet. Auf diese Höhenebene beziehen sich die Leistungsangaben für die neuen deutschen Normradiatoren.

B. Die Berechnung der Heizflächen

1. Die Leistung von Gliederheizkörpern

Für die deutschen Normradiatoren sind die Wärmeleistungen je Glied in DIN 4703 (Juli 1961) niedergelegt, und zwar gesondert für Guß- und Stahlradiatoren, s. Zahlentafel A 26a. Als Normleistung gilt die stündliche Wärmeabgabe des unverkleideten Radiators bei einer Raumlufttemperatur $t_i = +20\ °C$ und einer Heizmitteltemperatur $t_H = 80\ °C$ für Wasserheizungen und $t_H = 100\ °C$ für Dampfheizungen.

Das Normblatt enthält darüber hinaus auch die Gliedleistungen bei abweichenden Raumluft- und Heizmitteltemperaturen. In Zahlentafel A 26b sind an deren Stelle Umrechnungsfaktoren angegeben, die es gestatten, aus den Normleistungen der Zahlentafel A 26a in einfacher Weise die Gliedleistung bei beliebigen Heizmittel- und Raumlufttemperaturen zu bestimmen.

Die Normleistungen sind am 10gliedrigen Heizkörper gemessen. Bei sehr kurzen Heizkörpern sind die Gliedleistungen infolge der günstigeren Strahlungsbedingungen etwas größer. Die Abweichungen von den Normwerten sind von Modell zu Modell verschieden. Bei der Auslegung der Radiatoren ist dies ohne Bedeutung, da die durch die Gliederzahl bedingten Leistungssprünge um eine Zehnerpotenz höher liegen. Das gilt auch für Heizkörper großer Baulänge, so daß das Rechnen mit einer einheitlichen mittleren Gliedleistung durchaus berechtigt ist.

Zu beachten ist, daß die Normleistungen für oberen Vorlauf- und unteren Rücklaufanschluß gelten. Zwischen gleichseitigem und wechselseitigem Anschluß bestehen keine für die Praxis wesentlichen Unterschiede in der Leistung. Soweit Unterschiede festgestellt werden konnten, zeigen sie keine einheitliche Tendenz; sie sind vielmehr abhängig von den Baumaßen, der Gliederzahl und dem Wasserdurchsatz. Erst bei sehr langen Heizkörpern geht die Gliedleistung bei gleichseitigem Anschluß merkbar zurück. Solche Heizkörper werden aber aus Montagegründen ohnehin im allgemeinen wechselseitig angeschlossen.

Mit erheblichen Leistungsminderungen ist zu rechnen, wenn das Heizwasser in eine der unteren Heizkörpernaben eingeführt wird[2]. Je nach der Ausführungsart und den Betriebs-

---

[1] Normen über die Prüfung von Raumheizkörpern gibt es bereits in einigen Ländern. Eine intereuropäische Vereinheitlichung der Prüfbestimmungen ist in Vorbereitung.

[2] RAISS, W., u. H. EPPERLEIN: Die Wärmeleistung des Gliederheizkörpers bei unterem Anschluß. Heizg.-Lüftg.-Haustechn. Bd. 6 (1955) S. 165/69.

bedingungen sind Leistungseinbußen von 15% und mehr möglich, sofern nicht durch eine untere Sperre zwischen dem 1. und 2. Glied das Heizwasser zwangsläufig im 1. Glied hochgeführt wird.

Vor Festlegung der Heizkörpergröße ist zu klären, ob bzw. welche Heizkörper Verkleidungen erhalten. Einen Anhalt über die dann notwendigen Größenberichtigungen gibt die Tabelle auf S. 48.

2. Die Leistung sonstiger Heizkörperbauarten

Für *flache Stahlheizkörper* läßt sich die Wärmeabgabe aus der Oberfläche einigermaßen zuverlässig bestimmen. Versuche im Institut für Heizung und Lüftung der Technischen Universität Berlin ergaben die in Abb. 9.04 dargestellte Abhängigkeit der Wärmedurchgangszahl für $t_H = 80\ {}^\circ\mathrm{C}$ von der Bauhöhe bei 1- und 2plattiger Anordnung. Die Werte gelten sowohl für glatte wie für leicht profilierte Heizkörper. Sind mehrere Heizbänder übereinander angeordnet, so ist als Bauhöhe die Summe der Bandhöhen einzusetzen.

Für *Rohrheizkörper* aus waagerechten glatten Rohren kann nach DIN 4703, Ausg. April 1944, mit folgenden Wärmedurchgangszahlen gerechnet werden:

k in kcal/m² h grd

Äußerer Rohr-durchmesser mm	Einzelrohr		Mehrere Rohre übereinander	
	Heizwasser $t_H = 80\ {}^\circ\mathrm{C}$	ND-Dampf $t_H = 100\ {}^\circ\mathrm{C}$	Heizwasser $t_H = 80\ {}^\circ\mathrm{C}$	ND-Dampf $t_H = 100\ {}^\circ\mathrm{C}$
33,5	11,8	12,8	10,5	11,4
48,25	11,3	12,3	9,5	10,3
60	11,0	12,0	8,8	9,6

Diese Werte schließen sich gut an die der flachen Stahlheizkörper an. Bei Berechnungen in der Praxis ist es einfacher, mit der Wärmeleistung je Längeneinheit, also hier je m Rohrlänge, zu rechnen, s. Zahlentafel A 26d.

Für *Rippen-* und *Lamellenrohre* kann nach BRADTKE[1] bei gutem Kontakt zwischen Kernrohr und Rippe (z. B. warm auf das Kernrohr aufgezogene Lamellen oder Bänder) für freie Aufstellung mit den in Zahlentafel A 27 angegebenen Leistungen und Wärmedurchgangszahlen gerechnet werden.

Konvektoren weisen so starke Unterschiede in der Bauweise auf, daß einheitliche Leistungsangaben z. Z. nicht gemacht werden können. Das gleiche gilt für die sog. Hochdruckradiatoren und sonstige Sonderbauarten von Raumheizkörpern. Es ist dabei zu beachten, daß mit zunehmendem Anteil an Rippen- und Lamellenheizfläche der Wärmeübergang auf der Heizmittelseite an Bedeutung gewinnt und damit auch Heizfläche und Temperaturunterschied $(t_H - t_i)$ zur Kennzeichnung der spezifischen Leistung nicht mehr ausreichen.

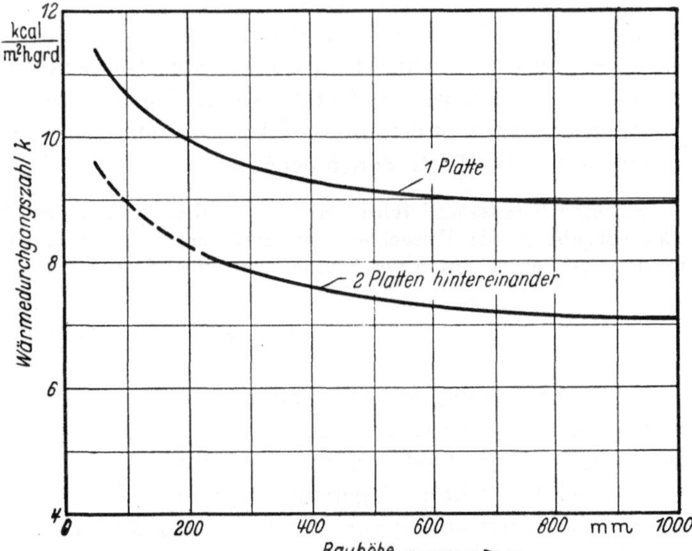

Abb. 9.04. k-Werte flacher Stahlheizkörper in Abhängigkeit von der Bauhöhe. Mittlere Wassertemperatur 80 °C

---

[1] BRADTKE, F.: Die Wärmeabgabe von Rippenrohren bei freier Konvektion. Heizg.-Lüftg.-Haustechn. Bd. 1 (1950) S. 51/58.

C. Temperaturabhängigkeit der Heizkörperleistung

1. Einfluß des Temperaturunterschiedes „Heizmittel/Raumluft" (Übertemperatur)

Neben den Leistungsangaben bei maximalen Temperaturunterschieden $(t_H - t_i)$, wie sie für die Heizflächenbemessung erforderlich sind, interessieren in der Praxis auch die Werte bei niedrigeren Übertemperaturen. Sie sind beispielsweise bei Wasserheizungen von Einfluß auf die bei geringer Belastung einzuhaltenden Vorlauftemperaturen.

Die Abhängigkeit der Heizkörperleistung von der Übertemperatur läßt sich am einfachsten durch das nachstehende Potenzgesetz darstellen:

$$q = q_n \left(\frac{\Delta t}{\Delta t_n} \right)^m .$$

(9.12)

Dabei bedeuten:

q_n Die Normwärmeleistung,
Δt_n die den Normbedingungen entsprechende Übertemperatur $(t_H - t_i)_n$,
q die gesuchte Wärmeleistung,
Δt eine von den Normbedingungen abweichende beliebige Übertemperatur $(t_H - t_i)$.

Es gilt dann auch für die Wärmedurchgangszahl k die Beziehung

$$k = k_n \left(\frac{\Delta t}{\Delta t_n} \right)^{m-1} .$$

(9.13)

Die bei Teilbelastungen einer Heizanlage durch unterschiedliche Temperaturexponenten bedingten Abweichungen in den Heizmitteltemperaturen sind aus Abb. 12.09 zu entnehmen (s. S. 526).

Nach den vorliegenden Messungen kann bei mittleren Heizwassertemperaturen zwischen 40° und 100 °C mit folgenden Exponenten gerechnet werden:

Gliederheizkörper (Radiatoren)	$m = {}^4/_3$
Rohrheizflächen aller Art (angenähert auch für Flachheizkörper und Rippenrohre)	$m = 1{,}25$
Konvektoren, je nach Aufbau und Verkleidung	$m = 1{,}25 \ldots 1{,}6$

Für Gliederheizkörper wurde der Exponent ${}^4/_3$ schon bei den ersten systematischen Leistungsversuchen an Gußmodellen festgestellt. Diese Temperaturabhängigkeit hat sich bei den neueren Bauformen bis hin zu den Normmodellen 1961 als gültig erwiesen[1].

Allerdings kann m bei unterem Anschluß und relativ großen Temperaturdifferenzen $(t_v - t_r)$ erheblich höhere Werte annehmen[2].

SCHMIDT-KRAUSSOLD[3] führen auch noch den Einfluß des Barometerstandes (b) auf die Konvektionswärmeabgabe in die Formel ein; er spielt nur eine Rolle, wenn Anlagen in größeren Höhen errichtet werden. Bei einem Anteil der Strahlungswärmeabgabe s lautet die Formel (9.12) für Radiatoren dann:

$$q = q_n \left[s + (1 - s) \sqrt{\frac{b}{760}} \right] \left(\frac{\Delta t}{\Delta t_n} \right)^{4/3} .$$

(9.14)

Zur Vereinfachung der Umrechnung von Normleistungsangaben auf abweichende Raumluft- und Heizmitteltemperaturen nach dem ${}^4/_3$-Potenzgesetz sind in Zahlentafel A 26 b die entsprechenden Multiplikationsfaktoren angegeben.

Die bei Konvektoren[4] gefundenen großen Unterschiede im Exponent m machen es notwendig, bei Verwendung von Wasserheizungen von dem Hersteller jeweils die Leistungen für verschiedene Heizmitteltemperaturbereiche garantieren zu lassen. Liegt der Exponent m des

---

[1] RAISS, W.: Die Wärmeleistung der deutschen Normradiatoren. Heizg.-Lüftg.-Haustechn. Bd. 12 (1961) Nr. 9, S. 275/79.
[2] s. Fußnote 2 S. 394.
[3] SCHMIDT, E., u. H. KRAUSSOLD: Die Wärmeabgabe von Gliederheizkörpern. Gesundh.-Ing. Bd. 55 (1932) S. 49, 61, 77.
[4] KUHRASCH, H.: Konvektoren und Konvektorenheizung. Wärme-, Lüftungs- u. Gesundh.-Techn. Bd. 2 (1950) Heft 10, S. 1/6 und Heft 11, S. 1/3.

Temperatureinflusses erheblich über 1,4, so sollten Radiatoren und Konvektoren nicht gemeinsam in *einer* Anlage bzw. in Heizgruppen gleicher Vorlauftemperatur verwendet werden, da sonst eine zentrale Leistungsregelung bei niedrigen Heizwassertemperaturen unmöglich wird, s. Abb. 12.09, S. 526.

2. Einfluß der Temperaturdifferenz „Vorlauf/Rücklauf"

Die Normleistungen von Warmwasserheizkörpern gelten für eine Vorlauftemperatur $t_v = 90\,°\mathrm{C}$ und eine Rücklauftemperatur $t_r = 70\,°\mathrm{C}$. Neuerdings geht man häufig auf größere Temperaturdifferenzen über (Temperaturspreizung), vor allem bei Hausanlagen mit direktem Fernheizanschluß. Für die Wärmeleistung ist dann nicht mehr das arithmetische Mittel der Vor- und Rücklauftemperatur $t_H = 0{,}5\,(t_v + t_r)$ maßgebend. Es muß vielmehr von den Übertemperaturen $(t_v - t_i)$ am Heizkörpereintritt und $(t_r - t_i)$ am Heizkörperaustritt ausgegangen und als wirksame Übertemperatur $(t_H - t_i)$ ein logarithmischer Mittelwert $\varDelta m$ eingeführt werden, wie er bei Wärmeaustauschern gebräuchlich ist, s. S. 361.

Führt man ein:

$$t_v - t_i = \varDelta t_v,$$
$$t_r - t_i = \varDelta t_r,$$

so erhält man aus Gl. (8.36)

$$\varDelta m = \frac{\varDelta t_v - \varDelta t_r}{\ln \dfrac{\varDelta t_v}{\varDelta t_r}} = \varDelta t_v \cdot \frac{1 - \dfrac{\varDelta t_r}{\varDelta t_v}}{\ln \dfrac{\varDelta t_v}{\varDelta t_r}}. \tag{9.15}$$

Der Unterschied zwischen dem arithmetischen und dem logarithmischen Mittelwert kann vernachlässigt werden, sofern $\dfrac{\varDelta t_r}{\varDelta t_v} \geqq 0{,}7$, s. Abb. 8.09. Das trifft beispielsweise zu für die Normtemperaturen $t_v = 90\,°\mathrm{C}$ und $t_r = 70\,°\mathrm{C}$ bei $t_i = 20\,°\mathrm{C}$, aber nicht mehr bei $t_v = 100\,°\mathrm{C}$ und $t_r = 60\,°\mathrm{C}$. Nach den bis jetzt vorliegenden Messungen gilt das in Gl. (9.12) wiedergegebene Potenzgesetz mit den jeweils den Bauformen eigenen Exponenten auch noch bei hohen Temperaturspreizungen, wenn man den logarithmischen Mittelwert der Übertemperatur $\varDelta m$ zugrunde legt. Damit ist in einfacher Weise eine Umrechnung der im Normversuch ermittelten Leistungen auf abweichende Temperaturdifferenzen $(t_v - t_r)$ möglich. In Zahlentafel A 26 c ist ein Berichtigungsfaktor angegeben, mit dem die Leistungsangaben der DIN 4703 (Radiatoren) gegebenenfalls zu multiplizieren sind. Er berücksichtigt neben dem Unterschied zwischen dem logarithmischen und dem arithmetischen Mittelwert der Übertemperatur auch die durch die Korrektur bedingte Änderung der Wärmedurchgangszahl.

Beispiel: Gesucht ist die Wärmeleistung je Glied für einen Stahlradiator 500/160 bei $t_v = 120\,°\mathrm{C}$, $t_r = 60\,°\mathrm{C}$, $t_i = 18\,°\mathrm{C}$.

Die Normleistung entnimmt man der Zahlentafel A 26 a zu $q_n = 85$ kcal/h. Für abweichende mittlere Heizwasser- und Lufttemperaturen ergibt sich nach Zahlentafel A 26 b bei $t_H = 0{,}5\,(120 + 60) = 90\,°\mathrm{C}$ und $t_i = 18\,°\mathrm{C}$ ein Umrechnungsfaktor 1,28.

Der die Temperaturspreizung kennzeichnende Verhältniswert ist

$$\frac{\varDelta t_r}{\varDelta t_v} = \frac{60 - 18}{120 - 18} = 0{,}41\,.$$

Nach Zahlentafel A 26 c ist der Berichtigungsfaktor hierfür 0,92. Somit wird $q = 85 \cdot 1{,}28 \cdot 0{,}92 = 100$ kcal/h.

Man ersieht aus diesem Beispiel, daß bei großer Temperaturspreizung der Einfluß des Absinkens der wirksamen Übertemperatur mit 8% nicht mehr vernachlässigt werden kann.

Hohe Temperaturspreizungen werden gewählt, um die zu fördernden Wassermengen möglichst klein zu halten und damit auch die Durchmesser und Kosten des Rohrnetzes zu senken. Liegt andererseits die höchstzulässige Vorlauftemperatur fest — sei es bei offenen Wasserheizungen durch die Verdampfungsgrenze, bei geschlossenen Anlagen durch die Druckgrenze —, so führt die Herabsetzung der Rücklauftemperatur bei der Temperaturspreizung zu einer Absenkung der mittleren Heizwassertemperatur und einer entsprechenden Leistungsminderung der Heizfläche. Das billigere Rohrnetz wird sonach durch größere, also teurere Heizkörper erkauft. Umgekehrt führt ein Anheben der Rücklauftemperatur in diesem Fall zu billigeren Heizflächen und teurerem Rohrnetz.

Daraus folgert, daß hohe Temperaturspreizungen bei ausgedehnten Anlagen mit hohem Rohrnetzkostenanteil am Platz sind, kleine Temperaturdifferenzen $(t_v - t_r)$ andererseits bei hohem Heizflächenkostenanteil. Bei größeren Heizaufgaben sollte man die optimale Auslegung aus Vergleichsrechnungen ermitteln, s. S. 170.

IV. Decken- und Fußbodenheizung

A. Allgemeines

1. Die Aufgabenstellung

Bei den meisten Bauformen der Flächenheizungen — zu ihnen gehören bekanntlich die Decken- und die Fußbodenheizung — werden Teile der Raumumschließungselemente durch eingebettete Rohrschlangen, evtl. in Verbindung mit Rippen oder Lamellen, beheizt. Vom Raum her gesehen treten nur die erwärmten Wand- oder Deckenteile als Heizflächen in Erscheinung. Die Wärmeleistung hängt von der Größe dieser Flächen, ihrer Temperatur und den jeweiligen Wärmeübergangsbedingungen ab. Im Beharrungszustand muß die gleiche Leistung von den Heizrohren über die einzelnen Bauelemente der Decke an die Deckenoberfläche übertragen werden. Je nach dem gewählten Heizsystem und dem Aufbau der Decken sind die Übertragungswiderstände verschieden. Man muß daher für jede Ausführungsart die Leistung und damit auch die einzubauenden Heizrohrlängen bzw. Lamellenflächen bei den vorliegenden Heizwassertemperaturen gesondert berechnen.

Meist ist aus wärmephysiologischen Gründen auch die mittlere Decken- und Fußbodentemperatur zu bestimmen. Sollen bei Deckenheizungen bestimmte Fußbodentemperaturen nicht überschritten werden oder ist aus anderen Gründen ein bestimmtes Verhältnis der nach oben und unten abgegebenen Wärmemengen erwünscht, so sind weiterhin noch die Wärmedämmwerte der über den Heizrohren liegenden Deckenschichten festzulegen.

2. Wärmeabgabe nach oben und unten

Jede beheizte Decke gibt zugleich Wärme nach oben und nach unten ab. Auch in Gebäuden mit Deckenheizung ist — vom obersten Geschoß abgesehen — die Wärmeabgabe nach oben als Nutzwärme anzusehen, soweit sie dort nicht zu Belästigungen oder unerwünschter Raumerwärmung führt. In der Regel kann dies durch eine zweckmäßige Isolierung aber vermieden werden. Raumklimatisch und im Hinblick auf die physiologisch geforderte Begrenzung der Deckentemperatur ist eine leichte Erwärmung des Fußbodens sogar erwünscht.

Denkt man sich eine Heizdecke durch die Mittelebene der eingebauten Heizflächen in zwei Teile zerlegt, so läßt sich das Verhältnis der nach oben und nach unten abgegebenen spezifischen Wärmeleistungen q_1 und q_2 durch die jeweiligen Teilwärmedurchgangszahlen $\varkappa_1$ und $\varkappa_2$ zwischen dieser Mittelebene und dem über bzw. unter der Heizdecke liegenden Raum kennzeichnen; bei unterschiedlichen Raumtemperaturen sind noch die zugeordneten Temperaturunterschiede zwischen Mittelebene und Raum zu berücksichtigen. Die Mittelebene ist bei Betonheizdecken durch die Rohrachsen, bei Lamellenheizdecken durch die Lamellenlage gegeben. Es gilt sonach bei gleichen Raumtemperaturen $(t_i = t_1 = t_2)$ die Beziehung

$$\frac{q_1}{q_2} = \frac{\varkappa_1}{\varkappa_2}\,. \tag{9.16}$$

Die spezifische Gesamtwärmeleistung einer Heizdecke ist

$$q = q_1 + q_2 \quad [\text{kcal/m}^2\,\text{h}]. \tag{9.17}$$

Die Teilwärmedurchgangszahlen $\varkappa_1$ und $\varkappa_2$ errechnen sich aus den Gleichungen

$$\frac{1}{\varkappa_1} = \frac{\delta_1'}{\lambda_1'} + \frac{\delta_1''}{\lambda_1''} + \cdots + \frac{1}{\alpha_1}, \tag{9.18a}$$

$$\frac{1}{\varkappa_2} = \frac{\delta_2'}{\lambda_2'} + \frac{\delta_2''}{\lambda_2''} + \cdots + \frac{1}{\alpha_2}. \tag{9.18b}$$

Dabei bedeuten:

$\delta', \delta'', \ldots$ die Dicken der einzelnen Deckenbauteile,

$\lambda', \lambda'', \ldots$ die zugehörigen Wärmeleitzahlen,

$\alpha_1, \alpha_2, \ldots$ die Wärmeübergangszahlen an der Fußboden- bzw. Deckenoberfläche.

Durch die Indizes 1 sind jeweils die Teile der Oberseite, durch die Indizes 2 die Teile der Unterseite gekennzeichnet.

Die mittlere Deckenoberflächentemperatur t_D ergibt sich bei bekannten Werten q_2 und α_2 aus

$$t_D = t_2 + \frac{q_2}{\alpha_2} \tag{9.19a}$$

und analog die mittlere Fußbodentemperatur des darüberliegenden Raumes aus

$$t_{Fb} = t_1 + \frac{q_1}{\alpha_1}. \tag{9.19b}$$

Auf diese Beziehungen wird zurückgegriffen, wenn nachgeprüft werden soll, ob im Einzelfall die Decken- oder Fußbodentemperaturen unter den aus physiologischen Erwägungen abgeleiteten Grenzwerten bleiben bzw. welche Dämmwerte die Isolierschichten über den Heizrohren aufweisen müssen, damit eine höchste Fußbodentemperatur oder ein vorgewähltes Verhältnis $\frac{q_1}{q_2}$ nicht überschritten wird.

3. Grenzwerte der Decken- und Fußbodentemperaturen

Nach den Ausführungen auf S. 292 können exakte Angaben über die physiologisch noch gerade zuträglichen Deckentemperaturen nicht gemacht werden. Es empfiehlt sich daher auch nicht, das Berechnungsverfahren für Deckenheizungen auf solchen Grenzwerten aufzubauen; wohl aber sollte man im Einzelfall feststellen, ob die von einer Heizanlage geforderten Leistungen noch innerhalb des Behaglichkeitsbereichs, so wie er sich heute abgrenzen läßt, erbracht werden können.

a) Deckentemperatur

Hinsichtlich der Deckentemperatur ist das von CHRENKO angegebene Kriterium physiologisch wohl am besten begründet, s. S. 86. Bei den erheblichen Sicherheiten der Wärmebedarfsrechnung nach DIN 4701 und der geringen Häufigkeit der hohen Belastungen erscheint es jedoch ausreichend, wenn die nach CHRENKO ermittelte Deckentemperatur bei 60% des Höchstwärmebedarfs nach DIN 4701 nicht überschritten wird. Dies führt zu folgender Beziehung:

$$(t_D - t_i) \leqq \frac{t_{D\,phys} - t_i}{0{,}6}. \tag{9.20}$$

Dabei bedeuten:

t_D die Deckentemperatur, die zur Erbringung einer Heizleistung entsprechend DIN 4701 notwendig ist *(Auslegungstemperatur)*.

$t_{D\,phys}$ die zulässige höchste Deckentemperatur nach dem Kriterium von CHRENKO.

$t_{D\,phys}$ ist für eine bestimmte Heizflächenanordnung als Funktion des Raumwinkelverhältnisses aus Abb. 2.11 zu entnehmen.

b) Fußbodentemperatur

Als Grenzwert der zulässigen mittleren Oberflächentemperatur $t_{Fb\,phys}$ gilt in Deutschland für ständig begangene Stellen des Fußbodens

$$t_{Fb\,phys} \approx 25\,°\text{C}.$$

An nicht oder selten begangenen Stellen kann die Oberflächentemperatur auf 27 bis 28°C gesteigert werden. Man sollte hiervon jedoch nur ausnahmsweise — in erster Linie bei reinen Fußbodenheizungen — Gebrauch machen.

Die Sicherheiten der Wärmebedarfsrechnung nach DIN 4701 können in gleicher Weise wie bei Beurteilung der Deckentemperatur Berücksichtigung finden, nicht jedoch die geringe Häufigkeit hoher Belastungen, da eine Überschreitung der vorgenannten physiologischen Grenzwerte der Fußbodentemperatur auch für kurze Zeit nicht erwünscht ist. Man kommt damit auf folgende *Auslegungstemperaturen* t_{Fb} für Fußbodenheizungen:

$$t_{Fb} \approx 26°C \text{ für begangene Bodenflächen,}$$
$$t_{Fb} \approx 29°C \text{ für nichtbegangene Bodenflächen.}$$

Für Deckenheizungen mit zusätzlicher Fußbodenwärmeabgabe nach dem darüberliegenden Stockwerk empfiehlt es sich, bei der Heizflächenbemessung und bei der Berechnung der erforderlichen Dämmwirkung nach oben von einer höchsten Fußbodentemperatur von $t_{Fb} = 25°C$ auszugehen. (Die wirkliche Fußbodentemperatur kann infolge der bei der Berechnung nicht berücksichtigten Wärmezustrahlung der Decke über diesen Wert ansteigen.)

Auf eine Möglichkeit, bei niedrigsten Außentemperaturen Belästigungen der Rauminsassen durch zu hohe Decken- oder Fußbodentemperaturen zu vermeiden, sei noch verwiesen. Alle Flächenheizungen besitzen eine relativ hohe Wärmespeicherung. Wenn man nachts mit leicht überhöhten Wassertemperaturen heizt, läßt die im Heizsystem selbst und auch in den nicht beheizten Wänden gespeicherte Wärmemenge in den Hauptbenutzungszeiten entsprechend niedrigere Oberflächentemperaturen der Heizflächen zu. Damit diese Betriebsweise nicht zu unwirtschaftlich wird, muß das Gebäude allerdings möglichst wärmedicht sein.

4. Die Wärmeabgabe beheizter Deckenflächen

a) Wärmeabgabe durch Strahlung

Die Oberflächen einer beheizten Decke stehen im Strahlungswärmeaustausch mit den sonstigen Umschließungsflächen eines Raumes sowie mit dessen Einrichtungsgegenständen. Die Temperaturen dieser Flächen weisen erhebliche Unterschiede auf; auch der Anteil der Außenwände und Fensterflächen mit ihrer niedrigeren Temperatur ist von Raum zu Raum verschieden. Zur Vereinfachung der Berechnung wird eine mittlere Umgebungstemperatur t_U eingeführt und weiterhin für den Strahlungsaustausch der Grenzfall zugrunde gelegt, daß die beheizte Deckenfläche allseitig von Flächen dieser einheitlichen Temperatur umschlossen sei. Dann gilt für die Wärmeabgabe durch Strahlung nach Gl. (8.59)

$$Q_s = \frac{1}{\dfrac{1}{C_D} + \dfrac{F_D}{F_U}\left(\dfrac{1}{C_U} - \dfrac{1}{C_s}\right)} \cdot F_D\left[\left(\frac{T_D}{100}\right)^4 - \left(\frac{T_U}{100}\right)^4\right] \quad [\text{kcal/h}].$$

Es bezeichnen:

F_D die beheizte Deckenfläche in m²,
F_U die Summe der Umgebungsflächen in m²,
C_D, C_U die Strahlzahlen der Decke bzw. Umgebungsflächen,
C_s die Strahlzahl des schwarzen Körpers,
T_D, T_U die Oberflächentemperaturen der beheizten Decken- bzw. Umgebungsflächen in °K.

Da $C_U \approx 0.9\, C_s$ und $\dfrac{F_D}{F_U}$ meist klein ist, läßt sich nach Einführung des Umrechnungsfaktors σ auch die vereinfachte Gl. (8.61) verwenden, wonach

$$q_s = C_D \cdot \sigma\,(t_D - t_U) \quad [\text{kcal/m}^2\,\text{h}].$$

In Anbetracht der Tatsache, daß bei Deckenheizungen üblicherweise der Fußboden höhere Temperaturen als die übrigen Umgebungsflächen aufweist — das ist aber gerade die Fläche, die auf Grund des Winkelverhältnisses am stärksten bei der Mittelwertbildung zu berücksichtigen ist —, setzen wir die Umgebungstemperatur

$$t_U = +19°C.$$

Mit $C_D = 0,9 \cdot C_s = 0,9 \cdot 4,96 \approx 4,5$ erhält man die nachstehenden Werte für q_s:

t_D	°C	25	30	35	40	45
$t_D - t_U$	grd	6	11	16	21	26
σ	grd³	1,027	1,053	1,081	1,109	1,137
$C_D \cdot \sigma$	kcal/m² h grd	4,58	4,70	4,83	4,95	5,08
q_s	kcal/m² h	27,5	51,7	77,2	103,9	132,0

Für $C_D \cdot \sigma$ kann auch α_s geschrieben werden.

b) Wärmeabgabe durch Konvektion

Der konvektive Wärmeübergang an beheizten Deckenflächen ist nur sehr gering. Eine durch Versuche belegte Gesetzmäßigkeit — selbst eine eindeutige Abhängigkeit von der Temperaturdifferenz — läßt sich heute noch nicht angeben, s. S. 353. Nach vorliegenden Messungen[1] beträgt

$$\alpha_k = 0,2 \text{ bis } 0,8 \quad [\text{kcal/m² h grd}].$$

c) Gesamtwärmeabgabe

Setzt man in guter Annäherung an die Verhältnisse der Praxis $t_L = t_U$, dann erhält man

$$\alpha_2 = \alpha_s + \alpha_k$$

und damit

$$q_2 = \alpha_2 (t_D - t_U) \quad [\text{kcal/m² h}].$$

Angenähert gilt dabei für die Wärmeabgabe der *Decken*flächen im Temperaturbereich $t_D = 30$ bis 40° C

$$\alpha_D = \alpha_2 = 5,5 \quad [\text{kcal/m² h grd}].$$

5. Die Wärmeabgabe beheizter Fußbodenflächen

a) Wärmeabgabe durch Strahlung

Es gelten die Überlegungen und Beziehungen wie bei beheizten Deckenflächen. Allerdings kann die Umgebungstemperatur t_U verschiedene Werte annehmen, je nachdem, ob ein Raum ausschließlich durch eine Fußbodenheizung erwärmt wird oder ob noch weitere beheizte Flächen, etwa Deckenheizflächen, vorhanden sind. Im letzteren Fall kann die mittlere Umgebungstemperatur höher liegen als 19° C, so daß die Strahlungswärmeabgabe q_s zurückgeht. Zur Vereinfachung der Berechnung soll diese Abweichung gegenüber den Zahlenwerten der vorstehenden Tabelle jedoch nicht im Temperaturunterschied, sondern in der Strahlungswärmeübergangszahl berücksichtigt werden.

b) Wärmeabgabe durch Konvektion

Für den konvektiven Wärmeübergang an beheizten Fußbodenflächen gilt Gl. (8.24). Demnach ist für:

$t_{Fb} - t_L$	°C	2	4	6	8	10
α_k	kcal/m² h grd	2,75	3,25	3,6	3,85	4,1

c) Gesamtwärmeabgabe

Für Fußbodentemperaturen von 25 bis 29° C ist bei $t_U = 19°$ C, nach der obenstehenden Tabelle $\alpha_s = C \cdot \sigma = 4,6$ bis 4,7. Damit ergibt sich als Gesamtwärmeübergangszahl α_{Fb} im angegebenen Temperaturbereich

$$\alpha_{Fb} = 8,2 \text{ bis } 8,8 \quad [\text{kcal/m² h grd}].$$

In deckenbeheizten Räumen ist zur Ermittlung der Fußbodenwärmeabgabe nach dem Vorhergesagten mit einem niedrigeren α-Wert zu rechnen. Man setze hier

$$\alpha_1 = 7,5 \quad [\text{kcal/m² h grd}].$$

---

[1] KRAUSE, B.: Die konvektive Wärmeabgabe von Heizdecken. Gesundh.-Ing. Bd. 80 (1959) S. 285/305 und S. 324/334.

6. Hinweise für die Durchführung der Berechnung

a) Wärmebedarf

Der Wärmebedarf von Räumen mit Decken- und Fußbodenheizung wird in gleicher Weise berechnet wie bei Heizsystemen mit frei stehenden Heizflächen. Man geht auch von den gleichen Innentemperaturen (meist $t_i = + 20°C$) aus. Lediglich im obersten oder untersten Geschoß können Abweichungen auftreten. So scheiden in einem deckenbeheizten Gebäude die mit Heizschlangen belegten Deckenteile im obersten Geschoß als Wärmeverlustflächen bei der Wärmebedarfsrechnung aus; die dem Raum zuzuführende Heizleistung ist also kleiner als bei Radiatorenheizung, obwohl der Gesamtwärmeaufwand infolge der höheren Deckentemperaturen größer sein kann. Ähnlich verhält es sich bei Fußbodenheizungen im untersten Geschoß.

b) Sonderberechnungen für das oberste (unterste) Geschoß

Für diese Stockwerke ist im allgemeinen wegen der vom Normalgeschoß abweichenden Deckenbauarten und Temperaturen eine etwas abgewandelte Heizflächenberechnung notwendig. Die Abweichungen sollen am Beispiel der Deckenheizung gezeigt werden.

Ist die gesamte Deckenfläche beheizt, so stimmt der Wärmebedarf im obersten Geschoß mit dem Rechnungswert für die gleichen Räume in den Zwischengeschossen überein. Bei Teilbelegung kommt ein zusätzlicher Wärmeverlust durch die unbeheizte Deckenfläche hinzu.

Die Gl. (9.16) gilt auch bei ungleichen Temperaturen ober- und unterhalb der Heizdecke. Es ist nur zu beachten, daß — unter der Annahme einer niedrigeren Temperatur auf der Oberseite — $\frac{1}{\varkappa_1}$ der Wärmedurchlaßwiderstand zwischen der Rohrebene und derjenigen Ebene in der Decke ist, in welcher die gleiche mittlere Temperatur herrscht wie im unteren Raum. In der darüberliegenden Schicht (einschließlich Wärmeübergang an die Umgebung) erzeugt die spezifische Wärmeabgabe q_1 nach oben den Temperaturabfall $t_2 - t_1$. Bezeichnet man den gesamten Wärmedurchlaßwiderstand zwischen der Rohrebene und dem oberen (kälteren) Raum mit $\frac{1}{\varkappa_1'}$, so ergibt sich also die Beziehung

$$\frac{1}{\varkappa_1'} = \frac{1}{\varkappa_1} + \frac{t_2 - t_1}{q_1}, \tag{9.21}$$

aus der sich — wenn man q_1 gewählt und $\varkappa_1$ nach Gl. (9.16) bestimmt hat — die erforderliche Teilwärmedurchgangszahl zwischen der Rohrebene und dem oberen Raum ergibt.

Bei der weiteren Berechnung ist jetzt weder die Temperaturdifferenz $t_2 - t_1$ noch die Teilwärmedurchgangszahl $\varkappa_1'$ zu berücksichtigen.

Die Annahme, daß im obersten Geschoß der Wärmeverlust durch die Decke nicht höher sein soll als der einer Normalaußenwand mit $k = 1{,}26$ kcal/m² h grd, führt beispielsweise für die Klimazone II mit $t_{a_{min}} = -15°C$ zu einem Zahlenwert für q_1 von

$$q_1 = 1{,}26 \cdot 35 = 44 \text{ kcal/m}^2 \text{ h}.$$

c) Erforderliche Decken- bzw. Fußbodenheizfläche

Die maximale Decken- (Fußboden-) Heizfläche F ergibt sich aus der Gesamtfläche abzüglich der unbeheizten Randzone. Bei einem Wärmebedarf Q_h ist also von einer Deckenheizung eine spezifische Heizleistung q zu fordern von

$$q = \frac{Q_h}{F}.$$

Kann diese Leistung unter den vorliegenden räumlichen Bedingungen (Raumwinkelverhältnis) nicht erbracht werden, ohne daß die Heizflächentemperaturen physiologisch unerwünscht hohe Werte annehmen, so ist entweder der Wärmeschutz der Außenwände zu verbessern oder es müssen zusätzlich Heizflächen in Form von Brüstungsheizflächen, Flachheizkörpern usw. vorgesehen werden. Zweckmäßigerweise prüft man diese Frage vor Beginn der eigentlichen Projektierung einer Flächenheizung, da von dem Ergebnis die Entscheidung über das Heizsystem abhängt. Kritisch sind stets die Eckräume und Räume mit anormal großen Fensterflächen, insbesondere im Erdgeschoß. Handelt es sich nur um wenige, gleichgelegene Räume, so ist der

Einbau von Zusatzheizflächen oft ohne allzu hohe Mehrkosten möglich. Handelt es sich um viele Räume und relativ große zusätzliche Heizleistungen, so wird man evtl. von dem Einbau von Flächenheizungen absehen müssen. Fußbodenheizungen als einziges Heizsystem sind ohnehin nur bei sehr niedrigem spezifischem Wärmebedarf auszuführen.

Bei deckenbeheizten Gebäuden empfiehlt es sich, in kritischen Erdgeschoßräumen, Räumen über Toreinfahrten und Freigeschossen eine zusätzliche Fußbodenheizung vorzusehen. Das erfordert zur Vermeidung unzuträglicher Fußbodentemperaturen entweder ein zweites Heiznetz mit unabhängig von der Deckenheizung zu regelnden Vorlauftemperaturen oder eine besondere Ausbildung des Erdgeschoßfußbodens mit Dämmschichten unter und evtl. auch über den Rohrschlangen. Billiger, aber raumklimatisch nicht so günstig ist die Anordnung zusätzlicher örtlicher Heizflächen an den Außenwänden. Diese Ausführung wird man vor allem in Erdgeschoßräumen wählen, bei denen die Leistung der Deckenheizung nicht ausreicht, die zusätzlich erforderlichen Wärmeleistungen jedoch nur gering sind.

Einzelheiten des Rechnungsgangs sind aus dem Beispiel zu ersehen, s. S. 409.

B. Heizdecken mit einbetonierten Rohrschlangen (Crittall-Decke)

1. Das Rechenverfahren nach Rydberg und Huber[1]

Das Verfahren stützt sich auf eine Arbeit von FAXÉN[2] aus dem Jahre 1937, in der das Temperaturfeld für homogene und auch für mehrschichtige planparallele Platten mit eingelegten Rohren berechnet wird.

Auf mathematische Einzelheiten kann hier nicht eingegangen werden. Bei der Lösung der LAPLACEschen Differentialgleichung werden die Randbedingungen dritter Art (Umgebungstemperaturen und Wärmeübergangszahlen an den beiden Oberflächen der Platte vollkommen berücksichtigt. Die Randbedingung erster Art (Temperatur an der Rohroberfläche) wird mit sehr guter Näherung erfüllt.

FAXÉN beschreibt das Temperaturfeld in einer homogenen planparallelen Platte durch die Gleichung

$$\vartheta \frac{l}{\pi A} = -G_1 y - |y| - G_2 + \frac{l}{\pi} \sum_{s=1}^{\infty} \frac{1}{s} \left[e^{-\frac{2\pi s |y|}{l}} + g_1 e^{-\frac{2\pi s y}{l}} + g_2 e^{\frac{2\pi s y}{l}} \right] \cos \frac{2\pi s x}{l} . \quad (9.22)$$

Hier und in den folgenden Gleichungen bedeuten:

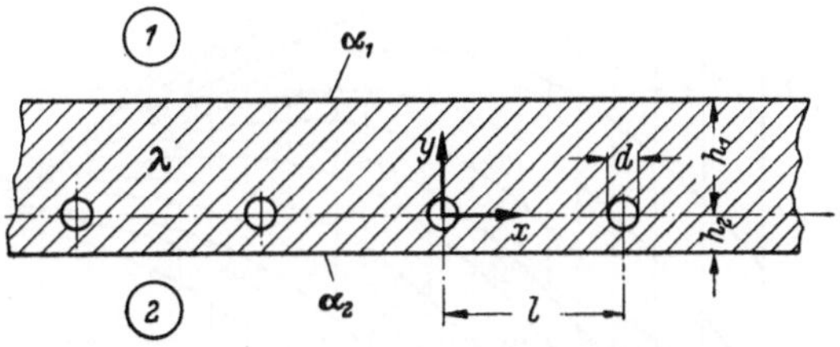

x, y Koordinaten,
$2r$ Rohrdurchmesser,
l Rohrabstand,
h_1, h_2 Entfernung der Rohrmitten von den Oberflächen der Platte,
ϑ Übertemperatur gegenüber der Umgebung, an beliebiger Stelle der Platte,
ϑ_0 Übertemperatur der Rohre gegenüber der Umgebung,
α_1, α_2 Wärmeübergangszahl an den Oberflächen der Platte,
λ Wärmeleitzahl der Platte,
$\varkappa_1, \varkappa_2$ Teilwärmedurchgangszahlen von Rohrmittenebene nach oben bzw. unten,

$$G_1 = \frac{\varkappa_1 - \varkappa_2}{\varkappa_1 + \varkappa_2},$$

$$G_2 = -2\lambda \frac{1}{\varkappa_1 + \varkappa_2} .$$

Abb. 9.05. Homogene Decke mit einbetonierten Rohren

g_1 und g_2 sind für $s = 1, 2, 3, \ldots \infty$ aus folgendem Gleichungspaar zu bestimmen:

$$\left(\frac{\alpha_1}{\lambda} - \frac{2\pi s}{l} \right)(1 + g_1) e^{-\frac{4\pi s h_1}{l}} + \left(\frac{\alpha_1}{\lambda} + \frac{2\pi s}{l} \right) g_2 = 0 , \quad (9.23\,\mathrm{a})$$

---

[1] RYDBERG, J., u. CHR. HUBER: Värmeavgivning från rör i betong eller mark. Svenska Värme- och Sanitets tekniska Föreningens Handlingar IX, Stockholm 1955.

[2] FAXÉN, O. H.: Beräkning av Värmeavgivning från rör, ingjutna i betongplattor. Teknisk Tidskrift Mekanik 1937.

$$\left(\frac{\alpha_2}{\lambda} - \frac{2\pi s}{l}\right)(1 + g_2)\, e^{-\frac{4\pi s h_2}{l}} + \left(\frac{\alpha_2}{\lambda} + \frac{2\pi s}{l}\right) g_1 = 0 \,. \qquad (9.23\,\mathrm{b})$$

Für die praktische Berechnung genügt es, drei oder vier Glieder der Reihe zu bestimmen.

Die Konstante A dient zur Befriedigung der Randbedingung erster Art. Sie ergibt sich aus der Gleichung

$$\frac{\vartheta_0}{A} = \ln\frac{l}{2\pi r} - \frac{\pi}{l} G_2 + \sum_{s=1}^{\infty} \frac{g_1 + g_2}{s}\,. \qquad (9.24)$$

Die technisch wichtigen mittleren Übertemperaturen

$$\vartheta_{m1} = \frac{1}{l} \int_{x=0}^{l} \vartheta(x,\, h_1)\, dx$$

und

$$\vartheta_{m2} = \frac{1}{l} \int_{x=0}^{l} \vartheta(x,\, h_2)\, dx$$

der Plattenober- und -unterseite erscheinen in der einfachen Form

$$\vartheta_{m1} = \pi A \frac{\lambda}{\alpha_1 l}(1 + G_1)\,, \qquad (9.25\,\mathrm{a})$$

$$\vartheta_{m2} = \pi A \frac{\lambda}{\alpha_1 l}(1 - G_1)\,. \qquad (9.25\,\mathrm{b})$$

Dementsprechend ergibt sich für die Wärmeabgabe der beiden Oberflächen

$$q_1 = \alpha_1 \vartheta_{m1} = \frac{\pi A \lambda}{l}(1 + G_1)\,, \qquad (9.26\,\mathrm{a})$$

$$q_2 = \alpha_2 \vartheta_{m2} = \frac{\pi A \lambda}{l}(1 - G_1) \qquad (9.26\,\mathrm{b})$$

und für das Verhältnis beider zueinander die bereits oben angegebene Beziehung (9.16)

$$\frac{q_1}{q_2} = \frac{\varkappa_1}{\varkappa_2}\,.$$

Den einzigen etwas zeitraubenden Schritt bei der numerischen Auswertung der FAXÉNschen Lösung, nämlich die Berechnung der

$$\sum_{s=1}^{\infty} \frac{g_1 + g_2}{s}$$

in Gl. (9.24), ersetzen RYDBERG und HUBER durch den Näherungsansatz

$$\sum_{s=1}^{\infty} \frac{g_1 + g_2}{s} \approx S_1 + S_2\,. \qquad (9.27)$$

Für

$$S_1 = S\left(h_1\frac{\alpha_1}{\lambda},\; \frac{h_1}{l}\right)$$

und

$$S_2 = S\left(h_2\frac{\alpha_2}{\lambda},\; \frac{h_2}{l}\right)$$

geben sie die Gleichung und ein Diagramm an. In Abb. 9.06 ist statt dessen $S\left(\frac{h\cdot\varkappa}{\lambda},\; \frac{h}{l}\right)$ dargestellt.

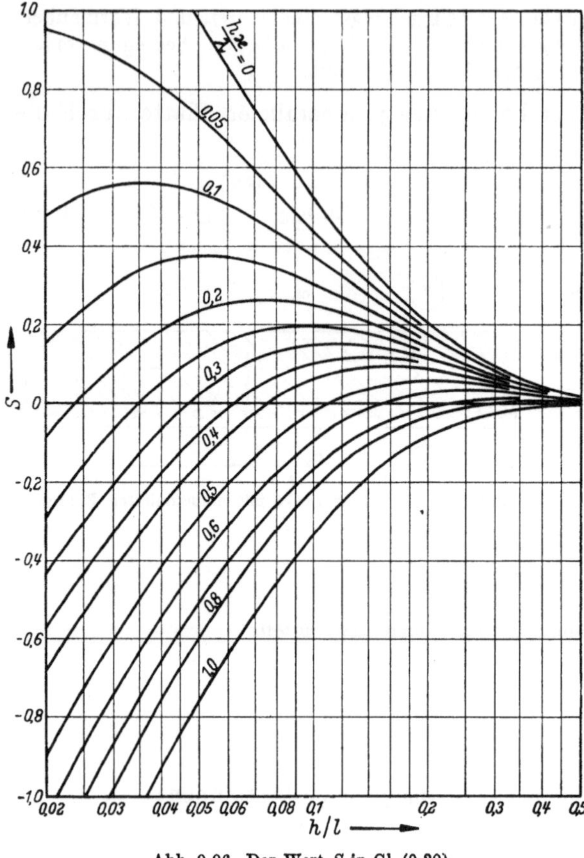

Abb. 9.06. Der Wert S in Gl. (9.30).

$$S = -2 e^{\varphi} Ei\,[-\varphi-\psi] + \ln(1 - e^{-2\psi})$$

mit $\quad \varphi = \dfrac{2}{\dfrac{\lambda}{h\cdot\varkappa} - 1} \quad$ und $\quad \psi = 2\pi\cdot\dfrac{h}{l}\,.$

Das Exponentialintegral ist vertafelt (JAHNKE-EMDE: Tafeln höherer Funktionen. Leipzig 1952)

FAXÉNS Lösung für das Temperaturfeld der *mehrschichtigen planparallelen Platte* ist nur wenig komplizierter. Der Lösungsweg ist aber grundsätzlich der gleiche. Auch für diesen technisch interessanten Fall geben RYDBERG und HUBER ein Näherungsverfahren an, dessen Anwendung durch ein Diagramm vereinfacht wird. Dieses Verfahren braucht man aber nur dann anzuwenden, wenn Dicke und Wärmeleitfähigkeit der verschiedenen Schichten einer Decke von gleicher Größenordnung sind.

2. Anwendung des Rechenverfahrens

Nach den Gln. (9.26a), (9.26b) ist die spezifische Leistung der Deckenheizfläche

$$q = q_1 + q_2 = 2\,\pi \cdot \frac{\lambda \cdot A}{l}. \tag{9.28}$$

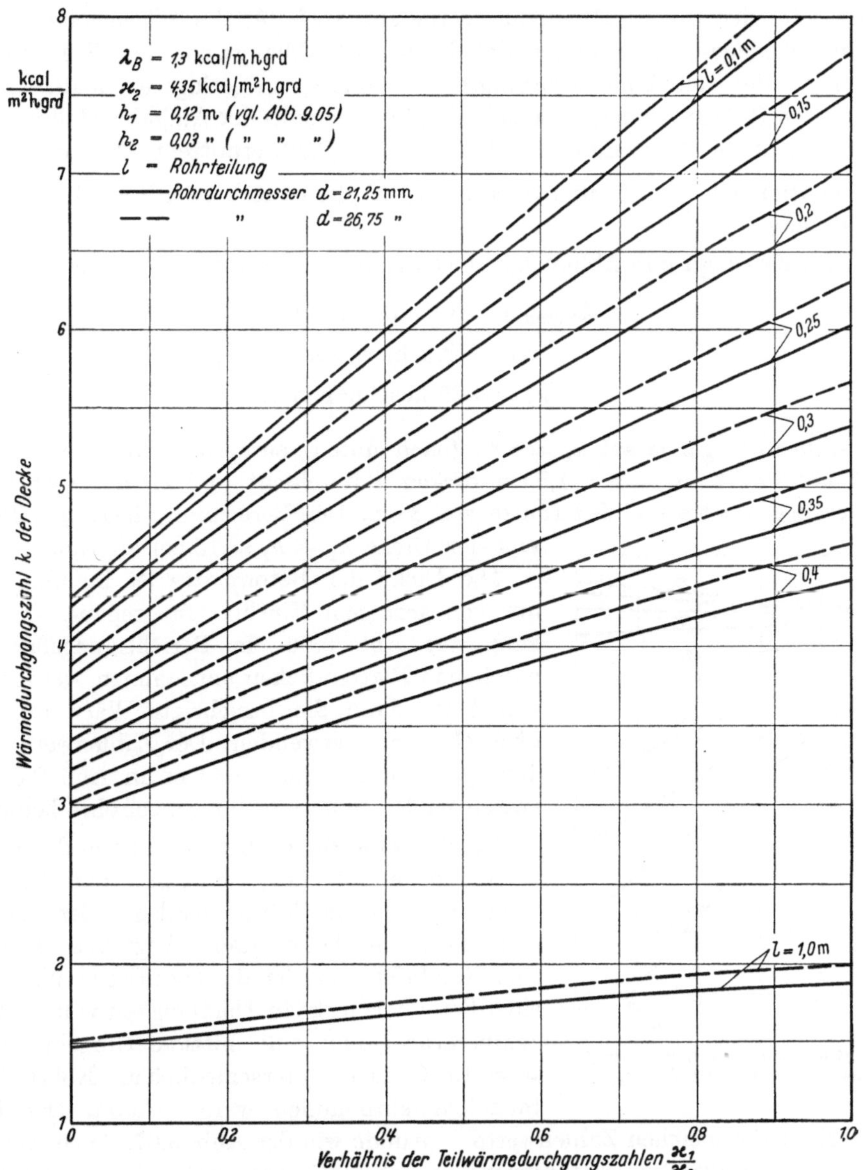

Abb. 9.07. Wärmedurchgangszahl von Betonheizdecken nach Gl. (9.30)

Führt man eine auf die Deckenfläche und die maximale Temperaturdifferenz ϑ_0 bezogene Wärmedurchgangszahl k ein, setzt also

$$q = k \cdot \vartheta_0,$$

so erhält man für k die Beziehung

$$k = \frac{q}{\vartheta_0} = \frac{2\,\pi\,\lambda}{l} \cdot \frac{A}{\vartheta_0}. \tag{9.29}$$

Unter Zuhilfenahme der Gln. (9.24) und (9.27) ergibt sich

$$\frac{1}{k} = \frac{l}{2\pi\lambda}\left(\ln\frac{l}{d\pi} + S_1 + S_2\right) - \frac{G_2}{2\lambda}$$

und mit G_2 nach S. 403

$$\frac{1}{k} = \frac{l}{2\pi\lambda}\left(\ln\frac{l}{d\pi} + S_1 + S_2\right) + \frac{1}{\varkappa_1 + \varkappa_2}. \tag{9.30}$$

Die Teilwärmedurchgangszahl $\varkappa_2$ liegt im allgemeinen fest, da die Wärmeübergangszahl α_2 an der Decke, die Stärke und Wärmeleitzahl der Putzschicht sowie der Abstand der Rohrmitte von der Unterseite der Betonplatte kaum variieren. Auch für die Wärmeleitzahl des Betons kann ein Festwert eingesetzt werden, so daß k nur noch abhängt von dem Rohrdurchmesser d, der Rohrteilung l, der Teilwärmedurchgangszahl $\varkappa_1$ und — in geringerem Maß — von h_2.

Wählt man den Rohrdurchmesser, so läßt sich für einen aus der Aufgabenstellung geforderten k-Wert die zugeordnete Rohrteilung an Hand der Gl. (9.30) ermitteln. Da l auch in den transzendenten Funktionen $\ln\frac{l}{d\pi}$, S_1 und S_2 auftritt, empfiehlt sich allerdings die graphische Lösung der Gleichung.

Abb. 9.07 (S. 405) zeigt k in Abhängigkeit von l und $\varkappa_1/\varkappa_2$ für die nachstehenden Werte

$$\lambda_{\text{Beton}} = 1,3 \text{ kcal/m h grd},$$

$$d = 21,25 \text{ bzw. } 26,75 \text{ mm},$$

$$\varkappa_2 = 4,35 \text{ kcal/m}^2\text{ h grd}.$$

Die Teilwärmedurchgangszahl $\varkappa_2 = 4,35$ (nach unten) entspricht einer Wärmeübergangszahl $\alpha_D = 5,5$ kcal/m² h grd, einer 1,5 cm dicken Putzschicht und einem Abstand zwischen Unterseite der Betonplatte und Rohrmitte von 3 cm. Der Berechnung liegt eine Betonschicht von der Dicke $h_1 + h_2 = 15$ cm zugrunde.

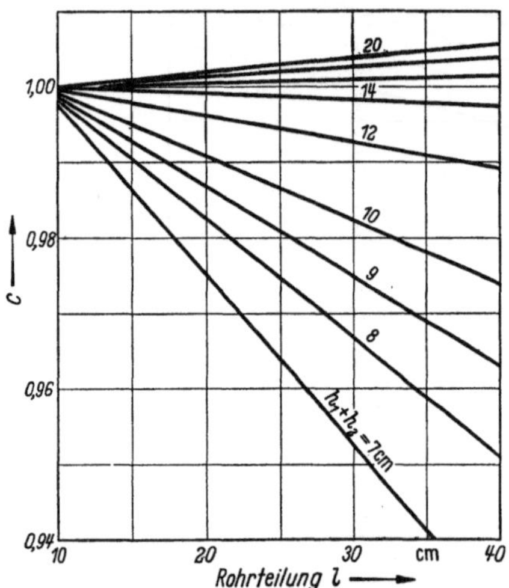

Abb. 9.08. Berichtigungsfaktor C zur Berücksichtigung der Plattendicke $h_1 + h_2$

Die Dicke der Betonplatte ist im üblichen Bereich nur von geringem Einfluß; für genauere Berechnungen kann aus Abb. 9.08 ein Berichtigungsfaktor für abweichende Plattendicken entnommen werden. An Stelle von k ist dann die berichtigte Wärmedurchgangszahl $k^* = C \cdot k$ zu verwenden. Der Zahlenwert der Wärmedurchgangszahl k für $l = 1$ m in Abb. 9.07 kann mit ausreichender Näherung für Einzelrohre benutzt werden.

Vereinfachte Rechnung. Man kann das Berechnungsverfahren vereinfachen, wenn man den Anteil der nach oben abgegebenen Wärme festlegt oder die Fußbodentemperatur im oberen Raum begrenzt. Abb. 9.09 zeigt eine Netztafel, aus der die spezifische Wärmeangabe q_2 einer Betonheizdecke in Abhängigkeit von der Heizwassertemperatur t_H für eine mittlere Umgebungstemperatur $t_U = 19°$ C bei unterschiedlichen Rohrteilungen unmittelbar entnommen werden kann. Der Berechnung liegen im übrigen die gleichen Zahlenwerte zugrunde wie der Abb. 9.07. Auch wurde $(t_H - t_U) = \vartheta_0$ gesetzt, der geringe Temperatursprung zwischen Wasser- und Rohrwandtemperatur also vernachlässigt.

Die Teilwärmedurchgangszahl $\varkappa_1$ nach oben ist bis zu einer spezifischen Leistung $q_2 = 100$ kcal/m² h einheitlich mit $\varkappa_1 = 0,5 \cdot \varkappa_2 = 2,175$ kcal/m² h grd angenommen. Das bedeutet, daß bei niedrig belasteten Decken jeweils $^1/_3$ der Wärmeleistung nach oben und $^2/_3$ nach unten gehen. Bei höheren Leistungen wurde die Wärmeabgabe nach oben mit $q_1 = 50$ kcal/m² h konstant angesetzt, so daß für $\alpha_1 = 7,5$ kcal/m²h grd und $t_1 = +19°$ C die mittlere Fußbodentemperatur nach Gl. (9.19b) $t_{Fb} = 25,7°$ C wird. Der hierfür erforderliche Wert $\varkappa_1$ ist nach

Gl. (9.16) zu bestimmen. Der auf der rechten Diagrammseite noch eingetragene Temperaturmaßstab gibt die mittlere Deckentemperatur $t_D = t_U + \vartheta_{m_2}$ wieder.

Der von der Decke bzw. dem Fußboden abgegebene Anteil ist jeweils aus den Verhältniszahlen $\dfrac{\varkappa_2}{\varkappa_1 + \varkappa_2}$ bzw. $\dfrac{\varkappa_1}{\varkappa_1 + \varkappa_2}$ zu ermitteln.

An Hand der Abb. 9.07 läßt sich auch die auf die Rohrlänge bezogene Wärmedurchgangszahl k_R sowie die Rohr-Wärmeleistung q_R für eine bestimmte Deckenausführung angeben,

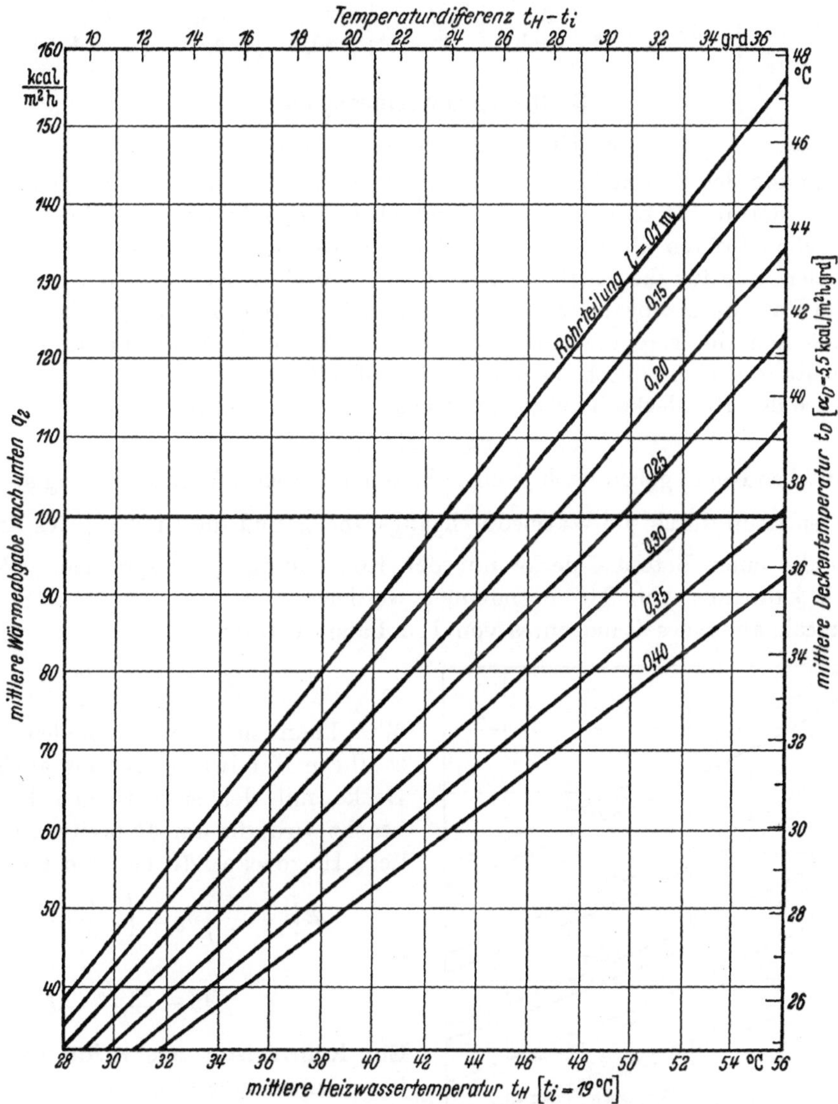

Abb. 9.09. Spezifische Wärmeabgabe einer Betonheizdecke nach Gl. (9.30) für ¹/₂''-Rohr. Festwerte λ_B, $\varkappa_2$, h_1 und h_2 wie in Abb. 9.07. Verhältnis $\dfrac{q_1}{q_2} = 0,5$ für $q_2 \leqq 100$ kcal/m²h. Wärmeabgabe nach oben $q_1 = 50$ kcal/m²h für $q_2 \geqq 100$ kcal/m²h

indem man das Produkt aus k bzw. q und der Rohrteilung l bildet. Es ist sonach

$$k_R = k \cdot l \quad [\text{kcal/m h grd}]$$

und

$$q_R = q \cdot l \quad [\text{kcal/m h}].$$

Unter den Abb. 9.07 zugrunde liegenden Annahmen erhält man bei $\dfrac{\varkappa_1}{\varkappa_2} = 0,5$ für die RohrWärmedurchgangszahl und für die Rohr-Wärmeleistung folgende Werte:

Rohrteilung l cm		15	20	25	30	100
Rohrwärmedurchgangs-	$^1/_2{}''$-Rohr	0,88	1,08	1,22	1,34	1,72
zahl k_R kcal/m h grd	$^3/_4{}''$-Rohr	0,90	1,11	1,27	1,40	1,81
Rohr-Wärmeleistung q_R kcal/mh	$t_H = 45°$ $^1/_2{}''$-Rohr	22,8	28,0	31,7	34,9	44,6
	$t_H = 45°$ $^3/_4{}''$-Rohr	23,4	28,9	32,9	36,4	47,0
	50° $^1/_2{}''$-Rohr	27,1	33,3	37,8	41,5	53,1
	50° $^3/_4{}''$-Rohr	27,9	34,4	39,2	43,4	56,0
	55° $^1/_2{}''$-Rohr	31,7	38,7	43,9	48,3	61,8
	55° $^3/_4{}''$-Rohr	32,4	40,0	45,5	50,4	65,0

3. Die Randwärmeabgabe

a) Der Breitenzuschlag Δb

Die Berechnung der Wärmedurchgangszahl k bzw. der Wärmeleistung q geht von der Voraussetzung aus, daß die Heizregister aus unendlich vielen, sehr langen Rohren bestehen, d. h. also, daß bei allen Rohren die Bedingungen für die Wärmeabgabe gleich sind. Diese Betrachtungsweise liefert nur für die mittleren Rohrabschnitte eines Registers ein exaktes Ergebnis. Da jedoch die Randwärmeabgabe zumeist keinen allzu großen Einfluß auf das Gesamtresultat hat, empfiehlt sich die vereinfachende Annahme, daß das Temperaturfeld in dem Bereich zwischen den Rohren nicht durch die Ränder beeinflußt wird.

In der Mitte der Heizdecke beträgt die Wärmeabgabe je Rohrlänge

$$q_R = k\,l\,\vartheta_0 . \tag{9.31}$$

Die beiden äußeren Rohre geben nach je einer Seite eine größere Wärmeleistung ab, die gekennzeichnet werden kann durch die Wärmedurchgangszahl k_b und die Breite $\dfrac{l_b}{2}$ des Randstreifens.

k_b ist dabei die einer Betonheizdecke mit der Rohrteilung l_b entsprechende Wärmedurchgangszahl; sie kann aus Abb. 9.07 entnommen werden.

Die Wärmeabgabe eines Randrohres von 1 m Länge beträgt

$$\left(k \cdot \frac{l}{2} + k_b \cdot \frac{l_b}{2}\right) \vartheta_0 .$$

Man kann sich nun vorstellen, daß die zusätzliche Randwärmeleistung auch durch eine Decke mit der einheitlichen Leistung q erbracht wird, die um Δb breiter ist als die wirkliche Heizdecke. Δb berechnet sich dann aus

$$k\left(l + \frac{\Delta b}{2}\right)\vartheta_0 = \left(k\,\frac{l}{2} + k_b\,\frac{l_b}{2}\right)\vartheta_0$$

zu

$$\Delta b = \frac{k_b \cdot l_b}{k} - l . \tag{9.32}$$

Ein Rohrregister aus n-Rohren gibt sonach je m Länge eine stündliche Wärmemenge ab

$$Q = k(b + \Delta b)\vartheta_0 . \tag{9.33}$$

Dabei ist $b = n \cdot l$.

Mit zunehmender Breite des Randstreifens $l_b/2$ geht dessen Einfluß auf Δb immer mehr zurück. Für praktische Rechnungen genügt es, einheitlich $l_b = 1$ m zu setzen. Auf dieser Vereinfachung und den der Abb. 9.07 zugrunde liegenden Festwerten beruht die in Abb. 9.10 dargestellte Abhängigkeit des Breitenzuschla-

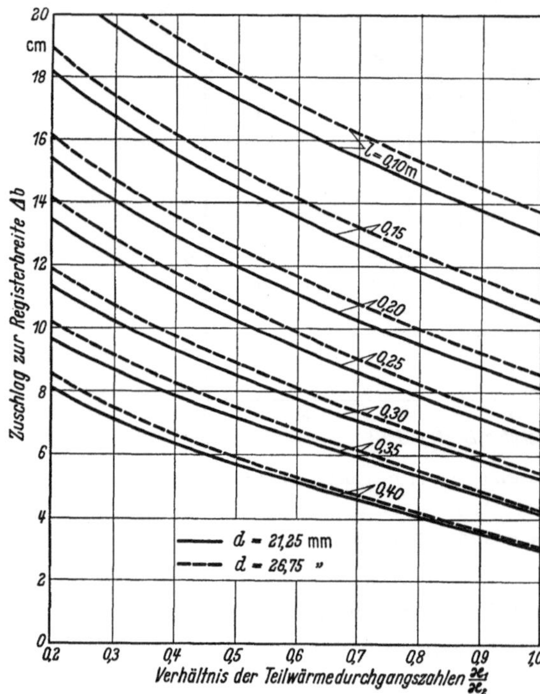

Abb. 9.10. Zuschlag Δb zur Registerbreite nach Gl. (9.32). Festwerte λ_B, $\varkappa_2$, h_1 und h_2 wie in Abb. 9.07

ges Δb von der Rohrteilung l und dem Verhältnis $\dfrac{\varkappa_1}{\varkappa_2}$ der Teilwärmedurchgangszahlen.

b) Der Längenzuschlag Δa

In analoger Weise wird die Randwärmeabgabe der Rohrbögen an den Enden durch einen Zuschlag Δa zu der Länge a des Registers berücksichtigt, so daß die Gesamtwärmeabgabe sich zu

$$Q = k(a + \Delta a)(b + \Delta b)\vartheta_0 \tag{9.34}$$

ergibt, die Heizfläche also zu

$$F = (a + \Delta a)(b + \Delta b). \tag{9.35}$$

Die gesamte Rohrlänge vergrößert sich gegenüber der Länge $n \cdot a$ von n Einzelrohren durch die Rohrbögen um

$$(n - 1)\left(\frac{\pi}{2} - 1\right)l.$$

Die auf die Rohrlänge bezogene Wärmeabgabe ist innerhalb des Bogens geringer als zwischen den geraden Rohren; außerhalb des Bogens ist sie dagegen noch größer als die Wärmeabgabe der außenliegenden geraden Rohre des Registers.

Insgesamt sei die auf die Rohrlänge bezogene Wärmeabgabe der Rohrbögen $\frac{k + \Delta k}{k}$ mal so groß wie die Wärmeabgabe eines Rohres im Register.

Damit erhält man für die zusätzliche Wärmeabgabe der Rohrbögen die Beziehung

$$\Delta Q = (k + \Delta k)(n - 1)\left(\frac{\pi}{2} - 1\right)l^2\vartheta_0; \tag{9.36}$$

nach Gl. (9.34) gilt aber

$$\Delta Q = k\,\Delta a\,(b + \Delta b)\vartheta_0.$$

Damit wird

$$\Delta a = \frac{k + \Delta k}{k} \cdot \frac{(n - 1)l}{b + \Delta b} \cdot 0{,}57\,l. \tag{9.37}$$

Aus Zahlenbeispielen ergibt sich

$$\frac{k + \Delta k}{k} \cdot \frac{(n - 1)l}{b + \Delta b} = 0{,}4 \text{ bis } 1{,}8.$$

Die Werte unter 1 sind die häufigeren. Für die Praxis wird es meist genügen,

$$\Delta a \approx 0{,}5\,l \tag{9.37a}$$

zu setzen.

Ist gemäß Abb. 9.11b ein Rohrende im Abstand l an den Rohrbögen vorbeigeführt, so kann man mit

$$\Delta a \approx 1{,}75\,l \tag{9.37b}$$

rechnen.

Abb. 9.11. Deckenheizung.
Definition der Länge a und der Breite b des Rohr-Registers

c) Zusammenfassung

Unter Berücksichtigung der Randwärmeabgabe ergibt sich bei einbetonierten Rohrschlangen die Heizfläche F aus folgenden Gleichungen:

1. Bei Deckenausführung nach Abb. 9.11a

$$F = (a + 0{,}5 \cdot l)(n \cdot l + \Delta b). \tag{9.35a}$$

2. Bei Deckenausführung nach Abb. 9.11b

$$F = (a + 1{,}75 \cdot l)(n \cdot l + \Delta b). \tag{9.35b}$$

4. Beispielrechnung

In ein dreistöckiges Gebäude soll eine Crittall-Deckenheizung eingebaut werden. Die Berechnung werde für die in allen Geschossen gleichen Räume 1 und 2, s. Abb. 9.12, durchgeführt. Mittlere Heizwassertemperatur $t_H = \dfrac{t_v + t_r}{2} = 50°\,\mathrm{C}$.

Wärmebedarf der Räume:

Erdgeschoß	Raum 0.1	$Q_h = 1140 \text{ kcal/h}$,
	Raum 0.2	$Q_h = 2730 \text{ kcal/h}$,
1. Obergeschoß	Raum I.1	$Q_h = 935 \text{ kcal/h}$,
	Raum I.2	$Q_h = 2400 \text{ kcal/h}$,

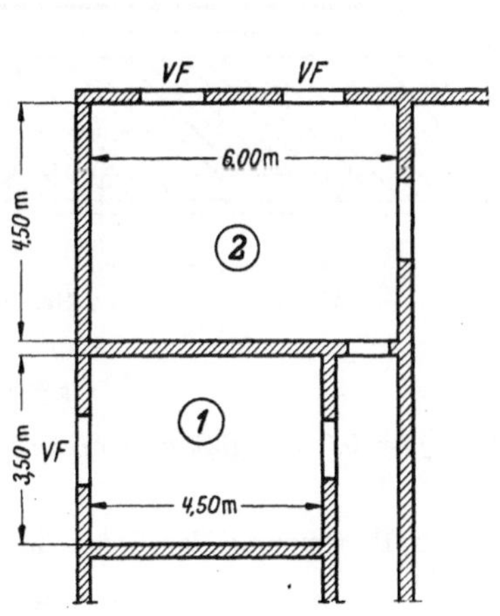

Abb. 9.12. Grundriß

2. Obergeschoß Raum II.1   }
        Raum II.2   }

Der genaue Wärmebedarf für die Räume im 2. Stockwerk (Dachgeschoß) ist erst anzugeben, wenn die Größe der Deckenheizflächen festgelegt ist.

Normalgeschoß

a) Spezifische Leistung

Wir gehen vom 1. Obergeschoß aus. Da Raum I.2 den größeren auf die Grundfläche des Raumes bezogenen Wärmebedarf hat, werde die gesamte Deckenfläche bis auf eine Randzone von 0,5 m Breite als Heizfläche benutzt. Somit ergibt sich als vorläufige Heizfläche

$$F = 5 \cdot 3,5 = 17,5 \ \text{m}^2.$$

Die spezifische Heizleistung ist $q = \dfrac{Q_h}{F} = \dfrac{2400}{17,5} = 137 \ \text{kcal/m}^2 \, \text{h}$. Da $q < 150 \ \text{kcal/m}^2 \, \text{h}$, wird gewählt: $\dfrac{q_1}{q_2} = 0,5$.

Damit ergibt sich die von der Decke nach unten abgegebene Leistung zu

$$q_2 = \frac{q}{1,5} = \frac{137}{1,5} = 91,4 \ \text{kcal/m}^2 \, \text{h}$$

und die nach oben abgegebene Leistung zu

$$q_1 = 0,5 \cdot q_2 = 45,7 \ \text{kcal/m}^2 \, \text{h}.$$

Die Deckentemperatur ist dann bei $\alpha_2 = 5,5 \ \text{kcal/m}^2 \, \text{hgrd}$

$$t_D = \frac{q_2}{\alpha_2} + t_i = \frac{91,4}{5,5} + 19 = 16,6 + 19 = 35,6° \, \text{C}.$$

b) Nachprüfung der Deckentemperatur

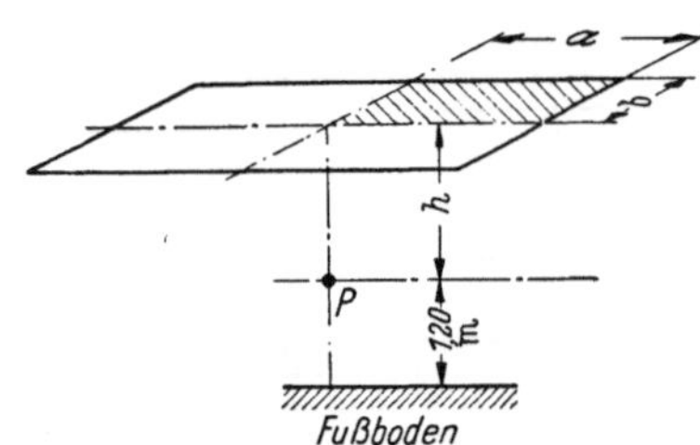

Abb. 9.13. Zur Ermittlung des Raumwinkelverhältnisses

Als kritischer Punkt werde die unterhalb der Mitte der Heizfläche des Raumes I.2 in 1,2 m Höhenabstand vom Fußboden gelegene Stelle P angesehen, s. Abb. 9.13.

Für die schraffierte Teilfläche ist

$$\frac{a}{h} = \frac{2,5}{1,8} = 1,39 \quad \text{und} \quad \frac{b}{h} = \frac{1,75}{1,8} = 0,97.$$

Aus Arbeitsblatt 15 entnimmt man für Fall 3 das Raumwinkelverhältnis

$$\varphi = 0,048 \quad \text{und damit} \quad \varphi_{ges} = 4 \cdot \varphi = 0,192.$$

Nach dem CHRENKoschen Kriterium, s. Abb. 2.110, beträgt hierfür die zulässige Deckentemperatur $t_{D_{phys}} = 29°$ C.

Nach Gl. (9.20) ist noch maximal eine mittlere Deckentemperatur

$$t_D = t_i + \frac{t_{D\,phys} - t_i}{0,6} = 19 + \frac{29 - 19}{0,6} = 19 + 16,7 = 35,7° \, \text{C}$$

zulässig.

Die mittlere Deckentemperatur bleibt sonach gerade noch im Rahmen des gemilderten CHRENKoschen Kriteriums.

c) Isolierung nach oben

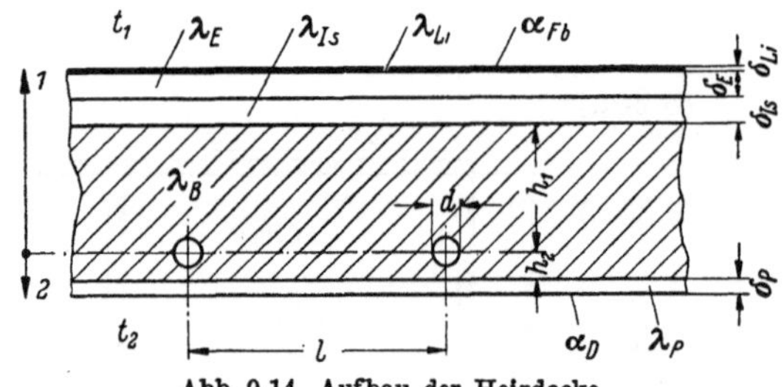

Abb. 9.14. Aufbau der Heizdecke

Der vorgesehene Aufbau der Heizdecke ist in Abbildung 9.14 dargestellt.

Zu bestimmen ist die Dicke der Isolierschicht δ_{Is}.

Da $\dfrac{q_1}{q_2} = \dfrac{\varkappa_1}{\varkappa_2} = 0,5$ ergibt sich bei $\varkappa_2 = 4,35$

$$\varkappa_1 = 0,5 \cdot 4,35 = 2,175.$$

Für $\varkappa_1$ gilt aber auch:

$$\frac{1}{\varkappa_1} = \frac{1}{\alpha_1} + \frac{\delta_{Li}}{\lambda_{Li}} + \frac{\delta_E}{\lambda_E} + \frac{\delta_{Is}}{\lambda_{Is}} + \frac{h_1}{\lambda_B}.$$

Daraus folgt:

$$\delta_{Is} = \lambda_{Is} \left[\frac{1}{2,175} - \left(\frac{1}{7,5} + \frac{0,003}{0,16} + \frac{0,035}{1,3} + \frac{0,12}{1,3} \right) \right].$$

Für $\lambda_{Is} = 0,075$ ergibt sich $\delta_{Is} = 14 \ \text{mm}$.

d) Rohrteilung

Zur Bestimmung der Rohrteilung verwenden wir die Netztafel Abb. 9.09.

Für

$$t_H - t_i = 50 - 19 = 31° \quad \text{und} \quad q_2 = 91,4 \ \text{kcal/m}^2 \, \text{h}$$

entnehmen wir als nächstgelegene Rohrteilung $l = 0,30 \, \text{m}$ für $d = 21,25 \ \text{mm}$.

Die tatsächliche Wärmeabgabe dieser Decke bei $t_H = 50^\circ$ C ist nach Abb. 9.09

$$q_2^* = 92 \text{ kcal/m}^2 \text{ h}$$

und demzufolge

$$q^* = q_1^* + q_2^* = 92 + 0{,}5 \cdot 92 = 138 \text{ kcal/m}^2 \text{ h}.$$

Auch die Heizfläche F ist entsprechend zu berichtigen; es wird

$$F^* = \frac{Q_h}{q^*} = \frac{2400}{138} = 17{,}4 \text{ m}^2.$$

e) Bemessung der Rohrschlange für Raum I.2

Den Randwärmeeinfluß ermitteln wir aus Diagramm 9.10 zu

$$\Delta b = 0{,}085 \text{ m} \quad \text{für} \quad \frac{\varkappa_1}{\varkappa_2} = 0{,}5, \quad l = 0{,}3 \text{ m} \quad \text{und} \quad d = 21{,}25 \text{ mm}.$$

Für eine Rohrzahl $n = \dfrac{b}{l} = \dfrac{3{,}5}{0{,}3} \approx 12$ ergibt sich die Breite der Heizfläche zu

$$b + \Delta b = 12 \cdot 0{,}30 + 0{,}085 = 3{,}685 \text{ m}.$$

Der Randwärmeeinfluß der Rohrbögen wird nach Gl. (9.37b) berechnet.

$$\Delta a = 1{,}75 \cdot l = 1{,}75 \cdot 0{,}30 = 0{,}525;$$

damit wird die Länge der Heizfläche

$$a + \Delta a = \frac{F^*}{b + \Delta b} = \frac{17{,}4}{3{,}685} = 4{,}72 \text{ m}$$

und die Länge der Rohre

$$a = \frac{F}{b + \Delta b} - \Delta a = 4{,}72 - 0{,}525 = 4{,}195. \quad a \approx 4{,}20 \text{ m}.$$

f) Bemessung der Rohrschlange für Raum I.1

Bei gleicher Deckenkonstruktion wie in Raum I.2 ergibt sich eine Heizfläche von

$$F = \frac{Q_h}{q} = \frac{935}{138} = 6{,}78 \text{ m}^2.$$

Entsprechend der Deckengröße von $3{,}5 \times 4{,}5 = 15{,}75 \text{ m}^2$ muß die Länge der Heizfläche

$$(a + \Delta a) \leqq 2{,}8 \text{ m},$$

also die Breite

$$(b + \Delta b) \geqq \frac{F}{a + \Delta a} = \frac{6{,}78}{2{,}8} = 2{,}42 \text{ m}$$

werden.

Für 8 Rohre erhält man:

$$b + \Delta b = 8 \cdot 0{,}30 + 0{,}085 = 2{,}485 \text{ m},$$

$$a + \Delta a = \frac{F}{b + \Delta b} = \frac{6{,}78}{2{,}485} = 2{,}72 \text{ m}$$

und

$$a = \frac{F}{b + \Delta b} - \Delta a = 2{,}72 - 0{,}525 = 2{,}195; \quad a \approx 2{,}20 \text{ m}.$$

Erdgeschoß

Es muß zunächst geprüft werden, ob die geforderte Wärmeleistung durch die Deckenheizfläche allein erbracht werden kann. Da für den im Normalgeschoß liegenden Raum I.2 der physiologisch zulässige Grenzwert der Deckentemperatur bereits erreicht wird, ist in dem entsprechenden Erdgeschoßraum 0.2 mit seinem höheren Heizwärmebedarf eine Zusatzheizung notwendig.

a) Zusätzliche Heizfläche im Raum 0.2

Bei Anordnung gesonderter Raumheizkörper (oder Brüstungsheizflächen) und einer Heizdeckenausführung wie im 1. Obergeschoß beträgt die zusätzliche Wärmeleistung

$$Q_{Zus} = Q_h - Q_2 = 2730 - 17{,}4 \cdot 92 = 1130 \text{ kcal/h}.$$

Wir wählen einen doppelplattigen Heizkörper von 500 mm Bauhöhe, der bei gleicher Vorlauftemperatur betrieben werden soll wie die Decke. Die Wärmedurchgangszahl k für einen solchen Flachheizkörper ist

$$k = 7{,}4 \text{ kcal/m}^2 \text{ h grd bei } \Delta t_0 = 60 \text{ grd (s. S. 394); bei } \Delta t = 31 \text{ grd wird } k = k_{60}\left(\frac{\Delta t}{\Delta t_0}\right)^{0,25} = 6{,}3 \text{ kcal/m}^2 \text{h grd.}$$

Damit ergibt sich die zusätzliche Heizfläche:

$$F = \frac{Q_{Zus}}{k\,(t_H - t_i)} = \frac{1130}{6{,}3 \cdot 31} = 5{,}8 \text{ m}^2$$

und die Länge des Flachheizkörpers:

$$L = \frac{1}{4} \cdot \frac{F}{0{,}5} = 2{,}9 \text{ m}.$$

Wird an Stelle des Heizkörpers eine zusätzliche Fußbodenheizung vorgesehen, so muß diese eine Leistung erbringen, die der Wärmeabgabe der Heizdecke nach oben gleichkommt (der Wärmebedarf der Räume 0.2 und I.2 ist bei dieser Ausführung gleich, da vom Raum 0.2 keine Wärme nach dem Keller abgegeben wird).

b) Heizfläche und Deckentemperatur im Raum 0.1

Bei gleicher Ausführung der Heizfläche wie im Normalgeschoß und einer verringerten Randzone von 0,3 m Breite ergibt sich die maximale Heizfläche zu:

$$F = 2,9 \cdot 3,9 = 11,3 \text{ m}^2$$

und damit die Wärmeleistung der Decke nach unten zu:

$$Q_2 = F \cdot q_2 = 11,3 \cdot 92 = 1040 \text{ kcal/h}.$$

Benötigt werden aber

$$Q = 1140 \text{ kcal/h}.$$

Die fehlende Leistung kann entweder durch örtliche Heizflächen oder durch eine Erhöhung der spezifischen Wärmeabgabe der Decke erbracht werden. Wir untersuchen die zweite Möglichkeit.

Für $\alpha_2 = 5,5 \text{ kcal/m}^2 \text{h grd}$ und $F = 11,3 \text{ m}^2$ berechnet sich die mittlere Deckentemperatur zu

$$t_D = \frac{1140}{11,3 \cdot 5,5} + 19 = 18,3 + 19 = 37,3^\circ \text{ C}.$$

Das Winkelverhältnis der Deckenheizfläche ergibt sich bei

$$\frac{a}{h} = \frac{1,95}{1,80} = 1,08 \quad \text{und} \quad \frac{b}{h} = \frac{1,45}{1,80} = 0,806$$

zu $\varphi = 0,0354$ und $\varphi_{ges} = 4 \cdot 0,0354 = 0,1415$.

Aus Abb. 2.110 entnimmt man $t_{Dphy} = 33^\circ \text{ C}$.

Äußerstenfalls zulässig wäre nach Gl. (9.20) eine Auslegungstemperatur der Decke

$$t_D = 19 + \frac{33 - 19}{0,6} = 19 + 23,3 = 42,3^\circ \text{ C}.$$

Die mittlere Deckentemperatur bleibt also innerhalb der Grenzen des gemilderten CHRENKO-Kriteriums.

c) Isolierung nach oben

Die gegenüber dem 1. Obergeschoß notwendige höhere spezifische Leistung läßt sich nur durch Verkleinerung der Rohrteilung erzielen. Dadurch sowie durch die Vergrößerung der belegten Deckenfläche wird die Wärmeabgabe nach oben höher als zunächst angenommen. Es ist also eine Berichtigung der Deckenheizfläche im Raum I.1 notwendig.

Man kann auch einen anderen Weg gehen, nämlich durch bessere Isolierung der Decke über Raum 0.1 die an den Raum I.1 abgegebene Wärme der ersten Annahme entsprechend beibehalten. Es ist dann die Dicke der Isolierschicht zunächst zu ermitteln, bevor die neue Rohrteilung festgelegt werden kann.

Die Fußbodenwärmeabgabe ist bei Raum I.1 berücksichtigt mit

$$Q_{Fb} = 6,78 \cdot 46 = 312 \text{ kcal/h}.$$

Auf die Deckenheizfläche von Raum 0.1 bezogen ist sonach eine spezifische Wärmeabgabe erforderlich von

$$q_1 = \frac{312}{11,3} = 27,6 \text{ kcal/m}^2 \text{ h}.$$

Damit wird

$$q = q_1 + q_2 = 27,6 + \frac{1140}{11,3} = 128,6 \text{ kcal/m}^2 \text{ h}.$$

Aus

$$\frac{q_1}{q_2} = \frac{\varkappa_1}{\varkappa_2} = \frac{27,6}{101} = 0,274 \quad \text{folgt bei} \quad \varkappa_2 = 4,35$$

$$\varkappa_1 = 0,274 \cdot 4,35 = 1,19$$

und damit die Dicke der Isolierschicht (s. o.) zu

$$\delta_{Is} = 0,075 \left[\frac{1}{1,19} - \left(\frac{1}{7,5} - \frac{0,003}{0,16} + \frac{0,035}{1,3} + \frac{0,12}{1,3} \right) \right] = 0,0424 \text{ m}; \quad \delta_{Is} \approx 42 \text{ mm}.$$

d) Rohrteilung

Zur Ermittlung der Rohrteilung benutzen wir Abb. 9.07. Die Wärmedurchgangszahl k muß betragen

$$k = \frac{q}{t_H - t_i} = \frac{128,6}{31} = 4,15 \text{ kcal/m}^2 \text{ h grd}.$$

Aus Abb. 9.07 ist zu ersehen, daß für $\dfrac{\varkappa_1}{\varkappa_2} = 0,274$ bei einem Rohrdurchmesser $d = 21,25$ mm ($^1/_2''$-Rohr) mit einer Rohrteilung $l = 0,25$ m^2 eine Wärmedurchgangszahl $k = 4,30$ kcal/m^2 h grd erreicht wird.

e) Bemessung der Rohrschlange für Raum 0.1

An Hand der wirklichen Wärmeabgabe

$$q = 4,30 \cdot 31 = 133,3 \text{ kcal/m}^2 \text{ h}$$

berichtigen wir zunächst die Heizfläche. Es wird:

$$F = \frac{Q_1 + Q_2}{q_1 + q_2} = \frac{Q_1 + Q_2}{q} = \frac{312 + 1140}{133,3} = 10,9 \text{ m}^2.$$

Infolge der etwas verkleinerten Heizfläche kann die Deckenisolierung auf

$$\delta_{Is} = 40 \text{ mm}$$

abgerundet werden.

Die Randwärmeberechnung mit Hilfe von Abb. 9.10 führt zu

$$\Delta b = 0,138 \text{ m}$$

und damit

bei 14 Rohren

$$b + \Delta b = 14 \cdot 0,25 + 0,138 = 3,50 + 0,138 \approx 3,64 \text{ m},$$

$$\Delta a = 1,75 \cdot l = 1,75 \cdot 0,25 = 0,4375 \text{ m},$$

$$a + \Delta a = \frac{F}{b + \Delta b} = \frac{10,9}{3,64} = 3,0 \text{ m},$$

$$a = \frac{F}{b + \Delta b} - \Delta a = 3,0 - 0,4375; \qquad a \approx 2,56 \text{ m}.$$

2. Obergeschoß

Für Räume mit voller Deckenbelegung — wie dies in unserem Beispiel praktisch für Raum II.2 zutrifft — ist der Wärmebedarf der gleiche wie im Zwischengeschoß. Damit ergibt sich auch die gleiche Deckenheizfläche, wenn durch Wahl einer ausreichenden Isolierung dafür gesorgt wird, daß das Verhältnis der beiden Wärmeströme $q_1 : q_2$ nicht wesentlich verschieden ist von dem Wert im Zwischengeschoß.

Gesondert zu betrachten ist hier der Raum II.1, da über die unbeheizte Deckenfläche ein zusätzlicher Wärmeverlust nach dem Dachboden auftritt. Er muß durch eine Vergrößerung der Heizfläche ausgeglichen werden. Dabei ist zugleich die Deckenisolierung festzulegen.

a) Wärmebedarf und Heizleistung für Raum II.1

Die Wärmeverluste durch die Außenwände sind die gleichen wie bei Raum I.1, nämlich

$$Q_{AW} = 935 \text{ kcal/h}.$$

Der Wärmeverlust nach dem Dachboden über die unbeheizte Deckenfläche ergibt sich aus

$$Q_{Da} = F_{Da} \cdot k_{Da} (t_i - t_{Da}) \quad \text{kcal/h}.$$

Dabei bedeuten:

F_{Da} Fläche der unbeheizten Decke,
k_{Da} Wärmedurchgangszahl dieses Deckenteils,
t_{Da} Dachboden- bzw. Außentemperatur.

Die geforderte Heizleistung Q_2 nach unten beträgt demnach

$$Q_2 = Q_{AW} + Q_{Da} - Q_{Fb} \quad \text{kcal/h}.$$

Von der Heizanlage ist weiterhin aufzubringen die Wärmeleistung

$$Q_1 = F \cdot q_1 \quad \text{kcal/h},$$

wobei wie vor F die beheizte Deckenfläche und q_1 die spezifische Wärmeabgabe nach oben ist.

Der Fußboden liefert die Wärmemenge

$$Q_{Fb} = 6,78 \cdot 46 = 312 \text{ kcal/h}.$$

Von der Decke sind zu liefern

$$Q_D = Q_1 + Q_2 = F \cdot q_1 + Q_{Da} + 935 - 312 = 623 + F \cdot q_1 + F_{Da} \cdot k_{Da} (t_i - t_{Da}).$$

b) Deckenisolierung

Zur Lösung der vorstehenden Gleichung sind Annahmen über die Wärmedämmung der obersten Geschoß-decke zu treffen. Wir gehen davon aus, daß die spezifische Wärmeabgabe der beheizten Deckenfläche nach oben nicht höher sein soll, als der spezifische Wärmeverlust einer Außenwand üblicher Isolierung, setzen also

$$q_1 = k_{AW} \cdot (t_i - t_a) = 1,26 \cdot (20 + 15) = 44,1 \text{ kcal/m}^2 \text{ h}.$$

Da bei der Deckenausführung im Zwischengeschoß $q_2 = 92$ ist, wird

$$\frac{\varkappa_1}{\varkappa_2} = \frac{q_1}{q_2} = \frac{44,1}{92} = 0,48 \quad \text{und bei} \quad \varkappa_2 = 4,35$$

$$\varkappa_1 = 0,48 \cdot 4,35 = 2,09.$$

Bei einer Temperatur im Dachraum von $t_{Da} = -6°$ C errechnet sich die äquivalente Teilwärmedurchgangszahl $\varkappa_1'$ nach Formel (9.21) zu

$$\frac{1}{\varkappa_1'} = \frac{1}{2,09} + \frac{19 + 6}{44,1} = 1,044.$$

Mit $\alpha_{Da} = 7$ ergibt sich für den Dämmwert $\dfrac{1}{\varLambda}$ der Deckenisolierung

$$\frac{1}{\varLambda} = \frac{1}{\varkappa_1'} - \left(\frac{1}{\alpha_{Da}} + \frac{h_1}{\lambda_1}\right) = 1,044 - (0,143 + 0,092) = 0,809$$

und daraus bei $\lambda_{Is} = 0,075$

$$\delta_{Is} = 0,809 \cdot 0,075 = 0,061 \,\text{m}, \quad \delta_{Is} \approx 60\,\text{mm}.$$

c) Heizfläche

Wird diese Isolierdicke auch an den unbeheizten Deckenflächen beibehalten, so berechnet sich k_{Da} aus

$$\frac{1}{k_{Da}} = \frac{1}{\varkappa_2} + \frac{1}{\varkappa_1'} = \frac{1}{4,35} + 1,044 = 1,274$$

zu

$$k_{Da} = \frac{1}{1,274} = 0,784$$

und damit

$$Q_{Da} = F_{Da} \cdot 0,784 \, (19 + 6) = 19,6 \cdot F_{Da}.$$

Für Q_2 ergibt sich

$$Q_2 = 623 + 19,6 \cdot F_{Da} = F \cdot q_2 = F \cdot 92.$$

Da die Deckenfläche F_{ges} bekannt ist, erhält man F_{Da} aus

$$F_{Da} = F_{ges} - F = 3,5 \cdot 4,5 - F = 15,75 - F,$$

also auch

$$623 + 19,6 \cdot (15,75 - F) = F \cdot 92.$$

Es ist also:

$$F = \frac{623 + 19,6 \cdot 15,75}{92 + 19,6} = 8,35 \,\text{m}^2.$$

d) Bemessung der Rohrschlange

Für $\dfrac{\varkappa_1}{\varkappa_2} = 0,48$ ist nach Abb. 9.10

$$\varDelta b = 0,088 \,\text{m} \quad \text{und} \quad \varDelta a = 1,75 \cdot l = 0,525 \,\text{m}.$$

Um auf die gleiche Rohrlänge a wie im Raum I.1 zu kommen, ermittelt man die Rohrzahl n wie folgt:

$$a = 2,20 \,\text{m} \quad (\text{wie bei Raum I.1}),$$

$$a + \varDelta a = 2,72 \,\text{m},$$

$$b + \varDelta b = \frac{F}{a + \varDelta a} = \frac{8,35}{2,72} = 3,07 \,\text{m},$$

$$b = 3,07 - 0,088 = 2,982 \,\text{m},$$

$$n = \frac{b}{l} = \frac{2,982}{0,3}; \quad n = 10.$$

e) Sonderberechnungen

Es wurde bereits oben darauf hingewiesen, daß eine Sonderberechnung für Raum II.2 nicht erforderlich ist. Die Decke ist zwar nicht in ihrer vollen Fläche mit Heizrohren belegt. Bei der geringen Breite der rohrfreien Randzonen und der guten Wärmedämmung der Decke kann aber darauf verzichtet werden, den Wärmeverlust nach dem Dachboden in diesem Fall noch zu berechnen und durch eine Berichtigung der Deckenheizfläche zu berücksichtigen. (Die Wärmeableitung von der Heizdecke in die Außenwand ist ohnehin größer als die Wärmeabgabe nach oben.) Das Verhältnis $q_1 : q_2$ ist bei der vorgesehenen Isolierung der Decke praktisch das gleiche wie im Zwischengeschoß, so daß auch die spezifische Wärmeabgabe der Decke nach unten sich nicht verändert.

Anders liegen die Verhältnisse, wenn im Normalgeschoß nur ein Teil der Decke belegt ist, gleichzeitig aber die physiologisch zulässige Deckentemperatur bereits erreicht ist. Dann wird der gleiche Raum im letzten

Obergeschoß infolge des Wärmeverlustes des unbelegten Deckenteils eine höhere Heizleistung erfordern, ohne daß die Heizfläche vergrößert werden darf. In solchen Fällen wird man prüfen, ob nicht bei voller Deckenbelegung mit vergrößerter Rohrteilung eventuell die geforderte Heizleistung innerhalb der zulässigen Deckentemperaturen erbracht werden kann.

Eine andere Lösung besteht darin, die Rohrschlangenausführung der Zwischengeschosse auch im obersten Geschoß beizubehalten, in der restlichen Deckenfläche jedoch einige Heizrohre in größerem Abstand zu verlegen. Diese Heizrohre sollen lediglich einen zusätzlichen Wärmeverlust vom Raum nach dem Dachboden (oder nach außen) verhindern bzw. kompensieren. (Eine exakte Leistungsberechnung, die mit Hilfe der Abb. 9.07 leicht möglich ist, führt im allgemeinen zu einer geringen Verkleinerung der erforderlichen Deckenheizfläche.)

C. Lamellenheizdecken

1. Allgemeines

Bei Lamellenheizdecken bestehen bezüglich des Deckenaufbaus mehr Variationsmöglichkeiten als bei Crittall-Decken. Die wärmetechnische Berechnung ist dadurch erleichtert, daß der Wärmeleitvorgang ohne wesentlichen Fehler als eindimensionales Problem behandelt werden kann.

Es müssen jedoch Annahmen bezüglich der Wärmeübertragung zwischen Heizrohr und Lamelle sowie zwischen Lamelle und Deckenputz gemacht werden, die das Rechnungsergebnis naturgemäß beeinflussen. Die in diesem Falle auftretenden Wärmedurchlaßwiderstände sind nicht nur vom Aufbau der Decke, sondern auch von der Güte der handwerklichen Ausführung abhängig. Insofern können bei der ausgeführten Decke Abweichungen der wirklich erzielbaren von der errechneten Leistung auftreten. Sie sind dann von geringer Bedeutung, wenn sie in allen Räumen etwa gleichmäßig wirksam werden, da in diesem Fall eine Berichtigung durch die Heizwassertemperatur erfolgen kann. Größere Unterschiede in der spezifischen Leistung der Decke durch Mängel bzw. Ungleichmäßigkeiten der handwerklichen Ausführung müssen jedoch unbedingt vermieden werden.

Die Praxis rechnet vielfach mit Leistungswerten, die aus Versuchen der Herstellerfirmen oder der Lizenzinhaber für solche Decken stammen. An Hand des nachfolgend beschriebenen Rechenverfahrens lassen sich solche Angaben nachprüfen. Vor allem gibt die Rechnung aber die Möglichkeit, den Einfluß gewisser Variationen der Deckenausführung auf Leistung und Materialaufwand aufzuzeigen.

Mathematisch handelt es sich um das Problem der Wärmeleitung in einer geraden dünnen Rippe. Man nimmt dabei an, daß die Wärme von einem Querschnitt gleicher Temperatur in der Lamelle nur in Richtung der Querschnittsnormalen strömt und daß gegenüber diesem Wärmeleitvorgang die parallele Wärmeströmung in etwaigen anhaftenden Putzschichten vernachlässigt werden kann. Lediglich am Ende der Lamelle soll noch der Wärmeleitvorgang in der anschließenden Putzschicht in die Betrachtung mit einbezogen werden, um den Einfluß nicht belegter Deckenteile auf die Wärmeleistung zu erfassen.

2. Die Berechnung der dünnen Rippe[1]

Eine gerade Rippe mit der Breite X und der Dicke s habe die Wurzeltemperatur t_X (s. Abb. 9.15). Die Umgebungstemperatur sei t_U.

Voraussetzung für die eindimensionale Behandlung ist, daß $\frac{s\,\alpha}{\lambda} \ll 1$ ist. Das trifft für Lamellenheizdecken im allgemeinen zu. An Stelle der allseitig wirksamen Wärmeübergangszahl α sind die Teilwärmedurchgangs

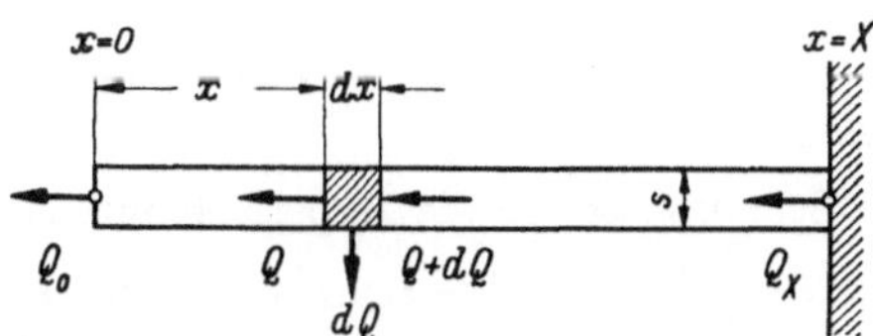

Abb. 9.15. Dünne gerade Rippe

zahlen $\varkappa_1$ für die Wärmeabgabe nach oben und $\varkappa_2$ für die Wärmeabgabe nach unten einzusetzen, wobei beide Werte als konstant (d. h. als unabhängig von x) angenommen werden sollen.

---

[1] GRÖBER, H.: Einführung in die Lehre von der Wärmeübertragung. Berlin 1926. — SCHMIDT, E.: Die Wärmeübertragung durch Rippen. Z. VDI Bd. 70 (1926) S. 885/889 u. 947/951.

Ein Abschnitt von der Breite dx und der Temperatur t gibt die Wärmemenge

$$dQ = (\varkappa_1 + \varkappa_2)\,(t - t_U)\,dx \tag{9.38}$$

ab, mit

$$\varkappa_1 + \varkappa_2 = \varkappa$$

und

$$t - t_U = \vartheta$$

ist also

$$\frac{dQ}{dx} = \varkappa\,\vartheta\,. \tag{9.38a}$$

Aus

$$Q = s\,\lambda\,\frac{d\vartheta}{dx} \tag{9.39}$$

folgt

$$\frac{dQ}{dx} = s\,\lambda\,\frac{d^2\vartheta}{dx^2}\,. \tag{9.39a}$$

Aus den Gln. (9.38a) und (9.39a) ergibt sich

$$\frac{d^2\vartheta}{dx^2} - \frac{\varkappa}{\lambda s}\,\vartheta = 0\,. \tag{9.40}$$

Dies ist eine spezielle Form der FOURIERschen Differentialgleichung

$$\varrho\,c\,\frac{\partial\vartheta}{\partial\tau} = \lambda\left(\frac{\partial^2\vartheta}{\partial x^2} + \frac{\partial^2\vartheta}{\partial y^2} + \frac{\partial^2\vartheta}{\partial z^2}\right) + W\,,$$

mit

$$\left.\begin{array}{l}\dfrac{\partial^2\vartheta}{\partial y^2} = 0 \\[2mm] \dfrac{\partial^2\vartheta}{\partial z^2} = 0\end{array}\right\} \quad \text{(eindimensionales Problem)}$$

$$\frac{\partial\vartheta}{\partial\tau} = 0 \qquad \text{(Beharrungszustand)}$$

und

$$W = -\frac{\varkappa}{s}\,\vartheta\,.$$

Der Ansatz

$$\frac{d^2\vartheta}{dx^2} = C\,m^2\,e^{mx} \tag{9.41}$$

mit

$$m = \pm\sqrt{\frac{\varkappa}{\lambda s}} \tag{9.41a}$$

führt zu

$$\frac{d\vartheta}{dx} = C_1\,m\,e^{mx} - C_2\,m\,e^{-mx} \tag{9.42}$$

und

$$\vartheta = C_1\,e^{mx} + C_2\,e^{-mx}\,. \tag{9.43}$$

Bestimmung der Integrationskonstanten:

Für $x = 0$ ergibt sich aus den Gln. (9.39) und (9.42)

$$\frac{Q_0}{\lambda s} = (C_1 - C_2)\,m\,. \tag{9.42a}$$

Aus Gl. (9.43) folgt mit $\vartheta = \vartheta_X$ für $x = X$

$$\vartheta_X = C_1\,(e^{mX} + e^{-mX}) - (C_1 - C_2)\,e^{-mX}\,. \tag{9.43a}$$

Aus Gl. (9.42a) und (9.43a) erhält man

$$2\,C_1 = \frac{\vartheta_X}{\cosh(mX)} + \frac{Q_0}{\sqrt{\varkappa\,\lambda\,s}} \cdot \frac{e^{-mX}}{\cosh(mX)} \tag{9.44}$$

---

[1] Schreibweise für die Hyperbelfunktionen nach DIN 1302 (Nov. 1954):

$$\sinh\varphi = \frac{1}{2}\,(e^\varphi - e^{-\varphi}) = \text{sinus hyperbolicus } \varphi,\ \text{frühere Schreibweise } \mathfrak{Sin}\,\varphi,$$

$$\cosh\varphi = \frac{1}{2}\,(e^\varphi + e^{-\varphi}) = \text{cosinus hyperbolicus } \varphi,\ \text{frühere Schreibweise } \mathfrak{Cos}\,\varphi,$$

$$\tanh\varphi = \frac{e^\varphi - e^{-\varphi}}{e^\varphi + e^{-\varphi}} = \text{tangens hyperbolicus } \varphi,\ \text{frühere Schreibweise } \mathfrak{Tg}\,\varphi,$$

$$\coth\varphi = \frac{e^\varphi + e^{-\varphi}}{e^\varphi - e^{-\varphi}} = \text{cotangens hyperbolicus } \varphi,\ \text{frühere Schreibweise } \mathfrak{Ctg}\,\varphi.$$

und

$$2\,C_2 = \frac{\vartheta_X}{\cosh(m\,X)} - \frac{Q_0}{\sqrt{\varkappa\,\lambda\,s}} \cdot \frac{e^{mX}}{\cosh(m\,X)}\,. \tag{9.45}$$

Die Temperaturverteilung längs der Rippe ergibt sich also aus den Gln. (9.43), (9.44) und (9.45) zu

$$\vartheta = \vartheta_X \frac{\cosh(m\,x)}{\cosh(m\,X)} - \frac{Q_0}{\sqrt{\varkappa\,\lambda\,s}} \cdot \frac{\sinh[m\,(X-x)]}{\cosh(m\,X)}\,. \tag{9.46}$$

Nach den Gln. (9.39), (9.42), (9.44) und (9.45) ist für $x = X$ der Wärmefluß Q_X durch die Rippenwurzel (d. h. also die Wärmeabgabe der Rippe einschließlich der Wärmeabgabe Q_0 ihrer Stirnfläche)

$$Q_X = \vartheta_X \sqrt{\varkappa\,\lambda\,s}\,\tanh(m\,X) + \frac{Q_0}{\cosh(m\,X)}\,. \tag{9.47}$$

3. Bestimmung der Wärmedurchgangszahl k

Die Teilwärmedurchgangszahl $\varkappa_2$ ergibt sich aus der Wärmeübergangszahl an der Decke, aus der Putzstärke und dem Luftspalt zwischen Putz und Lamelle. Dieser Luftspalt ist selbst bei sorgfältiger Ausführung der Decke nicht zu vermeiden. Man muß damit rechnen, daß der Spalt im Mittel *mindestens* 0,5 mm dick ist. Die Putzstärke liegt für die einzelnen Deckenbauarten in ziemlich engen Grenzen fest.

Bei unverputzten Lamellendecken ist $\varkappa_2 = \alpha_2$.

Die Isolierung zwischen der untergehängten Heizdecke und der Tragdecke wird derart gewählt, daß das Verhältnis der Teilwärmedurchgangszahlen gemäß Gl. (9.16) $\dfrac{\varkappa_1}{\varkappa_2} = \dfrac{q_1}{q_2}$ wird.

Entsprechend Abb. 9.16 denke man sich ein halbes Deckenelement in die Abschnitte A, B und C unterteilt. Die Abschnitte A und B werden als dünne Rippen behandelt, während für die Wärmeleitung durch den Abschnitt C meist ein einfacher Näherungsansatz genügt.

Nach Gl. (9.47) hat der Abschnitt A die auf die Rohrlänge bezogene Wärmeabgabe

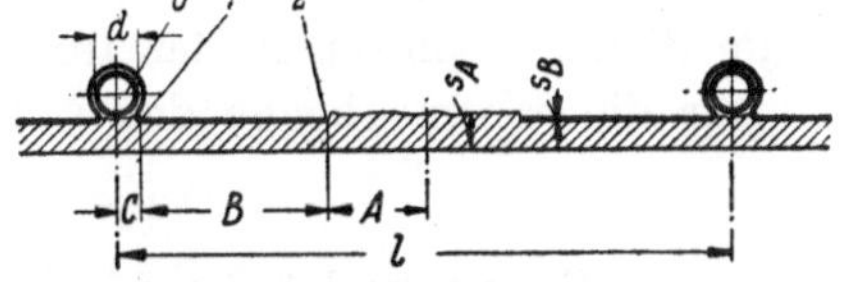

Abb. 9.16. Lamellenheizdecke

$$Q_A = \sqrt{\varkappa_A\,\lambda_A\,s_A}\,\vartheta_2\,\tanh(m_A\,A)$$

und die Abschnitte A und B zusammen

$$Q_A + Q_B = \sqrt{\varkappa_B\,\lambda_B\,s_B}\,\vartheta_1\,\tanh(m_B\,B) + \frac{Q_A}{\cosh(m_B\,B)}\,.$$

Berücksichtigt man weiterhin, daß nach Gl. (9.46)

$$\vartheta_2 = \frac{\vartheta_1}{\cosh(m_B\,B)} - \frac{Q_A}{\sqrt{\varkappa_B\,\lambda_B\,s_B}}\,\tanh(m_B\,B)$$

ist, so ergibt sich nach kurzer Zwischenrechnung

$$Q_A + Q_B = \vartheta_1 \sqrt{\varkappa_B\,\lambda_B\,s_B}\left[\tanh(m_B\,B) + \frac{1 - \tanh^2(m_B\,B)}{\sqrt{\dfrac{\varkappa_B\,\lambda_B\,s_B}{\varkappa_A\,\lambda_A\,s_A}}\,\coth(m_A\,A) + \tanh(m_B\,B)}\right] \tag{9.48}$$

oder — in abgekürzter Schreibweise —

$$Q_A + Q_B = P\,\vartheta_1 \tag{9.48a}$$

mit

$$P = \sqrt{\varkappa_B\,\lambda_B\,s_B}\left[\tanh(m_B\,B) + \frac{1 - \tanh^2(m_B\,B)}{\Psi + \tanh(m_B\,B)}\right] \tag{9.49}$$

und

$$\Psi = \sqrt{\frac{\varkappa_B\,\lambda_B\,s_B}{\varkappa_A\,\lambda_A\,s_A}}\,\coth(m_A\,A)\,. \tag{9.50}$$

Falls — wie man im allgemeinen annehmen kann —

$$\varkappa_{1A} + \varkappa_{2A} = \varkappa_{1B} + \varkappa_{2B} = \varkappa \tag{9.51}$$

ist, wird

$$\Psi = \sqrt{\frac{\lambda_B\,s_B}{\lambda_A\,s_A}}\,\coth(m_A\,A)\,. \tag{9.50a}$$

Der Temperaturabfall zwischen dem Heizwasser und der Lamellenwurzel hängt von der Wärmemenge $Q_A + Q_B$ und dem Wärmedurchlaßwiderstand $1/V$ ab, der nur näherungsweise berechnet werden kann, weil er sich nicht nur nach Form und Abmessungen der Bauelemente, sondern vor allem auch nach der Güte des Kontaktes zwischen Rohrwand und Lamelle richtet.

$$\vartheta_0 - \vartheta_1 = \frac{Q_A + Q_B}{V}. \tag{9.52}$$

Zur Berechnung des Wärmedurchlaßwiderstandes benutzt man den Ansatz

$$\frac{1}{V} = \frac{1}{(\varkappa F)_0} + \sum_0^1 \frac{\delta}{\lambda F}. \tag{9.53}$$

Hier sind δ jeweils die Abmessungen der einzelnen Elemente in Richtung des Wärmeflusses und F die Abmessungen (d. h. Flächen je Meter Rohrlänge) quer dazu.

Nach Messungen im Institut für Heizung und Lüftung der Technischen Universität Berlin[1] an einer sorgfältig ausgeführten Stramax-Decke ergab sich für den Spalt zwischen Rohr und Lamelle der Wert

$$\left(\frac{\delta}{\lambda}\right)_{Spalt} \approx 0{,}004 \text{ m}^2 \text{ h grd/kcal}.$$

Dazu ist zu bemerken, daß sowohl das Rohr als auch die Mitte der Lamelle mit einem gut haftenden Anstrich versehen war. Dieser niedrige Wert zeigt deutlich, daß eine Verringerung des Wärmedurchgangswiderstandes durch irgendwelche Kitte kaum zu erwarten ist. An der gleichen Decke war der Wärmedurchlaßwiderstand zwischen dem Heizwasser und einer Lamellenwurzel

$$\frac{1}{V} \approx 0{,}3 \text{ m h grd/kcal}.$$

Dabei wurde als „Lamellenwurzel" der Punkt 1 in Abb. 9.16 14 mm außerhalb der Rohrmitte definiert. Das Rohr hatte einen Außendurchmesser von 21,25 mm, die Aluminiumlamelle war 1 mm dick und umschloß das Rohr $^2/_3$ bis $^3/_4$.

Für die Wärmeabgabe des Abschnittes C benutzt man den Ansatz

$$Q_C = C k_C \vartheta_0. \tag{9.54}$$

Wenn das Rohr etwa bündig mit der Lamelle verläuft, kann man mit ausreichender Genauigkeit

$$k_C \approx \varkappa_1 + \varkappa_2 \, \varkappa \tag{9.55}$$

setzen.

Die Wärmedurchgangszahl der Heizdecke ist definitionsgemäß

$$k = \frac{Q_A + Q_B + Q_C}{(A + B + C)\,\vartheta_0}, \tag{9.56}$$

d. h. als Breite der beheizten Fläche ist hier nicht nur die Lamellenbreite, sondern wie bei den Crittall-Decken das n-fache der Rohrteilung einzusetzen.

Aus den Gln. (9.48a), (9.52), (9.54) und (9.56) folgt für k die einfache Beziehung

$$k = \frac{2}{l} \left[\frac{1}{\frac{1}{P} + \frac{1}{V}} + C k_C \right]. \tag{9.57}$$

Dabei bedeuten:

$\dfrac{1}{P}$ den Wärmedurchlaßwiderstand zwischen der Lamellenwurzel und dem Raum und

$\dfrac{1}{V}$ den Wärmedurchlaßwiderstand zwischen dem Wasser und der Lamellenwurzel.

Die Ermittlung von $1/P$ wird durch das Diagramm Abb. 9.17 erleichtert. Unter der Voraussetzung $\varkappa_A = \varkappa_B = \varkappa$ läßt sich nämlich eine Beziehung angeben

$$\frac{P}{\varkappa B} = f\left(m_B A, \quad m_B B, \quad \frac{\lambda_B s_B}{\lambda_A s_A} \right). \tag{9.49a}$$

Dabei ist

$$m_B = \sqrt{\frac{\varkappa}{\lambda_B s_B}}. \tag{9.41b}$$

---

[1] Diplomarbeit B. KRAUSE, Berlin 1953, unveröffentlicht.

$\dfrac{P}{\varkappa B}$ ist das Verhältnis der tatsächlich von dem Streifen $(A + B)$ abgegebenen Wärmemenge zu der Wärmeabgabe einer (gedachten) Lamelle der Breite B, deren Mitteltemperatur so hoch ist wie die Wurzeltemperatur
der wirklichen Lamelle. Insbesondere für $A = 0$ entspricht dieses Verhältnis also dem sog. Güte- oder Wirkungsgrad der Rippe, für $A > 0$ ist es $\dfrac{A}{B}$-mal größer (d. h. $\dfrac{A + B}{B}$-mal so groß).

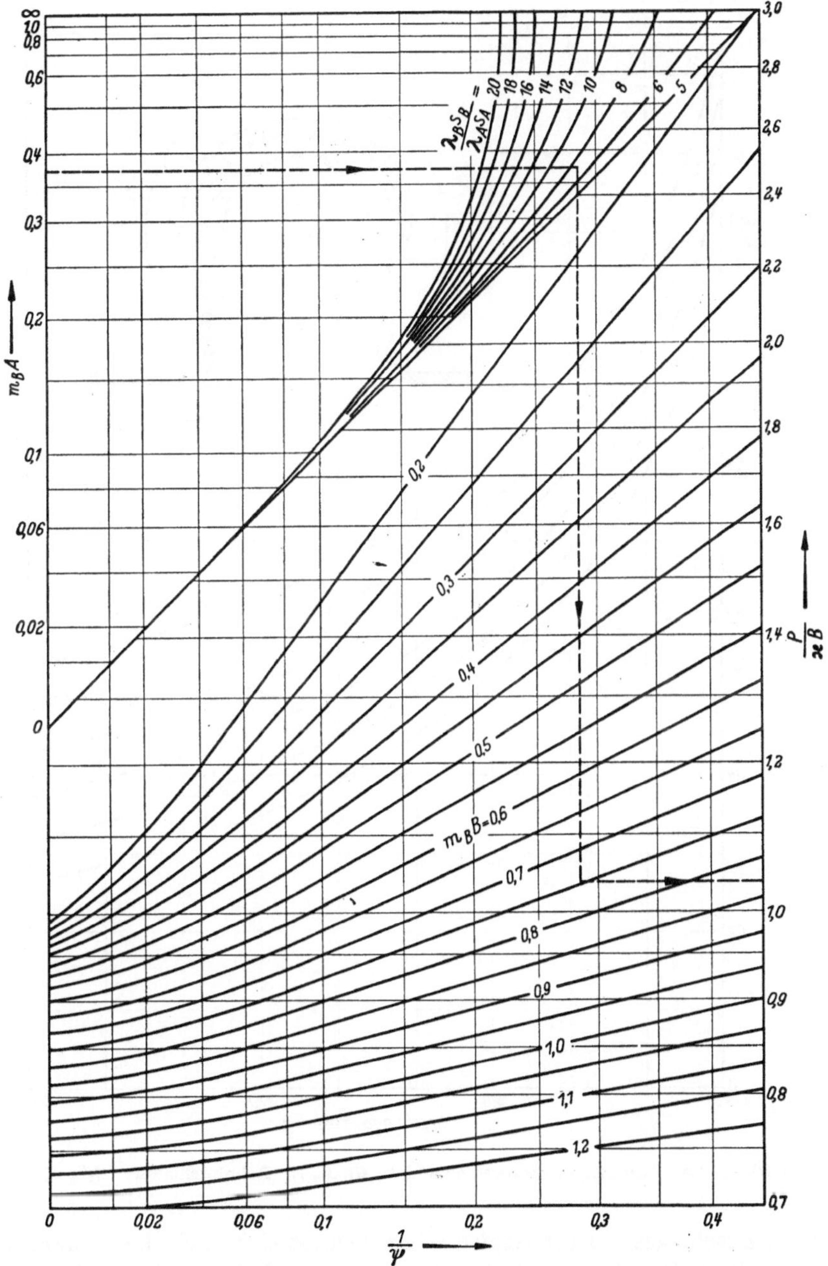

Abb. 9.17. Hilfsgröße $\dfrac{P}{\varkappa \cdot B}$ zur Bestimmung von $\dfrac{1}{P}$ in Gl. (9.57). Annahme: $\varkappa_A = \varkappa_B$

Der Wert $1/V$ ist als Funktion des Umschlingungswinkels α (der Lamelle um das Rohr)
und des Verhältnisses L/s (d. h. des Abstandes zwischen Rohr und Lamellenwurzel zur Blechdicke) aus der Abb. 9.18 zu entnehmen. Die Zahlenangaben des Diagramms gelten für mittlere
Güte des Kontakts zwischen Rohr und Lamelle. Bei vorzüglichem Kontakt darf mit einem
um 25% vergrößerten Umschlingungswinkel, bei mangelhaftem Kontakt muß mit einem um
25% verkleinerten Umschlingungswinkel gerechnet werden.

27*

Hinsichtlich der Randwärmeabgabe gelten für Lamellenheizdecken grundsätzlich die gleichen Überlegungen wie für Crittall-Decken (s. S. 408). Der Zuschlag Δb zur Registerbreite ist also nach Gl. (9.32) zu bestimmen. Dabei genügt es, den Abschnitt $A_b \to \infty$ zu wählen. Man erleichtert sich dadurch die numerische Rechnung [tanh $(m_A A_b) \to 1$], ohne daß das Resultat an Genauigkeit einbüßt. Wie Zahlenbeispiele zeigen, wird der Zuschlag Δb bei Lamellendecken mit $A \geqq 5$ cm meist vernachlässigbar klein.

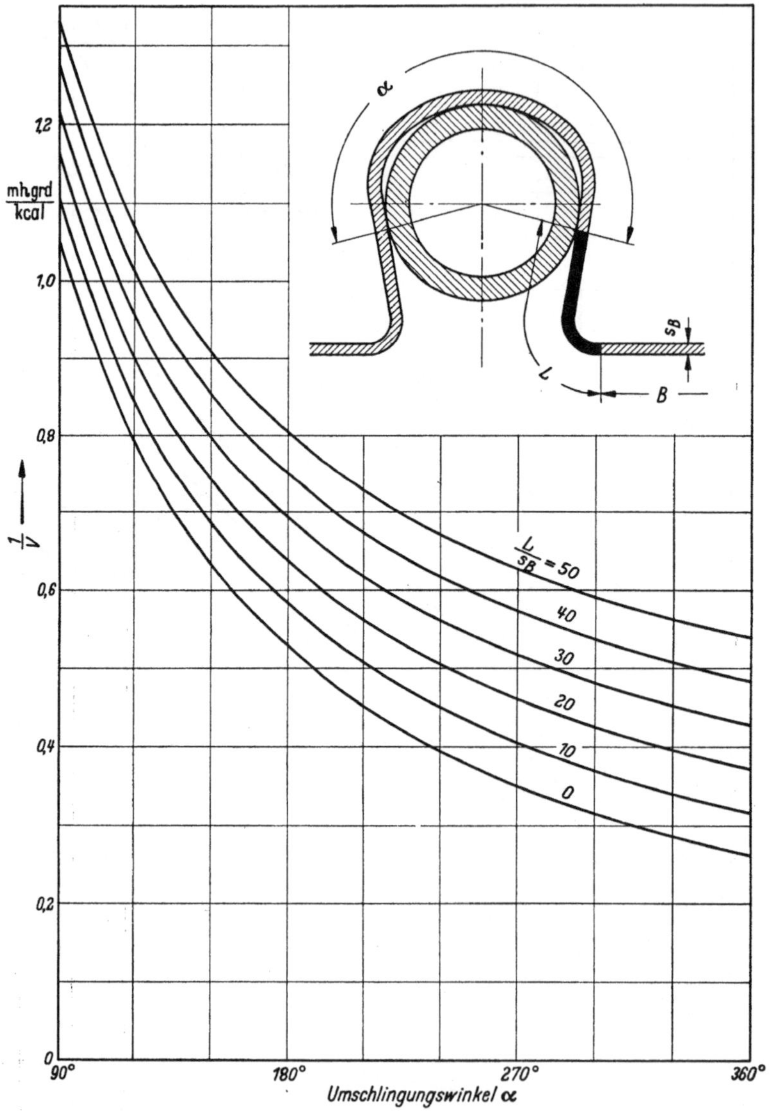

Abb. 9.18. Ermittlung des Wärmedurchlaßwiderstandes $\frac{1}{\psi}$ in Gl. (9.57). Rohrdurchmesser: $^1/_2''$, Aluminiumlamelle

Die Größe des Zuschlages Δa zur Registerlänge richtet sich nach der Bauart der Heizdecke, vor allem danach, ob die Rohrbögen mit dem Putz Kontakt haben; wie eine Näherungsrechnung zeigt, dürfte meist

$$\Delta a \leqq 5 \text{ cm} \tag{9.37 c}$$

sein.

4. Lamellenheizdecken ohne Randzone

Bei unverputzten Metalldecken und bei einigen Heizdecken aus vorgefertigten Elementen (Gipsplatten mit eingelegten Lamellen) ist

$$\Psi \gg 1,$$

und zwar entweder weil $A \ll B$ oder weil $\lambda_A s_A \ll \lambda_B s_B$ ist. Dann vereinfacht sich der Ausdruck für P [Gl. (9.49)] zu

$$P = \sqrt{\varkappa\,\lambda_B\,s_B}\,\tanh\,(m_B B)\,. \qquad (9.49\,\text{b})$$

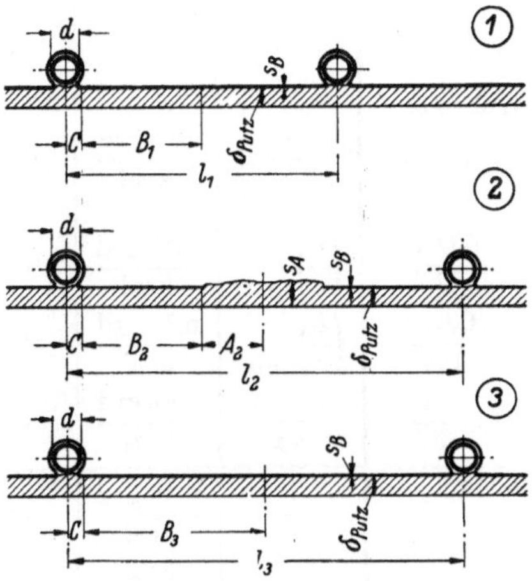

Der Wert

$$\frac{P}{\varkappa B} = \frac{\tanh\,(m_B B)}{m_B B} \qquad (9.49\,\text{c})$$

$m_B B$	$\dfrac{P}{\varkappa \cdot B}$	$m_B B$	$\dfrac{P}{\varkappa \cdot B}$	$m_B B$	$\dfrac{P}{\varkappa \cdot B}$
0,0	1,00 00	0,5	0,92 42	1,0	0,76 16
0,05	0,99 92	0,55	0,91 00	1,05	0,74 46
0,1	0,99 67	0,6	0,89 51	1,1	0,72 77
0,15	0,99 26	0,65	0,87 95	1,15	0,71 11
0,2	0,98 69	0,7	0,86 34	1,2	0,69 47
0,25	0,97 97	0,75	0,84 69	1,25	0,67 86
0,3	0,97 10	0,8	0,83 01	1,3	0,66 29
0,35	0,96 11	0,85	0,81 30	1,35	0,64 74
0,4	0,94 99	0,9	0,79 59	1,4	0,63 24
0,45	0,93 76	0,95	0,77 87	1,45	0,61 77
0,5	0,92 42	1,0	0,76 16	1,5	0,60 34

Abb. 9.19. Ausführungsbeispiele

kann der vorstehenden Zahlentafel entnommen werden. Er erscheint auch in dem Diagramm Abb. 9.16 für $\dfrac{1}{\psi} = 0$ (also am linken Rand des Diagramms) als Funktion von $m_B B$.

5. Zahlenbeispiel; verputzte Lamellendecke

Es sollen die Heizleistungen von drei Lamellendecken bestimmt werden, die sich lediglich in den Maßen A und B (Putzstreifen und Lamellenbreite) voneinander unterscheiden, und zwar soll bei den Ausführungen 1 und 3 kein Putzstreifen vorhanden sein ($A_1 = A_3 = 0$), bei den Ausführungen 1 und 2 sollen die Lamellen gleich breit sein ($B_1 = B_2$), und die Ausführungen 2 und 3 sollen die gleiche Rohrteilung haben ($A_2 + B_2 = B_3$).

Das Verhältnis der Wärmeabgabe nach oben und unten soll wie in dem Beispiel S. 409

$$\frac{\varkappa_1}{\varkappa_2} = \frac{1}{2} \quad \text{sein.}$$

a) Angenommene Abmessungen und Stoffwerte

			1	2	3
Rohrdurchmesser ($1/_2''$-Rohr)	d	mm		21,25	
Umschlingungswinkel der Lamelle um das Rohr (vgl. Abb. 9.18)	α			240°	
Lamellendicke	s_B	mm		0,6	
Abstand zwischen Rohr und Lamellenwurzel (vgl. Abb. 9.18)	L	mm		12	
Luftspalt zwischen der Lamelle und dem Putz unter der Lamelle	δ_{Spalt}	mm		1	
Dicke des Putzes unter der Lamelle	δ_{Putz}	mm		15	
Dicke des Putzes am Rand	s_A	mm		25	
Wärmeleitzahl der Lamellen (Aluminium)	λ_B	$\dfrac{\text{kcal}}{\text{m h grd}}$		180	
Wärmeleitzahl der Luft im Spalt zwischen Lamelle und Putz	λ_{Spalt}	$\dfrac{\text{kcal}}{\text{m h grd}}$		0,0233	
Wärmeleitzahl des Putzes	λ_A	$\dfrac{\text{kcal}}{\text{m h grd}}$		0,6	

			Ausführung		
			1	2	3
Breite des Putzstreifens	A	mm	0	50	0
Lamellenbreite	B	mm	100	100	150
Breite des Streifens unter dem Rohr	C	mm	10	10	10
$A + B + C$	$l/2$	mm	110	160	160
Rohrteilung	l	mm	220	320	320

b) Die Wärmedurchgangszahl k

Beschreibung	Rechnung	Zeichen	Einheit	Wert
Verhältnis des Abstandes zwischen Rohr und Lamellenwurzel zur Blechdicke gemäß Abb. 9.18	$\dfrac{L}{s} = \dfrac{12}{0,6}$	$\dfrac{L}{s}$	—	20
Wärmedurchgangswiderstand zwischen Wasser und Lamellenwurzel nach Abb. 9.18 für $\alpha = 240°$ und $L/s = 20$		$\dfrac{1}{V}$	$\dfrac{\mathrm{m\,h\,grd}}{\mathrm{kcal}}$	0,504
Die Teilwärmedurchgangszahl $\varkappa_2$ von der Lamelle nach unten:				
Luftspalt	$\dfrac{0,001}{0,0233}$	$\left(\dfrac{\delta}{\lambda}\right)_{Spalt}$	$\dfrac{\mathrm{m^2\,h\,grd}}{\mathrm{kcal}}$	0,043
Putz	$\dfrac{0,015}{0,6}$	$\left(\dfrac{\delta}{\lambda}\right)_{Putz}$	$\dfrac{\mathrm{m^2\,h\,grd}}{\mathrm{kcal}}$	0,025
Wärmeübergang	$\dfrac{1}{5,5}$	$\dfrac{1}{\alpha_D}$	$\dfrac{\mathrm{m^2\,h\,grd}}{\mathrm{kcal}}$	0,185
		$\dfrac{1}{\varkappa_2}$	$\dfrac{\mathrm{m^2\,h\,grd}}{\mathrm{kcal}}$	0,25
Teilwärmedurchgangszahl nach unten		$\varkappa_2$	$\dfrac{\mathrm{kcal}}{\mathrm{m^2\,h\,grd}}$	4,0
Verhältnis der Teilwärmedurchgangszahlen nach oben und unten (wie im Beispiel S. 409)[1]		$\dfrac{\varkappa_1}{\varkappa_2}$	—	0,5
Teilwärmedurchgangszahl nach oben	$0,5 \cdot 4,0$	$\varkappa_1$	$\dfrac{\mathrm{kcal}}{\mathrm{m^2\,h\,grd}}$	2,0

Wie bereits auf S. 417 gesagt, ist zwischen die Heizdecke und die Tragdecke eine Isolierung zu bringen, daß $\dfrac{1}{\varkappa_1} = \Sigma\,\dfrac{\delta}{\lambda} + \dfrac{1}{\alpha_{Fb}} = \dfrac{1}{2,0}$ wird. Für die Wärmedämmung der Luftschicht zwischen Trag- und Heizdecke kann überschläglich der Wärmedurchlaßwiderstand $\dfrac{1}{\Lambda}$ nach DIN 4701 eingesetzt werden $\left(\dfrac{1}{\Lambda} \approx 0,15 \text{ bis } 0,2\,\dfrac{\mathrm{m^2\,h\,grd}}{\mathrm{kcal}}\right)$.

Beschreibung	Rechnung	Zeichen	Einheit	Wert
Summe der Teilwärmedurchgangszahlen $\varkappa_1 + \varkappa_2$		$\varkappa$	$\dfrac{\mathrm{kcal}}{\mathrm{m^2\,h\,grd}}$	6,0
(mit $k_C = \varkappa$) $k_C\,C = 6 \cdot 0,01$		$k_C\,C$	$\dfrac{\mathrm{kcal}}{\mathrm{m\,h\,grd}}$	0,06
$\sqrt{\dfrac{\varkappa}{\lambda_B s_B}} = \sqrt{\dfrac{6}{180 \cdot 0,6} \cdot 10^3}$		m_B	$\mathrm{m^{-1}}$	7,45
$\dfrac{180 \cdot 0,6}{0,6 \cdot 25}$		$\dfrac{\lambda_B s_B}{\lambda_A s_A}$	—	7,2

			Ausführung		
Beschreibung	Zeichen	Einheit	1	2	3
	$m_B A$	—	0	0,3725	0
	$m_B B$	—	0,745	0,745	1,1175
Nach Abb. 9.16	$\dfrac{P}{\varkappa B}$	—		1,0423	
Nach Zahlentafel S. 421	$\dfrac{P}{\varkappa B}$	—	0,8485		0,7218
Wärmedurchgangswiderstand zwischen der Lamellenwurzel und dem Raum	$\dfrac{1}{P}$	$\dfrac{\mathrm{m\,h\,grd}}{\mathrm{kcal}}$	1,964	1,599	1,539
	$\dfrac{1}{P} + \dfrac{1}{V}$	$\dfrac{\mathrm{m\,h\,grd}}{\mathrm{kcal}}$	2,468	2,103	2,043
	$\dfrac{1}{\dfrac{1}{P} + \dfrac{1}{V}}$	$\dfrac{\mathrm{kcal}}{\mathrm{m\,h\,grd}}$	0,4052	0,4755	0,4894
$\dfrac{1}{\dfrac{1}{P} + \dfrac{1}{V}} + C k_C$	$k \cdot \dfrac{l}{2}$	$\dfrac{\mathrm{kcal}}{\mathrm{m\,h\,grd}}$	0,4652	0,5355	0,5494
Wärmedurchgangszahl	k	$\dfrac{\mathrm{kcal}}{\mathrm{m^2\,h\,grd}}$	4,229	3,347	3,434

---

[1] Siehe Fußnote 1 S. 423.

An dem Ergebnis ist besonders die Tatsache bemerkenswert, daß die Wärmedurchgangszahlen der Heizdecken nach den Ausführungen 2 und 3 sich nur unwesentlich unterscheiden, obwohl der Materialaufwand bei Ausführung 2 wesentlich geringer ist. Um die im Beispiel S. 410 geforderte spezifische Wärmeabgabe von $q = 138$ kcal/m²hgrd zu erzielen, wäre bei Ausführung 2 eine mittlere Heizwassertemperatur von $t_H = 60$ °C, bei Ausführung 3 $t_H = 59$ °C erforderlich.

c) Der Zuschlag Δb zur Registerbreite (Berücksichtigung der Randwärmeabgabe)

			Ausführung		
			1	2	3
Annahme nach S. 420	$m_B A_b$	—	∞	∞	∞
Hierzu nach Abb. 9.16	$\dfrac{P_b}{\varkappa B}$	—	1,092	1,092	0,811
	$\dfrac{1}{P_b}$	$\dfrac{\mathrm{m\,h\,grd}}{\mathrm{kcal}}$	1,527	1,527	1,369
	$\dfrac{1}{P_b} + \dfrac{1}{V}$	$\dfrac{\mathrm{m\,h\,grd}}{\mathrm{kcal}}$	2,031	2,031	1,873
	$\dfrac{1}{\dfrac{1}{P_b} + \dfrac{1}{V}}$	$\dfrac{\mathrm{kcal}}{\mathrm{m\,h\,grd}}$	0,492	0,492	0,534
$\dfrac{1}{\dfrac{1}{P_b} + \dfrac{1}{V}} + C k_C$	$k_b \cdot \dfrac{l_b}{2}$	$\dfrac{\mathrm{kcal}}{\mathrm{m\,h\,grd}}$	0,552	0,552	0,594
Mit den unter b) bestimmten Werten für $k \cdot l/2$ . . .	$\dfrac{k_b\, l_b}{k\, l}$	—	1,187	1,030	1,081
Zuschlag zur Registerbreite nach Gl. (9.32) $l\left(\dfrac{k_b\, l_b}{k\, l} - 1\right)$	Δb	mm	82	19	52

D. Strahlplatten

Strahlplatten (Abb. 2.123) sind grundsätzlich nach demselben Verfahren wie Lamellendecken ohne Randzone zu berechnen. Allerdings enthält eine solche Rechnung stets einige Vereinfachungen und Unsicherheiten.

Damit die Rechnung nicht zu kompliziert wird, berücksichtigt man nur in Sonderfällen den Strahlungs- und konvektiven Wärmeaustausch zwischen den freiliegenden Teilen der Rohre und der Lamellen. Der Temperaturabfall zwischen dem Rohr und der Rippenwurzel ist nur annähernd vorauszuberechnen [vgl. S. 418, insbes. Gl. (9.53)].

Die konvektive Wärmeabgabe nach unten ist nicht genau zu bestimmen. Sie hängt im wesentlichen von der Temperaturdifferenz zwischen der Platte und der Umgebungsluft, von der Länge, Breite und Anordnung der Platte und von der Form des Plattenrandes ab. Ist eine Strahlplatte in Form eines Heizbandes bündig mit einer untergespannten Decke angeordnet, so dürfte ihre konvektive Wärmeabgabe nicht wesentlich höher als die einer normalen Heizdecke sein; die Wärmeübergangszahl α_k für die Konvektion wird also knapp unter 1 kcal/m² h grd liegen.

Freihängende Strahlplatten geben einen größeren Teil ihrer Leistung durch Konvektion ab als Heizdecken, weil die erwärmte Luft am Plattenrand aufsteigen kann. Die meist unerwünschte konvektive Wärmeabgabe wird durch nach unten abgekantete Plattenränder verringert. Nach Messungen im Institut für Heizung und Lüftung der Technischen Universität Berlin[2] ist zu erwarten, daß die Wärmeübergangszahl für die Konvektion an der Unterseite freihängender, waagerecht angeordneter Strahlplatten in dem Bereich von $\alpha_k = 1$ bis 2 kcal/m² h grd liegt. Schräg angeordnete Strahlplatten (z. B. unter Shed-Dächern) geben wesentlich mehr Wärme durch Konvektion ab.

---

[1] Dieser verhältnismäßig große Anteil der Wärmeabgabe nach oben führt zu einer beträchtlichen Wärmespeicherung in der Tragdecke. Wenn auf die Regelfähigkeit besonderer Wert gelegt wird, muß der Anteil der Wärmeabgabe nach oben — also auch $\varkappa_1$ — durch eine Isolierschicht zwischen Tragdecke und Heizdecke verringert werden.

[2] Diplomarbeit E. TÖPRITZ, Berlin 1955, unveröffentlicht.

Durch Ähnlichkeitsbetrachtungen läßt sich zeigen, daß — eine bestimmte Bauart und eine bestimmte Temperaturdifferenz zwischen Strahlplatten und Raumluft vorausgesetzt — die konvektive Wärmeabgabe der Platte von einer kennzeichnenden Länge der Platte abhängt, und zwar in der Form[1]

$$\alpha_k \sim L^{-0,25}.\tag{9.58}$$

Als kennzeichnende Länge ist der äquivalente Durchmesser der Platte anzusehen. Ist a die Länge und b die Breite, so wird also

$$\alpha_k \sim \left(\frac{1}{a} + \frac{1}{b}\right)^{0,25}.\tag{9.58a}$$

Da stets $a > b$ und die Länge a oft durch die Raumabmessungen vorgeschrieben ist, ergibt sich die geringste konvektive Wärmeabgabe, wenn wenige breite Platten statt vieler schmaler Platten gewählt werden.

Die Heizleistung serienmäßig hergestellter Strahlplatten wird zweckmäßig für die in Frage kommenden Temperaturen durch Messungen bestimmt, wie dies ja auch bei anderen Heizgeräten üblich ist. Beim Entwurf neuer Baumuster können dagegen durch sorgfältige Vergleichsrechnungen Fehlentwicklungen vermieden werden.

V. Berechnung von Wärmeaustauschern

Bei der Bemessung der Wärmeaustauscher geht man von der Grundgleichung des Wärmedurchgangs aus [Gl. (8.33)]

$$Q_h = k \cdot F \cdot \varDelta m.$$

Die Ermittlung des k-Wertes und der wirksamen mittleren Temperaturdifferenz $\varDelta m$ ist ausführlich im 8. Abschnitt behandelt. $\varDelta m$ ist von der Strömungsrichtung, die Wärmedurchgangszahl k wesentlich vom Wärmeübergang bzw. der Strömungsgeschwindigkeit abhängig. Bei einer Verschmutzung der Heizflächen ist der Wärmeleitwiderstand von Ablagerungen, z. B. von Kesselstein, zu berücksichtigen.

Neben der Hauptforderung, eine Wärmeleistung bei gegebenen Temperaturen der Flüssigkeiten zu übertragen, können auch Nebenforderungen, wie die Beschränkung des Druckverlustes oder die Begrenzung einer Abmessung, z. B. der Baulänge, die Auslegung und konstruktive Gestaltung beeinflussen. Die Heizflächen von Wärmeaustauschern bestehen zumeist aus Rohrbündeln, bei denen Rohrdurchmesser, Rohrlänge und Rohrzahl variiert werden können. Für die Form der Heizfläche und damit des Apparates ist also eine Vielzahl von Lösungen möglich, aus denen die technisch oder wirtschaftlich günstigste auszuwählen ist.

Eine Vereinfachung der konstruktiven Aufgabe ergibt sich durch die Anwendung der in DIN 28180 genormten Innenrohrdurchmesser und Rohrlängen sowie der Mantelrohre nach DIN 28001. Wegen der Teilung im Rohrbündel, der Anordnung der Rohre und der Rohrzahl sei auf die Angaben im „VDI-Wärmeatlas", Abschnitt P, verwiesen. In der Regel wird man zunächst in einer vorläufigen Rechnung die Apparategröße bestimmen und in einer Nachrechnung die Wärmedurchgangszahl bzw. den Druckverlust überprüfen. Wird die Strömungsgeschwindigkeit im Apparat nach Erfahrungen festgelegt, so erhält man unmittelbar die gesuchte Heizfläche.

Es ist jedoch darauf hinzuweisen, daß die Wärmeaustauscherberechnung vorerst nur Anhaltswerte für Heizflächengröße oder Leistung zu liefern vermag. Die Wärmeübergangszahlen können nämlich nur für eindeutig definierte Strömungsbedingungen der Flüssigkeiten und geometrisch einfache Strömungsräume aus den im 8. Abschnitt angegebenen Beziehungen genügend genau berechnet werden, wie z. B. für die erzwungene turbulente bzw. die laminare ausgebildete Strömung im Kreisrohr oder für frei angeströmte waagerechte Rohre und senkrechte Flächen. Bei der Wasserdampfkondensation sind der Luftgehalt und der Kondensatablauf von großem Einfluß auf die Wärmeübergangszahl.

---

[1] Das Zeichen $\sim$ bedeutet mathematisch: proportional (siehe DIN 1302).

Die Strömungsbedingungen sind aber bei jeder Apparatekonstruktion andere. Das gilt vor allem, wenn das zu erwärmende Wasser um die Heizrohre oder Rohrbündel strömt. Einer durch die Apparategestaltung gegebenen Wasserführung überlagert sich hier eine Auftriebsbewegung, wobei nicht ohne weiteres zu übersehen ist, ob die Strömung laminar oder turbulent ist. Aber auch bei einheitlichem Strömungsquerschnitt, wie er bei größeren Wassergeschwindigkeiten im Zwischenraum zwischen den Heizrohren angenommen werden kann, liegen erhebliche Teile der Rohrstrecken noch in der hydrodynamischen und thermischen Anlaufstrecke, für die die verhältnismäßig einfachen Gleichungen auf S. 350 und 351 nicht gelten. DONOHUE[1] gibt unter Auswertung der vorliegenden Untersuchungen für den äußeren Wärmeübergang bei Rohrbündeln die nachstehende Gl. (9.59) an, die neuerdings auch im VDI-Wärmeatlas übernommen worden ist

$$Nu = C \cdot Re^{0,6} \cdot Pr^{0,33} \cdot \left(\frac{\eta_{fl}}{\eta_w}\right)^{0,14}. \tag{9.59}$$

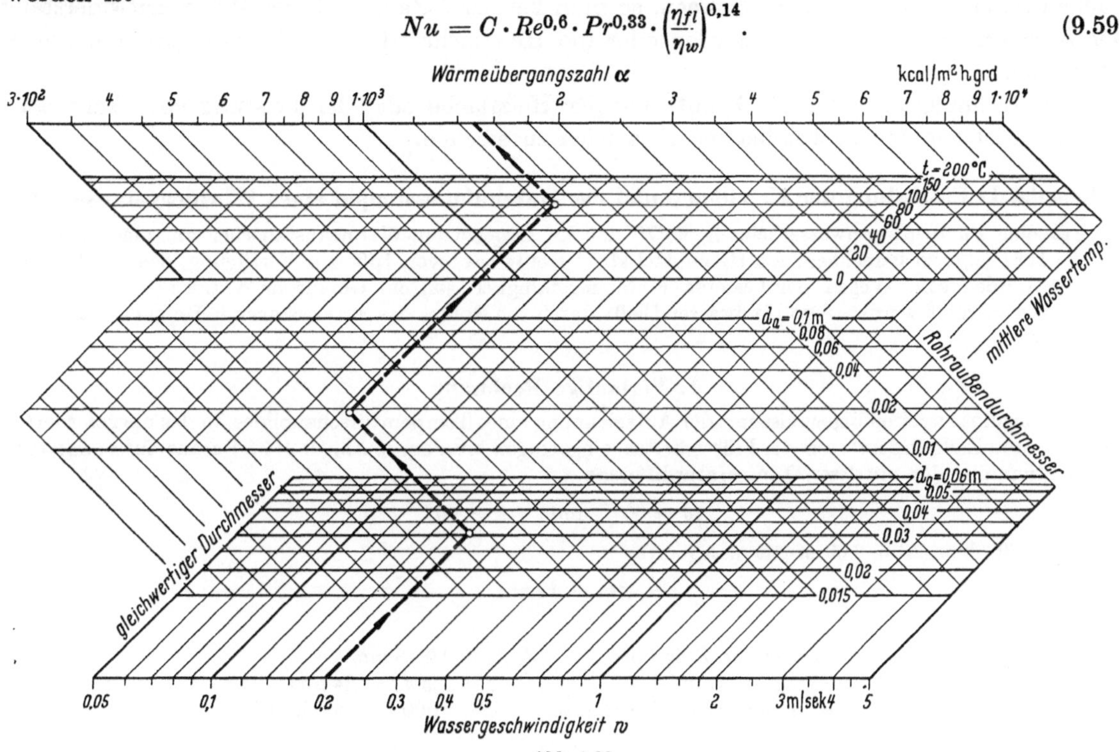

Abb. 9.20
Graphische Ermittlung der äußeren Wärmeübergangszahl nach Gl. (9.59)

Die Gleichung gilt für $Pr = 0,5$ bis 500 und $Re = 200$ bis $20\,000$. Bei Re ist mit dem Außendurchmesser der Rohre d_a zu rechnen. Der Beiwert C ist vom hydrodynamisch gleichwertigen Durchmesser d_g des Außenraumes (freier Querschnitt zwischen den Rohren) abhängig, s. S. 443. Für

$$d_g = \frac{4 \cdot f}{U}$$

ergibt sich bei n Rohren und einem Apparatedurchmesser D die Querschnittsfläche aus

$$f = \frac{\pi}{4}(D^2 - n \cdot d_a^2)$$

und der Umfang U aus

$$U = \pi(D + n \cdot d_a).$$

Im Bereich $d_g = 0,012$ bis $0,05$ m ist für Wärmeaustauscher üblicher Bauart (ohne Einbauten) C aus folgender Gleichung zu ermitteln

$$C = 1,16 \cdot d_g^{0,6}. \tag{9.60}$$

---

[1] DONOHUE, D. A.: Heat Transfer and Pressure Drop in Heat Exchangers. Industr. Engng. Chem. 41 (1949) S. 2499—2511.

Löst man die Gl. (9.59) in ähnlicher Weise auf, wie das auf S. 351 bei Gl. (8.12) geschehen ist, so erweist sich

$$\alpha = f(d_a,\ d_\varrho,\ w,\ t).$$

Diese Beziehung liegt dem Diagramm in Abb. 9.20 zugrunde. Dabei ist zur Vereinfachung die Abhängigkeit der Nu-Zahl vom Verhältnis der Zähigkeiten in Wandnähe und in der mittleren Flüssigkeitsschicht [letztes Glied in Gl. (9.59)] unberücksichtigt geblieben. Der Fehler, der dadurch auftreten kann, ist im Bereich der in der Heiztechnik vorkommenden Temperaturen nicht größer als $\pm\,5\%$ des α-Wertes.

Für Gewährleistungsangaben wird man im allgemeinen auf die experimentelle Untersuchung eines Wärmeaustauschers nicht verzichten. Ist mit einer ständigen Verschmutzung der Heizflächen im späteren Betrieb zu rechnen, so muß bei der k-Zahl auch der Wärmeleitwiderstand der Ablagerung berücksichtigt werden oder die Heizfläche ist nach Erfahrungswerten größer zu wählen.

Der Rechnungsgang für die Ermittlung der Heizfläche oder der Leistung von Wärmeaustauschern ist aus den nachstehenden Beispielen zu ersehen.

Beispiel 1: Ermittlung der Heizfläche und der Hauptabmessungen eines Wärmeaustauschers

Für eine Pumpenwarmwasserheizung 90/70° ist ein Gegenstrom-Wärmeaustauscher mit einer Leistung von $2 \cdot 10^6$ kcal/h zu berechnen. Als Heizmittel steht Heißwasser von 150° zur Verfügung, das auf 110° abgekühlt werden soll. Wegen der besseren Reinigungsfähigkeit soll ein Geradrohr-Wärmeaustauscher nach Abb. 9.21a gewählt werden. Das Heißwasser fließt durch die Rohre, das zu erwärmende Heizungswasser um die Rohre.

1. Vorläufige Rechnung

Man beginnt zweckmäßigerweise mit der Aufzeichnung eines Temperaturschaubildes, in das die geforderten Anfangs- und Endtemperaturen der Flüssigkeiten eingetragen werden, s. Abb. 9.21b. Daraus entnimmt man zur Bestimmung der mittleren Temperaturdifferenz

$$\Delta g = 60° \quad \text{und} \quad \Delta k = 40°.$$

Aus Gl. (8.36) bzw. Abb. 8.09 erhält man hierfür

$$\Delta m = 49{,}5°.$$

Wählt man:

Durchmesser der Heizrohre	$d_i/d_a = 16/18\,$mm,
Rohrteilung im Bündel	$t \approx 1{,}3\,d_a = 24\,$mm,
Wärmedurchgangszahl (geschätzt)	$k = 1000\,$kcal/m² h grd,

so ergibt sich die Heizfläche F zu

$$F = \frac{Q_h}{k \cdot \Delta m} = \frac{2 \cdot 10^6}{1000 \cdot 49{,}5} = 40{,}4\ \text{m}^2.$$

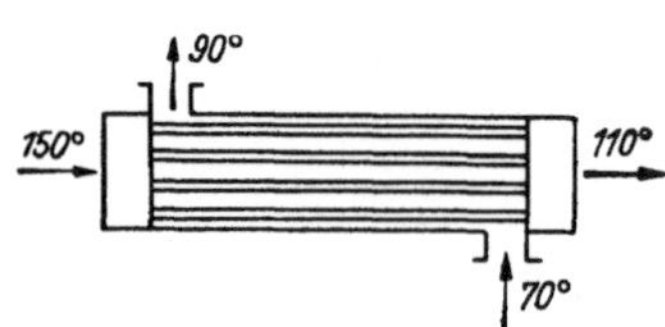

Abb. 9.21a. Geradrohrwärmeaustauscher

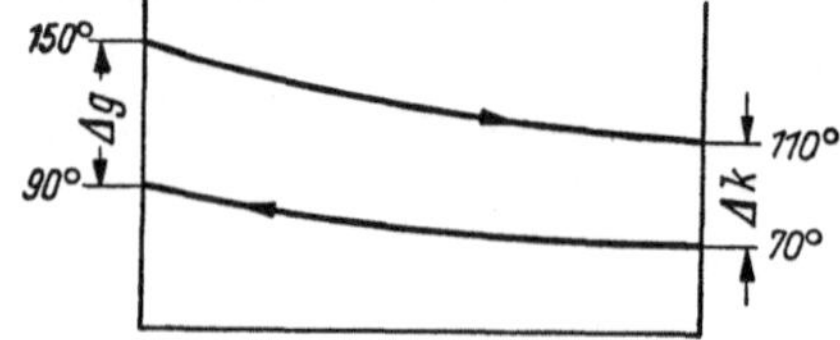

Abb. 9.21b. Temperaturbild zur Abb. 9.21a

Für die Rohrheizfläche F gilt:

$$F = \pi \cdot d_m \cdot n \cdot L.$$

Dabei ist:

d_m mittlerer Durchmesser des Heizrohres,
n Anzahl der Rohre,
L Rohrlänge.

Bei einer Rohrteilung von 24 mm entspricht ein Rohrbündel von $L = 3{,}5$ m und $n = 211$ etwa der geforderten Heizfläche, s. VDI-Wärmeatlas. Genau ist:

$$F = \pi \cdot \frac{17}{1000} \cdot 211 \cdot 3{,}5 = 39{,}4\ \text{m}^2.$$

Die Querschnittsfläche für den Rohrboden, in den die Rohre eingewalzt werden, ergibt sich aus der Rohrzahl und der Fläche für das einzelne Rohr, s. Abb. 9.22. Die einzelne Sechseckfläche ist bei der gewählten Teilung $f_a \approx 1{,}6\,d_a^2$.

Die Querschnittsfläche F_D beträgt sonach:

$$F_D = 211 \cdot 1{,}6\,d_a^2 = 1095 \cdot 10^{-4}\,\mathrm{m^2}$$

und der Apparat- bzw. Manteldurchmesser

$$D = 374\,\mathrm{mm}.$$

Wegen eines Randzuschlages und in Anpassung an die Norm 28 001 wird gewählt:

$$D = 400\,\mathrm{mm}.$$

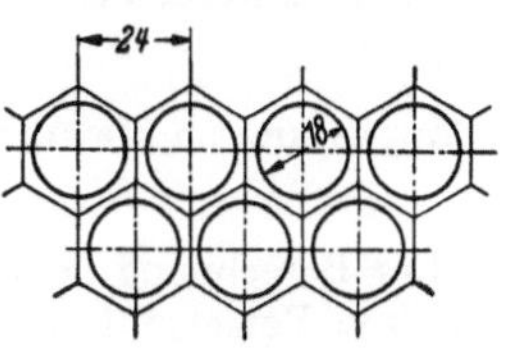

Abb. 9.22. Zeichnung für die Rohrteilung

2. Nachrechnung

In der Nachrechnung ist vor allem die Heizflächenleistung, d. h. die Annahme der Wärmedurchgangszahl $k = 1000$, zu überprüfen. Dazu müssen die Geschwindigkeiten in den Rohren und im Apparat ermittelt werden.

Geschwindigkeit im Rohr, für Heißwasser:

$$Q_h = G_h \cdot c \cdot (t_{1e} - t_{1a}),$$

$$G_{h_1} = \frac{2 \cdot 10^6}{(150 - 110) \cdot 1} = 50 \cdot 10^3\,\mathrm{kg/h},$$

$$w_1 = \frac{G_{h_1} \cdot 4}{\gamma_1 \cdot \pi \cdot d_i^2 \cdot n \cdot 3600} = \frac{50 \cdot 10^3 \cdot 4 \cdot 10^6}{935 \cdot \pi \cdot 16^2 \cdot 211 \cdot 3600} = 0{,}35\,\mathrm{m/s}.$$

Geschwindigkeit im Apparat, für Heizungswasser:

$$G_{h_2} = \frac{2 \cdot 10^6}{(90 - 70)} = 100 \cdot 10^3\,\mathrm{kg/h},$$

$$w_2 = \frac{G_{h_2} \cdot 4}{\gamma_2 \cdot \pi\,(D^2 - n\,d_a^2) \cdot 3600}$$

$$= \frac{100 \cdot 10^3 \cdot 4}{972 \cdot \pi \cdot (0{,}4^2 - 211 \cdot 18^2 \cdot 10^{-6}) \cdot 3600} = 0{,}4\,\mathrm{m/s}.$$

Wärmedurchgangszahl k: Die im Verhältnis zum Rohrdurchmesser geringe Wanddicke gestattet die Anwendung der Gleichung für die ebene Wand, also

$$k = \frac{1}{\dfrac{1}{\alpha_1} + \dfrac{\delta}{\lambda} + \dfrac{1}{\alpha_2}}.$$

Der Wärmeleitwiderstand $\dfrac{\delta}{\lambda}$ der Metallwand der Heizrohre kann vernachlässigt werden.

Für die äußere Wärmeübergangszahl α_2 ist noch der gleichwertige Durchmesser zu errechnen.

Gleichwertiger Durchmesser:

$$d_g = \frac{4f}{U},$$

$$f = \frac{\pi}{4}\,(D^2 - n \cdot d_a^2) = \frac{\pi}{4}\,(0{,}4^2 - 211 \cdot 1{,}8^2 \cdot 10^{-4}) = \frac{\pi}{4} \cdot 0{,}0916\,\mathrm{m^2},$$

$$U = \pi\,(D + n \cdot d_a) = \pi\,(0{,}4 + 211 \cdot 1{,}8 \cdot 10^{-2}) = \pi \cdot 4{,}2\,\mathrm{m},$$

$$d_g = \frac{0{,}0916}{4{,}2} \cdot 10^3 = 21{,}8\,\mathrm{mm}.$$

Die innere Wärmeübergangszahl α_1 ist nach Arbeitsblatt 14 für $w_1 = 0{,}35\,\mathrm{m/s}$, $d_i = 16\,\mathrm{mm}$ und $t = 120°$ (Mittelwert aus Wand- und Flüssigkeitstemperatur).

$$\alpha_1 = 3600\,\mathrm{kcal/m^2\,h\,grd},$$

die äußere Wärmeübergangszahl α_2 für $w_2 = 0{,}4\,\mathrm{m/s}$, $d_g = 21$ mm, $d_a = 18$ mm und eine mittlere Flüssigkeitstemperatur von $80°$ nach Abb. 9.20

$$\alpha_2 = 1860\,\mathrm{kcal/m^2\,h\,grd}.$$

Damit erhält man die Wärmedurchgangszahl k aus

$$k = \frac{1}{\dfrac{1}{3600} + \dfrac{1}{1860}} = 1220\,\mathrm{kcal/m^2\,h\,grd}.$$

Es ist also eine Berichtigung der Heizfläche erforderlich, und zwar wird jetzt

$$F = \frac{2 \cdot 10^6}{1220 \cdot 49{,}5} = 33{,}1\,\mathrm{m^2}.$$

Die Heizflächenberichtigung kann durch eine Änderung der Rohrzahl oder der Rohrlänge vorgenommen werden. Eine Änderung des Durchmessers der Heizrohre ist nicht zweckmäßig. Da der Apparatedurchmesser beibehalten werden soll, wird

$$L = \frac{33{,}1 \cdot 1000}{\pi \cdot 17 \cdot 211} = 2{,}94 \text{ m}.$$

In Anpassung an die Abstufung in DIN 28810 wird für die Ausführung gewählt

$$L = 3{,}0 \text{ m}.$$

Der Berechnung liegt die Annahme zugrunde, daß die Heizfläche rein sei. Ist im Dauerbetrieb mit einer stärkeren Verschmutzung zu rechnen, so muß die Heizfläche entsprechend größer gewählt werden.

Wird die Wärmeübergangszahl auf der Außenseite der Heizrohre nicht aus Abb. 9.20 entnommen, sondern nach Gl. (9.59) berechnet, so ergibt sich: $\alpha_2 = 1930 \text{ kcal/m}^2\text{hgrd}$ (η_w ist dabei für 110°, η_{fl} für 80° einzusetzen). Der Unterschied gegenüber dem aus dem Diagramm zu entnehmenden Wert beträgt sonach 3,8%.

Die Wärmeübergangszahl k ergibt sich mit dem errechneten α_2 zu:

$$k = 1260 \text{ kcal/m}^2 \text{ h grd}.$$

Im gleichen Maß wie k ändert sich auch die Heizfläche. Der Unterschied gegenüber der mit dem Diagrammwert für α_2 festgestellten Heizflächengröße F beträgt 3,3%.

Beispiel 2: Nachrechnung der Leistung eines U-Rohr-Wärmeaustauschers

Für eine Warmwasserheizung soll ein dampfbeheizter U-Rohr-Wärmeaustauscher als Wärmeerzeuger Verwendung finden. Der Apparat, dessen Bauart Abb. 9.23 a zeigt, hat folgende Hauptabmessungen:

Manteldurchmesser . . . . D　 = 600 mm
Rohrbündel: Rohrdurchmesser . . . . d_i/d_a = 16/18 mm
　　　　　U-Rohrzahl $n = 189$ (Rohrteilung 25 mm), mittlere Rohrlänge L　 = 5 m

$$\text{Heizfläche: } F = \pi \cdot d_m \cdot n \cdot L = \frac{\pi \cdot 17}{1000} \cdot 189 \cdot 5 = 50{,}5 \text{ m}^2$$

Es ist die Leistung des Wärmeaustauschers bei einer Heizwassererwärmung von 70° auf 90° mittels Sattdampf von 0,1 atü zu bestimmen. Wir tragen auch hier zunächst die Temperaturen auf beiden Seiten der Heizfläche in einem Schaubild auf, s. Abb. 9.23 b.

1. Wärmeübergang auf der Dampfseite

Die Wärmeübergangszahl im Innern der Rohre, durch die der Dampf strömt, muß geschätzt werden. Im ersten Teil des Rohres kann mit den Bedingungen nach Gl. (8.26) bzw. (8.27) für Filmkondensation gerechnet werden. Mit fortschreitender Rohrlänge wird aber ein zunehmender Teil der Fläche vom ablaufenden Kondensat bedeckt. Dadurch wird die Wärmeleistung der Heizflächen gegenüber einer Kondensation an der äußeren

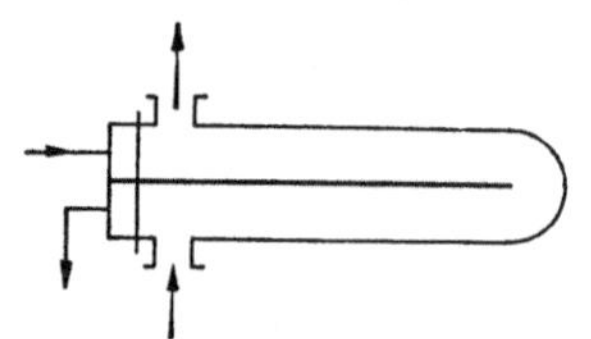

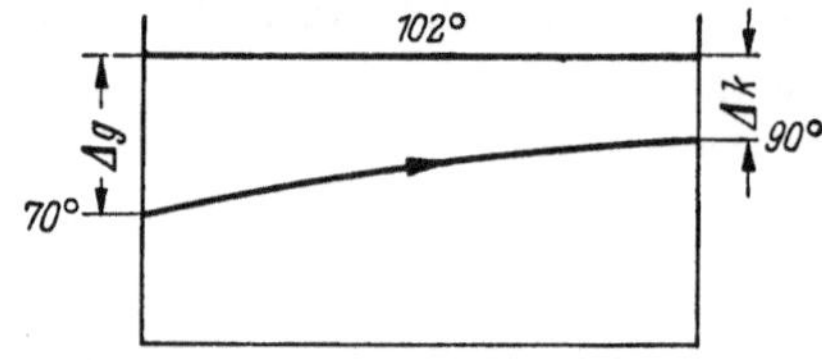

Abb. 9.23 a. U-Rohr-Wärmeaustauscher　　　　Abb. 9.23b. Temperaturbild zur Abb. 9.23 a

Rohrfläche vermindert. Wir wählen daher für die Wärmeübergangszahl mit $\alpha_1 = 6000 \text{ kcal/m}^2\text{hgrd}$ einen relativ niedrigen Wert. (Entscheidend für den Wärmedurchgang ist in unserem Fall ohnehin der Wärmeübergang auf der Wasserseite. Bei $\alpha_1 = 10000 \text{ kcal/m}^2 \text{ h grd}$ würde sich der k-Wert nur um 10% erhöhen.)

2. Wärmeübergang auf der Wasserseite

Der gleichwertige Durchmesser errechnet sich aus

$$d_g = \frac{4f}{U},$$

$$f = \frac{\pi}{4}\left(\frac{D^2}{2} - n \cdot d_a^2\right) = \frac{\pi}{4}(0{,}180 - 189 \cdot 1{,}8^2 \cdot 10^{-4}) = 0{,}0935 \text{ m}^2,$$

$$U = \pi\left(\frac{D}{2} + n \cdot d_a\right) + D = \pi(0{,}3 + 189 \cdot 0{,}018) + 0{,}6 = 12{,}2 \text{ m},$$

$$d_g = \frac{4 \cdot 0{,}0935}{12{,}2} \cdot 10^3 = 30{,}6 \text{ mm}.$$

Nimmt man die Wassergeschwindigkeit mit $w = 0{,}2 \text{ m/s}$ an, so ergibt sich für eine mittlere Flüssigkeitstemperatur von 80° und $d_g = 30{,}6$ mm nach Abb. 9.20

$$\alpha_2 = 1540 \text{ kcal/m}^2 \text{ h grd}.$$

3. Wärmedurchgangszahl

Aus α_1 und α_2 errechnet sich

$$k = \frac{1}{\dfrac{1}{6000} + \dfrac{1}{1540}} = 1220 \text{ kcal/m}^2 \text{ h grd}.$$

4. Wärmeleistung

Der mittlere Temperaturunterschied Δm ergibt sich aus Abb. 8.09 zu

$$\Delta k = (102 - 90) = 12°, \qquad \frac{\Delta k}{\Delta g} = 0{,}375,$$
$$\Delta g = (102 - 70) = 32°,$$
$$\Delta m = 0{,}62 \cdot 32 \approx 20°.$$

Aus der Grundgleichung des Wärmedurchgangs erhält man jetzt

$$Q_h = k \cdot F \cdot \Delta m = 1220 \cdot 50{,}5 \cdot 20$$
$$= 1{,}23 \cdot 10^6 \text{ kcal/h}.$$

Zur Nachprüfung der Annahme über die Wassergeschwindigkeit im Apparateraum berechnen wir aus Wärmeleistung und Temperaturerhöhung die stündliche Wassermenge G_h

$$G_h = \frac{Q_h}{c \cdot (90 - 70)} = \frac{1{,}23 \cdot 10^6}{1 \cdot 20}$$
$$= 61\,500 \text{ kg/h}.$$

Es ist also

$$w = \frac{G_h}{f \cdot \gamma \cdot 3600} = \frac{61\,500}{0{,}0935 \cdot 972 \cdot 3600}$$
$$= 0{,}19 \text{ m/s}.$$

Die Wassergeschwindigkeit stimmt mit der Annahme genügend genau überein.

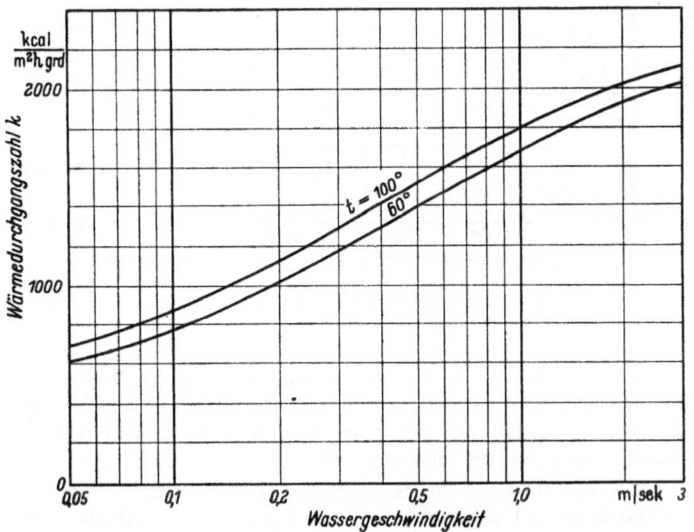

Abb. 9.24. k-Werte von dampfbeheizten Wassererwärmern bei achsenparalleler Strömung. Stahlrohre von 15 mm Durchmesser; t: mittlere Wassertemperatur

5. Näherungsrechnung

Überschläglich kann bei dampfbeheizten Wärmeaustauschern für Warmwasserheizungen die Wärmedurchgangszahl an Hand der Haupteinflußgrößen, d. i. die Wassergeschwindigkeit und die mittlere Wassertemperatur, bestimmt werden. Abb. 9.24 gibt diesen Zusammenhang nach Bössow[1] wieder.

Beispiel 3: Wärmedurchgangszahl, Wassertemperatur und Aufheizzeit bei einem Warmwasserspeicher mit eingebauten Heizschlangen

Dem Beispiel auf S. 158 entsprechend soll ein Warmwasserspeicher von 1250 l Inhalt auf 60° aufgeheizt werden, s. Abb. 9.25. Eingebaut ist eine Rohrheizfläche von 1,9 m². Zu berechnen sind 1. die Wärmedurchgangszahl bei Erwärmung mittels Heizwassers von 80°, 2. die Endtemperatur des erwärmten Gebrauchswassers nach 1½ stündiger Aufheizzeit, 3. die Wärmedurchgangszahl bei ND-Dampf als Heizmittel.

1. Wärmedurchgangszahl bei einer Heizwassertemperatur von 80°

Die Wärmedurchgangszahl berechnet sich aus:

$$k = \frac{1}{\dfrac{1}{\alpha_1} + \dfrac{\delta}{\lambda} + \dfrac{1}{\alpha_2}}.$$

Der Wärmeleitwiderstand $\dfrac{\delta}{\lambda}$ sei vernachlässigbar klein; eine Verschmutzung der Heizfläche wird vorerst nicht berücksichtigt.

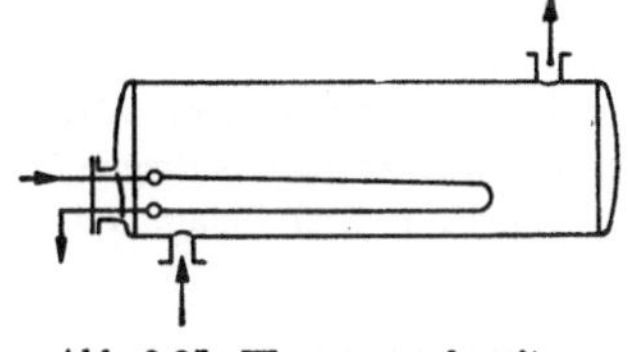

Abb. 9.25. Warmwasserbereiter

Für die Wärmeübergangszahlen α_1 und α_2 liegen folgende Bedingungen vor: Die Heizfläche besteht aus mehreren nebeneinanderliegenden U-förmig gebogenen Rohren, Rohrdurchmesser 16/18 mm. Die Strömungsgeschwindigkeit an der Außenseite der Rohre ist gering; der Wärmeübergang geht vorwiegend bei freier Strö-

---

[1] Bössow, H.: Berechnung und Bau von Wärmeaustauschern für Dampf und Wasser. Heizg. u. Lüftg. Bd. 18 (1944) S. 1/6.

mung vor sich. Im Innern der Rohre ströme das Heizwasser bei Schwerkraftumlauf und einer Höhenlage des Speichers von 1 m bis 1,50 m über Kesselmitte mit einer Geschwindigkeit von etwa 0,1 m/s. Da α_1 und α_2 von gleicher Größenordnung sind, ergibt sich die Rohrwandtemperatur als Mitteltemperatur zwischen den beiden Flüssigkeiten zu $\dfrac{80 + 0,5\,(10 + 60)}{2} \approx 58°$. Die innere Wärmeübergangszahl α_1 kann aus Arbeitsblatt 14 entnommen werden; es ist für

$$w = 0,1 \text{ m/s und eine Stoffwerttemperatur von}$$

$$\frac{58 + 80}{2} = 69°,$$

$$\alpha_1 = 950 \text{ kcal/m}^2 \text{ h grd}.$$

Die äußere Wärmeübergangszahl α_2 wird nach S. 353 berechnet aus der Formel

$$\alpha_2 = C_w \left(\frac{\Delta t}{d}\right)^{0,25}.$$

Für die Stoffwerttemperatur $\dfrac{58 + 35}{2} \approx 47°$ ist einzusetzen $C_w = 138$.

Bei

$$\Delta t = 58 - 35 = 23 \text{ grd} \quad \text{erhält man}$$

$$\alpha_2 = 138 \sqrt[4]{\frac{23}{0,018}} = 830 \text{ kcal/m}^2 \text{ h grd}$$

und damit

$$k = \frac{1}{\dfrac{1}{830} + \dfrac{1}{950}} = 440 \text{ kcal/m}^2 \text{ h grd}.$$

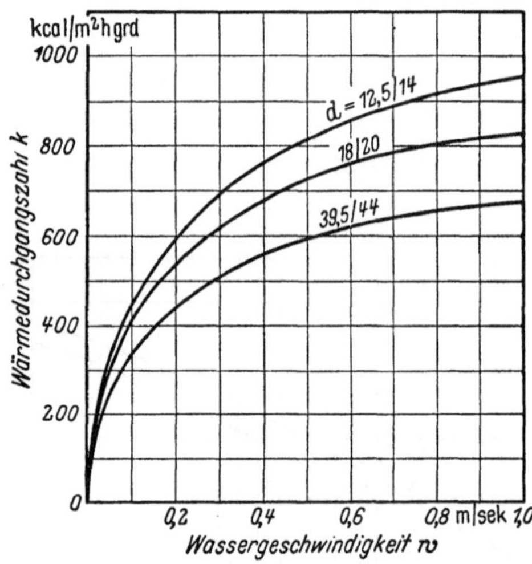

Abb. 9.26. k-Werte von Heizrohrbündeln in Warmwasserspeichern

Zur Vereinfachung der Rechnung kann für Heizrohre in Warmwasserbehältern die Wärmedurchgangszahl k auch aus Abb. 9.26 entnommen werden. Die Werte gelten für die Erwärmung des Gebrauchswassers im Bereich von 10 bis 65° und bei einer mittleren Temperatur des Heizwassers, dessen Geschwindigkeit auf der Abszisse angegeben ist, von etwa 80°.

Bei Verschmutzung der Heizfläche ist mit niedrigeren Wärmedurchgangszahlen zu rechnen. So vermindert sich durch einen Kesselsteinbelag von 1,0 mm ($\lambda = 1,5$) der k-Wert auf

$$k = \frac{1}{\dfrac{1}{830} + \dfrac{0,001}{1,5} + \dfrac{1}{950}} = 340 \text{ kcal/m}^2 \text{ h grd}.$$

2. Wassertemperatur nach 1¹/₂stündiger Aufheizzeit

Unter der Voraussetzung, daß im Speicher durch Mischung ständig eine einheitliche Temperatur herrscht, gilt nach Gl. (8.42), S. 365 für die Aufheizzeit die Bedingung

$$\frac{t_1 - t_{2_e}}{t_1 - t_{2_a}} = e^{-\frac{k \cdot F}{V \cdot \gamma \cdot c} \cdot z}.$$

Darin ist z die Aufheizzeit in h. Für $z = 1,5$, den Wasserwert des Speichers $V \cdot \gamma \cdot c = 1250$, die Zulauftemperatur des kalten Wassers $t_{2_a} = 10°$ und die mittlere Heizwassertemperatur $t_1 = 80°$ erhält man

$$t_{2_e} = 80 - (80 - 10) \cdot e^{-\frac{440 \cdot 1,9}{1250} \cdot 1,5}$$

$$= 80 - 70 \cdot e^{-1,002}$$

$$= 80 - 70 \cdot 0,367 = 54,3°.$$

Infolge unvermeidbarer Wärmeverluste und einer nicht vollständigen Mischung liegt die tatsächliche Endtemperatur etwas niedriger.

Wird ein Steinbelag von 1 mm berücksichtigt ($k = 340$), so errechnet sich die Endtemperatur t'_{2_e} zu

$$t'_{2_e} = 80 - 70 \cdot e^{-0,775} = 47,8°.$$

Auch die Abkühlung eines Flüssigkeitsbehälters, z. B. des nicht mehr beheizten Warmwasserspeichers, läßt sich an Hand der Gl. (8.42) berechnen, k und F beziehen sich dabei auf die Behälterwandung.

3. Wärmedurchgangszahl bei ND-Dampf

Die Wärmeübergangszahl auf der Dampfseite in den Rohren wird zu $\alpha_1 = 6000$ angenommen.

Für α_2 liegen dieselben Bedingungen wie unter 1 vor bis auf die Wandtemperatur, die sich aus dem Verhältnis der Teilwiderstände des Wärmedurchgangs ergibt. Schätzt man $\alpha_2 = 1000$, so ergibt sich unter Vernachlässigung des Wärmeleitwiderstandes in der Rohrwand:

$$\frac{1}{\alpha_1} : \frac{1}{\alpha_2} = (t_1 - t_w) : (t_w - t_2) \,.$$

Für $t_2 = \dfrac{60 + 10}{2} = 35$ erhält man

$$\frac{1}{6000} : \frac{1}{1000} = (100 - t_w) : (t_w - 35)$$

und damit

$$t_w = 92° \,.$$

Für eine Stoffwerttemperatur von $\dfrac{92 + 35}{2} = 63,5°$ wird die Konstante in Gl. (8.25) $C_w = 160$

$$\alpha_2 = 160 \sqrt[4]{\frac{57}{0,018}} = 160 \cdot 7,5 = 1200 \text{ kcal/m}^2 \text{ h grd} \,,$$

also

$$k = \frac{1}{\dfrac{1}{1200} + \dfrac{1}{6000}} = 1000 \text{ kcal/m}^2 \text{ h grd} \,.$$

Auf eine Berichtigung der Stoffwerttemperatur infolge der Fehlschätzung des Wertes α_2 kann bei dem geringen Einfluß auf das Rechnungsergebnis verzichtet werden.

Näherungswert: Überschläglich kann bei Erwärmung von Gebrauchswasser in Speicherbehältern die Wärmedurchgangszahl k bei Beheizung mit ND-Dampf aus nachstehender Tabelle entnommen werden:

Heizrohrdurchmesser d_i/d_a . . . . . mm	12,5/14	18/20	39,5/44
Wärmedurchgangszahl k kcal/m² h grd	1030	980 .	820

VI. Rohrisolierungen

A. Berechnung der Wärmeverluste

1. Grundlagen

Bei der Berechnung geht man aus von der Gl. (8.32) für das Kreisrohr, die eine auf die Längeneinheit bezogene Wärmedurchgangszahl k_R enthält. Es ist

$$k_R = \frac{\pi}{\dfrac{1}{\alpha_1 \cdot D_1} + \dfrac{1}{2\lambda_E} \cdot \ln\dfrac{D'}{D_1} + \dfrac{1}{2\lambda_{Is}} \cdot \ln\dfrac{D_2}{D'} + \dfrac{1}{\alpha_2 \cdot D_2}} \,.$$

Darin bedeuten:

α_1 die Wärmeübergangszahl auf der Rohrinnenseite,
α_2 die Wärmeübergangszahl auf der Oberfläche der Isolierung,
D_1 den Rohrinnendurchmesser,
D' den Rohraußendurchmesser (zugleich Innendurchmesser der Isolierung),
D_2 den Außendurchmesser des isolierten Rohres,
λ_E die Wärmeleitzahl des Eisens,
λ_{Is} die Wärmeleitzahl der Isolierung.

Der stündliche Wärmeverlust eines Rohres von der Länge L ist bei einer Innentemperatur t_1 und einer Außentemperatur t_2 nach Gl. (8.31):

$$Q_h = k_R \cdot L \cdot (t_1 - t_2) \,.$$

In der Praxis sind eine Reihe von Vereinfachungen zulässig, die am besten an Hand eines Zahlenbeispieles zu erläutern sind. Wir berechnen die Wärmedurchgangszahl für ein Rohr von 82,5 mm Innendurchmesser und 89 mm Außendurchmesser bei einer 50 mm dicken Isolierschicht mit einer Wärmeleitzahl $\lambda_{Is} = 0,10$. Im Inneren des Rohres ströme heißes Wasser von 90° C. Dabei seien $\alpha_1 = 1000$ und $\alpha_2 = 8$ gesetzt:

$$\frac{1}{\alpha_1 \cdot D_1} = \frac{1}{1000 \cdot 0,0825} = 0,012$$

$$\frac{1}{2\lambda_E} \cdot \ln \frac{D'}{D_1} = \frac{1}{2 \cdot 50} \cdot \ln \frac{89}{82,5} = 0,001$$

$$\frac{1}{2\lambda_{Is}} \cdot \ln \frac{D_2}{D'} = \frac{1}{2 \cdot 0,10} \cdot \ln \frac{189}{89} = 3,765$$

$$\frac{1}{\alpha_2 \cdot D_2} = \frac{1}{8 \cdot 0,189} = 0,662$$

$$\text{Summe} = 4,44$$

$$k_R = \frac{\pi}{4,44} = 0,71 \,.$$

Diese Rechnung zeigt, daß von den vier Teilwiderständen des Wärmedurchganges die ersten beiden, nämlich der Wärmeübergangswiderstand an der Innenseite und der Wärmeleitwiderstand der Eisenwandung, ganz bedeutungslos sind und daß sich der Wärmedurchgangswiderstand zu 85% auf die Rohrisolierung und zu 15% auf den äußeren Wärmeübergangswiderstand verteilt. Man kann deshalb mit großer Annäherung für die Wärmedurchgangszahl den Ausdruck setzen

$$k_R = \frac{\pi}{\dfrac{1}{2\lambda_J} \cdot \ln \dfrac{D_2}{D'} + \dfrac{1}{\alpha_2 \cdot D_2}} \,. \tag{9.61}$$

Da α_2 sehr wenig veränderlich ist (im Inneren von Gebäuden $\alpha_2 \approx 8$ bis 9), so hängt für ein gegebenes Rohr die Wärmedurchgangszahl hauptsächlich von der Wärmeleitzahl λ_J und der Isolierdicke ab. Die natürlichen Logarithmen sind aus Abb. 9.27 zu entnehmen.

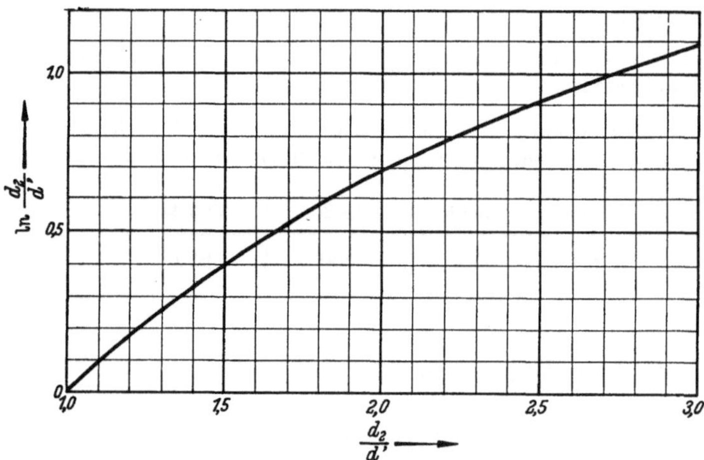

Abb. 9.27. Log. Durchmesserverhältnis

In die Leitung eingebaute Formstücke werden meist derart berücksichtigt, daß man sie in ihrem Wärmeverlust gleich einer bestimmten Länge isolierten Rohres setzt und sich die Rohrstrecke um diese Beträge verlängert denkt. Es gilt z. B. bei Verlegung in Innenräumen:

    1 nackter Flansch . . . .   3 m isoliertes Rohr,
    1 mit Flanschkappen isolierter Flansch   0,5 m isoliertes Rohr,
    1 Ventil oder Schieber, nackt . . . . . 5—7 m isoliertes Rohr,
    1 Ventil oder Schieber, isoliert . . . .   3 m isoliertes Rohr.

Für Rohraufhängungen macht man in der Regel einen Zuschlag von 15%.

Beispiel: Es ist der stündliche Wärmeverlust der Vorlaufleitung einer Warmwasserheizung von 50 m Länge zu berechnen. Rohraußendurchmesser $D' = 108$ mm, Wassertemperatur $t_1 = 90°$ und Raumtemperatur $t_2 = 15°$. Isolierdicke $s = 4$ cm, $\lambda_{Is} = 0,04$. In die Leitung eingebaut sind: 4 isolierte Flanschpaare, 2 isolierte Ventile.

Die Teilwiderstände sind:

$$\frac{1}{2\lambda_{Is}} \cdot \ln \frac{D_2}{D'} = \frac{1}{2 \cdot 0,04} \cdot \ln \frac{0,108 + 2 \cdot 0,04}{0,108} = 12,5 \cdot \ln 1,74 = 6,93 \,,$$

$$\frac{1}{\alpha_2 \cdot D_2} = \frac{1}{8,5 \cdot 0,188} = 0,625 \,.$$

Damit wird

$$k_R = \frac{\pi}{6,93 + 0,625} = 0,415 \text{ kcal/m h grd.}$$

Für die Rechnung ist die Rohrlänge wie folgt einzusetzen:

$$\begin{aligned}
&\text{Rohrstrecke} &&\ldots\ldots\ldots\ldots\ldots &&50\,\text{m}\\
&4 \text{ Flanschpaare, je } 0{,}5\,\text{m} &&\ldots\ldots\ldots &&2\,\text{m}\\
&2 \text{ Ventile, je } 3\,\text{m} &&\ldots\ldots\ldots\ldots &&6\,\text{m}\\
&\text{Aufhängungen, } 15\% \text{ der Rohrlänge} &&\ldots &&7{,}5\,\text{m}\\
&\text{Rohrgesamtlänge } L &&\ldots\ldots\ldots\ldots &&65{,}5\,\text{m}
\end{aligned}$$

Damit ergibt sich der stündliche Wärmeverlust Q_h zu

$$Q_h = k_R \cdot L\,(t_1 - t_2) = 0{,}415 \cdot 65{,}5 \cdot (90 - 15) = 2070 \text{ kcal/h}.$$

In der äußeren Wärmeübergangszahl α_2 ist sowohl die Wärmeabgabe durch Konvektion als auch die durch Strahlung erfaßt. In Anbetracht des geringen Anteils des Übergangswiderstandes am gesamten Wärmedurchgangswiderstand und der ohnehin vorhandenen Unsicherheiten bei der Annahme der mittleren Luft- und Strahlungstemperaturen der Umgebung genügt es selbst für genaue Berechnungen, bei Innenleitungen α_2 aus der nachstehenden Näherungsformel von HEILMANN und KOCH zu ermitteln:

$$\alpha_2 = 8{,}1 + 0{,}045\,(t_2' - t_2).$$

t_2' ist dabei die Oberflächentemperatur des isolierten Rohres, die zunächst geschätzt werden muß.

2. Vereinfachte Berechnung (Zahlentafel A 28, 29, 30)

Der Vereinfachung der Berechnung von Rohrleitungswärmeverlusten dienen die Zahlentafeln A 28 und A 29 im Anhang. Nach einem Vorschlag von CAMMERER geht man dabei von der Wärmedurchgangszahl k_e einer ebenen Wand mit der gegebenen Isolierdicke und der Wärmeleitzahl des jeweiligen Isolierstoffes aus, Zahlentafel A 28. Dieser Wert wird mit einem Durchmesserfaktor f_d multipliziert, der sich aus dem Rohrdurchmesser D' und der Isolierdicke ergibt, s. Zahlentafel A 29. Man erhält so die auf 1 m Rohrlänge bezogene Wärmedurchgangszahl k_R aus

$$k_R = k_e \cdot f_d \quad [\text{kcal/m h grd}]. \tag{9.62}$$

Der Durchmesserfaktor f_d ist allerdings in geringem Maß auch noch von der Wärmeleitzahl abhängig. Dieser Einfluß ist in Zahlentafel A 29 vernachlässigt, da sonst die Tabelle zu umfangreich geworden wäre und die Abweichungen ungünstigenfalls 3 bis 4% betragen. Ebenso ist die Abhängigkeit der äußeren Wärmeübergangszahl α_2 von dem Temperaturunterschied $(t_1 - t_2)$ nicht berücksichtigt; der mögliche Fehler liegt bei Heizungsrohrleitungen unterhalb 1%. Bei Freileitungen läßt sich zusätzlich ein Windfaktor einführen[1]. Die Werte der Zahlentafel A 28 sind für $(t_1 - t_2) = 100°$, diejenigen der Zahlentafel A 29 für $\lambda = 0{,}06$ berechnet.

Bei Rohrleitungen der Nennweite 400 und höher spielt die Rohrkrümmung beim Wärmedurchgang keine Rolle mehr. Die Rohre können also wie eine ebene Wand behandelt werden, wobei auch zumeist die Wärmeverluste ebenso wie die Isolierungskosten auf 1 m² Oberfläche bezogen werden.

Beispiel: Für die im vorhergehenden Beispiel (S. **432**) behandelte Rohrleitung soll k_R aus den Zahlentafeln A 28, 29 ermittelt werden. Man entnimmt aus Zahlentafel A 28 für $s = 40$ mm und $\lambda = 0{,}04$ die Wärmedurchgangszahl $k_e = 0{,}9$. Für $D' = 108$ und $s = 40$ liest man in Zahlentafel A 29 ab $f_d = 0{,}47$.
Damit wird
$$k_R = 0{,}9 \cdot 0{,}47 = 0{,}423.$$

Heizleitungen in Gebäuden werden vorwiegend mit Matten aus Glas- oder Mineralfasern bzw. mit Kieselgur isoliert. Zur Erleichterung der Berechnung der Wärmeverluste solcher Leitungen sind in Zahlentafel A 30 noch die Rohrleitungs-k-Werte bei einigen Isolierdicken aufgeführt, und zwar unter Berücksichtigung eines Zuschlages von 15% für Rohraufhängungen (k_R'). Die Zahlenwerte für die gebräuchlichsten Isolierdicken sind durch Fettdruck hervorgehoben. Die sehr fragwürdige Dämmwirkung eines etwaigen Hartmantels bleibt unberücksichtigt.

---

[1] Siehe VDI-Richtlinien „Wärme- und Kälteschutz". VDI 2055. Düsseldorf 1958.

B. Ermittlung der Isolierdicke

1. Allgemeines

Bei der Festlegung der Dicke einer Rohrisolierung sprechen sowohl betriebliche als auch wirtschaftliche Gesichtspunkte mit. So kann beispielsweise die *betriebliche Forderung* gestellt sein, daß die Überwärmung von Räumen, in denen Heizleitungen verlegt sind, möglichst vermieden wird (Zentralen, Vorratskeller). Man wählt in solchen Fällen hochwertige Isolierstoffe oder große Isolierdicken unter Hintansetzung wirtschaftlicher Gesichtspunkte. Ähnliches gilt, wenn die Leitungsoberflächentemperaturen bestimmte Grenzwerte nicht über- oder unterschreiten sollen (Schutz gegen Verbrennung, Verhinderung von Schwitzwasser bei Kälteisolierungen) oder wenn ein vorgesehener Temperaturabfall in der Leitung eingehalten werden muß. Die Berechnung der Isolierdicke ist in solchen Fällen mit Hilfe der Gln. (8.32) und (8.59) bzw. der Zahlentafeln A 28, 29 durchzuführen. Zuweilen muß man dabei einzelne Werte zunächst schätzen (z.B. die Oberflächentemperaturen) oder mehrere Verhältnisse vergleichsweise durchrechnen.

In der Regel sind jedoch für die Isolierdicke von Heizleitungen *wirtschaftliche Forderungen* ausschlaggebend. Man wählt die Isolierdicke, die die niedrigsten Gesamtkosten gewährleistet, d. h., Gestehungs- und Betriebskosten müssen ein Minimum ergeben.

2. Ermittlung der wirtschaftlichsten Isolierdicke

a) Berechnung des Minimums der Jahreskosten

Der Wärmeverlust eines isolierten Rohres nimmt mit zunehmender Isolierdicke ab. Aus Abb. 9.28, welche in der Kurve *a* den Zusammenhang zwischen Isolierdicke und Wärmeverlust zeigt, erkennt man, daß schon sehr dünne Isolierschichten eine beträchtliche Verminderung der

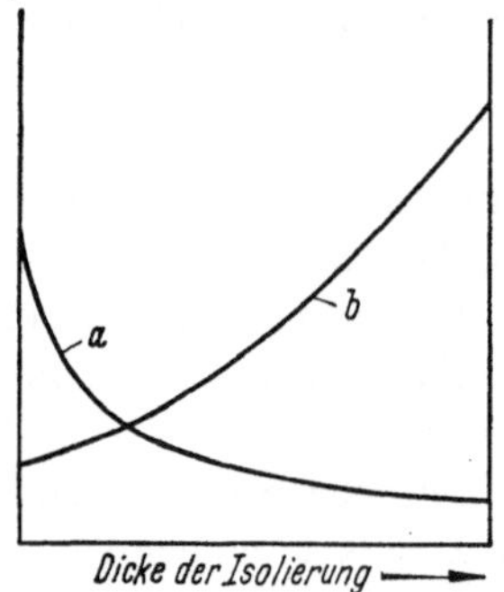

Abb. 9.28. Wärmeverluste und Kosten der Isolierung in Abhängigkeit von der Isolierdicke. *a* Wärmeverlust kcal/h, *b* Kosten der Isolierung DM/m

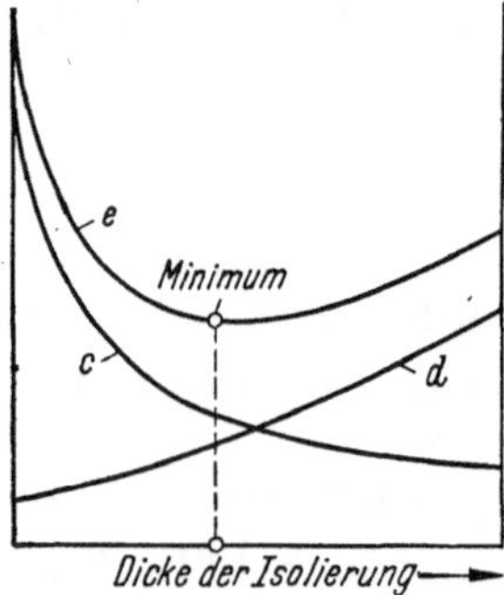

Abb. 9.29. Ermittlung des Kostenminimums. *c* Jahreskosten der Wärmeverluste, *d* jährlicher Kapitaldienst der Isolierung, *e* Gesamtkosten

Wärmeverluste gegenüber dem nackten Rohr bewirken, daß aber mit zunehmender Schichtdicke die Verminderung des Verlustes immer kleiner wird. Andererseits zeigt die Kurve *b* der gleichen Abbildung, daß mit zunehmender Isolierdicke die Kosten der Isolierung ansteigen. Es wird also einen Wert geben, von dem ab eine weitere Erhöhung der Isolierdicke nicht mehr zweckmäßig ist. Man erhält diesen Grenzwert — die wirtschaftlichste Isolierdicke — in folgender Weise.

Aus den stündlichen Wärmeverlusten der Leitung errechnet sich der Geldwert der jährlichen Wärmeverluste durch Berücksichtigung der jährlichen Betriebsstundenzahl und der Selbstkosten der Wärme. Wie dieser Wert sich mit der Dicke der Isolierung vermindert, zeigt die Kurve *c* in Abb. 9.29, welche der Kurve *a* in Abb. 9.28 ähnlich ist. Die Kurve *d* in Abb. 9.29 stellt den jährlichen Kapitaldienst für die Isolierung dar, der sich aus den Kosten der Isolierung, ihrer Lebensdauer und einer angenommenen Verzinsungsquote ermittelt. Die Summenkurve *e* gibt die gesamten Jahresaufwendungen für Wärmeverluste und Kapitaldienst an; ihr Minimum kennzeichnet die wirtschaftlichste Isolierdicke.

Die Durchführung derartiger Rechnungen ist ziemlich zeitraubend, da evtl. nicht nur verschiedene Isolierdicken, sondern auch verschiedene Isolierstoffe und oft auch noch verschiedene Rohrdurchmesser zur Wahl stehen. Sie lohnt sich deshalb nur bei langen Leitungen und großen Rohrdurchmessern (Fernleitungen). Meist trägt man dabei die errechneten Werte graphisch nach Art der Abb. 9.29 auf und erhält auf diese Weise das Kostenminimum bzw. die zugehörige Isolierdicke. Das Verfahren ist sehr übersichtlich und erleichtert die Entscheidung, wenn das Kostenminimum zwischen zwei handelsüblichen Isolierdicken liegt. Verläuft die Gesamtkostenlinie in der Nähe des Minimums verhältnismäßig flach — und das ist häufig der Fall —, so wählt man im allgemeinen die kleinere Isolierdicke.

Man ersieht im übrigen aus der Abb. 9.29, daß für die Lage des Minimums nicht die absolute Höhe der Kapitalbelastung und der Wärmeverlustkosten, sondern nur deren Änderung mit wachsender Isolierdicke maßgebend ist.

b) Analytische Lösung

Man kann die Aufgabe auch analytisch lösen. Für die *ebene Wand* läßt sich nach SEIFFERT[1] die wirtschaftlichste Dicke s_w durch die Beziehung festlegen:

$$s_w = \sqrt{\frac{\lambda \cdot \vartheta \cdot Z \cdot P}{A \cdot J}} \,. \tag{9.63}$$

Dabei bedeuten:

s_w in mm die wirtschaftlichste Isolierdicke,
λ in kcal/mhgrd die Betriebswärmeleitzahl des Isolierstoffes bei seiner Mitteltemperatur,
ϑ in °C der mittlere Temperaturabfall in der Isolierschicht zwischen ihren beiden Begrenzungsflächen,
Z Jahresbenutzungsdauer der Anlage in h,
P Wärmepreis in DM/10⁶ kcal,
A Kapitaldienst der Isolierung (Verzinsung und Abschreibung) in %,
J Kostensteigerung von 1 m² Isolierung bei Erhöhung der Isolierdicke um 1 cm in DM/m² cm.

Für *Rohrleitungen* läßt sich eine ähnlich einfache Beziehung nicht ableiten. Nach GRIGULL[2] kann man aber zwei dimensionslose Kennzahlen errechnen, von denen die eine im wesentlichen die betrieblichen, die andere die Kostenfaktoren enthält. Aus beiden Kennzahlen ergibt sich das Verhältnis von wirtschaftlicher Isolierdicke und Rohrdurchmesser.

c) Vereinfachtes Verfahren

Bei Isolierungen von Heizungsleitungen sind eine Reihe von vereinfachenden Annahmen zulässig[3]. Man kommt damit zu einem Näherungsverfahren, bei dem die wirtschaftlichste Isolierdicke nur noch von dem Rohrdurchmesser und einer *Aufwandsgröße R* abhängig ist. R stellt das Produkt aus den wichtigsten betrieblichen Einflußgrößen dar. Es ist:

$$R = P \cdot (t_1 - t_2) \cdot Z \cdot 10^{-6}.$$

Dabei bedeuten:

P Wärmepreis in DM/10⁶ kcal,
t_1 Temperatur des Wärmeträgers in °C,
t_2 Temperatur außerhalb der Rohrleitung in °C,
Z Jahresbenutzungsdauer der Anlage in h.

Abb. 9.30 zeigt den Zusammenhang zwischen s_w, d und R für Matten aus Glas- und Mineralgespinsten. Dieses Verfahren liefert auch brauchbare Anhaltswerte für erste Überschlagsrechnungen bei Fernleitungen. Der Kapitaldienst für Abschreibungen und Zinsen ist in Abb. 9.30 mit 20% berücksichtigt, einem Satz, der bei Isolierungen üblich und einheitlich festgelegt ist.

Beispiel: Für eine Ferndampfleitung NW 200, die jährlich 2000 Stunden in Betrieb ist, soll die wirtschaftlichste Isolierdicke festgelegt werden. Mittlerer Dampfdruck $p_m = 3{,}5$ at; Wärmepreis $P = 20\,\mathrm{DM}/10^6$ kcal.

---

[1] SEIFFERT, K.: Die wirtschaftlichste Isolierstärke in der Kältetechnik. Kälte-Ind. Bd. 36 (1939) S. 49, 64, 77.
[2] GRIGULL, U.: Die Ermittlung der wirtschaftlichsten Isolierdicke. BWK Bd. 2 (1950) S. 125.
[3] DÜRHAMMER, W.: Bemessung und Bewertung der Wärmeschutzstoffe im Heizungsfach. Heizg. u. Lüftg. Bd. 11 (1937) S. 81/84.

Unter der Annahme, daß der Dampf gesättigt ist, entnimmt man der Zahlentafel A 6 $t_1 = 138°$. Mit $t_2 = 15°$ (geschätzt) ergibt sich

$$R = 20 \cdot (138 - 15) \cdot 2000 \cdot 10^{-6} = 4{,}9.$$

Aus Abb. 9.30 lesen wir ab für $d = 200$ und $R = 4{,}9$ $s_w = 60\,\mathrm{mm}$ (abgerundet).

Eine genauere Nachrechnung nach dem Verfahren von GRIGULL ergibt für eine Betriebswärmeleitzahl $\lambda = 0{,}05$ und die Kostenverhältnisse im Jahre 1958 $s_w = 64\,\mathrm{mm}$.

Werden Heizleitungen unterbrochen betrieben, so muß der Einfluß der Speicherung auf die Wärmeverluste abgeschätzt und bei der Betriebsstundenzahl Z berücksichtigt werden. Bei Dampfleitungen kann mit der wirklichen Betriebszeit gerechnet werden, da im Heizmittel keine

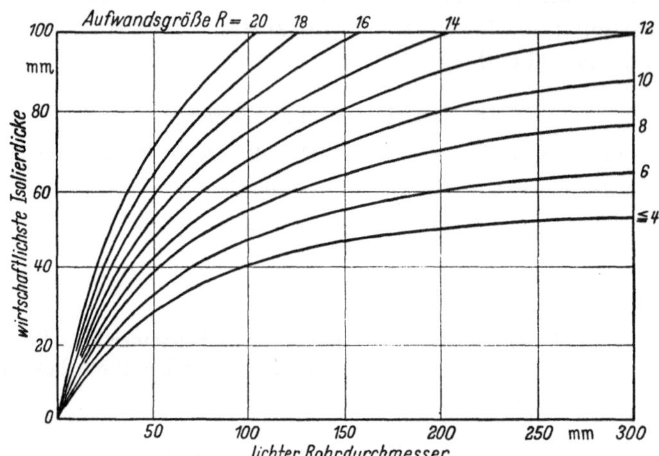

Abb. 9.30. Vereinfachte Ermittlung der wirtschaftlichsten Isolierdicke

größeren Wärmemengen gespeichert sind und die Wärmeverluste nach Stillsetzen der Leitungen praktisch durch die geringere Wärmeabgabe während des Anwärmens ausgeglichen werden. Auch bei Wasser als Wärmeträger ist diese Vereinfachung zulässig, wenn mit täglich mindestens 10stündigem ununterbrochenem Heizbetrieb gerechnet werden kann. Bei kürzeren täglichen Betriebszeiten muß die Wärmespeicherung im Heizwasser überschläglich berechnet und als Zuschlag bei den Betriebsstunden berücksichtigt werden[1]. Weiterhin ist bei Heizwasserleitungen zu beachten, daß als Innentemperatur t_1 der Mittelwert über die gesamte Heizperiode einzusetzen ist, bei Warmwasserheizungen 90/70° mit zentraler Temperaturregelung also beispielsweise 50 bis 55° C.

---

[1] Siehe J. S. CAMMERER: Wärme- und Kälteschutz in der Industrie, 3. Aufl. Berlin/Göttingen/Heidelberg: Springer 1951.

Zehnter Abschnitt

Strömungsfragen

Bei den in der Heiz- und Lüftungstechnik zu betrachtenden Strömungsvorgängen sind im allgemeinen die Geschwindigkeiten so niedrig, daß für Gase, Dämpfe und tropfbare Flüssigkeiten die gleichen Gesetze zugrunde gelegt werden können. Wenn im folgenden von Flüssigkeiten gesprochen wird, so sind Gase und Dämpfe mit eingeschlossen, sofern nicht ausdrücklich eine Einschränkung gemacht ist.

Der Abschnitt Strömungsfragen soll einen Überblick über diejenigen theoretischen Grundlagen der Strömungslehre geben, deren Kenntnis zum Verständnis der Berechnungsverfahren bei Heiz- und Lüftungsanlagen notwendig ist. Für ein weitergehendes Studium der Fragen sei auf die Fachliteratur verwiesen[1].

I. Die Gesetze für die Strömung in Leitungen

A. Die Strömung einer idealen Flüssigkeit

Durch eine Leitung mit veränderlicher Weite (Abb.10.01) strömt im Beharrungszustand in der Zeiteinheit ein Flüssigkeitsgewicht G. Bedeuten F_1, F_2 und F_3 die Querschnittsflächen der Leitung an den Stellen *1, 2* und *3*, so gilt die Gleichung

$$G = G_1 = G_2 = G_3 = F_1 \cdot w_1 \cdot \gamma_1 = F_2 \cdot w_2 \cdot \gamma_2$$
$$= F_3 \cdot w_3 \cdot \gamma_3. \qquad (10.01)$$

Bei tropfbaren Flüssigkeiten ist das spezifische Gewicht (Wichte) nahezu unabhängig vom Druck; aber auch für Gase und Dämpfe wird man bei kleinen Druckänderungen die Änderung der Wichte vernachlässigen können.

Mit $\dfrac{G}{\gamma} = V$ läßt sich dann die Kontinuitätsbedingung (10.01) schreiben

$$w_1 = \frac{V}{F_1}, \quad w_2 = \frac{V}{F_2}, \quad w_3 = \frac{V}{F_3}$$

oder

$$\frac{w_1}{w_2} = \frac{F_2}{F_1}; \quad \frac{w_2}{w_3} = \frac{F_3}{F_2}. \qquad (10.02)$$

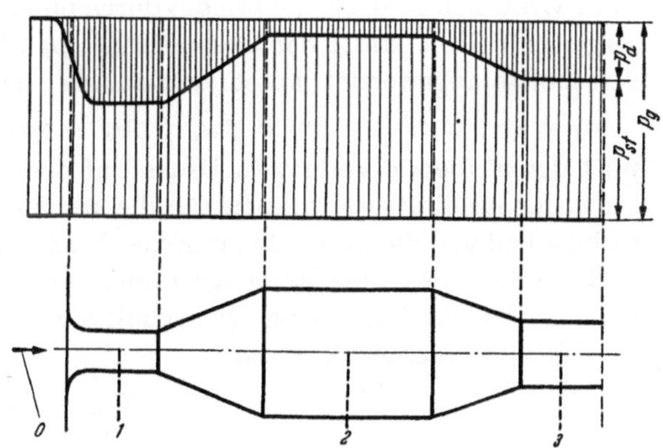

Abb. 10.01. Statischer, dynamischer und Gesamtdruck bei verlustloser Strömung

Für Medien, bei denen sich die Wichte nicht oder nur geringfügig ändert, sind also die Geschwindigkeiten umgekehrt proportional den zugeordneten Querschnittsflächen.

Für eine ideale Flüssigkeit, also für eine Flüssigkeit ohne Zähigkeit und damit ohne innere Reibung, gilt der Satz, daß die Gesamtenergie längs eines Stromfadens, unabhängig vom Querschnitt der Leitung, an allen Stellen gleich groß ist (BERNOULLIscher Satz). Bei waagerechten Flüssigkeitsleitungen und bei Gasleitungen mit nicht zu großen Höhenunterschieden kann der Energieanteil durch die geodätische Höhenlage vernachlässigt werden. Dann liefert der Energiesatz die BERNOULLIsche Gleichung in der Form

$$p_g = p_{st_1} + p_{d_1} = p_{st_2} + p_{d_2} = p_{st_3} + p_{d_3}. \qquad (10.03)$$

Dabei ist p_g der Gesamtdruck, der sich aus dem statischen Druck p_{st} und dem dynamischen oder Staudruck p_d zusammensetzt. Nach den VDI-Regeln für Abnahme- und Leistungsversuche an Verdichtern, DIN 1945, werden die drei Drücke wie folgt definiert:

[1] PRANDTL, L.: Führer durch die Strömungslehre. 4. Aufl. Braunschweig: Vieweg & Sohn 1956. — RICHTER, H.: Rohrhydraulik. 4. Aufl. Berlin/Göttingen/Heidelberg: Springer 1962. — ECK, B.: Technische Strömungslehre. 6. Aufl. Berlin/Göttingen/Heidelberg: Springer 1961.

1. Statischer Druck (p_{st}) ist der innere Druck einer geradlinig strömenden Flüssigkeit, also der Druck, den ein im Flüssigkeitsstrom mit gleicher Geschwindigkeit mitbewegtes Druckmeßgerät anzeigen würde. Der statische Druck ist auch der Druck, den eine parallel zur Kanalwand strömende Flüssigkeit auf diese ausübt.

2. Dynamischer Druck oder Staudruck (Geschwindigkeitsdruck p_d) ist die größte Drucksteigerung, die in einem Flüssigkeitsstrom vor dem Mittelpunkt eines Hindernisses auftritt und gleichbedeutend mit dem Druck, der zur Beschleunigung der Flüssigkeit aus der Ruhe auf die betreffende Geschwindigkeit erforderlich ist; er ergibt sich aus der Formel:

$$p_d = \frac{w^2}{2}\frac{\gamma}{g}. \tag{10.04}$$

Dabei bedeuten:

w *die mittlere Strömungsgeschwindigkeit,*
γ *die Wichte der Flüssigkeit,*
g *die Erdbeschleunigung.*

3. Gesamtdruck ist die algebraische Summe des statischen und des dynamischen Druckes

$$p_g = p_{st} + p_d = p_{st} + \frac{w^2}{2}\frac{\gamma}{g}. \tag{10.05}$$

Für eine gleiche geodätische Höhe besagt der BERNOULLIsche Satz also, daß der Gesamtdruck konstant bleibt. An den engen Stellen der Leitung, an denen die Geschwindigkeit und damit der dynamische Druck groß ist, muß also der statische Druck klein sein und umgekehrt (Abb. 10.01).

B. Die Strömung einer realen Flüssigkeit

Bei wirklichen Flüssigkeiten findet durch innere Reibung eine Umwandlung von mechanischer Energie in Wärme statt; der Gesamtdruck p_g nimmt längs der Leitung ständig ab. Auf zwei Querschnitte angewendet lautet jetzt die Gl. (10.03)

$$p_{st_1} + p_{d_1} = p_{st_2} + p_{d_2} + \Delta p. \tag{10.03a}$$

Δp ist der bleibende Verlust an Druck auf dem Wege vom Querschnitt 1 zum Querschnitt 2. Da das Kontinuitätsgesetz auch für die reibungsbehaftete Strömung gilt, kann sich die Geschwindigkeit und damit der dynamische Druck nur mit den Querschnittsflächen an den Stellen 1 und 2 ändern; durch die Reibungsverluste vermindert sich also der statische Druck im Querschnitt 2. Für ein Rohr ohne Querschnittsänderung ist der dynamische Druck konstant und Gl. (10.03a) vereinfacht sich zu

$$\Delta p = p_{st_1} - p_{st_2} = p_1 - p_2. \tag{10.03b}$$

II. Der Druckverlust in Leitungsnetzen

Es hat sich als zweckmäßig erwiesen, bei der Berechnung der Druckverluste in Leitungen zu unterscheiden zwischen den Druckverlusten in den geraden Rohrstrecken und den Druckverlusten in den Einzelwiderständen. Zu den Einzelwiderständen gehören alle Umlenkungen, Abzweige, Armaturen und Apparate, aber auch alle Verengungen und Erweiterungen einer Leitung. Für beide Fälle setzt man den bleibenden Druckverlust proportional dem dynamischen Druck, rechnet also mit einer Gleichung von der Form

$$p_1 - p_2 = C \cdot \frac{w^2}{2}\frac{\gamma}{g}, \tag{10.06}$$

wobei C ein noch zu bestimmender Beiwert ist.

A. Druckgefälle in geraden Leitungen

Strömt eine Flüssigkeit durch ein gerades Rohr von konstantem Querschnitt, so nimmt der Druck in der Flüssigkeit längs des Rohres geradlinig ab. Ist das Rohr l m lang und beträgt der Anfangsdruck p_1, der Enddruck p_2, so nennt man

$p_1 - p_2$ den Druckabfall und

$\dfrac{p_1 - p_2}{l}$ das Druckgefälle.

Das Druckgefälle wird in der Heiz- und Lüftungstechnik allgemein mit dem Buchstaben R bezeichnet. Der Beiwert C in Gl. (10.06) ist abhängig von der lichten Weite der Leitung d, ihrer Länge l und einem Faktor λ, dem Rohrreibungsbeiwert, zuweilen auch Widerstandszahl genannt. Man schreibt:

$$p_1 - p_2 = R \cdot l = \lambda \cdot \frac{l}{d} \frac{w^2}{2} \frac{\gamma}{g} \tag{10.07}$$

oder

$$\frac{p_1 - p_2}{l} = R = \lambda \frac{1}{d} \frac{w^2}{2} \frac{\gamma}{g}. \tag{10.07a}$$

B. Der Strömungszustand und der Rohrreibungsbeiwert λ

Der Reibungsbeiwert λ ist abhängig vom Strömungszustand der Flüssigkeit und von der Beschaffenheit der Leitung.

In einer klaren Flüssigkeit kann man den Strömungszustand durch feinverteilte schwebende Teilchen eines festen Körpers sichtbar machen. Bei genügend langsamer Strömung sind in einer geraden Leitung die Bahnen der einzelnen Teilchen parallele Linien zur Achse, und selbst bei Krümmungen in der Leitung bilden die Bahnen ein geordnetes System von Kurven. Ist dagegen die Geschwindigkeit der Strömung groß, so herrscht ein ganz anders gearteter Strömungszustand. Von einer geradlinigen oder sonst irgendwie geordneten Bewegung der einzelnen Teilchen ist nichts mehr zu beobachten. Die Teilchen schwirren vielmehr unregelmäßig durcheinander, und wenn es möglich wäre, die Wege der einzelnen Teilchen zu verfolgen, so würde man erkennen, daß sie sich auf ganz unregelmäßigen, sich vielfach durchschlingenden, oft rückläufigen Bahnen bewegen und daß sich überdies diese Bahnen fortgesetzt ändern.

Den erstgeschilderten Strömungszustand nennt man die geordnete oder *laminare* Strömung, den zweitgeschilderten Zustand die ungeordnete oder *turbulente* Strömung. In einer geraden Leitung — und nur in einer solchen, nicht auch in Krümmungen — erfolgt der Übergang von dem einen zum anderen Strömungszustand plötzlich, und man nennt den Zustand, bei dem dieses Umschlagen der Bewegung eintritt, den kritischen Zustand.

Das Eintreten des kritischen Zustandes hängt nicht nur von der Strömungsgeschwindigkeit, sondern auch vom Rohrdurchmesser ab, und zwar derart, daß bei einem doppelt so weiten Rohr der kritische Zustand schon bei einer halb so großen Geschwindigkeit auftritt. Entscheidend ist also das Produkt $w \cdot d$, worin w die Strömungsgeschwindigkeit und d den Durchmesser bedeuten. Außerdem ist noch die Zähigkeit der Flüssigkeit von Einfluß.

In der Ähnlichkeitstheorie wird gezeigt, daß der Strömungszustand, also auch der kritische Zustand, mit einer dimensionslosen Größe, der sog. *Reynolds-Zahl*, beschrieben werden kann. Mit der kinematischen Zähigkeit ν ist

$$Re = \frac{w \cdot d}{\nu} \tag{10.08}$$

oder mit der dynamischen Zähigkeit

$$\eta = \nu \cdot \varrho = \nu \cdot \gamma / g \tag{10.09}$$

$$Re = \frac{w \cdot d \cdot \gamma}{\eta \cdot g}. \tag{10.08a}$$

Der Umschlagpunkt von der laminaren zur turbulenten Strömung liegt bei

$$Re_{krit} = 2320.$$

In glatten und geraden Kreisrohren ist die Strömung unterhalb dieses Wertes immer laminar. Auch bei einer Störung des Strömungszustandes (z. B. durch Unebenheiten der Rohrwand) stellt sich wieder eine laminare Strömung ein. Bei Vermeidung von Störungen kann die Strömung auch für $Re > 2320$ laminar sein. Bei Versuchen hat man noch bei $Re = 10000$ bis 20000 laminare Strömung beobachten können. Je höher die Reynolds-Zahl ist, desto kleinere Störungen bewirken bereits einen Umschlag zur Turbulenz. Bei Reynolds-Zahlen $Re > 2320$ bleibt eine einmal turbulente Störung weiter turbulent. In technischen Rohrleitungen ist eine Strömung mit $Re \geqq 3000$ stets turbulent.

Abb. 10.02 zeigt die kinematische Zähigkeit ν und die dynamische Zähigkeit η in Abhängigkeit von der Temperatur für Wasser, Wasserdampf und Luft.

Bei den Aufgaben der Heiz- und Lüftungstechnik liegen die Reynolds-Zahlen fast immer über dem kritischen Zustand, die Strömung ist also meist turbulent. Die folgende Zahlentafel gibt für Wasser, Luft und Sattdampf die kritische Geschwindigkeit in Abhängigkeit vom Rohrdurchmesser wieder.

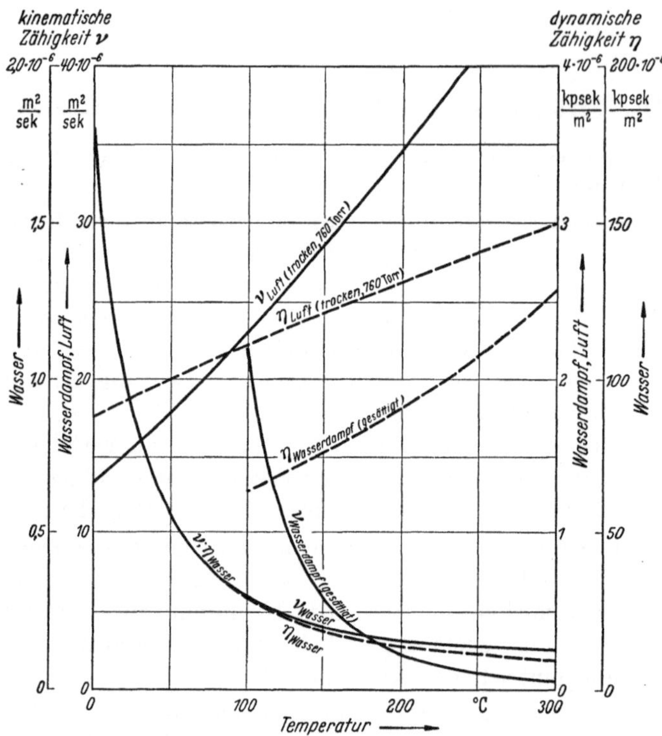

Abb. 10.02. Zähigkeit von Wasser, Wasserdampf und Luft. Die Angaben für Wasser entsprechen bis 100° C 1 at Druck, über 100° C dem Verdampfungsdruck

Kritische Geschwindigkeit w [m/s] in Rohrleitungen

		t	Rohrdurchmesser d [mm]				
		°C	10	50	100	200	300
Wasser		0	0,42	0,083	0,042	0,021	0,014
		20	0,23	0,046	0,023	0,012	0,0077
		60	0,11	0,022	0,011	0,0056	0,0037
		100	0,070	0,014	0,007	0,0035	0,0023
Luft 1 at		0	3,2	0,64	0,32	0,16	0,11
		20	3,6	0,72	0,36	0,18	0,12
		40	4,1	0,81	0,41	0,20	0,14
Satt-dampf	1 at	99,1	5,0	1,0	0,50	0,25	0,17
	1,5 at	110,8	3,6	0,71	0,36	0,18	0,12
	2 at	119,6	2,8	0,56	0,28	0,14	0,094
	3 at	132,9	2,0	0,41	0,20	0,10	0,068
	4 at	142,9	1,6	0,32	0,16	0,081	0,054
	5 at	151,1	1,4	0,27	0,14	0,068	0,046

Im *laminaren Gebiet* hängt der Reibungsbeiwert λ nur von der Reynoldsschen Zahl ab und läßt sich durch die einfache Beziehung angeben

$$\lambda = \frac{64}{Re} \tag{10.10}$$

oder in einer anderen Schreibweise, die an eine weiter unten folgende Form anschließt

$$\frac{1}{\sqrt{\lambda}} = \frac{Re\sqrt{\lambda}}{64}. \tag{10.10a}$$

Im *turbulenten Gebiet* ist neben dem Strömungszustand der Flüssigkeit ein weiterer dimensionsloser Kennwert, die relative Rauhigkeit ε/d, auf den Rohrreibungsbeiwert λ von Einfluß. Der Rauhigkeitswert ε kennzeichnet die Oberflächenbeschaffenheit der Leitung.

Man kann im turbulenten Gebiet drei Bereiche unterscheiden. Für kleine absolute Rauhigkeiten und kleine Reynolds-Zahlen ist λ nur von Re abhängig; die Strömung wird als „hydraulisch glatt" bezeichnet. Bei Überschreiten einer Grenze, die von der Reynolds-Zahl und dem Rohrdurchmesser bestimmt wird, ist der Beiwert λ nur noch von der relativen Rauhigkeit ε/d abhängig, bleibt also für eine Leitung auch bei steigenden Reynolds-Zahlen konstant. Dazwischen liegt ein Übergangsbereich, in welchem sowohl Re als auch ε/d den Reibungsbeiwert beeinflussen.

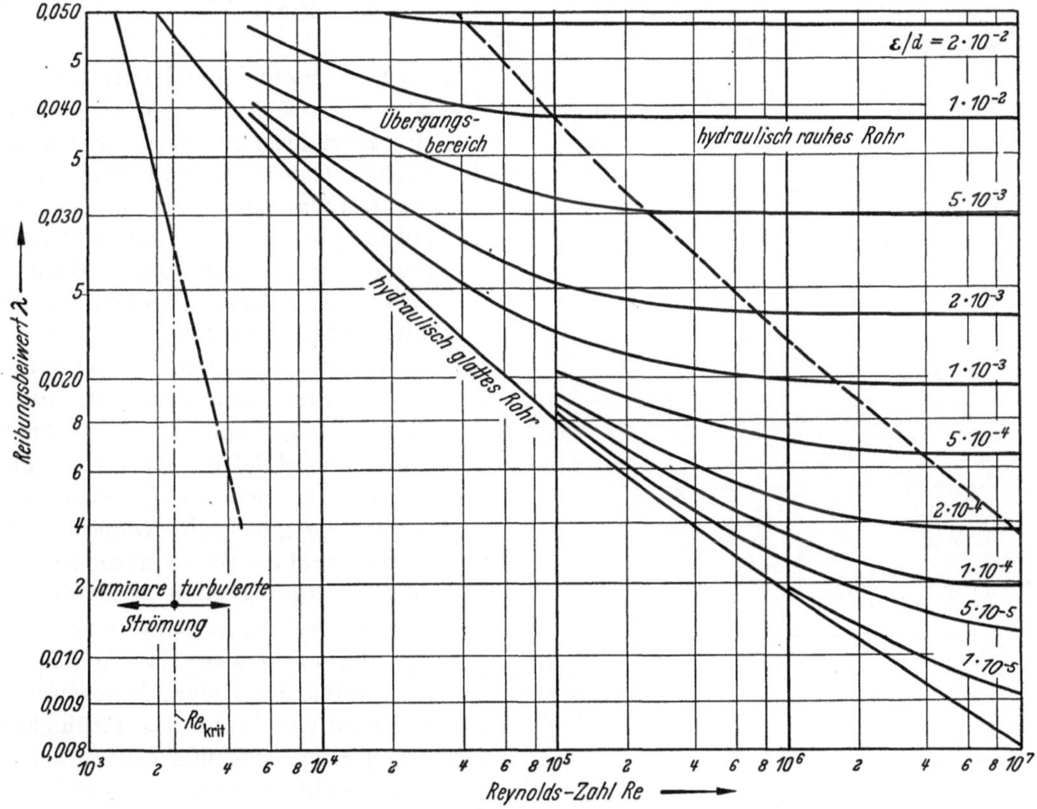

Abb. 10.03. Rohrreibungsbeiwert λ in Abhängigkeit von der Reynolds-Zahl und der relativen Rauhigkeit ε/d

Dieses Verhalten läßt sich damit erklären, daß auch bei turbulenten Strömungen an der Rohrwand eine laminar strömende Grenzschicht liegt, deren Stärke mit steigender Re-Zahl abnimmt. Im hydraulisch glatten Bereich werden die Rauhigkeitserhebungen der Leitungswand von dieser laminaren Grenzschicht umhüllt, kommen also nicht zur Auswirkung. Im Übergangsbereich treten dann mehr und mehr die Unebenheiten der Wand aus der Grenzschicht heraus und beeinflussen die Strömung, bis im Gebiet der vollständig rauhen Strömung die Rauhigkeit der Wand sich voll ausgewirkt hat.

Die Strömung im glatten und im rauhen Bereich läßt sich auf Grund theoretischer Betrachtungen mathematisch beschreiben[1]. Für *hydraulisch glatte Rohre* ist

$$\frac{1}{\sqrt{\lambda_0}} = 2\lg\left(Re\,\sqrt{\lambda_0}\right) - 0,8\,. \tag{10.11a}$$

<hr>

[1] NIKURADSE, J.: Gesetzmäßigkeiten der turbulenten Strömung in glatten Rohren. VDI-Forsch.-Heft Nr. 356 (1932). — NIKURADSE, J.: Strömungsgesetze in rauhen Rohren. VDI-Forsch.-Heft Nr. 361 (1933). — PRANDTL, L.: Neuere Ergebnisse der Turbulenzforschung. Z. VDI 1933 S. 108.

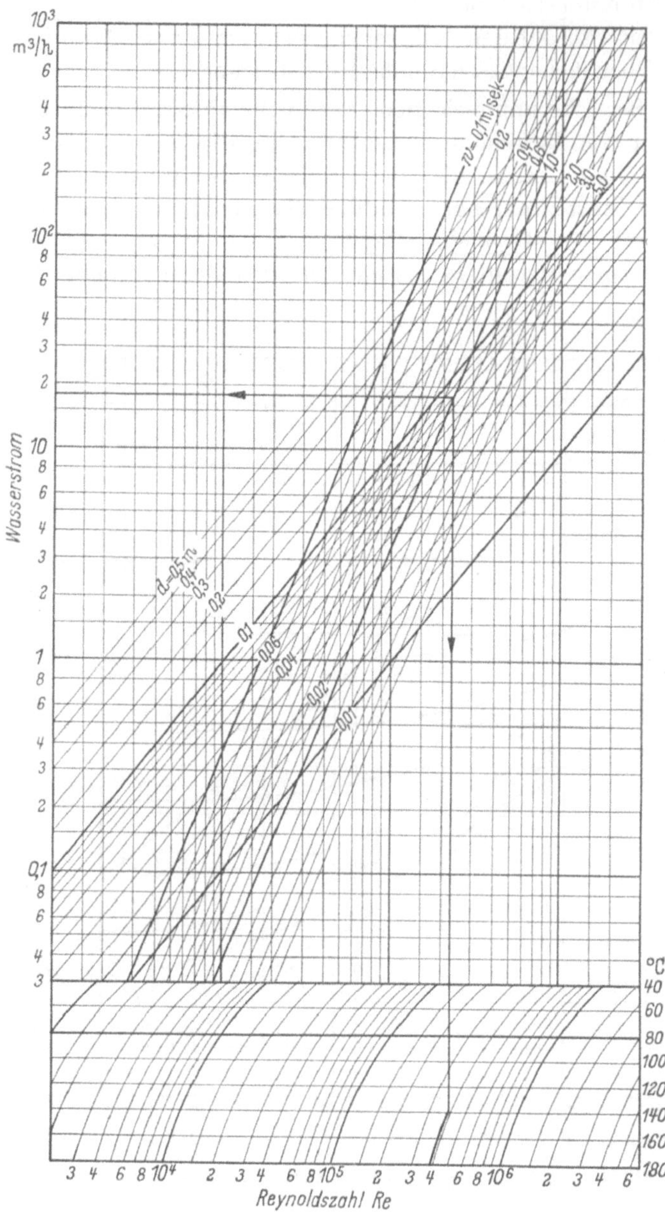

Abb. 10.04. Ermittlung der Reynolds-Zahl für Wasser. Für $w = 1$ m/s, $d = 0,08$ m ergibt sich ein Wasserstrom von ~ 18 m³/h sowie eine Reynolds-Zahl $Re = 3,9 \cdot 10^5$ für $t = 140°$

Im *hydraulisch rauhen Bereich*

$$\frac{1}{\sqrt{\lambda}} = 1,14 - 2\lg\frac{\varepsilon}{d} \cdot \quad (10.11\,\mathrm{b})$$

Für den *Übergangsbereich* konnte bisher eine exakte Lösung nicht angegeben werden. COLEBROOK[1] faßte zahlreiche Versuchsergebnisse in der folgenden empirischen Gleichung zusammen:

$$\frac{1}{\sqrt{\lambda}} = -2\lg\left[\frac{2,51}{Re\,\sqrt{\lambda}} + \frac{\varepsilon/d}{3,72}\right] \cdot \quad (10.11\,\mathrm{c})$$

Diese recht komplizierte Gleichung ist rechnerisch nur mit einem Näherungsverfahren zu lösen; für den praktischen Gebrauch wird man deshalb die λ-Werte aus einem nach den Gln. (10.11 a) bis (10.11 c) aufgestellten Diagramm entnehmen (Abb. 10.03). In diesem Diagramm entspricht die stark fallende Gerade auf der linken Seite der Gl. (10.10). Die Linie für das hydraulisch glatte Rohr nach Gl. (10.11 a) und eine gestrichelte leicht gekrümmte Linie umschließen den Übergangsbereich, für den die COLEBROOKsche Gl. (10.11 c) gilt. Im hydraulisch rauhen Bereich sind die Werte für die einzelnen relativen Rauhigkeiten ε/d als Geraden, parallel zur Abszissenachse, eingetragen. Für die praktische Handhabung des Diagramms liegt eine Unsicherheit in der richtigen Wahl des Rauhigkeitswertes ε. Die folgende Zahlentafel gibt einige Richtwerte für ε, die von MOODY[2] angegeben wurden.

Der hier angeführte Wert $\varepsilon = 0,045$ mm für Stahlrohre kann nach den vorliegenden Messungen[3] auch bei Heizleitungen zugrunde gelegt werden.

---

[1] COLEBROOK, C. F.: Turbulent flow in pipes, with particular reference to the transition region between the smooth and rough pipe laws. J. Instn. civ. Engrs., Lond., Bd. 11 (1938/39) S. 133/56.

[2] MOODY, L. F.: Friction factors for pipe flow. ASME Trans. Bd. 66 (1944) S. 671/684.

[3] BRABBEE, K.: Reibungswiderstände in Warmwasserheizungen. Beihefte zum Gesundh.-Ing., Reihe 1, Heft 1. — ZIMMERMANN, E.: Druckabfallmessung an Dampfleitungen. Arch. Wärmew. Bd. 17 (1936) Heft 4. — BAUER, B., u. F. GALAVICS: Experimentelle und theoretische Untersuchungen über die Rohrreibung von Heißwasserleitungen. Zürich 1936.

Absolute Rauhigkeit ε

Rohr	$\varepsilon\,[10^{-3}\,\mathrm{m}]$
Glatte, gezogene Rohre.	0,0015
Handelsübliche Stahlrohre	0,045
Gußeiserne Rohre	0,25
Gußeiserne Rohre, innen asphaltiert . . .	0,12
Holzrohre	0,18—0,9
Betonrohre	0,3 —3,0
Genietete Stahlrohre	0,9 —9,0

Neuere, noch nicht veröffentlichte Versuche an Gewinderohren im Institut für Heizung und Lüftung der TU Berlin[1] bestätigen dies sowie die von COLEBROOK für den Übergangsbereich angegebene Gesetzmäßigkeit. Nur bei einem aus einer älteren Anlage ausgebauten Rohr wurden Rauhigkeiten in der Größenordnung $\varepsilon = 0,05$ bis $0,06$ mm gemessen; sonst lagen die Werte stets unterhalb $\varepsilon = 0,045$. Eine Änderung der Rauhigkeit um 50% bewirkt im Mittel eine Änderung des Rohrreibungsbeiwertes λ von nur 5%; bei Rohren mit kleinerem Durchmesser wirkt sich dabei eine Änderung stärker aus als bei denen mit großen Durchmessern.

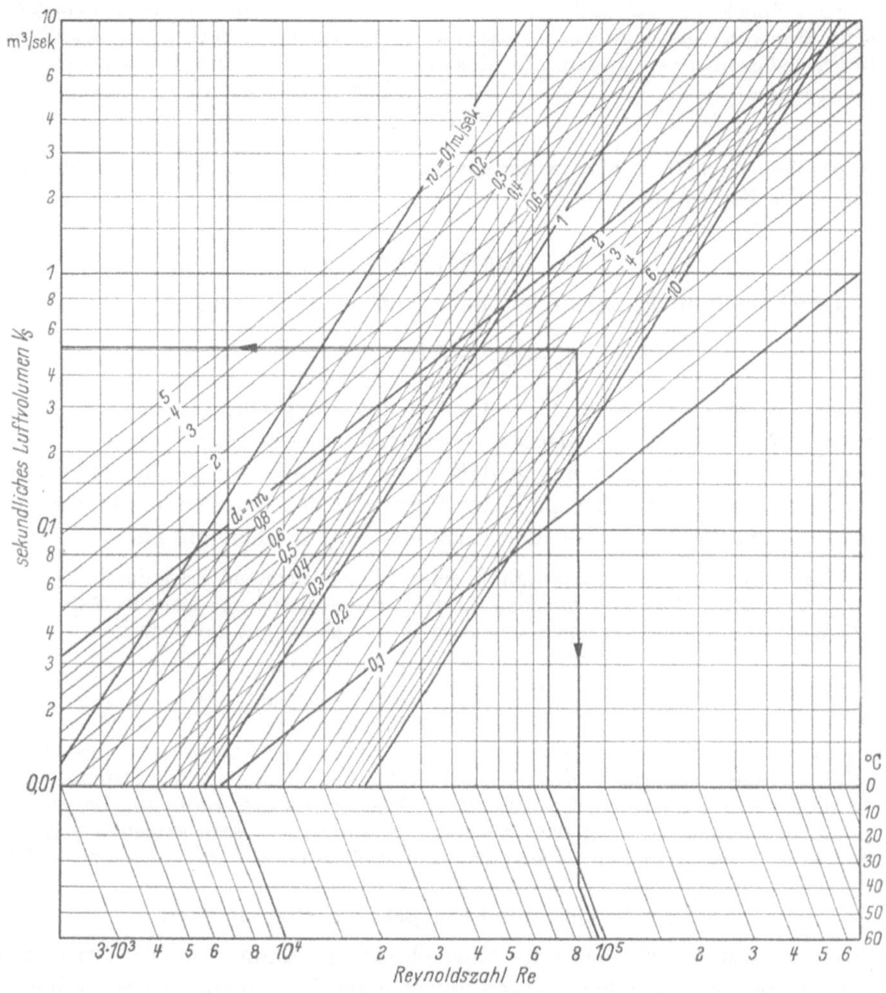

Abb. 10.05. Ermittlung der Reynolds-Zahl für Luft. Für $w = 4$ m/s, $d = 0,4$ m ergibt sich ein Luftstrom von $\sim 0,5$ m³/s sowie eine Reynolds-Zahl $Re = 9,4 \cdot 10^4$ für $t = 40°$

Für Wasserleitungen wurde das Diagramm in Abb. 10.04 aufgestellt; es gibt für verschiedene Temperaturen die Re-Zahl in Abhängigkeit vom stündlichen Wasserstrom bzw. der Wassergeschwindigkeit w und dem Rohrdurchmesser an. Abb. 10.05 zeigt die gleiche Abhängigkeit für Luft.

Gleichwertiger Rohrdurchmesser. Alle bisher erwähnten Gleichungen, in welche der Rohrdurchmesser d eingeht, beziehen sich auf Leitungen mit kreisförmigem Querschnitt. Es läßt sich aber für jede Querschnittsform einer Leitung ein Kreisrohr finden, welches das gleiche Druckgefälle wie die Leitung hat, wenn in beiden die gleiche Strömungs*geschwindigkeit* herrscht. Die Übereinstimmung gilt bei allen Geschwindigkeiten oberhalb der kritischen Geschwindigkeit. Der Durchmesser dieses gleichwertigen Rohres, der gleichwertige oder hydraulische Durchmesser d_g, wird bestimmt durch die Gleichung

$$d_g = \frac{4F}{U}. \tag{10.12}$$

---

[1] Diplomarbeit H. DÜRSELEN 1957.

Dabei ist F die Querschnittsfläche der Leitung, U ihr Umfang. Da die Querschnittsflächen der Leitung und ihres gleichwertigen Rohres nicht gleich sind, werden beide natürlich von verschiedenen Flüssigkeitsmengen durchströmt.

Für rechteckige Leitungen (Kanäle) vereinfacht sich die Gleichung für den gleichwertigen Durchmesser zu

$$d_g = \frac{2ab}{a+b},\qquad\qquad (10.12\,\mathrm{a})$$

wenn a und b die Seitenlängen des Leitungsquerschnittes sind.

Für rechteckige Kanäle läßt sich noch ein zweites gleichwertiges Rohr berechnen, wenn man von der Bedingung gleichen Druckgefälles bei gleichen strömenden *Mengen* in beiden Leitungen ausgeht. Dann sind natürlich die Geschwindigkeiten verschieden. Für diese zweite Art von gleichwertigem Durchmesser gilt

$$d^* = 1{,}27\,\sqrt[5]{\frac{(ab)^3}{a+b}}.$$

Das Rechnen mit dem Wert d^* ist aber weder einfacher noch ist es vom Standpunkt der Strömungslehre zweckmäßiger als das Rechnen mit dem Wert d_g.

C. Einzelwiderstände

Für den Druckabfall in Einzelwiderständen gilt die Gleichung

$$p_1 - p_2 = Z = \zeta \cdot \frac{w^2}{2}\,\frac{\gamma}{g}.\qquad\qquad (10.13)$$

Der Beiwert ζ ist in erster Linie durch die Gestalt des Einzelwiderstandes bestimmt; er ist von anderen Einflüssen, wie etwa spezifisches Gewicht, Zähigkeit oder Geschwindigkeit der strömenden Flüssigkeit, so weit unabhängig, daß diese Einflüsse vernachlässigt werden können. Der Widerstandsbeiwert ζ gilt daher als reiner Formwert des Einzelwiderstandes, der im Gegensatz zum Rohrreibungsbeiwert λ von der Reynolds-Zahl unabhängig ist.

Es sei an dieser Stelle das Verfahren erwähnt, einen Einzelwiderstand statt durch seinen ζ-Wert durch eine gleichwertige Rohrlänge l^* zu kennzeichnen, wobei man die Rohrlänge nicht in Metern, sondern in sog. „Durchmesserlängen" l^*/d angibt. Für den Vergleich beider Angaben gilt die Beziehung:

$$p_1 - p_2 = \lambda \cdot \frac{l^*}{d} \cdot \frac{w^2}{2}\,\frac{\gamma}{g} = \zeta \cdot \frac{w^2}{2}\,\frac{\gamma}{g},\qquad\qquad (10.13\,\mathrm{a})$$

also ist $l^*/d = \zeta/\lambda$.

Während aber für ζ nach dem Vorgesagten vor allem die geometrische Gestalt des Einzelwiderstandes maßgebend ist, hängt das Verhältnis l^*/d auch vom Wert λ und damit von der Strömungsgeschwindigkeit und den physikalischen Eigenschaften der Flüssigkeit (Wasser, Dampf, Luft) ab. Da diese Abhängigkeit keineswegs zu vernachlässigen ist, stellt die „gleichwertige Rohrlänge" kein eindeutiges Kennzeichen eines Einzelwiderstandes dar; sie eignet sich daher nicht zum Aufbau eines Rohrberechnungsverfahrens.

1. Einzelwiderstände in geraden Rohrstrecken

Wir betrachten jetzt den Fall, daß der Querschnitt und damit auch die Strömungsgeschwindigkeit vor und hinter dem Einzelwiderstand verschieden sind. In anderer Schreibweise lautet die Gl. (10.03 a)

$$p_{st_1} - p_{st_2} = p_{d_2} - p_{d_1} + \Delta p = (w_2^2 - w_1^2)\,\frac{\gamma}{2g} + \zeta\,\frac{w^2}{2}\,\frac{\gamma}{g}.\qquad (10.03\,\mathrm{c})$$

Es ist also zu beachten, daß die Differenz der statischen Drücke vor und hinter einer Querschnittsveränderung vom Druckverlust *und* von der Differenz der Geschwindigkeiten abhängt. Ob man den ζ-Wert auf den Leitungsdurchmesser vor oder hinter dem Einzelwiderstand beziehen will, ist für jede einzelne Aufgabe festzulegen. Demgemäß hat man in Gl. (10.03 c) für die Geschwindigkeit w den Wert w_1 oder w_2 zu setzen.

Bei Einzelwiderständen mit Ablenkung des Flüssigkeitsstrahles aus seiner Richtung, also bei Krümmern, T-Stücken, Ventilen usw., läßt sich der ζ-Wert nur durch den Versuch bestimmen. Dagegen können bei Einzelwiderständen mit geradem Durchgang Gesetze aufgestellt werden, die bis zu einem gewissen Grade physikalisch begründbar sind. Der Strömungsvorgang und damit der Energieverlust hängen wesentlich davon ab, ob der Leitungsquerschnitt in Strömungsrichtung sich erweitert oder verengt, und ferner davon, ob die Änderung des Strömungsquerschnittes allmählich oder plötzlich erfolgt.

Die Verhältnisse sollen an dem in Abb. 10.06 gezeigten Beispiel erörtert werden. Aus einem ersten Rohr mit dem Querschnitt F_1 soll die Flüssigkeit durch eine Blende mit dem Querschnitt F_0 hindurch in ein zweites Rohr mit dem Querschnitt F_2 übertreten. Wenn, wie wir annehmen wollen, die Kante der Blende nur eine unvollkommene Abrundung hat, so wird der Flüssigkeitsstrahl hinter der Blende noch weiter eingeschnürt auf den Querschnitt F'. Das Querschnittsverhältnis F' zu F_0 nennt man die Einschnürung und bezeichnet sie mit dem Buchstaben α. Der Betrag der Einschnürung hängt nicht nur von der Ausrundung der Blendenkante, sondern auch von den Verhältnissen $F_0 : F_1$ und $F_2 : F_1$ der Strömungsquerschnitte ab.

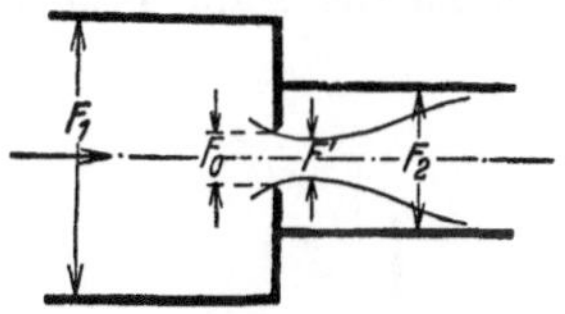

Abb. 10.06. Strömung durch eine Blende

a) Der Strömungsweg vom Querschnitt F_1 bis zum engsten Querschnitt F':

Auf diesem Wege findet eine gleichmäßige Beschleunigung der Flüssigkeit statt, und diese erfolgt — nach den Erkenntnissen der Strömungslehre — fast ohne Verlust. Der Verlust ist so gering ($\zeta = 0,06$ bis $0,005$), daß wir ihn bei Aufgaben der Heiz- und Lüftungstechnik vernachlässigen dürfen.

b) Die Ausbreitung des Strahles hinter der engsten Stelle F':

Wenn eine Flüssigkeitsströmung mit der Geschwindigkeit w' plötzlich auf eine vorausgehende Strömung mit der kleineren Geschwindigkeit w_2 aufprallt, so tritt stets ein Verlust ein, der als Carnotscher Stoßverlust bezeichnet wird. Der Betrag ist dem Quadrat der Relativgeschwindigkeit $(w' - w_2)$ proportional.

Wir erhalten somit:

$$\Delta p = \frac{(w' - w_2)^2}{2} \frac{\gamma}{g} = \left(\frac{w'}{w_2} - 1\right)^2 \cdot \frac{w_2^2}{2} \frac{\gamma}{g} = \left(\frac{F_2}{\alpha F_0} - 1\right)^2 \cdot \frac{w_2^2}{2} \frac{\gamma}{g} \, . \tag{10.14}$$

Im Anschluß an den in Abb. 10.06 dargestellten allgemeinen Fall können einige vereinfachte Sonderfälle berechnet werden:

Erster Fall: Plötzlicher Übergang aus einer weiten in eine engere Leitung (Abb. 10.07). Mit $F_0 = F_2$ geht die Gl. (10.14) über in:

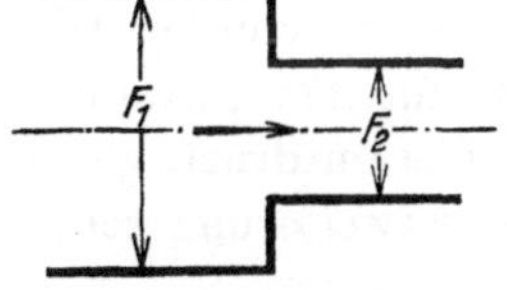

$$\Delta p = \left(\frac{1}{\alpha} - 1\right)^2 \cdot \frac{w_2^2}{2} \frac{\gamma}{g} = \zeta \frac{w_2^2}{2} \frac{\gamma}{g} \, . \tag{10.14a}$$

Abb. 10.07. Sprunghafte Querschnittsverengung

Ungefähre Zahlenwerte für die Einschnürung α gibt die nachfolgende Zahlentafel:

F_2/F_1	$0-0,2$	$0,4$	$0,5$	$0,6$	$0,7$	$0,8$	$0,9$	$1,0$
Scharfe Kante	0,63	0,65	0,68	0,71	0,76	0,82	0,90	1,00
Schwache Kantenbrechung	0,75	0,77	0,79	0,82	0,85	0,88	0,94	1,00
Wenig abgerundet	0,90	0,91	0,91	0,92	0,94	0,96	0,98	1,00
Glatte, gute Abrundung	0,99	0,99	0,99	0,99	1,00	1,00	1,00	1,00

Die ζ-Werte errechnen sich damit nach der Gleichung $\zeta = \left(\frac{1}{\alpha} - 1\right)^2$ zu:

F_2/F_1	$0-0,2$	$0,4$	$0,5$	$0,6$	$0,7$	$0,8$	$0,9$	$1,0$
Scharfe Kante	0,35	0,29	0,22	0,17	0,10	0,05	0,01	0
Schwache Kantenbrechung	0,11	0,09	0,07	0,05	0,03	0,02	0	0
Wenig abgerundet	0,01	0,01	0,01	0,01	0	0	0	0
Glatte, gute Abrundung	0	0	0	0	0	0	0	0

Sonderfall: Einströmen aus einem Raum in eine Leitung, $F_1 \to \infty$ (Abb. 10.08). Da $F_2/F_1 \to 0$, gelten die Werte der ersten Spalten aus den obenstehenden Zahlentafeln.

Es sei auf den Einfluß der Ausbildung der Kante auf den Widerstandsbeiwert hingewiesen; mit geringem Aufwand läßt sich der Druckverlust einer plötzlichen Querschnittsverminderung erheblich verkleinern.

Zweiter Fall: Allmählicher Übergang aus einer weiten in eine enge Leitung (Abb. 10.09). Da hier die Geschwindigkeit stetig *steigt*, kann mit hinreichender Genauigkeit $\Delta p = 0$ gesetzt werden.

Dritter Fall: Plötzlicher Übergang aus einer engen Leitung in eine weite Leitung (Abb. 10.10). Dies ist der reine Fall des Carnotschen Stoßverlustes, so daß sich sofort ansetzen läßt:

$$\Delta p = \frac{(w_1 - w_2)^2}{2}\frac{\gamma}{g} = \left(1 - \frac{F_1}{F_2}\right)^2 \cdot \frac{w_1^2}{2}\frac{\gamma}{g}. \tag{10.14b}$$

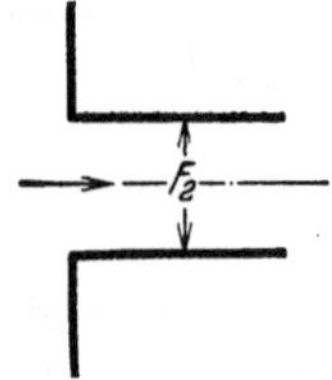

Abb. 10.08. Strömung aus einem Raum in eine Leitung

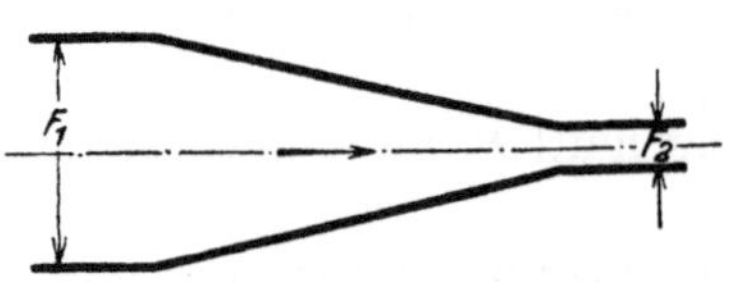

Abb. 10.09. Stetige Querschnittsverengung

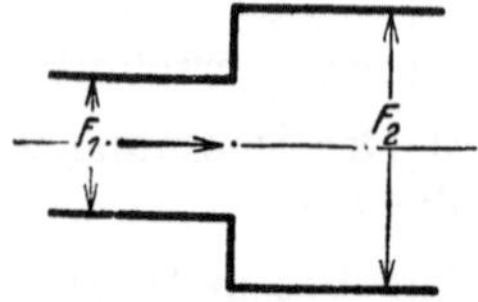

Abb. 10.10. Sprunghafte Querschnittserweiterung

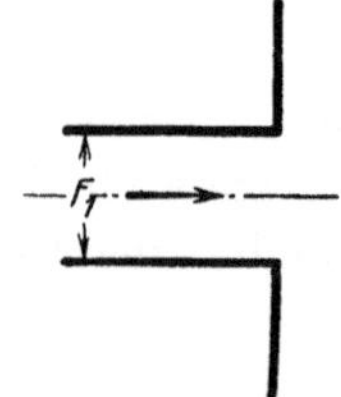

Abb. 10.11. Strömung aus einer Leitung in einen Raum

Es ist also, bezogen auf die anströmende Geschwindigkeit w_1:

$$\zeta = \left(1 - \frac{F_1}{F_2}\right)^2.$$

F_1/F_2	0	0,2	0,4	0,6	0,8	1,0
ζ	1	0,64	0,36	0,16	0,04	0

Sonderfall: Ausströmen aus einer Leitung in einen Raum, $F_2 \to \infty$ (Abb. 10.11). $\zeta = 1$.

Vierter Fall: Allmählicher Übergang aus einer engen in eine weite Leitung (Abb. 10.12). Wenn der Öffnungswinkel der Erweiterung nicht mehr als 8° beträgt, tritt kein Ablösen der Strömung von der Wand und damit keine Wirbelbildung ein. Es gilt dann auch nicht der Ansatz für den Carnotschen Stoßverlust, sondern eine rein empirische Gleichung, die den Verlust an Gesamtdruck gleich 15% der Differenz zwischen den dynamischen Drücken vor und nach der Erweiterung setzt. Es gilt also

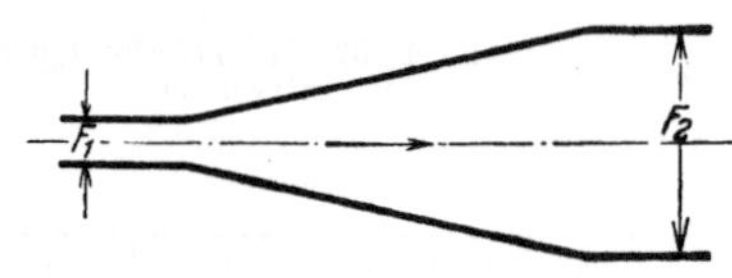

Abb. 10.12. Stetige Querschnittserweiterung

$$\Delta p_g = 0,15\left(\frac{w_1^2}{2}\frac{\gamma}{g} - \frac{w_2^2}{2}\frac{\gamma}{g}\right) = 0,15\left(1 - \frac{F_1^2}{F_2^2}\right)\frac{w_1^2}{2}\frac{\gamma}{g},$$

$$\text{also} \quad \zeta = 0,15\left(1 - \frac{F_1^2}{F_2^2}\right). \tag{10.14c}$$

F_1/F_2	0	0,2	0,4	0,6	0,8	1,0
ζ	0,15	0,144	0,126	0,096	0,054	0

Beträgt der Öffnungswinkel mehr als 8°, so gilt der Ansatz für den Carnotschen Stoßverlust gemäß Abb. 10.10.

Sonderfall: Das Venturirohr (Abb. 10.13). Hier tritt nach Früherem ein merklicher Druckverlust nur in der Erweiterung hinter der engsten Stelle ein entsprechend Fall 4. Es ist also

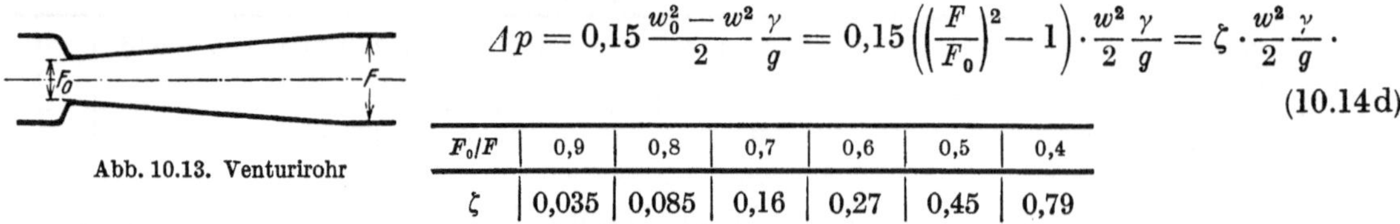

Abb. 10.13. Venturirohr

$$\Delta p = 0,15\frac{w_0^2 - w^2}{2}\frac{\gamma}{g} = 0,15\left(\left(\frac{F}{F_0}\right)^2 - 1\right) \cdot \frac{w^2}{2}\frac{\gamma}{g} = \zeta \cdot \frac{w^2}{2}\frac{\gamma}{g}. \tag{10.14d}$$

F_0/F	0,9	0,8	0,7	0,6	0,5	0,4
ζ	0,035	0,085	0,16	0,27	0,45	0,79

Fünfter Fall: Meßblende in einer Leitung gleichbleibenden Querschnittes $F_1 = F_2 = F$ (Abb. 10.14). Die Gl. (10.14) geht dann über in:

$$\Delta p = \left(\frac{F}{\alpha F_0} - 1\right)^2 \frac{w^2}{2}\frac{\gamma}{g} = \zeta \cdot \frac{w^2}{2}\frac{\gamma}{g}. \tag{10.14e}$$

Da die Einschnürung α selbst wieder vom Verhältnis F_0/F abhängt, kann man den ζ-Wert als Funktion der einzigen Größe F_0/F darstellen.

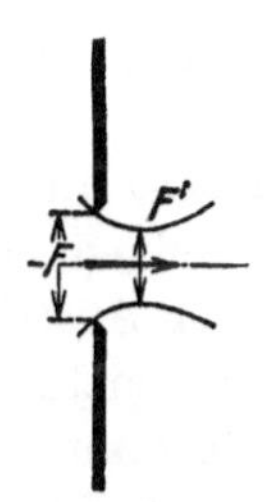

Abb. 10.15. Strömung von Raum zu Raum durch eine Blende

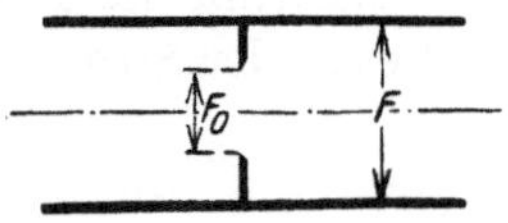

Abb. 10.14. Meßblende in Rohrleitung

F_0/F	0,9	0,8	0,7	0,6	0,5	0,4
α	0,90	0,82	0,76	0,71	0,68	0,65
ζ	0,06	0,28	0,78	1,82	3,8	8,1

Sechster Fall: Ausströmen aus einem ersten Raum durch eine Blende in einen zweiten Raum (Abb. 10.15). Die Einschnürung $\alpha = F'/F$ ist je nach Abrundung der Blendenkante aus der Zahlentafel zum ersten Fall, erste Spalte, zu nehmen.

Für die Geschwindigkeit w' gilt der Ansatz

$$w' = \mu \cdot \sqrt{2g\frac{p_1 - p_2}{\gamma}},$$

worin der Wert μ mit hinreichender Genauigkeit gleich „Eins" gesetzt werden kann.

2. Einzelwiderstände mit Ablenkung des Flüssigkeitsstrahles

Wie bereits oben erwähnt, läßt sich der Widerstandsbeiwert ζ für Einzelwiderstände mit Ablenkung des Flüssigkeitsstrahles, also für Krümmer, T-Stücke, Ventile usw., nur durch den Versuch bestimmen. Der Wert ist stark von der konstruktiven Ausbildung des Versuchsmodells abhängig, gilt also exakt nur für dieses untersuchte Modell. Als Beispiel sei der Widerstandsbeiwert von Ventilen erwähnt. Die Angaben reichen von $\zeta = 0,6$ (Freiflußventil ohne Umlenkung der Strömung) bis $\zeta = 10$ (Absperrventile für kleine Nennweiten) s. S. 57.

Die ζ-Werte der in Heizungsanlagen auftretenden Einzelwiderstände sind in Arbeitsblatt 5, für Luftleitungen in Arbeitsblatt 10 (im Umschlag des hinteren Buchdeckels) zusammengestellt.

III. Strömungsvorgänge bei Strahllüftungen

Strömt Luft durch Einzelöffnungen mit hoher Geschwindigkeit in einen größeren Raum ein, so setzt an den Grenzflächen des Zuluftstrahls ein Impulsaustausch mit der Raumluft und zugleich ein Mischvorgang ein. Mit zunehmendem Abstand von der Einströmöffnung werden immer größere Luftmassen von der Bewegung erfaßt. Der Strahl breitet sich aus unter Verminderung der Strömungsgeschwindigkeit der Zuluft. Die theoretische Behandlung des Vorganges ist schwierig, da es sich in der Regel um turbulente Strömung handelt und beim Heizen oder Kühlen eines Raumes zudem noch Dichteunterschiede zwischen Zu- und Raumluft zu berücksichtigen sind[1].

Wird die Luftströmung weder durch Hindernisse noch durch die Begrenzungsflächen des Raumes oder durch Nachbarstrahlen beeinflußt, so sprechen wir vom „freien Strahl". Seine Achse verläuft geradlinig, wenn die Temperaturen der Zuluft und Raumluft gleich sind (isothermer Strahl). Ist dies nicht der Fall, so ändert sich bei allen nicht lotrechten Einblasrichtungen die Strahlachse infolge der Dichteunterschiede, und zwar steigt der Luftstrahl bei höherer und fällt bei niedrigerer Zulufttemperatur.

Über die Ausbreitung isothermer Freistrahlen liegen eine Reihe experimenteller Untersuchungen vor. Sie ermöglichen es, wichtige Abhängigkeiten durch verhältnismäßig einfache Gleichungen wiederzugeben. Es empfiehlt sich daher, bei lüftungstechnischen Aufgaben vom isothermen Freistrahl auszugehen. Näheres s. S. 536.

---

[1] REICHARD, H.: Gesetzmäßigkeiten der freien Turbulenz. VDI-Forsch.-Heft 414 (1942). — REICHARD, H.: Impuls- und Wärmeaustausch in freier Turbulenz. Z. angew. Math. Mech. Bd. 24 (1944) S. 268/272. — Heating, Ventilating, Air Conditioning Guide 1958. — BATURIN, W. W.: Lüftungsanlagen für Industriebauten. Berlin: VEB Verlag Technik 2. Aufl. 1959.

1. Der runde Freistrahl (isotherm)

Bei gleicher Dichte von Zu- und Raumluft wird das Strömungsbild unter geometrisch ähnlichen Bedingungen in erster Linie bestimmt durch das Verhältnis der Trägheitskräfte im Strahl zu den auftretenden Reibungskräften. Man kennzeichnet es in der Strömungslehre durch Angabe der Reynolds-Zahl *Re*.

Wir wollen den Vorgang der Strahlausbreitung hinter Zuluftöffnungen zunächst am einfachsten Fall, der horizontalen Ausströmung aus einer gut abgerundeten kreisförmigen Düse, betrachten, s. Abb. 10.16. Die Grenzen des Strahlbereichs zeichnen sich hinter der Austrittsöffnung zunächst deutlich ab, verwischen sich mit zunehmendem Abstand jedoch mehr und mehr. Sie liegen auf einer Kegelfläche, die am Austrittsquerschnitt ansetzt und nach zahlreichen Messungen einen Ausbreitungswinkel des Strahls von 20 bis 24° umschließt.

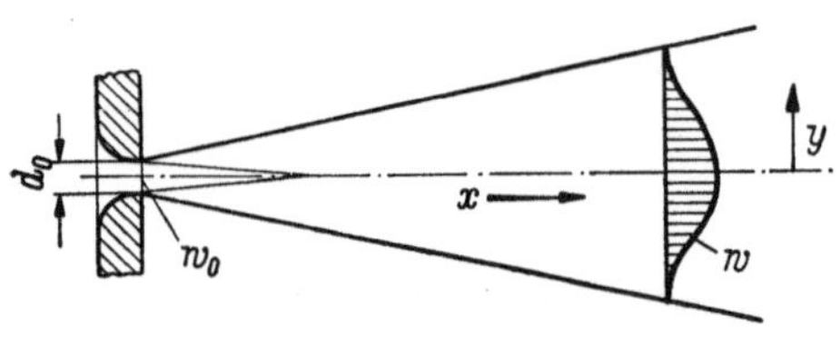

Abb. 10.16. Strahlausbreitung beim runden isothermen Freistrahl

Zentralgeschwindigkeit. Die Strahlachse fällt mit der Düsenachse zusammen. In ihr ist die Geschwindigkeit jeweils am höchsten; wir bezeichnen sie als „Zentralgeschwindigkeit (w_c)". Verfolgen wir die Zentralgeschwindigkeit längs der Strahlachse, so zeichnen sich mit zunehmendem Abstand x von der Austrittsöffnung vier Bereiche ab:

1. Bereich bis $x = (2 \text{ bis } 6)\, d_0$

In diesem Bereich bleibt die Zentralgeschwindigkeit w_c konstant. Es gilt:

$$w_c = w_0 = \text{konst.}$$

w_0 ist die Luftgeschwindigkeit im Austrittsquerschnitt. Mit dem Einsetzen der Vermischung nimmt der Durchmesser des Strahlkerns, in dem noch die Austrittsgeschwindigkeit w_0 erhalten bleibt, ab, und zwar proportional mit dem Abstand von der Austrittsöffnung, s. innerer Kegel in Abb. 10.16.

2. Bereich Ausdehnung: $(8 \text{ bis } 10)\, d_0$

An den Bereich gleichbleibender Kerngeschwindigkeit schließt sich eine Übergangszone an, in der die Zentralgeschwindigkeit absinkt, und zwar etwa nach dem Gesetz

$$w_c \sim \frac{1}{\sqrt{x}}.$$

3. Bereich Ausdehnung: $(25 \text{ bis } 100)\, d_0$

Der 3. Bereich ist der praktisch wichtigste. Die Zentralgeschwindigkeit ändert sich umgekehrt proportional mit dem Abstand x, also

$$w_c \sim \frac{1}{x}.$$

Die Ausdehnung dieses Bereichs hängt ab von der Austrittsgeschwindigkeit w_0, der Art und Größe der Austrittsfläche sowie von den Abmessungen des Raumes.

4. Bereich

Er stellt den Endbereich dar, in dem w_c rasch auf die Geschwindigkeit der Raumluft abfällt.

Geschwindigkeitsverlauf im Strahlquerschnitt. Beim achsensymmetrischen isothermen Freistrahl nimmt die Geschwindigkeit in einem Querschnitt senkrecht zur Strömungsrichtung allseitig in gleicher Weise mit der Entfernung von der Strahlachse ab. Die Geschwindigkeitsverteilung entspricht hinter dem 1. Bereich etwa der GAUSSschen Fehlerfunktion; s. Abb. 10.17.

Man kann die Geschwindigkeitsverteilung auch dimensionslos nach Art der Abb. 10.18 darstellen. Als Ordinate ist das Verhältnis der örtlichen Längsgeschwindigkeit zur zugehörigen Zentralgeschwindigkeit aufgetragen, als Abszissenwert der relative Abstand des Betrachtungspunktes von der Strahlachse. Dabei ist als Bezugsbasis für den Abstand ein Radius $r_{0,5}$ eingeführt, bei dem die Strahlgeschwindigkeit jeweils den halben Zahlenwert der Zentralgeschwindigkeit aufweist. Die Kurve in Abb. 10.18 läßt sich durch die nachstehende Formel wiedergeben

$$\left(\frac{r}{r_{0,5}}\right)^2 = 3{,}3 \log\left(\frac{w_c}{w}\right). \tag{10.15}$$

Nach amerikanischen Messungen liegen alle Punkte mit $r_{0,5}$ auf einem Kegel, dessen Scheitelwinkel gleich dem halben Strahlausbreitungswinkel ist. Es gilt sonach etwa

$$r_{0,5} = x \cdot \mathrm{tg}\,5{,}5^\circ \approx 0{,}1 \cdot x .$$

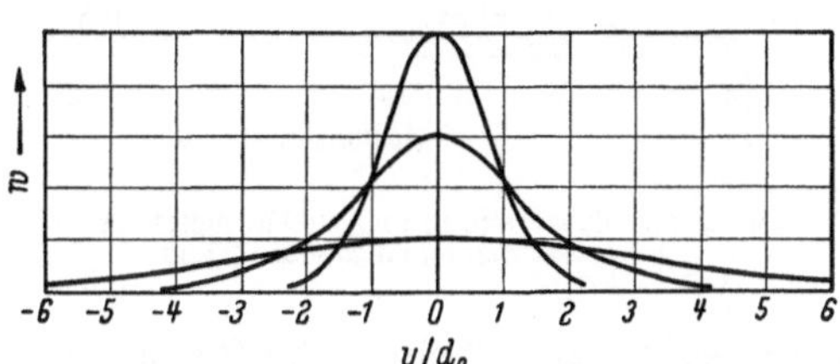

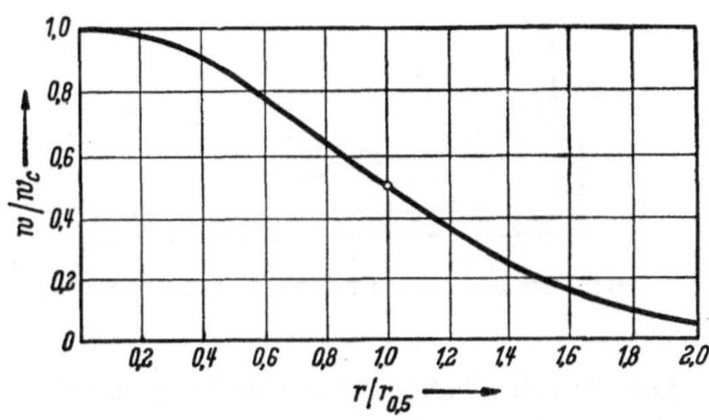

Abb. 10.17. Geschwindigkeitsverteilung im isothermen Freistrahl bei verschiedenem Abstand vom Durchlaß

Abb. 10.18. Dimensionslose Darstellung der Geschwindigkeitsverteilung

2. Der ebene Freistrahl (isotherm)

In der Lüftungstechnik werden in vielen Fällen Luftdurchlässe in Rechteckform verwendet. Als Grenzfall können schmale Schlitze gelten, bei denen ein nahezu ebener Luftstrahl erzeugt wird. Die Raumluft strömt zunächst nur von zwei Seiten zu. Unter dem Einfluß der Wand-

reibung an den Schlitzenden ändert sich die Strahlform schon kurz hinter dem Durchlaß, um schließlich mit zunehmendem Abstand vom Austrittsquerschnitt immer deutlicher in eine Kreisform überzugehen. Der Verlauf der Zentralgeschwindigkeit ist ähnlich wie beim achsensymmetrischen Strahl, jedoch spielt der Übergangsbereich 2 eine größere Rolle. In Abb. 10.19 ist die Zentralgeschwindigkeit längs des Strömungsweges für zwei Rechteckdurchlässe mit unterschiedlichem Seitenverhältnis eingezeichnet. Der Bereich 2 nimmt danach mit wachsendem Seitenverhältnis des Austrittsquerschnittes zu. In diesem Bereich vollzieht sich im wesentlichen der Übergang von einer nahezu elliptischen

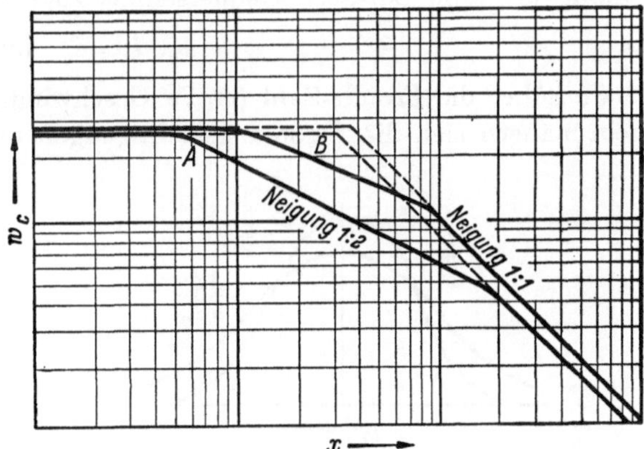

Abb. 10.19. Verlauf der Zentralgeschwindigkeit bei rechteckigen schmalen Durchlässen. $A: b/h = 41$; $B: b/h = 12$

auf die spätere Kreisfläche des Strahlquerschnittes. Der Ausbreitungswinkel des Strahls ist etwa der gleiche wie beim achsensymmetrischen Strahl; allerdings streuen die Versuchswerte stärker.

3. Einfluß seitlicher Begrenzungsflächen

Liegt die Zuluftöffnung in der Nähe einer Seitenwand oder dicht unterhalb der Decke, so kann auf dieser Seite die Raumluft nicht mehr unbehindert zuströmen. Es entsteht ein Unterdruck, der eine Ablenkung des Strahls nach der Wand bzw. Decke hin zur Folge hat, s. Abb. 10.20. Im Grenzfall — die Luftaustrittsöffnung grenzt unmittelbar an die Stoßkante zweier Flächen — ergibt sich ein Strömungsfeld ähnlich dem des halben Freistrahls. Auch der Ausbreitungswinkel entspricht in guter Annäherung dem des halben Freistrahlwinkels, s. Abb. 10.21. Allerdings nimmt nach den vorliegenden Messungen die Zentralgeschwindigkeit w_c langsamer ab als beim Freistrahl.

4. Nichtisotherme Strahlen

Weicht die Temperatur im Strahl von der Lufttemperatur im Raum ab, so gilt nicht mehr das einfache Mischungsgesetz des isothermen Strahls. Da sich die Temperaturen rascher ausgleichen als die Geschwindigkeiten, erhält man für beide unterschiedliche Verteilungskurven über den Strahlquerschnitt, s. Abb. 10.22.

Bei horizontaler Einblasrichtung ändert der Strahl auch seine Richtung. Der Verlauf der Strahlbahn ist vor allem von der Ausblasgeschwindigkeit und dem Dichteunterschied zwischen Zu- und Raumluft abhängig. Abb. 10.23 zeigt schematisch die Strahlausbreitung beim horizontalen Einblasen eines kälteren Luftstrahls.

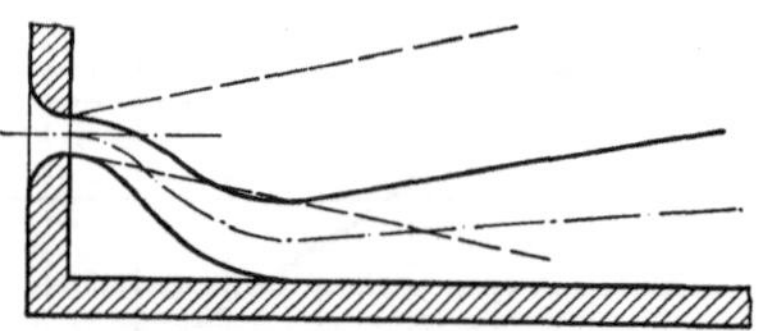

Abb. 10.20. Strahlablenkung durch eine benachbarte Wand

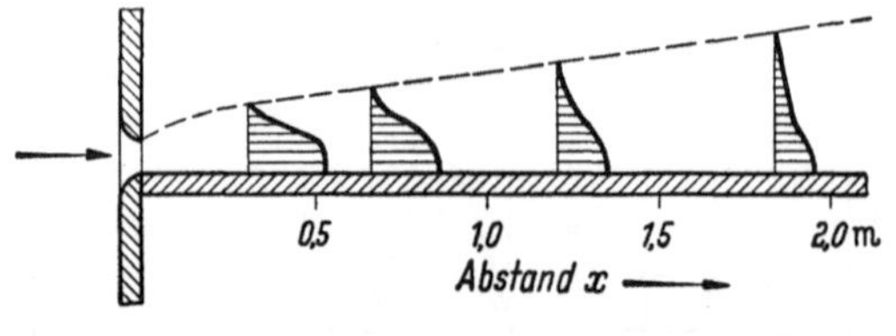

Abb. 10.21. Strahlausbreitung und Geschwindigkeitsverteilung bei Ausströmung längs einer Wand

Die durch Dichteunterschiede zusätzlich ins Spiel gebrachten Schwerekräfte lassen sich durch die „Froude-Zahl" (*Fr*) erfassen. Sie gibt das Verhältnis der Trägheits- zu den Schwerekräften wieder.

$$\text{Froude-Zahl } Fr = \frac{w^2}{\beta \cdot l \cdot g \cdot \vartheta}. \tag{10.16}$$

Dabei bedeuten w, l und ϑ für den Vorgang kennzeichnende Werte der Luftgeschwindigkeit, der Länge und des Temperaturunterschiedes zwischen Zu- und Raumluft. Meist legt man die Anfangswerte im Luftaustrittsquerschnitt zugrunde, setzt also

$$w = w_0, \; l = d_0 \quad \text{und} \quad \vartheta = \vartheta_0.$$

Je höher die Froude-Zahl (große Geschwindigkeit, kleiner Temperaturunterschied), um so mehr nähern sich die Strömungsbedingungen denen beim isothermen Strahl. Man wird also

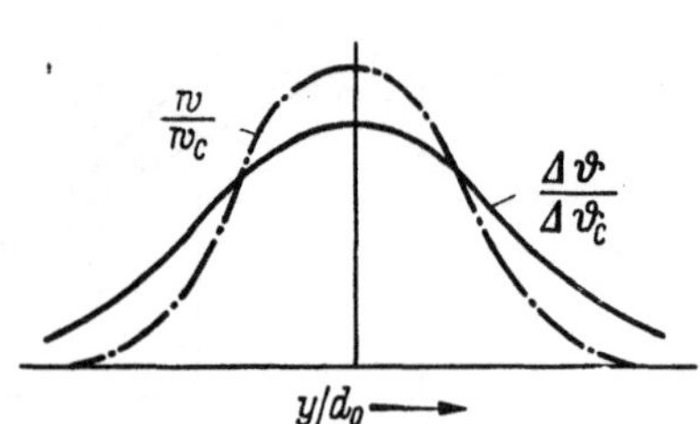

Abb. 10.22. Geschwindigkeits- und Temperaturverteilung im nichtisothermen Freistrahl

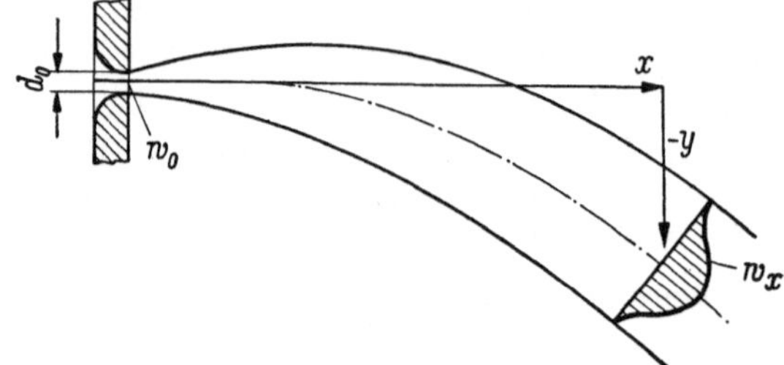

Abb. 10.23. Strahlbahn beim horizontalen Einblasen eines kalten Luftstroms

beim Einblasen kalter Luft hohe Froude-Zahlen anstreben müssen. Das Strahlgefälle ist dabei klein; Zugerscheinungen durch unzureichende Vermischung von Zu- und Raumluft vor Erreichen der Aufenthaltszone können vermieden werden.

LINKE[1] hat bei Messungen an einem Modell mit einem Längen- zu Höhenverhältnis $L/H = 3$ festgestellt, daß beim Einblasen eines ebenen kalten Deckenstrahls in einen warmen Raum kein merklicher Unterschied zur isothermen Strömung auftrat, wenn $Fr > 100$ blieb.

Umfangreiche Untersuchungen zum Problem des nichtisothermen Freistrahls sind vor allem in den USA und der UdSSR durchgeführt worden. Ihre Ergebnisse reichen aber noch nicht aus, um die Bahn und die Ausbreitung nichtisothermer Luftstrahlen mit einiger Zuverlässigkeit berechnen zu können.

---

[1] LINKE, W.: Strömungsvorgänge in zwangsgelüfteten Räumen. VDI-Berichte Bd. 21 (1957) S. 29/39.

IV. Ventilatoren und Kreiselpumpen

Wenn auch der Heizungs- und Lüftungsingenieur die Pumpen und Ventilatoren nicht selbst zu bauen hat, so muß er sich doch im klaren sein über das Verhalten der Maschinen im Betrieb; insbesondere muß er wissen, wie sich Änderungen der Drehzahl oder Änderungen im Widerstand des Leitungsnetzes auswirken.

Ventilatoren und Kreiselpumpen stimmen als Strömungsmaschinen in ihren theoretischen Grundlagen soweit überein, daß sie zunächst gemeinsam behandelt werden können. Für die betriebliche Beurteilung der einzelnen Bauarten bei ihrer Verwendung in Lüftungs- bzw. Heizungsanlagen ist jedoch eine getrennte Darstellung notwendig.

A. Hauptgleichungen

1. Nutzleistung

Ventilatoren und Pumpen haben die Aufgabe, eine sekundliche Flüssigkeitsmenge V_s auf einen um Δp höheren statischen Druck zu bringen und sie evtl. auf eine höhere Geschwindigkeit zu beschleunigen. (Es muß hier vorübergehend der Buchstabe c gewählt werden, weil der Buchstabe w, der in diesem Buch sonst für die Geschwindigkeit verwendet ist, in der gesamten Literatur über Strömungsmaschinen eine andere Bedeutung hat. Der Begriff Flüssigkeit ist im erweiterten Sinn gedacht, erfaßt also auch Gase und Luft.) Die theoretische Leistung ist:

$$N_{th} = V_s \cdot H.$$

Der Förderdruck H setzt sich zusammen aus einem statischen Druckanteil (H_{st}) und einem dynamischen Druckanteil (H_d). Ist c_v die Geschwindigkeit vor und c_h die Geschwindigkeit hinter der Strömungsmaschine, so gilt:

$$H = H_{st} + H_d = \Delta p + \frac{\gamma}{2g}(c_h^2 - c_v^2). \tag{10.17}$$

2. Förderdruck

a) Zentrifugalventilator bzw. -pumpe

In der Lüftungstechnik werden vorwiegend Niederdruckventilatoren (Druckhöhe bis 100 mm WS) mit vorwärts gekrümmten Schaufeln verwendet, aber auch solche mit radialen und rückwärts gekrümmten Schaufeln. Bei Kreiselpumpen überwiegt die rückwärts gekrümmte Schaufelform.

Abb. 10.24 zeigt die Geschwindigkeitsparallelogramme für ein Laufrad mit vorwärts gekrümmten Schaufeln am Ein- und Austritt des Laufrades. Die eingetragenen Bezeichnungen sind die üblichen, nämlich:

u die Umfangsgeschwindigkeit des Rades (aus Drehzahl und Raddurchmesser),

w die Geschwindigkeit der Flüssigkeit relativ zu den Schaufeln (bestimmt durch sekundlich strömende Menge und Kanalquerschnitt),

c die resultierende Geschwindigkeit (gibt im Bild auch die Richtung der zu- und abströmenden Flüssigkeit an).

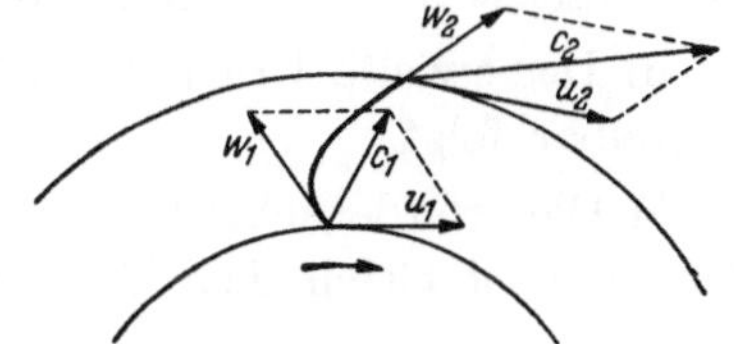

Abb. 10.24. Geschwindigkeitsparallelogramm beim Laufrad mit vorwärts gekrümmten Schaufeln

Die Zeiger 1 und 2 kennzeichnen den Eintritts- und Austrittsquerschnitt des Laufrades.

Die Hauptgleichung für den theoretischen Förderdruck lautet:

$$H_{th} = \frac{\gamma}{2g}\left[(u_2^2 - u_1^2) + (w_1^2 - w_2^2) + (c_2^2 - c_1^2)\right]. \tag{10.18}$$

Hierbei ist stoßfreier Flüssigkeitseintritt und -austritt vorausgesetzt.

Der physikalische Sinn dieser Gleichung ist folgender: Die ersten beiden Summanden in der Klammer beziehen sich auf die Steigerung des statischen Druckes der Flüssigkeit auf ihrem

Wege durch das Laufrad, und zwar der erste Ausdruck $(u_2^2 - u_1^2)$ durch die Zentrifugalkraft und der zweite Ausdruck $(w_1^2 - w_2^2)$ durch die diffusorartige Erweiterung der Schaufelkanäle. Der letzte Summand $(c_2^2 - c_1^2)$ bezieht sich auf die Steigerung der dynamischen Energie innerhalb des Laufrades, deren nachträgliche Umsetzung in Druck immer mit Verlusten verbunden ist. Diese Erklärung der Hauptgleichung gibt zugleich den Anschluß an die Gl. (10.17).

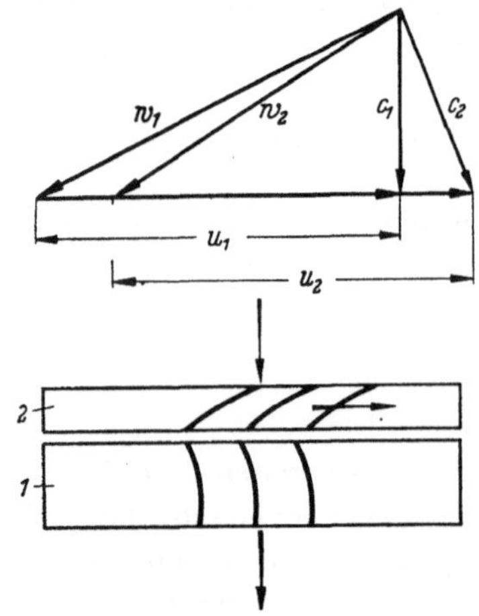

b) Schraubenventilator bzw. -pumpe

Für kleine Leistungen und vor allem für geringe Förderdrücke werden Schraubenlüfter in einfacher Form, nur aus einem Laufrad bestehend, ausgeführt. Bei größerer Leistung wird dem Laufrad ein Leitrad vor- oder nachgeschaltet, um den Drallverlust zu verringern und die Flüssigkeit in axialer Richtung ausströmen zu lassen. Für die Anordnung mit nachgeschaltetem Leitrad ist in Abb. 10.25 das Geschwindigkeitsdreieck angegeben. Hier tritt keine Bewegungskomponente der Flüssigkeit in radialer Richtung auf. Mit $u_2 = u_1$ ergibt sich für

Abb. 10.25. Geschwindigkeitsdreieck beim Schraubenradlüfter mit Leitrad

$$H_{th} = \frac{\gamma}{2g}\left[(c_2^2 - c_1^2) + (w_1^2 - w_2^2)\right]. \tag{10.19}$$

Mit dem Fortfall der Zentrifugalwirkung ist die statische Druckerhöhung unter sonst gleichen Verhältnissen also kleiner als beim Zentrifugalrad. Mit Schraubenventilatoren einfacher Ausführung ohne Leitrad sind im allgemeinen Drücke bis 10 mm WS, mit Leitrad bis zu 30 mm WS zu erreichen.

Schraubenpumpen werden in erster Linie zur Umlaufbeschleunigung in Warmwasserheizungen verwendet. Wegen der geringen Leistungen sind Bauformen ohne Leitrad üblich.

3. Einfluß der Drehzahl

Durch die Schaufelwinkel ist die Gestalt der Geschwindigkeitsparallelogramme festgelegt und die Parallelogramme können sich bei Veränderung der Drehzahl nur mehr geometrisch ähnlich vergrößern oder verkleinern. Da sich die Umfangsgeschwindigkeit u linear mit der Drehzahl ändert, trifft dies auch für alle übrigen Geschwindigkeiten zu. Aus der Tatsache lassen sich drei wichtige Folgerungen ableiten:

a) Die sekundlich geförderte Flüssigkeitsmenge — auch Förderstrom genannt — wächst mit der ersten Potenz der Drehzahl, denn die Strömungsquerschnitte liegen fest und die Geschwindigkeit wächst mit der ersten Potenz.

b) Der erzielte Druck wächst mit der zweiten Potenz der Drehzahl, wie aus Gl. (10.18) unmittelbar folgt.

c) Die erforderliche Antriebsleistung wächst mit der dritten Potenz der Drehzahl, denn die Leistung ist gleich dem Produkt aus Förderstrom und Druckerhöhung.

B. Betriebsverhalten

1. Ventilator- (Pumpen-) Kennlinie

Der Zusammenhang zwischen Förderdruck und Förderstrom wird durch die Kennlinie dargestellt. Die Kennlinie läßt sich nicht vorausberechnen, sie muß auf dem Prüfstand ermittelt werden. Da man bei der Prüfstandsmessung den Flüssigkeitsstrom drosselt, hat sich auch die Bezeichnung Drossellinie eingebürgert. Meist wird die statische Druckerhöhung angegeben (bei Pumpen auch die Förderhöhe); sie ist für die Auswahl des Ventilators oder der Pumpe maßgebend. Im Ventilatorenbau ist auch die Angabe des Gesamtdruckes üblich; dabei wird der dynamische Druck auf den Austrittsquerschnitt des Ventilators bezogen. Als Beispiel sind in

Abb. 10.26 die Kennlinien eines Ventilators mit vorwärts gekrümmten Schaufeln wiedergegeben[1], und zwar für den statischen und für den Gesamtdruck. Mit eingezeichnet sind weiterhin Wirkungsgrad und Leistungsbedarf in Abhängigkeit vom Förderstrom.

Der Verlauf der Kennlinie ändert sich mit der Bauart des Ventilators, insbesondere mit der Schaufelform und Schaufelzahl. So ergeben vorwärts gekrümmte Schaufeln einen flachen Verlauf mit einem Sattel bei kleiner Leistung, s. Abb. 10.26, rückwärts gekrümmte einen zunächst gleichmäßig schwachen Anstieg mit anschließendem raschen Abfall bei größerem Förderstrom. Bei radial endenden Schaufeln nimmt der Druck über einen weiten Bereich stetig zu.

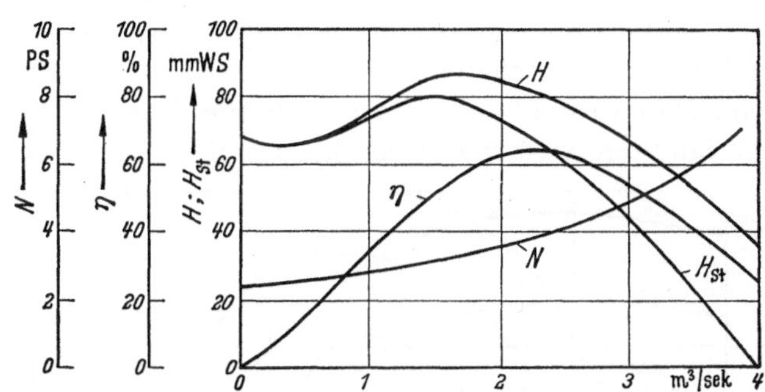

Abb. 10.26. Ventilatorkennlinie.

H Gesamtdruck, H_{st} statischer Druck, N Förderleistung, η Wirkungsgrad

Der Leistungsbedarf steigt dementsprechend bei vorwärts gekrümmten Schaufeln mit dem Förderstrom steil an, bei rückwärts gekrümmten Schaufeln ergibt sich dagegen ein Maximum des Leistungsbedarfs, wodurch eine einwandfreie Festlegung der Motorleistung möglich wird.

In Abb. 10.27 sind die Kennlinien und die zugehörigen Leistungskurven für einige typische Ventilatorbauarten eingetragen, und zwar in dimensionsloser Darstellung[2]. Diese Darstellungsweise ermöglicht es, Strömungsmaschinen unabhängig von den Abmessungen zu vergleichen, also den Einfluß der Bauart deutlich zu machen. Man bezeichnet die Verhältniswerte als Druckziffer, Lieferziffer und Leistungsziffer. Die in Abb. 10.27 aufgetragene Druckziffer Ψ ist der Quotient aus dem Förderdruck Δp und dem Staudruck der Umfangsgeschwindigkeit, also

$$\psi = \frac{\Delta p}{\frac{\gamma}{2g} \cdot u^2} \, .$$

β ist der Austrittswinkel im Geschwindigkeitsparallelogramm; $\beta < 90°$ bedeutet demnach eine rückwärts gekrümmte Schaufel. Die in der Abb. 10.26 wiedergegebene Kennlinie gilt für eine bestimmte Drehzahl. Für andere Drehzahlen läßt sich der Kennlinienverlauf aus der Beziehung ermitteln:

$$\frac{u_1}{u_2} = \frac{V_1}{V_2} = \frac{\sqrt{\Delta p_1}}{\sqrt{\Delta p_2}} \, .$$

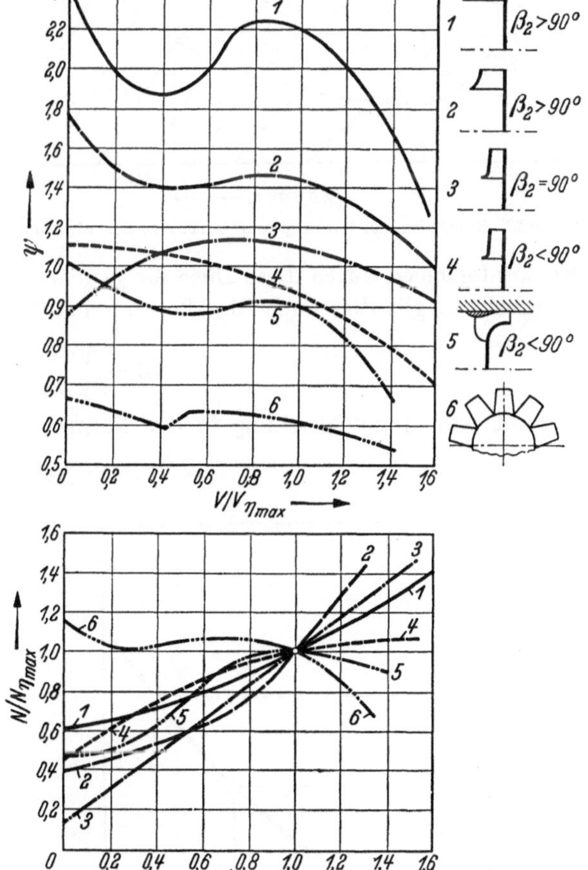

Abb. 10.27. Ventilatorkennlinien in dimensionsloser Darstellung

Es ergibt sich ein Feld kongruenter Kennlinien, in das zumeist noch die Linien gleichen Wirkungsgrades oder gleichen Leistungsbedarfs mit eingetragen werden. Abb. 10.28 zeigt ein solches

[1] Entnommen aus O. Back: Ventilatoren. Entwurf und Berechnung, Halle (Saale): Knapp 1955, S. 79.
[2] Entnommen aus B. Eck: Ventilatoren, 3. Aufl., Berlin: Springer 1957, S. 60.

Schaubild für eine Kreiselpumpe[1]. An Hand dieses Diagramms kann die Eignung der Pumpe bzw. des Ventilators für eine bestimmte Anlage am einfachsten beurteilt werden.

2. Netzkennlinie

Für die Untersuchung der wechselseitigen Beziehungen zwischen einer Strömungsmaschine und dem nachgeschalteten Rohr- oder Kanalnetz muß die Kennlinie dieses Netzes bekannt sein. Man versteht darunter den Zusammenhang zwischen Förderstrom und Druckverlust in der längsten Netzstrecke. Mathematisch ist die Kennlinie beschrieben durch Gl. (11.01). Nach Umformung erhält man

$$p_1 - p_2 = \left(\lambda \cdot \frac{\Sigma l}{d} + \Sigma \zeta\right) \frac{1{,}62}{d^4} \cdot \frac{\gamma}{2g} \cdot V_s^2.$$

Vernachlässigt man die Abhängigkeit des Reibungsbeiwertes λ von Re, also von der Geschwindigkeit[2], dann ergibt sich

$$(p_1 - p_2) = \text{konst } \frac{\gamma}{2g} \cdot V_s^2$$

und damit

$$V_s = \text{konst} \cdot \sqrt{2g \frac{p_1 - p_2}{\gamma}}. \qquad (10.20)$$

Der Förderstrom V_s ist also proportional der Wurzel aus dem Druckunterschied $(p_1 - p_2)$. Die gleiche Beziehung gilt aber für die Strömung durch eine Düse. Man kann im Hinblick auf die Strömungswiderstände das Netz durch eine *gleichwertige Düse* ersetzen. Strömt bei einem bestimmten

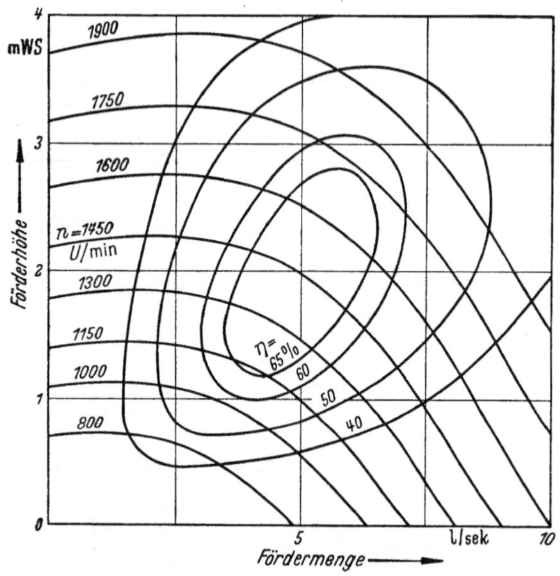

Abb. 10.28. Kennlinien und Wirkungsgradfeld für eine Kreiselpumpe

Druckunterschied durch diese Düse die gleiche sekundliche Stoffmenge wie durch ein gegebenes Rohrnetz, so gilt dies auch für alle anderen Druckunterschiede. Ihr Querschnitt A errechnet sich aus:

$$A = \sqrt{\frac{\gamma}{2g}} \cdot \frac{V_s}{\sqrt{p_1 - p_2}}. \qquad (10.21)$$

Schreibt man diese Gleichung in der Form:

$$H = p_1 - p_2 = \frac{\gamma}{2g \cdot A^2} \cdot V_s^2,$$

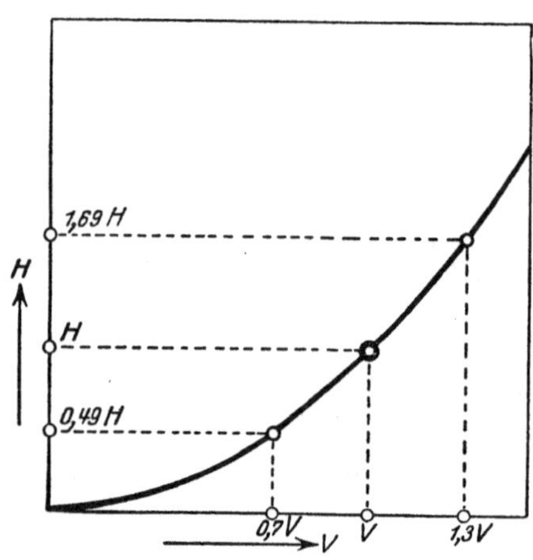

Abb. 10.29. Rohrnetzkennlinie

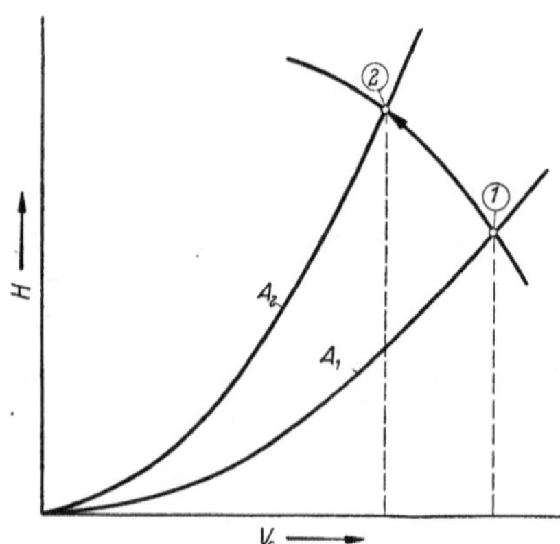

Abb. 10.30. Betriebspunkte bei verschiedenen Netzkennlinien

---

[1] JANSSEN, H.: Darstellung der Betriebsvorgänge bei Kreiselpumpen. Z. VDI 56 (1912) S. 1895. Siehe auch PFLEIDERER, C.: Strömungsmaschinen. 2. Aufl. Berlin/Göttingen/Heidelberg: Springer 1957. S. 186.

[2] Die Abweichung der so ermittelten Kennlinie von der exakten Kennlinie des Netzes ist nur gering, insbesondere wenn die Einzelwiderstände überwiegen, wie dies bei lüftungstechnischen Anlagen der Fall ist.

so sieht man, daß es die Gleichung einer Parabel ist. Man bezeichnet diese Kurve als „Kennlinie des Kanal- (bzw. Rohr-) Netzes". Jeder Förderleistung entspricht ein Punkt dieser Kurve, s. Abb. 10.29. Er gibt an, wie hoch bei einem bestimmten Flüssigkeitsstrom V_s der Förderdruck H der Strömungsmaschine sein muß, um die Strömungswiderstände im Verteilnetz und beim Verbraucher zu überwinden.

3. Betriebspunkt

Der Betriebspunkt einer Anlage ergibt sich als Schnittpunkt der Kennlinien der Strömungsmaschine und des Rohrnetzes. Wie aus Abb. 10.30 zu ersehen ist, führen verschiedene Rohrnetzkennlinien jeweils zu einem anderen Betriebspunkt. Meist ist das Rohrnetz gegeben und die Strömungsmaschine soll besonderen Forderungen hinsichtlich des Wirkungsgrades oder des Betriebsbereiches nachkommen. Liegt das Kennlinienfeld verschiedener Pumpen bzw. Ventilatoren vor, so läßt sich an Hand der Netzkennlinie leicht eine geeignete Bauart auswählen.

4. Regelung

a) Drosselung des Förderstromes

Die einfachste Form der Leistungsregelung stellt die Herabsetzung des Förderstromes durch Drosselung dar. Mit dem Schließen eines Drosselorgans vergrößert sich der Widerstand des Netzes. Der Betriebspunkt wandert damit auf der Drossellinie der Strömungsmaschine in den Bereich höherer Drücke, also z. B. in Abb. 10.30 von dem ursprünglichen Punkt (1) nach Punkt (2). (2) ergibt sich aus der gewünschten Flüssigkeitsmenge. Bei dieser Drosselung entspricht das Verteilungsnetz der Düsenkennlinie A_2. Da die Verringerung des Förderstromes hier mit einer nicht benötigten Druckerhöhung verbunden ist, ist die Drosselregelung unwirtschaftlich (s. Wahl des Ventilators S. 457).

b) Änderung der Drehzahl

Soll an Stelle der sekundlichen Stoffmenge V nur die kleinere Menge V' gefördert werden, s. Abb. 10.31, so geht der Druckverlust des Netzes stark zurück und damit auch der Leistungsbedarf. Der Betriebspunkt wandert von (1) nach (1'), wenn die Drehzahl der Pumpe von n_1 auf n_2 abgesenkt wird. Bei reiner Drosselregelung entspricht der Fördermenge V' der Betriebspunkt (2); der Druckunterschied (2) — (1') wird vernichtet.

Die Drehzahlregelung erweist sich also als besonders wirtschaftlich. Man verwendet sie allerdings weniger im laufenden Betrieb als beim ersten Einregeln heiz- und lüftungstechnischer Anlagen, da Antriebsmotoren für stetige Drehzahländerung teuer sind und ihr Wirkungsgrad mit der Drehzahlminderung meist absinkt.

Bei Antrieb mittels Dampfturbine — er kommt bei größeren Wassernetzen vor — läßt sich die Drehzahlregelung in einfacher Weise durchführen.

c) Leitschaufelverstellung

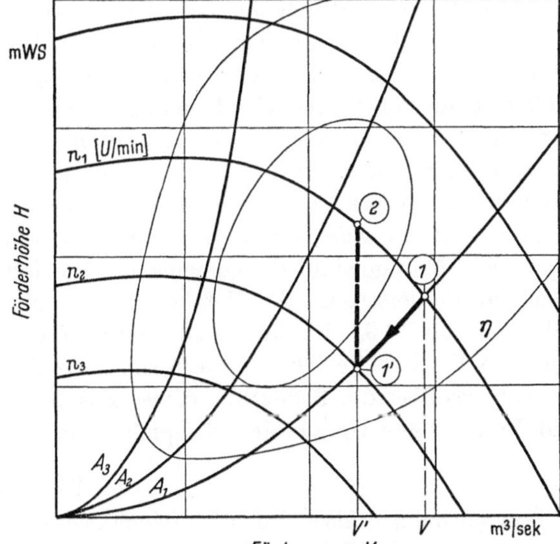

Abb. 10.31. Betriebspunkte bei verschiedenen Drehzahlen

Diese Art der Regelung kommt bei großen Axialventilatoren vor. Mit der Leitschaufelverstellung ändert sich die Richtung und Größe von c im Geschwindigkeitsdreieck, s. Abb. 10.25, und damit die Druckhöhe bzw. die sekundlich geförderte Luftmenge. Auch diese Regelung ist wirtschaftlicher als die Drosselung des Förderstromes.

5. Labile Betriebszustände

Bei den bisherigen Betrachtungen war angenommen worden, daß die von der Strömungsmaschine geforderte Druckerhöhung nur zur Überwindung der Druckverluste in einem Verteilungsnetz dient, also proportional der 2. Potenz des Flüssigkeitsstromes wächst. Anders ist es, wenn die Maschine außerdem gegen einen gleichbleibenden Druck zu arbeiten hat, also z. B. ein Ventilator einen Druckkessel speisen soll oder eine Pumpe Wasser in einen hochliegenden Behälter bzw. ein Speichergefäß mit höherem Druck fördern muß. Dann ist oft die konstante Druckhöhe das Entscheidende und die Widerstände in der Leitung treten dagegen zurück, s. Abb. 10.32. Die Kennlinie der Anlage beginnt beim Druck H_0 und verläuft relativ flach.

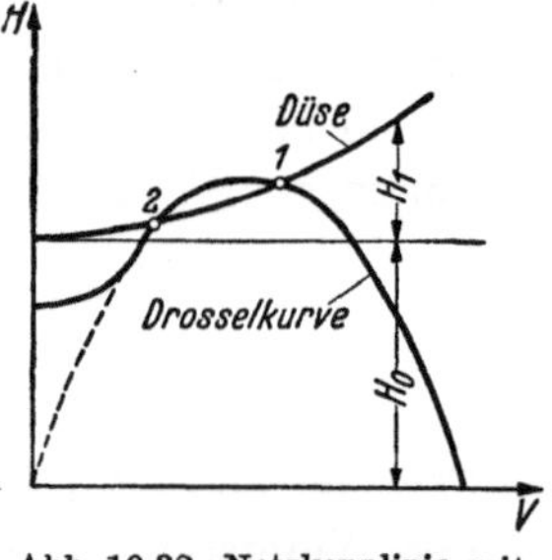

Abb. 10.32. Netzkennlinie mit zwei Betriebspunkten

Es kann dabei vorkommen, daß die Drossellinie der Strömungsmaschine die Anlagekennlinie in zwei Punkten schneidet. Von den beiden möglichen Betriebszuständen ist einer labil. Man erkennt dies durch folgende Betrachtung. Auf dem ansteigenden Teil der Drossellinie ändert sich die Fördermenge gleichsinnig mit dem Förderdruck. Arbeitet eine Strömungsmaschine auf diesem Teil der Drossellinie, z. B. in Punkt *2* der Abb. 10.32, so führt eine plötzliche Druckabsenkung im Netz zu einem raschen Rückgang der Fördermenge, gegebenenfalls auf den Wert Null; der Druckkessel entleert sich bis unter den Leerlaufdruck. Dann beginnt die Pumpe oder der Ventilator auf dem stabilen Ast der Kennlinie mit großer Fördermenge zu arbeiten, der Druck steigt an, überschreitet den Scheitelpunkt bis zu Punkt *2* und das Spiel beginnt von neuem.

Ein solches Pendeln im labilen Bereich der Kennlinie kommt bei Niederdruckventilatoren nur selten vor, häufiger bei Turbokompressoren und Pumpen. Auch beim Parallelarbeiten von Pumpen bzw. Ventilatoren können labile Betriebszustände auftreten. Oft sind sie mit erhöhter Geräuschbildung oder starken Schlägen verbunden.

6. Parallel- und Hintereinanderschaltung

Beim *Parallelbetrieb* mehrerer Strömungsmaschinen ergibt sich die gemeinsame Betriebskennlinie durch Addition der bei gleicher Druckhöhe in der Zeiteinheit geförderten Mengen (s. auch Abb. 10.34). Mit dem Übergang auf Einzelbetrieb wandert der Betriebspunkt auf der Rohrnetzkennlinie nach unten. Die Fördermenge eines Aggregates ist im Einzelbetrieb wesentlich größer als im Parallelbetrieb; dementsprechend kann auch der Leistungsbedarf höher sein. Man muß in solchen Fällen also vor der Wahl des Antriebsmotors untersuchen, unter welchen Betriebsbedingungen die maximale Belastung auftritt. Hierfür muß die Kennlinie des nachgeschalteten Verbrauchernetzes möglichst zuverlässig bekannt sein.

Bei *Hintereinanderschaltung* von Strömungsmaschinen addieren sich die Förderhöhen der Aggregate. Man gewinnt die gemeinsame Betriebskennlinie durch Addition der Druckhöhen bei gleichem Förderstrom. Bei Netzkennlinien mit hohem Anteil einer gleichbleibenden Druckhöhe, s. Abb. 10.32, ist darauf zu achten, daß jede Strömungsmaschine allein schon eine genügende Förderhöhe liefert, sofern ein Einzelbetrieb beabsichtigt ist.

Näheres über die Bedeutung dieser Zusammenhänge für Auswahl und Betrieb von Pumpen und Ventilatoren ist aus den Beispielen unter Abschn. C und D zu ersehen.

a) Lüftungsanlagen

Nur ausnahmsweise wird bei lufttechnischen Anlagen von der Möglichkeit der *Parallelschaltung* mehrerer Ventilatoren Gebrauch gemacht. Die zuweilen bei großen Räumen anzutreffende Aufgliederung der Zu- oder Abluftanlage in mehrere Teilanlagen ist kein Parallelbetrieb im Sinne unserer Betrachtung, da in diesem Fall jedem Ventilator ein eigenes Kanalnetz zugeordnet ist und der Über- bzw. Unterdruck im Raum so niedrig ist, daß die Lüfter sich im Betrieb gegenseitig nicht beeinflussen.

Zwei Ventilatoren müssen bei lufttechnischen Anlagen *hintereinandergeschaltet* werden, wenn die notwendige Förderhöhe von einem Aggregat nicht ohne Geräuschbelästigungen zu schaffen ist oder wenn der im gelüfteten Raum einzuhaltende Druck zur Aufstellung gesonderter Zu- und Abluftventilatoren zwingt. Ist der zweite Ventilator im Fortluftkanal angeordnet, dann liegt nur beim reinen Außenluftbetrieb eine Hintereinanderschaltung vor.

b) Heizungsanlagen

Die *Parallelschaltung* mehrerer Kreiselpumpen ist bei mittleren und großen Heiznetzen häufig anzutreffen. Die Reservepumpe braucht dabei nicht mehr für die Gesamtleistung ausgelegt zu werden. Auch läßt sich die Heizanlage in wirtschaftlicher Weise mit verminderter Wasserförderung betreiben, wenn einzelne Heizgruppen oder Verbraucher abgeschaltet werden oder wenn zur Einsparung von Betriebskosten in gewissen Zeiten die Heizleistung generell eingeschränkt werden soll, s. S. 459. Bei Wasserheizungen mit Zonen-Temperaturregelung arbeiten Umwälzpumpe und Mischpumpe meist parallel. Die *Hintereinanderschaltung* von Pumpen findet man gelegentlich in ausgedehnten Fernleitungsnetzen.

C. Wahl des Ventilators

Ein geräuscharmes Laufen der Ventilatoren ist bei lüftungstechnischen Anlagen häufig wichtiger als ein hoher Wirkungsgrad. Die Geräusche rühren von der periodischen Unterbrechung der Luftströmung durch die rotierenden Schaufeln und von den Ventilatorverlusten (Wirbelablösungen, Abreißen der Strömung usw.) her.

Die *Geräusche* nehmen mit der Umfangsgeschwindigkeit zu. Axialventilatoren haben bei gleichem Förderdruck eine wesentlich höhere Umfangsgeschwindigkeit als Radialventilatoren, sie sind somit für geräuscharmen Betrieb weniger geeignet. Als obere Grenze der Umfangsgeschwindigkeit werden bei Anlagen mit hohen Anforderungen an die Geräuschfreiheit für Zentrifugalventilatoren etwa 22 m/s (Druckhöhe 35 mm WS) und für Schraubenventilatoren etwa 18 m/s (Druckhöhe 5 mm WS) angegeben. Zuweilen mag es wirtschaftlicher sein, Ventilatoren mit kleinen Laufraddurchmessern und hoher Drehzahl zu wählen und die Geräusche durch schalldämpfende Maßnahmen im Kanalnetz herabzumindern.

Der *Wirkungsgrad* eines Ventilators hängt u. a. auch von seiner Größe ab, und zwar nimmt er bei den üblichen Bauarten mit kleiner werdendem Durchmesser des Saugquerschnittes rasch ab. Bei neuzeitlichen Bauarten von Radialventilatoren kann mit einem Wirkungsgrad von 60 bis 70% gerechnet werden, Spezialausführungen erreichen über 80%. Bei Schraubenventilatoren liegen die Wirkungsgrade schon bei einfacher Ausführung häufig zwischen 70 und 80%.

Für den Betrieb lufttechnischer Anlagen ist nicht so sehr der Bestwert des Ventilatorwirkungsgrades von Bedeutung; wichtiger ist, daß der Ventilator bei den betrieblich geforderten, insbesondere den häufigsten Belastungsbedingungen einen guten Wirkungsgrad aufweist. Ventilatoren mit flachem Verlauf des Wirkungsgrades bzw. ausgeglichenem Wirkungsgradfeld werden daher häufig gegenüber solchen mit hohen Wirkungsgraden in einem kleineren Betriebsbereich bevorzugt.

Die *Größe eines Ventilators* läßt sich angenähert durch Angabe des inneren Laufraddurchmessers kennzeichnen. Man erhält ihn in einfacher Weise, wenn man die Luftgeschwindigkeit im Ansaugquerschnitt annimmt; üblich sind Ansauggeschwindigkeiten von 6 bis 8 m/s. Der äußere Laufraddurchmesser ist bei Niederdruckventilatoren um etwa 20% größer als der innere.

Bei lufttechnischen Anlagen ohne konstante Widerstände ergibt sich die Netzkennlinie unmittelbar aus dem Druckverlust bei einer bestimmten sekundlichen Fördermenge. Setzt man in Gl. (10.21) $\gamma = 1{,}2$, so erhält man die Fläche der gleichwertigen Düsen aus

$$A \approx \frac{1}{4} \cdot \frac{V_s}{\sqrt{H}} \cdot$$

An Hand der Kennlinienfelder der für die geforderte Luftmenge und Förderhöhe in Frage kommenden Ventilatoren läßt sich die Eignung der einzelnen Bauarten für die vorliegenden Betriebsbedingungen überprüfen. Man sucht in jedem Schaubild den Schnittpunkt der Ordinate der sekundlichen Luftmenge mit der für die Anlage ermittelten Düsenparabel (Punkt *0* in Abb. 10.33). Je nach den besonderen Anforderungen (günstiger Wirkungsgrad, niedrige Drehzahl oder kleine Ventilatorabmessungen) wird die Auswahl getroffen.

Beispiel. Es soll für einen Saal mit 1000 Personen bei einer Luftrate von 36 m³ je Kopf und Stunde, also einer Luftmenge von 36000 m³/h bzw. 10 m³/s, der geeignete Ventilator bestimmt werden. Der Widerstand von Kanalnetz und Lüftungszentrale betrage 60 mm WS. Damit ist in Abb. 10.33 der Betriebspunkt (*0*) festgelegt, für den sich eine gleichwertige Düse $A = 0{,}31$ m² errechnet.

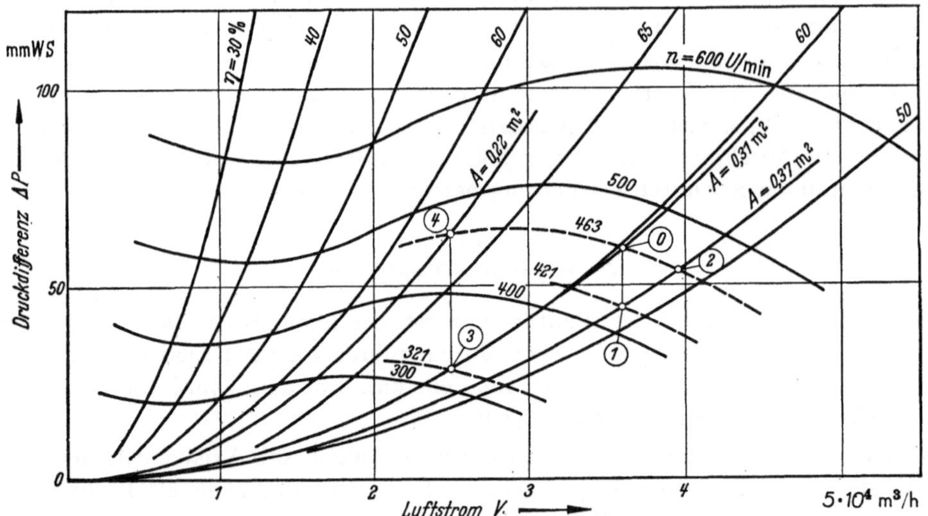

Abb. 10.33. Kennlinienfeld eines Ventilators

Aus mehreren Angeboten wird ein Ventilator ausgewählt mit dem Kennlinienfeld der Abb. 10.33. Daraus entnimmt man für den Betriebspunkt *0*

$$\text{Drehzahl } n = 463 \text{ U/min,}$$
$$\text{Wirkungsgrad } \eta = 59\%.$$

Die Antriebsleistung ergibt sich damit zu $N = \dfrac{10 \cdot 60}{102 \cdot 0{,}59} = 10$ kW.

Beträgt der Druckverlust des Kanalnetzes nicht 60, sondern nur 45 mm WS, so ist die Netzkennlinie durch Punkt (*1*) gekennzeichnet; die gleichwertige Düse hat 0,37 m² Querschnitt. Da aber bei elektrischem Antrieb der Ventilator mit nahezu starrer Drehzahl läuft, rückt der Betriebszustand von (*0*) nicht nach (*1*), sondern nach (*2*). Die Antriebsleistung wächst damit an auf

$$N = \frac{11 \cdot 54}{102 \cdot 0{,}53} = 11 \text{ kW}.$$

Ein genau nach dem Leistungsbedarf in Punkt (*0*) ausgelegter Antriebsmotor würde also für den Betrieb bei (*1*) nicht ausreichen. Man ersieht daraus, daß bei der Druckverlustberechnung von Luftverteilungsnetzen hohe Sicherheitszuschläge nicht angebracht sind und daß der Antriebsmotor nicht zu knapp bemessen werden darf.

Soll die oben besprochene Lüftungsanlage zeitweise nur mit einer Luftmenge von 25000 m³/h betrieben werden, so ergibt sich im Ventilatorschaubild der Betriebszustand (*3*). Es ist dann nur ein Druck von 29 mm WS erforderlich. Der neue Betriebszustand wird zur Leistungseinsparung am besten durch Drehzahländerung angesteuert. Nach dem Schaubild ist die Drehzahl von 463 auf 321 U/min abzusenken. Dabei verringert sich die Antriebsleistung auf 3,3 kW.

Wird an Stelle der Drehzahlregelung eine Drosselregelung gewählt, so wandert der Betriebspunkt im Schaubild auf der Linie $n = 463$ U/min bis zur Stelle (*4*), das ist der Schnittpunkt der Ventilatorkennlinie $n = 463$ und der neuen Luftmenge. Der Leistungsbedarf des Ventilators sinkt jetzt von 10 kW auf nur 6,9 kW ab.

Bei komplizierten Kanalnetzen oder Lüftungsanlagen mit unsicheren Einzelwiderständen ist es oft nicht möglich, den Gesamtdruckverlust $(p_1 - p_2)$ bei der geforderten Luftmenge im voraus hinreichend zuverlässig anzugeben. Man wird dann zweckmäßigerweise nach provisorischem Einbau des gewählten Ventilators durch einen Versuch bei einer beliebigen Drehzahl ein zusammengehöriges Wertepaar von V_s und $(p_1 - p_2)$ und damit die tatsächliche Netzkennlinie bestimmen. An Hand des Ventilatorkennlinienfeldes ist die richtige Drehzahl, also auch das Übersetzungsverhältnis des Riemenantriebes, leicht festzustellen.

D. Wahl der Pumpe

Bei der Auswahl der Pumpe sind neben der Förderleistung und dem Wirkungsgrad die Betriebsanforderungen von besonderer Bedeutung. Häufig können nur mehrstufige Pumpen die erforderliche Druckhöhe liefern. Auf guten Wirkungsgrad muß vor allem bei langen Betriebszeiten und hohen Antriebsleistungen geachtet werden. Die heute üblichen Bauarten weisen bei mittleren Leistungen einen Wirkungsgrad von etwa 70%, bei großen Leistungen bis zu 80% auf.

An zwei Beispielen sollen einige für die Bemessung und Schaltung von Heizungspumpen wesentliche Gesichtspunkte erläutert werden.

1. Beispiel. In einer Heizungsanlage ist eine Wassermenge von 100 m³/h bei einem Druckverlust von insgesamt 7 m WS umzuwälzen. In der Nacht soll die Wassermenge auf etwa 50 m³/h eingeschränkt werden. In Abb. 10.34 ist die Netzkennlinie der Heizanlage eingezeichnet. Der Punkt (1) gibt den für den Tag, der Punkt (2) den für die Nacht geforderten Betriebszustand an.

Ist die Anlage mit *einer* großen Pumpe ausgestattet, gestrichelte Drossellinie, so arbeitet die Pumpe nachts bei Drosselung der Wassermenge im Betriebspunkt (1'). Der Leistungsbedarf ist dabei nur um etwa $^1/_4$ geringer als bei (1), da der Förderdruck höher und der Wirkungsgrad niedriger ist als bei (1).

Meist werden in solchen Fällen zwei Pumpen vorgesehen, die im Tagbetrieb parallel arbeiten, während nachts nur eine Pumpe läuft. In Abb. 10.34 sind daher noch die Drossellinien zweier kleinerer Pumpen G_1 und G_2 eingezeichnet, deren gemeinsame Betriebskennlinie durch den Punkt (1) geht. Bei der geforderten Druckhöhe (7 m WS) fördert eine Pumpe $^2/_3$, die andere $^1/_3$ der stündlichen Wassermenge. Die Betriebspunkte liegen für die einzelnen Pumpen bei (4) und (5).

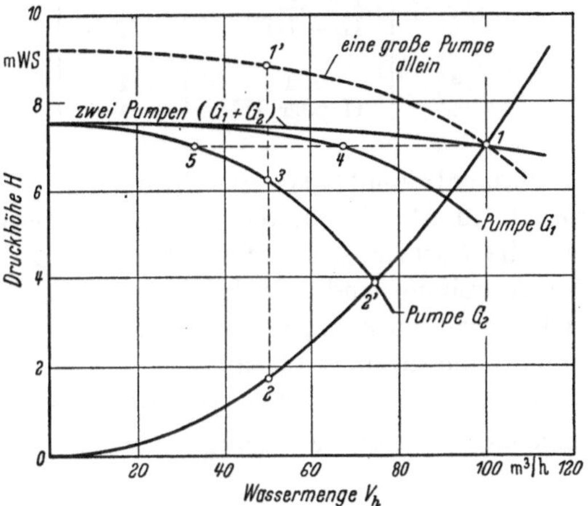

Abb. 10.34. 1. Beispiel

Ist nachts nur die kleinere Pumpe G_2 in Betrieb, so ergibt sich der Betriebszustand ohne Drosselung als Schnittpunkt der Drossellinie G_2 und der Netzkennlinie bei (2'). Die Wasserförderung beträgt dabei noch fast 75% der Menge bei Betrieb zweier Pumpen. Durch Drosselung kann nun noch die stündliche Wasserförderung auf 50 m³/h herabgesetzt werden. Die Pumpe arbeitet dann im Betriebspunkt (3) senkrecht über (2); mehr als 4 m WS Druckhöhe sind im Drosselorgan zu vernichten.

Man ersieht aus diesem Beispiel, daß die Aufteilung der Pumpenleistung auf zwei parallelgeschaltete Einheiten — selbst wenn zwei verschiedene Pumpengrößen gewählt werden — keine zweckmäßige Lösung der gestellten Aufgabe darstellt. Es wäre in diesem Fall richtiger, die Pumpen gleich groß zu wählen und eine Pumpe mit einem polumschaltbaren Antriebsmotor auszurüsten, der durch Drehzahländerung eine bessere Anpassung der Förderhöhe an die im Nachtbetrieb notwendige Druckhöhe (Punkt 2) ermöglicht, oder eine besondere Nachtpumpe mit niedrigerer Förderhöhe vorzusehen.

2. Beispiel. Von einer Zentrale sind drei größere Gebäude zu beheizen, die zu verschiedenen Zeiten benutzt werden. Das Rohrnetz der zu installierenden Warmwasserheizung wird dementsprechend in drei Gruppen unterteilt, die von der Heizzentrale aus getrennt geführt werden. Für Gruppe I wird eine stündliche Heizwassermenge von 30 m³, für die beiden anderen Gruppen von je 20 m³ benötigt.

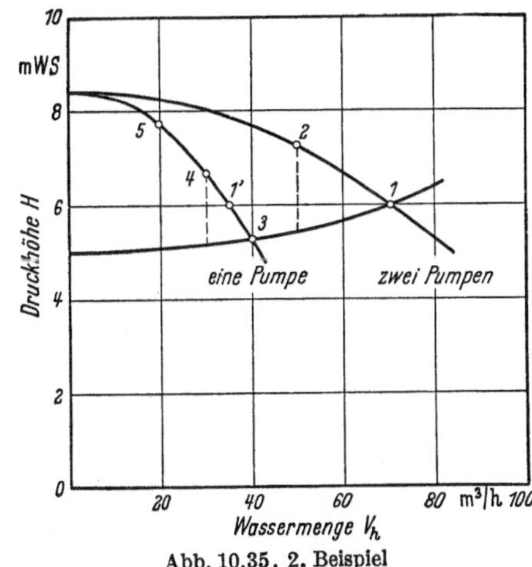

Abb. 10.35. 2. Beispiel

Um den Heizbetrieb in jeder Gruppe unabhängig von den beiden anderen Gruppen durchführen zu können, ist die Druckdifferenz zwischen Vorlaufverteiler und Rücklaufsammler bei jeder Wasserförderung gleich zu halten. Der Druckverlust im Gesamtnetz bei voller Förderleistung betrage 6 m WS; davon mögen entfallen auf die Zentrale 1 m WS, auf die Hausanlagen mit Zubringerleitung 5 m WS. Zur Wasserumwälzung seien zwei Pumpen gleicher Leistung vorgesehen.

In Abb. 10.35 sind Rohrnetzcharakteristik und Pumpenkennlinien mit den sich ergebenden Betriebspunkten eingetragen. Es können folgende Betriebsfälle vorkommen:

| Betriebs-fall | Betriebene Heizgruppe | Anzahl der betriebenen Pumpen | Wasser-menge | Förder-höhe | Betriebspunkt | | Bemerkungen |
					Gemeinsame Kennlinie	Einzel-kennlinie	
—	—	—	m³/h	m WS	—	—	—
1	I + II + III	2	70	6,0	1	1′	—
2	I + II oder I + III	2	50	7,3	2	2′	gedrosselt
3	II + III	1	40	5,3	—	3	direkt an-gesteuert
4	I	1	30	6,7	—	4	gedrosselt
5	II oder III	1	20	7,7	—	5	gedrosselt

Man entnimmt aus dieser Zusammenstellung und der Betrachtung der zugehörigen Betriebspunkte in Abb. 10.35, daß unter drei Betriebsbedingungen eine Drosselregelung erforderlich ist; die überschüssigen Förderhöhen der Pumpen (Abstand zwischen Pumpenkennlinie und Netzkennlinie) sind jedoch relativ gering, so daß auf eine zusätzliche Drehzahlregelung verzichtet werden kann, zumal bei Anwendung starker Drehzahlminderung die Pumpenwirkungsgrade zumeist stark absinken.

Die Aufteilung der Förderleistung auf zwei oder mehr Pumpeneinheiten ist für die hier vorliegenden Betriebsbedingungen sonach gerechtfertigt.

Elfter Abschnitt

Berechnung von Rohrnetzen

I. Allgemeines

Nach Gl. (10.07 a) ist das Druckgefälle in einem geraden Rohrstück von dessen Durchmesser d und der Strömungsgeschwindigkeit w sowie vom Rohrreibungsbeiwert λ, der wiederum von d und w bestimmt wird, abhängig. Da in einem Rohrnetz unterschiedliche Strömungsgeschwindigkeiten und Durchmesser vorkommen, muß für die Berechnung des gesamten Druckabfalls das Rohrnetz in *Teilstrecken* aufgeteilt werden. Unter einer Teilstrecke versteht man ein Stück eines Rohrnetzes mit gleichbleibendem Förderstrom und Rohrdurchmesser. Es können in einer Teilstrecke also wohl Einzelwiderstände und Richtungsänderungen, aber keine Abzweige vorhanden sein. Bei konstanter Wichte der zu fördernden Flüssigkeit ändert sich in der Teilstrecke die Strömungsgeschwindigkeit nicht.

A. Grundsätzliches über die Rohrnetzaufgaben der Technik

Für den Druckabfall in einer Teilstrecke $\overline{1\,2}$ gilt nach den Ausführungen im 10. Abschnitt

$$p_1 - p_2 = \Sigma R l + \Sigma Z = \Sigma \lambda \frac{l}{d} \cdot \frac{w^2 \gamma}{2g} + \Sigma \zeta \frac{w^2 \gamma}{2g} = \left(\lambda \frac{\Sigma l}{d} + \Sigma \zeta\right) \frac{w^2 \gamma}{2g} \qquad (11.01)$$

oder mit $2\,g = 19{,}62\,\text{m/s}^2$

$$p_1 - p_2 = \left(\lambda \frac{\Sigma l}{d} + \Sigma \zeta\right) \cdot 5{,}1 \cdot 10^{-2} \cdot \gamma \cdot w_s^2 \quad [\text{kg/m}^2]. \qquad (11.01\,\text{a})$$

Alle Längen, also auch der lichte Rohrdurchmesser d, sind dabei in Metern einzusetzen. Als Zeiteinheit gilt die Sekunde, wie durch den Zeiger s angedeutet ist. Geht man von der Strömungsgeschwindigkeit auf die sekundlich zu fördernde Flüssigkeitsmenge G_s über, so erhält man die Grundgleichung (11.01) in der Form

$$p_1 - p_2 = \left(\lambda \frac{\Sigma l}{d} + \Sigma \zeta\right) \cdot 8{,}27 \cdot 10^{-2} \frac{G_s^2}{\gamma \cdot d^4} \quad [\text{kg/m}^2]. \qquad (11.01\,\text{b})$$

Die beiden Gln. (11.01 a) und (11.01 b) bilden die Grundlage für die verschiedenen Verfahren der Rohrnetzberechnung. Darüber hinaus sind sie besonders wichtig für das Verständnis aller Strömungsvorgänge in Rohrnetzen, weil sie einen klaren Einblick geben in die Zusammenhänge zwischen Druckverlust und Förderstrom sowie zwischen Druckverlust und Rohrdurchmesser.

Der Förderstrom G_s kommt in der Gleichung im Quadrat vor. Will man deshalb bei derselben Leitung die zu fördernde Menge um nur 20% steigern, so muß man einen um 44% höheren Druck aufwenden.

Noch stärker ist der Einfluß des Rohrdurchmessers. Je nach dem Anteil der Einzelwiderstände ändert sich der Druckverlust mit der 4. bis 5. Potenz des Durchmessers. Es ist deshalb von großem Einfluß, wenn man beim Übergang von der Berechnung zur Ausführung zur nächsthöheren oder -niedrigeren genormten Durchmesserstufe greifen muß. Wird z. B. statt der Nennweite 150 mm die nächstkleinere Nennweite 125 mm gewählt, so nimmt der Durchmesser nur um 17% ab; der Druckabfall aber steigt bei einer langen Leitung ohne Einzelwiderstände auf 251% an.

Bei Rohrnetzaufgaben ist zwischen zwei Aufgabengruppen zu unterscheiden.

Die *erste Aufgabengruppe* ist wie folgt gekennzeichnet: Gegeben ist der Rohrstrang in seiner Linienführung und in allen seinen Teilen, also Länge aller geraden Rohrstrecken, Durchmesser der Rohre, Zahl und Art der Einzelwiderstände. Ferner ist gegeben die zu fördernde Flüssigkeitsmenge oder, was gleichbedeutend ist, die Strömungsgeschwindigkeit. Gesucht ist der Druckabfall $p_1 - p_2$. Die Aufgaben dieser Gruppe bereiten keinerlei Schwierigkeiten, denn die Gln. (11.01 a) und (11.01 b) führen ohne weiteres zum Ziel.

Die *zweite Aufgabengruppe*, mit der wir uns vorwiegend zu befassen haben, hat folgenden Wortlaut: Gegeben ist der Linienzug des Rohrstranges einschließlich der Art und Zahl der

Einzelwiderstände. Ferner ist gegeben die in der Zeiteinheit zu fördernde Flüssigkeitsmenge sowie der zulässige Druckabfall $p_1 - p_2$. Gesucht ist der Rohrdurchmesser.

In diesem Falle führt keine der Gleichungen unmittelbar zum Ziel, weil sie sich nicht in algebraischer Weise nach der Unbekannten „d" auflösen lassen. Der Grund dafür liegt im Aufbau der Gleichungen sowie in dem Umstand, daß der Wert λ sowohl vom Durchmesser als von der Strömungsgeschwindigkeit abhängt — beides vorerst noch unbekannte Größen.

Es gibt verschiedene Möglichkeiten, aus dieser Schwierigkeit einen Ausweg zu finden und daraus erklärt sich die Vielzahl der in den verschiedenen Zweigen der Technik üblichen Berechnungsverfahren. In großen Zügen lassen sich zwei Hauptarten unterscheiden, die beide von einer Schätzung ihren Ausgang nehmen.

1. Unterteilung in eine vorläufige und eine endgültige Rechnung

Man geht dabei meist von der Annahme aus, daß man aus der Erfahrung schätzen kann, in welchem ungefähren Verhältnis die zur Verfügung stehende Druckhöhe von den geraden Rohrstrecken und von den Einzelwiderständen aufgebracht wird. Dieses Verhältnis ist natürlich je nach Art des Rohrnetzes, ob Fernleitung, Strangnetz usw., stark verschieden (vgl. Zahlentafel A 39 im 3. Teil). Bezeichnet man mit a den Anteil der Einzelwiderstände am gesamten Druckabfall, so kann man die Gl. (11.01b) aufspalten; es gilt

für die Einzelwiderstände:

$$\Sigma Z = a \cdot (p_1 - p_2) = \Sigma \zeta \cdot 8{,}27 \cdot 10^{-2} \cdot \frac{1}{\gamma} \frac{G_s^2}{d^4}, \tag{11.02}$$

für die geraden Rohrstrecken:

$$\Sigma R l = (1 - a) \cdot (p_1 - p_2) = \lambda \cdot \frac{\Sigma l}{d} \cdot 8{,}27 \cdot 10^{-2} \cdot \frac{1}{\gamma} \frac{G_s^2}{d^4}. \tag{11.03}$$

An Hand der zweiten Beziehung wird meist die vorläufige Rechnung durchgeführt. Eine Nachrechnung ist notwendig, nicht so sehr, weil durch die Schätzung des Wertes a einige Unsicherheit in die Rechnung gebracht wurde, als vielmehr, weil statt des Durchmessers, den die Rechnung ergibt, ein genormter Durchmesser verwendet werden muß. Je nachdem man die nächsthöhere oder die nächstniedrigere Nennweite wählt, wird die zur Verfügung stehende Druckhöhe entweder nicht aufgebracht oder überschritten. Das Maß dieser Abweichung festzustellen und evtl. auch durch Durchmesseränderungen auszugleichen, ist Aufgabe der Nachrechnung.

Das Verfahren mit dem geschätzten Anteil der Einzelwiderstände ist sehr gut brauchbar bei Fernleitungen, bei denen der Anteil der Einzelwiderstände nur etwa 10 bis 20% beträgt. Es liefert auch noch zufriedenstellende Werte bei den Strangnetzen mit einem Anteil der Einzelwiderstände von etwa 33%. Dagegen wird das Verfahren unbrauchbar bei Netzen mit außergewöhnlich hohem Anteil der Einzelwiderstände, also z. B. bei Rohrschalt- und Verteileranlagen sowie bei Lüftungsnetzen. In solchen Fällen geht man besser den nachstehend bezeichneten Weg.

2. Gleichzeitige Durchrechnung mehrerer Annahmen

Die Schätzung bezieht sich hier auf die Strömungsgeschwindigkeit. Diese liegt bei mittleren und größeren Leitungen im allgemeinen

für Dampf . . . . zwischen 20 und 70 m/s,
für Warm- und Heißwasser . . . . . . zwischen 0,5 und 3 m/s.

Bei einiger Erfahrung ist es möglich, die Grenzen noch erheblich enger zu ziehen. Man ermittelt dann durch eine kurze Zwischenrechnung aus der zu fördernden Flüssigkeitsmenge unter Beachtung der Stufen der genormten Rohrdurchmesser zwei oder drei Geschwindigkeiten, mit denen man nach Gl. (11.01a) den Druckabfall $p_1 - p_2$ bestimmt. Der Vergleich dieser Werte mit dem vorgeschriebenen Druckabfall läßt dann erkennen, welcher Durchmesser für die Ausführung zu wählen ist.

Dem Nachteil dieses Verfahrens, mehrere Annahmen durchrechnen zu müssen, steht der Vorteil gegenüber, daß man ohne die Unsicherheiten einer vorläufigen Rechnung sofort die einwandfreien Werte des Druckverlustes für die zwei oder drei gewählten Durchmesser erhält. Bei verzweigten Netzen macht die Zahl der möglichen Durchmesservariationen dieses Berechnungsverfahren allerdings sehr langwierig.

B. Arbeitsblätter zur Vereinfachung der Berechnung

Die Berechnung des Druckverlustes oder der Durchmesser von Leitungsnetzen läßt sich wesentlich vereinfachen, wenn man die in den Gln. (11.01a) bzw. (11.01b) wiedergegebenen Zusammenhänge in Form von Zahlen- oder Netztafeln niederlegt. In der Heizungstechnik werden im allgemeinen Zahlentafeln bevorzugt, da sie ein schnelleres Aufsuchen vieler Einzelwerte gestatten, allerdings mit sprunghaften Änderungen der Grundgrößen. Bei Netztafeln lassen sich auch Zwischenwerte leicht ablesen. Sie haben den weiteren Vorzug, daß Änderungen in den Ausgangswerten unmittelbar in ihrer Auswirkung auf das Rechnungsergebnis übersehbar sind. Auch sind durch Netztafeln Beziehungen zwischen vier und mehr Veränderlichen darstellbar, die in Zahlentafeln nur umständlich wiederzugeben sind. Das gilt z. B. für die Berechnung von Hochdruckdampfleitungen.

Für die wichtigsten Rechenvorgänge sind Arbeitsblätter im Umschlag des hinteren Buchdeckels enthalten. Die Blätter 1 bis 6 dienen der Berechnung von Warmwasser- und Niederdruckdampfheizungen. Die Tafeln sind unterteilt nach Innendurchmessern bzw. Nennweiten der Rohre in der Kopfzeile und dem Druckgefälle R in der ersten bzw. letzten Spalte.

Auf die Grundlagen und die Handhabung der einzelnen Arbeitsblätter wird bei der Berechnung von Leitungsnetzen noch näher eingegangen.

Die Blätter 1 und 2 geben in den Tabellenfeldern die stündliche Wassermenge G_h und darunter die Wassergeschwindigkeit w_s, die Blätter 3 und 4 die stündliche Wärmemenge bei einer Temperaturdifferenz von $\varDelta t = 20°$. Dabei wurde mit einer spezifischen Wärme $c = 1 \,\mathrm{kcal/kg\,grd}$ gerechnet.

Im Arbeitsblatt 5 sind für die Nachrechnung der Druckverluste die ζ-Werte der wichtigsten Einzelwiderstände, wie Absperrorgane, Richtungsänderungen der Leitung, Abzweige usw., zusammengestellt und Tabellen zur erleichterten Bestimmung des Druckverlustes Z aus der Summe der Einzelwiderstände $(\varSigma \zeta)$ und der Strömungsgeschwindigkeit (w_s) enthalten.

Als lichte Durchmesser sind bei den Gewinderohren die Werte für mittelschwere Rohre nach DIN 2440 zugrunde gelegt; die viel verwendeten leichten Rohre nach DIN 2439 haben bei geringerer Wandstärke einen größeren Innendurchmesser und ergeben deshalb bei gleichen stündlichen Wasser- oder Wärmemengen etwas niedrigere R-Werte. Bei der Berechnung des Druckgefälles R wurde ein Rauhigkeitswert $\varepsilon = 0,045 \,\mathrm{mm}$ zugrunde gelegt, s. S. 442.

II. Berechnung von Fernleitungen

Unter „Fernleitung" seien in diesem Zusammenhang alle die Teile eines Rohrnetzes verstanden, die nicht zu dem stark verzweigten System einer Gebäudewärmeversorgung, also dem eigentlichen Strangnetz, gehören. In diesem Sinne sollen neben den Rohrstrecken von einer Zentrale zu den einzelnen Gebäuden auch die Leitungsstücke bis zum Hausverteiler miterfaßt werden.

A. Warmwasserfernleitungen

1. Der Druckverlust in der geraden Rohrstrecke (Arbeitsblätter 1, 2 und 7)

Bei der Bestimmung der Rohrdurchmesser gehen wir von der Gl. (11.03) aus. Danach gilt für das Druckgefälle R eines Rohrstranges mit der Gesamtlänge $\varSigma l$

$$\frac{(1-a)(p_1-p_2)}{\varSigma l} = R = 8,27 \cdot 10^{-2} \cdot \frac{\lambda}{\gamma} \frac{G_s^2}{d^5}. \tag{11.03a}$$

Es ist nun in der Heizungstechnik üblich, die Rohrdurchmesser in mm und die geförderte Wassermenge in kg/h anzugeben. Dadurch ändert sich der Zahlenbeiwert der Gl. (11.03a) wie folgt:

$$\frac{(1-a)(p_1-p_2)}{\varSigma l} = R = 6,4 \cdot 10^6 \frac{\lambda}{\gamma} \cdot \frac{G_h^2}{d^5}. \tag{11.04}$$

Bei Warmwasser kann man als Mittelwert für die Vor- und Rücklaufleitung $\gamma = 972$ kg/m³ ($t_m = 80°$) einführen. Wir erhalten damit die für die Rohrnetzberechnung von Warmwasserheizungen gültige Gleichung

$$R = 6{,}6 \cdot 10^3 \cdot \lambda \frac{G_h^2}{d^5}. \tag{11.05}$$

Diese Gleichung liegt den Arbeitsblättern 1, 2 und 7 zugrunde.

Beispiel (Handhabung der Arbeitsblätter 1, 2 und 7): Eine Warmwassermenge von $G_h = 30000$ kg/h soll in einer geraden Rohrstrecke ohne Einzelwiderstände von 120 m Länge und NW 100 gefördert werden. Wie groß ist der Druckabfall?

Man sucht in Arbeitsblatt 2 unter NW 100 den der angegebenen Fördermenge nächstliegenden Zahlenwert und findet für $G_h = 29700$ am linken Tafelrad $R = 10$. Der Druckabfall $p_1 - p_2$ ergibt sich also angenähert zu

$$p_1 - p_2 = l \cdot R = 120 \cdot 10 = 1200 \text{ mm WS}.$$

Bei Benutzung der Netztafel in Arbeitsblatt 7 hätte man für den Schnittpunkt der Ordinatenlinie $G_h = 30000$ **kg/h** und der Durchmesserlinie NW 100 einen Abszissenwert $R = 10{,}5$ abgelesen.

In gleicher Weise kann der in Frage kommende Normdurchmesser aus den Arbeitsblättern ermittelt werden, wenn Fördermenge und Druckabfall (bzw. Druckgefälle) bekannt sind, oder es läßt sich der Förderstrom einer gegebenen Rohrleitung für einen bestimmten Druckabfall angeben.

2. Der Druckverlust durch Einzelwiderstände (Arbeitsblatt 5)

Bei einer wirklichen Rohrstrecke muß auch der Druckverlust durch die Einzelwiderstände berücksichtigt werden. Dazu ist für jede Teilstrecke die Summe aller ζ-Werte zu bilden. Gl. (10.13) geht für Warmwasser von 80° über in

$$Z = \Sigma \zeta \cdot \frac{w^2 \cdot \gamma}{2g} = \Sigma \zeta \cdot 49{,}5 \cdot w^2. \tag{11.05a}$$

Zur Erleichterung der Berechnung sind in Arbeitsblatt 5 die Z-Werte für Geschwindigkeiten $w = 0{,}1$ bis 3,0 m/s und ζ-Werte 1 bis 15 in einer besonderen Zahlentafel für Warmwasser angegeben.

3. Durchführung einer Fernleitungsberechnung

Für eine gegebene Rohrleitung läßt sich also mit Hilfe der Arbeitsblätter 1, 2, 5 und 7 bei bekannten Wassermengen und Einzelwiderständen der Druckabfall in jeder Teilstrecke und damit auch in einer Kombination von Teilstrecken in einfacher Weise ermitteln.

Ist umgekehrt der Druckverlust gegeben und der Förderstrom einer Rohrleitung oder ihr Durchmesser werden gesucht, so muß zunächst nach Zahlentafel A 39 der Anteil a der Einzelwiderstände am gesamten Druckabfall geschätzt werden. Er liegt erfahrungsgemäß je nach der Leitungsführung sowie nach Art und Zahl der Einzelwiderstände zwischen 10 und 20%. Es ist nun noch eine Annahme über die Aufteilung des Druckabfalls längs der Strecke zu treffen. Die einfachste Festlegung ist, das Druckgefälle R in der gesamten Leitung gleich zu wählen. Damit ist R nach Gl. (11.03a) bekannt und die gesuchte Größe kann aus den Arbeitsblättern 1 und 2 bzw. 7 entnommen werden.

Die Nachrechnung erstreckt sich auf die genaue Festlegung der Druckverluste in den Einzelwiderständen und — bei Über- oder Unterschreiten des festliegenden Gesamtdruckabfalles ($p_1 - p_2$) — auf eine Änderung der Durchmesser in einigen Teilstrecken.

Teilstrecke Nr.	Länge l [m]	Wärmeleistung $Q_h \left[10^6 \frac{\text{kcal}}{\text{h}} \right]$	Teilstrecke Nr.	Länge l [m]	Wärmeleistung $Q_h \left[10^6 \frac{\text{kcal}}{\text{h}} \right]$
1	350	4,2	4	250	1,3
2	200	3,0	7	60	0,5
3	150	1,8	6	150	1,2
			5	120	1,2

Beispiel: Für das in Abb. 11.01 dargestellte Netz einer Warmwasserfernheizung sind die Rohrdurchmesser zu berechnen. Die Längen l der einzelnen Teilstrecken (Vor- und Rücklaufleitung) und die zu fördernden Wärmemengen sind aus nebenstehender Zusammenstellung zu entnehmen.

Die Vorlauftemperatur beträgt 95°C, die Rücklauftemperatur 65°C. Am Anfang des Netzes stehen 36 m WS Druckunterschied zwischen Vorlauf und Rücklauf zur Verfügung. An den Verbrauchsstellen A, B, C, D sollen noch mindestens 2 m WS vorhanden sein.

Vorbemerkung: Es empfiehlt sich, als Hauptleitung nur die Strecke von der Zentrale Z bis zum Verteilpunkt C' aufzufassen und die Teilstrecke 4 ebenso wie die Teilstrecken 5, 6 und 7 als Abzweige zu betrachten. Um die Auswirkung von Belastungsschwankungen bei einem Abnehmer auf die Druckverhältnisse im Netz gering zu halten, wählt man das Druckgefälle in der Hauptleitung zunächst kleiner als in den Abzweigen.

1. Vorläufige Rechnung für die Hauptleitung

Annahme: Druckgefälle R in der Hauptleitung halb so groß wie in den Abzweigen.

Es ergibt sich daraus die in Abb. 11.02 dargestellte Druckverteilung auf der Strecke $\overline{ZD}$. Setzt man vorläufig den Anteil der Einzelwiderstände am Gesamtdruckverlust $a = 0{,}1$, so ergibt sich das mittlere Druckgefälle R für die Hauptleitung $\overline{ZC'}$ aus

$$(l_1 + l_2 + l_3) \cdot R + l_4 \cdot 2R = (1 - 0{,}1) \cdot (\varDelta p).$$

$\varDelta p$ ist der Druckverlust zwischen Z und D im Vorlauf oder Rücklauf; also

$$\varDelta p = 18 - 1 = 17 \text{ m WS}.$$

Damit wird

$$R = \frac{0{,}9 \cdot 17 \cdot 1000}{(350 + 200 + 150) + 250 \cdot 2}$$
$$= \frac{15{,}3 \cdot 10^3}{1200} = 12{,}75 \text{ mm WS/m}.$$

Mit Hilfe des Arbeitsblattes 2 ergeben sich aus R und den stündlichen Wassermengen die im Vordruck eingetragenen vorläufigen Rohrdurchmesser für die Teilstrecken 1, 2 und 3, die auch für den Rücklauf gelten.

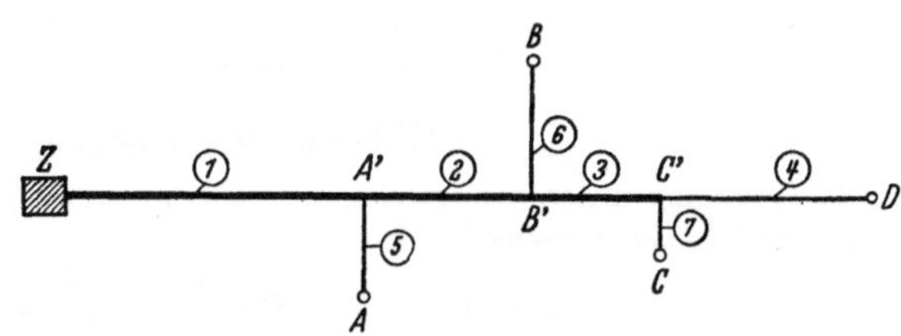

Abb. 11.01. Leitungsplan einer Fernheizung

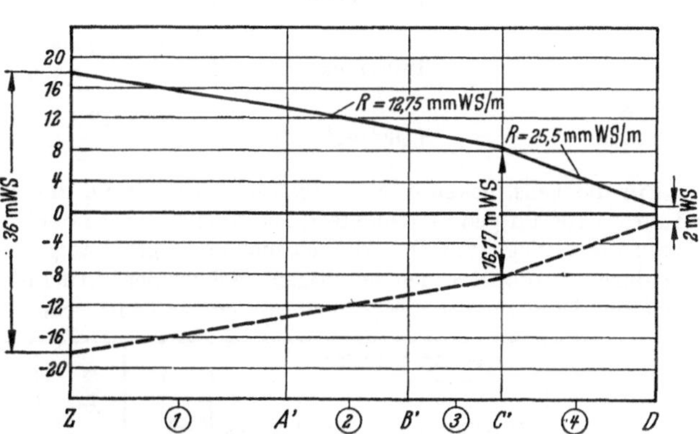

Abb. 11.02. Druckverteilung für die vorläufige Berechnung des Hauptstranges

2. Nachrechnung der Hauptleitung

In den Spalten f und g des Vordruckes werden die für die Normdurchmesser im Arbeitsblatt 2 bei den jeweiligen Fördermengen vermerkten Geschwindigkeiten und R-Werte eingetragen. Man bildet dann für jede Teilstrecke $l \cdot R$ und, unter Berücksichtigung der ζ-Werte und Zuhilfenahme von Arbeitsblatt 5,

$$Z = \varSigma \zeta \, \frac{w^2 \cdot \gamma}{2g}.$$

Als Druckabfall in den drei Teilstrecken erhält man

$$\varSigma(l\,R) + \varSigma Z = 8425 + 970 = 9395 \text{ mm WS}.$$

Dieser Wert stimmt genügend genau mit der verfügbaren Druckhöhe $H = 10\,\text{m WS}$ überein, so daß sich eine Nachrechnung erübrigt.

	Aus dem Rohrplan				Geschwindigkeit	Druckgefälle	Druckabfall durch Rohrreibung	Widerstandsbeiwerte	Druckverlust durch Einzelwiderstände	Gesamter Druckabfall
Teilstrecke	Stündlich geförderte Wärmemenge	Stündlich geförderte Wassermenge	Länge der Teilstrecke l	Rohrdurchmesser d	w	R	$l \cdot R$	$\varSigma \zeta$	Z	$l \cdot R + Z$
Nr.	$\dfrac{\text{kcal}}{\text{h}}$	$\dfrac{\text{kg}}{\text{h}}$	m	mm	$\dfrac{\text{m}}{\text{s}}$	$\dfrac{\text{mm WS}}{\text{m}}$	mm WS	—	mm WS	mm WS
a	b	c	d	e	f	g	h	i	k	l

Hauptleitung $\overline{ZC'}$

$R = 12{,}75$ mm WS/m. Nach Abb. 11.02 zur Verfügung für H: $18\,000 - 8000 = 10\,000$

Nr.	b	c	d	e	f	g	h	i	k	l
1	4 200 000	140 000	350	175	1,55	10,5	3675	4,2	500	
2	3 000 000	100 000	200	150	1,60	14,0	2800	2,2	275	
3	1 800 000	60 000	150	125	1,40	13,0	1950	2,0	195	

verbraucht in den Teilstrecken 1, 2 und 3: $8425 + 970 = 9395$

Rietschel/Raiß, Heiz- und Lüftungstechnik, 14. Aufl., 2. Neudr.

An den Abzweigstellen ergeben sich die nachstehenden Druckdifferenzen:

$$\begin{array}{lr}
\text{In der Zentrale } Z = & 36\,000 \text{ mm WS} \\
\text{Für Vor- und Rücklauf verbraucht in Teilstrecke 1} & \underline{8\,350 \text{ mm WS}} \\
\text{verfügbar an Stelle } A' = & 27\,650 \text{ mm WS} \\
\text{verbraucht in Teilstrecke 2} & \underline{6\,150 \text{ mm WS}} \\
\text{verfügbar an Stelle } B' = & 21\,500 \text{ mm WS} \\
\text{verbraucht in Teilstrecke 3} & \underline{4\,290 \text{ mm WS}} \\
\text{verfügbar an Stelle } C' = & 17\,210 \text{ mm WS}
\end{array}$$

3. Vorläufige Rechnung für die Abzweige

Die Rechnung unterscheidet sich von derjenigen der Hauptleitung nur dadurch, daß das Druckgefälle in jeder Teilstrecke verschieden ist.

$$\text{Teilstrecke 4:} \quad R = \frac{0,9 \cdot (17\,210 - 2000)}{2 \cdot 250} = 27,4 \text{ mm WS/m}$$

$$\text{Teilstrecke 5:} \quad R = \frac{0,9 \cdot (27\,650 - 2000)}{2 \cdot 120} = 96 \text{ mm WS/m}$$

$$\text{Teilstrecke 6:} \quad R = \frac{0,9 \cdot (21\,500 - 2000)}{2 \cdot 150} = 58,5 \text{ mm WS/m}$$

$$\text{Teilstrecke 7:} \quad R = \frac{0,9 \cdot (17\,210 - 2000)}{2 \cdot 60} = 105 \text{ mm WS/m}$$

Für die Teilstrecken 4 bis 7 ergeben sich an Hand des Arbeitsblattes 2 die in nachstehender Tabelle aufgeführten vorläufigen Durchmesser. Die Nachrechnung der Druckverluste zeigt, daß mit den gewählten Rohrweiten die verfügbaren Druckhöhen nicht genügend aufgebraucht werden. Kleinere Drucküberschüsse lassen sich durch Drosselstrecken beseitigen. Bei großen Drucküberschüssen kann ein Teil des Rohrstranges mit kleinerem Durchmesser ausgeführt werden, s. Teilstrecke 5.

Teil-strecke	Aus dem Rohrplan			Rohr-durch-messer	Geschwindig-keit	Druckgefälle	Druckabfall durch Rohr-reibung	Widerstands-beiwerte	Druckverlust durch Einzel-widerstände	Gesamter Druckabfall
	Stündlich geförderte Wärmemenge	Stündlich geförderte Wassermenge	Länge der Teil-strecke							
Nr.	$\dfrac{\text{kcal}}{\text{h}}$	$\dfrac{\text{kg}}{\text{h}}$	l m	d mm	w $\dfrac{\text{m}}{\text{s}}$	R $\dfrac{\text{mm WS}}{\text{m}}$	$l \cdot R$ mm WS	$\Sigma \zeta$ —	Z mm WS	$l \cdot R + Z$ mm WS
a	b	c	d	e	f	g	h	i	k	l
Abzweige:										
$R = 27,4$ mm WS/m									$H =$	7605
4	1300000	43300	250	100	1,6	22	5500	4,5	570	6070
$R = 105$ mm WS/m									$H =$	7605
7	500000	16700	60	50	2,3	100	6000	3,5	850	6850
$R = 58,5$ mm WS/m									$H =$	9750
6	1200000	40000	150	80	2,2	50	7500	5,1	1225	8725
$R = 96$ mm WS/m									$H =$	12825
5	1200000	40000	120	80	2,2	50	6000	4,0	960	6960
Der Drucküberschuß										5865

soll durch Verkleinerung des Rücklaufdurchmessers aufgebraucht werden.

Rücklauf:			120	65	3,0	115	13800	4,0	1780	15580
Vorlauf:										6960
Vorlauf $+$ Rücklauf:										22540
zur Verfügung $2 \cdot H =$										25650

B. Heißwasserfernleitungen

1. Der Druckverlust in der geraden Rohrstrecke

Wir gehen auch hier von der Gl. (11.03) aus. Da Heißwasserheizungen mit Temperaturen bis 200° betrieben werden, müssen bei der Druckverlustberechnung die Änderungen des Rohrreibungsbeiwertes (λ) und der Wichte (γ) mit der Temperatur berücksichtigt werden.

Die Abhängigkeit der Wichte von der Wassertemperatur ist aus Zahlentafel A 35 zu entnehmen. λ ist unter der Annahme einer gleichmäßigen Rohrrauhigkeit ε vom Durchmesser und der Reynolds-Zahl abhängig, s. S. 441. Die Reynolds-Zahl läßt sich wie folgt umformen:

$$Re = \frac{w \cdot d}{\nu} = \frac{V_s \cdot d}{\dfrac{d^2 \pi}{4} \cdot \nu} = \frac{4}{\pi} \cdot \frac{G_s}{d \cdot \nu \cdot \gamma} = \frac{4}{3600\,\pi} \cdot \frac{G_h}{d \cdot \nu \cdot \gamma}.$$

An Stelle der kinematischen Zähigkeit (ν) führen wir die dynamische Zähigkeit (η) ein.

$$\nu = \frac{\eta}{\varrho} = \frac{\eta \cdot g}{\gamma}.$$

Wir erhalten damit für Re

$$Re = \frac{1}{900 \cdot \pi \cdot g} \cdot \frac{G_h}{d} \cdot \frac{1}{\eta}.$$

Bei gleichbleibendem Rohrdurchmesser und Förderstrom geht also eine Temperaturänderung nur über die dynamische Zähigkeit (η) in die Reynolds-Zahl und damit in den Rohrreibungsbeiwert λ ein. Der Zusammenhang zwischen λ und η ist allerdings nicht in einfacher Weise darstellbar, da der Einfluß einer Änderung von η auf λ je nach dem Förderstrom G_h und dem Rohrdurchmesser d verschieden groß ist.

Nach Abb. 10.02 geht mit dem Anwachsen der Wassertemperatur von 80° auf 180° die Zähigkeit η von $3{,}64 \cdot 10^{-5}$ auf $1{,}64 \cdot 10^{-5}$ zurück. Re steigt damit auf das $\dfrac{3{,}64}{1{,}64} \approx 2{,}2$-fache an.

Aus Abb. 10.03 ist zu ersehen, daß eine derartige Änderung der Reynolds-Zahl zu einer Minderung des λ-Wertes um 5 bis 15% führen kann.

Die Auswirkung auf R ist jedoch geringer, da in der Gl. (11.04) der Quotient λ/γ erscheint und die Wichte γ sich in gleichem Sinne ändert wie λ.

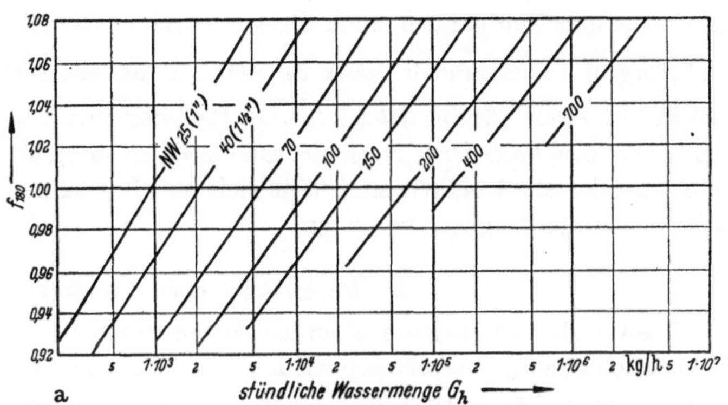

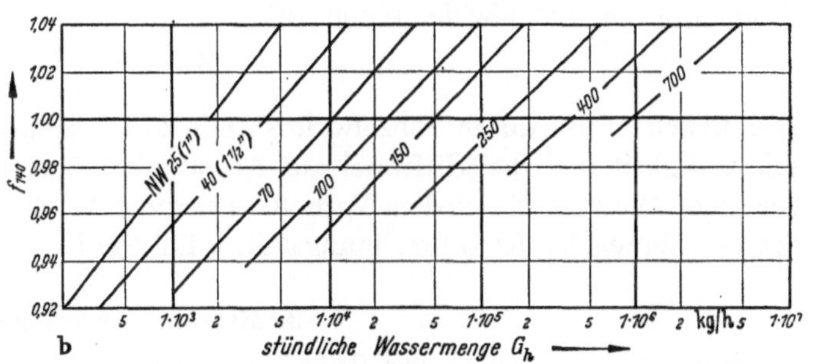

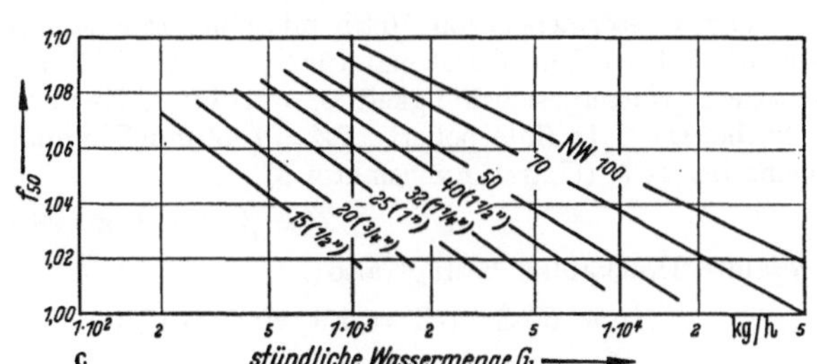

Abb. 11.03. Berichtigungsfaktoren für die Druckgefälle R der Arbeitsblätter 1, 2, 7 bei abweichenden Wassertemperaturen. a) Wassertemperatur 180°, b) Wassertemperatur 140°. c) Wassertemperatur 50°

So geht in unserem Beispiel γ von 972 bei $t = 80°$ auf 887 bei $t = 180°$ zurück, d. h. um fast 9%.

In den Abb. 11.03a und b sind die prozentualen Abweichungen im Druckgefälle R für verschiedene G_h- und d-Werte aufgeführt, wenn statt Wasser von 80° solches von 180° bzw. 140° gefördert werden soll. Man ersieht daraus, daß die Abweichungen selbst in Extremfällen und 180° Wassertemperatur $\pm$ 8% nicht überschreiten. Meist sind sie negativ, d. h., man erhält etwas zu hohe Druckverluste. Daraus folgt:

Die für 80° Wassertemperatur entwickelten Berechnungstafeln 1, 2 und 7 können mit für die Praxis zumeist ausreichender Genauigkeit auch für Heißwasserheizungen verwendet werden.

Erforderlichenfalls können die Abb. 11.03a, b zur Berichtigung der Rechnungsergebnisse herangezogen werden.

30*

Bei niedrigeren Wassertemperaturen, wie sie beispielsweise bei Decken- und Fußbodenheizungen vorkommen, wächst das Reibungsgefälle — verglichen mit den Werten für 80° — etwas an. Abb. 11.03c gibt die Berichtigungswerte bei 50° C für die Rohrweiten bis NW 100 in Abhängigkeit von der Wasserförderung an. Danach liegen die Abweichungen im allgemeinen unter 6% und erreichen erst bei relativ niedriger Wassergeschwindigkeit Werte bis zu 10%. Nur bei hohen Anforderungen an die Rechnungsgenauigkeit ist also eine Berücksichtigung der Abweichungen an Hand der Abb. 11.03c erforderlich.

Bei der obigen Vergleichsrechnung sind wir von der Wassermenge ausgegangen. Da mit zunehmender Temperatur auch die spezifische Wärme des Wassers größer wird, s. Zahlentafel A 3, ergibt die überschlägliche Ermittlung der Wassermenge aus dem Quotienten $\dfrac{Q}{t_v - t_r}$, wie sie in der Praxis üblich ist (d. h. das Rechnen mit $c = 1$), etwas zu hohe Wassermengen, also auch etwas zu hohe Druckverluste. Da man auf der sicheren Seite rechnet und die Abweichungen nicht größer als 3 bis 5% sind, läßt sich im allgemeinen auch diese Vereinfachung im Rahmen der Gesamtgenauigkeit vertreten.

2. Der Druckverlust durch Einzelwiderstände

Die Geschwindigkeitsangaben der Arbeitsblätter 1, 2 und 7 gelten für 80° Wassertemperatur. Mit zunehmender Wassertemperatur wächst das spezifische Volumen $v = 1/\gamma$, für einen in kg/h angegebenen Wasserstrom also auch die Geschwindigkeit. Das Produkt $w \cdot \gamma$ bleibt dabei konstant. Für die Einzelwiderstände gilt

$$Z = \Sigma \zeta \frac{w^2 \cdot \gamma}{2g}.$$

Der Druckverlust durch Einzelwiderstände kann sonach an Hand der für 80° geltenden Geschwindigkeit und der Hilfstafel auf Arbeitsblatt 5 ermittelt werden, wenn man den dort abgelesenen Wert für Z mit dem Verhältniswert der Wichten γ_{80}/γ multipliziert. Zur Erleichterung der Berechnung ist der Umrechnungsfaktor für den Temperaturbereich 40 bis 180° mit aufgeführt.

3. Berechnungsbeispiel

Es ist der Druckabfall in einer Heißwasserleitung von 2000 m Länge und NW 150 zu bestimmen bei Förderung einer Wassermenge von 70 t/h mit einer mittleren Wassertemperatur von 140°. $\Sigma \zeta = 25$.

Aus Arbeitsblatt 7 entnimmt man für $G_h = 70\,000$ kg/h und $d = 150$ mm, $R = 6{,}9$ mm WS/m sowie die auf 80° bezogene Wassergeschwindigkeit $w = 1{,}14$ m/s. Nach der Hilfstabelle auf Arbeitsblatt 5 ergibt sich für $\Sigma \zeta = 25$ bei $w = 1{,}15$ (interpoliert), $\Sigma Z = 1650$ mm WS und unter Berücksichtigung des größeren spezifischen Volumens bei 140° (Umrechnungsfaktor β)

$$Z' = \beta \cdot Z = 1{,}05 \cdot 1650 = 1730.$$

Der gesamte Druckabfall beträgt also:

$$\Delta p = R \cdot \Sigma l + Z' = 6{,}9 \cdot 2000 + 1730 = 13\,800 + 1730 = 15\,530 \quad [\text{mm WS}].$$

C. Dampffernleitungen

Bei der Fortleitung von Dampf bewirkt der Druckabfall längs der Strecke eine ständige Zunahme des zu fördernden Dampfvolumens. Man kann daher nicht mehr — wie bei Wasser — mit einem gleichbleibenden γ und R rechnen. Auch ist bei längeren Strecken die Veränderung des Förderstroms infolge Kondensatbildung zu berücksichtigen.

1. Die Gleichung für den Rohrdurchmesser

Für das Druckgefälle in einem sehr kleinen Abschnitt dl, der l m vom Anfang der Leitung entfernt ist, schreiben wir nach Gl. (11.04)

$$\frac{dp}{dl} = 6{,}4 \cdot 10^6 \frac{\lambda}{\gamma} \cdot \frac{G_h^2}{d^5}.$$

Multiplizieren wir beide Seiten mit $p \cdot dl$, so erhalten wir

$$p \cdot dp = 6{,}4 \cdot 10^6 \lambda \cdot \frac{p}{\gamma} \cdot \frac{G_h^2}{d^5} \cdot dl. \tag{11.06}$$

In dieser Gleichung ändern sich für eine nicht allzu ausgedehnte Teilstrecke der Reibungsbeiwert λ und der Quotient p/γ nur wenig. Es entsteht daher kein wesentlicher Fehler, wenn bei der Integration der Gleichung die zwischen den Integrationsgrenzen (Rohranfang und Rohrende) geltenden Mittelwerte λ_m und p_m/γ_m als konstant betrachtet werden.

Wird nunmehr die Gleichung integriert und beiderseits noch durch l dividiert, so findet man:

$$\frac{p_1^2 - p_2^2}{2\,l} = 6{,}4 \cdot 10^6 \cdot \lambda_m \cdot \frac{p_m}{\gamma_m} \cdot \frac{G_h^2}{d^5} . \tag{11.07}$$

Hierin ist aber:

$$\frac{p_1^2 - p_2^2}{2\,l} = \frac{p_1 - p_2}{l} \cdot \frac{p_1 + p_2}{2} = \frac{p_1 - p_2}{l} \cdot p_m .$$

Damit wird

$$R = \frac{p_1 - p_2}{l} = 6{,}4 \cdot 10^6 \frac{\lambda_m}{\gamma_m} \cdot \frac{G_h^2}{d^5} , \tag{11.08}$$

d. i. wieder die bekannte Gleichung für das Druckgefälle R. Der Umweg über den Differentialansatz hat gezeigt, daß diese Formel auch für endliche Druckbereiche anzuwenden ist, wenn für γ_m die dem mittleren Druck $\frac{p_1 + p_2}{2}$ zugeordnete Wichte eingeführt wird und wenn längs der Strecke l ohne größere Fehler mit einem mittleren Rohrreibungswert gerechnet werden kann. Es ist also nachzuprüfen, inwieweit die zweite Voraussetzung im üblichen Druckbereich von Ferndampfleitungen zutrifft.

Bleiben in einer Teilstrecke G und d konstant, so ändert sich nach S. 467 λ nur mit η. Die Abhängigkeit des Wertes η von der Temperatur ist in Abb. 10.02 wiedergegeben. Danach wächst η von $1{,}285 \cdot 10^{-6}$ für 100 °C auf $2{,}03 \cdot 10^{-6}$ kp sek/m² für 233 °C an. Für Sattdampf erfassen diese Temperaturen einen Druckbereich von 1 bis 30 at.

In dem zumeist bei Fernleitungen vorkommenden Druckbereich von 1,5 bis 10 at kann mit einem Mittelwert $\eta_m = 1{,}535 \cdot 10^{-6}$ kp sek/m² für Sattdampf gerechnet werden. Es treten dann in diesem Druckbereich keine größeren Abweichungen bei η und Re für konstante Werte von G und d auf als $\pm\,10\%$. Die dadurch bewirkten Änderungen von λ sind, wie Abb. 10.03 zeigt, zu vernachlässigen, d. h., man kann, ohne einen wesentlichen Fehler zu begehen, $\lambda = $ konst setzen. Für Sattdampf von 30 at ergibt sich eine um 32% kleinere Re-Zahl; dadurch würde λ um höchstens 5% größer werden als bei einem mittleren Druck $p = 5$ at.

2. Der Druckverlust in der geraden Rohrstrecke (Arbeitsblatt 8)

Bei konstant angenommenem Reibungsbeiwert λ kann der in Gl. (11.04) wiedergegebene Zusammenhang zwischen R, G, d und γ in Diagrammform dargestellt werden. Eine einfache Netztafel genügt allerdings nicht mehr, da jede Größe von drei Veränderlichen abhängt, beim Einbeziehen des Überhitzungsgebietes sogar von vier Veränderlichen. Aufbau und Handhabung des Diagramms (Arbeitsblatt 8) lassen sich am einfachsten an Rechnungsbeispielen erläutern.

Beispiel (Handhabung des Arbeitsblattes 8): Eine Dampfmenge $G_h = 10$ t/h soll in einer geraden Rohrstrecke ohne Einzelwiderstände von 200 m Länge und NW 150 gefördert werden.

Wie groß ist der Enddruck p_2 bei einem Anfangsdruck $p_1 = 5{,}5$ at ?

Im rechten Diagrammteil wird zunächst der Schnittpunkt des Abszissenwertes $G_h = 10\,000$ kg/h mit dem Durchmesserparameter NW 150 gesucht. Auf der Waagerechten in den linken Diagrammteil überwechselnd, liefert der Schnittpunkt mit der Drucklinie $p = 5$ at (als mittlerer Druck auf der Strecke geschätzt) das auf der linken Abszissenachse unten abzulesende Druckgefälle $R = 48$ mm WS/m. Danach ergibt sich

$$p_1 - p_2 = l \cdot R = 200 \cdot 48 = 9600 \ \text{kg/m}^2 \mathrel{\widehat=} 0{,}96 \ \text{at}$$

und

$$\text{Enddruck } p_2 = 5{,}5 - 0{,}96 = 4{,}54 \ \text{at}.$$

$(p_m = \dfrac{p_1 + p_2}{2}$ stimmt genügend genau mit dem Schätzwert überein. Sonst wäre eine Berichtigung an Hand des geänderten p_m erforderlich).

Bei Sattdampf ist für genaue Berechnungen stets auch der Kondensatanfall auf der Strecke zu berücksichtigen, und zwar wählt man der Einfachheit halber die stündliche Dampfmenge um den halben Wert der zu erwartenden Kondensatmenge höher als die am Ende der Leitung geforderte Nutzleistung.

Für überhitzten Dampf ist R unter Berücksichtigung des Temperaturunterschiedes gegenüber Sattdampf gleichen Druckes im Arbeitsblatt 8 links oben abzulesen[1]. Der Auffindung dieses Temperaturunterschiedes dient die kleine Hilfstabelle rechts oben, in der die Sättigungstemperatur in Abhängigkeit vom Dampfdruck angegeben ist.

In vorstehendem Beispiel würde bei einer mittleren Dampftemperatur von 250 °C (sie entspricht einer Dampfüberhitzung um 99 °C) das Druckgefälle auf $R' = 62$ mm WS/m anwachsen. Damit wäre

$$p_1 - p_2' = l \cdot R' = 200 \cdot 62 = 12\,400 \text{ mm WS}$$

und

$$p_2 = 5{,}5 - 1{,}24 = 4{,}26 \text{ at}.$$

Sind bei einer Aufgabe Dampfmenge oder Durchmesser gesucht, so geht man sinngemäß von der linken Diagrammseite aus, wobei zunächst R aus dem gegebenen Druckabfall berechnet werden muß.

3. Der Druckverlust durch Einzelwiderstände (Arbeitsblätter 5 und 9)

Zur Bestimmung des Druckverlustes durch Einzelwiderstände geht man zweckmäßigerweise von der Geschwindigkeit aus, legt also Gl. (10.13) zugrunde. Da die Geschwindigkeit von drei Veränderlichen, nämlich G, d und γ, abhängig ist, kann sie nicht in übersichtlichen Zahlentafeln angegeben werden. Wir wählen also wieder die Diagrammform (Arbeitsblatt 9), wobei sich ohne Beeinträchtigung der Ablesegenauigkeit auch das Gebiet der höheren Drücke und Temperaturen mit einschließen läßt. Zur Erleichterung der Rechnung sind für Drücke bis 30 at und Temperaturen bis 500 °C im Arbeitsblatt 5 die Werte $\dfrac{w^2 \cdot \gamma}{2\,g}$ in einem Doppeldiagramm wiedergegeben. Bei Sattdampf kann unmittelbar vom Kopf des Diagramms ausgegangen werden.

Beispiel (Verwendung des Arbeitsblattes 9 zur Bestimmung des Druckverlustes der Einzelwiderstände): In einer Dampfleitung NW 100 strömt eine Sattdampfmenge von 2,5 t/h. Gesucht ist der Druckverlust durch Einzelwiderstände mit $\Sigma \zeta = 15$ bei einem mittleren Dampfdruck von 4 at. Zunächst ist aus Arbeitsblatt 9 die mittlere Dampfgeschwindigkeit zu bestimmen. Man geht, da es sich um Sattdampf handelt, von der unteren Abszissenachse im rechten Diagrammteil aus und sucht den Schnittpunkt der Senkrechten für $p_m = 4$ at mit der Linie für $G_h = 2{,}5$ t/h. Im linken Diagrammteil findet man auf der gleichen Ordinatenhöhe zu $d = 100$ die gesuchte Geschwindigkeit $w = 40$ m/s.

Für $w = 40$ m/s und $p_m = 4$ at liest man in der für Hochdruckdampf geltenden Netztafel auf Arbeitsblatt 5 ab:

$$\frac{w^2 \cdot \gamma}{2\,g} = 175.$$

Man erhält dann:

$$\Sigma Z = \Sigma \zeta \, \frac{w^2 \cdot \gamma}{2\,g} = 15 \cdot 175 = 2625 \text{ kg/m}^2.$$

Bei der Förderung von überhitztem Dampf ist $\dfrac{w^2 \cdot \gamma}{2\,g}$ entsprechend Arbeitsblatt 8 und 9 für die jeweiligen Drücke und Temperaturen des Dampfes abzulesen.

4. Die überschlägliche Bestimmung des Rohrdurchmessers mit Hilfe der Dampfgeschwindigkeit

Das Arbeitsblatt 9 kann auch zur überschläglichen Bestimmung des Rohrdurchmessers bzw. der Förderleistung von Dampfleitungen verwendet werden. So ist es z. B. unzweckmäßig, die Rohrdurchmesser der *Dampfleitungen in Zentralen* nach dem Druckgefälle bei der geforderten Dampfmenge zu bemessen. Hier überwiegt nämlich der Druckverlust durch Einzelwiderstände, wie Absperrungen, Apparate, Abzweige usf. Man wählt daher besser die Dampfgeschwindigkeit nach Erfahrungswerten, und zwar je nach dem zulässigen Druckabfall in der Zentrale zwischen $w = 20$ und $w = 70$ m/s.

Bei dem starken Anwachsen der Kosten von Absperrorganen und sonstigem Rohrzubehör mit dem Leitungsdurchmesser lassen sich durch die Wahl höherer Geschwindigkeiten erhebliche Kosteneinsparungen in der Zentrale erzielen; auch sind Leitungen mit kleineren Durchmessern

---

[1] Fernheizungen werden zumeist mit nur geringer Dampfüberhitzung betrieben. Die Annahme einer gleichmäßigen Zunahme des spezifischen Volumens mit der Überhitzung, die dieser Maßstabsverschiebung zugrunde liegt, ist im Rahmen der Genauigkeit des Diagramms berechtigt.

leichter unterzubringen. Man geht aus diesen Gründen gern mit dem Druckabfall in der Zentrale bis an die Grenze des Tragbaren. Bei der Nachrechnung der Druckverluste genügt es meist, nur die Einzelwiderstände zu berücksichtigen, insbesondere dann, wenn keine größeren geraden Leitungsstrecken vorhanden sind.

Aber auch bei *Fernleitungen* ermöglicht das Arbeitsblatt 9 eine erste Schätzung der Rohrdurchmesser. Man wählt dabei die Dampfgeschwindigkeiten niedrig bei kleinen Rohrdurchmessern und hoch bei großen Durchmessern. Einen Anhalt mögen folgende Werte geben:

Rohrdurchmesser $<$ NW 50:	Dampfgeschwindigkeiten bis 30 m/s
Rohrdurchmesser NW 50 bis NW 150:	Dampfgeschwindigkeiten bis 40 m/s
Rohrdurchmesser $>$ NW 150:	Dampfgeschwindigkeiten bis 50 m/s

Bei der Bestimmung des wirtschaftlichsten Durchmessers einer Fernleitung hat die Bemessung nach der Dampfgeschwindigkeit den Vorzug, daß sie sogleich die exakten Druckverluste ergibt, eine Nachrechnung also nicht erforderlich ist, s. S. 462.

Beispiel (Verwendung des Arbeitsblattes 9 zur überschläglichen Durchmesserbestimmung): Von einer Heizzentrale soll ein 400 m entfernter Betrieb mit Hochdruckdampf versorgt werden. Benötigt werden maximal 7 t/h Dampf mit 3 at an der Verwendungsstelle. Gesucht ist der ungefähre Leitungsdurchmesser d

a) bei Abgabe von Sattdampf,

b) bei Abgabe von Heißdampf mit durchschnittlich 40° Überhitzung.

Wir wählen für die Überschlagsrechnung die Dampfgeschwindigkeit mit $w \approx 40$ m/s, den Druckabfall auf der Strecke mit 1,6 at und für Sattdampf den Kondensatanfall infolge der Wärmeverluste mit 6% des Dampfbedarfes. Im Mittel werden also in der Leitung gefördert:

$$G_h = 7 \cdot 1{,}03 = 7{,}21 \text{ t/h} \quad \text{bei} \quad p_m = 3 + \frac{1{,}6}{2} = 3{,}8 \text{ at.}$$

Dieser Förderleistung kommt nach Arbeitsblatt 9 bei $w \approx 40$ m/s und Sattdampf der Rohrdurchmesser $d = 150$ mm am nächsten (der Schnittpunkt der Senkrechten für $w = 40$ m/s im linken Diagramm mit der Waagerechten für $G_h = 7{,}2$ und $p_m = 3{,}8$ at liegt zwischen NW 150 und NW 175).

Bei Förderung von Heißdampf werden die Wärmeverluste aus der Überhitzungswärme bestritten. Bei $p_m = 3{,}8$ at entspricht die Annahme einer mittleren Überhitzung von 40° einer Heißdampftemperatur $t_m = 132{,}9 + 40 = 172{,}9°$. Für $G_h = 7$ t/h ergibt sich bei diesem Dampfzustand mit $w \approx 40$ m/s praktisch der gleiche Rohrdurchmesser wie bei Sattdampf. Die wirkliche Dampfgeschwindigkeit liegt in beiden Fällen bei $w \approx 42$ m/s.

Eine Nachprüfung der Annahme über den Druckabfall ist an Hand des Arbeitsblattes 8 leicht möglich. Selbst grobe Schätzungsfehler im mittleren Druck wirken sich bei Hochdruckdampf im Endergebnis nicht wesentlich aus, wie die enge Drucklinienfolge im linken Teil von Arbeitsblatt 8 erkennen läßt.

5. Durchführung einer Fernleitungsberechnung

Die genaue Ermittlung des Durchmessers einer Fernleitung bei gegebenen Zahlenwerten für die stündlich zu fördernde Dampfmenge, für den Anfangs- und Endzustand des Dampfes sowie bei bekannter Leitungsführung macht eine Schätzung des Anteils der Einzelwiderstände am gesamten Druckabfall sowie der Wärmeverluste notwendig; auch muß eine Annahme über die Druckverteilung auf der Strecke getroffen werden. Der Anteil der Einzelwiderstände kann wie bei der Wasserverteilung mit 10 bis 20%, also

$$a = 0{,}1 \text{ bis } 0{,}2$$

eingesetzt werden. Zur Berücksichtigung der Wärmeverluste erhöht man die Dampfleistung je nach der Leitungslänge um 5 bis 10%.

In einer Nachrechnung muß die Richtigkeit dieser Schätzungen überprüft und erforderlichenfalls eine Berichtigung der Durchmesser vorgenommen werden. Bei einem verzweigten Netz mit gleichen Enddrücken an den Verbrauchsstellen bestimmt der entfernteste Abnehmer die Bemessung der Hauptleitung.

Beispiel: Für das in Abb. 11.01 dargestellte Netz sind die Rohrdurchmesser bei Dampfverteilung zu berechnen. Wärmeleistungen und Rohrlängen entsprechen den Angaben auf S. 464 unten. Am Anfang des Netzes, in der Zentrale Z, steht Sattdampf von 3,5 at zur Verfügung. An den Verbrauchsstellen A, B, C und D sollen noch mindestens 1,5 at vorhanden sein. Zur Berechnung der in den einzelnen Teilstrecken zu fördernden Dampfmengen setzen wir die je kg Dampf ausnutzbare Wärmemenge mit 540 kcal an und berücksichtigen weiterhin die Wärmeverluste durch einen Zuschlag zur Dampfmenge von 10% in der Hauptleitung und 5% in den Abzweigen.

1. Vorläufige Rechnung für die Hauptleitung

Aus Gründen, die beim Beispiel S. 465 für das Warmwasserfernnetz erläutert wurden, sei auch hier als Hauptleitung nur die Strecke Z bis C' angenommen; ihr Druckgefälle sei halb so groß wie dasjenige des letzten Abzweiges 4. Der Anteil der Einzelwiderstände betrage etwa 15%. Damit erhalten wir das Druckgefälle für die Hauptleitung zu:

$$R = \frac{(1-0{,}15) \cdot \Delta p}{l_1 + l_2 + l_3 + 2 \cdot l_4} = \frac{0{,}85\,(35\,000 - 15\,000)}{700 + 2 \cdot 250} = 14{,}2 \text{ mm WS/m}.$$

Die Druckverteilung ist in Abb. 11.04 wiedergegeben. In der Hauptleitung (Teilstrecke 1 bis 3) kann also verbraucht werden:

$$p_Z - p_{C'} = \frac{14{,}2 \cdot 700}{0{,}85} = 11700 \text{ mm WS}.$$

Mit Hilfe des Arbeitsblattes 8, dem oben errechneten R-Wert und den der Abb. 11.04 entnommenen vorläufigen mittleren Drücken p_m werden die Rohrdurchmesser ermittelt; sie sind in der nachstehenden Tabelle eingetragen.

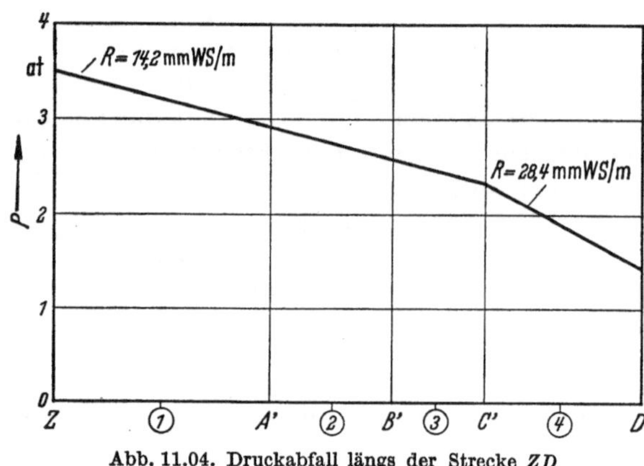

Abb. 11.04. Druckabfall längs der Strecke ZD

$$R = 14{,}2 \text{ mm WS/m}$$

Teilstrecke	p_m	G_h	d
—	at	kg/h	mm
1	3,2	8550	200
2	2,75	6100	175
3	2,45	3670	150

2. Nachrechnung der Hauptleitung

Bei der Nachrechnung ist das wirkliche Druckgefälle R und der diesem Druckgefälle entsprechende tatsächliche mittlere Druck einzusetzen. Da auch der Druckverlust Z durch Einzelwiderstände von dem vorläufigen (geschätzten) Wert abweichen kann, so ist nach Durchführung der Nachrechnung für jede Teilstrecke zu überprüfen, ob mit dem richtigen mittleren Druck gerechnet wurde. Für längere Leitungsstücke führt evtl. eine Unterteilung der Strecke in mehrere Teilabschnitte zu einer Erhöhung der Rechnungsgenauigkeit, insbesondere bei stark veränderlichem Dampfvolumen längs der Gesamtstrecke. Die Dampfgeschwindigkeiten können dem Arbeitsblatt 9 und der Druckverlust durch Einzelwiderstände für $\zeta = 1$ dem Arbeitsblatt 5 entnommen werden.

Als Drücke an den Abzweigstellen A', B', C' erhält man mit den Zahlenwerten des Formblattes auf S. 473:

$$p_Z = 35\,000 \text{ mm WS}$$

verbraucht in Teilstrecke 1   4680 mm WS

$$p_{A'} = 30\,320 \text{ mm WS}$$

verbraucht in Teilstrecke 2   3040 mm WS

$$p_{B'} = 27\,280 \text{ mm WS}$$

verbraucht in Teilstrecke 3   2080 mm WS

$$p_{C'} = 25\,200 \text{ mm WS}$$

3. Vorläufige Rechnung für die Abzweige

Die Rechnung unterscheidet sich grundsätzlich nicht von derjenigen der Hauptleitung.

Teilstrecke 4:
$$R = \frac{0{,}85\,(25\,200 - 15\,000)}{250} = 35 \text{ mm WS/m}$$
$$p_m = \frac{2{,}5 + 1{,}5}{2} = 2 \text{ at}$$

Teilstrecke 7:
$$R = \frac{0{,}85\,(25\,200 - 15\,000)}{60} = 145 \text{ mm WS/m}$$
$$p_m = 2 \text{ at}$$

Teilstrecke 6:
$$R = \frac{0{,}85\,(27\,280 - 15\,000)}{150} = 70 \text{ mm WS/m}$$
$$p_m = \frac{2{,}73 + 1{,}5}{2} = 2{,}1 \text{ at}$$

Teilstrecke 5:
$$R = \frac{0{,}85\,(30\,320 - 15\,000)}{120} = 109 \text{ mm WS/m}$$
$$p_m = 2{,}25 \text{ at}$$

Mit diesen Werten ergeben sich aus Arbeitsblatt 8 die nachstehenden vorläufigen Rohrweiten:

Teilstrecke	R	p_m	G_h	d
—	mm WS/m	at	kg/h	mm
4	35	2,0	2530	110
5	109	2,25	2330	(88)
6	70	2,1	2330	100
7	145	2,0	970	60

Eine Nachrechnung ist nur erforderlich, wenn infolge der Sprünge in den Normdurchmessern der Rohre größere Abweichungen zwischen dem wirklichen und dem Ausgangsdruckgefälle bestehen, so daß es sich lohnt, Drucküberschüsse durch teilweise Verkleinerung des Durchmessers aufzubrauchen, s. Nachrechnung zur Teilstrecke 6a und 6b in der Tabelle.

Soll die Teilstrecke 5 mit genormten Rohrdurchmessern ausgeführt werden, so ist eine Unterteilung der Teilstrecke 5 im Verhältnis 5a : 5b = 2 : 1 erforderlich.

Aus dem Rohrplan			Rohrdurchmesser	Tatsächlicher mittlerer Druck	Geschwindigkeit	Druckgefälle	Druckverlust durch Rohrreibung	Widerstandsbeiwerte	Druckverlust durch Einzelwiderstände	Gesamter Druckabfall
Teilstrecke	Länge der Teilstrecke	Mittlere Dampfmenge								
	l	G_h	d	p_m	w	R	$l \cdot R$	$\Sigma \zeta$	Z	$l \cdot R + Z$
Nr.	m	$\frac{\text{kg}}{\text{h}}$	mm	at	$\frac{\text{m}}{\text{s}}$	$\frac{\text{mm WS}}{\text{m}}$	mm WS	—	mm WS	mm WS
a	b	c	d	e	f	g	h	i	k	l

Hauptleitung

$R = 14{,}2$ mm WS/m · zur Verfügung: 11 700

1	350	8550	200	3,26	41	11,2	3920	5,0	760	4 680
2	200	6100	175	2,88	44	12,5	2500	3,5	540	3 040
3	150	3670	150	2,65	38	11,8	1770	3,0	310	2 080

verbraucht: 9800

Drucküberschuß: 1900

Abzweige

Teilstrecke 4:

$R = 35$ mm WS/m · zur Verfügung: 10 200

4	250	2530	110	2,0	61	34	8500	8,0	1670	10 170

Drucküberschuß: 30

Teilstrecke 7:

$R = 145$ mm WS/m · zur Verfügung: 10 200

7	60	970	60	2,2	69	89	5340	3,2	940	6 280

Drucküberschuß (beim Verbraucher abzudrosseln): 3 920

Teilstrecke 6:

$R = 70$ mm WS/m · zur Verfügung: 12 280

6	150	2330	100	2,4	61	43	6460	5,0	1250	7 710

Drucküberschuß: 4 570

Änderung der Teilstrecke 6:

6a	35	2330	80	2,5	87	115	4025	1,2	630	4 655
6b	115	2330	100	1,9	75	52	5980	5,3	1600	7 580

verbraucht in 6a und 6b: 12 235

Drucküberschuß: 45

Teilstrecke 5:

$R = 109$ mm WS/m · zur Verfügung: 15 320

5	120	2330	(88)	2,4	80	89	10700	5,5	2400	13 100

Änderung der Teilstrecke 5:

5a	80	2330	80	2,5	87	115	9200	3,0	1580	10 780
5b	40	2330	100	1,8	79	57	2280	2,5	800	3 080

verbraucht in 5a und 5b: 13 860

Drucküberschuß: 1460

III. Berechnung der Strangnetze von Warmwasserheizungen

A. Grundlagen

Der Grundgedanke der Rechnung soll an dem in Abb. 11.05 gezeichneten einfachen System, das nur aus dem Heizkessel und einem Heizkörper besteht, erläutert werden. Dabei sei angenommen, daß Temperaturänderungen des Wassers nur im Heizkörper und im Kessel, nicht aber in den Rohrleitungen auftreten.

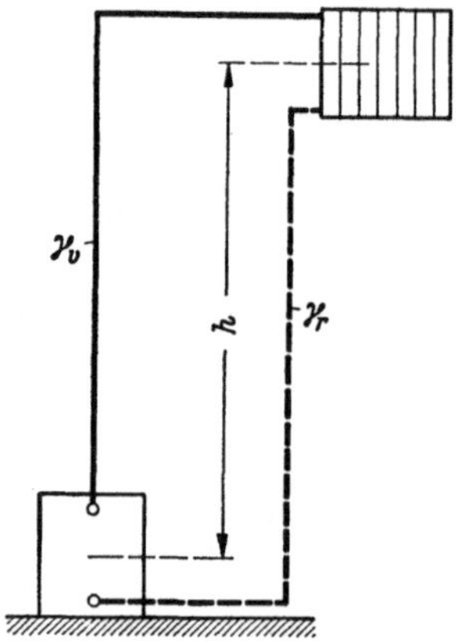

1. Der wirksame Druck bei Schwerkraftheizungen

Die Kraft, welche das Wasser in Umlauf hält, ist der Gewichtsunterschied zwischen der Wassersäule im Rücklauf und der leichteren Wassersäule im Vorlauf.

Es bezeichne:

H den gesuchten wirksamen Druckunterschied in kg/m²,
h den Höhenunterschied zwischen Kesselmitte und Heizkörpermitte in m,
γ_v das spezifische Gewicht des Wassers im Vorlauf in kg/m³,
γ_r das spezifische Gewicht des Wassers im Rücklauf in kg/m³.

Abb. 11.05. Schema einer Schwerkraft-Warmwasserheizung

Dann gilt die Gleichung:

$$H = h \cdot (\gamma_r - \gamma_v) \quad [\text{kg/m}^2] . \tag{11.09}$$

Der Wert H tritt an Stelle des in den früheren Gleichungen mit $p_1 - p_2$ bezeichneten Druckunterschiedes. Hierbei sei daran erinnert, daß eine Druckangabe in kg/m² stets zahlenmäßig gleich ist der Druckangabe in mm WS.

2. Die Grundgleichung für den Wasserumlauf im Rohrnetz

Unter dem Einfluß des wirksamen Druckes H stellt sich eine Bewegung des Wassers im Rohrnetz ein. Die Strömungsgeschwindigkeit steigt so lange an, bis die gesamten Strömungswiderstände, nämlich die Summe aus allen Einzelwiderständen plus der Summe aller Widerstände in den geraden Rohrstrecken, gleich der wirksamen Druckhöhe sind. Daraus ergibt sich die Grundgleichung

$$H = \Sigma Z + \Sigma (lR)$$

oder

$$H - \Sigma Z = \Sigma (lR) .$$

Der Druckabfall der Einzelwiderstände läßt sich erst dann rechnerisch erfassen, wenn die Durchmesser der Strömungswege annähernd bekannt sind. Man teilt deshalb (vgl. S. 462) den ganzen Rechnungsgang in eine *vorläufige Rechnung* und eine *Nachrechnung*.

Zum Zwecke der vorläufigen Rechnung nimmt man an, daß je nach dem Charakter des Gebäudes oder der Heizanlage die Einzelwiderstände einen aus Erfahrungen bekannten Bruchteil (a) der wirksamen Druckhöhe aufzehren und der Rest für die geraden Rohrstrecken übrigbleibt. Der Bruchteil der Einzelwiderstände ist für gewöhnliche Gebäudeheizungen etwa 33%, für längere Hauptleitungen etwa 10 bis 20%, siehe Zahlentafel A 39, S. 595.

Die Grundgleichung lautet nun in dritter Form:

$$H - a \cdot H = (1 - a) \cdot H = \Sigma (lR) . \tag{11.10}$$

Mit der wirksamen Druckhöhe, die auf der linken Seite der letzten Gleichung steht, berechnet man nun ein gedachtes Rohrnetz, von dem man sich vorstellt, daß in allen Formstücken die Strömung reibungslos verläuft, dafür aber nur der um a verminderte Druck zur Verfügung steht. Es ist üblich, die Rohrnetze so zu berechnen, daß innerhalb desselben Rohrzuges nicht die Strömungsgeschwindigkeit w, sondern das Druckgefälle R konstant ist. Damit wird

$$R = (1 - a) \frac{H}{\Sigma l} \tag{11.11}$$

eine Größe, die an Hand des Rohrplanes und der Gl. (11.09) leicht zu errechnen ist.

3. Die Gleichung für den Rohrdurchmesser

Der Rohrdurchmesser ist nun so zu bestimmen, daß das aus Gl. (11.11) errechnete Druckgefälle R sich bei der erforderlichen Wassermenge einstellt. Hierzu dient Gl. (11.05), die für eine mittlere Wichte des Wassers bei 80° ($\gamma = 972$) in den Arbeitsblättern 1, 2 und 7 zahlenmäßig bzw. graphisch ausgewertet ist. Es ist also möglich, mit diesen Arbeitsblättern die Strangnetze zu bestimmen, wobei sich für einen beliebigen R-Wert der Rohrdurchmesser jeder Teilstrecke aus der stündlichen Wassermenge G_h ergibt.

Da Warmwasserheizungen häufig für eine höchste Vorlauftemperatur von 90° und eine höchste Rücklauftemperatur von 70° bemessen werden, läßt sich an Stelle der Wassermenge G_h auch die geförderte Wärmemenge $Q_h = 20 \cdot G_h$ einführen. Man erhält so die für die Rohrnetzberechnung meistens verwendete Gleichung

$$R = 16{,}5 \cdot \lambda \frac{Q_h^2}{d^5}. \tag{11.12}$$

Eine Umrechnung der aus der Wärmebedarfsbestimmung hervorgehenden Heizleistungen auf Wassermengen ist hier nicht mehr erforderlich. Für jede Teilstrecke ist die Gesamtwärmeleistung der von ihr belieferten Heizkörper einzusetzen.

4. Die Arbeitsblätter 3 und 4

In den Arbeitsblättern 3 und 4 ist der Zusammenhang zwischen Q_h, R und d nach Gl. (11.12) tabellarisch wiedergegeben. Der Aufbau dieser Zahlentafeln ist der gleiche wie der der Arbeitsblätter 1 und 2.

Das Arbeitsblatt 3 umfaßt das Gebiet der kleinen R-Werte, d. s. im wesentlichen die Schwerkraftheizungen, das Arbeitsblatt 4 das Gebiet der großen R-Werte, also der Pumpenheizungen.

Beispiel (Handhabung der Arbeitsblätter 3 und 4): In einem 10 m langen Stromkreis ohne Einzelwiderstände mit einer Vorlauftemperatur von 90° C und einer Rücklauftemperatur von 70° C soll eine Wärmemenge von 35 000 kcal/h gefördert werden. Es steht eine Druckhöhe von 3,6 mm WS zur Verfügung.
Welchen Durchmesser muß die Rohrleitung erhalten?
Wie groß ist die Wassergeschwindigkeit?
Für die 10 m lange Rohrleitung beträgt das Druckgefälle $R = 3{,}6 : 10 = 0{,}36$ mm WS/m Rohr. Man geht in der Spalte für das Druckgefälle nach unten bis zum Wert 0,36 und findet, in dieser Reihe nach rechts gehend, die Wärmemenge 38 000 kcal/h angegeben, und zwar beim Durchmesser 70 mm. Um die herrschende Wassergeschwindigkeit zu bestimmen, geht man in der Spalte für den Durchmesser 70 mm bis zur geforderten Wärmeleistung und findet für 34 450 kcal/h eine Wassergeschwindigkeit von 0,13 m/s und damit, von dieser Zahl aus nach links gehend, ein Druckgefälle von 0,30 mm WS/m. Da also wegen der handelsüblichen Stufung der Rohrdurchmesser ein etwas zu weites Rohr gewählt werden mußte, werden von dem zur Verfügung stehenden Druck von 3,6 mm nur $10 \cdot 0{,}30 = 3{,}0$ mm aufgebraucht.

B. Zweirohrsystem ohne Wärmeverluste der Rohrleitung

Liegen Rohrplan und Strangschema einer projektierten Heizanlage vor, so gilt es zunächst, den ungünstigsten Stromkreis herauszusuchen. Dies ist in der Regel die Rohrverbindung des Kessels mit dem Heizkörper, der bei niedrigster Höhenlage zugleich horizontal am weitesten vom Wärmeerzeuger entfernt ist. Im Zuge dieses Stromkreises legt man die einzelnen Teilstrecken fest, wobei als Teilstrecken alle jene Rohrstrecken zu verstehen sind, in welchen sich die Wassermenge nicht ändert, also von T-Stück zu T-Stück. Die Teilstrecken numeriert man vom Kessel ausgehend durch den Vorlauf zum Heizkörper und von hier wieder zum Kessel zurück. Durch Summierung der Längen aller dieser Teilstrecken bildet man den Wert Σl. Die wirksame Druckhöhe H ist an Hand der Zahlentafeln A 33 bzw. 36 zu berechnen. Von ihr ist der Anteil der Einzelwiderstände nach Zahlentafel A 39 abzuziehen, d. h. für Strangnetze 33%. Der verbleibende Betrag steht für die Rohrreibung zur Verfügung; er ergibt, durch Σl dividiert, das Druckgefälle R.

1. Vorläufige Ermittlung der Rohrdurchmesser

Mit dem Druckgefälle R eines Stromkreises läßt sich aus dem Arbeitsblatt 3 (bei Temperaturunterschieden $(t_v - t_r) \gtrless 20°$ aus Arbeitsblatt 1) für jede Teilstrecke unmittelbar der vorläufige Rohrdurchmesser entnehmen. Man sucht zu diesem Zweck in der Waagerechten zu R fortschreitend einen, der zu fördernden Wärmemenge möglichst nahe kommenden Wert und findet in der gleichen senkrechten Spalte oben den gesuchten Rohrdurchmesser. In der gleichen Weise werden, wie das nachstehende Berechnungsbeispiel zeigt, auch die anderen Stromkreise berechnet.

Zur Vereinfachung der Berechnung bedient man sich dabei eines Vordruckes, s. S. 478. Hier werden eingetragen aus dem Rohrplan zunächst die Bezeichnungen der Teilstrecken, die zu fördernden Wärmemengen — bei Verwendung der 1°-Tabelle (Arbeitsblatt 1) die Wassermengen — und die Teilstreckenlängen. Anschließend werden die aus Arbeitsblatt 1 oder 3 abgelesenen vorläufigen Rohrdurchmesser vermerkt. Für die erste Projektierung einer Heizanlage (Kostenanschlag) begnügt man sich vielfach mit der vorläufigen Durchmesserberechnung.

2. Nachrechnung der Rohrleitung

Die vorläufigen Rohrdurchmesser sind aus zwei Gründen unsicher; erstens zwingt die Notwendigkeit, mit den genormten Rohrdurchmessern auszukommen, immer wieder dazu, größere oder kleinere Rohrweiten zu wählen, als der verlangten Wärmeleistung genau entsprochen hätte, und zweitens ist der Einfluß der Einzelwiderstände durch den Überschlagswert „a" nur der Größenordnung nach berücksichtigt. Diese Unsicherheiten müssen nun durch die Nachrechnung beseitigt werden. Man geht von dem vorläufigen Durchmesser aus und sucht im Arbeitsblatt 3 lotrecht unter ihm die zu fördernde Wärmemenge oder im Arbeitsblatt 1 die Wassermenge. Die Mengen sind hier stärker unterteilt als in der Waagerechten. Unterhalb der Wärme- (Wasser-) Menge ist die zugehörige Wassergeschwindigkeit angegeben, die man sich für später vermerkt. Von diesem Tabellenrechteck aus nach links oder rechts schreitend findet man in der Randspalte den Wert R, der mit der Länge der Teilstrecke zu multiplizieren ist. Auf diese Weise erhält man das richtige $\Sigma(lR)$.

Um ΣZ zu finden, bestimmt man unter Benutzung des Arbeitsblattes 5 die Werte $\Sigma\zeta$ für jede Teilstrecke. Mit Hilfe dieses Wertes und der bereits vermerkten Wassergeschwindigkeit wird aus der Zahlentafel links der zugehörige Einzelwiderstand Z ermittelt.

$\Sigma(lR) + \Sigma Z$, gebildet für alle Teilstrecken eines Stromkreises, muß gleich der in diesem Kreis zur Verfügung stehenden Druckhöhe H sein. Ist dies nicht in hinreichendem Maße der Fall, so müssen einzelne Teilstrecken so lange geändert werden, bis vorstehende Bedingung erfüllt ist.

3. Anlaufkriterium

Wird bei Schwerkraftheizungen mit unterer Verteilung der entfernteste Strang durch Abschalten aller angeschlossenen Heizkörper längere Zeit stillgesetzt, so zeigen sich häufig bei Wiederinbetriebnahme der Heizkörper Umlaufstörungen. Der Strang bleibt kalt; zuweilen werden die Heizkörper sogar vom Rücklauf her erwärmt, das Heizwasser zirkuliert also in umgekehrter Richtung. Tichelmann[1] hat wohl als erster diese Erscheinung erklärt und für solche Fälle gefordert, daß die Druckverluste vom Kessel bis zum Abgang der letzten Steigeleitung nicht größer sind als der aus der Höhendifferenz zwischen Hauptleitungen und Kesselmitte sich ergebende Umtriebsdruck (Tichelmannsche Regel). Missenard[2] hat das Kriterium für die Sicherstellung des Umlaufs exakt abgeleitet.

Voraussetzung für das Ingangkommen des Wasserumlaufs im ausgekühlten Strang ist das Vorhandensein eines positiven Druckunterschiedes zwischen Vorlauf und Rücklauf am letzten Abzweig. Bei einer Dimensionierung der Hauptleitungen nach der verfügbaren Druckhöhe im ungünstigsten Heizkörperstromkreis ist diese Bedingung nicht immer erfüllt. Es empfiehlt sich daher, für Anlagen, bei denen mit der Möglichkeit zu rechnen ist, daß einer der am letzten Abzweig abgehenden Stränge zeitweise abgeschaltet ist, einen Vergleich der Druckverluste bis zum Abzweig und der wirksamen Druckhöhe an diesem Punkt anzustellen, um erforderlichenfalls die Durchmesser der Hauptleitungen entsprechend zu berichtigen, s. S. 480 und 483.

---

[1] Tichelmann, A.: Die Bewertung der in Warmwasserheizungssystemen tätigen Kräfte. Gesundh.-Ing. Bd. 34 (1911) S. 417/427.

[2] Missenard, A.: Du chauffage à eau chaude par thermosiphon. Chal. et Ind. 1928, Heft 4 u. 7.

4. Beispielrechnungen
Beispiel 1

Aufgabe: Für die im Strangschema der Abb. 11.06 dargestellte Heizungsanlage mit unterer Verteilung ist die Rohrdimensionierung durchzuführen. Die Berechnung soll ohne Berücksichtigung der Wärmeverluste der Rohrleitung erfolgen. Die Temperatur des Wassers soll bei höchster Belastung im Vorlauf 90° C, im Rücklauf 70° C betragen.

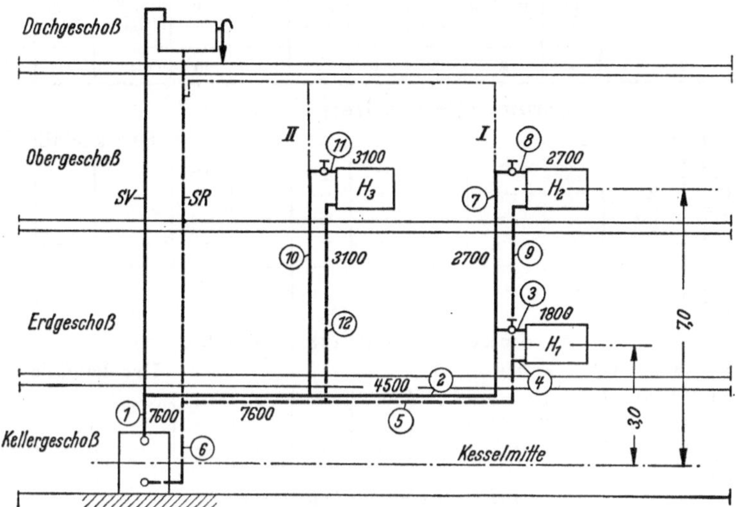

Abb. 11.06. Strangbild zum Beispiel 1

Vorbereitung

Nach Einteilung der Teilstrecken im Strangschema und Eintragung der zugehörigen Wärmemengen füllt man zunächst die Spalten a, b und d des Vordruckes aus. Dann beginnt man mit der Berechnung des Druckgefälles R und der vorläufigen Rohrdurchmesser d.

a) Vorläufige Rechnung

Stromkreis des Heizkörpers 1 (das ist der ungünstigste)
(Teilstrecken 1 bis 6)

Wirksamer Druck (aus Zahlentafel 36) für $h = 3$ m . . . . $H = 3{,}0 \cdot 12{,}47 = 37{,}4$ mm WS
Verbleiben für Rohrreibung in den Teilstrecken 1 bis 6 (nach Zahlentafel 39) . . . . $0{,}67 \cdot H \qquad = 25{,}1$ mm WS
Gesamtlänge dieser Teilstrecken . . . . $= 28{,}5$ m
Druckgefälle . . . . $R = 25{,}1 : 28{,}5 = 0{,}88$ mm WS/m

Hieraus folgen unter Benutzung des Arbeitsblattes 3 die „vorläufigen Rohrdurchmesser d", die in Spalte e des Vordruckes einzutragen sind.

Stromkreis des Heizkörpers 2
(Teilstrecken 1, 2, 5 bis 9)

Wirksamer Druck für $h = 7$ m . . . . $H = 7{,}0 \cdot 12{,}47 = 87{,}3$ mm WS
Verbleiben für Rohrreibung in den genannten Teilstrecken . . . . . $0{,}67 H \qquad = 58{,}5$ mm WS
Hiervon aufgebraucht in den mit dem Stromkreis des Heizkörpers 1 gemeinsamen Teilstrecken 1, 2, 5, 6, mit einer Gesamtlänge von 25,5 m $\quad 25{,}5 \cdot 0{,}88 \qquad \underline{= 22{,}4 \text{ mm WS}}$
Verbleiben für Rohrreibung in den Teilstrecken 7, 8, 9 . . . . $58{,}5 - 22{,}4 \qquad = 36{,}1$ mm WS
Gesamtlänge dieser Teilstrecken . . . . $= 10{,}0$ m
Druckgefälle . . . . $R = 36{,}1 : 10{,}0 = 3{,}61$ mm WS/m

Stromkreis des Heizkörpers 3
(Teilstrecken 1, 6, 10 bis 12)

Wirksamer Druck . . . . $H = 7{,}0 \cdot 12{,}47 = 87{,}3$ mm WS
Verbleiben für Rohrreibung in den genannten Teilstrecken . . . . $0{,}67 \cdot H \qquad = 58{,}5$ mm WS
Hiervon aufgebraucht in den Teilstrecken 1 und 6 mit einer Gesamtlänge von 13 m . . . . $13{,}0 \cdot 0{,}88 \qquad \underline{= 11{,}4 \text{ mm WS}}$
Verbleiben für Rohrreibung in den Teilstrecken 10, 11, 12 . . . . . $58{,}5 - 11{,}4 \qquad = 47{,}1$ mm WS
Gesamtlänge dieser Teilstrecken . . . . $= 12{,}5$ m
Druckgefälle . . . . $R = 47{,}1 : 12{,}5 = 3{,}77$ mm WS/m

Aus dem Rohrplan					Nachrechnung											Unter-schied	
Teilstrecke	Stündlich geförderte Wärmemenge	Stündlich geförderte Wassermenge	Länge der Teilstrecke l	Vorläufiger Rohr-durchmesser d	mit vorläufigem Rohrdurchmesser					mit geändertem Rohrdurchmesser						$l \cdot R$ o-h	Z q-k
					w	R	$l \cdot R$	$\Sigma \zeta$	Z	d	w	R	$l \cdot R$	$\Sigma \zeta$	Z		
Nr.	$\dfrac{kcal}{h}$	$\dfrac{kg}{h}$	m	mm	$\dfrac{m}{s}$	$\dfrac{mm\ WS}{m}$	$\dfrac{mm}{WS}$		$\dfrac{mm}{WS}$	mm	$\dfrac{m}{s}$	$\dfrac{mm\ WS}{m}$	$\dfrac{mm}{WS}$		$\dfrac{mm}{WS}$	$\dfrac{mm}{WS}$	$\dfrac{mm}{WS}$
a	b	c	d	e	f	g	h	i	k	l	m	n	o	p	q	r	s

Stromkreis des Heizkörpers 1

Wirksamer Druck $H = 37,4$ mm WS   Druckgefälle $R = 0,88$ mm WS/m

Nr.	b	c	d	e	f	g	h	i	k	l	m	n	o	p	q	r	s
1	7600	—	6,0	32	—	—	—	—	—	—	—	—	—	—	—	—	—
2	4500	—	6,5	25	—	—	—	—	—	—	—	—	—	—	—	—	—
3	1800	—	1,5	20	—	—	—	—	—	—	—	—	—	—	—	—	—
4	1800	—	1,5	20	—	—	—	—	—	—	—	—	—	—	—	—	—
5	4500	—	6,0	25	—	—	—	—	—	—	—	—	—	—	—	—	—
6	7600	—	7,0	32	—	—	—	—	—	—	—	—	—	—	—	—	—
			28,5														

Stromkreis des Heizkörpers 2

Wirksamer Druck $H = 87,3$ mm WS   Druckgefälle $R = 3,61$ mm WS/m

Nr.	b	c	d	e	f	g	h	i	k	l	m	n	o	p	q	r	s
7	2700	—	4,0	20	—	—	—	—	—	—	—	—	—	—	—	—	—
8	2700	—	1,0	20	—	—	—	—	—	—	—	—	—	—	—	—	—
9	2700	—	5,0	20	—	—	—	—	—	—	—	—	—	—	—	—	—
			10,0														

Stromkreis des Heizkörpers 3

Wirksamer Druck $H = 87,3$ mm WS   Druckgefälle $R = 3,77$ mm WS/m

Nr.	b	c	d	e	f	g	h	i	k	l	m	n	o	p	q	r	s
10	3100	—	5,0	15	—	—	—	—	—	—	—	—	—	—	—	—	—
11	3100	—	1,5	15	—	—	—	—	—	—	—	—	—	—	—	—	—
12	3100	—	6,0	15	—	—	—	—	—	—	—	—	—	—	—	—	—
			12,5														

b) Nachrechnung der Rohrleitung

Stromkreis des Heizkörpers 1

Zur Feststellung der ζ-Werte muß die Ausführung der Heizkörperanschlüsse bekannt sein. Diese seien bei den drei Heizkörpern nach Abb. 11.07 ausgeführt:

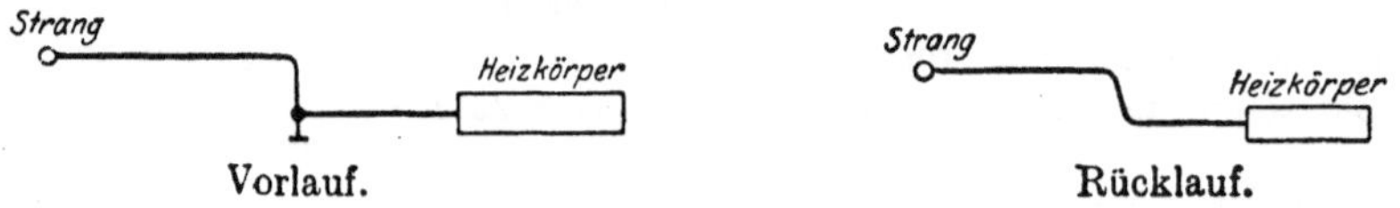

Abb. 11.07. Heizkörperanschlüsse

Zusammenstellung der ζ-Werte

Teilstrecke 1: Kessel . . . . $\zeta = 2,5$
               Bogen $(r/d = 2,5)$ . . . . $\zeta = 0,3$
               T-Stück, Anschluß der Sicherheitsleitung . . . . $\zeta = 0,0$
                                                 $\Sigma \zeta_1 = 2,8$

Teilstrecke 2: T-Stück, Durchgang, Trennung . . . . $\zeta = 0,0$
               Bogen $(r/d = 2,5)$ . . . . $\zeta = 0,3$
                                                   $\Sigma \zeta_2 = 0,3$

Teilstrecke 3: T-Stück, Abzweig, Trennung . . . . $\zeta = 1,5$
               Bogen $(r/d = 1,5)$ . . . . $\zeta = 0,5$
               Eckventil (20 mm) . . . . $\zeta = 2,0$
               Heizkörper . . . . $\zeta = 2,5$
                                                   $\Sigma \zeta_3 = 6,5$

Teilstrecke 4: 2 Bogen $(r/d = 1,5)$ . . . . $\zeta = 1,0$
               T-Stück, Abzweig, Vereinigung . . . . $\zeta = 1,0$
                                                   $\Sigma \zeta_4 = 2,0$

Teilstrecke 5: Bogen $(r/d = 2,5)$ . . . . $\zeta = 0,3$
               T-Stück, Durchgang, Vereinigung . . . . $\zeta = 0,5$
                                                   $\Sigma \zeta_5 = 0,8$

Teilstrecke 6: T-Stück, Anschluß der Sicherheitsleitung . . . . $\zeta = 0{,}0$
2 Bogen ($r/d = 2{,}5$) . . . . $\zeta = 0{,}6$

$$\Sigma \zeta_6 = 0{,}6$$

Die ζ-Werte für Kessel und Radiatoren werden der jeweiligen Vorlaufleitung zugeordnet.

Ausfüllen des nachstehenden Vordruckes

Aufgreifen des angenommenen Durchmessers d (aus Spalte e) in der obersten Zeile des Arbeitsblattes 3.

Aufsuchen lotrecht darunter in den oberen Zeilen die jeweils zu fördernde Wärmemenge.

Ablesen von w unmittelbar unter der aufgesuchten Wärmemenge, Eintragen dieses Wertes in Spalte f des Vordruckes.

Ablesen von R am linken oder rechten Rande des Arbeitsblattes 3, Eintragen dieses Wertes in Spalte g des Vordruckes.

Berechnen der Werte $l \cdot R$ und Eintragen des Produktes in Spalte h des Vordruckes.

Eintragen der Werte $\Sigma \zeta$ (aus obenstehender Zusammenstellung) in die Spalte i des Vordruckes.

Aufsuchen von w in Arbeitsblatt 5.

Ablesen von Z, zugehörig dem jeweiligen Wert $\Sigma \zeta$ (aus Spalte i) und Eintragen dieses Wertes in Spalte k des Vordruckes.

Addition der Werte $l \cdot R$ und Z für alle Teilstrecken des Stromkreises.

Aus dem Rohrplan					Nachrechnung											Unterschied	
Teilstrecke	Stündlich geförderte Wärmemenge	Stündlich geförderte Wassermenge	Länge der Teilstrecke l	Vorläufiger Rohrdurchmesser d	mit vorläufigem Rohrdurchmesser					mit geändertem Rohrdurchmesser							
					w	R	$l \cdot R$	$\Sigma \zeta$	Z	d	w	R	$l \cdot R$	$\Sigma \zeta$	Z	$l \cdot R$ o-h	Z q-k
Nr.	$\frac{\text{kcal}}{\text{h}}$	$\frac{\text{kg}}{\text{h}}$	m	mm	$\frac{\text{m}}{\text{s}}$	$\frac{\text{mm WS}}{\text{m}}$	$\frac{\text{mm}}{\text{WS}}$		$\frac{\text{mm}}{\text{WS}}$	mm	$\frac{\text{m}}{\text{s}}$	$\frac{\text{mm WS}}{\text{m}}$	$\frac{\text{mm}}{\text{WS}}$		$\frac{\text{mm}}{\text{WS}}$	$\frac{\text{mm}}{\text{WS}}$	$\frac{\text{mm}}{\text{WS}}$
a	b	c	d	e	f	g	h	i	k	l	m	n	o	p	q	r	s

Stromkreis des Heizkörpers 1

Wirksamer Druck $H = 37{,}4$ mm WS   Druckgefälle $R = 0{,}88$ mm WS/m

Nr.	b	c	d	e	f	g	h	i	k	l	m	n	o	p	q	r	s
1	7600	—	6,0	32	0,11	0,53	3,2	2,8	1,7	—	—	—	—	—	—	—	—
2	4500	—	6,5	25	0,11	0,80	5,2	0,3	0,2	—	—	—	—	—	—	—	—
3	1800	—	1,5	20	0,07	0,50	0,8	6,5	1,6	15	0,13	2,2	3,3	8,5	7,1	2,5	5,5
4	1800	—	1,5	20	0,07	0,50	0,8	2,0	0,5	15	0,13	2,2	3,3	2,0	1,7	2,5	1,2
5	4500	—	6,0	25	0,11	0,80	4,8	0,8	0,5	—	—	—	—	—	—	—	—
6	7600	—	7,0	32	0,11	0,53	3,7	0,6	0,4	—	—	—	—	—	—	—	—

28,5 $\Sigma (l R) + \Sigma Z = 18{,}5 \; + \; 4{,}9 =$ 23,4 mm WS $+ 11{,}7$

Teilstrecken 3 und 4 geändert $= + 11{,}7$ mm WS

Somit ist $\Sigma (l R) + \Sigma Z$ für HK 1:   35,1 mm WS $<$ 37,4 mm WS

Stromkreis des Heizkörpers 2

Wirksamer Druck $H = 87{,}3$ mm WS   Druckgefälle $R = 3{,}61$ mm WS/m

Aufgebraucht in den Teilstrecken 1+2:   8,4   1,9
5+6:   8,5   0,9

Nr.	b	c	d	e	f	g	h	i	k	l	m	n	o	p	q	r	s
7	2700	—	4,0	20	0,11	1,1	4,4	0	0	15	0,20	4,4	17,6	0	0	13,2	0
8	2700	—	1,0	20	0,11	1,1	1,1	6,5	3,9	15	0,20	4,4	4,4	8,5	16,8	3,3	12,9
9	2700	—	5,0	20	0,11	1,1	5,5	2,0	1,2	15	0,20	4,4	22,0	2,0	4,0	16,5	2,8

10,0 $\Sigma (l R) + \Sigma Z = 27{,}9 \; + \; 7{,}9 =$ 35,8 mm WS $+ 48{,}7$

Teilstrecken 7 bis 9 geändert $= + 48{,}7$ mm WS

Somit ist $\Sigma (l R) + \Sigma Z$ für HK 2 $=$ 84,5 mm WS $<$ 87,3 mm WS

Stromkreis des Heizkörpers 3

Wirksamer Druck $H = 87{,}3$ mm WS   Druckgefälle $R = 3{,}77$ mm WS/m

Aufgebraucht in den Teilstrecken 1:   3,2   1,7
6:   3,7   0,4

Nr.	b	c	d	e	f	g	h	i	k	l	m	n	o	p	q	r	s
10	3100	—	5	15	0,24	5,5	27,5	1,5	4,3	—	—	—	—	—	—	—	—
11	3100	—	1,5	15	0,24	5,5	8,3	8,5	24,5	—	—	—	—	—	—	—	—
12	3100	—	6	15	0,24	5,5	33,0	2,5	7,1	20	0,12	1,3	7,8	2,5	1,8	25,2	5,3

12,5 $\Sigma (l R) + \Sigma Z = 75{,}7 \; + \; 38{,}0 =$ 113,7 mm WS   30,5

Teilstrecke 12 geändert $= - 30{,}5$ mm WS

Somit ist $\Sigma (l R) + \Sigma Z$ für HK 3 $=$ 83,2 mm WS $<$ 87,3 mm WS

Für den Stromkreis des Heizkörpers 1 stehen 37,4 mm WS zur Verfügung. Wenn die Rohrdimensionierung mit den vorläufig angenommenen Durchmessern d (Spalte e) ausgeführt würde, so würden hiervon nur 23,4 mm WS aufgebraucht werden. Verkleinert man den Durchmesser der Teilstrecken 3 und 4 je um eine Nennweite (auf 15 mm), so wird, wie die Nachrechnung zeigt, insgesamt ein Druck von 35,1 mm WS verbraucht.

Für die Teilstrecke 3 ist dabei auch die Änderung des Wertes $\Sigma \zeta$ wie folgt zu berücksichtigen:

$$
\begin{aligned}
\text{T-Stück, Abzweig, Trennung} & \ldots \ldots \ldots \quad \zeta = 1{,}5 \\
\text{Bogen } (r/d = 1{,}5) & \ldots \ldots \ldots \ldots \quad \zeta = 0{,}5 \\
\text{Eckventil } (15\,\text{mm}) & \ldots \ldots \ldots \ldots \quad \zeta = 4{,}0 \\
\text{Heizkörper} & \ldots \ldots \ldots \ldots \ldots \quad \underline{\zeta = 2{,}5} \\
& \hspace{6em} \Sigma \zeta_3 = 8{,}5
\end{aligned}
$$

Da wirksamer Druck und Druckverlust jetzt annähernd übereinstimmen, ist eine weitere Berichtigung der Durchmesser nicht mehr nötig.

Stromkreis des Heizkörpers 2

Es werden zunächst wieder die Werte $\Sigma \zeta$ für jede Teilstrecke bestimmt und dann die Spalten f bis k des Vordruckes wie vorher ausgefüllt.

Zusammenstellung der ζ-Werte

$$
\begin{aligned}
\text{Teilstrecke 7: T-Stück, Durchgang, Trennung} & \ldots \quad \zeta_7 = 0{,}0 \\[4pt]
\text{Teilstrecke 8: T-Stück, Abzweig, Trennung} & \ldots \quad \zeta = 1{,}5 \\
\text{Bogen } (r/d = 1{,}5) & \ldots \quad \zeta = 0{,}5 \\
\text{Eckventil } (20\,\text{mm}) & \ldots \quad \zeta = 2{,}0 \\
\text{Heizkörper} & \ldots \quad \underline{\zeta = 2{,}5} \\
& \hspace{3em} \Sigma \zeta_8 = 6{,}5 \\[4pt]
\text{Teilstrecke 9: 3 Bogen } (r/d = 1{,}5) & \ldots \quad \zeta = 1{,}5 \\
\text{T-Stück, Durchgang, Vereinigung} & \ldots \quad \underline{\zeta = 0{,}5} \\
& \hspace{3em} \Sigma \zeta_9 = 2{,}0
\end{aligned}
$$

Es ergibt sich, daß von den zur Verfügung stehenden 87,3 mm WS einschließlich der Druckverluste in den Teilstrecken 1, 2, 5 und 6 nur 35,8 mm WS verbraucht werden. In diesem Fall können sogar alle Teilstrecken in ihrem Durchmesser verkleinert werden. Eine Nachrechnung zeigt, daß bei einer Verkleinerung der Durchmesser der Teilstrecken 7 bis 9 um je eine Nennweite, also auf 15 mm, 84,5 mm WS aufgebraucht werden und damit weitere Änderungen nicht mehr notwendig sind.

Der neue Wert $\Sigma \zeta$ für die geänderte Teilstrecke 8 ergibt sich dabei wie folgt:

$$
\begin{aligned}
\text{Teilstrecke 8: T-Stück, Abzweig, Trennung} & \ldots \quad \zeta = 1{,}5 \\
\text{Bogen } (r/d = 1{,}5) & \ldots \quad \zeta = 0{,}5 \\
\text{Eckventil } (15\,\text{mm}) & \ldots \quad \zeta = 4{,}0 \\
\text{Heizkörper} & \ldots \quad \underline{\zeta = 2{,}5} \\
& \hspace{3em} \Sigma \zeta_8 = 8{,}5
\end{aligned}
$$

Stromkreis des Heizkörpers 3

Zusammenstellung der ζ-Werte

$$
\begin{aligned}
\text{Teilstrecke 10: T-Stück, Abzweig, Trennung} & \ldots \quad \zeta_{10} = 1{,}5 \\[4pt]
\text{Teilstrecke 11: T-Stück, Abzweig, Trennung} & \ldots \quad \zeta = 1{,}5 \\
\text{Bogen } (r/d = 1{,}5) & \ldots \quad \zeta = 0{,}5 \\
\text{Eckventil } (15\,\text{mm}) & \ldots \quad \zeta = 4{,}0 \\
\text{Heizkörper} & \ldots \quad \underline{\zeta = 2{,}5} \\
& \hspace{3em} \Sigma \zeta_{11} = 8{,}5 \\[4pt]
\text{Teilstrecke 12: 3 Bogen } (r/d = 1{,}5) & \ldots \quad \zeta = 1{,}5 \\
\text{T-Stück, Abzweig, Vereinigung} & \ldots \quad \underline{\zeta = 1{,}0} \\
& \hspace{3em} \Sigma \zeta_{12} = 2{,}5
\end{aligned}
$$

Die Berechnung zeigt, daß der Druckverlust im gesamten Stromkreis höher ist als die verfügbare Druckhöhe. Es muß also die lichte Rohrweite in einem Teil des Stromkreises, und zwar innerhalb der Teilstrecken 10 bis 12, vergrößert werden. Wählt man hierfür die Rücklaufstrecke 12, so führt bereits eine Erhöhung des Durchmessers um eine Nennweite zu einer ausreichenden Minderung des Druckverlustes.

Anlaufkriterium

Die Abgangsstelle des Stranges I von der Vorlaufleitung im Keller liegt 1,8 m über Kesselmitte. Der wirksame Druck an dieser Stelle beträgt sonach

$$H = 1{,}8 \cdot 12{,}47 = 22{,}4 \text{ mm WS.}$$

Aufgebraucht in den Teilstrecken 1 und 6 (einschließlich Kessel) sind
$$\Sigma\,(l\,R) + \Sigma\,Z = 3{,}2 + 3{,}7 + 1{,}7 + 0{,}4 = 9{,}0 \text{ mm WS}.$$
Der verfügbare wirksame Druck ist sonach höher als der Druckverlust, die beiden Stränge laufen auch nach zeitweiser Abschaltung wieder an.

(Nach der TICHELMANNschen Regel müßte diese Bedingung auch noch an den Endstellen der horizontalen Leitungen erfüllt sein. Das trifft in diesem Beispiel zwar zu. Es sei aber darauf hingewiesen, daß es genügt, als kritische Stelle lediglich den letzten Abzweig zu überprüfen. Eine Rechnungssicherheit ist schon dadurch vorhanden, daß die aus der Rohrnetzberechnung entnommenen Druckverluste bis zum Abzweig für die Gesamtwassermenge gelten, die in Wirklichkeit bei Abschaltung eines Stranges nicht vorhanden ist.)

Beispiel 2

Aufgabe: Für die im Strangschema der Abb. 11.08 dargestellte Heizungsanlage mit unterer Verteilung ist die Rohrdimensionierung durchzuführen. Die Berechnung soll ohne Berücksichtigung der Wärmeverluste der Rohrleitung erfolgen. Die Temperatur des Wassers soll im Vorlauf 95° C, im Rücklauf 65° C betragen. Die Heizkörperanschlüsse werden nach Abb. 11.07 ausgeführt.

Vorbereitung

Zweckmäßigerweise wird hier mit den Wassermengen gerechnet, also die 1°-Tabelle (Arbeitsblatt 1) verwendet. Man füllt zunächst die Spalten a, b, c und d des Vordruckes aus und trägt nach Berechnung des Druckgefälles R den aus dem Arbeitsblatt 1 in der vorläufigen Rechnung gefundenen Wert d in Spalte e ein.

a) Vorläufige Rechnung
Stromkreis des Heizkörpers 1 (das ist der ungünstigste)
(Teilstrecken 1 bis 14)

Wirksamer Druck . . . . $H = 3{,}0 \cdot 18{,}7 = 56{,}1$ mm WS
Verbleiben für Rohrreibung in den vorgenannten Teilstrecken . $0{,}67 \cdot H$ $\quad = 37{,}6$ mm WS
Gesamtlänge dieser Teilstrecken . . . . $\quad = 72{,}5$ m
Druckgefälle . . . . $R = 37{,}6 : 72{,}5 = 0{,}52$ mmWS/m

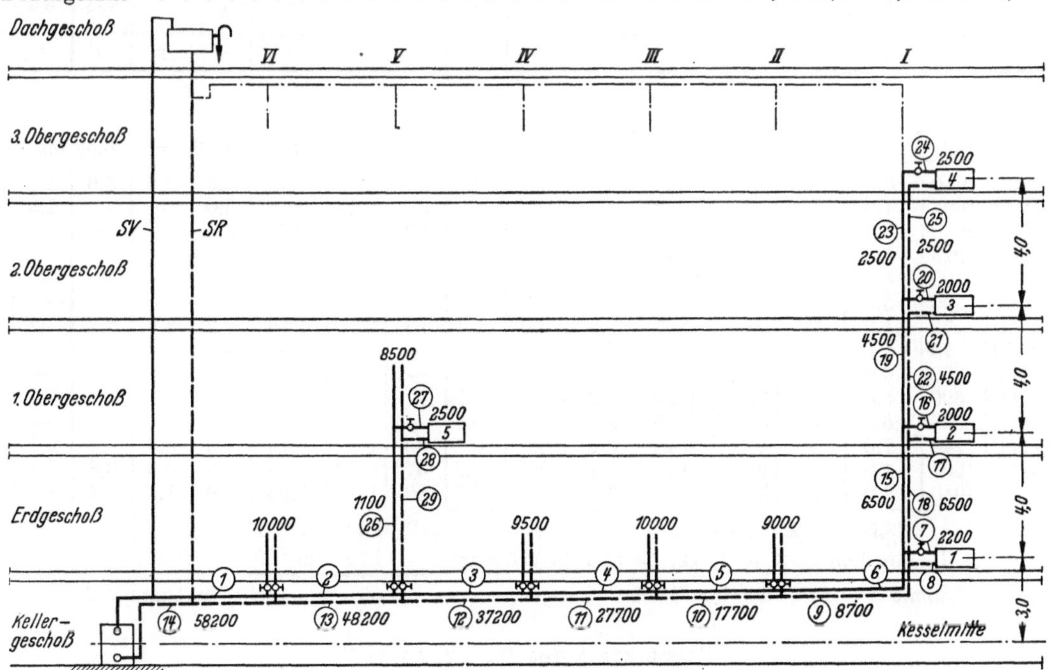

Abb. 11.08. Strangbild zum Beispiel 2

Stromkreis des Heizkörpers 2
(Teilstrecken 1 bis 6, 9 bis 14, 15 bis 18)

Wirksamer Druck . . . . $H = 7{,}0 \cdot 18{,}7$ $\quad = 130{,}9$ mm WS
Verbleiben für Rohrreibung in den genannten Teilstrecken . . $0{,}67 \cdot H$ $\quad = 87{,}8$ mm WS
Hiervon aufgebraucht in den Teilstrecken 1 bis 6 und 9 bis 14
(Länge 69,5 m) . . . . $69{,}5 \cdot 0{,}52$ $\quad = 36{,}2$ mm WS
Verbleiben für Rohrreibung in den Teilstrecken 15 bis 18 . . . $\quad = 51{,}6$ mm WS
Gesamtlänge dieser Teilstrecken . . . . $\quad = 10$ m
Druckgefälle . . . . $R = 51{,}6 : 10$ $\quad = 5{,}2$ mmWS/m

Stromkreis des Heizkörpers 3

(Teilstrecken 1 bis 6, 9 bis 14, 15, 18, 19 bis 22)

Wirksamer Druck . . . . $H = 11 \cdot 18{,}7$ $\qquad = 205{,}7$ mm WS
Verbleiben für Rohrreibung in den vorgenannten Teilstrecken . $0{,}67 \cdot H$ $\qquad = 137{,}7$ mm WS
Hiervon aufgebraucht:
   in den Teilstrecken 1 bis 6 und 9 bis 14 (wie oben) . . . . $\qquad = 36{,}2$ mm WS
   in den Teilstrecken 15 und 18 (Länge 8 m) . . . . $8 \cdot 5{,}2$ $\qquad = 41{,}6$ mm WS

Verbleiben für Rohrreibung in den Teilstrecken 19 bis 22 . . . $137{,}7 - (36{,}2 + 41{,}6) = 59{,}9$ mm WS
Gesamtlänge dieser Teilstrecken . . . . $\qquad = 10$ m
Druckgefälle . . . . $R = 59{,}9 : 10$ $\qquad = 6{,}0$ mm WS/m

In derselben Weise wird der wirksame Druck und das Druckgefälle R für alle anderen Stromkreise berechnet.

b) Nachrechnung der Rohrleitung

Nach Ermittlung der $\Sigma \zeta$ für die einzelnen Teilstrecken beginnt man mit der Bestimmung der wirklichen Werte für $\Sigma(lR)$ und ΣZ und nimmt, falls es erforderlich ist, eine Änderung der Rohrweiten vor. Die entsprechenden Werte sind in den Vordruck einzutragen.

Aus dem Rohrplan				Vorläufiger Rohrdurchmesser	Nachrechnung											Unterschied	
Teilstrecke	Stündlich geförderte Wärmemenge	Stündlich geförderte Wassermenge	Länge der Teilstrecke l	d	mit vorläufigem Rohrdurchmesser					mit geändertem Rohrdurchmesser						$l \cdot R$ o-h	Z q-k
					w	R	$l \cdot R$	$\Sigma \zeta$	Z	d	w	R	$l \cdot R$	$\Sigma \zeta$	Z		
Nr.	$\frac{\text{kcal}}{\text{h}}$	$\frac{\text{kg}}{\text{h}}$	m	mm	$\frac{\text{m}}{\text{s}}$	$\frac{\text{mm WS}}{\text{m}}$	mm WS		mm WS	mm	$\frac{\text{m}}{\text{s}}$	$\frac{\text{mm WS}}{\text{m}}$	mm WS		mm WS	mm WS	mm WS
a	b	c	d	e	f	g	h	i	k	l	m	n	o	p	q	r	s

Stromkreis des Heizkörpers 1

Wirksamer Druck $H = 56{,}1$ mm WS $\qquad\qquad$ Druckgefälle $R = 0{,}52$ mm WS/m

Nr.	b	c	d	e	f	g	h	i	k	l	m	n	o	p	q	r	s
1	58 200	1940	6,0	65	0,15	0,38	2,3	3,5	3,9	60	0,18	0,58	3,5	3,5	5,6	1,2	1,7
2	48 200	1607	4,0	60	0,15	0,42	1,7	0	—	57	0,18	0,75	3,0	0	—	1,3	—
3	37 200	1240	7,0	57	0,14	0,45	3,2	0	—	50	0,17	0,75	5,3	0	—	2,1	—
4	27 700	923	5,0	50	0,13	0,45	2,3	0	—	—	—	—	—	—	—	—	—
5	17 700	590	6,0	50	0,08	0,20	1,2	0	—	—	—	—	—	—	—	—	—
6	8 700	290	5,5	32	0,085	0,33	1,8	3,0	1,1	—	—	—	—	—	—	—	—
7	2 200	73	1,5	20	0,06	0,35	0,5	6,0	1,1	15	0,11	1,48	2,2	8,0	4,8	1,7	3,7
8	2 200	73	1,5	20	0,06	0,35	0,5	2,5	0,5	—	—	—	—	—	—	—	—
9	8 700	290	6,0	32	0,085	0,33	2,0	3,5	1,3	—	—	—	—	—	—	—	—
10	17 700	590	6,0	50	0,08	0,20	1,2	0,5	0,2	—	—	—	—	—	—	—	—
11	27 700	923	5,0	50	0,13	0,45	2,3	0,5	0,4	—	—	—	—	—	—	—	—
12	37 200	1240	7,0	57	0,14	0,45	3,2	0,5	0,5	50	0,17	0,75	5,3	0,5	0,7	2,1	0,2
13	48 200	1607	4,0	60	0,15	0,42	1,7	0,5	0,6	57	0,18	0,75	3,0	0,5	0,8	1,3	0,2
14	58 200	1940	8,0	65	0,15	0,38	3,0	1,5	1,7	60	0,18	0,58	4,6	1,5	2,4	1,6	0,7

$\qquad$ 72,5 $\qquad \Sigma(lR) + \Sigma Z = 26{,}9 \quad + \quad 11{,}3 = \quad 38{,}2$ mm WS $\qquad\qquad + 17{,}8$

Teilstrecken 1, 2, 3, 7, 12, 13 und 14 geändert $= + 17{,}8$ mm WS

Somit $\Sigma(lR) + \Sigma Z$ für HK 1 $\qquad = \quad 56{,}0$ mm WS $< 56{,}1$ mm WS

Stromkreis des Heizkörpers 2

Wirksamer Druck $H = 130{,}9$ mm WS $\qquad\qquad$ Druckgefälle $R = 5{,}2$ mm WS/m
Aufgebraucht in den Teilstrecken

Nr.	b	c	d	e	f	g	h	i	k	l	m	n	o	p	q	r	s
					1—6 :		17,1		6,7								
					9—14 :		18,4		5,8								
15	6500	217	4,0	20	0,18	2,40	9,6	0	—	15	0,32	11	44	0	—	34,4	—
16	2000	67	1,0	15	0,10	1,30	1,3	8,5	4,3	—	—	—	—	—	—	—	—
17	2000	67	1,0	15	0,10	1,30	1,3	2,0	1,0	—	—	—	—	—	—	—	—
18	6500	217	4,0	20	0,18	2,40	9,6	0,5	0,8	—	—	—	—	—	—	—	—

$\qquad$ 10,0 $\qquad \Sigma(lR) + \Sigma Z = \quad 57{,}3 \quad + \quad 18{,}6 = 75{,}9$ mm WS $\qquad\qquad + 34{,}4$

Teilstrecke 15 geändert $\qquad\qquad = + 34{,}4$ mm WS

Somit $\Sigma(lR) + \Sigma Z$ für HK 2 $\qquad = \quad 110{,}3$ mm WS $< 130{,}9$ mm WS

Aus dem Rohrplan				Vorläufiger Rohrdurchmesser	Nachrechnung											Unterschied	
Teilstrecke	Stündlich geförderte Wärmemenge	Stündlich geförderte Wassermenge	Länge der Teilstrecke l	d	mit vorläufigem Rohrdurchmesser					mit geändertem Rohrdurchmesser							
					w	R	$l \cdot R$	$\Sigma\zeta$	Z	d	w	R	$l \cdot R$	$\Sigma\zeta$	Z	$l \cdot R$ o-h	Z q-k
Nr.	$\dfrac{kcal}{h}$	$\dfrac{kg}{h}$	m	mm	$\dfrac{m}{s}$	$\dfrac{mm\ WS}{m}$	$\dfrac{mm}{WS}$		$\dfrac{mm}{WS}$	mm	$\dfrac{m}{s}$	$\dfrac{mm\ WS}{m}$	$\dfrac{mm}{WS}$		$\dfrac{mm}{WS}$	$\dfrac{mm}{WS}$	$\dfrac{mm}{WS}$
a	b	c	d	e	f	g	h	i	k	l	m	n	o	p	q	r	s

Stromkreis des Heizkörpers 3

Wirksamer Druck $H = 205{,}7$ mm WS $\qquad$ Druckgefälle $R = 6$ mm WS/m
Aufgebraucht in den Teilstrecken

a	b	c	d	e	f	g	h	i	k	l	m	n	o	p	q	r	s
				1—6 u. 15:			61,1		6,7								
				9—14 u. 18:			28,0		6,6								
19	4500	150	4,0	15	0,22	5,50	22,0	0	—	—	—	—	—	—	—	—	—
20	2000	67	1,0	15	0,10	1,30	1,3	8,5	4,3	—	—	—	—	—	—	—	—
21	2000	67	1,0	15	0,10	1,30	1,3	2,0	1,0	—	—	—	—	—	—	—	—
22	4500	150	4,0	15	0,22	5,50	22,0	0	—	—	—	—	—	—	—	—	—

$$10{,}0 \qquad \Sigma(l\,R) + \Sigma Z = 135{,}7 \; + \; 18{,}6 = 154{,}3 \text{ mm WS}$$

Somit $\quad \Sigma(l\,R) + \Sigma Z$ für HK 3 $\qquad = 154{,}3$ mm WS $< 205{,}7$ mm WS

Eine Herabsetzung der Leitungsdurchmesser unter $^1/_2{''}$ ist erfahrungsgemäß bei Schwerkraftheizungen unzweckmäßig. Der Drucküberschuß wird durch Drosselung der Voreinstellung aufgebraucht.

Stromkreis des Heizkörpers 4

Wirksamer Druck $H = 280$ mm WS $\qquad$ Druckgefälle $R = 6{,}6$ mm WS/m
Aufgebraucht in den Teilstrecken

a	b	c	d	e	f	g	h	i	k	l	m	n	o	p	q	r	s
				1—6, 15 u. 19:			83,1		6,7								
				9—14, 18 u. 22:			50,0		6,6								
23	2500	83	4,0	15	0,12	1,90	7,6	0	—	—	—	—	—	—	—	—	—
24	2500	83	1,0	15	0,12	1,90	1,9	8,5	6,1	—	—	—	—	—	—	—	—
25	2500	83	5,0	15	0,12	1,90	9,5	2,0	1,4	—	—	—	—	—	—	—	—

$$10{,}0 \qquad \Sigma(l\,R) + \Sigma Z = 152{,}1 \; + \; 20{,}8 = 172{,}9 \text{ mm WS}$$

Somit $\quad \Sigma(l\,R) + \Sigma Z$ für HK 4 $\qquad = 172{,}9$ mm WS < 280 mm WS

Auch hier ist ein Drucküberschuß vorhanden, der durch das Heizkörperventil abgedrosselt wird.

Stromkreis des Heizkörpers 5

Wirksamer Druck $H = 130{,}9$ mm WS $\qquad$ Druckgefälle $R = 7$ mm WS/m
Aufgebraucht in den Teilstrecken

a	b	c	d	e	f	g	h	i	k	l	m	n	o	p	q	r	s
				1 u. 2:			6,5		5,6								
				13 u. 14:			7,6		3,2								
26	11000	367	5,0	20	0,30	6,30	31,5	4,5	21,1	—	—	—	—	—	—	—	—
27	2500	83	1,0	15	0,12	1,90	1,9	8,5	6,1	20	0,07	0,45	0,5	6,5	1,6	1,4	4,5
28	2500	83	1,0	15	0,12	1,90	1,9	2,0	1,4	—	—	—	—	—	—	—	—
29	11000	367	4,5	20	0,30	6,30	28,4	4,0	17,8	—	—	—	—	—	—	—	—

$$11{,}5 \qquad \Sigma(l\,R) + \Sigma Z = 77{,}8 \; + \; 55{,}2 = 133{,}0 \text{ mm WS} \qquad\qquad -\,5{,}9$$

Teilstrecke 27 geändert $\qquad\qquad\qquad = -\,5{,}9$ mm WS

Somit $\quad \Sigma(l\,R) + \Sigma Z$ für HK 5 $\qquad = 127{,}1$ mm WS $< 130{,}9$ mm WS

Die Nachrechnung ist im vorstehenden für alle fünf Heizkörper durchgeführt worden. Zu bemerken ist, daß in den Steigesträngen und Heizkörperanbindungen nur geringfügige Änderungen vorgenommen wurden. Die tatsächlich auszuführende Rohrleitung würde daher keine wesentlich anderen Kosten ergeben als die „vorläufig" angenommene.

c) Anlaufkriterium

Es ist in vorstehendem Beispiel zwar sehr unwahrscheinlich, daß einer der beiden Stränge I und II durch Abschalten aller Heizkörper vollständig zum Stillstand kommt. Trotzdem soll zur Verdeutlichung des Einflusses auf die Rohrdimensionierung das Anlaufkriterium untersucht werden.

Wirksamer Druck am Ende der Teilstrecke 5 mit $h = 1{,}8$ m

$$H = 1{,}8 \cdot 18{,}7 = 33{,}7 \text{ mm WS}.$$

Aufgebraucht in den Teilstrecken 1 bis 5 und 10 bis 14 sind

$$\Sigma(l\,R) + \Sigma Z = 41{,}8 \text{ mm WS}.$$

Die Druckverluste sind also höher als der wirksame Druck. Das Anlaufkriterium ist in diesem Fall nur erfüllt, wenn in den Teilstrecken 1 bis 3 und 12 bis 14 die vorläufig ermittelten Durchmesser beibehalten werden. Dann ist

$$\Sigma\,(l\,R) + \Sigma Z = 29{,}4 \leqq 33{,}7 \text{ mm WS}\,.$$

Wählt man diese Ausführung, so sind die überschüssigen Druckhöhen in den Heizkörperstromkreisen durch Verkleinerung der Rohrdurchmesser oder Drosselung der Heizkörperventile zu beseitigen.

C. Zweirohrsystem mit Berücksichtigung der Wärmeverluste der Rohrleitung

Die Vernachlässigung der Rohrleitungswärmeverluste bei der Durchmesserbestimmung einer Schwerkraftheizung ist dann zulässig, wenn die Abkühlung des Heizwassers im Rohrnetz nur geringen Einfluß auf die Umtriebsdrücke hat. Das trifft zu für Anlagen mit „unterer Verteilung". Man berechnet diese Anlagen daher in der Regel nach dem vereinfachten Verfahren unter B, zumal eine Anzahl weiterer Einflußgrößen schwer erfaßbar sind, an die Genauigkeit des Rechnungsverfahrens also ohnehin keine allzu hohen Anforderungen gestellt werden können. Erwähnt seien in diesem Zusammenhang u. a. die Unsicherheiten in den ζ-Werten für Einbauteile, Rohrabzweigungen und Rohrverbindungen (insbesondere bei geschweißten Rohrnetzen) und in der Bestimmung der Wärmeverluste.

Bei „oberer Verteilung" hingegen bewirken die Rohrleitungswärmeverluste eine wesentliche Erhöhung der Umtriebskräfte. Man muß daher auf ein genaueres Rechnungsverfahren übergehen.

1. Die Abkühlung im Rohrnetz und ihr Einfluß auf den Umtriebsdruck

Die Bedeutung der Wärmeverluste der Rohrleitungen für den Wasserumlauf und den wirksamen Druck einer Schwerkraftheizung soll an einem vereinfachten Modell erläutert werden. Abb. 11.09 zeigt das Strangschema einer Warmwasserheizung mit *einem* Stromkreis und ohne Heizkörper. Die Vorlaufsteigleitung $\overline{ea}$ und die Rücklaufsammelleitung $\overline{de}$ seien gut isoliert; ihr Wärmeverlust sei vernachlässigbar[1]. Die bei e zugeführte Wärme wird in der oberen Vorlaufleitung $\overline{ab}$ und im Fallstrang $\overline{bcd}$ abgegeben. Nimmt man in erster Annäherung die Wärmeabgabe je m Teilstrecke längs der Leitung ab als konstant an, so ist die Auswirkung der Wasserabkühlung auf den Umtriebsdruck im Stromkreis offensichtlich unabhängig davon, ob die Wärmeabgabe auf der gesamten Teilstrecke $\overline{ab}$ erfolgt oder nur in ihrer Mitte, also im Punkt 1. Auch für die Teilstrecken $\overline{bc}$ und $\overline{cd}$ kann die Wärmeabgabe jeweils in einem Abkühlungspunkt 2 bzw. 3 vereinigt gedacht werden. Der wirksame Druck H berechnet sich danach aus dem Gewichtsunterschied der Wassersäulen.

Für den Steigestrang $\overline{ea}$ gilt:

$$h_1 \cdot \gamma_a\,.$$

Für die Verteilleitung und den Fallstrang:

$$h_3 \cdot \gamma_d + (h_2 - h_3)\,\gamma_c + (h_1 - h_2)\,\gamma_b\,.$$

Dabei sind γ_a, γ_b, γ_c und γ_d die Wichten an den Endpunkten der Teilstrecken, die bei dem durch Abkühlungspunkte vereinfachten Stromkreis auch für die zweite Hälfte jeder Teilstrecke gelten.

Damit wird:

$$H = h_3 \cdot \gamma_d + (h_2 - h_3)\,\gamma_c + (h_1 - h_2)\,\gamma_b - h_1 \cdot \gamma_a\,. \tag{11.13}$$

Durch Umformung erhält man

$$H = h_1\,(\gamma_b - \gamma_a) + h_2\,(\gamma_c - \gamma_b) + h_3\,(\gamma_d - \gamma_c)\,. \tag{11.14}$$

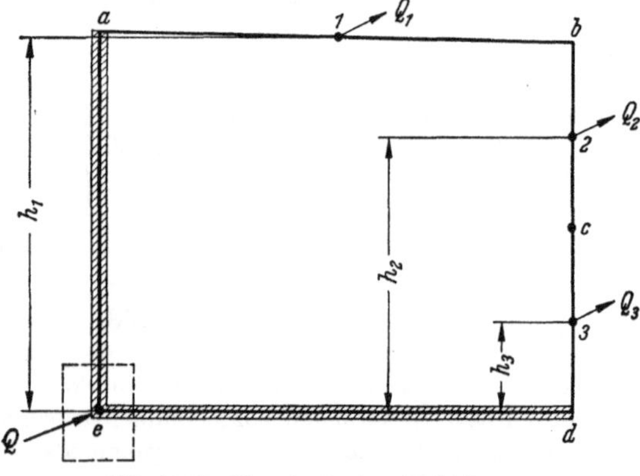

Abb. 11.09. Stromkreis ohne Heizkörper

Diese Gleichung besagt: Eine Abkühlung auf der Strecke $\overline{ab}$, die im Mittel um h_1 über Kesselmitte (als dem Erwärmungspunkt des Systems) liegt, bewirkt einen Umtriebsdruck $h_1\,(\gamma_b - \gamma_a)$.

---

[1] Diese Annahme ist auch für die praktischen Verhältnisse berechtigt, da die Wasserabkühlung in der starken, geschützt verlegten Steigleitung nur gering ist und die Wärmeverluste der im Keller angeordneten Rücklaufsammelleitung wegen des niedrigen Höhenabstandes zur Kesselmitte ohnehin für die wirksamen Kräfte kaum Bedeutung haben.

Sind mehrere Abkühlungen in einem Stromkreis hintereinandergeschaltet, so addieren sich ihre Wirkungen. Der gesamte Umtriebsdruck ergibt sich als „Summe aller Einzeldrücke"[1].

Man kann sich in c auch einen Heizkörper eingeschaltet denken, dann tritt ein zusätzlicher Druckunterschied $h_c \cdot (\gamma_{c'} - \gamma_c)$ hinzu, wobei $\gamma_{c'}$ die Wichte des Wassers im Heizkörperablauf ist. Die Abkühlung in der Rohrstrecke $\overline{cd}$, die jetzt den Rücklaufstrang des Heizkörpers darstellt, wird infolge der niedrigeren Wassertemperatur kleiner; ihr wirksamer Druck geht zurück auf

$$h_3 \left(\gamma_{d'} - \gamma_{c'} \right).$$

Man kann auf diese Weise den Umtriebsdruck jedes Stromkreises berechnen, wenn die Wassertemperaturen an den einzelnen Netzstellen bekannt sind. Für eine beliebige Teilstrecke $\overline{mn}$ mit den Temperaturen t_m und t_n an den beiden Endpunkten sind aus der Zahlentafel A 33 die Wasserwichten zu entnehmen. Das Aufsuchen dieser Werte und die Differenzbildung lassen sich umgehen, wenn man die Wichteänderung des Wassers mit der Temperatur einführt[2] und schreibt:

$$(\gamma_n - \gamma_m) = \vartheta \cdot \varepsilon. \tag{11.15}$$

Dabei bedeuten:

ϑ den Temperaturabfall in der Teilstrecke $\overline{mn}$,
ε das Wichtegefälle $d\gamma/dt$.

Nach Abb. 11.10 und Zahlentafel A 35 wächst ε mit der Temperatur an. Für Zweirohr-Warmwasserheizungen mit 90/70° am Kessel kann mit nachstehenden Durchschnittswerten für ε gerechnet werden:

$$\text{für die Vorlaufleitungen} \quad \varepsilon_v = 0{,}67,$$
$$\text{für die Rücklaufleitungen} \quad \varepsilon_r = 0{,}56.$$

Unter dem Einfluß der Rohrleitungswärmeverluste ist stets der Temperaturunterschied zwischen Vorlauf und Rücklauf am Kessel größer als am Heizkörper.

Geht man von einer bestimmten Wasserabkühlung im Heizkörper aus, z. B. 20°, so kann die wirkliche Warmwasserheizung, verglichen mit dem System ohne Rohrleitungswärmeverluste, sonach als eine Anlage mit höheren Temperaturdifferenzen zwischen Kessel-Vorlauf und -Rücklauf angesehen werden. Diese höhere Temperaturdifferenz ist die Ursache der zusätzlich auftretenden Umtriebsdrücke.

2. Berichtigung der Heizkörpergrößen

Die unterschiedlichen Wassertemperaturen im Vorlauf sind bei der genauen Durchrechnung einer Anlage auch bei der Größenbestimmung der Heizflächen zu berücksichtigen. Je länger die Vorlaufverbindung zwischen einem Heizkörper und dem Kessel ist, insbesondere die nicht isolierten Leitungsstücke, um so niedriger ist die Wassereintrittstemperatur, also auch die spezifische Wärmeleistung der Heizflächen. Dementsprechend müssen für einen gegebenen Wärmebedarf die kesselfernen Heizkörper größer gewählt werden als die kesselnahen. Bei der Berechnung der Vorlauftemperaturen an den einzelnen

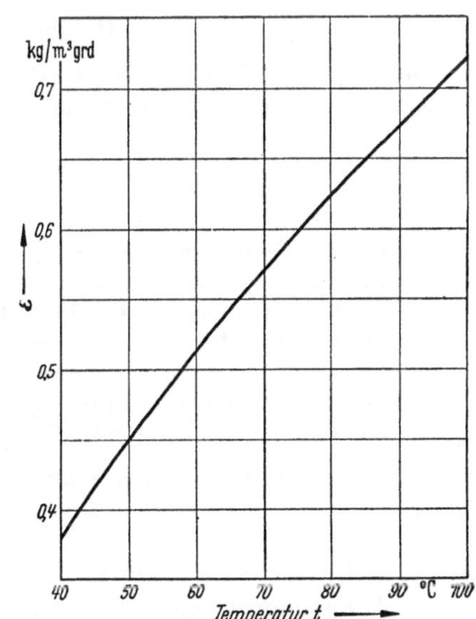

Abb. 11.10. Abhängigkeit des Wichtegefälles $\varepsilon = \dfrac{d\gamma}{dt}$ von der Temperatur

Netzpunkten kann man nun entweder die Vorlauftemperatur am Kessel oder die am ungünstigsten Heizkörper festlegen, z. B. mit 90°. Bei der ersten Annahme erhalten die entfernteren Heizkörper einen Zuschlag gegenüber den Rechnungswerten ohne Berücksichtigung der Wärme-

---

[1] Wierz, M.: Theorie des wirksamen Druckes. Gesundh.-Ing. Bd. 47 (1924) S. 159.
[2] Wierz, M.: Über die Kräfte der Rohrabkühlung in Warmwasserheizungen. Gesundh.-Ing. Bd. 48 (1925) S. 145/149. — Weber, A. P.: Der Umtriebsdruck in Schwerkraftwarmwasserheizungen. Gesundh.-Ing. Bd. 70 (1949) S. 177/180.

verluste, bei der zweiten Annahme können die näher gelegenen Heizkörper kleiner gewählt werden, da die Vorlauftemperatur zum Kessel hin höher wird. Die zweite Annahme ergibt sonach etwas kleinere Heizflächen, führt bei ausgedehnten Anlagen aber evtl. zu Temperaturen in der Vorlaufleitung, die bei Höchstlast sehr nahe an der Verdampfungstemperatur liegen. Wir wählen deshalb den ersten Weg und vergrößern die entfernter gelegenen Heizflächen.

Es empfiehlt sich, bei Zweirohrheizungen im allgemeinen den einmal gewählten Temperaturabfall in allen Heizkörpern beizubehalten. Dadurch korrespondieren stets die Wärmemengen und die Wassermengen, die Arbeitsblätter 1 und 3 können sonach bei allen Teilstrecken unmittelbar Verwendung finden. Ein weiterer Vorzug ist, daß die mittlere Heizkörpertemperatur schon durch die jeweilige Vorlauftemperatur bestimmt ist und damit auch die zulässige Heizflächenbelastung festliegt.

Zuweilen wird vorgeschlagen, die Abkühlung des Wassers in den Heizkörpern so zu wählen, daß sich in der Rücklaufsammelleitung nur Teilströme gleicher Temperatur treffen. Danach wären die kesselnahen Stränge und Heizkörper für größere Temperaturunterschiede auszulegen als die mehr entfernten. Der Vorzug einer solchen Rechnungsweise liegt darin, daß an den Knotenpunkten der Rücklaufsammelleitung keine zusätzlichen Drücke durch Abkühlung oder Erwärmung beim Mischen von Teilströmen unterschiedlicher Temperatur auftreten, ein Vorgang, der zu Zirkulationsstörungen in den einzelnen Strängen einer Schwerkraftheizung führen kann. Mit Sicherheit läßt sich die Temperaturgleichheit aber nur für eine bestimmte Aufteilung der Wassermengen auf die verschiedenen Stränge gewährleisten; sie ist nicht vorhanden, wenn Heizkörper oder Stränge stärker gedrosselt werden, wie es in der Praxis immer vorkommt. Auch erschweren die abweichenden Temperaturunterschiede am Heizkörper-Eintritt und -Austritt die Einregelung einer Heizanlage durch den Monteur bei der ersten Inbetriebnahme.

Nur bei der Bemessung von Stockwerksheizungen hat sich diese Rechnungsweise — dort allerdings in vereinfachter Form — durchgesetzt, s. S. 490.

3. Berechnung der Abkühlung im Rohrnetz

Für die Wärmeabgabe einer isolierten Rohrleitung gilt die Gl. (8.31). Danach läßt sich die Abkühlung ϑ eines Wasserstroms in einer Teilstrecke aus nachstehender Beziehung entnehmen:

$$\vartheta = \frac{l \cdot k_R (t_m - t_i)}{G_h \cdot c}. \tag{11.16}$$

Dabei bedeuten:

ϑ die Abkühlung des Wassers in °C,

l die Länge der Teilstrecke in m,

k_R die Wärmedurchgangszahl des Rohres auf 1 m Länge bezogen in kcal/m h grd,

t_m die mittlere Heizwassertemperatur in °C,

t_i die Raum- bzw. Umgebungstemperatur in °C,

G_h die stündliche Wasserförderung in der Leitung in kg/h,

c die spezifische Wärme des Wassers, meist gleich 1 gesetzt, in kcal/kg grd.

Für t_m kann zur Erleichterung der Rechnung auch die Temperatur am Anfang oder Ende der Teilstrecke eingesetzt werden, da der Unterschied zwischen den beiden Werten $\left(\frac{\vartheta}{2}\right)$, gemessen an $(t_m - t_i)$, nur sehr klein ist.

Als Umgebungstemperatur t_i wählt man:

a) bei frei verlegten Rohren die Lufttemperatur des betr. Raumes (für unbeheizte Räume s. Zahlentafel A 12),

b) bei isolierten Rohren in geschlossenen Mauerschlitzen

$$t_i = 35°,$$

c) bei unisolierten Rohren in geschlossenen Mauerschlitzen

$$t_i = 45°.$$

k_R ist aus den Zahlentafeln A 28 u. 29 zu ermitteln, wobei für die Halterungen ein Zuschlag von 15% auf die Wärmeverluste der isolierten Rohrleitungen in Ansatz zu bringen ist. Zur Erleichterung der Rechnung sind in Zahlentafel A 30 für Rohre der Nennweiten 10 bis 200 die Werte für

$k'_R = 1,15 \, k_R$ im Temperaturbereich 65 bis 95° für verschiedene Isolierdicken bei Verwendung von Glas- bzw. Mineralgespinstmatten und Kieselgur zusammengestellt. Die Werte für die üblichen Isolierdicken sind durch Fettdruck hervorgehoben. Für nicht isolierte Rohre sind die k_R-Werte auf S. 494 zu verwenden.

Bei gegebener Vorlauftemperatur am Kessel, beispielsweise $t_v = 90°$, errechnet man in Richtung der Strömung schreitend den Temperaturabfall in allen Teilstrecken bis zum ungünstigsten Heizkörper und in gleicher Weise die Auskühlung in der Rücklaufleitung. Die Rücklaufsammelleitung bleibt dabei — wie bereits erwähnt — in der Regel außer Betracht. (Zur Feststellung der Rücklauftemperatur am Kessel ist die Mischtemperatur aller Stromkreise zu berechnen.) Mit den Vorlauftemperaturen an den Abgangsstellen der übrigen Stränge kann auch deren Abkühlung leicht bestimmt werden.

Als Teilstrecken sind dabei, wie bei der Druckverlustberechnung, jeweils die Rohrstücke mit gleichbleibendem Wasserstrom und Durchmesser zu betrachten. Geht eine solche Leitung durch Räume verschiedener Temperaturen oder ändert sich die Isolierung, so ist sie in zwei oder mehr Teilstrecken aufzuteilen. Das kommt z. B. beim letzten Strang vor, der mit gleichem Durchmesser teilweise im Dachboden und teilweise im obersten Stockwerk verlegt ist.

4. Vorläufige Ermittlung der Rohrdurchmesser

Bei der vorläufigen Bestimmung der Rohrdurchmesser geht man zunächst von dem wirksamen Druck aus, der bei der Anlage ohne Wärmeverluste vorhanden wäre, und berücksichtigt die zusätzlichen Umtriebsdrucke der Rohrabkühlung durch Erfahrungszuschläge. Zahlentafel A 37 enthält hierfür Anhaltswerte. Der so ermittelte *vorläufige wirksame* Druck H_0 für einen Stromkreis dient in üblicher Weise zur Bestimmung der vorläufigen Rohrdurchmesser. Sie werden wie unter Teilabschnitt B in den Vordruck eingetragen und dienen u. a. auch zur Aufstellung des Kostenangebotes.

5. Nachrechnung der Rohrleitung

Die Nachrechnung umfaßt hier sowohl die Feststellung des tatsächlich auftretenden wirksamen Druckes H für jeden Stromkreis als auch die Prüfung des Ausgleiches zwischen dem wirksamen Druck und den Reibungsverlusten $\Sigma l \cdot R + \Sigma Z$. Man beginnt mit der Berechnung der Abkühlung in den einzelnen Teilstrecken des Stromkreises. Es ist zweckmäßig, dafür die folgende Vorlage zu verwenden.

Teilstrecke	G_h	d	l	s	k'_R	t	t_i	ϑ	t'	h'	H'
	kg/h	mm	m	mm	$\dfrac{\text{kcal}}{\text{m grd h}}$	°C	°C	°C	°C	m	mm WS

d und l sind aus dem Rohrnetzvordruck zu entnehmen; d ist der vorläufige Rohrdurchmesser aus Spalte e. G_h errechnet sich aus $\dfrac{Q_h}{t_v - t_r}$, wobei $t_v - t_r$ der zugrunde gelegte einheitliche Temperaturabfall in den Heizkörpern, z. B. 20°, ist. t ist der Ausgangswert der Vorlauftemperatur, z. B. 90°, t' die Wassertemperatur am Ende der Teilstrecke, also $t - \vartheta$. Aus dem Bauplan bzw. einer höhengerechten Strangzeichnung entnimmt man h', den senkrechten Abstand zwischen Teilstreckenmitte und Kesselmitte, und berechnet dann den wirksamen Teildruck H' aus

$$H' = h' \cdot \vartheta \cdot \varepsilon \quad [\text{mm WS}]. \tag{11.17}$$

Mit t' als Ausgangstemperatur geht man in die anschließende Teilstrecke und führt für diese die Rechnung in gleicher Weise durch. Für die Vorlauf-Verteilleitung genügt es meist, den zusätzlichen Umtriebsdruck an Hand der Gesamtabkühlung zu ermitteln. Nach Berechnung aller Vorlaufteilstrecken eines Stromkreises sowie des Rücklauffallstranges erhält man als Summe aller Teildrücke H' einschließlich des bereits bekannten Druckunterschiedes durch die Wasserabkühlung im Heizkörper den *endgültigen wirksamen Druck H*. Es bleibt jetzt nur noch zu prüfen, ob der in üblicher Weise gefundene Wert $\Sigma (l \, R) + \Sigma Z$ diesem wirksamen Druck entspricht. Etwa erforderliche Änderungen der Rohrweiten sollen möglichst im Rücklauf vorgenommen werden, damit durch sie der wirksame Druck H nicht oder nicht wesentlich beeinflußt wird.

6. Nachrechnung der Raumheizflächen

Da durch die Berechnung der Wassertemperaturen an den wichtigsten Netzstellen auch die mittleren Heizkörpertemperaturen bekannt sind, lassen sich jetzt die Heizkörpergrößen endgültig festlegen. Man muß dabei auch die Änderung des k-Wertes des Heizkörpers mit der Temperaturdifferenz $t_H - t_i$ berücksichtigen, s. S. 396. Beim Kostenangebot können die Abweichungen in der Heizflächengröße infolge der unterschiedlichen Vorlauftemperaturen im Netz an Hand der Zahlentafel A 38 berücksichtigt werden.

Im übrigen gehen die Einzelheiten des Rechnungsverfahrens aus dem nachstehenden Beispiel hervor.

7. Beispielrechnung

Beispiel: Für eine Schwerkraft-Warmwasserheizungsanlage mit oberer Verteilung (Abb. 11.11) ist die Rohrnetzberechnung mit Berücksichtigung der Wärmeverluste der Rohrleitung durchzuführen.

Annahmen: Vorlauftemperatur am Kessel 90°C; Temperaturunterschied Vorlauf/Rücklauf für alle Heizkörper $\Delta t = 20°$, Temperatur im Dachgeschoß 0°C. Die Abkühlung im Steigestrang ist zu vernachlässigen, da dieser mit gutem Wärmeschutz versehen in geschlossenem Mauerkanal liegt. Die isolierten Fallstränge liegen in geschlossenen Mauerschlitzen.

Die Nachrechnung soll für die Stromkreise der Heizkörper 1 bis 4 vorgenommen werden.

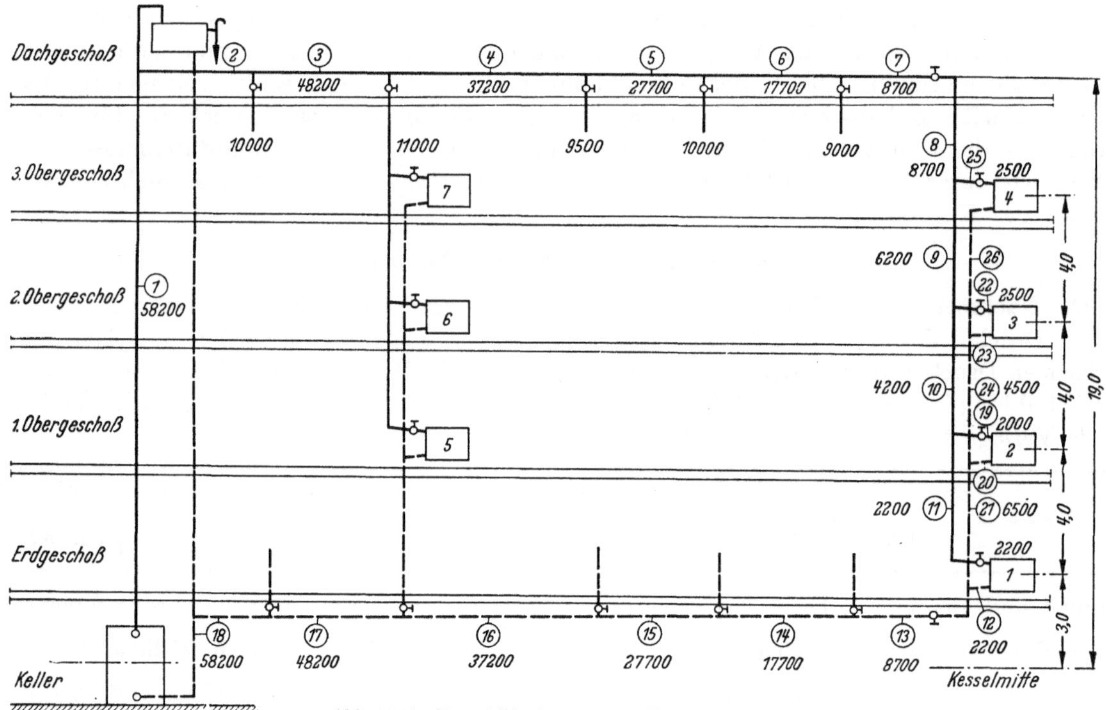

Abb. 11.11. Strangbild einer oberen Verteilung, Zweirohrsystem

1. Vorläufige Rechnung

A. Bestimmung der vorläufigen Rohrweiten für den Kostenanschlag

a) Stromkreis des Heizkörpers 1
(Teilstrecken 1 bis 18)

Wirksamer Druck (ohne Wärmeverluste nach Zahlentafel A 36) . . . . $3 \cdot 12{,}47$		$= 37{,}4$ mm WS
Zusätzlicher Druck (nach Zahlentafel A 37)		$25{,}0$ mm WS
Vorläufiger wirksamer Druck . . . . H_0		$= \overline{62{,}4 \text{ mm WS}}$
Davon 67% für Rohrreibung. . . . . $0{,}67 \cdot H_0$		$= 42$ mm WS
Länge des Stromkreises des Heizkörpers 1 l		$= 115$ m
Druckgefälle . . . . $R = 42:115$		$= 0{,}36$ mm WS/m

Hieraus folgen unter Benutzung des Arbeitsblattes 3 die vorläufigen Rohrdurchmesser d, die in Spalte e des Vordruckes eingetragen sind (s. S. 489 Stromkreis des Heizkörpers 1).

b) Stromkreis des Heizkörpers 2
(Teilstrecken 1 bis 10, 13 bis 18 und 19 bis 21)

Wirksamer Druck (ohne Wärmeverluste) . . . . $7 \cdot 12{,}47$	$= 87{,}3$ mm WS	
Zusätzlicher Druck	$25{,}0$ mm WS	
Vorläufiger wirksamer Druck . . . . H_0	$= 112{,}3$ mm WS	
Davon 67% für Rohrreibung. . . . . $0{,}67 \cdot H_0$	$= 75$ mm WS	
Hiervon aufgebraucht in den Teilstrecken 1 bis 10 und 13 bis 18 (Länge 109 m) . . . . $109 \cdot 0{,}36$	$= 39$ mm WS	
Verbleiben für die Teilstrecken 19, 20, 21	$= 36$ mm WS	
Länge der Teilstrecken 19, 20, 21	$9{,}0$ m	
Druckgefälle . . . . $R = 36 : 9$	$= 4{,}0$ mm WS/m	

In gleicher Weise ergeben sich die R-Werte für die übrigen Stromkreise und damit die vorläufigen Rohrdurchmesser.

c) Stromkreis des Heizkörpers 3
(Teilstrecken 1 bis 9, 13 bis 18, 21 und 22 bis 24)

$H_0 = 162$ mm WS, $R = 7{,}2$ mm WS/m.

d) Stromkreis des Heizkörpers 4
(Teilstrecken 1 bis 8, 13 bis 18, 21, 24 und 25, 26)

$H_0 = 212$ mm WS, $R = 8{,}0$ mm WS/m.

B. Ermittlung der Heizflächenvergrößerung für den Kostenanschlag

Auf die in üblicher Weise berechneten Heizflächengrößen ist noch ein Zuschlag zu machen, dessen Größe sich aus Zahlentafel A 38 ergibt. Dieser Zuschlag beträgt:

bei Heizkörper 1 . . . . . . 6%
bei Heizkörper 2, 5 . . . . . . 4%
bei Heizkörper 3, 6 . . . . . . 3%
bei Heizkörper 4 und 7 . . . . 0%.

2. Nachrechnung
A. Berechnung des endgültigen wirksamen Druckes H

Die nachstehende Berechnung wurde mit k'_R-Werten für Glasgespinstisolierung (s. Zahlentafel A 30) unter Berücksichtigung der üblichen Isolierdicken durchgeführt. Der zusätzliche wirksame Druck infolge der Rohrabkühlung ergibt sich aus der Summierung der Einzeldrücke jeder Teilstrecke.

Stromkreis des Heizkörpers 1: $(\varepsilon_v = 0{,}67)$

Teilstrecke	G_h kg/h	d mm	l m	s mm	k'_R $\frac{\text{kcal}}{\text{m grd h}}$	t °C	t_t °C	ϑ °C	t' °C	h' m	H' mm WS
2	2910	80	5	40	0,421	90,00	0	0,07	89,93	19	0,98
3	2410	65	4	30	0,455	89,93	0	0,07	89,86	19	0,89
4	1860	65	7	30	0,455	89,86	0	0,15	89,71	19	1,91
5	1385	60	12	30	0,428	89,71	0	0,33	89,38	19	4,20
6	885	50	6	30	0,371	89,38	0	0,22	89,16	19	2,80
7	435	40	5	30	0,315	89,16	0	0,32	88,84	19	4,07
8	435	40	3	30	0,315	88,84	35	0,12	88,72	17	1,37
9	310	32	4	20	0,376	88,72	35	0,26	88,46	13,3	2,32
10	210	25	4	20	0,323	88,46	35	0,33	88,13	9,3	2,05
11	110	25	5,5	20	0,323	88,13	35	0,86	87,27	5,3	3,05

Zusätzlicher Druck $\Sigma H' =$ 23,55
Wirksamer Druck des Heizkörpers 1 = 37,40
Endgültiger wirksamer Druck $H =$ 60,95

Zusätzlicher Druck der Teilstrecken 26, 24 und 21: $(\varepsilon_r = 0{,}56)$

Teilstrecke	G_h kg/h	d mm	l m	s mm	k'_R $\frac{\text{kcal}}{\text{m grd h}}$	t °C	t_t °C	ϑ °C	t' °C	h' m	H' mm WS
26	125	15	6	20	0,245	68,72	35	0,40	68,32	12,7	2,84
24	225	15 [2]	4	20	0,245	68,32[1]	35	0,15	68,17	8,7	0,73
21	325	25	5	20	0,323	68,17[1]	35	0,17	68,00	4,7	0,45

[1] Auf die Berechnung der Mischtemperatur kann verzichtet werden, weil sich der zusätzliche Druck der Teilstrecke dadurch nicht wesentlich verändert.

[2] Als Durchmesser ist hier schon der berichtigte Wert eingesetzt, s. S. 490.

Stromkreis des Heizkörpers 2:

Zusätzlicher Druck $\Sigma H'$ der Teilstrecken 2 bis 10, 21 . . . . $=$ 21,0 mm WS

Wirksamer Druck des Heizkörpers 2   . . . . $=$ 87,3 mm WS

Endgültiger wirksamer Druck . . . . $H =$ 108,3 mm WS

Stromkreis des Heizkörpers 3:

Zusätzlicher Druck $\Sigma H'$ der Teilstrecken 2 bis 9, 21, 24 . . . . $=$ 19,6 mm WS

Wirksamer Druck des Heizkörpers 3 . . . . $11 \cdot 12,47 = 137,2$ mm WS

Endgültiger wirksamer Druck . . . . H $= 156,8$ mm WS

Stromkreis des Heizkörpers 4:

Zusätzlicher Druck $\Sigma H'$ der Teilstrecken 2 bis 8, 21, 24, 26 . . . . . $=$ 20,2 mm WS

Wirksamer Druck des Heizkörpers 4 . . . . $15 \cdot 12,47 = 187,0$ mm WS

Endgültiger wirksamer Druck . . . . H $= 207,2$ mm WS

B. Nachrechnung der Rohrleitung

Nachdem nun die endgültigen wirksamen Drücke H für die einzelnen Stromkreise bekannt sind, erfolgt die Aufstellung der Einzelwiderstände und die Nachprüfung, ob $\Sigma(l\,R) + \Sigma Z$ des betreffenden Stromkreises diesem Wert entspricht. (Siehe Nachrechnung im Formblatt S. 491.) Eine Durchmesseränderung ergibt sich in unserem Beispiel nur im Stromkreis des Heizkörpers 3.

C. Nachrechnung der Raumheizflächen

Da für jeden Heizkörper die Vor- und Rücklauftemperaturen nunmehr genau bekannt sind, kann die Heizflächenvergrößerung berechnet werden. Sie ergibt sich für den Heizkörper 1 mit $t_m = 77{,}27^\circ$ C aus der Änderung des Temperaturunterschiedes gegenüber der Raumluft bei einem Gliederheizkörper zu:

$$\left[\frac{\varDelta t_n}{\varDelta t}\right]^{4/3} = \left[\frac{80 - 20}{77{,}27 - 20}\right]^{4/3} = 1{,}06 \,,$$

d. h., der Heizkörper ist 6% größer zu wählen.

D. Stockwerksheizung

Da bei dieser Heizungsart Kessel und Heizkörper praktisch auf gleicher Höhe stehen, entsteht der wirksame Druck im wesentlichen durch die Abkühlung des Wassers in den nackt verlegten Vorlaufleitungen. Die Rohrnetzberechnung erfolgt also nach dem Verfahren im vorhergehenden Teilabschnitt C, allerdings mit einigen Vereinfachungen.

1. Wahl der Temperaturen

Bei der Berechnung wählt man die Kesselvorlauftemperatur nicht höher als 90°, um bei dem geringen Höhenunterschied zwischen Kessel und Ausdehnungsgefäß einen genügenden Sicherheitsabstand von der Siedetemperatur des Wassers zu wahren. Infolge der Abkühlung des Vorlaufwassers in den meist nackten Leitungen geht die Wassertemperatur am Heizkörpereintritt mit zunehmender Entfernung des Heizkörpers vom Kessel stark zurück. Läßt man bei den kesselnahen Heizkörpern einen größeren Temperaturabfall im Heizkörper zu als bei den entfernteren, so kann der Einfluß der Wärmeverluste der Vorlaufleitung auf die mittlere Heizkörpertemperatur ganz oder teilweise ausgeglichen werden. Dies ist im Hinblick auf eine gleichmäßige zentrale Leistungsregelung der Anlage bei veränderlicher Belastung erwünscht; auch wird hierdurch die Fördermenge und damit der lichte Rohrdurchmesser der Hauptleitungen vermindert. Bei ausgedehnten Anlagen (etwa ab 20 m horizontaler Entfernung) sollte man andererseits den Temperaturabfall im letzten Heizkörper nicht höher als 15° wählen, da sonst die Temperaturdifferenz Vorlauf/Rücklauf am Kessel zu groß wird.

Einen Anhalt für die zu wählenden Temperaturunterschiede für den kesselnächsten und den letzten Heizkörper gibt die nebenstehende Tabelle.

Waagerechte Ausdehnung der Anlage	Temperaturabfall im Heizkörper $(t_v - t_r)$	
	Heizkörper in Kesselnähe	Weitest abgelegener Heizkörper
bis 10 m	23°	20°
10 … 20 m	25°	20°
über 20 m	27°	15°

Teilstrecke	Stündlich geförderte Wärmemenge	Stündlich geförderte Wassermenge	Länge der Teilstrecke l	Vorläufiger Rohrdurchmesser d	mit vorläufigem Rohrdurchmesser					mit geändertem Rohrdurchmesser						Unterschied	
					w	R	$l \cdot R$	$\Sigma\zeta$	Z	d	w	R	$l \cdot R$	$\Sigma\zeta$	Z	$l \cdot R$ o-h	Z q-k
Nr.	$\frac{\text{kcal}}{\text{h}}$	$\frac{\text{kg}}{\text{h}}$	m	mm	$\frac{\text{m}}{\text{s}}$	$\frac{\text{mm WS}}{\text{m}}$	mm WS		mm WS	mm	$\frac{\text{m}}{\text{s}}$	$\frac{\text{mm WS}}{\text{m}}$	mm WS		mm WS	mm WS	mm WS
a	b	c	d	e	f	g	h	i	k	l	m	n	o	p	q	r	s

Stromkreis des Heizkörpers 1

$H_0 = 62{,}4$ mm WS $R = 0{,}36$ mm WS/m $H = 61$ mm WS

Nr.	b	c	d	e	w	R	l·R	Σζ	Z	d	w	R	l·R	Σζ	Z	l·R o-h	Z q-k
1	58200	—	20	80	0,16	0,35	7,00	2,8	3,6	—	—	—	—	—	—	—	—
2	58200	—	5	80	0,16	0,35	1,75	—	0	—	—	—	—	—	—	—	—
3	48200	—	4	65	0,18	0,56	2,24	0,5	0,8	—	—	—	—	—	—	—	—
4	37200	—	7	65	0,14	0,34	2,38	—	0	—	—	—	—	—	—	—	—
5	27700	—	12	60	0,13	0,32	3,84	2,0	1,7	—	—	—	—	—	—	—	—
6	17700	—	6	50	0,12	0,40	2,40	0,5	0,4	—	—	—	—	—	—	—	—
7	8700	—	5	40	0,10	0,41	2,05	5,5	2,7	—	—	—	—	—	—	—	—
8	8700	—	3,5	40	0,10	0,41	1,44	0,5	0,3	—	—	—	—	—	—	—	—
9	6200	—	4	32	0,09	0,36	1,44	—	0	—	—	—	—	—	—	—	—
10	4200	—	4	25	0,10	0,71	2,84	—	0	—	—	—	—	—	—	—	—
11	2200	—	5	25	0,06	0,23	1,15	9,0	1,6	—	—	—	—	—	—	—	—
12	2200	—	1	20	0,09	0,72	0,72	1,0	0,4	—	—	—	—	—	—	—	—
13	8700	—	5,5	40	0,10	0,41	2,26	5,5	2,7	—	—	—	—	—	—	—	—
14	17700	—	6	50	0,12	0,40	2,40	0,5	0,4	—	—	—	—	—	—	—	—
15	27700	—	9	60	0,13	0,32	2,88	2,5	2,1	—	—	—	—	—	—	—	—
16	37200	—	7	65	0,14	0,34	2,38	0,5	0,5	—	—	—	—	—	—	—	—
17	48200	—	4	80	0,13	0,25	1,00	0,5	0,5	—	—	—	—	—	—	—	—
18	58200	—	7	80	0,16	0,35	2,45	1,0	1,3	—	—	—	—	—	—	—	—

     115,0   42,62 $+$ 19,0 $=$ 61,62 mm WS $>$ 61 mm WS

Stromkreis des Heizkörpers 2

$H_0 = 112{,}3$ mm WS $R = 4{,}0$ mm WS/m $H = 108{,}3$ mm WS

Nr.	b	c	d	e	w	R	l·R	Σζ	Z	d	w	R	l·R	Σζ	Z	l·R o-h	Z q-k
19	2000	—	2	15	0,15	2,6	5,2	12,5	14,0	—	—	—	—	—	—	—	—
20	2000	—	2	15	0,15	2,6	5,2	1,0	1,1	—	—	—	—	—	—	—	—
21	6500	—	5	25	0,17	1,6	8,0	1,0	1,4	—	—	—	—	—	—	—	—

     9,0   18,4 $+$ 16,5 $=$ 34,9 mm WS

$\Sigma(lR) + \Sigma Z$ für die Teilstrecken 1 bis 10 und 13 bis 18   58,75 mm WS

         93,65 mm WS $<$ 108,3 mm WS

Stromkreis des Heizkörpers 3

$H_0 = 162$ mm WS $R = 7{,}2$ mm WS/m $H = 156{,}8$ mm WS

Nr.	b	c	d	e	w	R	l·R	Σζ	Z	d	w	R	l·R	Σζ	Z	l·R o-h	Z q-k
22	2000	—	1,5	15	0,15	2,6	3,9	12,5	14,0	—	—	—	—	—	—	—	—
23	2000	—	1,5	15	0,15	2,6	3,9	1,0	1,1	—	—	—	—	—	—	—	—
24	4500	—	4,0	20	0,18	2,6	10,4	1,0	1,6	15	0,33	11	44	1,0	5,4	33,6	3,8

     7,0   18,2 $+$ 16,7 $=$ 34,9 mm WS

$\Sigma(lR) + \Sigma Z$ für die Teilstrecken 1 bis 9, 13 bis 18, 21 $=$ 64,31 mm WS

         99,21 mm WS $<$ 156,8 mm WS

Änderung:

$\Delta\Sigma(lR) + \Delta\Sigma Z$ für Teilstrecke 24   33,6 $+$ 3,8 $=$ 37,4 mm WS

         136,61 mm WS $<$ 156,8 mm WS

Stromkreis des Heizkörpers 4

$H_0 = 212$ mm WS $R = 8{,}0$ mm WS/m $H = 207{,}2$ mm WS

Nr.	b	c	d	e	w	R	l·R	Σζ	Z	d	w	R	l·R	Σζ	Z	l·R o-h	Z q-k
25	2500	—	1,5	15	0,19	4,0	6,0	12,5	22,5	—	—	—	—	—	—	—	—
26	2500	—	5,5	15	0,19	4,0	22,0	1,5	2,7	—	—	—	—	—	—	—	—

     7,0   28,0 $+$ 25,2 $=$ 53,2 mm WS

$\Sigma(lR) + \Sigma Z$ für die Teilstrecken 1 bis 8, 13 bis 18, 21, 24 $=$ 112,27 mm WS

         165,47 mm WS $<$ 207,2 mm WS

Keine Änderung, da Heizkörperanschlüsse nicht kleiner als $\frac{1}{2}''$ gewählt werden sollen.

Für die übrigen Heizkörper ergibt sich die Temperaturdifferenz $(t_v - t_r)$ durch Interpolation zwischen den vorstehenden Grenzwerten, wobei man — den Abkühlungsverhältnissen Rechnung tragend — erst für die weiter abliegenden Heizkörper die kleineren Temperaturdifferenzen wählt.

Die durch die Temperaturminderung im Vorlauf notwendige Heizkörpervergrößerung gegenüber einer Anlage ohne Wärmeverluste ist überschläglich aus Zahlentafel A 38 zu entnehmen.

2. Näherungsverfahren zur Ermittlung der Rohrdurchmesser

Die genaue Berechnung des Rohrnetzes von Stockwerksheizungen nach den Richtlinien unter C (S. 484) ist umständlich und zeitraubend und steht in keinem wirtschaftlich vertretbaren Verhältnis zu dem Anlagewert. Es gilt daher, ein Näherungsverfahren zu finden, das sich für die erste Projektierung eignet und unter normalen Verhältnissen möglichst schon die für die Ausführung verwendbaren Werte liefert. Diese Aufgabe läßt sich unter bestimmten Vereinfachungen, die im Hinblick auf die geforderte Rechengenauigkeit und die relativ große Rohrdurchmesserstufung durchaus vertretbar sind, lösen[1].

Der Umtriebsdruck hängt bei Stockwerksheizungen vor allem ab von der Heizwasserabkühlung in der hochliegenden Vorlauf-Verteilleitung und dem Höhenabstand zwischen dieser Leitung und Kesselmitte[2]. Demgegenüber ist die Wasserabkühlung im Steigstrang, bei ausgedehnten Anlagen auch die Abkühlung im Fallstrang, von geringerer Bedeutung für den erzielbaren Umtriebsdruck. Wir berücksichtigen daher zusätzlich nur die Abkühlung im Fallstrang und setzen zur Vereinfachung der Rechnung die wirksame Höhe h' dem Abstand zwischen Kesselmitte und Vorlauf-Verteilleitung gleich. Wird außerdem noch angenommen, daß die Höhenlagen von Kessel und Heizkörper übereinstimmen, also keine zusätzlichen Umtriebsdrücke durch die Wasserabkühlung in den Heizkörpern selbst auftreten, so läßt sich die für den Umlauf verfügbare Druckhöhe nach Gl. (11.17) berechnen.

Dabei bedeuten:

ϑ die Abkühlung im Vorlauf vom Kessel bis zum Heizkörpereintritt,
h' der Höhenabstand zwischen Vorlauf-Verteilleitung und Kesselmitte.

ϑ ist mit Hilfe der Gl. (11.16) zu ermitteln.

Für $t_m = 90°$ und $t_i = 20°$ ergibt sich mit $\varepsilon = 0{,}67$ (s. S. 485)

$$H' = \frac{46{,}9 \cdot k_R \cdot l_v \cdot h'}{G_h} \quad [\text{mm WS}]. \tag{11.18}$$

l_v ist dabei die Rohrstrecke im Vorlauf, die für die Wasserabkühlung und damit auch für den Umtriebsdruck wichtig ist, d. i. nach dem Vorgesagten die Leitungslänge vom Beginn der horizontalen Hauptverteilung bis zum Heizkörper.

Für den Druckverlust in der geraden Rohrstrecke gilt nach Gl. (11.05)

$$l \cdot R = 6{,}6 \cdot 10^3 \cdot \lambda \cdot \frac{G_h^2}{d^5} \cdot l \quad [\text{mm WS}].$$

Die Stromkreislänge l stimmt bei der Stockwerksheizung angenähert überein mit $2 \cdot l_v$. Nehmen wir außerdem den Anteil der Einzelwiderstände am Druckverlust wie üblich mit $^1/_3$ an, so erhalten wir

$$R \cdot 2 \cdot l_v = \frac{2}{3} \cdot H'. \tag{11.19}$$

Damit ergibt sich mit Hilfe der Gln. (11.05) und (11.18) eine verhältnismäßig einfache Beziehung zwischen dem Wasserstrom G_h und dem zugehörigen Durchmesser d.

Es ist

$$G_h = \frac{1}{7{,}5} \sqrt[3]{\frac{h' \cdot k_R}{\lambda} d^5} \quad [\text{kg/h}]. \tag{11.20}$$

Als wichtigster Parameter erscheint der Höhenabstand h'. Außerdem treten noch k_R und λ als Veränderliche auf. k_R hängt beim wasserdurchflossenen nackten Rohr vom Durchmesser ab,

---

[1] Siehe auch G. WOLF: Berechnung von Etagen-Warmwasserheizungen. Gesundh.-Ing. Bd. 33 (1910) Nr. 34 S. 630/632. — REICHOW, G.: Ein Rechenschema zur Wierzschen Rohrnetzberechnung für Stockwerksheizungen. Gesundh.-Ing. Bd. 73 (1952) S. 2/7.

[2] Genaugenommen müßte von der mittleren Erwärmungsebene im Kessel ausgegangen werden; sie liegt im allgemeinen etwas unterhalb der Brennzonenmitte. Siehe A. BERGMANN: Ein Beitrag zur Berechnung von Stockwerksheizungen. Gesundh.-Ing. Bd. 70 (1949) S. 53/55.

in geringerem Maß von der Lage des Rohres (s. S. 352). Der Reibungsbeiwert λ ist bei gleichbleibender Wassertemperatur durch G_h und d festgelegt. Es gibt also für einen bestimmten Höhenabstand h' zu jedem Rohrdurchmesser d nur *eine* stündliche Fördermenge G_h, die der Beziehung (11.20) entspricht.

Ermitteln wir aus der Gl. (11.20) und der Abhängigkeit $k_R = f(d)$ auf S. 494 diesen Zusammenhang zwischen G_h, d und h', so zeigt sich, daß für jeden h'-Wert die Fördermengen G_h durch eine einheitliche Wassergeschwindigkeit festgelegt sind. Damit ergibt sich für die vorläufige Rohrnetzberechnung die einfache Regel: *Die Wassergeschwindigkeit ist bei Stockwerksheizungen in allen Stromkreisen und Teilstrecken gleich zu wählen; sie wird in erster Linie durch den Höhenabstand zwischen Vorlaufleitung und Kesselmitte bestimmt.*

Der Nachweis für die Gültigkeit dieser Regel läßt sich auch durch eine mathematische Näherungsrechnung erbringen, wenn in Gl. (11.20) an Stelle von G_h die Wassergeschwindigkeit w_s eingeführt wird und k_R sowie λ als Funktion von d bzw. w dargestellt werden. Man erhält dann für w eine Potenzfunktion von der Form

$$w = C\, h'^m d^n.$$

C ist eine Konstante. Die Exponenten m und n ändern sich mit der Reynolds-Zahl Re. Im Durchmesser- und Geschwindigkeitsbereich von Stockwerksheizungen gelten

$$m \approx 0{,}36$$
$$n \approx 0{,}03 \text{ bis } 0{,}05 .$$

Das bedeutet aber, daß der Durchmessereinfluß vernachlässigbar klein ist[1].

Der Zusammenhang zwischen Wassergeschwindigkeit und Höhe der Vorlaufleitung über Kesselmitte wird durch die nachstehende Beziehung wiedergegeben:

$$w_s = 0{,}048\, h'^{4/11} \quad [\text{m/s}] .$$

Daraus folgt

$$G_h = 0{,}1318\, d^2 h'^{4/11} \quad [\text{kg/h}] .$$

w bzw. G_h sind als Mittelwerte anzusehen, die in Einzelstrecken überschritten werden können, wenn die übrigen Teilstrecken des kritischen Stromkreises unter dem Mittelwert bleiben. Die Abhängigkeit zwischen G_h, d und h' ist in Abb. 11.12 graphisch wiedergegeben. Für die am häufigsten vorkommenden Höhenabstände von 2 und 2,5 m zwischen Kesselmitte und Vorlaufleitung kann man die stündlichen Fördermengen unmittelbar aus nachstehender Tabelle entnehmen:

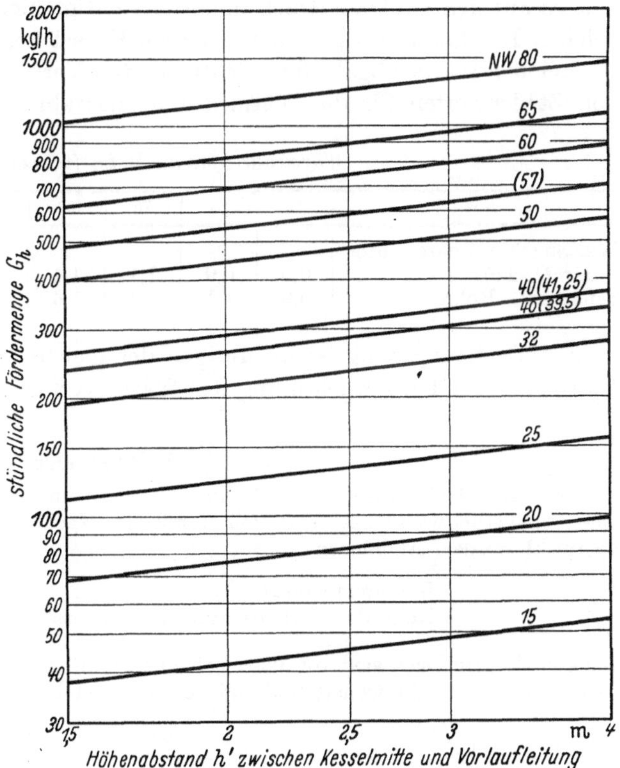

Abb. 11.12. Bestimmung der vorläufigen Rohrdurchmesser

Wahl der vorläufigen Rohrdurchmesser

Nennweite	Zoll	1/2	3/4	1	1 1/4	1 1/2	DIN 2449					
	mm	15	20	25	32	40	40	50	—	60	65	80
Lichte Weite . . .	mm	15,75	21,25	27,0	35,75	41,25	39,5	51,5	57	64	70	82,5
Wassermenge für $h' = 2{,}0$ m . . .	kg/h	42	77	123	216	288	264	449	550	694	830	1148
Wassermenge für $h' = 2{,}5$ m . . .	kg/h	45	83	134	235	312	286	487	597	754	900	1245

[1] Siehe auch A. MACSKÁSY: Zur Dimensionierung der Stockwerksheizung. Gesundh.-Ing. Bd. 78 (1957) Nr. 17/18 S. 261/265. MACSKÁSY unterscheidet zwischen der Abkühlung in der horizontalen Vorlaufleitung und der Falleitung zum Heizkörper mit ihren unterschiedlichen Höhenlagen. Auch auf diesem Wege ergibt sich eine praktisch konstante Geschwindigkeit in allen Teilstrecken. Die Ergebnisse MACSKÁSYs weichen von den hier gebrachten Zahlenwerten nur unerheblich ab.

Liegt die Heizkörpermitte oberhalb der Kesselmitte, so sind die Umtriebsdrücke etwas größer; die Leitungen können daher auch stärker belastet werden.

Der *Rechnungsgang* der vorläufigen Rohrdurchmesserbestimmung ist sonach folgender: Man legt den Temperaturabfall in den Heizkörpern nach S. 490 fest und errechnet die Wasserförderung der Teilstrecken aus den zugeordneten stündlichen Wärmemengen. Bei Anlagen mit einem Höhenabstand $h' = 2$ oder $2{,}5$ m entnimmt man den zugehörigen Durchmesser der vorstehenden Tabelle. Bei anderen Höhenabständen verwendet man Abb. 11.12.

Damit ist in der Regel die Rohrnetzberechnung der Anlage abgeschlossen. Nur für größere Stockwerksheizungen oder Anlagen mit starker Verzweigung und unterschiedlichen Heizkörperhöhen wird man eine Nachrechnung durchführen.

3. Nachrechnung

Bei der Nachrechnung beginnt man zweckmäßigerweise mit der Ermittlung des wirksamen Druckes für den längsten Stromkreis. Die Rücklaufabkühlung kann wegen ihres geringen Einflusses auf den Umtriebsdruck unberücksichtigt bleiben. Das gleiche gilt für die Abkühlung in solchen Heizkörpern, die gegenüber dem Kessel keinen deutlichen Höhenabstand aufweisen.

Bei der Wärmeabgabe der nichtisolierten Vorlaufleitungen rechne man mit den nachstehenden Zahlenwerten für die Wärmedurchgangszahl k_R.

Wärmedurchgangszahl k_R für nackte Rohre [kcal/m h grd]

NW	15	20	25	32	40	50	57	60	65	80	100
Waagerechte Rohre (unter der Decke)	0,8	0,9	1,1	1,4	1,5	1,8	1,9	2,2	2,3	2,7	3,2
Senkrechte Rohre . . .	0,9	1,1	1,3	1,6	1,7	1,8	1,9	2,2	2,3	2,7	3,2

Der Rechnungsgang ist im übrigen der gleiche wie für die Schwerkraftheizung mit oberer Verteilung bei Berücksichtigung der Wärmeverluste der Rohrleitung, s. S. 487.

4. Beispielrechnung

Für eine Stockwerksheizung, die in Abb. 11.13 im Strangschema dargestellt ist, sollen die Rohrdurchmesser näherungsweise bestimmt und durch eine Nachrechnung für den kürzesten und längsten Stromkreis überprüft werden. Annahmen:

Raumtemperatur . . . . $t_i = 20°$
Höhe der Vorlaufleitung über Kesselmitte . . . . . . $h' = 2{,}5$ m

Die Rücklaufleitungen sind vor Wärmeabgabe geschützt im Fußbodenkanal angeordnet. Alle anderen Heizleitungen liegen nicht isoliert und frei vor der Wand.

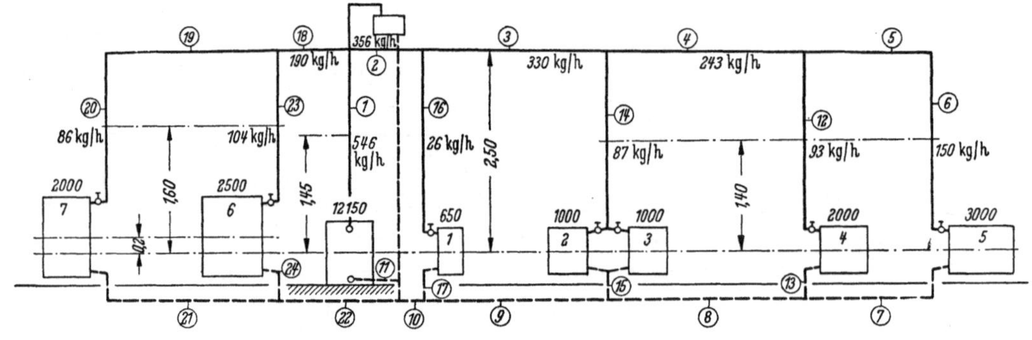

Abb. 11.13. Strangbild Stockwerksheizung

1. Vorläufige Rechnung

Zunächst wird der Temperaturunterschied zwischen Vor- und Rücklauf in den Heizkörpern festgelegt und danach die Wassermenge für jeden Stromkreis ermittelt.

Heizkörper	Entfernung des Stranges vom Kessel	Temperaturabfall $t_v - t_r$	Wassermenge G_h
Nr.	m	°C	kg/h
1	0,5	25	26
2 }	6	23	87
3			
4	10	21,5	93
5	14	20	150
6	3	24	104
7	5	23,5	85

Die vorläufigen Rohrdurchmesser ergeben sich nach der Tabelle auf S. 493 zu:

Hauptstrang

Teilstrecke	1	11	2	10	3	9	4	8	5	6	7	18	22	19	21
G_h	546		356		330		243		150			190		86	
d_{vorl}	57		50		40		32		32	25	32	32		25	20

Fallstränge

Teilstrecke	12	13	14	15	16	17	20	23	24
G_h	93		87		26		86		104
d_{vorl}	25		25		15		25		25

2. Nachrechnung

a) Berechnung des wirksamen Druckes[1]

Teilstrecken	G_h	d	l	k_R	t	ϑ	t'	ε	h'	H'
	kg/h	mm	m	$\dfrac{\text{kcal}}{\text{m grd h}}$	°C	°C	°C	$\dfrac{\text{kg}}{\text{m}^3\text{ grd}}$	m	mm WS

Stromkreis des Heizkörpers 5

Teilstrecken	G_h	d	l	k_R	t	ϑ	t'	ε	h'	H'
1	546	57	2,0	1,9	90	0,49	89,51	0,67	1,45	0,48
2	356	50	0,5	1,8	89,51	0,18	89,33	0,67	2,50	0,30
3	330	40	5,5	1,5	89.33	1,74	87,59	0,66	2,50	2,87
4	243	32	4,0	1,4	87,59	1,56	86,03	0,65	2,50	2,53
5	150	32	4,0	1,4	86,03	2,46	83,57	0,64	2,50	3,94
6	150	25	2,0	1,3	83,57	1,10	82,47	0,63	1,40	0,97

$$\Sigma H' = 11{,}09$$

Stromkreis des Heizkörpers 1

Teilstrecken	G_h	d	l	k_R	t	ϑ	t'	ε	h'	H'
16	26	15	2,0	0,9	89,33	4,80	84,53	0,65	1,40	3,88
1				siehe oben						0,48
2				siehe oben						0,30

$$\Sigma H' = 4{,}66$$

b) Nachrechnung der Rohrweiten

Zusammenstellung der ζ-Werte für die Stromkreise der Heizkörper 1 und 5

Heizkörper 5

Teilstrecke 1: 1 Kessel 2,5
1 Bogen $(r/d = 1,5)$ 0,5

$$\zeta_1 = 3{,}0$$

Teilstrecke 2: 1 Abzweig, Gegenlauf (Trennung) . . . $\zeta_2 = 3{,}0$

Teilstrecke 3: 1 Abzweig, Durchgang (Trennung) 0,0
1 Bogen 0,5

$$\zeta_3 = 0{,}5$$

Teilstrecke 4: 1 Abzweig, Durchgang (Trennung) . . $\zeta_4 = 0{,}0$

Teilstrecke 5: 1 Abzweig, Durchgang (Trennung) . . $\zeta_5 = 0{,}0$

Teilstrecke 6: 2 Bogen 1,0
1 Heizkörper 2,5
1 Eckventil NW 25 2,0

$$\zeta_6 = 5{,}5$$

---

[1] Da der wirksame Druck im wesentlichen durch die Rohrabkühlung entsteht, empfiehlt es sich hier, mit dem der jeweiligen Temperatur zugeordneten ε-Wert zu rechnen (siehe Zahlentafel A 35).

Teilstrecke 7: 2 Bogen 1,0
1 T-Stück Abzweig, Durchgang (Vereinigung) 0,5

$$\zeta_7 = 1,5$$

Teilstrecke 8: 1 T-Stück Abzweig, Durchgang (Vereinigung)

$$\zeta_8 = 0,5$$

Teilstrecke 9: 1 T-Stück Abzweig, Durchgang (Vereinigung) 0,5
1 Bogen 0,5

$$\zeta_9 = 1,0$$

Teilstrecke 10: 1 T-Stück Abzweig, Gegenlauf (Vereinigung)

$$\zeta_{10} = 3,0$$

Teilstrecke 11: 1 Bogen . . . . $\zeta_{11} = 0,5$

Heizkörper 1

Teilstrecke 16: 1 Bogen 0,5
1 Heizkörpereckventil NW 15 4,0
1 Heizkörper 2,5
1 T-Stück Abzweig (Trennung) 1,5

$$\zeta_{16} = 8,5$$

Teilstrecke 17: 1 Bogen 0,5
1 T-Stück Abzweig (Vereinigung) 1,0

$$\zeta_{17} = 1,5$$

	Aus dem Rohrplan			Vorläufiger Rohr-durchmesser	Nachrechnung											Unter-schied	
					mit vorläufigem Rohrdurchmesser					mit geändertem Rohrdurchmesser							
Teilstrecke	Stündlich geförderte Wärmemenge	Stündlich geförderte Wassermenge	Länge der Teilstrecke l	d	w	R	$l \cdot R$	$\Sigma \zeta$	Z	d	w	R	$l \cdot R$	$\Sigma \zeta$	Z	$l \cdot R$ o-h	Z q-k
Nr.	$\dfrac{kcal}{h}$	$\dfrac{kg}{h}$	m	mm	$\dfrac{m}{s}$	$\dfrac{mm\ WS}{m}$	$\dfrac{mm}{WS}$		$\dfrac{mm}{WS}$	mm	$\dfrac{m}{s}$	$\dfrac{mm\ WS}{m}$	$\dfrac{mm}{WS}$		$\dfrac{mm}{WS}$	$\dfrac{mm}{WS}$	$\dfrac{mm}{WS}$
a	b	c	d	e	f	g	h	i	k	l	m	n	o	p	q	r	s

Stromkreis des Heizkörpers 5

$h' = 2,5$ m $\qquad w = 0,067$ m/s $\qquad H = 11,09$ mm WS

a	b	c	d	e	f	g	h	i	k	l	m	n	o	p	q	r	s
1	—	546	2,0	57	0,063	0,11	0,22	3,0	0,60	—	—	—	—	—	—	—	—
2	—	356	0,5	50	0,05	0,08	0,04	3,0	0,38	—	—	—	—	—	—	—	—
3	—	330	5,5	40	0,08	0,26	1,43	0,5	0,16	—	—	—	—	—	—	—	—
4	—	243	4,0	32	0,07	0,24	0,96	—	0,00	—	—	—	—	—	—	—	—
5	—	150	4,0	32	0,04	0,10	0,40	—	0,00	—	—	—	—	—	—	—	—
6	—	150	2,0	25	0,075	0,40	0,80	5,5	1,54	—	—	—	—	—	—	—	—
7	—	150	4,0	32	0,04	0,10	0,40	1,5	0,12	—	—	—	—	—	—	—	—
8	—	243	4,0	32	0,07	0,24	0,96	0,5	0,12	—	—	—	—	—	—	—	—
9	—	330	5,5	40	0,08	0,26	1,43	1,0	0,32	—	—	—	—	—	—	—	—
10	—	356	0,5	50	0,05	0,08	0,04	3,0	0,37	—	—	—	—	—	—	—	—
11	—	546	1,5	57	0,063	0,11	0,17	0,5	0.10	—	—	—	—	—	—	—	—

$$6,85 \quad + \quad 3,71 = 10,56 \text{ mm WS}$$

Stromkreis des Heizkörpers 1

$$H = 4,66 \text{ mm WS}$$

a	b	c	d	e	f	g	h	i	k	l	m	n	o	p	q	r	s
16	—	26	2,0	15	0,035	0,24	0,48	8,5	0,51	—	—	—	—	—	—	—	—
17	—	26	0,4	15	0,035	0,24	0,10	1,5	0,10	10	0,065	0,80	0,32	1,5	0,32	0,22	0,22

$$0,58 \quad + \quad 0,61 = 1,19 \text{ mm WS}$$

verbraucht in Teilstrecken 1, 2, 10, 11

$$\underline{1,92 \text{ mm WS}}$$

$$3,11 < 4,64 \text{ mm WS}$$

Da ein Drucküberschuß vorhanden ist, kann evtl. die Teilstrecke 17 (Rücklaufanschluß des Heizkörpers 1) geändert werden. Dadurch ergibt sich ein zusätzlicher Druckverlust von $0,22 + 0,22 = 0,44$ mm WS.

Der Gesamtdruckverlust für die Teilstrecken 16 und 17 ist mit $3,11 + 0,44 = 3,55$ mm WS kleiner als die verfügbare Druckhöhe von 4,64 mm WS.

E. Einrohrsystem ohne Berücksichtigung der Wärmeverluste

Beim Einrohrsystem sind die Heizkörper eines Stranges hintereinandergeschaltet. Damit addieren sich — im Unterschied zum Zweirohrsystem — die Umtriebsdrücke übereinanderliegender Heizkörper. Jeder Strang ist also auch in seinen Druckverlusten als *ein* Stromkreis zu betrachten, der sich streckenweise in zwei Leitungen aufspaltet.

1. Der wirksame Druck

Als Erläuterungsbild diene das Schema einer kleinen Einrohrheizung nach Abb. 11.14. Der Hauptwasserweg ist durch die Teilstrecken 1 bis 8 gekennzeichnet. An den Heizkörpern wird jeweils ein Teilstrom durch die Kurzschlußstrecken 9 und 10 geleitet. Für die Ermittlung des wirksamen Druckes wollen wir zunächst nur das System mit den Kurzschlußstrecken betrachten, also den Stromkreis der Teilstrecken 1, 2, 9, 5, 10 und 8. Die Punkte A und B sind die Mischstellen des Umlaufwassers aus dem Kurzschluß und des Rücklaufwassers aus dem zugehörigen Heizkörper. In der Auswirkung auf den Umtriebsdruck kann die Mischung auch als eine Abkühlung an den Stellen A und B angesehen werden; wir erkennen dann die Übereinstimmung mit dem in Abb. 11.09 dargestellten Fall. Durch den Höhenabstand der Mischpunkte über Kesselmitte und die Temperaturabsenkung sind die wirksamen Teildrücke der Falleitung bestimmt.

Für den Stromkreis des Heizkörpers (1 bis 8) kommt noch der aus der Wasserabkühlung im Heizkörper — der ja höher liegt als die Mischstelle — resultierende Umtriebsdruck hinzu.

a) Berechnung der Temperaturen

In Abb. 11.14 ist

$$t_v = t_1 = t_2 = t_3 = t_9{}^1,$$
$$t_r = t_8; \quad t_5 = t_{10}.$$

Bedeuten:

Q_1, Q_2 die von den Heizkörpern 1 und 2 geforderten Leistungen,

G_1, G_2 die Wasserströme durch die Heizkörper,

$\varDelta t_1, \varDelta t_2$ die Temperaturunterschiede zwischen Heizkörpereintritt und -austritt,

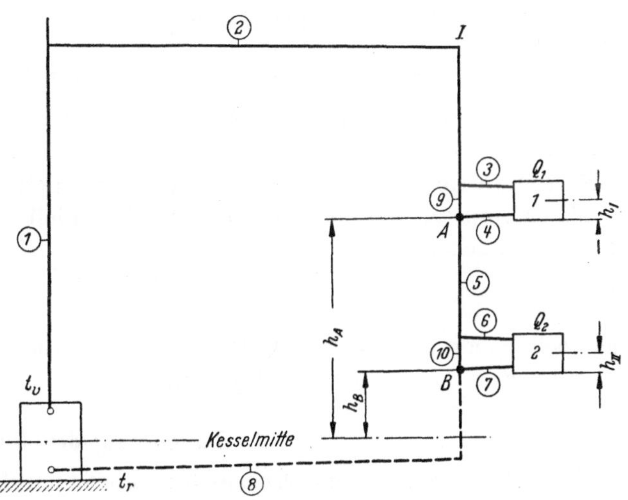

Abb. 11.14. Schema Einrohrheizung

so gilt, wenn die spezifische Wärme $c = 1$ gesetzt wird,

$$Q = Q_1 + Q_2 = G(t_v - t_r) = G_1 \cdot \varDelta t_1 + G_2 \cdot \varDelta t_2. \tag{11.21}$$

Dabei ist Q die gesamte Strangleistung und G der Gesamtwasserstrom.

Man kann Gl. (11.21) auch schreiben in der Form

$$(t_v - t_r) = \frac{G_1}{G} \cdot \varDelta t_1 + \frac{G_2}{G} \cdot \varDelta t_2. \tag{11.21a}$$

Die Temperaturabsenkungen $\varDelta t_1$ und $\varDelta t_2$ hängen sonach von dem Temperaturunterschied am Kessel und dem Anteil des jeweils durch den Heizkörper geleiteten Wasserstromes ab, können also nicht frei gewählt werden.

Als Grenzfall tritt auf: $G_1 = G_2 = G$. Das gesamte Wasser geht durch die Heizkörper. Dann ist $t_v - t_r = \varDelta t_1 + \varDelta t_2$.

Wird andererseits der Wert $\frac{G_1}{G}$ bzw. $\frac{G_2}{G}$ sehr klein angesetzt (nahezu alles Wasser läuft durch den Kurzschluß), so erhält man ein sehr großes $\varDelta t$; die Wasserabkühlung in einzelnen Heizkörpern eines Stranges kann sonach größer gewählt werden als die Temperaturdifferenz am Kessel.

---

[1] Die Indizes geben an, auf welche Teilstrecke sich die Temperaturangabe bezieht.

Nimmt man für die oberen Stockwerke große, für die unteren Stockwerke kleine Temperaturunterschiede in den Heizkörpern an, so lassen sich auch gleiche mittlere Heizwassertemperaturen in allen Stockwerken erreichen. Meist wählt man jedoch den Temperaturabfall Δt in allen Heizkörpern gleich, und zwar möglichst klein, um die Heizflächen klein zu halten. Es gilt dann in Anlehnung an Gl. (11.21a) die Beziehung

$$\frac{\Delta t}{t_v - t_r} = \frac{G}{G_1 + G_2 + \cdots + G_n + \cdots}. \tag{11.22}$$

Die Berechnung der Mischtemperatur t_5 erfolgt am einfachsten an Hand der Gleichung

$$Q_1 = G(t_9 - t_5) = G(t_1 - t_5)$$

oder

$$t_5 = t_1 - \frac{Q_1}{G}. \tag{11.22a}$$

In gleicher Weise werden die Temperaturen anderer Teilstrecken bestimmt.

b) Ermittlung des wirksamen Druckes

Für den Stromkreis der Heizkörper im Fallstrang I ergibt sich bei Anwendung der Gl. (11.14) der wirksame Druck H aus

$$H = h_A(\gamma_5 - \gamma_1) + h_B(\gamma_8 - \gamma_5) + h_I(\gamma_4 - \gamma_1) + h_{II}(\gamma_7 - \gamma_5) \tag{11.23}$$

oder unter Benutzung der Beziehung (11.15)

$$H = h_A(t_1 - t_5)\,\varepsilon_A + h_B(t_5 - t_8)\,\varepsilon_B + h_I(t_1 - t_4)\,\varepsilon_I + h_{II}(t_5 - t_7)\,\varepsilon_{II}. \tag{11.24}$$

Die ε-Werte sind aus Zahlentafel A 35 für die jeweiligen mittleren Wassertemperaturen zu entnehmen.

Man kann sich für das Einrohrsystem ohne Leitungswärmeverluste auch die Ausrechnung der Mischtemperaturen ersparen und für gleichbleibenden Temperaturabfall Δt Gl. (11.24) wie folgt vereinfachen:

$$H = \varepsilon_m\left[h_A\frac{Q_1}{G} + h_B\cdot\frac{Q_2}{G} + (h_I + h_{II})\,\Delta t\right]. \tag{11.24a}$$

Das Rechnen mit dem Durchschnittswert ε_m, dem die mittlere Systemtemperatur $\frac{t_1 + t_8}{2}$ zugrunde gelegt werden soll, ist genügend genau.

2. Berechnung der Rohrleitung

Mit Hilfe des wirksamen Druckes berechnet man die vorläufigen Rohrdurchmesser wie beim Zweirohrsystem. Auch die Nachrechnung erfolgt in der gleichen Weise.

Die Kurzschlüsse (Teilstrecken 9 und 10) wählt man bei der vorläufigen Rechnung um eine Nennweite kleiner als die Heizkörperanschlüsse. Es ist dann nachzuprüfen, ob der Druckverlust im Kurzschluß nicht kleiner ist als der Druckverlust im zugehörigen Heizkörperstromkreis, wobei der Druckgewinn durch die Abkühlung im Heizkörper berücksichtigt werden muß. Für den Druckabfall im Kurzschluß gilt

$$(l\,R + Z)_K \geqq \Sigma\,(l\,R + Z)_{Hk} - h' \cdot \varepsilon \cdot \Delta t. \tag{11.25}$$

Hk kennzeichnet den Heizkörperstromkreis, K den Kurzschluß. Für h' ist die halbe Heizkörperhöhe einzusetzen.

Wird die Bedingung (11.25) nicht erfüllt, so erhält der Heizkörper 1 nicht die ihm zugedachte Wassermenge. Der Durchmesser der Kurzschlußleitung ist entsprechend kleiner zu wählen (evtl. auch nur teilweise). Ein kleiner Drucküberschuß im Heizkörperstromkreis kann durch die Voreinstellung des Heizkörperventils abgedrosselt werden.

Für die vorläufige Rechnung genügt es in der Regel, die Heizkörper nach der Mitteltemperatur zwischen Vor- und Rücklauf auszulegen. Man erspart sich dadurch die umständliche Berechnung der Temperaturen in den einzelnen Teilstrecken des Stranges. Es empfiehlt sich jedoch, an Hand der Zuschläge nach Zahlentafel A 38 die notwendige Heizflächenvergrößerung für die Rohrabkühlung überschläglich zu berücksichtigen.

F. Einrohrsystem mit Berücksichtigung der Wärmeverluste

Das Berechnungsverfahren bei der Zweirohrheizung findet hier — bis auf die abweichende Ermittlung des wirksamen Druckes — sinngemäß Anwendung. Man berücksichtigt bei der vorläufigen Rechnung die Erhöhung des wirksamen Druckes sowie die notwendige Heizflächenvergrößerung zunächst durch Erfahrungszuschläge, s. Zahlentafeln A 37, 38, und verfährt im übrigen wie unter Abschnitt E. Bei Benutzung der Zahlentafel A 37 ist zu beachten, daß die Heizkörper durch die Fallstränge ersetzt werden. Es sind daher diejenigen Werte aus der Zahlentafel zu entnehmen, die dem halben Höhenunterschied zwischen Kessel und oberstem Heizkörper entsprechen. Die besonderen Abkühlungsverhältnisse bei Einrohranlagen bedingen weiterhin, daß hier zwischen dem Temperaturabfall im Heizkörper und der Strangtemperaturdifferenz unterschieden werden muß. Für die Temperaturberichtigungswerte sind die Strangtemperaturdifferenzen maßgebend.

Beispiel. Für die in Abb. 11.15 dargestellte Schwerkraft-Einrohrheizung sind die Rohrdurchmesser und Heizkörpergrößen zu bestimmen.

Die Berechnung soll durchgeführt werden für den ungünstigsten Stromkreis, das ist der Fallstrang I mit den Teilstrecken 1—25.

Annahmen: Vorlauftemperatur am Kessel $t_v = 90°$ C.

Temperaturabsenkung in den Strängen, ohne Wärmeverluste $t_v - t_r = 15°$ C.

Temperaturabfall in den Heizkörpern einheitlich $\Delta t = 10°$ C.

Keine Abkühlung im Steigstrang, Isolierung der Verteilleitungen mit Glasgespinst üblicher Dicke.

Dachbodentemperatur 0° C, Fallstränge ungeschützt an der Wand. Keine Abkühlung im gemeinsamen Rücklauf. Raumtemperatur 20° C.

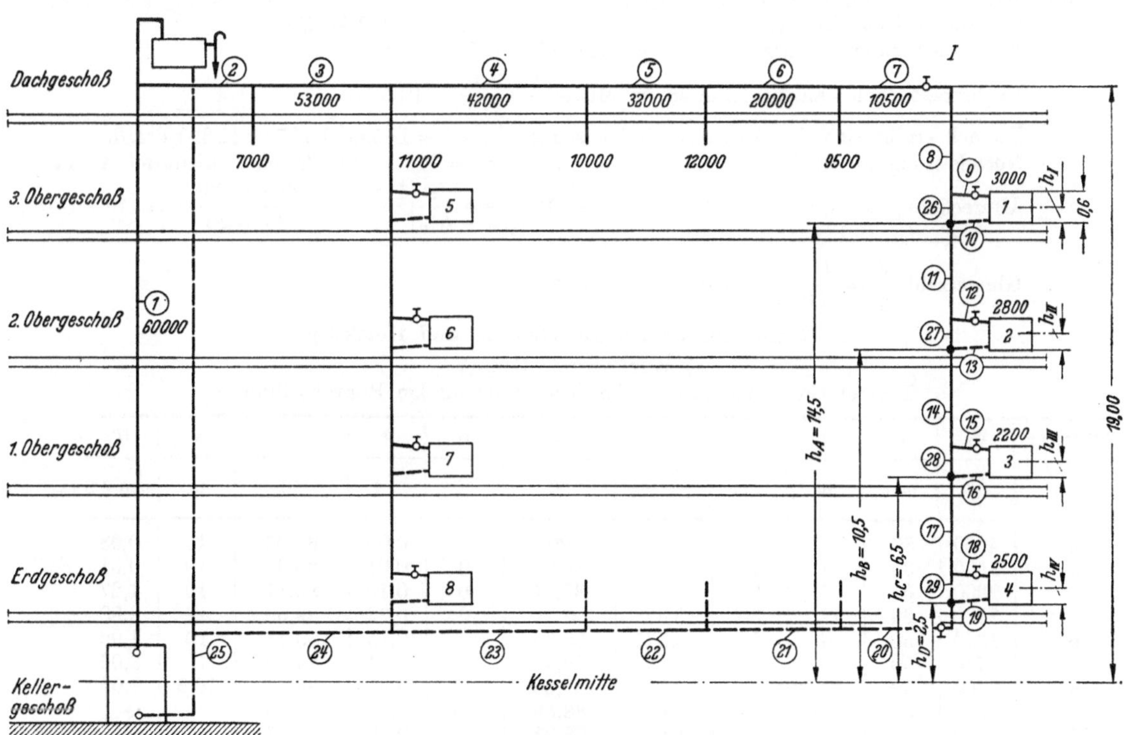

Abb. 11.15. Strangbild Einrohrheizung

1. Vorläufige Rechnung

a) Ermittlung des wirksamen Druckes

Wendet man Gl. (11.24a) sinngemäß auf das Strangschema nach Abb. 11.14 an, so ergibt sich der wirksame Druck zu:

$$H = \varepsilon_m \left[\frac{h_A \cdot Q_1 + h_B \cdot Q_2 + h_C \cdot Q_3 + h_D \cdot Q_4}{G} + \Sigma h \cdot \Delta t \right] \ [\text{mm WS}].$$

Für $\quad \dfrac{t_v + t_r}{2} = \dfrac{90 + 75}{2} = 82{,}5°$ ist $\varepsilon_m = 0{,}63$.

$$G = \frac{\Sigma Q}{t_v - t_r} = \frac{10\,500}{15} = 700 \ \text{l/h},$$

32*

$$H = 0{,}63 \left[\frac{14{,}5 \cdot 3000 + 10{,}5 \cdot 2800 + 6{,}5 \cdot 2200 + 2{,}5 \cdot 2500}{700} + 4 \cdot 0{,}3 \cdot 10 \right] = 91{,}4 \, \text{mm WS}.$$

Wirksamer Druck ohne Berücksichtigung der Wärmeverluste . . . . $H = 91{,}4$ mm WS

Zusätzlicher Druck nach Zahlentafel A 37. (Fallstränge ungeschützt, viergeschossig, waagerechte Ausdehnung der Anlage 25—50 m. Höhe des mittleren Heizkörpers über Kesselmitte bis 15 m. Waagerechte Entfernung des Stranges I vom Steigestrang 30 bis 50 m.)

Dann beträgt die *zusätzliche Druckhöhe* für $t_v - t_r = 15$ grd . . . . $0{,}75 \cdot 35 \;=\; 26{,}2$ mm WS

Vorläufiger wirksamer Druck $H_0 = 117{,}6$ mm WS

b) Bestimmung der vorläufigen Rohrdurchmesser

Gesamte Druckhöhe . . . . $H_0 = 117{,}6$ mm WS

davon 67% für Rohrreibung . . . . . $\Sigma \cdot lR = 78{,}7$ mm WS

Länge der Teilstrecken 1 bis 25 . . . . $\Sigma l = 126{,}5$ m

Druckgefälle (78,7 : 126,2) . . . . . . $R = 0{,}62$ mm WS/m

Daraus folgen die Durchmesser in Spalte e im Formblatt auf S. 501.

c) Kurzschlußstrecken

(eine Nennweite kleiner als die entsprechenden Heizkörperanschlüsse):

Teilstrecke . . . . . Nr.	26	27	28	29
Heizkörperanschluß in mm	32	32	25	25
Kurzschlußstrecke in mm	25	25	20	20

d) Heizkörper

Die mittlere Heizwassertemperatur ist $t_m = \dfrac{90 + 75}{2} = 82{,}5\ °\text{C}$.

Wählt man gußeiserne Gliederheizkörper mit 500 mm Nabenabstand und 160 mm Bautiefe, so berechnet sich die benötigte Gesamtgliederzahl wie folgt:

Geforderte Heizleistung. . . . . $Q = 10\,500$ kcal/h

Für Rohrleitungswärmeverluste ist ein Zuschlag erforderlich.

Er beträgt nach Zahlentafel A 38 im Mittel $\dfrac{10 + 15}{2} = 12{,}5\%$.

Danach ergibt sich die Auslegungsheizleistung . . $Q' = 10\,500 \cdot 1{,}125 = 11\,820$ kcal/h

Normleistung je Glied . . . . $q_n = 110$ kcal/h (nach Zahlentafel A 26a)

Umrechnung auf $t_m = 82{,}5\ °\text{C}$ . . . $q = 110 \left[\dfrac{(t_m - t_i)}{(t_m - t_i)_n} \right]^{\frac{4}{3}} = 110 \cdot \left(\dfrac{82{,}5 - 20}{80 - 20} \right)^{\frac{4}{3}} = 116{,}2$ kcal/h
nach Gl. (9.12)

Gliederzahl $\dfrac{Q'}{q} = \dfrac{11\,820}{116{,}2} = 101{,}6$ Gewählt: 102

2. Nachrechnung der Rohrleitung und Heizkörper

a) Wirksamer Druck

Temperaturen und zusätzliche Druckhöhe infolge Rohrabkühlung[1]

Teilstrecke	G_h	d	l	s	k_R	t	t_i	ϑ	t'	h'	H'
	$\dfrac{\text{kg}}{\text{h}}$	mm	m	mm	$\dfrac{\text{kcal}}{\text{mh grd}}$	°C	°C	grd	°C	m	mm WS
2	4000	80	5	40	0,421	90	0	0,05	89,95	19	0,63
3	3530	80	4	40	0,421	89,95	0	0,04	89,91	19	0,51
4	2800	65	7	30	0,455	89,91	0	0,10	89,81	19	1,27
5	2130	60	12	30	0,428	89,81	0	0,22	89,59	19	2,80
6	1330	50	6	30	0,371	89,59	0	0,15	89,44	19	1,92
7	700	50	5	30	0,371	89,44	0	0,24	89,20	19	3,06
8	700	50	3,5	—	1,8	89,20	20	0,62	88,58	16,9	7,00
9	300	32	1,5	—	1,6	88,58	20	0,55	88,03	—	—
10	300	32	1,5	—	1,6	78,03	20	0,46	77,57	—	—
11	700	50	3,5	—	1,8	84,28[2]	20	0,57	83,71	12,8	4,60
12	280	32	1,5	—	1,6	83,71	20	0,55	83,16	—	—
13	280	32	1,5	—	1,6	73,16	20	0,45	72,71	—	—
14	700	50	3,5	—	1,8	79,71[2]	20	0,52	79,19	8,8	2,88
15	220	25	1,5	—	1,3	79,19	20	0,52	78,67	—	—
16	220	25	1,5	—	1,3	68,67	20	0,43	68,24	—	—
17	700	40	3,5	—	1,7	76,00[2]	20	0,46	75,54	4,8	1,39
18	250	25	1,5	—	1,3	75,54	20	0,43	75,11	—	—
19	250	25	1,5	—	1,3	65,11	20	0,35	64,76	—	—

Zusätzlicher Druck durch Rohrabkühlung 26,06

Wirksamer Druck ohne Berücksichtigung der Wärmeverluste (s. 1a) 91,40

Gesamter wirksamer Druck für den Fallstrang I . . . . 117,46 mm WS

Berechnung der Strangnetze von Warmwasserheizungen — Einrohrsystem mit Wärmeverlusten 501

b) Rohrdurchmesser

Nunmehr ist zu prüfen, ob $\Sigma\,(l\,R + Z)$ der Teilstrecken 1 bis 25 etwa 117,46 mm WS beträgt. Die Nachrechnung (s. unten) zeigt, daß der zur Verfügung stehende Druck nahezu aufgebraucht wird und eine Rohrdurchmesseränderung nicht notwendig ist.

c) Kurzschlußstrecken

Nach Gl. (11.25) gilt für den Widerstand im Kurzschlußrohr:

$$(l\,R + Z)_K \geqq \Sigma(l\,R + Z)_{Hk} - h' \cdot \varepsilon \cdot \Delta t.$$

Teilstrecke 26:

Die rechte Gleichungsseite ergibt

$$4,64 - 0,3 \cdot 10 \cdot 0,64 = 2,72.$$

Da $(l\,R + Z) = 2,38$, der Widerstand im Kurzschlußrohr also zu klein, muß ein zusätzlicher Einzelwiderstand von etwa 1 mm WS eingebaut werden. Eine Verminderung des Rohrdurchmessers um eine Nennweite würde den Widerstand der Kurzschlußstrecke zu stark erhöhen. Es wird daher ein Teil der Kurzschlußstrecke in Strangweite NW 50, der Rest in NW 20 ausgeführt, s. S. 502 oben.

Aus dem Rohrplan				Vorläufiger Rohrdurchmesser	Nachrechnung											Unterschied	
Teilstrecke	Stündlich geförderte Wärmemenge	Stündlich geförderte Wassermenge	Länge der Teilstrecke l	d	mit vorläufigem Rohrdurchmesser					mit geändertem Rohrdurchmesser						$l\cdot R$ o-h	Z q-k
					w	R	$l\cdot R$	$\Sigma\zeta$	Z	d	w	R	$l\cdot R$	$\Sigma\zeta$	Z		
Nr.	$\dfrac{kcal}{h}$	$\dfrac{kg}{h}$	m	mm	$\dfrac{m}{s}$	$\dfrac{mm\ WS}{m}$	$\dfrac{mm}{WS}$		$\dfrac{mm}{WS}$	mm	$\dfrac{m}{s}$	$\dfrac{mm\ WS}{m}$	$\dfrac{mm}{WS}$		$\dfrac{mm}{WS}$	$\dfrac{mm}{WS}$	$\dfrac{mm}{WS}$
a	b	c	d	e	f	g	h	i	k	l	m	n	o	p	q	r	s
a	b	c	d	e	f	g	h	i	k	l	m	n	o	p	q	r	s

Stromkreis des Fallstranges I

$H_0 = 117,6$ mm WS $\qquad R = 0,62$ mm WS $\qquad H = 117,46$ mm WS

Nr.	b	c	d	e	f	g	h	i	k	l	m	n	o	p	q	r	s
1	60000	4000	20	80	0,21	0,63	12,60	2,8	6,2	—	—	—	—	—	—	—	—
2	60000	4000	5	80	0,21	0,63	3,15	—	0,0	—	—	—	—	—	—	—	—
3	53000	3530	4	80	0,19	0,50	2,00	—	0,0	—	—	—	—	—	—	—	—
4	42000	2800	7	65	0,22	0,73	5,11	—	0,0	—	—	—	—	—	—	—	—
5	32000	2130	12	60	0,19	0,69	8,28	2,0	3,6	—	—	—	—	—	—	—	—
6	20000	1330	6	50	0,18	0,84	5,04	—	0,0	—	—	—	—	—	—	—	—
7	10500	700	5	50	0,10	0,26	1,30	4,5	2,3	—	—	—	—	—	—	—	—
8	10500	700	3,5	50	0,10	0,26	0,91	—	0,0	—	—	—	—	—	—	—	—
9	3000	300	1,5	32	0,09	0,35	0,52	7,0	2,8	—	—	—	—	—	—	—	—
10	3000	300	1,5	32	0,09	0,35	0,52	2,0	0,8	—	—	—	—	—	—	—	—
11	10500	700	3,5	50	0,10	0,26	0,91	0,5	0,3	—	—	—	—	—	—	—	—
12	2800	280	1,5	32	0,08	0,30	0,45	7,0	2,2	—	—	—	—	—	—	—	—
13	2800	280	1,5	32	0,08	0,30	0,45	2,0	0,7	—	—	—	—	—	—	—	—
14	10500	700	3,5	50	0,10	0,26	0,91	0,5	0,3	—	—	—	—	—	—	—	—
15	2200	220	1,5	25	0,11	0,78	1,17	4,0	2,4	—	—	—	—	—	—	—	—
16	2200	220	1,5	25	0,11	0,78	1,17	2,0	1,2	—	—	—	—	—	—	—	—
17	10500	700	3,5	40	0,17	0,96	3,36	0,5	0,7	—	—	—	—	—	—	—	—
18	2500	250	1,5	25	0,13	1,00	1,50	4,0	3,4	—	—	—	—	—	—	—	—
19	2500	250	1,5	25	0,13	1,00	1,50	2,0	1,7	—	—	—	—	—	—	—	—
20	10500	700	5,5	50	0,10	0,26	1,43	6,0	3,0	—	—	—	—	—	—	—	—
21	20000	1330	6	60	0,12	0,30	1,80	0,5	0,6	—	—	—	—	—	—	—	—
22	32000	2130	12	60	0,19	0,69	8,28	2,5	4,5	—	—	—	—	—	—	—	—
23	42000	2800	7	65	0,22	0,73	5,11	0,5	1,2	—	—	—	—	—	—	—	—
24	53000	3530	4	80	0,19	0,50	2,00	0,5	0,9	—	—	—	—	—	—	—	—
25	60000	4000	7	80	0,21	0,63	4,41	1,0	2,2	—	—	—	—	—	—	—	—
			126,5				73,88		40,3	—	—	—	—	—	—	—	—

$$73,88 + 40,3 = 114,18 < 117,46$$

<hr>

Fußnoten zu S. 500.

[1] Zur Berechnung des wirksamen Druckes H' kann für bestimmte Temperaturbereiche ε als konstant angenommen werden; dieser Wert ist daher in der Tabelle nicht aufgeführt. Die Abkühlung in den Kurzschlußstrecken 26, 27, 28 und 29 bleibt wegen der geringen Länge dieser Teilstrecken unberücksichtigt. Für die nicht isolierten Rohre ist k_R der Tabelle auf S. 494 zu entnehmen.

[2] Die Mischtemperaturen sind nach Gl. (11.22a) zu berechnen. Der Einfluß der Wärmeverluste der Heizkörperanschlußleitungen auf die Mischtemperatur und damit auf den wirksamen Druck ist bei nicht zu langen Anschlüssen gering und kann dann vernachlässigt werden.

Teilstrecke	Aus dem Rohrplan		Länge der Teilstrecke	Vorläufiger Rohrdurchmesser	Nachrechnung											Unterschied	
	Stündlich geförderte Wärmemenge	Stündlich geförderte Wassermenge			mit vorläufigem Rohrdurchmesser					mit geändertem Rohrdurchmesser							
			l	d	w	R	$l \cdot R$	$\Sigma \zeta$	Z	d	w	R	$l \cdot R$	$\Sigma \zeta$	Z	$l \cdot R$ o-h	Z q-k
Nr.	$\dfrac{\text{kcal}}{\text{h}}$	$\dfrac{\text{kg}}{\text{h}}$	m	mm	$\dfrac{\text{m}}{\text{s}}$	$\dfrac{\text{mm WS}}{\text{m}}$	$\dfrac{\text{mm}}{\text{WS}}$		$\dfrac{\text{mm}}{\text{WS}}$	mm	$\dfrac{\text{m}}{\text{s}}$	$\dfrac{\text{mm WS}}{\text{m}}$	$\dfrac{\text{mm}}{\text{WS}}$		$\dfrac{\text{mm}}{\text{WS}}$	$\dfrac{\text{mm}}{\text{WS}}$	$\dfrac{\text{mm}}{\text{WS}}$
a	b	c	d	e	f	g	h	i	k	l	m	n	o	p	q	r	s
Kurzschlußstrecken																	
26	6000	400	0,2 ⎫ 0,4 ⎭	25	0,2	2,3	1,38	0,5	1,0	⎰20 ⎱50	0,32 0,05	7,30 0,10	1,46 0,04	0,5 —	2,6 —	—	—
27	6300	420	0,6	25	0,20	2,5	1,50	0,5	1,0	—	—	—	—	—	—	—	—
28	7200	480	0,6	20	0,38	10,0	6,00	0,5	3,6	—	—	—	—	—	—	—	—
29	6750	450	0,6	20	0,36	9,0	5,40	0,5	3,3	—	—	—	—	—	—	—	—

Teilstrecke 27:

$$3,8 - 0,3 \cdot 10 \cdot 0,613 = 1,96$$
$$2,50 > 1,96 . \quad \text{Rohrdurchmesser bleibt unverändert.}$$

Teilstrecke 28:

$$5,94 - 0,3 \cdot 10 \cdot 0,588 = 4,18$$
$$9,60 > 4,18 . \quad \text{Rohrdurchmesser bleibt unverändert.}$$

Teilstrecke 29:

$$8,10 - 0,3 \cdot 10 \cdot 0,57 = 6,39$$
$$8,70 > 6,39 . \quad \text{Rohrdurchmesser bleibt unverändert.}$$

d) Heizkörper

In der Tabelle zur Berechnung der zusätzlichen Druckhöhe (s. u. 2a) sind die Vor- und Rücklauftemperaturen eines jeden Heizkörpers (hier nur für den Fallstrang I) berechnet worden, so daß sich nun auch die mittleren Heizkörpertemperaturen t_m und damit die Heizkörpergrößen genau ermitteln lassen. Es ergibt sich:

Heizkörper Nr.	Mitteltemperatur t_m °C	Übertemperatur $t_m - t_l$ grd	Gliedleistung q' kcal/h	Geforderte Wärmeleistung Q kcal/h	Gliederzahl
1	83,03	63,03	117,5	3000	26
2	78,16	58,16	105,5	2800	27
3	73,67	53,67	94,8	2200	23
4	70,11	50,11	86,5	2500	29

Gesamtgliederzahl: 105 (statt 102 bei der vorläufigen Rechnung).

G. Pumpenheizung

1. Grundsätzliches

Der wirksame Druck einer Pumpenheizung setzt sich zusammen aus dem durch die Pumpe erzeugten Druck H_P in mm WS und dem durch Schwerkraftwirkung entstehenden Druck H_S in mm WS. Demnach wird der Gesamtdruck H:

$$H = H_P + H_S \quad [\text{mm WS}]. \tag{11.26}$$

Um für die Darstellung des Rechnungsganges möglichst einfache Verhältnisse zu schaffen, wird im nachstehenden angenommen, daß die Schwerkraftwirkung gegenüber dem Pumpendruck zu vernachlässigen sei. Die Berechnung der Pumpenheizung stützt sich zwar in ihren Einzelheiten auf dieselben Gleichungen, die wir bei der Berechnung der Schwerkraftheizungen kennengelernt hatten, insbesondere gilt auch hier die Gleichung:

$$H = \Sigma(l R) + \Sigma Z, \tag{11.27}$$

aber die Reihenfolge der einzelnen Rechnungen ist hier aus nachstehenden Gründen gänzlich anders als früher. Während bei der Schwerkraftheizung durch die Höhe des Gebäudes der wirksame Druck H von vornherein festliegt und die Strömungsgeschwindigkeiten sowie die Rohrdurchmesser in einzelnen Teilstrecken gesucht sind, ist bei der Pumpenheizung auch der Druck H_P unbekannt. Bei gegebenem Strangschema und gegebenen Wärmemengen sind Rohrnetze mit verschiedenen Durchmessern möglich, die alle in bezug auf das Arbeiten der Anlage gleichwertig sind. Aber nur eins dieser Rohrnetze ist das wirtschaftlich günstigste. Sind die Rohrdurchmesser sehr klein, so ist das Rohrnetz billig. Aber da die Strömungsgeschwindigkeiten hoch sind, sind auch die Druckverluste groß, und damit ergibt sich ein hoher Leistungsbedarf der Pumpe. Es ergeben also große Geschwindigkeiten zwar billige Rohrnetze, aber hohe Betriebskosten. Umgekehrt geben niedrige Geschwindigkeiten teuere Rohrnetze, aber geringe Betriebskosten. Es gilt also, die wirtschaftlich günstigste Netzauslegung zu finden.

Das Berechnungsverfahren ist das gleiche, das bereits für die Fernleitungen auf den Seiten 170/176 behandelt worden ist. Die Vergleichsrechnung ist bei Heiznetzen mit ihrer starken Verzweigung jedoch sehr zeitraubend, da bei der üblichen Rohrführung alle Stränge gesondert berechnet werden müssen. Andererseits sind bei Heizanlagen neben Kostenfaktoren auch Ausführungs- und betriebliche Gesichtspunkte zu berücksichtigen, die oft gegen die Wahl zu kleiner Rohrdurchmesser und zu hoher Druckgefälle sprechen. Nur bei ausgedehnten Pumpenheizungen ist daher die exakte Ermittlung der wirtschaftlichsten Rohrauslegung am Platz.

Bei kleineren Anlagen geht man von Erfahrungswerten aus, wobei man entweder den Pumpendruck, das Druckgefälle oder die Strömungsgeschwindigkeit wählt. Im nachstehenden wollen wir das Druckgefälle frei wählen, und zwar ist es zweckmäßig, R längs des Hauptstranges, das ist der Stromkreis mit der größten Länge, etwa konstant zu halten. Bei der Ausführung werden sich natürlich wegen der Stufung der handelsüblichen Rohrdurchmesser in den einzelnen Teilstrecken Abweichungen von dem gewählten Druckgefälle ergeben, die aber nicht von großer Bedeutung sind.

Unter normalen Verhältnissen erhält man mit $R \approx 10\ \text{mm WS/m}$ wirtschaftlich dimensionierte Rohrnetze. Im Zweifelsfall sollte man aber den Hauptstrang auch mit kleineren und größeren R-Werten durchrechnen, um den Bereich der günstigsten Netzauslegung wenigstens näherungsweise festzustellen.

2. Durchführung einer Berechnung

Beispiel. Für den in Abb. 11.16a und Abb. 11.16b dargestellten Teil des Rohrnetzes einer Gebäude-Pumpenwarmwasserheizung sind die Rohrdurchmesser zu berechnen unter Vernachlässigung des durch Schwerkraftwirkung entstehenden zusätzlichen Druckes H_S. Die Temperaturdifferenz zwischen Vor- und Rücklauf sei zu 10° angenommen.

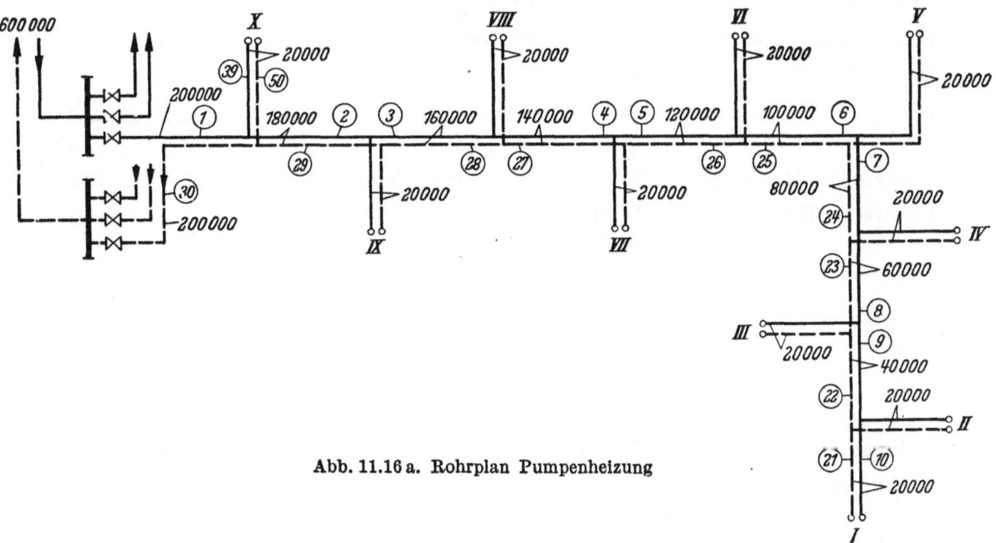

Abb. 11.16a. Rohrplan Pumpenheizung

a) Berechnung des Hauptstranges

Als Hauptstrang ist die Rohrverbindung zwischen Verteiler und Heizkörper des Steigstranges I anzusehen. Entsprechend dem oben Gesagten rechnet man diesen Rohrzug für verschiedene Druckgefälle durch. Man kann bei der Berechnung die entsprechenden Teilstrecken im Vor- und Rücklauf zusammenfassen. Zweckmäßigerweise beginnt man am Verteiler, da man hier zuerst an die größeren Rohrweiten kommt und bei diesen das Einhalten der gewählten Druckgefälle wegen der feineren Unterteilung der zur Verfügung stehenden Rohrdurchmesser leichter möglich ist. Man füllt zunächst die Spalten a, b und d des Formblattes an Hand der Pläne aus und rechnet sich dann die Werte der Spalte c aus. Aus dem Rohrplan entnimmt man ferner die vorhandenen Einzelwiderstände. Für das vorliegende Beispiel ergibt sich folgende Zusammenstellung:

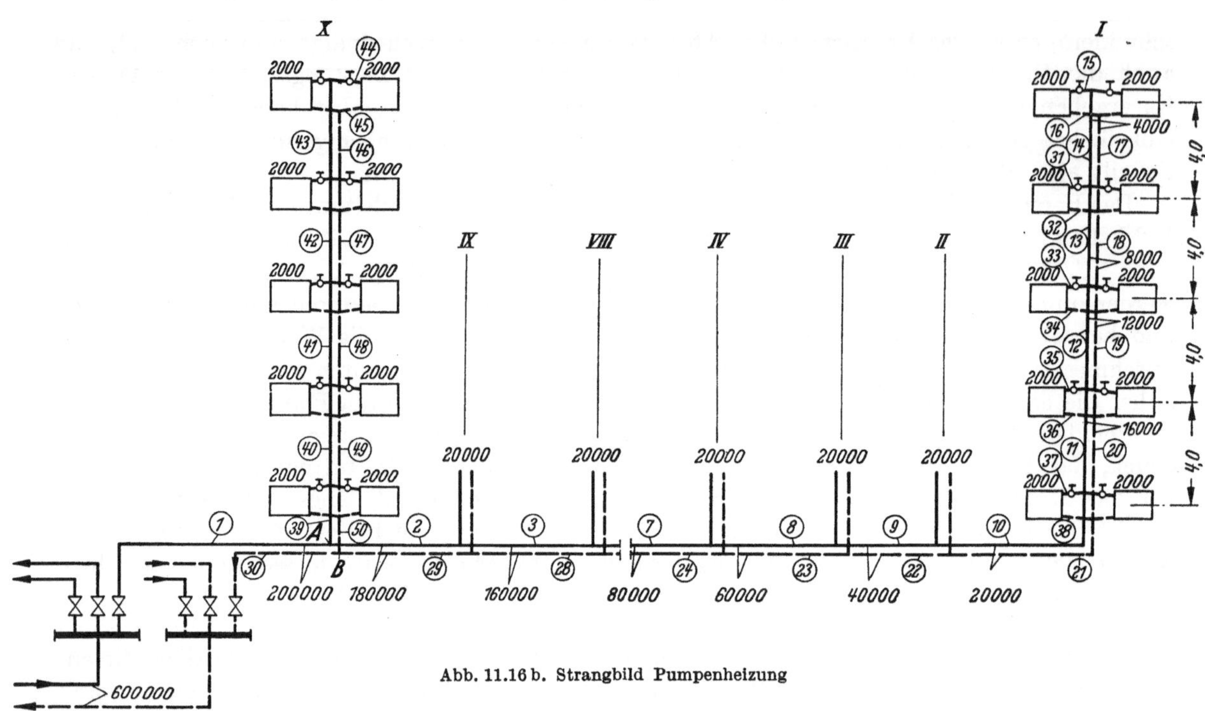

Abb. 11.16 b. Strangbild Pumpenheizung

Zusammenstellung der Einzelwiderstände

Teilstrecke 1:	Geschwindigkeitsänderung, angenommen zu	0,5
	1 Ventil.	4,0
	2 Bögen 90°	1,0
	$\zeta_1 \quad = 5,5$	

Teilstrecken 2 bis 6:   1 T-Stück, Durchgang, Trennung . . . . $\zeta_{2\,bis\,6} = 0,0$

Teilstrecke 7:   1 T-Stück, Abzweig, Trennung . . . . . $\zeta_7 \quad = 1,5$

Teilstrecken 8 und 9:   1 T-Stück, Durchgang, Trennung . . . . $\zeta_{8,\,9} = 0,0$

Teilstrecke 10:	1 T-Stück, Durchgang, Trennung	0,0
	1 Bogen 90°	0,5
	$\zeta_{10} \quad = 0,5$	

Teilstrecken 11 bis 14:   1 T-Stück, Durchgang, Trennung . . . . $\zeta_{11\,bis\,14} = 0,0$

Teilstrecke 15:	1 T-Stück, Gegenlauf	3,0
	1 Heizkörper-Eckventil	4,0
	1 Radiator	2,5
	$\zeta_{15} \quad = 9,5$	

Teilstrecke 16:	1 Ausbiegestück	0,5
	1 T-Stück, Gegenlauf	3,0
	$\zeta_{16} \quad = 3,5$	

Teilstrecken 17 bis 20:   1 T-Stück, Durchgang, Vereinigung . . . $\zeta_{17\,bis\,20} = 0,5$

Teilstrecke 21:	1 T-Stück, Durchgang, Vereinigung . . .	0,5
	1 Bogen 90°	0,5
	$\zeta_{21} \quad = 1,0$	

Teilstrecken 22 und 23:   1 T-Stück, Durchgang, Vereinigung . . . $\zeta_{22,\,23} = 0,5$

Teilstrecke 24:   1 T-Stück, Abzweig, Vereinigung . . . . $\zeta_{24} \quad = 1,0$

Teilstrecken 25 bis 29:   1 T-Stück, Durchgang, Vereinigung . . . $\zeta_{25\,bis\,29} = 0,5$

Teilstrecke 30:	2 Bögen 90°	1,0
	1 Ventil.	4,0
	Geschwindigkeitsänderung, angenommen zu	0,5
	$\zeta_{30} \quad = 5,5$	

Nunmehr kann die Dimensionierung des Hauptstranges erfolgen. Die Berechnung soll durchgeführt werden für $R = 10$ und $R = 20$ mm WS/m. Unter Benutzung des Arbeitsblattes 2 werden die Spalten e bis k bzw. 1 bis q des Formblattes ausgefüllt, s. unten. Man muß dabei immer dasjenige Tabellenrechteck heraussuchen, in dem die für die Rechnung ermittelte Wassermenge (Spalte c) und der gewählte R-Wert am besten übereinstimmen.

Aus dem Rohrplan				Rechnung											
				mit $R = 10$ mm WS/m						mit $R = 20$ mm WS/m					
Teilstrecke	Stündlich geförderte Wärmemenge	Stündlich geförderte Wassermenge	Länge der Teilstrecke l	d	w	R	$l \cdot R$	$\Sigma \zeta$	Z	d	w	R	$l \cdot R$	$\Sigma \zeta$	Z
Nr.	$\dfrac{\text{kcal}}{\text{h}}$	$\dfrac{\text{kg}}{\text{h}}$	m	mm	$\dfrac{\text{m}}{\text{s}}$	$\dfrac{\text{mm WS}}{\text{m}}$	$\dfrac{\text{mm}}{\text{WS}}$		$\dfrac{\text{mm}}{\text{WS}}$	mm	$\dfrac{\text{m}}{\text{s}}$	$\dfrac{\text{mm WS}}{\text{m}}$	$\dfrac{\text{mm}}{\text{WS}}$		$\dfrac{\text{mm}}{\text{WS}}$
a	b	c	d	e	f	g	h	i	k	l	m	n	o	p	q
1 u. 30	200 000	20 000	20 [1]	88	0,94	9,4	188	11,0	488	80	1,09	12,9	258	11,0	649
2 u. 29	180 000	18 000	20	80	0,98	10,5	210	0,5	22	65	1,31	24,1	282	0,5	43
3 u. 28	160 000	16 000	20	80	0,87	8,3	166	0,5	19	65	1,20	19,1	382	0,5	36
4 u. 27	140 000	14 000	20	65	1,00	15,0	300	0,5	25	60	1,28	23,6	472	0,5	40
5 u. 26	120 000	12 000	20	65	0,91	11,2	224	0,5	21	60	1,10	17,5	350	0,5	30
6 u. 25	100 000	10 000	20	60	0,87	12,4	248	0,5	19	57	1,10	22,0	440	0,5	30
7 u. 24	80 000	8 000	20	60	0,70	8,1	162	2,5	61	50	1,10	24,2	484	2,5	149
8 u. 23	60 000	6 000	20	50	0,85	14,0	280	0,5	18	50	0,85	14,0	280	0,5	18
9 u. 22	40 000	4 000	20	50	0,55	6,5	130	0,5	8	40	0,85	19,4	388	0,5	18
10 u. 21	20 000	2 000	23	32	0,55	11,0	253	1,5	23	32	0,55	11,0	253	1,5	23
11 u. 20	16 000	1 600	8	32	0,45	7,2	58	0,5	5	25	0,80	29,6	237	0,5	16
12 u. 19	12 000	1 200	8	32	0,35	4,2	34	0,5	3	25	0,60	17,3	138	0,5	9
13 u. 18	8 000	800	8	25	0,40	8,0	64	0,5	4	20	0,65	26,8	214	0,5	11
14 u. 17	4 000	400	8	20	0,32	7,3	58	0,5	2	15	0,60	32,7	262	0,5	9
15 u. 16	2 000	200	2	15	0,30	9,1	18	13,0	58	10	0,50	32,0	64	13,0	161

$$237 \qquad \overset{30}{\underset{1}{\Sigma}}(l\,R) + \overset{30}{\underset{1}{\Sigma}}Z = 2393 + 776 \qquad \overset{30}{\underset{1}{\Sigma}}l \cdot R + \overset{30}{\underset{1}{\Sigma}}Z = 4504 + 1242$$

$$= 3169 \text{ mm WS} \qquad\qquad\qquad\qquad = 5746 \text{ mm WS}$$

Die *Pumpenleistung* läßt sich nach der Gleichung

$$N_P = \frac{V_s \cdot H_P}{102 \cdot \eta} \quad [\text{kW}]$$

berechnen, worin

V_s die sekundlich zu fördernde Wassermenge in l/s,
H_P die Förderhöhe der Pumpe in m WS,
η den Pumpenwirkungsgrad

bedeutet. Die sekundliche Wassermenge V_s errechnet sich aus $Q_{ges} = 600\,000$ kcal/h zu:

$$V_s = \frac{Q_{ges}}{\Delta t \cdot 3600} = \frac{600\,000}{10 \cdot 3600} = 16{,}67 \text{ l/s}.$$

Bei einem Pumpenwirkungsgrad $\eta = 0{,}7$ folgt N_P aus der Beziehung

$$N_P = \frac{16{,}67 \cdot H_P}{102 \cdot 0{,}7} = 0{,}233 \cdot H_P.$$

Damit wird für

	$R = 10$	$R = 20$	mm WS/m
H_P . .	3,169	5,746	m WS
N_P . .	0,74	1,34	kW

Für das vorliegende Beispiel wird die Berechnung mit $R = 10$ mm WS/m für die Dimensionierung der Seitenstränge und Heizkörperanschlüsse fortgesetzt.

---

[1] Gesamtlänge für beide Teilstrecken.

b) Berechnung der Heizkörperanschlüsse im Steigstrang I

Für die Bemessung der Heizkörperanschlüsse stehen folgende Drücke zur Verfügung:

$$\text{Im 3. Geschoß} \quad H = \sum_{14}^{17} (l\,R) + \sum_{14}^{17} Z = 136\ \text{mm WS}$$

$$\text{Im 2. Geschoß} \quad H = \sum_{13}^{18} (l\,R) + \sum_{13}^{18} Z = 204\ \text{mm WS}$$

$$\text{Im 1. Geschoß} \quad H = \sum_{12}^{19} (l\,R) + \sum_{12}^{19} Z = 241\ \text{mm WS}$$

$$\text{Im Erdgeschoß} \quad H = \sum_{11}^{20} (l\,R) + \sum_{11}^{20} Z = 304\ \text{mm WS}$$

Diese Drücke dürfen nicht überschritten werden. Man geht also hier wie bei der Berechnung der Schwerkraftanlagen so vor, daß man zunächst das zur Verfügung stehende Druckgefälle R berechnet. Nimmt man als Anteil der Einzelwiderstände in diesen kurzen Rohrstrecken, die verhältnismäßig viele Einzelwiderstände enthalten (Regulierventil, Heizkörper, Bogen), etwa 66% an, so lassen sich die R-Werte wie folgt berechnen:

Es bleiben für Rohrreibung		l	R
Im 3. Geschoß:	$0{,}34 \cdot 136 = 46$ mm WS	2 m	23,0 mm WS/m
Im 2. Geschoß:	$0{,}34 \cdot 204 = 69$ mm WS	2 m	34,5 mm WS/m
Im 1. Geschoß:	$0{,}34 \cdot 241 = 82$ mm WS	2 m	41,0 mm WS/m
Im Erdgeschoß:	$0{,}34 \cdot 304 = 103$ mm WS	2 m	51,5 mm WS/m

Teil-strecke	Stündlich geförderte Wärme-menge	Stündlich geförderte Wasser-menge	Länge der Teilstrecke l	Vorläufiger Rohr-durch-messer d	w	R	$l \cdot R$	$\Sigma \zeta$	Z	$\Sigma l \cdot R + \Sigma Z$
Nr.	$\dfrac{\text{kcal}}{\text{h}}$	$\dfrac{\text{kg}}{\text{h}}$	m	mm	$\dfrac{\text{m}}{\text{s}}$	$\dfrac{\text{mm WS}}{\text{m}}$	mm WS		mm WS	mm WS
a	b	c	d	e	f	g	h	i	k	l
31 u. 32	2000	200	2	15	0,30	9,0	18	13	58	76
33 u. 34	2000	200	2	15	0,30	9,0	18	13	58	76
35 u. 36	2000	200	2	10	0,50	33,0	66	13	161	227
37 u. 38	2000	200	2	10	0,50	33,0	66	13	161	227

Die verbleibenden Reste an wirksamem Druck sind durch die Ventilvoreinstellung abzudrosseln.

Tabelle zu Abschnitt c) (s. S. 507)

Teilstrecke	Stündlich geförderte Wärmemenge	Stündlich geförderte Wassermenge	Länge der Teilstrecke l	Vorläufiger Rohrdurch-messer d	mit vorläufigem Rohrdurchmesser					mit geändertem Rohrdurchmesser						Unter-schied	
					w	R	$l \cdot R$	$\Sigma \zeta$	Z	d	w	R	$l \cdot R$	$\Sigma \zeta$	Z	$l \cdot R$ o-h	Z q-k
Nr.	$\dfrac{\text{kcal}}{\text{h}}$	$\dfrac{\text{kg}}{\text{h}}$	m	mm	$\dfrac{\text{m}}{\text{s}}$	$\dfrac{\text{mm WS}}{\text{m}}$	mm WS		mm WS	mm	$\dfrac{\text{m}}{\text{s}}$	$\dfrac{\text{mm WS}}{\text{m}}$	mm WS		mm WS	mm WS	mm WS
a	b	c	d	e	f	g	h	i	k	l	m	n	o	p	q	r	s
39 u. 50	20000	2000	23	32	0,55	11,0	253	2,5	38	—	—	—	—	—	—	—	—
40 u. 49	16000	1600	8	32	0,45	7,2	58	0,5	5	25	0,80	29,6	236,8	0,5	16	179	11
41 u. 48	12000	1200	8	25	0,60	17,3	138	0,5	9	—	—	—	—	—	—	—	—
42 u. 47	8000	800	8	20	0,65	26,3	210	0,5	11	15	1,2	121	968	0,5	36	758	25
43 u. 46	4000	400	8	15	0,59	32,6	261	0,5	9	—	—	—	—	—	—	—	—
44 u. 45	2000	200	2	10	0,50	32,0	64	13,0	161	—	—	—	—	—	—	—	—

$$57 \qquad \sum_{39}^{50} (lR) + \sum_{39}^{50} Z = 984 \quad + \quad 243 = 1227\ \text{mm WS} \qquad\qquad 973\ \text{mm WS}$$

Teilstrecken 40 u. 49, 41 u. 48 geändert   <u>973 mm WS</u>

<u>2200 mm WS</u>

Eine weitere Veränderung der Rohrweiten ist nicht möglich.
Die übrigen Steigstränge werden auf die gleiche Weise berechnet.

c) Berechnung eines nahe am Verteiler gelegenen Steigstranges

Um den weiteren Gang der Berechnung zu zeigen, sei die Berechnung des Stranges X durchgeführt. Zwischen den Abzweigpunkten A und B besteht eine Druckdifferenz von $H = (\Sigma l R + \Sigma Z)\,\overset{29}{\underset{2}{=}}\, 2493$ mm WS.

Diese Druckdifferenz steht auch zur Bemessung der Rohrweiten des Stranges X, also der Teilstrecken 39 bis 50, zur Verfügung. Bei der Berechnung der Rohrweiten muß man hier ebenfalls so verfahren wie unter Teil b. Man muß also zunächst das Druckgefälle R berechnen. Bei einem Anteil der Einzelwiderstände von 33% bleiben zur Dimensionierung des Rohrzuges (Teilstrecken 39 bis 50): $0,67 \cdot 2493 = 1672$ mm WS übrig. Bei einer Länge von insgesamt 57 m ergibt sich demnach

$$R = \frac{1672}{57} = 29,3 \text{ mm WS}.$$

Daraus folgen unter Benutzung des Arbeitsblattes 2 für die Teilstrecken 39 bis 50 die Rohrdurchmesser der Tabelle auf S. 506 unten.

3. Sonderausführungen bei der Pumpenheizung

a) Einrohrheizung

Bei der Rohrnetzberechnung der Einrohrheizung sind zusätzlich noch die Druckverluste in den Kurzschlußstrecken zu überprüfen, und zwar müssen diese größer sein als die Druckverluste der parallelgeschalteten Heizkörperanschlüsse abzüglich des Druckgewinns durch die Wasserabkühlung im Heizkörper. Beim Einregeln der Anlage ist dann die Voreinstellung der Heizkörperventile so weit zu drosseln, daß die der Rechnung zugrunde liegende Wassermengenaufteilung zwischen Heizkörper und Kurzschluß erzielt wird. Es gilt also wieder Gl. (11.25):

$$(l R + Z)_K \geqq \Sigma\,(l R + Z)_{Hk} - h' \cdot \varepsilon \cdot \Delta t.$$

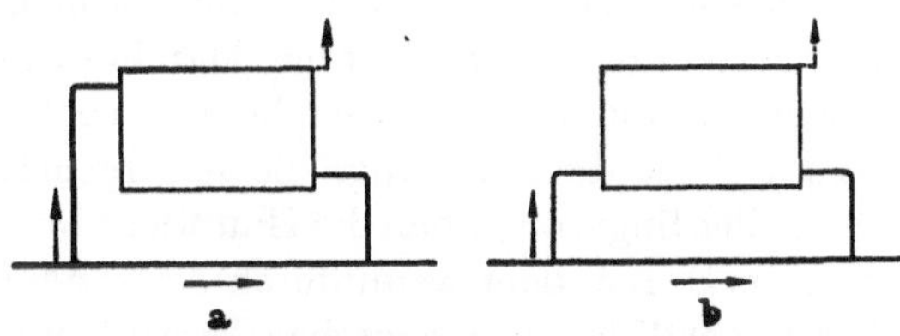

Abb. 11.17. Einrohrheizung mit horizontaler Rohrführung.
a) Vorlaufanschluß oben, b) Vorlaufanschluß unten

Bei hohem Druckgefälle und kleinem Temperaturabfall im Heizkörper kann man das letzte Glied evtl. vernachlässigen.

Die Heizflächengrößen sind stets an Hand der tatsächlichen Heizkörpertemperaturen zu berichtigen. Auf die Nachrechnung der Rohrleitungswärmeverluste wird man im allgemeinen verzichten. Die neuerdings häufiger verwendete Einrohrheizung mit horizontaler Rohrführung, s. Abb. 11.17, bietet keine besonderen Rechnungsschwierigkeiten. Es ist jedoch darauf zu achten, daß die Heizkörperleistung bei beidseitig unterem Anschluß (b) kleiner ist als bei teils oberem, teils unterem Anschluß (a), s. S. 394.

b) Flächenheizung

Die Rohrnetzberechnung von Flächenheizungen unterscheidet sich im Grundsätzlichen nicht von den bei örtlichen Heizkörpern üblichen Rechnungsweisen; es sind lediglich an Hand der Heizflächengrößen die Widerstände der einzelnen Rohrschlangen (Register) besonders zu bestimmen. Die Widerstände der Rohrschlangen sind in der Regel erheblich höher als die der gebräuchlichen Heizkörperbauarten. Man kommt daher selten mit Schwerkraftumlauf aus.

Der Druckverlust der Heizschlangen wird wie beim Rohrnetz mit Hilfe der Arbeitsblätter 1—5 ermittelt. Die Festlegung der Rohrlänge der Heizschlangen erfolgt schon bei der wärmetechnischen Berechnung der Flächenheizung, da Bauart und Heizwassertemperaturen mitsprechen. Zur Vermeidung zu hoher Druckverluste ist evtl. eine Unterteilung in zwei oder mehr parallelgeschaltete Heizschlangen notwendig; nur selten wird man auf größere Rohrdurchmesser übergehen. Die vom Kessel am weitesten entfernte Heizfläche (zuweilen auch eine benachbarte größere Heizfläche) ist für die Pumpendruckhöhe bzw. die Netzauslegung bestimmend. Überschüssige Druckhöhen kesselnaher Heizschlangen sind sorgfältig in den Anschlußstrecken oder notfalls in der Ventileinstellung abzudrosseln, da bei den niedrigen Heizwassertemperaturen (verglichen mit Radiatorenheizung) evtl. schon geringe Abweichungen in der Ablauftemperatur aus den Heizschlangen zu deutlich merkbaren Leistungsunterschieden führen. Bei Flächenheizungen mit sehr niedrigen Heizwassertemperaturen, z. B. Crittall-Decken, sind die R-Werte der Arbeitsblätter nach Abb. 11.03 c zu berichtigen.

c) Heizanlagen für hohe Gebäude

In vielstöckigen Häusern kann die Schwerkraftwirkung bei Bestimmung der Rohrweiten von Pumpenheizungen nicht mehr vernachlässigt werden. Da in Gl. (11.26) H_P stets gleichbleibt, das zweite Glied der rechten Seite H_S aber mit dem Temperaturunterschied $t_v - t_r$, also angenähert mit der Belastung der Heizanlage, anwächst, bleibt die für extreme Verhältnisse (Höchstlast) berechnete Druckverteilung im Netz unter abweichenden Belastungsverhältnissen nicht mehr erhalten. Damit ändert sich auch die Wasserverteilung auf die in verschiedenen Stockwerken liegenden Heizkörper eines Stranges, und die zentrale Leistungsregelung der Gesamtanlage bei beliebigen Betriebsbedingungen wird gefährdet. Die Heizkörper in den oberen Stockwerken bleiben bei schwacher Belastung zurück, wenn das Rohrnetz für die Gesamtdruckhöhe einschließlich der Schwerkraftdrücke bei höchster Belastung berechnet wurde; sie laufen andererseits vor, wenn die Schwerkraftwirkung bei der Rohrnetzberechnung vernachlässigt wird. Diese Störungen in der Wasserverteilung werden größer mit wachsendem Anteil des Schwerkraftdruckes H_S am Gesamtdruck H, d. h. also mit zunehmender Gebäudehöhe und Entfernung der Stränge von der Zentrale. Man kann sie mindern durch die Wahl hoher Pumpendrücke.

Es empfiehlt sich, bei der Rohrnetzberechnung die Schwerkraftwirkung nur mit dem halben Betrag der bei Höchstlast auftretenden zusätzlichen Drücke zu berücksichtigen. Dann ist die Wasserverteilung in den Strängen bei den am häufigsten vorkommenden mittleren Belastungen einwandfrei. Für den Gesamtdruck H ist also zu setzen

$$H = H_P + \frac{1}{2} \cdot H_S \,.$$

Bei Anlagen großer horizontaler Ausdehnung kann auch ein anderer Weg zur Erzielung einer bei unterschiedlichen Belastungen gleichmäßigen Wasserverteilung gewählt werden. Man braucht die Pumpendruckhöhe in den horizontalen Hauptleitungen auf und dimensioniert die senkrechten Stränge allein nach den Schwerkraftdrücken. Einwandfrei ist diese Lösung, die naturgemäß zu größeren Durchmessern bei den Strangleitungen führt, allerdings nur, wenn die Hauptleitungen nach dem System der gleichen Weglänge verlegt werden, s. S. 105, oder wenn durch Anordnung von Strangkurzschlüssen der Einfluß unterschiedlicher Druckdifferenzen zwischen Vorlauf- und Rücklauf-Verteilleitung auf die Strangwassermengen ausgeschaltet wird. Man schließt also im letzten Fall die Stränge in gleicher Weise an die Hauptleitungen an, wie es bei den Hausstationen großer Warmwassernetze heute üblich ist, s. Abb. 4.49, S. 200.

IV. Berechnung der Strangnetze von Niederdruckdampfheizungen

A. Grundlagen

1. Das verfügbare Druckgefälle

Bei Niederdruckdampfheizungen ist der Druck am Anfang der Leitung mit dem Kesseldruck bzw. dem Druck am Verteiler gegeben. Am Ende der einzelnen Verzweigungsleitungen, also am Eintritt in die Heizkörper, soll der Druck so weit abgesenkt sein, daß sich der Heizkörper bei voller Öffnung des Ventils eben mit Dampf füllt, ohne daß Dampf in die Kondensatleitung übertritt. Es ist üblich, vor allen Heizkörperventilen einheitlich mit 200 kg/m² zu rechnen. Im allgemeinen kommt man mit dieser Annahme aus. Wird jedoch eine zentrale Regelung verlangt, so ist es zweckmäßig, den Druck vor dem Heizkörper nach Maßgabe der Größe des Heizkörpers abzustufen.

Das Rohrnetz muß so berechnet sein, daß der Kesseldruck durch die Einzelwiderstände und die Reibungsverluste in den geraden Rohrstrecken so weit aufgebraucht wird, daß vor den Heizkörperventilen nur der obengenannte Druck herrscht.

Die Rechnung beginnt auch bei der Niederdruckdampfheizung mit der Ermittlung der vorläufigen Rohrdurchmesser des ungünstigsten Stranges, d. h. jenes Stranges, der den Kessel mit dem weitestentfernten Heizkörper verbindet. Man setzt für die vorläufige Rechnung die Einzelwiderstände mit 33% des gesamten Druckabfalles an. Sodann nimmt man wieder gleichbleibendes Druckgefälle vom Kessel bis zum letzten Heizkörper an.

Bezeichnet:

p_1 den Anfangsdruck,
p_2 den Druck vor dem Heizkörper,
Σl die gesamte Länge aller Teilstrecken im ungünstigsten Strang,

so ist das Druckgefälle R in den Teilstrecken des ungünstigsten Stranges

$$R = (1 - a) \cdot \frac{p_1 - p_2}{\Sigma l}.$$

2. Die Gleichung für den Rohrdurchmesser

Wir greifen zurück auf Gl. (11.04) von S. 463

$$R = 6{,}4 \cdot 10^6 \cdot \frac{\lambda}{\gamma} \cdot \frac{G_h^2}{d^5}.$$

Bei Niederdruckdampfheizungen kann man das spezifische Gewicht einheitlich mit $\gamma = 0{,}633$ und die Verdampfungswärme mit $r = 539$ einsetzen. Mit diesen Zahlenwerten wird

$$R = 34{,}6 \cdot \lambda \cdot \frac{Q_h^2}{d^5}. \tag{11.28}$$

Es ist allerdings zu berücksichtigen, daß die stündliche Dampfmenge infolge Kondensatbildung längs des Rohres abnimmt. Q_h muß also größer gewählt werden als die von den Heizkörpern geforderte Leistung.

Für die Einzelwiderstände gilt dieselbe Gleichungsform wie bei der Warmwasserheizung.

$$Z = \zeta \frac{w^2}{2} \cdot \frac{\gamma}{g}.$$

Eine Tabelle auf Arbeitsblatt 5 erleichtert auch hier die Bestimmung der Druckverluste durch Einzelwiderstände.

3. Das Arbeitsblatt 6

Das Arbeitsblatt 6 ist genauso aufgebaut wie die Blätter 3 und 4 (vgl. S. 475). Ihm liegt die Gl. (11.28) zugrunde.

Die Zahlentafel enthält:

Die Werte Q_h in kcal/h in den oberen waagerechten Zeilen.
Die Dampfgeschwindigkeiten w in m/s in den unteren waagerechten Zeilen.
Das Druckgefälle R in mm WS für 1 m Rohr.
Die Rohrdurchmesser von 10 bis 250 mm Nennweite.

In Abweichung von den Hilfstafeln der früheren Auflagen dieses Lehrbuches enthalten die Werte Q_h hier keinen Zuschlag zur Abgeltung der Wärmeverluste.

B. Durchführung der Rohrnetzberechnung

1. Vorläufige Ermittlung der Rohrdurchmesser des Dampfnetzes

Ist der Dampfdruck am Eintritt in das Verteilungs- und Strangnetz mit p_1 gegeben, so ist zunächst R aus der Gleichung

$$R = (1 - a) \cdot \frac{p_1 - p_2}{\Sigma l}$$

für den ungünstigsten Strang (d. i. im allgemeinen der längste) zu bestimmen. a wird nach dem Vorgesagten mit 0,33 angesetzt, p_2 meistens mit 200 kg/m². Den Wert R sucht man in dem Arbeitsblatt 6 auf, schreitet in der Waagerechten nach rechts weiter und findet für die in jeder Teilstrecke zu fördernde Wärmeleistung am Kopf der Tafel den vorläufigen Rohrdurchmesser. Bei nichtisolierten Leitungen ist zur Berücksichtigung der Wärmeverluste die Wärmeleistungszahl um 15% höher anzunehmen, als sie sich aus der Summe der Heizkörperleistungen ergibt. Bei isolierten Leitungen können in der vorläufigen Rechnung die Wärmeverluste vernachlässigt werden. Bei der Nachrechnung sind erforderlichenfalls die Wärmeverluste genau zu ermitteln.

Bei ND-Dampfheizungen mit eigener Kesselanlage wählt man den Kesseldruck in der Regel um so höher, je größer die Entfernung bis zum letzten Heizkörper ist, s. S. 106. Damit liegt aber auch das Druckgefälle für die Gesamtstrecke fest. Für Gebäudeheizungen mit einer horizontalen Dampfleitungslänge bis zu 100 m rechnet man für die Hauptleitung meist mit $R = 5$ bis 6 mm WS/m. Da man nach praktischen Erfahrungen in den Steigsträngen, bei denen das sich bildende Kondensat entgegen der Dampfrichtung abgeführt werden muß, nicht über $R = 10$ mm WS/m hinausgehen soll, kann die vorläufige Ermittlung der Rohrdurchmesser nach folgender Tabelle erfolgen:

Zu fördernde Wärmeleistung Q_h [kcal/h]

Rohrart	Gewinderohre					Nahtlose Rohre DIN 2449					
NW	15	20	25	32	40	40	50	(57)	60	65	80
Waagerechte Leitungen	2000	4500	8700	18500	27000	24000	49000	64500	88000	111000	172000
Senkrechte Leitungen	2800	6300	12000	25500	37400	33400	67700	88900	121000	153000	237000

Rohrart	Nahtlose Rohre DIN 2449									
NW	(88)	100	110	125	135	150	175	200	225	250
Waagerechte Leitungen	205000	291000	397000	519000	661000	841000	1355000	1890000	2400000	3200000
Senkrechte Leitungen	281000	400000	543000	710000	905000	—	—	—	—	—

2. Nachrechnung der Dampfleitungen

a) Die Rohre sind gut isoliert

Zu den vorläufigen Rohrdurchmessern werden in den betreffenden senkrechten Spalten des Arbeitsblattes 6 die zu fördernden Wärmemengen (obere Zeile) aufgesucht und hierzu, nach links fortschreitend, das Druckgefälle R in mm WS für 1 m Rohr gefunden. Gleichzeitig kann man unmittelbar unterhalb der Wärmemenge die Dampfgeschwindigkeit w ablesen. Mit diesem Wert ist aus dem zugehörigen Diagramm in Arbeitsblatt 5 der Druckverlust Z für den Einzelwiderstand $\zeta = 1$ zu entnehmen.

Eine Berechnung der Rohrleitungswärmeverluste und ihrer Auswirkung auf die Druckverluste ist nur bei hohen Anforderungen an die Genauigkeit der Rohrnetzberechnung notwendig.

b) Die Rohre sind nicht isoliert

In diesem Fall sind die Wärmeverluste unter Benutzung der Tabelle auf S. 494 zu ermitteln und ihr halber Wert zur nutzbaren Wärmemenge zu addieren. Das Druckgefälle R ist dann aus Arbeitsblatt 6 für den berichtigten Wert Q_h beim vorläufigen Durchmesser zu entnehmen. Im übrigen ist wie oben zu verfahren.

c) Berichtigung der vorläufigen Rohrdurchmesser

Nur selten wird die Nachrechnung zu einer Berichtigung des vorläufigen Rohrdurchmessers führen. Da nach den Ausführungen unter Teilabschnitt 1 das zulässige Druckgefälle der Steigeleitungen begrenzt ist, kann meist in den Strängen, die näher zum Kessel liegen, die überschüssige Druckhöhe nicht aufgebraucht werden; sie ist mit Hilfe der Heizkörpervoreinstellung abzudrosseln. Damit verliert aber die Nachrechnung an Bedeutung. Man kann auf sie völlig verzichten, wenn p_1 mit Sicherheit niedriger liegt als der höchstmögliche Dampfdruck am Kessel oder Dampfverteiler.

3. Bemessung der Kondensatleitungen

Die hochliegenden, also trockenen Kondensatleitungen von ND-Dampfheizungen führen sowohl Wasser als auch Luft. Die Durchmesser müssen so bemessen sein, daß bei der Inbetriebnahme die in den Dampfleitungen und Heizkörpern befindliche Luft möglichst rasch entweichen kann bei gleichzeitigem Rückfluß der reichlichen Kondensatmenge beim Anwärmen des Systems. Da eine allgemein anwendbare rechnerische Erfassung dieses Vorgangs zur Bestimmung der lichten Rohrweiten auf Schwierigkeiten stößt und die in Frage kommenden Rohrdurchmesser ohnehin nur in einem engen Bereich variieren, bemißt man die Kondensatleitungen nach Erfahrungswerten, s. Zahlentafel A 40. Die Werte dieser Tafel stammen von RIETSCHEL und haben sich in der Praxis bewährt.

C. Beispielrechnung

Für das in Abb. 11.18 dargestellte Strangschema einer Niederdruckdampfheizungsanlage sind die Rohrdurchmesser zu berechnen.

Annahme: Überdruck vor den Heizkörperventilen 200 kg/m². Alle Dampfleitungen sind gut isoliert.

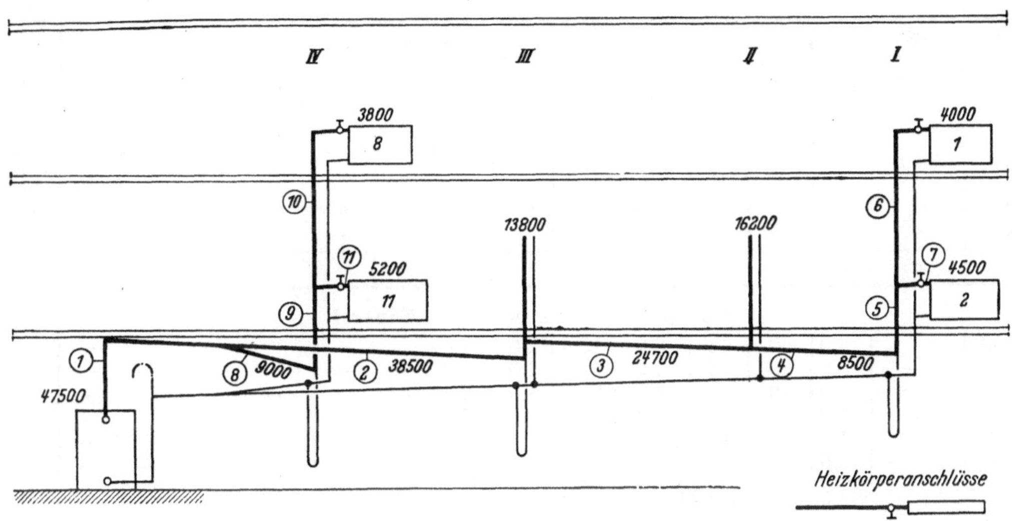

Abb. 11.18. Strangbild Niederdruckdampfheizung

1. Vorläufige Rechnung

Für die vorläufige Rechnung wird $R = 5$ bis 6 mm WS/m zugrunde gelegt. Die aus der vorstehenden Zahlentafel zu entnehmenden Rohrdurchmesser werden in die Spalte d des Berechnungsvordruckes eingetragen (s. S. 512).

Die Durchmesser der Kondensatleitungen sind aus Zahlentafel A 40 zu entnehmen. Man erhält für die einzelnen Teilstrecken:

Kondensatleitungen zu Strang I

Teilstrecke	1	2	3	4	5	6	7
Zugehörige Wärmeleistung Q_h (kcal/h)	47 500	38 500	24 700	8500	8500	4000	4500
Rohrweite d (mm)	32	32	25	20	20	15	15

Kondensatleitungen zu Strang IV

Teilstrecke	8	9	10	11
Zugehörige Wärmeleistung Q_h (kcal/h)	9000	9000	3800	5200
Rohrweite d (mm)	20	20	15	20

Die Durchmesser der Kondensatleitungen gelten auch für die Ausführung.

2. Nachrechnung der Dampfleitungen

Es soll der Druckverlust in der Dampfleitung bis zum letzten Heizkörper berechnet werden, um einen Anhalt für den Kesseldruck bei maximaler Belastung zu gewinnen.

Einzelwiderstände ζ

Teilstrecke 1: Knie 1,0
 Kessel (nur Austrittswiderstand) 1,0
Teilstrecke 2: T-Stück, Durchgang, Trennung 0,0
 Knie 1,0
Teilstrecke 3: T-Stück, Abzweig, Trennung 1,5
Teilstrecke 4: T-Stück, Durchgang, Trennung 0,0
Teilstrecke 5: Knie 1,5
Teilstrecke 6: T-Stück, Durchgang, Trennung 0,0
 Knie 1,5

Da die Dampfleitungen isoliert sind, kann auf die Berechnung der Wärmeverluste verzichtet werden. (Im vorliegenden Fall sind die Wärmeverluste schon bei Kieselgurisolierung in der üblichen Stärke kleiner als 4% der jeweiligen Nutzwärmeleistung.)

	Aus dem Rohrplan					Nachrechnung											Unter-schied	
Teilstrecke	Stündlich geförderte Wärmemenge	Stündlich geförderte Dampfmenge	Länge der Teilstrecke	Vorläufiger Rohrdurchmesser		mit vorläufigem Rohrdurchmesser					mit geändertem Rohrdurchmesser								
			l	d	w	R	$l \cdot R$	$\Sigma\zeta$	Z	d	w	R	$l \cdot R$	$\Sigma\zeta$	Z	$l \cdot R$ o-h	Z q-k
Nr.	$\frac{kcal}{h}$	$\frac{kg}{h}$	m	mm	$\frac{m}{s}$	$\frac{mm\,WS}{m}$	$\frac{mm}{WS}$		$\frac{mm}{WS}$	mm	$\frac{m}{s}$	$\frac{mm\,WS}{m}$	$\frac{mm}{WS}$		$\frac{mm}{WS}$	$\frac{mm}{WS}$	$\frac{mm}{WS}$
a	b	c	d	e	f	g	h	i	k	l	m	n	o	p	q	r	s
Dampfleitung zum Heizkörper 1																	
1	47 500	—	3,0	50	18	5,2	15,6	2,0	21,0	—	—	—	—	—	—	—	—
2	38 500	—	8,0	50	16	3,5	27,0	1,0	8,3	—	—	—	—	—	—	—	—
3	24 700	—	5,0	40	16	5,7	28,5	1,5	12,4	—	—	—	—	—	—	—	—
4	8 500	—	5,0	25	12	5,4	27,0	0,0	0,0	—	—	—	—	—	—	—	—
5	8 500	—	1,5	25	12	5,4	8,1	1,5	7,0	—	—	—	—	—	—	—	—
6	4 000	—	6,0	20	9	4,5	27,0	1,5	4,0	—	—	—	—	—	—	—	—

$$28,5\,[\Sigma(l\,R)+\Sigma Z]_{HK_1} = 134,2 \quad + \quad 52,7 = 186,9 \text{ mm WS}$$

Dampfleitung zum Heizkörper 2																	
7	4 500	—	4,0	20	—	—	—	—	—	—	—	—	—	—	—	—	—
Dampfleitung zum Heizkörper 8																	
8	9 000	—	8,0	25	—	—	—	—	—	—	—	—	—	—	—	—	—
9	9 000	—	1,5	25	—	—	—	—	—	—	—	—	—	—	—	—	—
10	3 800	—	6,0	20	—	—	—	—	—	—	—	—	—	—	—	—	—
Dampfleitung zum Heizkörper 9																	
11	5 200	—	2,0	20	—	—	—	—	—	—	—	—	—	—	—	—	—

Der Kesseldruck ergibt sich danach zu:

$$187 + 200 = 387 \text{ mm WS,}$$
$$\text{d. s.} \approx 0,04 \text{ atü.}$$

Der vor den nähergelegenen Heizkörpern vorhandene Drucküberschuß ist mit der Voreinstellung der Ventile abzudrosseln.

V. Die Berechnung von Hochdruck- und Unterdruck-Dampfheizungen

Beide Heizungsarten werden bei uns nur selten ausgeführt. Die früheren Auflagen dieses Lehrbuches enthielten hierfür eine Berechnungstafel mit einem Geltungsbereich zwischen 0 und 10 at abs. Diese Tafel kann für Flußstahlrohre DIN 2449 ohne Bedenken verwendet werden. Bei Gewinderohren sind etwaige Abweichungen in den lichten Rohrweiten zu berücksichtigen.

Da bei der Hochdruckheizung Strangnetze im Sinne der Heizungstechnik selten vorkommen und die Unterdruckheizung in Deutschland kaum angewendet wird, soll auf die Berechnung hier nicht näher eingegangen werden. Sie bietet keine besonderen Schwierigkeiten. Für die Bestimmung des Druckverlustes bzw. der Rohrdurchmesser dient das Arbeitsblatt 6.

Die Durchmesser der *Kondensatleitungen* können bei freier Kondensatrückführung nach Zahlentafel A 40 bemessen werden. Bei Rückförderung mittels Pumpen ergeben sich die Rohr durchmesser aus Förderstrom und Druckgefälle an Hand der Arbeitsblätter 1, 2 und 7. Man wählt in der Regel ein Druckgefälle R zwischen 10 und 30 mm WS/m. Da beim Anheizen von Dampfnetzen stets erheblich größere Kondensatmengen anfallen als im Dauerbetrieb, müssen die Sammelbehälter ausreichend groß — etwa für die 2fache normale Kondensatmenge — bemessen werden.

Das gleiche gilt für die Kondensatpumpen. Dementsprechend ist auch bei der Auslegung der Kondensatleitung von der maximalen Fördermenge der Pumpe auszugehen. Man wird die Pumpenleistung groß wählen, wenn kurze Laufzeiten der Pumpe gewünscht werden, und kleiner, wenn die Pumpe bei voller Belastung der Anlage dauernd laufen soll.

Zwölfter Abschnitt

Betrieb von Heizanlagen

Der Heizbetrieb erfordert in voll erwärmten Gebäuden jährliche Aufwendungen, die bei den derzeitigen Preisverhältnissen in der Größenordnung von 20 bis 30% der Anlagekosten liegen. Die Betriebskosten hängen vor allem von der Größe und Bauweise eines Gebäudes, dem örtlichen Klima und dem Wärmepreis des zur Verwendung kommenden Energiemittels ab. Aber auch die Art der Heizanlage, ihr Aufbau und ihre Ausstattung sowie die Betriebsweise sprechen dabei mit. Die Kenntnis des Betriebsverhaltens einer Heizanlage und des Einflusses der erwähnten Faktoren auf den Brennstoffverbrauch ist also nicht nur für den Benutzer, sondern auch für den Planer von Heizanlagen von Bedeutung.

I. Begriffe zur Wärmebilanz

Zur Kennzeichnung der Güte eines wärmetechnischen Verfahrens wird im allgemeinen ein Wirkungsgrad angegeben, d. i. das Verhältnis der nutzbar gemachten zur aufgewendeten Wärme. Eine kritische Betrachtung der Verluste zeigt, durch welche Maßnahmen und in welchem Umfang der Vorgang thermisch verbessert werden kann.

1. Wärmeaufwand

Bei der Raumheizung ist die aufgewendete Wärme durch Brennstoffmenge und Heizwert oder durch Menge und Wärmeinhaltsminderung eines beliebigen Heizmittels gegeben. Welcher Anteil des Wärmeaufwandes dabei als Nutzwärme und welcher als Verlustwärme anzusehen ist, ist schwer zu bestimmen.

2. Nutzwärme

Begrifflich läßt sich die Nutzwärme festlegen als diejenige Wärme, die den zu beheizenden Räumen im Rahmen eines zeitlich und mengenmäßig für jede Raumeinheit vorgesehenen „Heizprogramms" zuzuführen ist. Das „Heizprogramm" wäre dabei abzuleiten aus der Benutzung und der geforderten Innentemperatur der Räume unter Berücksichtigung des mit der Witterung, der Temperatur der Nachbarräume und der Betriebsweise der Heizung veränderlichen Wärmebedarfs. Weder rechnerisch noch versuchsmäßig kann im Einzelfall ein solches ideales Heizprogramm exakt aufgestellt werden.

Die Erfahrung lehrt uns zudem, daß eine vorgegebene Raumerwärmung mit ganz unterschiedlichen Leistungsfolgen erzielt werden kann, beispielsweise im Stoßbetrieb mit hoher Wärmezufuhr und im Dauerbetrieb mit verminderter Wärmezufuhr, s. S. 516. Dabei kann die Raumbehaglichkeit durchaus die gleiche sein, und es ist nicht ohne weiteres übersehbar, welche Betriebsweise wirtschaftlich überlegen ist.

3. Wärmeverluste

Ähnliche Schwierigkeiten zeigen sich bei der begrifflichen Festlegung und der rechnerischen oder versuchsmäßigen Ermittlung der Einzelverluste des Heizvorgangs. Am einfachsten sind die Verluste bei der *Wärmeerzeugung* oder Umformung in der Zentrale zu erfassen. Sie sind für selbständige Kesselanlagen durch den Kesselwirkungsgrad gekennzeichnet. Bei Einschaltung von Wärmeaustauschern sind noch die Verluste der Apparate zu berücksichtigen. Unter Einschluß der Wärmeverluste der übrigen Einrichtungen einer Heizzentrale kann man auch von einem Gesamtwirkungsgrad der Zentrale sprechen.

Weitere Verluste treten bei der *Wärmeverteilung* auf, und zwar in den Hauptleitungen und im eigentlichen Hausnetz. Soweit die Rohrleitungen in zu beheizenden Räumen liegen, kommt ihre Wärmeabgabe dem Gebäude zugute. Das gilt z. T. selbst noch für die im Keller oder Dachboden verlegten Leitungen, da durch die Erwärmung dieser Räume der Wärmebedarf der angrenzenden Geschosse vermindert wird. Die Verluste der Wärmeverteilung einschließlich der Verluste der Leitungen in der Zentrale lassen sich für bestimmte Heizmittel und Raumtemperaturen angenähert berechnen, jedoch nicht messen.

Schließlich sind noch die Verluste bei der *örtlichen Wärmelieferung* zu betrachten. Sie treten auf

a) durch Überheizen der zu erwärmenden Räume in den Benutzungsstunden,
b) durch zeitlich unerwünschte Wärmeabgabe,
c) durch Wärmeabgabe an nicht oder nicht voll zu beheizende Räume.

Die Verluste unter a) und b) entstehen durch unzureichende zentrale Leistungsregelung (mangelhafte Anpassung der Betriebsweise und der Vorlauftemperatur einer Warmwasserheizung an die klimatischen Bedingungen, fehlende Gruppenunterteilung, unrichtige Heizflächenbemessung) und durch ungenügende örtliche Anpassung der Wärmeabgabe an den Bedarf. Die Verluste unter b) hängen auch von der Trägheit des Heizsystems und der Regelfähigkeit des Wärmeerzeugers wesentlich ab. Bei den Verlusten unter c) wirken sich vor allem Fehler in der Planung und Heizflächenbemessung aus.

Während gewisse Verluste bei der Wärmeerzeugung und der Wärmeförderung unvermeidlich sind, lassen sich die Lieferverluste durch zweckmäßige Gestaltung einer Heizanlage und richtige Betriebsführung unterbinden oder wenigstens weitgehend einschränken. Die durch sorgfältige Bedienung oder den Einsatz von Regelgeräten möglichen Wärmeeinsparungen betreffen in erster Linie die Lieferverluste. Sie sind im Einzelfall weder exakt zu berechnen noch zu messen. Einen Anhalt über ihre Größenordnung erhält man aus Temperaturbeobachtungen in zahlreichen Räumen eines beheizten Gebäudes. Die Überschreitung der mittleren Gebäudetemperatur gegenüber dem Sollwert kennzeichnet die Lieferverluste und ergibt, ins Verhältnis gesetzt, zur Differenz Innen- gegen Außentemperatur die anteilige Erhöhung des Wärmeaufwandes durch Überheizen.

Zuweilen kann die durch bessere Leistungsanpassung erzielbare Wärmeeinsparung auch im Wärmeaufwand nachgewiesen werden, z. B. durch Vergleich des Wärmeverbrauchs einer Heizanlage vor und nach dem Einbau von selbsttätigen Regelanlagen. Nur wenn alle übrigen Einflußfaktoren, wie Zustand und Bedienung der Anlage, Gebäudebenutzung, Witterungsverhältnisse, gleichbleiben, sind einwandfreie Ergebnisse zu erwarten. Diese Vorbedingungen lassen sich im praktischen Heizbetrieb selten schaffen.

4. Wirkungsgrad der Heizanlage

Nach dem Vorgesagten ist die Nutzwärme weder unmittelbar noch mittelbar (als Restglied der Wärmebilanz aus Wärmeaufwand und Verlustwärme) zuverlässig zu bestimmen. Damit verliert auch der Begriff des Wirkungsgrades einer Heizanlage an Bedeutung. Lediglich für Teilvorgänge, wie z. B. die Wärmeerzeugung oder Wärmeumformung und bei größeren Anlagen in gewissem Umfang auch für die Wärmeverteilung, lassen sich Wirkungsgrade angeben und erforderlichenfalls nachprüfen, s. S. 525.

II. Der Heizwärmebedarf und seine Veränderlichkeit
A. Der Tagesgang des Heizwärmebedarfs

Der in verschiedenen Teilabschnitten erwähnte lineare Zusammenhang zwischen Heizwärmebedarf und Außentemperatur gilt nur für den thermischen Beharrungszustand, also bei unveränderlichem Wärmestrom durch die Umschließungsflächen eines Gebäudes. In der Wirklichkeit ist diese Voraussetzung nicht erfüllt. Einmal unterliegen die meteorologischen Einflußgrößen ständigen Änderungen, selbst wenn der Witterungscharakter in einem Beobachtungszeitraum etwa gleichbleibt; zum anderen wird die Heizwärme den Räumen nicht gleichmäßig zugeführt, sondern bevorzugt in den Benutzungszeiten, d. h. in den Tagesstunden.

In den Zeiten unterbrochener oder eingeschränkter Wärmezufuhr kühlen die Gebäude aus, so daß vor der neuerlichen Benutzung eine erhöhte Wärmezufuhr zum „Anheizen" erforderlich ist. An diesem Vorgang sind alle speichernden Teile eines Gebäudes beteiligt. Nur für ein Bauwerk ohne größere Massen, beispielsweise ein Glashaus oder eine leichte und leere Werkhalle, würde der Heizwärmebedarf jederzeit dem Unterschied Raum- gegen Außentemperatur folgen, sofern die Sonneneinwirkung sowie die Wärmeabgabe an das Erdreich vernachlässigbar klein sind und der Windeinfluß gleichbleibt.

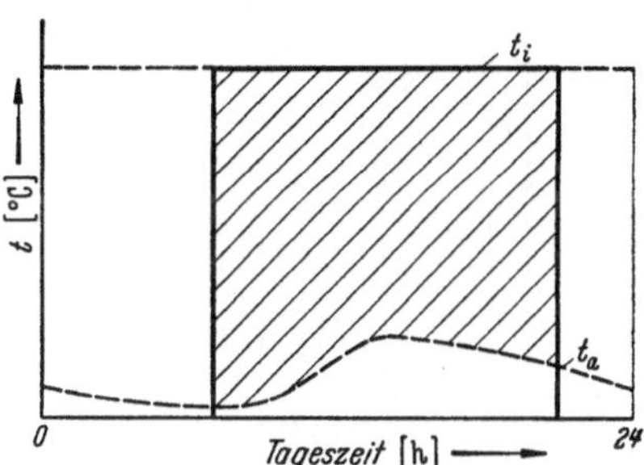

Für diesen Fall läßt sich aus den Anforderungen an die Raumtemperatur bei gegebener Außentemperatur der tageszeitliche Ablauf der Heizleistung ableiten, s. Abbildung 12.01. Auch bei diesem idealisierten Beispiel müßte vor Beginn der Benutzung allerdings der Luftinhalt des Raumes aufgeheizt werden. In der Praxis wird man selbst bei leichtester Bauart Wände und Einrichtungen zusätzlich erwärmen müssen, wobei die Dauer der Anheizzeit jedoch kurz ist und die dafür benötigten Wärmemengen relativ gering sind.

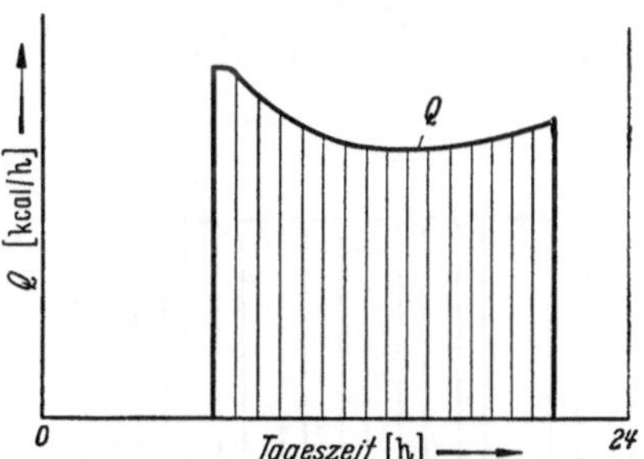

Abb. 12.01. Zusammenhang zwischen Raumbzw. Außentemperatur und Heizleistung für ein Gebäude ohne Wärmespeicherung

Ganz anders liegen die Verhältnisse bei Bauten mit wärmespeichernden Wänden und Decken. Die Wärmeabgabe des Gebäudes über die Außenhaut hält in den Betriebspausen der Heizung über lange Zeit fast unvermindert an. Der Wärmeverlust der Außenwände wird dabei zunächst aus ihrer eigenen Speicherwärme bestritten. Über die Fenster — und mit einsetzender Temperaturabsenkung ganz allgemein — geben auch die Innenwände einen Teil ihres Wärmeinhaltes ab. Für die Auskühlgeschwindigkeit ist vor allem das Verhältnis der Speicherwärme (W) zum Wärmeverlust im stationären Zustand (Q_h) maßgebend. Es ändert sich je nach Aufbau und Größe der Außen- bzw. Innenwände von Raum zu Raum. In erster Näherung gibt der D-Wert (s. S. 382, 383) einen Anhalt für die Auskühl- und Anheizeigenschaften eines Raumes. Die Anheizzuschläge sollen bekanntlich diese Unterschiede so weit ausgleichen, daß bei zentraler Leistungsregelung alle Räume etwa in gleicher Zeit angeheizt werden können. Daß diese Forderung nicht vollständig erfüllt werden kann, ist bei der Vielzahl und Veränderlichkeit der Einflußgrößen verständlich.

Die Ermittlung der für ein bestimmtes Temperaturprogramm im Ablauf der 24 Stunden eines Tages notwendigen Leistung stößt sowohl theoretisch als auch empirisch auf große Schwierigkeiten[1]. Man hilft sich in der Praxis, indem man an Hand von Betriebsbeobachtungen den Tagesgang der Leistung für jede Belastungsstufe festlegt; in der Regel überläßt man es dem Heizer, auf Grund seiner Erfahrungen die zweckmäßigste Betriebsweise zu wählen. Man kann diese Aufgabe auch selbsttätigen Regelanlagen übertragen.

---

[1] Eine analytische und graphische Lösung dieser Aufgabe unter gewissen Vereinfachungen geben Nessi und Nisolle: Méthodes graphiques pour l'étude des installations de chauffage et de réfrigération en régime discontinue, Paris 1929.

Der charakteristische Verlauf der Heizleistung über 24 Stunden bei speichernden Gebäuden mit etwa 10- bis 14stündiger täglicher Benutzungszeit ist aus Abb. 12.02 zu entnehmen. Der Temperaturgang (oben) liefert nur die Eckpunkte des Leistungsdiagramms. Neben der geforderten Raumtemperatur t_i erscheint hier noch mit t_0 ein Grenzwert, der aus hygienischen oder betrieblichen Gründen nicht unterschritten werden soll. Bei zu starker Auskühlung kann durch Wasserdampfkondensation an der Raumseite der Wände Baustoffdurchfeuchtung auftreten; auch werden die Anheizleistungen und -zeiten unerwünscht hoch. In dem langsamen Absinken der Raumtemperatur beim Übergang auf die eingeschränkte Nachtleistung und im verzögerten Anheizvorgang wirken sich die Speichereinflüsse aus.

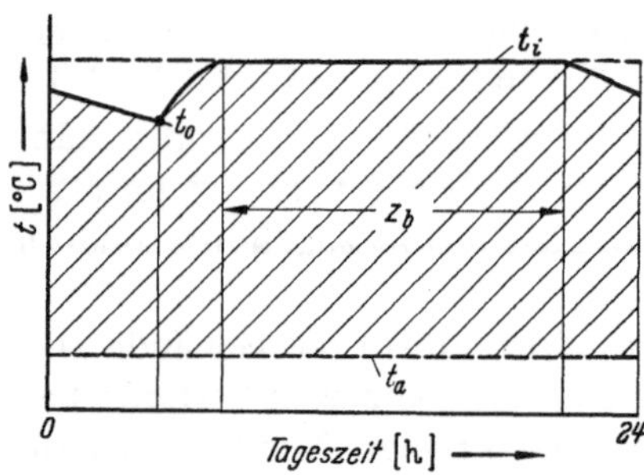

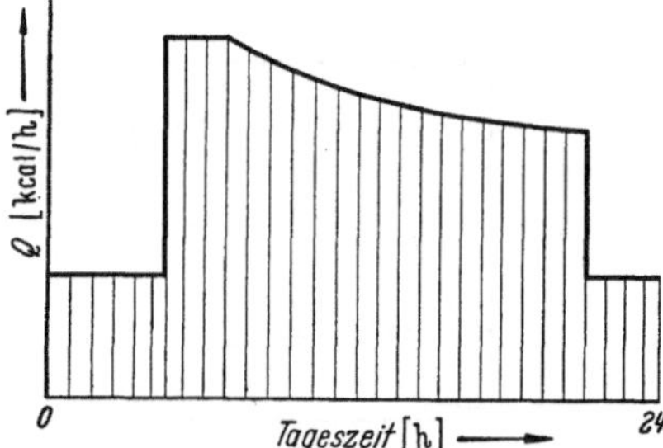

Abb. 12.02. Zusammenhang zwischen Raum- bzw. Außentemperatur und Heizleistung für ein Gebäude mit Wärmespeicherung

Man kann nach diesen Darlegungen aus dem Temperaturprogramm einer Gebäudeheizung zwar den Charakter der Tagesleistungslinie ableiten, nicht aber ihren genauen Verlauf oder gar die absolute Höhe der Leistung in jedem Augenblick. So ist beispielsweise die Dauer der Anheizzeit, die in gewissen Grenzen frei wählbar ist, von großer Bedeutung für die Anheizleistung. Die Speicherfähigkeit eines Gebäudes läßt es andererseits zu, ohne wesentliche Minderung der Behaglichkeit von der ständigen Wärmezuführung nach Abb. 12.02 abzugehen und das geforderte Temperaturprogramm auch im unterbrochenen Heizbetrieb zu erfüllen, s. Abb. 12.03, eine Möglichkeit, von der bei Dampf- und Luftheizungen sowie bei gas- oder ölgefeuerten Kesseln Gebrauch gemacht wird.

Mit abnehmender Außentemperatur ist die Leistung zu erhöhen, und zwar nicht nur in der Benutzungszeit, sondern auch in den Nachtstunden. Die Tagesleistungsdiagramme werden dadurch fülliger und ausgeglichener. Das gilt auch für Anlagen mit stoßweisem Heizbetrieb; bei ihnen werden die Heizpausen kürzer. Die Tagesbelastungslinien von Fernheizwerken zeigen sehr deutlich diese Tendenz, s. Abb. 4.56 und 4.57. Bei hoher Belastung entspricht der Heizvorgang also den Bedingungen des Beharrungszustandes weitgehend.

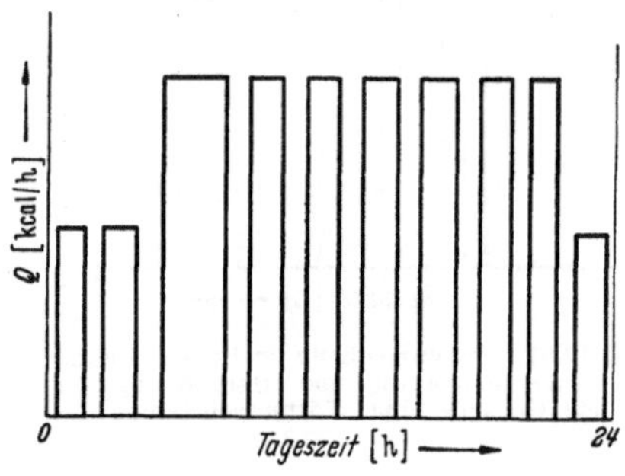

Abb. 12.03. Stoßweiser Heizbetrieb in zwei Leistungsstufen

B. Der Wärmebedarf bei unterbrochenem Heizbetrieb

Der Einfluß der Betriebsweise einer Heizung auf den Raumtemperaturverlauf über 24 Stunden ist um so geringer, je größer der Wert W/Q_h ist. Bauweisen mit hoher Wärmespeicherung führen schon bei kurzzeitigem periodischem Heizbetrieb zu einem Temperaturverlauf in den Außenwänden, der vom Beharrungszustand nicht wesentlich abweicht. Das trifft vor allem für die äußeren Schichten der Wand zu, in denen die Leistungsänderungen während einer Periode des Heizbetriebes (24 Stunden) kaum zur Auswirkung kommen, s. Abb. 12.04.

In den dem Raum zugekehrten Schichten der Wand sind die Temperaturschwankungen stärker. Die Temperaturen pendeln jedoch an jeder Stelle um einen Mittelwert, der durch den Temperaturverlauf in einem „scheinbaren" Beharrungszustand (quasistationäre Wärmeströmung) gekennzeichnet ist. Da die Wärmeabgabe einer solchen Wand nach außen von der Übertemperatur an der Oberfläche abhängig ist, gestattet der scheinbare Beharrungszustand auch die Ermittlung der Wärmeverluste des Raumes durch dieses Umschließungselement bei periodisch veränderlicher Heizleistung[1]. Die Berechnung ist besonders einfach, wenn man für die ganze 24stündige Periode des Heizbetriebes die Wärmeübergangzahl an der inneren Wandoberfläche α_i konstant annimmt. Für diesen Fall ergibt sich nämlich der Wärmeverlust unmittelbar aus der einfachen Wärmedurchgangsgleichung. Als Innentemperatur ist dabei der Mittelwert der Raum- oder Gebäudetemperatur über 24 Stunden anzusetzen.

Die Wärmeübergangszahl α_i erfaßt sowohl die Konvektions- als auch die Strahlungswärmeübertragung. Je nach dem Heizsystem, dem Aufbau des Raumes und der Art seiner Umschließungsflächen, der Anordnung der Heizflächen und deren Temperatur ist der Anteil der Konvektion und Strahlung verschieden. Für beide Arten des Wärmeaustausches sind aber auch unterschiedliche Temperaturdifferenzen wirksam. Für die Konvektionswärmeübertragung an die Außenwand ist nämlich die Lufttemperatur im Raum maßgebend, für die Strahlungswärmeübertragung dagegen die Temperatur und das Winkelverhältnis der im Wärmeaustausch mit der Außenwand stehenden Flächen, s. S. 374.

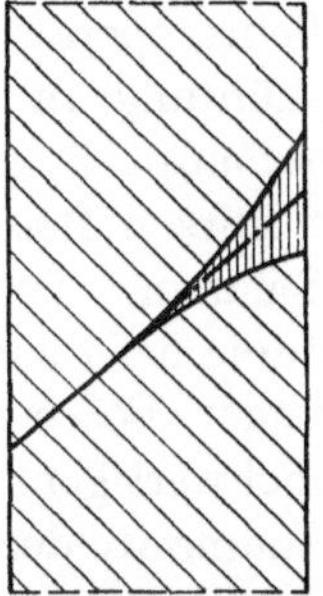

Abb. 12.04. Temperaturänderungen in einer speichernden Außenwand bei unterbrochenem Heizbetrieb und konstanter Außentemperatur

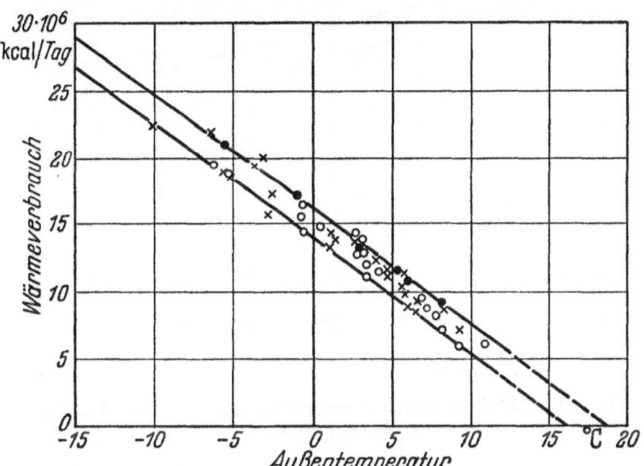

Abb. 12.05. Tageswärmeverbrauch eines fernbeheizten großen Gebäudes in Abhängigkeit von der Außentemperatur

Eine nähere Betrachtung der thermischen Vorgänge in einem periodisch geheizten Raum zeigt, daß bei speichernden Gebäuden die Annahme einer konstanten inneren Wärmeübergangszahl im Rahmen der Gesamtgenauigkeit von Rechnungen der Praxis zulässig ist, zumal der Einfluß der inneren Wärmeübergangszahl auf den k-Wert der Außenwandelemente — von Einfachfenstern abgesehen — nur gering ist. Mit dem Temperaturprogramm nach Abb. 12.02 oben ist auch die mittlere Raumtemperatur t_{i_m} über 24 Stunden festgelegt. Sie ist gekennzeichnet vor allem durch t_i, t_0 und die Benutzungszeit z_b. Bei konstantem t_{i_m} ist der Tageswärmebedarf einer Heizanlage nach dem Vorgesagten unmittelbar von der mittleren Außentemperatur abhängig.

Diese Gesetzmäßigkeit wird durch die Praxis bestätigt, sofern Durchschnittswerte von mehreren aufeinanderfolgenden Tagen bei gleichbleibender Wetterlage betrachtet werden; Zufälligkeiten der Bedienung und der Einfluß der übrigen meteorologischen Elemente spielen dann meistens keine Rolle mehr, s. Abb. 12.05.

Das „Gradtagverfahren" findet hierin seine eigentliche Begründung.

In der Lüftungstechnik ist dagegen das Rechnen mit Gradtagen, sei es mit Heiz- oder Kühlgradtagen, nicht ausreichend. Die zum Vorwärmen oder Kühlen der Außenluft erforderliche Leistung ist nämlich abhängig von dem Augenblickswert der Außentemperatur. Man muß eine kleinere Zeiteinheit als Bezugsgröße wählen, etwa die Stunde, also Heiz- bzw. Kühlgradstunden angeben[2].

Betriebsweise und Wärmebedarf

Die Auswirkung der Betriebsweise einer Heizanlage und insbesondere der Verkürzung der Heizstunden auf den Wärmebedarf ist bei speichernden Gebäuden viel geringer, als gemeinhin angenommen wird. Sie läßt sich am einfachsten an Hand eines Schaubildes übersehen, in dem

---

[1] Siehe W. Raiss: Der Wärmebedarf bei unterbrochenem Heizbetrieb. Gesundh.-Ing. Bd. 68 (1947) S. 129/137.

[2] Sprenger, E., u. W. Krüger: Kühlgradtage. Gesundh.-Ing. Bd. 71 (1950) S. 117/118.

der 24 stündige Mittelwert der Gebäudetemperatur (t_{i_m}) in Abhängigkeit von der Betriebsunterbrechung und der maximal zulässigen Auskühlung aufgetragen ist, s. Abb. 12.06.

Die Absenkung des 24 stündigen Mittelwertes gegenüber der geforderten Raumtemperatur t_i während der Benutzungszeit, also $(t_i - t_{i_m})$ ins Verhältnis gesetzt zu $(t_i - t_a)$, ist unmittelbar ein Maß für die Wärmeeinsparung durch die Betriebsunterbrechung. Abb. 12.06 gilt für $t_i = +20°$; die rechte Ordinate gibt die prozentuale Ersparnis bei 0° Außentemperatur wieder. Läßt man eine Auskühlung der Räume auf $+15°$ zu, so geht beispielsweise bei 10 stündiger Betriebsunterbrechung der Wärmebedarf nur um etwa 7% zurück. Bei höherer Außentemperatur als 0° ist die Wärmeersparnis relativ größer, bei niedrigeren Außentemperaturen kleiner.

Es hängt allerdings von der Wärmespeicherung des Gebäudes, insbesondere dem Wert $\dfrac{W}{Q_h}$, ab, ob bei höheren Außentemperaturen eine wesentliche Auskühlung in den Betriebspausen überhaupt möglich ist. Für Bauten mit kurzen Benutzungszeiten (z. B. Schulen, Turnhallen, Versammlungsräume usf.) sind daher Wände mit geringer Wärmespeicherung oder mit hochwertigem Wärmeschutz auf der Raumseite der Außenwände zweckmäßig, vor allem in Gegenden mit relativ günstigem

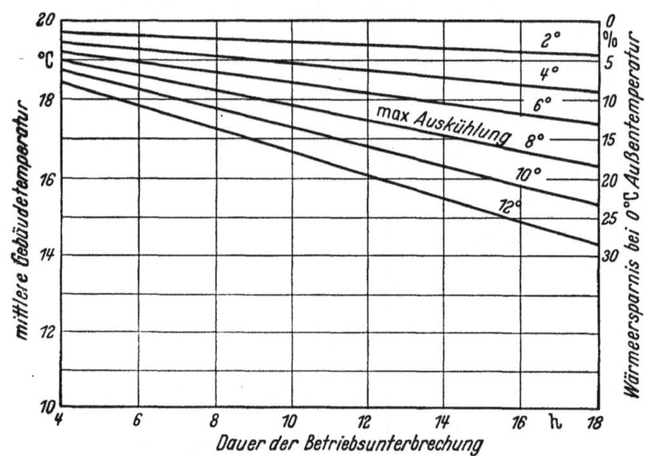

Abb. 12.06. Mittlere Gebäudetemperatur über 24 Stunden bei unterbrochenem Heizbetrieb

Klima. Derartige Gebäude heizen sich rasch auf, so daß die Betriebszeit der Heizanlage bei milder Witterung nicht wesentlich länger ist als die Benutzungszeit der Räume.

Die in der neueren Architektur bevorzugte Auflösung der Außenwände durch Fenster verringert die Wärmespeicherung, macht aber gleichzeitig die Gebäude sehr viel empfindlicher gegen die Einwirkung der sonstigen Witterungsfaktoren wie Wind und Sonne. Die Abhängigkeit des Tageswärmebedarfes von der mittleren Außentemperatur wird dadurch in der Übergangszeit oft verdeckt, zumal gerade in den Benutzungsstunden die Außentemperatur höher als der Tagesmittelwert liegt und die Sonnenstrahlung besonders wirksam ist. Auch für Räume, die nicht voll beheizt werden, wie z. B. mit Strahlern ausgerüstete Werkhallen, kann eine exakte Aussage über die Einsparungen der unterbrochenen gegenüber der Dauerheizung nicht gemacht werden, da die Erwärmungsbedingungen im Raum in beiden Fällen zu stark voneinander abweichen.

C. Die Belastungsdauerlinie

Im Jahresgang des Heizwärmebedarfes spiegelt sich in der Regel der Ablauf der Außentemperatur wider, und zwar mit 1- bis 2 tägiger Nacheilung unter gleichzeitiger Dämpfung kurzzeitiger Leistungsextreme.

Im 7. Abschnitt ist bereits darauf hingewiesen worden, daß die aus mittleren Monats- oder auch Tageswerten gewonnenen Kurven der Außenlufttemperatur kein Bild über die wirkliche Belastung von Heizanlagen geben (s. S. 322). Besser eignen sich hierfür nach Stufenwerten geordnete Häufigkeitslinien, s. Abb. 7.06. Trägt man hierbei, wie in Abb. 7.06, die Temperaturen in der Ordinate, und zwar mit fallenden Zahlenwerten, auf, so ist der jeweilige Ordinatenabstand zwischen Außen- und Raumtemperatur ein Maß für die Heizlast. Man kann auch den maximalen Temperaturunterschied $(t_i - t_{a\,min})$, für den die Heizanlage ausgelegt ist, als Bezugsbasis wählen und aus Abb. 7.06 ein Häufigkeitsbild des Belastungsfaktors ableiten. Eine solche geordnete Jahresbelastungslinie, auch *Belastungsdauerlinie* der Raumheizung genannt, ist in Abb. 12.07 wiedergegeben. Sie zeigt, daß hohe Leistungen nur an wenigen Tagen im Jahr benötigt werden.

Der Belastungsfaktor liegt für unser Beispiel nur an 80 Tagen im Normaljahr höher als 0,5 und nur an 10 Tagen über 0,75. Es überwiegen die Belastungen zwischen 0,3 und 0,6. Heizkessel müssen also gut regelfähig sein und vor allem bei niedrigen Belastungen hohe Wirkungsgrade aufweisen. Das gilt in besonderem Maß für kleine Anlagen mit nur einer Kesseleinheit; bei größeren Anlagen mit mehreren Einheiten wird der Regelbereich durch die Unterteilung der Kesselheizfläche erweitert[1].

Auch zur Beantwortung der Frage, ob die Aufstellung eines Reservekessels notwendig ist, kann die Jahresbelastungslinie herangezogen werden. Schon bei Anlagen mit zwei Kesseln, jeder mit einer der halben Höchstlast entsprechenden Leistung, wird man im allgemeinen auf einen Reservekessel verzichten, wenn die Kessel kurzzeitig überlastbar sind. Die Gefahr, daß bei Ausfall eines Kessels die geforderte Heizleistung nicht erbracht werden kann, ist bei sorgfältig gewarteten Anlagen nur gering. Bei besonders hohen Anforderungen an die Sicherheit der Wärmelieferung, z. B. bei Krankenhäusern, empfiehlt sich eine Vergrößerung der Kesselheizfläche um etwa 20%.

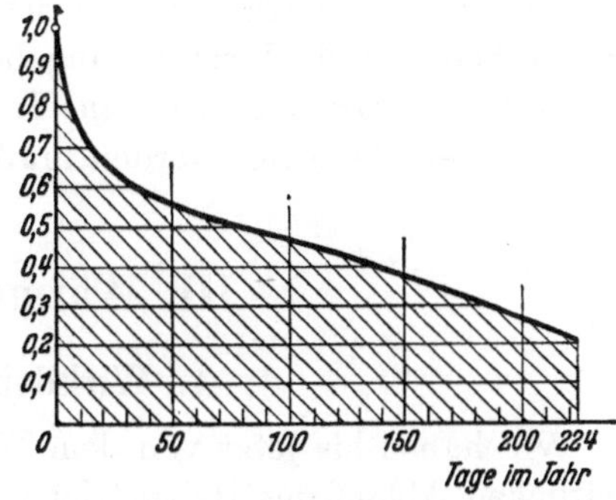

Abb. 12.07. Belastungsdauerlinie für Berlin, aus der Temperaturhäufigkeit abgeleitet

Bei drei und mehr Kesseleinheiten kommt man in der Regel auch hier ohne Reserveheizflächen aus.

Der geringe Anteil der Spitzenleistungen am Jahreswärmebedarf rechtfertigt es zuweilen auch, die Spitze mit Kesseln geringer Wärmeausnutzung oder durch teuerere Energieträger zu decken. So können bei größeren Anlagen in Zeiten hohen Wärmebedarfes etwa vorhandene ältere Kessel eingesetzt werden; eine abgängige Kesselanlage braucht nicht sofort vollständig erneuert zu werden. Die zusätzliche Verwendung von Gas und Heizöl in Anlagen, die sonst mit festem Brennstoff arbeiten, kann andererseits so erhebliche betriebliche und wirtschaftliche Vorteile in Zeiten geringer und sehr hoher Belastung mit sich bringen, daß dadurch ein etwaiger höherer Wärmepreis dieser Brennstoffe ausgeglichen wird.

Das Arbeiten mit der Belastungsdauerlinie wird erleichtert, wenn man die Summenkurven nach Abb. 12.08 mit einzeichnet. Das Bild gilt für einen Ort der Klimazone $-15°$ bei einer mittleren Gebäudetemperatur $t_{i_m} = 19°$. Die obere Summenkurve (Σ) gibt an, welcher Anteil des Jahreswärmebedarfes auf die Tage mit Belastungen oberhalb eines beliebigen Wertes B entfällt. So macht der Wärmebedarf aller Tage mit $B \geqq 0,56$ rd. 30% des Jahreswärmebedarfes aus. $B = 0,56$ entspricht einer Außentemperatur von $0°$. Die untere mit S bezeichnete Summenkurve gibt den Anteil des Spitzenwärmebedarfes wieder, das ist die Wärmemenge oberhalb einer bestimmten Belastung B im Schaubild. Sind beispiels-

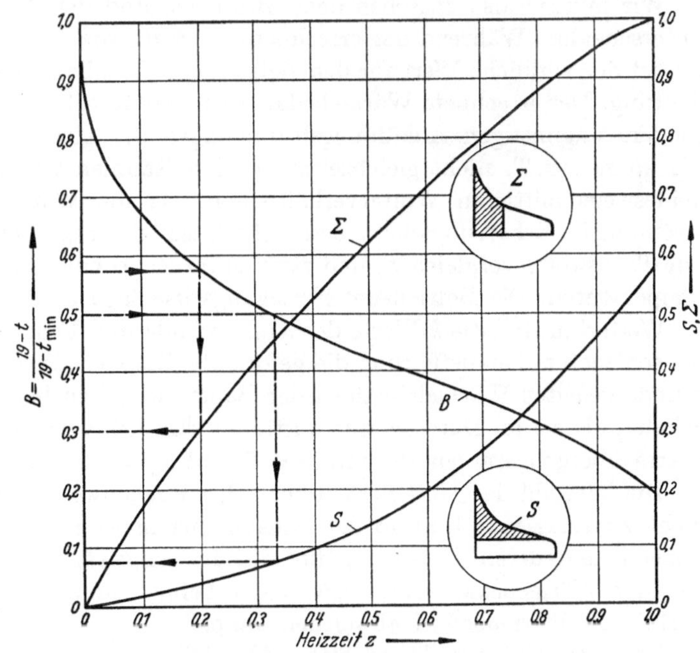

Abb. 12.08. Geordnete Belastungslinie und ihre Summenkurven.
B Belastungslinie; Σ Wärmebedarf der Tage mit Belastungszahlen $> B$, bezogen auf den Jahreswärmebedarf; S Spitzenwärmebedarf = Wärmebedarf oberhalb einer Belastungszahl B, bezogen auf den Jahreswärmebedarf

---

[1] Die wirkliche, bei der niedrigsten Außentemperatur geforderte Höchstleistung ist infolge der Sicherheiten der Wärmebedarfsrechnung meist kleiner als der theoretische Wert, die Kesselbelastung dementsprechend ebenfalls kleiner, s. S. 520.

weise in einer Heizanlage zwei Kessel mit je 50% der Höchstlast aufgestellt, so hat der zweite Kessel nur 7% des Jahreswärmebedarfes zu liefern.

Eine Einschränkung ist allerdings notwendig. Nur der Tageswärmebedarf ist linear von der Außentemperatur abhängig. Dementsprechend gelten die hier abgeleiteten Beziehungen auch nur für die Tagesleistung. Je nach der gewählten Tagesleistungslinie kann die wirkliche Belastungsdauerlinie einer Heizanlage von der idealisierten abweichen, wenn man auf die Stunde als Bezugseinheit für die Leistungsangabe übergeht. Zumeist treten dann die hohen und niedrigen Belastungen stärker hervor, eine Tatsache, die vor allem im Fernheizbetrieb und bei Heizkraftanlagen berücksichtigt werden muß, s. S. 207.

III. Wärmebedarf und Wärmeverbrauch

A. Wirklicher und errechneter Wärmebedarf

Wir haben bis jetzt von dem Wärmebedarf und seinen Änderungen im tages- bzw. jahreszeitlichen Ablauf des Heizbetriebes gesprochen, ohne den Begriff selbst genauer zu definieren.

Man kann damit einmal diejenige Leistung bezeichnen, die eine Heizanlage aufbringen muß, um in einem Raum oder einem Gebäude unter beliebigen Betriebsbedingungen die geforderte Heizwirkung zu erzielen. Vielfach wird unter dem Begriff „Wärmebedarf" aber auch ein Rechenwert verstanden, und zwar das Ergebnis einer Wärmeverlustberechnung nach DIN 4701, bezogen auf eine bestimmte Außentemperatur. Wäre unsere Wärmebedarfsrechnung genau, so müßten beide Werte bei dieser Außentemperatur und Dauerbetrieb der Heizung übereinstimmen. Die Erfahrung lehrt, daß es nicht der Fall ist.

Wir müssen also zwischen dem wirklichen und dem rechnerisch gefundenen Wärmebedarf unterscheiden. Während der errechnete Wert für die Auslegung einer Heizanlage entscheidend ist, ist der wirkliche Wert für den Betrieb und für alle Wirtschaftlichkeitsüberlegungen von Bedeutung. Der errechnete Wärmebedarf ist in der Regel der höhere. Er enthält Zuschläge, die besonders ungünstigen Abkühlungsbedingungen der einzelnen Räume Rechnung tragen sollen. Sie können z. T. nicht gleichzeitig in allen Räumen wirksam werden und entsprechen auch keineswegs mittleren Winterverhältnissen. Da die Wärmebedarfsrechnung von der Wärmeströmung im Beharrungszustand ausgeht, lassen sich nach den Ausführungen im Teilabschnitt II A nur Tageswerte vergleichen, und zwar unter Zugrundelegung der mittleren Innen- und Außentemperaturen. Die Betriebsunterbrechungszuschläge müßten also unberücksichtigt bleiben.

Weiterhin sind die k-Werte der Außenwände und Fenster in DIN 4701 so gewählt, daß auch bei schlechter Bauausführung die geforderte Raumerwärmung noch sichergestellt wird. Die zugrunde gelegten Wärmeleitzahlen der Baustoffe gelten beispielsweise für höhere Feuchtigkeitsgehalte, als sie im Durchschnitt auftreten. Ähnlich verhält es sich bei den inneren und äußeren Wärmeübergangszahlen, die mit $\alpha_i = 7$ und $\alpha_a = 20$ relativ hoch angesetzt sind.

Die Vielzahl der Unsicherheiten in den Rechenwerten der Wärmebedarfsrechnung und der nicht zu erfassende Einfluß der Bauausführung — man denke nur an die Undichtheiten der Fenster und deren Bedeutung für die Lüftungswärmeverluste — machen es verständlich, daß der Wärmebedarf nach DIN 4701 erheblich und in ganz unterschiedlichem Umfang vom wirklichen Wärmebedarf abweichen kann.

Über die Größenordnung dieser Abweichungen geben Verbrauchszahlen aus fernbeheizten Gebäuden Auskunft[1]. Hier läßt sich einerseits der Wärmeaufwand relativ einfach und genau feststellen, andererseits deckt sich bei guter Leistungsregelung der Wärmeverbrauch bei fernbeheizten Gebäuden etwa mit dem wirklichen Heizwärmebedarf. Es zeigte sich bei diesen Messungen, daß in erster Annäherung der wirkliche Heizwärmebedarf dem Transmissionswärmeverlust bei der jeweiligen Gebäudeübertemperatur $(t_i - t_a)$ gleichgesetzt werden kann. Abweichungen von $\pm 15\%$ sind möglich. Da die Wärmeverluste durch Lüftung in der Transmissionswärmeberechnung nicht erfaßt sind, derartige Verluste aber zweifellos bei den untersuchten Gebäuden

---

[1] Raiss, W.: Wärmebedarf und Wärmeverbrauch zentralbeheizter Gebäude. Heizg. u. Lüftg. Bd. 18 (1944) S. 65/72.

vorhanden waren, muß im allgemeinen die reine Wärmedurchgangsrechnung bereits zu reichliche Werte ergeben. Auf den Gesamtwärmebedarf Q_h bezogen ergab sich ein mittlerer Verhältniswert des wirklichen zum errechneten Wärmebedarf von 0,7 bis 0,75.

Dieses Ergebnis zeigt, welche Grenzen z. Z. noch einer zuverlässigen rechnerischen Erfassung des Heizwärmebedarfs gesetzt sind. Immerhin haben wir im Transmissionswärmeverlust einen Kennwert, der im Rahmen der Rechnungsgenauigkeit doch einen Anhalt für den wirklichen Heizwärmebedarf gibt. Das bestätigen auch Untersuchungen an elektrisch beheizten Gebäuden, bei denen die Raumtemperaturen und der Energieverbrauch genau gemessen wurden[1]. Der Transmissionswärmeverlust, der bei der Wärmebedarfsrechnung nach DIN 4701 für jeden Raum ohnehin ermittelt wird, sollte daher auch für das gesamte Gebäude festgestellt und dem Betreiber bei der Übergabe einer Heizanlage mitgeteilt werden.

B. Der Jahreswärmebedarf

Für die Bestimmung der Größe des Brennstofflagers einer Heizanlage oder für wirtschaftliche Vergleichsrechnungen ist es wichtig, den voraussichtlichen mittleren Jahreswärmebedarf zu kennen. Im Fachschrifttum werden für diese Berechnung unterschiedliche Verfahren empfohlen, von der einfachen Faustformel bis zu verwickelten Gleichungen mit zahlreichen Einflußgrößen. Auch die „genaueren" Formeln enthalten mehr oder weniger versteckt Beiwerte, die aus Betriebsbeobachtungen abgeleitet sind. Sie liefern daher brauchbare Ergebnisse, solange sie für Anlagen und Betriebsverhältnisse angewendet werden, die den Ausgangsbedingungen ähneln, versagen aber häufig in anderen Fällen.

Eine allgemein anwendbare Formel zur Vorausberechnung des Jahreswärmebedarfes einer Heizanlage muß im Aufbau physikalisch richtig sein und den Einfluß der maßgebenden Faktoren klar erkennen lassen. Erfahrungsbeiwerte sind also möglichst nicht mit veränderlichen Einflußgrößen zu kombinieren; ihr Geltungsbereich muß mit angegeben sein.

Zum leichteren Verständnis der hier abgeleiteten Beziehungen seien nachstehend die wichtigsten Bezeichnungen zusammengestellt.

Es bedeuten:

Q_h	Wärmebedarf nach DIN 4701 [kcal/h],
Q_0	Transmissionswärmeverlust nach DIN 4701 [kcal/h],
Q_a	zu berechnender Jahreswärmebedarf [kcal/a],
B_a	zu berechnender Jahresbrennstoffbedarf [kg/a, m³/a],
t_i	geforderte Raum- oder Gebäudetemperatur in der Benutzungszeit [°C],
t_{i_m}	mittlere Gebäudetemperatur über 24 Stunden [°C],
t_a	beliebige Außentemperatur [°C],
t_{a_m}	mittlere Außentemperatur während der Heizzeit [°C],
$t_{a_{min}}$	tiefste Außentemperatur nach DIN 4701 [°C],
Gt	Jahresgradtagzahl [grd d],
Z	Zahl der Heiztage,
y	Berichtigungsfaktor für den Wärmebedarf,
e_t	Temperatureinschränkungsfaktor,
e_b	Betriebseinschränkungsfaktor (Betriebsferien, Wochenende),
e	gesamter Einschränkungsfaktor $e = e_t \cdot e_b$,
η_k	Kesselwirkungsgrad,
η_v	Verteilungswirkungsgrad,
η_r	Regelwirkungsgrad,
η	Gesamtwirkungsgrad.

Wir gehen aus von dem nach DIN 4701 für die geforderte Raumtemperatur t_i und die tiefste Außentemperatur $t_{a_{min}}$ errechneten stündlichen Wärmebedarf der Heizanlage Q_h. Der wirkliche Heizwärmebedarf bei voller Raumerwärmung sei kleiner, und zwar um einen Betrag, der durch den Berichtigungsfaktor y gekennzeichnet sei. Bei einer beliebigen Außentemperatur t_a beträgt sonach der Tageswärmebedarf Q_d bei Dauerbetrieb und Vollerwärmung

$$Q_d = 24 \cdot \frac{t_i - t_a}{t_i - t_{a_{min}}} \cdot y \cdot Q_h. \tag{12.01}$$

---

[1] RAISS, W.: Wärmetechnische Grundlagen der Betriebsüberwachung von Heizungen. Heizg. u. Lüftg. Bd. 12 (1938) S. 105/108.

Der Berichtigungsfaktor y schwankt nach den Ausführungen auf S. 521 zwischen 0,6 und 0,85. Überschläglich kann er dem Verhältniswert „Transmissionswärmeverlust: Wärmebedarf" gleichgesetzt werden, d. h.

$$y \approx \frac{Q_o}{Q_h}.$$

Änderungen der Wärmebedarfsrechnung nach DIN 4701 gehen dementsprechend auch in y ein.

Für ein Jahr mit Z Heiztagen und einer mittleren Außentemperatur t_{a_m} beträgt der *Jahreswärmebedarf* bei Vollerwärmung

$$Q_{a_v} = 24 \cdot \frac{Z\,(t_i - t_{am})}{(t_i - t_{a\min})} \cdot y \cdot Q_h.$$

Der Zähler des Bruches ist identisch mit der Gradtagzahl Gt. Man kann sonach auch schreiben

$$Q_{a_v} = 24 \cdot \frac{Gt}{(t_i - t_{a\min})} \cdot y \cdot Q_h. \tag{12.02}$$

Werden in einem Teil des Gebäudes während der Benutzungszeit niedrigere Temperaturen als $+20°$ gefordert, so ist der Wert t_i entsprechend zu berichtigen, und zwar errechnet sich bei unterschiedlicher Raumerwärmung die Innentemperatur des Gebäudes mit genügender Annäherung aus

$$t_i = \frac{R_1 \cdot t_{i_1} + R_2 \cdot t_{i_2} + \cdots + R_n \cdot t_{i_n}}{R_1 + R_2 + \cdots + R_n},$$

wenn R_n das Volumen der im Mittel auf t_{i_n} erwärmten Räume darstellt usw. Man nimmt bei Wohn- und Verwaltungsgebäuden meist $t_i = 19°$; auf diesen Wert beziehen sich auch die im Schrifttum zu findenden Gradtagzahlen.

In vielen Fällen werden Heizanlagen in Anpassung an die täglichen Benutzungsstunden der Gebäude mit längeren Pausen oder mit zeitweise stark verminderter Leistung (Nachtzeit) betrieben. Die mittlere Gebäudetemperatur über 24 Stunden liegt dann niedriger als t_i. Man trägt dieser Abweichung von der Vollerwärmung durch Einführung eines Temperatureinschränkungsfaktors e_t Rechnung. Wird der Heizbetrieb außerdem zu bestimmten Zeiten, z. B. am Wochenende oder in Betriebsferien, eingeschränkt oder stillgelegt, so ist ein weiterer Berichtigungsfaktor einzuführen, nämlich der Betriebseinschränkungsfaktor e_b. Faßt man beide Berichtigungen zusammen, so ergibt sich der gesamte *Einschränkungsfaktor* e.

$$e = e_t \cdot e_b. \tag{12.03}$$

Für *eingeschränkten Betrieb* geht damit Formel (12.02) über in

$$Q_a = 24 \cdot e \cdot \frac{Gt}{t_i - t_{a\min}} \cdot y \cdot Q_h. \tag{12.04}$$

Es muß jedoch darauf hingewiesen werden, daß die Grundlage dieser Berechnung — thermischer Beharrungszustand — bei längeren täglichen Betriebspausen der Heizung und geringer Wärmespeicherung der Gebäude evtl. nicht mehr gegeben ist. Formel (12.04) liefert dann zu hohe Werte.

Der Temperatureinschränkungsfaktor e_t

Bezeichnet man mit t_{i_m} die Mitteltemperatur über 24 Stunden in einem Gebäude, das unterbrochen oder mit zeitweise eingeschränkter Leistung geheizt wird, so ist bei einer geforderten Gebäudetemperatur t_i in der Benutzungszeit der Temperatureinschränkungsfaktor e_t gekennzeichnet durch den Verhältniswert

$$e_t = \frac{t_{im} - t_{am}}{t_i - t_{am}}. \tag{12.05}$$

t_{i_m} hängt von der Dauer der täglichen Gebäudebenutzung und der zulässigen (oder möglichen) nächtlichen Auskühlung ab, s. Abb. 12.06. Angenähert kann man mit folgenden Werten für e_t rechnen:

Temperatureinschränkungsfaktor e_t

Krankenhäuser, Alters- und Pflegeheime . . . . : . . . . $e_t = 1$
Wohngebäude, voll beheizt . . . . $e_t = 0,95$
Wohngebäude mit stärkerer nächtlicher Betriebseinschränkung . . . . ⎫
Verwaltungsgebäude und Kaufhäuser usw., bei stark speichernden Gebäuden und in Gegenden mit mildem Klima . . . . ⎬ $e_t = 0,9$
Berufsschulen mit Abendunterricht . . . . ⎭

Verwaltungsgebäude usw. bei geringer Wärmespeicherung und hartem Klima . . . . . .⎫
Schulen im Zweischichtbetrieb . . . .⎬ $e_t = 0{,}85$
Schulen im Einschichtbetrieb bei hoher Wärmespeicherung . . . . $e_t = 0{,}8$
      bei geringer Wärmespeicherung . . . . $e_t = 0{,}75$

Die Abweichung der über 24 Stunden gemittelten Innentemperatur t_{i_m} von t_i läßt sich auch unmittelbar in der Gradtagzahl berücksichtigen. Zur Unterscheidung von den Normalgradtagen empfiehlt es sich, in solchen Fällen im Index den Zahlenwert von t_{i_m} anzugeben, also z. B. zu schreiben Gt_{17}, wenn die Gradtagzahl für 17° mittlere Gebäudetemperatur gemeint ist.

In der Praxis wird zuweilen nach einem Vorschlag von HOTTINGER[1] mit der täglichen „Vollbetriebsstundenzahl" (Stv) gerechnet, in der durch die Abweichung von der Tagesstundenzahl 24 die Wärmeeinsparung berücksichtigt werden soll. Dabei ist allerdings zu beachten, daß die von HOTTINGER angegebenen Stv-Werte auf den Wärmebedarf nach DIN 4701 abgestellt sind, also etwa übereinstimmen mit $e \cdot y$. Daß man Mittelwerte der Vollbetriebsstundenzahl selbst bei gleichartigen Gebäuden kaum zuverlässig angeben kann, zeigen Betriebsergebnisse aus fernbeheizten Gebäuden (vgl. Fußnote 1, S. 520).

Der Betriebseinschränkungsfaktor e_b

Während Wohngebäude, Hotels, Unterkünfte, Krankenhäuser, Heilanstalten usf. in der Regel ständig beheizt werden, unterbricht man bei anderen Gebäudearten den Heizbetrieb regelmäßig zum Wochenende oder schränkt die Heizleistung in dieser Zeit stark ein. Bei Schulen und Gewerbebetrieben kommen auch noch die Betriebseinschränkungen in den Ferien hinzu. Man kann diese Leistungsminderung bzw. die Betriebsunterbrechung in der Gradtagzahl berücksichtigen, indem man an Stelle des für Dauererwärmung aus den klimatischen Daten abgeleiteten Wertes Gt einen berichtigten Wert Gt' einführt. Dann gilt

$$e_b = \frac{Gt'}{Gt} \, . \tag{12.06}$$

e_b läßt sich aus dem Verhältnis der Gradtage nach Gl. (12.06) aber nur bestimmen, wenn die zum Anheizen eines Gebäudes nach Betriebsunterbrechungen erforderliche Wärmemenge im Verhältnis zum Jahreswärmebedarf klein ist. Meist trifft dies aber nicht zu, insbesondere nicht bei speichernden Gebäuden und regelmäßigen Betriebsunterbrechungen am Wochenende. Auch der Wärmeaufwand zum Frostfreihalten der Gebäude ist durch die Gradtage schwer zu erfassen. Es empfiehlt sich daher, auf die Ermittlung von e_b aus der Beziehung (12.06) zu verzichten und die nachstehenden Überschlagswerte zu verwenden.

Betriebseinschränkungsfaktor e_b.

Für dauernd beheizte Gebäude (Wohnhäuser, Krankenanstalten usf.) . . . . $e_b = 1$
Für Gebäude mit Betriebseinschränkungen am Wochenende und an Feiertagen (Büro- und
  Verwaltungsgebäude, Banken, Kaufhäuser usf.) . . . . $e_b = 0{,}9$
Für Schulen . . . . $e_b = 0{,}75$

Die Benutzungsdauer der Heizanlage

Man kann auch sämtliche Einflußgrößen und Beiwerte der Gl. (12.04) zusammenfassen und vereinfacht ansetzen

$$Q_a = b \cdot Q_h \, . \tag{12.07}$$

b nennt man die *Benutzungsdauer* der Heizanlage. Die Benutzungsdauer gibt an, wieviel Stunden im Jahr eine Heizung mit höchster Leistung betrieben werden müßte, um den Jahreswärmebedarf zu decken.

Aus Gl. (12.04) und (12.07) erhält man

$$b = 24 \cdot e \cdot y \cdot \frac{Gt}{(t_i - t_{a_{\min}})} \quad [\text{h}] \, . \tag{12.08}$$

Für die klimatischen Verhältnisse Deutschlands gilt angenähert[2]

$$\frac{Gt}{(t_i - t_{a_{\min}})} \approx 95 \quad [\text{d}] \, .$$

---

[1] HOTTINGER, M.: Berechnung des angemessenen Brennstoffbedarfes für Raumheizung. Gesundh.-Ing. Bd. 64 (1941) S. 511.

[2] RAISS, W.: Zur Berechnung des angemessenen Brennstoffverbrauchs von Heizanlagen. Gesundh.-Ing. Bd. 70 (1949) S. 33. Für Orte in Küstennähe oder im Gebirge sollte der Quotient nachgeprüft werden, da bei ihnen Abweichungen von dem Mittelwert auftreten können, die größer als 5% sind.

Damit wird

$$b \approx 24 \cdot 95 \cdot e \cdot y = 2280 \cdot e \cdot y \quad [\mathrm{h}] . \tag{12.09}$$

Die Benutzungsdauer einer Heizanlage läßt sich also überschläglich angeben, wenn e und y bekannt sind.

Für einige Gebäudearten ist die Benutzungsdauer in nachstehender Tabelle für unterschiedliche y-Werte angegeben. Die fettgedruckten Werte kennzeichnen den wahrscheinlichen Bereich. Bei kurzzeitigem Heizbetrieb sind die höheren y-Werte zu wählen, da in Q_h größere Anheizzuschläge enthalten sind. Es mag zunächst überraschen, daß der Jahreswärmebedarf hier unabhängig vom örtlichen Klima, also der Gradtagzahl, erscheint. In Wirklichkeit ist die Klimalage des Betrachtungsortes bereits in Q_h berücksichtigt, nämlich durch die Wahl einer der Klimazoneneinstufung in DIN 4701 entsprechenden niedrigsten Außentemperatur $t_{a_{\min}}$.

Jahresbenutzungsdauer von Raumheizanlagen, bezogen auf den Wärmebedarf nach DIN 4701

	Einschränkungsfaktor e	Mittlere Benutzungsdauer bei verschiedenen Berichtigungsfaktoren y				
		0,85	0,8	0,75	0,7	0,65
Krankenhäuser, Alters- und Pflegeheime.	1	**1940**	**1820**	1710	1600	1480
Wohngebäude, mit nächtl. Betriebseinschränkung	0,9	1740	**1630**	**1530**	**1430**	1330
Verwaltungs- und Bürogebäude, Kaufhäuser usw.						
stark speichernd, mildes Klima.	0,81	1570	**1480**	**1380**	1290	1200
schwach speichernd, hartes Klima . . .	0,76₅	1480	1390	**1310**	**1220**	1130
Schulen mit Abendunterricht.	0,67₅	1310	1230	**1150**	**1070**	**1000**
mit Zweischichtbetrieb.	0,64	1240	1170	**1000**	**1020**	**950**
mit Einschichtbetrieb, bei geringer Wärmespeicherung	0,56	1080	1020	960	**890**	**830**

C. Der Jahresbrennstoffbedarf

Mit dem Brennstoffheizwert H_u und dem Gesamtwirkungsgrad η des Heizvorganges ergibt sich der Jahresbrennstoffbedarf B_a aus

$$B_a = \frac{Q_a}{H_u \cdot \eta} . \tag{12.10}$$

η läßt sich aufspalten in die Teilwirkungsgrade

$$\eta_k = \text{Kesselwirkungsgrad},$$
$$\eta_v = \text{Verteilungswirkungsgrad},$$
$$\eta_r = \text{Regelwirkungsgrad}.$$

Also ist

$$\eta = \eta_k \cdot \eta_v \cdot \eta_r .$$

Meßbar ist allein der Kesselwirkungsgrad η_k. Der Verteilungswirkungsgrad η_v kann bei größeren Anlagen an Hand des Rohrplanes überschläglich berechnet oder wenigstens geschätzt werden. In dem Regelwirkungsgrad η_r sind alle weiteren Verluste zusammengefaßt, s. S. 514.

Da nach dem unter A Gesagten der tatsächliche Wärmebedarf eines Gebäudes bei beliebigen Innen- und Außentemperaturen nicht exakt berechnet werden kann, besteht auch keine Möglichkeit, auf indirektem Weg den Gesamtwirkungsgrad einer Heizanlage zu bestimmen. (Die etwaigen Abweichungen zwischen errechnetem und wirklichem Wärmebedarf können höher sein als die Unterschiede im Wirkungsgrad der Heizung.) Damit sind die Grenzen abgesteckt, die jeder Vorausberechnung des Brennstoffbedarfes einer Heizanlage gezogen sind.

Man hilft sich in der Praxis vielfach, indem man aus Betriebsergebnissen gut überwachter Anlagen Kennwerte für den Brennstoffverbrauch der einzelnen Gebäudearten aufstellt und unter Berücksichtigung der Größe des Gebäudes den Brennstoffverbrauch je m³ umbauten oder beheizten Raumes angibt. Zuweilen werden noch die Gradtage des Betrachtungsortes und die Zahl der Heizbetriebsstunden berücksichtigt. Es darf aber nicht übersehen werden, daß der auf den Rauminhalt bezogene Wärmebedarf große Unterschiede aufweisen kann und der Wärmeverbrauch einer Heizanlage in keinem unmittelbaren Zusammenhang mit der Zahl der täglichen Betriebsstunden steht. Grundlage jeder Brennstoffbedarfsberechnung sollte der nach DIN 4701 errechnete Wärmebedarf sein.

Aus den Gln. (12.04) und (12.10) ergibt sich

$$B_a = 24 \cdot e \cdot y \cdot \frac{Gt}{(t_i - t_{a_{\min}})} \cdot \frac{Q_h}{H_u \cdot \eta} \,. \qquad (12.11)$$

Von den Rechnungsgrößen sind bekannt

$$Gt, \ t_{a_{\min}} \ - \ \text{aus Klimatabellen,}$$
$$Q_h, \ \text{evtl. auch } y \ - \ \text{aus der Wärmebedarfsrechnung,}$$
$$t_i \ \text{und } H_u \ - \ \text{aus der vorliegenden Aufgabe.}$$

e ergibt sich aus e_t und e_b nach S. 522 bzw. 523.

Der Gesamtwirkungsgrad muß an Hand von η_k, η_v und η_r geschätzt werden. Als Anhaltswerte für gut bediente und gewartete Kessel bei geeignetem Brennstoff können gelten.

Mittlere Betriebswirkungsgrade von Heizkesseln η_k

Nr.	Brennstoffart	Kesselart und Größe	Feuerung	Ausstattung	η_k
1	feste Brennstoffe	Kleinkessel	Füllfeuerung	einfache Regler	0,65
2	feste Brennstoffe	Mittel- und Großkessel	Füllfeuerung	einfache Regler	0,72
3	feste Brennstoffe	Mittel- und Großkessel	Füllfeuerung	hochwertige Regler	0,75
4	feste Brennstoffe	Hochleistungskessel	mechanische Feuerung	hochwertige Regler	0,80
5	Gas	Kessel für feste Brennstoffe	Einbaubrenner	hochwertige Regler	0,75
6	Gas	Sonderkessel	Spezialfeuerung	hochwertige Regler	0,80
7	Heizöl, mittel	Mittel- und Großkessel	Spezialfeuerung	halbautomatische Regler	0,75
8	Heizöl, leicht	Klein- und Mittelkessel	Spezialfeuerung	vollautomatische Regler	0,78

Verteilungswirkungsgrad η_v

Je nach Ausdehnung der Anlage, Isolierung der Verteilleitungen und Vorlaufverlegung (obere oder untere Verteilung) $\eta_v = 0{,}95$ bis $0{,}98$.

Regelwirkungsgrad η_r

	Kessel der Gruppe[1] 4—8 Automatische Regelung	Kessel der Gruppe 1—3 Bedienung	
		sorgfältig oder halbautomatisch	üblich
Anlagen mit Zonenunterteilung . . .	1	0,95	0,92
Anlagen ohne Zonenunterteilung . .	0,95	0,92	0,90

Die Aufschlüsselung der Wirkungsgrade und ihre relativ feine Unterteilung ist hier nur im Hinblick auf wirtschaftliche Vergleichsrechnungen zwischen verschiedenartigen Energieträgern erfolgt. Von den Fehlergrenzen der Brennstoffbedarfsrechnung her gesehen, wären solche „genauen" Angaben nicht gerechtfertigt[2].

Bei bekannter Benutzungsdauer b läßt sich die Gl. (12.11) auch einfacher schreiben, nämlich:

$$B_a = b \cdot \frac{Q_h}{H_u \cdot \eta} \,. \qquad (12.12)$$

Für einzelne Gebäudegruppen, bei denen die gleichen Anforderungen an die Raumerwärmung gestellt werden, wie z. B. Krankenhäuser, Wohngebäude, Verwaltungs- und Bürohäuser, kann bei ähnlicher heiztechnischer Ausstattung der Jahresbrennstoffbedarf durch Q_h allein gekennzeichnet werden. So erhält man beispielsweise für ein Wohngebäude ($b = 1600$) bei Koksverfeue-

---

[1] Siehe unter Betriebswirkungsgrade der Kessel.

[2] Die neuerdings vom VDI herausgegebene Richtlinie 2067, s. Fußnote S. 42, verwendet die gleiche Formel, jedoch ist dort zur Kennzeichnung des Betriebszustandes der Heizanlage sowie der Bauausführung der Gebäude noch ein Berichtigungsfaktor a eingeführt. Er wird für günstige Verhältnisse mit $a = 0{,}95$, für normale Verhältnisse mit $a = 1$ und für schlechte Anlagen mit $a = 1{,}1$ bis $1{,}4$ angegeben.

Diese Erweiterung der Formel (12.11) entspricht praktischen Erwägungen; man will damit eine bessere Anpassung der Rechenwerte an die Betriebsverhältnisse ermöglichen. Die Schwankungsbreite für a läßt noch einmal sehr deutlich die Unsicherheiten solcher Brennstoffbedarfsrechnungen erkennen, worüber auch die auf 1% genauen Angaben der Kesselwirkungsgrade nicht hinwegtäuschen dürfen.

Physikalisch ist der Beiwert a in einer Brennstoff-Formel nach Gl. (12.11) nicht berechtigt, da eine schlechte Heizanlage höhere Verluste bei der Erzeugung und Verteilung der Wärme, also niedrigere η-Werte aufweist und eine ungünstige Bauausführung in einem höheren y-Wert ihren Ausgleich findet.

rung ($H_u = 6800$) und sorgfältiger Wartung der Heizanlage ($\eta = 0{,}65$).

$$B_a = \frac{1600}{6800 \cdot 0{,}65} \cdot Q_h = 0{,}36\, Q_h \quad [\text{kg}],$$

d. i. die schon von RECKNAGEL[1] angegebene Näherungsformel für den Brennstoffbedarf. Sie liefert für vollbeheizte Gebäude bei koksgefeuerten Kesseln üblicher Bauart durchaus brauchbare Werte.

IV. Heizbetrieb

A. Betriebskennlinie einer Warmwasserheizung

Wasserheizungen verdanken ihre bevorzugte Anwendung vor allem der einfachen zentralen Leistungsregelung durch Ändern der Heizwassertemperaturen. Die Betriebsführung der Heiz-

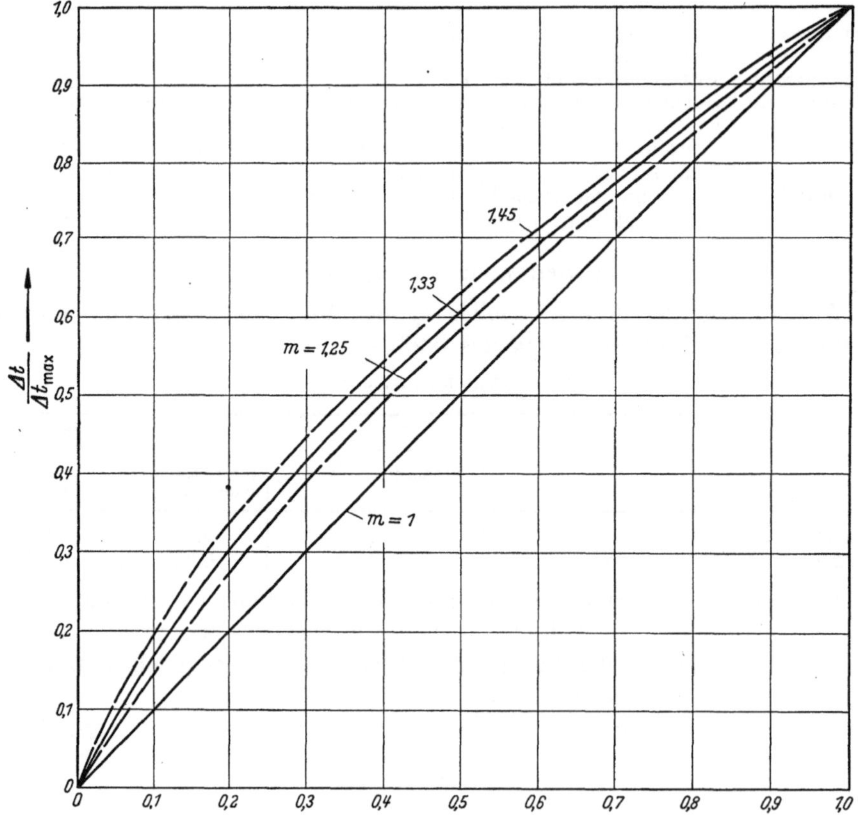

Abb. 12.09. Abhängigkeit des Temperaturunterschiedes $\dfrac{\Delta t}{\Delta t_{\max}} = \left(\dfrac{t_H - t_i}{t_{H\max} - t_i}\right)$ von der Belastung.

t_i Innentemperatur, t_H mittlere Heizwassertemperatur

anlagen in Gebäuden mit gleichmäßiger Raumbenutzung wird dadurch wesentlich erleichtert und einer Brennstoffvergeudung durch Überheizen entgegengewirkt.

Die Abhängigkeit der mittleren Heizwassertemperatur von der Außentemperatur ergibt sich bei Pumpenheizungen aus dem Gesetz für die Wärmeabgabe der Heizkörper, wobei der Exponent der Gl. (9.13) den Kurvenverlauf bestimmt, s. Abb. 2.129. In Abb. 12.09 ist der Temperaturunterschied Δt zwischen Heizmittel und Raumluft als Funktion der Belastung dimensionslos aufgetragen. Man ersieht daraus, daß mit anwachsendem Temperaturexponenten die im Bereich kleiner Belastungen erforderliche Wassertemperatur ansteigt. In Anlagen mit Heizkörpern verschiedener Bauart ist die ungünstigste Gruppe für die Kesseltemperatur maßgebend.

---

[1] RECKNAGEL, H.: Heizung und Lüftung. Leipzig 1915.

Da der wirkliche Wärmebedarf im allgemeinen niedriger liegt als der berechnete, kommt man auch mit niedrigeren Heizwassertemperaturen aus. Aus Beobachtungen an Warmwasserheizungen, die für 90/70° ausgelegt sind, wissen wir, daß selbst an Tagen mit ungewöhnlich niedrigen Außentemperaturen eine mittlere Heizwassertemperatur von 80° nicht erforderlich ist. An Hand der Abb. 12.09 ist bei bekanntem Berichtigungsfaktor y des Wärmebedarfes eine Umrechnung der theoretischen auf die wirkliche Heizwassertemperatur möglich. Aber noch eine weitere Abweichung von dem theoretisch abgeleiteten Zusammenhang zwischen Heizwasser- und Außentemperatur ist bei der Aufstellung von Betriebsanweisungen für den Heizer zu berücksichtigen. Nur bei sehr niedrigen Außentemperaturen werden die Heizungen im allgemeinen durchgehend betrieben. Mit abnehmender Belastung verkürzt man zumeist die Betriebsdauer der Anlage oder man schränkt in den Benutzungspausen des Gebäudes die Heizleistung stark ein. Die Leistung in der Hauptbetriebszeit — das sind die Anheizstunden und die Benutzungsstunden des Gebäudes — ist daher nicht mehr proportional dem Temperaturunterschied „Raumluft gegen Außenluft"; sie muß vielmehr mit zunehmender Außentemperatur höher gewählt werden. Dementsprechend ergibt sich ein flacherer Verlauf der Temperaturlinie als in Abb. 12.09.

Feststellung der Betriebskennlinie durch praktische Beobachtungen

Bei dem verwickelten Zusammenhang zwischen Außentemperatur, Betriebsweise und geforderter Heizleistung ist es nicht möglich, im voraus für ein bestimmtes Gebäude die Temperaturcharakteristik zuverlässig anzugeben. Da auch die Leistung bei der niedrigsten Außentemperatur — also die Höchstlast — selten durch Messungen festgestellt werden kann, empfiehlt es sich, durch Betriebsbeobachtungen für die einzelne Anlage die „Betriebskennlinie", d. h. den Zusammenhang zwischen mittlerer Heizwassertemperatur und Außentemperatur, aufzunehmen. Es genügen hierfür in der Regel Messungen bei drei Belastungsstufen, nämlich in den Außentemperaturbereichen von 8 bis 10°, 3 bis 5° und — 5 bis 0°C. In jedem Bereich sollten allerdings Beobachtungen an drei aufeinanderfolgenden Tagen mit etwa gleichbleibender Witterung angestellt werden. Der Heizbetrieb ist dabei so zu führen, daß während der Benutzungszeit die geforderten Raumtemperaturen möglichst eingehalten werden und in den Benutzungspausen eine allzu starke Auskühlung des Gebäudes vermieden wird. Als Kriterium kann dabei dienen, ob das Gebäude innerhalb einer Anheizzeit von 2 Stunden wieder auf die geforderte Raumtemperatur erwärmt werden kann. Als maßgebende Heizwassertemperatur ist das Mittel der in der Benutzungszeit erforderlichen durchschnittlichen Vor- und Rücklauftemperatur festzustellen, und zwar unter Verwendung der Meßwerte am 2. und 3. Tag. Während der Anheizstunden sollte die Heizwassertemperatur um höchstens 15° höher liegen als dieser Mittelwert. Als Außentemperatur gilt der Mittelwert über die gesamte Beobachtungszeit, also unter Einschluß des 1. Tages.

Es ist zweckmäßig, an den Beobachtungstagen gleichzeitig auch den Brennstoffverbrauch genau zu messen, um einen Anhalt über den Normalverbrauch zu gewinnen.

Die so festgestellte Betriebskennlinie soll dem Heizer Richtwerte für eine wirtschaftliche Betriebsführung geben. Bei starkem Windanfall sind etwas höhere, bei Sonneneinstrahlung in der Übergangszeit niedrigere Wassertemperaturen einzustellen. Die Anwendung der Betriebskennlinie wird erleichtert, wenn an Stelle der mittleren Heizwassertemperatur die Vorlauftemperatur eingetragen ist. Sie liegt bei konstantem Wasserumlauf um einen durch die Leistung gekennzeichneten Betrag über der mittleren Heizwassertemperatur (s. S. 102). Auf das abweichende Verhalten von Schwerkraftheizungen sei besonders hingewiesen.

Ist die Heizanlage in Gruppen aufgeteilt, die mit unterschiedlichen Vorlauftemperaturen betrieben werden können, so ist die Kennlinie für die ungünstigste Gruppe unter mittleren Windverhältnissen anzugeben. Die Vorlauftemperatur der übrigen Gruppen muß ohnehin nach den wechselnden Witterungsverhältnissen eingestellt oder auch selbsttätig eingeregelt werden.

B. Der Brennstoffverbrauch und seine Überwachung

Da sich der Tageswärmebedarf einer Heizanlage linear mit der Außentemperatur ändert, muß auch der Brennstoffverbrauch diese Abhängigkeit aufweisen, wenn in der Wärmeausnutzung des gesamten Heizvorganges und der Güte des Brennstoffes keine größeren Abweichungen auftreten. Das erstere trifft, wie die Ergebnisse vieler Betriebsbeobachtungen zeigen, für gut bediente Anlagen zu, s. Abb. 12.10.

An Einzeltagen kann diese Gesetzmäßigkeit durch rasche Witterungswechsel oder Zufälligkeiten der Bedienung überdeckt werden; sie tritt aber deutlich hervor, wenn die mittleren Verbrauchswerte aus einer Reihe aufeinanderfolgender Tage betrachtet werden.

Wird in einem Zeitabschnitt mit Gt_1 Gradtagen der Brennstoffverbrauch B_1 festgestellt, so errechnet sich für einen beliebigen anderen Abschnitt der Heizperiode oder auch für einen vollständigen Winter mit Gt_2 Gradtagen der Brennstoffverbrauch aus

$$B_2 = B_1 \cdot \frac{Gt_2}{Gt_1}. \tag{12.13}$$

Die Brennstoffkennlinie nach Abb. 12.10 liegt sonach fest, wenn der Gradtagverbrauch einer Heizanlage und die mittlere Gebäudetemperatur t_{i_m} bekannt sind. Bei dieser Temperatur muß der Verbrauch gleich null sein, die Brennstoffkennlinie also die Temperaturachse schneiden.

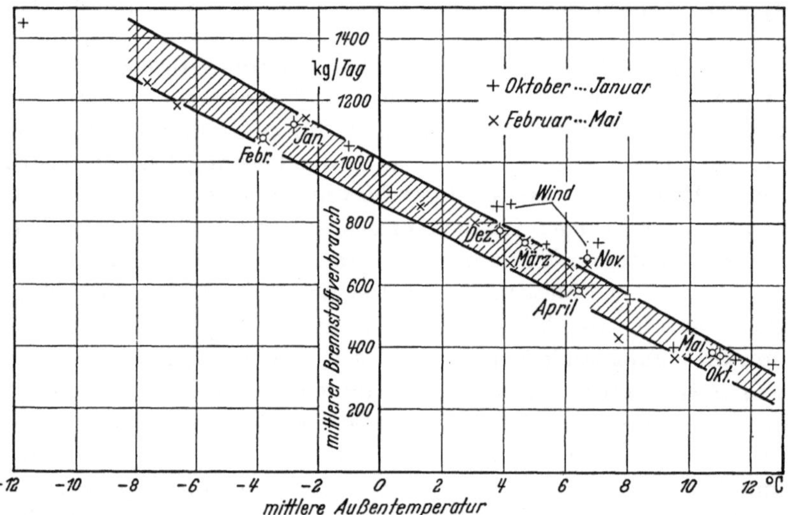

Abb. 12.10. Tagesbrennstoffverbrauch eines großen Wohngebäudes in Abhängigkeit von der Außentemperatur

Zuverlässiger ist die Bestimmung der Brennstoffkennlinie an Hand der Verbrauchswerte aus zwei oder drei unterschiedlichen Außentemperaturbereichen. Sind diese Verbrauchswerte bei sorgfältig geführtem Heizbetrieb festgestellt worden, so gibt die Kennlinie den Sollverbrauch der Anlage wieder. Der Vergleich beliebiger Tagesverbräuche mit den Sollwerten bei der betreffenden Außentemperatur ist die einfachste Möglichkeit einer Betriebsüberwachung von Heizanlagen[1]. Der Heizer ist dabei anzuhalten, täglich den Brennstoffverbrauch seiner Anlage aufzuschreiben. Sind Brennstoffwaagen nicht vorhanden, so kann man sich mit Volumenmessungen behelfen, indem z. B. die Zahl der Brennstoffaufgaben bei möglichst gleichmäßig gefüllten Karren vermerkt wird. Die Nettogewichte einer Karrenfüllung sind von Zeit zu Zeit zu überprüfen. Es ist zweckmäßig, mit dem Brennstoffverbrauch täglich auch Zahl und Betriebsweise der unter Feuer gehaltenen Kessel sowie die Vorlauftemperatur von Warmwasserheizungen aufschreiben zu lassen.

Die Verbrauchsangaben des Heizers sind für längere Zeitabschnitte an Hand der angelieferten Mengen leicht zu kontrollieren, wobei Feuchtigkeitsverluste und Abrieb zu berücksichtigen sind.

Für den Vergleich der Verbrauchszahlen im praktischen Betrieb mit den Sollwerten der Brennstoffkennlinie eignet sich erfahrungsgemäß am besten ein Wochendurchschnitt der Tageswerte, wobei nur die Tage mit vollem Heizbetrieb berücksichtigt werden. Als Außentemperaturen sind möglichst Beobachtungswerte benachbarter Wetterdienststellen zu verwenden. Für den

---

[1] ACHENBACH, A.: Betriebsüberwachung von Wohnungsblockheizungen und ihre Ergebnisse. Heizg. u. Lüftg. Bd. 12 (1938) S. 119/123.

Heizer kann als Anhalt dienen, daß der Verbrauch etwa dem Kennlinienwert bei der am Vortag um 21 Uhr gemessenen Außentemperatur entsprechen muß.

Die Zuverlässigkeit des Verfahrens hängt wesentlich davon ab, ob die Normalwerte einwandfrei festgestellt worden sind.

Liegt der Brennstoffverbrauch einer Anlage merklich über den Normalwerten, so ist entweder der Kesselwirkungsgrad schlecht (zeitweise Überlastung, mangelhafte Feuerführung, undichte bzw. nicht gereinigte Züge) oder die Anpassung der Leistung an die wechselnden Witterungsbedingungen ist unzureichend (zeitweises Überheizen, zu hohe Wärmelieferung in den Nachtstunden). Zuweilen sind auch falsche Brennstoffkörnung oder mindere Qualität des Brennstoffes daran schuld.

Starke Streuungen der Verbrauchswerte sind stets ein Zeichen nachlässiger Bedienung. Häufiges Unterschreiten des Normalwertes sollte Veranlassung geben, die Kennlinie zu überprüfen.

C. Bestimmung des Wirkungsgrades und der Leistung von Kesseln im praktischen Betrieb

Im Heizbetrieb bleiben Leistung und Wirkungsgrad von Kesseln gegenüber den Prüfstandswerten oft merklich zurück. Nur selten wird bei Heizanlagen die Wärmelieferung der Kessel laufend gemessen, häufiger schon der Brennstoffverbrauch. Man ist zur Bestimmung des Kesselwirkungsgrades sonach auf Versuche angewiesen. Ihre Durchführung im normalen Betrieb bereitet einige Schwierigkeiten, so daß darauf näher eingegangen werden soll.

Dampfkessel. Verhältnismäßig einfach läßt sich die Leistung bei Dampfkesseln feststellen, wenn das Kondensat mittels Pumpen zurückgespeist wird. Man mißt die Menge und die Temperatur des Speisewassers am Kesseleintritt. Aus stündlicher Speisewassermenge und Erzeugungswärme des Dampfes ergibt sich die Kesselleistung. Zur Mengenmessung verwendet man bei großen Anlagen Wasserzähler oder Blenden. Bei kleineren Anlagen speist man die Kessel intermittierend und bestimmt die Wassermenge an Hand der Spiegelabsenkung in einem geeichten Speisewasservorgefäß.

Zur Wirkungsgradbestimmung ist noch die Wägung der während des Versuches verfeuerten Brennstoffmenge und die kalorimetrische Untersuchung von Brennstoffproben erforderlich. Der Betriebszustand des Kessels muß zu Beginn und am Ende des Versuches der gleiche sein; das bedeutet, daß bei Kesseln mit Füllschachtfeuerungen die Messungen mindestens auf die Abbrandzeit einer Füllung auszudehnen sind. Der Versuch sollte bei geschürtem, hellem Feuer mit möglichst geringer Brennschichthöhe begonnen und bei gleichem Zustand des Feuers abgeschlossen werden. Da der Feuchtigkeitsgehalt des Dampfes beim Austritt aus dem Kessel nicht bekannt ist, sind bei der Nutzwärmebestimmung Fehler in der Größenordnung von 2 bis 3% möglich. Für gute Entwässerung des Dampfes ist zu sorgen, wobei das Entwässerungskondensat wieder unmittelbar in den Kessel zurückzuführen ist.

Bei geschlossenen ND-Dampfanlagen ohne Rückspeiseeinrichtung muß zum Zwecke der Messung bei den Versuchen das System geöffnet werden. Die Kesselspeisung kann dabei mit einer Handpumpe erfolgen. Während der Kesselspeisung ist das zurückkommende Kondensat in einem besonderen Behälter zu sammeln. Gegebenenfalls kann auch von der nachstehend beschriebenen mittelbaren Wirkungsgradbestimmung Gebrauch gemacht werden.

Wasserkessel. Bei Wasserheizkesseln ergibt sich die Nutzwärme als Produkt aus durchlaufender Wassermenge und Enthalpieerhöhung, die im Zahlenwert etwa dem Temperaturunterschied in °C entspricht. Durchflußmesser sind aber selbst bei großen Heizanlagen selten vorhanden; ihr nachträglicher Einbau ist wegen des Druckverlustes nur bei Pumpenheizungen mit ausreichendem Förderdruck möglich. Beim Einbau von Düsen oder Blenden muß eine längere gerade Strecke in der Hauptvor- oder Rücklaufleitung zur Verfügung stehen. Können Wassermenge und Wassertemperaturen gemessen werden, so bereitet die Nutzwärmebestimmung keine Schwierigkeiten. Bei gleichbleibendem Wasserstrom — wie er meist vorhanden ist — genügt eine Durchflußmessung in größeren Zeitabständen. Die Temperaturen im Vorlauf und Rücklauf müssen in kurzen Abständen abgelesen oder besser durch Schreibgeräte aufgezeichnet werden, wobei bei kleinen Temperaturunterschieden eine sehr genaue Messung erforderlich ist.

Häufig ist der nachträgliche Einbau eines Durchflußmessers in eine Wasserheizung nicht möglich, so u. a. bei allen Schwerkraftheizungen. Man ist in solchen Fällen darauf angewiesen, den Wirkungsgrad des Kessels mittelbar, d. h. mit Hilfe der Verluste, zu bestimmen. Aus Brennstoffverbrauch und Wirkungsgrad ergibt sich auch die Kesselleistung.

Mittelbare Bestimmung des Kesselwirkungsgrades

Sind bei einem Wärmeerzeuger sämtliche Verluste meßbar, so bleibt bei Aufstellung der Wärmebilanz die Nutzwärme als Restglied übrig. Es sind also folgende Verluste festzustellen:

Kesselverluste: a) freie Abgaswärme,
                     b) gebundene Abgaswärme,
                     c) Rückstandsverluste,
                     d) Verluste durch Ruß und Flugkoks,
                     e) Wärmeabgabe an den Kesselraum.

Der Messung zugänglich sind die Verluste a bis c. Der Verlust durch Ruß und Flugkoks liegt bei Heizkesseln in der Regel innerhalb der Fehlergrenzen der Wirkungsgradbestimmung, vor allem bei Koksverfeuerung. Der Verlust durch Wärmeabgabe an die Umgebung ist dagegen nicht zu vernachlässigen; er muß also bei der indirekten Wirkungsgradbestimmung bekannt sein. Für die meist verwendeten Typenkessel trifft dies zu. (Bei genauen Kesselversuchen auf dem Prüfstand ergibt sich dieser Verlust als Restglied.) Bei isolierten Warmwassergliederkesseln gehen über die Außenflächen etwa 4 bis 7% der im Brennstoff zugeführten Wärme verloren[1]. Kleinere Kessel weisen dabei höhere Werte auf als größere Kessel; der Einfluß der Belastung ist nur gering.

Die Abgasverluste werden durch Analyse der Rauchgase und Messung der Abgastemperaturen bestimmt. Bei Verwendung registrierender Geräte läßt sich die Versuchsdurchführung wesentlich erleichtern; auf die Kontrolle mit Handanalysengeräten und direkt ablesbaren Thermometern sollte aber nicht verzichtet werden. Zur Auswertung der Rauchgasanalyse muß die Brennstoffzusammensetzung bekannt sein. Bei Verfeuerung von Koks genügt es, Heizwert, Asche- und Wassergehalt zu bestimmen, da die sonstigen Bestandteile nur unwesentlich schwanken.

Während der CO_2-Gehalt der Abgase mit dem Orsatgerät verhältnismäßig rasch und genau gemessen werden kann, ist im praktischen Betrieb die Bestimmung der brennbaren Abgasbestandteile schwierig und zeitraubend. Man ist darauf angewiesen, über längere Zeitabschnitte Sammelproben der Rauchgase zu entnehmen. Änderungen im CO- oder H_2-Gehalt der Abgase werden daher nicht erfaßt; bei schwankenden Rauchgasmengen ist auch der Mittelwert nicht mehr genau. Es empfiehlt sich, bei Koksfeuerungen nur den CO_2- und O_2-Gehalt der Abgase zu messen und mit Hilfe des Bunte-Dreiecks der Verbrennung[2] daraus den CO-Anteil zu bestimmen. Weitere unverbrannte Gase sind ohnehin nicht oder nur in Spuren vorhanden. Bei den nahezu gleichbleibenden Verbrennungsbedingungen in Koks-Füllfeuerungen reicht es häufig aus, den CO_2-Gehalt in Abständen von 15 Minuten, den O_2-Gehalt in Abständen von 30 Minuten zu messen.

Rauchgastemperaturen werden sowohl in den Abgasstutzen der Kessel als auch in den anschließenden Füchsen durchweg zu niedrig gemessen, und zwar vor allem wegen der Abstrahlung der Thermometer nach kälteren Oberflächen. Bei Messungen vor dem Schieber (in Richtung der Gasströmung gesehen) ist darauf zu achten, daß die Meßstelle im freien Rauchgasquerschnitt liegt, also bei teilweise geschlossenem Schieber nicht durch diesen abgeschirmt wird. Die Gefahr der Fehlmessung ist bei der Nachbarschaft kälterer Wandflächen an dieser Stelle besonders groß. Messungen in einem anschließenden gemauerten Fuchs ergeben meist genauere Werte, allerdings nur nach längerer Betriebszeit der Feuerung und entsprechend hohen Kanaltemperaturen. Das Eindringen von Falschluft am Schieber muß bei den Versuchen durch Abdichten

---

[1] EBERLE, CHR.: Die Wärmeausnutzung in koksgeheizten Sammelheizungskesseln. Gesundh.-Ing. Bd. 51 (1928) S. 529/534.

[2] Hütte, 27. Aufl., Bd. I, S. 613.

mit Asbestschnur verhindert werden. Auf jeden Fall sind Temperatur und Zusammensetzung der Abgase an der gleichen Stelle zu messen.

Für die Bestimmung der Abgasverluste ist eine Messung des Brennstoffverbrauches nicht erforderlich, wohl aber für die Erfassung der Rückstandsverluste und der Kesselleistung. Die während des Versuches anfallenden Asche- und Schlackenmengen sind zu wiegen und auf Verbrennliches zu untersuchen. Da dieser Verlust bei sachgemäßer Feuerführung nur gering ist (0,5 bis 2%), sind etwaige Fehler in der Brennstoffverbrauchsmessung für das Ergebnis der indirekten Wirkungsgradermittlung bedeutungslos. Bei der Leistungsbestimmung machen sie sich jedoch in voller Höhe bemerkbar. Man wird trotzdem bei derartigen Versuchen keine allzu hohen Anforderungen an die Genauigkeit der Brennstoffverbrauchsmessung stellen. Die Kesselleistung kann nämlich auf diesem Weg ohnehin nur als Durchschnittswert für die gesamte Versuchszeit ermittelt werden.

Das mittelbare Verfahren ist stets als Behelf anzusehen. Es liefert aber für die Praxis brauchbare Werte, wenn es sorgfältig durchgeführt wird und die äußere Wärmeabgabe der untersuchten Kesselbauart bekannt ist. Ausschlaggebend ist die genaue Bestimmung der Abgasverluste. Die wesentlichen Fehlerquellen liegen bei der Messung von Abgastemperatur und CO-Gehalt. Beide Werte werden leicht zu niedrig gemessen, so daß der Wirkungsgrad zu günstig erscheint. Diese Tatsache ist bei der Beurteilung mittelbar bestimmter Wirkungsgrade zu berücksichtigen.

D. Kennwerte des Heizbetriebes

Kennt man aus Betriebsbeobachtungen den Brennstoffverbrauch B einer Heizanlage in einem Zeitabschnitt mit der Gradtagzahl Gt, so ergibt sich aus Formel (12.11) bei gegebenem Q_h und H_u auch der Wirkungsgrad η, wenn e und y bekannt sind. Der Einschränkungsfaktor e läßt sich zuweilen aus Betriebsdaten und Temperaturmessungen angenähert bestimmen; jede Angabe über den Berichtigungsfaktor y ist jedoch so unsicher, daß die Gesamtwärmeausnutzung des Heizvorganges auf diesem Weg nicht ermittelt werden kann. Wohl aber ist es denkbar, die Teilwirkungsgrade η_k, η_v und η_r abzuschätzen und aus einwandfreien Verbrauchszahlen die Größenordnung von y festzustellen, also die Übereinstimmung von rechnerischem und wirklichem Wärmebedarf zu überprüfen. Die Vorbedingungen hierfür sind am günstigsten bei fernbeheizten Gebäuden oder Kesselanlagen mit hohem Wirkungsgrad und sorgfältiger Anpassung der Leistung an den Wärmebedarf. Bringt man in Gl. (12.11) alle Beiwerte auf die linke Seite, so erhält man die Beziehung:

$$\frac{e \cdot y}{\eta} = \frac{B_a \cdot H_u}{Gt} \cdot \frac{(t_i - t_{a_{\min}})}{24 \cdot Q_h} \, . \tag{12.14}$$

Wir bezeichnen den Quotienten $\dfrac{e \cdot y}{\eta}$ als *Betriebskennzahl*.

Das erste Glied auf der rechten Gleichungsseite stellt den Wärmeverbrauch der Heizanlage je Gradtag dar; er ist durch die Brennstoffkennlinie und den Heizwert des Brennstoffes bereits gegeben. Das zweite Glied ist als Kehrwert identisch mit dem auf 1 grd Übertemperatur bezogenen Tageswärmebedarf des Gebäudes, ist also eine dem Gebäude eigene und nach DIN 4701 errechenbare Größe. Zur Feststellung der Betriebskennzahl $\dfrac{e \cdot y}{\eta}$ genügt sonach die Ermittlung des Gradtagverbrauches bei einem bestimmten Brennstoff und die Kenntnis von Q_h und $t_{a_{\min}}$.

Man kann die einzelnen Größen auf der rechten Seite der Gl. (12.14) auch auf andere Weise zusammenfassen und schreiben:

$$\frac{e \cdot y}{\eta} = \frac{B_a}{Q_h} \cdot \frac{(t_i - t_{a_{\min}})}{Gt} \cdot \frac{1}{24} \cdot H_u \, . \tag{12.15}$$

Für das Normaljahr ist der Quotient $\dfrac{(t_i - t_{a_{\min}})}{Gt}$ unter mitteleuropäischen klimatischen Verhältnissen in erster Annäherung eine Konstante, s. S. 523. Damit läßt sich bei einheitlichem Brennstoff die Betriebskennzahl $\dfrac{e \cdot y}{\eta}$ auch durch den spezifischen Brennstoffverbrauch $\dfrac{B_a}{Q_h}$ darstellen.

Bei $\dfrac{t_i - t_{a\min}}{Gt} \cdot \dfrac{1}{24} \approx \dfrac{1}{2280}$ und $H_u = 6840\ \text{kcal/h}$ ergibt sich z. B. *für Koks die Näherungs-*
gleichung

$$\frac{e \cdot y}{\eta} \approx 3 \cdot \frac{B_a}{Q_h} . \tag{12.16}$$

Für B_a ist dabei der Brennstoffverbrauch des Normaljahres einzusetzen; evtl. ist der gemessene Jahresbrennstoffbedarf einer Anlage an Hand der Gl. (12.13) auf das Normaljahr umzurechnen.

Wenn es also auch nicht möglich ist, an Hand der Verbrauchswerte einer Heizanlage die Wärmeausnutzung zu beurteilen, so lassen sich doch damit die Beiwerte der Brennstoffverbrauchs-formel (12.11) nachprüfen, so daß auf die Dauer die Fehler einer Berechnung des mittleren Brennstoffbedarfes eingeengt werden.

Errechnet man die Betriebskennzahl $\dfrac{e \cdot y}{\eta}$ aus den Näherungswerten auf S. 522, 523 und 525, so erhält man einen Zahlenwert in der Größenordnung zwischen 0,7 und 1,3. Die höheren Werte ergeben sich bei ständig erwärmten Gebäuden und schlechter Wärmeausnutzung, die niedrigeren Werte für zeitweise nicht betriebene Heizungen, insbesondere bei Schulgebäuden, und für Anlagen mit hohem Wirkungsgrad. Über Q_h gehen evtl. auch Änderungen der Wärmebedarfs-rechnung in die Betriebskennzahl mit ein. Es ist also stets anzugeben, nach welcher Ausgabe der DIN 4701 Q_h berechnet wurde.

Dreizehnter Abschnitt

Berechnung von Lüftungs- und Klimaanlagen

I. Luftverteilungsleitungen

A. Das Druckgefälle in geraden Kanalstrecken

Die Berechnung geht wiederum aus von der Gl. (10.07)

$$R \cdot l = \lambda \cdot \frac{l}{d} \cdot \frac{w^2 \cdot \gamma}{2\,g} \quad [\text{mm WS}] .$$

Der Reibungsbeiwert λ ist aus Abb. 10.03 in Abhängigkeit von der Reynoldsschen Zahl Re und der relativen Rauhigkeit ε/d zu entnehmen. Im Vergleich zu den Rohren der Heiztechnik ist bei den Blechrohren von Lüftungsanlagen der Rauhigkeitswert ε gering und der Durch-messer groß. Die relative Rauhigkeit wird dadurch so klein, daß man praktisch mit dem λ-Wert für glatte Rohre rechnen kann. Dies gilt auch für Luftkanäle aus anderen glatten Baustoffen.

Die Gleichungen für den Druckverlust gelten für runde Rohre. Sie lassen sich auf Kanäle mit rechteckigen Querschnitten anwenden, wenn man mit dem auf S. 443 definierten gleich-wertigen Durchmesser d_g rechnet. Nach Gl. (10.12a) ist

$$d_g = \frac{2\,a\,b}{a+b} .$$

Dabei sind a und b die Seitenlängen des Kanalquerschnittes.

B. Einzelwiderstände

In der Gl. (10.13)

$$Z = \zeta \cdot \frac{w^2 \cdot \gamma}{2\,g} \quad [\text{mm WS}]$$

kann man bei den Aufgaben der Lüftungstechnik zumeist mit einem konstanten Wert für die Wichte der Luft von $\gamma = 1{,}2\ [\text{kg/m}^3]$ rechnen und erhält dann

$$Z = \zeta \cdot 0{,}061 \cdot w^2 . \tag{13.01}$$

Die ζ-Werte für einige Bauelemente der Lüftungstechnik sind auf den Arbeitsblättern 10 bzw. 11 zusammengestellt; Erläuterungen zu den ζ-Werten in geraden Rohrstrecken (Querschnitts-veränderungen) sind auf S. 444 zu finden.

1. Der Widerstand in Luftdurchlässen

Wir betrachten einen Luftdurchlaß mit der Gesamtfläche F und der freien Durchlaßfläche f. Besteht zwischen beiden Seiten des Durchlasses der Druckunterschied $(p_i - p_a)$, so strömen durch die Öffnungen Teilströme, deren Geschwindigkeit w_0 ungefähr der Wurzel aus dem Druckunterschied $p_i - p_a$ proportional ist. Die Teilströme vereinigen sich bald zu einem einheitlichen Luftstrom von der Geschwindigkeit w. Das Produkt $w \cdot F$ gibt die ausströmende Luftmenge.

Es gilt die Gleichung:

$$p_i - p_a = \frac{w^2}{2} \cdot \frac{\gamma}{g} + \Delta p_g = \frac{w^2}{2} \cdot \frac{\gamma}{g} + \zeta \cdot \frac{w^2}{2} \cdot \frac{\gamma}{g} = (1 + \zeta) \frac{w^2}{2} \cdot \frac{\gamma}{g} = \xi \cdot \frac{w^2}{2} \cdot \frac{\gamma}{g}.$$

Wenn die Luft auf der einen Seite des Durchlasses nicht ruht, sondern strömt, wie das bei Auslässen in Kanälen der Fall ist, so ist als Innendruck p_i der statische Druck und nicht etwa der Gesamtdruck zu setzen.

Der Wert ζ und damit auch der Wert ξ hängen sowohl von dem Verhältnis f/F als auch von der Geschwindigkeit w ab, wie die nachstehende Zahlentafel der ξ-Werte für gestanzte Blechgitter zeigt. Für Drahtgeflechte gelten etwa die halben Werte.

f/F	0,1	0,2	0,3	0,4	0,5	0,6
$w = 0,5$	110	30	12	6,0	3,6	2,3
$= 1,0$	120	33	13	6,8	4,1	2,7
$= 1,5$	128	36	14,5	7,4	4,6	3,0
$= 2,0$	134	39	15,5	7,8	4,9	3,2
$= 2,5$	140	40	16,5	8,3	5,2	3,4
$= 3,0$	146	41	17,5	8,6	5,5	3,7

Die Berechnung von Luftdurchlässen für Strahllüftungen wird im Teilabschnitt II behandelt, s. S. 536.

2. Abzweigung und Vereinigung von Kanälen

Abzweigungen aus einem Hauptstrang sollen, wie schon erwähnt, mit schlankem Übergang ausgeführt werden, um den Druckverlust möglichst niedrig zu halten. Aus dem gleichen Grund sollen auch Geschwindigkeitsänderungen bei der Trennung der Luftströme möglichst vermieden werden, d. h., die Geschwindigkeit im Abzweig soll gleich der im geraden Leitungsstück sein und beide gleich der Geschwindigkeit im Hauptkanal vor der Trennung. Es soll sich also (vgl. Abb. 13.01) f_1 zu f_2 verhalten wie die Luftmengen in den beiden Teilsträngen, und es muß ferner $f_1 + f_2 = F$ sein. Kann die Geschwindigkeit und damit der Querschnitt in den Abzweigungen nicht beibehalten werden, so soll eine Änderung des Querschnittes erst später, also nach der Abzweigung, vorgenommen werden.

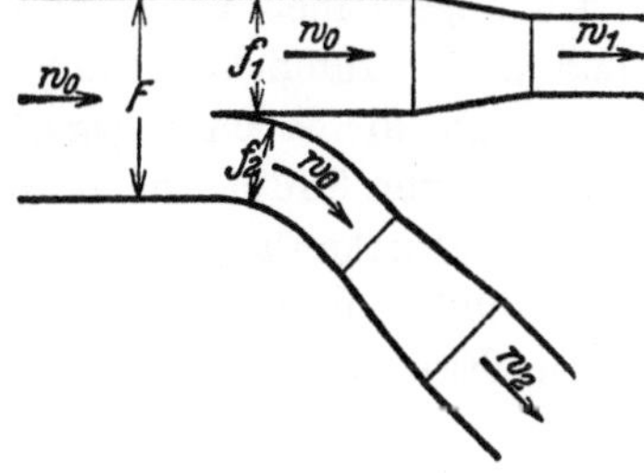

Abb. 13.01. Kanalabzweigung

Die gleichen Gesichtspunkte, die hier für die Trennung zweier Luftströme aufgestellt werden, gelten auch für das Zusammenführen zweier Ströme.

C. Die Arbeitsblätter 10, 11 und 12

1. Kreisrunde Leitungen

Zur Ermittlung der Druckverluste in Luftleitungen dienen die Arbeitsblätter 10 und 11, von denen das erste für Durchmesser von 50 bis 500 mm, das zweite für Durchmesser von 500 bis 2500 mm Lichtweite gilt. Beide Zahlentafeln entsprechen in ihrem Aufbau den früher beschriebenen Arbeitsblättern für Warmwasser- und Dampfleitungen.

2. Rechteckige Kanäle

Das Arbeitsblatt 12 gibt für verschiedene Querschnittsabmessungen die gleichwertigen Durchmesser in mm nach Gl. (10.12a) und die Fläche des rechteckigen Querschnittes in m^2.

Im übrigen gelten auch hier die Arbeitsblätter 10 und 11, nur dürfen die Zahlen für die geförderten Luftmengen (obere Zahlen in den kleinen Rechtecken) nicht verwendet werden, da diese nur für die kreisrunden Querschnitte gelten.

D. Die Auslegung der Verteilungskanäle

Die Berechnung eines Systems von Luftkanälen zeigt gegenüber der im 11. Abschnitt besprochenen Berechnung von Rohrnetzen der Heiztechnik zwei wesentliche Unterschiede.

Erstens sind bei Luftkanälen die Einzelwiderstände meist erheblich höher als die Reibungswiderstände in den geraden Kanalstrecken, wie untenstehende Zusammenstellung zeigt. Es ist daher nicht zweckmäßig, mit der Berechnung des kleineren Widerstandes zu beginnen.

Zweitens ist bei Luftkanälen nicht wie beim Schwerkraftwarmwasser- oder Dampfnetz die zur Verfügung stehende Druckhöhe H von vornherein gegeben.

Anteil der Einzelwiderstände in %

Stränge mit lichten Kanalabmessungen von	Anteil der Einzelwiderstände	
	glatte Kanäle	gemauerte Kanäle
50 bis 150 mm	40	30
100 bis 300 mm	60	50
200 bis 600 mm	80	70
400 bis 1100 mm	90	80
über 1100 mm	95	85

Man bestimmt daher entweder die Kanalquerschnitte durch die Annahme einer üblichen Luftgeschwindigkeit und berechnet anschließend die auftretenden Druckverluste oder man ermittelt in ähnlicher Weise wie bei Fernleitungsnetzen den wirtschaftlichsten Durchmesser aus Anlage- und Betriebskosten. Bei kreisrunden Querschnitten ist es im Interesse der billigen Herstellung der Rohrleitungen oft zweckmäßig, mehrere Teilstrecken mit gleichem Durchmesser auszuführen. Bei rechteckigen Kanälen kann aus baulichen Gründen eine gleichbleibende Kanalhöhe im ganzen Rohrnetz notwendig sein, so daß die Änderung der Querschnitte nur durch Änderung der Breite erfolgt. Bei Blechkanälen wird man außerdem auf die Maße der handelsüblichen Blechtafeln achten.

Im allgemeinen ist es üblich, die Geschwindigkeit zu wählen. Bei Lüftungs- oder Klimaanlagen für Aufenthaltsräume geht man mit der Luftgeschwindigkeit nicht über 5 bis 6 m/s hinaus, um die Strömungsgeräusche der Anlage unter dem Geräuschpegel der gelüfteten oder klimatisierten Räume zu halten. In gewerblichen Betrieben sind höhere Geschwindigkeiten zulässig. Bei Hochdruckanlagen sind Geschwindigkeiten bis zu 25 m/s möglich, wobei eine entsprechende Geräuschdämmung notwendig wird.

Die Einzelheiten der Berechnung eines Kanalnetzes lassen sich am besten an einem Beispiel zeigen[1].

E. Beispielrechnung

Es ist das Kanalnetz der Lüftungsanlage für ein Lichtspieltheater mit 400 Sitzplätzen und einer stündlichen Zuluftmenge von $V_z = 12\,000\;m^3$ zu berechnen.

---

[1] Wegen einer genauen Berechnung ausgedehnter Ausblas- und Absaugkanäle sei auf nachstehende neuere Veröffentlichungen verwiesen:

REGENSCHEIT, B.: Ausblase- und Absaugekanäle lufttechnischer Anlagen. VDI-Berichte Bd. 34. Düsseldorf 1959; S. 21/34.

LAAKSO, H.: Zur Dimensionierung von Ausblaskanälen in lufttechnischen Anlagen. VDI-Berichte Bd. 34. Düsseldorf 1959; S. 35/38.

Der Querschnittsberechnung seien folgende Geschwindigkeiten zugrunde gelegt:

$$w_1 = 5 \text{ m/s} \qquad \text{im Hauptkanal,}$$
$$w_2 = w_3 = 4 \text{ m/s} \quad \text{in den Kanalabzweigungen,}$$
$$w_L \qquad = 1,5 \text{ m/s} \quad \text{in der Lüftungskammer,}$$
$$w \qquad = 2 \text{ m/s} \quad \text{an den Zuluftgittern.}$$

Die Lüftungskammer befinde sich in einem hinter dem Kinosaal liegenden Raum. Der Hauptkanal wird unter dem Kino seitlich nach vorn geführt, die Zuluft wird durch zwei Luftaustrittsöffnungen beiderseits der Bildleinwand in den Saal geblasen. Das Kanalnetz für die Zuluft hat dann die in Abb. 13.02 skizzierte Form.

Der Hauptkanal hat einen Querschnitt von

$$F_1 = \frac{V_z}{3600 \cdot w} = \frac{12\,000}{3600 \cdot 5} = 0,666 \text{ m}^2.$$

Es wird ein rechteckiger Querschnitt mit den Seitenlängen $a = 0,75$ m und $b = 0,9$ m gewählt. Dann ist

$$a \cdot b = 0,75 \cdot 0,90 = 0,675 \text{ m}^2.$$

Die Lüftungskammer hat eine Querschnittsfläche von

$$F_L = \frac{V_z}{3600 \cdot w} = \frac{12\,000}{3600 \cdot 1,5} = 2,2 \text{ m}^2.$$

Bei einem quadratischen Querschnitt betrage die Seitenlänge der Kammer

$$a = b = 1,5 \text{ m}.$$

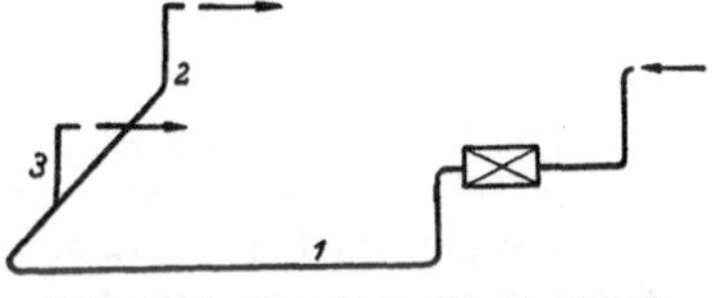

Abb. 13.02. Kanalnetz für die Zuluft

Durch die Teilstrecken 2 und 3 geht je die Hälfte der Zuluft. Ihr Querschnitt beträgt also

$$F_2 = F_3 = \frac{6000}{3600 \cdot 4} = 0,417 \text{ m}^2.$$

Es werden die Kanalabmessungen

$$a \cdot b = 0,75 \cdot 0,55 = 0,412 \text{ m}^2$$

gewählt.

In den einzelnen Teilstrecken befinden sich folgende Einzelwiderstände:

Teilstrecke 1:

90°-Bogen $R/d = 1$	$\zeta = 0,3$
Querschnittserweiterung $F_1/F_L = 0,4$.	0,13
Querschnittsverminderung $F_1/F_L = 0,4$	0
90°-Bogen $R/d = 1$	0,3
90°-Bogen $R/d = 1$	0,3
90°-Bogen $R/d = 1$	0,3
	$\Sigma\,\zeta = 1,33$

Teilstrecke 2:

90°-Bogen $R/d = 1$	$\zeta = 0,3$
90°-Knie scharfkantig	$= 1,25$
	$\Sigma\,\zeta = 1,55$

Teilstrecke 3:

Abzweig $= 90°$-Bogen $R/d = 1$ . . .	$\zeta = 0,3$
90°-Knie scharfkantig	$= 1,25$
	$\Sigma\,\zeta = 1,55$

Das Eintrittsgitter für die Außenluft hat bei einer Luftgeschwindigkeit von $w = 1,5$ m/s und einem Verhältnis der freien zur gesamten Fläche $f/F = 0,6$ einen Widerstandsbeiwert $\xi - 1,5$. Die Zuluftöffnungen seien mit gestanzten Blechgittern mit $f/F = 0,5$ abgedeckt. Für $w = 2$ m/s ist der Beiwert $\xi = 4,9$.

Damit ergibt sich für den längsten Kanalteil

Nr.	l	$\Sigma\,\zeta$	V_s	a	b	d_g	w	R	$R\,l$	Z
—	m	—	m³/s	m	m	m	m/s	$\dfrac{\text{mm WS}}{\text{m}}$	mm WS	mm WS
1	34	1,33	3,3	0,75	0,90	0,80	5,0	0,031	1,05	2
2	14	1,55	1,65	0,75	0,55	0,65	4,0	0,025	0,35	1,5
									1,40	3,5
Außenluftgitter	1,5	—	—	—	—	—	1,5	—	—	0,2
Zuluftgitter	4,9	—	—	—	—	—	2,0	—	—	1,2
									1,40	4,9

Zu prüfen ist noch der Druckverlust in der Teilstrecke 3. Es ist

Nr.	l	$\Sigma \zeta$	V_s	a	b	d_g	w	R	Rl	Z
—	m	—	m³/s	m	m	m	m/s	$\dfrac{\text{mm WS}}{\text{m}}$	mm WS	mm WS
3	2	1,55	1,65	0,75	0,55	0,65	4,0	0,025	0,05	1,5

Dazu kommt der Druckverlust im Zuluftgitter von $\Delta p = 1,2$ mm WS. Der Druckverlust in der Teilstrecke 3 beträgt also

$$\Delta p_3 = Rl + Z + \Delta p = 2,75 \text{ mm WS}.$$

Demgegenüber betrug der Druckverlust in der Teilstrecke 2

$$\Delta p_2 = 0,35 + 1,5 + 1,2 = 3,05 \text{ mm WS}.$$

Da allgemein

$$\Delta p = C_1 \cdot w^2 = C_2 \cdot V^2,$$

verhalten sich die Zuluftmengen in den beiden Teilstrecken 2 und 3

$$\frac{V_3}{V_2} = \sqrt{\frac{\Delta p_3}{\Delta p_2}} = \sqrt{\frac{2,75}{3,05}} = 0,95.$$

Die geringe Ungleichmäßigkeit kann unberücksichtigt bleiben. Bei einem größeren Unterschied im Druckabfall der Teilstrecken 2 und 3 hätte man den Druckverlust in der Teilstrecke 3 durch einen Widerstand (Drosselklappe) erhöhen müssen.

Neben dem Druckverlust im Kanalsystem ist noch der Druckabfall in der Lüftungszentrale zu berechnen. Er wird vor allem bestimmt durch die im Filter und Lufterhitzer auftretenden Druckverluste, die von der Bauart und der Luftleistung abhängen und von Fall zu Fall bei den Lieferfirmen zu erfragen sind. In unserem Beispiel seien für $V_z = 12\,000$ m³/h

$$\text{Filter} \quad \Delta p_F = 6 \text{ mm WS}$$
$$\text{Lufterhitzer} \quad \underline{\Delta p_E = 5 \text{ mm WS}}$$
$$\Delta p_L = 11 \text{ mm WS}$$

Damit wird der gesamte Druckabfall im längsten Kanalstück

$$\Delta p = \Sigma(Rl) + Z + \Delta p_L = 1,40 + 4,9 + 11,0 = 17,3 \text{ mm WS}.$$

Die theoretische Ventilatorleistung ist das Produkt aus sekundlicher Luftmenge und Druckhöhe. Es ist

$$N = \frac{V_z \cdot \Delta p}{3600} = 3,3 \cdot 17,3 = 57 \frac{\text{m kg}}{\text{s}} \triangleq 0,56 \text{ kW}.$$

Bei einem Wirkungsgrad des Lüfters von $\eta = 0,6$ wird der effektive Leistungsbedarf

$$N_e = \frac{N}{\eta} = \frac{0,56}{0,6} = 0,93 \text{ kW}.$$

II. Luftdurchlässe

Wird die Zuluft durch großflächige Lüftungsgitter mit verhältnismäßig geringer Geschwindigkeit in den zu lüftenden Raum eingeführt, so interessiert im allgemeinen bei der Berechnung der Anlage nur der Widerstand des Durchlasses. Das gilt für die meisten Arten der Verdrängungslüftung. Bei Strahllüftungen muß zur Sicherstellung einer gleichmäßigen und zugfreien Raumlüftung darüber hinaus die Zuluftgeschwindigkeit sowie Art, Aufteilung und Anordnung der Zuluftdurchlässe den jeweiligen Bedingungen angepaßt werden. Es ist zwar heute noch nicht möglich, die Strömungsvorgänge im zwangsgelüfteten Raum einwandfrei vorauszuberechnen. Die vorliegenden Erkenntnisse über die Ausbreitung von Luftstrahlen reichen jedoch für einige Bauformen der Luftdurchlässe aus, um an Hand von Näherungsrechnungen und unter Zuhilfenahme praktischer Erfahrungen einwandfrei arbeitende Anlagen zu erstellen. Für zwei wichtige Zuluftanordnungen seien im folgenden die Berechnungsunterlagen wiedergegeben. Wegen weiterer Anordnungen sei auf das Fachschrifttum verwiesen, wobei allerdings zu beachten ist, daß Zuverlässigkeit und Anwendungsgrenzen mancher dort angegebenen Berechnungsverfahren noch umstritten sind.

A. Wanddurchlässe bei Strahllüftungen

Die in der Praxis angewendeten Berechnungsverfahren gehen zumeist von den Strömungsgesetzen des isothermen Freistrahls aus, wobei in den Formeln nur die wichtigsten Einflußgrößen berücksichtigt sind. Experimentell ist nachgewiesen, daß im Bereich der in der Lüftungs-technik vorkommenden Geschwindigkeiten der *Re*-Zahl für das Strömungsbild des isothermen Strahls keine große Bedeutung zukommt. Beim nicht isothermen Strahl ist die FROUDEsche Zahl zu berücksichtigen (s. S. 450).

1. Zentralgeschwindigkeit

Die Geschwindigkeit in der Längsachse eines Strahls, der durch einen *kreisförmigen Düsen-durchlaß isotherm* in den Raum eintritt, ergibt sich im Abstand $x \geqq 25\, d_0$ aus der Beziehung

$$w_c = \frac{K \cdot w_0 \cdot d_0}{x}. \tag{13.02}$$

Dabei bedeuten:

w_c Zentralgeschwindigkeit in der Entfernung x vom Austritt,
w_0 mittlere Austrittsgeschwindigkeit, bezogen auf d_0,
d_0 Durchmesser der Austrittsöffnung,
x Abstand von der Austrittsöffnung, in Strahlrichtung gemessen,
K Durchlaßbeiwert.

Bei *nichtkreisförmigem Austrittsquerschnitt* ersetzt man d_0 durch den Durchmesser einer flächengleichen Kreisfläche. Formel (13.02) nimmt dann unter Einführung der effektiven Aus-trittsfläche F_0 die Form an

$$w_c = \frac{K' \cdot w_0 \cdot \sqrt{F_0}}{x}. \tag{13.03}$$

Der geänderte Durchlaßbeiwert K' ist dabei

$$K' = \sqrt{4/\pi} \cdot K = 1{,}13\, K.$$

Nur bei Düsen-Durchlässen kann die Strahleinschnürung hinter der Austrittsfläche vernach-lässigt werden, s. S. 448. Sonst ist die durch die Einschnürung bedingte Geschwindigkeits-erhöhung, evtl. auch noch der Einfluß von Stegen, Leitblechen u. dgl. im Luftdurchlaß zu berücksichtigen. Man verwendet daher meist die nachstehende Berechnungsformel, die von der Luftleistung ausgeht:

$$w_c = K' \cdot \frac{V_0}{x \cdot \sqrt{F_0}} = K' \cdot \frac{V_0}{x \sqrt{F \cdot i \cdot \alpha}} \quad [\text{m/s}]. \tag{13.04}$$

Es bedeuten:

V_0 sekundliche Luftmenge $[\text{m}^3/\text{s}]$,
F Gesamtfläche des Durchlasses $[\text{m}^2]$,
α Einschnürungszahl[1],
i Anteil der freien Fläche am Gesamtquerschnitt.

Die Einschnürungszahl hängt von Form und Ausführung des Durchlasses ab. Als Anhalts-werte können gelten:

Einschnürungszahlen α:

Düsen üblicher Bauart	0,99
Quadratische Öffnungen, abgerundet	0,82—0,88
Lochdurchlässe	0,74—0,82
Stegdurchlässe	0,66—0,74
Scharfkantige runde Löcher	0,63

Die experimentell festgestellten Beiwerte K und K' ändern sich mit der Bauart und Aus-führung der Durchlässe[2]. Auch ist ein Geschwindigkeitseinfluß vorhanden. Die Ergebnisse der einzelnen Untersuchungen decken sich nicht völlig. In der folgenden Tabelle sind daher Durch-schnittswerte für K' aufgeführt:

---

[1] Die Reibungsverluste sind dabei vernachlässigbar klein angenommen.
[2] BECHER, P.: Luftstrahlen aus Ventilationsöffnungen. Gesundh.-Ing. Bd. 71 (1950) S. 139/145. — KOESTEL, A.: Comparative Study of Ventilating Jets from Various Types of Outlets. ASHVE-Transactions Bd. 56 S. 459/478.

Durchlaßbeiwerte K'	Luftgeschwindigkeit w_0	
Art des Durchlasses	2 bis 5 m/s	8 bis 40 m/s
Einfache Öffnungen		
kreisförmig oder quadratisch	5,7	7,0
rechteckig; Seitenverhältnis $s = 25$	5,3	6,5
$s = 40$	4,9	6
Ringförmige Öffnungen axial oder radial	3,9	4,8
Gitter und Roste, freie Fläche $i = 0,4$	4,7	5,7
Lochbleche $i = 0,03$ bis $0,05$	3,0	3,7
$i = 0,1$ bis $0,2$	4,0	4,9
Steggitter, divergierend		
Winkel 40°	2,9	3,5
60°	2,1	2,5
90°	1,7	2,0

Das Absinken des K'-Wertes mit kleiner werdender Geschwindigkeit deutet an, daß zum mindesten für das Ende des Luftstrahls das zugrunde gelegte Gesetz nicht mehr gültig ist (Bereich 4, s. S. 448). Der Bereich 2 ist nur bei rechteckigen Auslässen mit großem Seitenverhältnis, insbesondere Schlitzen, von praktischer Bedeutung, da er sich unter diesen Bedingungen bis auf $x = 40\,d_0$ erstrecken kann. Hierfür gilt

$$w_c = w_0 \sqrt{\frac{K' \cdot h_0}{x}}. \tag{13.05}$$

Dabei bedeuten:

$h_0 = h \cdot \alpha$ effektive Strahlhöhe am Durchlaß,
h Höhe des Durchlasses,
$l_0 = l \cdot i$ freie Durchlaßlänge,
l Länge des Durchlasses,
w_0 Luftgeschwindigkeit, auf $h_0 \cdot l_0$ bezogen.

Strömt die Luft hinter einem Durchlaß dicht an einer Wand entlang, so wird durch die einseitige Vermischung mit der Raumluft auch die Zentralgeschwindigkeit in ihrem Verlauf geändert. Angenähert kann für diesen Fall die Zentralgeschwindigkeit nach Formel (13.04) ermittelt werden, wenn an Stelle von K' der Wert $K_x = 1,4 \cdot K'$ eingesetzt wird.

Die vorstehenden Formeln zur Berechnung von w_c gelten in guter Annäherung auch für nicht isotherme Strahlen, sofern der Temperaturunterschied zwischen Zu- und Raumluft nicht allzu groß ist.

2. Wurfweite

Unter der Wurfweite eines Strahls versteht man diejenige horizontale (bei Deckendurchlässen auch vertikale) Entfernung vom Austrittsquerschnitt, bei der die Maximalgeschwindigkeit der Luft bis auf einen vorgegebenen Grenzwert abgesunken ist. Die Maximalgeschwindigkeit ist im allgemeinen in der Strahlachse zu erwarten. Aus den Gln. (13.02) und (13.03) kann daher bei gegebener Geschwindigkeit w_0 die Wurfweite berechnet werden.

In USA hat man die Grenzgeschwindigkeit der Wurfweite mit $w_g = 0,25$ m/s festgelegt. Bei horizontaler Strahlrichtung, also den üblichen Wanddurchlässen, ist zu beachten, daß die Luftgeschwindigkeit am Strahlende (Bereich 4) rascher abfällt als bei Abständen $x < 100\,d_0$ (Bereich 3). Die Durchlaßbeiwerte der obigen Tabelle müssen daher zur Ermittlung der Wurfweite niedriger angesetzt werden, und zwar um rd. 20%. Um die Formeln (13.02) und (13.04) mit den üblichen Beiwerten K und K' unmittelbar zur Berechnung der Wurfweite verwenden zu können, legen wir den Grenzwert der Zentralgeschwindigkeit entsprechend höher fest, und zwar mit

$$w_g = 0,3 \text{ m/s}.$$

Aus Gl. (13.04) erhält man dann bei Auflösung nach x für die Wurfweite X bei *üblichen Wanddurchlässen*

$$X = \frac{K'}{w_g} \cdot \frac{V_0}{\sqrt{F \cdot i \cdot \alpha}} \approx 3,3 \cdot K' \frac{V_0}{\sqrt{F \cdot i \cdot \alpha}} \quad \text{[m]}. \tag{13.06}$$

Die mittlere Geschwindigkeit im Strahl liegt bei etwa $^1/_3$ der Zentralgeschwindigkeit, d. s. am Strahlende also $w_{gm} \approx 0,1$ m/s. Wird die Zuluft durch *Schlitze* eingeblasen, die sich über die gesamte Wandbreite erstrecken, so ergibt sich aus Gl. (13.05) mit $K' = 4,9$

$$X = 54\,w_0^2 \cdot h_0 \quad [\text{m}].\tag{13.07}$$

w_0 ist in m/s, h_0 in m einzusetzen.

Über die Bahn des nicht isothermen Strahls liegen lediglich Messungen an runden Freistrahlen vor[1]. Die daraus abgeleiteten Gleichungen für das Strahlgefälle scheinen jedoch nur für relativ kleine Strahllängen brauchbare Werte zu geben. Sie sind auch nicht ohne weiteres auf längere Rechteckdurchlässe oder schmale Schlitze übertragbar, so daß ein zuverlässiges Kriterium zur rechnerischen Nachprüfung der Zugfreiheit bei beliebigen nicht isothermen Strahlen heute noch nicht angegeben werden kann (s. S. 450).

3. Mischungsverhältnis

Wir haben oben gesehen, daß der Ausbreitungswinkel freier isothermer Luftstrahlen nahezu unabhängig von der Geschwindigkeit ist und daß sich das Geschwindigkeitsprofil im Strömungsquerschnitt mit dem Abstand vom Luftdurchlaß ähnlich ändert. Danach kann aber auch das Mischungsverhältnis eines Freistrahls mit gegebenem effektiven Zuluftquerschnitt unmittelbar in Abhängigkeit von der Entfernung vom Luftauslaß angegeben werden. Als Mischungsverhältnis im Abstand x bezeichnet man den Quotienten aus dem insgesamt bewegten Luftstrom V_x zum eingeblasenen Luftstrom V_0. Hohe Mischungsverhältnisse ermöglichen relativ große Temperaturdifferenzen zwischen Zu- und Raumluft und damit kleine Zuluftleistungen.

Nach amerikanischen Untersuchungen[2] gilt für *runde* oder nahezu runde *Strahlen*

$$\frac{V_x}{V_0} = \frac{2\,x}{K'\,\sqrt{F_0}}.\tag{13.08}$$

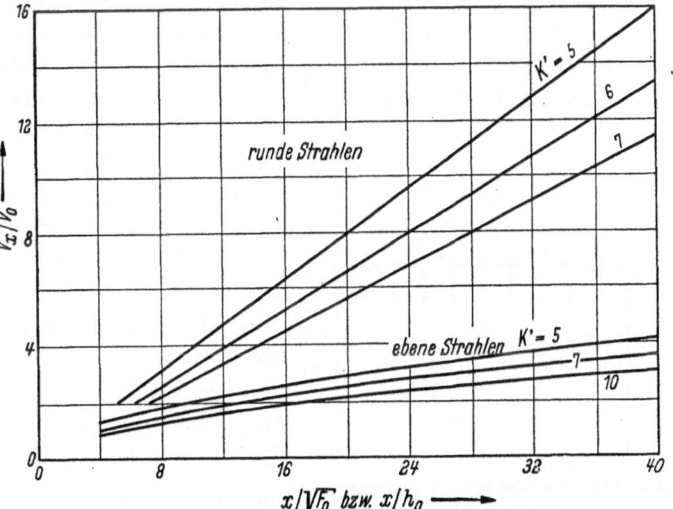
Abb. 13.03. Mischungsverhältnis bei Einzelstrahlen

Mit Hilfe der Gl. (13.03) folgt daraus

$$\frac{V_x}{V_0} = 2\,\frac{w_0}{w_c}.\tag{13.08 a}$$

Setzt man in Gl. (13.08) $K' = 7,0$, so erhält man für Kreisdüsen

$$\frac{V_x}{V_0} = 0,322\,\frac{x}{d_0}.\tag{13.08 b}$$

Für *ebene Strahlen* gilt die Beziehung

$$\frac{V_x}{V_0} = \sqrt{\frac{2 \cdot x}{K' \cdot h_0}}\tag{13.09}$$

bzw. unter Einführung der Geschwindigkeiten bei $w_c = w_x$

$$\frac{V_x}{V_0} = \sqrt{2} \cdot \frac{w_0}{w_x}.\tag{13.09 a}$$

In Abb. 13.03 sind die Gln. (13.08) und (13.09) graphisch dargestellt. Man erkennt daraus, daß die Mischung bei runden Strahlen erheblich besser ist als bei ebenen Strahlen.

---

[1] KOESTEL, A.: Paths of Horizontally Projected Heated and Chilled Air Jets. Heat. Pip. Air Condit. 1955 Nr. 1 S. 221/226. — BATURIN, W.: s. Fußnote S. 447.
[2] Heating, Ventilating, Air Conditioning Guide 1958.

B. Lochdecken

Wird die Luft dem Raum über viele kleine Öffnungen zugeführt, so können die Einzelstrahlen nur noch auf einem Teil ihrer Bahn als Freistrahlen angesehen werden. In ihrem weiteren Verlauf beeinflussen sie sich gegenseitig so weitgehend, daß bei genügender Zahl und Verteilung der Zuluftöffnungen schließlich ein einheitlicher Gesamtluftstrom im Raum zustande kommt. Das gilt vor allem für die Lufteinführung über gelochte Decken, die zunehmend für Räume mit hohem Luftwechsel Anwendung findet.

1. Allgemeines Strömungsbild

Die Strömungsvorgänge beim Einblasen der Luft durch kleine düsenförmige Deckenöffnungen mit geringem Abstand sind schematisch in Abb. 13.04 dargestellt. Es lassen sich drei Zonen

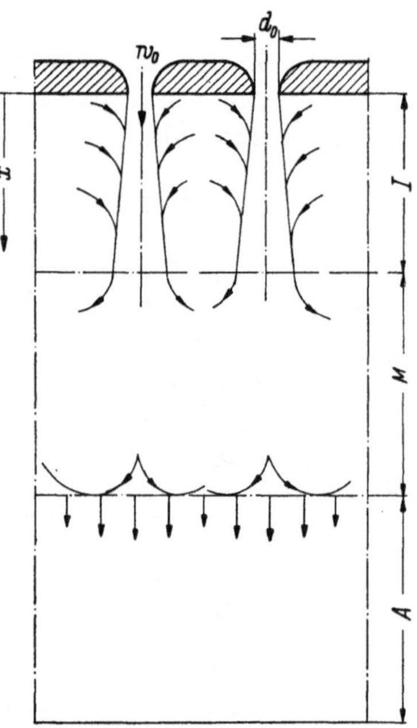

Abb. 13.04. Schemabild der Luftströmung bei Lochdecken

unterscheiden. In der obersten Zone I (Injektionszone) verhalten sich die Einzelluftstrahlen angenähert wie Freistrahlen. Sie breiten sich unter entsprechender Geschwindigkeitsminderung ungehindert in die Umgebungsluft aus. In der Zone M (Mischzone) lösen sich die Einzelstrahlen unter Abgabe ihrer Strömungsenergie an die Raumluft auf, so daß in der anschließenden Zone A (Aufenthaltszone) nur noch eine nahezu ausgeglichene Abwärtsbewegung der Luft festzustellen ist.

Bei nicht isothermen Strahlen wird in Zone M auch bereits der Temperaturausgleich zwischen Zuluft und Raumluft erfolgen. In der Zone A muß die Endgeschwindigkeit des Luftstroms soweit abgesenkt werden, daß Zugbelästigungen nicht mehr auftreten können.

Die Bereiche der Zonen I und M hängen ab von der Luftaustrittsgeschwindigkeit w_0 sowie von der Größe und Anordnung der Löcher. In Abb. 13.05 ist für den isothermen Strahl die Geschwindigkeitsabnahme mit größer werdendem Abstand von der Decke in dimensionsloser Darstellung nach TENELIUS [1] angegeben, und zwar für Teilungsverhältnisse d_0/t von 0,03 bis 0,24. Nach Kurve *3* ergibt sich daraus z. B.:

für Lochdurchmesser $d = 6$ mm und Lochabstand (Teilung) $t = 100$ mm, Injektionszone $x = 0$—$0,4$ [m], Mischzone $x = 0,4$—$1,7$ [m].

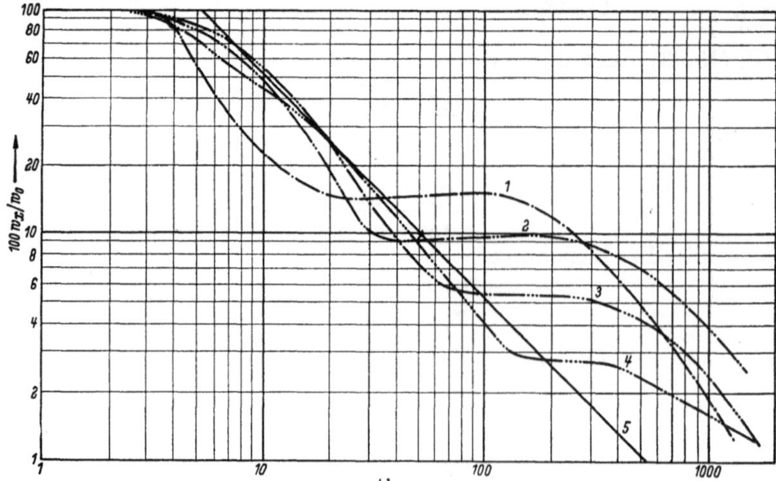

Abb. 13.05. Änderung der Luftgeschwindigkeit bei Lochdecken mit verschiedenem Lochabstand t.
Lochdurchmesser $d_0 = 6$ mm; (1) $t = 25$ mm, (2) $t = 50$ mm, (3) $t = 100$ mm, (4) $t = 200$ mm, (5) Einzelstrahl

---

[1] TENELIUS, F.: Durchlochte Decken für die Lufteinführung. Installation Bd. 23 (1951) S. 220/225.

2. Berechnungsformeln

In der Praxis werden zumeist nur einzelne Lochreihen zur Luftzuführung verwendet, die übrigen dienen der Schallschluckung, s. Abb. 5.43 S. 261. Auch begünstigt das Zwischenschalten zuluftfreier Deckenflächen das Nachströmen der Injektionsluft und damit die Vermischung von Zu- und Raumluft. Für die Luftleistung V_0 gilt mit den Buchstabenbezeichnungen der S. 537

$$V_0 = F \cdot i \cdot \alpha \cdot w_0. \tag{13.10}$$

Bei der Wahl der Lufteintrittsgeschwindigkeit ist auf die verfügbare Raumhöhe Rücksicht zu nehmen, da der Mischvorgang in Zone M stets oberhalb der Aufenthaltszone verlaufen soll und die Luftgeschwindigkeit w_g am Ende der Mischzone aus physiologischen Gründen nicht höher sein soll als

$$w_g = 0{,}2 \text{ bis } 0{,}5 \quad [\text{m/s}].$$

Der untere Grenzwert gilt für niedrige Lufteintrittstemperaturen (Kühlung), der obere bei Zulufttemperaturen, die höher sind als die Raumlufttemperaturen. Nach amerikanischen Unter-

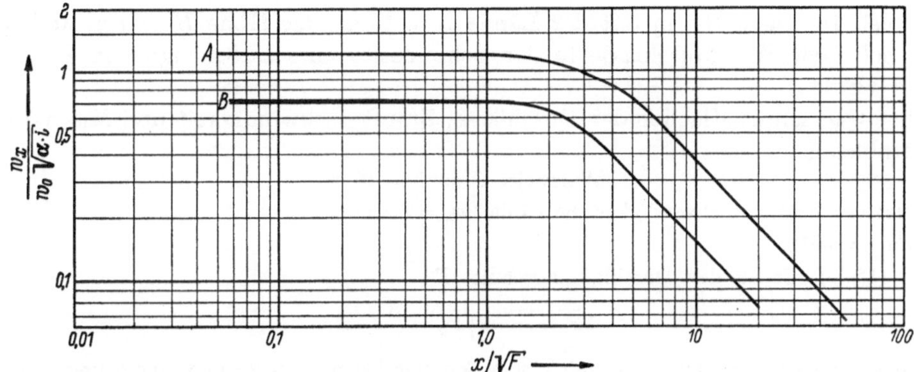

Abb. 13.06. Luftgeschwindigkeit bei Lochdecken am Ende der Mischzone M

suchungen[1] besteht zwischen dem Geschwindigkeitsverhältnis $\dfrac{w_x}{w_0}$ und dem Längenverhältnis $x/\sqrt{F}$ der in Abb. 13.06 graphisch wiedergegebene Zusammenhang. F ist die gesamte mit Löchern versehene Deckenfläche. Wird für x der Abstand zwischen Lochdecke und Aufenthaltszone eingesetzt, also bei einer Raumhöhe H

$$x = x_g = H - 1{,}8 \quad [\text{m}], \tag{13.11}$$

so läßt sich aus diesem Diagramm für ein gewähltes w_0 die Luftgeschwindigkeit am Eintritt in die Aufenthaltszone ermitteln. Die zugrunde gelegten amerikanischen Versuche sind zwar unter isothermen Bedingungen durchgeführt, doch scheinen die Ergebnisse auch für unterschiedliche Zu- und Raumlufttemperaturen näherungsweise gültig zu sein, solange die Temperaturunterschiede nicht allzu groß sind. TENELIUS gibt als Grenze dafür an, daß die dabei auftretenden Druckunterschiede nicht höher als 0,1 bis 0,2 [kg/m²] sind.

Näherungsrechnung. Nach schwedischen Erfahrungen kann bei Decken mit Lochreihen und einem freien Querschnittsanteil $i = 0{,}01 \cdots 0{,}02$ die nachstehende Faustformel angewendet werden:

$$w_0 \approx H - 1 \quad [\text{m/s}]. \tag{13.12}$$

Sie soll auch bei Temperaturunterschieden bis zu 8° zwischen Raum- und Zuluft noch brauchbare Werte für Räume üblicher Höhen H liefern.

C. Abluftdurchlässe

Anordnung und Größe der Abluftöffnungen sind von vergleichsweise geringem Einfluß auf die Luftbewegung im Raum[2]. Da die Zuströmgeschwindigkeit der Raumluft mit wachsendem

---

[1] KOESTEL, HERMANN, TUVE: Air Streams from Perforated Panels. ASHVE-Transactions Bd. 55 S. 283/298.
[2] GOLMAN, S. F.: Heat. Pip. Air Condit. 1953 S. 121/131 u. 145/154.

Abstand von der Abluftöffnung rasch abnimmt, können Zugbelästigungen nur in unmittelbarer Nähe und bei zu hoch gewählten Geschwindigkeiten im Abluftdurchlaß auftreten. Es genügt deshalb eine Querschnittsbemessung mit den nachstehenden Erfahrungszahlen.

Anhaltswerte der Luftgeschwindigkeit in Abluftdurchlässen.

Lage der Abluftöffnung		Luftgeschwindigkeit [m/s] im freien Querschnitt
In der Aufenthaltszone	in der Nähe von Sitzen	2,0—2,5
	entfernter von Sitzen	2,5—3
Außerhalb der Aufenthaltszone		≈ 4

Bei Räumen mit hohen schalltechnischen Anforderungen kann es — je nach der Gestaltung des Durchlasses — notwendig sein, niedrigere Geschwindigkeiten zu wählen.

D. Beispielrechnungen

1. Beispiel. In einem Raum mit der Länge $L = 16$ m, der Höhe $H = 4$ m und der Breite $B = 10$ m soll über Wanddurchlässe in der Schmalseite eine Luftmenge von $V = 3000$ m³/h eingeblasen werden.

Gesucht: Querschnittsflächen der Durchlässe, Zuluftgeschwindigkeit und Mischungsverhältnis am Strahlende.

Wurfweite $X = L = 16$ m

Grenzwert der Zentralgeschwindigkeit (gewählt) $w_g = 0,3$ m/s.

Durchlaßquerschnitt.

Nach Gl. (13.06) gilt für den Durchlaßquerschnitt F

$$\sqrt{F \cdot i \cdot \alpha} = \sqrt{F_0} = \frac{K' \cdot V_0}{w_g \cdot X} .$$

Es sollen vier rechteckige Durchlässe mit einem Seitenverhältnis $s \leqq 25$ und einem freien Querschnittsanteil $i = 0,75$ verwendet werden.

Der Luftstrom je Durchlaß beträgt

$$V_0 = \frac{3000}{4 \cdot 3600} = 0,208 \quad \text{m}^3/\text{s} .$$

Aus den Tabellen auf S. 537 und 538 entnimmt man für $w_0 \leqq 5$ m/s

$$K' = 5,3 \quad \text{(Durchlaß mit geraden Stegen),}$$
$$\alpha \approx 0,7 .$$

Damit ergibt sich

$$\sqrt{F_0} = \frac{5,3 \cdot 0,208}{0,3 \cdot 16} = 0,23 \text{ m}$$

und

$$F_0 = 0,053 \text{ m}^2; \quad F = \frac{0,053}{0,75 \cdot 0,7} = 0,101 \text{ m}^2.$$

Für eine Durchlaßhöhe $h = 0,14$ m wird die Länge des Gitters l

$$l = \frac{F}{h} = \frac{0,101}{0,14} = 0,72 \text{ m} .$$

(Die Gesamtlänge der Gitter richtet sich nach der verfügbaren Wandbreite. Nur wenn ein ausreichender Abstand zwischen den Gittern verbleibt — genaugenommen ist von dem gleichwertigen Durchmesser der Querschnittsfläche F_0 auszugehen —, können die einzelnen Luftdurchlässe nach den Gesetzen für den freien Strahl berechnet werden, wie es hier geschehen ist[1].)

Luftgeschwindigkeit $\qquad w_0 = \dfrac{V_0}{F_0} = \dfrac{0,208}{0,053} = 3,9$ m/s,

Mischungsverhältnis $\qquad \dfrac{V_x}{V_0} = 2 \cdot \dfrac{w_0}{w_x} = 2 \cdot \dfrac{3,9}{0,3} = 26 .$

Dieses hohe Mischungsverhältnis gilt für den freien Rundstrahl. Da die Zuluftstrahlen der einzelnen Durchlässe gegen Ende der Strahlbahn zusammenfließen, wird das errechnete Mischungsverhältnis in Wirklichkeit nicht erreicht. Aber auch bei wesentlich kleinerem Mischungsverhältnis ist die Gefahr der Zugbelästigung beim Einblasen von Zuluft mit niedrigerer als Raumlufttemperatur gering.

---

[1] Siehe a.: W. Häusler: Wie werden die modernen Induktionsluftauslässe richtig bemessen? Installation Bd. 30 (1958) S. 143/149.

2. Beispiel. Die gleiche Aufgabe wie im Beispiel 1 soll bei Verwendung eines durchgehenden Zuluftschlitzes gelöst werden.

Die Schlitzlänge sei $l = 7$ m. Aus

$$F_0 \cdot w_0 = V = l \cdot h_0 \cdot w_0$$

folgt

$$h_0 = \frac{V}{l \cdot w_0} = \frac{3000}{3600 \cdot 7 \cdot w_0} = 0{,}119 \cdot \frac{1}{w_0} \,.$$

Für die Wurfweite gilt Gl. (13.07). Es ergibt sich daraus

$$w_0 = \frac{X}{54 \cdot 0{,}119} = \frac{X}{6{,}43} \,.$$

Für $X = 16$ erhält man

$$w_0 = \frac{16}{6{,}43} = 2{,}5 \text{ m/s}$$

und

$$h_0 = \frac{0{,}119}{2{,}5} = 0{,}048 \text{ m}$$

Mischungsverhältnis $\quad \dfrac{V_x}{V_0} = \sqrt{2} \cdot \dfrac{2{,}5}{0{,}3} = 11{,}8 \,.$

Man erkennt aus dem Vergleich der Rechnungsergebnisse, daß bei Schlitzen nur geringe Austrittsgeschwindigkeiten zulässig sind und dementsprechend große Durchlaßflächen notwendig werden. Infolge des höheren Mischungsverhältnisses beim Freistrahl sind wenige Einzeldurchlässe bei Räumen geringer Länge günstiger als lange Schlitze.

3. Beispiel. Durch eine Gipsplatten-Lochdecke sollen 2000 m³/h Zuluft eingeblasen werden. Raummaße: Lichte Höhe $H = 4$ m, Länge $L = 10$ m, Breite $B = 5$ m. Für die Zuluftöffnungen stehen 65% der Deckenfläche zur Verfügung.

Gesucht: Zuluftgeschwindigkeit, Lochzahl und Teilung bei einem Lochdurchmesser $d = 6$ mm.

Zuluftgeschwindigkeit w_0.

Nach Erfahrungswerten, s. S. 541, wählen wir

$$w_0 = H - 1 = 4 - 1 = 3 \text{ m/s} \,.$$

Es ist jetzt nachzuprüfen, wie hoch die Luftgeschwindigkeit w_g beim Eintritt in die Aufenthaltszone wird. Wir benutzen dazu Abb. 13.06. Nach Gl. (13.11) ist

$$X = H - 1{,}8 = 4 - 1{,}8 = 2{,}2 \text{ m} \,.$$

Der Abszissenwert ist

$$\frac{X}{\sqrt{F}} = \frac{2{,}2}{\sqrt{0{,}65 \cdot 50}} = \frac{2{,}2}{5{,}7} = 0{,}386 \,.$$

Aus Linie B der Abb. 13.06 entnimmt man den Ordinatenwert

$$\frac{w_g}{w_0} \cdot \frac{1}{\sqrt{i \cdot \alpha}} = 0{,}7 \,.$$

Es gilt weiterhin

$$V_0 = F \cdot i \cdot \alpha \cdot w_0 \,;$$

$$i \cdot \alpha = \frac{V_0}{F \cdot w_0} = \frac{2000}{3600 \cdot 32{,}5} \cdot \frac{1}{w_0} = 0{,}0171 \cdot \frac{1}{w_0} \,.$$

Also

$$w_g = 0{,}7 \sqrt{i \cdot \alpha} \cdot w_0 = 0{,}7 \cdot \sqrt{0{,}0171} \cdot \sqrt{w_0} = 0{,}092 \cdot \sqrt{3} = 0{,}16 \text{ m/s} \,.$$

Dieser Wert liegt unterhalb der auf S. 541 angegebenen Grenzwerte von w_g.

Lochzahl n

$$i \cdot \alpha = 0{,}0171 \cdot \frac{1}{3} = 0{,}0057 \,,$$

für

$$\alpha = 0{,}78 \text{ (s. S. 537)}, \quad i = \frac{0{,}0057}{0{,}78} = 0{,}0074$$

$$F \quad i = 32{,}5 \cdot 0{,}0074 = 0{,}24 \text{ m}^2 \,,$$

$$n = \frac{F \cdot i \cdot 4}{d^2 \pi} = \frac{0{,}24 \cdot 4}{0{,}36 \cdot \pi} \cdot 10^4 = 8500 \,.$$

Teilung t.

Bei gleichmäßiger Lochanordnung ergibt sich t angenähert aus

$$t \approx \sqrt{\frac{F}{n}} \quad \text{zu} \quad t = \sqrt{\frac{32{,}5}{8500}} = 0{,}062 \text{ m} \,.$$

III. Heiz- und Kühlleistungen

Die Berechnung der von lüftungstechnischen Anlagen geforderten kalorischen Leistungen sei es, daß Wärme zuzuführen ist (Heizung und Befeuchtung), sei es, daß Wärme abzuführen ist (Kühlung und Trocknung), soll am Beispiel der Klimaanlage besprochen werden. Bei einfacheren Anlagen fehlen einzelne Luftaufbereitungsstufen; dementsprechend entfallen die betreffenden Rechnungsgänge.

A. Begriffe

Die Bezeichnung der einzelnen Leistungswerte ist in der Klimatechnik zur Zeit noch nicht einheitlich. So werden z. B. die Begriffe „Kühllast" und „Kühlleistung" oft für die gleiche Leistungsangabe gebraucht. Wir wollen hier in Anlehnung an eine weitverbreitete Handhabung als „Kühllast" die unter ungünstigsten Bedingungen aus einem klimatisierten Raum (Gebäude) stündlich abzuführende Wärmemenge bezeichnen. Die im Klimagerät bereitzustellende „Kühlleistung" ist höher, und zwar um die Leistungsbeträge, die zur Kühlung und Entfeuchtung der Außenluft sowie zum Ausgleich der Wärmegewinne in Zentrale und Kanalsystem erforderlich sind. In gleicher Weise soll zwischen Heizlast und Heizleistung unterschieden werden. Es ist also jeweils die

Kühl- bzw. Heiz*last* eine auf den Raum (das Gebäude) bezogene Angabe,

Kühl- bzw. Heiz*leistung* eine auf die lüftungstechnischen Einrichtungen bezogene Angabe.

Die Kühl- bzw. Heizlast ist dabei nicht eine reine Gebäudeeigenschaft, wie etwa der Heizwärmebedarf; es gehen auch Ausstattung und Nutzung der Räume (Wärme- und Feuchteentwicklung) mit ein.

B. Heizleistung

1. Heizlast eines Raumes. Q_H

Bezeichnen wir mit

Q_T den Transmissionswärmebedarf und

Q_I die im Raum anfallende Wärmeleistung,

so ergibt sich die Heizlast als Differenz

$$Q_H = Q_T - Q_I. \tag{13.13}$$

Q_I setzt sich zusammen aus

$$Q_I = Q_M + Q_E. \tag{13.14}$$

Dabei bedeuten:

Q_M Wärmeabgabe der Menschen,

Q_E Wärmeabgabe der Einrichtungen.

Angaben über die Wärmeabgabe des Menschen enthält die Tabelle auf S. 287.

Als wärmeabgebende Einrichtungen kommen in Frage: Leuchtkörper, Geräte und Motoren, evtl. auch eingebrachte Materialien. Häufig wird man bei Festlegung der Heizlast die Wärmeentwicklung im Raum unberücksichtigt lassen, da diese Leistung zeitweise ausfällt. Die Heizlast stimmt dann überein mit dem Transmissionswärmebedarf.

Der Transmissionswärmebedarf ist nach DIN 4701 zu berechnen, s. S. 380. Als Innentemperatur ist die jeweils geforderte Raumlufttemperatur zu wählen also beispielsweise bei Aufenthaltsräumen $+22°$ (nicht $+20°$ wie bei reiner Heizung). Sind örtliche Heizflächen vorgesehen, so gilt als Heizlast der lüftungstechnischen Anlage nur der Differenzbetrag zwischen Transmissionswärmebedarf und Heizkörperleistung.

2. Lüftungswärme. Q_L

Ist L_a die stündlich zuzuführende Außenluftmenge, so ergibt sich für eine Raumlufttemperatur t_i der Lüftungswärmebedarf Q_L zu

$$Q_L = L_a \cdot c_p (t_i - t_a). \tag{13.15}$$

Es empfiehlt sich dabei, L_a in kg/h anzugeben, um die Umrechnung eines Volumenstroms auf die jeweiligen Temperaturen zu umgehen. Die Luftmenge L_a ergibt sich für Aufenthaltsräume aus den Mindestluftraten[1] nach DIN 1946, Blatt 1, s. S. 235, für Werkräume aus der einzuhaltenden Höchstkonzentration der Verunreinigungen an Hand einer Bilanzrechnung, s. S. 238.

Aus wirtschaftlichen Gründen wird bei extremen Witterungsbedingungen die Außenluftmenge in der Regel eingeschränkt. Es ist daher zu prüfen, ob der maximale Lüftungswärmebedarf nicht evtl. bei einer höheren Außentemperatur als $t_{a\,\mathrm{min}}$ nach DIN 4701 auftritt.

So ergeben sich z. B. für Aufenthaltsräume ohne Rauchverbot unter Zugrundelegung der Mindestwerte der Außenluftrate nach DIN 1946 die nachstehenden Vergleichwerte, bezogen auf eine Person

	Mindestluftrate	Lüftungswärme
$t_a = -15°$	15 m³/h	172 kcal/h
$t_a = 0°$	30 m³/h	204 kcal/h

Der jeweils höchste Wert des Wärmebedarfs ist für die Bemessung der Heizflächen maßgebend.

3. Befeuchtungswärme. Q_F

Die Einhaltung einer vorgegebenen Raumluftfeuchte macht zu gewissen Zeiten, vor allem im Winter, eine Befeuchtung der Zuluft notwendig. Erfolgt die Befeuchtung im Wasserschleier, so muß die Verdampfungswärme mit der Luft oder dem Wasser zugeführt werden.
Wir bezeichnen mit

W die von der Luft aufzunehmende Wassermenge,
Δi die zur Verdampfung von 1 kg Zuflußwasser notwendige Wärmemenge.

Dann ergibt sich die Befeuchtungswärme aus

$$Q_F = W \cdot \Delta i. \tag{13.16}$$

Δi weicht in der Regel nur wenig von der Verdampfungswärme bei der Lufttemperatur hinter dem Befeuchter ab. Bei einer Wasserzuflußtemperatur von $t_a \approx 10°$ und einer Befeuchterendtemperatur von $t_r = 12$ bis $15°$ kann Δi einheitlich mit 590 kcal/kg angesetzt werden.

W ist aus einer Feuchtebilanzrechnung zu ermitteln.
Bedeuten:

L_a Außenluftmenge = Fortluftmenge,
x_z Wassergehalt der Zuluft,
x_i Wassergehalt der Raumluft,
x_a Wassergehalt der Außenluft,
W_M Wasserabgabe der Menschen,
W_E Wasserabgabe der Einrichtungen (evtl. auch Wasserdampfaufnahme),

dann gilt

$$L_a \cdot x_a + W + W_M + W_E = L_a \cdot x_i,$$

also auch

$$W = L_a(x_i - x_a) - (W_M + W_E) \tag{13.17}$$

und damit

$$Q_F = [L_a(x_i - x_a) - (W_M + W_E)]\,\Delta i. \tag{13.18}$$

Auch hier ist zu prüfen, ob evtl. die inneren Feuchtequellen ausfallen. Bei dem niedrigen Wassergehalt der Außenluft im Winter ergibt sich das Maximum von Q_F bei dem höchsten Wert von L_a. (In der Praxis ermittelt man zumeist die Befeuchtungswärme an Hand der Enthalpieangaben für feuchte Luft im i, x-Diagramm.)

Der Wassergehalt der Zuluft x_z ergibt sich bei der Zuluftmenge L_z aus

$$L_z(x_i - x_z) = W_M + W_E$$

zu

$$x_z = x_i - \frac{W_M + W_E}{L_z}. \tag{13.19}$$

---

[1] Diese Angaben beziehen sich auf die mittlere Raumtemperatur. Man setzt der Einfachheit halber meist $\gamma = 1{,}2$ kg/m³ $(t_L \approx 21°)$.

Die Wasserdampfabgabe der Menschen ist der Tabelle auf S. 288 zu entnehmen. Die Abgabe oder Aufnahme von Feuchtigkeit durch Einrichtungen, Materialien usw. spielt nur bei gewerblichen Betrieben eine Rolle; sie ist für jedes Gerät oder Material gesondert zu ermitteln.

4. Wärmeverluste und Wärmegewinne. Q_V

Bei ausgedehnten lüftungstechnischen Anlagen kann es evtl. notwendig sein, auch die Wärmeverluste in der Zentrale und im Verteilungsnetz bei der Bestimmung der Heizleistung zu berücksichtigen. Das tritt vor allem ein, wenn der spezifische Wärmebedarf der zu lüftenden Räume relativ hoch liegt und längere Blechkanäle in Keller- oder Dachräumen verlegt werden müssen. Unterlagen für solche Berechnungen enthält der 8. Abschnitt.

Umgekehrt sind auch Wärmegewinne möglich. Insbesondere wird die gesamte Lüfterarbeit in Wärme umgesetzt, die zu einem erheblichen Teil an die Zuluft übergeht. Diese Wärmemengen spielen bei der Berechnung der Kühlleistung eine Rolle, bei der Heizleistung können sie meist vernachlässigt werden.

5. Die Aufteilung der Heizleistung auf Vorwärmer und Nachwärmer

Die gesamte Heizleistung Q_{HL} ergibt sich als Summe der Einzelbeträge zu

$$Q_{HL} = Q_H + Q_L + Q_F + Q_V. \tag{13.20}$$

In Anlagen ohne Be- und Entfeuchtung der Luft erfolgt die Lufterwärmung in der Regel einstufig. Ist der Feuchtigkeitsgehalt der Luft zu ändern, so ist eine Vor- und Nachwärmung notwendig. Ein Teil der Heizleistung kann auch im Befeuchter durch Erwärmung des Umlaufwassers zugeführt werden.

Am einfachsten liegen die Verhältnisse bei der Taupunktregelung. Unter der Annahme voller Wasserdampfsättigung hinter dem Befeuchter (sie wird in Wirklichkeit nicht ganz erreicht, s. S. 564) liegt mit der Taupunkttemperatur auch die Enthalpie des Dampf-Luftgemisches fest.

Bedeuten:

i_m Enthalpie in der Mischkammer (vor Vorwärmer),
i_τ Enthalpie hinter dem Befeuchter,
$i_{z'}$ Enthalpie hinter dem Nachwärmer,
Q_1 Vorwärmerleistung,
Q_2 Nachwärmerleistung,

so muß sein

$$\frac{Q_1}{Q_2} = \frac{i_\tau - i_m}{i_{z'} - i_\tau}. \tag{13.21}$$

Diese Beziehung gilt, wenn die Befeuchtungswärme im Vorwärmer zugeführt wird, sonst ist die im Befeuchter zugeführte Leistung von Q_1 abzuziehen.

i_m ist aus dem Mischungsverhältnis von Außenluftmenge (L_a) zu Umluftmenge (L_u) zu berechnen, also

$$i_m = \frac{i_a + \dfrac{L_u}{L_a} \cdot i_u}{1 + \dfrac{L_u}{L_a}}. \tag{13.22}$$

Beispiel. Für einen Aufenthaltsraum soll bei einer Zulufttemperatur $t_z = +25°$ und einem Zuluftwassergehalt $x_z = 8$ g/kg das Verhältnis der Vorwärmer- zur Nachwärmerleistung berechnet werden. Weitere Angaben:

$$t_a = -15°, \ \varphi_a = 70\%; \ t_i = +22°; \ L_u/L_a = 2/1.$$

Aus i, x-Schaubild

$$i_a = -3{,}3; \ i_i = i_u = 10{,}3; \ i_\tau = 7{,}3; \ i_z = 10{,}8;$$

$$i_m = \frac{-3{,}3 + 2 \cdot 10{,}3}{1 + 2} = \frac{17{,}3}{3} = 5{,}8;$$

$$\frac{Q_1}{Q_2} = \frac{7{,}3 - 5{,}8}{10{,}8 - 7{,}3} = \frac{1{,}5}{3{,}5} = \frac{1}{2{,}33}.$$

Im Nachwärmer ist stets die Heizlast des Raumes zuzüglich der Verluste aufzubringen, im Vorwärmer der Lüftungswärmebedarf, evtl. einschließlich der Befeuchtungswärme.

Bei Versammlungsräumen mit dichter Besetzung kann evtl. die trockene Wärmeabgabe der Menschen größer sein als der Transmissionswärmebedarf. Trotzdem muß man auch in solchen Fällen eine ausreichende Wärmeleistung zum Anheizen vorhalten, und zwar mindestens den Transmissionswärmebedarf bei der geforderten Innentemperatur vor der Benutzung des Raumes unter Berücksichtigung eines Zuschlages z_D für 12- bis 16stündige Unterbrechung des Heizbetriebes gemäß DIN 4701 (s. Zahlentafel A 14, S. 577).

C. Kühleistung

Bei Berechnung der Kühlleistung sind die gleichen Wärmevorgänge von Bedeutung wie bei der Heizleistung, nur daß nun die Wärmeentwicklung im Raum und auch das Wärmeäquivalent der Ventilatorarbeit als zusätzliche Belastung auftreten und damit stets berücksichtigt werden müssen.

1. Kühllast des Raumes. Q_K

Bezeichnet man mit

Q_A die von außen über Wände, Fenster usw. einströmende Wärme,

Q_I die Wärmeentwicklung im Raum,

so entspricht die Kühllast der Summe

$$Q_K = Q_A + Q_I. \tag{13.23}$$

Q_I setzt sich zusammen aus den von den Menschen (Q_M) und den von den Einrichtungen (Q_E) abgegebenen Wärmemengen, s. S. 544.

Q_A ergibt sich bei der Raumkühlung nicht ohne weiteres aus dem Temperaturunterschied zwischen Außen- und Raumluft an Hand einer Wärmedurchgangsrechnung wie bei der Heizung; es ist vielmehr zusätzlich noch dem Einfluß der Sonnenstrahlung auf die Gebäudeerwärmung Rechnung zu tragen. Die Einzelheiten werden im Abschnitt D behandelt.

Q_M berechnet sich aus der Höchstzahl der Rauminsassen und der trockenen Wärmeabgabe je Person bei der geforderten Innentemperatur, s. S. 287.

Für die Wärmeabgabe durch Glühlampenbeleuchtung kann beim Fehlen von Unterlagen mit folgenden Anhaltswerten gerechnet werden:

Aufenthaltsräume 6—22 Watt/m² Bodenfläche je nach den Ansprüchen
Arbeitsräume   6—43 Watt/m² Bodenfläche ⎫ je nach Feinheit der Arbeit.
Ateliers   über 100 Watt/m² Bodenfläche ⎭

Bei Arbeitsmaschinen wird die gesamte verbrauchte Energie in Wärme umgesetzt. Geht man vom Anschlußwert aus, so ist der Belastungsgrad und ein Gleichzeitigkeitsfaktor der Antriebsmotoren zu berücksichtigen. Die von sonstigen Geräten, temperaturführenden Leitungen oder Materialien mit höherer als Raumtemperatur eingebrachten Wärmemengen sind von Fall zu Fall gesondert zu ermitteln.

2. Luftkühlung und Entfutung. Q_{LE}

Bei einer Luftkühlung ohne Entfeuchtung läßt sich die erforderliche Kühlleistung in einfacher Weise mit Hilfe der Gl. (13.15) berechnen. Die Unterschiede im spezifischen Gewicht und in der spezifischen Wärme der Luft bei unterschiedlichem Wassergehalt können dabei wegen ihres geringen Einflusses vernachlässigt werden. Bezüglich der Außenluftmenge L_a sei auf die Ausführungen im Unterabschnitt B 2 verwiesen. Eine Einschränkung der Außenluftrate ist bei hoher Außentemperatur im allgemeinen zugelassen, nach DIN 1946 beispielsweise auf 15 bzw. 23 m³/h je Person bei Aufenthaltsräumen, s. S. 235.

Wird die Luft mit der Kühlung gleichzeitig entfeuchtet, so muß auch die Verdampfungswärme der ausgeschiedenen Wassermenge abgeführt werden. Es ist in solchen Fällen einfacher, bei der Ermittlung der Kühlleistung mit den Enthalpiewerten der feuchten Luft zu rechnen und die Luftzustandsänderungen im i, x-Diagramm zu verfolgen.

Die auszuscheidende Wassermenge W ergibt sich aus einer Feuchtebilanzrechnung nach Gl. (13.17), der Wassergehalt der Zuluft x_z aus Gl. (13.19). Die für die Kühlung der Außenluft und die Abführung der Wassermenge W erforderliche Leistung Q_{LE} beträgt

$$Q_{LE} = L_a(i_a - i_i) + (W_M + W_E)\cdot\Delta i. \tag{13.24}$$

Δi ist die zur Ausscheidung von 1 kg Wasserdampf im Kühler abzuführende Wassermenge.

Zuweilen erfordert die Luftentfeuchtung eine weitergehende Temperaturabsenkung als zur Raumkühlung erforderlich ist. Die Zuluft muß dann anschließend noch nachgewärmt werden. Diese Wärmemenge ist als Kühlleistung zusätzlich in Rechnung zu stellen, zweckmäßigerweise, indem man Δi entsprechend berichtigt. Im i, x-Diagramm kann der jeweilige Enthalpieunterschied Δi unmittelbar abgelesen werden.

3. Wärmezufuhr bei der Luftförderung $(Q_V + Q_N)$

Bei Anlagen mit langen Zuluftkanälen und niedriger Zulufttemperatur muß die Wärmeeinströmung über die Kanal- und Apparatewandungen Q_V bei Bestimmung der Kühlleistung berücksichtigt werden. Es genügen dabei im allgemeinen Näherungsrechnungen, da man ohnehin weder die Temperaturen in den Nebenräumen noch die Wärmeübergangsbedingungen zwischen Raum und Kanalwand im voraus zuverlässig angeben kann.

Ebenso ist die Antriebsleistung der Zuluftventilatoren als Wärmezufuhr zu werten, die der Abluftventilatoren, soweit sie der Förderung der Umluft dient. Die Ventilatorverluste bewirken eine unmittelbare Erhöhung der Lufttemperatur; aber auch die Förderarbeit selbst wandelt sich im Lüftungssystem in Wärme um, ist also bei der Wärmebilanz zu berücksichtigen. Die mit dem Ventilator zugeführte Wärme Q_N entspricht sonach der Leistungsaufnahme des Ventilators, wobei 1 kWh $\triangleq$ 860 kcal.

4. Gesamte Kühlleistung. Q_{KL}

Nach dem Vorstehenden ergibt sich die bereitzustellende Kühlleistung als Summe aus der Kühllast des Raumes und den Teilbeträgen für Außenluftkühlung und Entfeuchtung, für Kanalverluste und Ventilatorenleistung, also

$$Q_{KL} = Q_K + Q_{LE} + Q_V + Q_N. \tag{13.25}$$

D. Wärmeeinströmung in einen gekühlten Raum

Die von außen über die Wände, Fenster, Decken usw. in einen gekühlten Raum eindringende Wärme Q_A ist schwieriger zu berechnen als die beim Heizen nach außen abströmende Wärme, einmal, weil neben der Außenlufttemperatur auch die Sonnenstrahlung berücksichtigt werden muß, zum andern, weil es nicht mehr angängig ist, bei Wänden und Decken den einfachen Ansatz für den Wärmedurchgang im stationären Zustand zugrunde zu legen. Zunächst soll die Wärmeeinströmung über verglaste Flächen betrachtet werden.

1. Wärmestrom durch Fensterflächen

Wir unterscheiden zwischen zwei Teilströmen, der Transmissionswärme (Q_T) und der Strahlungswärme (Q_S). Q_T ergibt sich mit Hilfe der üblichen Wärmedurchgangsrechnung aus Fläche, k-Wert und Temperaturunterschied zwischen Außen- und Raumluft. Bei der Berechnung von Q_S muß man von den mit der Tages- und Jahreszeit veränderlichen Werten der Sonnenstrahlung (J) ausgehen, s. S. 334. Die Abb. 7.15 und die folgende Zahlentafel auf S. 334 enthalten unter mitteleuropäischen Verhältnissen gültige J-Werte für verschiedene Tageszeiten und Flächenlagen. Neben der direkten Sonnenstrahlung ist auch die diffuse Lichtstrahlung des Himmels von Bedeutung.

Fensterglas ist für die kurzwelligen Lichtstrahlen weitgehend durchlässig. Ein geringer Anteil der auftreffenden Strahlungsenergie wird reflektiert (unterschiedlich mit dem Einfallswinkel und der Wellenlänge der Strahlen), ein weiterer wird absorbiert. Unter der Einwirkung der Absorption erwärmen sich die Glasscheiben. Nur ein Teil der Absorptionswärme wird in den Raum weitergeleitet; der Rest wird durch Strahlung und Konvektion nach außen abgegeben. Bei Kühllastberechnungen interessiert nur der erste Teil; er ist gering und wird im Durchlässigkeitswert des Glases miterfaßt.

Der Wärmestrom durch eine voll der Sonnenstrahlung ausgesetzte Fensterfläche F ist sonach

$$Q = Q_T + Q_S = F \cdot [k_F \cdot (t_a - t_i) + D \cdot J]. \tag{13.26}$$

Die Durchlässigkeit D kann bei Fensterglas angenommen werden mit

$$D = 0{,}9 \text{ für Einfachverglasung,}$$
$$D = 0{,}9^2 = 0{,}81 \text{ für Doppelverglasung.}$$

Die über die Fensterflächen eindringenden Sonnenstrahlen erwärmen die Gegenstände und Innenwände des Raumes. Da Glas für die von den erwärmten Flächen ausgehenden langwelligen Strahlen undurchlässig ist, verbleibt die Sonnenwärme im Raum; sie muß in voller Höhe bei der Kühllastberechnung berücksichtigt werden. Die Größenordnung der beiden Anteile Q_T und Q_S in Gl. (13.26) wird deutlich durch eine kurze Beispielrechnung.

Für ein nach Westen gelegenes Doppelfenster mit $F = 2{,}5 \text{ m}^2$ ergibt sich mit $J = 525 \text{ kcal/m}^2 \text{ h}$ (16^{00}) bei $t_a = 32°$ und $t_i = 26°$ zu

$$Q = 2{,}5\,[2{,}8 \cdot (32 - 26) + 0{,}81 \cdot 525] = 2{,}5\,(16{,}8 + 425) = 1105 \text{ kcal/h}.$$

Gemessen an der Strahlungswärme ist die Transmissionswärme sonach nur von geringer Bedeutung. Das gilt auch für einfach verglaste Fenster. Einen wirksamen Schutz gegen die eindringende Strahlungswärme bieten außen angebracht Jalousien, Markisen oder sonstige Schattenspender. Ihr Einfluß wird durch die nebenstehenden %-Werte der Durchlässigkeit, verglichen mit ungeschützten Glasflächen, gekennzeichnet.

Art des Sonnenschutzes	Durchlässigkeit, bezogen auf ungeschützte Fenster %
Markisen	25—35
Klappläden, außen	30—30
Jalousien, außen	20—35
Jalousien, innen	70—80

Bei genauen Berechnungen ist auch die Schattenwirkung von Wandvorsprüngen oder der Mauertiefe bei zurückgesetzten Fenstern zu berücksichtigen. CAMMERER[1] gibt dafür folgende Formel an:

$$J = J_W \cdot H \cdot B - J_V \cdot H \cdot s - J_H \cdot B \cdot s. \tag{13.27}$$

Dabei bedeuten:

J effektive Zustrahlung,

J_W Sonnenstrahlung auf gleichgerichtete Wandfläche,

J_V Sonnenstrahlung auf Vertikalfläche des Mauervorsprungs,

J_H Sonnenstrahlung auf Horizontalfläche des Mauervorsprungs,

H Höhe des Fensters,

B Breite des Fensters,

s Tiefe des Mauervorsprungs, s. Abb. 13.07.

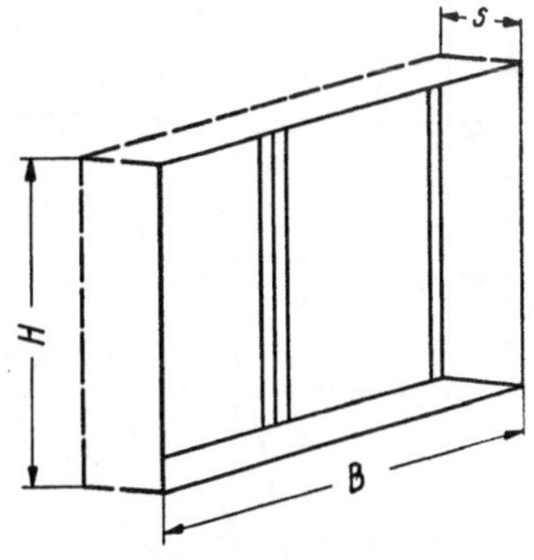

Abb. 13.07. Mauervorsprünge an Fenstern. Maßbezeichnungen

Beispiel. Ein Fenster mit $H = 2 \text{ m}$ und $B = 1{,}5 \text{ m}$ ist seitlich und oben durch Vorsprünge beschattet; $s = 0{,}2 \text{ m}$. Es ist die effektive Zustrahlung um 14^{00} zu ermitteln, und zwar bei Anordnung des Fensters in einer Südwand und in einer Südwestwand. Aus der Tabelle auf S. 334 entnimmt man

		J_W	J_V	J_H
Südwand	kcal/m² h	275	350	625
Südwestwand	kcal/m² h	440	55	625

Südwand: $J = 275 \cdot 3 - 350 \cdot 0{,}4 - 625 \cdot 0{,}3 = 825 - 140 - 187{,}5 = 497{,}5 \text{ kcal/m}^2 \text{ h}$

Südwestwand: $J = 440 \cdot 3 - 55 \cdot 0{,}4 - 625 \cdot 0{,}3 = 1320 - 22 - 187{,}5 = 1110{,}5 \text{ kcal/m}^2 \text{ h}.$

Durch die Beschattung mindert sich sonach die Sonnenstrahlung

bei dem Südfenster um $327{,}5/825 = \text{rd. } 40\%$,

bei dem Südwestfenster um $209{,}5/1320 = \text{rd. } 16\%$.

Der obere Vorsprung ist besonders wirksam bei hohem Sonnenstand und Südlage, der seitliche Vorsprung bei schrägem Auftreffen der Sonnenstrahlung und niedrigem Sonnenstand.

---

[1] CAMMERER, J. S., u. W. CHRISTIAN: Wärmew. Nachr. Hausbau Bd. 7 (1934) S. 116 u. 138; Bd. 8 (1935) S. 121.

2. Wärmestrom durch Wandflächen

Bei Wänden und Decken bewirkt die Wärmespeicherfähigkeit der Baustoffe eine Phasenverschiebung im zeitlichen Ablauf zwischen der periodisch sich ändernden Wärmeaufnahme auf der Außenseite und der Wärmeabgabe auf der Innenseite. Verbunden damit ist eine Dämpfung der örtlichen Temperaturschwankungen und eine Vergleichmäßigung des Wärmestromes mit zunehmendem Abstand von der Außenseite. Von Bedeutung bei diesem Vorgang sind: der Wand- (Decken-) Aufbau, die Dicke und die Art der verwendeten Materialien.

Eine weitere Schwierigkeit liegt in der möglichst einfachen Berücksichtigung der Sonnenstrahlung. In USA wurde für diesen Zweck eine neue Größe, die *Sonnenlufttemperatur* t_s eingeführt. Man versteht darunter eine fiktive Außenlufttemperatur, unter deren Einfluß die Raumwand die gleiche äußere Oberflächentemperatur annehmen würde wie die von der Sonne bestrahlte Wand.

Bei einer Intensität der Sonnenstrahlung J und einer tatsächlichen Außenlufttemperatur t_a nimmt die Wand je m² stündlich die Wärmemenge q auf:

$$q = AJ + \alpha_a \cdot (t_a - \vartheta_a) = \alpha_a \cdot (t_s - \vartheta_a). \tag{13.28}$$

q von der Wand aufgenommene Wärme kcal/m² h,
A Absorptionszahl der Wand,
J Intensität der Sonnenstrahlung kcal/m² h,
t_a Außenlufttemperatur °C,
ϑ_a äußere Oberflächentemperatur der Wand °C,
t_s Sonnenlufttemperatur °C,
α_a äußere Wärmeübergangszahl kcal/m² h grd.

Aus vorstehender Gleichung ergibt sich für die Sonnenlufttemperatur die Beziehung

$$t_s = t_a + \frac{AJ}{\alpha_a}. \tag{13.29}$$

Zur Berechnung von t_s muß t_a bekannt sein. Wir legen für t_a einen periodischen, an die Kurve a in Abb. 7.02 angelehnten, nahezu sinusförmigen Verlauf zugrunde mit den Maximal- und Minimalwerten eines klaren, heißen Sommertages. Dieser idealisierte Gang der Außenlufttemperatur ist als untere Kurve in Abb. 13.08 eingezeichnet.

Der zweite Summand in Gl. (13.29) errechnet sich aus der jeder Wandlage zugeordneten Strahlungsintensität J, wenn A und α_a bekannt sind. Für α_a ist ein etwas niedrigerer Wert als bei der Heizwärmebedarfsrechnung gerechtfertigt, da die Windstärke im allgemeinen im Sommer kleiner ist als im Winter. Mit $\alpha_a = 15$ und einer mittleren Absorptionszahl $A = 0{,}7$ erhält man die in Abb. 13.08 dargestellten Sonnenlufttemperaturen t_s für verschiedene Flächenlagen.

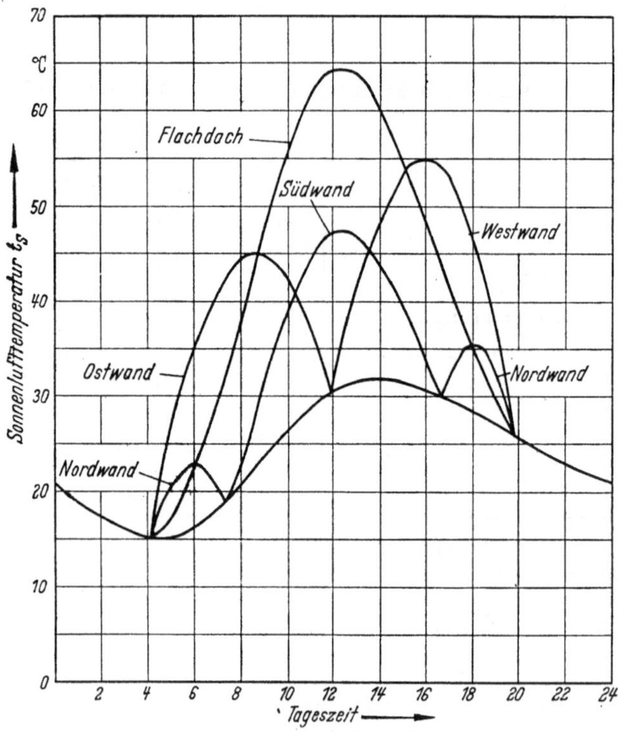

Abb. 13.08. Außenlufttemperatur und Sonnenlufttemperaturen an Tagen mit einer maximalen Außenlufttemperatur von + 32 °C

Unter dem Einfluß der tageszeitlichen Änderungen der Außenlufttemperatur und der Sonnenstrahlung ändert sich auch die Oberflächentemperatur ϑ_a der Wand. Dieser periodische Vorgang pflanzt sich durch die Wand fort und erreicht deren Innenseite mit einer Verzögerung von φ Stunden und einer mit zunehmender Wanddicke verkleinerten Schwankungsamplitude. Die Verkleinerung sei durch den Dämpfungsfaktor f gekennzeichnet. f ist in erster Linie von der Wandbauart, aber auch von der Himmelsrichtung der Wand abhängig.

Wird die Innentemperatur t_i konstant gehalten, so strömt in den Raum durch eine beliebige Wand zu einer bestimmten Zeit folgende auf die Flächeneinheit bezogene Wärmemenge ein:

$$q = k \cdot (t_{s_m} - t_i) + f \cdot k \cdot (t_s - t_{s_m}) . \tag{13.30}$$

k Wärmedurchgangszahl,
t_s Sonnenlufttemperatur zu einem um die Verzögerung φ früheren Zeitpunkt,
t_{s_m} Tagesmittel der Sonnenlufttemperatur,
f Dämpfungsfaktor der Temperaturschwankung in 24 Stunden.

Der aus Gl. (13.30) zu errechnende Wärmestrom gilt jeweils für einen Zeitpunkt, der um die Verzögerung φ [h] später liegt als der Abszissenausgangswert; d. h., für die Berechnung von q zu einer vorgegebenen Tageszeit muß die Sonnenlufttemperatur um φ [h] früher zugrunde gelegt werden.

Kennt man die Größen φ und f für eine bestimmte Wandbauart und Wandlage — die amerikanischen Untersuchungen geben darüber Auskunft —, so läßt sich q aus Gl. (13.30) berechnen, wenn der Gang der Sonnenlufttemperatur des Betrachtungsortes vorliegt.

Zur Vereinfachung des Rechnungsverfahrens wird neuerdings in USA mit einer *äquivalenten Temperaturdifferenz* Δt gerechnet, in der alle Einflüsse auf die Wärmeeinströmung über Außenwände und Dächer zusammengefaßt sind, d. s. der Tagesgang der Außenlufttemperatur, die mit der Wandlage und Tageszeit veränderliche Strahlungsintensität sowie die Dämpfung und Nacheilung der Extremwerte des periodisch veränderlichen Wärmestroms beim Durchgang durch speichernde Bauteile.

Ist q die je m² Wand- oder Deckenfläche auf der Raumseite zu beliebiger Zeit einströmende oder abströmende Wärmemenge, so läßt sich dieser Wärmestrom auch darstellen durch die Grundgleichung des Wärmedurchgangs im Beharrungszustand

$$q = k \cdot (t_a' - t_i) = k \cdot \Delta t . \tag{13.31}$$

k ist dabei die Wärmedurchgangszahl des Bauelementes, t_a' eine gedachte Außentemperatur, die bei der vorgegebenen Innentemperatur t_i ohne Rücksicht auf die Wärmekapazität der Baustoffe in jedem Augenblick den gleichen Wärmestrom durch Wand oder Decke verursacht, wie er auf der Raumseite tatsächlich auftritt. Zweckmäßigerweise wählt man für t_i die bei höchster Außentemperatur geforderte Innentemperatur, d. i. in Deutschland meist 26° C, in USA 80° F (26,7° C). Ist Δt positiv, so gibt die Wand Wärme an den Raum ab, ist Δt negativ, so nimmt sie Wärme auf. Im amerikanischen Schrifttum sind die Werte Δt für die wichtigsten speichernden Wandbauarten in Abhängigkeit von der Flächenanordnung und der Tageszeit angegeben[1].

Äquivalente Temperaturdifferenz Δt für Wände [grd]

	Tageszeit	8⁰⁰	10⁰⁰	12⁰⁰	14⁰⁰	16⁰⁰	18⁰⁰	20⁰⁰	22⁰⁰	24⁰⁰
10 cm Vollziegel oder Steinverkleidung	Osten	+5,9	11,4	· 12,0	2,6	1,5	2,6	1,5	0,3	—1,9
	Süden	—7,4	—6,3	+4,3	12,3	12,9	7,7	1,5	—0,8	—3,0
	Westen	—5,2	—5,2	—3,0	0,3	9,2	17,0	18,1	3,7	—1,9
	Norden	—7,4	—6,3	—5,2	—1,9	0,3	1,5	1,5	—0,8	—3,0
20 cm Vollziegel oder 30 cm Hohlsteine	Osten	—0,8	—0,8	2,6	4,7	4,7	2,6	2,6	2,6	1,6
	Süden	—2,1	—2,1	—2,1	—2,1	+2,1	6,0	5,6	2,5	1,2
	Westen	—0,8	—1,9	—1,9	—0,8	0,3	2,6	5,9	8,1	8,1
	Norden	—5,2	—5,2	—5,2	—5,2	—4,1	—1,9	—0,8	—0,8	—1,9
30 cm Vollziegel	Osten	+1,5	1,5	1,5	0,3	1,5	2,6	2,6	2,6	2,6
	Süden	+0,1	—0,6	—1,0	—1,0	—1,0	—0,8	+2,1	3,4	2,9
	Westen	1,5	1,5	1,5	0,3	0,3	0,3	0,3	1,5	3,7
	Norden	—3,0	—4,1	—4,1	—4,1	—4,1	—4,1	—4,1	—3,0	—1,9
20 cm Leichtbeton	Osten	—1,9	2,6	8,1	8,1	4,7	2,6	2,6	1,5	0,3
	Süden	—3,6	—3,6	—2,1	+3,8	6,5	7,5	4,0	1,2	0,1
	Westen	—1,9	—1,9	—1,9	—0,8	1,6	5,9	10,3	9,2	2,6
	Norden	—5,2	—5,2	—5,2	—4,1	—3,0	—1,9	—0,8	—1,9	—3,0
30 cm Leichtbeton	Osten	0,3	—0,8	0,3	4,7	4,7	3,7	1,5	2,6	2,6
	Süden	—1,9	—2,1	—2,1	—2,1	+2,1	4,9	6,0	4,0	1,2
	Westen	0,3	0,8	—0,8	0,3	0,3	1,5	3,7	8,1	7,0
	Norden	—5,2	—5,2	—5,2	—5,2	—4,1	—3,0	—1,9	—0,8	—1,9

[1] Heating, Ventilating, Air Conditioning Guide 1958.

Sie gelten für eine Außenlufttemperatur von 95° F (35° C), eine Tagesschwankung der Temperatur von 20° F (11,1° C) und die Sonnenstrahlung am 1. August an einem Ort von 40° nördlicher Breite. Für abweichende klimatische Bedingungen werden Korrekturfaktoren angegeben.

In Mitteleuropa rechnet man im allgemeinen mit 32° maximaler Außenlufttemperatur. Die Tagesschwankung beträgt an klaren Tagen bis zu 18°. Unter Berücksichtigung dieser Unterschiede sowie des abweichenden Sonnenstandes erhält man aus den amerikanischen Zahlenwerten die in den Tabellen auf S. 551 und 552 für den 50. Breitengrad angegebenen Werte von Δt, bezogen auf $t_i = 26°$. Die Absorptionszahl ist dabei mit $A = 0,7$, die äußere Wärmeübergangszahl mit $\alpha_a = 15$ angenommen.

Äquivalente Temperaturdifferenz Δt für Dächer [grd]
beschattet

Tageszeit		8^{00}	10^{00}	12^{00}	14^{00}	16^{00}	18^{00}	20^{00}	22^{00}	24^{00}
Leichte		—7,4	—5,2	—1,9	1,5	2,6	1,5	—0,8	—4,1	—5,2
Mittelschwere	Konstruktion	—7,4	—6,3	—4,1	—0,8	1,5	1,5	0,3	—1,9	—4,1
Schwere		—6,3	—6,3	—5,2	—3,0	—0,8	0,3	0,3	—0,8	—3,0

besonnt

	8^{00}	10^{00}	12^{00}	14^{00}	16^{00}	18^{00}	20^{00}	22^{00}	24^{00}
Leichte Konstruktion 25 mm Holz mit Isolierung bis zu 50 mm .	+0,8	14,1	22,5	26,9	20,9	8,6	+0,2	—3,1	—5,2
Mittelschwere Konstruktion . . . . 50 mm Beton mit Isolierung bis zu 50 mm oder 50 mm Holz . .	—2,4	10,0	19,2	24,6	20,8	11,7	2,4	—1,9	—4,1
100 mm Beton mit Isolierung bis 50 mm .	—5,4	4,9	14,2	20,6	21,8	15,7	6,4	1,2	—2,1
Schwere Konstruktion 150 mm Beton	—3,3	—2,3	7,0	14,3	18,5	17,6	11,5	4,3	1,1
150 mm Beton und 50 mm Isolierung . .	—2,3	—2,3	5,0	12,3	16,5	17,6	12,6	5,3	2,1

Beispiel. Es ist die maximale Wärmeeinströmung über die Außenwände eines Eckraumes für $t_i = 26$ °C zu ermitteln.

Bauart der Außenwände: 20 cm Beton, 3 cm Isolierplatte ($\lambda = 0,08$).

$$\text{Ostwand: Fläche } F = 15 \text{ m}^2$$
$$\text{Südwand: Fläche } F = 21 \text{ m}^2$$

Wärmedurchgangszahl k

$$\text{Beton } (B = 120) \qquad \lambda = 1,3$$
$$\text{Innere Wärmeübergangszahl } \alpha_i = 7$$
$$\text{Äußere Wärmeübergangszahl } \alpha_a = 15$$

$$\frac{1}{k} = \frac{1}{7} + \frac{0,2}{1,3} + \frac{0,03}{0,08} + \frac{1}{15} = 0,739; \quad k = 1,35.$$

Äquivalenter Temperaturunterschied Δt

Tageszeit	12	14	16	18	20
Ostwand . . . . . . grd	8,1	8,1	4,7	2,6	2,6
Südwand . . . . . . grd	—2,1	+3,8	6,5	7,5	4,0

Wärmestrom Q

$$\text{Ostwand: } F \cdot k \cdot t = 15 \cdot 1,35 \cdot \Delta t = 20,2 \cdot \Delta t$$
$$\text{Südwand: } \qquad 21 \cdot 1,35 \cdot \Delta t = 28,3 \cdot \Delta t$$

Tageszeit	12	14	16	18	20
Ostwand . . . . . kcal/h	164	164	95	53	53
Südwand . . . . . kcal/h	—60	108	184	212	113
Q kcal/h	104	272	279	265	166

Die höchste Kühllast ist sonach zwischen 14^{00} und 18^{00} zu erwarten. Wäre $t_i = 24°$ gefordert, so würden sich beide Δt-Werte um 2° erhöhen. Dann wird für 16^{00}

$$Q = 20,2 \cdot 6,7 + 28,3 \cdot 8,5 = 376 \text{ kcal/h}.$$

IV. Luftleistungen und Luftzustandswerte

A. Allgemeines zur Berechnung der Luftleistung

Soll durch die lüftungstechnische Anlage eine unerwünschte Anreicherung der Raumluft mit bestimmten Stoffen verhindert werden, so ergibt sich die Zuluftleistung aus einer *Stoffbilanz*-rechnung, s. S. 238. Dieser Fall liegt bei gewerblich genutzten Räumen häufig vor.

Ist die Temperatur eines Raumes auf vorgegebenen Werten zu halten, so sind *Wärmebilanz*-rechnungen für extreme Belastungsbedingungen durchzuführen. Bei der Festlegung der Luftmengen für solche Anlagen ist allerdings zu beachten, daß aus wärmephysiologischen Gründen die Zulufttemperatur weder zu hoch noch zu tief gewählt werden darf.

Oft gilt es, gleichzeitig einer Stoff- und Wärmebilanzforderung zu genügen, wie z. B. bei der Klimatisierung von Räumen mit Wärme- und Feuchtequellen. Hier sind Luftleistung und Luftzustandswerte mehrfach miteinander verknüpft. Bei der Lösung dieser Aufgabe leistet das i, x-Diagramm für feuchte Luft wertvolle Dienste. Bei Aufenthaltsräumen aller Art muß die stündliche Zuluftmenge außerdem mindestens der aus Personenzahl und Außenluftrate sich ergebenden Luftleistung entsprechen.

Die Bestimmung der Zuluftleistung an Hand geschätzter Luftwechselzahlen sollte, wie schon früher ausgeführt, auf erste Überschlagsrechnungen beschränkt bleiben.

Im folgenden sollen die Zusammenhänge zwischen Luftleistung und Luftzustandswerten in klimatisierten Räumen bei Sommer- und Winterbedingungen näher betrachtet werden.

B. Wärme- und Feuchtebilanz

Da die Gefahr von Zugbelästigungen in einem klimatisierten Raum bei maximaler Kühllast am größten ist, geht man bei der Festlegung der Zuluftleistung vom Sommerbetrieb aus. Sind aus dem Raum die Wärmemenge Q_K (Kühllast) und die Wassermenge W abzuführen, so gelten folgende Beziehungen:

$$Q_K = L_z (i_i - i_z),$$
$$W = L_z (x_i - x_z).$$

Dabei ist L_z die Zuluftmenge. Die Indizes i und z weisen auf den Zustandsort hin (Innen, Zuluft).

Die Zustandsänderung der Luft im Raum kann gekennzeichnet werden durch das Verhältnis

$$\frac{Q_K}{W} = \frac{i_i - i_z}{x_i - x_z}. \qquad (13.32)$$

Im i, x-Diagramm entspricht dieser Zustandsänderung eine Gerade mit der Neigung $\frac{Q_K}{W}$ zur Linie $i = 0$ (s. Randmaßstab). Ist I der geforderte Raumluftzustand, so ergibt sich der Zuluftzustand als Schnittpunkt der von I ausgehenden Geraden für die Zustandsänderung mit der Temperaturlinie t_z, s. Abb. 13.09. t_z ist andererseits festgelegt durch die Forderung, den Temperatursprung $(t_i - t_z)$ nicht größer werden zu lassen als 6 bis 8°. Ist auf diese Weise i_z gefunden, so erhält man L_z aus

$$L_z = \frac{Q_K}{i_i - i_z}. \qquad (13.33)$$

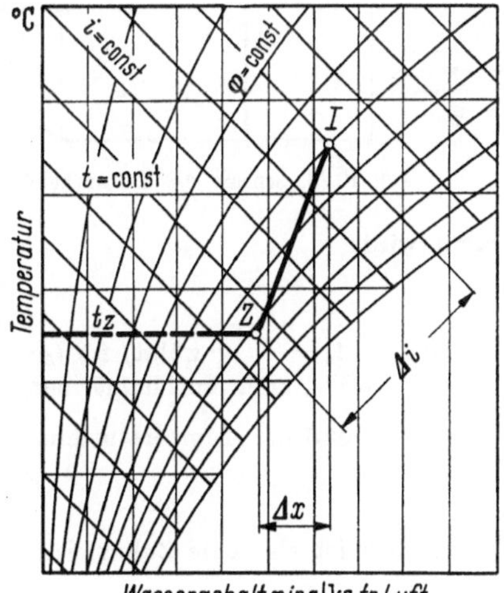

Abb. 13.09. Ermittlung der Zustandswerte der Zuluft

Da mit den Enthalpiewerten der feuchten Luft gerechnet wird, ist in diesem Zusammenhang bei Q_K auch die Verdunstungswärme zu berücksichtigen; als Wärmeabgabe der Rauminsassen ist also der Gesamtbetrag $q_m = 100$ kcal/h und Person einzusetzen. Mit der Wahl des Außenluftanteils unter extremen Witterungsbedingungen liegen dann für die jeweiligen Heiz-, Kühl- und Feuchteleistungen die wichtigsten Luftzustandswerte fest. Die Einzelheiten der Berechnung lassen sich am besten an Beispielen zeigen.

C. Beispielrechnungen

1. Beispiel. Ein Lichtspieltheater mit 800 Sitzplätzen soll gelüftet und mit der gleichen Anlage auch geheizt und gekühlt werden. Eine Befeuchtung der Zuluft ist nicht vorzusehen. Im Sommer soll jedoch die Zuluft möglichst auch so weit entfeuchtet werden, daß $\varphi_i = 55\%$ nicht überschritten wird. Es sind zu bestimmen: Die Zuluftleistung, die Kühl- und Heizleistungen sowie die wichtigsten Luftzustandswerte.

Vorgegebene Werte.

Heizung: Transmissionswärmebedarf $Q_T = 50\,000$ kcal/h
Kühlung: Eindringende Wärme $Q_A = 10\,000$ kcal/h
Außenluftrate: Für $t_a = -15°$ $l_a = 10$ m³/P, h
$\qquad\qquad\quad t_a = 0°$ $\quad l_a = 20$ m³/P, h
$\qquad\qquad\quad t_a = +32°$ $l_a = 15$ m³/P, h.

Geforderter Raumluftzustand:

	Sommer		Winter	
Außenluft . . .	$t_a = 32°$	$\varphi_a = 40\%$	$t_a = -15°$	$\varphi_a = 50\%$
Raumluft . . .	$t_i = 26°$	($\varphi_i = 55\%$)	$t_i = 22°$	

Das Schema der Luftaufbereitung und die für die einzelnen Luftzustände gewählten Bezeichnungen sind aus Abb. 13.10 zu entnehmen.

1. Sommerbetrieb

Aus dem i, x-Diagramm (Arbeitsblatt 13) entnimmt man

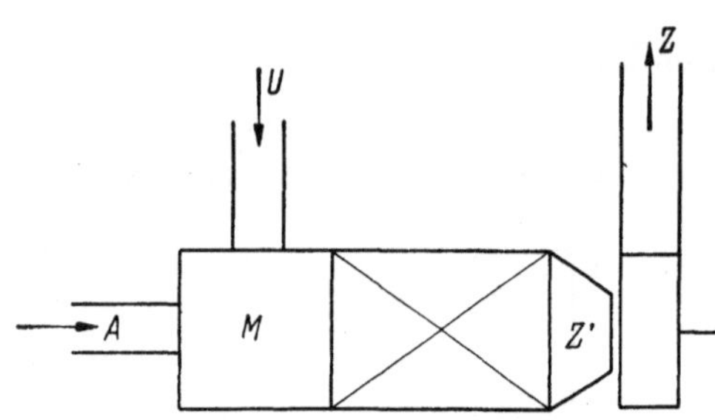

Abb. 13.10. Schema der Luftaufbereitung

Außenluft: $x_a = 11,9$ g/kg, $\quad i_a = 15$ kcal/kg
Raumluft: $x_i = 11,5$ g/kg, $\quad i_i = 13,25$ kcal/kg.

1.1 Zuluftzustand und Zuluftleistung

Als innere Wärmeleistung Q_I ist nur die Wärmeabgabe der Rauminsassen zu berücksichtigen. Sie ergibt sich nach DIN 1946, Bl. 2, zu

$$Q_I = 800 \cdot 100 = 80\,000 \text{ kcal/h}.$$

Die Kühllast des Raumes ist sonach

$$Q_K = Q_A + Q_I = 10\,000 + 80\,000 = 90\,000 \text{ kcal/h}.$$

Die Wasserdampfabgabe der Menschen beträgt:

$$W = 800 \cdot 65 \cdot 10^{-3} = 52 \text{ kg/h}.$$

Damit wird

$$\frac{\Delta i}{\Delta x} = \frac{90\,000}{52} = 1730 \text{ kcal/kg}.$$

Mit $t_i - t_z = 8°$ (gewählt) ist $t_z = 18°$.

Im i, x-Diagramm entnimmt man als Schnittpunkt der von I ausgehenden Geraden mit der Neigung $\frac{\Delta i}{\Delta x} = 1730$ und der Temperaturlinie $t_z = 18°$

$$\text{den Zuluftzustand } i_z = 10,2 \text{ kcal/kg},$$
$$x_z = 9,8 \text{ g/kg}.$$

Erforderlich ist also eine Zuluftleistung

$$L_z = \frac{Q_K}{i_i - i_z} = \frac{90\,000}{13,25 - 10,2} = 29\,500 \text{ oder abgerundet } 30\,000 \text{ kg/h}.$$

Die Zuluftrate ergibt sich zu $\dfrac{30\,000}{800} = 37,5$ kg/P, h und mit $\gamma = 1,2$

$$l_z = 31,2 \text{ m³/P, h}.$$

Man kann die Zuluftleitung auch aus der trockenen Wärmebilanz des Raumes berechnen. Man berücksichtigt dabei zur Vereinfachung der Rechnung nur die Wärmeinhaltsänderung der trockenen Luft, geht also von der Gleichung aus:

$$Q_{Ktr} = L_z \cdot c_p \cdot (t_i - t_z).$$

In unserem Beispiel ist

$$Q_{Ktr} = 10\,000 + 800 \cdot 60 = 58\,000 \text{ kcal/h}.$$

Für L_z erhält man damit

$$L_z = \frac{58\,000}{0,24 \cdot 8} = 30\,200 \text{ kg/h}.$$

(Die Berechnung liefert bei geringen Wärmeinhalts- und Feuchteänderungen genauere Werte als die graphische Lösung, da die Diagrammwerte höchstens auf 5% genau abgelesen werden.)

1.2 Sonstige Luftzustandswerte

Als Außenluftmenge ergibt sich bei voller Raumbesetzung

$$L_a = 800 \cdot 15 = 12\,000 \text{ m}^3/\text{h} \triangleq 14\,400 \text{ kg/h}.$$

Damit ist das Mischungsverhältnis

$$\frac{L_u}{L_a} = \frac{30\,000 - 14\,400}{14\,400} = 1,08$$

und mit

$$i_i = i_u \quad \text{sowie} \quad x_i = x_u$$

der Luftzusand in der Mischkammer (M)

$$i_m = \frac{15 + 1,08 \cdot 13,25}{1 + 1,08} = \frac{29,3}{2,08} = 14,1 \text{ kcal/kg},$$

$$x_m = \frac{11,9 + 1,08 \cdot 11,5}{2,08} = 11,7 \text{ g/kg}.$$

Auf dem Weg vom Kühler bis zum Lufteintitt in den Raum erwämrt sich die Zuluft um die Wärmemenge $(Q_N + Q_V)$. Überschläglich ergibt sich die Antriebsleistung des Zuluftventilators unter der Annahme einer Förderhöhe $\Delta p = 40$ mm WS und eines Wirkungsgrades $\eta = 0,65$ zu

$$N = \frac{V_z \cdot \Delta p}{3600 \cdot \eta} = \frac{30\,000 \cdot 40}{1,2 \cdot 3600 \cdot 0,65} = 427 \frac{\text{m kg}}{\text{s}} \triangleq 4,2 \text{ kW}.$$

Damit ist

$$Q_N = N \cdot 860 = 3610 \text{ kcal/h}.$$

Die Wärmeeinströmung über die Zuluftkanalwände betrage nach einer Näherungsberechnung

$$Q_V = 2400 \text{ kcal/h}.$$

Bezeichnet Z' den Zustand am Kühleraustritt, so erhält man den Luftenthalpiewert $i_{z'}$ aus

$$i_{z'} = i_z - \frac{Q_N + Q_V}{L_z} = 10,2 - \frac{3610 + 2400}{30\,000} = 10,0 \text{ kcal/kg}.$$

Aus dem i, x-Diagramm entnimmt man, daß zur Luftkühlung vom Zustand M auf den Zustand Z' eine Kühlflächentemperatur $t_K \leqq 12,7°$ erforderlich ist, s. Abb. 13.11 (Verlängerung der Zustandslinie $M-Z'$ bis zur Sättigungskurve). Bei höherer Kühlmitteltemperatur (z. B. Leitungswasser) kann wohl die geforderte Raumlufttemperatur, nicht aber der Grenzwert der Luftfeuchte eingehalten werden.

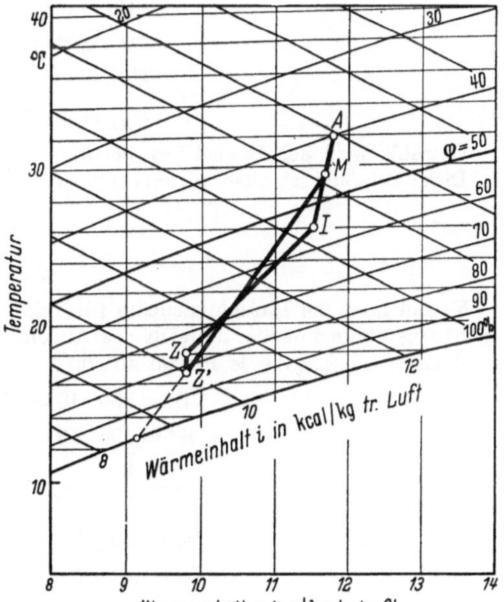

Abb. 13.11. Luftzustandsänderungen im Sommerbetrieb

1.3 Kühlleistung

Die gesamte Kühlleistung ergibt sich aus den jetzt bekannten Enthalpiewerten i_m und $i_{z'}$ zu

$$Q_{KL} = L_z \cdot (i_m - i_{z'}) = 30\,000 \cdot (14,1 - 10,0) = 123\,000 \text{ kcal/h}.$$

Dieser Wert soll an Hand der Gl. (13.25) überprüft werden. Es ist

$$Q_{K_{tr}} \text{ (trockene Kühllast)} = 10\,000 + 800 \cdot 60 = 58\,000 \text{ kcal/h},$$

$$Q_{LE} = 12\,000 \cdot 1,2 \, (15 - 13,25) + 52 \cdot 592 = 56\,000 \text{ kcal/h},$$

$$Q_N + Q_V = 6010 \text{ kcal/h},$$

$$Q_{KL} = 120\,010 \text{ kcal/h}.$$

Der Unterschied zwischen beiden Rechnungsergebnissen ist auf die Abrundung in den Enthalpiewerten und in den Zahlen über die Wärme- und Wasserdampfabgabe der Menschen zurückzuführen.

2. Winterbetrieb

Aus dem i, x-Diagramm entnimmt man

für $\quad t_a = -15°, \quad \varphi_a = 50\%; \quad x_a = 0,5 \text{ g/kg};$

für $\quad t_a = 0°, \quad \varphi_a = 35\%; \quad x_a = 1,3 \text{ g/kg}, \quad i_a = 0,8 \text{ kcal/h}.$

Die Enthalpie bei $t_a = -15°$ wird nach Gl. (7.19) errechnet zu

$$i_a = 0,24 \cdot (-15) + 0,46 \cdot 0,5 \cdot (-15) \cdot 10^{-3} + 595 \cdot 0,5 \cdot 10^{-3} = 3,3 \text{ kcal/kg}.$$

Der Wassergehalt und damit auch die Enthalpie der Raumluft sind vorerst nicht bekannt.

2.1 Heizleistung. Q_{HL}

Zur Bestimmung der maximalen Heizleistung gehen wir von Gl. (13.22) aus. $Q_F = 0$. Die Wärmeverluste im Kanalnetz seien nach einer Überschlagsrechnung $Q_V = 10\,000$ kcal/h. Es sind die Verhältnisse bei $t_a = -15°$ und $t_a = 0°$ zu untersuchen, und zwar bei halber und voller Besetzung des Raumes. Die trockene Wärmeabgabe je Person beträgt bei $22°$ $q_M = 75$ kcal/h.

$t_a = -15°$

Transmissionswärme $Q_T = 50\,000$ kcal/h,

Wärmeabgabe der Rauminsassen $Q_I = 800 \cdot 75 = 60\,000$ kcal/h,

Wärmeabgabe bei halber Besetzung $Q_I' = 400 \cdot 75 = 30\,000$ kcal/h,

Lüftungswärme $Q_L = 800 \cdot 10 \cdot 0{,}24 \cdot 1{,}2\,(22 + 15) = 86\,000$ kcal/h, vgl. Fußnote [1],

$$Q_{HL} = Q_T - Q_I + Q_L + Q_V = 86\,000 \text{ kcal/h}\,,$$

$$Q_{HL}' = Q_{HL} + 30\,000 = 116\,000 \text{ kcal/h} \quad \text{(halbe Besetzung).}$$

$t_a = 0°$

$$Q_T = \frac{50\,000}{37} \cdot 22 = 29\,700 \text{ kcal/h}\,,$$

$$Q_I = 60\,000 \quad \text{bzw.} \quad 30\,000 \text{ kcal/h}\,,$$

$$Q_L = 800 \cdot 20 \cdot 0{,}24 \cdot 1{,}2 \cdot 22 = 102\,000 \text{ kcal/h}\,,$$

$$Q_V \text{ (geschätzt)} = 5000 \text{ kcal/h}\,,$$

$$Q_{HL} = 76\,700 \text{ kcal/h} \quad \text{(volle Besetzung),}$$

$$Q_{HL}' = 106\,700 \text{ kcal/h} \quad \text{(halbe Besetzung).}$$

Gewählt wird der Höchstwert bei $t_a = -15\,°C$ und halber Besetzung, also $Q_{HL} = 116\,000$ kcal/h. Diese Leistung ist auch ausreichend zum Anheizen, da

$$Q_{HL} > 1{,}3 \cdot Q_T\,.$$

2.2 Raumluftfeuchte

Es soll noch die Raumluftfeuchte für volle und halbe Raumbesetzung bei $t_a = 0°$ und $\varphi_a = 80\%$, d. i. ein häufig vorkommender Bereich des Außenluftzustandes im Winter, nachgeprüft werden.

Wasserdampfabgabe je Person 40 g/h

$$W = 800 \cdot 40 = 32\,000 \text{ g/h} \quad \text{(volle Besetzung),}$$

$$W' = 400 \cdot 40 = 16\,000 \text{ g/kg} \quad \text{(halbe Besetzung),}$$

$$x_i = \frac{W}{L_a} + x_a\,,$$

$$x_a = 3{,}0 \text{ g/kg}\,,$$

$$L_a = 800 \cdot 20 \cdot 1{,}2 = 19\,200 \text{ kg/h}\,,$$

$$x_i = \frac{32\,000}{19\,200} + 3{,}0 = 4{,}7 \text{ g/kg} \quad \text{(volle Besetzung),}$$

$$x_i' = \frac{16\,000}{19\,200} + 3{,}0 = 3{,}8 \text{ g/kg} \quad \text{(halbe Besetzung).}$$

Aus dem i, x-Diagramm entnimmt man bei $t_i = +22°$

$$\varphi_i = 29\%\,, \quad \varphi_i' = 23\%\,.$$

Die relative Luftfeuchte liegt sonach im Winter häufig niedriger als der hygienisch geforderte untere Grenzwert von $\varphi = 35\%$.

2. Beispiel. Das im ersten Beispiel behandelte Lichtspieltheater soll mit einer Klimaanlage ausgestattet werden. Zu bestimmen sind: Die erforderliche Befeuchtungsleistung sowie die Vorwärmer- und Nachwärmerleistungen.

Die auf S. 554 vorgegebenen Werte sind zu ergänzen durch die Raumluftfeuchte im Winter. Gefordert wird bei $t_i = 22°$ $\varphi_i = 35\%$.

Im Sommerbetrieb erfüllt die Lüftungsanlage mit Kühlung bereits alle Anforderungen, wenn das Kühlmittel die für die Luftentfeuchtung notwendige Temperatur aufweist. Es ist also lediglich der *Winterbetrieb* (Befeuchtung) zusätzlich zu untersuchen.

---

[1] Da die Luftrate bei $-15°$ schon um 50% niedriger als der Normalwert gewählt wird, sollte die Außenluftmenge nicht unter den Wert bei Vollbesetzung des Raumes abgesenkt werden.

1. Befeuchtungsleistung

Für $t_i = 22°$ und $\varphi_i = 35\%$ entnimmt man dem i, x-Diagramm

$$x_i = 5,7 \text{ g/kg}, \quad i_i = 8,8 \text{ kcal/kg}.$$

Die im Befeuchter zuzuführende Wassermenge W ergibt sich aus Gl. (13.17), und zwar (im Hinblick auf die geringere Feuchteentwicklung) bei halber Raumbesetzung.

$$t_a = -15°$$
$$W = 9600\,(5,7 - 0,5) - 400 \cdot 40 = 50\,000 - 16\,000 = 34\,000 \text{ g/h},$$
$$t_a = 0°$$
$$W = 19\,200\,(5,7 - 1,3) - 16\,000 = 68\,500 \text{ g/h}.$$

2. Luftzustandswerte bei halber Besetzung und $t_a = -15°$

Mischkammer (M)

$$L_z = 30\,000 \text{ kg/h}, \quad L_a = 9600 \text{ kg/h},$$
$$\frac{L_u}{L_a} = \frac{30\,000 - 9600}{9600} = \frac{20\,400}{9600} = 2,12,$$
$$i_a = -3,3 \text{ kcal/kg}; \quad i_i = 8,8 \text{ kcal/kg},$$
$$i_m = \frac{-3,3 + 2,12 \cdot 8,8}{1 + 2,12} = 4,92 \text{ kcal/kg},$$
$$x_a = 0,5 \text{ g/kg}, \quad x_i = 5,7 \text{ g/kg},$$
$$x_m = \frac{0,5 + 2,12 \cdot 5,7}{1 + 2,12} = 4,04 \text{ g/kg}.$$

Hinter dem Befeuchter (B)

$$x_b = x_m + \frac{W}{L_z} = 4,04 + \frac{34\,000}{30\,000} = 5,17 \text{ g/kg}.$$

Dazu gehört der Taupunkt mit $t_\tau = 4,6°$ und $i_\tau = 4,2$ kcal/kg. Da $i_m > i_\tau$, darf die Zuluft hinter dem Befeuchter nicht voll gesättigt sein. Eine Vorwärmung der Mischluft ist auch bei $-15°$ nicht erforderlich.

$$i_b = i_m = 4,92 \text{ kcal/kg}.$$

Hinter dem Nachwärmer (Z')

$$t'_z = t_i + \frac{Q_T - Q'_I + Q_V}{c_p \cdot L_z} = 22 +$$
$$+ \frac{50\,000 - 30\,000 + 10\,000}{0,24 \cdot 30\,000} = 26,2 \text{ °C},$$
$$i'_z = 9,4 \text{ kcal/kg}.$$

Am Zuluftdurchlaß (Z)

$$t_z = t'_z - \frac{Q_V}{c_p \cdot L_z} = 26,2 - \frac{10\,000}{0,24 \cdot 30\,000} = 24,8 \text{ °C}.$$

Die Zustandsänderungen der Luft für den Winterbetrieb mit Befeuchtung sind aus Abb. 13.12 zu ersehen.

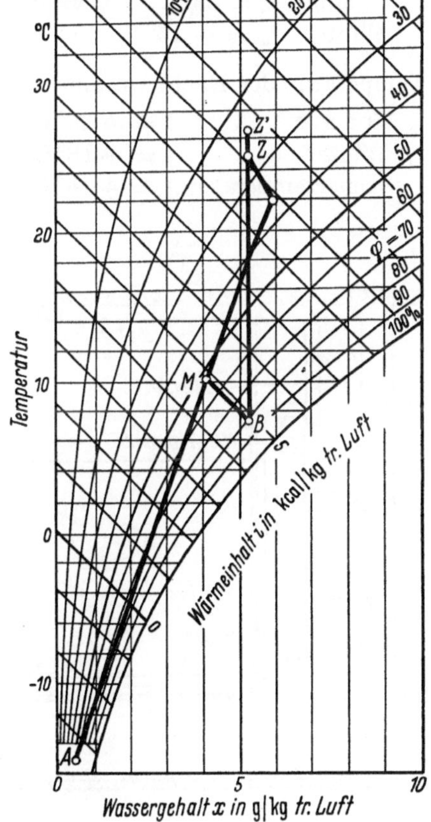

Abb. 13.12. Luftzustandsänderungen im Winterbetrieb (mit Befeuchtung)

3. Maximale Heizleistung

Die Wasserverdunstung erfordert eine zusätzliche Wärmeleistung Q_F

$$Q_F = 34 \cdot 592 = 20\,000 \text{ kcal/h}.$$

Damit erhöht sich die geforderte Heizleistung auf

$$Q_{HL} = 116\,000 + 20\,000 = 136\,000 \text{ kcal/h}.$$

Die gesamte Heizleistung ist im Nachwärmer zu erbringen. Man erhält dementsprechend auch Q_{HL} aus der Beziehung

$$Q_{HL} = L_z(i'_z - i_m) = 30\,000\,(9,4 - 4,92) = 134\,400 \text{ kcal/h}.$$

(Die erforderliche Heizleistung bei $0°$ ist kleiner, da man bei Teilbesetzung des Raumes den Außenluftanteil entsprechend kleiner wählen wird.)

V. Berechnung einer Klimaanlage

Der gesamte Rechnungsgang zur Ermittlung der Leistungsdaten, der wichtigsten Zustandswerte sowie der Abmessungen einer Klimaanlage soll an einem Beispiel gezeigt werden.

A. Aufgabe

Ein im Erdgeschoß eines Industriegebäudes liegender Meß- und Prüfraum ist ganzjährig auf gleicher Raumlufttemperatur und Luftfeuchte zu halten. Gefordert werden

Temperatur: $t_i = +20°\,C$.
Relative Luftfeuchte: $\varphi_i = 50\%$.

Außenklimatische Grenzwerte:

Sommer $t_a = 32°\,C$, $\varphi_a = 40\%$,
Winter $t_a = -15°\,C$, $\varphi_a = 50\%$.

Temperatur der Nachbarräume:

Sommer $t = +25°\,C$,
Winter $t = +18°\,C$,
Kellertemperatur $t = +18°\,C$.

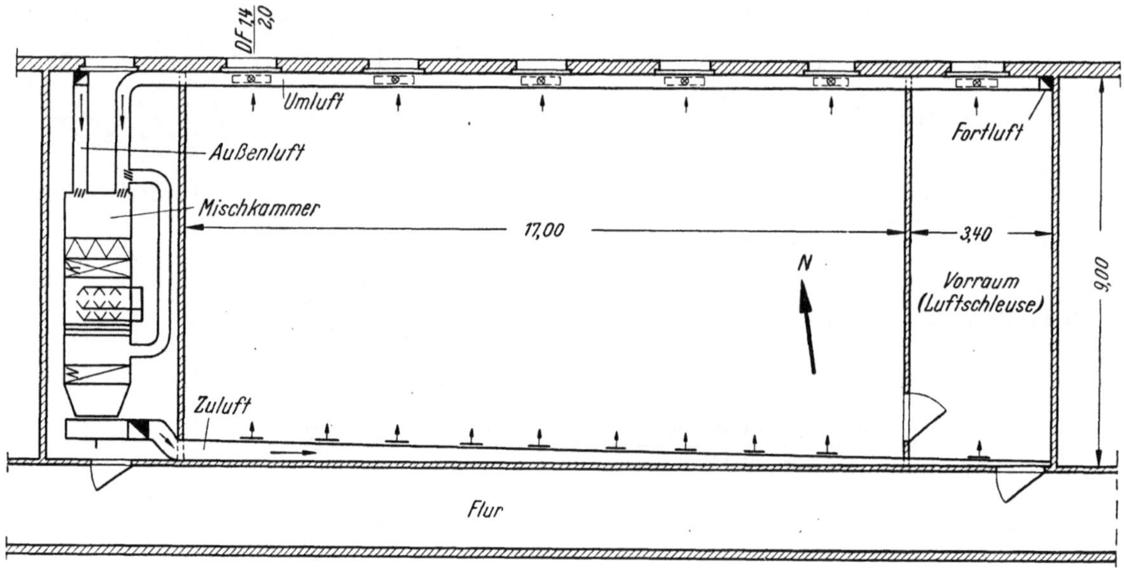

Abb. 13.13. Prüfraum

Der Grundriß des Prüfraumes ist aus Abb. 13.13 ersichtlich.
Bauart der Außenwand (Norden):

Kiesbeton ($B = 120$), 20 cm dick (einschl. Putz), zuzüglich 3 cm Korkplatte;
6 Fenster (doppelt verglast), je 2 m hoch und 1,4 m breit.

Bauart der Innenwände:

Kiesbeton, 12,5 cm, mit 2 cm dicker Korkplatte.

Bauart von Fußboden und Decke:

Stahlbeton, 15 cm, mit 2,5 cm Holzfaserplatte und Zementestrich.

Energiemittel:

Niederdruckdampf (0,1 atü) und Kühlwasser ($+7°\,C$).

B. Berechnung der Kühllast

1. Wärmestrom durch die Fenster

Der Höchstwert der Strahlung tritt bei einer Nordwand um 6^{00} und um 18^{00} auf. Da die Außenlufttemperatur am Nachmittag höher ist, soll der Wärmestrom für 18^{00} ermittelt werden.

Wärmedurchgangszahl der Fenster nach Zahlentafel A 18 $k_F = 2,8$,
Außenlufttemperatur um 18^{00} nach Abb. 13.08. $t_a = 29°$,
Intensität der Strahlung um 18^{00} (s. S. 334). $J = 140 \text{ kcal/m}^2 \text{ h}$.
Aus Gl. (13.26) erhält man

$$Q_1 = 6 \cdot 2 \cdot 1,4 \, [2,8 \, (29 - 20) + 0,81 \cdot 140] = 16,8 \, (25,2 + 113,3) = 2330 \text{ kcal/h} .$$

2. Wärmestrom durch die Außenwand

Wärmedurchgangszahl der Nordwand nach Zahlentafel A 19 (S. 581). $k = 0,88$,
Rechnungswert der Übertemperatur für 18^{00} $\Delta t = -1,9°$.

(Da der Wärmestrom durch die Fenster erheblich größer ist als der durch die Wandfläche, ist die Kühllastrechnung für 18^{00} durchzuführen. Unter anderen baulichen Bedingungen ist evtl. nachzuprüfen, zu welcher Tageszeit der Maximalwert auftritt.)

Außenwandfläche $F_{AW} = 20,4 \cdot 4 - 16,8 = 64,8 \text{ m}^2$,
$$Q_2 = 64,8 \cdot 0,88 \cdot (26 - 20 - 1,9) = 240 \text{ kcal/h} .$$

3. Wärmestrom durch Innenwände, Decke und Fußboden

Innenwände nach Zahlentafel A 19 (S. 581) $k = 1,08$,

Decke nach Zahlentafel A 21 (S. 583) $\dfrac{1}{k} = 0,79$,

Fußboden nach Zahlentafel A 21 (S. 583) $\dfrac{1}{k} = 0,79 + 0,11 = 0,9$.

Für die innenliegenden Flächen wird ein Formular wie bei der Wärmebedarfsrechnung benutzt.

Berechnung der Wärmeaufnahme durch Innenflächen

1	2	3	4	5	6	7	8	9	10	11	12	13
			Flächenberechnung					Berechnung der Wärmegewinne				
Be-zeich-nung	Him-mels-rich-tung	Wand-dicke	Länge	Höhe oder Breite	Fläche	Anzahl	Abzug	in Rech-nung gestellt	k-Zahl	$t_a - t_i$	$k \cdot (t_a - t_i)$	Wärme-gewinn
—	—	cm	m	m	m²		m²	m²	$\dfrac{\text{kcal}}{\text{m}^2 \text{ h grad}}$	°C	$\dfrac{\text{kcal}}{\text{m}^2 \text{h}}$	$\dfrac{\text{kcal}}{\text{h}}$
Meßraum und Vorraum zusammen												
FB	—	15 +2,5	20,4	9	183,6	1	—	183,6	1,11	—2	—2,22	—410
De	—	15 +2,5	20,4	9	183,6	1	—	183,6	1,27	+5	+6,35	+1160
IW	O	12,5+2	9	4	36	1	—	36	1,08	+5	+5,4	+195
IW	S	12,5+2	20,4	4	81,6	1	2	79,6	1,08	+5	+5,4	+430
IT	S	—	1	2	2	1	—	2,0	2,0	+5	+10,0	+20
IW	W	12,5+2	9	4	36	1	—	36	1,08	+5	+5,4	+195
												1590

Also $Q_3 = 1590 \text{ kcal/h}$.

4. Leistung der inneren Wärmequellen

Im Raum seien 20 Menschen gleichzeitig anwesend. Die fühlbare oder trockene Wärmeabgabe je Person bei 20° Raumtemperatur und leichter Beschäftigung beträgt 80 kcal/h. Damit ist

$$Q_M = 20 \cdot 80 = 1600 \text{ kcal/h} .$$

Für die Beleuchtung wird eine Leistung von 30 Watt je m² Bodenfläche zugrunde gelegt. Da Maschinen in dem Raum nicht aufgestellt sind, ist also

$$Q_E = 183,6 \cdot 30 \cdot 0,86 = 4740 \text{ kcal/h}$$

und damit

$$Q_I = 1600 + 4740 = 6340 \text{ kcal/h} .$$

5. Kühllast des Raumes

Aus dem Raum sind im Sommer insgesamt abzuführen

$$Q_K = Q_1 + Q_2 + Q_3 + Q_I = 2330 + 240 + 1590 + 6340 = 10\,500 \text{ kcal/h} .$$

6. Luftkühlung und Entfeuchtung

Die Personenzahl im Raum ist relativ klein. Da auch aus sonstigen Gründen keine wesentliche Luft-verschlechterung zu erwarten ist, genügt ein verhältnismäßig niedriger Außenluftanteil. Bei einer (geschätzten) zweifachen Lufterneuerung je Stunde wird

$$L_a = 183{,}6 \cdot 3{,}8 \cdot 2 = 1400 \text{ m}^3/\text{h}, \quad \text{d. s. } 1680 \text{ kg/h}.$$

Aus dem i, x-Diagramm liest man für die vorgegebenen Raum- und Außenluftzustände ab

$$i_a = 15 \text{ kcal/kg}, \quad x_a = 11{,}9 \text{ g/kg},$$
$$i_i = 9{,}2 \text{ kcal/kg}, \quad x_i = 7{,}25 \text{ g/kg}.$$

Der stündliche Wasserdampfanfall im Raum beträgt

$$W = 20 \cdot 40 = 800 \text{ g/kg}.$$

Damit ergibt sich aus Gl. (13.24) die Leistung zur Kühlung und Entfeuchtung der Außenluft zu

$$Q_{LE} = 1680\,(15 - 9{,}2) + 0{,}8 \cdot 592 = 9730 + 470 = 10200 \text{ kcal/h}.$$

(Es wird später noch nachzuprüfen sein, ob die Kühlwassertemperatur ausreicht, um den erforderlichen Luft-zustand unmittelbar zu erreichen oder ob eine Unterkühlung der Mischluft und eine Nachwärmung not-wendig ist.)

C. Luftleistungen und Luftzustandswerte im Sommerbetrieb

1. Zuluftleistung

Da in unserem Beispiel die Feuchteänderung im Raum nur unerheblich ist, kann die Luftleistung an Hand der trockenen Wärmebilanz des Raumes bestimmt werden. Wählt man in der Gleichung

$$Q_K = L_z \cdot c_p \, (t_i - t_z)$$

den Temperatursprung zwischen Raum- und Zuluft $(t_i - t_z) = 6°$, also $t_z = 14°$, so ergibt sich die Zuluft-leistung zu

$$L_z = \frac{Q_K}{c_p \cdot (t_i - t_z)} = \frac{10500}{0{,}24 \cdot 6} = 7300 \text{ kg/h} \triangleq 6100 \text{ m}^3/\text{h}.$$

Der Außenluftanteil beträgt $1680/7300 = 23\%$.

2. Zuluftzustand

Aus

$$W = L_z \, (x_i - x_z)$$

ergibt sich

$$x_z = x_i - \frac{W}{L_z} = 7{,}25 - \frac{800}{7300} = 7{,}15 \text{ g/kg}.$$

Aus dem i, x-Diagramm entnehmen wir für $t_z = 14°$ und $x_z = 7{,}15$

$$i_z = 7{,}65 \text{ kcal/kg}.$$

Genauer erhält man i_z aus Gl. (7.19) zu

$$i_z = 0{,}24 \cdot 14 + 0{,}46 \cdot 0{,}00715 \cdot 14 + 595 \cdot 0{,}00715 = 7{,}63 \text{ kcal/kg}.$$

3. Wärmeaufnahme zwischen Klimagerät und Zuluftdurchlaß

Die Leistung des Zuluftventilators beträgt bei $\eta = 0{,}65$ und $\Delta p = 40$ mm WS (geschätzt)

$$N = \frac{6100 \cdot 40}{3600 \cdot 102 \cdot 0{,}65} = 1{,}03 \text{ kW}.$$

Die in Wärme umgesetzte Ventilatorarbeit Q_N ist sonach

$$Q_N = 1{,}03 \cdot 860 \approx 890 \text{ kcal/h}$$

Die Luftkanäle zwischen der Zentrale und den zu klimatisierenden Räumen sind so kurz, daß auf die Be-stimmung der Wärmezufuhr im Kanalnetz verzichtet werden kann.

Am Ventilatoreintritt hat die Zuluft die Temperatur t_z'

$$t_z' = t_z - \frac{890}{7300 \cdot 0{,}24} = 14 - 0{,}5 = 13{,}5°.$$

4. Betriebsweise der Klimaanlage

Abb. 13.14 zeigt die bis jetzt ermittelten Luftzustände im i, x-Diagramm. Es bedeuten:

I Innenluft = Umluft,

A Außenluft,

Z Zuluft beim Eintritt in den Raum,

Z' Zuluft vor Ventilator,

M' Mischluft bei 23% Außenluftanteil.

Die Gerade A—J kennzeichnet den Mischvorgang zwischen Außen- und Raumluft, die Gerade Z—I die Zustandsänderung im Raum. In der Sättigungslinie ist außerdem der Bereich der Kühlwassertemperatur eingezeichnet, wobei eine Erwärmung von 7° auf 13° zugrunde gelegt ist. Man ersieht aus dem Bild, daß der Zustand Z' nicht unmittelbar beim Kühlen der Mischluft erreichbar ist. (Die Verlängerung der Verbindungsgeraden M'—Z' bis zur Sättigungsgrenze ergibt die dafür notwendige Kühlflächentemperatur $t_F < 7°$.) Man muß daher die Mischluft auf eine Temperatur nahe beim Taupunkt für Z' herunterkühlen und anschließend auf Z' nachwärmen. Das Nachwärmen kann im vorliegenden Fall durch Mischung von Raumluft und gekühlter Luft erfolgen; dadurch läßt sich die Kühlleistung klein halten und die Nachwärmung ohne Heizwärmeaufwand durchführen. Das Klimagerät erhält dementsprechend einen Beipaß nach Betriebsweise c der Abb. 5.57, s. auch Abb. 13.15.

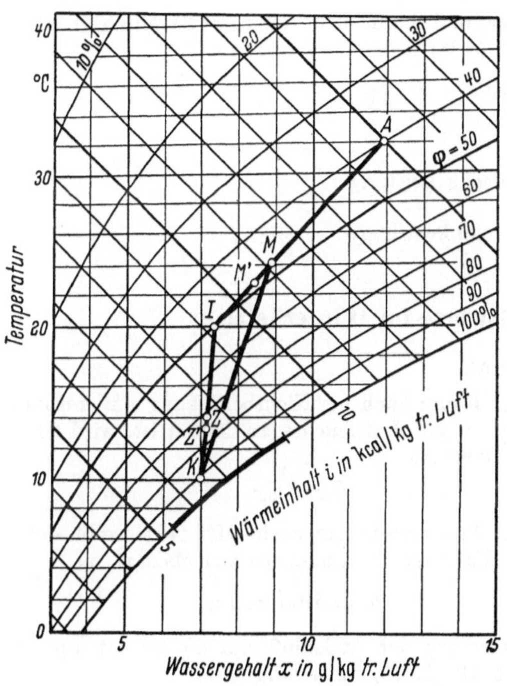

Abb. 13.14. Luftzustandsänderungen im Sommerbetrieb

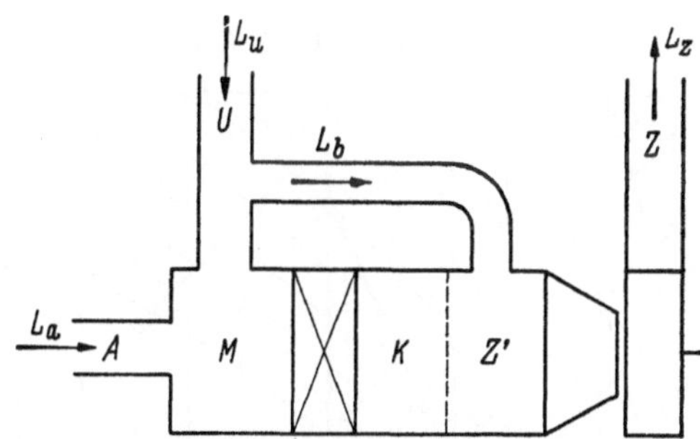

Abb. 13.15. Betriebsweise der Klimaanlage (Sommerbetrieb)

5. Kühl- und Mischluftzustand

Der neue Luftzustand K (Kühleraustritt) muß auf der Verlängerung der Verbindungsgeraden J—Z' liegen, aber noch genügend hoch über der Kühlwassereintrittstemperatur (7°). Für eine geschätzte Endtemperatur $t_k = 10°$ ergibt sich die Beipaßluftmenge L_b entsprechend dem Streckenverhältnis $\dfrac{Z'-K}{J-K}$ zu 34% der Zuluftmenge. Durch das Klimagerät gehen also nur 66% der Zuluftmenge. Damit ergibt sich das wirkliche Mischungsverhältnis von Umluft und Außenluft am Geräteeintritt zu

$$\frac{L_u}{L_a} = \frac{0,66 \cdot 7300 - 1680}{1680} = \frac{3140}{1680} = 1,87 \,.$$

Für den Mischpunkt M erhält man mit Hilfe der Gl. (13.22)

$$i_m = \frac{15 + 1,87 \cdot 9,2}{1 + 1,87} = \frac{32,2}{2,87} = 11,2 \ \text{kcal/kg}$$

und entsprechend

$$x_m = \frac{11,9 + 1,87 \cdot 7,25}{2,87} = \frac{25,45}{2,87} = 8,9 \ \text{g/kg} \,.$$

Die Luft hinter dem Kühler hat die Temperatur $t_k = 10°$, die Feuchtigkeit $x_k = 7,0$ g/kg und die Enthalpie $i_k = 6,6$ kcal/kg.

D. Kühlleistung und Kühlergröße

1. Vorzuhaltende Kühlleistung. Q_{KL}

Die gesamte Kühlleistung ergibt sich aus Gl. (13.25) zu

$$Q_{KL} = 10\,500 + 10\,200 + 890 = 21\,590 \text{ kcal/h} .$$

(Aus der Mischluftmenge und dem Enthalpieunterschied vor und hinter dem Kühler errechnet sich praktisch der gleiche Wert.)

Bei Erwärmung des Kühlwassers von 7° auf 13° beträgt sonach der stündliche Kühlwasserverbrauch

$$G_k = \frac{Q_{KL}}{\Delta i_w} = \frac{21\,590}{6} = 3600 \text{ kg/h} .$$

2. Kühlergröße

Die Luft bewegt sich im Gegenstrom zum Kühlwasser und kühlt sich von $t_m = 24$ auf $t_k = 10°$ ab. Der mittlere Temperaturunterschied Δm beträgt nach Gl. (8.36)

$$\Delta m = \frac{\Delta g - \Delta k}{\ln \dfrac{\Delta g}{\Delta k}} = \frac{11 - 3{,}0}{\ln 3{,}67} = \frac{8}{1{,}3} = 6{,}15° .$$

Damit wird die für die Kühlerauswahl maßgebende spezifische Leistung

$$k \cdot F = \frac{Q_{KL}}{\Delta m} = \frac{21\,590}{6{,}15} = 3520 \text{ kcal/h grd} .$$

E. Heizleistung und Luftzustandswerte im Winterbetrieb

1. Heizleistung

Die Heizlast beträgt nach Gl. (13.13) $(Q_T - Q_I)$. Da der Raum auch bei Nichtbenutzung auf konstante Temperatur und Luftfeuchte zu halten ist, wird $Q_I = 0$ gesetzt. Dann ist

$$Q_H = Q_T .$$

Aus einer Sonderrechnung nach DIN 4701 ergibt sich in unserem Fall der Transmissionswärmebedarf zu

$$Q_T = 5100 \text{ kcal/h} .$$

Zur Erwärmung der Außenluft auf die Raumtemperatur sind nach Gl. (13.15) notwendig

$$Q_{La} = 1680 \cdot 0{,}24 \, (20 + 15) = 14\,100 \text{ kcal/h} .$$

Die Befeuchtungswärme berechnet sich aus Gl. (13.18) für den unbenutzten Raum $(W_M = 0,\ W_E = 0)$ zu

$$Q_F = 1680 \, (7{,}25 - 0{,}5) \cdot 10^{-3} \cdot 590 = 6700 \text{ kcal/h} .$$

Die Wärmeverluste im Kanalsystem sowie die Ventilatorarbeit bleiben unberücksichtigt. Die erforderliche Heizleistung beträgt sonach

$$Q_{HL} = 5100 + 14\,100 + 6700 = 25\,900 \text{ kcal/h} .$$

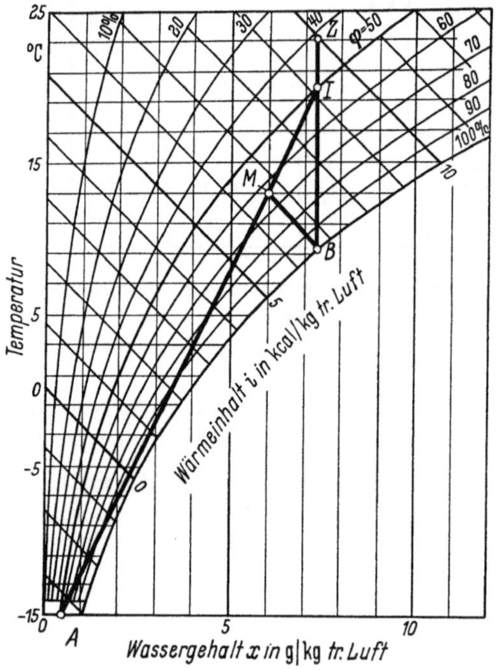

2. Luftzustandswerte

Die Außenluftmenge L_a werde auch bei —15° voll zugeführt; der Beipaß sei abgeschaltet, da die Zuluft ohnehin zur Deckung des Transmissionswärmebedarfs über Raumtemperatur erwärmt werden muß. Damit ist

$$\frac{L_u}{L_a} = \frac{7300 - 1680}{1680} = 3{,}34 ,$$

$$i_a = -3{,}3 , \quad i_i = i_u = 9{,}2 \text{ kcal/kg} .$$

Für den Mischpunkt ergibt sich dann vorläufig

$$i'_m = \frac{-3{,}3 + 3{,}34 \cdot 9{,}2}{4{,}34} = 6{,}3 \text{ kcal/kg} \quad (t'_m = 11{,}7°) .$$

Abb. 13.16. Luftzustandsänderungen im Winterbetrieb

Nach Befeuchtung (B).

Gefordert: $x_b = x_z = x_i = 7,25$ g/kg.

Die Enthalpie des zugehörigen Taupunktes entnimmt man aus dem i, x-Diagramm zu $i_\tau = 6,6$. Eine Vorwärmung der Mischluft ist also nicht erforderlich, wenn der Außenluftanteil bei —15° etwas eingeschränkt wird.

Mischluft (M).

Die Nachrechnung ergibt für $i_\tau = i_b = i_m = 6,6$ kcal/kg

$$\frac{L_u}{L_a} = 3,8 , \quad \text{also} \quad L_a = \frac{1}{4,8} \cdot 7300 = 1520 \text{ kg/h} .$$

Bei $i_m > i_\tau$ (höhere Außentemperaturen als —10°) ist entweder die Befeuchtung einzuschränken oder ein Teil der Umluft durch den Beipaß zu schleusen.

Zuluft (Z).

Die Enthalpie der Zuluft ergibt sich aus

$$Q_T = L_z (i_z - i_i)$$

$$i_z = 9,2 + \frac{5100}{7300} = 9,2 + 0,7 = 9,9 \text{ kcal/kg} \ (t_z = 23,2°) .$$

Die Zustandsänderungen bei $t_a = -15°$ sind aus der Abb. 13.16 ersichtlich.

3. Heizfläche

Die erforderliche Heizleistung beträgt unter Berücksichtigung des geänderten Außenluftanteils

$$Q_{HL} = L_z (i_z - i_b) = 7300 (9,9 - 6,6) = 24\,100 \text{ kcal/kg} .$$

Mit der Dampftemperatur $t_D = 102°$ und einer mittleren Lufttemperatur $t_L = \dfrac{10 + 23,2}{2} = 16,6°$ ergibt sich für die spezifische Nachwärmerleistung

$$k \cdot F = \frac{24\,100}{(102 - 16,6)} = 282 \text{ kcal/h grd} .$$

F. Bemessung von Einzelteilen

1. Klimagerät. Außen- und Umluftkanal

Im Klimagerät wird die Luftgeschwindigkeit meistens mit 2 bis 3 m/s angenommen. Wir wählen

$$w = 2,5 \text{ m/s} .$$

Damit erhält das Klimagerät einen Querschnitt von etwa

$$F' = \frac{V_z}{3600 \cdot 2,5} = \frac{6100}{3600 \cdot 2,5} = 0,678 \text{ m}^2.$$

Gewählt werden die Kammerabmessungen (Breite $= 0,6$ m, Höhe $= 1,1$ m)

$$F = 0,6 \cdot 1,1 \text{ m} = 0,66 \text{ m}^2.$$

Unter der Annahme einer Luftgeschwindigkeit von $w = 6$ m/s in den Hauptkanälen benötigt der Außenluftkanal einen Querschnitt von[1]

$$F_A = \frac{1400}{3600 \cdot 6} = 0,065 \text{ m}^2 .$$

Der Querschnitt des Umluftkanals beträgt:

$$F_U = \frac{4630}{3600 \cdot 6} = 0,214 \text{ m}^2 .$$

(In der Praxis werden häufig Umluft- und Außenluftkanäle für die Gesamtluftmenge bemessen, um nach Bedarf zeitweise mit voller Außenluft oder ausschließlich mit Umluft fahren zu können.)

2. Befeuchter

Bei der Befeuchtung der Luft mit Wasser, das durch Düsen in den Luftstrom gesprüht und durch eine Pumpe im Umlauf gehalten wird, rechnet man gewöhnlich mit einer umgewälzten Wassermenge von 1 kg/h für 1 m³/h Luftleistung. Bei einem Luftdurchgang von $V = 6100$ m³/h beträgt die umgewälzte Wassermenge daher:

$$G = 6100 \text{ kg/h} .$$

Versprüht eine Düse 0,25 m³/h, so ist die Zahl der Düsen

$$n = \frac{6,1}{0,25} = 24 \text{ Düsen.}$$

---

[1] In Anbetracht der groben Schätzung der Geschwindigkeiten ist in diesem Zusammenhang eine Umrechnung des Volumenstromes der Luft auf die jeweiligen Temperaturen nicht erforderlich.

Diese Düsenzahl wird in 3 Düsensätzen angeordnet, davon 2 Sätze mit je 8 Düsen gegen den Luftstrom und ein dritter Satz mit 8 Düsen in Luftrichtung sprühend. Es wird ein Düsenwirkungsgrad η definiert, der die tatsächliche zur größtmöglichen Temperaturabsenkung der Luft bezeichnet[1].

<table>
<tr><td>Zahl der Düsensätze</td><td>Zerstäubung in oder gegen Luftrichtung</td><td>Wirkungsgrad % η</td></tr>
<tr><td>1</td><td>in Luftrichtung</td><td>65</td></tr>
<tr><td>1</td><td>gegen Luftrichtung</td><td>80</td></tr>
<tr><td>2</td><td>1 in Luftrichtung</td><td>85</td></tr>
<tr><td></td><td>1 gegen Luftrichtung</td><td>85</td></tr>
<tr><td>2</td><td>gegen Luftrichtung</td><td>95</td></tr>
<tr><td>3</td><td>2 gegen Luftrichtung
1 in Luftrichtung</td><td>98—100</td></tr>
</table>

Es ist:

$$\eta = \frac{t_m - t_b}{t_m - t_\tau}. \qquad (13.13)$$

η ist von der Zahl der hintereinander befindlichen Düsensätze und von der Sprührichtung der Düsen abhängig. In erster Annäherung gelten nebenstehende Werte.

Im vorliegenden Fall ist mit 3 Düsensätzen $\eta \approx 98\%$. Daher kühlt sich die Luft von der Mischtemperatur $t_m = 13{,}0°\,\mathrm{C}$ nahezu bis zur Kühlgrenze $t_g = 9{,}4°\,\mathrm{C}$ ab.

3. Luftfilter und Tropfenfänger

Zur Luftaufbereitung gehört auch die Reinigung der Luft von Staub. Das Hauptfilter wird unmittelbar hinter der Außenluft-Umluftmischkammer angeordnet, ein zweites in dem Beipaß. Die Strömungswiderstände sind von der Lieferfirma anzugeben. Vor und hinter der Düsenkammer ist ein Tropfenfänger aus zickzackförmigen Blechen mit überstehenden Kanten angebracht, wobei die mitgerissenen Wassertröpfchen durch Prallwirkung ausgeschieden werden.

Der Abscheider am Ende der Düsenkammer hat eine Tiefe von 400 bis 500 mm, derjenige vor den Düsen eine Tiefe von 150 bis 200 mm. Die ganze Länge der Zerstäubungskammer einschließlich Tropfenfänger beträgt etwa 2,0 m, wobei auf die Tropfenfänger eine Länge von 0,7 m und auf den Düsenraum eine Länge von 1,3 m entfällt. Der gesamte Einbau (Düsen und Tropfenfänger) hat einen von der Wassermenge abhängigen Widerstand, der im Mittel etwa 8 mm WS beträgt.

4. Zuluftkanal und Luftdurchlässe

Für den Zuluftkanal mit Durchlässen wählen wir $w = 4$ m/s, um eine möglichst gleichmäßige Beaufschlagung der Gitter sicherzustellen.

$$F_Z = \frac{6100}{3600 \cdot 4} = 0{,}42 \text{ m}^2$$

oder Breite $= 0{,}6$ m, Höhe $= 0{,}7$ m.

Der Zuluftkanal wird unterhalb der Raumdecke an der Innenwand befestigt; die Luft wird seitlich durch Lochgitter nach der Fensterwand zu ausgeblasen.

Außerdem verjüngt sich der Kanal von 0,6 m Breite am Anfang auf etwa 0,1 m Breite am Ende.

Besitzt der Kanal 10 seitliche Zuluftöffnungen, so kommen auf jede Öffnung $\frac{6100}{10} = 610$ m³/h.

Zur Bestimmung der Zuluftquerschnitte verwenden wir Gl. (13.06). Danach ist[2]

$$\sqrt{F \cdot i \cdot \alpha} = 3{,}3 \cdot K' \cdot \frac{V_0}{x}.$$

Die Wurfweite X beträgt

$$X = 9 - 0{,}4 = 8{,}6 \text{ m}.$$

Aus den Tabellen auf S. 537 und 538 entnimmt man $K' = 5{,}7$ und $\alpha = 0{,}78$. Gewählt wird $i = 0{,}5$.

$$F \cdot 0{,}5 \cdot 0{,}78 = \left(3{,}3 \cdot 5{,}7 \cdot \frac{610}{3600 \cdot 8{,}6}\right)^2 = 0{,}138,$$

$$F = \frac{0{,}138}{0{,}5 \cdot 0{,}78} \approx 0{,}35 \text{ m}^2.$$

Zuluftdurchlässe: Länge 1 m, Höhe 0,35 m.

Der Ab- bzw. Umluftkanal wird unterhalb der Fenster auf der Nordseite des Prüfraumes verlegt. Die Fortluft wird mittels eines Schachtes am Ende des Kanals (im Vorraum) ins Freie geführt.

Wählt man die Geschwindigkeit im freien Querschnitt der 6 Abluftgitter mit $w_0 = 2{,}5$ m/s, so ergibt sich deren Fläche mit

$$F \cdot i = \frac{6100}{3600 \cdot 6 \cdot 2{,}5} = 0{,}113 \text{ m}^2$$

und mit $i = 0{,}8$

$$F = \frac{0{,}113}{0{,}8} = 0{,}141 \text{ m}^2.$$

Abluftdurchlässe: Länge 0,7 m, Breite 0,2 m.

---

[1] RYBKA, K., u. A. KLEIN: Klimatechnik, Entwurf, Berechnung und Ausführung von Klimaanlagen, 2. Aufl. München u. Berlin: Oldenbourg 1938.

[2] Die Gl. (13.06) gilt strenggenommen nur für die freie Strahlausbreitung. Im vorliegenden Fall treffen die Luftstrahlen aus den 10 Durchlässen im letzten Teil ihrer Bahn zusammen. Die Zentralgeschwindigkeit der Luft nimmt dadurch langsamer ab als im freien Strahl; die Endgeschwindigkeit ist also höher. Bei einem gewerblich genutzten Raum ist dies unbedenklich.

Dritter Teil

Zahlen- und Bildtafeln

I. Stoffwerte und wärmetechnische Tabellen

Zahlentafel A 1

Umrechnungsfaktoren

	Metrisch — Englisch	Englisch — Metrisch
	I. Länge	
1.	1 cm = 0,394 inch	1 inch = 2,54 cm
2.	1 m = 3,28 ft	1 ft = 0,305 m
3.	1 m = 1,094 yard	1 yard = 0,914 m
	II. Fläche	
4.	1 cm² = 0,155 sq inch	1 sq inch = 6,45 cm²
5.	1 m² = 10,76 sq ft	1 sq ft = 0,0929 m²
	III. Volumen	
6.	1 cm³ = 0,061 cu inch	1 cu inch = 16,39 cm³
7.	1 m³ = 35,3 cu ft	1 cu ft = 0,0283 m³
	IV. Gewicht	
8.	1 g = 15,43 grain	1 grain = 0,0648 g
9.	1 kg = 35,3 oz	1 oz = 28,35 g
10.	1 kg = 2,205 lb	1 lb = 0,454 kg
11.	1 t = 0,984 long ton	1 long ton = 1,016 t
12.	$1 \dfrac{kg}{m^3} = 1,686 \dfrac{lb}{cu\ yd}$	$1 \dfrac{lb}{cu\ yd} = 0,593 \dfrac{kg}{m^3}$
13.	$1 \dfrac{kg}{m^3} = 0,0624 \dfrac{lb}{cu\ ft}$	$1 \dfrac{lbs}{cu\ ft} = 16,02 \dfrac{kg}{m^3}$
	V. Geschwindigkeit	
14.	$1 \dfrac{m}{sec} = 196,9 \dfrac{ft}{min}$ $1 \dfrac{cm}{sec} = 1,969 \dfrac{ft}{min}$	$1 \dfrac{ft}{min} = 0,508 \dfrac{cm}{sec}$
15.	$1 \dfrac{cm}{sec} = 0,394 \dfrac{inch}{sec}$	$1 \dfrac{inch}{sec} = 2,45 \dfrac{cm}{sec}$
	VI. Druck	
16.	$1 \dfrac{kg}{m^2} = 0,205 \dfrac{lb}{sq\ ft}$	$1 \dfrac{lb}{sq\ ft} = 4,88 \dfrac{kg}{m^2}$
17.	$1 \dfrac{kg}{cm^2} = 14,22 \dfrac{lb}{sq\ inch}$	$1 \dfrac{lb}{sq\ inch} = 0,0703 \dfrac{kg}{cm^2}$
	VII. Leistung	
18.	1 PS = 0,986 HP	1 HP = 1,014 PS
19.	1 kW = 1,341 HP	1 HP = 0,745 kW
	VIII. Wärme	
20.	1 kcal = 3,97 BTU	1 BTU = 0,252 kcal
21.	$1 \dfrac{kcal}{m\ h\ °C} = 0,672 \dfrac{BTU}{ft\ h\ °F}$	$1 \dfrac{BTU}{ft\ h\ °F} = 1,488 \dfrac{kcal}{m\ h\ °C}$
22.	$1 \dfrac{kcal}{m^2\ h\ °C} = 0,205 \dfrac{BTU}{sq\ ft\ h\ °F}$	$1 \dfrac{BTU}{sq\ ft\ h\ °F} = 4,88 \dfrac{kcal}{m^2\ h\ °C}$
23.	$1 \dfrac{kcal}{m^3} = 0,112 \dfrac{BTU}{cu\ ft}$	$1 \dfrac{BTU}{cu\ ft} = 8,9 \dfrac{kcal}{m^3}$
24.	$1 \dfrac{kcal}{kg} = 1,8 \dfrac{BTU}{lb}$	$1 \dfrac{BTU}{lb} = 0,556 \dfrac{kcal}{kg}$
25.	$1 \dfrac{kcal}{m^2\ h} = 0,369 \dfrac{BTU}{sq\ ft\ h}$	$1 \dfrac{BTU}{sq\ ft\ h} = 2,713 \dfrac{kcal}{m^2\ h}$
26.	$1 \dfrac{kcal}{kg\ °C} = 0,999 \dfrac{BTU}{lb\ °F}$	$1 \dfrac{BTU}{lb\ °F} = 1,001 \dfrac{kcal}{kg\ °C}$

Zahlentafel A 2

Vergleich der Temperaturgrade °C und °F

°C	°F	°C	°F	°C	°F	°C	°F
−45	−49	12	53,6	42	107,6	110	230
−40	−40	14	57,2	44	111,2	120	248
−35	−31	16	60,8	46	114,8	130	266
−30	−22	18	64,4	48	118,4	140	284
−25	−13	20	68,0	50	122,0	150	302
−20	− 4	22	71,6	55	131	160	320
−15	+ 5	24	75,2	60	140	170	338
−10	+14	26	78,8	65	149	180	356
− 5	+23	28	82,4	70	158	190	374
0	+32	30	86,0	75	167	200	392
+ 2	+35,6	32	89,6	80	176	210	410
4	39,2	34	93,2	85	185	220	428
6	42,8	36	96,8	90	194	230	446
8	46,4	38	100,4	95	203	240	464
10	50,0	40	104,0	100	212	250	482

$$1\,°C = \frac{9}{5}\,°F \qquad\qquad \text{Temp. Celsius} = \frac{5}{9}\,(\text{Temp. Fahrenheit} - 32°)$$

Zahlentafel A 3

Stoffwerte für Gase, Dämpfe und Flüssigkeiten

γ Spez. Gewicht (Wichte), c Spez. Wärme, ν Kinematische Zähigkeit, λ Wärmeleitzahl, a Temperaturleitzahl.

Flüssigkeiten	t °C	γ $\frac{kg}{m^3}$	c $\frac{kcal}{kg\ grd}$	$10^6 \cdot \nu$ $\frac{m^2}{sec}$	λ $\frac{kcal}{m\ h\ grd}$	$10^3 \cdot a$ $\frac{m^2}{h}$
1. Frigen 12 (CF_2Cl_2) als Flüssigkeit bei p_{Satt}	0	1394	0,221	0,203	0,083	0,27
	30	1293	0,237	0,161	0,074	0,241
2. als trock. ges. Dampf	0	17,65	0,142	0,68	0,008	3,08
	30	41,11	0,162	0,329	0,010	1,48
3. Heizöl EL	15	840—860	0,45	2—10	0,12	0.314
4. Heizöl L	15	860—890	0,44	8—17	0,115	0,298
5. Heizöl M	15	920	0,43	100—150	0,11	0,278
6. Sole, eutektisch, 20,6% $MgCl_2$	0	(1184)[1]	0,725	4,63	0,441	0,513
7. Wasser	20	998,2	0,999	1,004	0,515	0,515
	100	958,2	1,006	0,295	0,586	0,607

Gase und Dämpfe	t °C	γ $\frac{kg}{m^3}$	c $p=1\,\text{at}$ $\frac{kcal}{kg\ grd}$	$10^6 \cdot \nu$ $\frac{m^2}{sec}$	λ $\frac{kcal}{m\ h\ grd}$	a $\frac{m^2}{h}$
1. Luft[2]	0	1,293	0,240	13,3	0,0209	0,067
	100	0,946	0,241	23,1	0,027	0,118
	200	0,746	0,245	34,6	0,0332	0,182
2. Wasserdampf	100	0,578	0,447	21,3	0,022	0,085
	500	0,275	0,472	99,1	0,058	0,447
3. CO_2	100	1,446	0,208	12,8	0,019	0,063
	500	0,698	0,243	47,5	0,047	0,278
4. CO	100	0,915	0,249	22,9	0,025	0,110
	500	0,441	0,257	—	—	—
5. N_2	100	0,916	0,249	22,7	0,027	0,118
	500	0,442	0,255	76,8	0,048	0,426

[1] Bei $t = 15\,°C$.

[2] Trockene Luft $p = 1,033$ at.

Zahlentafel A 4

Stoffwerte fester Körper

(Weitere Angaben über Wärmeleitzahlen von Bau- und Isolierstoffen s. Zahlentafel A 22 und 23)

γ Spez. Gewicht (Wichte), c Spez. Wärme, λ Wärmeleitzahl.

Nr.	Stoff	t °C	γ $\frac{kg}{m^3}$	c $\frac{kcal}{kg\,grd}$	λ $\frac{kcal}{m\,h\,grd}$
1	Aluminium, 99,76%	20	2 700	0,215	197
2	Aluminium, handelsüblich	20	2 700	0,214	170
3	Blei	20	11 340	0,031	30
4	Gußeisen, C ≈ 3,5%.	20	7 300	0,129	50
5	Flußstahl	20	7 840	0,115	50
6	Stahl, C ≈ 1%, weich.	20	7 820		41
7	Kupfer, handelsüblich	20	8900—9000	0,09	320
8	Rotguß, Bronze	20	8 700	0,09	55
9	Silber, rein.	20	10 500	0,056	360
10	Asphalt	20	2 100	0,22	0,6
11	Beton (Kiesbeton; lufttrocken) . . .	20	1800—2200	0,21	0,8—1,3
12	Eis	0	880—917	0,5	1,9
13	Gips.	20	970	0,26	0,44
14	Glas.	20	2400—3000	0,2	0,70
15	Gummi	20	1 100	0,4	0,14—0,2
16	Schaumgummi	20	400—500	0,4	0,06—0,08
17	Holz[1]	—	700	0,4 —0,6	0,15
			450	0,35—0,7	0,1
18	Holzfaserplatte . , ...	0	280	0,55	0,048
19	Isolierstoffe (anorganisch)	100	—	0,18—0,27	0,04—0,10
20	Isolierstoffe (organisch)	0	—	0,3 —0,55	0,03—0,06
21	Koks (Zechen-)	20	1600—1900	0,2	0,9—1,0
22	Leder, lohgar, trocken	20	860	—	0,12—0,15
23	Papier.	20	700	—	0,12
24	Sandboden.	—	—	—	0,9
25	Sandstein	20	2600—2700	0,17	2,0
26	Schamotte	20	2000—2700	0,2	1,35
	Schamotte	500	2000—2700	0,27	1,55
27	Schlacke (Hochofen)	20	2500—3000	0,2	0,49
28	Steinkohle	20	1500	0,3	0,18
29	Zement (Portland), frisch, trocken .	20	3100—3200	0,18	—
30	Ziegelmauerwerk, lufttrocken. . . .	20	1400—1800	0,2	0,50—0,70

[1] Die Stoffwerte für Holz ändern sich stark mit der Feuchtigkeit. Sie unterscheiden sich auch für die verschiedenen Holzarten erheblich. Die angeführten Werte gelten etwa für lufttrockenes Holz. Für die λ-Werte ist eine Wärmeströmung senkrecht zur Faser angenommen. Bei Parallelströmung liegen die Werte etwa doppelt so hoch.

Zahlenwerte für Rechnungen mit feuchter Luft
gültig für einen Barometerstand von 760 mm QS (760 Torr)

t Lufttemperatur.
γ Spez. Gewicht der trockenen Luft.
γ_s Spez. Gewicht gesättigter feuchter Luft.
p_s Sättigungsdruck des Wasserdampfes.
x_s Wassergehalt gesättigter feuchter Luft, bez. auf 1 kg tr. Luft.
i_s Wärmeinhalt gesättigter feuchter Luft, bez. auf 1 kg tr. Luft.

t °C	γ kg/m³	γ_s kg/m³	p_s mm QS	x_s g/kg	i_s kcal/kg
−20	1,396	1,395	0,77	0,63	− 4,43
−19	1,394	1,393	0,85	0,70	− 4,15
−18	1,385	1,384	0,94	0,77	− 3,87
−17	1,379	1,378	1,03	0,85	− 3,58
−16	1,374	1,373	1,13	0,93	− 3,29
−15	1,368	1,367	1,24	1,01	− 3,01
−14	1,363	1,362	1,36	1,11	− 2,71
−13	1,358	1,357	1,49	1,22	− 2,40
−12	1,353	1,352	1,63	1,34	− 2,09
−11	1,348	1,347	1,78	1,46	− 1,78
−10	1,342	1,341	1,95	1,60	− 1,45
− 9	1,337	1,336	2,13	1,75	− 1,13
− 8	1,332	1,331	2,32	1,91	− 0,79
− 7	1,327	1,325	2,53	2,08	− 0,45
− 6	1,322	1,320	2,76	2,27	− 0,10
− 5	1,317	1,315	3,01	2,47	+ 0,26
− 4	1,312	1,310	3,28	2,69	0,64
− 3	1,308	1,306	3,57	2,94	1,08
− 2	1,303	1,301	3,88	3,19	1,41
− 1	1,298	1,295	4,22	3,47	1,82
0	1,293	1,290	4,58	3,78	2,25
1	1,288	1,285	4,93	4,07	2,66
2	1,284	1,281	5,29	4,37	3,08
3	1,279	1,275	5,69	4,70	3,52
4	1,275	1,271	6,10	5,03	3,96
5	1,270	1,266	6,54	5,40	4,42
6	1,265	1,261	7,01	5,79	4,90
7	1,261	1,256	7,51	6,21	5,40
8	1,256	1,251	8,05	6,65	5,90
9	1,252	1,247	8,61	7,13	6,43
10	1,248	1,242	9,21	7,63	6,97
11	1,243	1,237	9,84	8,15	7,53
12	1,239	1,232	10,52	8,75	8,14
13	1,235	1,228	11,23	9,35	8,74
14	1,230	1,223	11,99	9,97	9,36
15	1,226	1,218	12,79	10,6	9,98
16	1,222	1,214	13,63	11,4	10,7
17	1,217	1,208	14,53	12,1	11,4
18	1,213	1,204	15,48	12,9	12,1
19	1,209	1,200	16,48	13,8	12,9
20	1,205	1,195	17,53	14,7	13,8
21	1,201	1,190	18,65	15,6	14,6
22	1,197	1,185	19,83	16,6	15,3
23	1,193	1,181	21,07	17,7	16,2
24	1,189	1,176	22,38	18,8	17,2
25	1,185	1,171	23,76	20,0	18,1
26	1,181	1,166	25,21	21,4	19,2
27	1,177	1,161	26,74	22,6	20,2
28	1,173	1,156	28,35	24,0	21,3
29	1,169	1,151	30,04	25,6	22,5

Zahlentafel A 5 (Fortsetzung)

Zahlenwerte für Rechnungen mit feuchter Luft usw.

t °C	γ kg/m³	γ_s kg/m³	p_s mmQS	x_s g/kg	i_s kcal/kg
30	1,165	1,146	31,82	27,2	23,8
31	1,161	1,141	33,70	28,8	25,0
32	1,157	1,136	35,66	30,6	26,3
33	1,154	1,131	37,73	32,5	27,7
34	1,150	1,126	39,90	34,4	29,2
35	1,146	1,121	42,18	36,6	30,8
36	1,142	1,116	44,56	38,8	32,4
37	1,139	1,111	47,07	41,1	34,0
38	1,135	1,107	49,69	43,5	35,7
39	1,132	1,102	52,44	46,0	37,6
40	1,128	1,097	55,32	48,8	39,6
41	1,124	1,091	58,34	51,7	41,6
42	1,121	1,086	61,50	54,8	43,7
43	1,117	1,081	64,80	58,0	45,9
44	1,114	1,076	68,26	61,3	48,3
45	1,110	1,070	71,88	65,0	50,8
46	1,107	1,065	75,65	68,9	53,4
47	1,103	1,059	79,60	72,8	56,2
48	1,100	1,054	83,71	77,0	59,0
49	1,096	1,048	88,02	81,5	62,1
50	1,093	1,043	92,51	86,2	65,3
51	1,090	1,037	97,20	91,3	68,6
52	1,086	1,031	102,1	96,6	72,3
53	1,083	1,025	107,2	102	75,9
54	1,080	1,019	112,5	108	80,0
55	1,076	1,013	118,0	114	84,1
56	1,073	1,007	123,8	121	88,6
57	1,070	1,001	129,8	128	93,2
58	1,067	0,995	136,1	136	98,5
59	1,063	0,987	142,6	144	104
60	1,060	0,981	149,4	152	109
61	1,057	0,974	156,4	161	115
62	1,054	0,968	163,8	171	121
63	1,051	0,961	171,4	181	128
64	1,048	0,954	179,3	192	135
65	1,044	0,946	187,5	204	143
66	1,041	0,939	196,1	216	151
67	1,038	0,932	205,0	230	160
68	1,035	0,924	214,2	244	169
69	1,032	0,917	223,7	259	179
70	1,029	0,909	233,7	276	190
71	1,026	0,901	243,9	294	202
72	1,023	0,893	254,6	314	214
73	1,020	0,885	265,7	335	227
74	1,017	0,877	277,2	357	242
75	1,014	0,868	289,1	382	258
76	1,011	0,859	301,4	408	275
77	1,009	0,851	314,1	437	293
78	1,006	0,842	327,3	470	315
79	1,003	0,833	341,0	506	338
80	1,000	0,823	355,1	545	363
81	0,997	0,813	369,7	589	391
82	0,994	0,803	384,9	639	425
83	0,992	0,794	400,6	695	460
84	0,989	0,783	416,8	756	500

Zahlentafel A 5 (Schluß)

Zahlenwerte für Rechnungen mit feuchter Luft usw.

t °C	γ kg/m³	γ_s kg/m³	p_s m QS	x_s g/kg	i_s kcal/kg
85	0,986	0,773	433,6	828	545
86	0,983	0,762	450,9	908	597
87	0,981	0,751	468,7	1 000	657
88	0,978	0,740	487,1	1 110	725
89	0,975	0,729	506,1	1 240	810
90	0,973	0,718	525,8	1 400	912
91	0,970	0,706	546,1	1 590	1 035
92	0,967	0,694	567,0	1 830	1 185
93	0,965	0,681	588,6	2 135	1 380
94	0,962	0,669	610,9	2 546	1 645
95	0,959	0,656	633,9	3 120	2 015
96	0,957	0,643	657,6	3 990	2 575
97	0,954	0,630	682,1	5 450	3 510
98	0,951	0,616	707,3	8 350	5 360
99	0,949	0,602	733,2	17 000	10 910
100	0,947	0,589	760,0	—	—

Zahlentafel A 6

Verdampfungswärme von Wasser

Druck p at	Sättigungstemperatur t_s °C	Verdampfungswärme r kcal/kg	Druck p at	Sättigungstemperatur t_s °C	Verdampfungswärme r kcal/kg
0,3	68,7	558,2	3,5	138,2	513,1
0,4	75,4	554,1	4	142,9	509,8
0,5	80,9	550,8	5	151,1	503,7
0,6	85,5	548,0	6	158,1	498,5
0,7	89,5	545,5	7	164,2	493,8
0,8	93,0	543,2	8	169,6	489,5
0,9	96,2	541,2	9	174,5	485,6
1,0	99,1	539,4	10	179,0	481,8
1,2	104,3	536,0	12	187,1	475,0
1,4	108,7	533,1	14	194,1	468,9
1,6	112,7	530,6	16	200,4	463,2
1,8	116,3	528,2	18	206,1	457,8
2,0	119,6	525,9	20	211,4	452,7
2,5	126,8	521,1	25	221,9	441,0
3,0	132,9	516,9	30	232,8	430,2

Feste Brennstoffe

Die Angaben sind nur als Mittelwerte zu betrachten. Vor allem die Asche- und Wassergehalte können in weiten Grenzen schwanken

			Holz lufttr.	Torf lufttr.	Braunkohle — Weich-braun-kohle	Braunkohle — Hart-braun-kohle	Braunk.-Briketts	Steinkohle — Gas-flamm-kohle	Steinkohle — Gas-kohle	Steinkohle — Fett-kohle	Steinkohle — Eß-kohle	Steinkohle — Mager-kohle	Steinkohle — Anthra-zit	Zechen-koks
Zusammensetzung der Reinkohle	C	Gew.-%	50	59	65	74	wie Ausgangs-kohle	84	86	88	90	91	92	97
	H_2	„	6	6	7	6		5	5	5	4	3,5	3	0,5
	O_2	„	44	33	26	18		9	7	5	3,5	3	2,5	0,5
	N_2	„	—	1,5	1	1,5		1	1	1	1,5	1,5	1,5	1
	S	„	—	0,5	1	0,5		1	1	1	1	1	1	1
Aschegehalt		Gew.-%	0,2—0,8	0,4—9	2—9	3—12	5—12	Stück- und Nußkohle				3—7		7—12
Wassergehalt		„	12—25	20—35	40—60	20—30	12—15					1—5		2—8
Heizwert H_u		$\frac{kcal}{kg}$	3600	3600	2300	4500	4800	7000	7300	7500	7600	7650	7700	6900
Theor. Luftbedarf L_{min}		$\frac{Nm^3}{kg\ Brst.}$	3,8	4,1	2,9	5,3	5,5	7,8	8,0	8,2	8,1	8,1	8,1	7,8
Max. CO_2-Gehalt der Rauchgase		%	17,2	15,3	13,7	16,5	17,0	17,5	17,5	17,5	18,0	18,3	18,6	20,5
Luftüberschußzahl λ[1]		—	2	2	1,5	1,5	1,5	1,5	1,5	1,5	1,5	1,5	1,5	1,5
Luftbedarf L_{tr}		$\frac{Nm^3}{kg\ Brst.}$	7,6	8,2	4,4	8,0	8,3	11,7	12,0	12,3	12,2	12,2	12,2	11,7
Rauchgasvolumen V''		$\frac{Nm^3}{kg\ Brst.}$	8,4	9,0	5,2	8,5	8,8	12,0	12,3	12,6	12,5	12,4	12,4	11,7
CO_2-Gehalt der Rauchgase		%	9,3	8,3	10,0	11,4	11,7	11,8	11,8	11,8	12,2	12,4	12,6	13,7
Spez. Gewicht		$\frac{kg}{m^3}$	500—700	640	1200—1400		1200—1400	1350—1450						≈ 1500
Schüttgewicht		$\frac{kg}{m^3}$	—	330—400[2]	500—800[2]		≈ 1000[3]	800— 850						500[4]; 550[5]

Left-side grouping label: *Bezogen auf mittl. Asche- und Wassergehalt* (Heizwert through CO_2-Gehalt der Rauchgase).

[1] λ angenommen.   [2] Je nach Feuchtigkeit.   [3] Gestapelt.   [4] Für Brechkoks I und II.   [5] Für Brechkoks III.

Zahlentafel A 8

Flüssige Brennstoffe

Die Angaben sind als Mittelwerte zu betrachten. Die im Einzelfall zu erwartenden
Abweichungen sind gering

			Heizöl				Steinkohlen-teeröl
			extra leicht **EL**	leicht **L**	mittel **M**	schwer **S**	
Zusammensetzung des Heizöls	C	Gew.-%	85	85	85	84,5	89
	H_2	,,	13,0	13,0	12,0	11	7
	O_2+N_2	,,	1,0	1,0	1,0	1,0	3,5
	S	,,	1,0	1,0	2,0	3,5	0,5
	Asche	,,	—	—	0,02	0,02—0,03	—
	Wasser	,,	—	—	—	—	—
Heizwert H_u		$\dfrac{\text{kcal}}{\text{kg}}$	10200	10100	9800	9600	9000
Theoret. Luftbedarf Lmin		$\dfrac{\text{Nm}^3}{\text{kg Brst.}}$	11,0	11,0	10,8	10,5	9,8
Luftüberschußzahl λ [1]		—	1,2	1,2	1,2	1,2	1,2
Luftbedarf L_{tr}		$\dfrac{\text{Nm}^3}{\text{kg Brst.}}$	13,2	13,2	13,0	12,6	11,8
Rauchgasmenge V''		$\dfrac{\text{Nm}^3}{\text{kg Brst.}}$	13,9	13,9	13,6	13,2	12,1
Spez. Gewicht γ		$\dfrac{\text{kg}}{\text{m}^3}$	850	870	920	980	1060

[1] λ angenommen.

Zahlentafel A 9

Gasförmige Brennstoffe

	Bezeichnung		Steinkohlen-schwelgas	Stadtgas (Mischgas)	Wassergas
Mittlere Gaszusammensetzung	Oberer Heizwert H_o	$\dfrac{\text{kcal}}{\text{Nm}^3}$	7800	4200	2700
	Unterer Heizwert H_u	$\dfrac{\text{kcal}}{\text{Nm}^3}$	7000	3800	2450
	CO_2-Gehalt	Vol.-%	3	5	6
	C_mH_n-Gehalt	,,	13	2	—
	CO-Gehalt	,,	7	18	38
	H_2-Gehalt	,,	27	50	50
	CH_4-Gehalt	,,	48	19	(0,2)
	N_2-Gehalt	,,	2	6	6
	Spez. Gew. γ	$\dfrac{\text{kg}}{\text{Nm}^3}$	0,695	0,61	0,71
	Theor. Luftbedarf L_{min}	$\dfrac{\text{Nm}^3\,L}{\text{Nm}^3\,G}$	7,39	3,7	2,1
Verbrennungsprodukte	CO_2	$\dfrac{\text{Nm}^3\,CO_2}{\text{Nm}^3\,G}$	0,91	0,47	0,44
	N_2 $(\lambda=1)$	$\dfrac{\text{Nm}^3\,N_2}{\text{Nm}^3\,G}$	5,9	3,01	1,73
	Trockene Abgase	$\dfrac{\text{Nm}^3}{\text{Nm}^3\,G}$	6,81	3,48	2,17
	Max. CO_2-Gehalt	%	13,4	13,5	20,3
	Verbrennungswassermenge	$\dfrac{\text{kg}}{\text{Nm}^3\,G}$	1,25	0,75	0,4
	Feuchtes Abgasvolumen	$\dfrac{\text{m}^3}{\text{Nm}^3\,G}$	16,4	8,6	5,1
	$\lambda=1,2;\quad t=100°C;\quad p=1$ at				

Zahlentafel A 10

Emissionsverhältnis ε (Gesamtstrahlung) bzw. ε_n (Strahlung in Richtung der Flächennormalen) bei der Temperatur t für verschiedene Stoffe (nach E. SCHMIDT, E. ECKERT u. a.)

Stoffe bzw. Oberfläche	t °C	ε_n —	ε —
Absolut schwarzer Körper		1	1
Metalle:			
Aluminium, walzblank	170	0,039	0,049
poliert	23	0,052	
Blei, grau oxydiert	20	0,28	
Eisen, Stahl: mit Walzhaut	20	0,77	
mit Gußhaut	100	0,80	
blank geschmirgelt	20	0,24	
stark verrostet	20	0,85	
blank verzinnt	24	0,056—0,086	
verzinkt	28	0,23	
Kupfer, geschabt	20	0,070	
schwarz oxydiert	20	0,78	
Messing, poliert	20	0,05	
matt	20	0,22	
Anstriche:			
Aluminiumbronze	100	0,2—0,4	
Heizkörperlack (Farbe beliebig)	100	0,925	
Lacke, Emaille	20	0,85—0,95	
Mennigeanstrich	100	0,93	
Ruß-Wasserglas	20	0,96	
Verschiedene Stoffe:			
Asbestschiefer, rauh	20	0,96	
Dachpappe	20	0,93	
Eis, glatt	0	0,966	0,918
Rauhreif	0	0,985	
Wasser	0	0,966	0,918
Glas, glatt	90	0,94	0,876
Holz, glatt (Buche)	70	0,935	0,91
Papier	95	0,92	0,89
Porzellan, glasiert	20	0,92—0,94	
Ton, gebrannt, weiß, fein	70	0,91	0,86
Ziegelstein, Mörtel, Putz	20	0,93	
Schamotte		0,85	

Das Emissionsverhältnis steigt mit der Temperatur bei metallischen Stoffen leicht an und fällt bei nichtmetallischen Stoffen meist etwas ab.

Wenn für die Gesamtstrahlung ε keine Werte angegeben sind, kann näherungsweise für blanke Metalloberflächen $\varepsilon/\varepsilon_n = 1{,}2$, für andere Körper mit glatter Oberfläche $\varepsilon/\varepsilon_n = 0{,}95$, mit rauher Oberfläche $\varepsilon/\varepsilon_n = 0{,}98$ gesetzt werden.

II. Wärmebedarfsrechnung

Zahlentafel A 11

Heiztechnische Klimadaten

Ort	Zahl der Gradtage Gt	Zahl der Heiztage Z	Mittlere Wintertemperatur t_{am}	Wärmebedarfszahl W	Tiefste Außentemperatur nach DIN 4701 $t_{a\,min}$
Aachen	3070	225	5,4	1495	—12
Augsburg-Kriegsh.	3660	235	3,4	2020	—18
Berlin-Dahlem	3410	226	3,9	1830	—15
Braunschweig	3310	221	4,0	1765	—15
Bremen-Flughafen	3150	225	5,0	1575	—15W
Breslau	3540	229	3,6	1935	—18
Chemnitz	3570	230	3,5	1960	—18
Dortmund	3080	214	4,6	1580	—12
Dresden	3330	222	4,0	1775	—15
Erfurt	3600	231	3,4	1985	—18
Essen-Mülheim	3050	222	5,3	1495	—12
Frankfurt a. M.	3010	213	4,9	1515	—12
Freiburg i. Br.	2920	226	6,1	1335	—12
Friedrichshafen	3360	226	4,1	1780	—15
Garmisch-Partenkirchen	3960	251	3,2	2205	—18
Halle	3310	221	4,0	1765	—15
Hamburg	3380	231	4,4	1760	—15W
Hannover-Langenhagen	3250	226	4,6	1665	—15
Hof-Hohensaß	4370	270	2,8	2480	—18
Iserlohn	3290	234	5,0	1650	—12
Kaiserslautern	3300	232	4,8	1675	—15
Karlsruhe	2950	212	5,1	1470	—12
Kassel-Harleshausen	3450	234	4,3	1810	—15
Kiel-Holtenau	3660	248	4,3	1925	—15W
Köln	2820	209	5,5	1355	—12
Königsberg	3890	243	2,6	2290	—21W
Leipzig	3370	223	3,9	1810	—15
Lübeck	3480	236	4,2	1825	—15W
Magdeburg	3290	221	5,1	1745	—15
Mainz	3010	212	4,8	1525	—12
Mannheim	3000	212	4,9	1515	—12
Mönchen-Gladbach	3010	220	5,3	1470	—12
München	3630	234	3,5	1990	—18
Münster-Handorf	3130	224	5,0	1560	—12
Nürnberg-Fürth	3510	222	3,2	1960	—18
Passau-Ries	3750	235	3,1	2100	—18
Regensburg	3720	233	3,1	2085	—18
Stuttgart	3050	215	4,8	1545	—15
Tilsit	4150	244	2,0	2440	—21W
Trier, Stadt	3150	221	4,2	1605	—12
Wiesbaden	3050	213	4,7	1560	—12
Würzburg-Stein	3340	226	4,2	1760	—15

Städte in windstarker Gegend sind durch den Buchstaben „W" hinter der Temperaturangabe nach DIN 4701 gekennzeichnet.

Zahlentafel A 12

Temperaturen angrenzender unbeheizter Nebenräume und des Erdreiches.
(Nach DIN 4701)

			Bei einer Außentemperatur von			
			$-12°$	$-15°$	$-18°$	$-21°$
Dachräume	Dachbauart $\begin{cases} k < 2 \\ k = 2 \text{ bis } 5 \\ k > 5 \end{cases}$		$-3°$ $-6°$ $-9°$	$-6°$ $-9°$ $-12°$	$-9°$ $-12°$ $-15°$	$-12°$ $-15°$ $-18°$
Nebenräume, deren Umfassungen überwiegend	an beheizte Räume grenzen:		Temperaturen nach Maßgabe der umliegenden Temperaturen zu wählen			
	an die Außenluft grenzen: ohne Türen oder nur mit Türen nach Nebenräumen auch Kellerräume		$+6°$	$+6°$	$+3°$	$+3°$
	an die Außenluft grenzen: mit Türen nach außen, z. B. Durchfahrten, Vorflure, Treppenhäuser		$0°$	$0°$	$-3°$	$-3°$
Erdreich[1]	unter dem Fußboden[1]		$+6°$		$+3°$	
	an Außenwand bis 2 m Tiefe		$0°$		$-3°$	
Angrenzende Nachbarräume mit besonderer Heizung	zentralbeheizt		$+15°$			
	einzelbeheizt		$+10°$			
	Kesselräume		$+15$ bis $+20°$			

[1] Siehe auch S. 390.

Zahlentafel A 13

Raumtemperaturen. (Nach DIN 4701, empfohlene Werte)

1. *Wohnhäuser*
   Wohnräume, Schlafräume, Küchen . . . . $+20°$
   Vorräume, Flure, Aborte . . . . $+15°$
   Treppenhäuser . . . . $+10°$
   Bäder . . . . $+22°$
2. *Geschäfts- und Verwaltungsgebäude*
   Geschäfts- und Büroräume, Gaststätten, Hotelzimmer, Läden . . . . . . $+20°$
   Flure, Treppenhäuser, Aborte . . . . $+15°$
3. *Schulen*
   Unterrichts- und Amtsräume . . . . $+20°$
   Lehrküchen und Werkräume . . . . $+15°$ bis $+18°$
   Lehrmittelzimmer, Garderoben, Turnhallen . . . . $+15°$
   Aula. . . . . $+18°$
   Bade- und Umkleideräume . . . . $+22°$
   Flure, Treppenhäuser, geschlossene Pausenhallen, Aborte (in Kindergärten
   $+15°$) . . . . $+5°$ bis $+10°$

Zahlentafel A 14

Zuschläge z_D und z_H in %

a) Zusammengefaßte Zuschläge $z_D = z_U + z_A$

Betriebsweise		D-Wert	0,1 bis 0,29	0,30 bis 0,69	0,70 bis 1,49	1,5
I		Eingeschränkter Betrieb	7	7	7	7
II		9- bis 12 stündige Unterbrechung . .	20	15	15	15
III		12- bis 16 stündige Unterbrechung . .	30	25	20	15

b) Zuschläge z_H für Himmelsrichtung

Himmelsrichtung . . .	S	SW	W	NW	N	NO	O	SO
Zuschläge z_H	-5	-5	0	$+5$	$+5$	$+5$	0	-5

Zahlentafel A 15 a

Fugendurchlässigkeit a je m Fugenlänge in m³/h

für Fenster und Türen einwandfreier Ausführung und normaler Flügelgröße

Holz- und Kunststoffenster	Einfachfenster Verbundfenster Doppelfenster und Einfachfenster mit garantierter Dichtung	3,0 2,5 2,0
Stahl- und Metallfenster	Einfachfenster Verbundfenster Doppelfenster und Einfachfenster mit garantierter Dichtung	1,5 1,5 1,2
Innentüren	undicht (ohne Schwelle) dicht (mit Schwelle)	40 15
Außentüren	wie Fenster	

Zahlentafel A 15 b

Verhältnis Fugenlänge l zu Fenster- bzw. Türfläche F

zur überschläglichen Bestimmung der Fugenlänge $\left(\omega = \dfrac{l}{F}\right)$

	Fenster- bzw. Türhöhe m	ω
Fenster beliebiger Flügelzahl	0,50	7,2
	0,63	6,2
	0,75	5,3
	0,88	4,9
	1,00	4,5
	1,25	4,1
	1,50	3,7
	2,00	3,3
	2,50	3,0
Türen und Türfenster: zweiflügelig einflügelig	 2,50 2,10	 3,3 2,6

Zahlentafel A 16

Raumkenngröße R

für Räume mit Fenstern und Türen üblicher Größe, Fugenlänge und Anzahl

Flächen-verhältnis	Holz- und Kunststoffenster		Stahl- und Metallfenster		Raum-kenngröße
	Innentüren		Innentüren		
	dicht	undicht	dicht	undicht	
$\dfrac{F_A}{F_T}$	$< 1{,}5$	< 3	$< 2{,}5$	< 6	$R = 0{,}9$
$\dfrac{F_A}{F_T}$	$1{,}5 \ldots 3$	$3 \ldots 9$	$2{,}5 \ldots 6$	$6 \ldots 20$	$R = 0{,}7$

F_A = Fläche der angeblasenen Fenster und Außentüren
F_T = Fläche der Türen auf der Abströmseite
Bei Schiebetüren kann stets $R = 1$ gesetzt werden.

Zahlentafel A 17

Hauskenngröße H

		Reihenhaus	Einzelhaus[1]
Normale Gegend	geschützte Lage	0,24	0,34
	freie Lage	0,41	0,58
	außergewöhnlich freie Lage	0,60	0,84
Windstarke Gegend	geschützte Lage	0,41	0,58
	freie Lage	0,60	0,84
	außergewöhnlich freie Lage	0,82	1,13

[1] Abgrenzung s. S. 385.

Zahlentafel A 18

k-Werte für Fenster und Türen

	kcal/m²hgrd	
Türen		
Außentür — Holz	3,0	
Außentür — Stahl	5,0	
Balkontür, Holz mit Glasfüllung, einfache Tür . . .	4,0	
Balkontür, Holz mit Glasfüllung, Doppeltür	2,0	
Innentür.	2,0	

	Holz	Stahl
Außenfenster[2]		
Einfach verglast	4,5	5,0
Doppelt verglast, 6 mm Scheibenabstand.	2,8	3,4
Doppelt verglast, 12 mm Scheibenabstand.	2,5	3,1
Verbundfenster	2,2	3,0
Doppelfenster	2,0	2,8
Oberlicht — einfach in Stahlrahmen	5,0	
Oberlicht — doppelt in Stahlrahmen	3,0	
Große Schaufenster, Betonrahmenfenster	5,0	
Fenster aus Glashohlsteinen	2,5	
Innenfenster		
Einfachfenster	3,0	
Doppelfenster.	2,0	
Fenster in Gewächshäusern		
$F_{\text{Glasfläche}}/F_{\text{Grundfläche}} = 1$	5,0	
$= 1{,}5$	4,1	
$= 2{,}0$	3,6	
$= 2{,}5$	3,3	
$= 3{,}0$	3,0	

[2] Die Ausführung „Holz" gilt auch für Kunststoffe, die Ausführung „Stahl" auch für Nichteisen-Metalle.

k-Werte für Wände [kcal/m² h grd] (Nach DIN 4701)

1. Mauerwerk aus Voll-, Loch- und Hohlblocksteinen (ein- oder beidseitig verputzt)

Bemerkung: Im Kopf der Tabelle sind neben den neuen Wanddicken auch die alten Maße (eingeklammert) für gleiche k-Werte angegeben
Wegen der geringen Unterschiede der k-Zahlen ist in der Tabelle selbst keine Unterscheidung hierfür vorgenommen

Baustoff	Raumgewicht[1] kg/m³	Außenwände, Dicke in mm				Innenwände, Dicke in mm				
		240 (250)	300 —	365 (380)	490 (510)	115 (120)	175 —	240 (250)	300 —	365 (380)
A. Ziegel (DIN 105)										
Vollziegel, Vormauerlochziegel, Lochziegel	1000	1,19	1,01	0,87	0,68	1,63	1,31	1,08	0,93	0,81
	1200	1,29	1,10	0,95	0,75	1,72	1,40	1,17	1,01	0,88
	1400	1,42	1,22	1,06	0,85	1,83	1,51	1,27	1,11	0,97
Vollziegel, Vormauerziegel, Hochlochklinker	1800	1,69	1,47	1,29	1,04	2,03	1,71	1,47	1,30	1,16
Hochbauklinker	≧ 1900	1,98	—	—	—	2,20	—	1,69	—	—
Hochbauklinker als 115 mm dicke äußere Verblendung, innen Vollziegel		1,81	1,56	1,36	1,09	—	—	—	—	—
B. Kalksandsteine (DIN 106, Bl. 1)										
Kalksandhohlblocksteine	1000	1,25	1,06	0,92	—	—	1,36	1,13	0,98	0,85
Kalksandlochsteine, Kalksandhohlblocksteine	1200	1,35	1,16	1,00	0,79	1,77	1,45	1,21	1,05	0,92
Kalksandlochsteine	1400	1,56	1,35	1,18	0,95	1,93	1,62	1,38	1,21	1,07
Kalksandvollsteine	1800	1,92	1,69	1,49	1,23	2,17	1,88	1,65	1,47	1,32
Kalksandvollsteine, Kalksandhartsteine	> 1800	1,98	1,75	1,55	1,28	2,20	1,92	1,69	1,52	1,37
C. Hüttensteine (DIN 398)										
Hüttensteine HS 100 und HS 150		1,56	1,35	1,18	0,95	1,93	1,62	1,38	1,21	1,07
Hüttenhartsteine HHS		1,79	1,56	1,38	1,12	2,09	1,79	1,55	1,38	1,23
D. Gas- und Schaumbetonsteine (DIN 4165 Bl. 1), dampfgehärtet	600	0,96	0,81	0,69	0,53	1,41	1,10	0,89	0,76	0,65
	800	1,08	0,91	0,78	0,61	1,52	1,21	0,99	0,85	0,73
	1000	1,19	1,01	0,87	0,68	1,63	1,31	1,08	0,93	0,81
E. Leichtbetonvollsteine, z. B. aus Naturbims, Blähton, Ziegelsplitt, Schlacke u. a. (DIN 18151)	800	1,08	0,91	0,78	0,61	1,52	1,21	0,99	0,85	0,73
	1000	1,19	1,01	0,87	0,68	1,63	1,31	1,08	0,93	0,81
	1200	1,29	1,12	0,95	0,75	1,72	1,40	1,17	1,01	0,88
	1400	1,48	1,27	1,11	0,88	1,87	1,56	1,31	1,15	1,01
	1600	1,69	1,47	1,29	1,04	2,03	1,71	1,47	1,30	1,16
F. Leichtbetonhohlblocksteine, z. B. aus Naturbims, Blähton, Ziegelsplitt, Schlacke u. a. (DIN 18151)										
Zweikammerhohlblocksteine	1000	1,15	0,97	0,83	—	—	1,27	1,05	0,90	0,78
	1200	1,23	1,05	0,90	—	—	1,35	1,11	0,96	0,86
	1400	1,35	1,16	1,00	—	—	1,45	1,21	1,05	0,92
Dreikammerhohlblocksteine	1400	1,23	1,05	0,90	—	—	1,35	1,11	0,96	0,86
	1600	1,35	1,16	1,00	—	—	1,45	1,21	1,05	0,92

[1] Das Raumgewicht bezieht sich im allgemeinen auf die Steine, einschl. etwaiger Hohlräume, nicht auf das Mauerwerk. Nur unter F ist das Raumgewicht des Betons ohne Hohlräume einzusetzen.

2. Großformatige Platten und fugenlose Bauteile aus Leichtbetonen und Betonen (ein- oder beidseitig verputzt)

Baustoff	Raum-gewicht kg/m³	Dicke der Außenwände in mm								Dicke der Innenwände in mm							
		187,5	200	250	300	312,5	350	375	400	50	75	100	125	150	200	250	300
Wandbauplatten aus Leichtbeton (DIN 18162) aus Naturbims (Bimsdielen), Hütten-bims, Blähton, Schlackenbeton, Sinterbims, Ziegelsplitt, Tuff, Lava, Leichtbeton sowie aus gemischten Zuschlagstoffen	800	—	—	—	—	—	—	—	—	1,90	1,60	1,38	1,21	1,08	—	—	—
	1000	—	—	—	—	—	—	—	—	2,01	1,74	1,52	1,35	1,21	—	—	—
	1200	—	—	—	—	—	—	—	—	2,22	1,95	1,74	1,57	1,43	—	—	—
	1400	—	—	—	—	—	—	—	—	—	—	—	—	—	—	—	—
	—	—	—	—	—	—	—	—	—	—	—	—	—	—	—	—	—
Gas-, Schaum-, Leichtkalkbeton (DIN 4164, dampfgehärtet)	500	0,71	0,67	0,55	0,47	0,46	0,41	0,39	0,36	1,57	1,26	1,05	0,91	0,79	0,64	0,53	0,45
	600	0,85	0,81	0,67	0,58	0,56	0,50	0,47	0,45	1,74	1,43	1,21	1,05	0,93	0,76	0,63	0,55
	800	1,01	0,96	0,86	0,70	0,67	0,61	0,58	0,54	1,90	1,60	1,38	1,21	1,08	0,89	0,76	0,66
	1000	1,16	1,11	0,93	0,81	0,78	0,71	0,67	0,64	2,01	1,74	1,52	1,35	1,21	1,01	0,86	0,75
Haufwerkporige Betone aus nicht pori-gen Zuschlagstoffen, z. B. Kies	1500	—	—	1,44	1,28	1,24	1,14	1,09	1,03	—	—	—	—	1,67	1,45	1,28	1,13
	1700	—	—	1,68	1,50	1,46	1,35	1,29	1,23	—	—	—	—	1,85	1,63	1,46	1,33
	1900	—	—	1,99	1,80	1,76	1,65	1,57	1,51	—	—	—	—	2,07	1,86	1,70	1,56
Betone aus nicht porigen Zuschlag-stoffen mit geschlossenem Gefüge Betongüte ≦ B 120	—	—	—	2,32	2,12	2,08	1,97	1,90	1,83	—	—	—	—	2,26	2,08	1,93	1,80
Betongüte ≧ B 160	—	—	—	2,58	2,40	2,36	2,24	2,17	2,10	—	—	—	—	2,43	2,27	2,14	2,02
Leichtbeton nach DIN 4232 und An-wurfwände nach DIN 4103	800	1,01	0,96	0,86	0,70	0,67	0,61	0,58	0,54	1,90	1,60	1,38	1,21	1,08	0,89	0,76	0,66
	1000	1,16	1,11	0,93	0,81	0,78	0,71	0,67	0,64	2,01	1,74	1,52	1,35	1,21	1,01	0,86	0,75
	1200	1,41	1,35	1,16	1,01	0,98	0,90	0,85	0,81	2,22	1,95	1,74	1,57	1,43	1,21	1,05	0,93
	1400	1,63	1,56	1,35	1,19	1,16	1,06	1,01	0,96	2,35	2,10	1,90	1,74	1,60	1,38	1,21	1,08
	1600	1,89	1,83	1,60	1,42	1,39	1,28	1,22	1,17	2,48	2,26	2,08	1,93	1,80	1,58	1,41	1,27

3. Mauerwerk und Beton mit Wärmedämmschichten, beiderseits verputzt, bei Faserdämmstoffen einschl. Putzträger
(Die Tabellenwerte gelten auch für Holzfachwerkbauten mit Ausfachung aus den angeführten Baustoffen)

| Baustoffe | Raumgewicht | Dicke | Außenwände | | | | | | | | Innenwände | | | | | |
| | | | Holzwolle-Leichtbauplatten (DIN 1101) | | | Korkplatten, Faserdämmstoffe (DIN 18165) | | | | | Holzwolle-Leichtbauplatten (DIN 1101) | | Korkplatten, Faserdämmstoffe (DIN 18165) | | | |
	kg/m²	mm	15 mm	25 mm	35 mm	10 mm	15 mm	20 mm	25 mm	30 mm	15 mm	25 mm	10 mm	15 mm	20 mm	30 mm
Lochziegel, Vormauerhohlziegel (DIN 105)	1400	115	1,69	1,30	1,11	1,41	1,19	1,04	0,92	0,83	1,48	1,17	1,25	1,08	0,96	0,77
		175	1,42	1,13	0,99	1,21	1,05	0,93	0,83	0,75	1,26	1,03	1,10	0,96	0,86	0,71
		240	1,20	0,99	0,88	1,05	0,93	0,83	0,75	0,69	1,09	0,91	0,97	0,86	0,78	0,65
Vollziegel, Vormauerziegel, Hochlochklinker (DIN 105)		115	1,85	1,39	1,18	1,52	1,27	1,10	0,96	0,86	1,60	1,24	1,34	1,14	1,00	0,80
		240	1,38	1,11	0,97	1,19	1,03	0,92	0,82	0,74	1,24	1,01	1,08	0,95	0,85	0,70
Kalksandlochsteine (DIN 106 Bl. 1)	1400	115	1,80	1,34	1,15	1,47	1,24	1,07	0,95	0,85	1,56	1,20	1,30	1,12	0,98	0,79
Hüttensteine HS 100 und HS 150 (DIN 398)	1400	175	1,52	1,19	1,03	1,28	1,10	0,97	0,86	0,78	1,35	1,08	1,15	1,01	0,90	0,73
		240	1,31	1,05	0,93	1,12	0,99	0,88	0,79	0,72	1,17	0,96	1,02	0,91	0,82	0,68
Kalksandvollsteine (DIN 106 Bl. 1)	≧1800	115	1,98	1,46	1,23	1,60	1,33	1,15	1,00	0,89	1,69	1,30	1,40	1,19	1,04	0,83
		175	1,79	1,34	1,15	1,46	1,24	1,07	0,94	0,84	1,55	1,20	1,30	1,12	0,98	0,79
		240	1,53	1,20	1,04	1,29	1,11	0,98	0,87	0,79	1,35	1,09	1,17	1,01	0,90	0,74
Leichtbetonvollsteine (DIN 18152)	1000	115	1,53	1,19	1,04	1,29	1,11	0,97	0,87	0,78	1,35	1,08	1,16	1,01	0,90	0,73
		175	1,25	1,01	0,91	1,08	0,95	0,85	0,77	0,70	1,13	0,93	0,99	0,88	0,79	0,66
		240	1,04	0,87	0,78	0,92	0,82	0,75	0,68	0,63	0,95	0,81	0,85	0,77	0,70	0,60
	1400	115	1,74	1,31	1,13	1,43	1,21	1,05	0,93	0,84	1,52	1,18	1,28	1,10	0,97	0,78
		175	1,46	1,15	1,00	1,24	1,07	0,95	0,85	0,76	1,30	1,04	1,12	0,98	0,87	0,72
		240	1,25	1,01	0,90	1,08	0,95	0,85	0,77	0,70	1,13	0,93	0,99	0,88	0,79	0,66
Leichtbeton (DIN 4232)	1600	125	1,78	1,35	1,15	1,47	1,23	1,07	0,94	0,85	1,54	1,21	1,30	1,11	0,98	0,79
		187,5	1,52	1,19	1,03	1,28	1,11	0,97	0,86	0,78	1,35	1,08	1,16	1,01	0,90	0,73
		250	1,32	1,07	0,94	1,14	1,00	0,89	0,80	0,73	1,19	0,98	1,04	0,92	0,83	0,68
Kies- oder Splittbeton mit geschlossenem Gefüge (DIN 1047)																
B ≦ 120		125	2,14	1,55	1,29	1,70	1,40	1,20	1,03	0,92	1,81	1,37	1,49	1,25	1,08	0,85
		187,5	1,94	1,44	1,21	1,58	1,31	1,13	0,99	0,88	1,67	1,28	1,39	1,18	1,03	0,82
		250	1,78	1,34	1,15	1,47	1,23	1,07	0,94	0,85	1,54	1,21	1,30	1,11	0,98	0,79
B ≧ 160		125	2,26	1,61	1,33	1,78	1,45	1,23	1,06	0,94	1,89	1,41	1,54	1,29	1,11	0,87
		187,5	2,10	1,52	1,27	1,67	1,37	1,18	1,02	0,91	1,78	1,35	1,46	1,23	1,07	0,84
		250	1,94	1,44	1,22	1,58	1,31	1,13	0,99	0,88	1,67	1,28	1,39	1,18	1,03	0,82

Zahlentafel A 19 (Fortsetzung)

4. Großformatige Wandbauplatten aus Gips (DIN 18163) für Innenwände

Baustoff	Raumgewicht kg/m³	Dicke der Wand in mm					
		50	60	75	100	125	150
Porengips	600	1,90	1,77	1,60	1,38	1,21	1,08
	700	1,98	1,85	1,69	1,46	1,30	1,16
Gips mit Füllstoffen, Hohlräumen oder Poren	900	2,14	2,02	1,85	1,63	1,46	1,32
Gips.	1000	2,22	2,10	1,95	1,74	1,57	1,43
Gips und gemischte Zuschlagstoffe . .	1200	2,35	2,24	2,10	1,90	1,74	1,60

Zahlentafel A 20
k-Werte von Dächern [kcal/m² h grd]   (Auszug aus DIN 4701)

1. Industriedächer aus Leichtbetonplatten und 2 Lagen Dachpappe

Plattenart und Dicke der Leichtbetonplatte in cm	k-Wert bei einem Raumgewicht (kg/m³) von		Plattenart und Dicke der Leichtbetonplatte in cm		k-Wert
	500	600			
Gas- und Schaumbeton 7,5 . .	1,44	1,67	Bimsbeton-Hohldielen	6	2,15
ohne Unterputz 10 . .	1,18	1,38	DIN 4027 und Bimsvoll-	8	1,84
12,5 . .	1,00	1,18	dielen	10	1,60
15 . .	0,86	1,02		12	1,42
17,5 . .	0,76	0,91		14	1,27
20 . .	0,68	0,82			

2. Dächer

Bauart	Zusätzliche Wärmedämmschicht (mm) aus													
		Holzwolle-Leichtbauplatten (DIN 1101)						Korkplatten, Faserdämmstoffe (DIN 18165)						
	0	15	25	35	50	75	100	10	15	20	25	30	35	40
a) Steildächer Dachziegel, Betondachsteine, Asbest-Zementplatten, Wellblech oder Schiefer auf Lattung, belüftet . .	4,80	2,94	1,85	1,54	1,09	0,78	0,61	—	1,45	1,23	1,06	0,94	0,84	0,76
Schiefer oder Blech auf 22 mm Holzschalung . .	2,56	2,38	1,43	1,20	0,91	0,69	0,55	1,35	1,15	1,01	0,89	0,81	0,73	0,67
b) Flachdächer Holzdächer, Dachpappe auf Schalung	1,56	1,30	1,05	0,93	0,74	0,58	0,48	1,12	0,98	0,89	0,79	0,72	0,66	0,61

Wärmedurchgangswiderstände $\frac{1}{k}$ von Decken, Fußböden und Flachdächern (einschl. Terrassendecken) $[\mathrm{m^2 h\, grd/kcal}]$ (Nach DIN 4701)

Bauart	Anordnung und Belag	0	Zusätzliche Wärmedämmschicht (mm) aus Holzwolle-Leichtbauplatten (DIN 1101)				Korkplatten, Faserdämmstoffe (DIN 18165)			
			15	25	35	50	5	10	15	25
Stahlbetonplatten / **Stahlsteindecken aus Lochziegeln**	**Decke und Fußboden[1]** — Holzdielen auf Lagerhölzern	0,91	1,04	1,22	1,35	1,61	1,04	1,16	1,30	1,54
	Korkparkett oder Holzparkett (in Bitumen oder ähnlich), schwimmender Estrich B 225	0,60	0,73	0,91	1,04	1,32	0,73	0,85	0,98	1,23
	Steinholz oder Terrazzo und Fliesen oder Linoleum oder Kunststoff, schwimmender Estrich B 225	0,52	0,65	0,83	0,96	1,22	0,65	0,77	0,91	1,15
	Zementestrich (Feinschicht), schwimmender Estrich B 225	0,48	0,61	0,79	0,92	1,19	0,61	0,73	0,86	1,11
	Außendecke — Massivdächer, Dachpappe auf Zementabgleichschicht	0,38	0,51	0,69	0,82	1,09	—	0,63	0,76	1,01
	Terrassen[2]	0,43	0,56	0,74	0,87	1,14	—	0,68	0,81	1,06
Stahlbetonrippendecken	**Decke und Fußboden[1]** — Holzdielen auf Lagerhölzern	1,06	1,19	1,37	1,49	1,78	1,19	1,32	1,45	1,69
	Korkparkett oder Holzparkett, Ausführung s. o.	0,75	0,88	1,06	1,19	1,45	0,88	1,00	1,12	1,37
	Steinholz oder Terrazzo, Ausführung s. o.	0,67	0,80	0,98	1,01	1,38	0,80	0,92	1,05	1,30
	Zementestrich, Ausführung s. o.	0,61	0,76	0,95	1,07	1,34	0,76	0,88	1,01	1,27
	Außendecke — Massivdächer, Dachpappe auf Zementabgleichschicht	0,53	0,66	0,84	0,97	1,23	—	0,78	0,91	1,16
	Terrassen[2]	0,58	0,71	0,89	1,02	1,28	—	0,83	0,96	1,21
Zweischalige Massivdecken	**Decke und Fußboden[1]** — Holzdielen auf Lagerhölzern	1,25	1,39	1,56	1,69	1,97	1,39	1,49	1,64	1,89
	Korkparkett oder Holzparkett, Ausführung s. o.	0,94	1,07	1,25	1,37	1,64	1,07	1,19	1,32	1,56
	Steinholz oder Terrazzo, Ausführung s. o.	0,86	0,99	1,18	1,30	1,56	0,99	1,11	1,23	1,49
	Zementestrich, Ausführung s. o.	0,82	0,95	1,12	1,27	1,53	0,95	1,07	1,21	1,45
	Außendecke — Massivdächer, Dachpappe auf Zementabgleichschicht	0,72	0,85	1,03	1,16	1,43	—	0,97	1,10	1,35
	Terrassen[2]	0,77	0,90	1,07	1,20	1,47	—	1,02	1,15	1,41

[1] Für Kellerdecken ist ein Zuschlag zu $\frac{1}{k}$ von 0,11 m²hgrd/kcal, für Decken über offenen Durchfahrten ist ein Abzug von 0,04 m²hgrd/kcal zu machen.

[2] Terrassen; Zementestrich, Terrazzo, Fliesen, Solnhofer Platten auf Beton, Pappisolierung und Zementabgleichschicht.

Zahlentafel A 22

Wärmeleitzahlen von Baustoffen (Nach DIN 4108)

1. Natürliche Steine und Erde

Stoff	Raumgewicht γ $\dfrac{kg}{m^3}$	Wärmeleitzahl λ $\dfrac{kcal}{m\,h\,grd}$
Dichte Natursteine (Granit, Basalt, Marmor usw.)	—	3,00
Porige Natursteine (Sandstein, Muschelkalk, Nagelfluh usw.)	—	2,00
Bindiger Boden, naturfeucht	—	1,80
Sand und Kiessand, naturfeucht	—	1,20
Massivlehm und Lehmformlinge	—	0,80
Kies, Splitt, lufttrocken	—	0,70
Strohlehm	—	0,60
Sand, lufttrocken	—	0,50
Steinkohlenschlacke, lufttrocken	—	0,16
Hochofenschaumschlacke, lufttrocken	—	0,12

2. Mörtel und Betone

Stoff	Raumgewicht γ $\dfrac{kg}{m^3}$	Wärmeleitzahl λ $\dfrac{kcal}{m\,h\,grd}$
2.1 Putze (innen und außen)		
Kalkmörtel, Kalkzementmörtel, Mörtel aus hydraulischem Kalk		0,75
Zementmörtel		1,20
Kalkgipsmörtel, Gipsmörtel, reiner Gips, Anhydridmörtel		0,60
2.2 Betone und Leichtbetone (in fugenlosen Bauteilen und großformatigen Platten)		
Kies- oder Splittbeton mit geschlossenem Gefüge,		
Betongüte $\leqq$ B 120		1,30
Betongüte $\leqq$ B 160		1,75
Ziegelsplittbeton mit geschlossenem Gefüge	1600	0,65
	1800	0,80
Ziegelsplittbeton für Stahlbeton	2000	0,90
Haufwerkporige Betone aus nichtporigen Zuschlagstoffen, z. B. Kies	1500	0,55
	1700	0,70
	1900	0,95
Ziegelsplittbeton und Steinkohlenschlackenbeton, haufwerksporig	1200	0,40
	1400	0,50
	1600	0,65
Bimsbeton und Beton aus geschäumter und granulierter Hochofenschlacke	800	0,25
	1000	0,30
	1200	0,40
Dampfgehärteter Gas- und Schaumbeton		
Leichtkalkbeton	600	0,20
	800	0,25
	1000	0,30
Holzbeton	800	0,35
	1000	0,45
2.3 Beton und Gipsplatten		
Asbestzementplatten	1800	0,30
Gipsdielen	1000	0,40
	1200	0,50
Gipsplatten mit beiderseitiger Pappenumhüllung bei Dicken bis zu 15 mm		0,18
Porengips	600	0,25
2.4 Mauerwerk aus Betonsteinen einschl. Mörtelfugen		
Kalksandvollsteine (DIN 106)	1800	0,85
Kalksandlochsteine	1400	0,60
	1200	0,48
Kalksandhohlblocksteine	1200	0,48
	1000	0,43
Hüttensteine HS 100 und HS 150 (DIN 398)		0,60
Hüttenhartsteine HHS		0,75
Leichtbetonvollsteine (DIN 18152)	800	0,35
	1000	0,40
	1200	0,45
	1400	0,55
	1600	0,68

Zahlentafel A 22 (Fortsetzung)

Wärmeleitzahlen von Baustoffen (Nach DIN 4108)

Stoff	Raumgewicht γ $\dfrac{kg}{m^3}$	Wärmeleitzahl λ $\dfrac{kcal}{m\,h\,grd}$
Leichtbetonhohlblocksteine (DIN 18151)		
Zweikammerstein	1000	0,38
Dreikammerstein.	1400	0,42
	1600	0,48
Gas- und Schaumbetonsteine (DIN 4165), Leichtkalkbeton-		
steine, dampfgehärtet	600	0,30
	800	0,35
	1000	0,40
luftgehärtet	800	0,38
	1000	0,48
	1200	0,60
Steine aus Holzbeton	800	0,38
	1000	0,48

3. Ziegel und Fliesen

Stoff	γ	λ
Mauerwerk aus Mauerziegeln (DIN 105) einschließlich Mörtelfugen		
Hochbauklinker	1900	0,90
Hochlochklinker		0,68
Vollziegel, Vormauerziegel	1000	0,40
	1200	0,45
	1400	0,52
	1800	0,68
Vormauerlochziegel	1000	0,40
	1200	0,45
	1400	0,52
Fliesen	2000	0,90

4. Sonstige Baustoffe

Stoff	Raumgewicht γ $\dfrac{kg}{m^3}$	Wärmeleitzahl λ $\dfrac{kcal}{m\,h\,grd}$
Fensterglas (Mittelwert)	—	0,70
Linoleum.	1200	0,16
Asphalt.	2100	0,60
Bitumen	1050	0,15
Dachpappe	1100	0,16

Zahlentafel A 23

Wärmeleitzahlen von Isolierstoffen

Stoff	Raumgewicht γ kg/m³	Wärmeleitzahl λ kcal/m h grd			
		Rechenwert n. DIN 4108	bei Mitteltemperatur t_m		
			50° C	100° C	200° C
Stein-, Glas- und Schlackenwolle lose oder Matten	70—115	0,035	0,037	0,045	0,065
Kieselgur	200	—	0,045	0,050	0,060
Kieselgurmasse	500	—	0,074	0,077	0,085
Gebrannte Kieselgursteine	500	—	—	0,110	0,118
Asbest	600	—	0,17	0,175	—
Rohkorkplatten	200	—	0,050	—	—
Exp. Korkplatten	250	—	0,045	—	—
Korkplatten	200	0,04	—	—	—
Kunstharzschaumstoff	15	0,035	0,037	—	—
Holzfaserplatten	300	0,05	—	—	—
Holzwolleplatten	400	0,07 bis 0,12	—	—	—
Torfplatten	300	0,04	0,055	—	—

Zahlentafel A 24

Wärmeübergangszahlen α in kcal/m² h grd (Rechenwerte nach DIN 4701)

An der Innenseite geschlossener Räume, bei natürlicher Luftbewegung: Wandflächen, Innenfenster, Außenfenster; Fußböden und Decken bei Wärmeübergang von unten nach oben	$\alpha_i = 7$	$1/\alpha_i = 0,14$
Fußböden und Decken bei Wärmeübergang von oben nach unten	$\alpha_i = 5$	$1/\alpha_i = 0,20$
An der Außenseite	$\alpha_a = 20$	$1/\alpha_a = 0,05$

Zahlentafel A 25

Wärmedurchlaßwiderstände[1] von Luftschichten $1/\Lambda$ in m² h grd/kcal
(Rechenwerte nach DIN 4701)

	Lage der Luftschicht und Richtung des Wärmestroms	Dicke der Luftschicht mm	Wärmedurchlaß- widerstand		Lage der Luftschicht und Richtung des Wärmestroms	Dicke der Luftschicht mm	Wärmedurchlaß- widerstand
1	Luftschicht senkrecht	10	0,16	2	Luftschicht waagerecht, Wärmestrom von unten nach oben	10	0,16
		20	0,19			20	0,17
		50	0,21			$\geqq 50$	0,19
		100	0,20	3	Luftschicht waagerecht, Wärmestrom von oben nach unten	10	0,17
		150	0,19			20	0,21
						$\geqq 50$	0,24

[1] Scheinbarer Wärmeleitwiderstand δ/λ', s. S. 358.

III. Berechnung von Heizflächen und Isolierungen

Zahlentafel A 26 a

Normleistungen von Radiatoren in kcal/h je Glied bei $t_i = +20°C$
(Nach DIN 4703)

Heizmittel	Nabenabstand	900				500			350		200
	Bautiefe	70	110	160	220	110	160	220	160	220	250
Wasser $t_H = 80°C$	Guß	99	—	178	226	81	110	144	83	106	82
	Stahl	—	106	140	178	63	85	112	65	85	67
Dampf $t_H = 100°C$	Guß	146	—	262	332	118	162	212	122	156	120

Zahlentafel A 26 b

Umrechnungsfaktoren für abweichende Raumluft- und Heizwassertemperaturen

Raumluft- temperatur °C	Mittlere Heizwassertemperatur in °C					Dampf- temperatur 100 °C
	60	70	80	90	100	
24	0,51	0,70	0,91	1,14	1,37	0,93
22	0,54	0,74	0,96	1,18	1,42	0,97
20	0,58	0,78	1,00	1,23	1,47	1,00
18	0,62	0,83	1,04	1,28	1,52	1,03
15	0,68	0,89	1,11	1,35	1,59	1,08
12	0,74	0,96	1,18	1,42	1,67	1,14
10	0,78	1,00	1,23	1,47	1,72	1,17
5	0,89	1,11	1,35	1,59	1,85	1,26

Anmerkung: Die aus den Zahlentafeln A 26 a und A 26 b zu berechnenden Leistungen können infolge der Rundung der Zahlenwerte in DIN 4703 gegenüber den Angaben der Tabellen 1—3 der Norm geringfügig abweichen.

Zahlentafel A 26 c

Berichtigungsfaktor bei Temperaturspreizung

$\dfrac{\varDelta t_r}{\varDelta t_v}$	0,25	0,3	0,35	0,4	0,45	0,5	0,55	0,6	0,65	0,7	0,75	0,8
Berichtigungsfaktor	0,825	0,860	0,890	0,915	0,935	0,950	0,960	0,975	0,980	0,985	0,990	0,995

Zahlentafel A 26 d

Wärmeleistungen von Rohrheizkörpern in kcal/h je m Rohrlänge

NW Zoll	d_a mm	Heizwasser $t_H = 80°$ C						ND-Dampf $t_H = 100°$ C					
		Raumlufttemperatur in °C						Raumlufttemperatur in °C					
		20	18	15	12	10	5	20	18	15	12	10	5
		waagerechte Einzelrohre											
1	33,5	75	78	83	88	92	101	107	111	116	122	125	136
$1^1/_2$	48,25	103	108	114	121	127	139	149	153	161	170	174	188
2	60	124	130	138	147	153	168	181	187	196	205	211	228
		mehrere waagerechte Rohre übereinander											
1	33,5	66	69	74	78	81	89	96	99	103	109	113	121
$1^1/_2$	48,25	86	91	95	102	106	117	124	127	135	141	146	156
2	60	100	106	111	117	123	132	145	149	156	166	170	183

Zahlentafel A 27

Wärmeabgabe von Rippenrohren

Kernrohr Außendurchmesser d mm	Rippenhöhe h mm	$a = 10$ mm			$a = 12$ mm			$a = 14$ mm		
		q_l kcal/m h	F m²/m	k kcal/m²hgrd	q_l kcal/m h	F m²/m	k kcal/m²hgrd	q_l kcal/m h	F m²/m	k kcal/m²hgrd
42,25	25	615	1,19	6,45	580	1,03	7,05	555	0,92	7,55
	30	720	1,51	6,00	680	1,30	6,55	650	1,15	7,05
57	25	705	1,45	6,05	665	1,25	6,65	630	1,11	7,10
	30	820	1,81	5,65	765	1,56	6,15	730	1,38	6,65
	35	935	2,20	5,30	875	1,90	5,80	835	1,67	6,25
76	30	930	2,19	5,30	875	1,89	5,80	835	1,67	6,25
	35	1060	2,65	5,00	995	2,27	5,45	945	2,01	5,90
	40	1190	3,13	4,75	1115	2,68	5,20	1055	2,36	5,60

q_l = stündliche Wärmeabgabe je lfd. m Rohr für 0,1 atü Dampfdruck und 20° C Raumtemperatur.
a = freier Abstand zwischen den Rippen in mm.
Siehe auch S. 395.

Zahlentafel A 28

Wärmedurchgangszahl k_e für die ebene Wand bei 100 grd Temperaturunterschied in kcal/m²h grd

Wärme-leitzahl λ kcal/m h grd	Isolierdicke in mm								
	20	30	40	50	60	70	80	90	100
0,035	1,48	1,03	0,796	0,647	0,546	0,474	0,417	0,373	0,337
0,04	1,65	1,17	0,900	0,731	0,617	0,534	0,473	0,423	0,383
0,045	1,83	1,29	1,00	0,816	0,689	0,598	0,530	0,473	0,428
0,05	1,99	1,41	1,10	0,900	0,761	0,662	0,580	0,523	0,473
0,055	2,16	1,53	1,20	0,980	0,831	0,721	0,637	0,573	0,518
0,06	2,31	1,65	1,29	1,06	0,898	0,781	0,692	0,622	0,563
0,065	2,46	1,76	1,38	1,14	0,968	0,843	0,744	0,670	0,607
0,07	2,60	1,87	1,47	1,22	1,03	0,900	0,796	0,720	0,650
0,08	2,88	2,09	1,65	1,37	1,17	1,01	0,900	0,811	0,735
0,09	3,14	2,29	1,82	1,51	1,29	1,13	1,005	0,900	0,820
0,10	3,39	2,49	1,98	1,65	1,42	1,24	1,10	0,990	0,905
0,11	3,62	2,67	2,14	1,78	1,54	1,35	1,20	1,08	0,987
0,12	3,84	2,85	2,29	1,92	1,65	1,45	1,29	1,17	1,07
0,13	4,04	3,02	2,43	2,05	1,76	1,56	1,39	1,25	1,15
0,14	4,24	3,18	2,58	2,18	1,87	1,65	1,48	1,34	1,23

Zahlentafel A 29

Durchmesserfaktor f_d [zu Gl. (9.61)]

Rohrdurchmesser		Isolierdicke in mm								
NW mm	Außendurchmesser D' mm	20	30	40	50	60	70	80	90	100
10	16,75	0,113	0,135	0,155						
15	21,25	0,129	0,152	0,174						
20	26,75	0,148	0,172	0,194						
25	33,5	0,170	0,195	0,219						
32	42,25	0,198	0,225	0,250						
40	44,5	0,207	0,234	0,260	0,284	0,307				
50	57	0,247	0,276	0,302	0,328	0,352				
60	70	0,289	0,318	0,345	0,373	0,399				
65	76	0,307	0,338	0,366	0,393	0,419				
80	89	0,347	0,380	0,407	0,436	0,463				
90	102	0,389	0,421	0,450	0,479	0,507	0,533	0,554		
100	108	0,409	0,440	0,470	0,499	0,526	0,553	0,575		
125	133	0,483	0,514	0,544	0,574	0,603	0,632	0,653		
150	159	0,562	0,596	0,626	0,655	0,687	0,716	0,738		
175	191	0,661	0,695	0,725	0,758	0,789	0,819	0,840		
200	216	0,738	0,772	0,803	0,838	0,869	0,899	0,920	0,952	0,978
250	267	0,895	0,930	0,963	0,996	1,029	1,060	1,080	1,114	1,142
300	318	1,050	1,088	1,120	1,154	1,188	1,220	1,242	1,276	1,307
350	368	1,204	1,244	1,276	1,314	1,347	1,380	1,403	1,437	1,468
400	420	1,373	1,404	1,441	1,475	1,508	1,538	1,565	1,599	1,630

Wärmedurchgangszahl k_R' in kcal/m²h grd für isolierte Heizungsrohre in Gebäuden; $k_R' = 1{,}15 \cdot k_R$

Material	Isolierdicke in mm	Rohr-NW mm → 10	15	20	25	32	40	50	60	65	80	90	100	125	150	175	200
	Zoll →	³/₈	¹/₂	³/₄	1	1 ¹/₄	—	—	—	—	—	—	—	—	—	—	—
Matten aus Faserdämmstoffen	20	**0,214**	**0,245**	**0,281**	**0,323**	0,376	0,393	0,469	0,548	0,583	0,658	0,738	0,776	0,916	1,066	1,250	1,400
	30	0,182	0,205	0,231	0,262	**0,303**	**0,315**	**0,371**	**0,428**	**0,455**	0,511	0,566	0,592	0,692	0,802	0,935	1,039
	40	0,160	0,180	0,201	0,227	0,259	0,269	0,313	0,357	0,379	**0,421**	**0,466**	**0,486**	0,563	0,648	0,750	0,831
	50						0,239	0,276	0,314	0,330	0,367	0,403	0,419	**0,483**	**0,551**	**0,637**	**0,704**
	60						0,218	0,250	0,283	0,297	0,329	0,360	0,373	0,428	0,487	0,560	0,617
	70											0,327	0,340	0,388	0,440	0,503	0,552
Kieselgur	20	**0,300**	**0,343**	**0,393**	0,452	0,526	0,550	0,656	0,768	0,816	0,922	1,033	1,087	1,280	1,490	1,760	1,960
	30	0,256	0,288	0,326	**0,370**	**0,427**	**0,444**	**0,524**	0,603	0,641	0,721	0,799	0,835	0,975	1,130	1,320	1,460
	40	0,230	0,258	0,288	0,325	0,371	0,386	0,448	**0,512**	**0,543**	**0,604**	0,668	0,697	0,807	0,929	1,076	1,190
	50						0,346	0,400	0,455	0,479	0,531	**0,584**	**0,608**	0,700	0,798	0,924	1,022
	60						0,317	0,364	0,412	0,433	0,478	0,524	0,543	**0,623**	**0,709**	**0,815**	0,897
	70											0,479	0,497	0,568	0,643	0,736	**0,807**
	80											0,441	0,458	0,520	0,587	0,668	0,732

Die fettgedruckten Zahlen deuten den Bereich der empfehlbaren Isolierdicke bei Warmwasser-Vorlaufleitungen an.

IV. Rohrnetzberechnung

Zahlentafel A 31

Maße, Gewicht und Inhalt von Stahlrohren

Nennweite		Außen-durchmesser	Wand-dicke	Innen-durchmesser	Rohrgewicht	Wasser-inhalt
Zoll	mm	mm	mm	mm	kg/m	l/m
1. Leichte Gewinderohre nach DIN 2439						
$^1/_2$	15	21,3	2,35	16,6	1,10	0,216
$^3/_4$	20	26,9	2,35	22,2	1,41	0,387
1	25	33,7	2,9	27,9	2,21	0,611
$1^1/_4$	32	42,4	2,9	36,6	2,84	1,052
$1^1/_2$	40	48,3	2,9	42,5	3,26	1,419
2. Mittelschwere Gewinderohre nach DIN 2440						
$^3/_8$	10	17,2	2,35	12,5	0,852	0,123
$^1/_2$	15	21,3	2,65	16,0	1,22	0,201
$^3/_4$	20	26,9	2,65	21,6	1,58	0,366
1	25	33,7	3,25	27,2	2,44	0,581
$1^1/_4$	32	42,4	3,25	35,9	3,14	1,012
$1^1/_2$	40	48,3	3,25	41,8	3,61	1,372
3. Nahtlose Flußstahlrohre, Nenndruck 1 bis 25, nach DIN 2448						
	40	44,5	2,5	39,5	2,59	1,225
	50	57	2,75	51,5	3,68	2,08
	(60)	70	3	64,0	4,96	3,22
	65	76	3	70,0	5,40	3,85
	80	89	3,25	82,5	6,87	5,35
	(90)	102	3,5	95,0	8,50	7,09
	100	108	3,75	100,5	9,64	7,93
	(110)	121	4	113,0	11,5	10,03
	125	133	4	125,0	12,7	12,3
	150	159	4,5	150,0	17,2	17,7
	(175)	191	5,25	180,5	24,0	25,6
	200	216	6	204,0	31,1	32,7
	(225)	241	6,25	228,5	36,1	41,0
	250	267	6,5	254,0	41,8	50,7
	(275)	292	7	278,0	49,2	60,7
	300	318	7,5	303,0	57,4	72,1

Zahlentafel A 32

Vorschweißflansche ND 10 nach DIN 2632

Nenn-weite	Rohr Außen-durchm. a	Flansch Loch-kreis-durchm. k	Höhe h	Schrauben Anzahl	Gewinde	Loch-durchm. l	Gewicht eines Flansches
mm	mm	mm	mm			mm	kg
40	44,5	110	42	4	M 16 ($^5/_8''$)	18	1,86
50	57,0	125	45	4	M 16 ($^5/_8''$)	18	2,53
65	76,0	145	45	4	M 16 ($^5/_8''$)	18	3,06
80	89,0	160	50	4	M 16 ($^5/_8''$)	18	3,86
100	108	180	52	8	M 16 ($^5/_8''$)	18	4,62
125	133	210	55	8	M 16 ($^5/_8''$)	18	6,30
150	159	240	55	8	M 20 ($^3/_4''$)	23	7,75
200	216	295	62	8	M 20 ($^3/_4''$)	23	11,3
250	267	350	68	12	M 20 ($^3/_4''$)	23	14,7
300	318	400	68	12	M 20 ($^3/_4''$)	23	17,6

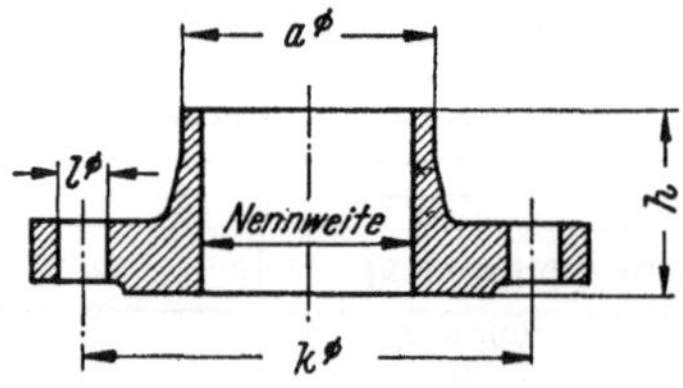

Zahlentafel A 33

Spezifisches Gewicht und spezifisches Volumen von Wasser bei 1,0 at

t °C	γ kg/m³	v dm³/kg	t °C	γ kg/m³	v dm³/kg
40	992,2	1,0079	72	976,7	1,0239
42	991,4	1,0087	74	975,5	1,0251
44	990,6	1,0095	76	974,3	1,0264
46	989,8	1,0103	78	973,1	1,0277
48	988,9	1,0112	80	971,8	1,0290
50	988,1	1,0120	82	970,6	1,0303
52	987,2	1,0130	84	969,3	1,0317
54	986,2	1,0140	86	968,0	1,0331
56	985,3	1,0149	88	966,7	1,0345
58	984,3	1,0160	90	965,3	1,0359
60	983,2	1,0171	92	964,0	1,0374
62	982,2	1,0181	94	962,6	1,0389
64	981,1	1,0192	96	961,2	1,0404
66	980,1	1,0203	98	959,8	1,0419
68	978,9	1,0215	100	958,4	1,0434
70	977,8	1,0227			

Zahlentafel A 34

Spezifisches Gewicht und spezifisches Volumen von Wasser bei Sattdampfdruck

t °C	γ kg/m³	v dm³/kg	t °C	γ kg/m³	v dm³/kg
100	958,3	1,0435	155	912,2	1,0963
105	954,7	1,0474	160	907,4	1,1021
110	951,0	1,0515	165	902,4	1,1082
115	947,1	1,0558	170	897,3	1,1144
120	943,1	1,0603	175	892,1	1,1210
125	939,0	1,0650	180	886,9	1,1275
130	934,8	1,0697	185	881,4	1,1345
135	930,6	1,0746	190	876,0	1,1415
140	926,1	1,0798	195	870,3	1,1490
145	921,7	1,0850	200	864,7	1,1565
150	916,9	1,0906			

Zahlentafel A 35

Änderung des spez. Gewichtes von Wasser mit der Temperatur

t °C	$\varepsilon = \dfrac{d\gamma}{dt}$	t °C	$\varepsilon = \dfrac{d\gamma}{dt}$
95	0,697	67	0,553
94	0,692	66	0,548
93	0,687	65	0,542
92	0,682	64	0,536
91	0,677	63	0,530
90	0,672	62	0,525
89	0,667	61	0,519
88	0,662	60	0,513
87	0,657	59	0,507
86	0,652	58	0,501
85	0,647	57	0,495
84	0,642	56	0,488
83	0,637	55	0,482
82	0,632	54	0,476
81	0,627	53	0,470
80	0,622	52	0,463
79	0,617	51	0,456
78	0,612	50	0,450
77	0,607	49	0,443
76	0,601	48	0,436
75	0,596	47	0,429
74	0,590	46	0,422
73	0,585	45	0,415
72	0,580	44	0,408
71	0,575	43	0,401
70	0,570	42	0,393
69	0,564	41	0,386
68	0,559	40	0,378

Zahlentafel A 36

Umtriebsdruck bei Schwerkraftheizungen je m Höhenunterschied [kg/m²]

°C		Vorlauftemperatur						
		80°	85°	90°	95°	100°	105°	110°
Rücklauf-temperatur	60°	11,4	14,6	17,9	21,3	24,8	28,5	32,2
	65°	8,8	11,9	15,2	18,7	22,2	25,9	29,6
	70°	6,0	9,2	12,5	15,9	19,4	23,1	26,8
	75°	—	6,2	9,6	13,0	16,5	20,2	23,9
	80°	—	—	6,5	9,9	13,4	17,1	20,8
	85°	—	—	—	6,7	10,3	14,0	17,7
	90°	—	—	—	—	6,9	10,6	14,3
	95°	—	—	—	—	—	7,2	10,9
	100°	—	—	—	—	—	—	7,4

Zahlentafel A 37

Schwerkraftheizung mit oberer Verteilung. Rohrnetz

Berücksichtigung der Rohrleitungswärmeverluste bei der Ermittlung des wirksamen Druckes
(vorläufige Rechnung)

Zusätzlicher Druck in mm WS [1]

Die nachstehenden Tafelwerte sind den ohne Berücksichtigung der Rohrleitungswärmeverluste berechneten Drücken zuzuzählen. Sie gelten für 90° C Vorlauftemperatur und 20 grd Temperaturabfall. (Der Temperaturabfall bezieht sich beim Zweirohrsystem auf den Heizkörper, beim Einrohrsystem auf den Strang. Berichtigungen für anderen Temperaturabfall s. unten.)

I. Fallstränge nicht isoliert und frei vor der Wand

a) Gebäude mit 1 oder 2 Geschossen

Waagerechte Ausdehnung der Anlage	Höhe der Heizkörpermitte über Kesselmitte	Waagerechte Entfernung des Stranges vom Steigestrang					
		bis 10 m	10 bis 20 m	20 bis 30 m	30 bis 50 m	50 bis 75 m	75 bis 100 m
bis 25 m	bis 7 m	10	10	15	—	—	—
25 bis 50 m	,,	10	10	15	20	—	—
50 bis 75 m	,,	10	10	15	15	20	—
75 bis 100 m	,,	10	10	10	15	20	25

b) Gebäude mit 3 oder 4 Geschossen

Waagerechte Ausdehnung der Anlage	Höhe der Heizkörpermitte über Kesselmitte	Waagerechte Entfernung des Stranges vom Steigestrang					
		bis 10 m	10 bis 20 m	20 bis 30 m	30 bis 50 m	50 bis 75 m	75 bis 100 m
bis 25 m	bis 15 m	25	25	35	—	—	—
25 bis 50 m	,,	25	25	30	35	—	—
50 bis 75 m	,,	25	25	25	30	35	—
75 bis 100 m	,,	25	25	25	30	35	40

c) Gebäude mit mehr als 4 Geschossen

Waagerechte Ausdehnung der Anlage	Höhe der Heizkörpermitte über Kesselmitte	Waagerechte Entfernung des Stranges vom Steigestrang					
		bis 10 m	10 bis 20 m	20 bis 30 m	30 bis 50 m	50 bis 75 m	75 bis 100 m
bis 25 m	bis / über } 7 m	45 / 30	50 / 35	55 / 45	— / —	— / —	— / —
25 bis 50 m	bis / über } 7 m	55 / 40	60 / 45	65 / 50	75 / 55	— / —	— / —
50 bis 75 m	bis / über } 7 m	55 / 40	55 / 40	60 / 45	65 / 50	75 / 55	— / —
75 bis 100 m	bis / über } 7 m	55 / 40	55 / 40	55 / 40	60 / 45	65 / 50	75 / 65

Berichtigungsfaktor für abweichende Heizwassertemperaturen

Temperaturabfall $(t_v - t_r)$ in °C		> 20	20	15	10
Vorlauf-	90	1,25	1	0,75	0,5
temperatur	85	1,1	0,85	0,65	0,45
t_v	80	0,85	0,7	0,5	0,35

---

[1] Den Tafeln liegen folgende Rechnungsannahmen zugrunde: Steigestrang und gemeinsamer Rücklauf keine Abkühlung. Obere Verteilleitung mit Mattenisolierung üblicher Dicke. Dachbodentemperatur 0° C. Raumtemperatur $+ 20° C$.

Zahlentafel A 37 (Fortsetzung)

II. Fallstränge isoliert, in Mauerschlitzen

a) Gebäude mit 1 oder 2 Geschossen

Waagerechte Ausdehnung der Anlage	Höhe der Heizkörpermitte über Kesselmitte	Waagerechte Entfernung des Stranges vom Steigestrang					
		bis 10 m	10 bis 20 m	20 bis 30 m	30 bis 50 m	50 bis 75 m	75 bis 100 m
bis 25 m	bis 7 m	5	10	10	—	—	—
25 bis 50 m	,,	5	5	10	10	—	—
50 bis 75 m	,,	5	5	5	10	15	—
75 bis 100 m	,,	5	5	5	10	15	20

b) Gebäude mit 3 oder 4 Geschossen

Waagerechte Ausdehnung der Anlage	Höhe der Heizkörpermitte über Kesselmitte	Waagerechte Entfernung des Stranges vom Steigestrang					
		bis 10 m	10 bis 20 m	20 bis 30 m	30 bis 50 m	50 bis 75 m	75 bis 100 m
bis 25 m	bis 15 m	10	15	20	—	—	—
25 bis 50 m	,,	10	15	20	25	—	—
50 bis 75 m	,,	5	10	15	20	25	—
75 bis 100 m	,,	5	5	10	15	20	25

c) Gebäude mit mehr als 4 Geschossen

Waagerechte Ausdehnung der Anlage	Höhe der Heizkörpermitte über Kesselmitte	Waagerechte Entfernung des Stranges vom Steigestrang					
		bis 10 m	10 bis 20 m	20 bis 30 m	30 bis 50 m	50 bis 75 m	75 bis 100 m
bis 25 m	bis ⎱ 10 m über ⎰	15 10	20 15	20 15	— —	— —	— —
25 bis 50 m	bis ⎱ 10 m über ⎰	15 10	20 15	20 15	30 20	— —	— —
50 bis 75 m	bis ⎱ 10 m über ⎰	15 10	15 10	20 15	20 15	30 20	— —
75 bis 100 m	bis ⎱ 10 m über ⎰	15 10	15 10	20 15	20 15	30 20	35 25

Zahlentafel A 38

Schwerkraftheizung mit oberer Verteilung. Heizfläche

Berücksichtigung der Rohrleitungswärmeverluste bei der Ermittlung der Heizflächen
(vorläufige Rechnung)

Zusätzliche Heizfläche in %

Mehrgeschoßheizung[1]

Geschoßzahl des Gebäudes	Erdgeschoß		1. Obergeschoß		2. Obergeschoß		3. Obergeschoß		4. Obergeschoß	
	unisoliert	isoliert	unisoliert	isoliert	unisoliert	isoliert	unisoliert	isoliert	unisoliert	isoliert
2	10	4	5	—	—	—	—	—	—	—
3	15	6	10	4	5	—	—	—	—	—
4	20	6	15	4	10	3	5	—	—	—
5 und mehr	25	8	20	6	15	4	10	3	5	—

Stockwerksheizungen[2]

Waagerechte Ausdehnung der Anlage	Waagerechte Entfernung des Fallstranges vom Steigestrang in m				
	bis 5	5 bis 10	10 bis 15	15 bis 20	über 20
bis 10 m	10	15	—	—	—
über 10 m	10	10	15	15	20

---

[1] Berechnungsannahmen: Verteilungsleitung nackt, Raumtemperatur $+20^\circ$ C, Temperatur am Kessel 90° C, Temperatur am Eintritt in den nächstgelegenen Heizkörper 87 bis 88° C, Temperaturabfall der Heizkörper nach S. 490.

[2] Berechnungsannahmen wie bei Zahlentafel A 37 I und II.

Zahlentafel A 39

Anteil der Einzelwiderstände am Gesamtdruckverlust des Rohrnetzes

Art der Anlage	Anteil der Einzelwiderstände in %	Anteil der Rohrreibung in %
Hausnetze aller Heizsysteme[1]	33	67
Fernleitungen mit einer mittleren Entfernung der Gebäudeanschlüsse von etwa 50 m . . .	20	80
Fernleitungen mit einer mittleren Entfernung der Gebäudeanschlüsse von etwa 100 m . .	10	90
Pumpen- und Verteilerraum, je nach Wahl von Schiebern oder Ventilen	70—90	30—10

[1] Die Werte gelten für Zwei- und Einrohrheizungen mit oberer oder unterer Verteilung.

Zahlentafel A 40

Rohrdurchmesser der Kondensatleitungen bei Niederdruck-Dampfheizungen[1]

Nennweite in mm	Hochliegende Leitungen		Tiefliegende Leitungen		
	waagerecht	lotrecht	waagerecht oder lotrecht		
			$l < 50$ m	$l = 50$ bis 100 m	$l > 100$ m
d	Die für Bildung des Kondenswassers dem Dampf entzogene Wärmemenge in kcal/h				
15	4 000	6 000	28 000	18 000	8 000
20	15 000	22 000	70 000	45 000	25 000
25	28 000	42 000	125 000	80 000	40 000
32	68 000	100 000	270 000	175 000	85 000
40	104 000	155 000	375 000	250 000	115 000
50	215 000	320 000	650 000	440 000	215 000
(57)	315 000	470 000	950 000	620 000	315 000
60	425 000	635 000	1 250 000	850 000	425 000
65	500 000	750 000	1 500 000	1 050 000	500 000
80	750 000	1 120 000	2 250 000	1 500 000	750 000
(88)	900 000	1 350 000	2 650 000	1 800 000	900 000
100	1 250 000	1 850 000	3 500 000	2 400 000	1 250 000

[1] Die Tafelwerte gelten für Kondensatleitungen, die mit dem üblichen Gefälle verlegt werden, das zweckmäßigerweise bei trockenverlegten Leitungen etwas größer gewählt wird als bei naßverlegten Leitungen. Längere nasse Kondensatleitungen mit Rückspeisung mittels Pumpe werden wie wasserführende Leitungen berechnet (s. 11. Abschn., II). In der Tabelle bedeutet l die waagerechte Ausdehnung der Anlage. Die Durchmesser der Luftleitungen bei nassen Kondensatleitungen sind nach Spalte 4 ($l < 50$ m) zu wählen.

V. Allgemeines

Zahlentafel A 41

Einwandige Warmwasserbereiter mit Halsstutzen nach DIN 4802

Werkstoff: Stahl
Betriebsdruck: 6 kg/cm²

Inhalt Liter	D mm	D_2 mm	L^* mm $\approx$	Gewicht kg $\approx$
800	700	490	2400	255
1000	750	490	2555	333
1500	900	490	2730	421
2000	1000	590	2955	545
2500	1000	590	3570	644
3000	1000	590	4225	752
4000	1100	590	4595	898
5000	1200	590	4830	1105

* für Ausführung mit Tellerboden; bei gekümpeltem Boden ist L 60 ÷ 65 mm größer.

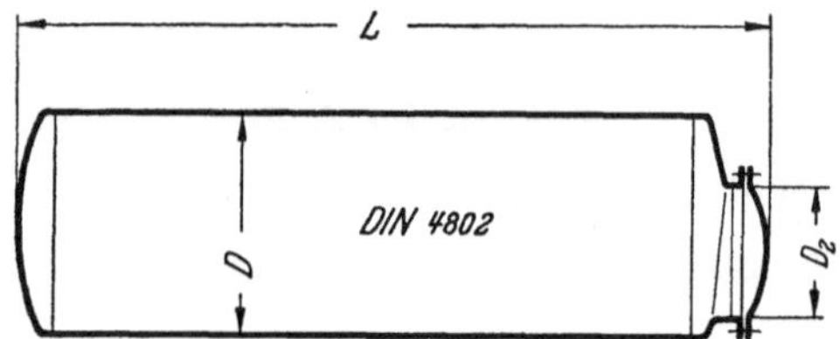

Zahlentafel A 42

Einwandige Warmwasserbereiter mit Deckel nach DIN 4801. Doppelwandige Warmwasserbereiter mit Deckel nach DIN 4803

Werkstoff: Stahl

Betriebsdruck { Gebrauchswasserbeh.: 6 kg/cm², Heizmantel, Dampf: $\leqq$ 0,5 kg/cm², Wasser: $\leqq$ 2,5 kg/cm²

DIN 4801, DIN 4803			DIN 4803		DIN 4801
Inhalt Liter	D mm	L^{**} mm $\approx$	D_1 mm	Gewicht kg $\approx$	Gewicht kg $\approx$
100	350	1140	400	69	58
150	350	1660	400	99	76
200	400	1715	450	123	87
250	450	1685	500	135	100
300	450	2000	500	157	112
500	600	1930	650	253	190
600	600	2290	650	302	221

** für Ausführung mit Tellerboden; bei gekümpeltem Boden ist L 40 ÷ 65 mm größer.

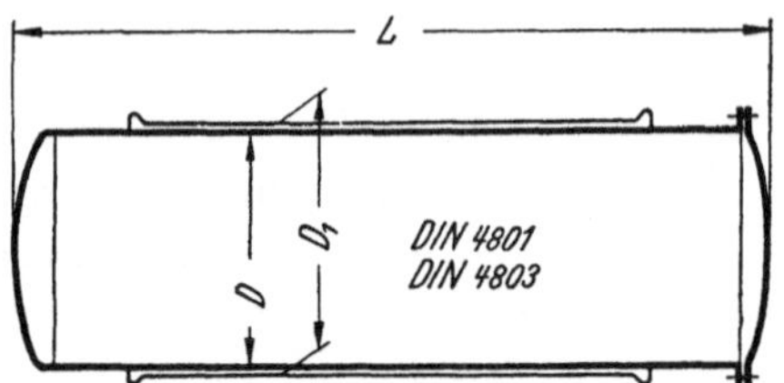

Zahlentafel A 43

Widerstandsbeiwerte ζ_{ges} für ein-, zwei- und dreischenklige Standrohre

	Druck atü	NW 32		NW 50		NW 80		NW 125		NW 175	
		Stand-rohr	Standrohr und Leitungen[1]	Stand-rohr	Standrohr und Leitungen	Stand-rohr	Standrohr und Leitungen	Stand-rohr	Standrohr und Leitungen	Stand-rohr	Standrohr und Leitungen
einschenklig	0,1	4,6	12,0	4,3	9,6	4,0	7,7	3,9	6,7	3,8	6,2
	0,2	5,5	12,9	4,8	10,1	4,3	8,0	4,1	6,9	3,9	6,3
	0,3	6,3	13,7	5,4	10,7	4,6	8,3	4,3	7,1	4,1	6,5
	0,4	7,2	14,6	5,9	11,2	4,9	8,6	4,4	7,2	4,2	6,6
	0,5	8,1	15,5	6,5	11,8	5,3	9,0	4,6	7,4	4,3	6,7
	1,0	12,4	19,8	9,2	14,5	6,8	10,5	5,6	8,4	4,9	7,3
	1,5	16,8	24,2	12,0	17,3	8,3	12,0	6,5	9,3	5,5	7,9
zwei-schenklig	0,2	7,4	14,8	6,6	11,9	6,0	9,7	5,7	8,5	5,6	8,0
	0,3	8,5	15,9	7,3	12,6	6,4	10,1	6,0	8,8	5,7	8,1
	0,4	9,5	16,9	8,0	13,3	6,8	10,5	6,2	9,0	5,9	8,3
	0,5	10,6	18,0	8,6	13,9	7,2	10,9	6,4	9,2	6,0	8,4
	1,0	16,0	23,4	12,1	17,4	9,1	12,8	7,6	10,4	6,8	9,2
	1,5	21,6	29,0	15,6	20,9	11,1	14,8	8,8	11,6	7,5	9,9
drei-schenklig	0,3	10,2	17,6	9,0	14,3	8,1	11,8	7,6	10,4	7,4	9,8
	0,4	11,3	18,7	9,7	15,0	8,5	12,2	7,9	10,7	7,5	9,9
	0,5	12,4	19,8	10,4	15,7	8,9	12,6	8,1	10,9	7,7	10,1
	1,0	18,0	25,4	14,0	19,3	10,8	14,5	9,3	12,1	8,4	10,8
	1,5	23,8	31,2	17,5	22,8	12,9	16,6	10,5	13,3	9,2	11,6

[1] Leitungen insgesamt 10 m Rohr mit 4 Bögen.

Bildtafeln

Zustandsgrößen von Wasserdampf

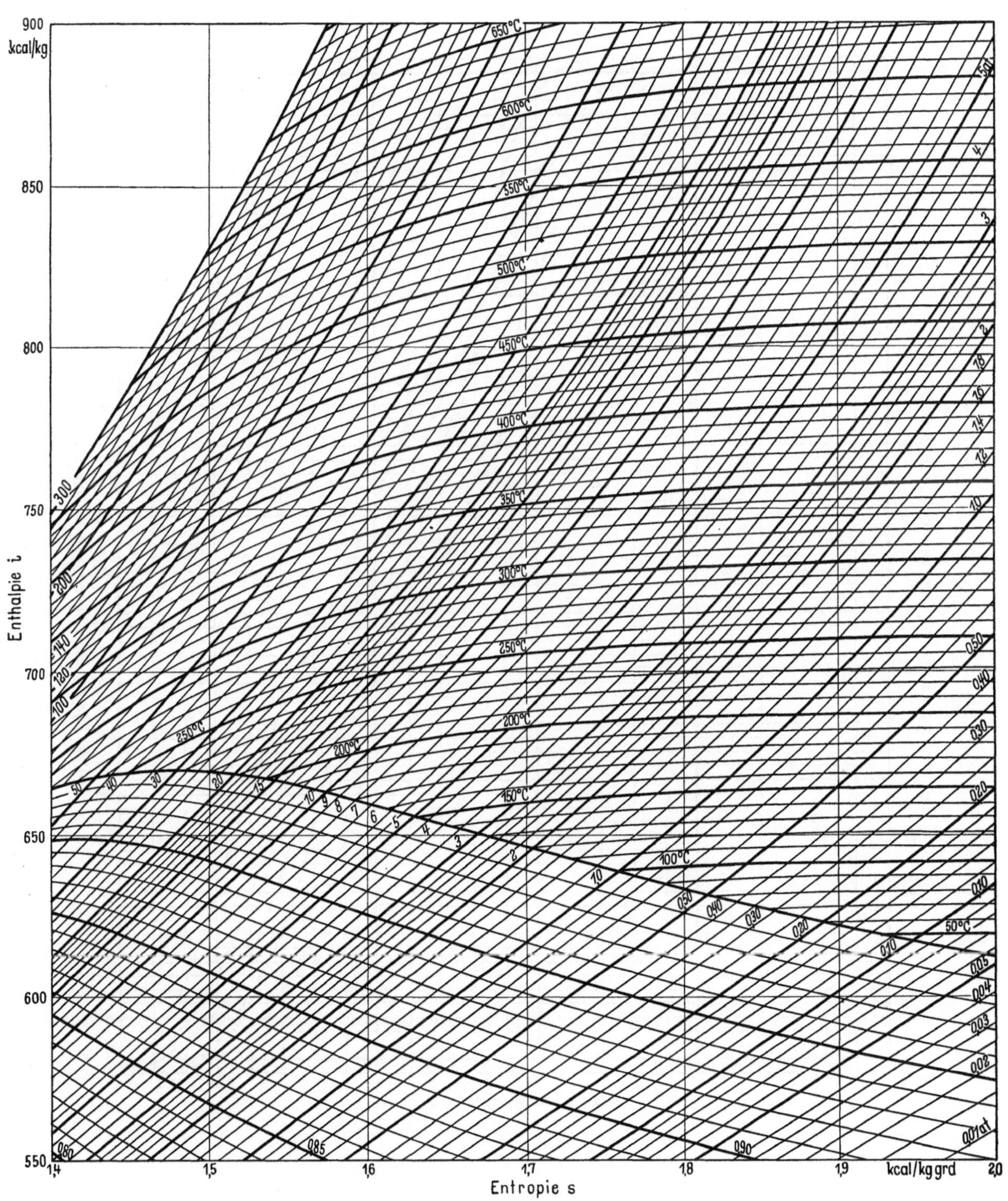

Bildtafel 2

Häufigkeit der mittleren Tagestemperatur für einige europäische Orte

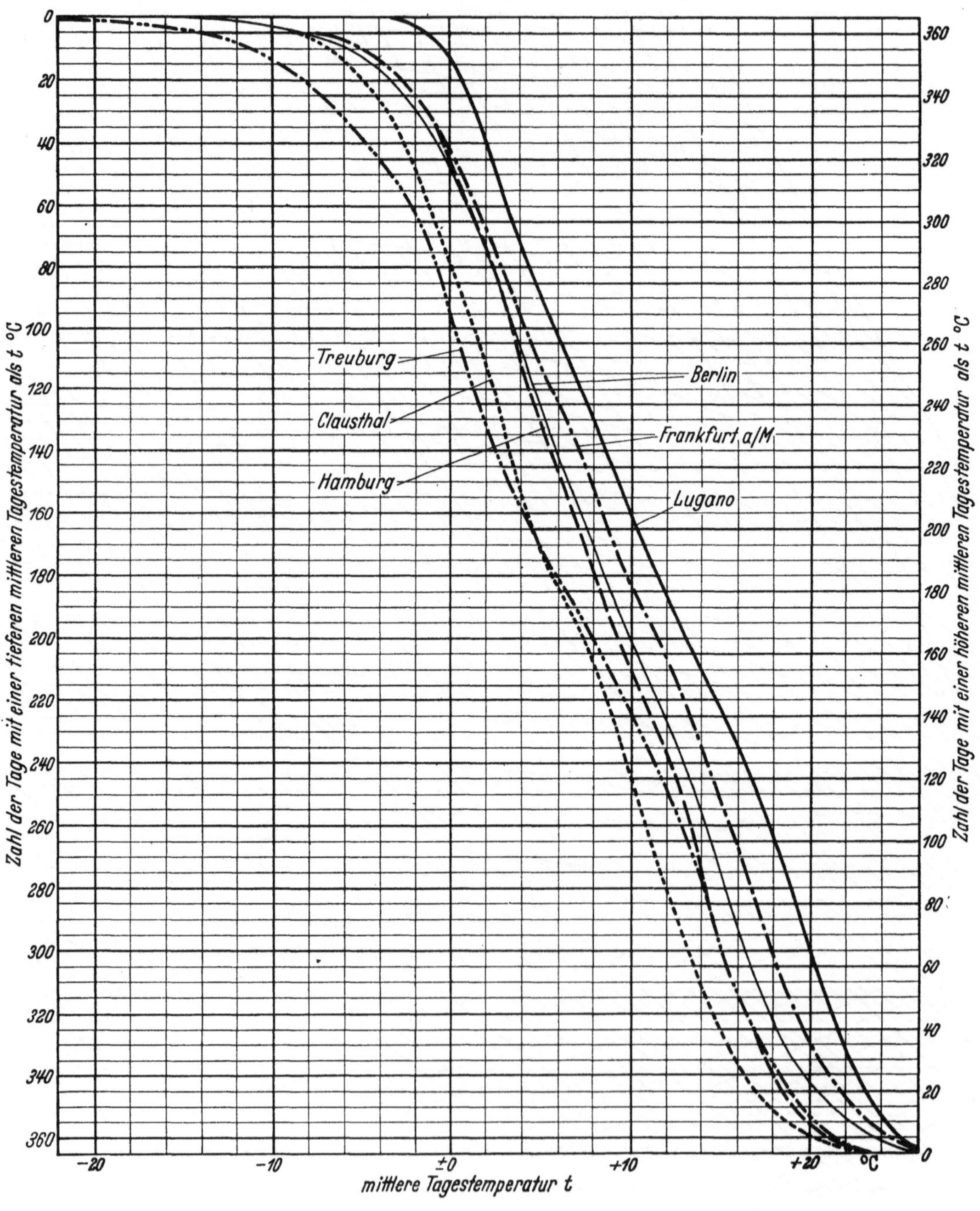

Anhang

Regeln, Richtlinien und Normen

Stand: 20. Februar 1963

VDI-Wasserdampftafeln. 6. Aufl. Berlin/Göttingen/Heidelberg: Springer 1963.
    Lüftungsgrundsätze. Für Bauherren, Architekten und Lüftungsfachleute. 2. Aufl. Düsseldorf 1950.
    Richtlinien für die Lärmabwehr in der Lüftungstechnik. Berlin 1938. [Neufassung in Vorbereitung.]

VDI-Lüftungsregeln; DIN 1946. Apr 60. Lüftungstechnische Anlagen.
        Bl. 1: Grundregeln.
        Bl. 2: Lüftung von Versammlungsräumen.
    -Durchflußmeßregeln; DIN 1952. Nov 48. Regeln für die Durchflußmessung mit genormten Düsen, Blenden und Venturidüsen.
    -Temperaturmeßregeln; DIN 1953. Jul 53. Temperaturmessungen bei Abnahmeversuchen und in der Betriebsüberwachung.

VDI 2034. Jan 57. Korrosionsschutz für Dampfheizungsanlagen; Wasseraufbereitung für Anlagen mit 0,5 bis 20 atü Dampfdruck und bis zu 4 Mkcal/h Kesselleistung ⟨VDI-Richtlinie⟩.
    2035. Feb 59. Korrosionsschutz für Warmwasserheizungsanlagen; Verfahren zur Vermeidung von Korrosion und Steinbildung.
    2051. Dez 58. Lüftung von Laboratorien.
    2052. Mrz 60. Lüftung von Küchen.
    2055. Dez 58. Wärme- und Kälteschutz; Berechnungen, Garantien, Meßverfahren und Lieferbedingungen für Wärme- und Kälte-Isolierungen.
    2067. Jan 57. Richtwerte zur Vorausberechnung der Wirtschaftlichkeit verschiedener Brennstoffe ⟨Koks, Kohle, Heizöl und Gas⟩ bei Warmwasser-Zentralheizungsanlagen ⟨VDI-Richtlinie⟩.
    2068. Mrz 59. Meß- und Regelgeräte-Ausstattung von Warmwasser-Heizungsanlagen für feste, flüssige und gasförmige Brennstoffe.
    2087. Mrz 61. Luftkanäle; Bemessungsgrundlagen, Schalldämpfung, Temperaturabfall und Wärmeverluste.
    2173. Sep 62. Strömungstechnische Kenngrößen von Stellventilen und deren Bestimmung.
    2300. 1950. Heiztechnische Anlagen; Ausschreibung heiztechnischer Anlagen, Anforderungen an zweckmäßige Heiz- und Brennstoffräume. [Neufassung als VDI 2050 in Vorbereitung.]

VOB. Verdingungsordnung für Bauleistungen. Ausg. 1958 [nebst Ergänzung 1961]. Hrsg. vom DNA. Berlin/Köln/Frankfurt a. M.: Beuth (1959) [und (1961)].

Technische Richtlinien für den Bau von Fernwärmenetzen. Hrsg. von d. Vereinig. Dt. Elektrizitätswerke. Frankfurt a. M.: Verl.- u. Wirtschaftsgesellschaft der Elektrizitätswerke 1955.

Technische Richtlinien für Hausanschlüsse an Fernwärmenetze. Hrsg. von d. Vereinig. Dt. Elektrizitätswerke. Frankfurt a. M.: Verl.- u. Wirtschaftsgesellschaft der Elektrizitätswerke 1955.

Anweisung für den Bau von Zentralheizungs-, Lüftungs- und zentralen Warmwasserbereitungsanlagen ⟨HLW-Anlagen⟩ in öffentlichen Gebäuden ⟨Heizungsbauanweisung⟩. Aufgest. vom Arbeitskreis Heizungs- und Maschinenwesen staatl. und kommunaler Verwaltungen. Hrsg. vom Bundesminister der Finanzen, Bonn 1955. Unveränd. Nachdruck. Berlin: Ernst 1959.

Dampfkessel-Bestimmungen. Hrsg. v. d. Vereinig. d. Techn. Überwachungs-Vereine e. V., Essen. Köln/Berlin: Heymann 1960. (Angewandte Entwürfe.)

Feuerungsanlagen; Bauaufsichtliche Richtlinien … über Ölöfen, Öltanks, Heizräume; technische Vorschriften und Richtlinien über Gasfeuerstätten und einschlägige Normen zsgst. von F. Scheid. Frankfurt a. M.: Behörden- und Industrie-Verl. 1960.

Technische Vorschriften und Richtlinien für die Einrichtung und Unterhaltung von Niederdruckgasanlagen in Gebäuden und Grundstücken. DVGW-TVR Gas ⟨1962⟩ [Hrsg. vom] Deutschen Verein von Gas- und Wasserfachmännern. (Frankfurt a. M.: Zentrale für Gasverwendung 1962.)

Sammlung der Unfallverhütungsvorschriften. 17, 18, 19. Druckbehälter. Gültig ab 1. Januar 1958. [Hrsg. vom] Hauptverband der gewerblichen Berufsgenossenschaften. Köln: Heymann.

AD-Merkblatt A 3. Apr 62. Bau, Ausrüstung und Prüfung von Warmwasserbereitern mit Gebrauchswassertemperaturen bis etwa 95 °C. Hrsg. von der Vereinig. d. Techn. Überwachungs-Vereine e. V., Essen. Köln/Berlin: Heymann. [Ersatz für DIN 4753.]

DIN 1946. Apr 60. Lüftungstechnische Anlagen ⟨VDI-Lüftungsregeln⟩.
                     Bl. 1: Grundregeln.
                     Bl. 2: Lüftung von Versammlungsräumen.
      1952. Nov 48. VDI-Durchflußmeßregeln; Regeln für die Durchflußmessung mit genormten Düsen,
                     Blenden und Venturidüsen.
      1953. Jul 53. Temperaturmessungen bei Abnahmeversuchen und in der Betriebsüberwachung
                     ⟨VDI-Temperaturmeßregeln⟩.
      2404. Dez 42x. Kennfarben für Heizungsrohrleitungen.
      2429. Jul 62. Sinnbilder für Rohrleitungsanlagen.
      2439. Mai 61. Stahlrohre; Leichte Gewinderohre. [Zurückziehung beabsichtigt.]
      2440. Mai 61. Stahlrohre; Mittelschwere Gewinderohre.
      2441. Mai 61. Stahlrohre; Schwere Gewinderohre.
      2448. Dez 61. Nahtlose Stahlrohre; Maße und Gewichte.
      2458. Dez 61. Geschweißte Stahlrohre; Maße und Gewichte.
      2481. Dez 54. Wärmekraftanlagen; Sinnbilder, Schaltpläne.
      2631. Aug 62. Vorschweißflansche; Nenndruck 6 bis 25.
      2950. Jun 62. Tempergußfittings.
      3204. Okt 42xx. Keil-Flachschieber für Heizungsanlagen; für Nenndruck 4 mit Flanschanschluß nach
                     Nenndruck 6.
      3229. Okt 42x. Keil-Ovalschieber aus Stahlguß für Nenndruck 16.
      3364. Mrz 58. Heizöfen für Stadtgas; Begriffe, Bau, Güte, Leistung und Prüfung.
      4108. Mai 60. Wärmeschutz im Hochbau.
      4701. Jan 59. Heizungen; Regeln für die Berechnung des Wärmebedarfs von Gebäuden.
      4703. Jul 61. Wärmeleistung von Raumheizkörpern. Bl. 1: Radiatoren.
      4705. Apr 44. Berechnung der lichten Weite von Schornsteinen für Zentralheizungen.
      4720. Jan 61. Gußradiatoren ⟨in Gliederbauart⟩; Baumaße und Einbaumaße.
      4722. Jan 61. Stahlradiatoren ⟨in Gliederbauart⟩; Baumaße und Einbaumaße.
      4730. Nov 61. Ölheizöfen mit Verdampfungsbrennern; Begriffe, Bau, Leistung, Güte und Prüfung.
      4750. Nov 37. Standrohre für Niederdruckdampfkessel. [Neufassung als Entwurf veröffentlicht.]
      4751. Nov 62. Bl. 1: Heizungsanlagen; Sicherheitstechnische Ausrüstung von Warmwasserheizungen
                     mit Vorlauftemperaturen bis 110 °C.
      4752. Nov 62. Heizungsanlagen; Sicherheitstechnische Ausrüstung von Heißwassererzeugern mit Vor-
                     lauftemperaturen über 110 °C ⟨Absicherung auf Drücke über 0,5 atü⟩.
      4755. Jan 59. Ölfeuerungen in Heizungsanlagen; Richtlinien. [Neufassung als Entwurf veröffentlicht.]
      4787. Nov 61. Ölbrenner; Begriffe, Anforderungen, Bau, Prüfung.
      4801. Apr 61.⎱
      4802. Okt 61.⎰ Einwandige Warmwasserbereiter [versch. Ausführung].

      4803. Apr 61x.⎱
      4804. Okt 61. ⎰ Doppelwandige Warmwasserbereiter [versch. Ausführung].

      4806. Sep 53. Ausdehnungsgefäße für Heizungsanlagen.
      6608. Okt 62. Liegende Behälter aus Stahl für unterirdische Lagerung flüssiger Mineralölprodukte.
                     Bl. 1 (–3).
     18017. Mrz 60. Lüftung von Bädern und Spülaborten ohne Außenfenster durch Schächte und Kanäle,
                     ohne Motorkraft.
                     Bl. 1: Einzelschachtanlagen.
            Aug 61. Bl. 2: Sammelschachtanlagen.
     18150. Jan 56. Hausschornsteine; Formstücke aus Leichtbeton mit Querschnitten bis 700 cm².
     18160.   Feuerungsanlagen.
            Dez 62. Bl. 1: Hausschornsteine, Bemessung und Ausführung.
            Feb 63. Bl. 2: Verbindungsstücke.
     18362. Feb 61. Ofen- und Herdarbeiten (Ersatz für DIN 1978).   ⎫
     18380. Dez 58. Zentralheizungs-, Lüftungs- und zentrale Warm-   ⎪ (VOB,
                     wasserbereitungsanlagen.   ⎬ Teil C)
     18421. Feb 61. Wärmedämmungsarbeiten.   ⎭
     18890. Mrz 56. Eiserne Dauerbrandöfen; Begriffe, Bau, Güte, Leistung und Prüfung.
     18891. Apr 53. Transportable keramische Dauerbrandöfen; Richtlinien für Güte, Leistung und Prüfung.
     18892. Aug 56. Dauerbrandeinsätze aus Grauguß; Begriffe, Bau, Güte, Leistung und Prüfung.
     18893. Jan 56. Eiserne Dauerbrandöfen; Raumheizvermögen.
     18894. Jun 56. Transportable keramische Dauerbrandöfen; Raumheizvermögen.
     18899. Aug 55. Kachelgrundöfen; Begriffe, Bau, Güte und Leistung.
     19226. Jan 54. Regelungstechnik; Benennungen, Begriffe. [Neufassungen als Entwurf veröffentlicht.]
     51603. Jun 62. Flüssige Brennstoffe; Heizöle ⟨ausgenommen Heizöle für die internationale See-
                     schiffahrt⟩.

  Anm.: ˣ = geringfügige Änderung.

Namenverzeichnis

Arbeitsblätter

1 **Warmwasserheizung (1°-Tafel)**
Druckgefälle $R = 0{,}05 \ldots 5{,}0$ mm WS/m (Schwerkraftheizung)

2 **Warmwasserheizung (1°-Tafel)**
Druckgefälle $R = 3{,}0 \ldots 200$ mm WS/m (Pumpenheizung)

3 **Warmwasserheizung (20°-Tafel)**
Druckgefälle $R = 0{,}05 \ldots 5{,}0$ mm WS/m (Schwerkraftheizung)

4 **Warmwasserheizung (20°-Tafel)**
Druckgefälle $R = 2{,}2 \ldots 100$ mm WS/m (Pumpenheizung)

5 **Einzelwiderstände für Wasser- und Dampfleitungen**

6 **Niederdruckdampfheizung**

7 **Druckverlust uud Geschwindigkeit in Warmwasserleitungen**

8 **Druckverlust in Dampfleitungen**

9 **Geschwindigkeit in Dampfleitungen**

10 **Bestimmung der Kanalquerschnitte von lüftungstechnischen Anlagen,**
lichte Rohrdurchmesser $50 \ldots 500$ mm

11 **Bestimmung der Kanalquerschnitte von lüftungstechnischen Anlagen,**
lichte Rohrdurchmesser $500 \ldots 2500$ mm

12 **Gleichwertiger Durchmesser** dg **und Querschnitte rechteckiger Kanäle**

13 i,x**-Diagramm für feuchte Luft**

14 **Wärmeübergang bei Konvektion und Kondensation**

15 **Winkelverhältnis (Einstrahlzahl) beim Wärmeaustausch durch Strahlung**

Rietschel/Raiß, Heiz- und Lüftungstechnik, 14. Aufl., 2. Neudr.
Springer-Verlag, Berlin/Göttingen/Heidelberg

Additional material from *H. Rietschels Lehrbuch der Heiz- und Lüftungstechnik,*
ISBN 978-3-662-37405-4, is available at http://extras.springer.com